Instandhaltung von Stahlbeton

Wissen und Praxis

Manfred Schröder

und 11 Mitautoren

Instandhaltung von Stahlbeton

Anleitung zur sachkundigen Planung und Ausführung

9., überarbeitete und erweiterte Auflage

expert

Bibliografische Information der Deutschen Nationalbibliothek
Die Deutsche Nationalbibliothek verzeichnet diese Publikation in der Deutschen Nationalbibliografie; detaillierte bibliografische Daten sind im Internet über http://dnb.dnb.de abrufbar.

DOI: https://doi.org/10.24053/9783381128525

– Ein Unternehmen der Narr Francke Attempto Verlag GmbH + Co. KG
Dischingerweg 5 · D-72070 Tübingen

Internet: www.expertverlag.de
eMail: info@verlag.expert

Druck: Elanders Waiblingen GmbH

ISSN 2939-9319
ISBN 978-3-381-12851-8 (Print)
ISBN 978-3-381-12852-5 (ePDF)
ISBN 978-3-381-12853-2 (ePub)

FSC
www.fsc.org
MIX
Papier | Fördert gute Waldnutzung
FSC® C016368

Inhalt

Vorwort

Gemäß der Richtlinie „Schutz und Instandsetzung von Betonbauteilen" (Instandsetzungs-Richtlinie) des Deutschen Ausschusses für Stahlbeton (DAfStb) sowie der Technischen Regel „Instandhaltung von Betonbauwerken" (TR Instandhaltung) des Deutschen Instituts für Bautechnik (DIBt) muss mit der Beurteilung und Planung derartiger Maßnahmen ein „Sachkundiger Planer" beauftragt werden, der die hierfür erforderlichen Kenntnisse auf diesem Gebiet aufweist. Im Prinzip wird hiermit nichts anderes gefordert als das, was bei Planung und Betreuung anderer Gewerke für Neu-, Aus und Umbau von Bauwerken, für die besondere Kenntnisse notwendig sind, selbstverständlich und üblich ist.

Das Baustellenfachpersonal für Schutz und Instandsetzung von Betonbauteilen wird in Deutschland seit 1985 in SIVV-Lehrgängen (Schützen, Instandsetzen, Verbinden und Verstärken von Betonbauteilen), denen ein entsprechendes Handbuch zu Grunde liegt, geschult und geprüft. Auch viele Planungsingenieure und Architekten haben diese Lehrgänge besucht und verwenden das SIVV-Handbuch als Arbeitsgrundlage, weil hier Grundwissen für derartige Arbeiten vermittelt wird. Die Aufgaben und Anforderungen der Instandsetzungs-Richtlinie sowie der TR Instandhaltung werden für diese Personengruppen hierbei jedoch nicht ausreichend abgedeckt. Deshalb wurde ein Weiterbildungsprogramm zum „Sachkundigen Planer" entwickelt, dessen Inhalt in diesem Buch wiedergegeben, ergänzt, ausgebaut und mit zahlreichen Abbildungen anschaulich gemacht wird. Hieran haben ausschließlich Sachverständige und Fachreferenten mitgewirkt, die über vieljährige Erfahrung aus Entwicklung, Planung, Anwendung, Prüfung, Praxis, Forschung und Lehre auf diesem Arbeitsgebiet verfügen.

Ziel des Buches ist es, die erforderlichen Grundlagen und Entscheidungshilfen zu vermitteln, um Mängel und Schäden an Stahlbeton-Bauteilen zu erkennen und zu bewerten, die geeigneten Systeme und Maßnahmen für die Instandhaltung vorzusehen und Planungs- und Ausführungsfehler zu vermeiden.

Manfred Schröder

1 Regelwerke und ihre Bedeutung

M. Schröder

1.1 Einleitung

Da der Bedarf des Einsatzes von Produkten zum Schutz und zur Instandsetzung von Betonbauteilen erst ab ca. 1960 Bedeutung erlangte, wurden die ersten Regeln für dieses Arbeitsgebiet von den Produktherstellern erarbeitet, bevor ab ca. 1970 auch von anderen Stellen dieses Thema aufgegriffen und entsprechende Ausarbeitungen zur Verfügung gestellt wurden. Auch die Wissenschaft begann, Vorschläge für Kennwerte und Anwendung hierfür geeigneter Baustoffe zu erarbeiten. Ab ca. 1980 existierten bereits verschiedene Merk- und Arbeitsblätter unterschiedlicher Institutionen, deren Inhalte und Aussagen in die ab 1987 erschienenen amtlichen Regelwerke einflossen und zum erheblichen Teil auch heute noch Gültigkeit haben. Viele dieser Unterlagen haben, selbstverständlich inzwischen überarbeitet und aktualisiert, nach wie vor ihre Bedeutung und stellen hilfreiche Ergänzungen für bestimmte Anwendungsbereiche dar.

Die zuletzt erschienene „Technische Regel Instandhaltung von Betonbauwerken" des Deutschen Instituts für Bautechnik soll gemeinsam mit der Instandhaltungs-Richlinie des DAfSbt maßgebend sein für Planung und Ausführung der Instandhaltung in Deutschland. Dieses mit heißer Nadel gestrickte Regelwerk weist noch einige Schwächen und Mängel auf und lässt auch an Übersichtlichkeit zu wünschen übrig.

1.2 Historie

Neben verschiedenen Merk- und Arbeitsblättern von Vereinen, Instituten, Arbeitskreisen und Produktherstellern wurden als erstes amtliches Regelwerk für das Arbeitsgebiet „Schutz und Instandsetzung von Beton" im Jahr 1987 die „Zusätzlichen Technischen Vorschriften und Richtlinien für Schutz und Instandsetzung von Betonbauteilen ZTV-SIB 87" vom Bundesminister für Verkehr, Abteilung Straßenbau eingeführt. Obwohl es sich somit um ein Regelwerk handelte, das für Ingenieurbauwerke an Bundesfernstraßen vorgesehen war, nahmen Planer auf allen Gebieten des Betonbaus die Gelegenheit gern war, dieses Regelwerk ihrer Arbeit zugrunde zu legen. Hierzu gehörten auch Technische Lieferbedingungen und Technische Prüfvorschriften für Betonersatz- und Oberflächenschutzsysteme.

1988 wurden vom Bundesmister für Verkehr „Zusätzliche Technische Vorschriften und Richtlinien für das Füllen von Rissen in Betonbauteilen ZTV-RISS 88" einschließlich Technischer Lieferbedingungen und Technischer Prüfvorschriften für Füllgut und zugehöriges Injektionsverfahren herausgegeben

Bereits im Jahr 1990 erschien eine Neufassung der ZTV-SIB, nunmehr mit dem Titel „Zusätzliche Technische Vertragsbedingungen und Richtlinien für Schutz und Instandsetzung von Betonbauteilen ZTV-SIB 90". Wenig später wurde die „Richtlinie für Schutz und Instandsetzung von Betonbauteilen" vom Deutschen Ausschuss für Stahlbeton" als für alle Arten von Bauwerken geltendes Regelwerk herausgegeben und bauaufsichtlich eingeführt, so dass die Bezeichnung

„*Zusätzliche* Technische Vertragsbedingungen und Richtlinien“ nunmehr verständlich wurde und entsprechende Bedeutung erlangte.

Im Jahre 1997 erschien die erste Ausgabe der „Zusätzlichen Technischen Vertragsbedingungen für Schutz und Instandsetzung der Betonbauteile von Wasserbauwerken ZTV-W“ ähnlich den ZTV-ING für den Straßenbau.

Mit der DIN EN 1504 erschien 1999 das Regelwerk „Produkte und Systeme für Schutz und Instandsetzung von Betontragwerken“, das die Produkte für dieses Arbeitsgebiet innerhalb der Europäischen Union einheitlich regeln und der CE-Kennzeichnung zugrunde liegen soll.

Im Jahr 2001 erschien eine überarbeitete Neuauflage der DAfStb-Richtlinie, jetzt auch mit dem Kurztitel „Instandsetzungs-Richtlinie“ versehen

2014 wurde der Gelbdruck einer DAfStb-Richtlinie „Instandhaltung von Betonbauteilen“ veröffentlicht, deren Weißdruck jedoch nicht erschien, so dass sie im Weiteren hier nicht berücksichtigt wird. Stattdessen erfolgte Anfang 2021 die Herausgabe der „Technischen Regel Instandhaltung von Betonbauwerken“ des Deutschen Instituts für Bautechnik, die in Verbindung mit der DAfStb-Richtlinie „Schutz und Instandsetzung von Betonbauteilen“ gilt, insbesondere bezüglich der in der Technischen Regel nicht behandelten Sachverhalte, deren Regelungen aber ansonsten Vorrang haben.

Nachfolgend werden die Regelwerke, deren Inhalte und Aussagen für die Instandhaltung von Betonbauteilen von Bedeutung sind, im Einzelnen aufgeführt und einer Betrachtung unterzogen. Darüber hinaus wird auf verschiedene Merk- und Arbeitsblätter unterschiedlicher Vereine und Institute verwiesen, die ebenfalls wichtige und hilfreiche Kenntnisse und Hinweise zu diesem Arbeitsgebiet liefern. Weitere Inhalte und Einzelheiten werden in den folgenden Kapiteln, bezogen auf die Baustoffe und deren Anwendung, berücksichtigt und weitergehend behandelt.

1.3 Regelwerke

1.3.1 DAfStb-Richtlinie „Schutz und Instandsetzung von Betonbauteilen“ (Instandsetzungs-Richtlinie)

Diese Richtlinie besteht aus den Teilen

Teil 1: Allgemeine Regelungen und Planungsgrundsätze
Teil 2: Bauprodukte und Anwendung
Teil 3: Anforderungen an die Betriebe und Überwachung der Ausführung
Teil 4: Prüfverfahren

Im Teil 1 ist unter 3 „Planung 3.1 Allgemeines“ zu lesen:

(1) Mit der Beurteilung und Planung von Schutz- und Instandsetzungsarbeiten muss ein sachkundiger Planer beauftragt werden, der die erforderlichen besonderen Kenntnisse auf dem Gebiet von Schutz und Instandsetzung bei Betonbauwerken hat.

Damit wird zum Ausdruck gebracht, dass die Planung einer Instandsetzungsmaßnahme in gleicher Weise Kompetenz, Kenntnisse und Sorgfalt erfordert wie ein Neubau. Dementsprechend wurden seit Beginn der neunziger Jahre für Architekten und Bauingenieure geeignete Lehrgänge zur Weiterbildung angeboten, um zur Wahrnehmung solcher Aufgaben die Voraussetzungen zu schaffen. Inzwischen werden an ausgewählten Weiterbildungsstätten Zertifikatslehrgänge und Prüfungen nach der „Ausbildungs-, Prüfungs- und Weiterbildungsordnung (APWO-SKP)“ des „Ausbildungsbeirats Sachkundiger Planer für die Instandhaltung von Betonbauteilen beim

Deutschen Institut für Prüfung und Überwachung e. V. (ABB-SKP)" durchgeführt. Für die weitere Gültigkeit des Zertifikats muss alle 3 Jahre der Nachweis einer Weiterbildung erfolgen.

Im Teil 3 der Richtlinie wird unter 1.2.4 „Baustellenfachpersonal" gefordert:

> Auf jeder Baustelle muss ein geschulter, insbesondere handwerklich ausgebildeter Fachmann des Unternehmens ständig anwesend sein, der je nach Umfang, Art und Schwierigkeitsgrad der Schutz- und Instandsetzungsmaßnahme betontechnische und entsprechende andere baustofftechnische Kenntnisse, Fertigkeiten und praktische Erfahrung besitzt. Die Befähigung für Arbeiten nach dieser Richtlinie muss der Überwachungsstelle durch eine entsprechende Bescheinigung nachgewiesen werden.[1]

Hierbei handelt es sich um den sogenannten SIVV-Schein (Schützen, Instandsetzen, Verbinden, Verstärken), der seit 1985 nach einem zweiwöchigen Lehrgang und entsprechender Prüfung an verschiedenen Ausbildungsstätten des Bauhandwerks und der Bauindustrie in der BRD erworben werden kann und für den ebenfalls alle 3 Jahre der Nachweis einer Weiterbildung erbracht werden muss. Der Ausbildungsbeirat führt inzwischen die Bezeichnung „Schutz und Instandsetzung im Betonbau".

In der Instandsetzungs-Richtlinie werden folgende vier Instandsetzungsprinzipien aufgeführt:

R Korrosionsschutz durch Wiederherstellung des alkalischen Milieus (Repassivierung)
W Korrosionsschutz durch Begrenzung des Wassergehaltes im Beton
C Korrosionsschutz durch Beschichtung (Coating) der Bewehrung
K Kathodischer Korrosionsschutz

Die Beschreibung dieser Prinzipien geht eigentlich über die Angaben in einer Richtlinie hinaus und entspricht eher einem Lehrbuch.

Im Laufe der Jahre wurde das Regelwerk durch verschiedene Ergänzungsschreiben korrigiert, ohne dass eine Neuauflage erfolgte.

Auf Einzelheiten der Planung und Ausführung gemäß den Regelwerken wird in den folgenden Kapiteln, bezogen auf die verschiedenen Gewerke, wie bereits zum Ausdruck gebracht, gezielt eingegangen.

1.3.2 Technische Regel Instandhaltung von Betonbauwerken (TR Instandhaltung)

Die TR besteht vorerst aus den Teilen:

Teil 1 Anwendungsbereich und Planung der Instandhaltung

Teil 2 Merkmale von Produkten oder Systemen für die Instandsetzung und Regelungen für deren Verwendung

Das Regelwerk ersetzt weite Teile der Instandsetzungs-Richtlinie von Oktober 2001. Unter 1 „Anwendungsbereich" ist zu lesen:

> (1) Diese technische Regel gilt in Verbindung mit der DAfStb-RL SIB. In dieser technischen Regel nicht genannte Sachverhalte, die in der DAfStb-RL SIB enthalten sind, insbesondere die Regelungen in Teil 3, gelten insofern weiter. Die Regelungen der TR haben Vorrang vor der DAfStb-RL SIB.

1 Dieser Nachweis kann derzeit nur durch die Bescheinigung des Ausbildungsbeirats „Verarbeiten von Kunststoffen im Betonbau" beim Deutschen Beton- und Bautechnik Verein E. V. geführt werden.

Dieser Sachverhalt erschwert selbstverständlich die Arbeit mit diesen beiden Regelwerken. Es ist deshalb zu hoffen, dass beide Regelwerke in absehbarer Zeit zusammengeführt werden.

Unter 2 „Annahmen und Voraussetzungen“ wird ausgeführt:

> Diese Technische Regel setzt voraus, dass jede Instandhaltungsmaßnahme (Inspektion, Wartung, Instandsetzung, Verbesserung) geplant wird und dass die Planung durch einen sachkundigen Planer (SKP) durchgeführt wird und die Ausführung von Schutz- und Instandsetzungsmaßnahmen nach einem Instandsetzungsplan durch einen SKP begleitet wird.

Unter 3 „Grundsätze für die Planung der Instandhaltung von Betonbauwerken“ ist zu lesen:

> (1) Mit der Beurteilung und Planung von Instandhaltungsmaßnahmen muss ein SKP beauftragt werden, der die erforderlichen Kenntnisse hinsichtlich des Erkennens und Bewertens von Mängeln und Schäden an Betonbauwerken hat.

> ANMERKUNG: Die Festlegung erforderlicher Merkmale der Instandsetzungsprodukte und -systeme erfolgt durch den SKP.

Damit gestaltet sich die Arbeit und Verantwortlichkeit des Sachkundigen Planers wesentlich umfangreicher, aufwändiger und risikoreicher als bisher.

In diesem Regelwerk wird die Klassifizierung über Altbetonklassen, die bereits aus den ZTV-W bekannt sind, in Tabelle 4 „Einordnung des Altbetons im Bereich der Instandsetzungsebene“ gegenüber DAfStb-RL SIB neu eingeführt.

6 „Instandsetzungsverfahren“ ersetzt DAfStb-RL SIB, Teil 1, Abschnitte 5 und 6.
Unter 6.1 „Instandsetzungverfahren zum Schutz oder zur Instandsetzung von Schäden im Beton“ ist zu lesen:

> (1) In Tabelle 5 sind diejenigen Prinzipien und Verfahren bei Schäden im Beton in Anlehnung an DIN EN 1504-9 aufgeführt, die nach dieser Technischen Regel angewendet werden dürfen. Hierbei handelt es sich um die Prinzipien

1. Schutz gegen das Eindringen von Stoffen
2. Regulierung des Wasserhaushaltes im Beton
3. Reprofilierung und Querschnittsergänzung
4. Verstärkung des Betontragwerks
5. Erhöhung des physikalischen Widerstands
6. Erhöhung des Widerstands gegen chemischen Angriff

Unter 6.2 „Instandsetzungverfahren zum Schutz oder zur Instandsetzung von Bewehrungskorrosion“ wird ausgeführt:

> (1) In Tabelle 6 sind diejenigen Prinzipien und Verfahren zur vorbeugenden Abwehr von Korrosionsschäden bzw. zur Unterdrückung bereits ablaufender Korrosionsprozesse an der Bewehrung in Anlehnung an DIN EN 1504-9 aufgeführt, die nach dieser Technischen Regel angewendet werden dürfen. Hierbei handelt es sich um die Prinzipien

7. Erhalt oder Wiederherstellung der Passivität
8. Erhöhung des elektrischen Widerstands
9. Kathodischer Schutz

Das Prinzip 9. der DIN EN 1504-9 „Kontrolle kathodischer Bereiche“ wurde nicht übernommen, da es für nicht durchführbar angesehen wird. Somit werden insgesamt neun Vefahren in der TR aufgeführt.

Auch für die TR gilt, dass weitere Regelungen und Details in den folgenden Kapiteln berücksichtigt werden.

1.3.3 Muster-Verwaltungsvorschrift Technische Baubestimmungen (MVV TB)

Die den Verwaltungsvorschriften der einzelnen Bundesländer zugrunde liegende MVV verweist auf die TR sowie die DAfStb-RL SIB.

Ausgabe 2020/1 enthält

A	Technische Baubestimmungen, die bei der Erfüllung der Grundanforderungen an Bauwerke zu beachten sind
B	Technische Baubestimmungen für Bauteile und Sonderkonstruktionen, die zusätzlich zu den in Teil A aufgeführten Technischen Baubestimmungen zu beachten sind
C	Technische Baubestimmungen für Produkte, die nicht die CE-Kennzeichnung tragen, und für Bauarten
D	Bauprodukte, die keines Verwendbarkeitsnachweises bedürfen Anhang 1 – 16

1.3.4 Zusätzliche Technische Vertragsbedingungen und Richtlinien für Ingenieurbauten ZTV-ING bast

Teil 3 „Massivbau“ behandelt in Abschnitt 4 „Schutz und Instandsetzung von Betonbauteilen“ sowie in Abschnitt 5 „Füllen von Rissen und Hohlräumen in Betonbauteilen“. Im Teil 7 werden „Brückenbeläge“ behandelt.

Soweit in diesem Regelwerk Abweichungen gegenüber DAfStb-RL SIB und TR gegeben sind, wird hierauf in den weiteren Kapiteln an passender Stelle hingewiesen. Außerdem wird in Kapitel 15. auf die Besonderheiten im Brücken- und Ingenieurbau eingegangen.

1.3.5 Zusätzliche Technische Vertragsbedingungen für Schutz und Instandsetzung der Betonbauteile von Wasserbauwerken ZTV-W

Auch für diesen Arbeitsbereich gilt, dass in einem eigenen Kapitel, nämlich unter 16. die Besonderheiten, in diesem Fall an Verkehrs-Wasserbauwerken, behandelt werden.

Das Regelwerk nimmt in großem Umfang Bezug auf die DAfStb-Richtlinie (RL SIB), aber auch auf die ZTV-ING sowie Expositionsklassen DIN EN 206-1/DIN 1045-2. Außerdem werden Altbetonklassen definiert, die, wie bereits ausgeführt, auch in der TR beschrieben werden.

Im Gegensatz zur Instandsetzungs-Richtlinie und zu den ZTV-ING wird in den ZTV-W neben dem Begriff „Vorbereitung“ auch der Begriff „Vorbehandlung“ verwendet, was zu Irritationen führen kann.

Die ZTV-W gelten nicht für Straßen-, Eisenbahnbrücken und Tunnel.

1.3.6 Vergabe- und Vertragsordnung für Bauleistungen VOB Teil C Allgemeine Technische Vertragsbedingungen für Bauleistungen (ATV) Betonerhaltungsarbeiten - DIN 18349

Die VOB gliedert sich in

Teil A:	Allgemeine Bestimmungen für die Vergabe von Bauleistungen.
Teil B:	Allgemeine Vertragsbedingungen für die Ausführung von Bauleistungen (z. B. § 13 Mängelansprüche, Verjährungsfrist 4 a, wenn nichts anderes vereinbart).
Teil C:	Allgemeine Technische Vertragsbedingungen für Bauleistungen ATV (63 DIN, u. a. DIN 18349)

Unter „Betonerhaltungsarbeiten – DIN 18349" wird erklärt:

3.1.1 Für die Ausführung gelten die:

DAfStb Betonbauteile (Instandsetzungsrichtlinie)

DAfStb Vergussbeton und Vergussmörtel

DIN EN 14487 (alle Teile)

„Spritzbeton" in Verbindung mit DIN 18551 „Spritzbeton – Nationale Anwendungsregeln zur Reihe DIN EN 14487 und Regeln für die Bemessung von Spritzbetonkonstruktionen"

DIN EN 13670 „Ausführungen von Tragwerken aus Beton in Verbindung mit DIN 1045-3 „Tragwerke aus Beton, Stahlbeton und Spannbeton – Teil 3: Bauausführung – Anwendungsregeln zu DIN EN 13670"

Zulassungen für das Verstärken von Betonbauteilen durch Kleben von Stahllaschen, CFK-Lamellen und CFK-Gelegen

Hinweis: Seit März 2012 gibt es die DAfStb-Richtlinie „Verstärken von Betonbauteilen mit geklebter Bewehrung".

Bezüglich DIN 18349 wird auf folgende Literatur hingewiesen:
Beck'scher VOB-Kommentar VOB Teil C, herausgegeben von Englert/Katzenbach/Motzke 4. Auflage, DIN 18 349 Betonerhaltungsarbeiten Ausgabe September 2019
Motzke/Schröder
Verlag C. H. Beck Beuth
DIN Deutsches Institut für Normung e. V.

1.3.7 DIN EN 1504 Produkte und Systeme für Schutz und Instandsetzung von Betontragwerken - Begriffe, Anforderungen, Güteüberwachung und Beurteilung der Übereinstimmung

Die Norm ist wie folgt gegliedert:

Teil 1	Definitionen
Teil 2	Oberflächenschutzsysteme für Beton
Teil 3	Statisch und nicht statisch relevante Instandsetzung
Teil 4	Kleber für Bauzwecke
Teil 5	Injektion von Bauteilen
Teil 6	Verankerung von Bewehrungsstäben
Teil 7	Korrosionsschutz der Bewehrung
Teil 8	Qualitätsüberwachung und Beurteilung der Konformität
Teil 9	Allgemeine Prinzipien für die Anwendung von Produkten und Systemen
Teil 10	Anwendung von Produkten und Systemen auf der Baustelle, Qualitätsüberwachung der Ausführung

Die Teile 1-8 sind in der BRD bauaufsichtlich eingeführt, die Teile 9 und 10 noch nicht.

1.3.8 DAfStb-Richtlinie Verstärken von Betonbauteilen mit geklebter Bewehrung

Die Richtlinie besteht aus

Teil 1:	Bemessung und Konstruktion
Teil 2:	Produkte und Systeme für das Verstärken
Teil 3:	Ausführung
Teil 4:	Ergänzende Regelungen zur Planung von Verstärkungsmaßnahmen

1.3.9 DAfStb Schriftenreihe „grüne Hefte"

Hierbei handelt es sich um wissenschaftliche Grundlagen und praxisorientierte Beiträge zu Fragen der Bemessung, Betontechnik, Umweltverträglichkeit, Dauerhaftigkeit und Nachhaltigkeit im Betonbau in Form von

- Abschlussberichten als Ergebnis der vom DAfStb direkt geförderten Forschungsarbeiten.
- Beiträgen als Ergebnis der vom DAfStb koordinierten Verbundvorhaben.
- Sachstandberichten, die z. B. durch begleitende Unterausschüsse erarbeitet wurden.
- Dissertationen im Bereich des Betonbaus.

1.3.10 DBV-Merkblätter DEUTSCHER BETON- UND BAUTECHNIK-VEREIN e. V.

Diese Merblätter beziehen sich auf folgende Bereiche, wobei für diese jeweils Beispiele aufgeführt sind, die für die Instandhaltung von Betonbauwerken von Bedeutung sein können:

- Bautechnik
- z. B. Parkhäuser und Tiefgaragen
- Betontechnik
- z. B. Chemischer Angriff auf Beton – Empfehlungen zur Prüfung und Bewertung

Bauausführung
z. B. Hochdruckwasserstrahltechnik im Betonbau
Bauprodukte
z. B. Injektionsschlauchsysteme und quellfähige Einlagen für Arbeitsfugen

1.3.11 SIVV-Handbuch DEUTSCHER BETON- UND BAUTECHNIK-VEREIN e. V.

Hierbei handelt es sich um das den SIVV-Lehrgängen (Schützen, Instandsetzen, Verbinden und Verstärken von Betonbauteilen) zugrunde liegende Lehrbuch mit den Teilen

A	Beton
B	Stahl
C	Kunststoffe
D	Schutzmaßnahmen
E	Untergrund
F	Herstellen von Mischungen
G	Oberflächenschutz
H	Füllen von Rissen
I	Kunststoffmodifizierter Zementmörtel/Beton und Reaktionsharzmörtel/Beton
J	Instandsetzen
K	Fugeninstandsetzung
L	Überwachung
M	Geklebte Bewehrung
N	Geklebte Bauteilverstärkung
O	Kleben von Segmenten
P	Spritzbarer kunststoffmodifizierter Zementmörtel/-beton
Q	Baurecht
R	Fachbegriffe

Dieses Handbuch ist in großem Umfang maßgebend für die Angaben zur Ausführung in diesem Buch.

1.3.12 WTA-Merkblätter Wissenschaftlich-Technische Arbeitsgemeinschaft für Bauwerkserhaltung und Denkmalpflege e. V.

Die Gemeinschaft führt ihre Arbeit in verschiedenen Referaten durch, wobei die Ergebnisse des Referats 5 „Beton“ für die Instandhaltung von Betonbauwerken von besonderer Bedeutung sind. Hierfür werden folgende Merkblätter als Beispiele benannt:

5-1-99/D	Wartung von Betonbauwerken
	Musterwartungsvertrag
5-6-99/D	Bauwerksdiagnose
5-7-99/D	Prüfen und Warten von Betonbauwerken
5-8-93/D	Schutz und Instandsetzung von Beton
	Untergrund – Anforderungen, Vorbereitung und Prüfung
5-15-03/D	Schutz und Instandsetzung von Beton
	Leistungsbeschreibung

1.3.13 AGI-Arbeitsblätter Arbeitsgemeinschaft Industriebau e. V.

Auch in dieser Gemeinschaft gibt es mehrere Arbeitsbereiche, von denen für den Säureschutzbau z. B. folgende für die Instandhaltung von Betonbauwerken interessante Arbeitsblätter zur Verfügung gestellt werden:

S 30	Elektrisch ableitfähige Bodenbeläge
S 20-1	Schutz von Baukonstruktionen mit Beschichtungssystemen gegen chemische Angriffe. Anforderungen an den Untergrund
S 20-2	Schutz von Baukonstruktionen mit Beschichtungssystemen gegen chemische Angriffe. Beschichtungssysteme
S 20-3	Schutz von Baukonstruktionen mit Beschichtungssystemen gegen chemische Angriffe. Ausführungsdetails

Zusätzlich ist u. a. zu nennen

K 10	Schutz von Beton Oberflächenbehandlung. Imprägnierung, Versiegelung, Beschichtung

1.3.14 BEB-Arbeitsblätter BUNDESVERBAND ESTRICH UND BELAG e. V.

Merblätter dieses Verbandes haben verständlicher Weise Bedeutung für Bodenflächen. Hier sind zu nennen für den Bereich

7	Kunstharze – Industrieböden aus Reaktionsharz
KH-O/U	Prüfung des Untergrundes
KH-1	Imprägnierung
KH-2	Versiegelung
KH-3	Beschichtung/Belag
KH-4 EL	Elektrisch leitfähige Fußbodenbeläge

KH-5	Estrich
KH-O/S	Stoffe
KH-6	Leitfaden für Fußbodenkonstruktionen im nassbelasteten Lebensmittelbereich

1.3.15 DGUV Regeln Deutsche Gesetzliche Unfallversicherung e. V. (DGUV) BG BAU

Von diesen Unterlagen hat für Bodenbeschichtungen besondere Bedeutung

DGUV Regel 108-003	Fußböden in Arbeitsräumen und Arbeitsbereichen mit Rutschgefahr

1.3.16 Technische Regen für Gefahrstoffe TRGS Bundesamt für Arbeitsschutz und Arbeitsmedizin

Hier ist zu nennen

TRGS 727	Vermeidung von Zündgefahren infolge elektrostatischer Aufladungen

2 Stahlbeton Grundlagen

S. Wehrle

2.1 Zusammenwirken von Stahl und Beton

Stahlbeton (bewehrter Beton) ist ein Verbundbaustoff aus Beton und Stahl (in der Regel Betonstahl) für Bauteile, bei denen das Zusammenwirken von Beton und Stahl für die Aufnahme von Lasten nötig ist [1, 5, 6, 7, 8]. Stahlbetonbauteile, die der Witterung unmittelbar ausgesetzt sind, werden als Außenbauteile bezeichnet.

Das Zusammenwirken von Beton und Stahl in dem Verbundbaustoff Stahlbeton ist nur möglich, weil die folgenden Voraussetzungen gegeben sind:

- Stahl und Beton haben in dem praktisch vorkommenden Temperaturbereich annähernd die gleiche lineare Wärmedehnzahl von $a_{th} = 10^{-5}\,K^{-1}$. Daher entstehen bei Temperaturänderungen keine Eigenspannungen, welche eine Schädigung des Verbundbaustoffes auslösen könnten.
- Der Beton sichert durch seine Alkalität bei fachgerechter Konstruktion und Ausführung einen dauerhaften Korrosionsschutz für den Stahl im Stahlbeton.
- Zwischen der Stahloberfläche und dem umgebenden Beton kommt es zu einem innigen Verbund, so dass die Übertragung der Kräfte aus dem einen Werkstoff in den Anderen sichergestellt ist. Durch geeignete Rippung der Oberfläche von Betonstählen kann die Übertragung von Kräften bzw. Spannungen zwischen beiden Werkstoffen optimiert werden.
- Der Stahl übernimmt wegen seiner hohen Verformungsfähigkeit und seiner hohen Zugfestigkeit die Zugkräfte, während der Beton die Druckspannungen aufnimmt. Stahl hat einen um das 6- bis 10-fache größeren Elastizitätsmodul als Beton. Deshalb übernimmt bei vorgegebener Verformung der Stahl den überwiegenden Anteil der Spannungen.

2.2 Beton

2.2.1 Allgemeines

Beton [1, 5 bis 11] ist ein künstlicher Stein, der aus einem Gemisch von Zement, Gesteinskörnung und Wasser – ggf. auch mit Zusatzmitteln und Zusatzstoffen – durch Erhärten des Zementleims (Zement-Wasser-Gemisch) entsteht.

2.2.2 Zement

Für Tragwerke aus Beton, Stahlbeton und Spannbeton nach DIN EN 1992 [5] erfolgt die Herstellung des Betons nach DIN EN 206-1 [1]. Als Zemente dürfen hierfür Normalzemente nach DIN EN 197-1:2011-11 verwendet werden. Zemente mit besonderen Eigenschaften wie NW (niedrige Hydratationswärme), HS (hoher Sulfatwiderstand), NA (niedriger wirksamer Alkaligehalt), FE (frühes Erstarren) und SE (schnell erstarrend) sind in der DIN 1164, Teile 10 bis 12 [13] genormt. Außerdem sind in der DIN EN 14216 [14] Zemente mit sehr niedriger Hydratationswärme geregelt. Andere Zemente bedürfen einer allgemeinen bauaufsichtlichen Zulassung.

Zement ist ein hydraulisches Bindemittel und besteht aus einem fein gemahlenen, nichtmetallischen, anorganischen Stoff. Mit Wasser vermischt ergibt er „Zementleim“. Dieser erstarrt und erhärtet durch die „Hydratation“ (= chemische Reaktion mit Wasser) zu wasser- und raumbeständigem „Zementstein“. Dies geschieht sowohl an der Luft als auch unter Wasser [12, 13, 14, 15, 16].

Die Hauptbestandteile des Zementes können sein:

Portlandzementklinker (K), Hüttensand (S), Puzzolane (P und Q), Flugasche (V und W), Gebrannter Schiefer (T) und Kalkstein (L und LL).

- Portlandzementklinker (K) ist der wichtigste Hauptbestandteil für Zement. Er wird durch Mahlen und Brennen der Rohstoffe Kalkstein oder Kreide und Ton hergestellt.
- Hüttensand (S) ist die fein vermahlene, aus einem Eisenerz-Hochofen abgezogene Schlackenschmelze, die zuvor mit Wasser abgeschreckt wurde und dabei glasig erstarrt ist.
- Puzzolane (natürliche Puzzolane P und natürlich getempertes Puzzolan Q) sind kieselsäurehaltige oder kieselsäure- und tonerdehaltige Stoffe.
- Flugasche (kieselsäurereiche Flugasche V und kalkreiche Flugasche W) ist der feinkörnige, glasige Verbrennungsrückstand von Kohle, der bei der Abgasreinigung in Kohlekraftwerken anfällt.
- Gebrannter Schiefer (T) wird bei etwa 800 °C aus natürlichen Schiefervorkommen hergestellt und fein gemahlen.
- Kalkstein (L und LL) wird in Öfen bei über 900 °C gebrannt und anschließend gemahlen. Der Anteil an organischem Kohlenstoff (TOC) entscheidet über die Einstufung in L oder in LL.

Die DIN EN 197-1 [12] unterteilt den Zement in fünf Hauptarten in Abhängigkeit vom Anteil an Portlandzementklinker:

Portlandzement	CEM I	(95-100% K)
Portlandkompositzement	CEM II	(65-94% K)
Hochofenzement	CEM III	(5-64% K)
Puzzolanzement	CEM IV	(45-89% K)
Kompositzement	CEM V	(20-64% K)

In DIN 1045-2 [6], Tabelle F.3.1 und F.3.2, werden in Abhängigkeit der dort genannten Expositionsklassen die Anwendungsbereiche für die Zemente nach DIN EN 197-1 [12] für die Herstellung von Beton nach DIN 1045-2 festgelegt. So dürfen z. B. die Zementarten CEM IV (Puzzolanzemente) und CEM V (Kompositzemente) nur für Betone ohne Bewehrung (Expositionsklasse X0) und für Betone die ständig nass sind (Expositionsklasse XC2) eingesetzt werden.

Die Zemente werden in den Festigkeitsklassen 32,5; 42,5 und 52,5 hergestellt. Diese drei Klassen werden nach ihrer Anfangsfestigkeit nochmals unterteilt in

normal erhärtende Zemente:	Kennbuchstaben N (N = normal)
schnellhärtende Zemente:	Kennbuchstaben R (R = rapid)

Für Hochofenzemente (CEM III) gibt es auch die Festigkeitsklasse L (niedrige Anfangsfestigkeit).

Zemente mit besonderen Eigenschaften, die in DIN 1164, Teile 10 bis 12, [13] genormt sind, erhalten zusätzlich die folgenden Kennbuchstaben

Zement mit niedrigem wirksamen Alkaligehalt:	NA
Zemente mit frühem Erstarren:	FE
Schnellerstarrender Zement (verkürztes Erstarren):	SE
Zemente mit erhöhem Anteil an organischen Bestandteilen:	HO

Für die eindeutige Beschreibung eines Zementes ist mindestens die Angabe von Zementart und Festigkeitsklasse erforderlich, ggf. muss noch eine der o. g. besonderen Eigenschaften angegeben werden.

Beispiel 1:

Portlandzement der Festigkeitsklasse 42,5 mit hoher Anfangsfestigkeit:
Portlandzement DIN EN 197-1 – CEM I 42,5 R

Beispiel 2:

Portlandkompositzement mit einem Gesamtanteil an Hüttensand (S), kieselsäurereicher Flugasche (V) und Kalkstein (L) mit einem Massenanteil zwischen 6 % und 20 % und der Festigkeitsklasse 32,5 mit hoher Anfangsfestigkeit
Portlandkompositzement DIN EN 197-1 – CEM II/A-M(S-V-L) 32,5 R

Außerdem gibt es die folgenden Sonderzemente, für welche die nachfolgend genannten Normen gelten:

Sonderzemente mit sehr niedirger Hydratationswärme nach EN 14216

Sulfathüttenzement nach EN 15743

Tonerdezement nach EN 14647

Putz und Mauerbinder nach EN 413-1

2.2.3 Gesteinskörnung

Gesteinskörnung ist ein für die Verwendung im Beton geeigneter, gekörnter mineralischer Stoff [1]. Gesteinskörnungen können natürlich oder künstlich sein oder aus vorher beim Bauen verwendeten rezyklierten Stoffen bestehen [17, 18]. Natürliche Gesteinskörnungen werden aus Gruben, Seen, Flüssen und Steinbrüchen gewonnen. Künstlich hergestellte Gesteinskörnungen sind beispielsweise Hochofenschlacke, Schmelzkammergranulat oder ungemahlener Hüttensand.

Die Anforderungen an die Gesteinskörnung und deren Prüfung sind in DIN EN 12620 und DIN 1045-2[18] geregelt. Die DIN EN 13055 und DIN 1045-2 regeln die Anforderungen an leichte Gesteinskörnungen. Die Teile 101 und 102 von DIN 4226 [17] enthalten in Verbindung mit DIN EN 12620 [18] die Anforderungen an rezyklierte Gesteinskörnungen.

Die Gesteinskörnung sollte aus verschieden großen Körnern so zusammengesetzt sein, dass der Hohlraumgehalt einer Mischung der verschieden großen Körner möglichst gering ist. Körner mit ungünstiger Kornform erfordern dazu einen entsprechend höheren Anteil an feiner Gesteinskörnung. Bei zu geringem Anteil an feiner Gesteinskörnung benötigt man mehr Zementleim und damit mehr Zement oder die Verarbeitung wird so erschwert, dass „Nester" im Betongefüge zurückbleiben.

Gesteinskörnung mit ungünstiger Kornform und vor allem mit hohem Anteil an feiner Gesteinskörnung besitzt eine wesentlich größere Oberfläche und benötigt daher für eine ausreichende Verarbeitbarkeit ebenfalls mehr Zementleim bzw. mehr Wasser.

Das Größtkorn der Gesteinskörnung möglichst groß und so groß zu wählen, wie es die Verarbeitung erlaubt. Es sollte jedoch kleiner sein als 1/3 der geringsten Bauteildicke und zum überwiegenden Teil kleiner als der geringste Abstand der Bewehrungsstäbe untereinander und die geringste Betondeckung der Bewehrungsstäbe. Mit zunehmendem Größtkorn wird die Verarbeitung erschwert.

Zur Minimierung des Hohlraumgehaltes wird die geeignete Kornzusammensetzung der Gesteinskörnungen anhand von Siebversuchen ermittelt und durch sog. „Sieblinien" dargestellt. In DIN 1045-2 sind Sieblinien für die Kornzusammensetzung der Gesteinskörnungen mit einem Größtkorn von 8 mm, 16 mm, 32 mm und 63 mm dargestellt. Bei einem Größtkorn bis höchstens 4 mm spricht man von Mörtel. Ab einem Größtkorn von mehr als 4 mm handelt es sich um Beton.

2.2.4 Zugabewasser

Zugabewasser ist das dem Beton beim Mischen zugegebene Wasser. Auf diese Weise ergibt sich der Frischbeton. Die maßgebliche Wirkung des Zugabewassers besteht in der chemischen Reaktion mit dem Zement, welche zur Erhärtung des Frischbetons und damit zum Festbeton führt. Diese chemische Reaktion bezeichnet man als Hydratation des Zements.

Zusätzliche Bestandteile des Zugabewassers können z. B. das Erstarrungsverhalten, die Festigkeitsentwicklung und die Dauerhaftigkeit des Betons beeinflussen sowie den Korrosionsschutz der Bewehrung gefährden. In abgelegenen Gebieten ist für das Herstellen von Beton oft kein Trinkwasser erhältlich, das in der Regel ohne weitere Prüfungen verwendbar ist. Es muss dann geprüft werden, ob das am Ort anstehende natürliche oder aufbereitete Wasser, z. B. Oberflächenwasser oder Grundwasser, verwendet werden kann. Diese Wässer können Bestandteile enthalten, die wesentliche Eigenschaften des Zements oder Betons ungünstig beeinflussen. Die Prüfung und Beurteilung des Zugabewassers erfolgt nach der DIN EN 1008:2002-10 [20] Außerdem liegt diesbezüglich auch das Merkblatt des Deutschen Beton-Vereins [21] vor.

2.2.5 Zusatzmittel

Zusatzmittel sind flüssige oder pulverförmige Stoffe, die dem Beton während des Mischvorganges zugesetzt werden. Sie beeinflussen durch chemische und/oder physikalische Wirkung die Eigenschaften des Frisch- oder Festbetons, wie z. B. Verarbeitbarkeit, Erstarren oder Luftporengehalt. Die Zugabemenge eines Zusatzmittels ist im Allgemeinen so klein, dass sie als Volumenanteil des Betons ohne Bedeutung ist. Die Wirkungsgruppen und Kennzeichnungen einiger Zusatzmittel sind nachfolgend zusammengestellt:

Wirkungsgruppe	Kurzzeichen	Farbkennzeichen
Betonverflüssiger	BV	gelb
Fließmittel	FM	grau
Luftporenbildner	LP	blau
Dichtungsmittel	DM	braun
Verzögerer	VZ	rot
Beschleuniger	BE	grün

Für Beton nach DIN EN 206-1/DIN 1045-2 gelten Zusatzmittel nach DIN EN 934 als geeignet. Für Zusatzmittel außerhalb der DIN EN 934 ist eine allgemeine bauaufsichtliche Zulassung des Deutschen Instituts für Bautechnik, Berlin erforderlich.

2.2.6 Zusatzstoffe

Zusatzstoffe beeinflussen bestimmte Eigenschaften des Betons. Sie führen z. B. zur Verbesserung der Verarbeitbarkeit des Betons, zur Reduzierung der Wärmeentwicklung bei der Hydratation, zur Verzögerung der Erhärtung oder Erhöhung der Dichtigkeit. Die gebräuchlichsten Zusatzstoffe sind Trass, Gesteinsmehl, Flugasche, Pigmente zum Einfärben des Betons, Kunststoffdispersionen und Fasern (Stahl-, Glas- oder Kunststofffasern). Kunststoffdispersionen werden u. a. bei Betonbauwerken zum Schutz vor wassergefährdenden Flüssigkeiten eingesetzt. Zunehmende Bedeutung unter den Zusatzstoffen haben Silica-Stäube, die in Schmelzöfen anfallen, in denen Ferrosilicium und Siliciummetalle hergestellt werden. Silica-Staub wird zur Herstellung von hochfestem Beton und zur Verbesserung des Frostwiderstandes, des FrostTausalzwiderstandes und des Widerstandes gegen chemische Angriffe eingesetzt. Im Gegensatz zu den Zusatzmitteln ist die Zugabemenge von Zusatzstoffen im Allgemeinen so groß, dass sie als Volumenanteil des Betons bei der Rezeptur berücksichtigt werden muss [22].

Die Zusatzstoffe dürfen das Erhärten des Zements, die Festigkeit und Dauerhaftigkeit des Betons sowie den Korrosionsschutz der Bewehrung nicht beeinträchtigen. Die Eignung als Zusatzstoff des Typs 1 (nahezu inaktive Zusatzstoffe) ist für Gesteinsmehl nach DIN EN 12620 [18], für Pigmente nach DIN EN 12878 und für Zusatzstoffe mit allgemeiner bauaufsichtlicher Zulassung oder einer Europäischen Technischen Zulassung nachgewiesen. Die Eignung als Zusatzstoffe des Typs II (puzzolanische oder latenthydraulische Zusatzstoffe) ist nachgewiesen für Flugasche nach DIN EN 450 und für Trass nach DIN 51043 sowie für Zusatzstoffe mit allgemeiner bauaufsichtlicher Zulassung.

2.2.7 Eigenschaften des Frischbetons

Als Frischbeton bezeichnet man den Beton, solange er verarbeitet werden kann. Wesentliche Eigenschaften des Frischbetons, die Rückschlüsse auf die spätere Betongüte zulassen, sind Konsistenz und Luftgehalt.

Die Prüfung dieser Eigenschaften ist in DIN EN 12350 festgelegt [23]. Die Konsistenz des Betons ist ein Maß für die Steife und damit für die Verarbeitbarkeit des Betons. Die Konsistenz wird mit dem Ausbreitversuch (weiche Betone) oder dem Verdichtungsversuch (steifere Betone) ermittelt. Beim Ausbreitmaß wird der Durchmesser in mm an dem frisch hergestellten und auf einer horizontalen Fläche nach definierter stoßartiger Belastung verteilten Beton ermittelt. Das Verdichtungsmaß ist ein Wert für das Absetzen des Frischbetons nach definiertem Rütteln.

Nach der DIN EN 206-1 und der DIN 1045-2 wird in Abhängigkeit von dem gewählten Versuch unterschieden in Ausbreitmaßklassen und in Verdichtungsmaßklassen.

Ausbreitmaßklassen des Frischbetons nach DIN 1045-2 [6]

Klasse	Ausbreitmaß 0 bis [mm]	Konsistenzbezeichnung
F1	340	steif
F2	350 bis 410	plastisch
F3	420 bis 480	weich
F4	490 bis 550	sehr weich
F5	560 bis 620	fließfähig
F6	630	sehr fließfähig

Ein Beton mit einem Ausbreitmaß über 700 mm gilt als „selbstverdichtender Beton" (SVB). Die Anwendung eines SVB erfolgt nach der Richtlinie des Deutschen Ausschusses für Stahlbeton [24] in Verbindung mit der DIN 1045 und der DIN EN 206.

Verdichtungsmaßklassen des Frischbetons nach DIN 1045-2 [6]

Klasse	Verdichtungsmaß [-]	Konsistenzbezeichnung
C0	größer gleich 1,46	sehr steif
C1	1,45 bis 1,26	steif
C2	1,25 bis 1,11	plastisch
C 3	1,10 bis 1,04	weich
C4	kleiner 1,04	

Der Luftgehalt von Frischbeton mit Gesteinskörnungen mit dichtem Gefüge ist nach dem Druckausgleichsverfahren in einem kalibrierten Prüfgerät (LP-Topf) zu messen. Der Luftgehalt gibt einen Hinweis auf den Verdichtungsgrad. Bei der Herstellung von Beton, der einem Frostangriff der Expositionsklassen XF2 bis XF4 nach DIN 1045-2 unterliegt wird in Abhängigkeit vom Wasserzementwert und dem Größtkorn der Mischung der Gesteinskörnung ein Mindestluftgehalt gefordert. Dieser Mindestluftgehalt wird durch Verwendung von luftporenbildendem Zusatzmittel (Luftporenbildner) erzielt. Ein weiteres Merkmal ist die Frischbetonrohdichte. Darunter versteht man die Masse pro Volumeneinheit von frischem, vorschriftsmäßig verdichtetem Beton einschließlich der verbleibenden Poren. Sie ermöglicht eine erste Beurteilung der Betongüte und wird durch Wiegen des mit Frischbeton gefüllten Probebehälters ermittelt. Bei gleicher Menge an Zement und Gesteinskörnung lässt eine niedrige Rohdichte eine geringere Betonfestigkeit erwarten, da die Rohdichte mit steigendem Wasser- und Porengehalt abfällt.

2.2.8 Eigenschaften des Festbetons

Eine der wichtigsten Betoneigenschaften des erhärteten Betons ist die Druckfestigkeit [25]. Man ermittelt sie durch den Druckversuch an eigens hergestellten Probekörpern (Würfel, Zylinder) oder in Sonderfällen an Bohrkernen aus dem Bauwerk [26].

Die Normprüfung gemäß DIN EN 12390 [25] wird nach 28 Tagen im Allgemeinen an Zylindern mit 150 mm Durchmesser und 300 mm Länge oder an Würfeln von 15 cm Kantenlänge durchgeführt. Die Klassifizierung erfolgt anhand der charakteristischen Festigkeit von Zylindern ($f_{ck,\ cy1}$) oder der charakteristischen Festigkeit von Würfeln ($f_{ck,\ cube}$) nach folgender Tabelle:

Druckfestigkeitsklassen des Betons nach DIN EN 206-1:2001-07 und ihre Anwendung (Auszug):

Druckfestigkeitsklasse	$f_{ck,cyl}$	$f_{ck,cube}$
	N/mm²	N/mm²
C8/10	8	10
C12/15	12	15
C16/20	16	20
C20/25	20	25
C25/30	25	30
C30/37	30	37
C35/45	35	45
C40/50	40	50
C45/55	45	55
C50/60	50	60
C55/67	55	67
C60/75	60	75
C70/85	70	85
C80/95	80	95

Ab der Druckfestigkeitsklasse C55/67 und darüber handelt es sich um hochfesten Beton.

Die DIN EN 206-1/DIN 1045-2 unterteilt den Beton u. a. in Expositionsklassen und Feuchtigkeitsklassen. Dabei werden die Expositionsklassen unterschieden nach dem Angriff auf die Bewehrungskorrosion und auf den Angriff auf Beton. Die folgenden Expositionsklassen liegen vor:

XC1 bis XC4:	Bewehrungskorrosion durch Karbonatisierung
XD1 bis XD3:	Bewehrungskorrosion durch Chloride (außer Meerwasser)
XS1 bis XS3:	Bewehrungskorrosion durch Chloride aus Meerwasser
XF1 bis XF4:	Betonkorrosion durch Frostangriff mit und ohne Taumittel

XA1 bis XA3:	Betonkorrosion durch chemischen Angriff
XM1 bis XM3:	Betonkorrosion durch Verschleißbeanspruchung
WO bis WS:	>Betonkorrosion durch Alkal-Kieselsäure-Reaktion

Die Expositionsklassen WO, WF, WA und WS (also WO bis WS) werden als Feuchtigkeitsklassen bezeichnet.

Je höher die Ziffer bei den einzelnen Expositionsklassen, umso intensiver ist der entprechende Korrosionsangriff.

In Abhängigkeit von den Expositionsklassen werden in der DIN 1045-2, Tabelle F.2.1 und F.2.2 Grenzwerte für die Betonzusammensetzung festgelegt. Diese Festlegungen erfolgten unter der Annahme einer beabsichtigten Nutzungsdauer von mindestens 50 Jahren unter üblichen Instandhaltungsbedingungen. Es werden Grenzen bezüglich folgender Parameter angegeben:

Höchstzulässiger Wasserzementwert, Mindestdruckfestigkeitsklasse, Mindestzementgehalt und Mindestluftgehalt.

Beispiel

Betone, die der Expositionsklasse XD3 (Bewehrungskorrosion, verursacht durch Chloride; z. B. Parkdecks) ausgesetzt sind, weisen demgemäß folgende Grenzwerte für die Zusammensetzung auf:

Höchstzulässiger Wasserzementwert:	0,45
Mindestdruckfestigkeitsklasse:	C35/45
Mindestzementgehalt in kg/m3:	320
Mindestzementgehalt bei Anrechnung von Zusatzstoffen in kg/m3:	270

Chloride

In DIN 1045-2 wird der Chloridgehalt des Betons begrenzt, um eine chloridinduzierte Korrosion der Bewehrung zu verhindern. Bei unbewehrtem Beton gilt die Kasse des Chloridgehalts Cl 1,0. Dies bedeutet, dass der höchstzulässige Chloridgehalt, bezogen auf den Zement in Massenanteil 1,0 % beträgt. Für bewehrten Beton oder Beton mit anderem eingebettetem Metall liegt der höchstzulässige Chloridgehalt bei 0,40 % (Klasse Cl 0,40). Bei Spannstahlbewehrung beträgt der höchstzulässige Chloridgehalt 0,20 % (Klasse Cl 0,20).

Frostangriff

Der Frostangriff kann in Abhängigkeit vom Einsatz von Taumitteln in einen physiklaischen und in einen chemischen Angriff unterschieden werden. Der physiklaische Angriff ist immer gegeben. Der chemische Angriff ist abhängig von der Art der Taumittel. Maßgeblich für das Auftreten eines Frostes im Beton ist die Frage, ob das in den Poren vorhandene Wasser gefrieren kann. Dies ist eine Frage der Anzahl von in der Porenflüssigkeit vorhandenen dissoziierten Ionen und von der Porenart.

Porenart	Porengröße	Porenfüllung	Gefrierpunkt von Wasser
Grobporen	≥ 1 mm	leer	
Makroporen	< 1 mm	Saugend, sofort befüllbar	0 °C bis -20 °C
Mesokapillaren	< 30 µm	Saugend, in Minuten bis Wochen befüllbar	0 °C bis -20 °C
Mikrokapillaren	< 1 µm	Durch kapillares Saugen nicht vollständig befüllbar	0 °C bis -20 °C
Mesogelporen	< 30 nm	Durch Kondensation bei rel. F. 50 % bis 98 % befüllbar	-20 °C bis -39 °C
Mikrogelporen	< 1 nm	Durch sorption bei rel. F. < 50 % befüllbar	Bei ca. -90 °C

Tabelle 2.1: Zusammenhang von Porengröße und Gefrierverhalten [42]

Auswirkungen eines chemischen Angriffs

Grundwässer, Böden, Industrieabwässer und Abgase können einen chemischen Angriff auf den erhärteten Beton ausüben. Die Untersuchung und Beurteilung des chemischen Angriffs erfolgen nach DIN 4030 [28].

Im Allgemeinen werden die Angriffsarten „treibend" und „lösend" unterschieden. Bei einem „lösenden" Angriff auf Beton tritt an der Betonoberfläche eine chemische Reaktion ein, die schwerlösliche Verbindungen in leichtlösliche Produkte überführt. Der „lösende" Angriff wirkt insbesondere auf den Zementstein und seltener auf die Gesteinskörnung ein. Die gelösten Produkte (Zementstein) werden abgetragen und es entsteht eine waschbetonartige Struktur. Bei einem „treibenden" Angriff bilden sich schwerlösliche, voluminöse Reaktionsprodukte im Betoninneren. Bedingt durch die Volumenvergrößerung entsteht ein starker innerer Druck, der zu Rissbildungen oder Absprengungen des Betons bzw. Zementsteins führen kann. Im Wasser gelöste Sulfate wirken „treibend"; Säuren, bestimmte Salze, pflanzliche und tierische Öle und Felle wirken „lösend".

Der von Böden und Wässern ausgehende chemische Angriff (XA1, XA2, XA3) wird in die Angriffsgrade „schwach", „mäßig" und „stark" unterteilt. Für die Beurteilung ist der höchste Angriffsgrad maßgebend, der sich aus den chemischen Merkmalen ergibt, auch wenn er nur von einem chemischen Merkmal erreicht wird. liegen zwei oder mehr chemische Merkmale im oberen Viertel eines Bereichs (beim pH-Wert im unteren Viertel), so erhöht sich der Angriffsgrad um eine Stufe. Bei einer chemisch stark angreifenden Umgebung" (XA3) oder einem noch stärkeren chemischen Angriff und bei einer hohen Fließgeschwindigkeit von Wasser unter Mitwirkung von Chemikalien muss der Beton nach DIN 1045-2 durch eine Schutzschicht oder eine dauerhafte Bekleidung gegen diese Angriffe geschützt werden, wenn nicht ein Gutachten eine andere Lösung vorschlägt.

2.2.9 Wasserzementwert

Das zur Herstellung des Frischbetons verwendete Wasser vermischt sich mit dem Zement und bildet den Zementleim. Im Zementleim findet eine chemische Reaktion des Zements mit dem Zugabewasser statt, welche zur Erhärtung des Zementleims führt. Die dabei ablaufende chemische Reaktion bezeichnet man als Hydratation des Zements. Auf diese Weise entsteht eine stöchiometrische chemische Verbindung, das bedeutet, dass Wasser und Zement in einem bestimmten Massenverhältnis zueinanderstehen. Vereinfacht ausgedrückt kann man sagen, dass Wasser in einer Menge von 40 % der Masse des Zements im Zementstein gebunden wird. In diesem „Idealfall" wird ein Anteil von ca. 25 % der Zementmasse durch Hydratation chemisch gebunden, während ca. 15 % als physikalisch gebundenes Wasser in den sogenannten Gelporen des Zementsteins verbleibt. In diesem Fall läge im Zementleim ein sogenannter Wasserzementwert von 0,4 vor, d. h. der Massenanteil von Wasser bezogen auf den Massenanteil Zement hat den Wert 0,4.

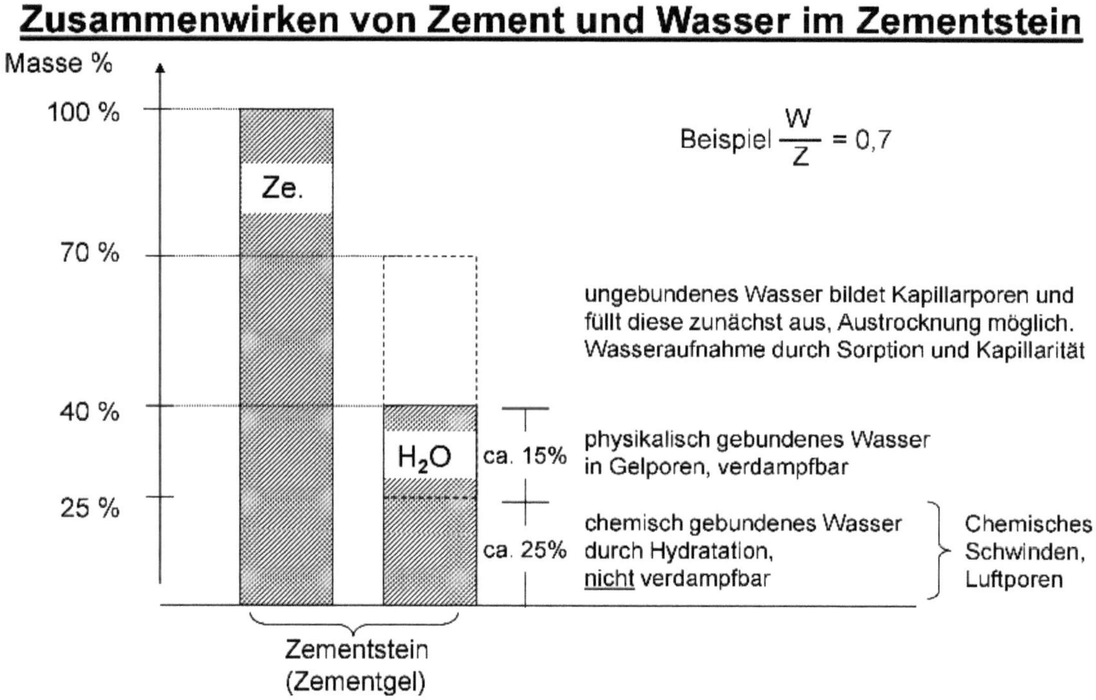

Bild 2.1: Zusammenhang von Zement, Wasser und der Enttehung von Poren

Aus Gründen der Verarbeitbarkeit verwendet man in der Praxis meist einen Wasserzementwert von größer als 0,4, z. B. 0,5 und 0,6. In einem Beispiel ist ein Wasserzementwert von 0,7 angegeben. Das über den Wasserzementwert von 0,4 hinaus gehende Wasser kann weder chemisch noch physikalisch gebunden werden und verbleibt als ungebundenes Wasser im Zementstein. Dieses ungebundene Wasser führt zur Bildung von Kapillarporen. Das Wasser in den Kapillarporen kann bei entsprechenden Umgebungsbedingungen austrocknen. In den Kapillarporen kann auch eine erneute Wasseraufnahme durch Sorption stattfinden, welche durch die Sorptionsisotherme des Betons beschrieben ist.

Die Kapillarporen stellen Fehlstellen im Beton dar, welche die Festigkeit des Betons vermindern. Aus diesem Grunde vermindert sich die Festigkeit des Betons mit steigendem Wasserzementwert w/z. Wenn dem Zement weniger Wasser zur Reaktion zur Verfügung steht als dem Wasserzementwert 0,4 entspricht, so verbleibt im Beton nichthydratisierter Zement, welcher nicht zur Erhärtung des Betons beiträgt und damit ebenfalls die Betonfestigkeit mindert. Dieselbe Wirkung tritt auf, wenn dem Beton z. B. an der Oberfläche Wasser entzogen wird. Deshalb muss das durch eine fachgerechte Nachbehandlung des Betons verhindert werden.

2.2.10 Betonverarbeitung, Nachbehandlung

Die Betontemperatur muss beim Betonieren während extrem kalter und extrem warmer Außentemperaturen beobachtet werden. Die Einbautemperatur soll in der Regel + 30 °C nicht überschreiten und + 5 °C nicht unterschreiten [6,29].

Durch die Nachbehandlung, die gem. DIN 1045-3 [7] erfolgt, muss der Beton bis zu seiner ausreichenden Erhärtung gegen vorzeitiges Austrocknen, extreme Temperaturen, chemische Angriffe, mechanische Beanspruchung und Erschütterungen geschützt werden. Die Nachbehandlung erfolgt durch Belassen in der Schalung, dichtes Abdecken mit Folien oder wasserhaltenden Matten, Aufspritzen von Nachbehandlungsmitteln schon auf den mattfeucht werdenden Beton oder kontinuierliches Besprühen mit Wasser. In DIN 1045-3, Tabelle 2, wird die Mindestdauer der Nachbehandlung von Beton in Tagen angegeben, abhängig von den Expositionsklassen nach DIN 1045-2 [6]. Die dort angegebene Mindestdauer der Nachbehandlung beträgt bis zu 15 Tage.

2.3 Betonstahl

Stähle, die zur Bewehrung von Beton verwendet werden, müssen DIN 488 entsprechen oder allgemein bauaufsichtlich zugelassen sein [30, 31]. Bei Instandsetzungsmaßnahmen an Stahlbetonbauwerken besteht manchmal die Notwendigkeit, neue Bewehrung an die bereits vorhandene Bewehrung anzuschweißen. Betonstähle nach DIN 488 sind prinzipiell für Schweißverbindungen geeignet. Da es jedoch nicht auszuschließen ist, dass z. B. bei Instandsetzungsmaßnahmen auch ältere Stähle bearbeitet werden müssen, ist vor Arbeitsbeginn die Schweißeignung dieser Stähle zu klären. Die Ausführung und Überwachung von Schweißarbeiten muss nach DIN 4099 erfolgen [32].

2.4 Stahlbeton

2.4.1 Betondeckung der Bewehrung

Der Verbund zwischen Bewehrung und Beton ist durch eine ausreichend dicke und dichte Betondeckung zu sichern. Sie muss in der Lage sein, den Stahl dauerhaft vor Korrosion zu schützen und Kräfte vom Stahl ohne Abplatzungen in den Beton einzuleiten.

Daher wurden in Abhängigkeit von der Expositionsklasse für Betone in der DIN EN 1992-1-1 und DIN EN 1992-1-1/NA Mindestmaße der Betondeckung (Mindestbetondeckung c_{min}) vorgegeben und es wird ein Vorhaltemaß angegeben. Die Betondeckung jedes Bewehrungsstabes in mm darf nach allen Seiten das Mindestmaß c_{min} nicht unterschreiten. Zur Sicherung des Mindestmaßes ist dem Entwurf und der Ausführung das Nennmaß c_{nom} zugrunde zu legen. Es setzt sich aus dem Mindestmaß c_{min} plus dem Vorhaltemaß zusammen.

$c_{nom} = c_{min} + \text{Vorhaltemaß}$

Das Vorhaltemaß beträgt 15 mm. Lediglich bei der Expositionsklasse XC1 liegt es bei 10 mm.

Zur Sicherstellung des Verbundes darf aber die Mindestbestondeckung C_{min} nicht kleiner sein als der Stabdurchmesser der Betonstahlbewehrung. Außerdem gibt es diesbezüglich Anforderungen für andere Bewehrungen.

Das Nennmaß beträgt z. B. für Bauteile in geschlossenen Räumen (Expositionsklasse XC1) mindestens 20 mm und für Außenbauteile (Expositionsklasse XC4) mindestens 40 mm. Das Nennmaß c_{nom} entspricht dem Verlegemaß der Bewehrung und ist auf den Bewehrungszeichnungen anzugeben sowie beim Standsicherheitsnachweis zu berücksichtigen.

Maßnahmen für den Entwurf und die Herstellung von bewehrten Betonbauteilen, durch die sichergestellt werden soll, dass das geforderte Mindestmaß c_{min} der Betondeckung im fertigen Bauteil mit ausreichender Zuverlässigkeit eingehalten wird, sind in den DBV-Merkblättern „Betondeckung und Bewehrung" sowie „Abstandshalter" [33, 34] beschrieben.

Das Verlegemaß c_v (Abstand der außenliegenden Bewehrung zur Betonoberfläche) ergibt sich als größtes Maß aus den Nennmaßen der Betondeckung für die Längsstäbe und die Querbewehrung (Bügel) und aus den erforderlichen Betondeckungen/Achsabständen u bzw. u_s für den Brandschutz (DIN 4102-4).

2.4.2 Konstruktiver Korrosionsschutz

Für den Korrosionsschutz des Bewehrungsstahls sind neben einer ausreichenden Betondeckung auch konstruktive Maßnahmen bei der Planung zu berücksichtigen [35].

- Wirkungsvolle Ableitung von Regenwasser:
  Feuchtigkeit/Wasser ist eine notwendige Voraussetzung dafür, dass Korrosion der Bewehrung entsteht. Regenwasser muss deshalb insbesondere an waagrechten Flächen (z. B. Oberseiten von Brüstungen) wirkungsvoll abgeführt werden. Dies kann durch eine entsprechende Neigung der Flächen (größer gleich 5 %) oder durch Verwahrungen erfolgen.
- Betoniergerechte Bauteile:
  Allzu schlanke und filigrane Bauteile aus Stahlbeton müssen vermieden werden. Bei zu schlanken Schalungsräumen, zu engen Bewehrungsabständen, fehlenden Rüttelgassen oder bei verwinkelten Schalungen ist eine ausreichende Verdichtung des Betons und eine ausreichende Betondeckung nicht mehr sichergestellt.
- Begrenzung der Rissbreiten:
  Risse quer zur Bewehrung infolge Belastung sind bei Stahlbetonkonstruktionen systemüblich und stellen, sofern ihre Breiten im Mittel 0,3 mm bis 0,4 mm nicht überschreiten, bei üblichen Betondeckungen und Umgebungsbedingungen keine Korrosionsgefährdung dar. Breitere Risse, Risse in Richtung der Bewehrungsstäbe (Längsrisse), Risse infolge unkontrollierten Zwangs sowie schmalere Risse bei ungünstigen Umgebungsbedingungen können jedoch den Korrosionsschutz einschränken. Diesen Rissbildungen muss durch sachgerechte Bewehrungsführung und betontechnologische Maßnahmen begegnet werden [5, 35, 36, 37]. In DIN EN 1992-1-1/NA:2013-04, werden in Abhängigkeit von den Expositionsklassen die Anforderungen an die Begrenzung der Rissbreite festgelegt. Der Rechenwert der Rissbreite liegt demgemäß für Stahlbetonbauteile zwischen 0,3 mm und 0,4 mm. Der Rechenwert der Rissbreite gilt als Anhaltswert für die am Objekt auftretenden Rissbreiten, deren gelegentliche, geringfügige Überschreitung im Bauwerk nicht ausgeschlossen werden kann. Bei Beachtung der Konstruktionsregeln ist dies nach DIN EN 1992-1-1, im Allgemeinen unbedenklich.

2.4.3 Brandschutz bei Stahlbeton

Baustahl, der nicht durch eine Ummantelung vor einem direkten Wärmeangriff geschützt ist, kann im Brandfall frühzeitig versagen. Der Brandschutz einer Stahlbetonkonstruktion muss deshalb durch den Beton sichergestellt werden. Der Beton nach DIN 1045-2 ist ein nichtbrennbarer Baustoff nach DIN 4102 [38]. Für die europäische Betrachtung des Brandschutzes gilt DIN EN

13501, welche die Bereiche Klassifizierungsnormen und Prüfnormen sowie Regeln zur erweiterten Anwendung beinhaltet.

Unter den im natürlichen Brandfall eintretenden Temperaturen [39]

- bleibt Beton weitgehend fest,
- trägt Beton nicht zur Brandlast bei,
- leitet Beton den Brand nicht weiter,
- bildet Beton keinen Rauch,
- setzt Beton keine toxischen Gase frei.

Diese stofflichen Eigenschaften des Betons erlauben es bei sinnvoller Planung, ein gegen Brandgefahr sicheres Bauwerk zu erstellen. Dabei spielen die Breite bzw. Dicke von Bauteilen sowie die Maße der Betondeckung c und die Achsabstände u bzw. u_s der Bewehrung zur Betonoberfläche eine entscheidende Rolle. Auf diese Weise muss durch richtige Dimensionierung der Bauteile im Brandfall die Durchwärmung des Bauteils entsprechend der geforderten Feuerwiderstandsdauer verzögert werden. Dieser folgt gem. DIN 4102-2 und DIN 4102-4.

Der Nachweis des baulichen Brandschutzes für Stahlbetonkonstruktionen kann in Abhängigkeit von den Anforderungen wie folgt erbracht werden [40].

A. Nach DIN 4102-4

B. Prüfzeugnis

C. Gutachten

D. Zulassung

E. Zustimmung im Einzelfall

Für den Brandschutz von Stahlbetonkonstruktionen sind folgende Einflüsse von Bedeutung:

- Betonart (Leichtbeton bis 2000 kg/m 3, Normalbeton, Schwerbeton über 2600 kg/m3, Porenbeton),
- Abstand der Bewehrung von der Betonoberfläche (Achsabstand U_s, Betondeckung c),
- Querschnittsabmessungen (Dicke, Breite),
- Konstruktionsart, statisches System,
- Belastung,
- Bekleidung, Putze,
- Brandbeanspruchung (einseitig, mehrseitig).

Wie bei anderen Baustoffen, kann auch bei Beton durch Bekleidungen, Putze oder Brandschutzanstriche die Feuerwiderstandsdauer angehoben werden. Aus Kostengründen sind jedoch solche Maßnahmen im Normalfall auf Ausnahmen beschränkt. Bei der Stahlbetoninstandsetzung können solche Maßnahmen aber zweckmäßig sein, auch die Anwendung von Spritzbeton zur Erhöhung der Bauteildicke und der Betondeckungsmaße bzw. der Achsabstände der Bewehrung.

Industriebauten nehmen wegen der baulichen und nutzungstechnischen Vielfalt eine Sonderstellung ein. Daher wird versucht, objektspezifische Lösungen zu entwickeln [42]. Mit der Industriebaurichtlinie werden die Mindestanforderungen an den baulichen Brandschutz dieser Bauten geregelt [43]. Die Höhe der baulichen und betrieblichen Brandschutz-Anforderungen kann auf Grund von drei Nachweisverfahren erbracht werden [39].

- Einstufung nach Sicherheitskategorien ohne Brandlastermittlung,
- Nachweis auf Grund einer Bemessung nach DIN 18230 [44],
- Nachweis mittels Methoden des Brandschutzingenieurwesens.

Sind an Stahlbetonbauteilen während eines Brandes Schäden, z. B. durch Abplatzungen, aufgetreten, so können die Bauteile häufig ohne wesentliche Schwierigkeiten ausgebessert werden [45]. Mit Erfolg wird dabei vor allem Spritzbeton eingesetzt. Hinweise für die Durchführung von Ausbesserungsarbeiten mit Spritzbeton sind in den vom Deutschen Ausschuss für Stahlbeton bereits 1976 herausgegebenen „Richtlinien für die Ausbesserung und Verstärkung von Betonbauteilen mit Spritzbeton“ zusammengestellt worden [46]. Die maßgeblichen Ausführungen dieser Richtlinie sind zwischenzeitlich in die DIN 18551 [47] und die DIN EN 14487 eingeflossen. Außerdem wird in [48] ausführlich die Anwendung von Spritzbeton beschrieben.

Weiterführende Ausführungen zum Thema Brandschutz für Betonbauteile finden sich in [40].

2.5 Betonanwendungen früher und heute

2.5.1 Betonanwendungen der Römerzeit

Eine sehr interessante Darstellung über Betonanwendungen aus der Römerzeit und über damalige Beton- und Stahlbetonbauwerke beschreibt anschaulich H.-O. Lamprecht in [50].

2.5.2 Betonanwendungen heute

Zur Vertiefung der Kenntnisse über die Betonanwendungen aber auch für die Gewinnung eines allgemeinen Überblicks eignet sich gut die Darstellung von G. Lohmeyer [51]. Der Deutsche Beton- und Bautechnik-Verein e. V. hat in [52] ausführlich die Betonherstellung und Verwendung nach der neuen Normengeneration (DIN 1045/DIN EN 206) dargestellt.

Weiterführende Literatur zu den folgenden Betonen finden sich in der entprechend genannten Literatur:

Hochfester Beton, Hochleistungsbeton [53, 54, 55]
Selbstverdichtender Beton (SVB) [24, 56, 57]
Spritzbeton [47, 48] und DIN EN 14887
Faserbeton (Zugabe von Fasern bei Spritzbeton und Normalbeton)
Weitere Betone, die als Spezialbetone Anwendung finden sind:

- Unterwasserbeton [60, 61],
- Bohrpfahlbeton [60],
- Porenleichtbeton [58],
- Dränbeton [58],
- Massenbeton [62, 63],
- Feuerbeton [62].

In den o. g. Literaturstellen werden diese Spezialbetone anschaulich beschrieben.

2.6 Literatur

[1] DIN EN 206-1:2001-07; Beton, Teil 1: Festlegung, Eigenschaften, Herstellung und Konformität, Deutsche Fassung EN 206-1:2000 und DIN EN 206:2017-1, Beton – Festlegung, Eigenschaften, herstellung und Konformität; Deutsche Fassung EN 206:2013 +A1:2016

[2] WTA-Merkblatt 5-7-99/D „Prüfen und Warten von Betonbauwerken„; WTAGeschäftsstelle, Edelsbergstraße. 8, 80686 München

[3] G. Rieche, J. Eberle: „Stahlbeton-Grundlagen“ in Schröder u. a. „Schutz und In standsetzung von Stahlbeton“; expert verlag, Renningen, 1999

[4] U. Nürnberger, B. lsecke, B. Neubert, G. Rieche: Korrosionsschutz im Massivbau; expert verlag, Renningen, 1991

[5] DIN EN 1992-1-1:2011-01, Eurocode 2 Bemessung und Konstruktion von Stahlbeton und Spannbetontragwerken, Teil 1-1: Allgemeine Bemessungsregeln und Regeln für den Hochbau, Deutsche Fassung, plus nationale Anhänge inclusive Änderungen.

[6) DIN 1045-2:2023-08: Tragwerke aus Beton, Stahlbeton und Spannbeton, Teil 2: Beton

[7) DIN 1045-3:2023-08; Tragwerke aus Beton, Stahlbeton und Spannbeton, Teil 3: Bauausführung,

[8) DIN 1045-4: 2023-08; Tragwerke aus Beton, Stahlbeton und Spannbeton, Teil 4: Betonfertigteile – Allgemeine Regeln

[9) DAfStb; Heft 525, Erläuterungen zu DIN 1045-1; Deutscher Ausschuss für Stahlbeton, Berlin, 2003

[10) DAfStb; Heft 526, Erläuterungen zu den Normen DIN EN 206-1, DIN 1045-2, DIN 1045-3, DIN 1045-4 und DIN 4226 DIN 1045-1; Deutscher Ausschuss für Stahlbeton, Berlin, 2003

[11] DIN Fachbericht 100, Beton – Zusammenstellung von DIN EN 206-1 Beton und DIN 1045-2 Tragwerke aus Beton, Stahlbeton und Spannbeton, Ausgabe 2001; Beuth Verlag, Berlin, 2001

[12) DIN EN 197-1:2011-11; Zement, Teil 1: Zusammensetzung, Anforderungen und Konformitätskriterien von Normalzement Deutsche Fassung EN 197-1:2011

[13) DIN 1164-10:20013-03; Zement mit besonderen Eigenschaften, Teil 10: Zusammensetzung, Anforderungen und Übereinstimmungsnachweis von Zement mit niedrigem Wirksamen Alkaligehalt

DIN 1164-11:2003-11; Zement mit besonderen Eigenschaften, Teil 11: Zusammenset zung, Anforderungen und Übereinstimmungsnachweis von Zement mit verkürztem Erstarren

DIN 1164-12:2005-06; Zement mit besonderen Eigenschaften, Teil 12: Zusammenset zung, Anforderungen und Übereinstimmungsnachweis von Zement mit einem er höhten Anteil an organischen Bestandteilen

[14) DIN EN 14216:2004-08; Zement- Zusammensetzung, Anforderungen und Konformitätskriterien von Sonderzement mit sehr niedriger Hydratationswärme

[15) G. Lohmeyer: Stahlbetonbau; Teubner-Verlag, Wiesbaden, 2004

[16) Zement-Merkblatt B1 „Zemente und ihre Herstellung“; Verein Deutscher Zementwerke e. V., Düsseldorf,

[17) DIN 4226-2:2002-02; Gesteinskörnungen für Beton und Mörtel, Teil 2: leichte Gesteinskörnung

DIN 4226-100:2002-02; Gesteinskörnungen für Beton und Mörtel, Teil 100: Rezyklierte Gesteinskörnung

[18) DIN EN 12620:2008-07; Gesteinskörnungen für Beton

[19) Zement-Merkblatt B2 „Gesteinskörnungen für Normalbeton“; Verein Deutscher Zementwerke e. V., Düsseldorf

[20) DIN EN 1008:2002-10; Zugabewasser für Beton – Festlegung, Prüfung und Beurteilung der Eignung von Wasser, einschließlich bei der Betonherstellung anfallen dem Wasser als Zugabewasser für Beton, Deutsche Fassung EN 1008:2002

[21) DBV-Merkblatt „Zugabewasser für Beton“; Deutscher Beton-Verein e. V., Wiesbaden,

[22) R. Weber u. a.: Guter Beton; Verlag Bau + Technik GmbH, Düsseldorf,

[23) DIN EN 12350 Teile 1, 3, 4, 5, 6, 7, Ausgabe 2000; Prüfverfahren für Frischbeton [24) DAfStb-Richtlinie „Selbstverdichtender Beton (SVB-Richtlinie)"; Deutscher Ausschuss für Stahlbeton, Berlin 11/2003
[25) DIN EN 12390, Teile 1 bis 9, Ausgabe 2000 bis 2002, Prüfverfahren für Festbeton
[26) DIN 1048, Teile 2, 4 und 5, Ausgabe 1991, Prüfverfahren für Beton
[27] DBV-Merkblatt „Parkhäuser und Tiefgaragen"; Deutscher Beton und Bautechnik Verein e. V., Berlin, Januar 2005, 2010 und 3. Ausgabe 2018
[28] DIN 4030-1:1991-06; Beurteilung betonangreifender Wässer, Böden und Gase
[29] Beton-Handbuch; Deutscher Beton-Vereine. V., Bauverlag GmbH, Wiesbaden und Berlin, 1995
[30] DIN 488, Teile 1, 4, 6 und 7, Ausgabe 1984 und 1986, Betonstahl
[31] D. Rußwurm: Betonstähle für den Stahlbetonbau; Bauverlag GmbH, Wiesbaden und Berlin, 1993
[32] DIN 4099, Teile 1 und 2, Ausgabe 2003, Schweißen von Betonstahl
[33] DBV-Merkblatt „Betondeckung und Bewehrung"; Deutscher Beton-Verein e. V., Wiesbaden
[34] DBV-Merkblatt „Abstandhalter"; Deutscher Beton-Vereine. V., Wiesbaden
[35] B. Neubert: „Korrosionsschutz von Betonkonstruktionen aus planerischer und betontechnologischer Sicht"; in [4]
[36] P. Schießl: Einfluß von Rissen auf die Dauerhaftigkeit von Stahlbeton- und Spannbetonbauteilen; Deutscher Ausschuß für Stahlbeton, Heft 370, Berlin, 1986
[37] DBV-Merkblatt „Begrenzung der Rißbildung im Stahlbeton- und Spannbetonbau";
Deutscher Beton-Vereine. V., Wiesbaden, 1996
[38] DIN 4102; Brandverhalten von Baustoffen und Bauteilen
[39] Merkblatt „Baulicher Brandschutz mit Beton"; Bauberatung Zement im Bundes verband der Deutschen Zementindustrie e. V., Köln, 2000
[40] K. Kordina, C. Meyer-Ottens, E. Richter: Beton Brandschutz Handbuch; 2. Auflage, Verlag Bau+ Technik, Düsseldorf 1999
[41] Zement-Mitteilungen 11 „Baulicher Brandschutz mit Beton"; Bundesverband der Deutschen Zementindustrie e. V., Köln,
[42] Zement Taschenbuch 2008, Verein Deutscher Zementwerke e. V., 51. Ausgabe,
[42] Bundesministerium für Verkehr Bau- und Wohnungswesen, „Brandschutzleitfaden für Gebäude besonderer Art und Nutzung"; November 1998
[43] F. Mehl: Die Regelungen zum Brandschutz nach der neuen lndustriebaurichtlinie; DIN Mitteilungen 78 (1999) Nr. 9, S. 617/621
[44] DIN 18230 Teile 1 und 2; Baulicher Brandschutz im Industriebau
[45] G. Ruffert: Brandschäden an Betonbauten; beton 26 (1976) H.7, 239/243
[46] DAfStb „Richtlinie für die Ausbesserung und Verstärkung von Betonbauteilen mit Spritzbeton", Fassung Februar 1976; beton 26 (1976) H.6 217/218
[47] DIN 18551:2005-01; Spritzbeton- Anforderungen, Herstellung, Bemessung und Konformität
[48] Schorn, Sonnenberg, Maurer: Spritzbeton; Schriftenreihe Spezialbetone Band 6, Verlag Bau + Technik, Düsseldorf 2005
[49] ZTV-ING, Teil 3, Massivbau, Zusätzliche Technische Vetragsbedingungen und Richtlinien für Ingenieurbauten; Bundesanstalt für Straßenwesen, VerkehrsblattVerlag, Dortmund, 2010
[50] H.-O. Lamprecht: Opus Caementitium; Beton Verlag, Düsseldorf, 1993
[51] G. Lohmeyer: Handbuch Beton-Technik; Beton-Verlag, Düsseldorf, 1997
[52] Deutscher Beton- und Bautechnik-Verein e.V: Betonherstellung und Verwen dung nach neuer Norm; Ernst &Sohn Verlag, Berlin, 2003
[53] Th. Richter: Hochfester Beton – Hochleistungsbeton; Schriftenreihe Spezialbetone Band 3, Verlag Bau + Technik, Düsseldorf 1999

[54] DAfStb-Richtlinie „Hochfester Beton“, Ergänzung zu DIN 1045 für die Festigkeitsklassen B 65 bis B 115; Deutscher Ausschuss für Stahlbeton, Berlin 08/95

[55] DBV-Merkblatt „Hochfester Beton“; Deutscher Beton und Bautechnik Verein e. V., Berlin, März 2003

[56] DBV-Merkblatt „Selbstverdichtender Beton (SVB)“; Deutscher Beton und Bau technik Vereine.V., Berlin, Dezember, 2004

[57] W. Brameshuber: Selbstverdichtender Beton; Schriftenreihe Spezialbetone Band 5, Verlag Bau + Technik, Düsseldorf, 2003

[58] Nußbaum/Vißmann, Grahlke, Dinkgern: Faserbeton, Porenleichtbeton, Dränbeton; Schriftenreihe Spezialbetone Band 2, Verlag Bau + Technik, Düsseldorf, 1999

[59] DBV-Merkblatt „Stahlfaserbeton“; Deutscher Beton und Bautechnik Verein e. V., Berlin,

[60] Tegelaar, Böhling/Giesbrecht: Unterwasserbeton, Bohrpfahlbeton; Schriftenreihe Spezialbetone Band 1, Verlag Bau + Technik, Düsseldorf, 1998

[61] DBV-Merkblatt „Unterwasserbeton“; Deutscher Beton und Bautechnik Verein e. V., Berlin,

[62] Kollo, Lang: Massenbeton, Feuerbeton; Schriftenreihe Spezialbetone Band 4, Verlag Bau + Technik, Düsseldorf

[63] DBV-Merkblatt „Beton für massige Bauteile“; Deutscher Beton und Bautechnik Vereine.V., Berlin

3 Korrosionsschutz der Bewehrung

S. Wehrle

3.1 Einleitung

In fachgerechten Stahlbetonkonstruktionen stellt der Beton einen weitgehend dauerhaften Korrosionsschutz für die Bewehrung dar. Dieser beruht auf der Passivierung der Stahloberfläche der Bewehrung infolge der Wirkung des alkalischen Betons. Im Falle der Instandsetzung von Stahlbetonbauteilen, welche Bewehrungskorrosion aufweisen, war die Schutzwirkung des Betons nicht ausreichend. Es sind Korrosionsvorgänge an dem Stahl der Bewehrung aufgetreten. Bei der Instandsetzung kommt es nun darauf an, weitere Korrosionsvorgänge an der Bewehrung zu unterbinden. Für diesen Korrosionsschutz der Bewehrung kommen außer der Schutzwirkung des Betons auch andere Möglichkeiten des Korrosionsschutzes für die Bewehrung in Frage. Zum Verständnis dieser Möglichkeiten ist es erforderlich, sich mit der Korrosion von Stahl im Grundsatz zu befassen, was nachfolgend geschehen soll. Daraus ergeben sich dann die Möglichkeiten des Korrosionsschutzes der Bewehrung bei der Herstellung von Stahlbetonkonstruktionen und insbesondere bei der Instandsetzung, welche hier im Vordergrund steht.

Die nachfolgenden Ausführungen gehen davon aus, dass der planmäßige Korrosionsschutz ursprünglich auf dem Schutz mit Beton basieren sollte. Der planmäßige Korrosionsschutz der Bewehrung kann in Ausnahmefällen durch Sonderverfahren ergänzt werden. Darauf wird abschließend ebenfalls eingegangen.

3.2 Korrosion von Stahl

3.2.1 Elektrochemische Grundlagen

Für den Ablauf der Korrosion müssen gleichzeitig anodische und kathodische Teilprozesse ablaufen. Dazu muss der Stahl im Kontakt sein mit einer wässrigen Lösung (Elektrolyt). Bei der Korrosion kommt es zum Transport von elektrischen Ladungen (Elektronen) im Metall, zur Bildung von elektrochemischen Potentialen in der Grenzfläche Stahl/Elektrolyt, zum Übergang von Metallionen aus den Stahloberflächen und zum Transport von Ionen im Elektrolyten [1, 2].

3.2.2 Anodischer Teilprozess (Metallauflösung)

Bei dem anodischen Teilprozess lösen sich positiv geladene Eisenionen aus der Eisenoberfläche heraus und gehen in den angrenzenden Elektrolyten über. Dabei geben sie Elektronen an das Metall ab. Das Metall verhält sich dabei so als ob es den Pluspol (Anode) eines elektrochemischen Elementes darstellen würde.

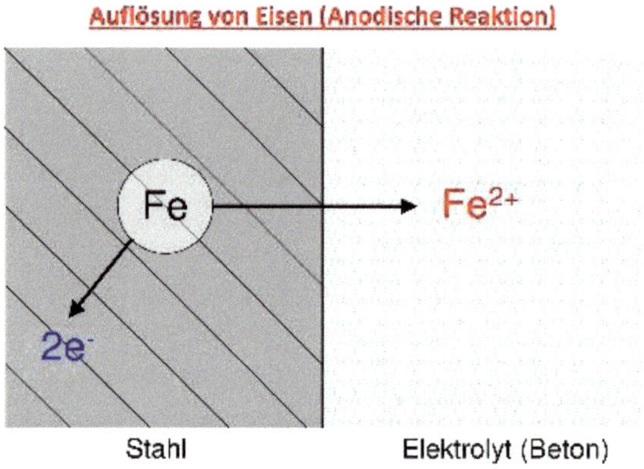

Bild 3.1: Auflösung von Eisen, anodische Reaktion

Der anodische Teilprozess lässt sich wie folgt beschreiben Fe geht über in Fe^{2+} + $2e^{-}$. Durch diese Auflösung des Stahls kommt es letztlich zu einer zerstörenden Wirkung am Stahl. Die im Stahl verbleibenden Elektronen führen zu einer negativen Aufladung des Stahls. Diese würde den weiteren Ablauf des anodischen Teilprozesses unterbinden. Nur wenn diese Elektronen durch einen kathodischen Teilprozess „verbraucht" werden, kann der anodische Teilprozess fortschreiten.

3.2.3 Kathodische Teilprozesse

Bei den kathodischen Teilprozessen werden die negativen Ladungsträger (Elektronen), welche beim anodischen Teilprozess im Metall verblieben sind, für diesen Teilprozess benötigt und somit verbraucht. Grundsätzlich können der anodische Teilprozess und die kathodischen Teilprozesse nebeneinander in demselben Oberflächenelement des Metalls ablaufen. Sollten jedoch Anode und Kathode räumlich getrennt sein, so bedarf es dann einer elektrisch leitenden Verbindung von Anode zu Kathode, damit die Elektronen, welche für die kathodischen Teilprozesse benötigt werden, zur Kathode wandern können.

Auch bei den kathodischen Teilprozessen laufen elektrochemische Vorgänge zwischen der Metalloberfläche und dem Elektrolyten ab, deren Reaktionsgeschwindigkeit abhängig ist von dem elektrochemischen Potential zwischen dem Metall und dem Elektrolyten. Je nach pH-Wert des Elektrolyten und dem Potential (Spannung) zwischen dem Metall und dem Elektrolyten erfolgt die kathodische Sauerstoffreduktion und/oder die kathodische Wasserstoffabscheidung.

Kathodische Sauerstoffreduktion:

Für diesen kathodischen Teilprozess können die ablaufenden Reaktionen je nach pH-Wert des Elektrolyten wie folgt beschrieben werden:

in sauren Elektrolyten:

$O^2 + 4\,H^+ + 4\,e^- \rightarrow 2\,H_2O$

in neutralen oder alkalischen Elektrolyten:

$O^2 + 2\,H_2O + 4\,e^- \rightarrow 4\,OH^-$

Um die kathodische Sauerstoffreduktion zu ermöglichen, muss im Elektrolyten gelöster Sauerstoff zur Kathode diffundieren können. Bei dieser kathodischen Reaktion werden Elektronen aus dem

Metall verbraucht. Im Elektrolyten werden W-Ionen verbraucht bzw. OH^--Ionen produziert, d. h. an der Kathode wird der Elektrolyt alkalischer.

Kathodische Wasserstoffabscheidung:

Sie wird durch die folgende Reaktion beschrieben:

$2\,H^+ + 2\,e^- \longrightarrow H_2$

Diese Reaktion findet in sauren Elektrolyten oder bei einem stark negativen elektrochemischen Potential der Metalloberfläche statt. Für die Korrosion der Bewehrung im Stahlbeton ist im Allgemeinen nur die Sauerstoffreduktion, wie in der zweiten Reaktionsgleichung angegeben, von Bedeutung. Für den Ablauf dieser Reaktion bedarf es einer elektrolytischen Leitfähigkeit des Betons und der Anwesenheit von Sauerstoff im Beton.

3.2.4 Rosten der Bewehrung

Als Rost bezeichnet man ein Gemisch von Eisenoxiden und Eisenhydroxiden, welches eine typische gelbrote bis gelbbraune Färbung aufweist und auch dunkelrot bis schwarz sein kann. Bei der Bildung von Rost erfolgt eine chemische Reaktion von Fe^{2+}-Ionen mit OH^--Ionen zu Eisenhydroxid:

$Fe^{2+} + 2\,OH^- \longrightarrow Fe(OH)_2$

Durch weitere Reaktion mit Sauerstoff:

$4\,Fe(OH)_2 + O_2 \longrightarrow 4\,FeO(OH) + 2\,H_2O$ (Rost) oder

$x * Fe(OH)_2 + y * O_2 \longrightarrow$ Rost

erfolgt die Bildung von Rost.

3.2.5 Einflüsse auf die Korrosionsgeschwindigkeit

Die anodischen und kathodischen Teilprozesse laufen gleichzeitig entweder an getrennten Orten, räumlich getrennte Anode und Kathode, oder am selben Ort ab. Beide Prozesse verlaufen in Abhängigkeit vom elektrochemischen Potential zwischen dem Stahl und dem Elektrolyten. Wird einer der beiden Teilprozesse unterbunden, so kann der Korrosionsprozess nicht ablaufen.

Die folgenden Parameter bestimmen, ob und mit welcher Geschwindigkeit die Korrosionsreaktion abläuft:

- elektrochemisches Potential des Stahls,
- elektrolytische Leitfähigkeit des Betons/ relative Luftleuchte in den Betonporen,
- Sauerstoffkonzentration im Beton.

Diese Parameter können also grundsätzlich dazu dienen, den Korrosionsvorgang zu steuern bzw. zu unterbinden und damit einen Korrosionsschutz zu realisieren

Für den Ablauf der Korrosion von Stahl an der Atmosphäre (atmosphärische Korrosion) ist ein Elektrolytfilm auf der Stahloberfläche erforderlich. Dieser entsteht durch Sorptionsschichten von Wasser auf der Stahloberfläche als Funktion der relativen Luftleuchte der Umgebung. Bei einer relativen Luftleuchte von kleiner 70 % wird daher die Korrosionsgeschwindigkeit im Allgemeinen vernachlässigbar klein, weil sich kein Elektrolytfilm auf der Stahloberfläche ausbildet.

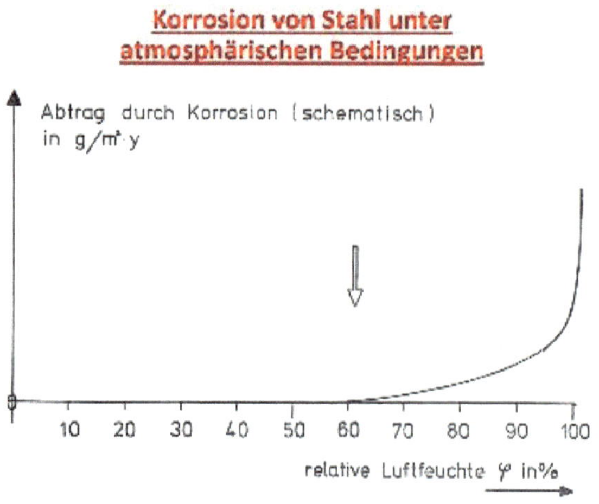

Bild 3.2: Verhalten des Stahls bei atmosphärischen Bedingungen

3.3 Korrosion und Korrosionsschutz der Bewehrung im Beton

3.3.1 Betontechnologie und Passivierung der Bewehrung

Der Beton (Zementbeton) wird aus Wasser, Zement und mineralischer Gesteinskörnung hergestellt. Er bildet im Verlauf seiner Erhärtung ein Gefüge aus der Gesteinskörnung und den Hydratationsprodukten des Zements (Zementstein) aus, das von Poren verschiedener Größe durchsetzt ist. Je nach Größe der Poren und ihren Eigenschaften unterscheidet man verschiedene Arten der Poren im Beton, nämlich:

Gelporen:	Durchmesser kleiner	10^{-2} µm
Kapillarporen:	Durchmesser von 10^{-2} µm bis	1 µm bis 10 µm
Luftporen:	Durchmesser	größer gleich 10 µm (überwiegend 0,1 mm bis 2 mm)

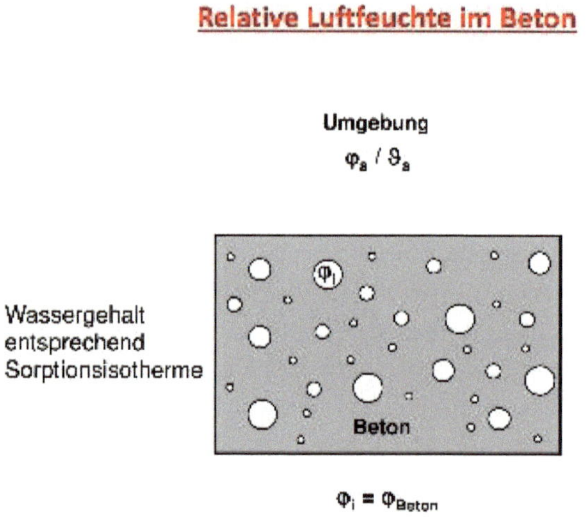

Bild 3.3: Poren im Beton und Möglichkeit der Messung der rel. Luftfeuchte

Während die verhältnismäßig weiten Kapillarporen und Luftporen austrocknen können, sind die Gelporen des Zementsteins bei normalen Umgebungsbedingungen immer mit Wasser gefüllt. So enthält der Beton stets einen gewissen Anteil an Wasser. Der Wassergehalt des Betons steht dabei im Gleichgewicht zum Feuchtigkeitsangebot der Umgebung (Gleichgewichtsfeuchte), d. h. er ist abhängig von der relativen Luftfeuchtigkeit der Umgebung. Der Zusammenhang zwischen der Umgebungsfeuchte (relative Luftfeuchtigkeit) und dem Wassergehalt des Betons wird durch die sog. Sorptionsisotherme des jeweiligen Betons [3, 4] beschrieben.

Eine charakteristische Eigenschaft des Betons ist seine relativ hohe Alkalität von ca. pH 12,6, die er auch über längere Zeiträume bewahren kann. Dieser basische Charakter des Betons wird bedingt durch das bei der Hydratation des Zements gebildete $Ca(OH)_2$, das sich im Verlauf der Hydratation an den Wandungen der Gelporen und Kapillarporen des Zementsteins ablagert. Somit wird das in den Gelporen des Zementsteins befindliche Wasser mit $Ca(OH)_2$ gesättigt. Ebenso wie die Gesteinskörnung wird auch der in dem Beton eingebettete Bewehrungsstahl fest und gut haftend von dem Zementstein umschlossen. Daher ist die Oberfläche der Bewehrung im Beton unmittelbar von einem alkalischen Elektrolyten aus einer gesättigten $Ca(OH)_2$-Lösung umgeben, die den pH-Wert von ca. 12,6 aufweist. Wie aus der Elektrochemie bekannt [1,2], bedingen diese Verhältnisse in dem alkalischen Elektrolyten eine Passivierung der Stahloberfläche, die hier zum Korrosionsschutz der Bewehrung führt. Dabei spielt zunächst die Dichtigkeit des Betons für die Korrosionsschutzwirkung keine Rolle, solange die Alkalität des Betons an der Stahloberfläche erhalten bleibt. Somit stellt die Betonumhüllung im Allgemeinen eine ideale Korrosionsschutzmaßnahme für die Bewehrung dar, was dem Verbundwerkstoff Stahlbeton eine hohe Beständigkeit verleiht. Naturgemäß kann Beton nur vor Korrosion schützen, wenn er innig und fest haftend mit dem zu schützenden Stahl auf der gesamten Oberfläche verbunden ist. Das heißt, dass ein guter Verbund des Betons mit der Bewehrung und das Ausschließen von Lunkern des Betons am Stahl unbedingt erforderlich sind, damit die notwendige mikroskopisch lückenlose Umhüllung der Bewehrung mit Zementstein erzielt wird. In der Praxis des Stahlbetonbaus treten jedoch Erscheinungen auf, welche die Schutzwirkung des Betons sehr wesentlich beeinflussen können [2, 5, 6], vorzugsweise Mängel der Betondeckung im Zusammenhang mit der Karbonatisierung des Betons, aber auch Beeinträchtigungen durch zu breite Risse, unzureichende Betonqualität und nicht ausreichende Nachbehandlung des Betons.

3.3.2 Betondeckung der Bewehrung und Karbonatisierung des Betons

Als Karbonatisierung des Betons bezeichnet man die Neutralisierung des Betonporenwassers, die durch saure Bestandteile der Luft (CO_2, SO_2) von der Betonoberfläche ausgehend erfolgt. Kennzeichnend dafür ist, dass sich innerhalb des Betons – im Allgemeinen etwa parallel zur Betonoberfläche – eine verhältnismäßig scharfe Grenze zwischen alkalischem und nicht alkalischem Beton einstellt. Sieht man von den Ausnahmen ab, wie z. B. der Korrosion unter Chlorideinfluss, so stellt die Karbonatisierung des Betons eine der notwendigen Voraussetzungen für die Korrosion der Bewehrung dar. Erreicht die karbonatisierte Oberflächenzone des Betons die Bewehrung, so ist es maßgeblich von den Umgebungsbedingungen (relative Luftfeuchtigkeit) abhängig, ob es zur Korrosion der Bewehrung kommt oder nicht. Ein Korrosionsschutz durch Passivierung ist aber nicht mehr gegeben.

Auf den zeitlichen Verlauf der Karbonatisierung wirken sich verschiedene Parameter des Betons und der Umgebung aus. Man muss sich bewusst sein, dass mehrere betontechnologische Einflüsse durch die Betonfestigkeitsklasse gemeinsam in gleichem Sinne erfasst werden [2,

5, 6]. Daher lässt sich in guter Näherung die Karbonatisierungstiefe als Funktion der Zeit in Abhängigkeit von der Betonfestigkeitsklasse beschreiben.

Durch Einhaltung der Betondeckungsmaßnahme nach DIN 1045 wird im Allgemeinen sichergestellt, dass die Bewehrung dauerhaft im alkalischen Bereich des Betons verbleibt und auf diese Weise durch Passivierung vor Korrosion geschützt ist.

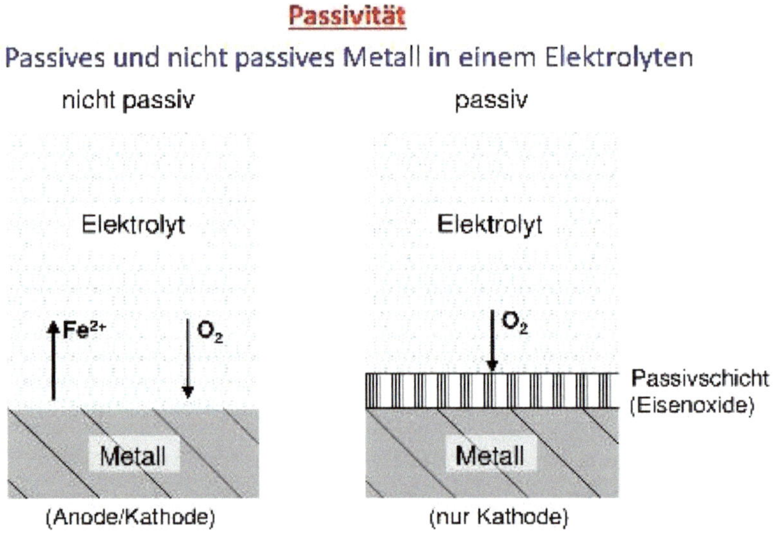

Bild 3.4: Prinzipdarstellung des Stahls mit und ohne Passivschicht

3.3.3 Korrosion der Bewehrung als Folge der Karbonatisierung des Betons

Wenn die Karbonatisierungsfront der Betonoberfläche die außenliegende Bewehrung erreicht, was z. B. bei unzureichender Betondeckung im laufe der Jahre der Fall sein kann, so ist eine Passivierung der Stahloberfläche nicht mehr gegeben, so dass eine Korrosion an der Bewehrung auftreten kann. Die Bruttoreaktion der bei dieser Korrosion ablaufenden Vorgänge lässt sich vereinfacht wie folgt beschreiben:

$4\ Fe(OH)_2 + O_2 \rightarrow 4\ FeO(OH) + 2\ H_2O$ (Rost) oder

$2\ FE + 2\ H_2O + O_2 \rightarrow 2\ Fe(OH)_2$ (Rost) oder

$x * Fe(OH)_2 + y * O_2 \rightarrow$ Rost

Der Ablauf dieser Korrosionsreaktion setzt also die Anwesenheit von Wasser und Sauerstoff an der Oberfläche der Bewehrung voraus. Bei ungeschützten Stahlbetonbauteilen im Freien ist ein ausreichender Wassergehalt des Betons für die Korrosion immer gegeben und der Sauerstoffzutritt durch die Betonoberfläche zur Bewehrung findet ebenfalls statt. Deshalb kommt es dann zur Bildung von Rost, welcher im Regelfall an der Oberfläche der Bewehrung entsteht. Die Stahloberfläche wird also in Rost umgesetzt. Rost hat ein deutlich größeres Volumen als Stahl im nicht gerosteten Zustand. So kann die Bildung von Rost an der Bewehrung zu Rissbildungen und zum Absprengen des Betons über der Bewehrung führen, was bevorzugt bei geringen Werten der Betondeckung auftritt. Auf diese Weise kommt es dann auch zu einer beschleunigten Korrosion der Bewehrung.

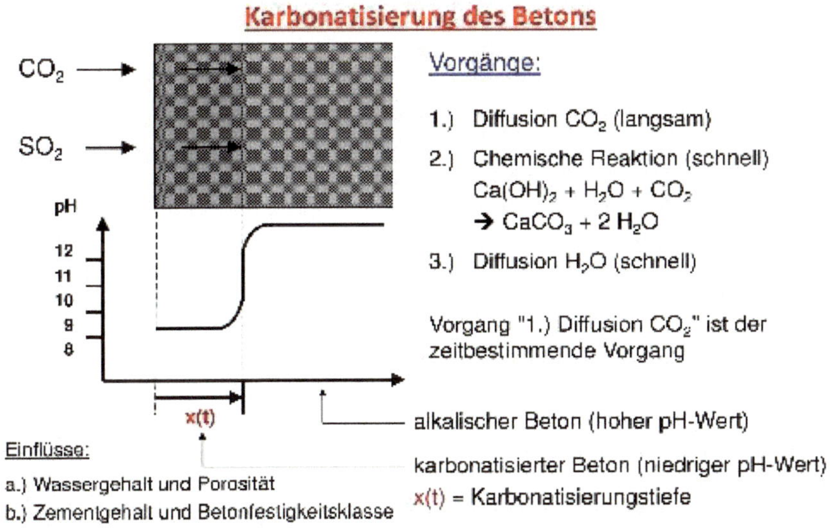

Bild 3.5: Vorgang der Karbonatisierung

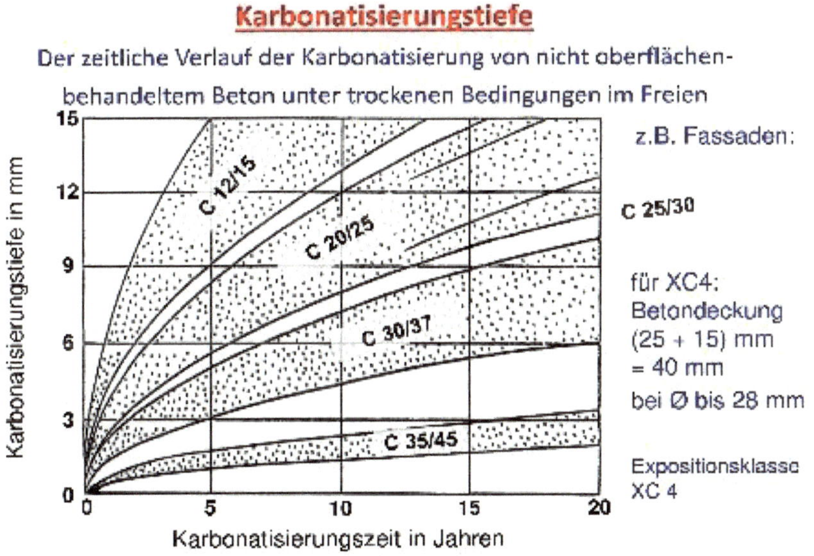

Bild 3.6: Karbonatiseriungsfortschritt in Abhängigkeit der Betondruckfestigkeit und die daraus abgeleitete erforderliche Betondeckung am Beispiel für die Expositionsklasse XC 4

3.4 Korrosion durch Chloride im Beton

3.4.1 Ursache der Korrosion

Die vorher beschriebene Korrosionsschutzwirkung des Betons für die Bewehrung kann durch die Anwesenheit von Chloriden beeinträchtigt werden. Im alkalischen Beton können Chloride die Passivschicht auf der Stahloberfläche zerstören und damit Korrosion auslösen. Im bereits karbonatisierten Beton führen Chloride zu einer Beschleunigung der Korrosion. Die chloridbedingte

Korrosion ist gekennzeichnet durch die Bildung von Lochfraßnarben in der Stahloberfläche, wodurch neben dem Stahlabtrag auch schädigende Kerbwirkungen am Stahl ausgelöst werden [2, 6]. Die Lochfraßnarben stellen dabei die Anode eines Korrosionselementes dar, während die Umgebung der Narben als Kathode wirkt. Wegen des ungünstigen Flächenverhältnisses (kleine Anode, große Kathode) kann es so zu hohen Korrosionsgeschwindigkeiten in den Narben kommen, was die Wirkung der Chloride so gefährlich macht.

3.4.2 Herkunft der Chloride im Beton und Parameter für die Korrosion

Früher wurden zur Beschleunigung des Abbindens dem Beton Chloride zugegeben. Dies ist zwischenzeitlich untersagt und die Höchstmengen der Chloride, die durch die Bestandteile des Betons zugegeben werden dürfen, sind heute in DIN 1045-2 festgelegt. Der höchstzulässige Chloridgehalt von Beton ist in DIN EN 206 festgelegt.

Aerosolische Chloride können zu einer Chloridbelastung von Stahlbetonoberflächen führen in küstennahen Bereichen durch die mit der Luftfeuchtigkeit transportierten Salze. In ähnlicher Weise können auch in Schwimmbädern die Chloride aus der Schwimmhallenluft an die Tragkonstruktion aus Stahlbeton gelangen.

Chloride können außerdem auch bei Bränden von PVC-Installationen freigesetzt werden und sich dann aus der Luft auf Betonoberflächen niederschlagen. Hierbei können beträchtliche Eindringtiefen in den Beton erreicht werden, insbesondere wenn zum Löschen der Brände Wasser eingesetzt wird und damit die Betonoberfläche durchfeuchtet wird.

Der wesentliche Anteil, der heute in Bauwerken vorkommenden Chloride ist jedoch auf den Einsatz von Auftausalzen zurückzuführen. Daher treten überwiegend an Verkehrsbauwerken erhebliche Chloridschäden auf. Auf den Einsatz von Salzen wird man auch in Zukunft nicht verzichten können. Somit ist davon auszugehen, dass alle Brückenbauwerke, die dem öffentlichen Verkehr zugänglich sind, als chloridbelastet anzusehen sind. Bei vielen Parkhäusern und Tiefgaragen wird heute auf den Einsatz von Auftausalzen verzichtet. Trotzdem wird mit den Fahrzeugen von den Straßen in großem Umfang Chlorid eingeschleppt, so dass trotzdem mit Chloridschäden zu rechnen ist.

Die sich auf den Bauteiloberflächen niederschlagenden Chloride können auf unterschiedliche Weise in das Bauteilinnere gelangen. Als Transportmechanismen treten dafür im Wesentlichen die Diffusion und das kapillare Saugen der gelösten Chloride auf, wobei das kapillare Saugen die deutlich höhere Transportleistung für die Chloride ermöglicht [2].

Das Eindringen von Chloriden in den Beton erfolgt über das Porensystem des Zementsteins. Es ist ein zeitabhängiger Prozess und ist im Wesentlichen abhängig von der

- Porosität des Betons,
- Betongüte,
- Zementart,
- Nachbehandlung des Betons,
- Feuchtigkeit des Betons,
- Temperatur.

Die Porosität des Betons ist ein wesentlicher Parameter für das Eindringen von Chloriden in den Beton. Somit führen alle Einflüsse, die den Porenraum verringern, zu einer Einschränkung des

Transportes der Chloridionen. Insofern kann davon ausgegangen werden, dass entsprechende betontechnologische Maßnahmen, wie die Reduzierung des Wasserzementwertes, lange Nachbehandlungszeiten des Betons und die Wahl hoher Zementgehalte zur Dauerhaftigkeit von chloridbeaufschlagten Stahlbetonbauwerken beitragen.

Neben diesen betontechnologischen Parametern beeinflussen auch konstruktive Einflüsse die Dauerhaftigkeit des Betons. Insbesondere sind hierbei von Bedeutung:

Betondeckung,

korrosionsschutzgerechte Gestaltung [6] und die Ableitung chloridhaltiger Wässer.

Zusammenfassend sollen hier die maßgeblichen Parameter für die Korrosionsgeschwindigkeit der Bewehrung und für die Korrosionsgefahr aufgelistet werden [2]:

- Chloridgehalt in Masse-% bezogen auf das Zementgewicht des Betons,
- pH-Wert des Betons (pH-Wert der wässrigen Lösung in den Poren des Zementsteines des Betons). Die Grenze der schädlichen Konzentration nimmt mit dem pH-Wert zu,
- Chloridbindung im Zementstein,
- Sauerstoffzutritt (Sauerstoffgehalt des Betons in der Umgebung der Bewehrung),
- Elektrische Leitfähigkeit des Betons (Wassergehalt, Salzgehalt),
- Potential der Bewehrung (Elektrodenpotential), Bildung von Makroelementen.

3.4.3 Kritischer Chloridgehalt (Mindestkonzentration)

Als kritischer Chloridgehalt wird derjenige Gehalt im Beton nahe der Bewehrung definiert, bei dessen Überschreitung die Passivität zerstört wird und Korrosion einsetzt. Diese Definition bezieht sich also auf den alkalischen, nicht karbonatisierten Beton in der unmittelbaren Umgebung der Bewehrung. Aus entsprechenden Untersuchungen wird im Allgemeinen geschlossen, dass Korrosionsschäden ab Chloridgehalten von 0,2 Masse-% bis 0,5 Masse-% des Zementgewichtes auftreten können [9]. Diese Mindestkonzentration ist abhängig von der Zementart, der Art der Chloridquelle, der Alkalität des Betons und den Umgebungsbedingungen. Es werden jedoch auch Werte zwischen 0,4 Masse-% und 2,0 Masse-% genannt. Ferner sind Untersuchungen bekannt geworden, bei welchen selbst Chloridgehalte von einigen Prozent nicht zu Korrosion führten. Auch baupraktische Erfahrungen zeigen, dass oftmals kein eindeutiger Zusammenhang zwischen dem Auftreten bzw. der Intensität einer Korrosion der Bewehrung und dem Chloridgehalt des Betons nahe der Bewehrung besteht [7].

Einen bestimmten, für alle Fälle in der Baupraxis gültigen Grenzwert des chloridgehalt es von Stahlbeton, bei dessen Überschreitung die Bewehrung zu korrodieren beginnt, gibt es somit nicht [2, 7]. Ob und in welchem Maße die Bewehrung in chloridhaltigem Stahlbeton korrodiert und vor allem ab welchem Chloridgehalt Korrosion möglich ist, hängt vielmehr von einer Reihe von Parametern ab, die hier bereits im Abschnitt 3.4.2 aufgeführt wurden.

An dieser Stelle ist darauf hinzuweisen, dass die Instandsetzungs-Richtlinie [8] einen Grenzwert von 0,5 Masse-% des Zementgewichtes angibt, ab dem zur Bewertung des Sachverhalts ein Sachlundiger Planer hinzugezogen werden muss.

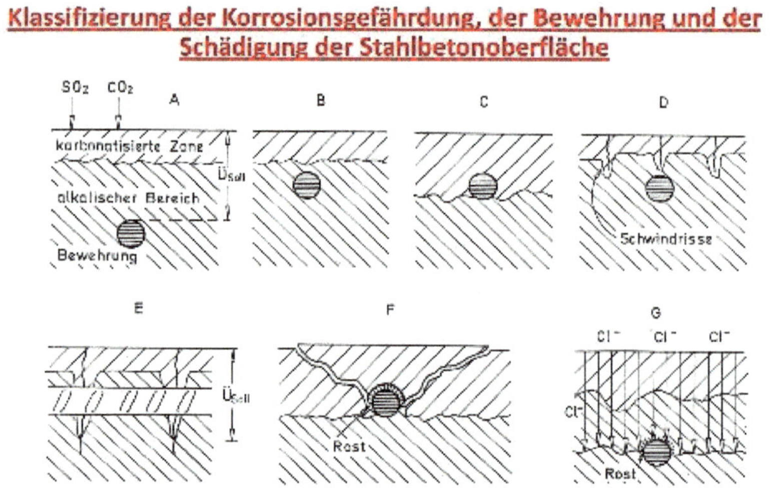

Bild 3.7: Verschiedene Stufen (Klassifizierung) der Korrosionsgefährung der Bewehrung

3.5 Wiederherstellung des Korrosionsschutzes (Übersicht)

Für den Fall, dass eine Korrosion der Bewehrung eingetreten ist, weil die vorher beschriebenen Schutzvorgänge nicht mehr wirksam waren bzw. die beschriebenen Korrosionsvorgänge ausgelöst wurden, bieten sich eine Anzahl von Möglichkeiten der Wiederherstellung des Korrosionsschutzes der Bewehrung an. Bei der gewählten Instandsetzungsmaßnahme wird in den meisten Fällen nicht der ursprüngliche Zustand des Stahlbetonbauteils oder der Bewehrung wieder hergestellt. Vielmehr wird der bestehende Zustand konserviert und eine weitere Korrosion unterbunden.

In der Technischen Regel Instandhaltung von Betonbauwerken und in DIN EN 1504 [24, 9] sind die verschiedenen Prinzipien und Verfahren als Möglichkeiten der Wiederherstellung des Korrosionsschutzes der Bewehrung beschrieben. Eine gute Übersicht gibt dabei Tabelle 1 in [9]. In [24], dort Tabelle 5, sind diejnigen Verfahren aus [9] aufgeführt, welche gemäß [24] angwendet werden dürfen.

Die Beschreibungen in dieser Tabelle unterscheiden nämlich nach den maßgeblichen elektrochemischen Schutzprinzipien wie folgt:

- Passivität,
- elektrischer Widerstand des Betons / relative Luftfeuchte im Beton,
- kathodisch gesteuerter Schutz,
- kathodischer Korrosionsschutz,
- anodisch gesteuerter Schutz.

Auf die ensprechenden Prinzipien wird im Kapitel „Instandsetzungsverfahren“ dies Buches näher eingegangen.

3.6 Grundsätze für den Korrosionsschutz der Bewehrung nach der Instandsetzungs-Richtlinie

3.6.1 Allgemeines

In der TR [24] wird unterschieden nach Instandsetzungsprinzipien als Oberbegriff und daraus abgeleiteten Grundsatzlösungen für die einzelnen Verfahren des Korrosionsschutzes.

Der Korrosionsschutz muss unter Berücksichtigung der elektrochemischen Korrosionsvorgänge an der Stahloberfläche und der chemischen und physikalischen Zustände und Vorgänge im umgebenden Beton geplant werden. In Abhängigkeit vom jeweiligen Istzustand ist die Anwendung unterschiedlicher Instandsetzungsprinzipien und daraus abgeleiteter Grundsatzlösungen möglich, um den Sollzustand zu erreichen. Diese Prinzipien und Lösungen sind in [24] dargestellt. Sie sind als Grundlage für den Instandsetzungsplan zu verwenden. Kombinationen unterschiedlicher Grundsatzlösungen sind nur dann zulässig, wenn dabei wenigstens ein Instandsetzungsprinzip vollständig befolgt wird.

In Bereichen eines Bauteils mit gleicher Schadensursache, gleichem Schadensbild und gleicher Beanspruchung sind im gesamten Bereich durchweg einheitliche Maßnahmen zu ergreifen.

Die Grundsatzlösungen beziehen sich auf die Planung des Korrosionsschutzes von nicht vorgespannter Bewehrung im Rahmen von Instandsetzungsarbeiten. Für stählerne Einbauteile können sie sinngemäß angewandt werden.

Die Querschnittsminderung des Stahles infolge Korrosionsabtrags und die Kerbwirkung infolge Lochfraßkorrosion sind vom sachkundigen Planer zu beurteilen. Er hat auch die Instandsetzungsbedürftigkeit von gerissenen Betonbauteilen zu beurteilen.

Instandsetzungsmaßnahmen sind im Regelfall nicht erforderlich, wenn die Kriterien der Rissbreitenbeschränkung nach einschlägigen Normen und die dort festgelegten Anforderungen an die Qualität der Betondeckungsschicht eingehalten sind. Wenn die Anforderungen der geltenden Normen an die Qualität (Dicke und Dichtheit) der Betondeckung nicht eingehalten sind, muss eine Korrosionsschutzmaßnahme nur dann durchgeführt werden, wenn Korrosion vorliegt oder zu erwarten ist.

Wenn die Betondeckungen nach der Instandsetzung kleiner sind als die Mindestwerte nach der DIN EN 1992 (Eurocode 2) [25], müssen die Auswirkungen auf die Standsicherheit, insbesondere auf die Verankerung der Bewehrung, vom sachkundigen Planer nachgewiesen werden.

3.6.2 Instandsetzungsprinzipien

Instandsetzungsprinzip 7 nach TR (Erhalt oder Wiederherstellung der Passivität):

Das Prinzip beruht auf der erneuten Bildung einer Passivschicht auf der Stahloberfläche (Repassivierung) durch Auftragen zementgebundener Instandsetzungsstoffe. Dabei darf keine andere Beschichtung auf der Stahloberfläche vorhanden sein oder aufgetragen werden, welche die Repassivierung verhindert.

Instandsetzungsprinzip 8 nach TR (Erhöhung des elektrischen Widerstands):

Das Prinzip beruht auf einer Absenkung des Wassergehaltes im Beton, die die elektrolytische Leitfähigkeit und relative Luftfeuchte im Beton so stark reduziert, dass die Korrosionsgeschwindigkeit auf praktisch vernachlässigbare Werte gesenkt wird.

Instandsetzungsprinzip 10 (Kathodischer Korrosionsschutz):

Durch gezielte Beaufschlagung der Bewehrung mit Fremdstrom über Inertanoden oder die Anordnung von Opferanoden wird erreicht, dass die gesamte Bewehrung kathodisch wird und ihre Korrosion auf diese Weise verhindert wird.

Das Instandsetzungsprinzip C (Beschichtung der Bewehrung) wird in der TR [24] im Gegensatz zur ursprünglichen Ausgabe der Instandsetzungs-Richtlinie nicht mehr aufgeführt. Es ist ein klassisches Prinzip für den Schutz von Stahlbauteilen. Das Prinzip beruht auf einer Verhinderung der anodischen Eisenauflösung durch Anordnung einer geeigneten Beschichtung auf der Stahloberfläche.

3.6.3 Vorbeugender Korrosionsschutz

Kriterien

Vorbeugende Maßnahmen sollen getroffen werden, wenn sonst eine Korrosion der Bewehrung innerhalb der angestrebten Nutzungsdauer des Bauteils zu erwarten wäre. Damit muss gerechnet werden, wenn der Beton ausreichend feucht ist und entweder die Karbonatisierung die Stahloberfläche erreicht oder in der Umgebung des Stahles ein kritischer, korrosionsauslösender Chloridgehalt überschritten wird. In ungeschützten Außenbauteilen ist stets von einer ausreichenden Feuchtigkeit auszugehen.

Maßnahmen

Die Maßnahmen richten sich nach der zu erwartenden Korrosionsursache. Das weitere Eindringen von CO_2 und/oder Chloriden ist durch geeignete Maßnahmen zur Erhöhung des Karbonatisierungs- bzw. Chlorideindringwiderstandes bis auf ein unschädliches Maß zu verlangsamen. In bestimmten Fällen kann ein teilweises Abtragen geschädigter Betonschichten erforderlich sein.

3.6.4 Grundsatzlösungen

Die Grundsatzlösungen für die Wiederherstellung des Korosionsschutzes der Bewehrung sind in der TR [24], Teil 1, Abschnitt 6, im Einzelnen ausführlich beschrieben und können dort nachgelesen werden. Es ist aber wichtig darauf hinzuweisen, dass dort nach den folgenden Korrosionsursachen unterschieden wird:

- bei Korrosion als Folge einer Karbonatisierung des Betons,
- bei Korrosion durch Chlorideinwirkung.

Deshalb sind eine fachgerechte Schadensdiagnose sowie ein entsprechendes Instandsetzungskonzept und ein Instandsetzungsplan zwingend erforderlich.

3.6.5 Grundsatzlösung Kathodischer Korrosionsschutz

Haupteinsatzgebiet des kathodischen Korrosionsschutzes sind Stahlbetonbauteile, die bis zur ersten Bewehrungslage oder auch in tiefer liegenden Zonen korrosionsauslösende Chloridgehalte enthalten. Der Korrosionsschutz erfolgt durch fremdstrominduzierte Polarisierung mit inerten Anoden.

Die Wirksamkeit des kathodischen Schutzes ist an die Dauerhaftigkeit der Anoden während der Nutzungsdauer des Bauwerkes und die elektrolytische Leitfähigkeit des Betons gebunden. Die verwendeten Anodensysteme müssen über die Nutzungsdauer des Bauwerks den Stromübergang

gewährleisten und eine hinreichende bautechnische Robustheit aufweisen. Außerdem dürfen sie sowohl nach dem Aufbringen des Instandsetzungsbetons als auch im Betrieb die Verbundwirkung zwischen Alt- und Neubeton nicht beeinträchtigen.

Die bautechnische Eignung und Dauerhaftigkeit der Anodensysteme sind nachzuweisen.

Vor der Durchführung einer Instandsetzungsmaßnahme mit kathodischem Schutz müssen von einem für dieses Verfahren sachkundigen Planer detaillierte Angaben zu folgenden Arbeitsschritten gemacht werden:

- Schadensdiagnose einschließlich ggf. erforderlicher Potentialfeldmessungen mit zusätzlicher anodischer Polarisation,
- Widerstandsmessungen innerhalb der Bewehrung,
- Vorbereitung der Betonoberfläche zum Aufbringen der Instandsetzungsbetonschale,
- Befestigung der Anoden ggf. einschließlich Einbettung in geeignete Reparaturwerkstoffe,
- Inbetriebnahme der Schutzanlage durch Einschaltmessungen.

3.7 Beispiele und Sonderverfahren

3.7.1 Wärmedämm-Verbundsysteme (WDVS)

Die Anwendung von Wärmedämm-Verbundsystemen [10] auf instandzusetzenden Betonbauteilen ist dann sinnvoll, wenn auch der Wärmeschutz der Bauteile verbessert werden soll. Das ist für beheizte Bauwerke von Interesse, insbesondere Bereiche mit großen ungestörten Flächen bieten sich dafür an, z. B. Treppentürme. Wärmedämm-Verbundsysteme bestehen im Wesentlichen aus einer mehrere Zentimeter dicken Schicht eines Wärmedämmstoffes, die auf der tragenden Wand durch Verklebung (evtl. auch durch zusätzliche Verdübelung) befestigt wird, und einer mehrlagigen, armierten Putzbeschichtung.

Wärmedämm-Verbundsysteme (WDVS) bedürfen einer allgemeinen bauaufsichtlichen Zulassung des Deutschen Instituts für Bautechnik, Berlin. In der Zulassung sind weitere systembezogene Hinweise und Anforderungen für die Anwendung gegeben.

Die Wirkungsweise des WDVS für den Korrosionsschutz der Bewehrung beruht maßgeblich auf der Veränderung der bauphysikalischen Situation der ursprünglichen Außenwand infolge der Aufbringung der außenliegenden Wärmedämmung. Dadurch werden die im Stahlbetonbauteil auftretenden Temperaturspannen begrenzt mit der Folge einer maßgeblichen Begrenzung der relativen Luftfeuchte im Stahlbeton im Vergleich zu dem ursprünglich direkt bewitterten Außenbauteil. Außerdem bilden die WDVS einen gewissen Diffusionswiderstand für Sauerstoff (O_2) und für Kohlendioxid (CO_2) aus. Durch entsprechende Anstriche kann der Diffusionswiderstand für CO_2 über den Wert sd (CO_2) = 50 m eingestellt werden. Um die bauphysikalische Wirkung sicher zu erreichen, sollte der Wärmedurchlasswiderstand mindestens 1/Λ = 1,0 m^2 K/W

betragen. Das entspricht einer Dicke des Wärmedämmstoffes von ca. 4 cm. Heute werden WDVS meist mit einer Dicke von größer 10 cm angewendet, so dass diese Anforderung problemlos erfüllt wird.

Im Sinne von DIN EN 1504-9 und der TR beruht die Wirksamkeit eines WDVS maßgeblich auf dem Schutzprinzip „Erhöhung des elektrischen Widerstandes" des Betons (Prinzip 8). Außerdem wirkt sich das Schutzprinzip „Begrenzung/Verhinderung der kathodischen Reaktion" (Prinzip 9) gemäß [9] aus, da auch eine Begrenzung des Sauerstoffgehaltes im Beton erreicht wird.

3.7.2 Elektrochemischer Chloridentzug

Durch das Verfahren des elektrochemischen Chloridentzuges lässt sich auf zerstörungsfreiem Wege eine Reduzierung des Chloridgehaltes in Stahlbetonkonstruktionen erzielen [13, 14]. Dabei nutzt man den Sachverhalt aus, dass Chloride im Beton dissoziiert sind, d. h. die Chloride liegen als negativ geladene Ionen vor. Durch Installation eines elektrischen Feldes kommt es zur Auswanderung dieser Ionen aus dem Beton heraus.

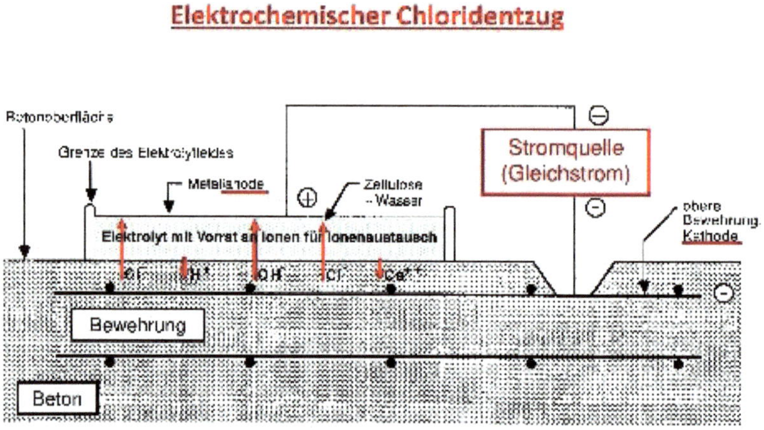

Bild 3.8: Prinzipskizze für die Funktionsweise beim elektrochemischen Chloridentzug (ECE)

Für die Durchführung dieses elektrochemischen Verfahrens bringt man eine Elektrolytschicht aus Zellulose auf die Betonoberfläche auf, in welche eine Anode eingebettet wird. Auf diese Weise wird die Anode elektrolytisch leitend an den Beton angeschlossen. Die obere Bewehrungslage wird dann an den Minuspol einer Gleichstromquelle angeschlossen und bildet so die Kathode, die Anode an den Pluspol. In dem elektrischen Feld zwischen Anode und Kathode wandern die Cl^--Ionen zur Anode und damit in die Elektrolytschicht außerhalb des Betons. Auf diese Weise verringert sich die Konzentration der Chloride innerhalb des Betons.

Die Wirksamkeit des Verfahrens ist von mehreren Parametern abhängig:

- Unterschiede in der Dichtigkeit des Betons,
- Unterschiede im Gehalt an Ionen verschiedener Art,
- Schwachstellen im Beton, wie Risse und Kiesnester,
- Unterschiede der Durchleuchtung des Betons,
- Bewehrungsführung.

Deshalb muss die Maßnahme so gesteuert werden, dass ein ausreichendes Ergebnis erzielt wird. Dazu ist es empfehlenswert, die folgenden Kennwerte zu ermitteln:

- Karbonatisierungstiefe,
- Verteilung der Betondeckung,
- Korrosionsneigung der Bewehrung (Potentialmessungen),
- elektrischer Widerstand der Betondeckung,
- elektrochemisches Verhalten im wassergesättigten Zustand.

In [13] wird beispielhaft über die Anwendung des elektrochemischen Chloridentzugs berichtet. Für die Durchführung des Verfahrens wurden hierbei geeignete Felder eingerichtet. Diese können sowohl auf horizontalen Flächen als auch auf vertikalen Flächen eingerichtet werden.

Die üblichen Behandlungszeiten betragen 10 bis 20 Tage, aber auch bis zu 60 Tagen. In diesem Zeitraum konnten die Chloridgehalte von ca. 1,3 Masse-% (bezogen auf Zement) bzw. 0,7 Masse-% auf einen Zielwert unter 0,3 % vermindert werden, so dass der kritische Chloridgehalt von 0,4 % bzw. 0,5 % wirksam unterschritten werden konnte [13].

Bei diesem Verfahren kann naturgemäß das Chlorid nur in dem Betonbereich entfernt werden, welcher zwischen der als Kathode geschalteten Bewehrung und der Betonoberfläche liegt. Deshalb besteht die Gefahr einer erneuten Chloridbelastung infolge Diffusion der Chloride aus dem Beton hinter der Bewehrung. Im Falle von tiefgreifender Chloridbelastung in hoher Konzentration kann aus diesem Grund das Verfahren unzureichend oder ungeeignet sein.

3.7.3 Realkalisierung des karbonatisierten Betons durch Diffusion

Dieses Verfahren erfordert das Auftragen von zementhaltigem Beton oder Mörtel auf die Oberfläche des karbonatisierten Betons Es entspricht dem Prinzip 7.4 der TR [24]. In dieser neuen alkalischen Beton- oder Mörtelschicht liegt im Porenwasser eine gesättigte $CaOH_2$-Lösung vor. Wegen der hohen Konzentration an OH^--Ionen wandern diese nun infolge Diffusion in den karbonatisierten Beton, der keine OH^--Ionen enthält. Auf diese Weise kann der karbonatisierte Beton zwar realkalisiert werden [15], der Korrosionsschutz der Bewehrung wird jedoch nicht zuverlässig erreicht [16]. Dabei muss man sich bewusst sein, dass in dem realkalisierten Beton keine gesättigte $Ca(OH)_2$-Lösung in den Poren vorliegt. Somit kann dieser Beton relativ schnell karbonatisieren, wenn der Zutritt von CO_2 nicht wirksam verhindert wird.

Wenn man die Betonrandzone anstelle des Auftrages von Mörteln oder Beton ausreichend lange mit einer gesättigten Calciumhydroxidlösung tränkt, kann der notwendige pH-Wert für den alkalischen Korrosionsschutz wieder hergestellt werden [17]. Um die Wirkung lange aufrecht zu erhalten, muss nach der Tränkung eine Schutzbeschichtung aufgebracht werden.

3.7.4 Elektrochemische Realkalisierung des karbonatisierten Betons

Bei dieser temporär durchzuführenden Methode soll der pH-Wert des Porenwassers im Beton durch Eindringen eines alkalischen Elektrolyten von der Betonoberfläche aus angehoben werden sowie eine Repassivierung der Bewehrung durch elektrochemische Reaktionen an der Stahloberfläche erreicht werden. Bei dieser Methode bringt man auf die Betonoberfläche einen alkalischen Elektrolyten auf, in welchen ein Anodengitter eingebettet wird. Durch Anlegen einer Gleichspannung an die Anode und an den Bewehrungsstahl wird dieser zur Kathode. An der Kathode können nun durch zwei verschiedene Reaktionen an der Kathode OH^--Ionen gebildet werden:

$$\text{A. } 2\,H_2O + 2\,e^- \longrightarrow H_2 + 2\,OH^-$$
$$\text{B. } O_2 + 2\,H_2O + 4\,e^- \longrightarrow 4\,OH^-$$

Bislang liegen nur Laboruntersuchungen zu diesem Verfahren vor [18 – 21]. Dabei hat sich gezeigt, dass es im Grundsatz möglich ist aktiv gewordene Stahloberflächen zu repassivieren. Der maßgebliche Vorgang dabei ist die Erzeugung von OH^--Ionen durch die oben beschriebene elektrochemische Reaktion am Bewehrungsstahl. Demgegenüber ist ein von der Betonoberfläche her ausgehendes Eindringen des alkalischen Elektrolyten von untergeordneter Bedeutung.

Versuche zur Beurteilung der Dauerhaftigkeit einer solchen Realkalisierungsbehandlung haben gezeigt, dass unter den vorgegebenen Bedingungen solche Veränderungen auftreten können, die zu einer erneuten Depassivierung führen [19].

Weitere Untersuchungen [20] haben gezeigt, dass durch diese Realkalisierung keine dauerhafte Repassivierung von bereits korrodiertem Bewehrungsstahl erzielt werden kann. Insbesondere kann eine stark korrodierte Stahloberfläche nicht repassiviert werden. Insofern kann diese Methode eine vorbeugende Maßnahme darstellen, aber als Instandsetzungsmethode bei bereits eingetretener Korrosion der Bewehrung ist sie nicht geeignet [20].

3.7.5 Kathodischer Korrosionsschutz

Die Prinzipien des kathodischen Korrosionsschutzes sind seit langen Jahren bekannt. Überwiegend stellt der kathodische Schutz ein zusätzliches Korrosionsschutzverfahren für beschichtete Stahloberflächen dar. So wird beispielsweise bei erdverlegten Rohrleitungen der Bereich von Fehlstellen oder Poren der Beschichtung auf diese Weise vor Korrosion geschützt.

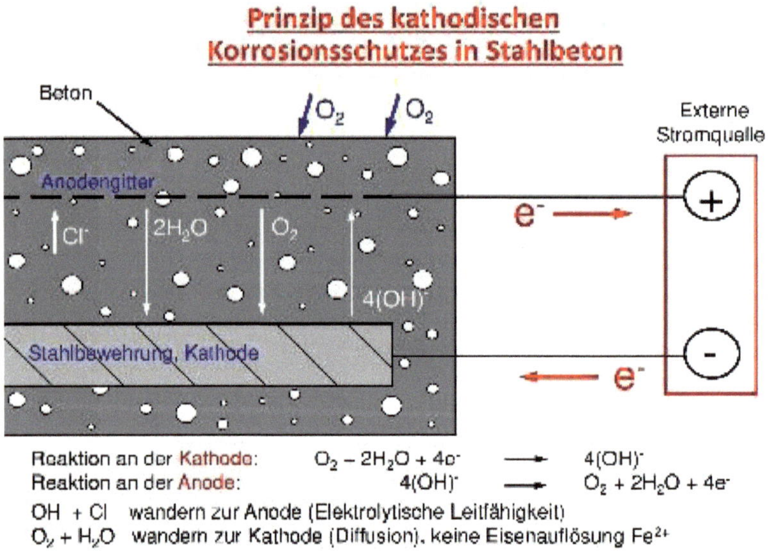

Bild 3.9: Prinzipskizze für den kathodischen Korrosionsschutz

Seit ca. 30 Jahren befasst man sich nun auch mit der Möglichkeit des kathodischen Korrosionsschutzes der Bewehrung im Stahlbeton. Die Korrosion des Bewehrungsstahles in einem chloridhaltigen und/oder karbonatisierten Beton ist abhängig vom Potential zwischen Beton und Stahl [1, 2, 6, 21, 22]. Eine Veränderung dieses Potentials in negativer Richtung infolge einer kathodischen Polarisation bewirkt bei ausreichender Stromdichte einen vollständigen Korrosionsschutz, welchen man als kathodischen Korrosionsschutz bezeichnet. In Stahlbetonbauwerken kann dieser kathodische Korrosionsschutz durch Polarisierung unter Einsatz einer inerten Fremdstromanode erfolgen. Die Anode wird in den Beton eingebaut und an den Pluspol einer Gleichspannungsquelle angeschlossen. Die Bewehrung wird an den Minuspol angeschlossen und bildet so die Kathode. Das Potential der Kathode misst man mit geeigneten Bezugselektroden.

Beim Betrieb einer solchen kathodischen Schutzanlage ergeben sich die folgenden Reaktionen an der Kathode und Anode:

Kathode (Bewehrungsstahl)
$O_2 + 2\,H_2O + 4\,e^- \rightarrow 4\,OH^-$
Anode (Anodenwerkstoff)
$4\,OH^- \rightarrow H_2O + O_2 + 4\,e^-$

So erfolgt gleichzeitig eine Alkalisierung in der Umgebung der Bewehrung, wie bereits im Abschnitt 3.7.4 beschrieben, sowie eine Verminderung des pH-Wertes an der Anode. Bei Anwesenheit von Chloriden wandern diese unter der Wirkung des elektrischen Feldes in Richtung Anode (siehe Abschnitt 3.7.2). Ein entgegengesetzter Kationenstrom erfolgt in Richtung zum Bewehrungsstahl. Schädliche Nebenwirkungen sind bei baupraktischen Stromdichten nicht zu erwarten.

Der kathodische Korrosionsschutz kann als vorbeugende Maßnahme bei neuen Stahlbetonkonstruktionen vorgesehen werden. Von vorrangigem Interesse ist der kathodische Korrosionsschutz aber für solche Stahlbetonbauwerke, die bis zur ersten Bewehrungslage und auch in tiefer liegenden Zonen hohe Chloridgehalte aufweisen, welche zur Depassivierung der Stahloberfläche führen.

Die langfristige Wirksamkeit der getroffenen Maßnahmen zum kathodischen Korrosionsschutz ist abhängig von der Dauerhaftigkeit der Anoden. Die eingebauten Anodensysteme müssen für die Nutzungsdauer der Schutzmaßnahme bzw. des Bauwerkes den Stromübergang sicherstellen. Damit während des Einbaus keine Beschädigungen auftreten, müssen sie eine entsprechende bautechnische Robustheit aufweisen. Ferner dürfen sie im Falle der Einbettung im Spritzbeton die Verbundwirkung zwischen Altbeton und Spritzbeton nicht beeinträchtigen.

Die bautechnische Eignung und Dauerhaftigkeit der Anoden sind durch geeignete Untersuchungen nachzuweisen.

Die bautechnische Durchführung einer Instandsetzungsmaßnahme durch kathodischen Korrosionsschutz lässt sich durch die folgenden Arbeitsschritte grob beschreiben:

- Schadensdiagnose,
- Widerstandsmessung innerhalb der Bewehrung,
- Ankopplung bei fehlender elektrischer Verbindung der Bewehrung,
- Oberflächenvorbereitung der Betonoberfläche für den Auftrag von Beton/PCC-Mörtel,
- Abtrag des Altbetons bis zur Bewehrung im Falle großflächiger Schäden und Auftrag einer ersten Lage Beton,
- Befestigung der Anoden auf dem Altbeton bzw. auf der ersten Lage aus Beton/PCC-Mörtel,
- Einbettung der Anoden in Beton/PCC-Mörtel,
- Inbetriebnahme der Schutzanlage durch Einschaltmessungen zur Erzielung der Schutzkriterien,
- Kontrolle des Systems durch Depolarisationsmessungen in geeigneten Zeitabständen (z. B. 1 Jahr).

Trotz der Regelungen des kathodischen Korrosionsschutzes in DIN EN 12696 [23] setzt die Anwendung dieses Korrosionsschutzverfahrens spezielle Kenntnisse und Erfahrungen beim sachkundigen Planer voraus. Im Regelfall wird man daher zusätzliche Fachleute hinzuziehen, da sich die Anwendung des kathodischen Korrosionsschutzes im Stahlbetonbau in den vergangenen Jahren zu einem eigenständigen Fachgebiet entwickelt hat.

3.7.6 Weitere Verfahren

Der Vollständigkeit halber werden hier weitere Verfahren für den Korrosionsschutz der Bewehrung genannt. Diese Verfahren sind nur bei der Herstellung der Stahlbetonbauteile anwendbar und eignen sich normalerweise nicht für die Anwendung bei der Instandsetzung. Diese Verfahren sollen den Korrosionsschutz der Bewehrung für den Fall verbessern, dass die Karbonatisierungsfront die Bewehrung erreicht bzw. dass korrosionsauslösende Chloridgehalte im Beton auftreten. Es handelt sich um die folgenden Verfahren:

- Bewehrung mit werkmäßiger Beschichtung,
- feuerverzinkte Bewehrung,
- nichtrostender Betonstahl,
- Inhibitoren im Beton.

Diese Verfahren sollen hier nicht weiter abgehandelt werden, da es sich um Spezialanwendungen handelt, die nur in sehr seltenen Fällen zum Einsatz kommen. Diese Verfahren werden aber in der Fachliteratur eingehend diskutiert [2, 6].

3.8 Literatur

[1] H. Kaesche: Korrosion der Metalle; Springer Verlag, Berlin, 1990

[2] U. Nürnberger: Korrosion und Korrosionsschutz im Bauwesen; Bauverlag, Wiesbaden und Berlin, 1995

[3] G. Rieche u. a.: Sachstandsbericht zur Messung der Feuchte von mineralischen Baustoffen; Fraunhofer IRB Verlag, Stuttgart, 2004

[4] G. Rieche: Neue Wege der Feuchtemessung und Beurteilung von Estrichen und Beton; Beton- und Stahlbetonbau 99 (2004) 794 – 797

[5] G. Rieche: Instandsetzung von Stahlbeton bei Schäden infolge Korrosion der Bewehrung; Deutsche Bauzeitschrift 30 (1982) 1011-1017

[6] U. Nürnberger, B. lsecke, B. Neubert, G. Rieche: Korrosionsschutz im Massivbau – Vermeidung und Sanierungvon Korrosionsschäden im Stahl- und Spannbeton; Kontakt und Studium, Band 297, Expert Verlag, Ehningen, 1991

[7] G. Rieche, S. Wehrle: Baupraktische Erfahrungen bei der Instandsetzung chloridbelasteter Parkhäuser aus Stahlbeton – Schadensdiagnose, lnstandsetzungsmaßnahme, Erfahrungen; Werkstoffe und Korrosion 53 (2002) 401-407

[8] DAfStb-Richtlinie „Schutz und Instandsetzung von Betonbauteilen (Instandsetzungs-Richtlinie)", Oktober 2001

[9] DIN EN 1504-9:2008-11; Produkte und Systeme für den Schutz und die Instandsetzung von Betontragwerken, Teil 9: Allgemeine Prinzipien für die Anwendung von Produkten und Systemen

[10] DIN 55699:2017-08; Verarbeitung von Wärmedämm-Verbundsystemen

[11] entfällt

[12] entfällt

[13] H.-R. Eicher! u. a.: Elektrochemischer Chloridentzug; Beton 42 (1992) 209 – 213

[14] A. Cobo u. a.: Elektrochemische Chloridentfernung an Stahlbetonbauwerken und Möglichkeiten der Repassivierung vorgerosteter Stahloberflächen; Werkstoffe und Korrosion 52 (2001) 581 – 589

[15] Th. A. Bier: Karbonatisierung und Realkalisierung von Zementstein und Beton; Schriftenreihe des Instituts für Massivbau und Baustofftechnologie der Universität Karlsruhe, Heft 4 (1988)

[16] R. Breitenbacher und C. Solacolu: Untersuchungen zur Dauerhaftigkeit der Realkalisierung von carbonatisiertem Beton; Beton- und Stahlbetonbau 90 (1995) 116 – 119

[17] F. H. Wittmann u.a.: Nachweis der Wirksamkeit einer realkalisierenden Maßnahme; Bauinstandsetzen 8 (2002) Heft 1, 115 – 121

[18] J. Mietz: Elektrochemische Realkalisierung zur Instandsetzung von Stahlbetonbauten; Werkstoffe und Korrosion 46 (1995) 527 – 533

[19] J. Mietz, B. lsecke: Elektrochemische Realkalisierung zur Instandsetzung korrosionsgefährdeter Stahlbetonbauteile; Kurzberichte aus der Bauforschung 38 (1997) 111 -115

[20] J. A. Gonzales: Zur Wirksamkeit der Realkalisierung als lnstandsetzungs-methode für korrodierte Stahlbetonbauwerke; Werkstoffe und Korrosion 51 (2000) 97 – 103

[21] L. Bertolini: Durch kathodischen Schutz induzierte Repassivierung von Stahl in karbonatisiertem Beton; Werkstoffe und Korrosion 54 (2003) 163 – 175

[22] M. Raupach: Kathodischer Korrosionsschutz im Stahlbetonbau; Beton 42 (1992) 674 – 676

[23] DIN EN ISO 12696:2017-05; Kathodischer Korrosionsschutz von Stahl in Beton

[24] Technische Regel Instandhaltung von Betonbauwerken (TR Instandhaltung), Deutsches Insitut für Bautechnik, Mai 2020

[25] DIN EN 1992-1-1, Eurocode 2

4 Untergrund von Beton und Stahl

M. Schröder

4.1 Eigenschaften und Anforderungen

4.1.1 Zusammenfassung

Oberflächenschutz- und Instandsetzungsmaßnahmen an Beton- und Stahlbetonbauteilen beinhalten das Vorbereiten der Oberflächen, bevor die entsprechenden Stoffe appliziert werden. Da viele Mängel aus fehlender, unzureichender oder fehlerhafter Untergrundvorbereitung resultieren, wird diesem Teil der Arbeiten besondere Aufmerksamkeit gewidmet. Die Behebung sich hieraus ergebender Schäden ist besonders aufwendig, weil in vielen Fällen alle aufgebrachten Schichten abgetragen werden müssen und der gesamte Aufbau erneut vorzunehmen ist.

Zunächst werden die Eigenschaften aufgezeigt, die von Oberflächen und oberflächennahen Schichten der Bauteile im Bestand vorhanden sein können und für die weiteren Maßnahmen zu berücksichtigen sind. Dann wird beschrieben, welche Anforderungen zu stellen sind, um Beschichtungen und Betonersatzstoffe auf den vorbereiteten Untergrund aufbringen zu können. Unter 4.2 werden die Verfahren zur Oberflächenvorbereitung und zur Prüfung des Untergrundes behandelt.

4.1.2 Einleitung

Voraussetzung für einen guten Verbund von Beschichtungsstoffen und Reparatur-Mörteln/-Betonen mit Stahlbeton ist ein tragfähiger Untergrund ohne arteigene oder artfremde Trennschichten. Außerdem muss die Kontaktfläche eine Oberflächentextur aufweisen, die einen möglichst innigen, dauerhaften und fehlstellenfreien Verbund der aufzubringenden Stoffe unter Einhaltung der vorgegebenen Schichtdicken ermöglicht, so dass während und nach deren Erhärtung auftretende Grenzflächenspannungen keine Haftverluste zur Folge haben.

Um das zu erreichen, sind geeignete Verfahren zur Vorbereitung der Kontaktflächen im Rahmen von Schutz- und Instandsetzungsmaßnahmen vorzusehen. Haftungsmindernde Einflüsse sind zu beseitigen bzw. zu vermeiden. Hierbei ist eine Vielzahl von zum Teil objektspezifischen Anforderungen zu erfüllen und die den Umständen entsprechend geeigneten Verfahrensweisen, auch unter den Gesichtspunkten des Umweltschutzes auszuwählen. Dem mit der Beurteilung und Planung beauftragten „sachkundigen Planer" fällt dabei ein großer Entscheidungsspielraum zu. Fragen der Standsicherheit sind ggf. durch Hinzuziehung eines Tragwerkplaners gesondert verantwortlich zu beurteilen. Die Abmessungen und das Profil der Bauteile dürfen durch das gewählte Verfahren nicht mehr als unumgänglich verändert werden.

Bei den nachfolgend beschriebenen Eigenschaften der oberflächennahen Schichten und Anforderungen an den Untergrund sowie den vorgestellten Verfahren zur Vorbereitung und Prüfung werden die wesentlichen Kriterien und Unterschiede aufgezeigt. Neben den langjährigen Erfahrungen des Verfassers werden selbstverständlich auch die Angaben in den einschlägigen Regelwerken berücksichtigt:

4.1.3 Eigenschaften

Die Eigenschaften von Bauteilen im Bestand werden durch vielerlei Einflüsse während und nach Herstellung des Betons bestimmt. Dabei ist zwischen arteigenen Eigenschaften und artfremden, z. B. Belägen, zu unterscheiden.

Arteigene Eigenschaften ergeben sich aus der Betonzusammensetzung und der Betonverarbeitung, artfremde resultieren aus Einflüssen nach der Betonherstellung.

Um Maßnahmen zur Untergrundvorbereitung für Schutz- und Instandsetzung von Betonbauteilen planen und durchführen zu können, muss zunächst der vorhandene Zustand der Betonoberfläche geprüft und beurteilt werden. Das Ergebnis bestimmt Art und Intensität der zu wählenden Vorbereitungsmethoden.

4.1.3.1 Arteigene Eigenschaften

4.1.3.1.1 Festigkeit

Die Qualität von Betonbauteilen wird in erster Linie über die Druckfestigkeit bestimmt.

Die Festigkeit kann durch verschiedene Einflüsse, z. B. Frost, Säuren, Hydrolyse, stark herabgesetzt sein. Hierauf wird im Kapitel 2. „Stahlbeton Grundlagen" ausführlich eingegangen.

Bild 4.1: Mürber Beton durch Hydrolyse an einem Kühltropfbehälter

Nach TR werden im Bereich der Instandsetzungsebene die Altbetonklassen A1–A5 nach dem Mittelwert der Druckfestigkeit (≤ 10 N/mm² – >75 N/m²) unterschieden (siehe auch unter 4.1.4.3.5 „Oberflächenzugfestigkeit").

4.1.3.1.2 Kapillar-Porosität

Diese ist vor allem eine Folge des w/z bei der Herstellung des Betons und der Art, Intensität und Dauer der Nachbehandlung, die sich besonders auf die oberflächennahe Schicht des Betons auswirkt. Weiterhin wirkt sich die Carbonatisierung im Laufe der Jahre auf die Kapillarität des Betons günstig aus, da dessen Gefüge hierdurch dichter wird.

4.1.3.1.3 Carbonatisierung

Carbonatisierung bewirkt eine Verengung des Porengefüges und demzufolge eine Erhöhung der Festigkeit im oberflächennahen Bereich. Andererseits sinkt infolge der Reaktion von Calciumhydroxid mit dem Kohlendioxid der Luft zu Calciumcarbonat der pH-Wert des Betons von ca. 12,5 auf ca. 8, so dass der Korrosionsschutz für den Bewehrungsstahl nicht mehr sichergestellt ist, d. h. der Stahl verliert unter pH 9,5 seine Passivierung auf seiner Oberfläche und liegt dann in Korrosionsbereitschaft. Wenn genügend Luftsauerstoff und Wasser vorhanden sind, beginnt der Stahl zu rosten. Da Rost etwa das 2,5-fache an Volumen gegenüber Stahl einnimmt, kommt es zu Sprengdruck und demzufolge zu Rissen, Aufwölbungen und Abplatzungen an der Bauteiloberfläche. Deshalb ist es erforderlich, sich über den Carbonatisierungs-Fortschritt für die Planung von Schutz- und Instandsetzungs-Maßnahmen Klarheit zu verschaffen.

Dieser ist abhängig von der Betonrezeptur, insbesondere Zementart, Zementgehalt und w/z, Art und Dauer der Nachbehandlung, den Umweltbedingungen (CO_2-Gehalt und Feuchte der Luft) sowie dem Alter der Bauteile, da der Fortschritt nach dem Wurzel-Zeit-Gesetz verläuft und deshalb mit zunehmendem Alter abnimmt.

4.1.3.1.4 Kiesnester

Kiesnester entstehen bei der Herstellung von Beton durch Entmischen beim Einbau und mangelhaftes Verdichten. Soweit diese Kiesnester an der Betonoberfläche liegen, werden sie als Hohlräume nach dem Entschalen sichtbar, insbesondere nach Vorbereitung der Oberfläche. Kiesnester sind vollständig zu öffnen und zu verfüllen.

4.1.3.1.5 Risse

Risse entstehen durch Zwang, Schwinden, Hydratationswärme, Temperaturgefälle (auch bei Brand), statischer und/oder dynamischer Belastung, Setzungen, Korrosion der Bewehrung, Eigenspannung.

Es ist zwischen oberflächennahen Rissen und Trennrissen, die die gesamte Dicke oder zumindest den wesentlichen Teil des Bauteilquerschnitts umfassen, zu unterscheiden.

Auf die Charakteristik von Rissen wird im Kapitel 9 „Füllen von Rissen" näher eingegangen.

4.1.3.1.6 Hohlstellen

Hohlstellen im oberflächennahen Bereich können durch Abklopfen mit einem Hammer und Beurteilung des hierbei hörbaren Klanges festgestellt werden. Als Folge fehlerhafter Herstellung, mechanischer Schädigungen, von Treiberscheinungen oder Korrosion stellen sie, wenngleich

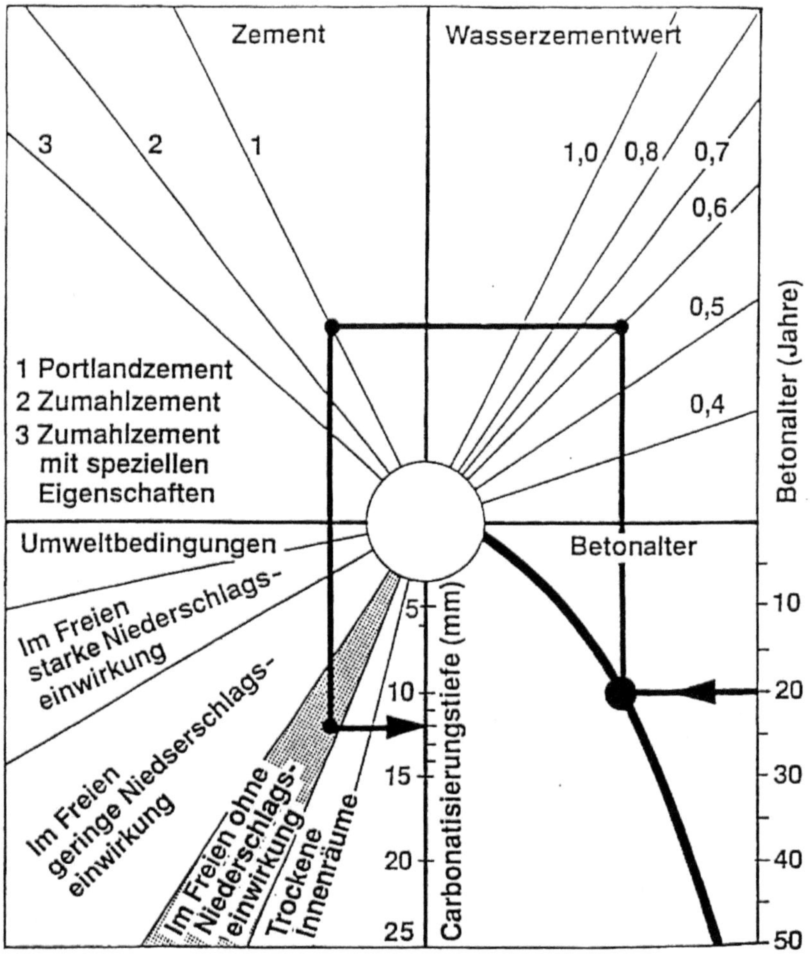

Einfluß der Nachbehandlung:

Tage	1	3	7	28
Faktor	2,0	1,3	1,0	0,9

Bild 4.2: Nomogramm zur Abschätzung des Carbonatisierungs-Fortschritts von Beton in Abhängigkeit von verschiedenen Parametern

nicht sichtbar, eine Quelle vorhandener und zukünftiger Schäden dar und müssen deshalb wie Kiesnester und Abplatzungen behandelt werden.

4.1.3.1.7 Abplatzungen

Durch mechanische Beanspruchung (Schlag und Stoß), Frost-Tauwechsel und Frost-Tausalzwechsel-Beanspruchung, treibende Inhaltsstoffe oder Korrosion des Bewehrungsstahls können Abplatzungen entstehen.

Abplatzungen sind wie Kiesnester zu behandeln, nämlich vollständig freizulegen und der Beton an diesen Stellen zu reprofilieren. Eine Reparatur kann auch aus Gründen des Korrosionsschutzes der Bewehrung erforderlich sein.

Bild 4.3: Abplatzungen an einem Stützenfuß infolge Frost-Tausalz-Beanspruchung und Rostsprengung korrodierender Bewehrung

4.1.3.1.8 Bewehrungstahl

Für Schutz- und Instandsetzungsmaßnahmen an Stahlbeton spielen Lage und Zustand der Bewehrung eine große Rolle. Hierdurch wird außerdem die Wahl der Instandsetzungs- und Oberflächenschutz-Systeme entscheidend beeinflusst.

Bewehrung kann bereits freiliegen, wenn bei der Herstellung des Betons keine Deckung erzielt wurde. Von mechanischen Schäden abgesehen, ist freiliegende Bewehrung jedoch meistens eine Folge von Stahlkorrosion infolge nicht ausreichender Betondeckung. Da Rost das ca. 2,5-fache an Volumen gegenüber Stahl einnimmt, entsteht Sprengdruck, der zu Rissen, Rostfahnen, Aufwölbungen und Abplatzungen die Betondeckung führen kann.

Die Korrosion setzt eine Depassivierung der Stahloberfläche voraus, die durch Carbonatisierung des Betons und/oder Chlorideinfluss (z. B. Tausalz) hervorgerufen wird. Außerdem müssen, wie bereits zum Ausdruck gebracht, Sauerstoff und Feuchte in ausreichendem Maß vorliegen.

Die Korrosion der Bewehrung tritt normalerweise zuerst an der der bewitterten Fläche der Bauteile zugewandten Seite des Stahls auf, kann sich jedoch im Lauf der Zeit auch ringsherum um den Stahl ausbilden oder in seltenen Fällen, wenn der Korrosionsangriff an der Rückseite der Bauteile erfolgt (z. B. bei einem Schornstein durch Rauche und Gase), an der der äußeren Bauteilfläche abgewandten Seite.

Obwohl zu geringe Betondeckung auch bei fortgeschrittener Carbonatisierung nicht immer zu sichtbaren Schäden führt, muss die Lage der Bewehrung, insbesondere die Dicke der Betondeckung, festgestellt werden, um Schutzmaßnahmen richtig planen zu können.

Liegen dicke Rostschichten und -krusten vor, ist es zweckmäßig, mit Schaber oder Nadelpistole vorzuarbeiten. Ein definitiver Oberflächen-Vorbereitungsgrad kann hiermit nicht erzielt werden.

Wenn Chlorid die Korrosion auslöst, können bei erhöhter lokaler Chloridkomzentration einzelne Rostnarben (Lochfraß) auftreten. Korrosion durch Chloridangriff tritt auch im nicht carbonatisierten Bereich auf. Die Korrosionsprodukte infolge Salzeinwirkung sind schwarzbraun und führen, wenn nur narbiger Rost vorliegt, nicht unbedingt zu Aufwölbungen und Abplatzungen.

Bild 4.4: Lochfraß am Stahl infolge hoher lokaler Chloridkonzentration

4.1.3.1.9 Zementschlämme, Feinmörtel, Zementhaut

Schlämme und Feinmörtel stellen arteigene Schichten auf waagerechten oder schwach geneigten, abgezogenen, abgeriebenen oder geglätteten Flächen des Betons dar. Diese oberflächennahe Schicht ist durch hohen Wassergehalt, Verdursten wegen fehlender oder ungenügender Nachbehandlung sowie feines Korngefüge oft von geringer Festigkeit. Um einen festen Verbund zum Beton, vor allem für höher belastbare Beschichtungen, sicherzustellen, müssen sie entfernt werden, weil sonst in der Haftzone später auftretende Spannungen zu einem Versagen des Verbunds führen können.

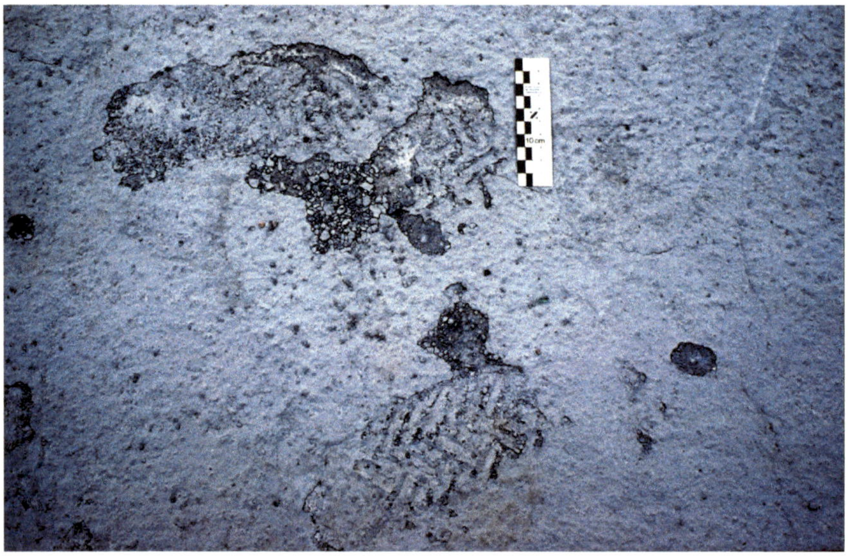

Bild 4.5: Schlämmeanreicherung an abgezogener Bodenfläche

Die äußere Schicht von geschaltem Beton, die sogenannte Zementhaut oder Zementsintersicht, die fälschlicherweise manchmal auch als Zementschlämme bezeichnet wird, besteht aus einer dünnen Schicht Zementstein. Diese Zementhaut kann, z. B. infolge ungenügender Nachbehandlung, von niedriger, aber bei guter Nachbehandlung auch von hoher Festigkeit und Härte sein, stellt aber dennoch einen schlechten Haftgrund für aufzubringende Schichten dar wegen fehlender Rauheit, Lunkern und Poren sowie ggf. Resten von Trenn- und Nachbehandlungsmitteln.

4.1.3.1.10 Poren, Lunker

Unter Poren versteht man in der Praxis kleine, unter Lunkern größere Öffnungen an der Betonoberfläche. Der Begriff „Lunker“ wird in betontechnologischen Abhandlungen nicht verwendet, im Bereich der Betoninstandhaltung jedoch sehr wohl.

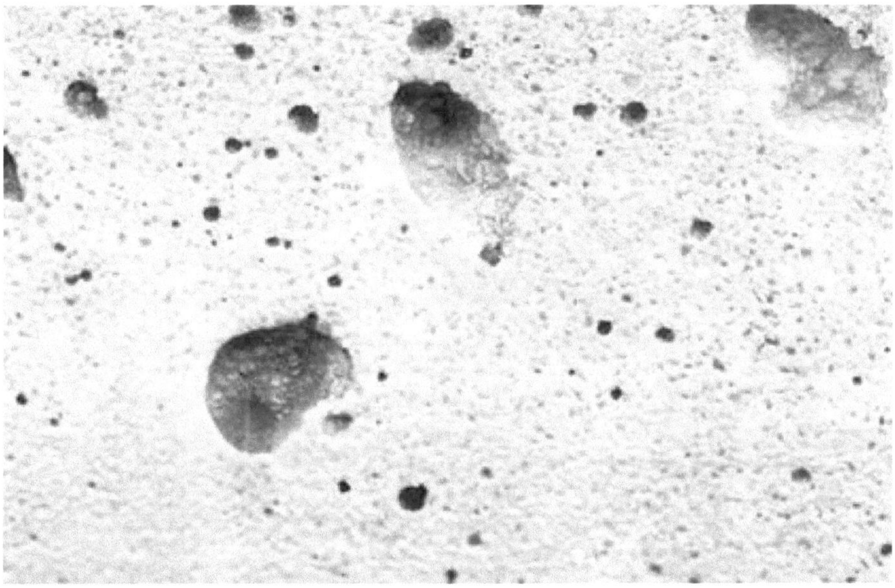

Bild 4.6: Sichtbeton mit Poren und Lunkern

Bei geschalten Flächen entstehen durch Luft- und Wassereinschlüsse Poren und Lunker, die häufig ganz oder teilweise mit einer dünnen Zementhaut überzogen sind, so dass sie die Form einer Kaverne aufweisen. Sie müssen aus diesem Grund durch das Vorbereiten des Untergrunds so weit geöffnet werden, dass sie einwandfrei verfüllt und Beschichtungen fehlstellenfrei aufgetragen werden können.

4.1.3.1.11 Trennmittel aus Nachbehandlung und Schalung

Wenn das Nachbehandeln von Beton durch Aufsprühen von Schutzfilmen erfolgte oder bei geschalten Flächen Reste von Trennmitteln auf der Betonoberfläche vorhanden sind, können diese die Haftung von Beschichtungsstoffen beeinträchtigen und sind im Zuge der Untergrundvorbereitung zu entfernen.

Für den Frischbetonschutz kommen bei Bodenflächen auch Nachbehandlungsmittel zum Einsatz, die gleichzeitig als Grundierung für die nachfolgende Beschichtung wirksam werden (siehe unter 12.1 „Oberflächenschutz für Bodenflächen“).

4.1.3.1.12 Ausblühungen, Aussinterungen

Ausblühungen und Aussinterungen entstehen durch das Herauslösen des Kalkes aus dem Beton durch Wasser und Transport über Risse auf die Betonoberfläche. Durch Verdunsten des Wassers wird der Kalk auf der Betonoberfläche abgelagert und cabonatisiert im Laufe der Zeit. Dadurch entstehende dünne kristallförmige Schichten auf jungem Beton werden als Ausblühungen, langjährige krustenförmige Ablagerungen infolge ständigen Wassereinflusses auf altem Beton werden als Aussinterungen bezeichnet. Im Zuge der üblicherweise durchzuführenden Untergrundvorbereitung werden Ausblühungen und Aussinterungen entfernt.

Bild 4.7: Aussinterungen an einem Betonbunker des 2. Weltkriegs

4.1.3.1.13 Feuchte

Beton trocknet im Inneren, insbesondere bei massigen Bauteilen, nie vollkommen aus, sondern weist immer eine Restfeuchte auf. Insofern gibt es keinen absolut trockenen Beton. Davon abgesehen, können Betonbauteile selbstverständlich durch Wasser von außen, also z. B. Regen, durchfeuchtet werden.

Feuchter und in noch stärkerem Maße nasser Beton weisen niedrigere Festigkeiten als weitgehend trockener Beton auf.

4.1.3.2 Artfremde Eigenschaften

4.1.3.2.1 Bewuchs

Die Betonoberfläche kann je nach Beschaffenheit, Lage und Umgebung als Untergrund für Bewuchs dienen. Im Zuge der üblicherweise durchzuführenden Untergrundvorbereitung wird Bewuchs entfernt.

Pflanzen können sich vor allen Dingen in Rissen, Ritzen, Kiesnestern u. ä. entwickeln, wenn sich dort ein nahrhafter Boden gebildet hat, auf dem Samen zum Keimen kommen kann. Wurzeln und Pflanzen können hierbei sogar Sprengwirkung und infolgedessen Abplatzungen herbeiführen.

Moos kann sich vor allem auf waagerechten und geneigten, jedoch auch senkrechten Flächen ausbilden, wenn raue Oberflächentextur und feuchtwarmes Klima entsprechende Voraussetzungen bieten.

Bild 4.8: Moos an einer Staumauer

Algen- und Flechtenbildung werden ebenfalls durch raue Oberflächen und feuchtes Klima begünstigt. Eine rückstandslose Entfernung ohne abtragende Untergrund-Vorbereitungsmethode ist bei lunkerhaltigen Stahlbetonoberflächen schwierig.

4.1.3.2.2 Ablagerungen von Fremdstoffen

Fremdstoffe können durch Emission, durch Befahren sowie durch Verschmutzung auf Betonoberflächen gelangen. Fremdstoffe stellen in der Regel Trennschichten für nachfolgende Schutz- und Instandsetzungssysteme dar und müssen deshalb restlos entfernt werden.

4.1.3.2.2.1 Öle, Fette

Sowohl mineralische als auch organische Öle und Fette, z. B. Maschinen- oder Bohröl sowie Fette bei der Herstellung von Genuss- und Nahrungsmitteln, können mehrere Zentimeter tief in den Beton eindringen und eine starke Trennwirkung auf Instandsetzungs- und Beschichtungsstoffe ausüben. Darüber hinaus führen Öle und Fette zu einer Verminderung der Festigkeit des Betons durch Herabsetzen der Haftkräfte zwischen Zementstein und Gesteinskörnung. Öl- und Fettsäuren üben eine lösende Zerstörung auf den Zementstein aus.

Bild 4.9: Verölter Boden in der Industrie

Neben den unter 4.2 aufgeführten Verfahren zur Vorbereitung des Betonuntergrundes werden bei öligen und fettigen Böden auch Tenside sowie Bakterienstämme zur Vorreinigung eingesetzt, was hier nicht näher behandelt wird. Bei Einsatz von Lösemitteln besteht die Gefahr, dass nur oberflächig eingedrungenes Öl/Fett verdünnt wird und somit tiefer in den Beton eindringen kann.

Nach dem Vorbereiten einer entölten bzw. entfetteten Fläche sollen für die Prüfung der Abreißfestigkeit Kleber verwendet werden, die mit dem vorgesehenen Beschichtungsmaterial identisch oder diesem zumindest ähnlich sind. Damit wird nicht nur die Oberflächen-Zugfestigkeit des Betons geprüft, sondern gleichzeitig die erzielbare Haftung für die vorgesehene Instandsetzungs- oder Schutzmaßnahme ermittelt.

4.1.3.2.2.2 Paraffin, Wachs

Ablagerungen von Paraffin und Wachs sind ähnlich wie Einwirkungen von Öl und Fett zu betrachten. Da die Viskosität von Paraffin und Wachs stärker temperaturabhängig ist, dringt es im Regelfall weniger tief in den Beton ein.

4.1.3.2.2.3 Gummi

Durch Abrieb von Reifen entstehen auf befahrbaren Betonoberflächen Rückstände von Gummi, die eine sehr gute Haftung zum Untergrund besitzen und, vor allem im Kurvenbereich, hohe

Schichtdicken bis mehrere Millimeter erreichen können. Diese Gummirückstände wirken als Trennschicht und müssen entfernt werden.

4.1.3.2.2.4 Schmutz, Staub

Ablagerungen von Schmutz und Staub haften im Regelfall nur gering auf der Oberfläche und sind verhältnismäßig leicht zu entfernen. Auch bei einigen Verfahren zur Untergrundvorbereitung kann Staub anfallen, der sich auf den Flächen niederschlägt und mit gesonderten Verfahren, z. B. Industriestaubsauger oder Druckwasserstrahlen, zu entfernen ist. Staubfreie oder staubarme Vorbereitungs-Maßnahmen sind zu bevorzugen.

4.1.3.2.2.5 Beschichtungsreste

Bei Schutz- und Instandsetzungsmaßnahmen an Altbauten sind häufig Beschichtungsreste unterschiedlicher Art und Rohstoffbasis zu entfernen, bevor erneut beschichtet werden kann.

In begründeten Fällen können fest haftende Altbeschichtungen verbleiben, wenn gute Haftung der nachfolgenden Beschichtung sichergestellt wird, z. B. durch Anstrahlen der Oberfläche (Probefläche), und der gesamte Beschichtungsaufbau bauphysikalisch (z. B. Wasserdampfdiffusion) hierdurch nicht nachteilig beeinflusst wird.

Bild 4.10: Rostabsprengung an einer mit Dispersion beschichteten Balkonbrüstung (Testmagnet zeigt Betondeckung ≤ 8 mm)

Kunstharzlösungen weisen eine relativ hohe Chemikalienbeständigkeit auf und sind durch Lösemittel kaum wieder anzulösen. Mit einem Lösemitteltest, z. B. Keton, kann festgestellt werden, ob eine Dispersion vorliegt, da diese leichter anlösbar ist.

Aus Gründen des Umweltschutzes sollten jedoch keine Lösemittel zum Entfernen von Beschichtungen verwendet werden. Ein derartiger Test dient lediglich dazu, das geeignete Material zum Überarbeiten zu ermitteln, falls restloses Entfernen nicht erforderlich oder nicht möglich ist. Ein Erneuerungsanstrich kann in den meisten Fällen auf eine fest haftende Altbeschichtung (Prüfung durch Gitterschnitt) nach Reinigung mit Heißwasserstrahlen aufgebracht werden. Dispersionen haften im Allgemeinen auch auf Beschichtungen mit lösemittelhaltigen Anstrichstoffen, so dass im Zweifelsfall eine Überarbeitung mit Dispersion erfolgen sollte. Anlegen und Prüfen einer Beschichtungsprobe ist in jedem Fall ratsam.

Falls Beschichtungen auf Zement- oder Reaktionsharzbasis aufgetragen werden sollen, sind Beschichtungsreste von Lösungen und Dispersionen grundsätzlich restlos, z. B. durch Strahlen, zu entfernen.

Reaktionsharzreste müssen entfernt werden, wenn Beschichtungsstoffe eingesetzt werden sollen, mit denen auch nach entsprechender Vorbereitung keine Haftung am Untergrund erzielt werden kann. Normalerweise kann jedoch mit einem Beschichtungsstoff auf gleicher Bindemittelbasis wie die der fest haftenden Altbeschichtung, aber auch auf anderer Basis, gearbeitet werden, wenn die alte Oberfläche intensiv mechanisch angeraut wird, z. B. durch Strahlen mit Feststoff. Im Zweifelsfall sind Probeflächen anzulegen, die nach Aushärtung auf Haftzugfestigkeit zu prüfen sind, wobei die Abreißstempel bis zur Altbeschichtung vorgeschnitten werden sollen.

Im Gegensatz zur landläufigen Meinung handelt es sich bei den sogenannten Schwarzanstrichen Bitumen und Teer um völlig unterschiedliche Rohstoffbasen. Während Bitumen durch Lösemittel, z. B. Testbenzin, leicht angelöst werden kann, ist Teer relativ lösemittelbeständig. Teer wird als kanzerogen eingestuft, so dass bei seiner Entfernung und Entsorgung entsprechend sorgfältig verfahren werden muss und geeignete Schutzmaßnahmen vorzusehen sind (siehe auch unter 13.3 „Praxisbeispiele mit schwierigen Aufgabenstellungen“).

Beide Stoffe, Bitumen noch mehr als Teer, sind als Thermoplaste in ihrer Viskosität temperaturabhängig. Deshalb ist mechanisches Abarbeiten besser bei niedrigen Temperaturen durchzuführen, wenn diese Stoffe relativ spröde sind.

Bitumen und Teer sind auch bei guter Haftung und nach Säuberung schlechte Untergründe für andersartige Beschichtungen.

Ob es sich um Bitumen oder Teer handelt, kann neben einem Lösemitteltest beim Verbrennen einer Probe von einem Fachmann am Geruch festgestellt werden. Beide Stoffe sind miteinander unverträglich.

4.1.3.2.3 Chloridgehalt

Chloride gelangen überwiegend durch Streusalze, vor allem bei Verkehrsbauwerken und Parkbauten, aber auch durch Meersalze, Schwimmbäder, Magnesia, Industrie sowie beim Verbrennen von PVC in den Beton.

Auch im nicht carbonatisierten Bereich können Chloride zur Korrosion der Bewehrung führen. Die Höhe der Korrosionsgefahr durch Chloride hängt von den Umgebungsbedingungen, insbesondere der Feuchtigkeit, ab (siehe auch unter 4.1.3.1.8).

4.1.4 Anforderungen

Für die Durchführung von Schutz- und Instandsetzungsarbeiten müssen bestimmte Voraussetzungen am Bauteil vorliegen, um gute Ergebnisse der Maßnahmen erzielen zu können.

4.1.4.1 Alter

Das Alter von Betonbauteilen soll im Allgemeinen mindestens vier Wochen betragen, damit sich die angestrebte Festigkeitsklasse und dementsprechend die geforderte Oberflächen-Zugfestigkeit entwickeln konnten, ein großer Teil des Schwindvorganges abgeschlossen ist und der Feuchtegehalt in der oberflächennahen Zone (bis 2 cm Tiefe) deutlich reduziert ist.

In bestimmten Fällen und bei Anwendung speziell hierfür geeigneter oder entwickelter Produkte können auch Schutz- und Instandsetzungs-Maßnahmen an jüngeren Bauteilen vorgenommen werden.

4.1.4.2 Druckfestigkeit

Instandzusetzender oder zu beschichtender Beton sollte im Allgemeinen mindestens der Festigkeitsklasse C 20/25 entsprechen. Falls Beton niedrigerer Festigkeitsklasse vorliegen sollte, sind die Schutz- und Instandsetzungs-Maßnahmen hierauf abzustimmen und entsprechende Vereinbarungen zwischen Auftraggeber und Auftragnehmer zu treffen.

4.1.4.3 Oberflächenbeschaffenheit

Um Schutz- und Instandsetzungsmaßnahmen an Betonbauteilen durchführen zu können, muss die Betonoberfläche bestimmte Eigenschaften aufweisen. Da diese nur in wenigen Fällen von vornherein gegeben sind, müssen geeignete Vorbereitungsmaßnahmen durchgeführt werden. Hiermit sind nachfolgend aufgezeigte Eigenschaften herbeizuführen.

Zu beschichtende Bauteile sollen außerdem beschichtungsgerecht gestaltet sein. Demnach sind Kanten zu fasen oder zu runden, Ecken als Hohlkehlen oder keilförmig auszubilden.

4.1.4.3.1 Frei von arteigenen trennenden Substanzen

Das bedeutet, dass je nach zu erwartenden Beanspruchungen und zu verwendenden Stoffen Zementschlämme, Feinmörtel, Zementhaut, Ausblühungen und Aussinterungen sowie Trennmittel aus Nachbehandlung und Schalung zu beseitigen sind.

4.1.4.3.2 Frei von artfremden trennenden Substanzen

Soweit Altbeschichtungen am Untergrund fest haften und mit dem aufzubringenden Beschichtungsstoff, ggf. nach entsprechender Oberflächenvorbereitung, einen einwandfreien Verbund eingehen, können diese belassen werden. Ansonsten sind Bewuchs, Ab- und Einlagerungen wie Öle, Fette, Gummiabrieb, Schmutz und Staub sowie Reste von Altbeschichtungen zu entfernen.

4.1.4.3.3 Kiesnester, Poren und Lunker

Diese müssen durch das Vorbereiten des Untergrunds so weit geöffnet werden, dass sie einwandfrei verfüllt und geschlossen sowie Beschichtungen fehlstellenfrei aufgetragen werden können.

4.1.4.3.4 Grate und Wulste

Zu beschichtende Oberflächen müssen im Normalfall frei von Graten und Wulsten sein. Diese können jedoch in zu begründenden Fällen belassen werden, z. B. wenn die Oberflächentextur aus gestalterischen Gründen erhalten bleiben soll. Für den Oberflächenschutz sind in solchen Fällen besondere Maßnahmen vorzusehen (siehe unter 8.1 „Betonersatz mit RM“ und 12.1 „Oberflächenschutz für Wand- und Deckenflächen“)

4.1.4.3.5 Oberflächenzugfestigkeit

Mit der Oberflächenzugfestigkeit, auch als Abreißfestigkeit des Betonuntergrundes bzw. der Betonunterlage bezeichnet, wird die Zugfestigkeit des Betons im oberflächennahen Bereich ermittelt. Der hierbei gemessene Wert ist zwar nicht allein für die Eignung einer Betonoberfläche zum Zwecke der Instandsetzung oder Beschichtung maßgebend, stellt jedoch einen Kennwert dar, der Rückschlüsse auf die mechanische Belastbarkeit und Spannungsaufnahme ermöglicht. Besser wäre es, die Schub-/Scherfestigkeit zu bestimmen, da Zugkräfte nur selten, z. B. durch Sog in einem Tunnel, auftreten können, jedoch steht hierfür kein geeignetes Gerät für die Baustelle zur Verfügung.

Gemäß TR werden folgende Oberflächenzugfestigkeiten für Altbeton im Bereich der Instandsetzungsebene gefordert:

Altbetonklasse	Druckfestigkei	Oberflächenzugfestigkeit	
		Mittelwert	kleinster Einzelwert
	MPa	MPa	MPa
A1	≤ 10	$< 0{,}8$	$< 0{,}5$
A2	> 10	$\geq 0{,}8$	$\geq 0{,}5$
A3	> 20	$\geq 1{,}2$	$\geq 0{,}8$
A4	> 30	$\geq 1{,}5$	$\geq 1{,}0$
A5	> 75	$\geq 2{,}5$	$\geq 2{,}0$

Für Spachtelungen oder Schlämmen zur Egalisierung bei Oberflächenschutzmaßnahmen wird eine Oberflächen-Zugfestigkeit des Betons von im Mittel $\geq 1{,}3$ N/mm^2 gefordert, wobei kein Einzelwert unter 0,8 N/mm^2 liegen darf.

Für die einzelnen Oberflächen-Schutzsysteme werden unterschiedliche Oberflächenzugfestigkeiten gefordert. Diese werden im Kapitel 12 aufgezeigt.

4.1.4.3.6 Ebenheit

Betonoberflächen müssen, um bestimmte Anforderungen an Gebrauch und Verkehr zu erfüllen sowie vorgegebene Schichtdicken einhalten zu können, eine entsprechende Ebenheit aufweisen. Erforderlichenfalls müssen entsprechende Ausgleichsschichten vorgesehen werden, bevor die eigentliche Beschichtung vorgenommen wird.

4.1.4.3.7 Rauheit

Um gute Haftung von Instandsetzungs- und Beschichtungsstoffen am Untergrund zu erzielen, muss der Beton eine gewisse Rauheit aufweisen. Diese muss umso größer sein, je dicker die aufzutragenden Schichten und je größer die zu erwartenden Belastungen und Spannungen sein werden. So genügt es, für Feinspachtelungen Poren und Lunker zu öffnen und die Feinmörtelschicht oder Zementhaut so weit anzurauen, bis die Mörtelkörnung sichtbar wird, während bei Spritzmörtel oder Dickbeschichtungen auf Reaktionsharzbasis das grobe Gesteinskorn kuppenartig freizulegen ist.

In der TR werden an die Rauheit des Betonuntergrunds für den Adhäsionsverbund folgende Anforderungen gestellt:

	Mindest-Rautiefenklasse
Für Beton, Spritzbeton, SRC, Vergussbeton mit verzahnter Fuge	RT 3,0
Für Beton, Spritzbeton, SRC, Vergussbeton mit rauer Fuge	RT 1,5
Für Spritzmörtel, RM, RC, SRM, Vergussmörtel	RT 1,0
Für PRM und PRC	RT 0,5
Für OS 4 bis OS 14 und Feinspachtel	RT 0,3

Um Mindestschichtdicken bei bestimmten Oberflächen-Schutzsystemen sicherzustellen, sind gemäß Instandsetzungs-Richtlinie entsprechend der Rautiefe Schichtdickenzuschläge vorzusehen.

4.1.4.3.8 Feuchte des Untergrunds

In der TR wird für Oberflächenschutzsysteme und Mörtel bei der Betonfeuchte zwischen „trocken", „feucht" und „nass" unterschieden. Für bestimmte Instandsetzungs- und Schutzmaterialien darf Beton gewisse Feuchtegehalte nicht überschreiten, um gute Haftung zu erzielen und spätere Schäden, z. B. infolge Blasenbildung, auszuschließen. Genaue Werte werden in den Regelwerken nicht angegeben. Die Feuchte muss den Angaben zur Ausführung des Herstellers für die verwendeten Produkte entsprechen, liegt jedoch für Kunststoffbeschichtungen und Reaktionsharz-Mörtel/-Beton im Allgemeinen bei maximal 4 M % in der äußeren 2 cm dicken Schicht des Betonbauteils.

Für zementgebundene Stoffe ist ebenfalls kein Grenzwert festgelegt, zumal die Betonoberfläche zum Zeitpunkt des Auftragens ohnehin mattfeucht sein soll. Jedoch darf kein glänzender Wasserfilm, der die Haftung vermindern und den w/z im Grenzbereich verändern würde, vorliegen.

4.1.4.4 Schadstoffe

4.1.4.4.1 Chloridgehalt

Dieser wird, bezogen auf das Zementgewicht, bei Stahlbeton bis zu 0,5 % und bei Spannbeton bis zu 0,2 % als unbedenklich angesehen. Bei Werten darüber ist vom sachkundigen Planer zu entscheiden, inwieweit diese unter den gegebenen oder zu erwartenden Umständen als gefährlich zu betrachten sind. Unter entsprechenden Voraussetzungen, insbesondere bei trockener Atmosphäre, können auch Chloridgehalte bis 1,0 % toleriert werden (siehe auch unter 11. „Instandsetzen chloridhaltiger Konstruktionen").

Daher ist der Chloridgehalt im Beton im Tiefenprofil zu bestimmen. Chloridgehalte unterhalb 0,5 %, bezogen auf das Zementgewicht, gelten bei schlaff bewehrtem Beton als nicht korrosionsauslösend. Für Spannbeton liegt die Grenze bei 0,2 %. Der kritische korrosionsauslösende

Chloridgehalt ist vom sachkundigen Planer den Umständen entsprechend zu bestimmen. Genauer wird auf Chloridgehalte und deren Wirkung im Kapitel 11. eingegangen.

4.1.4.4.2 Sulfatgehalt

Durch Sulfateinwirkung kann es zu Treiberscheinungen im Beton kommen (Ettringit-Bildung). In begründeten Fällen ist eine Bestimmung des Sulfatgehaltes vorzunehmen. Der Sulfatgehalt an der instandzusetzenden Oberfläche soll dem Grundsulfatgehalt im Beton entsprechen. Dieser kann, je nach Zement und Zuschlag, bis zu 1,0 M% betragen. Randbeton, der einen höheren Sulfatgehalt als der Beton im Kern enthält oder aber durch Sulfattreiben bereits zerstört ist, muss entfernt werden. Absolute Grenzwerte werden ansonsten in den Regelwerken für die Instandhaltung von Beton nicht angegeben.

4.1.4.5 Schadstellen/Ausbrüche

4.1.4.5.1 Form

Bei der Bearbeitung von Schadstellen sollen die Ausbruchufer im Winkel von etwa 45° hergestellt werden (gemäß DIN 18349 im Winkel von 30° – 60°). Das ist eine berechtigte Forderung, da praktische Untersuchungen ergeben haben, dass bei flacheren und steileren Ufern, besonders vertikalen, eher Rissbildung beim Erhärten und Schwinden des Betonersatzes im Bereich der Haftfläche zu erwarten ist.

Nach ZTV-ING sind die Ausbruchufer zunächst senkrecht ca. 1 cm tief mit geraden Kanten und anschließend im Winkel von 45° herzustellen. Diese Forderung ist fragwürdig. Dass die Gesteinskörnung kuppenartig freizulegen ist, erscheint wegen des dadurch verbesserten Haftverbunds sinnvoll.

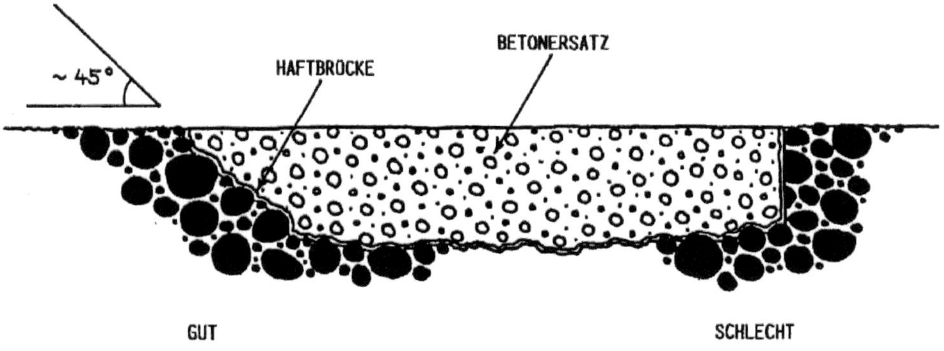

Bild 4.11: Schemazeichnung Ausbruchufer für Reprofilierungen

4.1.4.5.2 Bewehrung

Korrodierte Bewehrung ist bis zur Korrosionsgrenze, umlaufend korrodierte Bewehrung ist in vollem Umfang 1 – 2 cm tief und 1 – 2 cm in Längsrichtung über die Korrosionsgrenze hinaus freizulegen.

Stahloberflächen sind nach TR so zu behandeln, dass ein Oberflächen-Vorbereitungsgrad von ≥ Sa 2 nach DIN EN ISO 8501-1 oder ≥ Wa 2 nach DIN EN ISO 8501-4 vorliegt. Dabei ist DIN EN ISO

12 944-4 sinngemäß zu beachten. Nach ZTV-W ist auch ≥ St 2 möglich. Dabei ist die Entrostung mit Hochdruck-Wasserstrahl dem Oberflächen-Vorbereitungsgrad St 2 gleichwertig.

Die TR geht davon aus, dass Korrosionsschutz-Beschichtungen der Bewehrung nicht mehr vorgesehen sind. Für Korrosionsschutz-Beschichtungen ist gemäß Instandsetzungs-Richtlinie ein Oberflächen-Vorbereitungsgrad ≥ Sa 2 ½ nach DIN EN ISO 12 944-4 zu erreichen.

Nach ZTV-ING ist grundsätzlich ≥ Sa 2 ½ für die Entrostung freiliegender Bewehrung gefordert.

Gemäß ZTV-W ist bei chloridinduzierter Korrosion nur Hochdruck-Wasserstrahl zur Oberflächenvorbereitung zulässig.

Bild 4.12: Gemäß Oberflächen-Vorbereitungsgrad St 2 vorbereiteter Stahl (Ausgangszustand D)

Bild 4.13: Gemäß Oberflächen-Vorbereitungsgrad Sa 2 gestrahlter Stahl (Ausgangszustand D)

Bild 4.14: Gemäß Oberflächen-Vorbereitungsgrad Sa 2 ½ gestrahlter Stahl (Ausgangszustand D)

Maßgebend für die Beurteilung des Oberflächen-Vorbereitungsgrades ist der Zustand unmittelbar nach Absetzen der Strahldüse. Soweit der Stahl infolge Feucht- oder Nebelstrahlen feucht sein sollte, muss nach Trocknen der Stahloberfläche mit Flugrost gerechnet werden. Dementsprechend müsste ggf. trocken nachgestrahlt werden.

4.1.4.6 Klimatische Bedingungen

4.1.4.6.1 Temperaturen

Umgebungs- und Bauteiltemperaturen richten sich nach Art der verwendeten Stoffe. Bei mineralischen Produkten liegen diese zwischen 5 und 30 °C, bei Kunststoffen zwischen 8 und 30 °C. Ansonsten sind die Angaben zur Ausführung der Hersteller maßgebend. Es ist darauf zu achten, dass die angegebenen Temperaturen nicht nur während der Verarbeitung, sondern auch während der Erhärtung gegeben sein müssen.

4.1.4.6.2 Luftfeuchte

Für mineralische Produkte ist hier keine Grenze gegeben, im Gegenteil, hohe Luftfeuchtigkeit wirkt sich günstig auf die Nachbehandlung zementgebundener Produkte aus.

Im Gegensatz dazu wird die Luftfeuchtigkeit für Kunststoffbeschichtungen im Allgemeinen auf ≤ 80 % begrenzt. Hohe relative Luftfeuchte verzögert die Verfilmung von Dispersionen.

4.1.4.6.3 Taupunkt

Bei Unterschreitung des Taupunktes tritt Kondenswasser auf, so dass sich Feuchtigkeit als Trennfilm auf der Oberfläche niederschlägt. Um sicherzustellen, dass keine Taupunkt-Unterschreitung vorliegt, muss die Untergrundtemperatur der zu beschichtenden Bauteile mindestens 3 K über der Taupunkt-Temperatur liegen. Das gilt vor allem für Kunststoff-Beschichtungen, insbesondere Zwischen- und Endbeschichtungen. Aber auch bei mineralischen Stoffen ist darauf zu achten, dass infolge Taupunkt-Unterschreitung kein tropfbarer Wasserfilm auf der Oberfläche vorhanden ist, was ebenfalls zu Haftungsminderungen führen kann.

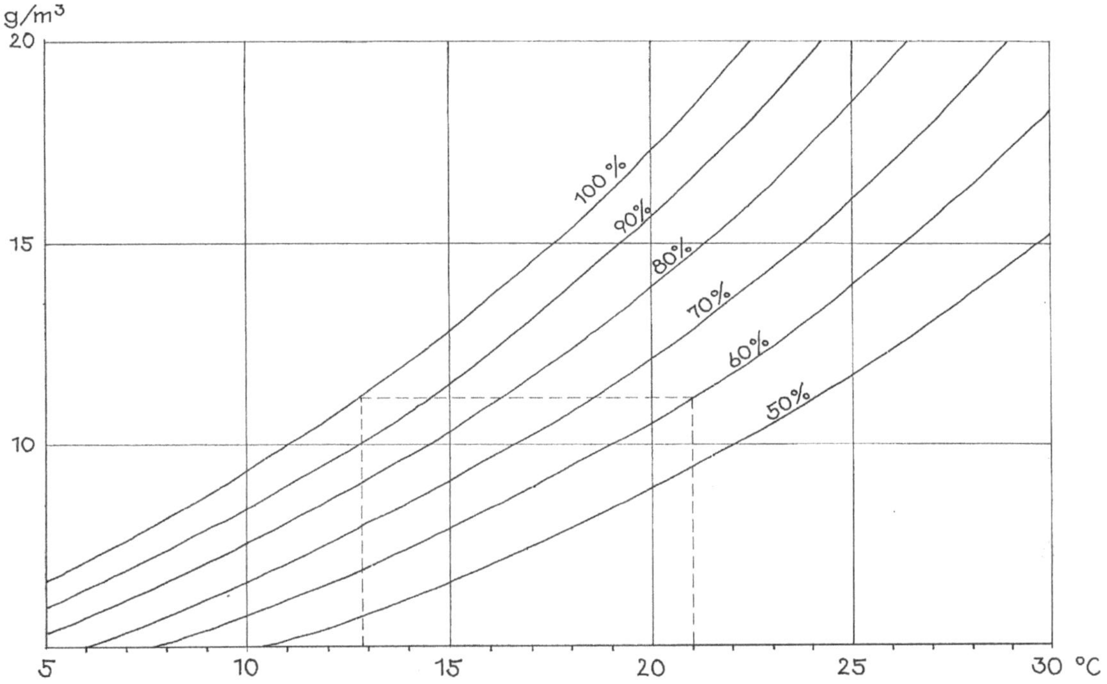

Bild 4.15: Diagramm zur Ermittlung der Taupunkt-Temperatur in Abhängigkeit von der Temperatur und dem absoluten Wassergehalt der Luft

4.1.4.6.4 Sonne und Wind

Austrocknung durch Sonne und Wind soll bei zementgebundenen Stoffen vermieden werden. Wind wirkt noch stärker als Sonne austrocknend auf die Oberfläche mineralischer Beschichtungen. Gemäß TR soll die Windstärke 3 Beaufort = ca. 5 m/s nicht übersteigen.

Für kunststoffgebundene Stoffe bestehen keine entsprechenden Vorgaben. Bei Windbewegungen ist jedoch dafür zu sorgen, dass Verstaubung der noch nicht erhärteten Schichten vermieden wird.

4.1.4.7 Hinweis

In Kapitel 4.2 werden die unterschiedlichen Voraussetzungen zur Planung und Durchführung der Arbeiten zur Untergrundvorbereitung aufgezeigt, die Geräte und Verfahren sowie deren unterschiedliche Wirkung und Eignung hierfür beschrieben, auf die Vermeidung von Fehlern hingewiesen und Möglichkeiten der Prüfung und Kontrolle zur Qualitätssicherung benannt.

4.1.5 Literatur

[1] Richtlinie VDI 2533 Gestaltung und Ausführung zu schützender Bauwerke aus Stahlbeton, Beton, Mauerwerk Juni 1972.

[2] Walter Semet: Die Bedeutung der Oberflächenfestigkeit von Beton und Zementmörtel für nachfolgende Beschichtungen Bautenschutz + Bausanierung 3/1984.
[3] R.-R. Schulz: Beton als Beschichtungsuntergrund – Über die Prüfung des Festigkeitsverhaltens von Betonoberflächen mit dem Abreißversuch. Aachen 1984.
[4] Adolf Meyer: Oberflächennahe Betonschichte. Beton, Heft 5/1989.
[5] J. Budnik, H. Dornauer: Sichere Grundlage für Beschichtungen. Untersuchungen zur Abreißfestigkeit von Betonen. Beton 12/1993.
[6] M. Schröder: Schutz und Instandsetzung von Beton. Vergleich der Regelwerke Rili SIB, ZTV-SIB und DIN 18 349. Teil 1 „Untergrund und Untergrundvorbereitung". Bautenschutz + Bausanierung April 1995 18. Jahrgang.
[7] M. Schröder: Schutz und Instandsetzung von Stahlbeton. Untergrund – Anforderungen an Beton und Stahlbewehrung sowie Vorbereitung der Oberflächen VBK-Kunststoffe im Bau Juni 1995 Nr. 2.
[8] M. Schröder: Betonuntergrund für Beschichtungen – Anforderungen, Vorbereitung und Prüfung. Das Bauzentrum 6/98.
[9] WTA-Merkblatt 5-8-93-D. Schutz und Instandsetzung von Beton. Untergrund – Anforderungen, Vorbereitung und Prüfung. 20.02.1998.
[10] M. Schröder: Abschätzen der Carbonatisierungtiefe von Beton anhand verschiedener Parameter. 5th International Colloquium „MSR '99 – Materials Science and Restoration. Technische Akademie Esslingen. 30.11. – 02.12.1999.
[11] DBV-Sachstandsbericht. Betonoberfläche – Betonrandzone. Deutscher Beton- und Bautechnik-Verein e. V. Fassung November 1996, redaktionell überarbeitet 2004.
[12] Schriftenreihe der Zement- und Betonindustrie: Stahlbetonoberflächen schützen, erhalten, instandsetzen. Verlag Bau+Technik GmbH 2008.
[13] Schriftenreihe der Zement- und Betonindustrie. Beton – Herstellung nach Norm. Arbeitshilfe für Ausbildung, Planung und Baupraxis. Verlag Bau+Technik GmbH. 19. überarbeitete Auflage 2012.
[14] Ausbildungsbeirat „Schutz und Instandsetzung im Betonbau" beim Deutschen Beton- und Bautechnik-Verein E. V. SIVV-Handbuch. Schützen, Instandsetzen, Verbinden und Verstärken von Betonbauteilen. Fraunhofer IRB Verlag 2009.
[15] Schröder, M.: Betonoberflächen für Beschichtungen vorbereiten. B+B Bauen im Bestand 37. Jahrgang März 2014. Verlagsgesellschaft Rudolf Müller.
[16] M. Schröder und 7 Mitautoren: Schutz und Instandsetzung von Stahlbeton. Anleitung zur sachkundigen Planung und Ausführung. 8., überarbeitete und erweiterte Auflage. expert verlag 2022.
[17] Schröder, M.: Mängel an Reaktionsharzbeschichtungen. bauhandwerk 6.2015. Bauverlag.
[18] M. Schröder: Erst prüfen, dann beschichten. bauhandwerk 10.2019. Bauverlag.
[19] Die im Kapitel 1. aufgeführten Regelwerke.

4.2 Vorbereiten und Prüfen der Oberflächen

4.2.1 Einleitung

Eine der häufigsten Ursachen für Mängel und Schäden bei Schutz- und Instandsetzungs-Maßnahmen an Betonbauteilen ist, wie unter 4.1 bereits zum Ausdruck gebracht, ungenügende, fehlerhafte oder gar fehlende Vorbereitung des Untergrundes von Beton und Stahl. Deshalb ist diesem Teil der Arbeiten besondere Aufmerksamkeit und Sorgfalt zu widmen, was auch in den einschlägigen Regelwerken und in den technischen Unterlagen der Hersteller von Reparatur- und Beschichtungsstoffen zum Ausdruck kommt.

Um die zuvor genannten Anforderungen an die Oberfläche von Beton und Stahl für Beschichtungen und Instandsetzungs-Maßnahmen zu erfüllen, stehen verschiedene Geräte und Verfahren zur Verfügung, die nachfolgend im Einzelnen behandelt werden. Dabei sollen die Voraussetzungen, besondere Wirkungsweise sowie Vor- und Nachteile herausgestellt, auf die Vermeidung von Fehlern hingewiesen und Möglichkeiten der Prüfung und Kontrolle zur Qualitätssicherung aufgezeigt werden.

4.2.2 Vorbereiten der Oberflächen

4.2.2.1 Vorbereitungsverfahren

Die Wahl des Verfahrens richtet sich im Einzelfall nach

- Lage der Flächen (waagerecht, senkrecht, geneigt, über Kopf)
- Größe der Flächen
- Form der Flächen
- Zugänglichkeit der Flächen (begehbar/befahrbar)
- Gerüst, Hubsteiger, Fahrkorb o. ä.
- Zustand der Flächen (siehe unter 4.1)
- vorgesehenem Instandsetzungs-/Schutzsystem
- zu erwartender Beanspruchung/Nutzung
- Witterung
- Umweltschutz
- Kosten

Die Zweckmäßigkeit des gewählten Verfahrens ist erforderlichenfalls durch Bearbeitung von Probeflächen festzustellen.

4.2.2.2 Vorbereiten von Beton

Bei der Vorbereitung für Schutz- und Instandsetzungsmaßnahmen sind sowohl die Beton- als auch, vor allem bei Schäden infolge Rostabsprengung der Bewehrung, die Stahloberfläche zu bearbeiten. Da die Anforderungen an den Untergrund je nach aufzubringendem System und zu erwartender Belastung unterschiedlich sein können, müssen die Verfahren dementsprechend auch einer kritischen Betrachtung unterzogen werden.

Grundsätzlich ist beim Abtragen bzw. Vorbereiten von Betonoberflächen vom groberen zum feineren Verfahren fortzuschreiten.

4.2.2.2.1 Schneiden

Schneiden von Beton mit diamantenbesetzten Sägeblättern oder mit Hochdruck-Wasserstrahl kommt im Bauwesen vor allem zur Herstellung von Durchbrüchen sowie Abtrennen von Bauteilen zum Einsatz.

Bei der Betoninstandsetzung wird Schneiden z. B. auch dann eingesetzt, wenn gemäß Forderung der ZTV-ING und ZTV-W Ausbrüche gradlinig begrenzt werden sollen. Hierbei wird nicht auf volle Tiefe, sondern etwa 10 mm tief mit der Trennscheibe vorgeschnitten, bevor der Rest der Schadstelle mit Stemmwerkzeugen herausgebrochen wird. Zweckmäßigerweise beträgt die Tiefe des Schnittes mit der Trennscheibe das 3-fache des Größtkorns des für die Verwendung vorgesehenen Betonersatzes. Wichtig ist, dass die glatte Schnittfläche vor Aufbringen der Haftbrücke für den Reprofiliermörtel durch Strahlen aufgeraut wird.

Das geradlinige Begrenzen und Einschneiden des Betons für Reprofilierungen ist umstritten.

4.2.2.2.2 Stemmen

Das Freistemmen korrodierten Bewehrungsstahls kann mit Hammer und Meißel sowie elektrisch oder pneumatisch betriebenen Stemmwerkzeugen erfolgen. Die Werkzeuge sind nicht zu schwer auszuwählen, um Erschütterungen, die zu Gefügestörungen nicht geschädigter Bereiche und zu Verbundstörungen zwischen Bewehrungsstahl und Beton führen können, zu vermeiden. Die in einem Arbeitsgang abzutragenden Mengen sollen nicht zu groß sein.

Bild 4.16: Freistemmen korrodierter Bewehrung mit einem Bohrhammer

Die Ausbruchufer von Schadstellen sind in einem Winkel von ca. 45° herzustellen, da Spannungen aus dem später einzubauenden Reparaturmörtel hierbei in Form von Schubkräften übertragen werden im Gegensatz zu unter 90° zur Bauteil-Oberfläche eingeschnittenen Ausbruchufern, bei denen Zugkräfte auf den Beton einwirken würden. Da die Scher- und Schubfestigkeit von Beton jedoch um ein Vielfaches höher ist als dessen Zugfestigkeit, sind die Anschlüsse bei schräg herausgestemmten Ausbruchufern, an denen die groben Gesteinskörner für den Verbund mit dem einzubauenden Mörtel wie Dübel wirken, weniger rissanfällig.

Korrodierter Bewehrungsstahl ist bis zu seiner Korrosionsgrenze freizulegen. Dabei ist der Stahl in Längsrichtung 1 – 2 cm über den korrodierten Bereich hinaus freizulegen. Ist der Stahl mehr als die Hälfte seines der Bauteiloberfläche zugewandten Umfangs korrodiert, so ist er ringsherum 1 – 2 cm tief freizulegen, um eine umlaufende Entrostung und ggf. umlaufenden Korrosionsschutz zu ermöglichen. Beschädigungen des Bewehrungsstahls sind zu vermeiden.

Meißelgeräte dienen auch zum Entfernen von Graten und Wulsten.

4.2.2.2.3 Stocken

Durch Stockhämmer, auch pneumatisch und elektrisch sowie mit mehreren Köpfen als Batterie betrieben, können Oberflächen von Schlämmen, Feinmörtel-Anreicherungen, Krusten u. ä. befreit werden. Bei schweren Geräten sind Gefügestörungen in der oberflächennahen Zone nicht auszuschließen. Hierüber können Prüfungen der Abreißfestigkeit Aufschluss geben. Eine Nachbearbeitung durch schonendere Verfahren, z. B. Feststoffstrahlen, ist anzuraten.

Stocken wird eher selten angewandt.

4.2.2.2.4 Nadeln

Zum Freilegen von dicht unter der Oberfläche befindlichem Bewehrungsstahl, zum Vorbereiten kleinerer Schadstellen und zur Entfernung von Rostkrusten können Nadelpistolen verwendet werden. Diese pneumatisch oder elektrisch betriebenen Geräte werden in unterschiedlichen Größen und Gewichten geliefert. Mit schweren Geräten können Gefügestörungen im Beton verursacht werden, so dass ihr Einsatz dosiert erfolgen soll.

Nadelpistolen eignen sich zum Entfernen von Schlämmen, Feinmörtelanreicherungen sowie minderfesten Schichten des Betons. Ihre Flächenleistung ist jedoch gegenüber den meisten Strahlgeräten relativ gering, so dass sie vor allem dort eingesetzt werden, wo sich der Einsatz leistungsfähigerer Geräte nicht lohnt oder diese, z. B. in Rand- und Zwischenbereichen, nicht angewendet werden können.

4.2.2.2.5 Schleifen

Schleifen eignet sich nur für die Bearbeitung relativ ebener Flächen, da sich die Wirkung sonst nur auf Spitzen und Erhebungen beschränken würde. Der Einsatz von Schleifgeräten ist vor allem auf Bodenflächen sinnvoll. Wegen der hiermit verbundenen Staubbelastung sollten Schleifmaschinen mit Absaugvorrichtungen ausgestattet sein. Es ist jedoch zu prüfen, ob Feinstaub dabei ausreichend entfernt wurde. Ggf. ist zusätzlich zu entstauben.

Die Wirkung von Tellerschleifmaschinen kann gesteigert werde, indem Schleifmittel wie Korund oder Siliziumcarbid beim Schleifvorgang unter die Schleifscheiben geworfen werden, so dass auch gewisse Vertiefungen mit erfasst werden.

4.2.2.2.6 Bürsten

Das Vorbereiten von Betonoberflächen durch Bürsten kann sich wie das Nadeln ebenfalls nur auf einzelne kleine Bereiche beschränken. Das Bürsten bietet sich nur dort an, wo mürbe Oberflächen vorliegen. Harte feste Schichten sind mit Stahlbürsten nicht ausreichend angreifbar.

In DIN 32539 wird das Bearbeiten flammgestrahlter Oberflächen mit rotierenden Stahlbürsten empfohlen. Diese Methode hat sich jedoch nicht immer als ausreichend wirkungsvoll erwiesen.

4.2.2.2.7 Fräsen

Fräsmaschinen werden vor allem auf waagerechten oder schwach geneigten befahr- oder begehbaren Flächen eingesetzt. Sie dienen dazu, Betonabtrag in einer definierten Dicke vorzunehmen. Die in einem Arbeitsgang abzutragende Schicht darf jedoch nicht zu dick, d. h. ≤ 5 mm sein. Die Leistung von Fräsmaschinen ist von ihrer Größe und von ihrem Gewicht abhängig. Vor allem bei schweren Maschinen sind Gefügestörungen im oberflächennahen Bereich nicht auszuschließen. Deshalb gilt der Grundsatz, vom groberen zum feineren Verfahren fortzuschreiten, vor allem beim Fräsen.

Bild 4.17: Mittelschwere Fräse zum Abtrag von Schichten ≤ 5 mm Dicke

Fräsen allein stellt im Allgemeinen kein geeignetes Verfahren zur Oberflächenvorbereitung dar. Ein geeignetes nachzuschaltendes Verfahren ist z. B. das Schleuderstrahlen. Ob hiermit jedoch evtl. zuvor verursachte Gefügestörungen in Form von senkrechten und waagerechten Rissen in ausreichendem Maße beseitigt werden, muss durch eine ausreichende Anzahl von Prüfungen der Oberflächen-Zugfestigkeit ermittelt werden.

Bild 4.18: Mikroskopische Aufnahme von Gefügestörungen im oberflächennahen Bereich nach dem Abtrag von Beton > 5 mm Dicke mit einer schweren Fräse

Für kleinere, auch nicht befahrbare Flächen an Wänden, Schrägen und über Kopf können Handfräsen mit hartmetallbestückten rotierenden Fräsköpfen, die auch mit einer Absaugvorrichtung zur staubfreien Entfernung des Fräsgutes versehen sein können, zum Einsatz kommen.

4.2.2.2.8 Druckluftstrahlen mit Feststoffen

Als Medium zur Druckerzeugung für feste Strahlmittel kommen Luft oder Wasser zum Einsatz.

Druckluftstrahlen mit Feststoffen wird üblicherweise auch als Sandstrahlen bezeichnet und war in der Vergangenheit die am häufigsten angewandte Methode zur Untergrundvorbereitung von Beton und Stahl. Quarzsand, der früher verwendet wurde, kommt wegen Silikosegefahr jedoch heute nicht mehr zum Einsatz. Stattdessen werden meistens Schmelzkammerschlacke, selten auch Korund, Siliziumcarbid oder Stahlgranulat eingesetzt.

Bild 4.19: Druckluftstrahlen mit festem Strahlmittel an einem Stadion

Druckluftstrahlen mit festen Strahlmitteln ist eine wirkungsvolle und schonende Oberflächenvorbereitung, jedoch wegen der starken Staubentwicklung sehr umweltbelastend. Deshalb sind entsprechende Schutzmaßnahmen (Einhausung) vorzunehmen. Das Bedienungspersonal ist durch Frischluftmasken zu schützen. Zur Vermeidung von Verunreinigungen der zu strahlenden Flächen durch Öl muss der zur Drucklufterzeugung erforderliche Kompressor mit einem Ölabscheider ausgestattet sein. Beim Entfernen der Zementhaut geschalter Flächen werden Poren und Lunker freigelegt und zu Mulden erweitert, so dass beim Spachteln der Oberflächen mit einem Egalisierungsmörtel nicht so leicht Blasen entstehen können.

Bild 4.20: Strahlmittel Schmelzkammerschlacke

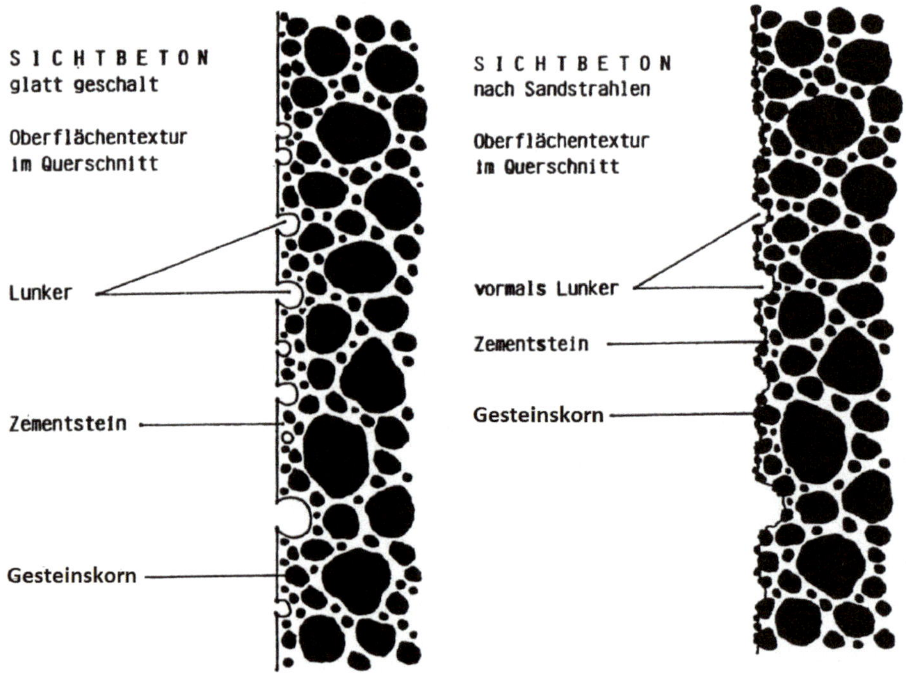

Bild 4.21: Schemazeichnung Querschnitte einer glatt geschalten und mit Feststoff gestrahlten Sichtbetonoberfläche

Bild 4.22: Sichtbetonoberfläche mit Poren und Lunkern, im rechten Bereich mit Feststoff gestrahlt für eine Spachtelung

4.2.2.2.9 Druckwasserstrahlen

Während Luft zur Beschleunigung fester Strahlmittel eingesetzt wird, kann auch mit Druckwasser allein bereits abtragende Wirkung, die durch Zugabe fester Strahlmittel noch erhöht werden kann, erzielt werden. In den letzten Jahren hat der Einsatz von Druckwasser zur Untergrund-Vorbereitung stark zugenommen und zu erheblichen Weiterentwicklungen geführt.

Zur Untergrund-Vorbereitung werden Wasserdrücke zwischen ca. 100 und ca. 3000 bar eingesetzt. Die Wirkungsweise ist je nach Wasserdruck, Wassermenge, Düsenform und Düsenführung sehr unterschiedlich. Bei Drücken bis 600 bar spricht man von Druckwasser, darüber hinaus von Hochdruckwasser. Mit Druckwasser können kaum arteigene Schichten des Betons wie Schlämme oder Zementhaut, sondern nur weniger fest haftende Beläge abgetragen werden. Der Reinigungseffekt lässt sich mit bis auf ca. 140 °C beheiztem Druckwasser noch erhöhen. Man spricht hierbei auch von „Dampfstrahlen", weil sich durch das Entspannen des Wassers nach dem Austritt aus der Strahldüse Wasserdampf bildet. Das Strahlmittel ist jedoch nicht Dampf, sondern Heißwasser.

4.2.2.2.10 Hochdruckwasserstrahlen

Gemäß Instandsetzungs-Richtlinie wird ab einem Wasserdruck von 600 bar von Hochdruck-Wasserstrahlen gesprochen. Der Begriff „Höchstdruck-Wasserstrahlen“, obwohl von Strahlmaschinen-Herstellern und deren Anwender häufig verwendet, kommt in Regelwerken nicht vor.

Bild 4.23: Hochdruckwasserstrahlen mit 1200 bar und rotierender Düse an einem Kühltropfbehälter zum Entfernen mürber Schichten infolge Hydrolyse

Strahlgeräte mit Punktstrahldüsen, mit denen Beton geschnitten bzw. herausgebrochen werden kann, sind auch zum Bearbeiten von Schadstellen und Freilegen korrodierter Bewehrung geeignet. Mit Handlanzen, aber auch mit entsprechenden Automaten ist ein tiefgreifender Abtrag des Betons bis in mehrere cm Tiefe möglich, ohne dass nennenswerte Erschütterungen, Gefügestörungen oder Beschädigungen an der Stahlbewehrung entstehen. Die Abtragstiefe kann hierbei jedoch nicht wie beim Fräsen exakt definiert werden, so dass eine stark zerklüftete Oberfläche verbleibt. Man spricht bei diesem Verfahren auch von „hydrodynamischem Betonabtrag." Weiterhin ist es mit dem Hochdruckwasserstrahl nicht möglich, die Schräge der Ausbruchufer wie beim Stemmen in ca. 45° herzustellen.

Bild 4.24: Hochdruckwasser-Strahlmaschine mit Absaugung für Bodenflächen

Bild 4.25: Mit Hochdruckwasserstrahl kuppenartig freigelegtes Gesteinskorn

Bild 4.26: Hochdruckwasserstrahl-Pumpe für 2500 bar

Bild 4.27: Hochdruckwasser-Punktstrahldüse für tiefgreifenden Betonabtrag mit 2500 bar

Bild 4.28: Betonabtrag mit 2000 bar Hochdruckwasserstrahl im Sockelbereich eines Parkdecks

Durch Verwendung rotierender Düsen wird auf der Oberfläche des Betons ähnliche Wirkung wie beim Druckluftstrahlen mit festem Strahlmittel erzielt. Der Abtrag beruht naturgemäß auf einer Spülwirkung, so dass eine waschbetonähnliche Oberfläche entsteht, ohne dass die beim Druckluftstrahlen mit festen Strahlmitteln erzielbare Feinrauheit, auch an der Gesteinskörnung des Betons, erreicht wird.

Bild 4.29: Rotierende Düsenbatterie zur schonenden Untergrundvorbereitung mit ca. 2400 bar Hochdruckwasserstrahl

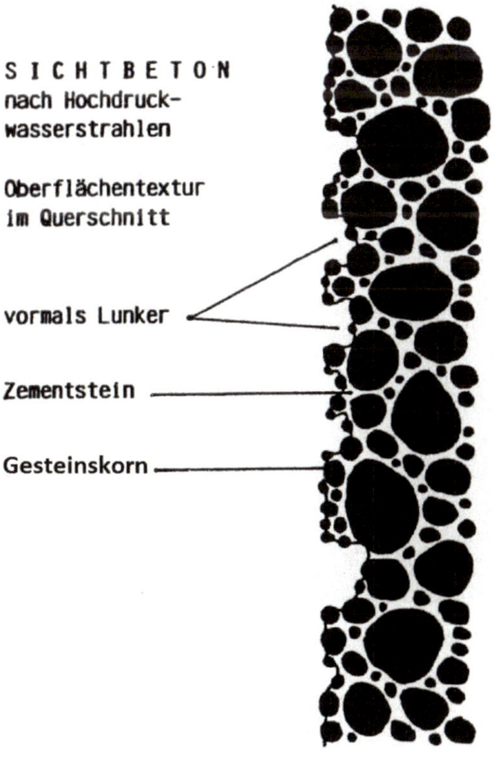

Bild 4.30: Schemazeichnung Querschnitt einer geschalten, mit Hochdruck-Wasserstrahl vorbereiteten Betonoberfläche

Bild 4.31: Tiefgreifender Betonabtrag mit Hochdruckwasserstrahl-Roboter in einer Schleusenkammer

Druckwasser-Strahlmaschinen werden auch mit Absaugvorrichtungen und Filteranlagen, die für die Entsorgung des Strahlschlammes und Aufbereitung des Wassers sorgen, angeboten.

4.2.2.2.11 Strahlen mit Wasser und Feststoffen

Durch Zugabe fester Strahlmittel wie z. B. Quarzsand zum Druckwasser kann der Abtrag an der Betonoberfläche gesteigert werden, so dass mit geringerem Wasserdruck eine gleichwertige oder sogar bessere Wirkung erzielt wird. Da das Strahlgut mit Wasser gebunden ist, besteht bei Verwendung von Quarzsand keine Silikosegefahr. Durch die kombinierte Wirkung von Wasser und festem Strahlmittel wird eine Feinrauigkeit auch an der Oberfläche des Gesteinskorns erzielt. Die Umweltbelastung durch Staub wird vermieden, jedoch das Entsorgen des Strahlschlammes erforderlich.

Für das Strahlen mit Wasser-Sand-Gemisch müssen Punktstrahldüsen eingesetzt werden, so dass die Flächenleistung gegenüber Flachstrahldüsen und rotierenden Düsen geringer ist.

4.2.2.2.12 Feucht- bzw. Nebelstrahlen

Als Feucht- bzw. Nebelstrahlen wird Druckluftstrahlen mit festem Strahlmittel unter Zugabe von Wasser an der Düse bezeichnet. Diese Verfahren werden häufig anstelle des trockenen Strahlens angewendet, da hiermit praktisch die gleiche Wirkung, jedoch je nach Dosierung des Wassernebels eine mehr oder minder große Staubreduzierung erreicht wird. Hierbei ist jedoch die Gefahr der

Schlammbildung an der Peripherie der jeweils gestrahlten Fläche nicht zu vermeiden. Dieser sich absetzende Strahlschlamm muss anschließend, z. B. mit Druckwasserstrahlen, entfernt werden.

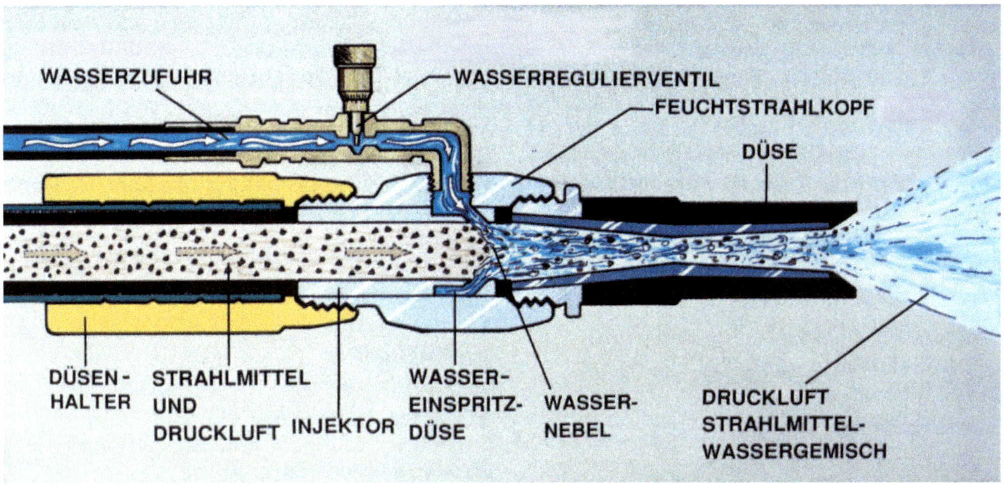

Bild 4.32: Schemazeichnung Feuchtstrahldüse

Bild 4.33: Feuchtstrahlen an einem Wohngebäude

Eine Begriffserläuterung zur Unterscheidung zwischen Feucht- und Nebelstrahlen ist den Regelwerken nicht zu entnehmen.

4.2.2.2.13 Vakuumstrahlen

Unter Vakuumstrahlen versteht man das Druckluftstrahlen mit festen Strahlmitteln bei gleichzeitiger Absaugung des Strahlgutes durch eine Saugdüse oder an der Peripherie des Strahlkopfes, der zusätzlich mit einer Bürste abgedichtet sein kann. Der Begriff „Vakuumstrahlen“ resultiert aus dem Unterdruck, der durch die Saugdüse im Strahlkopf entsteht. Es wird deshalb auch von „Saugkopfverfahren“ gesprochen.

Die Flächenleistung auch größerer Vakuumstrahlgeräte ist deutlich geringer als die normaler Sandstrahlgeräte. Auch ist hiermit eine ausreichende Entrostung der Bewehrungsrückseite nicht möglich. Sehr gut geeignet ist dieses Verfahren jedoch für die Oberflächenvorbereitung kleinerer Flächen z. B. bei der Rissverdämmung.

4.2.2.2.14 Schleuderstrahlen

Dieses Verfahren ist besser unter dem Begriff „Kugelstrahlen“ bekannt. Diese Bezeichnung rührt daher, dass als Strahlmittel meistens Stahlkugeln verwendet werden. Diese werden durch ein Schleuderrad auf den Betonuntergrund geschleudert und dadurch Zementschlämme und Schalhaut abgetragen. Das Strahlgut wird abgesaugt, die Stahlkugeln magnetisch abgetrennt und dem Strahlkreislauf wieder zugeführt. Der Strahlschutt und Strahlstaub werden entsorgt.

Bild 4.34: Schleuderstrahlgerät

Schleuderstrahlgeräte werden vor allem bei befahrbaren Flächen eingesetzt. Mit großen Geräten werden große Flächenleistungen bei guter Strahlwirkung umweltschonend erzielt. Die Geräte eignen sich jedoch nur für verhältnismäßig ebene Oberflächen ohne Ausbrüche. Feuchte Flächen lassen sich hiermit ebenfalls nicht vorbereiten, weil dann die Trennung von Strahlmittel und Strahlgut nicht mehr funktioniert.

Bild 4.35: Bodenfläche oben ungestrahlt, unten mit Stahlkugeln gestrahlt

Für senkrechte Flächen werden kleinere Geräte, die an Hängevorrichtungen verfahren werden, eingesetzt. Auch hierfür gilt, dass die Flächen verhältnismäßig eben sein müssen, da die Wirkung in Vertiefungen reduziert ist und auch das Strahlmittel an den Dichtungen zum Untergrund hin austreten kann. Für das Strahlen von Schadstellen bei der Betoninstandsetzung durch Reprofilieren sind diese Geräte deshalb nicht geeignet.

Anstelle von Stahlkugeln kann auch Stahlgranulat eingesetzt werden. Hiermit wird zwar eine stärkere Wirkung am Untergrund erzielt, gleichzeitig steigt jedoch auch der Geräteverschleiß.

Bild 4.36: Stahlkugeln und Stahlgranulat als Strahlmittel zum Schleuderstrahlen

4.2.2.2.15 Flammstrahlen

Das Flammstrahlverfahren ist in DIN 32 539 „Flammstrahlen von Stahl- und Betonoberflächen“ geregelt und besteht aus der thermischen und der nachfolgend durchzuführenden mechanischen Bearbeitung der Oberfläche. Es kommen sowohl mechanisch angetriebene Maschinenbrenner bis 75 cm Breite als auch Handbrenner bis 50 cm Breite zum Einsatz.

Bild 4.37: Flammstrahlen mit fahrbarem Maschinenbrenner von 75 cm Breite

Als Brenngase werden Acetylen und Sauerstoff, gelegentlich auch andere Mischgase verwendet. Die Flammkegeltemperatur beträgt bei Acetylen + Sauerstoff ca. 3200 °C, bei Mischgasen ca. 2900 °C. Durch die hohe Temperatur der Flamme kommt es zu Temperaturspannungen im oberflächennahen Beton, was zum sogenannten Abspratzen einer 1–4 mm dicken Schicht führt. Verbleibende Verbrennungsrückstände, Schmelzprodukte und gelockerte Teile sind durch die nachfolgende mechanische Bearbeitung, am besten durch Feststoff-Strahlen, zu beseitigen.

Bei einer Vorschubgeschwindigkeit von ≥ 1 m/min kommt es nicht zu tiefgreifenden Schäden im Beton, da bspw. in 5 mm Tiefe nur noch ca. 90 °C, in 10 mm Tiefe nur noch ca. 60 °C gemessen werden. Gefügestörungen im oberflächennahen Bereich sind jedoch nicht auszuschließen, so dass die Abreißfestigkeit des Betons vermindert sein kann.

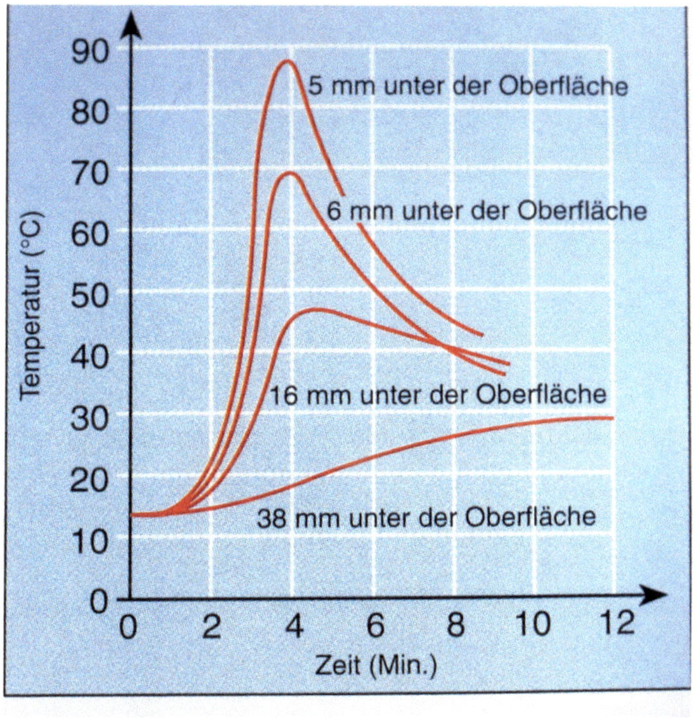

Bild 4.38: Temperatur-Zeitverlauf im Beton beim Flammstrahlen

Durch eine niedrigviskose Kunstharzgrundierung, z. B. auf Epoxidharzbasis, mit der ein weitgehendes Verfüllen der oberflächennahen Risse möglich ist, kann die Haftzugfestigkeit einer nachfolgenden Beschichtung maßgeblich verbessert werden. Bei ungenügender Oberflächenzugfestigkeit ist deshalb zu empfehlen, Probeflächen nach Grundierung zu prüfen.

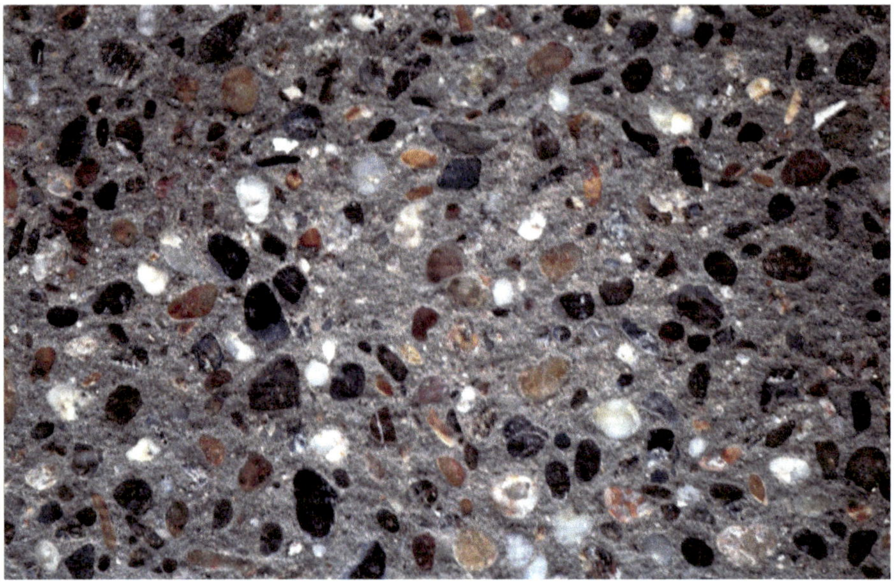

Bild 4.39: Betonfläche nach dem Flammstrahlen einschließlich nachfolgender mechanischer Bearbeitung

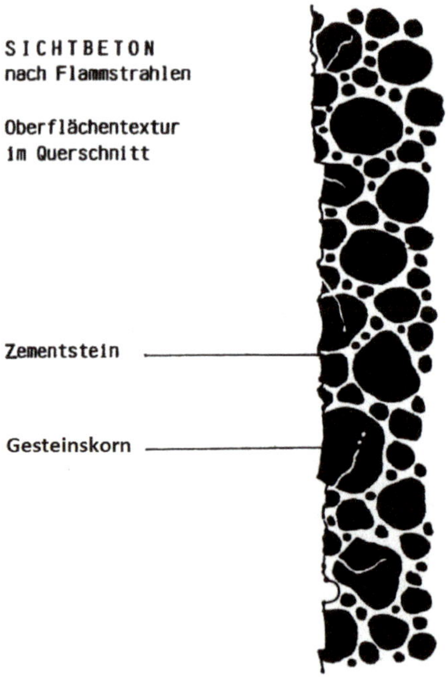

Bild 4.40: Schemazeichnung Querschnitt einer geschalten, mit Flammstrahlen vorbereiteten Betonoberfläche

Wenngleich Flammstrahlen auch auf Stahlflächen, z. B. bei Stahlbrücken, durchführbar ist, darf freiliegender Bewehrungsstahl nicht durch Flammstrahlen entrostet werden, weil unterschiedliche Wärmeleitfähigkeit und somit unterschiedlich schnelle Ausdehnung den Verbund zwischen Stahl und Beton beeinträchtigen können.

Flammstrahlen wird nur noch selten eingesetzt, hat sich aber vor allem bei verölten und verfetteten Böden, z. B. in der Nahrungsmittelindustrie, bewährt, da durch die hohe Temperatur organische Verunreinigungen in der oberflächennahen Schicht verbrannt werden. Weiterhin ist für Instandsetzungsarbeiten günstig, dass es sich um ein trockenes Verfahren handelt und somit keine Trocknungszeiten den Ablauf verzögern. In den ZTV-ING wird es nicht mehr aufgeführt.

Bei salzbelasteten Bauteilen, z. B. auf Brücken oder Parkdecks, wird eine Reduzierung der Chloridkonzentration erzielt.

4.2.2.2.16 Absaugen

Betonflächen, die eine Oberflächenvorbereitung erfahren haben, müssen von Strahlgut, Strahlschutt und Staub befreit werden. Das gilt vor allem für waagerechte und schwach geneigte Flächen. Hierfür eignen sich am besten leistungsfähige Industriestaubsauger, mit denen nicht nur feste Stoffe, sondern auch Wasser aufgenommen werden kann.

4.2.2.2.17 Entstauben

Außer mit Sauggeräten kann eine Entstaubung auch mit feinem Besen oder durch Abblasen mittels Druckluft vorgenommen werden. Das gilt vor allem für senkrechte Flächen und über Kopf. Hierbei ist darauf zu achten, dass der aufgewirbelte Staub sich nicht wieder erneut auf bereits gereinigten Flächen absetzt. Im Freien ist deshalb das Entstauben durch Abblasen in Windrichtung vorzunehmen. Grundsätze des Umweltschutzes sind hierbei zu berücksichtigen.

4.2.2.2.18 Trocknen

Nasse Flächen, z. B. nach dem Strahlen mit Wasser, müssen getrocknet werden, falls die vorgesehene Schutz- oder Instandsetzungsmaßnahme trockene Flächen erfordert. Hierfür ist ölfreie Warmluft am besten geeignet. Es können jedoch auch Elektro- oder Gasstrahler sowie andere Heizgeräte eingesetzt werden. Vor dem Trocknen waagerechter Flächen ist stehendes Wasser, am besten durch Absaugen, zu beseitigen. Durch Abblasen mit Druckluft oder das Herstellen von Zugluft werden Trocknungsmaßnahmen begünstigt.

4.2.2.3 Vorbereiten von Stahl

Bei der Instandsetzung von Betonschäden mit freiliegender Bewehrung ist neben der Vorbereitung der Betonoberfläche auch das Vorbereiten der Stahlflächen vorzunehmen. Aber auch andere Stahlteile wie z. B. Laschen zur Verstärkung von Betonbauteilen bedürfen einer Vorbereitung. Die verschiedenen Methoden werden deshalb einer gesonderten Betrachtung für diesen Zweck unterzogen.

In den ZTV-ING wird darauf hingewiesen, dass es nur nach Genehmigung durch den Auftraggeber erlaubt ist, Bewehrung zu entfernen. Selbstverständlich sollte grundsätzlich für eine derartige Entscheidung ein Tragwerksplaner hinzugezogen werden.

4.2.2.3.1 Nadeln

Nadelpistolen können zum Entfernen von Blattrost und Rostkrusten als Vorbereitung für anschließendes Strahlen verwendet werden. Der Oberflächen-Vorbereitungsgrad Sa 2 oder Sa 2 ½ kann durch Nadeln allein jedoch nicht erzielt werden.

Bild 4.41: Entfernen von Rostkrusten am Bewehrungsstahl mit einer Nadelpistole

Beim Bearbeiten von Bewehrungsstahl sollen nicht zu schwere Geräte, mit denen zu hohe dynamische Kräfte auf den Stahl einwirken, eingesetzt werden, damit es nicht zu Beschädigungen des Stahls und zu Verbundstörungen zum Beton kommt.

4.2.2.3.2 Schleifen

Durch Schleifen mit rotierenden Scheiben können flächige Stahlteile mit hohem Reinheitsgrad entrostet werden. Für Bewehrungsstahl innerhalb von Schadstellen ist Schleifen jedoch nicht geeignet, da bei geripptem und narbig korrodiertem Stahl ein fehlstellenfreies Entrosten hiermit nicht möglich ist und zudem die Rückseite des Bewehrungsstahls hierdurch nicht erfasst werden kann.

4.2.2.3.3 Druckluftstrahlen mit Feststoffen

Das optimale Verfahren zum Entrosten von Bewehrung und anderen Stahlteilen, soweit es um die Wirkung und den Oberflächen-Vorbereitungsgrad geht, steht mit Druckluftstrahlen mit festen Strahlmitteln zur Verfügung. Bei diesem im Allgemeinen noch immer als Sandstrahlen bezeichneten Verfahren wird vorzugsweise Schmelzkammer-Schlacke als Strahlmittel eingesetzt. Hiermit ist es möglich, den für Korrosionsschutz-Beschichtungen geforderten Oberflächen-Vorbereitungsgrad Sa 2 ½ oder auch Sa 3 (z. B. bei Stahllamellen zur Verstärkung) zu erreichen.

Bild 4.42: Gemäß Oberflächenvorbereitungsgrad Sa 2 ½ gestrahlte Bewehrung

Mit leistungsfähigen Strahlgeräten und entsprechenden Kompressoren, wie sie im Bauwesen eingesetzt werden, ist auch eine ausreichende Entrostung an der Rückseite freigelegter Bewehrung infolge Rückpralls von der Betonausbruchfläche möglich. Durch Hinterlegen konkav gewölbter Bleche, z. B. wenn sich hinter der Bewehrung zu viel Luftraum befindet, kann dieser Effekt verstärkt werden.

4.2.2.3.4 Hochdruckwasserstrahlen

Mit Hochdruckwasser allein ist der Oberflächen-Vorbereitungsgrad Sa, mit welcher Ziffer auch immer versehen, nicht erreichbar, sondern nur Wa. Der Oberflächenvorbereitungsgrad Wa 2 ist gemäß Instandsetzungs-Richtlinie und ZTV-W der Entrostung mit St 2 vergleichbar.

Eine derartige Vorbereitung freiliegender Bewehrung kommt in Frage, wenn keine Korrosionsschutz-Beschichtung aufzubringen ist, weil die Betondeckung nach DIN 1045 bzw. gemäß TR durch die Instandsetzungsmaßnahme wieder hergestellt wird. Für Straßenbrücken und Wasserbauwerke wird in diesen Fällen eine Betondeckung von mindestens 4 cm gefordert.

Die Empfehlung, bei chloridinduzierter Korrosion grundsätzlich Hochdruck-Wasserstrahlen zur Untergrund-Vorbereitung einzusetzen, wie es die ZTV-W vorsehen, ist umstritten, da hiermit zwar das an der Bewehrung haftende Salz gelöst wird, andererseits die hierbei entstehende Salzlösung ggf. in Bereiche, die zuvor noch nicht durch Salz belastet waren, transportiert wird. Erfordert eine Beschichtung der Bewehrung höhere Vorbereitungsgrade, so ist nach vorhergehendem Hochdruck-Wasserstrahlen eine nachgeschaltete Vorbereitung mit festen Strahlmitteln vorzunehmen.

4.2.2.3.5 Strahlen mit Wasser und Feststoffen

Auch hiermit können wie beim Druckluftstrahlen mit festen Strahlmitteln die Vorbereitungsgrade Sa erzielt werden. Es gilt jedoch das Erscheinungsbild unmittelbar nach Absetzen der Düse. Anschließendes Trocknen kann zu Flugrostansatz führen.

Hochdruckwasserstrahlen wird unter Zugabe fester Strahlmittel nur zum Schneiden von Beton oder Stahl vorgenommen, da die festen Stoffe bei hohem Druck einen hohen Verschleiß der Düsen zur Folge haben.

4.2.2.3.6 Feucht- bzw. Nebelstrahlen

Für Feucht- bzw. Nebelstrahlen gilt das gleiche wie für Druckwasserstrahlen mit festen Strahlmitteln, wenngleich durch reduzierten Wassernebel die Flugrostgefahr vermindert werden kann. Gleichzeitig wird hierdurch jedoch auch der Vorteil der Staubfreiheit reduziert.

4.2.2.3.7 Vakuumstrahlen

Durch Vakuumstrahlen ist eine einwandfreie Entrostung von Stahlteilen in allen Sa-Vorbereitungsgraden möglich. Infolge des weniger intensiven Rückpralls ist jedoch eine Entrostung der Rückseite freigelegter Bewehrung nicht gegeben.

Bild 4.43: Vakuumstrahlen der Bewehrung

4.2.2.3.8 Schleuderstrahlen

Auch durch Schleuderstrahlen, vor allem beim Einsatz von Stahlgranulat, ist ein hoher Oberflächen-Vorbereitungsgrad für die Entrostung erzielbar. Die Geräte können jedoch nur bei flächigen Bauteilen, deren Breite mindestens der des Strahlgeräts entspricht, eingesetzt werden, so dass sie für die Entrostung freigelegter Bewehrung bei Betonschäden nicht in Frage kommen, zumal auch hiermit die Rückseite des Stahls nicht erfasst wird.

4.2.2.3.9 Entstauben

Das Entstauben kleinformatiger Stahlteile sowie freigelegter Bewehrung erfolgt am besten durch Abblasen mit Druckluft. Dabei ist darauf zu achten, dass aufgewirbelter Staub sich nicht wieder auf bereits gereinigte Teile absetzt.

4.2.2.3.10 Trocknen

Beim Trocknen feuchter oder nasser Stahlteile kann Flugrost entstehen. Der für Korrosionsschutz-Beschichtungen geforderte Oberflächen-Vorbereitungsgrad von mind. Sa 2 ½ ist hierdurch nicht mehr gegeben. Dementsprechend ist ggf. trockenes Nachstrahlen erforderlich.

4.2.3 Prüfungen

Um festzustellen, ob der Untergrund von Beton und Stahl die Anforderungen für die vorgesehenen Schutz- und Instandsetzungs-Systeme sowie die später hierauf einwirkende Belastung erfüllt, sind entsprechende Prüfungen vorzunehmen.

Prüfungen und Untersuchungen im Rahmen der Bauwerksdiagnose vor der Vergabe von Schutz- und Instandsetzungsarbeiten werden unter 17.1 „Ermittlung des Ist-Zustandes und Bauwerksdiagnose“ behandelt.

4.2.3.1 Härte der Oberfläche

Die Härte der Oberfläche kann qualitativ durch Ritzen, z. B. mit einem Schraubenzieher oder Stahlnagel, ermittelt werden. Absanden und Abmehlen wird ebenfalls qualitativ durch die Wischprobe mit der Hand bestimmt.

4.2.3.2 Ebenheit, Rauheit

Die Ebenheit von Betonoberflächen kann nach DIN 18201 „Maßtoleranzen im Bauwesen“ und DIN 18202 „Maßtoleranzen im Hochbau“ bestimmt werden, wobei die dort genannten, zulässigen Abweichungen für die einzelnen Flächen und Herstellungsarten nicht überschritten werden dürfen. In besonderen Fällen, z. B. bei Fußböden für Lagersysteme mit leitliniengeführten Flurförderzeugen, können darüber hinaus gehende Forderungen vorliegen, deren Einhaltung entsprechend zu überprüfen ist.

Die Rauheit kann durch das Sandflächenverfahren bestimmt werden. Hierbei wird das Ausbreitmaß einer bestimmten Sandmenge der Korngröße 0,1–0,3 mm Ø durch Verreiben auf der Betonoberfläche bestimmt und gemäß einer Formel zur Rautiefe umgerechnet bzw. diese einer Tabelle entnommen.

Bild 4.44: Bestimmen der Rautiefe mit dem Sandflächenverfahren

Diese Methode ist jedoch nur auf Bodenflächen oder schwach geneigten Flächen anwendbar. Ansonsten ist die Rauheit visuell oder durch Tasten qualitativ oder durch berührungslose Profilmessverfahren nach DIN EN ISO 13473-1 mit Geräten nach DIN ISO 13473-3 zu beurteilen. In der Instandsetzungs-Richtlinie sind für die verschiedenen Rautiefen Beispiele beschrieben, die zum Vergleich herangezogen werden können. In der TR werden Rautiefen für die verschiedenen Instandsetzungs- und Oberflächen-Schutzsysteme vorgeschrieben.

4.2.3.3 Oberflächen-Zugfestigkeit

Die Oberflächen-Zugfestigkeit von Beton, auch als Abreißfestigkeit des Betonuntergrundes bzw. der Betonunterlage bezeichnet, kann nach DIN 1542 mittels aufgeklebter Stempel, die mit einer Zugvorrichtung abgezogen werden, bestimmt werden. Der Stempeldurchmesser soll 50 mm betragen. Vor Aufkleben des Stempels ist der Beton etwa 10 mm tief mit einer Bohrkrone vorzuschneiden. Beim Aufkleben des Stempels mittels Reaktionsharzkleber ist darauf zu achten, dass der Kleber nicht in die vorgeschnittene Nut eindringt.

Bild 4.45: Zugmaschine zum Abreißen geklebter Stahlstempel

Der Stempel ist mit einer Lastzunahme von 100 N/sec. abzuziehen. Hierbei sind nicht nur die aufgewendete Kraft beim Abreißen des Stempels, sondern auch das Bruchbild zu beurteilen. Im Allgemeinen soll die Oberflächen-Zugfestigkeit für Betonersatz- und Oberflächen-Schutzsysteme im Mittel 1,5 N/mm² betragen, wobei Einzelwerte 1,0 N/mm² nicht unterschreiten dürfen. Davon abweichende Werte werden durch die Altbetonklassen und die einzelnen Oberflächenschutzsysteme vorgegeben. Beim Abreißen soll möglichst Kohäsionsbruch im Beton und kein Adhäsionsbruch zwischen Stempel und Kleber bzw. Kleber und Beton erzielt werden.

Bild 4.46: Stempel mit anhaftendem Beton zeigt Kohäsionsbruch

Es ist eine ausreichende Anzahl von Stempeln abzureißen, um repräsentative Werte zur Ermittlung der mittleren Oberflächen-Zugfestigkeit zu erhalten. Über die Mindestzahl der Stempel an den verschiedenen Bauteilen geben die betreffenden Regelwerke Auskunft.

Die Zugmaschinen können hydraulisch oder elektrisch betrieben sein. Für orientierende Prüfungen können auch handbetriebene Geräte, z. B. über ein Rad oder eine Kurbel, verwendet werden.

4.2.3.4 Druckfestigkeit

Die Druckfestigkeit von Beton in Bauwerken kann zerstörend nach DIN EN 12504-1 an Bohrkernproben bestimmt werden. Die zerstörungsfreie Ermittlung der Druckfestigkeit mit dem Rückprallhammer ist nach der Norm nur bis zu einem Betonalter von 90 Tagen möglich. Durch die Carbonatisierung wird älterer Beton mit der Rückprallprüfung an der Oberfläche meist zu günstig beurteilt. Eine Korrelation zwischen zerstörender und zerstörungsfreier Prüfung ist kaum gegeben.

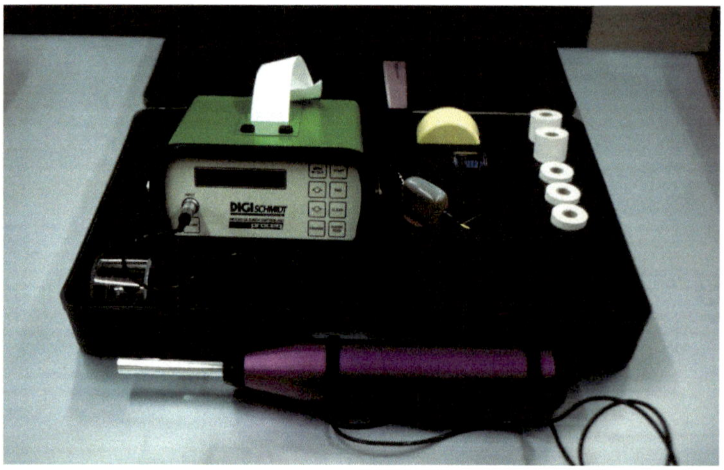

Bild 4.47: Rückprallhammer zur orientierenden Ermittlung der Betondruckfestigkeit

4.2.3.5 Lage und Betondeckung der Bewehrung

Die Lage des Bewehrungsstahls kann näherungsweise mit Testmagneten bei einer Betondeckung ≤ 8 mm ermittelt werden. Eine genauere Bestimmung und Aufzeichnung der einzelnen Bewehrungsstäbe und deren Betondeckung ist mit elektromagnetischen Geräten möglich.

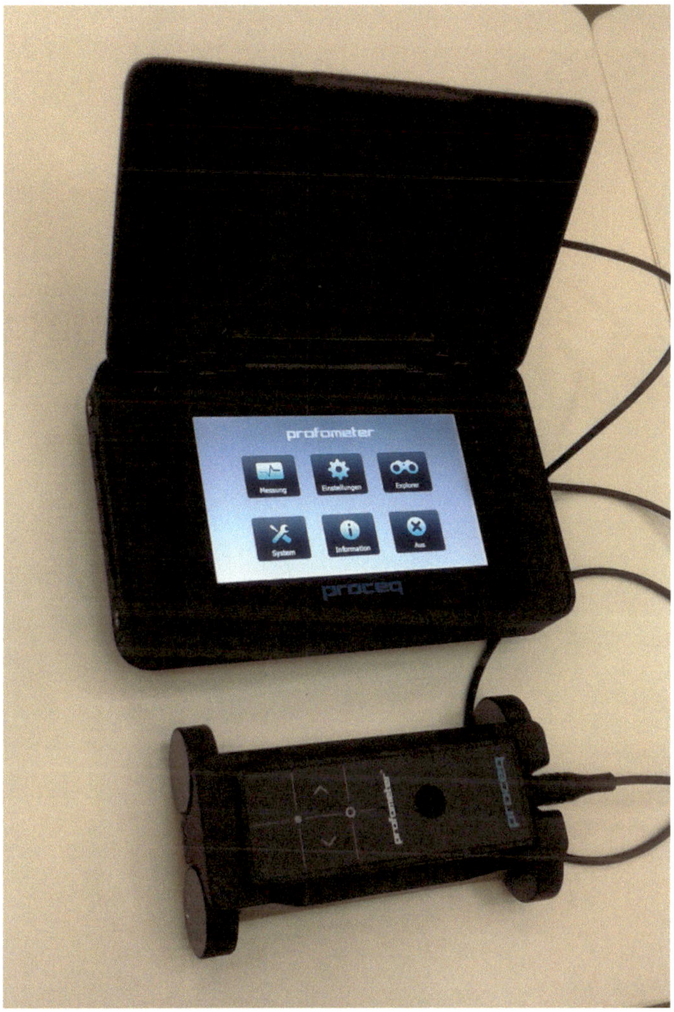

Bild 4.48: Elektromagnetisches Messgerät zur Bestimmung der Betondeckung der Bewehrung

4.2.3.6 Oberflächen-Vorbereitungsgrad der Bewehrung

Der Vorbereitungsgrad von Stahloberflächen wird visuell beurteilt. Hierzu dienen fotografische Vergleichsmuster, die ISO 8501 zu entnehmen sind. Mit einem Spiegel kann auch die Rückseite des Bewehrungsstahls beurteilt werden.

Zu unterscheiden ist zwischen den mit Sa (Sandstrahlen), St (Stahlbürste), Wa (Wasserstrahlen) und FI (Flammstrahlen) gekennzeichneten Oberflächen-Vorbereitungsgraden. Hier wird noch einmal darauf hingewiesen, dass Flammstrahlen zum Entrosten von Bewehrungsstahl nicht zulässig ist.

Die vor dieser Buchstabenbezeichnung noch zusätzlich aufgeführten Buchstaben A – D geben Aufschluss über den Ausgangszustand des Stahls, wobei es sich bei A um eine Oberfläche mit Walzhaut und bei D um narbig korrodierte Oberfläche handelt. Die Zustände B und C stellen dazwischen liegende Stadien dar.

Bild 4.49: Ausgangszustand D einer Stahloberfläche

Bild 4.50: Mit hydrodynamischem Betonabtrag freigelegte und gemäß Wa 2 entrostete ungerippte Bewehrung

4.2.3.7 Chloridgehalt

Der Chloridgehalt im Beton wird an Bohrmehlproben oder Bohrkernabschnitten in verschiedenen Tiefen als Profil im Labor bestimmt. Der Aufschluss der Probe im Heiß- oder Kaltverfahren sowie die verschiedenen Bestimmungsmethoden (potentiometrisch, photometrisch, Silbernitrat- und Quantab-Verfahren) und die Einflussfaktoren auf die Ergebnisse sind in der Literatur ausführlich beschrieben.

4.2.3.8 Carbonatisierung

Die Tiefe der Carbonsatisierung kann anhand einer frisch hergestellten Bruchfläche oder besser anhand eines gespaltenen Bohrkernes durch Aufsprühen einer lndikatorlösung ermittelt werden. Hierbei ist darauf zu achten, dass Betonstaub an der Oberfläche infolge des Entnahmevorgangs den Eindruck verfälschen kann.

Bild 4.51: Mit Phenolphthaleinlösung an einem Betonbruchstück kenntlich gemachte Carbonatisierung

Als Indikatorlösungen kommen Phenolphthalein oder Thymolphthalein infrage. Bei Phenolphthalein erfolgt ein rot-violetter Farbumschlag im nicht carbonatisierten Bereich, bei Thymolphthalein ist der Farbumschlag grau-blau. Wegen der deutlicheren Kennzeichnung wird Phenolphthalein bevorzugt. Um einen exakten Messwert zu erhalten, ist die Messung der Carbonatisierungstiefe einen Tag nach dem Besprühen mittels Schieblehre vorzunehmen.

4.2.3.9 Betonfeuchte

Die Feuchte des Betons kann durch Darren einer Betonprobe bei 105 °C oder mit dem CM- Gerät an der Baustelle bestimmt werden. Andere einfach zu handhabende elektronische Geräte liefern keine ausreichend genauen Werte.

Bild 4.52: CM-Gerat zur Bestimmung der Betonfeuchte

Gemäß TR und Instandsetzungs-Richtlinie kann die Betonoberfläche auch visuell beurteilt werden, indem eine ca. 2 cm tiefe, frisch hergestellte Bruchfläche dahingehend beobachtet wird, ob sie infolge Austrocknens augenscheinlich heller wird. Anderenfalls gilt sie als ausreichend „trocken“. Weiterhin wird ausgeführt, dass unter einer am Rand aufgeklebten PE-Folie über Nacht keine Dunkelfärbung des Betons und keine Kondensation von Feuchtigkeit auftreten darf. Diese zuletzt genannte Form der Prüfung ist fragwürdig.

Als „feucht“ ist eine Betonoberfläche zu bezeichnen, die ein mattfeuchtes dunkles Aussehen hat, aber keinen glänzenden Wasserfilm aufweist.

Eine „nasse“ Betonoberfläche darf glänzend wirken, jedoch keinen tropfbaren Wasserfilm aufweisen.

4.2.3.10 Temperatur

Um die den Regelwerken bzw. technischen Merkblättern oder Anweisungen zur Ausführung der Hersteller zu entnehmenden Grenztemperaturen einhalten zu können, sind sowohl die Luft- als auch die Bauteiloberflächentemperatur zu messen. Dabei ist es zur Qualitätssicherung vorteilhaft, die Luftemperatur kontiniuerlich zu erfassen, was mittels eines Temperaturschreibers möglich ist. Zum Prüfen der Oberflächen-Temperatur von Beton werden sogenannte Sekundenthermometer, die mit einem Tastfühler versehen sind, eingesetzt.

4.2.3.11 Luftfeuchte

Die Luftfeuchte in der Umgebung des jeweiligen Bauteils kann durch ein Hygrometer ermittelt werden. Zur Qualitätssicherung von Schutz- und Instandsetzungsarbeiten ist eine laufende Erfassung wie bei der Temperatur hilfreich, die anhand eines kontinuierlichen, mit dem Hygrometer gekoppelten Schreibgerätes oder über ein elektronisches Messgerät erfolgt.

4.2.3.12 Taupunkt

Zur Bestimmung der Taupunkttemperatur sind Luftleuchte und Lufttemperatur zu bestimmen. Anhand von Diagrammen, Tabellen oder speziellen Rechenschiebern kann hieraus die Taupunkt-Temperatur ermittelt werden. Sodann ist die Temperatur der zu bearbeitenden Betonoberfläche zu bestimmen. Diese muss, um Kondenswasserbildung ausschließen zu können, ≥ 3 K über der Taupunkt-Temperatur liegen.

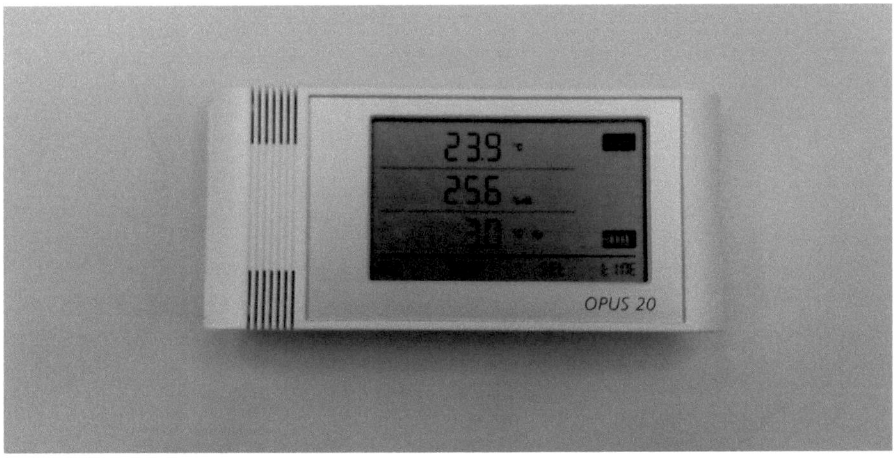

Bild 4.53: Elektronisches Messgerät zur Bestimmung von Lufttemperatur, Luftfeuchte, Taupunkttemperatur und Untergrundtemperatur

Moderne elektronische Geräte ermöglichen die Bestimmung von Lufttemperatur, Luftfeuchte, Taupunkt-Temperatur und Untergrundtemperatur digital.

4.2.3.13 Wind

Die Windgeschwindigkeit kann durch Windmesser, wie sie auch von Seglern und Surfern benutzt werden, ermittelt werden. Diese Geräte sind mit einem Propeller ausgerüstet, mit dem die Windgeschwindigkeit mechanisch auf an dem Gerät befindlichen Skalen angezeigt wird. Die Windgeschwindigkeiten können sowohl in km/h als auch m/sec, Knoten und bft. abgelesen werden.

Bild 4.54: Windmesser zum Bestimmen der Windstärke

Es gibt auch Geräte, mit denen sowohl Windgeschwindigkeit als auch Lufttemperatur und Luftfeuchte gemessen und deren Werte drahtlos auf ein Anzeigegerät übertragen werden.

4.3 Literatur

[1] H.-J. Badzong, Th. Schwarz: Sanierung an Brückenbauwerken – Betonvorbehandlung. route et traffic 1/1985.

[2] H.-J. Badzong: Dauerhafte Instandsetzung von Betonbauwerken – Betonvorbearbeitung. route et traffic 4/1987.

[3] M. Schröder: Untergrundvorbereitung für Schutz- und Instandsetzungsmaßnahmen an Betonbauteilen. Bautenschutz + Bausanierung 4/1987.

[4] J. Schrage: Vorbereiten von Betonoberflächen für Schutz und Instandsetzung. TIS 1/1988.

[5] Martin Vifian: Betonabtrag mit Höchstdruck-Wasserstrahl. Schweizer Baublatt 4/1989.

[6] R.-R. Schulz, P. Heinrich: Neue Erkenntnisse über das Flammstrahlen von BetonBautenschutz + Bausanierung 5/89.

[7] M. Schröder: Untergrundvorbereitung für Schutz- und Instandsetzungsmaßnahmen an Stahlbetonbauteilen (ZTV-SIB). Bautenschutz + Bausanierung 10/1990.

[8] M. Werner: Einflußparameter und Wirkmechanismen beim Abtrag von Mörtel und Beton mit dem Hochdruckwasserstrahl. Wissenschaftlicher Bericht aus der Arbeit des Instituts für Baumaschinen und Baubetrieb der Rheinisch-Westfälischen Technischen Hochschule Aachen 1991.

[9] M. Schröder: Schutz und Instandsetzung von Beton. Vergleich der Regelwerke Rili SIB, ZTV-SIB und DIN 18 349. Teil 1 „Untergrund und Untergrundvorbereitung“. Bautenschutz + Bausanierung, April 1995 18. Jahrgang.

[10] M. Schröder: Schutz und Instandsetzung von Stahlbeton. Untergrund – Anforderungen an Beton und Stahlbewehrung sowie Vorbereitung der Oberflächen. VBK-Kunststoffe im Bau. Juni 1995 Nr. 2.

[11] V. Kauw: Optimierung des Einsatzes von Hochdruck-Wasserstrahl-Systemen bei der Betonuntergrundvorbereitung. Shaker Verlag Aachen 1996.

[12] WTA-Merkblatt 5-8-93-D: Schutz und Instandsetzung von Beton. Untergrund – Anforderungen, Vorbereitung und Prüfung. Deutsche Fassung vom 20.02.1998.

[13] M. Schröder: Betonuntergrund für Beschichtungen – Anforderungen, Vorbereitung und Prüfung. Das Bauzentrum 6/98.

[14] DBV-Merkblatt Hochdruckwasserstrahltechnik im Betonbau. Deutscher Beton- und Bautechnik-Verein e. V. Fassung Juni 1999.

[15] Ausbildungsbeirat „Schutz und Instandsetzung im Betonbau“ beim Deutschen Beton- und Bautechnik-Verein E. V. SIVV-Handbuch. Schützen, Instandsetzen, Verbinden und Verstärken von Betonbauteilen. Fraunhofer IRB Verlag 2009.

[16] M. Schröder: Eine Frage der Haftung. Betonoberflächen für Beschichtungen vorbereiten. B+B Bauen im Bestand. 37. Jahrgang März 2014. Verlagsgesellschaft Rudolf Müller.

[17] M. Schröder und 7 Mitautoren: Schutz und Instandsetzung von Stahlbeton – Anleitung zur sachkundigen Planung und Ausführung. 8., überarbeitete und erweiterte Auflage. expert verlag 2022.

[18] Die in Kapitel 1. aufgeführten Regelwerke.

5 Kunststoffe

R. Gieler

Werkstoffe, die hauptsächlich aus Makromolekülen bestehen, werden als Kunststoffe bezeichnet. Technischen Eigenschaften, wie Formbarkeit, Härte, Elastizität, Bruchfestigkeit, Temperatur-, Wärmeformbeständigkeit und chemische Beständigkeit sind wesentliche Merkmale von Kunststoffen. Durch die Wahl der Makromoleküle, die Herstellungsverfahren und meist durch Zugabe von Additiven können die Eigenschaften erheblich variiert werden.

Makromoleküle eines Kunststoffs sind aus wiederholenden Grundeinheiten (Monomere) aufgebaut. Daher werden Kunststoffe auch als Polymere (dt. viele Teile) bezeichnet. Die Anzahl der Grundeinheiten der Makromoleküle variiert zwischen einigen tausend bis über eine Million. Das Polymer Polypropylen (Kurzzeichen PP) besteht beispielsweise aus sich vielfach wiederholenden Propyleneinheiten. Polymere können unverzweigte, verzweigte oder vernetzte Molekülketten bilden.

Ein Fachwörterverzeichnis enthalten DIN EN ISO 472 [1] und die Ergänzung [2]. Für eine große Anzahl von Kunststoffen legt DIN EN ISO 1043-1 [3] Kennbuchstaben und Kurzzeichen fest. Kennbuchstaben und Kurzzeichen für Füll- und Verstärkungsstoffe sind in DIN EN ISO 1043-2 [4], für Weichmacher in DIN EN ISO 1043-3 [5] und für Flammschutzmittel in DIN EN ISO 1043-4 [6] enthalten. Für Kautschuke und Latices ist die Nomenklatur in DIN ISO 1629 [7] und für Thermoplastische Elastomere in DIN EN ISO 18064 [8] festgelegt. Weiterführemde Literatur ist am Schluss dieses Kapitels aufgeführt. Auch im Internet sind Themen zur organischen Chemie und zu Kunststoffen anschaulich aufbereitet, siehe z. B. [9], [10], [11] und [12].

Kunststoffe sind in den meisten Bereichen des modernen Lebens im Einsatz. Zu Formteilen, Halbzeugen, Fasern oder Folien weiterverarbeitet, dienen sie als Verpackungsmaterialien, Textilfasern, Wärmedämmung, Rohre, Bodenbeläge, Bestandteile von Lacken, Beschichtungen, Klebstoffen und Kosmetika, in der Elektrotechnik als Material für Isolierungen, Leiterplatten, Gehäuse, im Fahrzeugbau als Material für Reifen, Polsterungen, Armaturenbretter, Benzintanks.

5.1 Geschichte

5.1.1 Antike und Mittelalter

Bereits in vorgeschichtlicher Zeit benutzten Menschen Biopolymere und natürlich vorkommende Polymere, die aus Tieren und Pflanzen gewonnen wurden, für Werkzeuge, Waffen und als Baumaterial. Einige Beispiele werden nachfolgend genannt. Als Klebstoff diente Neandertalern und dem Homo sapiens in der Steinzeit aus Birkenrinde durch Trockendestillation gewonnenes Birkenpech als erster bekannter Kunststoff. In Sachsen-Anhalt wurde Birkenpech als Klebemittel von Klingeneinsätzen bei Schäftungen (Messer, Speere) gefunden, das mindestens 115.000 Jahre alt ist [13].

Naturbitumen wurden auf Steinwerkzeugen, die auf 70000 BP[2] datieren, identifiziert [14]. Natürlicher Asphalt diente bereits in Mesopotamien vor ca. 7000 Jahren [15] in der Antike zum Abdichten von Booten und Kanälen sowie als Mörtel für Lehmziegel [16].

2 Before Present

In China wurde das Rindensekret des Lackbaums bereits vor über 7500 Jahren (Hemudu-Kultur) [17] als Bindemittel verwendet. In der mittleren und späten Shang-Dynastie (18. bis etwa 11. Jahrhundert v. Chr.) wurden Lacke hergestellt und später eine aufwändige Lacktechnik entwickelt.

Im Mittelalter wurde ein plastisch verformbarer Stoff aus Tierhorn erzeugt. Nach einem Rezept des bayerischen Benediktinermönches Wolfgang Seidel [18] wurde um 1530 aus Ziegenkäse produziertes, transparentes Kunsthorn (auch Galalith genannt) durch die Fugger vertrieben.

Aus dem 12. Jahrhundert stammt die älteste überlieferte Rezeptur eines Lackes, die aus Leinöl als Bindemittel und Zinnober als Pigment bestand. Sogenannten Lacksiedereien entstanden ab dem 18. Jahrhundert.

5.1.2 Industrielle Produktion

Nachdem Lacke bis zum Beginn des Industriezeitalters verwendet wurden, um Gegenstände zu verschönern, setze man diese im Industriezeitalter mehr und mehr zum Schutz von Gegenständen und Gebäuden ein, siehe auch Bild 5.1. Anlagen für industrielles Lackieren entstanden, wodurch manuelle Arbeit mit Pinseln entfiel. Durch neue Applikationstechniken, wie Gießen, Walzen und Tauchen, wurden Gegenstände gleichmäßig beschichtet [17].

Ende des 19. Jahrhunderts wurden zahlreiche der heute noch existierenden deutschen bzw. in Zusammenschlüssen aufgegangenen Lack- und Beschichtungsstoffhersteller gegründet.

Neue Bindemittel wurden zu Beginn des 20. Jahrhunderts entwickelt, etwa Laccain (1902) oder Bakelit (1905) und im Jahr 1913 die ersten Lackkunstharze (Phenolharze), d. h. vollständig synthetisierte Bindemittel hergestellt. Ab 1918 kamen Harnstoffharze, ab 1927 Alkydharze auf den Markt. PMMA (Acrylglas) wurde 1928 etwa zur selben Zeit in Deutschland, Großbritannien und Spanien entwickelt. Für die Serienlackierung von Automobilen wurden im Jahr 1921 erstmals Nitrozelluloselacke eingesetzt. Die ersten Dispersionsfarben wurden ab 1934 produziert [19].

Epoxide wurden zuerst von Paul Schlack in Wolfen (Patentanmeldung 1934, erteilt 1939) und Pierre Castan in der Schweiz (Patent-Anmeldung 1938 in der Schweiz, erteilt 1940) entwickelt. 1937 synthetisierte eine Forschergruppe um Otto Bayer in den Laboratorien des I.G. Farben-Werks Leverkusen erstenmals Polyurethane; 1940 begann die industrielle Produktion. Nach dem Zweiten Weltkrieg wurden ab 1946 in der Schweiz und ab 1948 in Deutschland Epoxid-Harze produziert. Die ersten wasserbasierenden Lacke wurden im Jahr 1949 gefertigt. Ab 1952 wurden Anstrichsysteme auf Kunststoffdispersionsbasis gefertigt [19]. Einen Überblick über wesentliche Entwicklungen gibt Bild 5.2.

Aufgrund gestiegener Anforderungen an die Umweltverträglichkeit wurde der Anteil an organischen und zum Teil gesundheitsschädlichen Lösemitteln, wie chlorierte organische Verbindungen oder Benzol, der in den Jahren 1960 und 1970 in Lacken ca. 50 % – 70 % betrug, in den folgenden zwei Jahrzehnten verringert, und gesundheitsschädliche Lösemittel wurden ersetzt. Die deutschen Lackhersteller verpflichteten sich 1983 zur Reduktion von flüchtigen organischen Verbindungen und schwermetallhaltigen Pigmenten wie Bleichromat in Lackrezepturen. Ab 1985 wurden emissions- und lösemittelarme Dispersionsfarben mit bis zu 10 % organischen Lösemitteln in den Markt eingeführt. Naturharz-, Kunstharz- und Alkydharzlacke haben Lösemittelanteile bis zu 60 %.

In jüngster Zeit entstehen durch erhöhte Anforderungen an VOC-Grenzwerte gemäß EU-Gesetzgebung von 2007 und 2010 und die Anforderungen durch REACH [20] und GHS [21] weitere Entwicklungen.

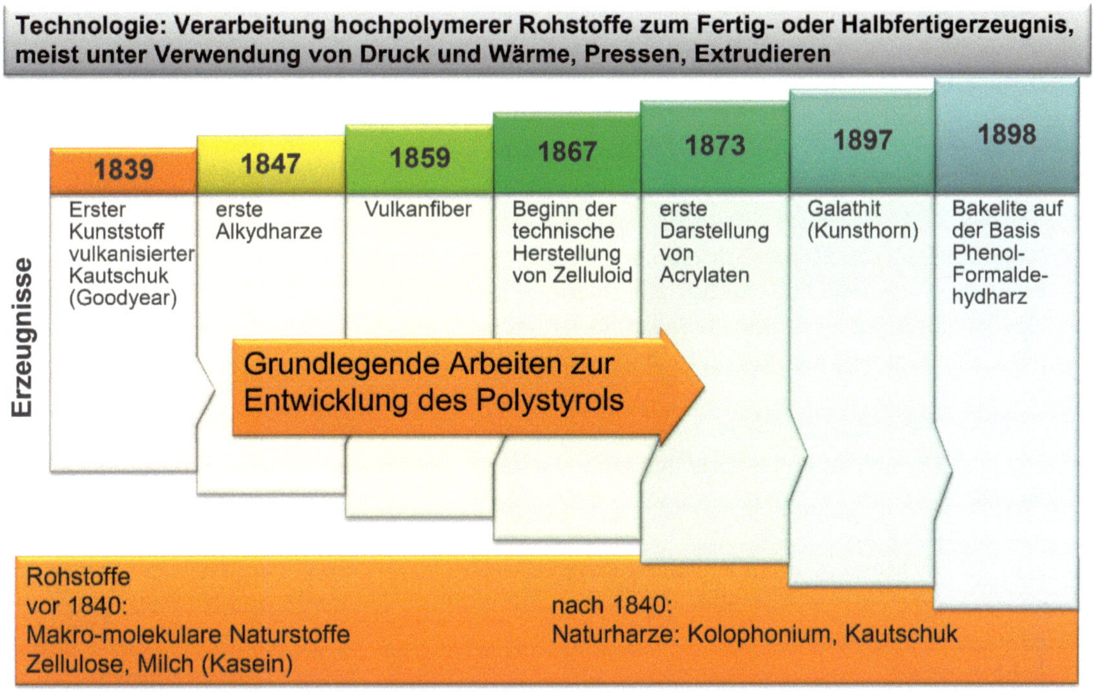

Bild 5.1: Kunststoffentwicklung 1800 bis 1899.

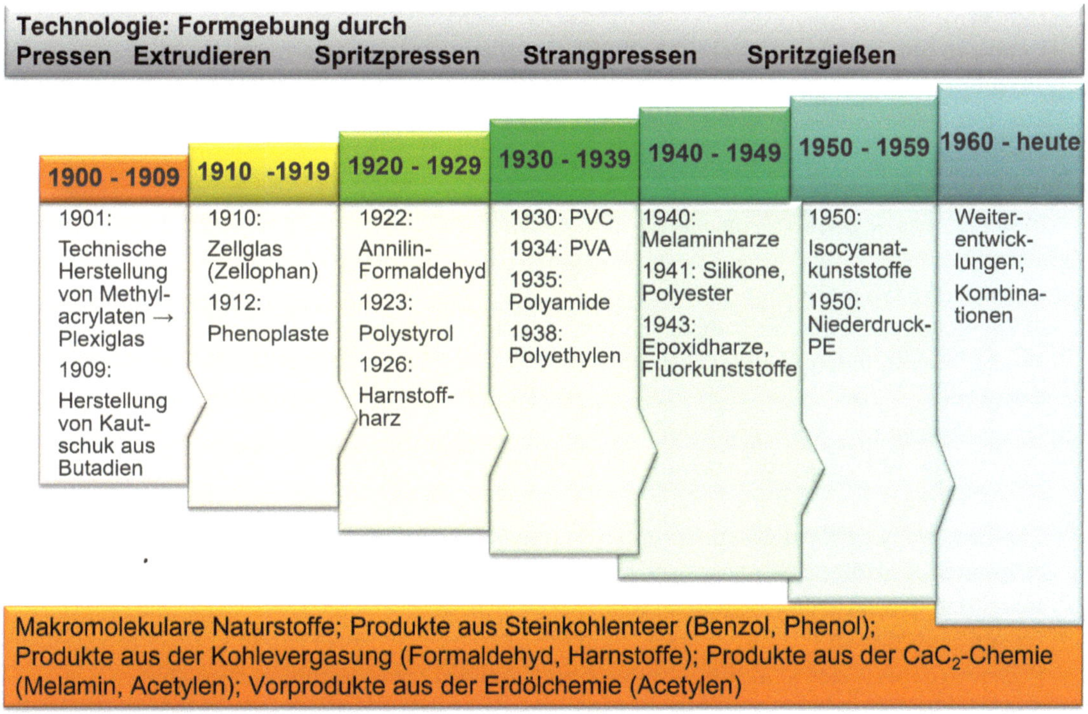

Bild 5.2: Kunststoffentwicklung 1900 bis heute

5.2 Begriffe

Nachfolgend werden einige häufig vorkommende Begriffe zu Polymeren erläutert. Weitere Begriffe zu Polymeren sind u. a. in [1] mit [2] verzeichnet.

- **Kunststoffe**
  Werkstoffe, die hauptsächlich aus Makromolekülen bestehen.
- **Atome**
  (von altgriechisch átomos „unteilbar")
  Bausteine, aus denen alle festen, flüssigen oder gasförmigen Stoffe bestehen. Alle Materialeigenschaften dieser Stoffe sowie ihr Verhalten in chemischen Reaktionen werden durch die Eigenschaften und die räumliche Anordnung ihrer Atome festgelegt.
- **Molekül**
  (von lat. molecula, „kleine Masse")
  zwei- oder mehratomige Teilchen, die durch chemische Bindungen zusammengehalten werden.
- **Makromolekül**
  sehr großes Molekül, das aus vielen (bis zu mehreren Hunderttausend) sich wiederholenden, gleichen oder unterschiedlichen Struktureinheiten (Atome oder Atomgruppen) besteht und eine hohe Molekülmasse hat.
- **Monomere**
  (griech. mono „ein, einzel" meros „Teil")
  niedermolekulare, reaktionsfähige *Moleküle*, die sich zu molekularen Ketten oder Netzen, zu unverzweigten oder verzweigten *Polymeren*, zusammenschließen können.
- **Dimer**
  Gemisch, bestehend aus zwei Einheiten einer einzigen Art Monomer.
- **Trimer**
  aus drei Einheiten einer einzigen Art Monomer bestehendes Oligomer.
- **Oligomer**
  (von altgriechisch oligoi „Wenige" und méros „Teil")
  Molekül, das aus mehreren strukturell gleichen oder ähnlichen Einheiten (Monomeren) aufgebaut ist.
- **organische Chemie**
  Teilgebiet der Chemie, das, abgesehen von einigen Ausnahmen, die chemischen Verbindungen behandelt, die auf Kohlenstoff basieren.
- **Polymer**
  (von altgriechisch „viel" und „Teil")
  chemischer Stoff, der aus Makromolekülen besteht.
- **Copolymer**
  Produkt der Copolymerisation, einer Sonderform der Polyreaktion, bei der statt eines Monomers (= Homopolymerisation) ein Gemisch von zwei oder mehreren chemisch unterschiedlichen Monomeren eingesetzt wird.
- **Homopolymer**
  Polymer, das aus der Reaktion nur einer einzigen Art von Monomeren entsteht.
- **chemische Bindung**
  ein physikalisch-chemisches Phänomen, durch das zwei oder mehrere Atome oder Ionen fest zu chemischen Verbindungen aneinander gebunden sind.

- **Polyreaktion**
  Oberbegriff für die Polymerisation, Polykondensation und Polyaddition. Während der Polyreaktion werden kleine Moleküle (*Monomere*) zu einem *Makromolekül* verknüpft.
- **Prepolymer**
  Sammelbezeichnung für reaktive Oligomere, die zum Herstellen von Polymeren (Makromolekülen) dienen. Im Gegensatz zum Endprodukt können die Vorprodukte noch löslich oder schmelzbar sein.
- **Umsatz**
  Begriff der chemischen Reaktionstechnik, der angibt, welcher Anteil des ursprünglichen eingesetzten Ausgangsstoffes durch chemische Reaktion in andere chemische Stoffe umgewandelt wurde.
- **Beschichtung**
  durchgehende Schicht, die durch ein- oder mehrmaliges Auftragen von Beschichtungsstoff auf ein Substrat entsteht [22].
- **Beschichtungsstoff**
  flüssiges oder pastenförmiges oder pulverförmiges Produkt, das, auf ein Substrat aufgetragen, eine haftende Beschichtung mit schützenden, dekorativen und/oder anderen spezifischen Eigenschaften ergibt. Der Begriff schließt Benennungen wie „Lack", „Anstrichstoff" und Benennungen für ähnliche Produkte ein [22].

5.3 Polymere

Polymere können aus Naturstoffen gewonnen (z. B. Leinöl als frühes Bindemittel für Beschichtungen) oder rein synthetisch hergestellt werden. Durch Modifikation natürlicher Polymere (vorwiegend Zellulose zu Zelluloid) entstehen halbsynthetische Kunststoffe, während Kunststoffe aus Naturstoffen, wie Polymilchsäure oder Polyhydroxybuttersäure, durch die Fermentation von Zucker oder Stärke hergestellt werden.

5.3.1 Natürliche Polymere

Die Grundbausteine der Organismen bestehen aus natürlichen Polymeren (Biopolymere), die in Lebewesen synthetisiert[3] und gebildet werden. Dazu zählen die Proteine, die beispielsweise Haare und Seide bilden. Als Biopolymere sind Polysaccharide Kohlenhydrate, in denen eine große Anzahl aus mindestens elf Monosacchariden (Einfachzucker) über eine glycosidische Bindung verbunden sind. Beispiele für Polysaccharide sind Glycogen, Stärke (Amylose und Amylopektin), Pektine, Chitin, Callose und Zellulose.

Zellulose, Hauptbestandteil pflanzlicher Zellwände und das häufigste Polysaccharid, ist bedeutend als Rohstoff zur Papierherstellung, aber auch in der chemischen Industrie und anderen Bereichen.

Durch Weiterverarbeitung von Biopolymeren, wie Nitrocellulose, Zelluloid oder Stärkederivate, werden chemisch modifizierte Polymere hergestellt. Aus Zellulose wurde im Jahr 1870 von Hyatt Manufacturing Company der erste Thermoplast, Zelluloid, hergestellt.

3 synthetisierten: eine chemische Verbindung herstellen

5.3.2 Synthetische Polymere

Synthetische Polymere sind durch *Polyreaktionen* (Kettenpolymerisation, Polyaddition oder Polykondensation) industriell oder im Labormaßstab aus *Monomeren* oder *Prepolymeren* hergestellte Stoffe, wie z. B. Polyethylen, Polystyrol und Polyvinylchlorid.

5.3.3 Anzahl der Grundstoffe (Monomere)

Polymere können nach der Anzahl der Grundstoffe (Monomere), aus denen sie aufgebaut sind, eingeteilt werden.

- Aus nur einer Monomerart bestehen *Homopolymere*, wie Polyethylen, Polypropylen, Polyvinylchlorid oder Polycaprolactam. Ein natürliches Homopolymer ist *Naturkautschuk* als ein Polyisopren[4].
- *Copolymere* sind aus verschiedenen Monomeren aufgebaut, wie Acrylnitril-Butadien-Styrol-Copolymer (ABS), Styrol-Acrylnitril (SAN) oder Butylkautschuk. Auch Biopolymere sind meistens Copolymere.
- *Polymerblends* (gemäß [1] Polymermischungen) entstehen durch Mischen von unterschiedlichen Homopolymeren und/oder Copolymeren. Sie werden meist durch intensive mechanische Vermischung von geschmolzenen Polymeren hergestellt, wobei sich ein homogenes Material ergibt.

5.3.4 Anorganische Polymere

Im Gegensatz zu organischen Polymeren enthalten anorganische Polymere keine Kohlenstoffatome in der Hauptkette des Polymers. Beispiele für anorganische Polymere sind Polysiloxane, Polyphosphazene oder Polysilazane.

5.4 Einteilung der Kunststoffe

Kunststoffe werden gemäß ihren Eigenschaften in verschiedene Klassen eingeteilt:

- Thermoplaste,
- Duromere (auch Duroplaste),
- Elastomere und
- thermoplastische Elastomere.

Zudem lassen sich Kunststoffe nach den folgenden Kriterien einteilen [23]:

- **nach dem chemischen Aufbau**
  (Angabe der verknüpfenden chemischen Elemente)

C-C-Polymere:	Kunststoffe auf der Basis von Polyolefinen, Polyvinyl-Derivaten, Polybutadienen, Bitumen und Phenolharzen (z. B. Polyethylen, Polyvinylchlorid, Phenoplaste)

4 Polyisopren ist eine Sammelbezeichnung für Polymere, die durch Kettenpolymerisation aus Isopren hergestellt werden.

C-O-Polymere:	Kunststoffe auf der Basis von Cellulosehydraten, Celluloseestern (z. B. Celluloid, Celluloseacetat-Polymer, Celluloseacetobutyrat-Polymer)
C-N-Polymere:	Kunststoffe auf der Basis von Amidharzen, Proteinen, Polyamiden, Polyurethanen (z. B. Harnstoff-Polymere, Kunsthorn, PUR)
C-S-Polymere:	Kunststoffe auf der Basis von Polyethylentetrasulfid (z. B. Thioplaste)
Si-O-Polymere:	Kunststoffe auf der Basis von Polymethylsiloxan (z. B. Silikonharze, Silikonate)

- **nach der Bildungsreaktion**

Polymerisation:	Polymerisate (z. B. Polyester, Polyethylen, Polystyrol)
Polykondensation:	Polykondensate (z. B. Melaminharz, Phenolharz, Polycarbonat)
Polyaddition:	Polyaddukte (z. B. Epoxidharz, Polyurethan)

- **nach der Struktur**

Vernetzung:	nicht vernetzte und vernetzte Kunststoffe
Struktur:	unstrukturierte, amorphe und strukturierte Kunststoffe

5.5 Niedermolekulare und hochpolymere Stoffe

Kunststoffe liegen – wie alle hochpolymeren Stoffe – fest oder flüssig, nicht aber gasförmig vor. Die Makromoleküle zerfallen oberhalb spezifischer Temperaturen, den Zersetzungstemperaturen T_Z, irreversibel in niedermolekulare Bruchstücke. Diese können gasförmig vorliegen, da sie kleine Molmassen aufweisen. Ursächlich dafür sind, wie bei niedermolekularen Stoffen, die mit steigender Temperatur zunehmenden Schwingungsbewegungen von Atomen und Molekülteilen um ihre Ruhelage, die Brownsche Bewegung. Die Bewegung wird schließlich so groß, dass chemische Bindungen gelöst und das Molekül zerrissen wird.

Zwischen fester und flüssiger Phase liegt bei linearen, amorphen Polymeren (Thermoplasten) ein Bereich, in dem Thermoplaste teilweise elastisch, teilweise plastisch verformbar sind. Dieser Bereich wird von der Glasübergangstemperatur T_g und von der Schmelztemperatur T_m begrenzt (Bild 5.3). Ein ähnlicher Übergangsbereich tritt auch bei teilkristallinen Polymeren auf. Wegen der höheren Festigkeit der kristallinen Bereiche können teilkristalline Polymere plastisch wenig verformt werden. Die Grenze zur flüssigen Phase wird als Kristallisationstemperatur bezeichnet.

Chemisch vernetzte Makromoleküle (Duromere) können keine flüssige Phase bilden, denn bei diesen können Molekülketten (Makro-Brownsche-Bewegung) infolge der chemischen Bindungen nicht aneinander vorbeigleiten. Sie zersetzen sich thermisch bei Erreichen der Zersetzungstemperatur T_z aus dem festen Zustand heraus (Bild 5.4).

Kunststoffe, die bei Erwärmung plastisch verformbar und fließfähig werden, nennt man Thermoplaste (Bild 5.3), die vernetzten, nicht plastifizierbaren Polymere Duromere (Bild 5.4).

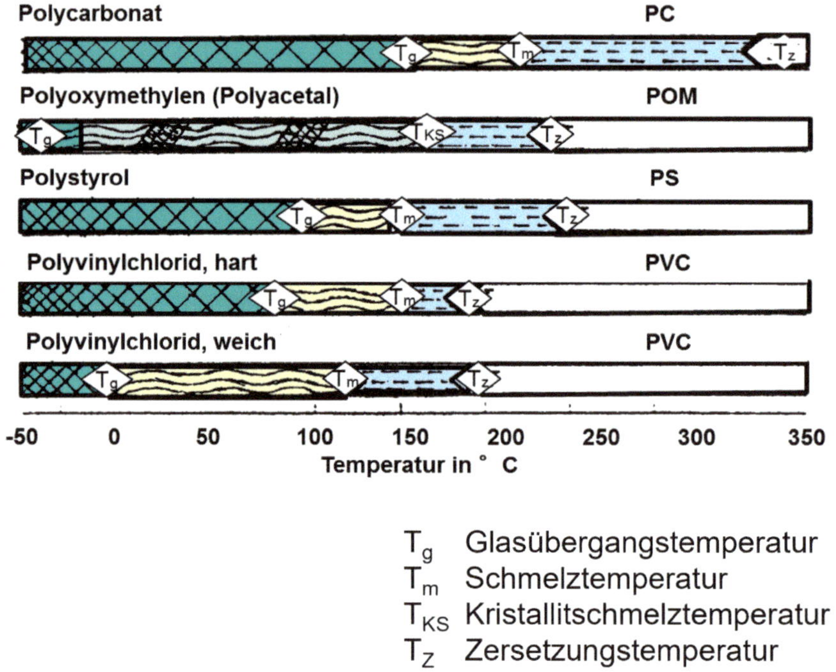

Bild 5.3: Thermische Zustandsbereiche thermoplastischer Kunststoffe nach [24]

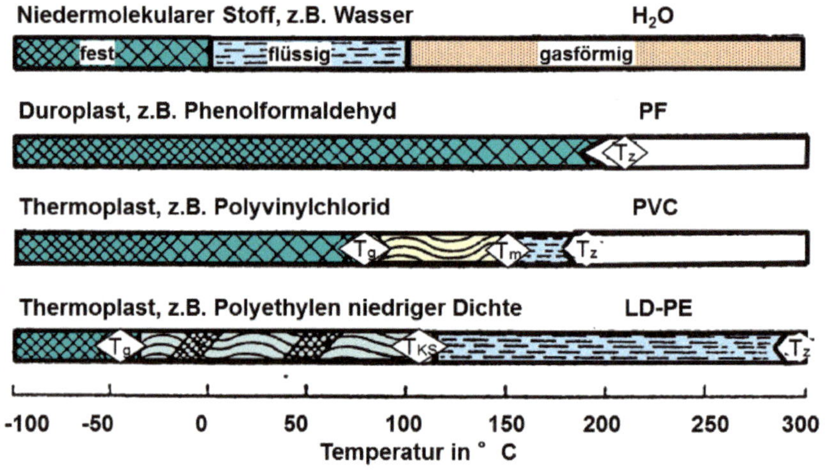

Bild 5.4: Thermische Zustandsbereiche nieder- und hochmolekularer Stoffe nach [24]

Aus den Phasenübergangsbereichen resultiert ein temperaturabhängiges Festigkeits- und Formänderungsverhalten, siehe Bild 5.5. Auf die physikalisch-chemischen Ursachen des dargestellten Verhaltens wird im Folgenden eingegangen.

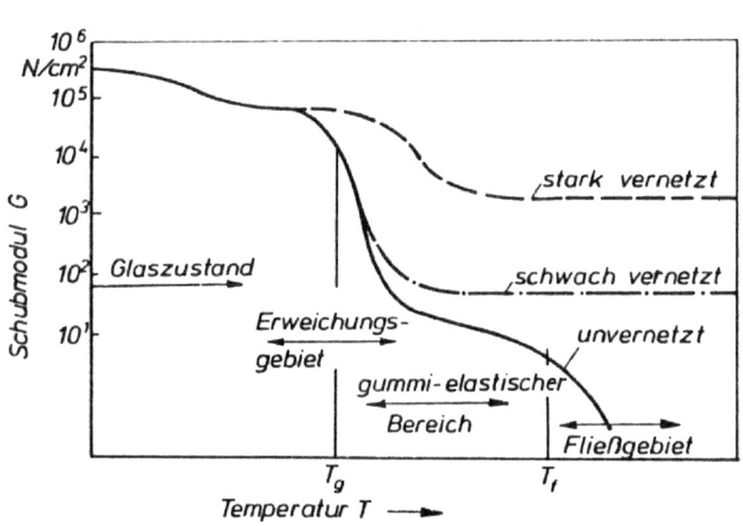

Bild 5.5: Schubmodulkurven und Deutung der Aggregatzustände von vernetzten und unvernetzten Polymeren [24]

Bei tiefen Temperaturen ist die Mikro-Brownsche-Bewegung, d. h. die Schwingungsamplitude der Atome und Molekülteile minimal. In diesem Zustand sind alle makromolekularen Stoffe glasartig hart und spröde. Daher wird dieser Bereich „eingefrorener" Zustand oder Glaszustand genannt.

Bei mechanischer Belastung verformen sich die eingefrorenen Stoffe energieelastisch, d. h. die Atome werden durch äußeren Energieaufwand aus ihrer Ruhelage ausgelenkt. Bei Entlastung „federn" sie in die energetisch günstigere Ausgangslage zurück. Hieraus resultiert ein im technischen Sinne elastisches Verhalten.

Der energieelastische Bereich wird bei steigender Temperatur durch einsetzende ungeordnete translatorische Bewegungen von Kettensegmenten begrenzt. Diese Mikro-Brownschen-Bewegungen vollziehen sich ohne Verlagerung des Schwerpunktes des Gesamtmoleküls. Bei amorphen Stoffen bricht der Glaszustand in einem Übergangsbereich von nur wenigen Kelvin zusammen (siehe Bild 5.5). Die Lage dieses Bereiches ist von der Molekülstruktur (unterschiedliches Schwingungsverhalten der verschiedenartig aufgebauten Molekülsegmente) und in geringem Umfang auch von der Beanspruchungsdauer abhängig. Er wird gemäß DIN EN ISO 16805 [25] als Glasübergangstemperatur (T_g) bezeichnet. Das Verformungsverhalten der Kristallite in teilkristallinen Stoffen bleibt auch oberhalb der Glasübergangstemperatur bis zur Kristallisationstemperatur energieelastisch. Bei hohen Kristallinitätsgraden kann daher die Ausprägung des Glasüberganges undeutlich werden (Bild 5.5).

In Abhängigkeit vom Anteil kristalliner Zonen bzw. vom Grad der Vernetzung stabilisieren sich die Schubmodule (und auch andere mechanische Kennwerte) oberhalb des Glasüberganges über einen gewissen Temperaturbereich, allerdings auf einem wesentlich niedrigeren Niveau. In diesem Bereich herrscht Entropieelastizität vor, gekennzeichnet durch gummielastische und verzögerte elastische Verformungen. Die zeitabhängigen, reversiblen Verformungen werden auf die Wirkung von Kettenverschlaufungen bei großen Moleküllängen zurückgeführt. Indem sich die Moleküle miteinander verhaken, wird das Aneinandervorbeigleiten der Molekülfäden und Molekülteile verzögert.

Ursache der stark herabgesetzten Schubmoduln ist die gesteigerte Entropie, d. h. die in diesem Temperaturbereich mögliche ungeordnete Bewegung von Atomen und Kettensegmenten, die mit einer Verringerung der zwischenmolekularen Anziehungskräfte verbunden ist. Dies hat große Verformungen bereits bei geringen mechanischen Belastungen zur Folge.

Bei weiter steigender Temperatur verringert sich der Zusammenhalt unvernetzter Polymermoleküle derart, dass irreversible Verschiebungen der Moleküle gegeneinander, sogenannte Makro-Brownsche-Bewegungen, auftreten können. Die Schubmoduln sinken gegen Null ab, und viskoses Fließen bis zur Dünnflüssigkeit tritt auf.

Unterhalb der Zersetzungstemperatur sind alle Änderungen des Verformungsverhaltens vollständig reversibel. Das geschilderte mechanisch-thermische Verhalten hat zur Einteilung der technisch angewendeten Kunststoffe in drei Hauptgruppen geführt: Thermoplaste, Duromere und Elastomere (Bild 5.5).

5.6 Polymerchemie - Reaktionsmechanismen

Kunststoffe, bestehen aus vielen miteinander verknüpften Monomeren. Ein Monomer ist ein reaktionsfähiges Molekül. Dieses besitzt meistens eine C-C-Doppelbindung (C=C) oder mindestens zwei funktionelle Gruppen (z. B. ein Aldehyd oder Alkohol). Die Reaktion, durch die sich die Monomere miteinander verbinden, nennt man Polymerisation.

Polymere werden aus einzelnen Monomeren durch verschiedene Polyreaktionen, wie Kettenpolymerisationen, Polykondensation oder Polyaddition, gebildet. Die Polymerisation lässt sich zunächst in zwei Gruppen unterscheiden, siehe auch: Bild 5.6.

- Polymerisation über Kettenreaktion und
- Polymerisation über stufenweise Reaktionen.

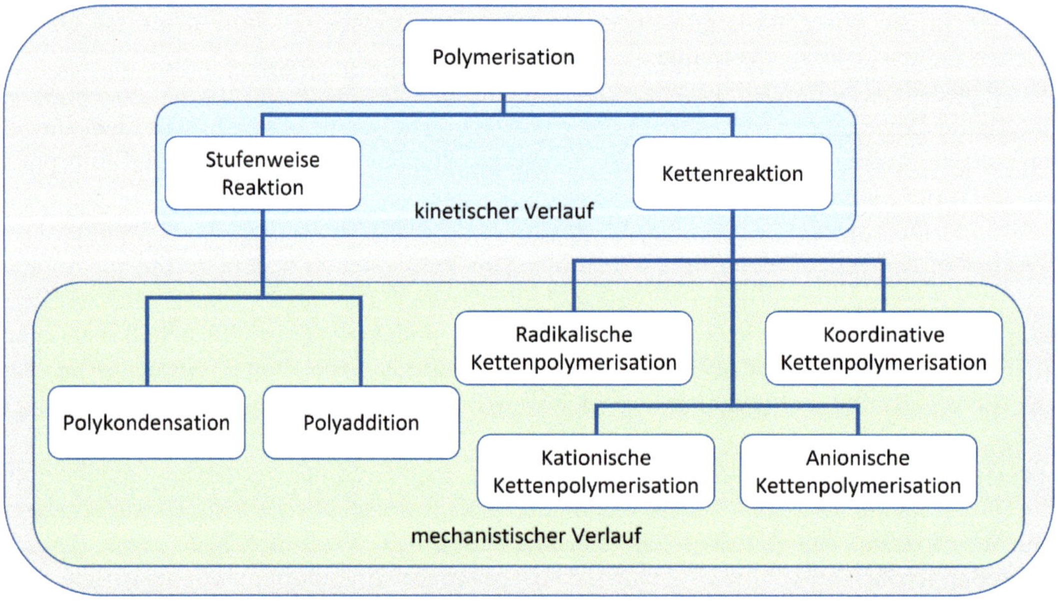

Bild 5.6: Einteilung von Polymerisationen

In einer anderen Systematik werden Additionspolymerisationen und Kondensationpolymerisationen unterschieden. Bei Letzteren treten bei der Reaktion einfache Moleküle, wie z. B. Wasser, aus. Allerdings sind nahezu alle Polymerisationen über stufenweise Reaktionen auch Kondensationpolymerisationen [26].

Diese werden nachfolgend erläutert.

5.6.1 Polymerisation durch Kettenreaktionen

Kettenreaktionen, bei denen sich fortwährend gleiche oder unterschiedliche Monomere an eine sich stetig verlängernde Polymerkette angliedern, werden als Kettenpolymerisation (nicht IUPAC-konform[5] als *Polymerisation*) bezeichnet. Die meist ungesättigten[6] organischen Monomere lagern sich bei der Wachstumsreaktion fortlaufend an die wachsende Kette an. Dabei spalten sich im Gegensatz zu Polykondensationen und Polyadditionen weder Nebenprodukte ab, noch wandern Molekülgruppen innerhalb der Reaktanden ab. Die Angliederung der Monomere findet an mindestens einem *aktiven Zentrum* der Kette statt. Entsprechend den aktiven Zentren[7] werden Kettenpolymerisationen in radikalische, kationische, anionische und koordinative Kettenpolymerisationen unterteilt. Wenn bei der Reaktion lediglich eine Monomerart umgesetzt wird, bezeichnet man diese als einfache *Homopolymerisation*, reagieren zwei oder mehr verschiedene Monomere spricht man von der *Copolymerisation.*

Am Beispiel der radikalischen Kettenpolymerisation soll der Mechanismus erläutert werden. Dabei erfolgt die Reaktion im Wesentlichen in vier Teilschritten:

1. Zerfall eines Initiators
   Ein zugesetzter Initiator zerfällt unter Bildung von zwei Radikalen[8], in der Regel durch erhöhte Temperatur zwischen 40 °C bis 90 °C gefördert.
2. Startreaktion
   Das Radikal bricht die Mehrfachbindung (beispielsweise eine C=C-Doppelbindung einer Vinylgruppe) auf, wobei ein wachstumsfähiges Primärradikal (aktives Zentrum) entsteht.
3. Wachstumsreaktion,
   bei der die makromolekulare Kette in einer Kettenreaktion wächst, indem sich an das Primärradikal ständig Monomere anlagern.
4. Abbruchreaktion,
   bei der das Wachstum der Kette durch Disproportionierungsreaktionen oder das Zusammentreffen zweier Radikale (Kombinierung) irreversibel beendet wird.

Feuchte oder Sauerstoff können die Reaktion stören.

Beispiele für Polymere, die durch Kettenreaktionen entstehen, sind ungesättigte Polyesterharze (UP-Harze) und Polymethylmethacrylat (PMMA, auch Acrylglas).

5.6.2 Polymerisation über stufenweise Reaktionen

5.6.2.1 Polyaddition

Durch Polyaddition werden über einzelne, voneinander unabhängige Additionsreaktionen Polymere gebildet. Dieses erfolgt in einer *Stufenwachstumsreaktion* über Moleküle mit niedrigen Polymerisationsgraden (Dimere, Trimere und Oligomere), die untereinander neue Addukte bilden. Erst bei annähernd vollständigen Umsätzen der Monomere bildet sich das Polymer. Für die Polyaddition ist erforderlich, dass die Monomere zwei oder mehr *funktionelle Gruppen* besitzen.

---

5 International Union of Pure and Applied Chemistry, deutsch *Internationale Union für reine und angewandte Chemie*

6 ungesättigte Verbindungen sind chemische Verbindungen, deren Moleküle bestrebt sind, weitere Atome oder Atomgruppen anzulagern.

7 aktives Zentrum (engl. active site): diejenige Stelle eines Katalysators, an der die katalysierte Reaktion stattfindet.

8 Als Radikale bezeichnet man Atome oder Moleküle mit mindestens einem ungepaarten Valenzelektron. Die meisten Radikale sind besonders reaktionsfreudig.

Die Produkte der Polyaddition werden Polyaddukte genannt. Die wichtigsten Vertreter sind Polyurethane (siehe Bild 5.7), Polyharnstoffe und Epoxidharze.

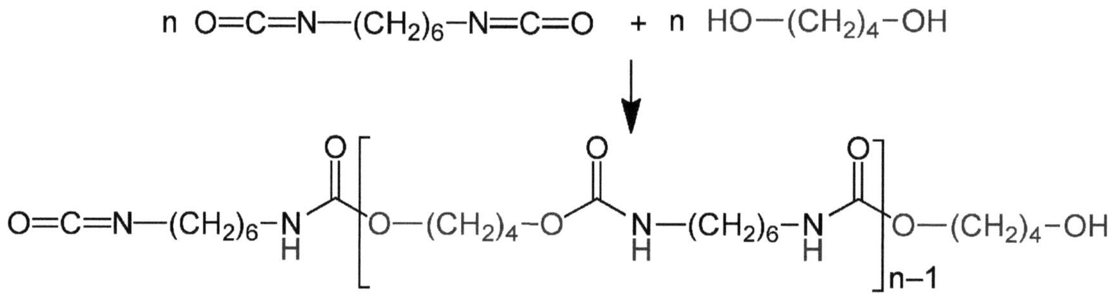

Bild 5.7: Polyadditionsreaktion für die Herstellung von Polyurethanen (PUR) mit den Ausgangsprodukten 1,6-Hexandiisocyanat (zweiwertiges Isocyanat) und 1,4-Butandiol (zweiwertiger Alkohol). Quelle: Deutsche Wikipedia. Autor: Jü[9]

Als funktionelle Gruppe (auch charakteristische Gruppe) wird die Atomgruppe in einer Verbindung bezeichnet, die die Stoffeigenschaften und das Reaktionsverhalten dieser Verbindung maßgeblich bestimmt [26]. Komplexe Verbindungen können auch mehrere funktionelle Gruppen mit unterschiedlichen Eigenschaften aufweisen [26]. Verbindungen, die gleiche funktionelle Gruppen, haben, werden auf Grund ihrer ähnlichen Eigenschaften zu Stoffklassen zusammengefasst, z. B. organische Stoffklassen der Kohlenwasserstoffe:

- Alkane, Alkene, Alkine, Alkanole (Alkohole), Alkansäuren, Alicyclen, Amide, Amine, Aminosäuren, Aromaten, Alkanone (Ketone), Alkanale (Aldehyde),
- Carbonsäuren und Carbonsäurederivate wie Carbonsäurechloride, Carbonsäureanhydride,
- Epoxide, Ester, Ether
- Furane
- Halogenalkane, Hydrazine Heterocyclen
- Imine
- Oxirane
- Thiole, Thioether.

5.6.2.2 Polykondensation

Bei der stufenweise verlaufenden Polykondensation erfolgt die Reaktion über stabile, jedoch weiterhin reaktionsfähige *Zwischenprodukte* (Oligomere), die untereinander reagieren und letztlich ein Makromolekül bilden. Die dabei entstehenden Produkte (Kunststoffe) werden *Polykondensate* genannt.

Ein Monomer muss mindestens zwei funktionelle besonders reaktionsfähige Gruppen besitzen, z. B. –OH, –COOH, $-NH_2$, –CHO, um an der Reaktion teilnehmen zu können. In der Regel werden dabei bifunktionelle Monomeren verschiedener Art (z. B. Diole und Dicarbonsäuren, die zu Estern kondensieren) miteinander umgesetzt.

9 This file is made available under the Creative Commons CC0 1.0 Universal Public Domain Dedication

Bei der Polykondensation werden – im Gegensatz zur Polymerherstellung durch Kettenpolymerisation oder Polyaddition – *Nebenprodukte*, wie Wasser, Salzsäure, niedrige Alkohole, Chlorwasserstoff oder Ammoniak, abgespalten. Diese Nebenprodukte (z. B. Wasser, Ammoniak) müssen kontinuierlich abgeführt werden, da sonst die Reaktion aus thermodynamischen Gründen bei zu niedrigem Polymerisationsgrad beendet wird.

Bei der Polykondensation muss der Reaktionsumsatz im Gegensatz zur Kettenpolymerisation mindestens 99 % betragen, um ein Polykondensat hoher molarer Masse zu erhalten. Das Verhältnis der eingesetzten Mengen an jeweiligem Monomer muss möglichst exakt dem für die Reaktion erforderlichen *stöchiometrischen Verhältnis*[10] angepasst werden. Bei einem nicht angepassten Verhältnis kann ein Zustand erreicht werden, an dem alle Oligomere die gleichen aktiven Enden aufweisen, so dass sie nicht miteinander reagieren können (Carothers-Gleichung).

Durch Polykondensationsreaktionen werden unter anderem Polyamide, Polyester, Phenoplaste, Aminoplaste und Silicone hergestellt. Neben Kunststoffen entstehen auch natürliche Polymere, z. B. Polykieselsäuren, durch Polykondensation.

5.6.3 Copolymerisation

Bei der Copolymerisation reagieren – anders als bei der Homopolymerisation mit nur einer einzigen Monomerart – *verschiedene* Monomere gleichzeitig oder nacheinander. Dabei entsteht als Produkt ein Copolymer, das unterschiedliche Monomerarten in einem Molekül enthält. Abhängig davon, wie die verschiedenen Monomerarten im Polymer verteilt sind, wird zwischen

- statistischen,
- alternierenden,
- Block- und
- Pfropf-Copolymeren

unterschieden, siehe Bild 5.8.

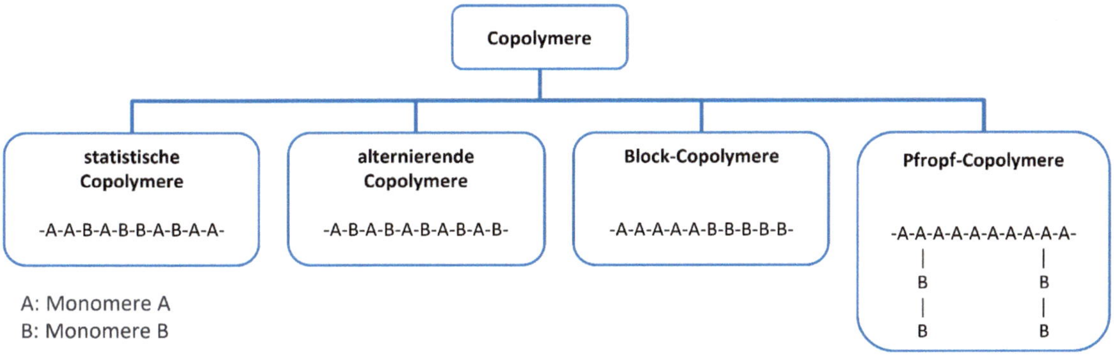

Bild 5.8: Verteilung von unterschiedlichen Monomerarten im Copolymer

Durch Copolymerisation entstehen zahlreiche Werkstoffe. Indem Art und Molverhältnisse der Monomeren im Polymer variiert werden, können gezielt Polymere mit über einen weiten Bereich unterschiedlichen Eigenschaften hergestellt werden.

10 (griech. stoicheia=Buchstabe und metron=Maß) Bezeichnung für die Aufstellung von chemischen Bruttoformeln aufgrund von Analysenergebnissen und der mathematischen Berechnung chemischer Umsetzungen.

Typische Copolymere bilden neben Elastomerlegierungen die Klasse der *thermoplastischen Elastomere*, bei denen elastische Polymerketten in thermoplastisches Material eingebunden sind. Diese können durch Erhöhen der Temperatur wie Thermoplasten verarbeitet werden. Nach Abkühlen weisen sie wieder (gummi)elastische Eigenschaften auf.

Durch Copolymerisation lassen sich andere Eigenschaften der Kunststoffe verändern. So können z. B. Weichmacher in Polymere eingeführt werden. Dieses bezeichnet man als *innere* Weichmachung im Gegensatz zur *äußeren* Weichmachung, bei der der Weichmacher nicht kovalent in das Polymer eingebunden wird.

5.6.4 Polymerblends

Gemische aus zwei oder mehreren unterschiedlichen Polymeren werden Polymerblend (oder Polyblend)[11] genannt. Beim ausschließlich physikalischen Mischen bilden sich keine neuen chemischen Bindungen zwischen den Makromolekülen.

Im Gegensatz zu Polymerlegierungen sind Polymerblends grundsätzlich Gemische aus zwei oder mehreren chemisch nicht miteinander verknüpften Polymerarten. Der Begriff Polymerblend bezeichnet im Gegensatz zum Begriff Polymerlegierung auch Gemische aus zwei oder mehreren im thermodynamischen Gleichgewicht nicht mischbaren Polymeren, die innerhalb des Gemisches koexistierende Phasen ausbilden können.

Die Eigenschaften der durch Mischen entstehenden Kunststoffe unterscheiden sich deutlich von denen der Ursprungspolymere.

Mischbare Polymerblends sind homogene Gemische aus verträglichen Polymeren [27], wie z. B. Polyamid 6 (PA6) und Polyamid 10 (PA10).

Kompatible Polymerblends sind Gemische von teilweise bzw. begrenzt verträglichen Polymeren [28], wie z. B. Polystyrol (PS) und Polyphenylenether (PPE).

Nicht mischbare Polymerblends sind heterogene Gemische aus unverträglichen Polymeren (Mehrphasengemische) [29], wie z. B. Polystyrol (PS) oder Styrol-Acrylnitril-Copolymer mit Kautschuk.

5.6.5 Polymerlegierungen

Materialien aus mehrphasigen Copolymeren oder homogenen Gemischen aus zwei oder mehreren chemisch nicht miteinander verknüpften, mischbaren Polymeren, die in ihrem gesamten Volumen einheitliche physikalische Eigenschaften aufweisen, werden als Polymerlegierungen (engl.: polymer alloys) bezeichnet.

Bestimmte Polymerlegierungen zeichnen sich insbesondere durch hohe Schlagzähigkeit, Steifheit und Wärmeformbeständigkeit aus.

- Indem einer harten Polymerphase, z. B. Polypropylen (PP), eine elastische Kautschukphase, z. B. auf Basis von Polybutadien oder Ethylen-Propylen-Dien-Kautschuk (EPDM), zugesetzt wird, entsteht ein Kunststoff mit hoher *Schlagzähigkeit*.
- Polymerlegierungen aus Polycarbonaten (PC) und Acrylnitril-Butadien-Styrol-Copolymeren (ABS) besitzen eine vergleichsweise hohe *Wärmeformbeständigkeit*.
- Legierungen aus Polyphenylenoxid (PPO) und Polystyrol (PS) beziehungsweise Polyamid (PA) weisen hohe *Temperaturbeständigkeiten* und Schlagzähigkeiten auf.

---

11 siehe auch Polymerlegierung

Polymerlegierungen werden im Baubereich beispielsweise für Fensterprofile verwendet (Polyvinylchlorid und Polyethylen).

5.6.6 Reaktionsharze

Reaktionsharze erhärten durch eine chemische Reaktion zweier oder mehrerer Komponenten, die in flüssiger Form vor dem Verarbeiten gemischt werden. Direkt nach dem Mischen beginnt die Reaktion der Komponenten (Vernetzung), wie im Abschnitt 5.6.2 beschrieben. Die Zeit, die anschließend zum Verarbeiten zur Verfügung steht, ist begrenzt.

Verarbeitungszeit und Topfzeit
Der Begriff Verarbeitungszeit wird in [22] definiert. Dabei wird zwischen den Begriffen Verarbeitungszeit und Topfzeit nicht unterschieden.
Als Verarbeitungszeit gilt demnach die maximale Zeitspanne, innerhalb der ein in mehreren Komponenten gelieferter Beschichtungsstoff nach dem Mischen der Komponenten verarbeitet sein sollte.
Der Begriff Verarbeitungszeit kann sich nach [22] beziehen auf die maximale Zeit nach dem Mischen, innerhalb welcher der aufgetragene Beschichtungsstoff gute *Trockenfilmeigenschaften* behält, und/oder auf die maximale Zeit nach dem Mischen, innerhalb welcher der flüssige Beschichtungsstoff gute *Applikationseigenschaften* behält.
Die Verarbeitungszeit wird nach [32] durch Prüfen bestimmter Eigenschaften, die je nach der Art des reaktiven Systems unterschiedlich sein können, bestimmt. Eine Tabelle im Anhang der Norm nennt Beispiele für zu messende Eigenschaften für unterschiedliche reaktive Systeme. Bei reaktiven Beschichtungsstoffen, die innerhalb kurzer Zeit, z. B. drei Stunden, aushärten, liegt das Ende der Verarbeitungszeit so nahe am Gelpunkt, dass diese spezielle Eigenschaft nach DIN EN ISO 2535 [34] zu prüfen ist.

<u>Topfzeit</u>
Die Topfzeit von *Klebstoffen* wird nach [30] üblicherweise definiert als die Zeitdifferenz zwischen dem Beginn des Mischens und dem Zeitpunkt, wenn eine bestimmte vereinbarte Viskosität, z. B. 100.000 mPa·s, erreicht ist. Die Norm lässt auch zu, den Endpunkt als bestimmtes vereinbartes Vielfaches zu definieren, z. B. die doppelte Anfangsviskosität. In diesem Fall wird die erste Viskositätsmessung nach dem Mischen als Anfangspunkt herangezogen.
Nach den Vorgaben der TR Instandhaltung des DIBt [31]wird die Topfzeit an *Reaktionsbeschichtungen* der Oberflächenschutzsysteme OS 2, OS 4 (für Polyurethan und wasseremulgiertes EP), OS 8, OS 11 und OS 14 nach DIN EN ISO 9514 [32] bestimmt. Alternativ kann das Prüfverfahren nach [33], Anhang A3.1 angewendet werden. Dabei wird die Zeit zwischen Beendigung des Mischens und dem Anstieg der Temperatur auf 40 °C infolge der Erhärtungsreaktion als Topfzeit definiert.

Gebindeverarbeitbarkeitsdauer

Als Gebindeverarbeitbarkeitsdauer wird in [33] die Zeit bis zum Erreichen eines Anstiegs der Viskosität von 1000 mPa·s bei der niedrigsten Verwendungstemperatur (T_{min}), Normtemperatur (T_{norm}, 21 °C ± 2 K) und der maximalen Verwendungstemperatur (T_{max}) definiert. Für polymere Rissfüllstoffe zum kraftschlüssigen (mit EP-Harzen) und zum dehnbaren (mit PUR-Harzen) Füllen von Rissen empfiehlt [33] eine Gebindeverarbeitbarkeitsdauer von mehr als 20 min.

Die nach dem Aushärten erreichten Eigenschaften der Reaktionsharze hängen ab von

- den Ausgangsstoffen[12],
- deren Mischung (Mischungsverhältnis und Homogenität der Mischung) und
- den äußeren Bedingungen der Verarbeitung (Luftfeuchte, Temperatur, Sonneneinstrahlung usw.).

Zu beanspruchen durch die vorgesehene Nutzung sind die meisten Beschichtungen bei einer mittleren Temperatur von etwa +20 °C ca. eine Woche nach dem Beschichten.

Ausgehärtete Beschichtungen können häufig nur überarbeitet werden, nachdem sie mechanisch, chemisch oder durch Anlösen vorbereitet wurden, bzw. spezielle Haftvermittler eingesetzt werden.

Als lösemittelfreie, kalthärtende Reaktionsharze kommen vier Stoffgruppen als Bindemittel zum Einsatz:

- *Polyurethane* und *Epoxidharze*, die nach dem Mechanismus der Polyaddition (Stufenreaktion, siehe Abschnitt 5.6.2.1) aushärten,
- *ungesättigten Polyester* und *ungesättigten Acrylate*, die nach dem Mechanismus der Kettenreaktion (siehe Abschnitt 5.6.1) polymerisieren.

Tabelle 5.1 zeigt, dass sich aus unterschiedlichen Polymerisationsreaktionen und Zusammensetzungen der Reaktionsharze unterschiedliche Eigenschaften der Polymerprodukte ergeben.

Eigenschaft	**PMMA**	**UP**	**PUR**	**EP**
Reaktionsmechanismus	PM[1]	PM[1]	PA[2]	PA[2]
Volumenschrumpf	6 bis 12 MMA: 24	8 bis 12 Styrol: 17	3 bis 5	3 bis 5
linearer Schrumpf	0,5 % bis 2 %	2 % bis 3 %	0,2 % bis 0,3 %	0,2 % bis 0,3 %
Feuchteempfindlichkeit beim Aushärten	hoch	hoch	hoch	gering
Alkaliempfindlichkeit nach dem Aushärten	mittel	hoch	mittel	gering
Mindesthärtetemperatur	- 30 °C (0 °C)	0 °C (15 °C)	0 °C (10 °C)	5 °C (10 °C)
belastbar bei 20 °C nach	1 h	1 Tag	1 bis 3 Tage	1 bis 3 Tage

12 Gesteinskörnungen und andere Zusatzstoffe können den Komponenten beigemischt sein oder getrennt geliefert werden.

Eigenschaft	PMMA	UP	PUR	EP
Kapillaraktivität Benetzung	mäßig	mäßig	gut	sehr gut
Geruchsbelästigung	hoch	hoch	sehr gering	gering

[1] Polymerisation als Kettenreaktion, [2] Polyaddition (Stufenreaktion)

Tabelle 5.1: Vergleich der Eigenschaften verschiedener Reaktionsharze [35]

5.6.6.1 Acrylharze (AY)

Acrylharz (auch Acrylatharz, Kurzzeichen AY) ist eine allgemeine Bezeichnung für thermoplastische oder vernetzbare synthetische Harze, die durch Polymerisation von *Acrylsäureestern* und *Methacrylsäureestern* (Bild 5.9), hergestellt werden. Dabei werden meist funktionelle (Meth)acryl-Monomere und nicht-acrylische Monomere, wie *Styrol* oder *Vinylester*, mit eingesetzt. Harze, die ausschließlich aus Acryl-Monomeren bestehen, nennt man *Rein-Acrylate*, im Gegensatz zu den Styrol enthaltenden *Styrol-Acrylaten*.

Acrylharze können durch Lösungs-, Masse-, Suspensions-, Emulsions- sowie Pfropfcopolymerisation hergestellt werden, bei allen Varianten durch radikalische Polymerisation. Die Herstellung von stereoregulären Polymeren oder Blockpolymeren erfolgt über die anionische Polymerisation.

Die Harze können auf zwei Arten erhärten:

- *thermisch selbsthärtend*, wenn sie selbst funktionelle Gruppen, wie z. B. Hydroxymethylgruppen besitzen oder
- *mit anderen Stoffen*, wie Epoxidharzen, (Poly-)Isocyanaten oder Aminoplasten *vernetzend*.

Bei beiden Varianten werden funktionelle Gruppen, wie Hydroxy-, N-Hydroxymethyl-, Carboxy-, Epoxy-Gruppen der thermisch oder zweikomponentig vernetzbaren Acrylharze, für Vernetzungsreaktionen eingesetzt.

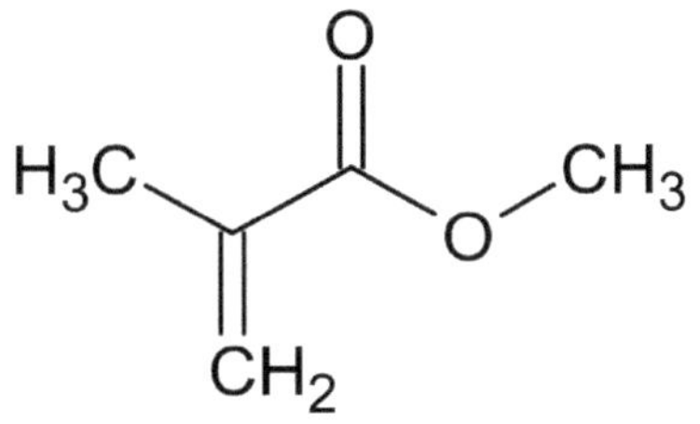

Bild 5.9: Strukturformel von Methacrylsäuremethylester, Monomer zum Herstellen von Acrylharzen

Mit Acrylharzen können in der Regel transparente und gegen UV-Licht beständige, nicht verfärbende Produkte hergestellt werden. Daher eignen sie sich z. B. besonders als Bindemittel für Beschichtungen an Fassaden.

Löslichkeit und *mechanische Eigenschaften* der Acrylharze sind durch die Art der eingesetzten Monomeren erheblich variierbar: Methacryl-Monomere ergeben härtere Produkte als Acrylate, mit zunehmender Länge des Alkyl-Restes werden die Produkte weicher. Zusatz externer *Weichmacher*, wie Butylbenzylphthalat, können Eigenschaften der Acrylharze, u. a. Härte und Elastizität, verändern.

Die Löslichkeit von Polyacrylaten und Polymethacrylaten nimmt mit steigender Molmasse ab, Festigkeit und Härte nehmen zu, daher eignen diese sich für *Dispersionen*. Daraus hergestellte Beschichtungen sind lichtbeständig, nicht vergilbend und dauerelastisch.

Acrylharze werden zu lösemittelhaltigen Systemen, festkörperreichen Beschichtungen, Dispersionen oder Pulverlacken verarbeitet. Die Harze finden Verwendung als Rohstoffe u. a. für Lacke im Automotivbereich, Beschichtungen im Baubereich, Klebstoffe und als Zusatz zu Formmassen. Sie werden verwendet als Acrylat-Dispersionen in Dispersionsbeschichtungen, Kunstharzputzen und Dispersionsklebstoffen sowie für Beschichtungen flexibler Substrate. Wasserlösliche Polyacrylate dienen auch als Verdickungs- und Dispergiermittel.

Ausgehärtete Acrylharze (*Reinacrylate*) sind dauerhaft beständig, erhalten ihren Glanz und weisen eine hohe UV- und Witterungsbeständigkeit sowie Chemikalienbeständigkeit auf. Als Bindemittel in Dichtstoffen ist Acrylharz außerdem überstreichbar und wird daher zur Abdichtung von Rissen in Innenwänden gegenüber anderen Dichtstoffen, z. B. Silikon, bevorzugt.

Preiswerter angebotene *Styrol-Acrylate* sind im Vergleich mit Reinacrylaten beständiger gegen Chemikalien und hydrophober, allerdings sind Lichtbeständigkeit und Glanzhaltung geringer. Copolymerisation mit Acryl- oder Methacrylsäure verbessert die Haftung zum Untergrund, besonders auf Metall. Durch den Einsatz von Komponenten, wie Alkydacrylate oder -methacrylate, bei der Vernetzung verbessern Flexibilität und Hydrophobierung.

Außer durch die Monomerzusammensetzung werden die Eigenschaften der Harze durch die Molmasse der Polyacrylate und die mittlere Filmbildetemperatur beeinflusst. Niedermolekulare Harze (M_r unter 20000) müssen grundsätzlich vernetzt werden, bilden dafür aber relativ niedrigviskose Lösungen bzw. Beschichtungen. Höher- und hochmolekulare Varianten, insbesondere Emulsionspolymerisate (Dispersionen) und Festharze, sind für physikalisch trocknende Beschichtungsstoffe geeignet.

Zusammen mit Polyisocyanaten ergeben Acrylharze luft- bzw. forciert trocknende Beschichtungen sehr hoher Witterungsbeständigkeit.

5.6.6.2 Polymethylmethacrylat (PMMA)

PMMA wird in der Regel mittels radikalischer Polymerisation produziert und ist ataktisch und völlig amorph. Der Vorgang der Synthetisierung durch radikalische Polymerisation mit Dibenzoylperoxid als Initiator wird exemplarisch in Bild 5.10 gezeigt. Dabei laufen die Reaktionen folgendermaßen ab.

a. Radikalbildung.
   Zunächst wird *Dibenzoylperoxid* (Initiator) gespalten, bevor sich von den entstehenden *Radikalen* Kohlenstoffdioxid (CO_2) abtrennt. Die Menge des Initiators beträgt ca. 0,5 % bis 5 % zum gesamten Acrylat.
   (Da organische Peroxide bei geringer Wärmezufuhr homolytisch[13] zerfallen, eignen sie sich gut als Radikal-Bildner.)
b. Start der Kettenreaktion.
   Das entstandene Radikal reagiert mit *Methacrylsäuremethylester* (MMA) zu einem neuen, größeren Radikal und startet die Polymerreaktion.

---

13 Bei der homolytischen Spaltung oder homolytischen Bindungsspaltung einer kovalente Bindung zweier Atome verbleibt je die Hälfte der Bindungselektronen nach der Spaltung bei einem der vorherigen Bindungspartner, wobei Radikale entstehen.

c. Kettenwachstum.
Das beim Start der Reaktion entstandene Radikal reagiert erneut mit dem Methacrylsäuremethylester. Diese exotherme Reaktion wiederholt sich während des Kettenwachstums vielfach, so dass ein immer größeres Radikal entsteht.

d. Abbruch des Kettenwachstums.
Das Kettenwachstum kann auf verschiedene Weisen abbrechen. Zwei wachsende Ketten können aufeinandertreffen und kombinieren oder disproportionieren, oder eine wachsende Kette kann mit einem Starterradikal reagieren.

a) Radikalbildung

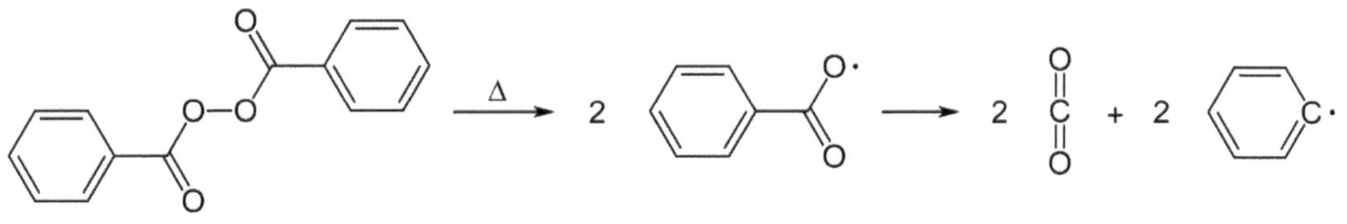

b) Start der Kettenreaktion

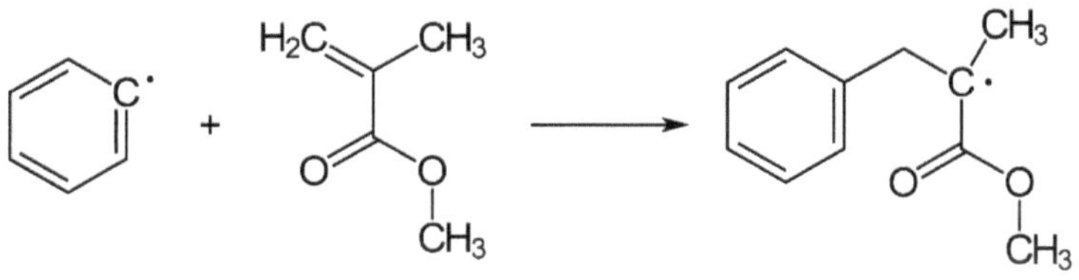

c) Kettenwachstum

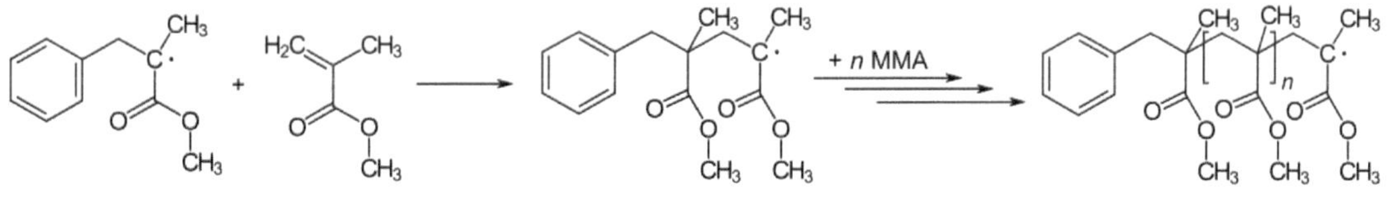

d) Abbruch des Kettenwachstums

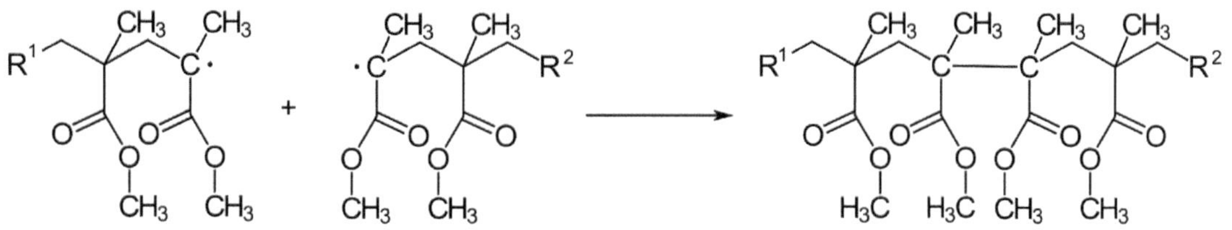

Bild 5.10: Synthetisierung von PMMA durch radikalische Polymerisation, Abbruch durch Aufeinandertreffen und Kombinieren zweier wachsende Ketten. (Quelle: Deutsches Wikipedia, Autor: Roland.chem)

Beim Übergang vom flüssigen in den festen Zustand schrumpft PMMA erheblich. Der *Volumenschrumpf* kann bis zu 12 % betragen. Durch den Schrumpfprozess werden Spannungen im Polymer aufgebaut, die sich ungünstig auf Beschichtungen für Beton auswirken.

Polymethylmethacrylate sind gegen Treib-, Schmierstoffe und Streusalz beständig. Gegen Lösemittel sind Acrylatharze weniger, gegen aromatische und chlorierte Kohlenwasserstoffe sowie gegen Ester und Ketone nicht beständig [36]. Polymethylmethacrylate sind weitgehend vergilbungsfrei und können bei niedrigen Temperaturen verarbeitet werden, manche Produkte bis zu -30 °C. Bei Temperaturen von +20 °C härten sie innerhalb weniger Stunden vollständig aus. Das hohe Schrumpfmaß kann z. B. durch Zugabe von Füllstoffen verringert werden.

Beim Verarbeiten von Polymethylmethacrylaten werden flüchtige Bestandteile (normalerweise Methylmethacrylat) frei, die zu Geruchsbelästigung und in höherer Konzentration zur Gesundheitsgefährdung führen. Beim Verarbeiten muss daher für eine ausreichende Be- und Entlüftung gesorgt werden. Nach vollständigem Aushärten werden keine flüchtigen Bestandteile mehr freigesetzt.

Im Bauwesen wird PMMA eingesetzt als Bindemittel für Polymerbeton, Beschichtungen für Industriefußböden, für Abdichtungen und Beschichtung von Balkonen und Terrassen, Detailabdichtungen im Flachdach, zum Herstellen von Verglasungen (z. B. Doppelstegplatten), Industrietorverglasungen (Plustherm-Systemverglasung), Sanitär- und Einrichtungsbauteilen, z. B. Badewannen, Möbel, Raumteiler, Türfüllungen, Lampenschirme usw. PMMA wird auch für Fahrbahn-Markierungen im Straßenbau eingesetzt. Harte Zweikomponenten-Systeme (2K-Systeme) werden überwiegend zum Herstellen von frühhochfesten Mörteln und Beschichtungen benutzt.

5.6.6.3 Ungesättigte Polyesterharze (UP)

Ungesättigte Polyesterharze (UP-Harze) sind Kunstharze, aus denen u. a. Formteile oder Verbundwerkstoffe hergestellt werden. Im flüssigen Zustand ist das Harz eine ca. 60%ige bis 70%ige Lösung der ungesättigten Polyester, häufig in Styrol, einem Vinylmonomer. Die UP-Harze werden durch eine radikalische Kettenpolymerisation gehärtet. Dabei entsteht ein vernetztes Copolymer aus dem Polyester und dem Vinylmonomer, ein *Duroplast.* Bei der Polymerisation wird kein Kondensat freigesetzt.

Die linearen und unvernetzte Polyester werden durch *Polykondensation* bei 150 °C bis 200 °C hergestellt, wobei die Umsetzung von Phthalsäureanhydrid, Ethylenglycol, 1,3-Butandiol und Maleinsäureanhydrid üblich ist. Das bei der Polymerisation abgespaltene Wasser wird abdestilliert, siehe Bild 5.11.

Durch Verbindungen, wie Fumarsäure, Maleinsäure, Maleinsäureanhydrid, Tetrahydrophtalsäure, werden die C=C-Doppelbindungen eingebracht. Mit Dicarbonsäuren oder deren Anhydriden ohne C=C-Doppelbindung, wie Phthalsäureanhydrid, Isophthalsäure oder Adipinsäure, wird der ungesättigte Anteil im Polymer eingestellt. Monomere, wie 1,2-Propandiol, Ethylenglycol, Diethylenglycol, 1,3-Butandiol oder 1,4-Butandiol, werden als Diole eingesetzt.

Anschließend werden die noch warmen Polyester in 30 % bis 40 % Monomeren mit Vinylgruppe gelöst. Meist wird als Monomer Styrol neben Methacrylsäuremethylester oder Diallylphthalat eingesetzt. *Additive*, wie Beschleuniger für die Härtung oder Paraffine zur Hemmung der Verdampfung des Monomers während der Härtung, können der viskosen Lösung zugesetzt werden.

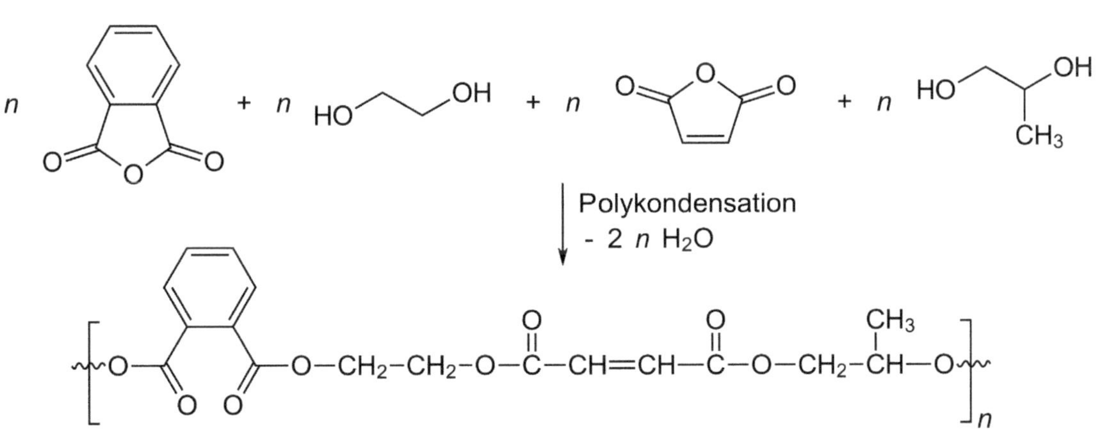

Bild 5.11: Beispiel der Polymerisation der Vorstufe für ungesättigte Polyesterharze (UP-Harze) mit üblichen Monomeren. (Quelle: Roland.chem, CC0, via Wikimedia Commons)

Das flüssige Polyesterharz wird folgendermaßen gehärtet. Hierzu werden dem Harz 1 % bis 4 % eines *Peroxid-Initiators* (siehe Bild 5.12) hinzugemischt. Als Initiatoren werden Verbindungen, wie Dibenzoylperoxid und Methylethylketonperoxid, eingesetzt. Dadurch startet eine *radikalische Copolymerisation* zwischen dem Vinylmonomer (z. B. Styrol) und den mehrfach ungesättigten Makromolekülen. An den ehemaligen Doppelbindungen bilden zwei bis drei Styroleinheiten Verknüpfungen zu benachbarten Makromolekülen aus. In der Entwicklung befinden sich auch UP-Harze, die aus Monomeren hergestellt werden, die biobasiert darstellbar sind [37].

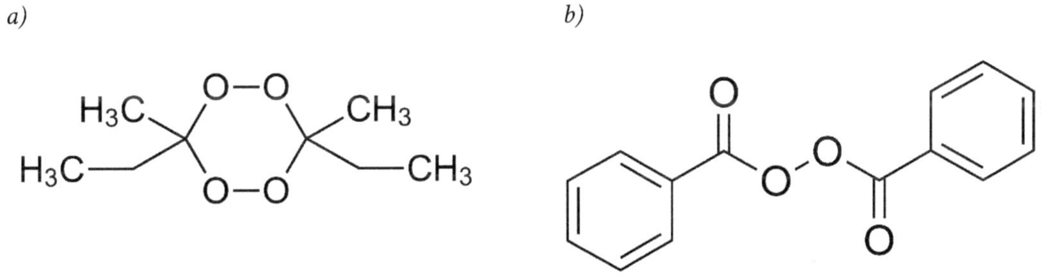

Bild 5.12: Struktur von Peroxid-Initiatoren: a) Methylethylketonperoxid, b) Dibenzoylperoxid. (Quelle: Roland.chem, CC0, via Wikimedia Commons)

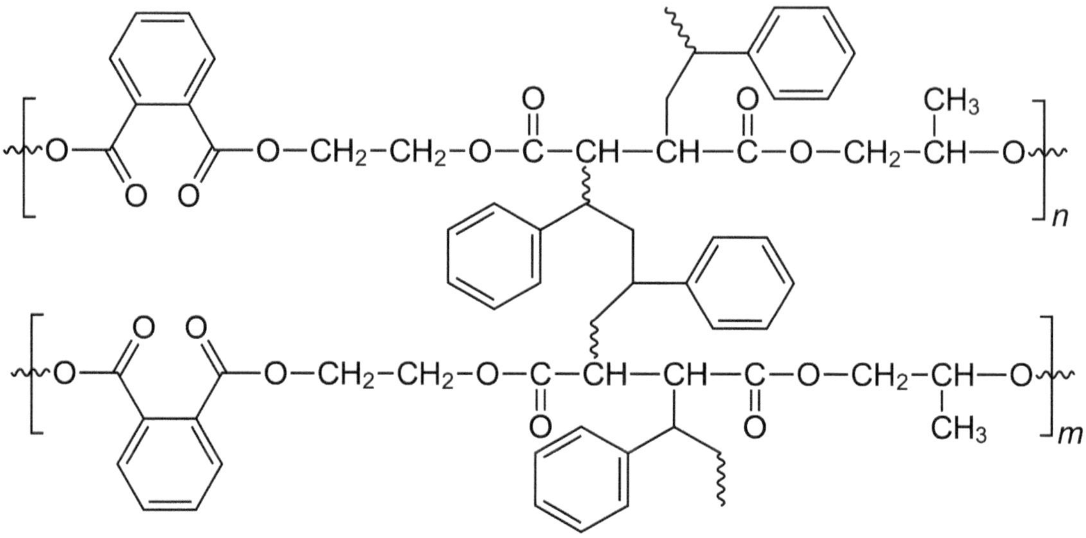

Bild 5.13: Allgemeine Struktur eines gehärteten UP-Harzes. (Quelle: Roland.chem, CC0, via Wikimedia Commons)

Bei der sogenannten *Warmhärtung* startet die Polymerisation bei erhöhten Temperaturen von 60 °C bis 100 °C. Wenn Beschleuniger, wie Cobaltsalze von Fettsäuren und tertiären Aminen, zugegeben werden, beginnt die Reaktion bereits bei Raumtemperatur (*Kalthärtung*). Auch dabei verläuft die Kettenpolymerisation exotherm. Mit Photoinitiatoren kann die Polymerisation von UP-Harzen auch durch Anregung mit UV-Strahlung starten (*UV-Härtung*).

Bei der Härtungsreaktion verringert sich das Volumen des Harzes mit einem *Volumenverlust* von 5 % bis 9 %. Der Grund ist, dass das ungesättigte Polyesterharz – wie die ungesättigten Acrylatharze – durch Polymerisation in den vernetzten hochmolekularen Zustand überführt wird, d. h., bei der Reaktion tritt ein erhebliches Schrumpfen mit den entsprechenden Nachteilen, z. B. hoher Spannungen, ein.

Ohne Zugabe von Füllstoffen oder Pigmenten ist das gehärtete UP-Harz durchsichtig, spröde und hat eine gute Kriechstromfestigkeit. Die Anwendungsgrenze liegt je nach Typ bei 100 °C bis 185 °C, bei neuen Entwicklungen auch darüber [38]. Die Dichte beträgt 1,17 g/cm^3 bis 1,26 g/cm^3. Häufig wird UP-Harz mit Glasfasern gefüllt bzw. verstärkt.

Im Bauwesen kommt UP-Harz als Laminat zur Anwendung, z. B. zur Auskleidung von Treibstofftanks. Zudem werden aus Laminat Silos, Behälter für Heizöl und Rohrleitungen für Abwasser gefertigt.

Zu beachten ist die Empfindlichkeit der UP-Harze gegen Feuchte während der Aushärtung. Ausgehärtete Polyesterharze sind empfindlich gegen Alkalität, z. B. des Betons. Bei Kontakt mit Alkalien können Verseifungseffekte des Polyesters auftreten, die zum Erweichen des Harzes in der Grenzfläche zum Untergrund und zu Haftungsverlust führen können. Daher ist der Betonuntergrund vor dem Beschichten mit UP-Harzen mit EP-Grundierungen zu behandeln.

Bei Polymeren wird unter Verseifen das Spalten von Estern mit Hilfe von Laugen, Säuren oder Fermenten verstanden, wobei unter Wasseraufnahme Alkohole und Säuren entstehen [23].

Aufgrund ihrer Schlagzähigkeit erreichen UP-Harze einen hohen Widerstand gegen mechanische Beanspruchungen. Sie sind beständig gegen chemischen Angriff von Säuren, Treib- und Schmierstoffe sowie Streusalz [36]. Gegen alkalische Medien sind sie weniger beständig und sie vergilben geringfügig. Das hohe Schwindmaß von UP-Harzen kann z. B. durch Zugabe von Füllstoffen verringert werden.

UP-Harze enthalten als reaktives Lösemittel Styrol. Während der Verarbeitung und beim Aushärten verdunstet ein Teil des Styrols und führt zu Geruchsbelästigung und in höheren Konzentrationen zu Gesundheitsgefährdung. Daher muss in geschlossenen Räumen für eine gute Be- und Entlüftung gesorgt werden.

5.6.6.4 Polyurethane (PUR)

Kunststoffe oder Kunstharze, die aus der Polyadditionsreaktion von Dialkoholen (Diolen) beziehungsweise Polyolen mit aromatischen und aliphatischen Polyisocyanaten entstehen, werden als Polyurethane (Kurzzeichen PUR, *nicht* PU) bezeichnet. Die Urethan-Gruppe (-NH-CO-O-) im Polymer ist charakteristisch für Polyurethane.

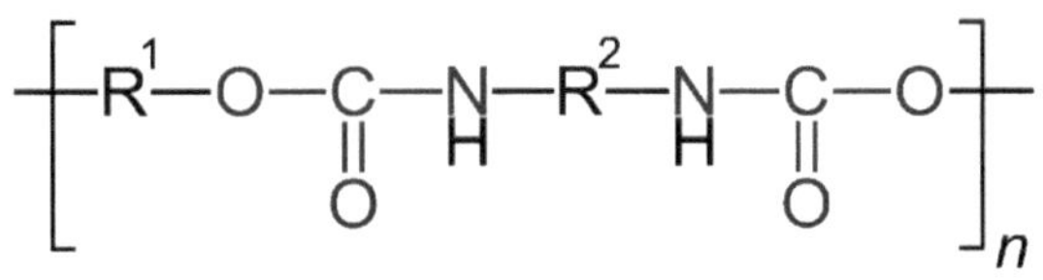

Bild 5.14: Allgemeine Struktur von linearen Polyurethanen. Aus einem Diol und Diisocyanat hergestelltes Monomer (Wiederholeinheit). Die Urethan-Gruppen sind blau gekennzeichnet. R^1 steht für den „Rest" des zur Synthese eingesetzten Diols (HO–R^1–OH), R^2 für den „Rest" des Diisocyanats (OCN–R^2–NCO). (Quelle: Deutsches Wikipedia, Autor: Roland.chem)

Mit Diolen und Diisocyanaten lassen sich *lineare* Polyurethane, mit Triisocyanat-Diisocyanat-Gemischen und Triol-Diol-Gemischen *vernetzte* Polyurethane erzeugen. Eigenschaften der Harze lassen sich erheblich variieren. Abhängig vom Vernetzungsgrad und/oder eingesetzter Isocyanat- oder OH-Komponente entstehen *Duroplaste*, *Thermoplaste* oder *Elastomere*. Neben den am meisten hergestellten Polyurethan-Schaumstoffen sind Weich- oder Hartschaum häufige Produkte. Weitere Produkte aus Polyurethanen sind Formmassen zum Formpressen, Gießharze, elastische Faserstoffe, Beschichtungen sowie Klebstoffe.

Die Eigenschaften der Polyurethane lassen sich durch Einsetzen unterschiedlicher Polyisocyanate und Polyole gezielt verändern.

Die Dichten der unterschiedlichen Produkte variieren zwischen

- ca. 5 kg/m^3 bis 40 kg/m^3 bei weichem Blockschaum,
- ca. 30 kg/m^3 bis 90 kg/m^3 bei hartem Blockschaum und
- ca. 1000 kg/m^3 und 1250 kg/m^3 bei ungeschäumtem Polyurethan.

Isocyanate können Allergien auslösen und stehen im Verdacht, Krebs zu verursachen. Ausreagierte Polyurethane enthalten keine Monomere mehr. Daher sind sie in der Regel nicht gesundheitsschädlich. Polyurethan können flüchtige Additive, wie Flammschutzmittel oder Weichmacher, zugesetzt sein, die je nach Nutzung über die Haut (dermal) oder die Atmung (inhalativ) aufgenommen werden. Für den sicheren Umgang mit Polyurethan-Rohstoffen können bei den Herstellern Richtlinien und Merkblätter abgerufen werden.

Polyurethane werden durch die *Polyadditionsreaktion* von Polyisocyanaten mit mehrwertigen Alkoholen, den Polyolen, erzeugt. Bei dieser Reaktion verbindet sich, wie Bild 5.15 zeigt, die *Isocyanatgruppe* (–N=C=O) eines Moleküls mit der *Hydroxygruppe* (–OH) eines anderen Moleküls (freie Hydroxylgruppen von Polyestern oder Polyethern). Dabei bildet sich eine charakteristische *Urethangruppe* (–NH–CO–O–). Nebenprodukte werden aufgrund der Additionsreaktion nicht abgespalten.

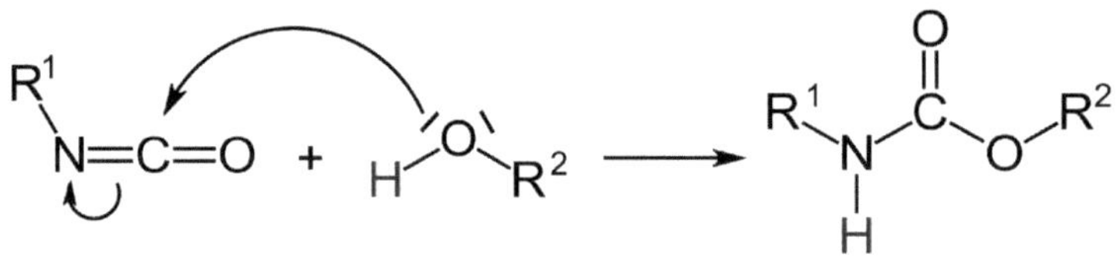

Bild 5.15: Additionsreaktion von Isocyanat (-N=C=O) mit einer Hydroxy-Gruppe (-OH) zu Urethan (-NH-CO-O-). (Quelle: Deutsches Wikipedia, Autor: Roland.chem)

Folgende Isocyanatkomponenten werden eingesetzt:

- Hexamethylendiisocyanat (HDI),
- Toluylendiisocyanat (TDI),
- Methylendi(phenylisocyanat) (MDI),
- Polymeres Diphenylmethandiisocyanat (PMDI),
- Naphthylendiisocyanat (NDI),
- Isophorondiisocyanat (IPDI),
- 4,4′-Diisocyanatodicyclohexylmethan (H12MDI).

Da Isocyanatkomponenten eine hohe Flüchtigkeit aufweisen und deshalb die Verarbeitung gefährlich ist, kommen meistens bei Verarbeitern Prepolymere zum Einsatz, die einen Restmonomeranteil enthalten.

Prepolymer (auch Präpolymer geschrieben) ist eine Sammelbezeichnung für reaktive Oligomere, aus denen Polymeren (Makromolekülen) hergestellt werden. Die Vorprodukte können, im Gegensatz zum Endprodukt, noch löslich oder schmelzbar sein.

Übliche Restmonomeranteile in HDI-Trimerprodukten (Handelsnamen sind z. B. Desmodur N, Tolonate HDT, Basonat oder Duranate) liegen hier bei weniger als 0,5 % HDI. Damit sind diese als nicht giftig eingestuft und im gewerblichen und industriellen Bereich unter Beachtung der Schutzhinweise der Hersteller verwendbar.

Die Eigenschaften des Produktes werden vor allem durch die Polyol-Komponente bestimmt. Dieses ist darin begründet, dass üblicherweise nicht die Isocyanatkomponente zum Variieren beabsichtigter Eigenschaften chemisch angepasst wird, sondern die Polyolkomponente.

Mechanische Eigenschaften werden von der Kettenlänge und der Anzahl der Verzweigungen im Polyol beeinflusst. Wenn zusätzlich zu den üblicheren Polyetherpolyolen Polyesterpolyol eingesetzt wird, verbessert sich die Standfestigkeit. Der Grund ist, dass Polyesterpolyole einen höheren Schmelzpunkt haben und somit beim Applizieren des Polyurethans erstarren.

Um Polyurethan zu bilden, werden mindestens zwei verschiedene Monomere benötigt, z. B. ein Diol und ein Diisocyanat, siehe Bild 5.16.

Die stufenweise Reaktion verläuft folgendermaßen:

- Aus Diol und Diisocyanat entsteht ein bifunktionelles Molekül mit einer Isocyanatgruppe (–N=C=O) und einer Hydroxygruppe (–OH).
- Das entstandene Molekül kann an beiden Enden mit weiteren Monomeren reagieren, wobei kurze Molekülketten, sogenannte Oligomere, entstehen.
- Die Oligomere reagieren mit weiteren Monomeren, anderen Oligomeren oder bereits gebildeten Polymeren.

Ausschließlich lineare Polyurethane haben technisch keine Bedeutung.

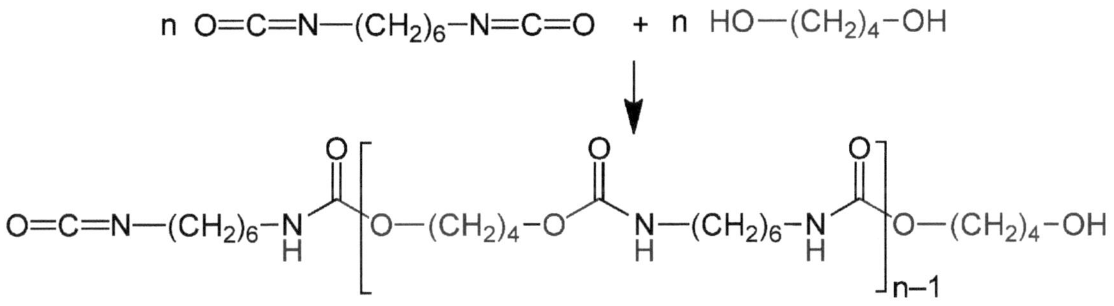

Bild 5.16: Polyaddition von 1,6-Hexandiisocyanat mit 1,4-Butandiol (n ≈ 40) zu einem linearen Polyurethan (Quelle: Deutsches Wikipedia, Autor: Jü)

Polyurethane können auf verschieden Weise vernetzt werden durch:

- Lineare Polyurethane durch einen Überschuss von Diisocyanat. Durch Addition einer Isocyanat-Gruppe an eine Urethan-Gruppe bildet sich eine *Allophanat-Gruppe.*
- Vernetzte bzw. verzweigte Polyurethane durch den Zusatz von Stoffen mit mehr als *zwei Isocyanat-Gruppen*, z. B. PMDI, und Triolen, beispielsweise Glycerin.
- Verwendung von mehrfachen *Aminen*, wie Ethylendiamin. Die Reaktion von Isocyanaten mit Aminen führt erst zu Harnstoff-Gruppen, siehe Bild 5.17. Da diese weiterhin reaktiv sind und die Addition einer weiteren Isocyanat-Gruppe ermöglichen, bildet sich eine *Biuret-Gruppe* (Bild 5.18).

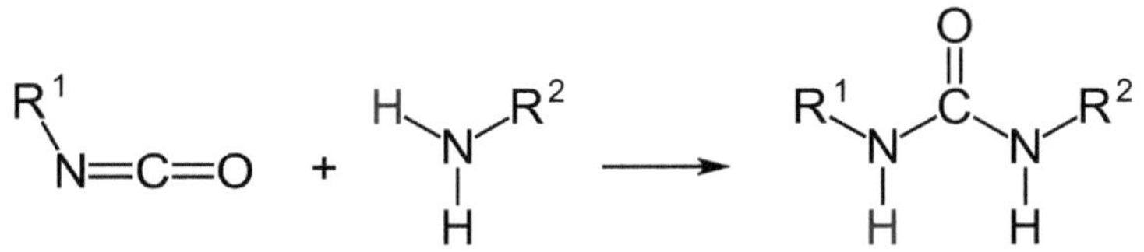

Bild 5.17: Bildung von Polyharnstoffen (Quelle: Deutsches Wikipedia, Autor: Roland.chem)

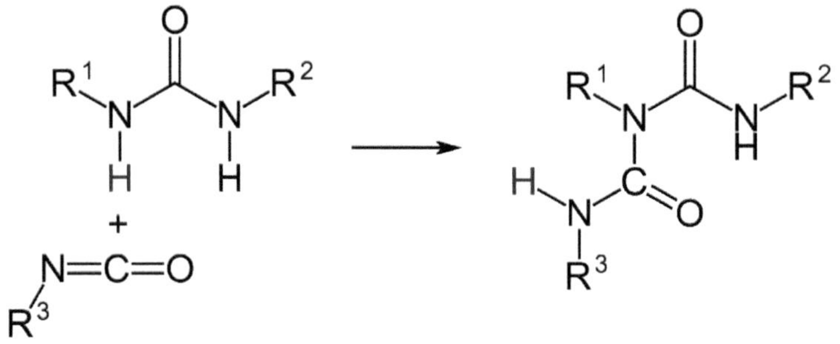

Bild 5.18: Bildung von Biuret-Gruppen durch Addition einer weiteren Isocyanat-Gruppe an Polyharnstoff (Quelle: Deutsches Wikipedia, Autor: Jü)

Polyurethan kann durch zwei Verfahren hergestellt werden:

- Beim *Einstufen-Verfahren* reagiert ein Polyol direkte mit einem Polyisocyanat.
- Beim *Zweistufen-Verfahren* werden im ersten Schritt zwei Prepolymere hergestellt:
  - Im ersten Schritt werden mit einem Überschuss an Diisocyanaten bei der Umsetzung mit Diolen ein *NCO-Prepolymer* (Isocyanat) und bei einer Umsetzung mit einem Überschuss an Diolen ein *OH-Prepolymer* (Hydroxy-Gruppe) erzeugt.
  - Anschließend erfolgt im zweiten Schritt die eigentliche Polymerisation durch Mischen der Prepolymere.

  Durch das Zweistufen-Verfahren erfolgt eine weitmaschige Vernetzung des Polymers. Hierdurch wird die Herstellung von PUR-Weichschaumstoffen ermöglicht.

Indem während der Reaktion Wasser zugefügt wird, reagiert Wasser mit Isocyanatgruppen zur instabilen Carbamidsäure. Diese zerfällt zu einem Amin und Kohlenstoffdioxid (CO_2) spaltet sich ab und schäumt die Reaktionsmasse auf. Da das Amin mit einer weiteren Isocyanatgruppe zum entsprechenden substituierten Harnstoff reagiert, bricht durch das freigesetzte CO_2 die Polymerisation nicht ab. Durch die Menge des zugegebenen Wassers kann die Dichte des entstehenden Schaumes beeinflusst werden.

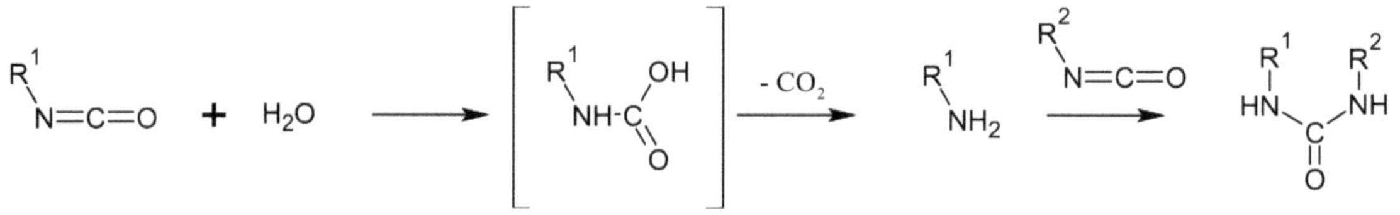

Bild 5.19: Reaktion von Isocyanat mit Wasser, wobei sich CO_2 abspaltet und eine Polyharnstoff-Gruppe entsteht. (Quelle: Deutsches Wikipedia, Autor: Elrond – CC BY-SA 4.0)

Im Bauwesen werden PUR-Hartschäume vor allem zur Wärmedämmung, z. B. von Gebäuden, eingesetzt. Diese sind geschlossenzellig aufgebaut, damit die Zellgase mit ihren niedrigen Wärmeleitfähigkeiten in den Schaumzellen verbleiben.

Beschichtungen mit Polyurethanen als Bindemittel haften gut auf verschiedenen Untergründen. Daher werden Polyurethane u. a. als Grundierung eingesetzt. Wegen hoher Beständigkeit gegen Lösemittel, Chemikalien und Witterungseinflüsse (Aliphatische Polyurethane) werden sie als Deck- und Klarlacke in vielen Anwendungsbereichen verwendet, z. B. als Bandbeschichtungen und Beschichtungen für Fußböden.

Polyurethanharze besitzen hohe Elastizität und Weiterreißfestigkeit und werden daher für rissüberbrückende Beschichtungen verwendet.

Ein Nachteil der Polyurethane besteht in ihrer Feuchtigkeitsempfindlichkeit vor und während des Vernetzens, denn die Isocyanate reagieren nicht nur mit den freien Hydroxylgruppen von Polyestern, sondern auch mit den Hydroxylgruppen von Wasser, wobei Amine und Kohlendioxid entstehen. Da Kohlendioxid gasförmig ist, bilden sich Blasen in Beschichtungsfilmen. Falls für Beschichtungen mit lösemittelfreien Polyurethansystemen feuchte Gesteinskörnungen (Gesteinskörungen) verwendet werden, kann ein poröser Belag entstehen. Auf den Einsatz (feuer-)getrockneter Gesteinskörnungen ist daher besonders zu achten [35].

Die Eigenschaft der Isocyanate mit Feuchtigkeit zu reagieren, wird bei Einkomponenten-Polyurethanharzen (1K-PUR) genutzt. Diese sind Reaktionsharze aus Polyurethanprepolymeren, die durch Reaktion mit Luftfeuchte erhärten. Sie werden vorwiegend für Imprägnierungen, Versiegelungen und elastische Beschichtungen sowie Fugenmassen eingesetzt [35]. In der Abdichtungstechnik (Rissfüllung) werden diese Systeme als Sekundenschäume (SPUR) eingesetzt.

5.6.6.4.1 Polyurethan-Polyharnstoffharze (PUR-UP)

Durch Polyaddition von Polyisocyanaten und einem Gemisch aus Polyalkoholen und Aminen entstehen Polyurethan-Polyharnstoffharze. Polyisocyanate reagieren mit den Aminen in Sekunden, so dass diese Systeme nur mit Zweikomponenten-Spritzgeräten verarbeitet werden können.

Bei der Reaktion des Isocyanats mit dem Amin entsteht ein Polyharnstoff und bei der Reaktion des Isocyanatüberschusses mit den Polyalkoholen Polyurethan.

Die Bindemittel mit ähnlichen Eigenschaften wie zweikomponentige Polyurethanharze besitzen hohe Elastizität und Weiterreißfestigkeit und sind besonders für rissüberbrückende Beschichtungen geeignet [35].

5.6.6.4.2 Polyurethanacrylate (PUR-AY)

PUR-AY werden durch Polyaddition von hydroxylgruppenhaltigen Acrylatharzen mit aliphatischen Isocyanatpräpolymeren gebildet. PUR-AY haben eine hohe Witterungs- und Alterungsbeständigkeit, in hochvernetzten Formulierungen sind sie beständig gegen Säuren, Laugen und Lösemittel [35].

Schwachvernetzte Formulierungen sind bei geringerer Chemikalienbeständigkeit höher dehnfähig [35]. Diese werden als vergilbungsbeständige, rissüberbrückende Deckschichten verwendet [35].

5.6.6.5 Epoxidharze (EP)

Epoxidharze (EP-Harze) sind gemäß [22] synthetische Harze mit Oxirangruppen (Epoxygruppen[14]), üblicherweise aus *Epichlorhydrin*[15] und *Bisphenol*[16] hergestellt. Die Reaktionsharze können mit einem Härter und gegebenenfalls weiteren Zusatzstoffen zu einem *duroplastischen Kunststoff*

---

14 auch: Epoxidgruppen

15 farblose, nach Chloroform riechende, niedrig viskose Flüssigkeit

16 Gruppe von chemischen Verbindungen, die zwei (deshalb „bi“ bzw. „bis“) Hydroxyphenyl-Gruppen („Phenol“) tragen

polymerisiert werden. Epoxidharze sind Polyether mit in der Regel zwei endständigen Epoxidgruppen. Die sogenannten Härter bilden als Reaktionspartner zusammen mit dem Harz den makromolekularen Kunststoff (Bild 5.20).

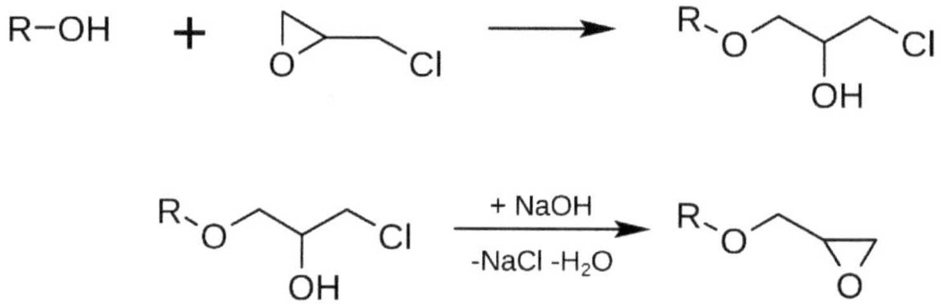

Bild 5.20: Zuerst reagiert die Hydroxidgruppe in einer Kupplungsreaktion mit Epichlorhydrin (C_3H_5ClO), gefolgt von einer Dehydrohalogenierung

Die *Hydroxygruppe* können aliphatische Diole, Polyole, phenolische Verbindungen oder Dicarbonsäuren bereitstellen, wobei folgende Verbindungen verwendet werden:

- Bisphenol A und Novolake als Phenole,
- 1,4-Butandiol als mehrwertige Alkohole.

Di- und Polyole ergeben Diglycid-Polyether. Daher werden diese Epoxidharze *Glycidyl-basierte Epoxidharze* genannt.

Amine oder Amide können anstatt einer Hydroxidgruppe verwendet werden, da deren Stickstoffatom reagieren kann.

Eine weiter Möglichkeit Epoxidharze zu synthetisieren ist, aliphatische oder cycloaliphatische Alkene mit Persäuren umzusetzen. Für diese Herstellung ist im Gegensatz zu Glycidyl-basierten Epoxidharzen kein azides Wasserstoffatom, sondern eine Doppelbindung notwendig.

Die erzeugten Duroplaste besitzen für zahlreiche technische Einsätze gute mechanische Eigenschaften sowie gute Temperatur- und Chemikalienbeständigkeit. Sie werden u. a. im Bauwesen als Beschichtung, Klebstoffe und für Laminate verwendet. Das ungefüllte Harz ist transparent gelblich bis klar.

Folgende Varianten sind im Einsatz:

- Etwa 75 % aller weltweit verwendeten Epoxidharze basieren auf Bisphenol A. Anstelle von Bisphenol A können auch andere Bisphenole verwendet werden, z. B. Bisphenol F oder bromierte Bisphenole.
- *Aliphatische Epoxidharze* werden entweder durch Epoxidierung von Doppelbindungen (cycloaliphatische Epoxide und epoxidierte Pflanzenöle) oder durch Reaktion mit Epichlorhydrin gebildet.
- *Cycloaliphatische Epoxide* enthalten einen oder mehrere aliphatische Ringe im Molekül. Sie werden durch die Reaktion eines cyclischen Alkens mit einer Persäure hergestellt und zeichnen sich durch niedrige Viskosität sowie im ausgehärteten Zustand guter Wetterbeständigkeit, niedrigen dielektrischen Konstanten und hoher Glasübergangstemperatur T_g aus. Sie polymerisieren bei Raumtemperatur nur langsam, sodass meist höhere Temperaturen und geeignete Beschleuniger notwendig sind. Daher werden sie oft thermisch oder UV-initiiert. Sie werden für strahlengehärtete Beschichtungen und Lacke verwendet.
- *Epoxidierte Pflanzenöle* bilden sich durch Epoxidierung von ungesättigten Fettsäuren oder durch Umsetzung mit Persäuren. In großem Umfang hergestellte epoxidierte Pflanzenöle,

wie epoxidierte Soja- und Leinöle, werden zum großen Teil als Sekundärweichmacher und Costabilisatoren für PVC genutzt [39].

- *Aliphatische Glycidyl-Epoxidharze* niedriger molarer Masse (mono-, bi- oder auch höherfunktional) werden durch die Reaktion von Epichlorhydrin mit aliphatischen Alkoholen oder Polyolen gebildet, Glycidyl-Ether entstehen, oder mit aliphatischen Carbonsäuren, wobei Glycidyl-Ester entstehen. Da sie meist eine niedrige Viskosität aufweisen, werden sie anderen Epoxidharzen zugegeben, um deren Viskosität als Reaktivverdünner oder auch als Haftvermittler zu verringern.
- *Halogenierte Epoxidharze* werden für spezielle Eigenschaften zugesetzt. Zum Einsatz kommen bromierte und fluorierte Epoxidharze [39].
  - Wenn flammhemmende Eigenschaften benötigt werden, gelangt bromiertes Bisphenol A zum Einsatz.
  - Einige (unvernetzte) Epoxidharze mit sehr hoher molarer Masse werden technischen Thermoplasten beigefügt, um flammhemmende Eigenschaften zu erzielen.
  - *Fluorierte Epoxidharze* werden aufgrund einer niedrigen Oberflächenspannung als Netzmittel (Tensid) für den Kontakt mit Glasfasern zugesetzt. Das ausgehärtete Epoxidharz besitzt eine hohe chemische Widerstandsfähigkeit und eine niedrige Wasseraufnahme.

Als *Härter* werden mehrwertige Amine und aliphatische Amine verwendet. Mit aliphatischen Aminen reagieren die Harze bei Zimmertemperatur (Kalthärtung). Aromatische Amine benötigen höhere Temperaturen, „saure Härter" Temperaturen im Bereich zwischen 120 °C bis 160 °C.

Bei der praktischen Anwendung ist zu beachten, dass, wie bei allen Reaktionsharzen, beim Anmischen der Epoxidharze das stöchiometrische Harz-Härter-Verhältnis exakt eingehalten werden muss. Andernfalls verbleiben Teile von Harz oder Härter ohne Reaktionspartner. Diese unreagierten funktionellen Gruppen bleiben im Gebinde zurück und die Vernetzung bleibt unvollständig. Dadurch bleibt das Produkt (z. B. Beschichtungen) weich und dessen Oberflächen klebrig. Nach [31] wird daher bei Einsatz polymere Rissfüllstoffe für das kraftschlüssige Füllen von Rissen das Überprüfen der Mischgenauigkeit von 2K-Anlage durch Auslitern gefordert.

Die Reaktion der Polyaddition ist stark exotherm. Das bedeutet, dass die *Reaktionswärme* zunehmen kann, bis ein Brand entsteht. Durch Überhitzung können Eigenschaften des Harzes negativ beeinflusst werden.

Die *Topfzeit* hängt von der Verarbeitungstemperatur, der Einstellung der Reaktionsharzmassen und der Ansatzgröße ab. Übliche Topfzeiten betragen einige Minuten bis zu mehreren Stunden. Die Viskosität des Harzes steigt während der Dauer der Topfzeit in einer nichtlinearen Kurve weiter an, bis sich das Harz nicht mehr verarbeiten lässt. Die Angabe der Topfzeit gilt in der Regel für ein angesetzes Harz/Härter-Gemisch von 100 g bei 20 °C. Bei größeren Verarbeitungsmengen ist die Verarbeitungszeit ggf. wesentlich kürzer, da sich höhere Temperaturen als bei geringen Ansatzmengen entwickeln.

Reaktionsharzmassen werden häufig mit niedrigviskosen und *reaktiven Verdünnern*, wie Glycidylether oder Polyglycidylether, modifiziert. Durch die niedrigere Viskosität der Reaktionsharzmasse wird eine bessere Penetration in poröse Werkstoffe (Tränkung von Geweben, Beschichtung von Beton) erreicht. Ein geringerer Volumenschrumpf bei der Härtung ergibt sich, wenn Reaktionsharzmassen niedriger Viskosität mit Füllstoffen versehen werden.

Reaktivverdünner werden im Gegensatz zu nicht reaktiven Verdünnern kovalent (durch elektrostatische Anziehung zwischen zwei Atomen entstehende Atombindung) an das Polymer gebunden. Daher können sie nicht migrieren.

Als *Migration* bezeichnet man im Zusammenhang mit Polymeren die Fähigkeit von niedermolekularen Addiditven, sich innerhalb des Polymers über Diffusionsprozesse fortzubewegen. Insbesondere in Verbindung mit Lebensmitteln kann dieses relevant sein, wenn die Gefahr besteht, dass durch den Kontakt mit dem Polymer Substanzen in Lebensmittel migrieren. Auch im Kontakt mit anderen Polymeren können ggf. niedermolekulare Addiditve durch Diffusion in einen anderen Kunststoff „wandern". Die Eigenschaften beider Kunststoffe können sich dadurch (ungünstig) verändern.

Durch Füllstoffe können mechanische und andere Eigenschaften des gehärteten Harzes an den Einsatzzwecken angepasst werden. Dieses erfolgt auch aus Gründen der Ökonomie.

Durch *Füllen* mit pyrogenem Siliciumdioxid können sie thixotrop eingestellt werden, so dass sie als Füllmasse oder Klebstoff zu verwenden sind.

Füllstoffe, wie Hohlkugeln aus Glas, Keramik oder Kunststoff dienen dazu, die Dichte des Harzes zu verringern, Füllstoffe, Quarzsand, keramische Pulver, die Griffigkeit bzw. Abrasionsbeständigkeit der Oberfläche zu verbessern. Zugabe von Aluminiumhydroxid kann das brandhemmende Verhalten von Epoxidharz verbessern.

Folgende Eigenschaften werden für das ungefüllte ausgehärtete Harz angegeben, wobei die Werte je nach Formulierung und Herstellung variieren:

Dichte in kg/m^3:	1.020 bis etwa 1.200,
Elastizitätsmodul in MPa:	3.000 bis 4.500,
Zugfestigkeit in MPa:	ca. 80,
linearer Schrumpf während der Aushärtung:	unter 1 %
Dielektrizitätszahl: im Temperaturbereich −40 °C bis etwa +60 °C (nimmt bei beginnender Erweichung (80 °C bis 100 °C) deutlich zu),	4
Verlustfaktor bei 40 °C: steigt bei 100 °C bis 120 °C erheblich an (10- bis 20-fach),	$50 \cdot 10^{-4}$ bis $100 \cdot 10^{-4}$, (Minimum)
bei −40 °C:	$150 \cdot 10^{-4}$ bis $1000 \cdot 10^{-4}$, (Maximum)
Kriechstromfestigkeit (CTI-Wert):	bis über 600 V

Entflammbarkeit[17]:	schwer entflammbar,
Wärmeleitfähigkeit in W/(m·K):	
normal, (durch Füllstoffe wesentlich zu steigern):	0,21
elektrisch isolierende Vergussmassen:	etwa 1,26 bis 6,
chemisches Schwinden in %[18]:	0,5 bis 5
(bei der Polyaddition, kann mit Füllstoffen verringert werden).	

Epoxidharze finden im Bauwesen als Bindemittel Verwendung für:

- Kleber für Bauteilverstärkung,
- Füllstoff für Risse und Hohlstellen,
- Mörtel (Reaktionsharzmörtel) bei der Betoninstandsetzung,
- Beschichtung von Industriefußböden,
- Betonbeschichtung (Oberflächenschutzsystem),
- Beschichtung als (schwerer) Korrosionsschutz für Stahlkonstruktionen,
- Beschichtung zum Schutz vor Graffiti,
- Instandsetzungswerkstoffe von Rohren, insbes. Rohrinnenbeschichtung (z. B. Trinkwasserleitungen, Fußbodenheizungen),
- glasfaserverstärkter Kunststoff für die Herstellung der Rotorblätter von Windkraftanlagen.

Die Größe der Moleküle von niedermolekularen Epoxidharzen liegt in der Größenordnung von $5 \cdot 10^{-10}$ m (50 nm). Bei ungesättigten Polyestern liegt das Ausgangsmolekül beisipielsweise meist bei ca. $50 \cdot 10^{-10}$ m (500 nm). Hieraus resultiert eine wesentlich bessere Haftung [35] der Epoxidharze im Vergleich zu anderen Harzen.

Beschichtungsstoffe aus Epoxidharz sind grundsätzlich feuchtigkeitsempfindlich. Mit speziell rezeptierten Epoxidharzen können dennoch feuchte Untergründe beschichtet werden.

Da Epoxidharze unempfindlich gegenüber Alkalien sind, eignen sie sich zum Beschichten von Beton und anderen alkalischen Untergründen.

Die Festigkeit von Epoxidharzen bei statischer und dynamischer Belastung ist etwa zehnmal größer als bei Polyestern.

Die Beständigkeit von Epoxidharzen gegen aggressive, alkalische Medien, Treib- und Schmierstoffe sowie Streusalz ist hoch, jedoch geringer gegen saure Medien, wie organische Säuren, chlorierte Kohlenwasserstoffe sowie aromatische Lösemittel. Durch Witterungseinflüsse (z. B. UV-Strahlung) vergilben sie – von Ausnahmen abgesehen.

Epoxidharz-Emulsionen bestehen aus Epoxidharz und in Wasser emulgiertem Härter.

Epoxidharz wird üblicherweise in zwei Komponenten geliefert, die vom Anwender für den Gebrauch zu mischen sind. Die sog. „A-Komponente" enthält meist das Epoxidharz, die „B-Komponente" den Härter, der in einem vorbestimmten Mischungsverhältnis dem Harz zuzugeben ist.

Üblicherweise sind Epoxidharze mit den GHS-Symbolen[19] GHS07 („Achtung") und GHS09 („Umweltgefährlich"), Epoxidharz-Härter auf Amin-Basis üblicherweise mit den GHS-Symbolen (GHS05, „Ätzend") gekennzeichnet. Beide werden mit H- und P-Sätzen versehen. Die Gefähr-

17 z. B. nach IEC/DIN EN 60695-11-10
18 linearer Schrumpf
19 GHS, englisch *Globally Harmonized System of Classification, Labelling and Packaging of Chemicals*

dungs- und Sicherheitshinweise variieren in Abhängigkeit von eingesetztem Harz- und Härtertyp, daher sind die Angaben der Sicherheitsdatenblätter zu beachten.

5.6.6.6 Kombination von Epoxid- und Polyurethanharz (EP-PUR)

Reaktionsharze als Stoffkombinationen aus Epoxid- und Polyurethanharzen härten in zwei Varianten durch Polyaddition aus:

- Epoxidharz, gemischt mit einem *blockierten Polyisocyanat-Prepolymeren*, reagiert mit einem Amin-Härter.
- Epoxidharz reagiert mit einem *aminogruppenhaltigen Urethan- oder Harnstoff-Prepolymeren*, das bei der Umsetzung eines Isocyanats oder eines Isocyanat-Prepolymeren mit einem im Überschuss vorhandenen Amin entsteht.

Nach dem Aushärten entstehen jeweils Polymere, die Epoxid-, Urethan- und Harnstoffgruppen enthalten. Als Ergebnis resultieren *elastifizierte* Epoxidharze, die bis zu Temperaturen von ca. -30 °C elastisch bleiben.

Der Verlauf der Polymerisation wird durch die Reaktion der Epoxidgruppen mit den Aminogruppen vorgegeben. Aus diesem Grund haben die Harze die gleiche Verarbeitungszeit wie Epoxidharze. Im Gegensatz zu Polyurethanharzen können sie manuell verarbeitet werden.

Gegen Säuren, Laugen und Lösemittel sind die Kombinationssysteme weniger beständig als Epoxidharze, weisen jedoch eine ähnliche Beständigkeit auf wie Polyurethan-Systeme. Abhängig vom verwendeten Isocyanat neigen die EP-PUR-Harze mehr oder weniger zum Vergilben. Die Harze sind je nach Anteil an Polyisocyanat weichgummiartig bis zäh. Sie weisen einen hohen mechanischen Widerstand gegen Abrieb auf.

5.7 Polymerphysik

Die Polymerphysik behandelt als Teilgebiet der Physik weicher Materie die physikalischen Eigenschaften von synthetischen Makromolekülen sowie von aus diesen bestehenden Polymermaterialien und Kunststoffen. Dabei werden sowohl Methoden der Experimentalphysik als auch der theoretischen Physik benutzt. Die physikalischen Eigenschaften von Polymeren werden entscheidend von der Art ihrer Synthese beeinflusst. Daher bestehen enge Bezüge zur Polymerchemie und zur chemischen Reaktionstechnik. Da die physikalischen Eigenschaften von Polymeren auch deren Verarbeitbarkeit und technische Verwendbarkeit beeinflussen, bestehen ebenso enge Bezüge zu Materialwissenschaft und Werkstofftechnik wie zu Bereichen der Verfahrenstechnik.

Insbesondere aufgrund ihrer Molekülstruktur sowie die oberhalb bestimmter Molekülmassen auftretende Tendenz, Verschlaufungen mit anderen Polymermolekülen zu bilden, unterscheiden sich Polymere von anderen Formen der kondensierten Materie[20]. Folgende Aspekte betrachtet die Polymerphysik unter anderem [40]:

---

20 Kondensierte Materie bezeichnet in den Naturwissenschaften den festen und flüssigen Aggregatzustand im Gegensatz zu Gas und Plasma.

- Statistische Beschreibung und Modellierung der Konformationen von einzelnen Polymerketten,
- Strukturelle Charakterisierung und Modellierung von Polymerkettenkonformationen in Polymerlösungen und Polymerschmelzen sowie die Thermodynamik von Polymerlösungen und Polymerschmelzen,
- Dynamik und Rheologie von Polymeren,
- Relaxationsverhalten von Polymeren und Polymernetzwerken (Materialeigenschaften wie Elastizität und Viskoelastizität, das Deformations- und Bruchverhalten sowie Glasübergänge und Glasdynamik werden untersucht.),
- Struktur des teilkristallinen Zustands sowie Kristallisations- und Schmelzprozesse von Polymeren,
- Thermodynamik und Phasenseparationsmechanismen von Polymerblends,
- Polymere an Grenzflächen, etwa deren Konformationen und deren Benetzungsverhalten,
- Struktur und Eigenschaften von Funktionspolymeren (Unter diese fallen unter anderem leitfähige Polymere, elektroaktive Polymere, wie etwa dielektrische Elastomere, Formgedächtnispolymere, thermoresponsive Polymere, Photopolymere, ferroelektrische Polymere, Kunststoffmagnete, Polyelektrolyte, Flüssigkristallpolymere sowie Blockcopolymere).

5.7.1 Struktur von Polymeren

Bei der Synthese der Makromoleküle entstehen unterschiedliche Strukturen. Durch diese unterschiedlichen Makromolekülaufbauten werden wesentliche Eigenschaften der Kunststoffe, wie Festigkeit, Dehnung, Härte, Gasdurchlässigkeit, Löslichkeit und Quellbarkeit etc. bestimmt. Lineare und verzweigte Moleküle ergeben lösliche und schmelzbare Materialien; molekulare Netzwerke führen zu unlöslichen und nicht schmelzenden polymeren Werkstoffen.

Grundsätzlich kann zwischen *kettenförmig eindimensional* aufgebauten Makromolekülen, den Thermoplasten, und den *vernetzten, dreidimensional* aufgebauten Makromolekülen (Raumnetzmolekülen), den Duroplasten (engmaschig vernetzt), und Elastomeren (weitmaschig vernetzt) unterschieden werden. Bild 5.21 zeigt die molekulare Struktur von Thermoplasten, Elastomeren und Duroplasten. Die Moleküle eines Thermoplasts sind nicht vernetzt und bilden lange Ketten, die beim Erwärmen aneinander vorbeigleiten können. Bei einem Elastomere bilden Moleküle ein weiträumiges Netzwerk aus, die Moleküle können in begrenztem Maße aneinander vorbeigleiten, wenn diese erwärmt oder mechanischen Beslastungen ausgesetzt werden. Die Moleküle von Duroplasten sind eng vernetzt, beim Erwärmen können sie daher nicht aneinander vorbeigleiten.

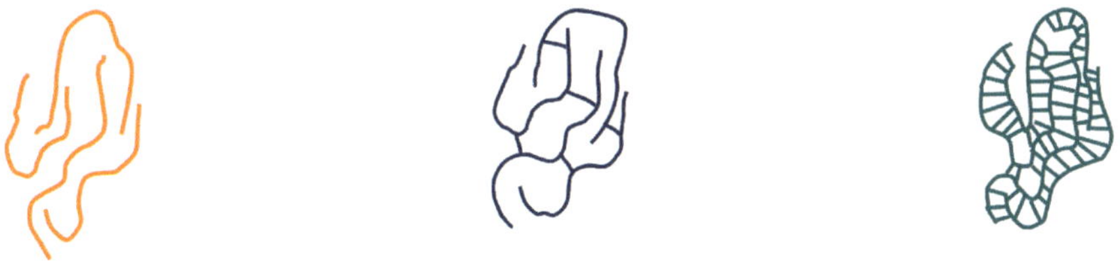

a) Thermoplaste b) Elastomere c) Duromere

Bild 5.21: Struktur unterschiedlicher Kunststoffklassen

Die unvernetzten unterscheiden sich von den vernetzten Kunststoffen durch ihr deutlich unterschiedliches Wärmeverhalten. Unvernetzte Kunststoffe können durch Erwärmung *mehrmals* plastisch verformt werden. Ein duroplastischer Kunststoff ist dagegen nicht verformbar, wenn man diesen erhitzt. Vernetzte Kunststoffe sind nach *einmaligem* Durchlaufen ihres plastischen Zustands bei der Formgebung irreversibel zum Kunststoff „ausgehärtet“.

Gemäß der Einteilung der Kunststoffe in Thermoplaste, Duromere, Elastomere und thermoplastische Elastomere (siehe Abschnitt 5.4) werden nachfolgend die wesentlichen Eigenschaften beschrieben.

5.7.2 Thermoplaste

Kunststoffe, die in einem bestimmten Temperaturbereich erweichen und sich verformen lassen, werden als Thermoplaste[21] bezeichnet. Nach dem Abkühlen und Verfestigen kann der Vorgang durch Wiedererwärmen bis in den schmelzflüssigen Zustand beliebig oft wiederholt werden, solange sich das Material nicht infolge Überhitzung thermisch zersetzt. Der Vorgang ist also reversibel. Der Grund ist, dass Thermoplaste aus linearen oder nur schwach verzweigten Polymerketten bestehen. Diese ziehen sich gegenseitig infolge der zwischenmolekularen Kräfte, die zwischen Atomen bzw. Molekülen auftreten (van-der-Waals-Kräfte), vergleichsweise schwach an. Daher lassen sich die Polymerketten leicht gegeneinander verschieben, was die Verformbarkeit der Thermoplaste erklärt. Dieses unterscheidet Thermoplaste von Elastomeren und Duroplasten. Ein weiteres Alleinstellungsmerkmal von Thermoplasten ist deren Schweißbarkeit, die ebenfalls mit dem Erweichen zusammenhängt. Die bekanntesten Thermoplaste sind Polystyrol, Polyvinylchlorid, Polyethylen und Polypropylen.

5.7.2.1 Typen von Thermoplasten

Kunststoffe aus der Klasse der Thermoplaste sind:

- Acrylnitril-Butadien-Styrol (ABS),
- Polyamide (PA),
- Polylactat (PLA),
- Polymethylmethacrylat (PMMA),
- Polyethylen (PE),
- Polypropylen (PP),
- Polyvinylchlorid (PVC),
- Polystyrol (PS),
- Polytetrafluorethen (Teflon),
- Polyacrylnitril (PAN),
- Polyethylenterephthalat (PET),
- Polymethacrylsäuremethylester (PMMA, „Plexiglas“),
- Polyetheretherketon (PEEK).

Auch bestimmte Polyurethane (TPU) gehören zu den Thermoplasten. Der erste bekannte Thermoplast ist Zelluloid. Von den Thermoplasten werden Polyolefine, wie Polyethylen und Polypropylen, am häufigsten verwendet.

21 von altgriechisch thermós ‚warm‘, ‚heiß‘ und plássein ‚bilden‘, ‚formen‘

5.7.2.2 Struktur von Thermoplasten

Thermoplaste sind aus langen und unverzweigten bzw. nur wenig verzweigten Ketten von Makromolekülen aufgebaut, die im festen Zustand durch van-der-Waals-Kräfte zusammengehalten werden, zum Teil auch durch Wasserstoffbrücken-Bindungen. Wird ein Thermoplast erwärmt, geraten die Moleküle in Schwingungen. Dadurch werden die intermolekularen Bindungen gelöst. Die langen Ketten können somit leicht aneinander vorbei gleiten.

5.7.2.3 Amorphe und teilkristalline Thermoplaste

Bezüglich der Struktur sind amorphe und teilkristalline Thermoplaste zu unterscheiden, siehe Bild 5.22. Die Makromolekülketten der amorphen Thermoplaste liegen im festen Zustand völlig ungeordnet und ineinander verknäult vor.

Bei teilkristallinen Thermoplasten verlaufen die langen Molekülketten dagegen stellenweise mehr oder weniger parallel zueinander. Zwischenmolekulare Kräfte können zwischen den parallel verlaufenden Molekülketten besser wirken als an anderen Stellen. Daher sind Thermoplaste in den kristallinen Bereichen besonders fest.

a) amorphe Struktur b) teilkristalline Struktur

Bild 5.22: Struktur der a) amorphen und b) teilkristallinen Thermoplaste

5.7.3 Thermoplaste als Werkstoffe

Thermoplaste (Plastomere) sind wichtige Werkstoffe, die in folgende Gruppen unterteilt werden.

5.7.3.1 Standardkunststoffe

Zu dieser Gruppe gehören die „einfachen" Thermoplaste wie Polyethylen, Polypropylen, Polyvinylchlorid und Polystyrol. Der Einsatzbereich dieser Kunststoffe liegt bei Temperaturen bis maximal 90 °C.

5.7.3.2 Technische Kunststoffe

Thermoplaste, die bei höheren Temperaturen von bis zu 150 °C eingesetzt werden können, wie PET (Polyethylenterephthalat) und Polycarbonat, zählen zu den technischen Kunststoffen.

5.7.3.3 Hochleistungskunststoffe

Diese Kunststoffe könne bei sehr hohen Temperaturen bis zu 260 °C eingesetzt werden. Hierzu zählt Polytetrafluorethen mit dem Handelsnamen Teflon, ein Kunststoff, der zum Beispiel als Beschichtung von Bratpfannen genutzt wird.

5.7.3.4 Anwendungen im Bautenschutz

Um Thermoplaste z. B. für Beschichtungen auf Beton verwenden zu können, müssen sie gelöst oder dispergiert werden. Dazu werden Thermoplaste mit geringer molarer Masse verwendet. Beschichtungsstoffe auf Basis von Thermoplasten trocknen physikalisch durch Verdunsten des Lösemittels. Der trockene Film der Beschichtung ist durch das gleiche Lösemittel lösbar und kann dadurch vom Untergrund entfernt werden. Überbeschichten gelöster Beschichtungen mit lösemittelhaltigen Stoffen ist möglich, da durch das Anlösen des ursprünglichen Beschichtungsfilms eine gute Verbindung zwischen dem alten und neuen Film erzeugt wird. Jedoch kann es auch zu sogenannter Runzelbildung (siehe Bild 5.23) infolge Quellens des vorhandenen Films kommen.

Bild 5.23: Runzelbildung einer lösemittelhaltigen Beschichtung

Als *lösemittelhaltige Systeme* werden überwiegend Polyacrylate, Chlorkautschuk, PVC sowie verschiedene Copolymerisate eingesetzt [35]. Diese ergeben Beschichtungen mit guter Beständigkeit gegen Chemikalien und geringer Durchlässigkeit für Gase, besonders Kohlendioxid. Damit sind sie für den Schutz von Beton geeignet, um Karbonatisieren des Betons zu behindern. Acrylate haben sich besonders bewährt, die neben einem hohen Widerstand gegen $C0_2$-Diffusion auch eine hohe Wasserdampfdiffusion zulassen. Zudem sind sie UV-beständig und neigen daher nicht zum Vergilben.

Als *Dispersionen* (siehe auch Abschnitt 5.8.3.1 Kunststoff-Dispersionen) werden hauptsächlich Copolymere auf Basis von Vinylacetat, Vinylpropionat, Acrylsäureestern und Styrol eingesetzt. Die aus diesen Stoffen hergestellten Filme weisen einen geringen Widerstand gegen Wasserdampfdiffusions und auch gegen Diffusion von Kohlenstoffdioxid auf. Daher eignen sie sich als Beschichtungsstoff für Putz sehr gut, sind für Beton jedoch weniger geeignet.

5.7.4 Duroplaste

Kunststoffe, die nach ihrer Aushärtung durch Erwärmung oder andere Maßnahmen nicht mehr verformt werden können, werden Duroplaste (bzw. Duromere) genannt [1]. Duroplaste bestehen aus engmaschig vernetzten Polymeren, siehe Bild 5.24.

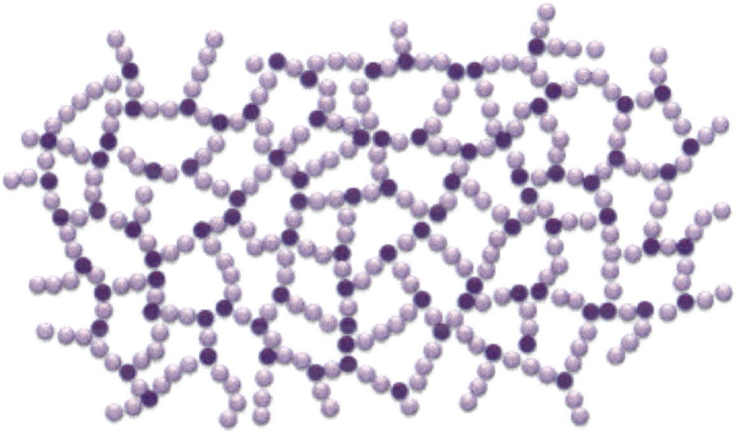

Bild 5.24: Räumlich engmaschiges Gitter aus Makromolekülen eines Duroplasts

Die Makromoleküle sind über kovalente Bindungen engmaschig vernetzt. Daher erweichen sie bei Erhitzen nicht, sodass sie nach dem Aushärten nur spanabhebend bearbeitbar sind. Die Vorprodukte (Prepolymere) sind in der Regel noch schmelzbare bzw. lösliche Kunstharze, die oft mit Füll- und Farbstoffen versetzt, gegossen oder warmgepresst werden können. Die Prepolymere bestehen aus tri- oder mehrfunktionellen Verbindungen. Mit geeigneten Härtern vermischt und mittels evtl. Katalysatoren oder durch hohe Temperaturen polymerisieren sie zu einem engmaschig vernetzen Kunststoff.

Reaktionsharze werden über Polyaddition oder radikalische Kettenpolymerisation ohne Abspaltung von flüchtigen Verbindungen gehärtet. Beispiele für Reaktionsharze sind Epoxidharze, vernetzbare Polyurethane und ungesättigte Polyesterharze.

Als Rohstoffe für Beschichtungsmaterialien auf Beton und anderen Untergründen sind Duromere besonders geeignet, da sie in der flüssigen Anwendungsform als niedermolekulare Materialien vorliegen. Weil sie den Untergrund gut benetzen und in kleine Poren und Vertiefungen eindringen, besitzen sie im ausgehärteten Zustand eine gute Haftfestigkeit. Duromere werden sowohl lösemittelhaltig für Imprägnierungen und Beschichtungen als auch lösemittelfrei für Beschichtungen, Verklebungen und Kunstharzmörtel eingesetzt [35].

5.7.5 Elastomere

Elastomere sind elastisch verformbare, jedoch formfeste Kunststoffe. Ihre Glasübergangstemperatur[22] befindet sich unterhalb der Einsatztemperatur. Diese Kunststoffe verformen sich bei Zug- und Druckbelastung elastisch, kehren aber anschließend in ihre ursprüngliche Form zurück. Elastomere kommen als Material für Reifen, Gummibänder, Dichtungsringe usw. zum Einsatz.

Die bekanntesten Elastomere sind: Natur- und Synthesekautschuk, Styrol-Butadien-Kautschuk, Nitrilkautschuk, Acrylnitril-Butadien-Kautschuk (Handelsname Perbunan), Styrol-Butadien-Kautschuk, Chlor-Sulfat-Polyethylen, Chloropren-Kautschuk, Polysulfid und Polyurethane. Diese Produkte werden sowohl lösemittelhaltig als auch lösemittelfrei verwendet, z. B. für hochelastische Schutzschichten auf Beton, als Dach- und Installationsbahnen, zum elastischen Verbinden von Betonteilen und zum Ausfüllen von Betonrissen und Fugen [35].

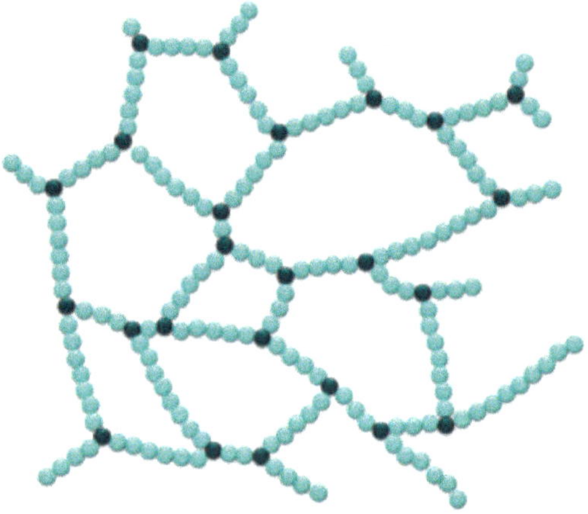

Bild 5.25: Räumlich weitmaschiges Gitter aus Makromolekülen eines Elastomers

5.7.6 Thermoplastische Elastomere

Eine Sonderform der Elastomere sind thermoplastische Elastomere (Kürzel TPE bzw. TPR von Thermoplastic Rubber, englisch für, ‚thermoplastischer Gummi'). Diese Kunststoffe verhalten sich bei Raumtemperatur ähnlich wie Elastomere, sie lassen sich jedoch unter Wärmezufuhr plastisch verformen und zeigen ein thermoplastisches Verhalten.

Nach dem inneren Aufbau der TPE unterscheidet man Elastomerlegierungen und Copolymere [41]:

22 Beim Überschreiten der Glasübergangstemperatur T_g geht ein Polymer in einen gummiartigen bis zähflüssigen Zustand über.

- Legierungen sind Mischungen (Gemenge) von fertigen Polymeren. Sie werden aus einer Kunststoffmatrix und einem weichen Werkstoff, z. B. einem Elastomer hergestellt. Beispiele sind:
  - TPO (Thermoplastische **E**lastomere auf **O**lefinbasis, vorwiegend PP/EPDM) und
  - TPV (Thermo**p**lastische **V**ulkanisate oder vernetzte thermoplastische Elastomere auf Olefinbasis, vorwiegend PP/EPDM).
- Block-Copolymere (vgl. Bild 5.8) sind Molekülketten mit unterschiedlichen Segmenten, die sich beim Abkühlen zu „Hart"- und „Weich"-Bereichen zusammenlagern. Beispiele sind:
  - TPS (thermoplastisches Styrol-Block-Copolymer),
  - TPU (thermoplastisches Polyurethan),
  - TPC (thermoplastisches Polyester-Elastomer) und
  - TPA (thermoplastisches Polyether-Polyamid).
- Statistische Copolymere (vgl. Bild 5.8) bestehen aus einem kristallisierenden (und damit physikalisch vernetzenden) Hauptpolymer, wie z. B. Polyethylen, dessen Kristallisationsgrad durch ein zufällig entlang der Kette eingebautes Comonomer, wie z. B. Vinylacetat, soweit verringert ist, dass die Kristallite (harte Phase) im fertigen Werkstoff (zum Beispiel EVA) keinen direkten Kontakt mehr haben. Sie wirken dann wie in herkömmlichen Elastomeren als isolierte Vernetzungspunkte.

5.8 Beschichtungsstoffe

Nach DIN EN ISO 4618 [22] ist ein Beschichtungsstoff ein flüssiges, pastenförmiges oder pulverförmiges Produkt, das, auf einen Untergrund aufgetragen, eine haftende Beschichtung mit schützenden, dekorativen und/oder anderen spezifischen Eigenschaften ergibt. Gemäß der genannten Norm ist dieses der Oberbegriff für Lacke, Anstrichstoffe, Spachtel (Spachtelmassen) und ähnliche Produkte.

5.8.1 Einteilung und Zusammensetzung

Beschichtungsstoffe enthalten nachfolgend genannte Bestandteile:

- Bindemittel,
- Pigmente,
- Hilfsstoffe (Additive)

sowie ggf. weiteren Bestandteile, wie

- Füllstoffe,
- Gesteinskörnungen,
- Fungizide/Bakterizide,
- Löse- und Dispergiermittel.

Die Zusammensetzung verschiedener Bautenschutzstoffe zeigt Bild 5.26.

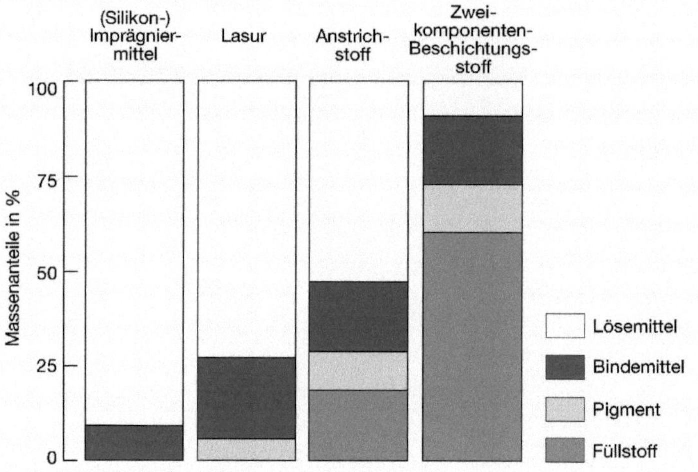

Bild 5.26: Zusammensetzung von Imprägnierungsmitteln, Lasuren, Anstrich[23]- und Beschichtungsstoffen (Anhaltspunkte). Quelle: [42]

Die physikalischen, chemischen und technologischen Eigenschaften der Beschichtungsstoffe können durch Art, Menge und Beschaffenheit dieser Bestandteile gezielt beeinflusst werden.

Die verschiedenen Beschichtungsstoffe werden nach verschiedenen Kriterien eingeteilt [22]:

- Bindemittel/Harz,
  - wasserverdünnbar
  - lösemittelhaltig
- Verarbeitung,
- Lage im Beschichtungssystem,
- Anwendungsbereich,
- Eigenschaft.

Nach DIN EN ISO 4618 [22], DIN 55945 [43] und DIN 16945 [44] werden die Bindemittel nach der chemischen Gruppe ihrer Bindemittel unterschieden:

- *Reaktionsharze* oder gemäß [22] *Mehrkomponenten-Beschichtungsstoffe*, die infolge Polyadditions- und Polymerisationsreaktionen zwischen den Bindemittelkomponeten erhärten, siehe [44], und
- *physikalisch trocknende Kunststoffe*, die durch Verdunsten von Löse- und Dispergiermitteln verfestigen [43].

Bei einigen Systemen laufen beide Vorgänge gleichzeitig ab. Nach dem Auftragen der flüssigen Beschichtungsstoffe entstehen nach der Filmbildung polymere Beschichtungen bzw. bei mehrschichtigen Aufbauten Beschichtungssysteme.

23 Anstrichstoff ist eine historisch gewachsene Bezeichnung für eine Vielzahl von Beschichtungsstoffen, abgeleitet vom Verarbeitungsverfahren „Streichen“ [22].

5.8.2 Reaktionsharzsysteme

5.8.2.1 Allgemeines

Beschichtungen aus Reaktionsharzen werden für zahlreiche Anwendungen rezeptiert. In der Regel bestehen diese nicht aus dem Bindemittel allein, sondern enthalten aus technischen und wirtschaftlichen Gründe Füllstoffe, Pigmente und weitere Inhaltsstoffe.

5.8.2.2 Füllstoffe

Als Füllstoffe werden den Reaktionsharzen feste, nichtreaktive Stoffe zugegeben und im Rahmen der Produktion fein verteilt. Aufgrund der Unverträglichkeit der Reaktionsharze gegenüber Feuchte können ausschließlich getrocknete Füllstoffe, z. B. Quarzmehl, Kreide, Schwerspat, Hartkorn (Schlacke), Siliciumcarbid, Graphit, Gummigranulat, Glashohlkugeln und Fasermaterialien, eingesetzt werden.

5.8.2.3 Gesteinskörnung

Für selbstverlaufende Fließmörtel und standfeste Reparaturmörtel, z. B. Polymermörtel (PRM) oder Polymerbeton (PRC), werden Gesteinskörnungen nach bestimmten Sieblinien eingesetzt. Das Mischungsverhältnis Bindemittel: Gesteinskörnung kann von ca. 1 : 1 MT[24] bis ca. 1 : 20 MT betragen. Dadurch wird möglich, die technischen Eigenschaften der Mischungen definierten Einsatzzwecken optimal anzupassen. Harze niedriger Viskosität können höher gefüllt werden als Harze hoher Viskosität.

5.8.2.4 Pigmente

Pigmente sind feinkörnige, farbige Feststoffpartikel. Diese werden Dispersionen, Lösungen und Reaktionsharzen zugegeben, um farbige Oberflächen herzustellen. Sie helfen, optisch korrektes Dosieren und Mischen der Komponenten zu prüfen. Zudem lässt sich bei Farbwechsel zwischen verschiedenen Schichten prüfen, ob Arbeitsgänge vollständig ausgeführt wurden.

5.8.2.5 Thixotropiermittel

Um geneigte und vertikale Flächen zu beschichten, ohne dass die noch flüssige Beschichtung abläuft, werden werkseitig oder auf der Baustelle Thixotropiermittel (Stellmittel) zugegeben. Diese meist untoxischen Faserstoffe auf Silikatbasis verändern die Viskosität der Stoffe. Allerdings können sie auch die mechanischen Kennwerte, z. B. den E-Modul, verändern.

Parameter für die eingesetzte Menge der Stellmittel sind:

- Viskosität und Füllgrad des Gemisches,
- erforderliche Schichtdicke pro Arbeitsgang,
- Neigungswinkel des Untergrundes,
- Temperatur des Untergrundes.

---

24 MT: Masseteile

5.8.2.6 Lösemittel

Damit Reaktionsharzmassen besser in den Untergrund penetrieren, kann durch Zugabe von Lösemitteln die Viskosität gesenkt werden. Die Verarbeitungszeit verlängert sich dadurch. Als Folge der verdampfenden Lösemittel nimmt das Schwinden der Reaktionsharzmassen zu, was zu Spannungen im erhärtenden Film führen kann. Bei dickeren Schichten, aus denen die Lösemittel nur ungenügend entweichen können, besteht die Gefahr der Blasenbildung infolge Lösemittelretention[25]. Lösemittelhaltige Systeme werden daher bevorzugt für dünne Versiegelungen eingesetzt. Risse und Hohlräume sowie Fugen dürfen mit diesen Systemen nicht gefüllt werden.

Blasen in Beschichtungen können auch durch in Poren des Untergrundes eingeschlossene Luft oder beim Mischen des Beschichtungsstoffs eingearbeitete Luft entstehen, wenn diese infolge steigender Temperatur expandiert und aus dem noch flüssigen Film entweicht (Bild 5.27 und Bild 5.28).

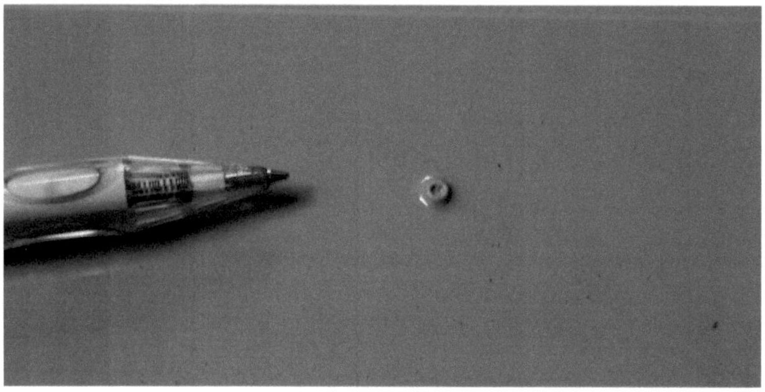

Bild 5.27: Pore in einer Bodenbeschichtung mit geschlossenem und eingefallenem Blasendeckel

Bild 5.28: Bis zum Untergrund durchgehende Pore in einer Bodenbeschichtung

25 Retention von lat. retenere (zurückbehalten)

5.8.3 Physikalisch trocknende Systeme

5.8.3.1 Kunststoff-Dispersionen

Der Begriff Dispersion ist ein Oberbegriff für unterschiedliche Stoffgemische, Suspensionen und Emulsionen. Darunter versteht man folgendes:

- Eine *Suspension* (lateinisch *suspendere* ‚aufhängen', ‚in der Schwebe lassen') ist ein heterogenes Stoffgemisch aus einer Flüssigkeit und darin fein verteilten Festkörpern (Partikeln).
  Eine Suspension ist eine grobdisperse Dispersion und tendiert zur Sedimentation und Phasentrennung. Die Feststoffe sind in der flüssigen Phase „suspendiert".
  Als *Kolloide* (von altgriechisch kólla „Leim" und eidos „Form, Aussehen") werden Teilchen oder Tröpfchen bezeichnet, die im Dispersionsmedium (hier: Flüssigkeit) fein verteilt sind.
  In der Polymerchemie sind Suspensionen oder Dispersionen feinstdispergierte Polymerprodukte, die durch Suspensionspolymerisation gewonnen werden, beispielsweise Polyacrylate oder Vinylacetate.
- Unter einer *Emulsion* (lateinisch *ex* und *mulgēre* ‚herausgemolken') versteht man ein fein verteiltes Gemisch zweier normalerweise nicht mischbarer Flüssigkeiten (z. B. Öl in Wasser) ohne sichtbare Entmischung. Typische Emulsionen sind zahlreiche Kosmetika (u. a. Sonnecreme), Milch oder Mayonnaise.

5.8.3.1.1 Filmbildung

Der Filmbildungsmechanismus der Dispersionen ist keine chemische Reaktion, sondern ein physikalischer Vorgang und erfolgt nach einem von Vanderhoff et. al. [45]vorgeschlagenen Drei-Stufen-Modell, siehe auch Bild 5.29:

- Wasser der applizierten Dispersion verdampft, bis die Partikel in Kontakt kommen.
- Weiteres Verdunsten von Wasser führt zur Deformation der Partikel.
- Die Interdiffusion von Polymerketten über die Partikelgrenzflächen hinweg führt zuletzt dazu, dass sich ein homogener Film bildet.

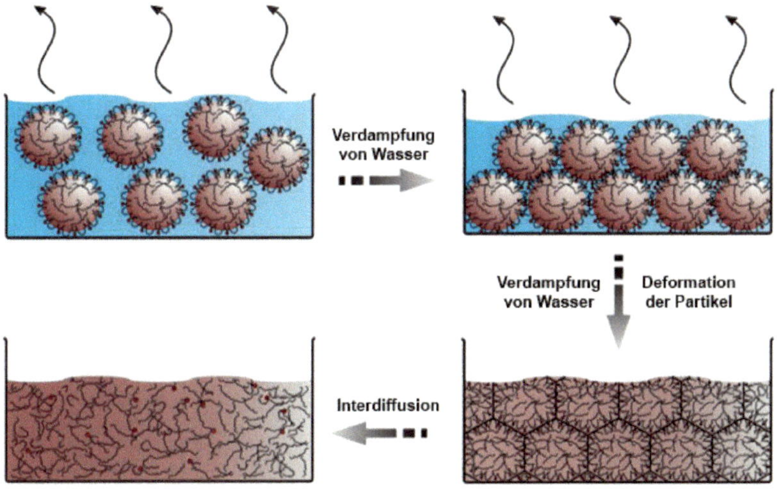

Bild 5.29: Ablauf der Filmbildung bei Polymerdispersionen (Quelle: Keller, H.: Strukturbildung in Polyurethandispersionen und -filmen (Dissertation 2014), Johannes Gutenberg-Universität in Mainz)

5.8.3.1.2 Zusammensetzung

Kunststoff-Dispersionen werden mit in Wasser unlöslichen Thermoplasten (Homo- und Copolymerisate) hergestellt, die Alkali-resistent sein müssen, da sie meist auf zementösen Untergründen eingesetzt werden. Oft werden Polymere, wie Styrol-Butadien-Copolymerisate und Acrylat verwendet. Je nach Anwendungsfall wird der Anteil des Polymers in den Dispersionen variiert.

Um die Kunststoffteilchen mit einem Durchmesser von ca. 0,001 mm (entspricht 1 μm) in Wasser gleichmäßig zu verteilen, werden den Dispersionen *Emulgatoren* zugesetzt. Diese halten die Polymerteilchen in der Schwebe, so dass Flüssigkeiten mit milchig trübem Aussehen entstehen.

Um die Anzahl von Luftporen zu reduzieren und die Dichtigkeit der späteren Beschichtungsfilme zu verbessern, werden *Entschäumer* als *Additiv* hinzugegeben. *Filmbildungshilfsmittel* verbessern die Verarbeitung bei niedrigen Temperaturen, indem sich die Polymerteilchen nach dem Applizieren im Bereich zwischen +5 °C bis +8 °C aneinander lagern.

5.8.3.1.3 Anwendung und Eigenschaften

Kunststoffdispersionen werden im Bauwesen eingesetzt als Bindemittel für:

- Oberflächenschutzsysteme,
- Fugendichtstoffe,
- Spachtelmassen,
- Zusätze für die Modifikation von Zementmörtel.

5.8.3.1.4 Einsatz in Beschichtungen

Kunststoffdispersionen besitzen zahlreiche Vorteile als Bindemittel für Beschichtungen, z. B.:

- leichte Verarbeitbarkeit,
- gute Haftung auf verschiedenen Werkstoffen,
- keine Umweltbelastung,
- geringe Arbeitsschutzmaßnahmen,
- einfache Überarbeitbarkeit.

Die Filmbildung kann je nach Witterungsbedingungen längere Zeit in Anspruch nehmen. Erst im vollständig verfilmten Zustand erreichen Beschichtungen auf Basis von Kunststoff-Dispersionen die erforderliche Beständigkeit gegen Belastung durch flüssiges Wasser. Falls der Prozess der Filmbildung nicht abgeschlossen ist, kann die Beaufschlagung mit flüssigem Wasser zu einem Quelleffekt, wie in Bild 5.30 gezeigt, führen. Im gezeigten Fall war der Effekt reversibel. Nach dem Trocknen der Dispersion und vollständiger Filmbildung haftete die Beschichtung auf dem Untergrund.

Beschichtungsfilme auf Basis von Dispersionen unterliegen an der Luft Quell- und Schwindvorgängen durch Wasseraufnahme bzw. -abgabe (bis 30 M.-%), die ihren Einsatz bei dauernder Wasserbelastung zurzeit noch ausschließen [35].

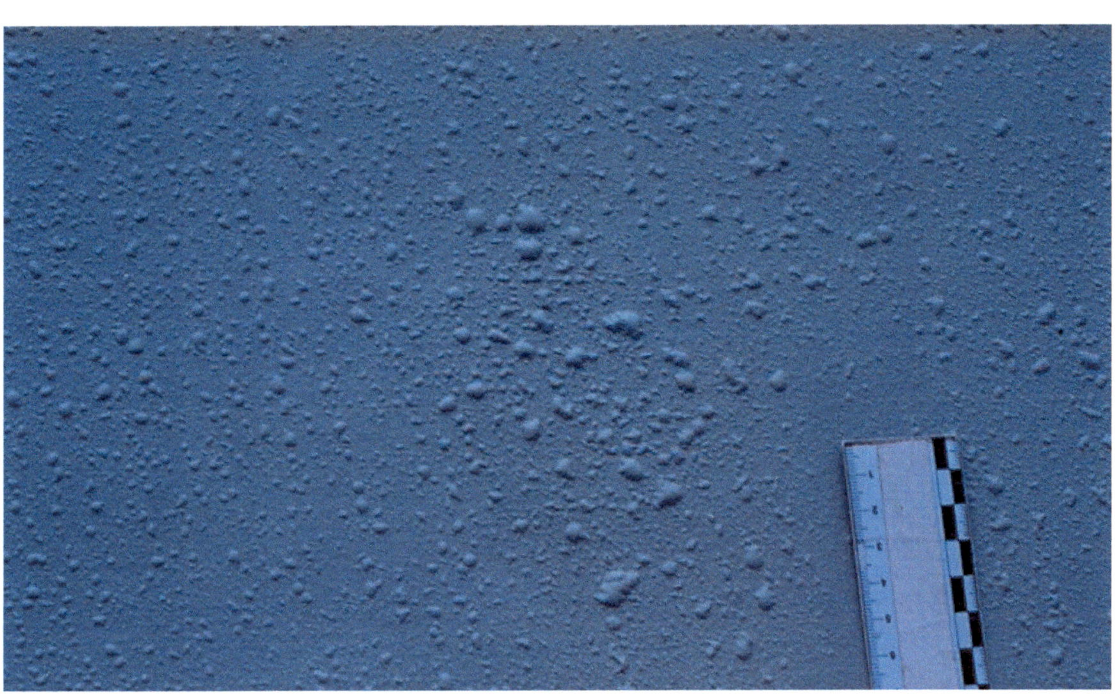

Bild 5.30: Durch Quellen infolge Regenbeaufschlagung entstandene Blasen in einer Dispersionsbeschichtung an einer Fassade

5.8.3.2 Kunststoff-Lösungen

Als Lösung wird in der Chemie ein homogenes Gemisch aus mindestens zwei chemischen Stoffen bezeichnet. Lösungen bestehen aus mindestens einem gelösten festen, flüssigen oder gasförmigen Stoff (Solvat) und aus dem flüssigen Lösungsmittel (Solvens). Lösen ist ein physikalischer Vorgang. Das Lösungsmittel stellt den größten Teil der Lösung dar. Lösungen bilden eine homogene Phase, denn die gelösten Stoffe sind als Moleküle, Atome oder Ionen homogen und statistisch im Lösungsmittel verteilt. Lösung ist die molekulare Verteilung des Kunststoffes in einem Lösemittel. Als Lösemittel wird nach DIN EN ISO 4618 [22] eine Flüssigkeit aus einer oder mehreren Komponenten bezeichnet, die das Bindemittel im jeweiligen Beschichtungsstoff löst und sich unter festgelegten Trocknungs-/Härtungsbedingungen verflüchtigt.

5.8.3.2.1 Lösevorgang

Organische Lösemittel überwinden im Allgemeinen die schwachen Bindungskräfte zwischen den thermoplastischen (unvernetzten, siehe 5.7.2) Molekülketten und setzen sich zwischen die Ketten. Dadurch erzeugen sie ein Quellen des Kunststoffs. Sie lösen diesen, wodurch Kunststofflösungen entstehen. Dieser reversibele (umkehrbare) Vorgang führt erneut zu einem Verknäuelen der Kunststoffteilchen, wenn das Lösemittel entwichen ist. Dieser physikalische Vorgang stellt keine chemische Reaktion dar.

5.8.3.2.2 Zusammensetzung

Als *Polymere* für gelöste Werkstoffe werden PVC-Copolymerisat, Chlorkautschuk und Acrylat eingesetzt. Kohlenwasserstoffe, wie Xylol, und Alkohole, wie Ethanol, dienen als *Lösemittel.* Damit die Filmbildung ungestört verläuft, müssen Lösemittel gleichmäßig entweichen. Lösemittel dürfen nicht im Beschichtungsfilm zurückgehalten werden (siehe Lösemittelretention im Abschnitt 5.8.2.6). Lösemittel müssen folgende Eigenschaften aufweisen [35]:

- gutes Lösevermögen,
- Verträglichkeit mit dem Untergrund,
- physiologische Unbedenklichkeit bei der Verarbeitung.

5.8.3.2.3 Eigenschaften und Anwendung

Nach dem Entweichen des Lösemittels entstehen infolge der molekularen Verteilung der Polymere äußerst dichte und beständige Filme, die denen der Dispersionen häufig in ihren Gebrauchseigenschaften überlegen sind [23].

Vorteil von Lösungen ist ebenfalls, dass beim Überarbeiten von Beschichtungen der vorhandene Film durch das Lösemittel angelöst wird. Daraus resultiert in der Regel ein guter Verbund zwischen der alten und der neuen Schicht.

Kunststofflösungen werden für Imprägnierungen und Versiegelungen hergestellt. Sie zeichnen sich aus durch [35]:

- hohe Alterungsbeständigkeit,
- gutes Eindringvermögen in den Untergrund,
- geringe Wasseraufnahme,
- geringe Verschmutzungsneigung,
- gute Haftung auf verschiedenen Werkstoffen,
- einfache Überarbeitbarkeit.

Für hydrophobierende Imprägnierungen werden vorwiegend in organischen Lösemitteln gelöste oder neuerdings auch umweltfreundlich in Wasser dispergierte Silikonharze verwendet. Während ihre anorganischen Silizium-Anteile für die Haftung am mineralischen Untergrund sorgen, bewirken die angelagerten organischen Bausteine (Methylgruppen) den wasserabweisenden Effekt. Hydrophobierte Flächen lassen Regenwasser abperlen, aber Wasserdampf von innen nach außen diffundieren.

5.8.3.3 Siliciumorganische Verbindungen - Silicone (SI)

Eine Zwischenstellung zwischen anorganischen Silikaten und organischen Polymeren nehmen Silikone (auch Silicone) ein. Dabei ist die Bezeichnung Silikone der Überbegriff für nieder- bis hochmolekulare Stoffe auf Siliciumbasis. Dazu gehören *Silane, Siloxane, Silikonharze, Silikonate.*

Die Produkte werden über Polykondensation durch Hydrolyse von Alkylchlorsilanen, vor allem von Methylchlorsilanen hergestellt. Bei der Reaktion werden die Chloratome durch Hydroxy-Gruppen ersetzt, wobei die dabei entstehenden Silanole unverzüglich kondensieren. In Abhängigkeit von der Anzahl der Chlorsubstituenten im Ausgangsmaterial entstehen lineare, verzweigte, vernetzte oder ringförmige Produkte siehe Bidler 5.31 bis 5.34. Silikone finden Verwendung als Öle, Harze und Kautschuke.

Die Systeme werden aufgrund ihrer Molekülgröße und des beabsichtigten Einsatzgebiets für *Imprägnierungen* als gelöstes Produkt oder in Form von Dispersionen angeboten.

- *Siliconate* sind in Wasser bzw. Wasser-Alkoholgemischen gelöste Verbindungen.
- *Silane* sind lösemittelfrei oder werden mit alkoholischen Lösemitteln verdünnt.
- *Siloxane* werden sowohl in organischen Lösemitteln gelöst als auch in Wasser dispergiert hergestellt.

Nach dem Auftragen reagieren Silane und Siloxane mit silikatischen Oberflächen, z. B. Beton. Dabei vernetzen sie zu Silikonharzen, siehe Bild 5.34. Die dazu benötigete Feuchtigkeit entnehmen sie vor allem dem Betonuntergrund aber auch der umgebenden Luft. Allerdings können mit diesen Systemen frisch hergestellte oder nasse Betonoberflächen nicht hydrophobiert werden.

Für die Reaktion benötigen Silane ein alkalisches Milieu. Siloxane und Silikonharze reagieren auch auf nicht alkalischen Untergründen.

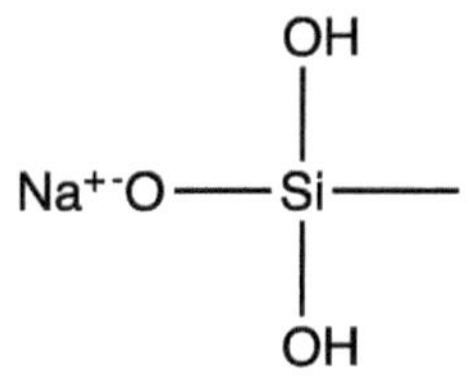

Bild 5.31: Strukturformel für ein Silikonat (Sodium methylsiliconate)

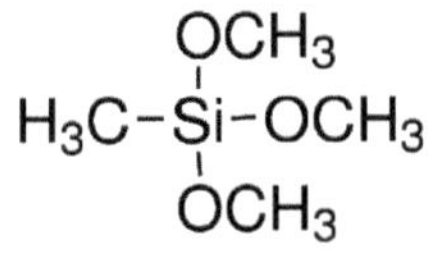

Bild 5.32: Strukturformel für ein Silan (Trimethoxymethylsilan)

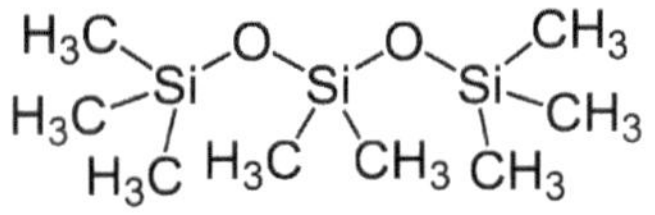

Bild 5.33: Strukturformel für ein Siloxan (Octamethyltrisiloxan)

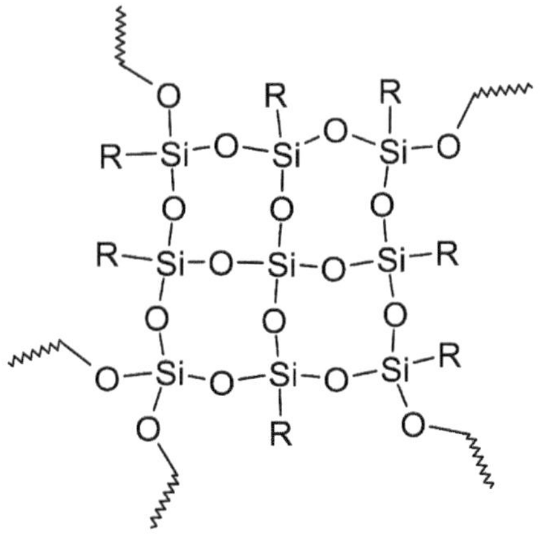

Bild 5.34: Strukturformel für Silikonharz

Siliconate, Silane und Siloxane besitzen eine ausgeprägte *Polarität.* Dieses erklärt deren *hydrophobierende Wirkung.* Da ihre Molekülgröße gegenüber Silikonen gering ist, penetrieren sie gut in poröse Untergründe, wie Beton, sodass sie speziell als Imprägniermittel eingesetzt werden.

Siliconharze sind polymere Siloxane, die durch Reaktion von Silanen mit Wasser entstehen. U. a. aufgrund der großen Moleküle dringen sie nur gering in Baustoffoberflächen ein. Daher werden Siliconharze nur zum Imprägnieren poröser, schwach bis nicht alkalischer Baustoffe verwendet.

Zum Teil werden Silikonharze mit organischen Harzen, wie z. B. Alkyd-, Epoxid-, Melamin-, Phenol- und Polyesterharzen, kombiniert, um bestimmte Eigenschaften, wie Glanz, Oberflächenhärte, Deckvermögen, Pigmentverträglichkeit sowie Wärme- und Chemikalienbeständigkeit, zu verbessern.

5.9 Kunststoffmodifizierte Mörtel und Betone

Für kunststoffmodifizierte Mörtel bzw. Betone werden flüssige Dispersionen und redispergierbare Pulver eingesetzt [35]. Letztere werden dem Zementmörtel bzw. -beton werksseitig zugemischt, so dass auf der Baustelle lediglich Wasser zugegeben wird.

Dispersionen bestehen vor allem aus Vinylacetat-Co- und Terpolymeren, Reinacrylaten, Styren-Acrylsäureester-Copolymerisaten, Styren-Butadien-Copolymerisaten, Vinylpropionat-Copolyisatmeren und Polyvinyliden-Vinylchlorid-Copolymerisaten [23] und wirken sich auf die Eigenschaften der *Frischmörtel* folgendermaßen aus.

- Da die zugegebenen Dispersionen (auch Zugabeflüssigkeit genannt) verflüssigend wirken, reduziert sich der erforderliche Wasseranteil des Mörtels und damit der Wasserzementwert (w/z-Wert). Das vom Hersteller angegebene maximale Verhältnis von Dispersion und Zugabewasser darf nicht überschritten werden. Der Dispersionsanteil liegt in der Größenordnung von 5 % bis 30 % bezogen auf die Zementmasse [23].
- Die Zusätze in der Kunststoff-Dispersion erhöhen das Wasserrückhaltevermögen des frischen Mörtels. Dadurch verdunstet das noch nicht chemisch oder physikalisch gebundene Zugabewasser nicht vorzeitig. Somit steht für die Hydratation des Zements ausreichend Wasser zur Verfügung.

In Bezug auf die Eigenschaften der *erhärteten Mörtel* lassen sich folgende Vorteile der Zugabe von Dispersionen nennen [35].

- Im Wesentlichen wird die *Druckfestigkeit* von Mörteln vom Wasserzementwert bestimmt und nimmt mit abnehmendem w/z-Wert zu. Hierauf hat die Kunststoff-Dispersion selbst geringen Einfluss, außer durch die Verbesserung des Wasserrückhaltevermögens. Allerdings wird die Biegezugfestigkeit durch die Zugabe der Kunststoff-Dispersion deutlich erhöht. Bei Nasslagerung und bei Wechsellagerung (nass/trocken) können Festigkeitsverlusten auftreten.
- Durch die zugegebene Dispersion verringert sich der E-Modul. Kunststoffmodifizierter Zementmörtel hat demzufolge eine höhere Bruchdehnung als Zementmörtel ohne Zusatz.
- Die Haftzugfestigkeit des Mörtels kann durch Zugabe der Kunststoff-Dispersion erhöht werden.

- Als Folge des verbesserten Wasserrückhaltevermögens der kunststoffmodifizierten Zementmörtel wird das Schwindverhalten positiv beeinflusst. Die Neigung zu Rissen ist durch die höhere Bruchdehnung gegenüber einem Zementmörtel ohne Kunststoffzusatz geringer.
- Der Frostwiderstand wird durch ein dichtes Gefüge des Mörtels infolge des niedrigen Wasserzementwerts verbessert.

5.10 Fugendichtstoffe

Fugendichtstoffe können ein- oder zweikomponentig sein. Silikon-Dichtstoffe haben den größten Marktanteil, danach folgen Dichtungsmassen auf der Basis von Polysulfid, Acryl, Polyurethan, Butyl und Polyisobutylen. Hauptanwendungen sind Glasbau und Baufugen.

Fugendichtstoffe müssen eine ausreichende Haftung an den Fugenflanken zur Aufnahme der auftretenden Dehn-, Stauch- und Scherbewegungen ohne Verlust der dichtenden Funktion haben.

Die Fugendichtstoffe müssen verträglich mit dem zu dichtenden Baustoff und nachfolgenden Beschichtungsstoffen sein. Sauer härtender Silikonkautschuk ist beispielsweise nicht geeignet für Anwendung auf Beton, im Gegensatz zu neutral oder basisch härtenden Silikonkautschukmassen, die verträglich sind.

Dichtstoffe werden entsprechend ihren physikalischen und chemischen Merkmalen unterschieden. DIN 52460 [47] unterteilt die ausreagierten (verfestigten) Dichtstoffe gemäß deren Verformungscharakteristik in drei Eigenschaftsgruppen:

- erhärtend,
- plastisch,
- elastisch.

Fugendichtstoffe auf Basis von *AY-Dispersionen* verformen sich überwiegend plastisch – das Rückstellvermögen ist vergleichsweise gering. Daher sind diese Fugendichtstoffe ausschließlich für „starre“ Fugen mit geringen Stauchungen und Dehnungen vorzusehen, nicht für Bewegungsfugen.

Zweikomponentige *Polysulfid-Fugendichtstoffe* besitzen aufgrund ihre überwiegend elastischen Verformungseigenschaften ein hohes Rückstellvermögen. Sie werden zum Schließen von Außenwandfugen zwischen Betonbauteilen sowie unterschiedlichen Baustoffen eingesetzt.

Sowohl ein- als auch zweikomponentige *PUR-Fugendichtstoffe* reagieren im verfestigten Zustand zähelastisch und verfügen daher über ein vergleichsweise hohes Verformungs- und Rückstellvermögen. Typische Einsatzgebiete sind Brückenbauwerke, Parkdecks, Laubengänge, Tunnelbauwerke, Tiefgaragen.

Einkomponentige *Silikon-Fugendichtstoffe* verfestigen durch Aufnahme von Wasser aus der umgebenden Luft, das den Vernetzer aktiviert, siehe Abschnitt 5.8.3.3. Durch die Reaktion des Vernetzers werden Spaltprodukte freigesetzt, die sauer, basisch oder neutral wirken können. Dies ist bei der Auswahl in Abhängigkeit von den angrenzenden Materialien zu beachten.

Verfestigte Fugendichtstoffe weisen ein elastisches Verhalten auf und besitzen ein vergleichsweise hohes Rückstellvermögen. Die Kenntnis der Rohstoffbasis lässt Rückschlüsse auf das physikalische Verhalten zu, jedoch ist dieses durch entsprechende Rezeptierungen zu beeinflussen. Daher sind bei der Planung von Fugenabdichtungen neben den chemischen Merkmalen auch die relevanten physikalischen Merkmale zu beachten. Erkennungsmerkmale der Bindemittelbasis der Fugendichtstoffe sind auf Tabelle 5.2 angegeben.

Werkstoff	Brennbarkeit	Geruch
Acryldispersionen	gelbe kleine Flamme	leicht süßlich, nicht charakteristisch
Polysulfid	gelbe Flamme	typisch, stark schwefelartig
Polyurethan	gelbliche Flamme, rußend	nicht charakteristisch
Silikone	glimmend, weißer Rauch, weiße Asche	mild, nicht charakteristisch

Tabelle 5.2: Erkennungsmerkmale einiger Dichtstoffe nach [48]

5.11 Eigenschaften der ausgehärteten Kunststoffe

5.11.1 Chemische Eigenschaften

5.11.1.1 Schwinden

Bei Reaktionsharzen treten – im Gegensatz zu Beton – keine Formveränderungen durch Schwinden, jedoch Volumenveränderung durch Schrumpfen ein.

5.11.1.2 Schrumpfen

Der Vorgang des Schrumpfens erfolgt bei Kunststoffen durch die chemische Reaktion beim Aushärten und ist auf die Orientierung der Moleküle im gehärteten Kunststoff zurückzuführen. Der gehärtete bzw. verfestigte Kunststoff hat immer eine höhere Dichte als die flüssigen Ausgangsprodukte. Das lineare Schrumpfen wird gemäß [31] an Oberflächenschutzsystemen nach OS 8 sowie an Polymermörteln (PRM) als Betonersatz PRM-A4 bzw. PRM-A5 und Polymerbeton (PRC) als Betonersatz PRC-A4 bzw. PRC-A5 nach [49] (Methode der Schwindrinne) ermittelt.

5.11.1.3 Chemische Widerstandsfähigkeit

Kunststoffe weisen, verglichen mit anderen Baustoffen, eine oft sehr hohe chemische Widerstandsfähigkeit gegenüber den meisten Chemikalien auf. Die bauüblichen Kunststoffe werden nicht von Wasser und den bei üblichen Anwendungen auftretenden schwachen Säuren und Basen angegriffen. Daher sind sie bestens geeignet, Bauteile aus Metallen und silikatischen Baustoffen (Mauerwerk, Beton, Putz) zu schützen.

Bei Reaktionsharzen beeinflusst insbesondere der Vernetzungsgrad die chemische Beständigkeit. Hoch vernetzte Reaktionsharze sind chemikalienbeständiger als weniger hoch vernetzte Kunststoffe.

Da die Beanspruchung durch Chemikalien aus den gemeinsam auftretenden Einflüssen, Art des angreifenden Mediums, Temperatur, Zeit und mechanische Spannung, die fallweise individuell verschieden sind, resultiert, sind Grenzwerte für die chemische Beständigkeit schwer zu definieren. Zudem werden die Eigenschaften von Kunststoffen gleicher Art von herstellungsbedingten Parametern (Polymerisationsgrad, Vernetzungsgrad und niedermolekulare Beimengungen) beeinflusst. Daher können in der Literatur angegebene Beständigkeitstabellen lediglich einen ersten Anhalt geben.

Der Widerstand gegen starken chemischen Angriff wird an Beschichtungen gemäß [31] entsprechend OS 8, OS 11 und OS 14, die auf Betonplatten mit dem Beschichtungssystem ohne

Zuschläge und Abstreuung in der Anwendungsdicke nach Maßgabe der Produkthersteller hergestellt werden, mit definierten Prüfflüssigkeiten nach [50] ermittelt. Beurteilt wird 24 Stunden nach der Entnahme der Probe aus der Prüfflüssigkeit die Verringerung der Härte bei Messung nach dem Eindruckversuch nach Buchholz (DIN EN ISO 2815 [51]) oder der Shore-Härte (EN ISO 868 [52]). Dabei darf sich die Härte maximal um weniger als 50 % verringern.

5.11.2 Physikalische Eigenschaften

5.11.2.1 Druckfestigkeit

Ungefüllte Epoxidharze mit einer Druckfestigkeit von etwa 140 N/mm² können eine Bruchdehnung bis 50 % aufweisen. Die Verformung dieser Systeme geht bei Entlastung wieder auf den Ausgangszustand zurück [35].

Epoxidharzmörtel zeigen in Bezug auf die Bruchdehnung betonähnliches Verhalten. In Abhängigkeit vom Füllgrad und der Art des EP-Harzes werden Druckfestigkeit zwischen 15 MPa und 100 MPa erreicht [35].

Nach [31] werden von Rissfüllstoffen (EP) und polymeren Mörteln keine Anforderungen an die Druckfestigkeiten gestellt.

5.11.2.2 Biegezugfestigkeit

Die Biegezugfestigkeit von ungefülltem EP-Harzen beträgt bei 20 °C zwischen ca. 45 MPa bis ca. 80 MPa, bei gefüllten Harzen je nach Füllgrad zwischen 20 MPa und 50 MPa [35]. Damit liegen die Werte deutlich über denen des Betons.

Nach [31] werden keine Anforderung an die Biegezugfestigkeit von Polymermörtel (PRM) / Polymerbeton (PRC) gestellt.

5.11.2.3 Zugfestigkeit und Reißdehnung

Zugfestigkeit und Reißdehnung der polymeren Werkstoffe hängen erheblich vom molekularen Aufbau der Polymere bzw. vom Vernetzungsgrad ab und sind ca. zehnmal höher als bei Beton. Hochvernetzte Reaktionsharze weisen Zugfestigkeiten von ca. 50 MPa bei einer Bruchdehnung von 1 % bis 2 % auf. Mit abnehmendem Vernetzungsgrad und zunehmender Elastizität nimmt die Zugfestigkeit ab und Bruchdehnung sowie Reißdehnung nehmen deutlich zu.

An rissüberbrückenden Beschichtungen können Zugfestigkeiten von ca. 5 MPa bei einer Bruchdehnung von 150 % bis 200 % ermittelt werden.

Gemäß [31] müssen polymere *Rissfüllstoffe* für das kraftschlüssige Füllen eine Zugfestigkeit von mehr als 3 MPa

- innerhalb von 72 h bei der Mindestverwendungstemperatur oder
- innerhalb von 10 h bei der Mindestverwendungstemperatur bei täglichen Rissbreitenänderungen von mehr als 10 % oder 0,03 mm (der niedrigere Wert ist maßgebend)

erreichen.

Anzuwenden ist das Prüfverfahren nach DIN EN 1543 [53]. Die Prüfung muss unter drei Konditionierungs- und Prüftemperaturen durchgeführt werden:

- bei 21 °C sowie

- der vom Hersteller empfohlene Mindest- und
- Höchstverwendungstemperatur.

5.11.2.4 Elastizitätsmodul

Der Elastizitätsmodul von ungefüllten Kunststoffen bei Raumtemperaturen ist im Vergleich zu Beton niedrig. Durch mineralische Füll- (Quarzsand) und Verstärkungsstoffe (z. B. Glasfasern) kann dieser entsprechend dem Füllgrad erheblich gesteigert werden, so dass ähnliche Werte wie beim Beton erreicht werden [35].

Für *Polymermörtel* (PRM) als Betonersatz PRM-A5 / PRM-A4 sowie *Polymerbeton* (PRC) als Betonersatz PRC-A5 / PRC-A4 definiert [31] folgende Anforderungen an Elastizitätsmodul (Prüfverfahren nach DIN EN 13412 [54] bzw. [33]):

- PRM-A5 / PRC-A5: ≥ 30 GPa,
- PRM-A4 / PRC-A4: ≥ 20 GPa.

Für *Rissfüllstoffe* für das Füllen von Rissen mit dehnbaren reaktiven Polymerbindemitteln durch Injektion müssen die Hersteller gemäß den Anforderungen nach [31] lediglich den Wert des Elastizitätsmoduls angeben.

5.11.2.5 Spannungs-Dehnungsverhalten

Kunststoffe weisen – bis auf einige Thermoplaste – sprödes Bruchverhalten auf, erkennbar am Fehlen eines horizontalen oder abfallenden Astes der Spannungsdehnungslinie. Das Verformungsverhalten der für tragende Bauteile verwendeten Kunststoffe kann bei *kurzzeitiger*, nicht zu hoher Belastung als (im Sinne des Hook'schen Gesetzes) *elastisch*, d. h. mit einer spontanen, begrenzten und reversiblen Verformung angesehen werden. Bei hoher Belastung treten in geringem Maße plastische Verstreckungen oder bei Reaktionsharzmörteln pseudoplastische Verformungen durch Mikrorissbildungen (wie bei Zementbeton) auf [35]. Die Spannungsdehnungslinie wird dadurch etwas gekrümmt.

5.11.2.6 Langzeitverhalten und Kriechen

Kriechen (auch Retardation) bezeichnet bei Werkstoffen die zeit- und temperaturabhängige viskoelastische oder plastische Verformung unter konstanter Last. Eine Kennzahl für das Kriechen ist der Kriechmodul oder der Kriechkoeffizient. Als Kriechkoeffizient wird gemäß [55] das Verhältnis von Kriechverformung zu elastischer Stauchung bezeichnet. Der Koeffizient des Rückstellens des Kriechens stellt gemäß [55] das Verhältnis des Rückstellens der Kriechverformung zum Rückstellen der elastischen Verformung dar.

Wie in den vorangestellten Abschnitten erläutert, bestehen Kunststoffe aus großen (im Fall von Thermoplasten und Elastomeren verknäulten) Molekülketten. Unter äußerer Belastung gleiten bzw. entknäueln sich die Molekülketten: Der Kunststoff erfährt eine Dehnung. Je nach Herstellung, Grundpolymer, Füllstoff und Füllgrad des Kunststoffes kann die Dehnung mehrere 100 % betragen.

Die Dehnungsveränderung der Kunststoffe ist abhängig von der aufgebrachten Last *und* der Zeit. Hochvernetzte, ungefüllte Kunststoffe mit einer Glasübergangstemperatur von ca. 60 °C zeigen bei einer Belastung von 20 MPa ein Kriechen von ca. 0,2 %. Ein aus diesem Kunstharz hergestellter Polymermörtel mit 10 M-% EP-Harz zeigt Werte für die Kriechkoeffizient von ca. 0,02 %.

Das Kriechen von Kunststoffen ist der Last proportional, d. h. bei einer Verdopplung der Last wird das Kriechen ungefähr verdoppelt [35]. Einen ähnlichen Einfluß hat Temperaturerhöhung. Eine Temperaturerhöhung um 10 K verdoppelt ungefähr das Kriechverhalten, d. h. bei 30 °C liegt der Kriechwert bei 0,4 % [35].

Wenn Eigenschaften aus dem Zeitstand-Biegeversuch für konstruktive Zwecke verwendet werden sollen, sollten die Kunststoffe über einen breiten Bereich von Spannungen, Zeiten und Umgebungsbedingungen geprüft werden [56].

5.11.2.7 Rissüberbrückung

Um einen ausreichenden Schutz des Betons sicherzustellen, dürfen in Beschichtungen keine Fehlstellen vorliegen. Beschichtungen auf gerissenen Betonflächen müssen daher rissüberbrückend sein, um den Beton dauerhaft zu schützen.

Insbesondere aufgrund von Temperaturänderungen kann die Rissbreite über die Zeit variieren. Die Frequenz der temperaturbedingten Breitenänderung entspricht meist den tageszeitlichen oder jahreszeitlichen klimatischen Temperatureinflüssen [57]. Kurzzeitige (dynamische) Rissbreitenänderungen können an befahrenen Bauwerken (Brücken, Parkbauten) oder durch Maschinen belasteten Bauteilen (Produktionshallen) auftreten.

Die Prüfung der Rissüberbrückung wird im Labor an beschichteten Probekörpern durchgeführt. Je nach Beanspruchung sind unterschiedliche Funktionen für die Rissbreitenänderungen zu wählen.

Risse können durch Beschichtungen überbrückt werden, wenn weiche Beschichtungen entweder über dem Riss an der dem Substrat zugewandten Seite geringfügig einreißen (siehe Bild 5.35) oder harte Beschichtungen sich neben dem Riss auf einer bestimmten Breite vom Untergrund lösen. Beide Effekte sind erforderlich, um endliche große Dehnungen bei einem Riss, der im beschichteten Untergrund entsteht, zu ermöglichen.

Bild 5.35: An der Unterseite über dem Riss eingerissene Dispersionsbeschichtung auf Acrylatbasis

Für die Fähigkeit, Risse dauerhaft zu überbrücken, ist bei weichen Systemen die Dehnfähigkeit der Beschichtung auch bei niedrigen Temperaturen entscheidend. Hierzu sollte der Glasübergangstemperaturbereich des polymeren Bindemittels möglichst niedrig sein.

Eingesetzt werden zum Beispiel Dispersionen auf Acrylatbasis und Polyurethane für weiche Beschichtungen an Fassaden. Für harte und chemikalienbeständige Systeme werden vorzugsweise Bindemittel auf Epoxid- und flexibilisiert auf EP-PUR-Basis verwendet.

5.11.2.8 Haftzugfestigkeit

Für das dauerhafte Funktionieren von Beschichtungen ist der Verbund zwischen Beschichtung und Untergrund ein wesentliches Kriterium. Der Verbund ist vor allem abhängig von folgenden physikalischen Parametern:

- Rauheit des Untergrundes,
- Benetzung durch die Reaktionsharze,
- Größe der Harzteilchen.

Polymere Beschichtungen haften nicht auf dem mineralischen Untergrund infolge einer chemischen Verbindung.

Polyurethan- und Epoxidbeschichtungen gehen aufgrund der geringeren Teilchengröße der Polymere gegenüber den wesentlich größeren Harzteilchen von Acrylat- und UP-basierenden Bindemitteln einen besonders guten Verbund zum Substrat ein. U.a. ist dieses ein Grund für die häufig auf EP-Basis eingesetzten Grundierungen – neben deren hoher Alkalibeständigkeit.

Der Verbund von Beschichtungen zum Untergrund wird durch Ermitteln der Haftzugfestigkeit bewertet. Für Prüfungen an Bauwerken werden mobile Geräte verwendet (Bild 5.36).

Bei ausreichender Vernetzung des Reaktionsharzes und guter Benetzung des Untergrunds tritt bei der Prüfung der Bruch im Beton auf. Bei weichen Beschichtungen können auch andere Bruchformen vorliegen (Bild 5.37).

Gemäß [31] ist in besonderen Anwendungsfällen, bei zu erwartenden Rissbreitenänderungen während des Erhärtens polymerer *Rissfüllstoffe*, die Kenntnis der Haftzugfestigkeitsentwicklung unter verschiedenen Erhärtungstemperaturen im frühen Prüfalter erforderlich.

An polymeren *Rissfüllstoffen* für das kraftschlüssige Füllen von Rissen wird die Haftzugfestigkeit im Rahmen der Erstprüfung durch den Hersteller nach DIN EN 12618-2 [58] ermittelt.

Nachweise der Hersteller von Produkten für die Haftzugfestigkeit nach Wasserlagerung und/ oder Schwingbeanspruchung sind im Rahmen der Erstprüfung und ggf. zur Überwachung der Produktion für Haftbrücken, die aus Betonersatz (RM) bestehen, und Haftbrücken, die aus Polymermörtel (PRM) bestehen, an kunstoffmodifizierten Mörteln und Betonen für den Ersatz von Beton (RM/RC und SRM/SRC) zu erbringen.

Für Oberflächenschutzsysteme OS 2, OS 4, OS 5a, OS 5b, OS 8, OS 11 und OS 14 muss gemäß [31] durch den Hersteller die Leistung der Haftfestigkeit im Abreißversuch nach DIN EN 1542 [59] sowie zusätzlich für OS 8, OS 11 und OS 14 die Leistung für den Fall „mit Verkehrslast[26]“ nachgewiesen sein.

26 höhere Werte gefordert, z. B. für den Einsatz auf befahrenen Brücken.

Die Festigkeit einer Oberfläche (*Oberflächenzugfestigkeit*) wird ebenfalls mit dem Abreißversuch ermittelt. Diese Prüfmethode kann zur Qualitätssicherung verwendet werden, um z. B. die Untergrundvorbereitung bezüglich der Haftung von nachfolgend aufzutragenden Schichten zu beurteilen oder zum Ermitteln der Altbetonklasse eines Betonbauteils. Eigenschaften von den aufzutragenden Schichten werden damit nicht bewertet.

Bild 5.36: Prüfen der Haftzugfestigkeit einer Beschichtung mit einem mobilen Prüfgerät

Bild 5.37: Prüfen der Haftzugfestigkeit einer Beschichtung. Mischbruch in einem mehrschichtigem Beschichtungsaufbau

Korrosionsschutzbeschichtungen auf Stahl erreichen Haftzugfestigkeiten von 10 MPa bis 15 MPa [35].

5.11.2.9 Abriebfestigkeit/ Verschleißwiderstand

Die begangene und/oder befahrene Oberflächenschutzsysteme OS 8, OS 11 und OS 14 sind wesentlichen mechanischen Beanspruchungen ausgesetzt. Daher müssen Hersteller für diese Oberflächenschutzsysteme entsprechend den Forderungen gemäß [31] im Rahmen der Erstprüfung

- die *Abriebfestigkeit* nach DIN EN ISO 5470-1 [60],
- den *Verschleißwiderstand* (BCA) nach DIN EN 13892-4 (BCA) [61] oder
- den *Widerstand gegen Rollbeanspruchung* nach DIN EN 13892-5 [62]

nachweisen.

Bezüglich der *Abriebfestigkeit* nach DIN EN ISO 5470-1 [60] wird seitens [31] gefordert, dass der Masseverlust weniger als 3.000 mg bei der Prüfung mit dem Reibrad H22 nach 1.000 Zyklen und einer Last von 1.000 g betragen muss. Zusätzlich müssen die Anforderungen der DIN EN 13813 [63] erfüllt sein.

Der *Verschleißwiderstand* nach DIN EN 13892-4 (BCA) [61] muss mindestens der Klasse AR1 nach DIN EN 13813 [63] entsprechen. *Alternativ* muss der *Widerstand gegen Rollbeanspruchung*, geprüft nach DIN EN 13892-5 [62], mindestens der Klasse RWA10 nach DIN EN 13813 [63] entsprechen.

Der am Bauteil auftretende Verschleiß kann durch die Bestimmung der Verschleißfestigkeit nach DIN EN 660-1 (Stuttgarter Prüfung) [64] und [65] abgebildet werden. Sofern erforderlich, kann daher die Prüfung der Verschleißfestigkeit festgelegt werden. Folgende Leistung ist für das Kriterium Verschleißfestigkeit nachzuweisen:

- Beschichtungsystem OS 8: Das Herauslösen ganzer Körner, die zu mehr als 50 % ihrer Oberfläche eingebunden sind, ist nicht zulässig, Der als Abrieb ermittelte Masseverlust darf zwischen 50 und 2000 Zyklen nicht mehr als 4,5 g betragen.
- Beschichtungsystem OS 11: Das Herauslösen ganzer Körner, die zu mehr als 50 % ihrer Oberfläche eingebunden sind, ist nicht zulässig.

5.11.2.10 Hygrisches Verhalten

5.11.2.10.1 Quellen

Als Quellen wird ein physikalischer Vorgang bezeichnet, bei dem ein Stoff (meist eine Flüssigkeit, aber auch Gase oder Dämpfe) in einen Festkörper eindringt und eine Volumenvergrößerung hervorruft.

Bei hydrophilen Polymeren, wie Polyacrylaten, wirkt Wasser als Quellmittel. Wassermoleküle werden über Wasserstoffbrückenbindungen an polare Gruppen gebunden, sodass die Polymerketten ihren Abstand zueinander vergrößern.

Hydrophobe Polymere, wie Gummi, werden durch Wasser kaum angequollen. Der Grad des Quellens wird durch Messung von Massenänderung, Längen- oder Volumenänderung ermittelt.

Quellvorgänge sind reversibel, wenn das Quellmittel aus dem Festkörper entweicht. Auf Untergründe aufgetragene Beschichtungen können sich infolge des Quellens jedoch irreversibel vom Untergrund lösen (Bild 5.39).

Bild 5.38: Durch Wasser beaufschlagte Beschichtung auf Basis eines Reaktionsharzes einer Betonkonstruktion ohne erkennbare Quellung

Bild 5.39: Durch Niederschlagswasser hervorgerufenes Quellen einer Dispersionsbeschichtung, Enthaften vom Untergrund infolge nicht ausreichenden Haftens und fehlender Vorbehandlung des Beschichtungsuntergrundes

5.11.2.10.2 Sorption und Wasserdampf-Diffusion

Bei der Sorption dringt Wasserdampf infolge von Diffusion in Materialien ein, wenn die Feuchte der umgebenden Luft höher ist als die Ausgleichsfeuchte im Feststoff. Der Wasserdampf lagert sich an der inneren Oberfläche der Stoffe an. Sinkt die Feuchte der Umgebungsluft unter die Ausgleichsfeuchte im Feststoff, lösen sich die Wassermoleküle wieder von der inneren Oberfläche des Stoffes ab und diffundieren zurück in die umgebende Luft. Reaktionsharze sind dicht und undurchlässig für flüssiges Wasser und wassergelöste Stoffe. Sie nehmen jedoch je nach Zusammensetzung zwischen 0,2 % und 5 % Wasser durch Diffusionsmechanismen auf. Dispersionen können aufgrund ihres Emulgatoranteils bis zu 30 % Wasser infolge Diffusion aufnehmen [35].

Material	Wasseraufnahme in kaltem Wasser nach 4 d (mg)
CA	100–250
PA	50–800
PC	5–10
PE	ca. 0
PF , Typ 31	100–180
PF, füllstofffrei	10–20
PMMA	30–40
POM	20
PS	2–5
PVC-Copolymerisat	5–20
UF, Typ 131	200–300
Vulkanfiber	1500

Tabelle 5.3: Wasseraufnahme unterschiedlicher Materialien

Die Fähigkeit des Wassertransportes mittels Diffusion ist wesentlich für die Umsetzung des Prinzips 2 „Regulierung des Wasserhaushaltes des Betons“ zum Schutz des Betons vor Schäden (z. B. durch AKR[27]) und Umsetzung des Prinzips 8 „Erhöhung des elektrischen Widerstandes“ mit dem Verfahren 8.3 „Beschichtung zur Erhöhung des elektrischen Widerstandes“ zum Schutz der Bewehrung nach [66].

Die Diffusionswiderstandszahl μ (H_2O) gibt an, um wie viel mal größer der H_2O-Diffusionswiderstand einer Stoffschicht gegenüber einer gleich dicken Luftschicht unter sonst gleichen Bedingungen ist.

Der Diffusionswiderstand einer Stoffschicht wird berechnet nach der folgenden Gleichung:

$$s_D(H_2O) = s \bullet \mu(H_2O)$$

mit

27 AKR: Alkalikieselsäurereaktion

s_D (H_2O) in m	äquivalente Luftschichtdicke für Wasserdampf bzw. Diffusionswiderstand
s in m	Dicke der Schicht (z. B. einer Beschichtung)
μ (H_2O) [-]	Diffusionswiderstandszahl für Wasserdampf.

Die Diffusionswiderstandszahl wird an freien Beschichtungsfilmen oder auf einen Trägerstoff aufgetragenen Beschichtungsfilmen im Labor nach in [67] festgelegten Prüfverfahren (Schalenverfahren) ermittelt. Die ermittelten Werte sind abhängig vom Feuchtegefälle.

Für die Instandsetzung von Betonbauteilen, die durch eine *Alkali-Kieselsäure-Reaktion* geschädigt wurden, müssen OS 5-Systeme mit einer wasserdampfdiffusionsäquivalenten Luftschichtdicke $s_D \leq 2{,}5$ m verwendet werden.

Um das Ziel „Erhöhung des elektrischen Widerstandes" bei carbonatisiertem Beton sicherzustellen, fordert [66] für wasserdampfdurchlässige, „diffusionsoffene" Beschichtungssysteme eine Wasserdampf-Durchlässigkeit entsprechend Klasse I ($s_D < 5$ m). Bei wasserdampfundurchlässigen, „diffusionsdichten" Beschichtungssystemen mit einer Wasserdampf-Durchlässigkeit entsprechend Klassen II (5 m $\leq s_D \leq$ 50 m) und III ($s_D > 50$ m) muss der Beton bereits vor Auftrag der Beschichtung so weit ausgetrocknet ist, dass das Korrodieren der Bewehrung unterbunden wird.

In Tabelle 5.4 sind Diffusionswiderstandszahlen für Wasserdampf, ermittelt im Feuchtschalenverfahren, d. h. relative Luftfeuchte zwischen 100 % und 50 %, aufgeführt.

Stoffsystem	$\mu(CO_2)$	$\mu(H_2O)$
Beton C 20/25 ... C 35/45	200 ... 500	40 ... 70
Leichter Normalbeton LC 50/55	200	50
zementgebundene Spachtelmasse, mit 2K-Epoxidharz modifiziert	2.000 ... 5.000	100.000 ... 200.000
Polymerisatlösung, hoch gefüllt	2.600	1.000
lösemittelhaltige Acryl-Silanfarben, pigmentiert	2.000 ... 1.000.000	200 ... 0000
lösemittelhaltige Acrylharzbeschichtung	1.000.000 ... 8.000.000	5.000 ... 20.000
Polymerisatdispersion, hoch gefüllt	4.500	200
Dispersionssilikat, gefüllt	20.000	200
Polymerisatdispersion, gefüllt	100.000	1.500
Polymerisatdispersion, pigmentiert, ungefüllt	2.000.000	2.000
Reinacrylat-Dispersionsbeschichtung, pigmentiert	100.000 ... 4.000.000	200 ... 1000
Acrylatlösung, pigmentiert	2.000.000	15.000
Epoxid-System, gefüllt	5.000.000	30.000
lösemittelhaltige 2K-Epoxidbeschichtung	5.000.000 ... >10.000.000	5.000 ... 200.000
Hypalonlösung, pigmentiert, ungefüllt	6.000.000	40.000
Teer-Epoxid, nicht pigmentiert, ungefüllt	11.000.000	120.000
1-K-PUR, ungefüllt	70.000.000	50.000

Stoffsystem	μ(CO_2)	μ(H_2O)
PUR-Lacke, pigmentiert und unpigmentiert	1.000.000 ... > 10.000.000	1.000 ... 40.000
Reaktionsharzmörtel (EP, PMMA, PUR)	1.000.000 ... 4.000.000	50.000 ... 200.000
PE-Folien, Dicke ≥ 0,1 mm		100.000
PVC-Folien, Dicke ≥ 0,1 mm		20.000/50.000
ECB-Dachbahnen		50.000/90.000
PVC-P-Dachbahnen		10.000/30.000
PIB-Dachbahnen		400.000/1,750.000
zementgebundene Spachtelmasse, mit Acryldispersion modifiziert	20 ... 1000	50 ... 300

Tabelle 5.4: Diffusionswiderstandszahlen für Kohlenstoffdioxid und Wasserdampf (Wasserdampf im Feuchtschalenverfahren, d. h. relative Luftfeuchte zwischen 100 % und 50 %) [68], [69], [70]

5.11.2.10.3 Wasseraufnahme und -durchlässigkeit

Die kapillare Wasseraufnahme kennzeichnet die Saugfähigkeit eines Untergrundes ohne oder mit Beschichtung und wird charakterisiert durch den Wasseraufnahmekoeffizienten w. Dieser wird häufig als w_{24}-Wert angegeben, d. h. die Wasseraufnahme wurde nach 24-stündiger Prüfdauer ermittelt.

Für polymere Beschichtungen ist die Wasserdurchlässigkeit w nach DIN EN 1062-3 [71] (OS nach DIN EN 1504-2 bzw. [66]) gefordert, da diese Wasser nicht kapillar aufnehmen. Die Wasserdurchlässigkeitsrate w bezeichnet die Menge an Wasser in kg, die innerhalb einer Stunde durch eine Beschichtung dringt.

Dispersionen sind für Wasser deutlich durchlässiger als mit vernetzten Reaktionsharzen, wie Epoxid und Polyurethan, hergestellte Beschichtungen.

5.11.2.11 Diffusionsverhalten gegenüber Kohlenstoffdioxid

Bei Kunststoffen können kleine Moleküle infolge zeitabhängiger Diffusionsvorgänge zwischen den Polymerketten hindurchwandern, so dass die Durchlässigkeit für die verschiedenen Gase z. B. mit gravimetrischen Verfahren messbar werden. Beschichtungen, die Kohlenstoffdioxid (CO_2) einen genügend großen Diffusionswiderstand entgegensetzen, um das Eindringen von Kohlenstoffdioxid weitgehend zu verhindern, werden als Carbonatisierungsbremse bezeichnet. Der Diffusionswiderstand gegen CO_2 eines Beschichtungsfilms wird auch als äquivalente Luftschichtdicke s_D (CO_2) bezeichnet, die angibt, wie dick eine Schicht ruhender Luft sein müsste, um dem diffundierenden Kohlenstoffdioxid den gleichen Widerstand entgegenzusetzen wie der Beschichtungsfilm mit der Schichtdicke s.

Der Diffusionswiderstand einer Stoffschicht gegenüber Kohlenstoffdioxid wird nach der folgenden Gleichung berechnet.

$$s_D(CO_2) = s \cdot \mu(CO_2)$$

mit

s_D (CO_2) in m	äquivalente Luftschichtdicke für Kohlenstoffdioxid
s in m	Dicke der Schicht (z. B. einer Beschichtung)
μ (CO_2) [-]	Diffusionswiderstandszahl für Kohlenstoffdioxid.

Die kennzeichnende Größe für den trockenen Beschichtungsfilm ist die Diffusionswiderstandszahl μ (CO_2), die im Laborversuch, z. B. durch gravimetrische Verfahren, ermittelt werden kann. Die Bestimmung ist in DIN EN 1062-6 geregelt. In der Literatur wurden zahlreiche Werte für die Größenordnung veröffentlicht, Beispiele der Diffusionswiderstandszahl für verschiedene Baustoffe und Beschichtungen sind Tabelle 5.4 zu entnehmen.

Ergebnisse aus umfangreichen Messungen an Spachtelmassen, Imprägnierungen, Versiegelungen und Beschichtungen wurden bewertet [68].

- Zementgebundene, kunststoffmodifizierte Spachtelmassen weisen meist eine relativ hohe Durchlässigkeit für Kohlenstoffdioxid auf. Dagegen ist der Diffusionswiderstand von kunststoffgebundenen Spachtelmassen (z. B. Epoxidharzspachtel) deutlich höher.
- Sogenannte Dispersionssilikatfarben und Fassadenanstriche (nicht OS 4 oder OS 5!) besitzen vergleichsweise niedrige Diffusionswiderstände gegen CO_2.
- Die Diffusionswiderstandszahlen von sogenannten Siloxanfarben, deren Bindemittel aus einem hohen Anteil aus Acrylharz und einem geringen Anteil aus Siloxan besteht, streuen erheblich (10^3...10^6). Als Ursache wird eine gelegentliche Unverträglichkeit der Bindemittel vermutet.
- Beschichtungen auf Acrylharzbasis, gelöst oder als Dispersion, weisen in der Regel Diffusionswiderstandszahlen von 10^6 auf. Die Durchlässigkeit für CO_2 hängt signifikant von der PVK (Pigment-Volumenkonzentration) ab. Die PVK beeinflusst die CO_2-Durchlässigkeit von Beschichtungen erheblich. Bei einer PVK von 30 % bis 40 % erreicht der Diffusionswiderstand ein Maximum und fällt mit zunehmendem Füllgrad der Beschichtungen erheblich ab. Ähnliches gilt für die H_2O-Diffusion.
- Epoxid- und Polyurethanbeschichtungen sind dichter gegenüber Kohlenstoffdioxiddiffusion als Beschichtungen auf Acrylharzbasis. Aufgrund der chemischen Vernetzung weisen diese Stoffe offensichtlich ein dichteres Gefüge auf. Die höhere Dichtigkeit ist jedoch für die Praxis nicht relevant.
- Durch Hydrophobieren von Putz und Beton mit Acrylharz- oder Siliconharzlösungen mit geringem Festkörperanteil erhöht sich der Diffusionswiderstand des behandelten Baustoffes nicht. Bei Einsatz von Hydrophobierlösungen mit höherem Festkörperanteil nimmt der Diffusionswiderstand gegenüber dem unbehandelten Baustoff zu.
- Die Diffusionswiderstand für Wasserdampf ist bei allen untersuchten Stoffen deutlich geringer als für Kohlenstoffdioxid. Dies wird auf unterschiedliche Einflüsse der Transportmechanismen bei den betrachteten Gasen zurückgeführt. Zum anderen ist davon auszugehen, dass das etwas kleinere und leichtere Wassermolekül in größerer Zahl diffundiert als das schwerere und „unlösliche" Kohlenstoffdioxidmolekül, weil es im Polymer „löslich" ist.

5.11.2.12 Rutschsicherheit

Der Begriff „Rutschsicherheit" wird für Fußböden mit dem Fokus auf Arbeitssicherheit in Arbeitsräumen und Arbeitsbereichen, der Begriff „Griffigkeit", siehe Abschnitt 5.11.2.13, im Straßen- und Verkehrswesen verwendet.

In Arbeitsräumen und -bereichen ist die rutschhemmende Wirkung von Fußböden von großer Bedeutung, um Unfälle zu verhindern. Anforderungen an die Rutschhemmung von Fußböden werden im Anhang 2 der ASR A1.5 [72] festgelegt.

Unter Rutschsicherheit oder auch Trittsicherheit werden Eigenschaften eines Bodenbelags in Bezug auf gleitfördernde Stoffe, wie beispielsweise Wasser und Öl/Fett, zusammengefasst. Die Rutschsicherheit wird von zahlreichen Faktoren beeinflusst. Diese resultieren nicht allein aus dem Bodenbelag, sondern z. B. auch aus Umweltfaktoren, aus den Personen und aus den jeweiligen Umständen.

In Deutschland wird die Rutschhemmung nach dem in DIN 51130 [73] festgelegten Verfahren ermittelt. Die Prüfung erfolgt durch Begehen einer geneigten Ebene mit einem festgelegten Prüfschuh. Die Prüfebene wird dabei mit einem definierten Gleitmittel benetzt. Festgestellt wird der Neigungswinkel der Prüfebene gegen die Horizontale, bei dem die Prüfperson beginnt zu rutschen (Winkel des Ausrutschens). Entsprechend diesem ermittelten Neigungswinkel wird die rutschhemmende Wirkung bewertet. In der TR Instandhaltung des DIBt [66] gibt es keine Forderung zur Prüfung der Beschichtungen nach [73].

Die Rutschhemmung kann nach dem Verfahren gemäß [73] nicht an eingebauten Beschichtungen, sondern ausschließlich an Proben im Labor ermittelt werden. Daher wird die geforderte Rutschhemmung durch Einhalten der entsprechenden Herstellerangaben (Einstreumedium, Korngrößenverteilung, einzustreuende Menge und Zeitpunkt des Einstreuens) für das Erzielen einer bestimmten Oberflächenrauheit erreicht.

Prüfungen am Einbauort einer rutschhemmenden Beschichtung können mit dem Gleitreibungsmessgerät „GMG 200“ durchgeführt werden. Die dabei ermittelten Werte sind nicht mit den Bewertungsgruppen der ASR A1.5 „Fußböden“ vergleichbar [74] und [75].

5.11.2.13 Griffigkeit

Der Begriff „Griffigkeit“ wird im Allgemeinen im Straßen- und Verkehrswesen verwendet, „Rutschsicherheit“ im Fußbodenbereich mit dem Fokus auf Arbeitssicherheit in Arbeitsräumen und Arbeitsbereichen. Gemäß [31] sind die Leistungen der OS 8, OS 11 und OS 14 durch Prüfung nach [73] nachzuweisen.

Die Bezeichnung Griffigkeit, auch Kraftschlussvermögen oder Gleitwiderstand genannt, wird für die Eigenschaft von Fahrbahnoberflächen verwendet, die die Größe der maximal vom Reifen auf die Fahrbahnoberfläche abstützbaren Antriebs-, Brems- und Seitenkräfte bestimmt. Die stoffliche Beschaffenheit und die geometrische Eingestaltung der Oberfläche beeinflussen die Griffigkeit. Die Griffigkeit trockener, nicht grob verschmutzter Fahrbahnoberflächen ist üblicherweise hoch und gering geschwindigkeitsabhängig. Bei nassen Fahrbahnoberflächen sinkt die Griffigkeit mit zunehmender Geschwindigkeit mehr oder minder stark ab.

Die Griffigkeit kann mit Pendelgeräten nach der Arbeitsanweisung für kombinierte Griffigkeits- und Rauheitsmessungen mit dem Pendelgerät und dem Ausflussmesser der Forschungsgesellschaft für das Straßenwesen bzw. EN 13036-4 ermittelt werden.

Bei befahrenen Beschichtungen, z. B. in Parkbauten, ist die Griffigkeit von Bedeutung. Gemäß [31] muss die nach dem Verfahren mit dem Pendelgerät ermittelte Griffigkeit – SRT-Wert in Skalenteilen (SKT) – vor und nach der Verschleißfestigkeitsprüfung bei OS 11 (OS F) ≥ 60 SKT und bei OS 13 ≥ 50 SKT betragen.

Die Griffigkeit von Beschichtungen kann durch Abstreumittel, die in die frische Schicht vor dem Verfestigen manuell oder mit Geräten eingestreut werden, erhöht werden.

5.11.3 Thermische Eigenschaften

5.11.3.1 Thermische Längenänderung

Bei Temperaturerhöhung dehnen sich Kunststoffe aufgrund ihrer inneren Struktur erheblich. Die linearen Wärmedehnzahlen bzw. linearen Längenausdehnungskoeffizienten sind bei ungefüllten Kunststoffen etwa 5- bis 20-mal höher als bei Stahl und Beton, siehe Tabelle 5.5. Deren thermische Längenänderung liegt in der gleichen Größenordnung und wird für Bemessungen mit einem linearen thermischen Längenausdehnungskoeffizient α_T von $10 \cdot 10^{-6}\ K^{-1}$ berechnet.

In Verbindung mit Beschichtungen müssen daher thermisch bedingte Spannungen berücksichtigt werden. Durch die Auswahl für die jeweilige Anwendung geeigneter Füll- und Verstärkungsstoffe kann die thermische Längenänderung reduziert und ggf. an einen Untergrund angepasst werden.

Bezeichnung	α in $10^{-6}\ K^{-1}$
Weichgummi	17 bis 28
Hartgummi	80
Polyamid (PA)	60 bis 150
Polycarbonat (PC)	60 bis 70
Polyethylen (HD-PE)	150 bis 200
Polypropylen (PP)	100 bis 200
Polyoxymethylen (POM)	70 bis 130
Polytetrafluorethylen (PTFE)	100 bis 160
Polyvinylchlorid (Hart-PVC)	70 bis 100
Polymethylmethacrylat (PMMA, Plexiglas)	75 bis 80
Epoxid (EP)	60 bis 80
Polyurethan (PUR)	40
EP-Mörtel	12 bis 15

Tabelle 5.5: Längenausdehnungskoeffizient α von ausgewählten Kunststoffen bei 20 °C ([35], [76] und [77])

5.11.3.2 Wärmeleitfähigkeit

Die Wärmeleitfähigkeit von Kunststoffen ist relativ niedrig, daher werden z. B. Kunststoffe auf Basis von Polystyrol für die Wärmedämmung von Fassaden eingesetzt. Bei ungefüllten Kunststoffen liegt die Wärmeleitfähigkeit in der Größenordnung von Bauholz und bei gefüllten und verstärkten Kunststoffen im Bereich des Zementbetons [35]. Die Abhängigkeit von der Temperatur ist unbedeutend.

5.11.3.3 Glasübergangstemperatur

Die Glasübergangstemperatur gibt die Temperatur an, bei der ein Kunststoff aus dem starren, glasartigen Zustand in den elastischen bzw. plastischen Zustand übergeht. Die Glasübergangstemperatur ist eine wesentliche Kenngröße für die Temperaturbeständigkeit und Temperaturabhängigkeit der mechanischen Werte.

Oberhalb der Glasübergangstemperatur fallen die Festigkeitswerte deutlich ab. Für Rissüberbrückende Beschichtungen hat die Glasübergangstemperatur eine hohe Bedeutung und sollte möglicht weit im Bereich unter 0 °C liegen. Die Glasübergangstemperatur ausgewählter Kunststoffe zeigt Tabelle 5.6.

Die Glasübergangstemperatur von polymeren Rissfüllstoffen für das kraftschlüssige Füllen von Rissen wird gemäß [31] nach DIN EN 12614 [78] bestimmt und muss unter 40 °C liegen.

Kunststoff	Kurzzeichen	Glasübergangstemperatur [°C]
Polyethylen	PE	-70 bis -100
Polypropylen	PP	-10 bis -32
Polyisobutylen	PIB	-60 bis -74
Polybuten	PB	-24
Polyvinylchlorid, hart	PVC hart	65 bis 75
Polyvinylchlorid, weich	PVC weich	-10 bis -100
Polymethylmethacrylat (Acrylglas)	PMMA	90 bis 110
Polytetrafluorethylen	PTFE	-20
Polyamid 6	PA 6	40
Polyamid 66	PA 66	50
Celluloseacetat	CA	55 bis 85
Cellulosepropionat	CP	55 bis 105
Polystyren	PS	80 bis 110
Polycarbonat	PC	150
Epoxidharz	EP	130 bis 80
Polyurethanharz vernetzt	PUR	130 bis 100

Tabelle 5.6: Glasübergangstemperatur (Einfriertemperatur) ausgewählter Kunststoffe [79]

5.11.3.4 Temperaturbeständigkeit

Kunststoffe, die für Beschichtungen verwendet werden, dürfen keine Versprödung infolge Auswanderns von leicht flüchtigen Substanzen bei höheren Temperaturen zeigen. Daher darf der Masseverlust einer Beschichtung bei siebentägiger Lagerung bei 70 °C nicht über 2 M.-% liegen [35].

Auswandern von leicht flüchtigen Substanzen führt zu Spannungen im gesamten Beschichtungssystem und kann zu Haftverlust führen. Die häufigste Ursache für Masseverlust in Kunststoffen ist die sogenannte Weichmacherwanderung. Kunststoffe, die intern durch Zugabe von Mitteln, die am Erhärtungsvorgang beteiligt sind, plastifiziert wurden, weisen einen geringen Masseverlust bei höheren Temperaturen auf [35].

Extern plastifizierter Kunststoff, d. h. durch Zugabe von Mitteln plastifizierte Materialien ohne Beteiligung am Erhärtungsvorgang, zeigen nach längerer Lagerung einen geringen bis großen Masseverlust. Die Dauertemperaturbeständigkeit der am Bau verwendeten Reaktionsharze ist auf ca. 80 °C beschränkt. Kurzfristig können Temperaturbelastungen bis 200 °C aufgenommen werden [35].

5.11.4 Verhalten bei Beanspruchung

Auswirkungen durch Feuchte, wie Osmose, u. a. werden im Kapitel 12 besprochen.

5.11.4.1 Tausalzeinfluss

Reaktionsharze und Reaktionsharzbeschichtungen sind beständig und dicht gegen Tausalze. Daher eignen sie sich für den Schutz chloridbeanspruchter Bauteile. Diffusion von Chlorid-Ionen ist bei Kunststoffen, die eine sehr hohe Wasseraufnahme aufweisen, möglich.

5.11.4.2 Frost- und Frost-Tausalz-Widerstand

Durch Beschichten von Betonbauteilen mit polymeren Schutzsystemen wird die Wasseraufnahme und die Aufnahme von Tausalzen verhindert oder vermindert. Damit wird die Frostbeständigkeit von Betonbauteilen verbessert. Die Verwendung von Tausalzen führt beim Verbundsystem Beton / Beschichtung zu Spannungen infolge des spontanen Abkühlens der oberflächennahen Bauteilbereiche durch den Effekt des Wärmeentzugs durch das Salz.

5.11.5 Alterungsverhalten und Witterungsbeständigkeit

Die DIN 50035 [80] definiert die Alterung als „Gesamtheit aller im Laufe der Zeit in einem Material irreversibel ablaufenden chemischen und physikalischen Vorgänge".

Vor allem wirkt sich die atmosphärische Außenbewitterung bezüglich des Alterns auf Kunststoffe aus. Bei polymerne Werk- und Baustoffen sind neben der Verschlechterung mechanischer und anderer Eigenschaften (z. B. Diffusionseigenschaften) auch Veränderungen des äußeren Erscheinungsbildes, wie Verfärbungen, Glanzänderungen, optische Trübungen usw., von Bedeutung.

5.11.5.1 Ursachen

Zu unterscheiden ist zwischen inneren und äußeren Ursachen der Alterung.

Inneren Ursachen der alterungsbedingten Eigenschaftsänderungen sind:

- unvollständige Polymerisation, Polykondensation oder Polyaddition bei Verarbeitungs- und Anwendungsfehlern, z. B. falsche Zusammensetzung, ungenügendes Mischen, unzulässige Witterungseinflüsse, vorzeitige und/oder unzulässige chemische Beanspruchung,
- Eigenspannungen, z. B. Verformungen durch Abkühlung bei der Herstellung oder „eingefrorene" molekulare Orientierungen, große Erwärmung bei der Aushärtung, unzulässige Bauteildicken,
- niedermolekulare Beimengungen, z. B. Flammschutzmittel und Weichmacher.

Die genannten Parameter können erhebliche Unterschiede in der Beständigkeit gegen diverse Alterungsparameter innerhalb der gleichen Kunststoffart hervorrufen.

Äußere Ursachen der Alterung resultieren aus einer Energiezufuhr in das molekulare Gefüge. Durch solar bedingte Infrarotstrahlung (Wärme), Ultraviolettstrahlung oder ionisierende Strahlung können die Bindungsmechanismen im Makromolekül, z. B. durch Kettenspaltung oder Vernetzungsreaktionen, verändert werden.

Neben der durch die Sonne verursachten Strahlung führen die täglichen und jahreszeitlich bedingten Temperaturwechsel – vor allem plötzliche Abkühlung durch Regen – zu Spannungen im Bauteilquerschnitt und zwischen Strukturbestandteilen. Diese können beträchtliche Größenordnungen annehmen und in Wechselwirkung mit der UV-Strahlung und anderen Parametern das Alterungsverhalten beeinflussen.

Bewitterung bei unter Zugbelastung stehenden Polymeren beschleunigt oder ermöglicht bei zahlreichen Kunststoffen zerstörende Alterungsprozesse.

Die Kenntnis des Alterungsverhalten ist bedeutsam, um die Zuverlässigkeit und die Gebrauchstauglichkeit von Kunststofferzeugnissen zu bewerten bzw. zu prognostizieren. Die Alterung von Kunststoffen ist in der Regel nicht auf eine einzige Ursache zurückzuführen. Auch lassen sich die alterungsbedingten Veränderungen der Materialeigenschaften nicht zwingend aus der Summe der Einzelwirkungen ableiten, da beim Vorliegen mehrerer Ursachen synergistische und antagonistische (d. h. gegensätzliche) Effekte auftreten können. Die Zusammenhänge sind bis heute noch nicht umfassend bekannt.

Kunststoffe werden bezüglich des Alterungsverhaltens unter natürlichen und künstlichen Umgebungsbedingungen nach allgemein anerkannten Prüfvorschriften oder unter praxisrelevanten Lagerungsbedingungen geprüft. Die Prüfung auf Alterungsbeständigkeit kann zudem als Gebrauchstauglichkeitsprüfung unter den entsprechenden Anwendungsbedingungen oder als Funktionsprüfung nach festgelegten Prüfbedingungen erfolgen.

5.11.5.2 Mechanismen

Vor allem bei mehrkomponentigen, nicht völlig ausgehärteten Reaktionsharzen kann die Zufuhr von Energie infolge Bewitterung (Strahlung, Temperatur) zu nachträglicher Vernetzung führen. Meist erhöhen sich dadurch die mechanischen Eigenschaften und die chemische Widerstandsfähigkeit. Jedoch kann die Festigkeitssteigerung, die üblicherweise mit einem Verlust der Verformbarkeit verbunden ist, sich auch ungünstig auswirken. Nachteilige Alterungsvorgänge können anfänglich durch gezielte Temperprozesse ausgeglichen oder überdeckt werden. Dieses ist bei Alterungsprüfungen zu beachten.

Aus dem bereits zuvor genannten Spalten von Makromolekülen in Bruchstücke unterschiedlicher Art resultiert, dass das mittlere Molekulargewicht abnimmt und diverse Änderungen von Eigenschaften eintreten.

Als *Photolyse* wird bezeichnet, wenn durch Einwirkung energiereichen kurzwelligen Lichtes Hauptvalenzbindungen aufgebrochen werden, sodass die langen Kettenmoleküle in kürzere Teile aufgespalten werden. Dieses hat äußerlich erkennbare Verfärbungen und Glanzverringerung zur Folge.

Photolyse unter Mitwirkung des natürlichen Luftsauerstoffs unter normaler Sonneneinstrahlung wird als *Photooxidation* bezeichnet.

Einer besondere Variante der Photooxidation, der autokatalytische Vorgang der *Autoxidation*, wird durch Energiezufuhr lediglich angeregt. Als Kettenreaktion erfolgt durch Sauerstoffeinwirkung ein Abbau der Makromoleküle. Die Reaktion bricht unter bestimmten Bedingungen ab, wodurch die technisch relevanten Eigenschaften nicht – wie bei der Photolyse – gegen Null abfallen. Der Vorgang verläuft über lange Zeiträume (z. T. Jahre) unbemerkt und beschleunigt sich dann, was für die Baupraxis und die Versuchstechnik schwierig einzuschätzen ist.

Zu den physikalischen Alterungsvorgängen zählen: Nachkristallisationen, Agglomerationen niedermolekularer Anteile, Weichmacherverluste und Erosion durch mechanische Vorgänge.

5.11.5.3 Eigenschaftsänderungen

Aus den chemischen und physikalischen Änderungen der Polymere durch Witterungseinflüsse folgen meistens nachteilige Änderungen der bautechnisch wichtigen Eigenschaften. Dazu zählen Versprödung und Farbänderungen. Die *Gebrauchseigenschaften* der Kunststoffe werden durch Bewitterung nach mehreren Jahren häufig so stark verändert, dass sie während der Nutzungsdauer versagen (z. B. Einreißen und Abblättern vom Untergrund von Beschichtungen durch Versprödung).

Die Zusammenhänge zwischen den *Ursachen* der Alterungsvorgänge und den *resultierenden physikalisch-chemischen Vorgängen* sind komplex. Daher haben die zeitabhängigen Alterungsfunktionen je nach betrachteter Eigenschaft (Festigkeit, elastische oder plastische Verformung, Zähigkeit, nichtmechanische Eigenschaften) ein qualitativ und quantitativ unterschiedliches Ergebnis. Das gilt auch für die einzelnen Kunststofftypen und ihre Modifikationen.

Da UV-Strahlen in nicht transparente, pigmentierte und/oder gefüllte Kunststoffe lediglich bis zu einer geringen Tiefe eindringen, ändern sich die bautechnisch wichtigen Eigenschaften, z. B. von kunststoffhaltigen Mörteln und Betonen oder Haftbrücken, häufig nicht. Verfärbungen der Kunststoffoberfläche sind trotzdem nicht auszuschließen. Im Falle zusätzlicher Erosion durch Wind, Regen und Nutzungsbeanspruchungen ist ein Verlust der Nutzungseigenschaften möglich, wie z. B. bei ungeschützt der Witterung ausgesetztem PUR-Ortsschaum. Dieses ist durch die permanent abgetragene bzw. beanspruchte oberflächennahe Schicht erklärbar.

Bei transparenten Kunststoffen, wie Hydrophobierungen und Versiegelungen, kann Alterung in Abhängigkeit von der Eindringtiefe die Eigenschaften geringfügig bis deutlich verschlechtern.

Bild 5.40: Durch Überfahren der Oberfläche mit den Fingern festgestelltes Kreiden infolge Alterung einer ca. 20 Jahre alten Oberläechenschutzbeschichtung (OS 5) einer Fassade

Die Lebensdauer von Beschichtungen hängt im Wesentlichen von der Alterungsbeständigkeit des Bindemittels ab. Wichtige Effekte sind dabei Farbänderungen, Glanzverlust, Zunahme der Rauheit, Verlust der Lichtdurchlässigkeit, Versprödung und Abwitterung (Kreiden, siehe Bild 5.40).

Die Alterungsbeständigkeit für die einzelnen Kunststoffe anzugeben, ist wegen der Vielfalt der Einfluss- und Zielgrößen, nicht möglich. Daher sind für viele Anwendungen spezifische Prüfungen durchzuführen.

5.11.5.4 Erhöhen der Alterungsbeständigkeit

Um die Alterungsbeständigkeit zu verbessern, werden den für Witterungsbeanspruchung vorgesehenen Polymeren in geringen Mengen bestimmte niedermolekulare Stoffe, die gezielt als Wärme-, Licht- oder UV-Stabilisatoren wirken, zugesetzt. Diese werden als *Antioxidantien, Antiozonantien, Alterungsschutzmittel* usw. bezeichnet. *Inhibitoren* stellen eine besondere Gruppe dar. Diese unterbinden oder hemmen die chemischen Reaktionen (beispielsweise die Autoxidation – Autokatalyse). Damit kann die Induktionsperiode lediglich verlängert, aber keine absolute Beständigkeit gegen Alterung erzielt werden.

5.11.6 Brandverhalten

Für Oberflächenschutzsysteme (außer OS 1) fordert [31] einen Nachweis des Brandverhaltens. Der Nachweis erfolgt durch Prüfung und Klasseneinteilung nach DIN EN 13501-1 [81].

5.11.6.1 Allgemeines

Alle im Bauwesen eingesetzten Kunststoffe (außer PTFE) sind in ungefüllter Form brennbar.

Bei Erwärmung und Erreichen der Zersetzungstemperatur (vgl. Abschnitt 5.5), z. B. infolge Flammenwirkung durch eine fremde Zündquelle, spalten sich niedermolekulare gasförmige Bruchstücke der Makromoleküle ab. Diese bilden in der Regel mit dem Luftsauerstoff entflammbare Gemische.

Das Brandverhalten eines Stoffes ist ein komplexer Begriff, der die für die bauliche Sicherheit wesentlichen Größen umfaßt:

- Entflammbarkeit,
- Fähigkeit zur Flammenausbreitung,
- Beitrag zur Hitzeentwicklung,
- Rauchentwicklung,
- Entwicklung toxischer Brandgase.

Während das stoffliche Brandverhalten von der chemischen Struktur der Polymere und von niedermolekularen Additiven sowie anorganischen Füll- und Verstärkungsstoffen bestimmt wird, spielen für das Brandverhalten von Bauteilen außerdem geometrische und konstruktive Gegebenheiten eine wichtige Rolle:

- Verhältnis von Oberfläche zu Volumen (dünne Platten und Schaumstoffe sind stärker brandgefährdet),
- Stellung der Bauteile im Raum (vertikale Bauteile, die unten gezündet, werden, brennen infolge Konvektion lebhafter),

- Wärmeableitung (dünne Beschichtungen auf gut wärmeleitendem Untergrund – Beton, Metall – brennen kaum selbständig),
- verfügbare Luftmenge (Schwelbrand bei Sauerstoffmangel).

Die von einem Brand ausgehenden Gefahren umfassen:

- Rauchbildung (Sichtbehinderung in Fluchtwegen und für Feuerwehr),
- Panikwirkung (Erstickungsgefahr), weitaus wichtigste Gefahr!,
- Hitzewirkung (Verbrennungsgefahr, Einsturzgefahr),
- Entwicklung toxischer Brandgase (Vergiftungsgefahr).

5.11.6.2 Regelwerke und Anforderungen

Die Anforderungen an das Brandverhalten von Baustoffen und Bauteilen sind in der Normenreihe DIN 4102 [82] geregelt. Danach wird das Brandverhalten anwendungsbezogen und unabhängig von der Art des Baustoffes geprüft und bewertet. Die Baustoffe werden in Klassen eingeteilt:

- nicht brennbare Stoffe (Klasse A)
- brennbare Stoffe (Klasse B).

Die Einstufung eines Baustoffes in die Klasse A besagt nicht, dass daraus hergetellte Bauteile feuerbeständig sind und im Brandfall während bestimmter Zeiten ihre Funktionen erfüllen. Sichergestellt ist jedoch, dass von eingebauten nichtbrennbaren Baustoffen im Brandfall keine Gefahren (Rauch. Hitze, Toxizität) für die im Gebäude befindlichen Menschen ausgehen, die nennenswert über die durch den Brand von Einrichtungsgegenständen, Lagergütern oder brennbaren Baustoffen gegebenen hinausgehen.

Nichtbrennbare Baustoffe werden u. a. für folgende Bauteile gefordert:

- feuerbeständige Bauteile (in den tragenden und aussteifenden Querschnittsteilen),
- Dächer und Fassaden bei Hochhäusern,
- Lüftungskanäle,
- Verkleidungen und Einbauten in bestimmten Räumen (Flure, Treppenhäuser).

Eine Einstufung von Kunststoffen in die Klasse A ist nur dann möglich, wenn anorganische Füll- oder Verstärkungsstoffe volumenmäßig einen sehr hohen Anteil aufweisen. Dies kann z. B. bei hochverstärkten GFK und bei günstig aufgebauten Kunstharz- und Kunstharzschaumbetonen der Fall sein.

Unbrennbare Polymere, wie sie z. B. in der Raumfahrt und speziellen Anwendungen im Maschinenbau und in der Elektrotechnik angewendet werden, sind aus Verarbeitungs- und Kostengründen im Bauwesen derzeitig nicht anwendbar.

Die brennbaren Baustoffe werden in drei Untergruppen eingeteilt:
Klasse B1: schwar entflammbar,
Klasse B2; normal entflammbar,
Klasse B3: leicht entflammbar.

Im eingebauten Zustand leicht entflammbare Stoffe dürfen in der Bundesrepublik Deutschland im Bauwesen nicht vervendet werden. Die im Betonbau verwendeten Kunstharze leisten wegen ihrer Einbaubedingungen bzw. ihres geringen Anteils in überwiegend anorganischen Zweistoffsystemen keinen Betrag zur Flammausbreitung und einen völlig untergeordneten zur Hitzeentwicklung.

Das Brandverhalten von Bauteilen, d. h. ihre Feuerwiderstandsfähigkeit, wird nach DIN 4102-1, beurteilt.

Eine Einstufung von Bauteilen aus ungefüllten Kunststoffen in Feuerwiderstandsklassen ist bisher nicht möglich. Durch Kombination mit anorganischen Stoffen können jedoch die Anforderungen für F30-B und evtl. für F90-B erreicht werden.

Gemäß [83] muss bei Oberflächenschutzsystemen, die für die Anwendung auf Bauteilen vorgesehen sind, die Feuer ausgesetzt sind, der Hersteller die Brandverhaltensklasse des erhärteten Oberflächenschutzsystems angeben.

Für erhärtete Oberflächenschutzsysteme, die einen Massen- oder Volumenanteil (je nachdem, welcher Anteil der nachteiligere ist) von 1 % oder weniger an gleichmäßig verteilten organischen Stoffen enthalten, kann die Brandklasse A1 angegeben werden, ohne dass eine Prüfung erforderlich ist.

Erhärtete Oberflächenschutzsysteme, die einen Massen- oder Volumenanteil (je nachdem, welcher Anteil der nachteiligere ist) von mehr als 1 % an gleichmäßig verteilten organischen Stoffen enthalten, sind nach DIN EN 13501-1 [84] einzustufen, und die entsprechende Brandverhaltensklasse ist anzugeben.

5.11.6.3 Toxische und korrosive Gase

Die Verbrennungsprodukte (Rauchgase) bei Kunststoffbränden enthalten außer Kohlendioxid (CO_2) und Wasser (H_2O) vor allem bei Schwelbränden giftiges Kohlenmonoxid (CO) und je nach Kunststoffart und Brandverlauf auch andere toxisch wirkende Gase und zahlreiche kompliziert aufgebaute, theoretisch nicht vorhersehbare Polymerbruchstücke. Die für Schutz- und Instandsetzungsmaßnahmen im Betonbau eingesetzten und hier erwähnten Kunstharze enthalten keine korrosionsfördernden Mengen an Chlor. Vorsicht ist dagegen bei der Vedünndung von PVC-Anstrichen und Polychloropren-Abdichtungen geboten.

5.11.7 Elektrische Eigenschaften

Kunststoffe weisen zahlreiche in der Elektrotechnik erwünschte Eigenschaften auf. Sie sind hervorragende Isolatoren, kriechstromfest und weisen ein gutes dielektrisches Verhalten auf. Hierauf beruhen auch einige bautechnische Anwendungen, z. B. Radome (Antennenschutzhallen) oder Korrosionsschutzbeschichtung im Stahlbau. Als Folge des hohen Isolationswiderstandes neigen Kunststoffoberflächen zur elektrostatischen Aufladung. Durch mechanische Reibung beim Begehen oder Befahren auf der Oberfläche entstandene Ladungen können sich nicht durch Stromfluss im Stoffinneren ausgleichen, sondern nur durch Influenz oder durch Funkenüberschlag zu einem anderen Festkörper. Hieraus können sich Unfallgefahren durch Zündung explosionsgefährdeter Atmosphären (Gase, Dämpfe, Stäube) ergeben, z. B. in Lackierereien, Chemiebetrieben und -laboratorien, Getreidemühlen, Bergwerken, Operationssälen u. a. Auch empfindliche elektrische und elektronische Geräte (Computer, Steuerungsanlagen) können durch die sehr hohen Spannungsdifferenzen in ihrer Funktion gestört werden. Wertebereiche für elektrische Eigenschaften sind in Bild 5.41 dargestellt.

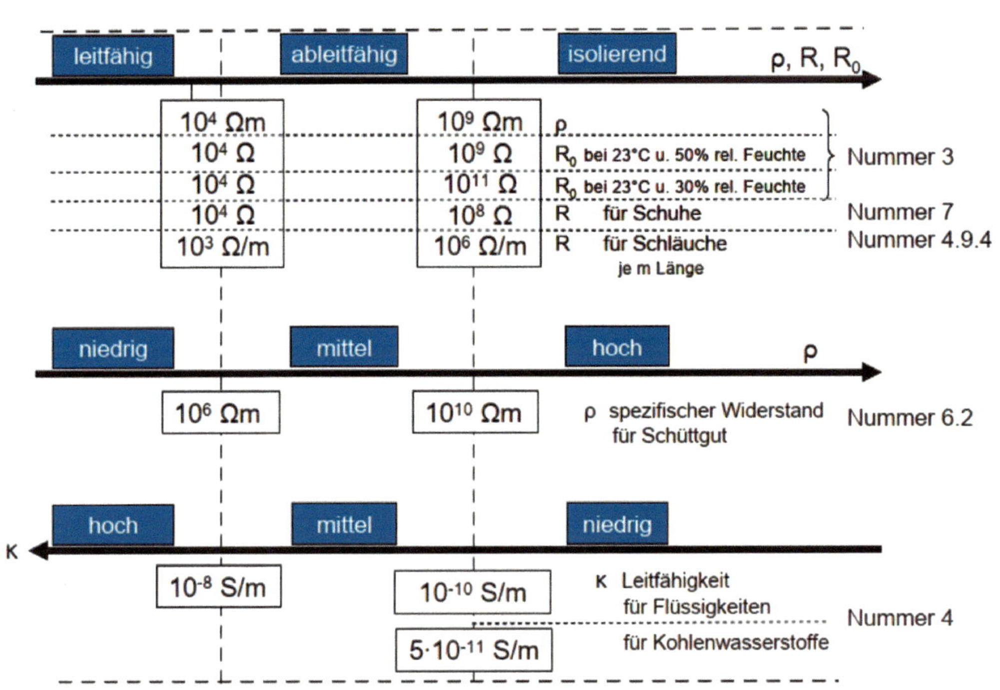

Bild 5.41: Wertebereiche für elektrische Eigenschaften gemäß TRGS 727 [85]. Die Angaben „Nummer n" beziehen sich auf Abschnitte in der TRGS

In gefährdeten Bereichen können spezielle Beschichtungsaufbauten auf Bodenflächen eingesetzt werden, die durch Zugabe leitfähiger Füllstoffe ableitfähig eingestellt wurden. Eingesetzt werden hierbei Ruß in Pulverform oder Kohlenstofffasern sowie spezielle Leitfüllstoffe.

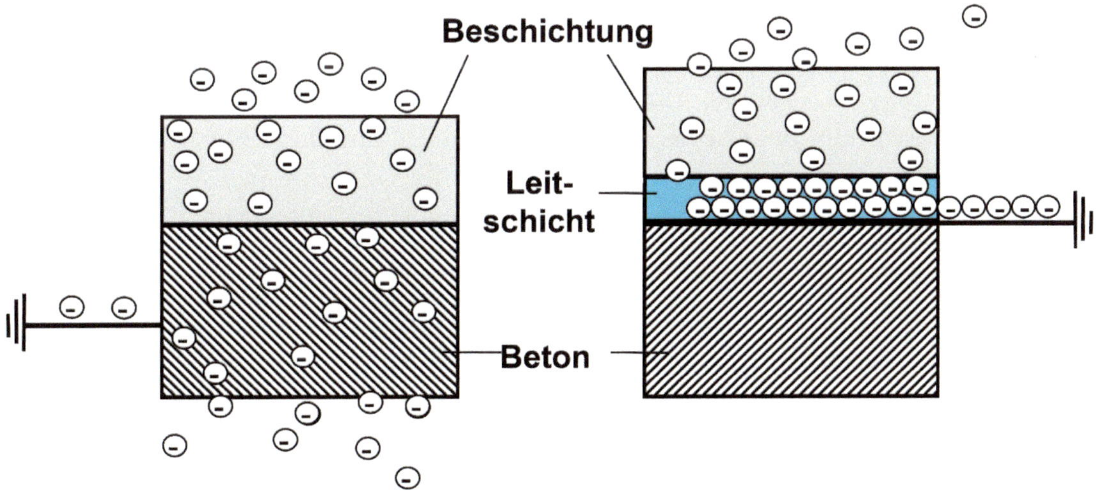

Bild 5.42: Prinzip der ableitfähigen Beschichtungen, links ohne Leitschicht, rechts mit Leitschicht

5.11.8 Sonstige Eigenschaften

5.11.8.1 Physiologische Unbedenklichkeit

Die physiologische[28] Unbedenklichkeit von Kunststoffen und Kunststoffbeschichtungen bedeutet, dass von diesen Kunststoffen keine Bestandteile abgegeben werden, die sich negativ auf die Menschen und die Umwelt auswirken. Je nach Anwendungsbereich sind für Anforderungen und Prüfungen für die Verwendung von Kunststoffen in Bezug auf deren physiologische Unbedenklichkeit unterschiedliche Regelwerke anzuwenden.

Die Anforderungen an Kunststoffe, die im Lebensmittelbereich eingesetzt werden, sind in der *Bedarfsgegenständeverordnung* und dem Lebensmittel- und Bedarfsgegenständegesetz festgelegt. Bei einem Bedarfsgegenstand handelt es sich definitionsgemäß um eine Sache, die in Kontakt mit Lebensmittel oder dem menschlichen Körper kommt. Beispiele sind Verpackungen für Lebensmittel, Plastikschüsseln, Umhüllungen, Zubereitungsgegenstände usw. Die möglichen Ausgangsstoffe für die Herstellung von Bedarfsgegenständen sind in einer Positivliste in der Bedarfsgegenständeverordnung aufgelistet.

Daneben werden Bedarfsgegenstände auf Migrationsverhalten geprüft. Das bedeutet, dass mit sogenannten Simulanzlösemitteln (z. B. Olivenöl für fetthaltige Nahrungsmittel) die Menge an extrahierten Inhaltsstoffen bestimmt wird, die insgesamt die vorgegebenen Grenzwerte nicht überschreiten dürfen.

5.11.8.2 Dekontaminierbarkeit

Unter Dekontamination (lateinisch: contaminare = verunreinigen) versteht man das Entfernen oder Verringern einer radioaktiven und/oder biologischen und/oder chemischen Verunreinigung (Kontamination) von oder auf Personen, Organismen und Sachen.

Unter Dekontaminierbarkeit wird in der Regel die Reinigungsfähigkeit von Oberflächen verstanden, die durch radioaktive Stoffe verunreinigt sind. Die Prüfungen sind in DIN 25415 [86] beschrieben.

In der Praxis müssen sich kontaminierte Oberflächen sehr gut reinigen lassen. Als Reinigungsmittel werden Säuren, Laugen und Lösemittel verwendet. Daraus folgt, dass die verwendeten Reaktionsharzbeschichtungen eine hervorragende Säure-, Laugen- und Lösemittelbeständigkeit aufweisen müssen.

5.12 Arbeitssicherheit und Umweltschutz

Pflicht von Auftraggebern, Ausschreibenden, Auftragnehmern, Beschichtungsstoffherstellern, Aufsichtspersonal und allen anderen Personen, die an einem Projekt beteiligt sind, ist, die in ihrer Verantwortung liegenden Arbeiten so auszuführen, dass weder die eigene Gesundheit und Sicherheit noch die anderer gefährdet werden.

Aspekte, die besondere Beachtung erfordern, sind zum Beispiel folgende:

- keine toxischen oder krebserregenden Stoffe festlegen oder verwenden;
- Emissionen flüchtiger organischer Verbindungen (VOC);

---

28 Physiologie ist die Wissenschaft und Lehre von den natürlichen Lebensvorgängen der Organismen.

- Maßnahmen gegen schädliche Einwirkungen von Rauch, Staub, Dämpfen und Lärm sowie gegen Brandgefahren;
- Körperschutz, einschließlich Augen-, Haut-, Gehör- und Atemschutz;
- Schutz von Gewässern und Erdreich während der Beschichtungsarbeiten;
- Wiederverwertung von Stoffen und Abfallentsorgung.

Beim Durchführen von Arbeiten mit Kunststoffen sind die einschlägigen Vorschriften zu beachten. Insbesondere sind die ausführenden Personen bezüglich möglicher gesundheitlicher Gefahren zu unterweisen. Die Sicherheitsdatenblätter der Hersteller sind zu beachten und auf der Baustelle bereitzuhalten. Die Arbeiten müssen gemäß den Vorgaben im Technischen Datenblatt der Hersteller durchgeführt werden.

Bezüglich der Verwendung von Epoxidharz-Systemen können ggf. je nach Einsatzgebiet und Anwendungsbereich ergänzende – auch gesetzliche – Anforderungen an Sicherheit und Gesundheit bestehen, so z. B. in den Bereichen Kinderspielzeug, Trinkwasser, Lebensmittelbedarfsgegenstände etc.

Inhaltsstoffe von Epoxidharzen haben sensibilisierende Eigenschaften. Bei ungeeigneter Arbeitsweise kann der Verarbeiter sensibilisiert werden, danach kann es zu allergischen Reaktionen in Form von Hautausschlägen kommen, vor allem beim Kontakt mit nicht ausgehärteten Epoxidharzen. Um Möglichkeiten zur Vermeidung von epoxidharzbedingten allergischen Hauterkrankungen zu erarbeiten, wurden verschiedene Arbeitskreise gegründet und Forschungsprojekte initiiert. Die bisherigen Ergebnisse dieser Arbeiten finden sich gesammelt auf der Epoxidharzseite der Bundesanstalt für Arbeitsschutz und Arbeitsmedizin.

Da der direkte Hautkontakt als weitaus schädlicher anzusehen ist als etwa eine Aufnahme über die Atemwege (z. B. durch ungenügende Belüftung), ist persönliche Schutzausrüstung beim Einsatz vieler Epoxidprodukte vorgeschrieben. Zum Hautschutz eignen sich ausschließlich spezielle Nitril- oder Butyl-, Butyl / Viton- und PE-Laminat-Handschuhe. Ungeeignet sind dünne Einweg-Handschuhe unabhängig vom Material (zum Beispiel Latex, Vinyl oder Nitril). Die allergenen Stoffe durchdringen diese Handschuhe auch ohne Beschädigung innerhalb weniger Minuten, während der Eigenschutz der Haut durch Schwitzen bei fehlender Belüftung geschwächt wird. Hautschutzsalben bieten ebenfalls keinen akzeptablen Schutz. Unter Umständen kann zusätzlich das Tragen eines Schutzanzugs notwendig sein.

5.13 Literatur

[1] DIN EN ISO 472:2013-06 Kunststoffe – Fachwörterverzeichnis.
[2] DIN EN ISO 472/A1:2019-03 Kunststoffe – Fachwörterverzeichnis – Änderung 1: Weitere Einträge.
[3] DIN EN ISO 1043-1:2016-09 Kunststoffe – Kennbuchstaben und Kurzzeichen – Teil 1: Basis-Polymere und ihre besonderen Eigenschaften.
[4] DIN EN ISO 1043-2:2012-03 Kunststoffe – Kennbuchstaben_und_Kurzzeichen – Teil 2: Füllstoffe und Verstärkungsstoffe.
[5] DIN EN ISO 1043-3:2017-03 Kunststoffe – Kennbuchstaben_und_Kurzzeichen – Teil 3: Weichmacher.
[6] DIN EN ISO 1043-4:2021-10 Kunststoffe – Kennbuchstaben_und_Kurzzeichen – Teil 4: Flammschutzmittel.
[7] DIN ISO 1629:2015-03 Kautschuk und Latices – Nomenklatur.
[8] DIN EN ISO 18064:2015-03 Thermoplastische Elastomere – Nomenklatur und Kurzzeichen.
[9] „Organische Chemie," Studyflix GmbH, [Online]. Available: studyflix.de/chemie/thema/organische-chemie-116. [Zugriff am 16 10 2021].

[10] „Werkstoffe," Duden Learnattack GmbH, [Online]. Available: www.lernhelfer.de/schuelerlexikon/chemie-abitur/kapitel/101-werkstoffe. [Zugriff am 16 10 2021].
[11] „Kunststoff," Kern GmbH, [Online]. Available: www.kern.de/de/kunststofflexikon/kunststoff. [Zugriff am 16 10 2021].
[12] „Organische Chemie," Wiley Information Services GmbH, [Online]. Available: www.chemgapedia.de/vsengine/topics/de/Chemie/Organische_00032Chemie/index.html. [Zugriff am 17 10 2021].
[13] „Die Geschichte des Klebens," [Online]. Available: www.klebstoffe.com/informationen/geschichte-des-klebens/. [Zugriff am 12 10 2021].
[14] E. Boeda, S. Bonilauri, J. Connan, D. Jarvie, N. Mercier, M. Tobey, H. Valladas, H. al Sakhel und S. Muhesen, „Middle Palaeolithic bitumen use at Umm el Tlel around 70 000 BP," Antiquity, Bd. 82, Nr. 318, pp. 853-861, 2008 December.
[15] J. Connan, R. Carter, H. Crawford, M. Tobey, A. Charrié-Duhaut, D. Jarvie, P. Albrecht und K. Norman, „A comparative geochemical study of bituminous boat remains from H3, As-Sabiyah (Kuwait), and RJ-2, Ra's al-Jinz (Oman)," Arabian Archaeology and Epigraphy 16(1), pp. 21 – 66, 2005 April.
[16] E. Zirkler, Asphalt, ein Werkstoff durch die Jahrtausende, Giesel Verlag, 2001.
[17] „Lacke," in Ullmanns Enzyklopädie der Technischen Chemie, 4 Hrsg., Bd. 15, p. 592 – 719.
[18] Kunststoff-Museums-Verein (KMV) e. V., „Do it yourself," [Online]. Available: www.deutsches-kunststoff-museum.de/kunststoff/textbeitrage/do-it-yourself/. [Zugriff am 12 10 2021].
[19] K. Dohnke, „Die Lack-Story. 100 Jahre Farbigkeit zwischen Schutz, Schönheit und Umwelt," München, Hamburg, Dölling und Galitz, 2000, p. 82.
[20] EUROPÄISCHEs PARLAMENT UND DER RAT DER EUROPÄISCHEN UNION, VERORDNUNG (EG) Nr. 1907/2006 zur Registrierung, Bewertung, Zulassung und Beschränkung chemischer Stoffe (REACH), 2006.
[21] United Nations, Globally Harmonized System of Classification and Labelling of Chemicals (GHS Rev. 9, 2021), U. Nations, Hrsg., New York and Geneva, 2021.
[22] DIN EN ISO 4618:2023-05 Beschichtungsstoffe – Begriffe.
[23] R. P. Gieler und A. Dimmig-Osburg, Kunststoffe für den Bautenschutz und die Betoninstandsetzung. Der Baustoff als Werkstoff, Basel: Birkhäuser Verlag, 2006.
[24] G. Menges, Werkstoffkunde der Kunststoffe, 2. Auflage Hrsg., München Wien: Carl Hanser Verlag, 1984.
[25] DIN EN ISO 16805:2005-07 Bindemittel für Beschichtungsstoffe – Bestimmung der Glasübergangstemperatur.
[26] R. T. Morrison und R. N. Boyd, Lehrbuch der Organischen Chemie, VCH Verlagsgesellschaft mbH, 1978/1986.
[27] A. D. McNaught und A. Wilkinson, „homogeneous polymer blend," [Online]. Available: goldbook.iupac.org/terms/view/HT07582. [Zugriff am 15 10 2021].
[28] A. D. McNaught und A. Wilkinson, „compatible polymer blend," [Online]. Available: goldbook.iupac.org/terms/view/CT07581. [Zugriff am 15 10 2021].
[29] A. D. McNaught und A. Wilkinson, „immiscible polymer blend," [Online]. Available: goldbook.iupac.org/terms/view/IT07240. [Zugriff am 2021 10 15].
[30] DIN EN ISO 10364:2018-06 Strukturklebstoffe – Bestimmung der Topfzeit (Verarbeitungszeit) von Mehrkomponentenklebstoffen.
[31] DIBt – Deutsche Institut für Bautechnik, Technische Regel Instandhaltung von Betonbauwerken (TR Instandhaltung) Teil 2 – Merkmale von Produkten oder Systemen für die Instandsetzung und Regelungen für deren Verwendung.

[32] DIN EN ISO 9514:2019-10 Beschichtungsstoffe – Bestimmung der Verarbeitungszeit von Mehrkomponenten-Beschichtungssystemen – Vorbereitung und Konditionierung von Proben und Anleitung für die Prüfung.

[33] Bundesanstalt für Wasserbau, BAWEmpfehlung „Instandsetzungsprodukte – Hinweise für den Sachkundigen Planer zu bau bauwerksbezogenen Produktmerkmalen und Prüfverfahren", 2019.

[34] DIN EN ISO 2535:2003-02 Kunststoffe – Ungesättigte Polyesterharze – Bestimmung der Gelzeit bei Umgebungstemperatur.

[35] R. Stenner, S. Wehrle und B. Schwamborn (überarbeitet), „Kunststoffe: Grundlagen," in Schutz und Instandsetzung von Stahlbeton – Anleitung zur sachkundigen Planung und Ausführung, Bd. 552, expert-verlag, 2015, p. 490.

[36] Prelon Dichtsystem GmbH, „Chemische Beständigkeit von Kunststoffen," [Online]. Available: prelon.de/wp-content/uploads/2017/08/chemische_bestaendigkeit_von_kunststoffen.pdf. [Zugriff am 17 10 2021].

[37] G. Laurenzano, Entwicklung ungesättigter Polyesterharze aus nachwachsenden Rohstoffen (Dissertation), Technische Universität Braunschweig, 2016.

[38] M. Stuck, Untersuchung und Zähmodifizierung neuer hochtemperaturbeständiger ungesättigter Polyesterharze und ihrer Duromere (Dissertation), Technischen Universität Dresden, 2019.

[39] H. Q. Pham und M. J. Marks, „Epoxy Resins," in Ullmann's Encyclopedia of Industrial Chemistry, Wiley-VCH Verlag GmbH & Co. KGaA, 2005.

[40] „Polymerphysik," Wikimedia Foundation Inc., [Online]. Available: de.wikipedia.org/wiki/Polymerphysik. [Zugriff am 16 10 2021].

[41] „TPE-Wissen," [Online]. Available: allod.com/tpe-wissen/. [Zugriff am 15 10 2021].

[42] M. Peck und u. a., „Stahlbetonoberflächen – schützen, erhalten, instandsetzen," Schriftenreihe der Zement- und Betonindustrie, Verlag Bau+Technik GmbH, 2008.

[43] DIN 55945:2016-08 Beschichtungsstoffe und Beschichtungen – Ergänzende Begriffe zu DIN EN ISO 4618.

[44] DIN 16945:1989-03 Reaktionsharze, Reaktionsmittel und Reaktionsharzmassen; Prüfverfahren.

[45] J. W. Vanderhoff, E. B. Bradford und W. Carrington, „The transport of water through latex films," Journal of Polymer Science, Bd. 41, pp. 155-174, 1973.

[46] H. Keller, Strukturbildung in Polyurethandispersionen und -filmen (Dissertation), Mainz: Johannes Gutenberg-Universität, 2014.

[47] DIN 52460:2015-12 Fugen- und Glasabdichtungen – Begriffe.

[48] W. Fuchs, „Wer verträgt sich mit wem?," Baugewerbe, Bd. 5, p. 26 – 32, 1994.

[49] DIN EN 12617-1:2003-11 Produkte und Systeme für den Schutz und die Instandsetzung von Betontragwerken – Prüfverfahren – Teil 1: Bestimmung des linearen Schrumpfens von Polymeren und Oberflächenschutzsystemen (OS).

[50] DIN EN 13529:2003-12 Produkte und Systeme für den Schutz und die Instandsetzung von Betontragwerken – Prüfverfahren – Widerstand gegen starken chemischen Angriff.

[51] DIN EN ISO 2815:2003-10 Beschichtungsstoffe – Eindruckversuch nach Buchholz.

[52] DIN EN ISO 868:2003-10 Kunststoffe und Hartgummi – Bestimmung der Eindruckhärte mit einem Durometer (Shore-Härte).

[53] DIN EN 1543:1998-02 Produkte und Systeme für den Schutz und die Instandsetzung von Betontragwerken – Prüfverfahren – Bestimmung der Zugfestigkeitsentwicklung von Polymeren.

[54] DIN EN 13412:2006-11 Produkte und Systeme für den Schutz und die Instandsetzung von Betontragwerken – Prüfverfahren – Bestimmung des Elastizitätsmoduls im Druckversuch.

[55] DIN EN 13584:2003-11 Produkte und Systeme für den Schutz und die Instandsetzung von Betontragwerken – Prüfverfahren – Bestimmung des Kriechens von Betonersatzsystemen im Druckversuch.

[56] DIN EN ISO 899-2:2015-06 Kunststoffe — Bestimmung des Kriechverhaltens — Teil 2: Zeitstand-Biegeversuch bei Dreipunkt-Belastung.

[57] R. P. Gieler, Überlegungen und Versuche zur Rissüberbrückungsfähigkeit spezieller Beschichtungssysteme an Fassaden. Dissertation, Universität Dortmund, 1989.

[58] DIN EN 12618-2:2004-11 Produkte und Systeme für den Schutz und die Instandsetzung von Betontragwerken – Prüfverfahren – Teil 2: Bestimmung der Haftzugfestigkeit von Rissfüllstoffen mit oder ohne thermische Behandlung – Haftzugfestigkeit.

[59] DIN EN 1542:1999-07 Produkte und Systeme für den Schutz und die Instandsetzung von Betontragwerken – Prüfverfahren – Messung der Haftfestigkeit im Abreißversuch.

[60] DIN EN ISO 5470-1:2017-04 Mit Kautschuk oder Kunststoff beschichtete Textilien – Bestimmung des Abriebwiderstandes – Teil 1: Taber-Abriebprüfgerät.

[61] DIN EN 13892-4:2003-02 Prüfverfahren für Estrichmörtel und Estrichmassen – Teil 4: Bestimmung des Verschleißwiderstandes nach BCA.

[62] DIN EN 13892-5:2003-09 Prüfverfahren für Estrichmörtel und Estrichmassen – Teil 5: Bestimmung des Widerstandes gegen Rollbeanspruchung von Estrichen für Nutzschichten.

[63] DIN EN 13813:2003-01 Estrichmörtel, Estrichmassen und Estriche – Estrichmörtel und Estrichmassen – Eigenschaften und Anforderungen.

[64] DIN EN 660-1:1999-06 Elastische Bodenbeläge – Ermittlung des Verschleißverhaltens – Teil 1: Stuttgarter Prüfung (zurückgezogen).

[65] DIN EN 660-1/A1:2003-06 Elastische Bodenbeläge – Ermittlung des Verschleißverhaltens – Teil 1: Stuttgarter Prüfung; Änderung A1.

[66] DIBt – Deutsches Institut für Bautechnik, Technische Regel Instandhaltung von Betonbauwerken (TR Instandhaltung), Teil 1 – Anwendungsbereich und Planung der Instandhaltung, 2020-05.

[67] DIN EN ISO 7783:2019-02 Beschichtungsstoffe – Bestimmung der Wasserdampfdurchlässigkeit – Schalenverfahren.

[68] R. Engelfried, „Diffusionswiderstandszahlen für Kohlendioxid und Wasser und deren praktische Anwendung," farbe + lack 89, p. 513 – 518, 1983.

[69] H. R. Sasse, Schutz und Instandsetzung von Betonbauteilen unter Verwendung von Kunststoffen, Sachstandsbericht, Berlin und Köln: Beuth Verlag GmbH, 1994.

[70] K. Wesche, Baustoffe für tragende Bauteile, Band 4 Holz, Kunststoffe, Wiesbaden: Bauverlag GmbH Wiesbaden, 1996.

[71] DIN EN 1062-3:2008-04 Beschichtungsstoffe – Beschichtungsstoffe und Beschichtungssysteme für mineralische Substrate und Beton im Außenbereich – Teil 3: Bestimmung der Wasserdurchlässigkeit.

[72] Technische Regeln für Arbeitsstätten ASR A1.5 Fußböden, Fassung vom 1. März 2022 (GMBl S. 199), bekannt gemacht vom Bundesministerium für Arbeit und Soziales im Gemeinsamen Ministerialblatt (GMBl), bisher: DGUV Regel 108-003 (davor: BGR 181).

[73] DIN 51130:2014-02 Prüfung von Bodenbelägen – Bestimmung der rutschhemmenden Eigenschaft – Arbeitsräume und Arbeitsbereiche mit Rutschgefahr – Begehungsverfahren – Schiefe Ebene.

[74] C. Wetzel, U. Windhövel, D. Mewes und T. Götte (†), „Rutschgefahren erkennen und vermeiden – Teil 1: Grundlagen, Messverfahren und Anforderungen," Sicherheit, Bd. 3, April 2013.

[75] C. Wetzel, U. Windhövel, D. Mewes und T. Götte (†), „Rutschgefahren erkennen und vermeiden – Teil 2: Gefährdungsbeurteilung in der Praxis," Sicherheit, Bd. 3, Mai 2013.

[76] W. Fratscher und H.-P. Picht, Stoffdaten und Kennwerte der Verfahrenstechnik, Leipzig und Stuttgart: Deutscher Verlag für Grundstoffindustrie, 1979 und 1993.

[77] W. Bierwerth, Tabellenbuch Chemietechnik, Europa-Lehrmittel KG, 2005.

[78] DIN EN 12614:2005-01 Produkte und Systeme für den Schutz und die Instandsetzung von Betontragwerken – Prüfverfahren – Bestimmung der Glasübergangstemperatur von Polymeren.

[79] W. Scholz, Baustoffkenntnis, 15. Auflage Hrsg., Düsseldorf: Werner-Verlag GmbH, 2003.

[80] DIN 50035:2012-09 Begriffe auf dem Gebiet der Alterung von Materialien – Polymere Werkstoffe.

[81] DIN EN 13501-1:2010-01 Klassifizierung von Bauprodukten und Bauarten zu ihrem Brandverhalten – Teil 1: Klassifizierung mit den Ergebnissen aus den Prüfungen zum Brandverhalten von Bauprodukten.

[82] DIN 4102-1:1998-05 Brandverhalten von Baustoffen und Bauteilen – Teil 1: Baustoffe; Begriffe, Anforderungen und Prüfungen.

[83] DIN EN 1504-2:2005-01 Produkte und Systeme für den Schutz und die Instandsetzung von Betontragwerken – Definitionen, Anforderungen, Qualitätsüberwachung und Beurteilung der Konformität – Teil 2: Oberflächenschutzsysteme für Beton.

[84] DIN EN 1504-2:2005-01 Produkte und Systeme für den Schutz und die Instandsetzung von Betontragwerken – Definitionen, Anforderungen, Qualitätsüberwachung und Beurteilung der Konformität – Teil 2: Oberflächenschutzsysteme für Beton.

[85] TRGS 727:2016-01 Technische Regeln für Gefahrstoffe – Vermeidung von Zündgefahren infolge elektrostatischer Aufladungen.

[86] DIN 25415:2012-11 Radioaktiv kontaminierte Oberflächen – Verfahren zur Prüfung und Bewertung der Dekontaminierbarkeit.

[87] IUPAC, Compendium of Chemical Terminology, 2nd ed. (the „Gold Book“) Hrsg., Wilkinson und A. D. McNaught, Hrsg., Oxford: Blackwell Scientific Publications, 1997.

[88] DIN EN ISO 18064:E2021-04 – Thermoplastische Elastomere – Nomenklatur und Kurzzeichen.

[89] ISO 1629:2013-06 Kautschuk und Latices – Nomenklatur.

[90] R. Brdička, Grundlagen der Physikalischen Chemie, Berlin: VEB Deutscher Verlag der Wissenschaften, 1982.

[91] DIN EN ISO 9514:2019-10 Beschichtungsstoffe – Bestimmung der Verarbeitungszeit von Mehrkomponenten-Beschichtungssystemen – Vorbereitung und Konditionierung von Proben und Anleitung für die Prüfung.

6 Instandsetzungsprinzipien

R. Gieler

6.1 Grundlagen

An Stahlbetonbauteilen können u. a. durch Nutzung, Witterung, Planungs- und Ausführungsfehler Schäden während der geplanten Nutzungsdauer auftreten. Aus diesem Grunde sind im Rahmen der Instandhaltung Inspektionen erforderlich, um auf Basis der Ergebnisse den gegebenenfalls erforderlichen Bedarf an Maßnahmen zum Schutz oder/und zur Instandsetzung möglichst frühzeitig zu erkennen. Regelwerke für den Neubau von Stahlbetonbauteilen, wie z. B. [1], weisen daher darauf hin, dass der erforderliche Schutz des Tragwerks unter Berücksichtigung seiner geplanten Nutzung und Nutzungsdauer, der Einwirkungen und durch Planung der Instandhaltung sicherzustellen ist. Ein angemessener Instandhaltungsaufwand [1] wird also grundsätzlich vorausgesetzt.

Die Schäden am Verbundwerkstoff Stahlbeton können nach Schäden am Beton und an der Bewehrung unterteilt und nach der Art der Ursachen gemäß Bild 6.1 eingeteilt werden. Daher definieren die Regelwerke zur Betoninstandsetzung, wie [2], [3], entsprechende Prinzipien zum Schutz der Bauteile. Verfahren, mit denen die Prinzipien umgesetzt werden können, werden ebenfalls in den genannten Regelwerken beschrieben. Die Prinzipien werden basierend auf einer mit den europäischen Produktnormen der DIN EN 1504-Normenfamilie eingeführten Nummerierung auch in den nationalen Regelwerken analog beziffert. Hierdurch soll u. a. die Planung insbesondere bei der Auswahl und Festlegung von Produkten nach harmonisierten Europäischen Normen (hEN) erleichtert werden.

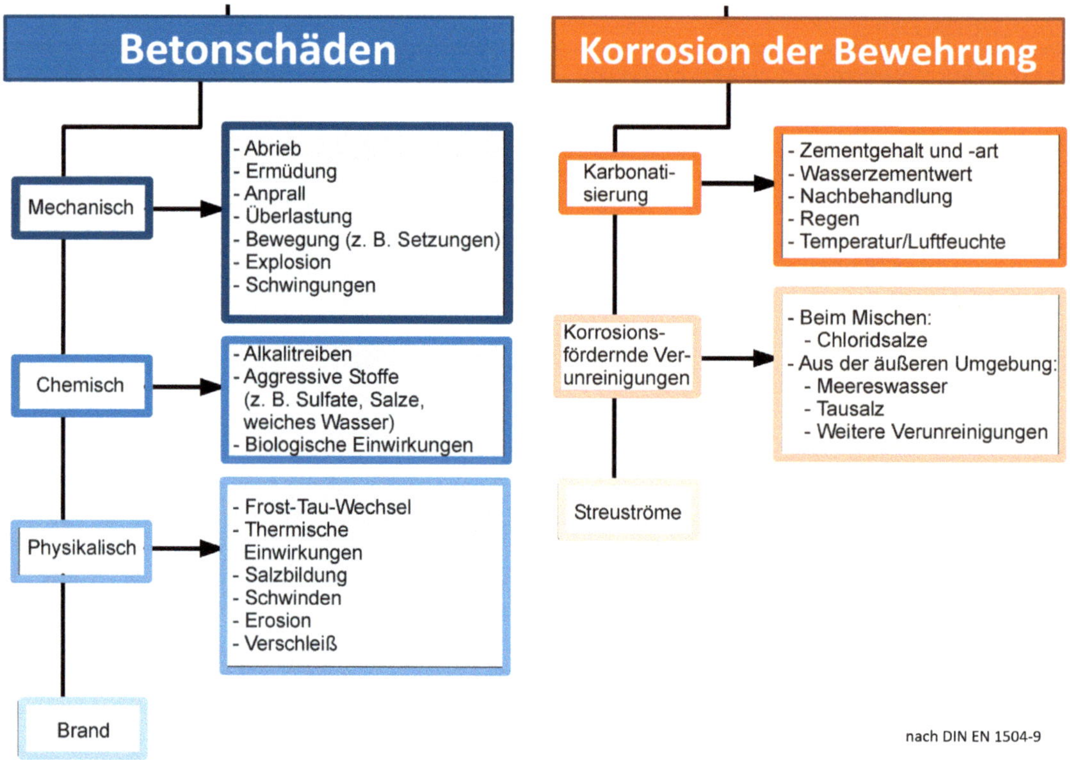

Bild 6.1: Einteilung typischer Schäden am Beton und an der Bewehrung nach der Art der Ursache mit typischen Beispielen [4]

Mit der Aufnahme der Technische Regel Instandhaltung von Betonbauwerken des DIBt, kurz TR Instandhaltung [3], in die Muster-Verwaltungsvorschrift Technische Baubestimmungen (MVV TB) [5] wird dieses Regelwerk nach und nach von den Bundesländern bauaufsichtlich eingeführt. Die Autoren der DIBt TR Instandhaltung übernehmen bezüglich der Prinzipien weitgehend die Systematik und die Terminologie der DIN EN 1504-9 [4].

Als *Instandsetzungsprinzip* definiert die TR Instandhaltung [3] „eine übergeordnete Handlungsweise zum Erreichen eines Bauteil- oder Bauwerkzustandes mit einem für die geplante Nutzungsdauer ausreichenden Abnutzungsvorrat."

Laut der Definition in DIN 31051 [6] ist der *Abnutzungsvorrat* der „Vorrat der möglichen Funktionserfüllungen unter festgelegten Bedingungen, der einer Betrachtungseinheit aufgrund der Herstellung, Instandsetzung oder Verbesserung innewohnt".

Für den Bereich der Betoninstandhaltung wird der an einem Bauteil vorhandene Abnutzungsvorrat an die Thematik angepasst definiert als „der Abstand zwischen Ist-Zustand und Mindest-Sollzustand (Abnutzungsgrenze), den ein Bauteil hinsichtlich Standsicherheit oder Gebrauchstauglichkeit aufgrund der Herstellung, Wartung, Instandsetzung oder Verbesserung aufweist" [3].

Ein (Instandsetztungs-)*Prinzip* stellt also den Grundsatz dar, *wodurch* ein Bauteil geschützt bzw. instandgesetzt werden soll. *Wie* das Prinzip umgesetzt werden kann, ist in *Verfahren* geregelt.

Die Prinzipien werden eingeteilt entsprechend den Schutz- und Instandsetzungszielen in zwei Kategorien:

- Prinzipien bei Schäden im Beton
- Prinzipien bei Bewehrungskorrosion.

Sachkundige Planer legen *Prinzipien* fest, nach denen die übergeordneten Ziele von Schutz- und Instandsetzungsmaßnahmen, nämlich Erhalten bzw. Wiederherstellen der Tragfähigkeit oder der Gebrauchstauglichkeit von Betonbauteilen für einen bestimmten Zeitraum, zu realisieren sind. Im Rahmen der Planung ist im Detail zu klären, mit welchen *Verfahren* die Prinzipien umgesetzt werden können. Für einzelne Prinzipien (außer für das Prinzip des kathodischen Korrosionsschutzes) nennt die TR Instandhaltung [3] unterschiedliche Verfahren, mit denen diese realisiert werden können. Entsprechend den im konkreten Fall vorliegenden Randbedingungen wählt der Sachkundige Planer das geeignete Verfahren aus, siehe Bild 6.2.

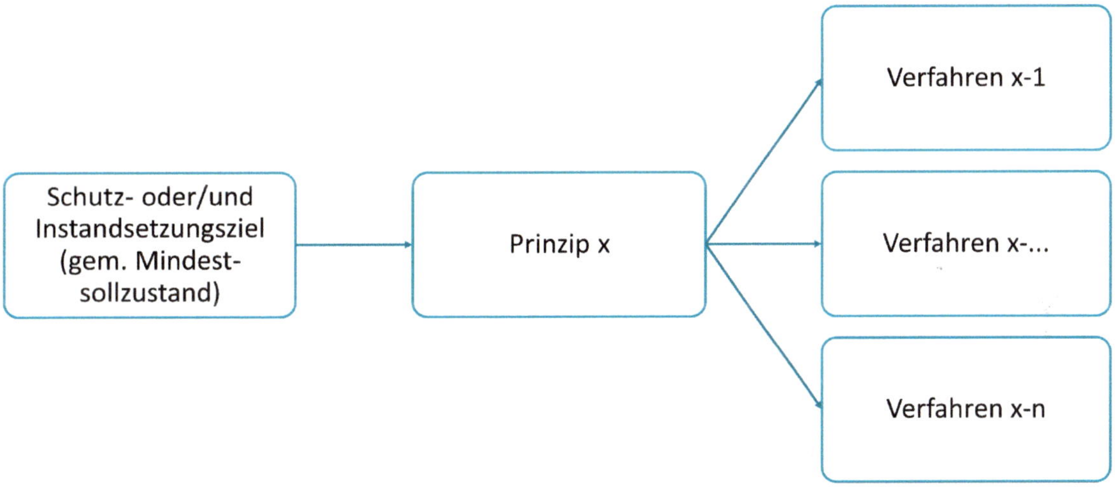

Bild 6.2: Zusammenhang zwischen Instandsetzungszielen, Prinzipien und Verfahren.

Die Prinzipien mit den entsprechenden Verfahren der technischen Umsetzung, mit denen die Instandsetzungsziele erreicht werden können, werden in Teil 1, Abschnitt 6 der TR Instandhaltung [3] beschrieben.

Im folgenden Abschnitt werden die Prinzipien entsprechend den zuvor genannten Kategorien erläutert. Hierbei werden jeweils zunächst die bisherigen Definitionen der Instandsetzungsrichtlinie des DAfStb [2] aufgeführt. Die zugehörigen Verfahren werden im folgenden Abschnitt behandelt.

6.2 Prinzipien bei Betonkorrosion

6.2.1 Historische Definitionen

Die Instandsetzungsrichtlinie des DAfStb [2] enthielt keine Definition von Prinzipien zum Schutz des Betons. Allerdings wurden *Ziele* im Teil 1 Allgemeine Regelungen und Planungsgrundsätze definiert. Das Regelwerk unterscheidet zudem zwischen Schutz- und Instandsetzungsmaßnahmen.

Als Ziel von *Schutzmaßnahmen* wird Erhöhen der Widerstandsfähigkeit von Betonbauteilen gegen

- eindringende betonangreifende oder korrosionsfördernde Stoffe oder
- mechanische Einwirkungen

auf oberflächennahe Bereiche angegeben.

Das Regelwerk führt als Ziel von *Instandsetzungsmaßnahmen*

- den dauerhaften Ersatz von zerstörtem oder abgetragenem Beton durch Beton oder Mörtel sowie
- erforderlichenfalls den dauerhaften Schutz der instand zu setzenden Betonbauteile

an. Hierzu wurden Schutz- und Instandsetzungsmaßnahmen definiert:

- Füllen von Rissen und Hohlräumen mit Reaktionsharzen, Zementleimen oder Zementsuspensionen,
- Ausfüllen von örtlichen Fehlstellen mit Mörtel oder Beton,
- Großflächiges Auftragen von Mörtel oder Beton,
- Hydrophobierung,
- Imprägnierung,
- Beschichtung.

Der Begriff „Ziel“ kann als Prinzip und der Begriff „Maßnahme“ als Verfahren gemäß der Terminologie in [3] verstanden werden.

6.2.2 Aktuelle Definitionen

Die DIBt TR Instandhaltung [3] definiert 6 Prinzipien für Schutz oder Instandsetzung von Schäden im Beton in Anlehnung an DIN EN 1504-9 [4]. Diese werden im Teil 1 der TR Instandhaltung, [3], Tabelle 5 aufgeführt. Dabei werden ausschließlich Prinzipien (und Verfahren) aufgeführt, die nach der Technischen Regel angewendet werden dürfen.

Die von 1 bis 6 nummerierten Prinzipien lauten im Einzelnen:

1. Schutz gegen das Eindringen von Stoffen,
2. Regulierung des Wasserhaushaltes des Betons,
3. Reprofilierung oder Querschnittsergänzung,
4. Verstärkung des Betontragwerks,
5. Erhöhung des physikalischen Widerstandes,
6. Erhöhung des Widerstands gegen chemischen Angriff.

Nachfolgend werden die Prinzipien erläutert.

Prinzip 1 „Schutz gegen das Eindringen von Stoffen"

Das Prinzip hat zum Ziel, den Schutz des Betons gegen das Eindringen von Stoffen für eine festgelegte Nutzungsdauer sicherzustellen bzw. wiederherzustellen.

Durch unterschiedliche Verfahren wird der gerissene und ungerissene Beton

- gegen das Eindringen von Wasser oder darin gelöster Schadstoffe,
- vor dem Eindringen schädlicher Substanzen,
- vor dem Eindringen oder Durchdringen von betonangreifenden Stoffen oder Wasser

geschützt. Hierdurch sollen Schäden des Betons durch chemische Einwirkungen, z. B. Sulfatangriff, verhindert werden, wie Alkaliaggregatreaktion (AAR), Alkalitreiben, Ausblühungen, Auswaschungen u. a. Auch bei bakteriellen oder anderen biologischen, auf den Beton aggressiv wirkende Belastung kommen Verfahren nach Prinzip 1 zum Einsatz. Zudem wird das Prinzip zum Verhindern von Schäden bei Beanspruchung durch Frost-Tau-Wechsel angewendet.

Prinzip 2 „Regulierung des Wasserhaushaltes des Betons"

Das Prinzip wird durch unterschiedliche Verfahren umgesetzt, die dazu dienen, den Wasserhaushalt des Bauteils flächig über die Betonoberflächen oder lokal begrenzt in Rissbereichen zu regulieren, um chemische oder physikalische Reaktionen zu verhindern. Durch die geregelten Verfahren soll der Wassergehalt des Bauteils entsprechend dem langfristigen Mittelwert der umgebenden Luft gesenkt werden. Dieses erfolgt durch Behindern der Wasseraufnahme des Betons infolge Kapillarität und durch Wassertransport aus dem Bauteil durch Diffusion, so dass kein für unerwünschte Reaktionen schädlicher Wassergehalt im Bauteilquerschnitt vorliegt. Zu beachten ist, dass die genannten Transportvorgänge unterschiedlich schnell sind und das Erreichen des unschädlichen Wassergehalts ggf. über einen langen Zeitraum erfolgen kann.

Beispiele für Anwendung dieses Prinzips sind:

- Instandsetzung von durch Alkali-Kieselsäure-Reaktion geschädigten Bauteile,
- Schutz der Bauteilobderfläche bei Frost-Tau-Wechsel.

Prinzip 3 „Reprofilierung oder Querschnittsergänzung"

Falls Schäden des Betons durch mechanische Beanspruchung vorliegen, die nicht durch die Korrosion der Bewehrung verursacht wurden, erfolgt die Instandsetzung nach Prinzip 3, um die Dauerhaftigkeit der Bauteile für die geplante Restnutzungsdauer sicherzustellen bzw. wiederherzustellen.

Neben dem Einbringen von Beton oder Mörtel an geschädigten Stellen zählt auch das vollständige Ersetzen eines Bauteils zu diesem Prinzip.

Prinzip 4 „Verstärkung des Betontragwerks"

Dieses Prinzip dient dazu, die Tragfähigkeit eines *Bauwerks* gegenüber dem Soll- oder Ist-Zustand zu erhöhen. Dieses erfolgt durch Anordnung einer zusätzlichen bewehrten Betonschicht, einer geklebten Bewehrung oder Querschnittsergänzung durch Betonersatz oder durch kraftschlüssiges Füllen von Rissen.

Das Verstärken eines *Bauteils* stellt ein weiteres Ziel dar und wird ebenfalls Prinzip 4 zugeordnet.

Prinzip 5 „Erhöhung des physikalischen Widerstandes"

Durch dieses Prinzip soll je nach Erfordernis der Widerstand gegen *Abtrag* von Beton, z. B. durch Anprall, oder *Abrieb* infolge Befahrung oder gegen andere Arten des mechanischen Angriffs erhöht werden.

Prinzip 6 „Erhöhung des Widerstands gegen chemischen Angriff"

Um Beton vor Angriff durch Chemikalien zu schützen, wird Prinzip 6 für die weiteren Planungen zugrundegelegt. Je nach Art der Chemikalien sind Einwirkung entsprechend den Expositionsklassen XA1 bis XA3 bei der Wahl der Verfahren zu berücksichtigen.

6.3 Prinzipien bei Bewehrungskorrosion

6.3.1 Historische Definitionen

In der Instandsetzungsrichtlinie des DAfStb [2] werden vier *Instandsetzungsprinzipien* für den Korrosionsschutz der Bewehrung unterschieden und mit Buchstaben (R, W, C und K) bezeichnet. Diese werden nachfolgend erläutert[29].

- R (Repassivierung)
  Der Korrosionsschutz erfolgt, indem das alkalische Milieu im Beton durch Realkalisieren wiederhergestellt wird. Dieses hat zur Folge, dass sich auf der Stahloberfläche erneut eine schützende Oxidschicht bildet. Dieses wird als Repassivierung bezeichnet.
- W (Wassergehalt begrenzen)
  Durch Begrenzen des Wassergehalts im Beton, soll der Korrosionsprozess der Bewehrung gestoppt werden. Indem der Wassergehalt durch geeignete Verfahren sich dem langfristigen Mittelwert der umgebenden Luft annähert und im Bauteilquerschnitt vergleichmäßigt, nimmt der spezifische elektrische Widerstand des Betons zu und damit die Korrosionsgeschwindigkeit von Stahl in Beton ab [7]. Hierdurch wird der elektrolytische Teilprozess bei der Korrosion der Bewehrung weitgehend unterdrückt.
  Gesicherte Grenzwerte für einen kritischen Wassergehaltes im Beton können gemäß [2] nicht angegeben werden. Aufgrund der praktischen Erfahrung nehmen die Verfasser des Regelwerks jedoch an, dass weitere schadensauslösende Korrosion beim Fall der Stahldepassivierung durch carbonatisierten Beton im Gegensatz zur chloridinduzierten Korrosion nicht auftreten.
- C (Coating)
  Beschichten der Bewehrung, wie im Stahlbau üblich, schützt die Bewehrung vor Korrosion nach dem Barierеprinzip, siehe [8].
- K (Kathodischer Schutz)
  Durch Anlegen eines Gleichstroms an die Bewehrung (mit Fremdstrom) über Inertanoden oder die Anordnung von Opferanoden (ohne Fremdstrom) wirkt die gesamte Bewehrung kathodisch. Da der Substanzabtrag bei der elektrochemischen Korrosion immer an der Anode erfolgt, wird Korrosion der Bewehrung auf diese Weise verhindert. Das Prinzip wird als kathodischer Korrosionsschutz (KKS) bezeichnet.

29 Die Grundkenntnisse der Korrosion werden an dieser Stelle unter Verweis auf das entsprechende Kapitel 3.2 zur Korrosion von Stahl vorausgesetzt.

Den Instandsetzungsprinzipien werden sogenannte *Grundsatzlösungen*[30] zugeordnet, mit denen diese realisiert werden können, die in Kapitel 7 vorgestellt werden.

6.3.2 Aktuelle Definitionen

DIBt TR Instandhaltung [3] definiert in Anlehnung an DIN EN 1504-9 drei Prinzipien zur vorbeugenden Abwehr von Korrosionsschäden bzw. zur Unterdrückung bereits ablaufender Korrosionsprozesse an der Bewehrung. Diese sind in Tabelle 6 der Technischen Regel aufgeführt. Alle weiteren in Tabelle 6 nicht aufgeführten Prinzipien der DIN EN 1504-9 werden in dieser Technischen Regel nicht behandelt. Nachfolgend werden die Prinzipien erläutert.

Prinzip 7 „Erhalt oder Wiederherstellung der Passivität"

Das Prinzip entspricht dem in [2] definierten Instandsetzungsprinzip R (Repassivierung), da durch entsprechende Verfahren die Passivität der Bewehrung über die Restnutzungsdauer erhalten bzw. wiederhergestellt wird. Dieses Prinzip kann bei Korrosion der Bewehrung infolge des Carbonatisierens des Beton und bei chloridinduzierter Korrosion angewendet werden.

Hinweis: Das Prinzip entspricht dem Prinzip R der Instandsetzungs-Richtlinie des DAfStb [2].

Prinzip 8 „Erhöhung des elektrischen Widerstandes"

Durch Wahl geeigneter Verfahren wird bei diesem Prinzip der elektrische Widerstand des Betons erhöht, indem die Aufnahme von flüssigem Wasser durch Kapillarität vermieden wird und das Bauteil durch den Transportmechanismus der Diffusion austrocknet. Wesentlich für den Erfolg und sicher zu verhindern ist, dass Wasser in den Beton von der rückwärtigen Bauteilseite oder seitlich (Dach, Fensterleibungen, Kondensat von innen, aufsteigende Feuchte etc.) eingebracht wird.

Hinweis: Das Prinzip entspricht dem Prinzip W der Instandsetzungs-Richtlinie des DAfStb [2].

Prinzip 10 „Kathodischer Schutz"

Bei diesem Prinzip wird das Potential der Bewehrung über eine Polarisation mit Fremdstrom oder galvanischen Anoden so weit abgesenkt, dass die Korrosionsgeschwindigkeit der Bewehrung auf einen technisch vernachlässigbaren Wert reduziert wird. Durch geeignete Verfahren wird also verhindert, dass sich Anoden auf der Stahloberfläche, an denen bei Korrosion der Substanzabtrag erfolgt, bilden – die Stahloberfläche wird zur Kathode.

Hinweis: Das Prinzip entspricht dem Prinzip K der Instandsetzungs-Richtlinie des DAfStb [2].

6.4 Besonderheiten und Hinweise

Das in [4] enthaltene Prinzip 9 wird in der TR Instandhaltung [3] nicht aufgeführt. Durch „Kontrolle kathodischer Bereiche" soll der Sauerstoffzutritt zu möglichen kathodischen Bereichen der Bewehrung so weit beschränkt werden, dass Korrosionszellen inaktiviert werden. Dadurch wird Korrosion der Bewehrung verhindert. Sauerstoffzutritt kann durch heutige Instandsetzungsverfahren nicht dauerhaft verhindert werden, da die derzeitig zur Verfügung stehenden Werkstoffe

30 siehe Abschnitt 7

(z. B. polymere Beschichtungen, Mörtel) grundsätzlich durchlässig für Sauerstoff sind. Daher wird dieses Prinzip in [3] nicht behandelt.

Falls mehrere Instandsetzungsziele an einem Bauteil erreicht werden müssen, weil z. B. die Widerstandsfähigkeit des Betons zu erhöhen (Prinzip 3) und die Bewehrung vor Korrosion zu schützen ist (z. B. Prinzip 7), sind ggf. mehrere Prinzipien festzulegen.

6.5 Literatur

[1] DIN EN 1992-1-1:2011-01 (Eurocode 2): Bemessung und Konstruktion von Stahlbeton- und Spannbetontragwerken – Teil 1-1: Allgemeine Bemessungsregeln und Regeln für den Hochbau.

[2] Deutscher Ausschuss für Stahlbeton (Herausgeber), DAfStb-Richtlinie – Schutz und Instandsetzung von Betonbauteilen (Instandsetzungs-Richtlinie), Beuth-Verlag, 2001-10.

[3] Deutsches Institut für Bautechnik (Herausgeber), Technische Regel Instandhaltung von Betonbauwerken (TR Instandhaltung), Teil 1 und Teil 2, Berlin: DIBt, 2020-05.

[4] DIN EN 1504-9:2008-11 Produkte und Systeme für den Schutz und die Instandsetzung von Betontragwerken – Teil 9: Allgemeine Grundsätze für die Anwendung von Produkten und Systeme.

[5] Deutsches Institut für Bautechnik (Herausgeber), Muster-Verwaltungsvorschrift Technische Baubestimmungen (MVV TB), veröffentlicht: Amtliche Mitteilungen 2021/1 (Ausgabe: 19. Januar 2021), Berlin: DIBt, 2020/1.

[6] DIN 31051:2012:09 Grundlagen der Instandhaltung.

[7] F. Hunkeler, „Elektrischer Widerstand von Mörteln und Beton," Schweizer Ingenieur und Architekt, Bd. 111, Nr. 43, 10 1993.

[8] R. P. Gieler und A. Dimmig-Osburg, Kunststoffe für den Bautenschutz und die Betoninstandsetzung. Der Baustoff als Werkstoff, Reihe: BauPraxis Hrsg., Bd. XVI, Birkhäuser Verlag AG, 2006, p. 480.

Normen (DIN, EN, ISO, DIN EN, DIN EN ISO u. a. Regelwerke) können vom Beuth-Verlag (www.beuth.de) erworben werden.

Regelwerke des DIBt können auf der Internetseite des DIBt (www.dibt.de) heruntergeladen werden.

7 Instandsetzungsverfahren

R. Gieler

7.1 Grundlagen

Im Rahmen der Planung von Maßnahmen zum Schützen und Instandsetzen von Stahl- und Spannbetonbauwerken werden, wie in Kapitel 6 erläutert, Prinzipien festgelegt, mit denen die Schutz- und zur Instandsetzungsziele erreicht werden können. Da Prinzipien lediglich die grundsätzliche Lösung beinhalten, werden diesen Verfahren zugeordnet, mit denen die Prinzipien umgesetzt werden können, siehe Kapitel 6, Bild 6.2. Unter dem Begriff „Instandsetzungsverfahren" versteht die TR Instandhaltung des DIBt [1] „Verfahren zum Erreichen des durch das Instandsetzungsprinzip festgelegten Ziels"[31].

Die Systematik der Prinzipien und Verfahren wurde erstmalig mit Einführung der europäischen Produktnormen der DIN EN 1504-Normenfamilie veröffentlicht und wird allgemein anerkannt. In der aktuellen TR Instandhaltung des DIBt [1], die in die Muster-Verwaltungsvorschrift Technische Baubestimmungen (MVV TB) [2] aufgenommen wurde, werden den Prinzipien die national geregelten Verfahren zugewiesen.

Wie bereits im Kapitel 6 erläutert, wurden die in der DIBt TR Instandhaltung [1] geregelten Prinzipien in enger Anlehnung an die europäische Produktnorm DIN EN 1504-9 [3] nummeriert. Dieses gilt ebenfalls für die zugehörigen national geregelten Verfahren. Eine Übersicht über die in [1] geregelten Prinzipien und Verfahren zeigen Tabelle 1 und Tabelle 2.

Für die zwei Ursachen von Schäden an Stahl- und Spannbetonbauwerken

- Schäden im Beton und
- Bewehrungskorrosion

werden jeweils den Prinzipien die zugehörenden Verfahren in Teil 1 der TR Instandhaltung [1] in Tabelle 5 und Tabelle 6 zugeordnet. Dabei werden ausschließlich Prinzipien und Verfahren aufgeführt, die nach der Technischen Regel angewendet werden dürfen. Ausschließlich die in den genannten Tabellen aufgeführten Verfahren der DIN EN 1504-9 werden in [1] behandelt. Alle gegenüber DIN EN 1504-9 zusätzlich eingeführten Verfahren sind in den Tabellen 5 und 6 der DIBt TR Instandhaltung [1] durch Fußnoten gekennzeichnet.

Im folgenden Abschnitt werden die den Prinzipien zugeordneten Verfahren getrennt nach Schäden am Beton und an der Bewehrung erläutert. Hierbei werden jeweils zunächst die bisherigen Festlegungen der Instandsetzungsrichtlinie des DAfStb [4] aufgeführt.

31 Aus Sicht des Autors wird zuerst das Ziel der Schutz- bzw. Instandsetzungsmaßnahme festgelegt, um anschließend das Prinzip zu bestimmen, das erforderlich ist, um das Ziel zu erreichen.

7.2 Verfahren bei Betonkorrosion

7.2.1 Historische Verfahren

Um die nach der RL SIB des DAfStb [4] definierten und im Kapitel 6 beschriebenen Schutz- und Instandsetzungsmaßnahmen umzusetzen, werden in diesem Regelwerk folgende *Maßnahmen* genannt:

- Füllen von Rissen und Hohlräumen mit Reaktionsharz, Zementleim oder Zementsuspension,
- Ausfüllen örtlich begrenzter Fehlstellen mit Mörtel oder Beton,
- großflächiges Auftragen von Mörtel oder Beton,
- Auftragen von Hydrophobierungen,
- Auftragen von Imprägnierungen,
- Auftragen von Beschichtungen.

Diese grundlegenden Maßnahmen können kombiniert angewandt werden, wenn mehrere Ziele der Schutz- bzw. Instandsetzungsmaßnahme erreicht werden sollen. Eine Übersicht zu den in der RL SIB des DAfStb [4] benannten Maßnahmen mit Zielen wird in Tabelle 7.1 wiedergegeben.

Maßnahme	Ziel
Füllen von Rissen und Hohlräumen	• Abdichtung durchlässiger Bauteile • Verhinderung des Eindringens korrosionsfördernder Stoffe • Wiederherstellung eines monolithischen Bauteilverhaltens • Korrosionsschutz der Bewehrung (in Sonderfällen)
Ausfüllen örtlich begrenzter Fehlstellen	Wiederherstellung der ursprünglichen Bauteiloberfläche (Reprofilierung) *Hinweis:* Als alleinige Maßnahme nur dann zielführend, wenn der Schaden nicht durch korrodierende Bewehrung hervorgerufen wurde.
Großflächiges Auftragen von Mörtel und Beton	• Vergrößerung der Betondeckung der Bewehrung • Herstellung eines neuen Oberflächenprofils • Verstärkung des Betonquerschnitts
Auftragen von Hydrophobierungen	Verbessern der langfristigen Haftung von filmbildenden Beschichtungen am Untergrund Behindern (zeitlich begrenzt) das kapillare Einsaugen von Wasser einschließlich der transportierten Schadstoffe
Auftragen von Imprägnierungen (Grundierungen)	• Verhindern des Eindringens flüssiger oder gasförmiger Stoffe in den Beton als Grundierung: • Verbessern der Festigkeit des Untergrundes • Verbessern der Haftung zur nächsten Schicht
Auftragen von Beschichtungen	• Verhindern des Eindringens flüssiger Stoffe in den Beton • Behindern des Eindringens gasförmiger Stoffe in den Beton • Schützen der Betonoberfläche vor mechanischen und chemischen Beanspruchungen • ggf. Überbrücken von Rissen

Tabelle 7.1: Maßnahmen zum Schützen und Instandsetzen von Beton mit Zielen der Maßnahmen nach [4]

7.2.2 Aktuelle Verfahren

Die durch die Technischen Regel Instandhaltung des DIBt [1] geregelten Verfahren werden bei unterschiedlichen Prinzipien angewandt und sind dementsprechend nummeriert (Nr. des Verfahrens = Nr. des Prinzips und lfd. Nr.):

- Hydrophobierung (Verfahren 1.1, 2.1)
- Beschichtung (Verfahren 1.1, 1.3, 2.3, 2.6, 5.1, 6.1)
- Örtliche Abdeckung von Rissen (Bandagen) (Verfahren 1.4)
- Füllen von Rissen oder Hohlräumen (Verfahren 1.5 2.6, 4.5)
- Kleinflächiger Handauftrag (Verfahren 3.1)
- Betonieren oder Vergießen (Verfahren 3.2)
- Auswechseln von Bauteilen (Verfahren 3.4)
- Verstärkung durch geklebte Bewehrung (Verfahren 4.3)
- Querschnittsergänzung durch Mörtel oder Beton (Verfahren 4.4)
- Mörtel- oder Betonauftrag (Verfahren 5.3, 6.3)

Die Nummerierung der Verfahren erfolgt analog [3].

Die Verfahren sind in Tabelle 7.2 aufgeführt und werden nachfolgend gegenüber [1] verkürzt erläutert. Einzelheiten zu Stoffen und zur Ausführung werden an anderer Stelle ausführlich erläutert.

Tabelle 5 der Technischen Regel Instandhaltung des DIBt [1] benennt die bei den jeweiligen Verfahren einzusetzenden Produkte bzw. System sowie die daran gestellten Anforderungen unter Verweis auf Teil 2 des Regelwerkes bzw. anderer zutreffender Normen und Richtlinien.

Nr.	Prinzip	geregelte Verfahren
1	Schutz gegen Eindringen von Stoffen	1.1 Hydrophobierung
		1.3 Beschichtung
		1.4 Örtliche Abdeckung von Rissen (Bandagen)
		1.5 Füllen von Rissen oder Hohlräumen
2	Regulierung des Wasserhaushaltes des Betons	2.1 Hydrophobierung
		2.3 Beschichtung
		2.6 Füllen von Rissen oder Hohlräumen[a]
3	Reprofilierung oder Querschnittsergänzung	3.1 Kleinflächiger Handauftrag
		3.2 Betonieren oder Vergießen
		3.4 Auswechseln von Bauteilen
4	Verstärkung des Betontragwerks[b]	4.3 Verstärkung durch geklebte Bewehrung
		4.4 Querschnittsergänzung durch Mörtel oder Beton
		4.5 Füllen von Rissen[c] oder Hohlräumen[d]
5	Erhöhung des physikalischen Widerstandes	5.1 Beschichtung
		5.3 Mörtel- oder Betonauftrag

Nr.	Prinzip	geregelte Verfahren
6	Erhöhung des Chemikalienwiderstandes	6.1 Beschichtung
		6.3 Mörtel- oder Betonauftrag
[a] gegenüber DIN EN 1504-9 ergänztes Verfahren [b] auch zur Erhöhung der Tragfähigkeit gegenüber dem Ist-Zustand [c] in der Regel zur Erhöhung der Bauteilsteifigkeit [d] beinhaltet Verfahren 4.6 gemäß DIN EN 1504-9 (Druckloses Füllen von Rissen, Hohlräumen oder Fehlstellen)		

Tabelle 7.2: Prinzipien und zugeordnete geregelte Verfahren bei Betonkorrosion gemäß [1]

Verfahren für das Prinzip 1 „Schutz gegen das Eindringen von Stoffen"

Um das Instandsetzungsziel zum Prinzip 1 zu realisieren, können entsprechend den Einwirkungen und weiterer Parameter unterschiedliche Verfahren erforderlich sein. Diese haben die Aufgabe, das Bauteil innerhalb der geplanten Nutzungsdauer davor zu schützen, dass Schäden am Beton durch eindringende (Schad-)Stoffe auftreten.

In [1] geregelte Verfahren für Prinzip 1 sind:

- Aufbringen eines Oberflächenschutzsystems
- Behandeln von Rissen und Hohlräumen durch Abdecken
- Füllen von Rissen und Hohlräumen.

Verfahren 1.1 „Hydrophobierung zum Schutz gegen das Eindringen von Stoffen"

Das Ziel dieses Prinzips, das Eindringen von flüssigem Wasser oder darin gelöster Schadstoffe in den Beton des Bauteils zu behindern, wird durch Hydrophobieren mit Stoffen, die OS 1 gemäß Teil 2, Tabelle A.3 (Anforderungen) der Technischen Regel [1] entsprechen, als schützende Maßnahme erreicht. Der Effekt beruht darauf, dass der hydrophobierende oberflächenaktive Wirkstoff der Hydrophobierungsmittel, z. B. Silane und Siloxane, die inneren Poren- und Kapillaroberflächen der Betonrandzone molekular belegt und diese dadurch wasserabweisend wirken [5]. Da der Transport flüssigen Wassers durch das behinderte kapillare Saugen (temporär) verhindert wird, können gegebenenfalls im Wasser gelöste Schadstoffe, wie beispielsweise Chlorid, nicht in den Beton eindringen. Da die Poren nicht verschlossen sind, kann ein Stoffaustausch über den Transportmechanismus der Diffusion jedoch stattfinden. Wasserdampf und Schadgase können daher je nach Konzentrationsgefälle weiterhin aus dem Bauteil hinaus- bzw. in das Bauteil hineindiffundieren. Bei diesem Verfahren wird lediglich der Transport ins Bauteil hinein betrachtet und genutzt. Hinweise zu den verwendeten Stoffen sind in Kapitel 5 zu finden.

Da die Poren des Betons durch den Austrocknungseffekt nicht mit Wasser gefüllt sind, kann das für die Carbonatisierung benötigte Kohlenstoffdioxid (CO_2) ungehindert in den Beton eindiffundieren. Die Carbonatisierungsgeschwindigkeit kann daher an hydrophobierten Betonbauteilen zunehmen.

Das Verfahren darf gemäß [1] bis zu einer Rissbreite bis 0,1 mm angewendet werden. Bei zu Rissen neigenden Bauteilen ist zu beachten, dass bei nach dem Hydrophobieren entstehenden Rissen der Schutz im Rissbereich unwirksam werden kann, da die Rissflanken nicht durchgehend hydrophob eingestellt sind und Wasser kapillar aufgenommen werden kann.

Hinweise für das Verwenden von Hydrophobierungen (OS 1 bzw. OS A) werden in Tabelle 12 im Teil 1 des Regelwerks [1] gegeben.

Verfahren 1.3 „Beschichtung zum Schutz gegen das Eindringen von Stoffen"

Falls entsprechende Einwirkungen auf den Beton von Stahlbetonbauteilen vorliegen, die diesen schädigen, werden bei diesem Verfahren Beschichtungssysteme eingesetzt, um den Wasserhaushalt über die Betonoberflächen zu regulieren. Die geregelten Oberflächenschutzsysteme (OS) sind in der TR Instandhaltung [1], Teil 1, Tabelle 5 aufgeführt: OS 2 (OS B), OS 4 (OS C), OS 5a (OS DII), OS 5b (OS DI), OS 8, OS 11a (OS Fa), OS 14.

Die Anforderungen an die Oberflächenschutzsysteme werden in [1], Teil 2, Anhang A in den Tabellen A.4 bis A.9 genannt.

Falls der Korrosionsschutz der Bewehrung beabsichtigt ist, sind Beschichtungen zum Schutz gegen das Eindringen von Kohlenstoffdioxid und Chlorid in Verfahren 7.7 geregelt.

Hinweise für Anwendung von Oberflächenschutzsystemen werden in Tabelle 12 im Teil 1 des Regelwerks [1] gegeben.

Verfahren 1.4 „Lokale Abdeckung von Rissen (Bandagen) zum Schutz gegen das Eindringen von Stoffen"

Liegen einzelne, vergleichsweise breite Risse in Betonbauteilen oder Bereiche mit hoher Wahrscheinlichkeit für das Auftreten von Rissen vor, kann der Beton bei diesem Verfahren mit Rissbandagen lokal dauerhaft vor dem Eindringen schädlicher Substanzen geschützt werden.

Typische Einsatzgebiete für dieses Verfahren sind bewegliche Trennrissen, Arbeitsfugen oder Zonen mit hoher Risswahrscheinlichkeit, z. B. Bereiche über Auflagern, Wandanschlüsse und andere Bereiche mit hoher Risswahrscheinlichkeit. Gemäß DIBt TR Instandhaltung sind z. B. Oberflächenschutzsysteme gemäß OS 11 oder OS 14 geeignet, wobei ein Beschichtungssystem für eine Rissbandage in Abhängigkeit von der Rissbreite, der zu erwartenden Rissbewegungen und den vorherrschenden Einwirkungen (insbesondere Temperatur und Verkehr) auszuwählen ist. Im Rahmen der Planung sind bei rückseitiger Durchfeuchtung oder erhöhter Restfeuchtigkeit (Einwirkung XBW1) gegebenenfalls besondere Maßnahmen, z. B. mehrlagige Grundierungen, festzulegen. Falls Trennrissen durch rückseitiges Druckwasser beansprucht werden, sind diese vor dem Aufbringen des rissüberbrückenden OS-Systems (Bandage) abdichtend zu injizieren.

Verfahren 1.5 „Füllen von Rissen oder Hohlräumen zum Schutz gegen das Eindringen von Stoffen"

Mit diesem Verfahren regelt [1], wie Risse oder Hohlräume mit Füllstoffen gefüllt werden. Unterschieden werden zwei Varianten:

- unter Druck durch Injektion (Verfahren 1.5a) und
- drucklos durch Vergießen (Verfahren 1.5b).

Um das Ziel des Prinzips zu erreichen, muss durch dieses Verfahren sichergestellt werden, dass betonangreifende Stoffe oder Wasser auch bei zu erwartenden Rissbreitenänderungen höchstens in einem unschädlichen Umfang eindringen oder das Bauteil durchdringen können.

Das Verfahren ist entsprechend den Füllzielen

- Begrenzen der Rissbreite durch Füllen und
- Abdichten

zu planen.

Der Feuchtezustand der Risse ist entscheidend für die Auswahl der Füllart und der Rissfüllstoffe. Eine Übersicht dazu gibt Tabelle 13 in Teil 1 der Technischen Regel [1]. Die füllstoffspezifischen Bedingungen für das Verwenden der Rissfüllstoffe werden mit Tabelle 14 in Teil 1 der Technischen Regel [1] übersichtlich dargestellt.

Um die Bauteilsteifigkeit eines gerissenen Bauteils wieder herzustellen, ist Verfahren 4.5 anzuwenden.

Für die Planung mit dem Instandsetzungsziel „Abdichten von Rissen“ sind Anforderungen nach weiteren Regelwerken zu berücksichtigen, z. B. nach der DAfStb-Richtlinie Wasserundurchlässige Bauwerke aus Beton (WU-Richtlinie) [6].

Verfahren für das Prinzip 2 „Regulierung des Wasserhaushaltes des Betons“

Um Schäden am Beton in Verbindung mit Wasser, z. B. infolge Frost oder Alkali-Kieselsäure-Reaktion (AKR), zu verhindern, kann die Regulierung des Wasserhaushaltes für eine festgelegte Nutzungsdauer notwendig sein. Das Schutz- und Instandsetzungsziel kann durch das Aufbringen eines Oberflächenschutzsystems oder die Behandlung von Rissen und Hohlräumen durch Füllen erreicht werden.

Verfahren 2.1 „Hydrophobierung zur Regulierung des Wasserhaushaltes des Betons“
Bei diesem Verfahren werden die Hydrophobierungsmittel (Oberflächenschutzsysteme OS 1 gemäß [1], Teil 2, Anhang A, Tabelle A.3) verwendet, um den Zutritt von Wasser über die Betonoberfläche zu regulieren, siehe auch Abschnitt 6.2.2. Das Verfahren kann gemäß [1] bis zu einer Rissbreite von 0,1 mm angewendet werden, sollte jedoch ausschließlich auf ungerissenen Bauteilen eingesetzt werden.

Einzelheiten zur Applikation, zur Wirksamkeit, Leistungsfähigkeit und Dauerhaftigkeit von Hydrophobierungen werden in einem separaten Abschnitt erläutert.

Verfahren 2.3 „Beschichtung zur Regulierung des Wasserhaushaltes des Betons“
Durch Beschichtungssysteme gemäß Teil 2 (siehe [1], Teil 1, Tabelle 5) wird bei diesem Verfahren die Wasseraufnahme über die Betonoberflächen reduziert und dadurch der Wasserhaushalt des Betons reguliert. Dazu werden bestimmte Anforderungen an die Wasserdampf-Durchlässigkeit der Beschichtungssysteme gestellt. Die Auswahl des Oberflächenschutzsystems hängt von mehreren Randbedingungen, wie Feuchtezustand des Bauteils, Porenmenge und -größe, Vorliegen von Rissen, AKR-Schädigung u. a., ab. Die bei der Beschreibung des Verfahrens 1.3 genannten Oberflächenschutzsysteme werden auch bei diesem Verfahren als prinzipiell geeignet in Tabelle 5 der Technischen Regel [1] aufgeführt, jedoch sind in diesem Fall Leistungen der Systeme bezüglich der Wasserdampf-Durchlässigkeit im Fokus.

Verfahren 2.6 „Füllen von Rissen oder Hohlräumen zur Regulierung des Wasserhaushaltes von Beton“
Dieses Verfahren kann in den Fällen angewendet werden, bei denen der Wasserhaushalt ausschließlich im Rissbereich reguliert wird, um örtliche Schäden durch Betonkorrosion, z. B. infolge Frosteinwirkung, zu vermeiden. Dazu werden in Risse oder Hohlräume Rissfüllstoffe unter Druck injiziert. Sichergestellt werden muss, dass anschließend kein schädlicher Feuchteeintrag über den Riss möglich ist.

Verfahren für das Prinzip 3 „Reprofilierung oder Querschnittsergänzung“

Um die *Dauerhaftigkeit der Bauteile* für die Dauer der geplanten Restnutzung sicher- bzw. wiederherzustellen, können die Verfahren 3.1 bis 3.3 vorgesehen werden.

Bezüglich des Verbundes des Betonersatzes (Mörtel oder Beton) zum Untergrund werden zwei Varianten unterschieden:

Verbund über

- Adhäsion (Verfahren 3.1 bis 3.3) oder
- Verankerung und Bewehrung (Verfahren 3.2 und 3.3).

Verwendet werden werkmäßig hergestellte Produkte mit unbekannter Zusammensetzung mit Anforderungen nach den Tabellen C.2 bis C.4 in [1], Teil 2, wie

• RM	(PCC I/II)	Kunststoffmodifizierter Mörtel,
• RC	(PCC I/II)	Kunststoffmodifizierter Beton,
• SRM	(SPCC)	Spritzbarer kunststoffmodifizierter Mörtel,
• SRC	(SPCC)	Spritzbarer kunststoffmodifizierter Beton,
• PRM	(PC I/II)	Polymermörtel,
• PRC	(PC (I/II))	Polymerbeton

und Produkte mit bekannter Zusammensetzung, wie

- Beton nach DIN EN 206 [7] und DIN 1045-2 [8] (ggf. als Trockenbeton),
- Vergussbeton/-mörtel nach Vergussbetonrichtlinie des DAfStb und gemäß DAfStb-RL SIB, Berichtigung 3,
- Spritzmörtel nach DIN EN 14487 [9] und DIN 18551 [10] und
- Spritzbeton nach DIN EN 14487 [9] und DIN 18551 [10].

Verfahren 3.1 „Kleinflächiger Handauftrag zur Reprofilierung oder Querschnittsergänzung“
Um kleinflächige Bereiche instand zu setzen, wird bei diesem Verfahren zementgebundener Betonersatz mit unbekannter Zusammensetzung, d. h. werkmäßig hergestellte Produkte, (siehe [1], Tabelle 5) per Hand in dünnen Schichten auf die instand zu setzenden Bauteile aufgebracht. Bei horizontalen Flächen (Draufsichten) darf der Auftrag per Hand großflächig erfolgen. Der Verbund zum Untergrund ist über Adhäsion ohne zusätzliche Verankerung und Bewehrung sicherzustellen.

Verfahren 3.2 „Betonieren oder Vergießen zur Reprofilierung oder Querschnittsergänzung“
Unterschieden werden folgende Varianten:

a. Sicherstellung des Verbundes ausschließlich über Adhäsion,
b. Sicherstellung des Verbundes über Verankerung und Bewehrung und
c. Füllen von Hohlräumen mit Vergussmörtel oder Vergussbeton.

Diese werden nachfolgend kurz beschrieben.

a. Verbund ausschließlich über Adhäsion

Zementgebundener Betonersatz wird durch *Betonieren* flächig in dünnen Schichten ohne zusätzliche Verankerung und Bewehrung auf- bzw. eingebracht. Der Verbund zum Untergrund ist ausschließlich durch Adhäsion sicherzustellen.

Hinweis: Polymermörtel (PRM) und Polymerbetone (PRC) sind lediglich für Flächen bis zu 1 m^2 vorgesehen.

b. Verbund über Verankerung und Bewehrung

Mit zementgebundenem Betonersatz (RC – Kunststoffmodifizierter Beton) werden Betonbauteile großflächig reprofiliert bzw. ergänzt. Um den Verbund sicherzustellen, ist dieser zu bewehren und über Verankerungselemente mit dem Betonuntergrund zu verbinden. Hierdurch wirkt der Betonersatz *als Vorsatzschale.*

Da die Vorsatzschale als Bestandteil des Gesamttragwerks für alle maßgebenden Einwirkungen gilt, ist diese zu bemessen. Erforderlich sind Nachweise für die Verankerung, die Bemessung der Bewehrung in der Schale und bei Erfordernis der Nachweis der Schubkraftübertragung in der Arbeitsfuge zwischen Betonersatz und Betonuntergrund sowie der Nachweis der Rissbreitenbegrenzung.

c. Füllen von Hohlräumen mit Vergussmörtel oder Vergussbeton

Größere Hohlräume werden mittels Vergussmörtel oder Vergussbeton durch Gravitation oder im Niederdruckverfahren (Injektionsdruck unter 1,0 MPa) gefüllt. Der Vergussmörtel/ -beton muss die Anforderungen nach der Vergussbeton-Richtlinie des DAfStb [11] und Berichtigung 3 zu [4] erfüllen.

Verfahren 3.3 „Spritzauftrag zur Reprofilierung oder Querschnittsergänzung"
Folgende Varianten werden unterschieden:

a. Sicherstellung des Verbundes ausschließlich über Adhäsion,
b. Sicherstellung des Verbundes über Verankerung und Bewehrung.

a. Sicherstellung des Verbundes ausschließlich über Adhäsion

Zementgebundener Betonersatz wird im *Spritzverfahren* an Unterseiten sowie an vertikalen oder nahezu vertikalen Flächen auf die instand zu setzenden Bauteile in großflächig dünnen Schichten aufgebracht. Der Verbund zum Untergrund ist ausschließlich durch Adhäsion und ohne zusätzliche Verankerung und Bewehrung sicherzustellen.

b. Verbund über Verankerung und Bewehrung

Wie bei Variante a wird zementgebundener Betonersatz im *Spritzverfahren* als Vorsatzschale zur großflächigen Reprofilierung bzw. Querschnittsergänzung von Bauteilen aufgebracht. Dieser ist mit Stahleinlagen bewehrt und wird über Verankerungselemente mit dem Betonuntergrund verbunden, um den Verbund sicherzustellen. Erforderlich sind ebenfalls Nachweise wie bei Variante b des Verfahrens 3.2.

Verfahren 3.4 „Auswechseln von Bauteilen zur Reprofilierung oder Querschnittsergänzung"
Das instand zu setzende Bauteil wird vollständig rückgebaut und auf Basis der zutreffenden Regelwerke für Stahlbetonbauwerke erneut erstellt.

Verfahren für das Prinzip 4 „Verstärkung des Betontragwerks"

Die nachfolgend beschriebenen Verfahren 4.3, 4.4 und 4.5 werden zugrunde gelegt, wenn die *Tragfähigkeit eines Bauteils erhöht* werden soll. Dabei werden unterschiedliche technische Lösungen umgesetzt:

- Aufbringen einer zusätzlichen bewehrten Betonschicht,
- Anbringen einer geklebten Bewehrung oder
- Querschnittsergänzung durch Betonersatz.

Beim Verfahren 4.5 werden Risse kraftschlüssig gefüllt. Hierdurch wird in der Regel lediglich die Steifigkeit des Bauteils gegenüber dem Ist-Zustand erhöht.

Verfahren 4.1 „Zufügen und Auswechseln von eingebetteten Bewehrungsstäben zur Verstärkung des Betontragwerks"
Um Bauteile zu verstärken, werden zusätzliche Bewehrungsstähle in zementgebundenen Betonersatz eingebettet. Die Dauerhaftigkeit der statisch mitwirkenden Bewehrung für die geplante Restnutzungsdauer wird hierbei berücksichtigt. Der Verbund zum Untergrund über Verankerung und Bewehrung oder Adhäsion ist nach DIN EN 1992-1-1 [12] in Verbindung mit DIN EN 1992-1-1/NA [13], bei Spritzbeton nach DIN 18551 [10] nachzuweisen.

Verfahren 4.3 „Verstärkung durch geklebte Bewehrung"
Bei der Planung und Ausführung dieses Verfahrens, bei dem Betonbauteile mit geklebter Bewehrung verstärkt werden, ist die DAfStb-Richtlinie „Verstärken von Betonbauteilen mit geklebter Bewehrung" [14] und [15] zu beachten.

Verfahren 4.4 „Querschnittsergänzung durch Betonersatz (Mörtel oder Beton) zur Verstärkung des Betontragwerks"
Zusätzlicher zementgebundener Betonersatz wird zur statischen Mitwirkung eingebaut, um Bauteile zu verstärken, wobei die Dauerhaftigkeit für die geplante Restnutzungsdauer berücksichtigt wird.

Der Verbund zum Untergrund über Verankerung und Bewehrung oder Adhäsion ist analog dem Verfahren 4.1 nachzuweisen.

Verfahren 4.5 „Füllen von Rissen oder Hohlräumen zur Verstärkung des Betontragwerks"
Unterschieden werden folgende Varianten:

- Verfahren 4.5a „Kraftschlüssiges Füllen von Rissen oder Hohlräumen durch Injektion" und
- Verfahren 4.5b „Druckloses Füllen durch Vergießen von vorbereiteten Rissen oder Hohlräumen".

Verfahren 4.5a „Kraftschlüssiges Füllen von Rissen oder Hohlräumen durch Injektion"
Die Bauteilsteifigkeit eines gerissenen Betontragwerks wird durch kraftschlüssiges Verbinden der Rissflanken erhöht, indem Risse oder Hohlräume durch Injektion von geeigneten Rissfüllstoffen, bestehend aus reaktiven Polymerbindemitteln oder hydraulisch härtenden Bindemitteln, gefüllt werden. Durch Füllen von Hohlräumen wird insbesondere die Tragfähigkeit unter Druckbeanspruchung erhöht. Die Anforderungen nach [1], Teil 2, Anhang B für das Injektionssystem sind zu erfüllen.

Wenn Rissursachen wiederkehrend sind, besteht die Gefahr, dass die Zugfestigkeit des Betons in der Umgebung kraftschlüssig injizierter Risse überschritten wird und erneut Risse entstehen. In diesem Fall darf das Verfahren nicht angewendet werden. Das gilt ebenfalls, wenn nicht sichergestellt werden kann, dass die Rissflanken frei von haftungsmindernden Stoffen sind.

Verfahren 4.5b „Druckloses Füllen durch Vergießen von vorbereiteten Rissen oder Hohlräumen"
Risse und Hohlräume werden durch Vergießen mit Rissfüllstoffen gefüllt. Die Aufnahme des Rissfüllstoffs erfolgt durch Gravitation oder kapillares Saugen.

Durch die kraftschlüssige Verbindung der Rissflanken wird in der Regel die *Bauteilsteifigkeit* des gerissenen Betontragwerks erhöht. Die *Tragfähigkeit* wird durch Füllen von Hohlräumen zusätzlich erhöht. Das Verfahren kann nur dann ausgeführt werden, wenn ausreichend breite Risse vorliegen und diese nicht mit Wasser gefüllt sind.

Verfahren für das Prinzip 5 „Erhöhung des physikalischen Widerstandes“

Um Bauteile vor Betonkorrosion (Betonabtrag), z. B. durch Verschleiß bei Begehen oder Befahren, Anprall von Fahrzeugen, zu schützen bzw. diese bei entsprechenden Schäden instand zu setzen, werden diese entweder mit geeigneten Beschichtungen oder mit Schutzschichten aus Mörtel oder Beton, die als Verschleißsschicht dienen, versehen.

Verfahren 5.1 „Beschichtung zur Erhöhung des physikalischen Widerstandes“
Um den Widerstand gegen Abtrag von Beton, z. B. durch Anprall oder Abrieb infolge Befahrung zu erhöhen, werden Bauteile mit Beschichtungssysteme mit hohem Abriebwiderstand gemäß [1], Teil 2 beschichtet. Planungsgrundsätze gelten analog zu Verfahren 1.3. Die Oberflächenschutzsysteme OS 8 gemäß Teil 2 Anhang A, Tabelle A.7 und OS 14 gemäß Teil 2 Anhang A, Tabelle A.9 werden für dieses Verfahren vorgesehen.

Verfahren 5.3 „Mörtel- oder Betonauftrag zur Erhöhung des physikalischen Widerstandes“
Um den Widerstand gegen mechanischen Angriff zu erhöhen, wird Betonersatz in einer oder mehreren Schichten aufgetragen. Je nach den jeweils vorliegenden Randbedingungen sind hierfür die Verfahren 3.1, 3.2 oder 3.3 anwendbar.

Verfahren für das Prinzip 6 „Erhöhung des Widerstands gegen chemischen Angriff“

Durch Aufbringen geeigneter Beschichtungen bzw. Mörtel- oder Betone kann der Widerstand des Betons gegen chemischen Angriff gesteigert werden. Die entsprechenden Verfahren werden nachfolgend beschrieben.

Verfahren 6.1 „Beschichtung zur Erhöhung des Widerstands gegen chemischen Angriff“
Dieses Verfahren wird in der Regel bei einem chemischen Angriff ab Einwirkung XA3 eingesetzt. Durch geeignete auf die Oberfläche applizierte Oberflächenschutzsysteme, z. B. OS 4, OS 5a und OS 5b, OS 8, OS 11a und OS 11b sowie OS 14, kann der Widerstand gegen Betonkorrosion infolge chemischen Angriffs nach DIN EN 206 [7] erhöht werden.

Projektbezogen können je nach Art und Grad des chemischen Angriffs besondere Anforderungen an das Oberflächenschutzsystem gestellt werden. Die entsprechende Eignung bzw. Beständigkeit ist dann durch zusätzlich zu vereinbarende Prüfungen oder durch entsprechende Nachweise des Herstellers nachzuweisen.

Verfahren 6.3 „Mörtel- oder Betonauftrag zur Erhöhung des Widerstands gegen chemischen Angriff“
Flächig oder in Schichten aufgetragener Betonersatz gemäß den Verfahren 3.2 oder Verfahren 3.3 wird eingesetzt, um den Widerstand gegen Angriff durch Chemikalien zu erhöhen.

Für die Expositionsklassen XA1 und XA liegt ein ausreichender Widerstand vor, sofern die in DIN EN 206 [7] in Verbindung mit DIN 1045-2 [8] festgelegten Anforderungen nachweislich eingehalten werden. Alternativ kann durch ein spezifisches Prüfverfahren ein ausreichender Widerstand gegen chemischen Angriff nachgewiesen werden (vgl. DIN 19573 [16]).

7.3 Verfahren bei Bewehrungskorrosion

7.3.1 Historische Verfahren (Grundsatzlösungen)

Im Abschnitt 6.3.1 werden die in der Instandsetzungsrichtlinie des DAfStb [4] geregelten vier Prinzipien des Korrosionsschutzes der Bewehrung erläutert. Für diese *Instandsetzungsprinzipien* werden *Grundsatzlösungen* zum Instandsetzen (Verfahren) zugeordnet und entsprechend der Ursache der Korrosion (Carbonatisieren des Betons und Einwirken von Chloriden) unterschiedlich geregelt.

Die Grundsatzlösungen zu den Instandsetzungsprinzipien werden ebenfalls mit Buchstaben (R, W, C und K) sowie bei R auch mit Zahlen (1 und 2) bezeichnet. Die Grundsatzlösungen für chloridinduzierte Korrosion werden mit R-Cl, W-Cl und C-Cl benannt. Die Zuordnung dieser geregelten Lösungen zu den Abschnitten in der DAfStb Instandsetzungs-Richtlinie [4] sind Bild 7.1 zu entnehmen.

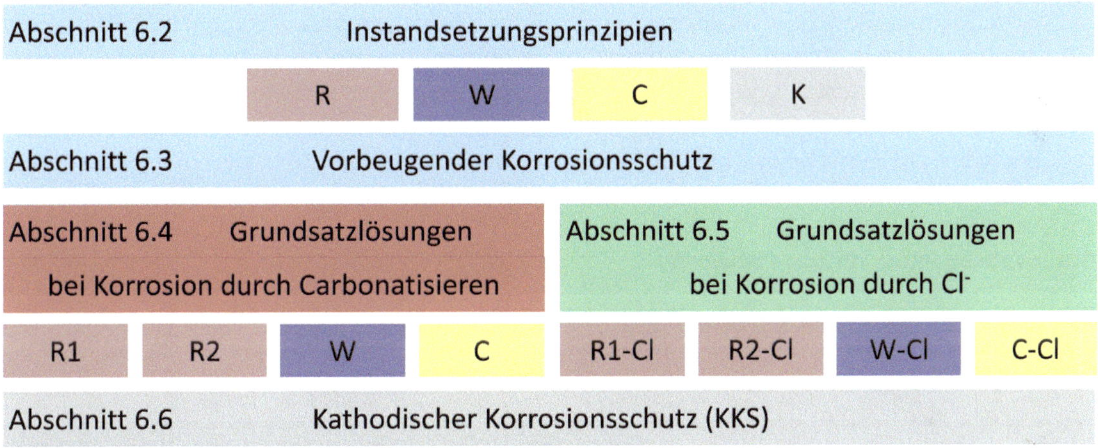

Bild 7.1: Systematik der Instandsetzungsprinzipien und Grundsatzlösungen sowie die entsprechenden Abschnitte im Teil 1 der RL SIB [4]

Grundsatzlösungen für das Prinzip R

Unterschieden werden die Grundsatzlösungen nach der Ursache für die Korrosion der Bewehrung.

- Im Falle der Bewehrungskorrosion durch *Depassivieren der Stahloberfläche infolge des Carbonatisierens des Betons* werden in [4] zwei Grundsatzlösungen unterschieden:
  - Grundsatzlösung R1: Realkalisierung durch flächigen Auftrag von alkalischem Beton bzw. Mörtel und
  - Grundsatzlösung R2: Örtliche Ausbesserung mit alkalischem Beton bzw. Mörtel.

  Bei der *Grundsatzlösung R1* muss lediglich infolge Korrosion der Bewehrung gerisser bzw. gelockerter Beton abgetragen werden. Auf die auszubessernden Bereiche und die gesamte Betonoberfläche werden zementgebundener Beton oder Mörtel aufgebracht. Der Beton bzw. Mörtel wird abhängig von der Carbonatisierungstiefe entweder direkt auf die ursprüngliche, vorbereitete Betonoberfläche oder auf großflächig abgetragene Bereiche aufgebracht. Durch die alkalischen Betone bzw. Mörtel soll die Passivschicht der Bewehrung weiterhin erhalten bzw. wieder hergestellt (Repassivierung) werden.

Die *Grundsatzlösung R2* stellt eine örtliche Ausbesserung mit alkalischem Beton bzw. Mörtel dar und wird angewendet, wenn in örtlich eng begrenzten Bereichen Korrosion aufgetreten ist, z. B. bei lokal begrenzt großen Carbonatisierungstiefen bzw. geringen Betondeckungen. Um den Carbonatisierungswiderstand zu erhöhen, wird meist die gesamte Betonoberfläche mit einem Oberflächenschutzsystem beschichtet. Die im Vergleich zum Beton bzw. Mörtel geringere Dauerhaftigkeit der Beschichtung ist im Instandhaltungsplan zu berücksichtigen.

- Wenn die Bewehrungskorrosion durch *Depassivieren der Stahloberfläche infolge des Eindringens von Chloriden in den Beton vorliegt,* werden in [4] ebenfalls zwei Grundsatzlösungen unterschieden:
  - Grundsatzlösung R1-Cl: Realkalisierung durch flächigen Auftrag von alkalischem Beton bzw. Mörtel und
  - Grundsatzlösung R2-Cl: Örtliche Ausbesserung mit alkalischem Beton bzw. Mörtel.

  Bei chloridinduzierter Korrosion können depassivierte oder korrodierende Stahloberflächen nicht durch Auftragen alkalischer Mörtel oder Betone repassiviert werden. Aus diesem Grunde muss die Grundsatzlösung R1 für diesen Fall angepasst werden. Hierbei ist der für den jeweiligen Einzelfall vom Sachkundigen Planer festgelegte *kritische, korrosionsauslösende Chloridgehalt* unabhängig von Korrosionserscheinungen an den Stahleinlagen maßgebend. Beton mit einer über den kritischen Chloridgehalt hinausgehenden Chloridkonzentration muss bis zur Bewehrung bzw. um einen Sicherheitszuschlag darüber hinaus abgetragen werden.

Grundsatzlösungen für das Prinzip W

Das Prinzip W wird beim *Fall der Depassivierung des Stahls infolge carbonatisierten Betons* mit der Grundsatzlösung W umgesetzt, indem geeignete Beschichtungen auf die Betonoberfläche aufgetragen werden. Diese haben die Funktion, die Wasseraufnahme weitgehend zu verhindern. Wichtig für den Erfolg der Maßnahme ist, dass Wasseraufnahme von anderen Quellen (z. B. aufsteigende Bodenfeuchte, Wasserdampfdiffusion aus Innenräumen) ausgeschlossen ist.

Für den *Fall der chloridinduzierten Korrosion* kann die Grundsatzlösung W-Cl analog zur Grundsatzlösung W nur mit einem vergleichsweise hohen Aufwand vor Umsetzung der Maßnahmen gewählt werden, indem an Probeflächen der Erfolg der Maßnahme durch den Sachkundigen Planer anhand von Messungen nachzuweisen ist.

Grundsatzlösungen für das Prinzip C

Bei dieser Grundsatzlösung wird der freigelegte und vorbereitete Bewehrungsstahl mit einer geeigneten Beschichtung vor weiterer Korrosion geschützt.

Insbesondere wird diese Grundsatzlösung für die Bewehrung in all jenen Bereichen, die während der vorgesehenen Restnutzungsdauer depassiviert werden können, gewählt, um den Stahl dauerhaft vor Korrosion zu schützen, wenn

- bei Prinzip R durch Instandsetzungsmörtel bzw. -beton keine dauerhafte Repassivierung sicherzustellen ist oder
- bei der Grundsatzlösung R2 nach dem Instandsetzen die Betondeckung kleiner als 10 mm ist oder
- das Prinzip W nicht gegeben oder anwendbar ist.

In der Regel wird die Betonoberfläche *zusätzlich mit einem Oberflächenschutzsystem* beschichtet, um das weitere Carbonatisieren der Betons zu behindern. Darauf darf ausschließlich dann verzichtet werden, wenn der Beton an der zu beschichtenden Bewehrung so weit abgetragen werden kann, dass im nicht instand gesetzten Bereich während der Restnutzungsdauer eine Depassivierung des Stahls auszuschließen ist.

Grundsatzlösungen für das Prinzip K

Autobahnbrücken, Parkhäuser und andere meist chloridbelastete Bauwerke und Konstruktionen aus Stahlbeton werden durch kathodischen Korrosionsschutz (KKS) meist mittels Fremdstromanoden geschützt. Häufig wird als Anode ein Gitter aus beschichtetem Titan auf die zu schützende Oberfläche montiert und mit geeignetem Einbettmörtel bzw. -beton umhüllt. Über Gleichrichter wird Strom in die Bewehrung eingeleitet und durch die Polarisierung der Bewehrungsstahl zur Kathode. Wesentlich für die Wirksamkeit der Maßnahme ist die Leitfähigkeit des als Elektrolyt fungierenden Betons und die Dauerhaftigkeit der Anoden.

7.3.2 Aktuelle Verfahren

Um Bewehrung vorbeugend vor Korrosion und daraus resultierenden Schäden zu schützen sowie bereits ablaufende Korrosionsprozesse aufzuhalten, wurden geeignete Prinzipien definiert und die Umsetzung in Verfahren geregelt. Die nach der Technischen Regel des DIBt geregelten Verfahren sind in [1], Teil 1, Tabelle 6 aufgeführt. Die Verfahren, die in der Regel jeweils ggf. modifiziert für die Ursachen der Korrosion als Folge des Carbonatisierens des Betons und des Eindringens von Chloriden in den Beton umsetzbar sind, werden nachfolgend kurz vorgestellt.

Nr.	Prinzip	geregelte Verfahren
7	Erhalt oder Wiederherstellung der Passivität	7.1 Erhöhung bzw. Teilersatz der Betondeckung mit zusätzlichem Mörtel oder Beton
		7.2 Ersatz von chloridhaltigem oder carbonatisiertem Beton
		7.4 Realkalisierung von carbonatisiertem Beton durch Diffusion
		7.6 Füllen von Rissen oder Hohlräumen [a]
		7.7 Beschichtung [a]
		7.8 Lokale Abdeckung von Rissen (Bandagen) [a]
8	Erhöhung des elektrischen Widerstandes	8.1 Hydrophobierung
		8.3 Beschichtung
10	Kathodischer Schutz	10.1 Anlegen eines elektrischen Potenzials
[a] gegenüber DIN EN 1504-9 ergänztes Verfahren		

Tabelle 7.3: Prinzipien und zugeordnete geregelte Verfahren, um Bewehrung vor Korrosion zu schützen und korrodierte Bewehrung instand zu setzen ([1])

Verfahren für das Prinzip 7 „Erhalt oder Wiederherstellung der Passivität“

Das Prinzip wurde im Kapitel 6 beschrieben.

falch®
world of water jetting
... 3000 bar
ihr langjähriger partner für betoninstandsetzung
entfernen von beton-beschichtungen
aufrauen von beton
betonabtrag
live-demos an projekten
europaweiter mietpark
neu- und gebraucht-geräte
anwendungsberatung
projektbetreuung
call falch
tel: 00 49 7344 9244-0
www.falch.com
line worker 250
trail jet 125 bis zu 3000 bar und 20l / min
surface worker 250
trail jet 250 bis zu 3000 bar und 129l / min

Verfahren 7.1 „Erhöhung bzw. Teilersatz der Betondeckung mit zusätzlichem Mörtel oder Beton zum Erhalt oder der Wiederherstellung der Passivität“

Falls die Bewehrung noch eine vor Korrosion schützende Passivität aufweist, kann dieses Verfahren angewendet werden, um diese bis zum Ablauf der Restnutzungsdauer zu erhalten.

Dabei wird zementgebundener Betonersatz mit bekannter oder unbekannter Zusammensetzung aufgetragen.

Der Mörtelauftrag erfolgt nach den Verfahren zum Prinzip 3:

- Verfahren 3.1 kleinflächig per Hand oder
- Verfahren 3.2 großflächig durch Betonieren oder
- Verfahren 3.3 im Spritzverfahren.

Nachzuweisen ist, dass die *Carbonatisierung*stiefe den Bewehrungsstahl nach Ablauf der Restnutzungsdauer nicht erreicht hat, wobei die Dicke der nicht carbonatisierten Altbetonschicht berücksichtigt werden darf.

Bei *Chlorideinwirkung* kann das Verfahren nur angewendet werden, wenn sichergestellt ist, dass über den Zeitraum der Restnutzungsdauer keine Depassivierung der Bewehrung[32] erfolgen kann. Der Nachweis kann gemäß [1], Teil 1, Bild 5 geführt werden.

Für Betonersatz mit bekannter und unbekannter Zusammensetzung werden in [1], Teil 1 vereinfachte Nachweisverfahren für den Fall der Korrosion infolge Carbonatisierung des Betons gegeben.

Verfahren 7.2 „Ersatz von chloridhaltigem oder carbonatisiertem Beton zum Erhalt oder der Wiederherstellung der Passivität“

Nach diesem Verfahren können Schutz- und Instandsetzungsmaßnahmen geplant werden, wenn

a. die Bewehrung infolge carbonatisierten Betons örtlich oder vollflächig depassiviert ist oder
b. vorhandene Chloridgehalt den von Sachkundigen Planer festgelegten kritischen, korrosionsauslösenden Chloridgehalt örtlich oder vollflächig überschreitet.

Im Gegensatz zum Verfahren 7.1 wird bei diesem Verfahren zunächst chloridhaltiger oder carbonatisierter Altbeton abgetragen und anschließend zementgebundener Betonersatz mit bekannter oder unbekannter Zusammensetzung gemäß

- Verfahren 3.1 kleinflächig per Hand oder
- Verfahren 3.2 großflächig durch Betonieren oder
- Verfahren 3.3 im Spritzverfahren

aufgetragen. Dadurch soll die Passivität der Bewehrung wiederhergestellt und über die Restnutzungsdauer erhalten werden.

Einzelheiten zur Auswahl der Produkte und System, der Vorbereitung des Betons und der Bewehrung sowie der Bemessung von Schichtdicken und zur Ausführung regelt [1].

Verfahren 7.4 „Realkalisierung von carbonatisiertem Beton durch Diffusion zum Erhalt oder der Wiederherstellung der Passivität“

Wenn die Bewehrung als Folge des Carbonatisierens örtlich oder vollflächig depassiviert wurde, oder die Carbonatisierungsfront die Bewehrungsstähle fast erreicht hat und kein Chlorid in den Beton eingedrungen ist, kann dieses Verfahren angewendet werden. Dabei wird zementge-

32 durch Umverteilung des im Altbeton bereits vorhandenen Chlorids unter dem Einfluss des nach Ausführung der Instandsetzung eindringenden Chlorids

bundener Betonersatz mit bekannter oder unbekannter Zusammensetzung großflächig durch Betonieren, im Spritzverfahren oder ggf. per Hand (siehe Tabelle 6) aufgetragen. Durch *Diffusion* der Hydroxidionen *in den carbonatisierten Altbeton* aus

- dem aufgebrachten Betonersatz und
- dem nicht carbonatisierten Altbeton

soll erreicht werden, dass im carbonatisierten Bereich der pH-Wert erhöht (Realkalisierung) und die Bewehrung repassiviert wird. Aus diesem Grund sind ausschließlich zementöse Werkstoffe und nicht die polymergebundenen Betonersatzstoffe PRM und PRC für dass Verfahren geeignet.

Verfahren 7.6: „Füllen von Rissen oder Hohlräumen zum Erhalt oder der Wiederherstellung der Passivität“
Um die Passivschicht von Bewehrungsstählen im Beton lokal an Rissen oder in Hohlstellen zu erhalten, können bei Einwirkung gemäß den Expositionsklassen XC und XD/XS zementgebundene, alkalische oder reaktive polymere Rissfüllstoffe bei diesem Verfahren eingesetzt werden. Sofern die Passivität wiederherzustellen ist, und keine Chloride einwirken – also bei Expositionsklassen XC vorliegen –, dürfen ausschließlich zementgebundene Füllstoffe verwendet werden.

Falls Rissbreitenänderungen bei Chlorideinwirkung auftreten können, ist das Verfahren nicht zulässig.

Das Ziel der Anwendung ist „Schließen (Begrenzen der Rissbreite durch Füllen)“, das in den Anwendungszielen „kraftschlüssiges Verbinden“ und „dehnbares Verbinden“ von Rissflanken enthalten ist.

Unterschieden werden die Verfahren nach der Art des Füllens: Rissfüllstoffe werden bei

- Verfahren 7.6a: unter Druck durch *Injektion* oder
- Verfahren 7.6b: drucklos durch *Vergießen*

in Risse oder Hohlräume gefüllt, siehe auch Kapitel 9 Füllen von Rissen und Hohlräumen.

Verfahren 7.6a: Füllen von Rissen oder Hohlräumen durch Injektion
Die Rissfüllstoffe werden mit Hilfe eines Injektionsgerätes unter geregeltem Druck über Einfüllstutzen (Packer) mit oder ohne Verdämmung *injiziert.*

Verfahren 7.6b: Druckloses Füllen durch Vergießen mit Rissfüllstoffen
Risse und Hohlräume werden durch *Vergießen*[33] über Gravitation oder kapillares Saugen gefüllt.

Verfahren 7.7: „Beschichtung zum Erhalt oder der Wiederherstellung der Passivität“
Um die Passivität der Bewehrungsoberfläche zu erhalten, werden Beschichtungssysteme gemäß [1], Teil 2 auf die Betonoberfläche aufgebracht, um das Eindringen von Kohlenstoffdioxid und Chlorid zu verhindern.

Als grundsätzlich geeignet gelten die Oberflächenschutzsysteme OS 2, OS 4, OS 5a und OS 5b, OS 8, OS 11 sowie OS 14.

Verfahren 7.8: „Lokale Abdeckung von Rissen (Bandagen) zum Erhalt oder der Wiederherstellung der Passivität“
Um Bauteile mit beweglichen Rissen, Arbeitsfugen oder Zonen mit hoher Risswahrscheinlichkeit, z. B. über Auflagern, vor dem Eindringen schädlicher Substanzen zu schützen, werden lokale, streifenförmige Rissbandagen angelegt. Ziel ist, die Passivität der Bewehrung zu erhalten.

---

33 Siehe auch Unterschied zum Tränken im entsprechenden Abschnitt.

Geeignet sind die Oberflächenschutzsysteme OS 11 und OS 14.

Verfahren für das Prinzip 8 „Erhöhung des elektrischen Widerstandes"

In DIBt TR IH werden 2 Verfahren berücksichtigt, um das Prinzip des Korrosionsschutzes der Bewehrung durch Erhöhen des elektrischen Widerstandes des Betons umzusetzen. Wie im Kapitel 6 beschrieben, beruht das Prinzip darauf, dass der Zutritt von flüssigem Wasser und der Transport durch Kapillarität ins Innere des Bauteils vermieden wird. Zudem soll der Beton durch Wasserdampftransport nachträglich austrocknen. Damit das Ziel des Prinzips erreicht wird, darf kein Eintrag von Wasser in den Beton über andere Wege (Undichtigkeiten, rückwärtige oder seitliche Durchfeuchtung) oder Kondensat von innen, aufsteigende Feuchte etc.) erfolgen. Der *Transport* des Wassers in den Beton eines Bauteils hinein erfolgt über *Kapillarität* und beim Austritt über *Diffusion*. Die *Geschwindigkeiten* für den *Wassertransport* der beiden Mechanismen sind erheblich *unterschiedlich*. Daher ist bei der Auswahl dieses Prinzips zu berücksichtigen, dass die Bewehrung während des langsamen Austrocknens des Betons durchaus weiter korrodieren kann. Insbesondere wenn Chloride im Beton vorliegen, kann aufgrund des hydrophilen Verhaltens der Chloride das Austrocknen im Vergleich zu nicht chloridbelastetem Beton deutlich länger dauern. Das Ziel, den elektrischen Widerstand des Betons so zu erhöhen, dass die Bewehrungskorrosion verhindert wird, kann ggf. nicht erreicht werden.

Im Regelwerk [1] werden keine gesicherten Grenzwerte für den elektrischen Widerstand, ab denen die Korrosion der Bewehrung auf vernachlässigbare Korrosionsraten abgesunken ist, angegeben.

Nachfolgend werden die dem Prinzip zugeordneten Verfahren genannt.

Verfahren 8.1 „Hydrophobierung zur Erhöhung des elektrischen Widerstandes"

Durch Auftragen nicht filmbildendender Hydrophobierungssysteme wird erreicht, dass die kapillare Wasseraufnahme der Betonoberfläche verringert wird. Die oberflächenaktiven Substanzen (z. B. Silane oder Siloxane), die nach [1] als Oberflächenschutzsysteme OS 1 bezeichnet werden, müssen die in Teil 2 der Technischen Regel, Tabelle A.3 genannten Anforderungen erfüllen.

Da die Aufnahme von Wasser über Kapillarität erheblich reduziert wird, stellt sich im Bauteil allmählig eine Ausgleichsfeuchte zum langzeitigen Mittelwert der Feuchte der Umgebung infolge des Austrocknens durch Diffusion ein.

Das Verfahren darf bei carbonatisiertem Beton, nicht jedoch bei Bauteilen, die den Expositionsklassen XD und XS zugeordnet werden, angewandt werden.

Gemäß [1] ist die Wirksamkeit der Maßnahme durch geeignete und vom sachkundigen Planer (SKP) vorzugebende Verfahren zu überwachen. Hierzu können u. a. Sensoren in das Bauteil eingebaut werden, die den Feuchtehaushalt überwachen.

Hydrophobierungen verhindern nicht, dass gasförmige Stoffe, wie Kohlenstoffdioxid (CO_2), in die Poren des Betons eindringen. Aufgrund der behinderten kapillaren Wasseraufnahme sind die Poren des Betons weniger mit Wasser gefüllt als ohne Hydrophobierung, sodass nach dem Aufbringen eines Hydrophobierungsmittels die Carbonatisierungsgeschwindigkeit durch den Trocknungseffekt sogar zunehmen kann.

Weitere Informationen zur Wirksamkeit, Leistungsfähigkeit und Dauerhaftigkeit von Hydrophobierungen werden im Kapitel 12 gegeben.

Verfahren 8.3 „Beschichtung zur Erhöhung des elektrischen Widerstandes"

Um den Wasserhaushalt im Beton zu regulieren, werden bei carbonatisiertem Beton Beschichtungssysteme eingesetzt. Als für dieses Verfahren grundsätzlich geeignet werden in [1] die

Oberflächenschutzsysteme OS 2[34], OS 4, OS 5a und OS 5b, OS 8, OS 11a und OS 11b sowie OS 14 genannt. Eine Kurzbeschreibung der Oberflächenschutzsysteme sowie deren Eigenschaften, den Anwendungsbereichen und den Regelaufbauten nennt Tabelle 12 in Teil 1 der TR IH [1]. Die Oberflächenschutzsysteme müssen die in Teil 2 der Technischen Regel, Tabellen A.4 bis A.9 genannten Anforderungen erfüllen.

Die TR IH [1] fordert, dass die Resttragfähigkeit der Bewehrung durch den SKP bewertet wird, wobei gemäß [1] zu berücksichtigen ist, dass diese über einen bestimmten Zeitraum weiter korrodiert, wenn Bauteile nach diesem Verfahren instandgesetzt werden.

Eingesetzt werden können

- *diffusionsoffene* Beschichtungssysteme mit einer Wasserdampf-Durchlässigkeit entsprechend Klasse I gemäß Teil 2, Anhang A und
- *diffusionsdichte* Beschichtungssysteme mit einer Wasserdampf-Durchlässigkeit entsprechend den Klassen II und III gemäß Teil 2, Anhang A.

Eine Grundvoraussetzung, um das Ziel (Erhöhung des elektrischen Widerstandes) zu erreichen, ist bei diffusionsoffenen Beschichtungssystemen, dass das Bauteil unter den vorherrschenden Umgebungsbedingungen austrocknen kann.

Für diffusionsdichte Beschichtungssysteme gilt, dass der Beton bereits *vor dem Auftragen* des Beschichtungssystems so weit ausgetrocknet ist, dass die Bewehrung nicht korrodiert.

Wenn im Beton des Bauteils hohe *Chloridkonzentrationen* (über 1 M.-% bezogen auf den Zementgehalt) vorliegen, ist ausreichendes Austrocknen in der Regel unwahrscheinlich. Daher wird gemäß [1] gefordert, dass bei chloridkontaminiertem Beton besondere Maßnahmen zur Überwachung durch den SKP während der Restnutzungsdauer erfolgen. Hierzu werden z. B. geeignete Sensoren eingebaut, die den Korrosionsfortschritt der Bewehrung registrieren und über weiteres Messequipment anzeigen. Allerdings rät [1], das Verfahren ab einem Chloridgehalt von 1,5 M.-% bezogen auf die Zementmasse an der Bewehrung nicht anzuwenden.

Verfahren für das Prinzip 10 „Kathodischer Schutz"

Da der Substanzabtrag des Stahls durch Korrosion ausschließlich an anodischen Bereichen stattfindet, kann Bewehrung vor Korrosion und Masseverlust geschützt werden, indem die Stahloberfläche durch Anlegen einer Gleichstromspannung bzw. Einbau einer Opferanode ausschließlich kathodisch wirkt. Die möglichen Maßnahmen sind nachfolgend beschriebenen. Der kathodische Korrosionsschutz von Stahl in Beton ist in DIN EN ISO 12696 [17] festgelegt.

Verfahren 10.1 „Anlegen eines elektrischen Potenzials"

Durch Polarisieren mit Fremdstrom oder Einbauen galvanischer Anoden wird das elektrische Potential der Bewehrung so weit abgesenkt, dass die Korrosionsgeschwindigkeit der Bewehrung auf einen technisch vernachlässigbaren Wert reduziert wird.

Der zu verwendende Betonersatz muss nach [1] – abweichend von DIN EN ISO 12696 [17] – nach den Vorgaben der Technischen Regel geplant und ausgeführt werden. Dies gilt auch für das Vorbereiten des Untergrundes und für das Reprofilieren der Betonoberfläche.

Das in der Regel bei chloridinduzierter Bewehrungskorrosion angewandte Verfahren darf nach [1] auch vorbeugend zum Schutz der Bewehrung ausgeführt werden.

Weitere Details zu diesem Verfahren werden in Kapitel 11 genannt.

34 Bei OS 2 ist gemäß [1] die Wirksamkeit von verschiedenen Parametern, wie Menge und Größe von Poren an der Betonoberfläche, abhängig. Das System ist bedingt zum Schutz gegen das Eindringen von Chloriden einsetzbar.

7.4 Besonderheiten und Hinweise

Die Autoren der TR Instandhaltung [1] weisen darauf hin, dass *mindestens ein Verfahren durchgängig* zu realisieren ist, da ansonsten die Gefahr besteht, dass das Instandsetzungsziel nicht erreicht wird.

Falls, wie bereits im Abschnitt 6.4 erwähnt, aufgrund mehrerer zu erreichender Instandsetzungsziele auch mehrere Prinzipien festzulegen sind, müssen ebenfalls die entsprechenden geeigneten Verfahren in der Planung berücksichtigt werden.

Für nicht in [1] geregelte Verfahren gelten ggf. andere technische Regeln (Normen, Richtlinien und/oder bauaufsichtliche Nachweise der Verwendung).

In der DAfStb-Richtlinie „Wasserundurchlässige Bauwerke aus Beton“ [6] wird das Füllziel „Abdichten von riss- und hohlraumbedingten Undichtheiten“ mit Verweis auf die Technische Regel [1] als Maßnahme definiert. Dieses kann den übergeordneten Instandsetzungszielen „Sicherstellung des Korrosionsschutzes der Bewehrung und des Betons“ nicht direkt zugeordnet werden. Daher wird das Verfahren pragmatisch dem Prinzip 1 der TR-Instandhaltung zugeordnet.

Wenn bei gerissenen Bauteilen die Rissursache wiederkehrend ist, sind die Risse – sofern erforderlich – mit dehnbaren Rissfüllstoffen zu füllen. Dieses entspricht dem Füllziel „dehnbares Verbinden von Rissflanken“. Dadurch wird trotz Rissfüllung der gerissene Zustand II beibehalten und die Gefahr entfällt, dass sich nach dem Instandsetzen neue Risse im Beton bilden. Dieses Ziel wird gemäß [1] pragmatisch den Prinzipien 1 und 7 zugeordnet. Durch dieses Füllziel wird daher sowohl der Beton geschützt und instandgesetzt und die Bewehrung vor Korrosion geschützt.

Bei chloridbedingter Korrosion der Bewehrung müssen im Vergleich zur Korrosion infolge des Carbonatisierens des Betons einige Besonderheiten beachtet werden, die die Wahl und Durchführung der Instandsetzungsmaßnahmen beeinflussen und Zusatzmaßnahmen erfordern.

Wenn Carbonatisieren des Betons und Eindringen von Chloriden gleichzeitig Auslöser für Korrosion der Bewehrung an einem Bauteil sind, sollte für beide Ursachen das gleiche Instandsetzungsprinzip gewählt werden.

Die möglichen Verfahren zum Erreichen der verschiedenen Füllziele und die Rissfüllstoffe werden in [1], Tabelle 13 zusammengestellt. Füllstoffspezifische Verwendungsbedingungen werden in Tabelle 14 im Teil 1 des Regelwerks [1] gegeben.

7.5 Auswahl geeigneter Prinzipien und Verfahren

Ein Schutz- und Instandhaltungskonzept sollte gemäß [3] nicht allein auf technologischer Basis erstellt werden. Zu beachten sind neben den Anforderungen des Eigentümers bzw. Betreibers an das Bauwerk ebenso wirtschaftliche, funktionelle, umwelttechnische Faktoren und andere Parameter.

Die *geplante Nutzungsdauer* des instandgesetzten Betontragwerks ist ein wichtiges Kriterium bei der Auswahl von Schutz- und Instandsetzungsverfahren. Mit den Eigentümern bzw. Betreibern sollte der sachkundige Planer abstimmen, ob die geplante Nutzungsdauer des Betontragwerks durch eine ggf. aufwändige, umfassende Maßnahme erreicht werden soll oder durch einfachere Maßnahmen, bei denen ggf. mehrere wiederholte Instandhaltungsmaßnahmen erforderlich sind.

Wenn die Ursachen ggf. vorliegender Schäden analysiert und der Mindest-Sollzustand festgelegt wurde, ist nachfolgend der wichtigste Teil im Rahmen der Planung einer Instandsetzungsmaßnahme, ein geeignetes *Instandsetzungsprinzip* zu wählen. In vielen Fällen sind verschiedene Prinzipien realisierbar.

Nachdem das Instandsetzungsprinzip bzw. die Instandsetzungsprinzipien definiert wurden, sind zugeordnete geeignete *Instandsetzungsverfahren*, mit denen diese umgesetzt werden, zu wählen. Dabei sind die entsprechenden Anforderungen an die Leistungsmerkmale der Produkte und Systeme bezüglich der projektspezifischen Gegebenheiten zu definieren. Gegebenenfalls sind weitere Informationen bei den Herstellern der Produkte oder Systeme zur Eignung für die jeweiligen Anforderungen einzuholen.

Der Zustand des Untergrunds und die Art des Verbundes sind bei der Wahl der Produkte und Systeme zu berücksichtigen.

Grundsätzlich können mehrere Schutz- oder Instandsetzungsverfahren kombiniert werden. Jedoch muss, wie zuvor dargestellt, gemäß [1] mindestens ein Verfahren vollständig zur Ausführung gelangen, um das Schutz- bzw. Instandsetzungsziel zu erreichen. Zu prüfen ist, ob unerwünschte Wirkungen der gewählten Verfahren eintreten können, oder ob möglicherweise Wechselwirkungen zwischen den Verfahren ausgelöst werden.

Beispiele für unerwünschte Wirkungen bestimmter Verfahren werden in [3] genannt:

- Durch das Auftragen eines *Hydrophobierungsmittels* (OS 1), um die Betonfeuchte zu verringern, kann die Carbonatisierungsgeschwindigkeit erhöht werden.
- Das *Beschichten der Oberfläche* mit einem ungeeigneten Oberflächenschutzsystem kann dazu führen, dass in das Bauteil eindringende Feuchte nicht durch Diffusion abtransportiert wird und sich unterhalb der Beschichtung ansammelt, wodurch Adhäsionsschäden zwischen Untergrund und Beschichtung entstehen können, oder der Frostwiderstand des Betons verringert wird.
- *Vorspannung mit nachträglichem Verbund* kann zu Zugspannungen im Tragwerk führen.
- *Elektrochemische Verfahren* können
  - zum Verspröden empfindlicher Spannstähle,
  - Verstärken von Alkali-Zuschlag-Reaktionen,
  - zu einem verminderten Frostwiderstand infolge erhöhten Feuchtegehaltes und
  - bei Bauwerken unter Wasser zur Stahlkorrosion benachbarter Tragwerke oder Schiffe

führen.

Auch ist im Zuge des Auswählens von Produkten und Systemen zu prüfen, ob dies untereinander und mit dem bestehenden Betontragwerk verträglich sind.

7.6 Literatur

[1] Deutsches Institut für Bautechnik (Herausgeber), Technische Regel Instandhaltung von Betonbauwerken (TR Instandhaltung), Teil 1 und Teil 2, Berlin: DIBt, 2020-05.

[2] Deutsches Institut für Bautechnik (Herausgeber), Muster-Verwaltungsvorschrift Technische Baubestimmungen (MVV TB), veröffentlicht: Amtliche Mitteilungen 2021/1 (Ausgabe: 19. Januar 2021), Berlin: DIBt, 2020/1.

[3] DIN EN 1504-9:2008-11 Produkte und Systeme für den Schutz und die Instandsetzung von Betontragwerken – Teil 9: Allgemeine Grundsätze für die Anwendung von Produkten und Systeme.

[4] Deutscher Ausschuss für Stahlbeton (Herausgeber), DAfStb-Richtlinie – Schutz und Instandsetzung von Betonbauteilen (Instandsetzungs-Richtlinie), Beuth-Verlag, 2001-10.

[5] H. Klopfer, Wassertransport durch Diffusion in Feststoffen: Insbesondere in Baustoffen, Kunststoffen, Beschichtungen, Bauverlag, 1974.

[6] Deutscher Ausschuss für Stahlbeton (Herausgeber), DAfStb-Richtlinie Wasserundurchlässige Bauwerke (WU-Richtlinie), Beuth-Verlag, 2017-12.

[7] DIN EN 206:2021-06 Beton – Festlegung, Eigenschaften, Herstellung und Konformität.

[8] DIN 1045-2:2008-08 Tragwerke aus Beton, Stahlbeton und Spannbeton – Teil 2: Beton – Festlegung, Eigenschaften, Herstellung und Konformität – Anwendungsregeln zu DIN EN 206-1.

[9] DIN EN 14487-1:2006-03 Spritzbeton – Teil 1: Begriffe, Festlegungen und Konformität.

[10] DIN 18551:2014-08 Spritzbeton – Nationale Anwendungsregeln zur Reihe DIN EN 14487 und Regeln für die Bemessung von Spritzbetonkonstruktionen.

[11] Deutscher Ausschuss für Stahlbeton (DAfStb), DAfStb-Richtlinie – Herstellung und Verwendung von zementgebundenem Vergussbeton und Vergussmörtel, 2019-07.

[12] DIN EN 1992-1-1:2011-01 (Eurocode 2): Bemessung und Konstruktion von Stahlbeton- und Spannbetontragwerken – Teil 1-1: Allgemeine Bemessungsregeln und Regeln für den Hochbau.

[13] DIN EN 1992-1-1/NA/A1:2015-12 Nationaler Anhang – National festgelegte Parameter – Eurocode 2: Bemessung und Konstruktion von Stahlbeton- und Spannbetontragwerken – Teil 1-1: Allgemeine Bemessungsregeln und Regeln für den Hochbau; Änderung A1.

[14] Deutscher Ausschuss für Stahlbeton, DAfStb-Richtlinie Verstärken von Betonbauteilen mit geklebter Bewehrung – Teil 1: Bemessung und Konstruktion, Teil 2: Produkte und Systeme für das Verstärken, Teil 3: Ausführung, Teil 4: Ergänzende Regelungen, 2012-03.

[15] Deutscher Ausschuss für Stahlbeton (DAfStb), Betonbauteile, mit geklebter Bewehrung; Berichtigung 1, 2020-10.

[16] DIN 19573:2016-03 Mörtel für Neubau und Sanierung von Entwässerungssystemen außerhalb.

[17] DIN EN ISO 12696:2017-05 Kathodischer Korrosionsschutz von Stahl in Beton.

[18] DAfStb Alkali-Richtlinie:2013-10 Vorbeugende Maßnahmen gegen schädigende Alkalireaktion im Beton (Alkali-Richtlinie).

[19] Deutscher Ausschuss für Stahlbeton (DAfStb), „Empfehlung für die Schadensdiagnose und Instandsetzung von Betonbauwerken, die infolge einer Alkali-Kieselsäure-Reaktion geschädigt sind," beton, Bd. 10, p. ab 488, 2015.

[20] DIN EN 206:2021-06 Beton – Festlegung, Eigenschaften, Herstellung und Konformität.

Normen (DIN, EN, ISO, DIN EN, DIN EN ISO u. a. Regelwerke) können vom Beuth-Verlag (www.beuth.de) erworben werden.

Regelwerke des DIBt können auf der Internetseite des DIBt (www.dibt.de) heruntergeladen werden.

8 Betonersatz

M. Schröder

8.1 Einleitung

Die Entwicklung von Systemen zur Instandsetzung schadhaften Betons, anfangs zunächst auf Basis von Reaktionsharz, anschließend auf Basis kunststoffmodifizierter Zementmörtel, führte dazu, dass nunmehr eine Vielzahl von Herstellern Produkte für dieses Arbeitsgebiet zur Verfügung stellen. Gleichzeitig wurden von verschiedenen Gremien Regelwerke erarbeitet, die zwischenzeitlich schon wiederholt überarbeitet wurden und somit in weitgehend dem Stand der Technik entsprechender Form für Planung und Ausführung zur Verfügung stehen.

Die inzwischen gesammelten Erfahrungen ermöglichen es, Instandsetzungen mit geprüften Systemen erfolgreich und sicher vorzunehmen. Je nach Voraussetzungen, Anforderungen und Zielsetzung sind hierzu planerische und anwendungstechnische Regeln und Besonderheiten zu beachten.

Die Zunahme von Schäden an Stahlbetonbauteilen seit Beginn der achtziger Jahre haben das lmage des Baustoffes Beton, der als nahezu unverwüstlich galt, stark angekratzt. Hierzu haben die Medien mit Horrormeldungen über die Gefahren und demzufolge einstürzender Bauwerke keinen unerheblichen Beitrag geleistet.

In Anbetracht dessen, dass kein Baustoff unvergänglich dauerhaft ist, hat der Beton den Verlust seiner Wertschätzung in der Öffentlichkeit in dieser Form nicht verdient. Beton ist aus dem Baugeschehen nicht mehr wegzudenken und erfüllt die ihm zugedachten Aufgaben meistens in hervorragender Weise und auf lange Zeit, wenn er den Regeln der Technik entsprechend hergestellt und seinen Eigenschaften entsprechend eingesetzt wird. Es kommt eben „tatsächlich darauf an, was man daraus macht", wie die Zementindustrie zu Recht bemerkt.

Bild 8.1: Korrosionsschäden an Balkonen eines Wohngebäudes

Soweit dennoch Mängel und Schäden auftreten, kann diesen mit verschiedenen Verfahren zur Instandsetzung und zum Schutz gegen weitere Zerstörung begegnet werden. Für den Ersatz von Beton schadhafter Bauteile kommen verschiedene zement- und kunststoffgebundene Mörtel/Betone in Betracht. Grundsätzlich stehen folgende Stoffe zur Verfügung:

- Beton nach DIN EN 206-1und DIN 1045-2
- Spritzmörtel/-beton nach DIN EN 14487 und DIN 18551
- Vergussbeton nach EN 206-1 und DAfStb-Vergussbetonrichtliniel
- kunststoffmodifizierter Zement-Mörtel/-Beton RM/RC
- spritzbarer kunststoffmodifizierter Zement-Mörtel/-Beton SRM/SRC
- Reaktionsharzmörtel/-beton PRM/PRC

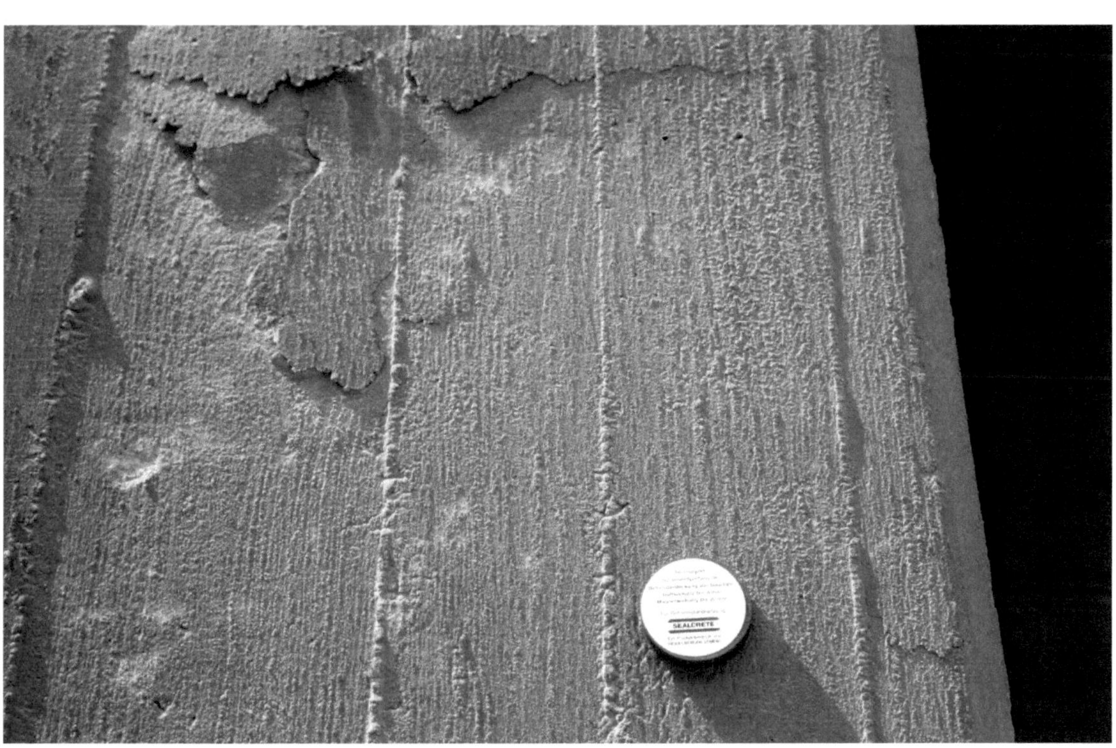

Bild 8.2: Schadstellen an einer Stütze bei ≤ 8 mm Betondeckung (Testmagnet)

Obwohl in der Instandsetzungs-Richtlinie auch unmodifizierter Zementmörtel für den Betonersatz aufgeführt wird, spielt er für die Planung in der Betoninstandhaltung keine Rolle, so dass er unter „Betonersatz" hier nicht weiter behandelt wird.

Die in erster Linie gemäß 1. maßgebenden Regelwerke werden in den folgenden Ausführungen abgekürzt mit Instandsetzungs-Richtlinie, TR, ZTV-ING, ZTV-W, DIN 18349 und DIN EN 1504 bezeichnet.

8.2 Einwirkungen aus Umgebung und Untergrund

In der Instandsetzungs-Richtline Teil 2 (Bauprodukte und Anwendung) werden die Mörtel/Betone in 3 Beanspruchbarkeitsklassen unterteilt. Die diesbezügliche Tabelle wurde durch die TR zwar nicht eliminiert, aber die TR enthält jetzt Tabellen, nach denen die Anforderungen an die Betonersatz-Produkte neu geregelt sind, so dass die Tabelle 4.1 im Teil 2 der Instandsetzungs-Richtlinie, der die Beanspruchbarkeitsklassen zu entnehmen sind, demnach keine Bedeutung mehr hat. Die Auswahl geeigneter Betonersatzsysteme erfolgt nun außer über die Einwirkungen aus der Umgebung (Expositionsklassen) und dem Untergrund auch in Abhängigkeit von den Altbetonklassen in der Ebene der Verbundzone zum Betonersatz (siehe auch unter 4.1.4.3.5).

Bild 8.3: Einrichtung zur Prüfung eines RM über Kopf unter dynamischer Belastung

Die Besonderheiten für den Brücken- und sonstigen Ingenieurbau werden im Kapitel 15 sowie für Verkehrs-Wasserbauwerke im Kapitel 16 behandelt.

Soweit der Einsatz von Betonersatzsystemen über Verankerung und Bewehrung zur Sicherstellung des Verbunds bei Verstärkungen und Ertüchtigungen erfolgt, wird auf die Kapitel 10.1 und 10,2 hingewiesen

Für die Planung von Betonersatzmaßnahmen sind die unter 6. genannten Instandsetzungsprinzipien und unter 7. beschriebenen Instandsetzungsverfahren maßgebend. In den folgenden Kapiteln 8.3, 8.4 und 8.5 werden in erster Linie die Systeme und deren Anwendung behandelt.

8.3 Betonersatz mit kunststoffmodifiziertem Zement-Mörtel/-Beton

Ein Betonersatzsystem mit kunststoffmodifiziertem Zement-Mörtel/-Beton besteht aus mehreren Produkten, die im Verbund eine erfolgreiche Instandsetzung geschädigter Bauteile ermöglichen. Zu einem derartigen System gehören neben dem Mörtel/Beton die Haftbrücke, Korrosionsschutz-Beschichtung und Egalisierungs-Spachtel/-Schlämme.

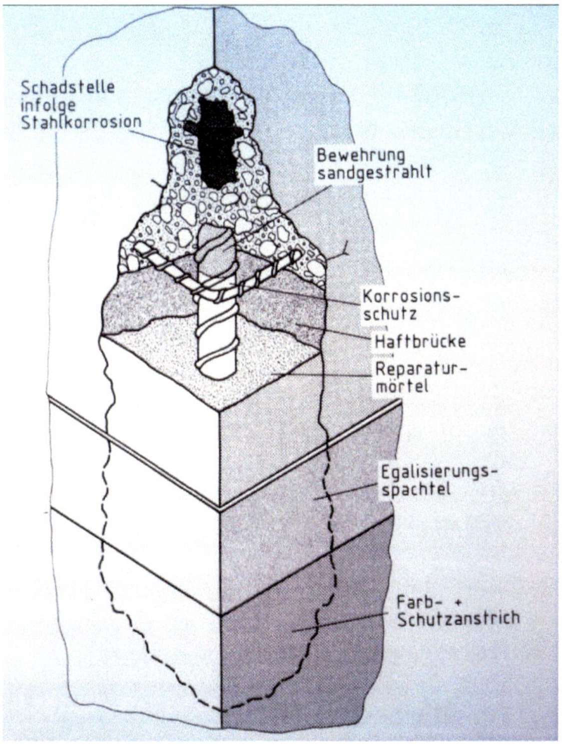

Bild 8.4: Schemazeichnung Reprofilierung einer Bauteilkante im Aufbau von oben nach unten

8.3.1 Kunststoffmodifizierter-Zement-Mörtel RM/-Beton RC

8.3.1.1 Allgemeines

Durch die Modifizierung von Zement-Mörtel/-Beton mit Kunststoffen sollen in erster Linie die Verarbeitbarkeit, das Wasserrückhaltevermögen, der Risswiderstand und die Haftfestigkeit am Untergrund verbessert werden. Kunststoffmodifizierte Zementmörtel haben sich für die Reprofilierung einzelner Schadstellen und kunststoffmodifizierter Zement-Beton vor allem großflächig zum Gradientenausgleich z. B. auf Brücken und Parkflächen als besonders vorteilhaft erwiesen. Diese früher als PCC I und PCC II bezeichneten Stoffe werden jetzt unter den Bezeichnungen RM (Repair Mortar) und RC (Repair Concrete) geführt. Von RM wird bis zu einem Größtkorn von 4 mm Ø, von RC bei Korngrößen darüber gesprochen.

Für den Einsatz im Rahmen der ZTV-ING sind die Technischen Lieferbedingungen und Technischen Prüfvorschriften der BASt zu beachten.

Für alle Bereiche der Betoninstandhaltung sind vorrangig die Vorgaben der TR, ergänzt durch die Instandsetzungs-Richtlinie, maßgebend.

8.3.1.2 Eigenschaften

Zur Modifizierung der Zement-Mörtel/-Betone haben sich vor allem Kunststoffdispersionen auf Acrylharzbasis (AY) bewährt. Es kommen aber auch Mischpolymerisate zum Einsatz. Der Kunststoff ist meist als redispergierbares Pulver (sprühgetrocknete Dispersion) im Werktrockenmörtel enthalten. In diesen Fällen wird an der Baustelle nur noch Zugabewasser zugegeben. Es können aber auch Dispersionen als Zugabeflüssigkeiten in entsprechend abgepackten und auf die Mörtelmenge abgestimmten Gebinden, entweder als mit Wasser zu verdünnendes Konzentrat oder gebrauchsfertig, zum Einsatz kommen. Technisch handelt es sich hierbei um die hochwertigere Lösung.

In Sonderfällen werden Epoxidharz-Emulsionen zur Modifizierung angewendet. In diesen Fällen wird die Erhärtung des Mörtels sowohl durch die chemischen Reaktionen des Zementleims als auch des Reaktionsharzes bestimmt. Diese auch als ECC bezeichneten Mörtel werden weniger zum Betonersatz, sondern in erster Linie großflächig in dünnen Lagen für Fußböden eingesetzt, so dass sie in diesem Zusammenhang nicht näher behandelt werden.

Durch die Kunststoff-Modifizierung werden gegenüber unmodifizierten Zement-Mörteln/-Betonen im Wesentlichen folgende Einflüsse bewirkt:

- bessere Verarbeitbarkeit
- Verringerung des Wasseranspruchs und somit günstigerer w/z-Wert
- geringere Schwindneigung
- geringere Rissneigung
- bessere Haftung auf mineralischen Oberflächen
- besseres Wasserrückhaltevermögen und somit weniger nachbehandlungsbedürftig
- höhere Zugfestigkeit
- reduzierter Elastizitätsmodul.

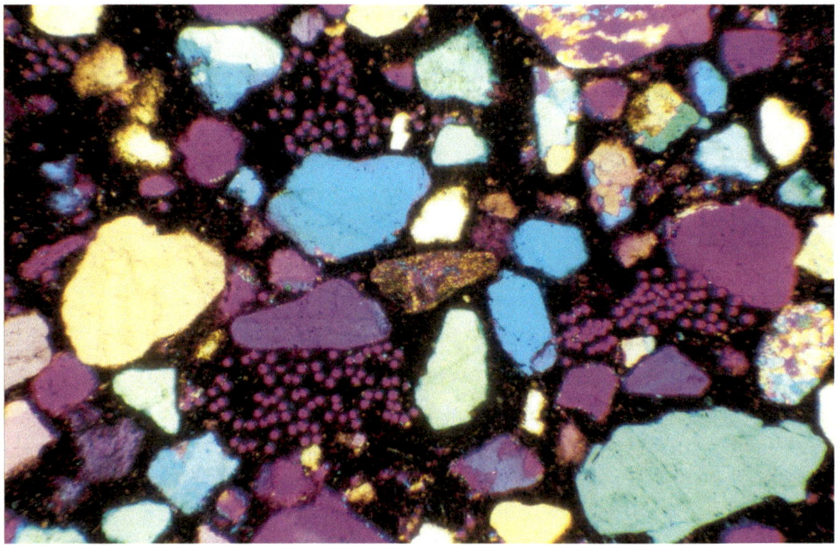

Bild 8.5: Mikroskopische Aufnahme eines Querschnitts durch einen faserverstärkten RM

Durch Zusatzstoffe wie Mikrohohlkugeln, Fasern oder Silikastaub können Eigenschaften wie Frost-Tausalz-Widerstand, Standfestigkeit und Kohäsion, Risswiderstand, Dichtigkeit und Carbonatisierungswiderstand weiterhin verbessert werden.

Die Konsistenz des Frisch-Mörtels/-Betons richtet sich nach der vorgesehenen Anwendung (begeh- und befahrbar, vertikal, über Kopf). Dabei darf die vom Hersteller angegebene höchstzulässige Menge an Zugabewasser bzw. Zugabeflüssigkeit nicht überschritten werden. Für die meisten RM/RC liegt die Konsistenz im steifplastischen Bereich. Da Dispersionen verflüssigend wirken, ist der Wasseranteil und somit der Wasserzementwert reduziert.

Bild 8.6: RM-Frischmörtel auf der Traufel zum Reprofilieren an senkrechter Fläche

Die Druckfestigkeit wird von der Zementart und vom Wasserzementwert bestimmt. Durch die Kunststoffdispersion kann die Druckfestigkeit etwas reduziert sein. Die Zugfestigkeit wird hierdurch erhöht. RM/RC haben durch den niedrigen Wasserzementwert und ein demzufolge dichtes Gefüge hohen Frost- und Tausalzwiderstand.

Gemäß TR werden entsprechend den Altbetonklassen die Festigkeitsklassen RM-A5, RC-A5, RM-A4 und RC-A4 unterschieden.

Die Lieferung zementgebundener, kunststoffmodifizierter Mörtel/Betone erfolgt fertig abgepackt als Werktrockenmörtel, ggf. zuzüglich Dispersion als Konzentrat oder gebrauchsfertig verdünnt.

Die Anwendung bei Leichtbeton und dementsprechende Anforderungen an die Systeme werden in den einschlägigen Regelwerken nicht behandelt.

8.3.2 Haftbrücke

Zur Verbesserung der Haftung zwischen Reparatur-Mörtel/-Beton und Altbeton werden in der Regel Haftbrücken eingesetzt. Hierzu dient Zementmörtel oder dickflüssiger Zementleim, modifiziert mit Kunststoffdispersion.

In Sonderfällen kommen auch Epoxidharz-Haftbrücken, z. B. bei besonders hoher dynamischer Belastung, zum Einsatz. Allerdings wird hierdurch die Wasserdampf-Diffusion behindert, was vom sachkundigen Planer zu berücksichtigen ist. Nach ZTV-W sind jedoch nur mineralische Haftbrücken zulässig.

Die Haftzugfestigkeit soll im Allgemeinen wie bei allen Instandsetzungs-Mörteln/-Betonen im Mittel ≥ 1,5 N/mm² betragen, wobei Einzelwerte von 1,0 N/mm² nicht unterschritten werden dürfen. Es sind die Oberflächenzugfestigkeiten des vorhandenen Altbetons zu berücksichtigen.

8.3.3 Korrosionsschutz

Hierfür werden, nachdem früher auch Produkte auf Basis Epoxidharz angeboten wurden, heute fast nur noch Produkte auf Basis Zement, kunststoff- und weitergehend modifiziert, als sogenannte mineralische Korrosionsschutz-Beschichtungen verwendet.

Für eine Beschichtung der Bewehrung sind folgende Prüfmerkmale maßgebend:

- Korrosionsschutz
- Alkalibeständigkeit
- Applikationsfreundlichkeit
- Verbund zwischen Beschichtung und Stahl
- Verbund zwischen Beschichtung und Mörtel

Zusammenfassend lassen sich für zementgebundene gegenüber epoxidharzgebundenen Korrosionsschutz-Beschichtungen folgende anwendungstechnischen Vorteile anführen:

- Mindesttemperatur + 5 °C gegenüber + 8 °C
- Verarbeitbarkeit weitgehend temperaturunabhängig
- keine maximalen Wartezeiten zwischen den einzelnen Arbeitsgängen
- Bewehrungsstahl darf feucht sein
- Taupunktkontrolle nicht erforderlich
- kein Abstreuen der letzten Schicht erforderlich
- Überstreichen des angrenzenden Betons weniger kritisch
- Reinigen der Werkzeuge mit Wasser anstatt Lösemittel
- physiologisch weniger bedenklich

Außerdem ist der Preis dieser Produkte günstiger.

Bei manchen Herstellern ist das Produkt für Korrosionsschutz und Haftbrücke identisch. Selbstverständlich sind die Arbeitsgänge dennoch getrennt durchzuführen.

EP-Korrosionsschutz-Beschichtungen sind in der TR nicht mehr vorgesehen.

8.3.4 Egalisierung

Zum Egalisieren vorbereiteter und reprofilierter Betonflächen sowie gleichzeitigem Schließen von Lunkern und Poren werden vor allem kunststoffmodifizierte Zement-Feinmörtel als Spachtel, in den Regelwerken als Feinspachtel bezeichnet, eingesetzt, aber auch kunststoffmodifizierte Zement-Schlämmen für unebene Oberflächen. Weiterhin kommt RM in dickeren Schichten oder SRM zum Einsatz (siehe unter 8.2) auch zur Erhöhung der Betondeckung.

8.3.5 Ausführung

8.3.5.1 Allgemeines

Gemäß TR, Instandsetzungs-Richtlinie und ZTV-ING muss bei Arbeiten mit Kunststoffen oder kunststoffmodifizierten Baustoffen vom Auftragnehmer ein Kolonnenführer eingesetzt werden, der eine vom Auftraggeber anerkannte Prüfung über den Umgang mit diesen Baustoffen erfolgreich abgelegt hat und während der Arbeiten ständig auf der Baustelle anwesend ist. Dieser Befähigungsnachweis kann mit dem SIVV-Schein des Ausbildungsbeirats „Schutz und Instandsetzung im Betonbau“ des Deutschen Beton- und Bautechnik-Vereins erbracht werden.

Durch Instandsetzungs-Maßnahmen darf die Funktionsfähigkeit von Bewegungsfugen nicht beeinträchtigt werden.

Bild 8.7: Betonschaden durch Wärmedehnung nach falscher Reparatur im Fugenbereich

Für die Anwendung und Erhärtung von Produkten auf Zementbasis ist der Temperaturbereich 5 °C – 30 °C.

8.3.5.2 Vorbereitende Arbeiten

Der Untergrund ist gemäß 4.2 „Vorbereiten und Prüfen der Oberflächen“ vorzubereiten. Die bei Entfernung von geschädigtem Beton und bei Freilegung von Bewehrung entstehenden Ausbruchufer sollen ca. 45° zur Bauteiloberfläche verlaufen. Gemäß ZTV-ING und ZTV-W sind die instand zu setzenden Bereiche mit gerade verlaufenden Kanten zu begrenzen. Das fest eingebettete Gesteinskorn für RM/RC ist kuppenartig freizulegen. Die Oberflächenzugfestigkeit soll im Mittel ≥ 1,5 N/mm² und der kleinste Einzelwert ≥ 1,0 N/mm² betragen. Darüber hinaus sind die Anforderungen gemäß den vorliegenden Altbetonklassen zu berücksichtigen. Die Mindest-Rautiefenklasse ist RT 1,0.

Für Egalisierungs-Spachtel oder -Schlämme müssen Lunker und Poren geöffnet sein. Das Gesteinskorn ≥ 4 mm Ø sollte sichtbar sein. Die Oberflächenzugfestigkeit soll im Mittel ≥ 1,3 N/mm² und der kleinste Einzelwert ≥ 0,8 N/mm² betragen. Die Mindest-Rautiefenklasse ist RT 0,3.

Korrodierte Bewehrung muss in der Regel 1 – 2 cm über den korrodierten Bereich hinaus freigelegt werden (ansonsten siehe Kapitel 6. und 7.). Es muss sichergestellt werden, dass die Bewehrung, falls eine Korrosionsschutzbeschichtung erfolgen soll, fehlstellenfrei beschichtet und vollkommen mit Mörtel umhüllt werden kann. Der Oberflächen-Vorbereitungsgrad soll ≥ Sa 2 oder Wa 2, für eine Korrosionsschutz-Beschichtung ≥ Sa 2 ½ sein.

Vor dem Auftragen zementgebundener Haftbrücken, Spachtelmassen oder Schlämmen ist der Untergrund gründlich vorzunässen, erstmals am Tag vor Ausführung der Arbeiten. Zum Zeitpunkt der Applikation soll der Beton mattfeucht sein. Eine nasse Oberfläche kann die Haftung beeinträchtigen und muss ggf., besonders bei Bodenflächen, abgeblasen werden, um in angemessener Zeit mattfeucht trocknen zu können.

Bild 8.8: gestrahlte mattfeuchte Betonoberfläche zum Aufbringen einer Spachtelung

Für eine Haftbrücke auf Reaktionsharz-Basis muss der Untergrund trocken sein.

8.3.5.3 Korrosionsschutz

Falls keine ausreichende Mörteldeckung zum Korrosionschutz der Bewehrung erzielbar ist oder zusätzlich zu einem später aufzubringenden Oberflächenschutz eine Beschichtung der freigelegten Stahloberfläche erfolgen soll, z. B., weil die vorbereitete Ausbruchstelle nicht kurzfristig geschlossen werden kann, ist die Bewehrung, nachdem sie mindestens mit dem Oberflächen-Vorbereitungsgrad Sa 2 ½ vorbereitet wurde, mit einer Korrosionsschutz-Beschichtung zu versehen. Diese ist in mindestens 2 Lagen aufzubringen, wobei die Gesamtschichtdicke EP-basiert ≥ 300 µm, mineralisch ≥ 1000 µm betragen soll.

Bei Beschichtungen auf Epoxidharzbasis wird der letzte Anstrich in der Regel mit Quarzsand abgestreut. Beschichtungen auf Zementbasis, auch als mineralische Korrosionsschutz-Beschichtungen bezeichnet, müssen hingegen nicht abgestreut werden und können auch auf noch feuchten Stahl, z. B. nach dem Feuchtstrahlen, aufgebracht werden.

Bild 8.9: Beschichten der Bewehrung mit mineralischem Korrosionsschutz

8.3.5.4 Haftbrücke

Haftbrücken auf Zement-Basis sind in die vorgenässte matt-feuchte Oberfläche des Altbetons intensiv einzubürsten. Die Konsistenz darf nicht zu dünn, sondern soll leimig sein, damit die Haftbrücke auch schon im frischen Zustand für den Mörtel an senkrechter Fläche und über Kopf als Kleber wirkt und das Herabfallen auch bei dynamischer Belastung verhindert. Reine Kunststoff-Dispersionen dürfen nicht als Haftbrücke verwendet werden, da sie als Trennschicht wirken können.

Bild 8.10: Haftbrücke auf Zementbasis auf einer Bodenfläche für Einbau von RC

Die in Sonderfällen zum Einsatz kommenden EP-Haftbrücken dürfen selbstverständlich nur auf trockenen Oberflächen ohne Zusatz von Lösemittel eingesetzt werden und werden dick mit ca. 800 g/m² aufgetragen.

Bild 8.11: Epoxidharz-Haftbrücke auf einer Brücke für Einbau von RC

In jedem Fall sind Mörtel und Beton frisch in frisch in die Haftbrücke einzubauen. Falls die Haftbrücke zwischenzeitlich angetrocknet, bzw. anreagiert sein sollte, ist erneut Haftbrücke aufzutragen. Bereits erhärtete Haftbrücken müssen angestrahlt werden, bevor erneut eine Haftbrücke aufgetragen wird. Bei mehrlagigem Einbau ist für jede Lage wieder Haftbrücke vorzusehen.

8.3.5.5 Reprofilieren

Bild 8.12: Instandsetzung eines Schornsteins mit RM.

Bei der Auswahl des Reparatur-Mörtels/-Betons muss die verwendete Korngröße dem Volumen und vor allem der Ausbruchtiefe der Reparaturstelle angepasst sein. Das Größtkorn soll möglichst groß sein, darf jedoch höchstens 1/3 der minimalen Schichtdicke und muss mindestens 1/15 der maximalen Schichtdicke betragen. Die maximale Schichtdicke beträgt 60 mm, ist jedoch örtlich, z. B. bei tieferen Ausbrüchen, auf 100 mm begrenzt. Für den flächigen Auftrag darf die Mindestschichtdicke von 30 mm nicht unterschritten werden. Ansonsten sind die Maße für das jeweilige Verfahren des zugrunde liegenden Prinzips maßgebend (sieh Kapitel 6. und 7.).

Bild 8.13: Reprofilierung einer Bauteilkante mit faserverstärktem RM

RM/RC werden mit maschinellen Rührwerkzeugen oder auch Zwangsmischern gemischt. Maßgebend hierfür sind die Angaben zur Ausführung des Herstellers. Folgende Regeln sind hierbei grundsätzlich zu beachten:

- ganze Gebinde der Trockenkomponente verwenden
- vorlegen von Zugabe-Wasser oder -Flüssigkeit unterhalb der maximalen Menge
- Mischdauer einhalten

- visuelle Kontrolle durchführen
- Reifezeit beachten
- Verarbeitungszeit beachten

Bild 8.14: Einbau von RM über Kopf

Bild 8.15: Mischen von RM mit Doppelwellen-Rührgerät

Bild 8.16: Mischen von RC mit Zwangsmischer

RM wird meist von Hand, erforderlichenfalls lagenweise, frisch in frisch in die unmittelbar zuvor aufgebrachte Haftbrücke eingebaut, soweit in Ausnahmefällen nicht lediglich Vornässen des Untergrundes vorgesehen ist. Der Mörtel ist gut zu verdichten. Freiliegende Bewehrung ist dicht zu umhüllen. Anschlüsse müssen sorgfältig beigearbeitet werden. Die Konsistenz des Mörtels ist dem Anwendungsfall anzupassen, wobei die höchstzulässige Menge an Zugabewasser/-flüssigkeit nicht überschritten werden darf. Je nach Geometrie des Ausbruchs und vorhandener Bewehrung kann RM an senkrechter Fläche 3 – 5 cm dick in einer Lage eingebracht und verdichtet werden. Unter sonst gleichen Voraussetzungen kann über Kopf von etwa der halben Dicke pro Lage ausgegangen werden. Die Oberfläche ist abschließend aufzurauen zwecks guter Haftung der nachfolgenden Egalisierung.

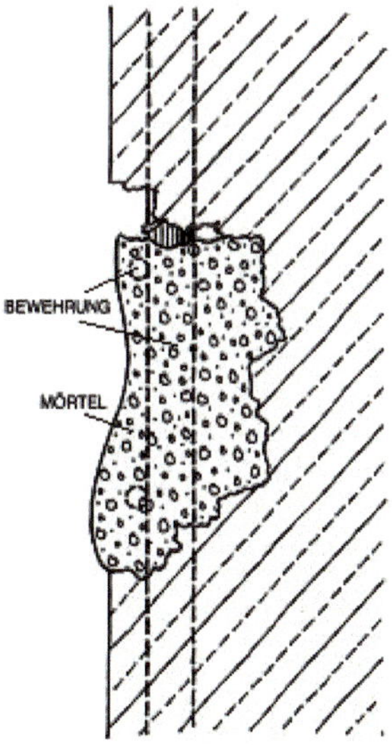

Bild 8.17:Schemazeichnung infolge ungenügender Standfestigkeit abgesackter RM mit klaffender Öffnung

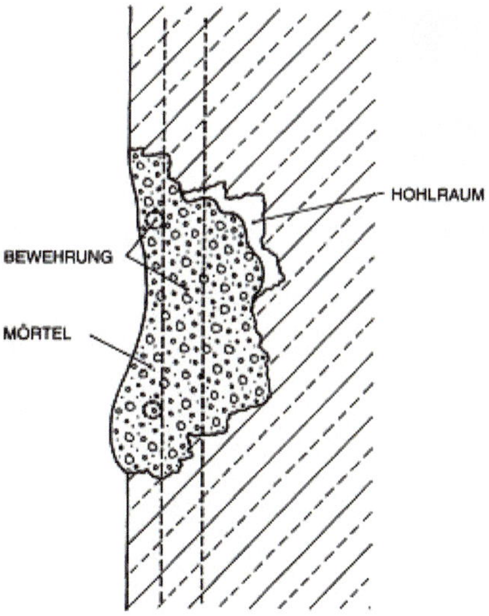

Bild 8.18:Schemazeichnung infolge ungenügender Standfestigkeit abgesackter RM mit Hohlstelle

Erforderlichenfalls muss bei größeren Schadstellen Schalung eingesetzt werden.

Es wird empfohlen, Tropfkehlen z. B. an Balkonen und an Brückenunterseiten, da diese die Betondeckung verringern, zu schließen und durch Tropfkantenprofile zu ersetzen.

8.3.5.6 Großflächiges Auftragen

Großflächig auf waagerechten oder schwach geneigten begeh- oder befahrbaren Flächen und in dickeren Schichten erfolgt der Einbau in der Regel mit maschinellen Abzieh- und Verdichtungsgeräten.

Bild 8.19: Einbau von RM mit Scheibenglätter

Bild 8.20: Einbau von RM mit Flügelglätter

Bild 8.21: Einbau von RC mit Rüttel-Abziehbohle

Für die möglichen Schichtdicken, bezogen auf die Gesteinskörnung von RM/RC, gilt die Regel, dass die Dicke mindestens das 3-fache und höchstens das 15-fache des Größtkorndurchmessers betragen soll. Grundsätzlich darf die Mindestschichtdicke von 30 mm nicht unterschritten und die Maximalschichtdicke von 60 mm nicht überschritten werden mit Ausnahme lokaler Fehlstellen bis 100 mm Dicke.

Luft- und Bauteiltemperatur dürfen 5 °C, bei Verwendung von Epoxidharz-Haftbrücken 8 °C, nicht unterschreiten. Außerdem muss die Untergrund-Temperatur bei Epoxidharz-Haftbrücken mindestens 3 K über der Taupunkt-Temperatur liegen.

8.3.5.7 Egalisieren der Oberfläche

Mit kunststoffmodifizierten Zement-Feinmörteln mit Gesteinskörnung ca. 0,1 – 0,5 mm Ø, in den Regelwerken meistens als Feinspachtel bezeichnet, werden Poren und Lunker an geschalten Flächen geschlossen sowie der Untergrund egalisiert, um fehlstellenfreie und gleichmäßig dicke Oberflächen-Schutzsysteme aufbringen zu können. Als Bestandteil von Oberflächen-Schutzsystemen sollen sie regelmäßig im Rahmen von Instandsetzungs-Maßnahmen angewendet werden.

Bild 8.22: Spachteln für nachfolgenden Oberflächenschutz

Feinspachtel benötigt wegen seiner guten Benetzung durch die weiche Konsistenz in der Regel keine Haftbrücke. Das Aufziehen mit der Traufel oder das Aufsprühen mit Mörtelpumpen erfolgt auf die vorgenässte mattfeuchte Oberfläche des Betons in etwa 1 – 5 mm Dicke. Anschließend wird die Oberfläche zur Beseitigung von Spachtelgraten abgerieben. Wenn Lunker zuvor bei der Vorbereitung nicht ausreichend geöffnet wurden, kann es zu Beulen- und Blasenbildung kommen, besonders bei Sonneneinstrahlung.

Bild 8.23: Abreiben einer Spachtelung

Falls keine ebene Oberfläche gewünscht ist, z. B., um eine vorhandene Brettschalstruktur zu erhalten, können auch hierfür geprüfte Feinmörtel mit der Bürste in Richtung der Schalgrate aufgetragen werden. Mit einer derartigen Schlämme wird zwar der Untergrund nicht geebnet oder geglättet, aber die Poren werden geschlossen und ein einheitlicher sowie gleichmäßig saugender Untergrund in etwa 1-3 mm Dicke für Beschichtungen erzielt. Die Kanten von Graten und Wulsten werden hierdurch etwas gerundet, was der Schichtdicke von Anstrichen zugutekommt, da die sogenannte Kantenflucht gemindert wird.

Bild 8.24: Feinmörtel-Schlämme auf Betonoberfläche mit Brettschalstruktur

Zum Ausgleich größerer Rautiefen und Unebenheiten kann auch RM mit einem Größtkorn von 2 mm Ø in 6 – 10 mm Dicke unter Verwendung von Haftbrücke aufgetragen werden. Diese Möglichkeit ist in den Regelwerken nicht berücksichtigt. Wirtschaftlicher ist es allerdings bei größeren Flächen, in solchen Fällen Spritzmörtel SRM einzusetzen (siehe unter 8.2).

8.3.5.8 Nachbehandeln

Kunststoffdispersionen und ggf. Zusatzmittel erhöhen zwar das Wasserrückhalte-Vermögen von RM/RC und mindern damit die Gefahr des „Verdurstens". Dennoch kann auf das Nachbehandeln von Stoffen, die Zement als Bindemittel enthalten, grundsätzlich nicht verzichtet werden. Großflächig und dünnschichtig aufgebrachte Lagen, insbesondere in Form von Feinspachteln oder Schlämmen, müssen besonders sorgfältig nachbehandelt werden.

Bild 8.25: Nachbehandlung der Spachtelung an einer Rahmenkonstruktion mit feuchten Jutebahnen

Bild 8.26: Nachbehandlung von RC auf einer Bodenfläche durch Abdecken mit Folie

Gemäß TR beträgt die Nachbehandlungsdauer mindestens 5 Tage, gemäß ZTV-ING 3 Tage, z. B. durch Feuchthalten oder Abdecken mit PE-Folien oder feuchte Jutebahnen. Nachbehandlungsmittel sind nach ZTV-ING nicht zulässig, ansonsten auch dann nicht, wenn die Oberfläche beschichtet werden soll, es sei denn, dass hierfür eine System-Prüfung vorliegt. Auch spezielle Grundierungen für später aufzubringende Beschichtungen können zur Nachbehandlung eingesetzt werden (siehe unter 12.1.9).

8.3.5.9 Qualitätssicherung

Siehe unter 13.2 „Qualitätssicherung".

8.3.6 Literatur

[1] D. Knöfel: Bautenschutz mineralischer Baustoffe. Bauverlag GmbH, Wiesbaden und Berlin, 1979.

[2] D. Knöfel: Angriffe auf Beton. Bautenschutz + Bausanierung 4/80.

[3] H. Klopfer: Bauphysikalische Aspekte der Betonsanierung. Bautenschutz + Bausanierung 4/80.

[4] H. Schuhmann: Betonausbesserungen mit hydraulischen und kunststoffgebundenen MörtelnBautenschutz + Bausanierung 4/80.

[5] G. Rieche: Instandsetzung von Stahlbeton bei Schäden infolge Korrosion der Bewehrung. Deutsche Bauzeitschrift 1982.

[6] Wissenschaftlich-Technischer Arbeitskreis für Denkmalpflege und Bauwerksanierung e. V. (WTA). Unterhaltung von Betonbauwerken. Merkblatt 5-1-84 Fassung Sept. 1983.

[7] M. Schröder: Instandsetzung von Sichtbeton mit Reaktionsharz- und kunststoffvergüteten Zement-Mörteln. Kunststoffe im Bau 3/1984.

[8] R.-R. Schulz: Instandsetzungsarbeiten – Kriterien für die Planung und Ausschreibung. Betonwerk + Fertigteiltechnik 8/1987.

[9] M. Schröder: Glasfaserverstärkte Zementmörtel für Betoninstandsetzung, Erhöhung der Betondeckung und Bauwerksabdichtung. Bauwirtschaft 3/1990.

[10] WTA-Merkblatt 5-5-90: Qualitätssicherung bei Instandsetzungsmaßnahmen an Betonbauwerken. Wissenschaftlich-Technische Arbeitsgemeinschaft für Bauwerkserhaltung und Denkmalpflege e. V. 1990.

[11] M. Schröder: Instandsetzung von tausalz- und korrosionsgeschädigtem Stahlbeton mit PCC nach ZTV-SIB. Straßen- und Tiefbau 7/8 1990.
[12] M. Schröder: Betoninstandsetzung nach DAfStb-Richtlinie und ZTV-SIB mit Systemen auf Basis kunststoffmodifizierter Zementmörtel. Bauen mit Kunststoffen und neuen Baustoffen BmK, Ausgabe Nr. 5/93.
[13] M. Schröder: Schutz und Instandsetzung von Beton. Regelwerke Rili SIB, ZTV-SIB und DIN 18 349 im Vergleich. Teil 2 „Betonersatz mit PCC-, PC- und SPCC-Systemen". Bautenschutz + Bausanierung Nr. 4, Mai 1995.
[14] M. Schröder: Schutz und Instandsetzung von Stahlbeton. Teil 2 „Reprofilierung mit kunststoffvergüteten Zementmörteln". Bautenschutz VBK Nr. 3, Juli 1995
[15] M. Schröder: Betoninstandsetzen: Aktuelle Themen. Mit Beiträgen von: M. Werner, V. Kauw, G. Haroske, W.-P. Ettel, R. Stenner, R. P. Gieler, M. Schmidt, H.-J. Badzong, J. A. Roti, F. Stöckl. WTA-Schriftenreihe Heft 9. Aedificatio Verlag GmbH 1996.
[16] M. Schröder: Instandsetzen von Beton. Vergleich der anwendungstechnischen und bauphysikalischen Eigenschaften von kunststoffmodifizierten Zementmörteln (PCC) mit Reaktionsharzmörteln PC). 4. Internationales Kolloquium „Werkstoffwissenschaften und Bauinstandsetzen" Technische Akademie Esslingen, 17. – 19.12.1996.
[17] Hillemeier, Stenner, Flohrer, Polster, Buchenau. Instandsetzung und Erhaltung von Betonbauwerken. Sonderdruck aus dem Betonkalender. Ernst & Sohn 1999.
[18] Schriftenreihe der Zement- und Betonindustrie. Stahlbetonoberflächen schützen, erhalten, instandsetzen. Verlag Bau+Technik GmbH 2008.
[19] Schriftenreihe der Zement- und Betonindustrie. Beton – Herstellung nach Norm. Arbeitshilfe für Ausbildung, Planung und Baupraxis. Verlag Bau+Technik GmbH 18. überarbeitete Auflage 2009.
[20] M. Schröder und 7 Mitautoren: Schutz und Instandsetzung von Stahlbeton. Anleitung zur sachkundigen Planung und Ausführung. 8., überarbeitete und erweiterte Auflage. expert verlag 2022.
[21] Die im Kapitel 1. aufgeführten Regelwerke.

8.4 Betonersatz mit spritzbarem kunststoffmodifiziertem Zement-Mörtel/-Beton

M. Schröder

8.4.1 Einleitung

Während sich Mitte der 60er Jahre die Betoninstandsetzung mit Reaktionsharz-Mörteln entwickelte und zu Beginn der 80er Jahre durch kunststoffmodifizierte Zement-Systeme überwiegend abgelöst wurde, kam etwa 1985 der erste spritzbare kunststoffmodifizierte Zement-Spritzmörtel auf den Markt. Seitdem hat sich die Anwendungstechnik weiterentwickelt, Prüfsysteme wurden erarbeitet und SPCC (Sprayable Polymer Cement Concrete) wurde 1990 in die damalige ZTV-SIB aufgenommen. Seitdem ist eine Vielzahl von Betonbauwerken mit Produkten verschiedener Hersteller im Spritzverfahren instandgesetzt und häufig in diesem Zusammenhang eine Erhöhung der Betondeckung für die Bewehrung vorgenommen worden.

Mit den neuen Regelwerken wurden die Bezeichnungen SRM (Sprayable Repair Mortar) und SRC (Sprayable Repair Concrete) eingeführt.

8.4.2 Spritzbarer kunststoffmodifizierter Zement-Mörtel SRM/-Beton SRC

8.4.2.1 Allgemeines

SRM/SRC bestehen in der Regel aus dem Spritz-Mörtel/-Beton und ggf. der Korrosionsschutz-Beschichtung für die Bewehrung. Eine Haftbrücke ist wie bei Spritzbeton nicht erforderlich, da infolge des Rückpralls der groben Gesteinskörnung zwangsläufig auf der Auftragsfläche eine Haftschlämme entsteht. Deshalb ist der Einbau auf Oberseiten nicht zulässig, da hierbei der Rückprall in die aufgebrachte Lage zurückfallen würde. Der Verlust durch den Rückprall ist jedoch in der Zusammensetzung der Mischung berücksichtigt und deshalb erforderlich.

Als Betonersatz kann SRM/SRC in allen Bereichen mit Ausnahme von waagerecht und schwach geneigten Flächen, die von oben angespritzt werden müssten, eingesetzt werden. Besonders prädestiniert ist SRM/SRC für die Instandsetzung großflächiger Schäden und für den großflächigen Einsatz zur Erhöhung der Betondeckung. Dabei besteht gegenüber Spritzbeton der Vorteil, dass SRM auch in Schichtdicken unterhalb 3 cm eingesetzt werden kann. SRC kommt verhältnismäßig selten zum Einsatz.

Bild 8.27: Großflächiger Schaden an der Unterseite einer Fahrbahnplatte

SRM/SRC wird in der Instandsetzungs-Richtlinie sowohl für die Beanspruchbarkeitsklasse M 2 als auch M 3 angeboten (siehe unter 8.1.2).

Der Verbund von SRM/SRC über Verankerung und Bewehrung wird hier nicht behandelt (siehe Kapitel 10.1 und 10.2)

8.4.2.2 Eigenschaften

Die von SRM/SRC entsprechen im Wesentlichen den für RM/RC unter 8.1.4.1.2 beschriebenen Eigenschaften. SRM und SRC sind allerdings als Varianten für die Altbetonklassen A-2, A-3, A-4 und A-5 vorgesehen.

8.4.2.3 Ausführung

8.4.2.3.1 Vorbereitende Arbeiten

Diese entsprechen ebenfalls im Wesentlichen den für RM/RC unter 8.1.5.2 beschriebenen Maßnahmen. Da keine Haftbrücke aufgebürstet wird, muss zur guten Verklammerung nach der Untergrundvorbereitung der Betonoberfläche in jedem Fall fest eingebettetes grobes Gesteinskorn kuppenartig freigelegt sein. Die Verwendung fester Strahlmittel zur Erzielung der Feinrauheit auch am Gesteinskorn ist vorteilhaft.

Bild 8.28: für den Spritzauftrag vorbereitete Wandfläche

Die so vorbereitete Altbetonfläche muss gut vorgenässt werden, erstmals einen Tag vor Aufbringen des SRM/SRC. Hierfür sind Nebeldüsen wegen des geringen Wasserverbrauchs vorteilhaft. Zum Zeitpunkt des Spritzauftrages muss die Haftfläche mattfeucht sein.

Freigelegte Bewehrung ist so zu befestigen, dass sie beim Spritzauftrag nicht federt.

Beim Aufstellen von Gerüsten ist zu berücksichtigen, dass der Düsenabstand zur Aufprallfläche beim Trocken-Spritzen ca. 80 cm und beim Nass-Spritzen ca. 50 cm beträgt.

Bild 8.29: Nass-Spritzen von SRM auf zu schmalem Gerüst. Außerdem falsch: von oben nach unten

8.4.2.3.2 Korrosionsschutz

Soweit eine Korrosionsschutz-Beschichtung freigelegter und hierfür vorbereiteter Bewehrung vorgesehen ist, muss diese mit im System geprüften Stoffen erfolgen.

8.4.2.3.3 Anwendungstechnik

Spritz- und Fördertechnik entsprechen im Wesentlichen denen von Spritzbeton. Allerdings wird SRM wesentlich häufiger im Nass-Spritzverfahren verarbeitet. Auch kann SRM hiermit in wesentlichen dünneren Schichten aufgetragen werden, wenngleich die Regelwerke das nicht berücksichtigen. An manchen Bauwerken sind jedoch wegen des Gewichts und aus konstruktiven Gründen nur geringe Schichtdicken möglich. Gemäß TR beträgt die Schichtdicke für SRM 20 – 60 mm, für SRC 30 – 60 mm, örtlich bis zu 100 mm, gemäß ZTV-ING 10 – 50 mm und nach ZTV-W bei flächigem Auftrag 20 – 60 mm. Im Übrigen ist der Größtkorndurchmesser möglichst groß zu wählen, darf aber höchstens 1/3 und sollte mindestens 1/15 der jeweiligen Spritzlagendicke betragen. Der Spritzauftrag sollte stets von unten nach oben erfolgen, um ein Abrutschen der Spritzlage zu vermeiden.

Bild 8.30: SRM ca. 7 mm dick nass aufgespritzt (entspricht nicht den Regelwerken)

Beim Trocken-Spritzverfahren wird das Trocken-Gemisch mit Druckluft im Dünnstrom durch den Schlauch oder eine Rohrleitung zur Düse gefördert, an der das Zugabewasser hinzugegeben wird.

Bild 8.31: Schmieren des Schlauches zum Nass-Spritzen mit Zementschlämme

Beim Nass-Spritzverfahren wird das fertige Nass-Gemisch mit einer Pumpe im Dichtstrom zur Düse gefördert. Zuvor ist der Schlauch, damit der Materialstrom gut gleitet, zu schmieren z. B. mit einer Zementschlämme. An der Düse wird Druckluft hinzugegeben, die den Materialstrom aufreißt und das Spritzgut auf die Auftragsfläche schleudert. Nach dem Spritzen ist der Schlauch gründlich zu säubern, indem Schaumgummibällchen hindurchgepumpt werden, um die Schlauchinnenwandung von Zementleim zu befreien.

Förder- und Spritztechnik

Trockengemisch	Nassgemisch
I	I
Dünnstromförderung	Dichtstromförderung
I	I
an der Düse Wasserzugabe	an der Düse Luftzugabe
I	I
Trocken-Spritzverfahren	Nass-Spritzverfahren

Das Nass-Spritzverfahren kann auch bei Verwendung relativ trockener Mischungen mit Dünnstromförderung erfolgen, was jedoch bei der Betoninstandsetzung nicht praktiziert wird, sondern nur in Sonderfällen, z. B. bei Behälterauskleidungen mit speziellen Mörteln.

Bild 8.32: Trocken-Spritzen SRM in einem Eisenbahntunnel

Für das Trocken-Spritzverfahren kommen für SRM/SRC die auch für Spritzbeton üblichen Rotor- oder Taschenrad-Trocken-Spritzmaschinen zum Einsatz.

Bild 8.33: Rotor-Trocken-Spritzmaschine

Bild 8.34: Taschenrad-Trocken-Spritzmaschine

Zum Nass-Spritzen werden die aus der Putztechnik bekannten Mischpumpen, häufiger Chargen- oder Durchlauf-Mischer mit nachgeschalteten Schneckenpumpen verwendet. Allerdings sind die in der Putztechnik üblichen Spritzdüsen für das Auftragen von SRM/SRC nicht geeignet. Hierfür wurden von den Herstellern der Spritz-Mörtel/-Betone spezielle Düsen entwickelt.

Bild 8.35: Chargenmischer mit Schneckenpumpe zum Nass-Spritzen

Bild 8.36: Durchlaufmischer mit Schneckenpumpe zum Nass-Spritzen

Ein Vergleich der Spritzverfahren ergibt folgende Vorteile für das Trocken-Spritzen:

- niedrigerer Wasser-Zement-Wert möglich (höhere Festigkeit, weniger Kapillarporen, geringeres Schwinden, weniger Risse)
- einfachere Handhabung (kein Mischen mit Wassert)
- größere Schlauchlängen möglich

- leichtere Schläuche
- Unterbrechungen problemlos möglich (keine Stopfer)
- höhere Verdichtung
- größere Schichtdicke möglich
- einfache Gerätesäuberung
- Vornässen mit Spritzdüse möglich

Bild 8.37: Trockenspritzen an einer Staumauer mit SRC

Bild 8.38: Bohrkern mit SRC ca. 50 mm dick

Bild 8.39: Spritzraue Oberfläche von SRM im Trocken-Spritzverfahren

Dem stehen folgende Vorteile des Nass-Spritzens gegenüber:

- gleichmäßiger Wasser-Zement-Wert
- definierter Wasser-Zement-Wert
- bessere Redispergierung des Kunststoffpulvers (Vorreifen der Mischung)
- weniger Staub
- weniger Rückprall
- feinkörnige Oberflächentextur
- gleichmäßigere spritzraue Oberfläche
- dünnere Schichten möglich
- Einhüllen freiliegender Bewehrung einfacher
- geringere Gerüstbreite

Bild 8.40: Nass-Spritzen von SRM auf einer Bobbahn

Bild 8.41: Spritzraue Oberfläche von SRM im Nass-Spritzverfahren

Bild 8.42: Abreiben der Oberfläche von SRM im zweilagigen Nass-Spritzaufbau

Falls eine Bearbeitung der Oberfläche erfolgen soll, z. B. durch Abreiben mit einem Reibebrett, ist mindestens zweischichtig zu arbeiten, um die Haftung am Untergrund nicht zu beeinträchtigen und Gefügestörungen zu vermeiden. Dabei soll die vorhergehende Schicht soweit angezogen haben, dass sie sich nicht mehr verschiebt. Ansonsten könnte die spritzraue Oberfläche selbstverständlich auch durch Feinspachtel eingeebnet und geglättet werden.

Bild 8.43: Abgeriebene mit SRM instand gesetzte Rahmentragwerke eines Stadions

Bild 8.44: spritzrau belassene mit SRM instand gesetzte Stütze und Unterzug eines Parkhauses

Die Qualität des Spritzergebnisses wird maßgeblich von der Düsenführung bestimmt. Der Aufprallwinkel des Spritzgutes soll möglichst rechtwinklig zur Auftragsfläche sein, damit ein homogenes Gefüge bei möglichst wenig Rückprall entsteht. Dichte Umhüllung der Bewehrung unter Vermeidung von Spritzschatten muss erreicht werden.

Folgende Parameter haben Einfluss auf das Maß des Rückpralls:

- Spritzverfahren
  bei Trocken-Spritzen mehr als bei Nass-Spritzen
- Spritzrichtung
  über Kopf mehr als waagerecht
- Spritzwinkel
  zunehmend bei Abweichung von 90°
- Korngröße
  je grober, desto mehr
- Schichtdicke
  sinkt mit wachsender Schichtdicke

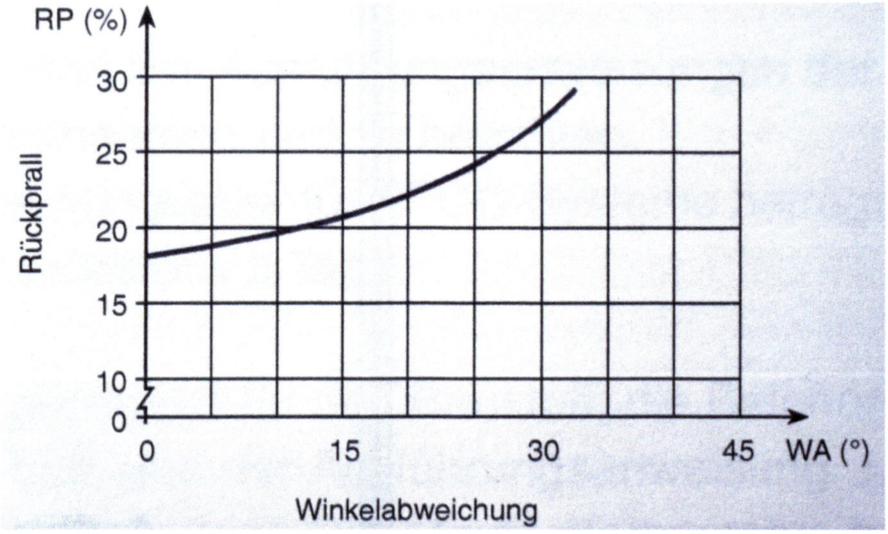

Bild 8.45: Diagramm Rückprall tendenziell in Abhängigkeit vom Spritzwinkel (Quelle: Düsenführerhandbuch)

8.4.2.3.4 Nachbehandeln

Hierfür gilt im Prinzip das Gleiche wie für RM/RC unter 8.1.5.8, bei großflächig aufgetragenen Schichten mit ähnlicher Bedeutung wie für Feinmörtel/Spachtelung/Schlämme zur ganzflächigen Egalisierung. Deshalb wird in den ZTV-W eine Mindest-Nachbehandlungsdauer von 14 Tagen vorgeschrieben. In der TR sind ≥ 5 Tage, in den ZTV-ING ≥ 3 Tage vorgesehen. Wie für das Vornässen haben sich hierfür Nebeldüsen bewährt.

Bild 8.46: Nachbehandlung mit einer Nebeldüse

8.4.2.3.5 Qualitätssicherung

Hierzu wird auf Kapitel 13.2 „Qualitätssicherung“ verwiesen. Es soll jedoch besonders auf folgendes aufmerksam gemacht werden:

Die Haftung zum Untergrund muss bei der Haftzugprüfung im Mittel mindestens 1,5 N/mm^2 betragen, wobei Einzelwerte von 1,0 N/mm^2 nicht unterschritten werden dürfen. Für die Haftzugfestigkeit ist außerdem die Oberflächenzugfestigkeit der jeweiligen Altbetonklasse zu berücksichtigen. Die fertiggestellten Flächen sind nach ausreichender Erhärtungszeit zur Feststellung von Hohlflächen durch Abklopfen zu überprüfen

Sowohl zum Trocken- als auch zum Nass-Spritzen dürfen nur komplette Systeme eingesetzt werden, die unter Verwendung aller Komponenten erfolgreich geprüft wurden. Für beide Verfahren wird eine Schlauchlänge von 40 m eingesetzt. Das bedeutet, dass für das Trocken-Spritzverfahren 40 m lange Schläuche eingesetzt werden müssen, während für das Nass-Spritzverfahren bis zu 40 m Länge verwendet werden darf. Für den Einsatz größerer Schlauchlängen sind zusätzliche Prüfungen durchzuführen. Zwischenlängen sind zulässig.

Für die Bauausführung sind Düsenführer einzusetzen, die eine Düsenführerprüfung (D-Schein) nach den Regeln des Ausbildungsbeirates „Schutz und Instandsetzung im Betonbau“ beim Deutschen Beton- und Bautechnik-Verein e. V. erfolgreich abgelegt haben. Hierbei wird u. a. die Fähigkeit geprüft, eine Schadstelle fehlstellenfrei ohne Spritzschatten auszuspritzen. Ob der Düsenführer in der Lage ist, eine optisch einwandfreie raue Oberfläche herzustellen, ist nicht Gegenstand der Prüfung.

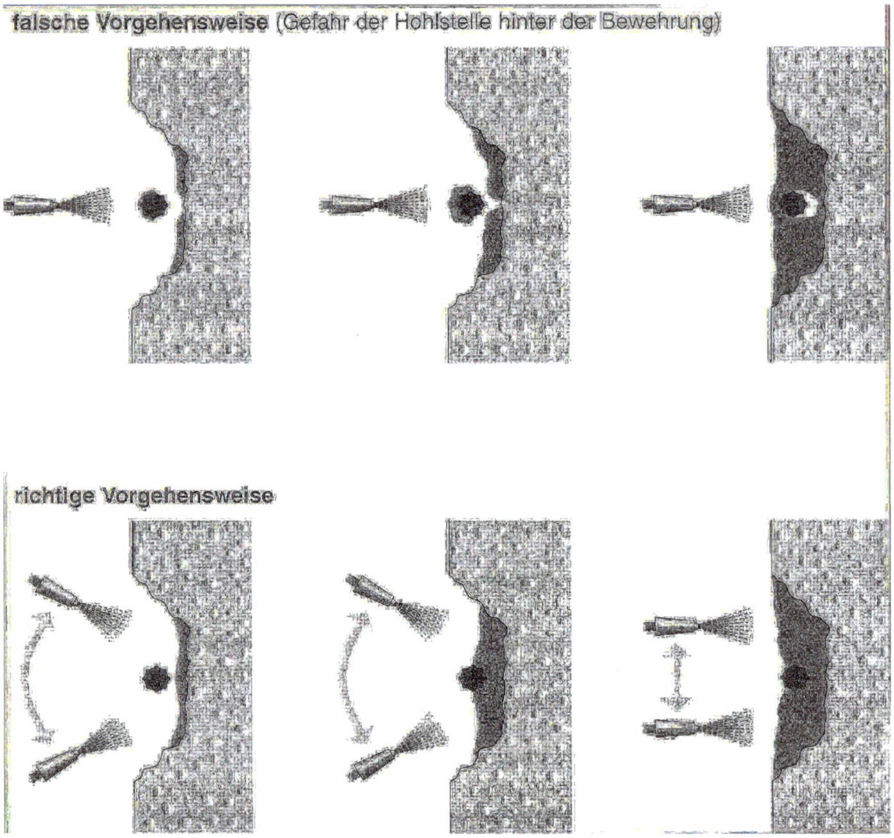

Bild 8.47: Schemazeichnung Ausspritzen von Ausbrüchen mit freiliegender Bewehrung (Quelle: Düsenführerhandbuch)

Bild 8.48: Übung eines Kandidaten für die Düsenführerprüfung Im Trocken-Spritzverfahren

Bild 8.49: Übung eines Kandidaten für die Düsenführerprüfung Im Nass-Spritzverfahren

Bild 8.50: SRM-Prüfkörper im Querschnitt mit mangelhaftem Ergebnis

Bild 8.51: SRM-Prüfkörper im Querschnitt mit gutem Ergebnis

Im Zuge der Ausführung ist u. a. die Frischmörtelrohdichte mit der Spritzpfanne zu bestimmen. Zu diesem Zweck wird eine Stahlpfanne der Größe 460 x 460 mm, 40 mm tief, in der Hauptspritzrichtung am Bauwerk angebracht, vollgespritzt und über die Kanten abgezogen. Zuvor wurde die leere Form ausgelitert und gewogen. Dann wird die gefüllte Form gewogen, das Gewicht der leeren Form abgezogen und das Rohgewicht bestimmt. Rohgewicht : l = Rohdichte in kg/dm³. Die Rohdichte darf nicht mehr als 0,10 kg/dm³ vom Ergebnis der Grundprüfung abweichen

Bild 8.52: Spritzpfanne zur Ermittlung der Frisch-Mörtel-/-Beton-Rohdichte.

8.4.3 Literatur

[1] M. Gelbach, M. Schröder: Instandsetzung der Autobahnbrücke Wiesbadener Kreuz mit faserverstärktem PCC-Spritzmörtel. Straße + Autobahn 3/1987.

[2] F. Petscharnig, M. Schröder: Instandsetzung mit faserverstärktem Spritzmörtel – Wiener Praterstadion blieb der Totalabriß erspart. Beton 11/1987.

[3] M. Schröder: Glasfaserverstärkte Zementmörtel für Betoninstandsetzung, Erhöhung der Betondeckung und Bauwerksabdichtung. Bauwirtschaft 3/1990.

[4] G. Ruffert: Spritzbeton. Beton-Verlag Düsseldorf 1991.

[5] M. Schröder: Schutz und Instandsetzung von Beton. Regelwerke Rili SIB, ZTV-SIB und DIN 18 349 im Vergleich. Teil 2 „Betonersatz mit PCC-, PC- und SPCC-Systemen". Bautenschutz + Bausanierung Nr. 4, Mai 1995.

[6] M. Schröder: Schutz und Instandsetzung von Stahlbeton. Teil 4: Großflächige Reprofilierung und Erhöhung der Betondeckung mit spritzbaren kunststoffmodifizierten Zementmörteln. Bautenschutz VBK Nr. 5, November 1995.

[7] Leitfaden Düsenführer. Verarbeiten von kunststoffmodifiziertem Spritzmörtel/-beton. Ibh Industrieverband Bauchemie und Holzschutzmittel e. V. September 1996.

[8] Hillemeier, Stenner, Flohrer, Polster, Buchenau. Instandsetzung und Erhaltung von Betonbauwerken. Sonderdruck aus dem Betonkalender. Ernst & Sohn 1999.

[10] Schriftenreihe der Bauberatung Zement. Beton – Prüfung nach Norm. Verlag Bau + Technik. 11. überarbeitete Auflage 2005.

[12] Ausbildungsbeirat „Verarbeiten von Kunststoffen im Betonbau" beim Deutschen Beton- und Bautechnik-Verein e. V. SIVV-Handbuch. Schützen, Instandsetzen, Verbinden und Verstärken von Betonbauteilen. Fraunhofer IRB Verlag. 6. Auflage 2008.

[13] BetonMarketing Deutschland GmbH, Erkrath. Stahlbetonoberflächen schützen, erhalten, instandsetzen. Schriftenreihe der Zement- und Betonindustrie. Verlag Bau+Technik GmbH 2008.

[14] Ausbildungsbeirat „Verarbeiten von Kunststoffen im Betonbau" beim Deutschen Beton- und Bautechnik-Verein e. V. SIVV-Handbuch. 6. Auflage 2008.

[15] Fraunhofer IRB Verlag 2009. BetonMarketing Deutschland GmbH, Erkrath. Beton – Herstellung nach Norm. Arbeitshilfe für Ausbildung, Planung und Praxis. Verlag Bau+Technik GmbH. 18. überarbeitete Auflage 2009.

[17] Schröder M. und 7 Mitautoren: Schutz und Instandsetzung von Stahlbeton. Anleitung zur sachkundigen Planung und Ausführung. expert verlag Renningen. 7., überarbeitete Auflage 2022.

[18] M., Schröder: SPCC bei der Betoninstandsetzung. Bauhandwerk 10.2016.

[19] Die im Kapitel 1. aufgeführten Regelwerke.

8.5 Betonersatz mit Reaktionsharz-Mörtel/-Beton

M. Schröder

8.5.1 Einleitung

Da die Instandsetzung schadhafter Betonbauteile als Folge ungenügender Betondeckung anfangs mit reinen Zementmörteln nicht erfolgreich war, vor allem wegen nicht ausreichender Haftung am Altbeton, wurden in den 60er Jahren hierfür Mörtel auf Basis Epoxidharz eingesetzt, mit denen gute Haftung und hohe Festigkeiten erzielt wurden. Hinzu kamen Produkte auf Basis Polyester und Polymethacrylat, die sich jedoch nicht in gleicher Weise bewährten.

Ab Mitte der 70er Jahre wurden Reaktionsharze zunehmend durch kunststoffmodifizierte Mörtel abgelöst. Inzwischen werden Reaktionsharz-Mörtel/-Betone nur noch in Ausnahmefällen verwendet. Dadurch sind im Laufe der Zeit die besonderen Eigenschaften und Möglichkeiten derartiger Produkte etwas aus dem Bewusstsein mancher Planer verschwunden.

In den Regelwerken werden Reaktionsharz-Mörtel als PRM = Polymer Repair Mortar (vorher PC II) und Reaktionsharz-Beton als PRC = Polymer Repair Concrete (vorher PC I) bezeichnet. Für die Instandsetzung von Beton kommen ausschließlich Systeme auf Epoxidharz-Basis zum Einsatz. Für Sonderfälle bieten deren besondere Eigenschaften Lösungsmöglichkeiten, die mit RM/RC nicht in gleicher Weise gegeben sind.

8.5.2 Beanspruchbarkeitsklasse

PRM/PRC fallen ausschließlich in die Beanspruchbarkeitsklasse M 2 der Instandsetzungs-Richtlinie, da sie nicht für der Tragfähigkeit von Betonbauteilen für Verstärkung oder Ertüchtigung rechnerisch berücksichtigt werden dürfen, wenngleich das in Anbetracht der erzielbaren Festigkeiten denkbar wäre, zumal es zur Ertüchtigung von Holzbauteilen zugelassene Systeme unter Verwendung von Reaktionsharzmörteln gibt.

Gemäß TR werden PRM/PRC für die Altbetonklassen A-4 und A-5 eingesetzt.

8.5.3 Anwendungsfälle

PRC (früher PC I) kann gemäß den in den ZTV-ING beschriebenen Anwendungsfällen nur auf Oberseiten, PRM (früher PC II) jedoch beliebig eingesetzt werden, also auch über Kopf unter dynamischer Belastung. Das ist in der Instandsetzungs-Richtlinie (Stoffbezeichnungen) und TR gleichermaßen geregelt.

8.5.4 Systembestandteile

8.5.4.1 Reaktionsharz-Mörtel PRM/-Beton PRC

8.5.4.1.1 Allgemeines

PRM/PRC kommen zum Einsatz, wenn keine hydraulisch erhärtenden Betonersatzsysteme eingesetzt werden können oder wenn die Eigenschaften von PRM/PRC im Einzelfall besondere Vorteile bieten. Gemäß den Regelwerken sollen sie nur in Ausnahmefällen und nur bei kleinen Flächen (bis 1 m^2) angewendet werden.

In den Regelwerken wird der Einsatz z. B. für folgende Fälle vorgesehen:

- sehr schnelle Erhärtung erforderlich
- keine Nachbehandlung durchführbar
- geringe Schichtdicken bei großflächigem Auftrag (unterer Richtwert 5 mm)

Tatsächlich bieten PRM/PRC einige Vorteile gegenüber RM/RC, die sich zusammenfassend wie folgt darstellen lassen:

- geringe Schichtdicken möglich
- kein Verdursten
- kein Schwinden
- keine Nachbehandlung erforderlich
- schnelle Erhärtung und dadurch kurze Sperrzeiten
- geringer Reaktionsschrumpf
- hoher chemischer Widerstand
- hohe mechanische Festigkeiten
- hoher Abriebwiderstand
- hoher Widerstand gegenüber Schlag und Stoß
- hohe Dichtheit gegenüber Flüssigkeiten
- hohe Dichtheit gegenüber Schadgasen
- sehr gute Haftung auf Beton und Stahl
- kein Carbonatisieren

Dem stehen folgende Nachteile gegenüber:

- Mischfehler visuell nicht erkennbar
- Verarbeitung und Erhärtung erst ab 8 °C
- Verarbeitbarkeit stark temperaturabhängig
- trockener Untergrund erforderlich
- Taupunkttemperaturkontrolle erforderlich
- maximale Wartezeiten für Zwischenhaftung sind einzuhalten
- anderenfalls Abstreuen für Zwischenhaftung erforderlich
- physiologisch bedenklich
- nicht spritzbar
- Gerätereinigung mit Lösemittel anstatt mit Wasser
- Materialkennwerte stark temperaturabhängig
- hoher Wasserdampfdiffusionswiderstand
- hohe Wärmedehnung
- brennbar
- hohe Kosten

In der Regel wird als Bindemittel Epoxidharz auf Basis aliphatischer und/oder aromatischer Glycidylester und als Reaktionsmittel Amin-Härter verwendet. Auch für die Modifizierung von Reaktionsharz-Mörteln/-Betonen werden Zusätze zur Verbesserung von Frisch- und Festmörtel-Eigenschaften eingesetzt.

Gesteinskörnung muss DIN EN 12620 entsprechen und gewaschen sowie ofengetrocknet sein. Die Körnung soll vorgemischt in einem Gebinde enthalten sein. Eine der Bindemittel-Komponenten kann bereits werkmäßig mit Gesteinskörnung vermischt sein.

PRM/PRC sollen in der thermischen Ausdehnung und im Elastizitätsmodul dem Beton in der Verbundzone weitgehend angepasst sein. Diese Eigenschaften werden durch Verwendung entsprechender Bindemittel, niedrigen Bindemittelgehalt, günstigen Kornaufbau und entsprechende Füllstoffe erzielt, so dass bei guter Zusammensetzung und fehlerfreier Verarbeitung sowie Betonfestigkeiten ≥ 25 N/mm² auch ein großflächiger Einbau möglich wäre und auch vielfach praktiziert wurde, wenngleich die Regelwerke das nicht vorsehen.

8.5.4.1.2 Eigenschaften

8.5.4.1.2.1 Schrumpf

Der Volumenschrumpf des reinen Epoxidharz-Bindemittels bei der chemischen Reaktion liegt bei etwa 3 – 5 %. Der lineare Schrumpf eines Epoxidharz-Mörtels/-Betons in Abhängigkeit vom Füllgrad mit Quarzsand beträgt bei einem Bindemittelgehalt von 10 % nach 28 d nur ca. 0,05 %, was bei guter Haftung zum Untergrund und ausreichender Oberflächenzugfestigkeit der Betonunterlage zu keinerlei Schwierigkeiten führt.

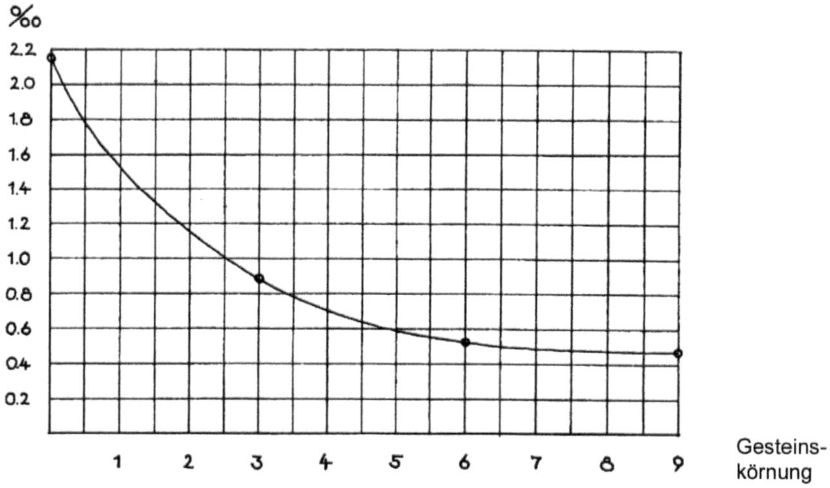

Bild 8.53: Diagramm linearer Schrumpf von PRM/PRC in Abhängigkeit vom Füllgrad mit Quarzsand (Gewichtsteile Gesteinskörnung) nach 28 d bei 30 °C

Allerdings können Reaktionsharz-Mörtel/-Betone, die flüchtige Bestandteile wie z. B. Weichmacher enthalten, die im Laufe der Jahre emigrieren könnten, einen sogenannten Alterungsschwund aufweisen, der in dickeren Schichten zu feinen Rissen führen könnte.

8.5.4.1.2.2 Festigkeit

PRM/PRC erreichen ohne Schwierigkeiten Druckfestigkeiten von ca. 100 N/mm² und Biegezugfestigkeiten von ca. 30 N/mm² bereits nach wenigen Tagen Erhärtungszeit. Maßgebend hierfür ist neben der Reaktivität des Bindemittels und der Temperatur die Art, Menge und Korngrößenverteilung der Gesteinskörnung. In der Regel werden Gemische eingesetzt, die gefüge- und flüssigkeitsdichte Mörtel/Betone ergeben. Das kann erreicht werden, wenn der Bindemittelanteil 10 M% nicht unterschreitet. Die Zusammensetzung muss im Übrigen auf die Lage und Dicke des Betonersatzes abgestellt sein.

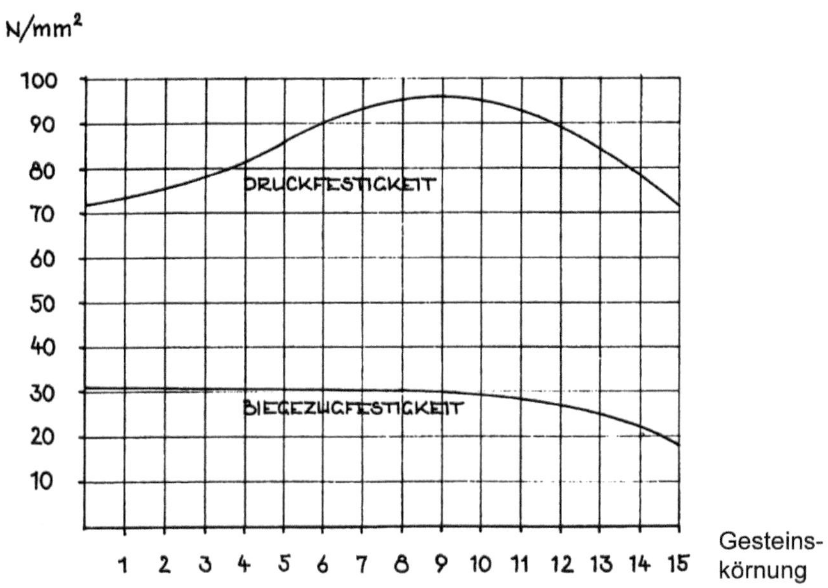

Bild 8.54: Diagramm Druck- und Biegezugfestigkeit eines PRM in Abhängigkeit vom Füllgrad mit Quarzsand (Gewichtsteile Gesteinskörnung)

Bei Temperaturen ab 20 °C ist im Allgemeinen nach einem Tag Erhärtung schon Begehen und Befahren möglich. Die Bestimmung der Festigkeiten ist jedoch normalerweise erst nach ca. 3 Tagen Erhärtung möglich, da an den Prüfkörpern vorher kein Bruch, sondern nur Verformung beim Druckversuch eintritt.

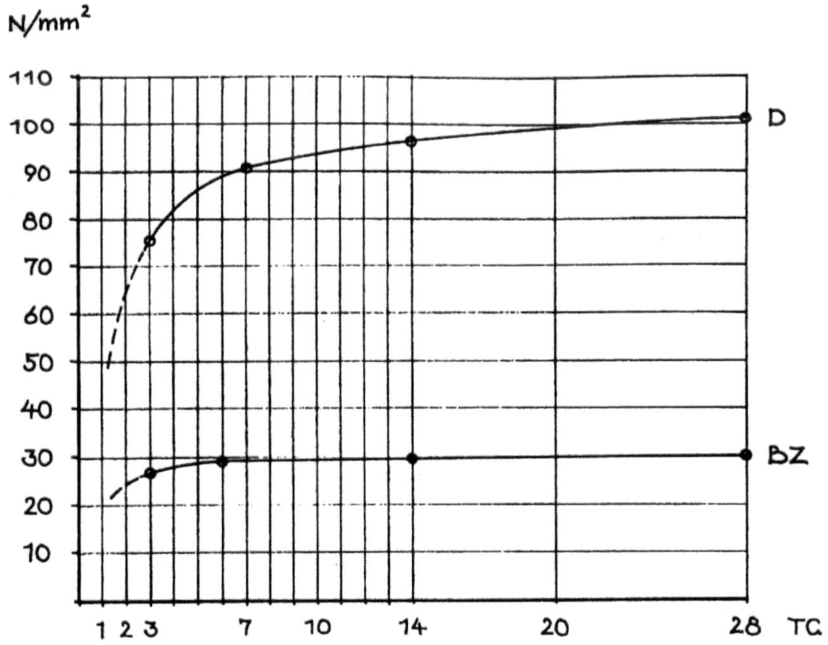

Bild 8.55: Diagramm Druck- und Biegezugfestigkeit eines PRM im Mischungsverhältnis 1 : 4 mit Quarzsand (Gewichtsteile Gesteinskörnung) in Abhängigkeit von der Erhärtungszeit bei 20 °C

8.5.4.1.2.3 Elastizität

Die elastische Verformbarkeit eines Mörtels/Betons im Verhältnis zur Last wird mit dem Elastizitätsmodul (E-Modul) angegeben. Er gibt das Verhältnis der Spannung zur dazugehörigen elastischen Verformung an, die nach einer Entlastung vollständig zurückgeht. Da erhärtete Kunstharze niedrigere E-Moduli als Zementstein aufweisen, ist der E-Modul von PRM/PRC in erster Linie vom Anteil an Bindemittel bzw. vom Füllgrad mit Gesteinskörnung abhängig.

Der E-Modul des lnstandsetzungs-Mörtels/-Betons soll dem des Untergrunds möglichst weitgehend angepasst sein.

8.5.4.1.2.4 Verschleiß

Reaktionsharz-Mörtel weisen einen deutlich höheren Verschleißwiderstand als zementgebundene Mörtel auf, der bei Verwendung entsprechender Gesteinskörnung oder anderer Granulate wie Chromerzschlacke, Korund oder Siliziumcarbid noch gesteigert werden kann. PRM/PRC eignen sich deshalb auch besonders gut für Reparaturen von Kanten z. B. bei Fugen und Treppenstufen.

8.5.4.1.2.5 Wärmedehnung

Da Kunstharze weit größeren Wärmedehnungen unterliegen als der Zementstein, wird die Wärmedehnung bei Reaktionsharz-Mörteln/-Betonen in erster Linie durch den Anteil an Bindemittel bzw. den Füllgrad mit Gesteinskörnung bestimmt. Während die Wärmedehnzahl des reinen erhärteten Epoxidharzes etwa 10 x so groß ist wie die von Beton, beträgt sie bei einem PRM/PRC mit 10 M% Bindemittelanteil nur etwa das 1,5-fache. Dabei steigt die Wärmedehnzahl mit steigender Temperatur exponentiell an, andererseits sinkt der E-Modul mit steigender Temperatur, was zu einer Minderung der Grenzflächenspannungen führt, so dass bei guter Haftung am Untergrund keine Ablösungen zu erwarten sind.

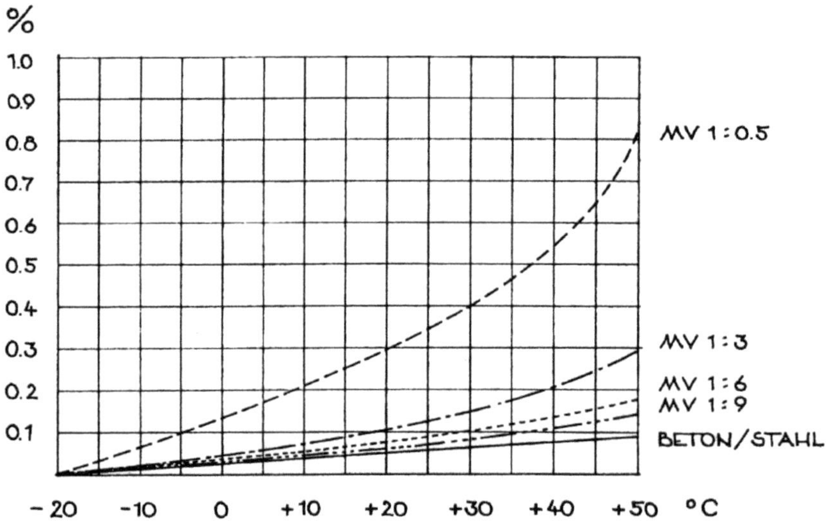

Bild 8.56: Wärmedehnung von PRM/PRC in Abhängigkeit vom Füllgrad mit Quarzsand

8.5.4.1.2.6 Frost- und Frost-Tausalz-Widerstand

Reaktionsharz-Mörtel/-Beton mit einem Bindemittelanteil ≥ 10 % und stetiger Sieblinie der Gesteinskörnung weisen einen hohen Frost- und Frost-Tausalz-Widerstand auf. Auch bei höher gefüllten Reaktionsharz-Mörteln/-Betonen ist wegen der immer noch hohen Festigkeit und fehlender Kapillarporen nicht mit Frost- und Frost-Tausalz-Schäden zu rechnen.

8.5.4.1.2.7 Widerstand gegen chemischen Angriff

Reaktionsharz-Mörtel/-Betone haben einen wesentlich höheren Widerstand gegen chemischen Angriff als Zement-Mörtel/-Beton, auch kunststoffmodifiziert. Über die chemische Beständigkeit muss im Einzelfall der Hersteller für das jeweilige Produkt Angaben machen. Diese sind abhängig von der Art der Chemikalie, deren Konzentration, Temperatur und Dauer der Einwirkung.

8.5.4.2 Haftbrücke

Als Haftbrücke wird in der Regel das gleiche Bindemittel wie das des PRM/PRC verwendet, evtl. zur Erhöhung der Schichtdicke bereits mit Feinstfüllstoff versehen und mit Stellmittel thixotropiert, ggf. auch pigmentiert.

Bei manchen Herstellern sind Haftbrücke und Korrosionsschutz-Beschichtung identisch, dürfen aber nicht in einem Arbeitsgang aufgetragen werden, sondern sind als getrennte Maßnahmen vorzunehmen.

8.5.4.3 Korrosionsschutz

Das gleiche gilt für das Beschichtungsmaterial zum Korrosionsschutz der Bewehrung, das bei manchen Herstellern mit dem Produkt für die Haftbrücke identisch ist, jedoch selbstverständlich in gesonderten Lagen aufgebracht werden muss. Es kann allerdings auch zusätzlich Füllstoffe, z. B. Zement, und Pigmente zum besseren Korrosionsschutz enthalten. Die TR sieht Korrosionsschutzbeschichtungen auf Reaktionsharzbasis, die Jahrzehnte lang bei Instandsetzungen eingesetzt wurden, nicht mehr vor.

8.5.4.4 Egalisierung

Um die Oberfläche reparierter und reprofilierter Bauteile zu egalisieren, werden Feinmörtel/Spachtelmassen auf Epoxidharz-Basis eingesetzt, für senkrechte Flächen und über Kopf mit Stellmittel thixotropiert. Bei großflächigem Einsatz ist zu berücksichtigen, dass hiermit beschichtete Bauteile einen hohen Diffusionswiderstand aufweisen, so dass es auch zu einer deutlichen Behinderung der Wasserdampfdiffusion kommt. Derartige Spachtelmassen zur Egalisierung werden in der TR nicht erwähnt.

8.5.5 Ausführung

8.5.5.1 Vorbereitende Arbeiten

Der Untergrund muss, wie in 4. „Untergrund von Beton und Stahl“ beschrieben, beschaffen und vorbereitet sein. Die Haftfläche des Altbetons muss trocken sein. Gemäß ZTV-ING ist die Feuchte mit dem CM-Gerät bis in 2 cm Tiefe zu bestimmen. Oberflächen- und Luft-Temperatur müssen gemäß TR bei Verarbeitung und Erhärtung aller Systembestandteile 8 °C – 30 °C betragen. Da die Viskosität von Epoxidharz stark temperaturabhängig ist und bei 8 °C etwa 4 x so hoch ist wie bei 20 °C, ist zu empfehlen, Arbeiten mit PRM/PRC nicht bei Temperaturen unter 10 °C durchzuführen, da auch dann die Viskosität noch 3 x so hoch ist wie bei 20 °C. Außerdem soll die Oberflächentemperatur des Betons ≥ 3 K über der Taupunkttemperatut liegen.

Die Oberflächen-Zugfestigkeit des Betons soll wie für andere Instandsetzungs-Mörtel/-Betone im Mittel ≥ 1,5 N/mm² betragen, wobei Einzelwerte von 1,0 N/mm² nicht unterschritten werden dürfen. Außerdem sind die Anforderungen an die Altbetonklassen zu berücksichtigen.

Da freiliegende Bewehrung wegen des fehlenden alkalischen Milieus grundsätzlich zu beschichten ist, muss am trockenen Stahl der Oberflächen-Vorbereitungsgrad ≥ Sa 2 ½ erreicht werden. Die TR sieht allerdings eine Reprofilierung von Schadstellen bei freiliegender Bewehrung mit PRM/PRC nicht vor.

8.5.5.2 Korrosionsschutz

Bei Reaktionsharz-Mörteln/-Betonen soll auf freiliegender Bewehrung grundsätzlich eine Korrosionsschutz-Beschichtung auf EP-Basis erfolgen, da kein alkalisches Milieu vorliegt. Diese ist in mindestens 2 Lagen mit einer Gesamtschichtdicke von ≥ 300 µm aufzubringen. Die 2. Lage ist aufzutragen, wenn die 1. Lage soweit anreagiert ist, dass sie sich nicht mehr verschiebt. Die maximale Wartezeit darf jedoch nicht überschritten werden. Anderenfalls ist die vorherige Lage ausreichend anzurauen, bevor sie überschichtet wird.

Im Regelfall wird die letzte Lage der Korrosionsschutzbeschichtung nach den Anweisungen zur Ausführung des Herstellers mit Quarzsand abgestreut zur besseren Haftung von Haftbrücke und PRM/PRC. Nach Erhärtung der Beschichtung ist nicht fest eingebundenes Abstreugut zu entfernen.

Bild 8.57: Bewehrungstahl mit EP-Korrosionsschutz-Beschichtung, 2. Lage mit Quarzsand abgestreut

Hier wird noch einmal darauf hingewiesen, dass in der TR Korrosionsschutzbeschichtungen auf Reaktionsharzbasis nicht vorgesehen sind.

8.5.5.3 Haftbrücke

Die Haftbrücke ist auf die Bewehrungs- und Betonoberfläche zur guten Benetzung intensiv und ausreichend dick aufzubürsten und PRM/PRC frisch in frisch in die Haftbrücke einzubauen. Ist das nicht möglich, z. B. infolge Arbeitsunterbrechung, so ist die frische Haftbrücke mit gewaschenem und getrocknetem Quarzsand abzustreuen. Vor dem späteren Einbau von PRM/PRC ist in diesem Fall nicht fest eingebundener Sand zu beseitigen und erneut eine Haftbrücke aufzubringen. Das gleiche gilt für den Fall, dass die Haftbrücke schon angeliert ist, bevor PRM/PRC eingebaut wurde.

Für vertikale Flächen ist der Haftbrücke ggf. Stellmittel zur Erhöhung der Standfestigkeit zuzugeben.

Da die Viskosität und demzufolge die Verarbeitbarkeit aller EP-Produkte eines Systems in starkem Maße temperaturabhängig sind, ergeben sich die besten Verarbeitungseigenschaften für Produkte auf Reaktionsharzbasis zwischen 15 und 25 °C.

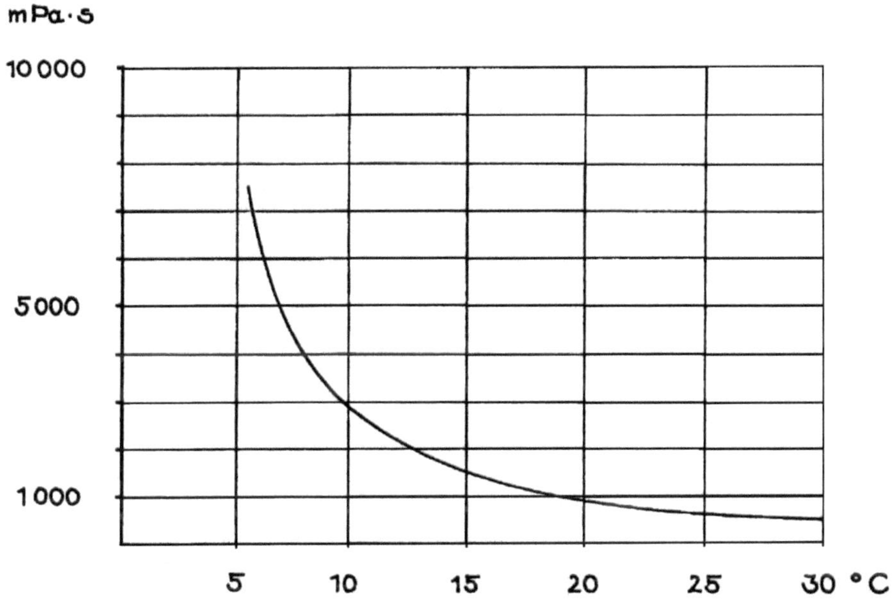

Bild 8.58: Diagramm Viskosität eines Epoxidharz-Bindemittels in Abhängigkeit von der Temperatur

8.5.5.4 Reaktionsharz-Mörtel PRM/Reaktionsharz-Beton PRC

Zur Herstellung der Mischungen sind jeweils ganze Gebinde-Einheiten aller Systembestandteile zu verwenden. Für kleinere Mengen werden maschinelle Rührgeräte verwendet. Nach dem Mischen ist ein Umtopfen in ein sauberes Gefäß und nochmaliges Durchmischen durchzuführen, um sicherzustellen, dass auch Material aus den Rand- und Eckbereichen des ersten Mischgefäßes erfasst wird. Für größere Ansätze werden Zwangsmischer eingesetzt. Da das Bindemittel hierfür zuvor angemischt werden muss, erfolgt das Umtopfen somit in das Gefäß des Zwangsmischers. Maßgebend für alle Phasen der Verarbeitung sind die Angaben zur Ausführung des Herstellers.

Bild 8.59: Mischen von PRM nach dem Umtopfen mit Bohrmaschine und Rührspirale

Bild 8.60: Mischen von PRC mit einem Zwangsmischer

Bei Verwendung von Mörteln mit selbstverlaufenden Eigenschaften, die in dünner Schicht aufgetragen werden, kann ggf. auf eine Haftbrücke verzichtet werden, wenn genügend Bindemittelüberschuss vorhanden ist. Das gleiche gilt für „fett" eingestellte thixotropierte Epoxidharz-Mörtel zur Reparatur kleiner Schadstellen an senkrechten Flächen und über Kopf. Hierbei ist jedoch anzuraten, zuvor eine niedrigviskose lösemittelfreie EP-Grundierung aufzubringen und abzusanden. Nach Entfernung nicht eingebundenen Sandes kann der Mörtel mit Bindemittelüberschuss eingebaut werden.

Bild 8.61: Reparatur einer kleinen Schadstelle auf abgesandeter Grundierung mit bindemittelreichem thixotropiertem PRM in geringer Schichdick

PRM/PRC wird im allgemeinem mit Spachtel, Kelle oder Traufel in einem Arbeitsgang aufgebracht. Ein Abstreuen der Oberfläche mit Quarzsand ist zweckmäßig, um jederzeit Haftung für weitere Lagen, auch Oberflächen-Schutzmaßnahmen, sicherzustellen. Bei Einbau in mehreren Lagen ist jeweils erneut Haftbrücke aufzutragen. Die Schichtdicke soll mindestens dem 3-fachen und höchstens dem 15-fachen des Größtkorndurchmessers betragen. Die maximale Schichtdicke wird in der TR mit 60 mm, örtlich, z. B. bei tieferen Ausbrüchen mit 100 mm wie für RM/RC angegeben.

Bild 8.62: Reprofilierung von Stufenkanten mit PRM

Bild 8.63: Unterstopfen von Epoxidharz-Mörtel zur Reparatur bzw. zum Ersatz von Betonhöckern der schwellenlosen Gleisverlegung

Bild 8.64: Mit PRM instand gesetzter bzw. ersetzter Betonhöcker der schwellenlosen Gleisverlegung

Bei großflächigem Einbau, z. B. in Form von Kunstharzestrichen auf Industrieböden oder zum Gradientenausgleich auf Brücken oder Parkdecks, wenn kurze Erhärtungszeiten maßgebend sind, können Reaktionsharzmörtel auch maschinell, z. B. mit Oberflächenrüttlern, Rüttelabziehbohlen oder Flügelglättern, verdichtet und geglättet werden. Auch hier ist ein Abstreuen der noch nicht anreagierten Oberflächen ratsam, um jederzeit später Haftung für weitere Lagen ohne aufwendige Oberflächenvorbereitung zu erzielen. Ein großflächiger Einsatz ist jedoch gemäß den Regelwerken nicht vorgesehen. Für Innenräume mit wenig schwankenden Temperaturen ist eine derartige Einschränkung jedoch kaum gerechtfertigt, vorausgesetzt, die physikalischen Gegebenheiten werden bei Rezeptur und Anwendungstechnik ausreichend berücksichtigt.

Bild 8.65: Einbau von PRC großflächig und auf einem Parkdeck (gemäß Regelwerken nicht vorgesehen)

Für die zur Verarbeitung zur Verfügung stehende Zeit ist nicht die „Topfzeit" des Produktes, die einen Laborwert darstellt, maßgebend, sondern die Gebinde-Verarbeitungszeit, die von der Größe des Gebindes und der Temperatur abhängig ist.

Viele der Verarbeitungseigenschaften ergeben sich aus den unter 8.3.4.1.1 aufgeführten Vor- und Nachteilen von PRM/PRC gegenüber RM/RC.

8.5.5.5 Egalisieren

Auch bei Einsatz von PRM/PRC kann es erforderlich oder erwünscht sein, eine Egalisierung der Oberfläche vorzunehmen, z. B. nach dem Instandsetzen einzelner Schadstellen. Hierfür werden Feinmörtel und Spachtelmassen gemäß 8.3.4.4 verwendet, die mit einer Traufel in 1 – 5 mm Dicke aufgezogen werden. Ein Abreiben wie bei zementösen Massen ist wegen der hohen Klebrigkeit nicht möglich.

Bild 8.66: Spachteln einer Wandfläche mit EP-Feinmörtel

Falls weitere Lagen, z. B. als farbige Anstriche, aufzutragen sind, ist auch in diesem Fall ein feinkörniges Abstreuen der gespachtelten Schicht zu empfehlen.

8.5.5.6 Nachbehandeln

Das eingebaute System ist bis zur Erzielung einer klebfreien Oberfläche vor Feuchtigkeit sowie Begehen und Befahren zu schützen. Eine Nachbehandlung wie bei zementgebundenen, auch kunststoffmodifizierten Systemen ist nicht erforderlich, da keine Schwindvorgänge stattfinden.

8.5.6 Literatur

[1] H. Schuhmann. Betonausbesserungen mit hydraulischen und kunststoffgebundenen Mörteln. Bautenschutz + Bausanierung 4/80.

[2] Wissenschaftlich-Technischer Arbeitskreis für Denkmalpflege und Bauwerksanierung e. V. (WTA). Unterhaltung von Betonbauwerken. Merkblatt 5-1–84. Fassung Sept. 1983

[3] M. Schröder: Instandsetzung von Sichtbeton mit Reaktionsharz- und kunststoffvergüteten Zement-Mörteln. Kunststoffe im Bau 3/1984.

[4] M. Schröder: Schutz und Instandsetzung von Beton. Regelwerke Rili SIB, ZTV-SIB und DIN 18 349 im Vergleich. Teil 2 „Betonersatz mit PCC-, PC- und SPCC-Systemen". Bautenschutz + Bausanierung Nr. 4, Mai 1995.

[5] M. Schröder: Schutz und Instandsetzung von Stahlbeton. Teil 3: Reprofilierung mit Reaktionsharzmörteln. Bautenschutz VBK Nr. 4 September 1995.

[6] M. Schröder: Instandsetzen von Beton. Vergleich der anwendungstechnischen und bauphysikalischen Eigenschaften von kunststoffmodifizierten Zementmörteln (PCC) mit Reaktionsharzmörteln PC). 4. Internationales Kolloquium „Werkstoffwissenschaften und Bauinstandsetzen". Technische Akademie Esslingen, 17. – 19.12.1996.

[7] Ausbildungsbeirat „Verarbeiten von Kunststoffen im Betonbau" beim Deutschen Beton- und Bautechnik-Verein E. V. SIVV-Handbuch. Schützen, Instandsetzen, Verbinden und Verstärken von Betonbauteilen. Fraunhofer IRB Verlag 6. Auflage 2008.

[8] M. Schröder und 7 Mitautoren: Schutz und Instandsetzung von Stahlbeton. Anleitung zur sachkundigen Planung und Ausführung. 8., überarbeitete und erweiterte Auflage. expert verlag 2022.

[9] Die in Kapitel 1 aufgeführten Regelwerke.

8.6 Betonersatz mit Beton und Spritzbeton

S. Wehrle

8.6.1 Einleitung

Für die Instandsetzung von Betonbauteilen stehen außer den Reparaturmörteln natürlichwerweise auch Beton und Spritzbeton zur Verfügung. In der TR [1] werden für die verschiedenen Instandsetzungsverfahren bei denen Beton oder Spritzbeton zur Anwendung gelangen kann Anforderungen an die Produkte genannt.

8.6.2 Prinzipien nach der TR

In der TR sind für die folgenden Prinzipien und Verfahren zum Schutz oder zur Instandsetzung von Schäden im Beton (Tabelle 5 in Teil 1 in [1]) und zum Schutz oder zur Instandsetzung von Bewehrungskorrosion (Tabelle 6 in Teil 1 in [1] genannt.

Verfahren zum Schutz oder zur Instandsetzung von Schäden im Beton:
Prinzip 3: Reprofilierung oder Querschnittsergänzung
Prinzip 4: Verstärkung des Betontragwerkes
Prinzip 5: Erhöhung des physikalischen Widerstandes
Prinzip 6: Erhöhung des Widerstands gegen chemischen Angriff

Verfahren zum Schutz oder zur Instandsetzung von Bewehrungskorrosion:
Prinzip 7: Erhalt oder Wiederherstellung der Passivität

Für die o. g. Verfahren kommen Betone nach DIN EN 206 [2] und DIN 1045-2 [3] zur Anwendung sowie Spritzbeton nach DIN EN 14487 [4] in Verbindung mit DIN 18551 [5].

Bild 8.67: Einbringen und Förden des Frischbetons

Bild 8.68: Bestimmung Ausbreitmaß des Frischbetons

Bild 8.69: Einbringen des Betons

8.6.3 Wesentliche Anforderungen aus der TR

Für eine erfolgreiche Instandetzung ist es unabdingbar, dass ein Verbund zum Alttbeton erreicht wird, eine ausreichende Nachbehandlung erfolgt und in Abhängigkeit von der Maßnahme die notwendige Betondeckung sichergestellt ist.

Für den Verbund werden in der TR die Altbetonklassen definiert.

Verbundwirkung:

Für die Verbundwirkung zum Beton müssen die in Tabelle 4 der TR, Teil 1 [1] genannten Werte der Oberflächenzugfestigkeit am Altbeton vorliegen. Für eine flächige Instandsetzung ist der Verbund allein über Adhäsion nur für die Altbetonklasse A4 (Oberflächenzugfestigkeit im Mittel 1,5 N/mm^2, kleinster Einzelwert: 1,0 N/mm^2 und bei den Expositionsklassen XC ohne zusätzliche Prüfungen zulässig. Für die anderen Expositionsklassen erfolgt die Verbundwirkung über Verankerung und die vorhandene Bewehrung.

Bild 8.70: Verarbeiten des Betons

Rautiefe

Bei Vorhandensein eines reinen Adhäsionsverbundes wird die Haftung maßgelich durch die Rautiefe beeinflusst. In Abhängigkeit von den Forderungen des Tragwerksplaners, sind die folgenden Mindestrautiefenklassen RT einzuhalten:

Bild 8.71: Durch HDW vorbereitete Bewehrung inkl. Betonabtrag durch HDW. Raue Oberfläche des Betons für sehr gute „Verkrallung" des Betons zum Altbeton

Bei Anforderung an die verzahnte Fuge nach DIN EN 1992-1-1/NA [6]: RT 3,0

Bei Anforderung an die raue Fuge nach DIN EN 1992-1-1/NA: RT 1,5

Ohne die o. g. Anforderungen: RT 1,0

Die Rautiefenklassen sind in der Tabelle 8 der TR, Teil 1 [1] definiert. Die Rautiefe selbst kann mittels Sandlächenverfahren bestimt werden. An geneigten Flächen oder über Kopf erfolgt ein berührungsloses Messen der Rautiefe nach DIN EN ISO 13473.

Nachbehandlung

In der TR [1] werden mit Bezug auf die DIN 1045-3 [7] und die DIN EN 13670 [8] bei der Beschreibung des Verfahrens 3.2 auch Angaben zur Nachbehandlung vorgenommen. Die Nachbehandlungsdauer und die Nachbehandlungsmaßnahmen haben einen maßgeblichen Einfluss auf die Dauerhaftigkeit des Betons/Spritzbetons und insbesondere auf die Vermeidung von Rissen, sofern diese nicht aus kontruktiven Gründen entstehen. Auch für die Nachbehandlung unterscheidet die TR in die folgenden Verbundarten:

a. Verbund über Adhäsion
b. Verbund über Verankerung und Bewehrung

Für den Fall a, gelten die Nachbehandlunsdauern der DIN 13670 in Verbindung mit der DIN 1045-3. Für den Fall b. sind die dort genannten Nachbehandlungsdauern zu verdoppeln.

8.6.4 Nachbehandlungsziele und -verfahren

Die normativen Vorgaben für die Nachbehandlung sind in DIN 13670 [8] und der DIN 1045-3 [7] vorgegeben. Dabei werden für die Nachbehandlung die folgenden Ziele definiert:

- Verhindern des vorzeitigen Austrocknens,
- Sicherstellen einer ausreichenden Festigkeit in der Betonrandzone,
- Ausreichende Dauerhaftigkeit in der Betonrandzone,
- Schutz vor schädlichen Witterungseinflüssen,
- Verhindern des Gefrierens,
- Vermeiden schädlicher Erschütterungen, Stöße und Beschädigungen.

In dem Merkblatt Nachbehandlung von Beton des DBV-Vereins [9] sind die folgenden Ziele für die Nachbehandlung von Beton beschrieben:

- Sicherstellung einer ausreichenden Festigkeit und Dauerhaftigkeit,
- Verringerung des Risspotentials infolgen von Frühschwinden,
- Verringerung des Risspotentials infolge von Temperaturspannungen,
- Erreichen von Anforderungen an das Aussehen von Sichtbetonflächen.

In [7] und [8] sowie auch in [9] werden verschiedene Nachbehandlungsverfahren benannt. Im Einzelnen sind dies:

- Belassen des Betons in der Schalung,
- Abdecken der Betonoberflächen mit dampfdichten Folien. Diese sind an Kanten und Stößen gegen Durchzug zu sichern,
- Auflegen von Wasser speichernden Abdeckungen unter ständigem Feuchthalten bei gleichzeitigem Verdunstungsschutz,
- Aufrechterhalten eines sichtbaren Wasserfilms auf der Betonoberfläche,
- Anwendung von Nachbehandlungsmitteln mit nachgewiesener Eignung,
- Andere Verfahren, die ein übermäßges Verdunsten des Anmachwassers verhindern.

8.6.5 Nachbehandlungsdauer

Die Dauer der Nachbehandlung ist abhängig von der Festigkeitsentwicklung des Betons und der Oberflächentemperatur des Betons oder der Lufttemperatur. Die Festigkeitsentwicklung r ist gekennzeichnet durch den Quotienten aus dem Wert der Druckfestigkeit nach 2 Tagen und der Druckfestigkeit nach 28 Tagen. Bei einem Wert von r größer gleich 0,5 spricht man von einer schnellen Festigkeitsentwicklung und bei einem Wert von kleiner 0,15 von einer langsamen Festigkeitsentwicklung.

In der DIN 1045-3 ist in Abhängigkeit von den Expositionsklassen, sowie der Oberflächentemperatur und der Festigkeitsentwicklung des Betons eine Mindestdauer der Nachbehandlung in Tagen angegeben ebenso in Abhängkeit von der Frischbetontemperatur für die Expositionsklassen XC2 bis XC4 sowie XF1. Bei mechansich beanspruchten Flächen sind die dort in der Tabelle genannten Werte ohne genaueren Nachweis der tatsächichen Festigkeit am Ende der Nachbehandlungsdauer zu verdoppeln.

Beispielhaft bedeutet dies, dass für einen Industrieboden, der der Expositionsklasse XM unterliegt und der Beton eine langsame Festigkeitsentwicklung aufweist bei Oberflächentemperaturen des Betons zwischen 10 °C und 15 °C eine Nachbehandlungsdauer von 2 x 7 Tagen = 14 Tage.

Zur weiteren Ermittlung der Nachbehandlungsdauer wird in DIN EN 13670 die Mindestnachbehandlungsdauer in Tagen auch in Abhängigkeit von der Entwicklung der Festigkeit bis zum Erreichen einer Oberflächenfestigkeit, die einem prozentualen Anteil (35 %, 50 % und 70 %) der festgelegten charakteristischen Festigkeit des Betons entspricht. So beträgt z. B. die Mindestnachbehandlungsdauer eines Betons mittlerer Festigkeitsentwicklung bis zum Erreichen einer Oberflächenfestigkeit von 50 % der festgelegeten charakteristischen Festigkeit bei einer Oberflächentemperatur des Betons von 10 °C bis 15 °C insgesamt 7 Tage.

8.6.6 Ermittlung der Betondeckung

Die Ermittlung der Betondeckung erfolgt gemäß den Expositionsklassen und den Vorgaben der DIN EN 1992-1-1. Bei der Ermittlung sind folgende Parameter zu beachten:

- Expositionsklasse
- Stabdurchmesser
- Brandschutz

Demnach werden auch die Aufgaben der Betondeckung unter verschiedenen Gesichtspunkten betrachtet, nämlich:

- Dauerhaftigkeit
- Verbund
- Brand

Eine vereinfachte Betrachtung der Bestimmung der Mindestbetondeckung reicht vielfach aus, wenn die Anforderungen der Betondeckung an die Dauerhaftigkeit (ergibt sich aus der Expositionsklasse) eingehalten werden. Demnach beträgt die Mindestbetondeckung (Maß, das am Bauteil vorhanden sein muss) für Bauteile der Expositionsklasse XC4 25 mm und für die Expositionsklasse XD und XM mindestens 40 mm. Für die Planung muss zu diesen Mindestmaßen das Vorhaltemaß dazu berechnet werden, was mit Ausnahme der Epositionsklasse XC1 15 mm beträgt. Bei der Expositionsklase XC1 liegt das Vorhaltemaß bei 10 mm.

Im DBV Merkblatt Betondeckung und Bewehrung [10] wird anhand eines Flußdiagramms anschaulich dargelegt, auf welche Art und Weise die Mindestbetondeckung zu ermitteln ist und die o. g. Gesichtspunkte dabei berücksichtigt werden.

8.6.7 Literatur

[1] Technische Regel, Instandhaltung von Betonbauwerken (TR Instandhaltung), Teile 1 und 2, Mai 2020, Deutsches Institut für Bautechnik

[2] DIN EN 206:2021-06, Beton – Festlegung, Eigenschaften, Herstellung und Konformität, Beuth Verlag, Berlin

[3] DIN 1045-2:2008.08, Tragwerke aus Beton, Stahlbeton und Spannbeton, Teil 2: beton, Festlegung, Eigenschaften, herstellung und Konformität – Anwendungsregeln zu DIN EN 206-1, Beuth Verlag, Berlin

[4] DIN EN 14487-1-2023-03 und DIN EN 14487-2:2006, Spritzbeton, Teil 1 Begriffe, Teil 2 Ausführung

[5] DIN 18551:2014-10, Spritzbeton-Nationale Anwendungsregeln zur Reihe DIN 14487 und Regeln für die Bemessung von Spritzbetonkonstrukionen, Beuth Verlag, Berlin

[6] DIN EN 1992-1-1/NA:2013-04, Nationaler Anhang National festgelegte Parameter Eurocode 2: Bemessenung und Konstruktion von Stahlbeton und Spannbetontragwerken-Teil1-1: Allgemeine Bemessungsregeln und Regeln für den Hochbau, beuth Verlag, Berlin

[7] DIN 1045-3:2012-03, Tragwerke aus Beton, Stahlbeton und Spanbeton, Teil 3: Bauausführung, Anwendungsregeln zu DIN EN 13670, Beuth Verlag, Berlin

[8] DIN EN 13670:2011-03, Ausführung von Tragwerken aus Beton, Beuth Verlag, Berlin

[9] DBV-Merkblatt Nachbehandlung von Beton, Fassung März 2019, Deutscher Beton- und Bautechnik-Verein e. V. Berlin,

[10] DBV Merkblatt Betondeckung und Bewehrung, Sicherung der Betondeckung beim Entwerfen, Herstellen uund Einbauen der Bewehrung sowie des Betons nach Eurocode 2, Fassung 2015, Deutscher Beton- und Bautechnik-Verein e. V. Berlin

9 Füllen von Rissen und Hohlräumen

M. Schröder

9.1 Zusammenfassung

Soweit Risse und Hohlräume im Beton einen Mangel darstellen und dieser nicht allein optischen Charakter aufweist, werden mit Systemen auf Basis von Reaktions-Kunststoffen und Zement Möglichkeiten geboten, diesen Mangel zu beheben.

In diesem Kapitel wird aufgezeigt, unter welchen Voraussetzungen und mit welchen Mitteln und Verfahren eine wirkungsvolle rissbedingte Mängelbeseitigung und das Füllen von Hohlräumen durchführbar sind. Dabei werden die maßgebenden Angaben aus den Regelwerken wiedergegeben und in Verbindung mit weitergehenden technischen Hinweisen und den in der Baustellenpraxis gesammelten Erfahrungen berücksichtigt.

9.2 Einleitung

Beton, sagt man, sei „gräulich und gerissen". Diese im übertragenen Sinn zu verstehende Feststellung besagt, dass Beton von „gräulicher" Farbe ist und Risse aufweist. Sowohl die graue Farbe als auch die nie restlos zu vermeidenden Risse des Betons sind auf das verwendete Bindemittel, den Zement, zurückzuführen. Der grauen Farbe kann man, soweit diese als störend empfunden wird, durch farbige Beschichtungen begegnen. Risse sind nicht grundsätzlich als Mangel oder gar Schaden anzusehen. Falls jedoch ein Füllen der Risse gewünscht oder erforderlich sein sollte, stehen hierfür verschiedene Stoffe und Verfahrenstechniken zur Verfügung.

9.3 Ursachen von Rissen und Hohlräumen in Beton

Risse im Beton entstehen, wenn Spannungen auftreten, die eine örtliche Überschreitung seiner Zugfestigkeit zur Folge haben. Das kann aufgrund von Fehlern beim Entwurf, bei der Ausführung und Nutzung sowohl schon während des Erhärtens als auch Jahre nach Herstellung der Bauteile der Fall sein durch z. B.

- Setzen des Frischbetons
- Frühschwinden (Schrumpfen)
- Abfließen der Hydratationswärme
- Trocknungsschwinden
- äußere Temperatureinwirkung
- Frost
- Änderung der Auflagerbedingungen (z. B. durch Setzen)
- Eigenspannungen (z. B. durch Vorspannung)
- äußere Lasten
- Korrosionsdruck der Bewehrung
- chemische Vorgänge (z. B. Alkalitreiben)

Aufgrund seiner heterogenen Struktur weist Beton keine definierte Zugfestigkeit auf, so dass nur von einer örtlichen Zugfestigkeit ausgegangen werden kann, zu vergleichen mit einer Kette, die aus unterschiedlich festen Gliedern besteht. Das kann durch folgenden Versuch veranschaulicht werden:

Wird ein Betonprisma auf Zug beansprucht, so versagt es unter einer Spannung, die annähernd 1/10 seiner Druckfestigkeit entspricht. Würde man die Bruchstelle mit Epoxidharz verkleben und das Prisma abermals auf Zug beanspruchen, so würde ein erneuter Bruch in jedem Fall an anderer Stelle erfolgen (vorausgesetzt, beim Kleben wurde fehlerfrei gearbeitet), indem die jetzt aufgebrachte Spannung in jedem Fall höher wäre als im ersten Fall. Diesen Versuch kann man beliebig oft wiederholen, wobei die Zugkraft jedes Mal gesteigert werden müsste, wenn auch zunehmend geringer.

Dieser Versuch zeigt, dass die kraftschlüssige Füllung eines Risses durchaus erfolgreich sein kann, wenn die vorhandene Belastung des Bauteils die örtliche Zugfestigkeit des Betons gerade eben überschritten hatte. Andererseits hat das kraftschlüssige Füllen eines Risses keinen Sinn, wenn die Rissursache nach wie vor vorhanden ist und die sich daraus ergebenden Spannungen die Zugfestigkeit des Betons weiterhin in jedem Fall überschreiten würden.

Hohlräume sind meistens eine Folge von Fehlern beim Verdichten des Betons.

9.4 Arten von Rissen in Beton

Bild 9.1: Oberflächennahe Netzrisse, nach Regen abtrocknend

Bild 9.2: Trennriss vor (oben) und nach (unten) dem Strahlen

Im Wesentlichen werden Risse nach ihrer Tiefe, bezogen auf die Bauteilabmessungen, unterschieden. Danach unterteilt man in

- oberflächennahe Risse,
  die nur geringe Querschnittsteile erfassen, z. B. netzartig ausgebildete Risse sowie Längsrisse oberhalb oder parallel zur Bewehrung, und
- Trennrisse,
  die über den gesamten Querschnitt oder über wesentliche Querschnittsteile verlaufen. Derartige Risse lassen sich infolge ihrer Entstehungsursache unterteilen in
  - Zugrisse
  - Biegerisse
  - Schubrisse

9.5 Risse in Beton als Mangel

Unter Mängelfreiheit wird bei Stahlbeton vom Bauherrn häufig auch Rissefreiheit verstanden. Wie bereits zum Ausdruck gebracht, sind Risse im Beton jedoch grundsätzlich nicht restlos vermeidbar, zumal die Bewehrung erst durch das Reißen des Betons nachhaltig zur Aufnahme von Zugkräften veranlasst wird. Natürlich dürfen hierdurch die Gebrauchstauglichkeit und Dauerhaftigkeit der Bauteile nicht beeinträchtigt sein. Deshalb sind Risse als Mangel zu betrachten, wenn folgende Anforderungen nicht oder nicht mehr erfüllt werden:

- Korrosionsschutz der Bewehrung,
  indem über die Risse Schadstoffe, z. B. Chloride, zum Stahl vordringen oder der Zutritt von Kohlendioxyd die Carbonatisierung des Betons partiell beschleunigt.
- Dichtheit,
  indem z. B. bei Tunnelwänden oder Behältern eine nicht vertretbare Menge an Wasser über Risse ein- oder austritt.
- Standsicherheit,
  indem das Tragverhalten von Bauteilen durch Risse in unvertretbarem Maß beeinträchtigt wird.
- Erscheinungsbild,
  indem die Ästhetik der Bauteiloberflächen bei Sichtbeton nicht ausreichend gewahrt ist.

Der zuletzt aufgeführte Fall eines Mangels im Erscheinungsbild ist am schwersten zu quantifizieren und somit im Falle eines Streites schwer nachzuweisen. Außerdem ist das Füllen der Risse in diesem Fall zur Mängelbeseitigung ungeeignet, so dass hierauf in diesem Zusammenhang nicht näher eingegangen wird.

Bezüglich ihres Ausmaßes gelten Risse im Allgemeinen nicht als Mangel, wenn folgende Breiten nicht überschritten werden:

Bei Spannbeton	200 μm
Bei Normalbeton, außen	300 μm
Bei Normalbeton, innen	400 μm
Bei wasserundurchlässigem Beton	100 μm

Werden diese Rissbreiten, die sich aus den Vorgaben zur Rissbreitenbeschränkung ergeben, überschritten, ist vom sachkundigen Planer zu prüfen, inwieweit unter den gegebenen Umständen Gefahren auftreten könnten und Abhilfe zu schaffen wäre. Dabei können auch Rissbreiten oberhalb der genannten Maße tolerierbar sein, soweit die äußeren Einflüsse sowie entsprechende Dicke und Güte der Betondeckung keine Schäden befürchten lassen. Zwar kann z. B. ein Riss von 100 µm Breite durchaus eine Undichtheit darstellen, doch ist der Wasserdurchgang hierbei gering, und es kann bei derart engen Rissen von der bekannten Selbstheilung des Betons durch Zusintern im Lauf der Zeit ausgegangen werden.

9.6 Erfassung von Rissmerkmalen

Um die Notwendigkeiten, Möglichkeiten und Erfolgsaussichten des Füllens von Rissen beurteilen zu können, müssen zunächst deren Merkmale erfasst werden. Hierzu gehören

- Rissart
- Rissverlauf
- Rissbreite
- Rissbreitenänderungen
- Zustand der Risse und Rissufer
- vorangegangene Maßnahmen
- Zugänglichkeit der Risse
- Rissursachen

Die meisten dieser Merkmale können durch Inaugenscheinnahme, in Ausnahmefällen erforderlichenfalls auch durch Bohrkernentnahme sowie Erkundungen anhand früherer Aufzeichnungen erfasst werden. In seltenen Fällen sind auch Berechnungen durchzuführen.

Rissbreiten sind ausreichend genau (ca. 50 µm) durch Vergleich mit Rissbreiten-Maßstäben festzustellen. Die Anwendung von Risslupen erfordert Erfahrung, da jeweils nur ein verhältnismäßig kleiner Rissbereich visuell erfasst werden kann.

Bild 9.3: Bestimmen der Rissbreite von ca. 0,3 mm mit einem Rissbreitenmaßstab

Bild 9.4: Bestimmen der Rissbreite von ca. 1,6 mm mit dem Rissbreitenmaßstab

Bild 9.5: Bestimmen der Rissbreite mit einer Lupe

Die Bestimmung der Rissbreite muss vor einer evtl. durchzuführenden Obertlächen-Vorbereitung des Betons vorgenommen werden, da die Rissufer durch z. B. Strahlen an den Kanten aufgeweitet werden, wodurch der Riss optisch fälschlicherweise breiter erscheint, als er wirklich ist.

Rissbreitenänderungen sind durch Wegänderungsmessungen festzustellen, z. B. mit Setzdehnungs-Messuhren oder induktiven Wegaufnehmern. Hierbei ist grundsätzlich ein Nullversuch im nicht gerissenen Bereich gleichzeitig vergleichsweise durchzuführen.

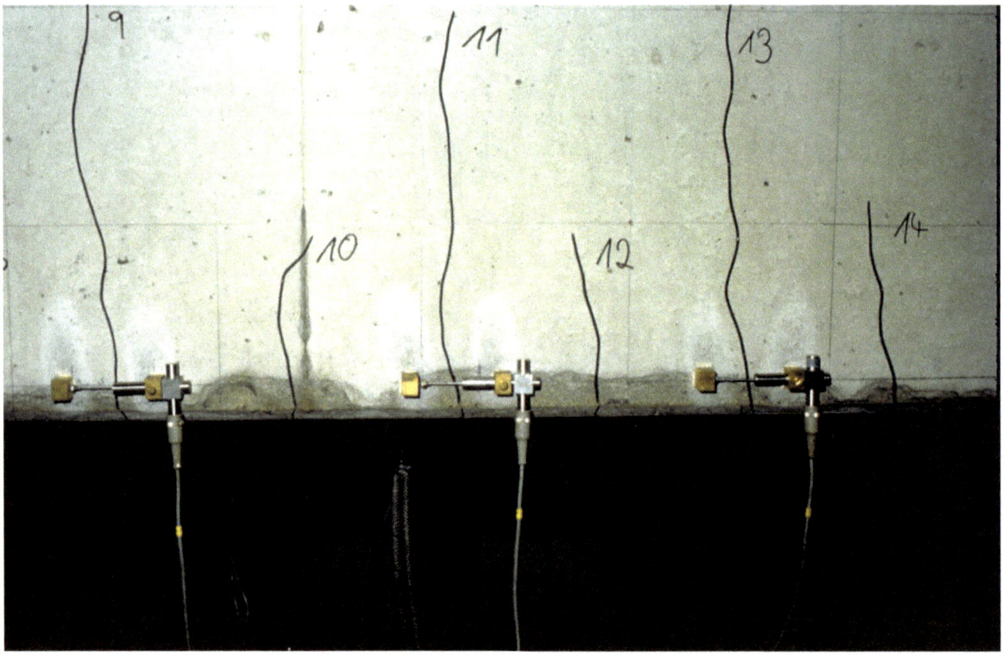

Bild 9.6: Induktive Wegaufnehmer zum Messen von Rissbewegungen an einem Unterzug

Um festzustellen, ob ein Riss sich überhaupt bewegt oder nicht, können Gips- oder Zementmarken über dem Riss aufgebracht werden. Hierbei ist das Einritzen des Datums der Erstellung nicht zu vergessen. Falls sich nach entsprechender Wartezeit kein Riss in der Gips- oder Zementmarke gebildet hat, ist durch Klopfen festzustellen, ob die Marke noch an beiden Rissufern fest haftet oder sich infolge Haftungsverlustes wie ein Schleppblech bewegen kann.

Rissbreitenänderungen können durch jahres- oder tageszeitlich bedingte Temperatur-Wechsel oder infolge Lastwechseln vorliegen. Temperaturbedingte Rissbewegungen können durch Verkehrslasten, z. B. auf Brücken oder Parkdecks, überlagert werden.

Die Wahl des Füllgutes und des Füllverfahrens ist maßgeblich auch vom Feuchtezustand der Risse und Rissufer abhängig. Hierbei wird unterschieden zwischen Rissen, die

- DY = dry – trocken (mit umgebungsbedingter Ausgleichsfeuchte)
- DP = damp – feucht
- WT = wet – nass
- WF = waterflow – unter Druck wasserführend

sind. Die Feststellungen können visuell oder, falls hiermit eine Unterscheidung zwischen „trocken“ und „feucht“ nicht möglich sein sollte, anhand von trocken gebohrten Kernen getroffen werden.

9.7 Zwecke und Ziele des Füllens von Rissen

Zweck der Rissverfüllung ist es, den infolge Rissbildung entstandenen Mangel zu beseitigen. Das kann sein, den Korrosionsschutz für die Bewehrung, die Dichtheit oder die Tragfähigkeit der Bauteile sicherzustellen oder wiederherzustellen. Hierbei werden folgende Ziele unterschieden:

- Schließen
  Hemmen oder Verhindern des Eindringens von korrosionsfördernden Wirkstoffen
- Abdichten
  Beseitigen von rissbedingten Undichtheiten
- Kraftschlüssiges Verbinden
  Herstellen einer zug-, schub- und druckfesten Verbindung
- Dehnbares Verbinden
  Herstellen einer begrenzt dehnbaren, dichtenden Verbindung zweier Rissflanken

Das kraftschlüssige oder dehnfähige Verbinden beinhaltet zwangsläufig das Schließen und Abdichten der Risse, so dass man sich, falls man den Riss nicht nur durch Tränken schließen möchte, ausschließlich zwischen diesen beiden Varianten zu entscheiden hat.

9.8 Füllstoffe

9.8.1 Stoffarten

An die Füllstoffe werden folgende grundsätzlichen Anforderungen gestellt:

- Der Füllart entsprechende Viskosität bzw. kapillares Steigvermögen
- gute Verarbeitbarkeit innerhalb füllartabhängiger definierter Grenzen
- ausreichende Mischungsstabilität
- geringer Volumenschrumpf
- geringes Schwinden und Quellen
- ausreichende Haftfestigkeit an den Rissflanken
- ausreichende Eigenfestigkeit und ggf. hohe Dehnbarkeit bei geringer Querkontraktion
- hohe Alterungsbeständigkeit
- ausreichende Temperaturbeständigkeit
- nicht korrosionsfördernd
- Verträglichkeit mit allen Stoffen, mit denen sie in Berührung kommen

Als Füllstoffe stehen Produkte auf Basis von Epoxidharz, Polyurethan und Zement zur Verfügung. Hierbei ist zu unterscheiden zwischen Füllgut, das durch Tränken bzw. Vergießen oder durch Injektion angewendet werden kann. Dementsprechend werden folgende Füllstoffe unterschieden:

EP-T	Epoxidharz zum Schließen trockener Risse durch Tränken (T stellt gemäß TR kein eigenständiges Verfahren mehr dar)
EP-V	zum drucklosen Füllen durch Vergießen
ZL-T/ZS-T	Zementleim/Zementsuspension zum Schließen trockener* und feuchter Risse durch Tränken (T stellt gemäß TR kein eigenständiges Verfahren mehr dar)

ZL-V/ZS-V	zum drucklosen Füllen durch Vergießen
EP-I	Epoxidharz für kraftschlüssiges Verbinden trockener Risse durch Injizieren
ZL-I/ZS-I	Zementleim/Zementsuspension für kraftschlüssiges Verbinden trockener*, feuchter und wasserführender** Risse durch Injizieren
PUR-I	Polyurethan für begrenzt dehnbares Verbinden trockener*, feuchter und wasserführender** Risse durch Injizieren

* gegebenenfalls vornässen gemäß Angaben zur Ausführung des Herstellers

** zusammen mit Maßnahmen zur Druckminderung und rückseitigem Abdichten

Die Zugfestigkeit bei kraftschlüssiger Verbindung wird bei Zementleim und Zementsuspension im Regelfall durch die des Füllstoffes bestimmt. Das bedeutet, dass bei höheren Betonfestigkeiten ein wirkliches kraftschlüssiges Verbinden der Rissflanken kaum erzielbar ist. Im Gegensatz dazu wird bei Epoxidharz im Regelfall die Zugfestigkeit des Bauteils durch die des angrenzenden Betons, die grundsätzlich niedriger ist als die des Füllstoffes, falls keine Fehler beim Füllen oder sonstige Mängel vorliegen, bestimmt.

9.8.2 Füllarten

In der TR wird die Verwendung dieser Stoffe entsprechend Füllziel, Rohstoffbasis und Bedingungen wie folgt dargestellt. Dabei wurden Mängel in der wörtlichen Formulierung korrigiert und der Text komprimiert. Da das Tränken kein eigenständiges Verfahren mehr darstellt, wird es im Folgenden auch nicht mehr behandelt:

F-I(H)	kraftschlüssiger (force transmitting) Verbund durch Injektion mit hydraulischem Füllstoff
F-I(P)	kraftschlüssiger (force transmitting) Verbund durch Injektion mit polymerem Füllstoff
F-V(H)	kraftschlüssiger (force transmitting) Verbund durch Verguss mit hydraulischem Füllstoff
F-V(P)	kraftschlüssiger (force transmitting) Verbund durch Verguss mit polymerem Füllstoff
D-I(P)	dehnbarer (ductile) Verbund durch Injektion mit polymerem Füllstoff.

In zwei Tabellen wird die Verwendung der Füllstoffe in Abhängigkeit vom Füllziel, den Einwirkungen auf den Füllbereich (Feuchtezustand) und den Verwendungsbedingungen dargestellt.

Wie hieraus ersichtlich ist, dürfen für das Vergießen außer Epoxidharz und modifiziertem Polyurethan auch Zementleim und Zementsuspension eingesetzt werden, und zwar von oben auf waagerechten oder schwach geneigten Flächen ohne oder mit Druck $> 0{,}1$ bar. In allen anderen Fällen muss folgerichtig zielgerecht unter Druck injiziert werden.

9.8.3 Anwendungsbedingungen

Je nach Rohstoffbasis und Modifizierung sind die verschiedenen Füllstoffe unter unterschiedlichen Bedingungen anwendbar. Mindestrissbreite und Mindesttemperatur sowie die Beantwortung der Frage, welche Maßnahmen zur Füllung bereits vorangegangen sein dürfen, gehen aus nachfolgender Tabelle hervor.

Füllstoff	Rissbreite	Vorangegangene Maßnahmen	Temperatur
	mm		°C
EP-V	≥ 0,20	keine mit Polymer	≥ 8
ZL-V	≥ 0,80	keine mit Polymer	≥ 5
ZS-V	≥ 0,50	keine mit Polymer	≥ 5
EP-I	≥ 0,10	keine mit Polymer	≥ 8*
PUR-I	≥ 0,30**	Wiederholg. zulässig	≥ 5
ZL-I	≥ 0,80	keine mit Polymer	≥ 5
ZS-I	≥ 0,25	keine mit Polymer	≥ 5

*niedrigere Anwendungstemperatur gemäß Grundprüfung möglich

**ohne Rissbreitenänderung auch kleinere Rissbreiten injizierbar

Für lediglich abdichtende Injektion ohne Aufnahme von Bewegungen darf PUR-I, in Abhängigkeit von der Viskosität, auch bei kleineren Rissbreiten angewendet werden.

Bei Anwendung und während der Erhärtung darf die Temperatur von Füllgut und Bauteil für EP 8 °C, für ZL/ZS und PUR 5 °C nicht unterschreiten. Bei explizitem Nachweis ist jedoch auch eine niedrigere Anwendungstemperatur möglich. Wie bei allen Arbeiten mit Kunststoffen und kunstoffmodifizierten Produkten liegt der günstigste Temperaturbereich bei 15 °C – 25 °C.

Für das Schließen von Rissen kommen alle Füllgüter und Füllarten in Frage, für das Abdichten alle vergießbaren und zu injizierenden Stoffe. Für das kraftschlüssige Verbinden kommen nur starre Systeme, also EP-I/V, modifiziertes PUR, ZL-I/V und ZS-I/V, für das dehnbare Verbinden nur das entsprechend elastische System PUR-I in Betracht. Kraftschlüssiges und dehnfähiges Verbinden schließen das Abdichten der Risse mit ein.

Feuchte und nasse Risse können nicht mit Epoxidharz gefüllt werden, es sei denn, dass eine Feuchteverträglichkeit explizit nachgewiesen wurde, so dass hierfür ZL-I, ZS-I oder PUR-I, je nachdem, ob ein dehnbares Verbinden erforderlich ist oder nicht, eingesetzt werden. Dabei werden für unter Druck wasserführende Risse zunächst Maßnahmen zu Druckminderung, z. B. Entlastungsbohrungen oder Wasserhaltung, sowie schnellschäumende Polyurethane SPUR, sogenannte Sekunden-Schäume, in begründeten Ausnahmefällen im hinteren Teil des Bauteilquerschnitts eingesetzt, um den Wasserandrang vorübergehend zu stoppen bzw. zu mindern. Die hierbei entstehende grobzellige Schaumstruktur wird beim unmittelbar folgenden Injizieren von PUR-I, in der Regel über zusätzliche Packer, zu Gunsten einer feinzelligen Schaumstruktur weitgehend zerstört, indem nunmehr die eigentliche dichtende und begrenzt dehnbare Füllung entsteht. Bei Undichtigkeiten sollen für eine erneute Injektion neue Packer gesetzt werden.

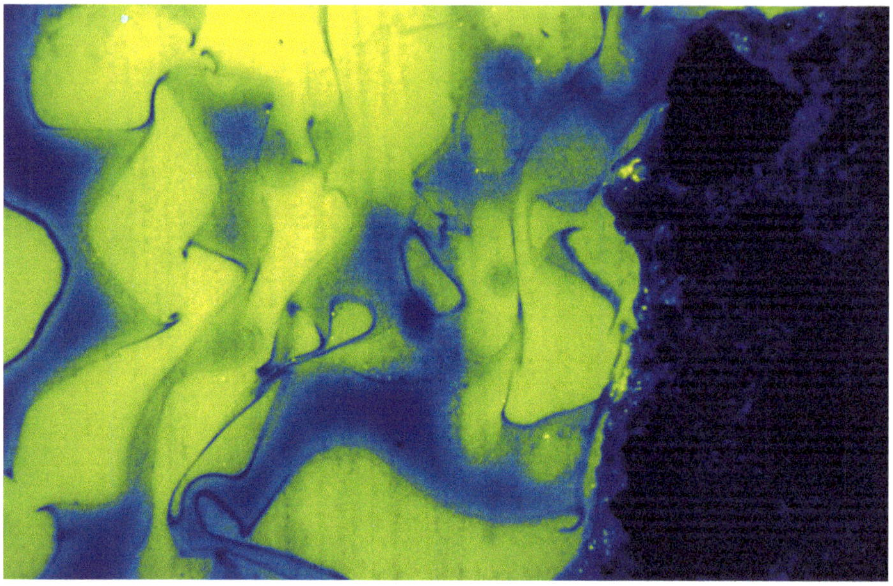

Bild 9.7: Mikroskopische Aufnahme von SPUR im Riss

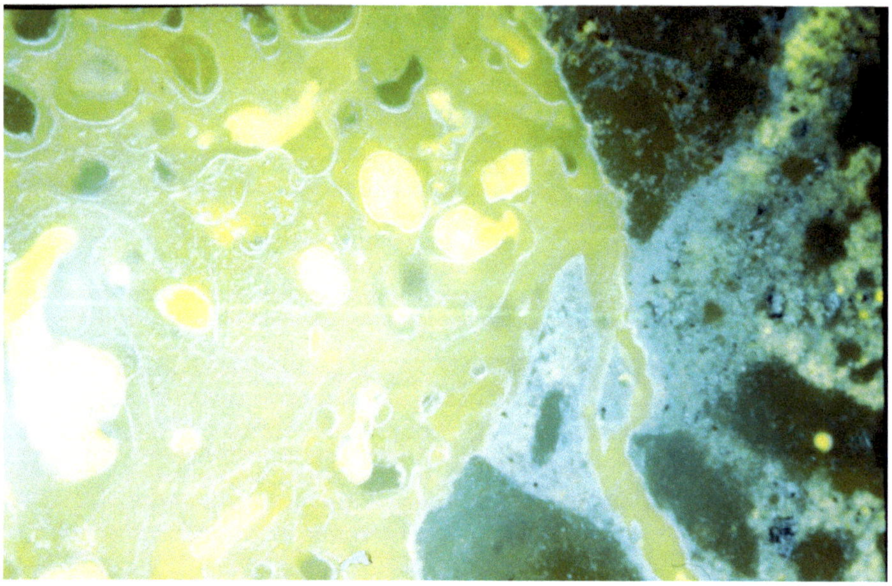

Bild 9.8: Mikroskopische Aufnahme von PUR-I im Riss

Sollen trockene Risse mit Zementleim, Zementsuspension oder Polyurethan verfüllt werden, muss gegebenenfalls mit Wasser vorinjiziert werden.

Während für Zementleime Norm-Zemente gemäß DIN EN 197-1 bzw. DIN 1164 verwendet werden, kommen für Zementsuspensionen spezielle Feinstzemente, auch Mikrozemente genannt, zum Einsatz. Da die Zugfestigkeit der durch zementgebundene Stoffe hergestellten Verbindungen im Regelfall durch die Festigkeit des Füllstoffes bestimmt wird, ist das kraftschlüssige Verbinden der Rissflanken von Betonen zumindest > C 20/25 mit zementgebundem Füllgut fragwürdig.

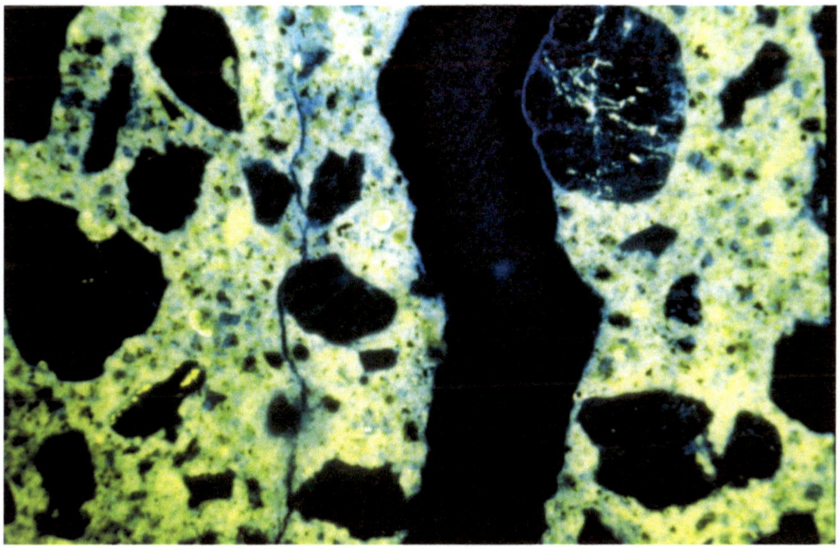

Bild 9.9: Mikroskopische Aufnahme von EP-I im Riss

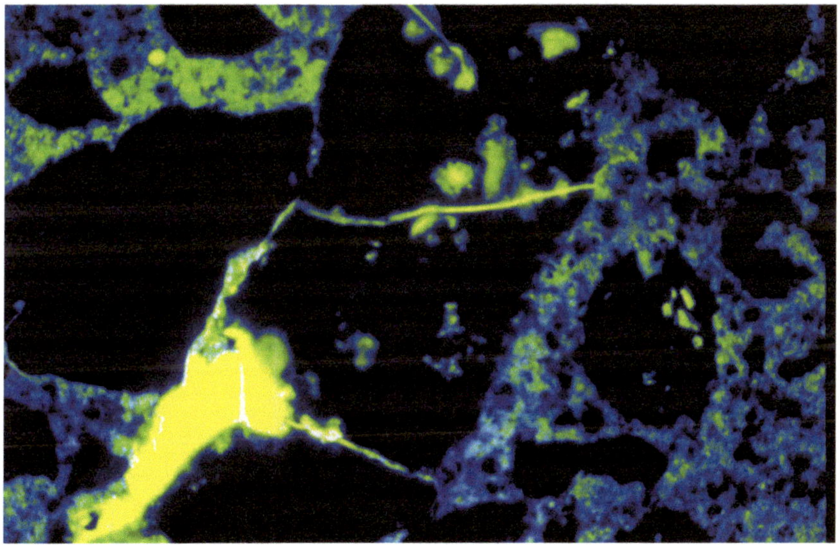

Bild 9.10: Mikroskopische Aufnahme von ZS-I im Riss

9.8.4 Anwendungstechnik

Um Risse und Hohlräume mit den verschiedenen Stoffen zu füllen, sind geeignete Packer, Werkzeuge, Geräte und Maschinen sowie bestimmte Hilfsmittel erforderlich und fachgerecht einzusetzen unter Berücksichtigung der zuvor beschriebenen Anwendungsbedingungen.

Zu einem kompletten System gehören folgende Komponenten:

- Füllstoff
- Verdämmung
- Packer
- Injektionsgerät

9.8.4.1 Einfüllstutzen/Packer

Das Injizieren des Füllstoffes erfolgt über Einfüllstutzen, im Fachjargon „Packer" genannt. Dieser Begriff ist inzwischen auch in die Regelwerke übernommen worden. Hierbei ist zwischen Bohrpackern und Klebepackern zu unterscheiden. Beide Arten sind mit Ventilen ausgerüstet, über die das Füllgut mit Hilfe von Verpressanlagen injiziert wird.

Bohrpacker werden im Winkel von 45° zur Bauteiloberfläche so vorgebohrt, dass die Bohrung den zu verfüllenden Riss mittig trifft. Somit beträgt der Abstand des Bohransatzes vom Riss an der Bauteiloberfläche D/2, wenn das Füllen von einer Seite des Bauteils aus bei einer Bauteildicke D ≤ 60 cm erfolgen soll. Die Bohrpacker werden ähnlich wie Dübel im Bohrloch verspannt, so dass hiermit sowohl der Packer fixiert als auch das Bohrloch abgedichtet ist.

Bild 9.11: Bohren des Injektionskanals im Winkel von ca. 45° zur Betonoberfläche

Bild 9.12: Bohrpacker für das Injizieren von Polymer-Füllstoffen

Bild 9.13: Bohrpacker für das Injizieren von ZL-I und ZS-I

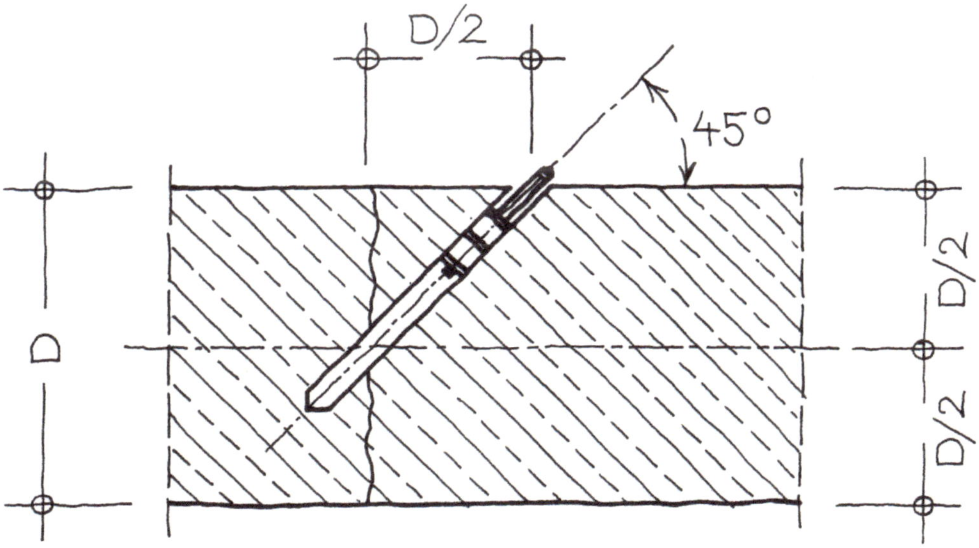

Bild 9.14: Querschnitt-Schemazeichnung „Injektionskanal mit Bohrpacker"

Bei einer Bauteildicke D > 60 cm soll möglichst beidseitig gebohrt werden, indem der Abstand vom Riss jetzt folgerichtig D/4 beträgt. Somit ist in beiden Fällen sichergestellt, dass sich der Füllstoff von der Mitte des Bauteils her ausbreitet. In Richtung des Risses, von der Betonoberfläche her gesehen, sollen die Packer in den gleichen Abständen, wie zuvor beschrieben, gesetzt werden.

Dabei ist abwechselnd von links und rechts zu bohren, damit der Riss mindestens mit jedem zweiten Packer gekreuzt wird, falls er nicht senkrecht zur Oberfläche verlaufen sollte.

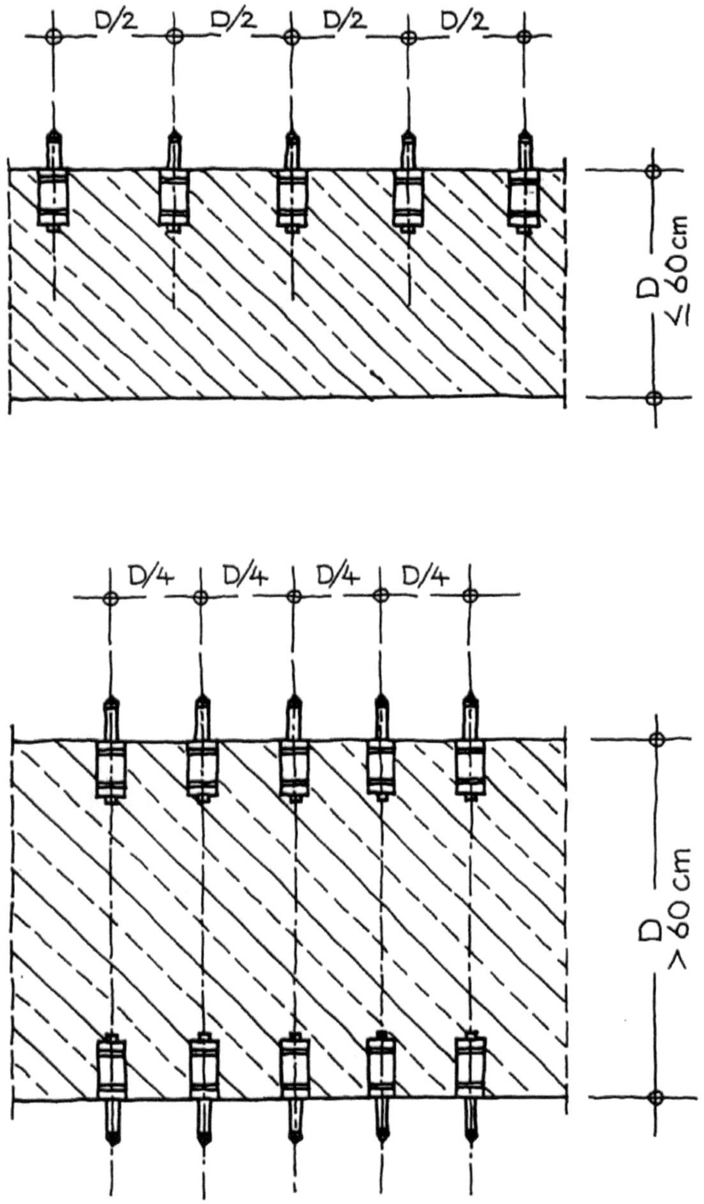

Bild 9.15: Längsschnitt-Schemazeichnung „Anordnung von Bohrpackern"

Klebepacker werden über dem Riss auf der Bauteiloberfläche befestigt, indem sie zusammen mit dem Verdämm-Material, das den Riss nach außen hin abdichtet, verklebt werden. Dabei werden sie mittels Nägeln, die in den Injektionskanal gesteckt werden, in Rissmitte fixiert, wobei hierdurch nach dem Ziehen des Nagels auch die Öffnung für die Injektion freigehalten wird. Für PUR-I sind Klebepacker nicht geeignet, da es sich beim dehnbaren Verfüllen normalerweise um das Abdichten feuchter, nasser oder sogar wasserführender Risse handelt.

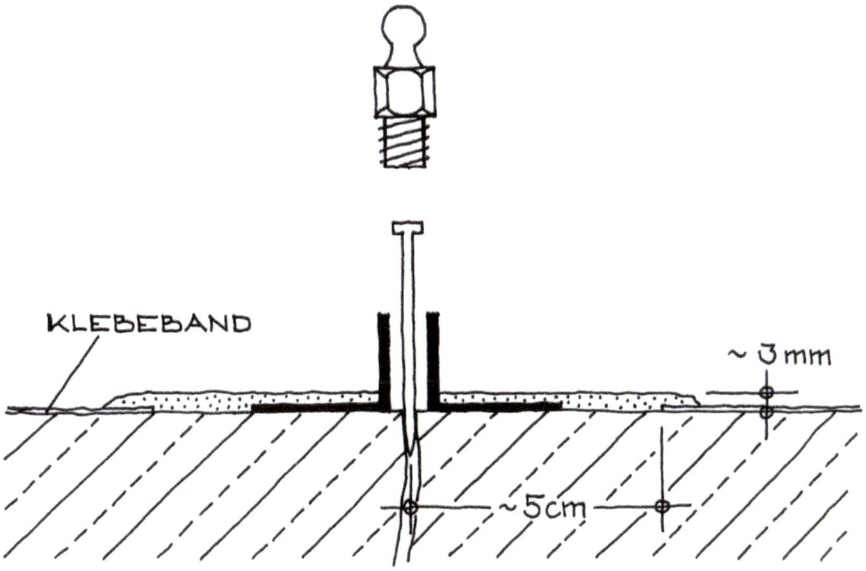

Bild 9.16: Schemazeichnung „Kunststoff-Klebepacker mit Riss und Verdämmung"

Bei Bauteildicken D ≤ 60 cm dürfen Klebepacker ebenfalls einseitig, bei D > 60 cm sollen sie, soweit möglich, beidseitig gesetzt werden. Der Abstand der Klebepacker untereinander beträgt einseitig = D, beidseitig = D/2.

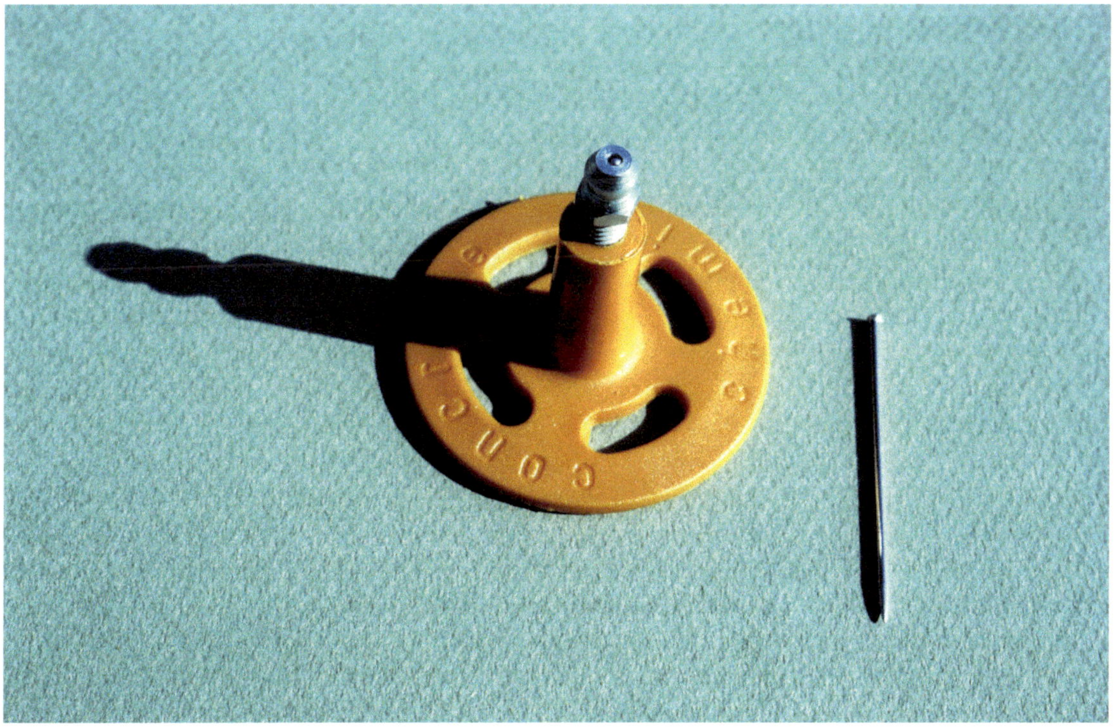

Bild 9.17: Kunststoff-Klebepacker mit selbstschneidendem Kugelrückschlagventil

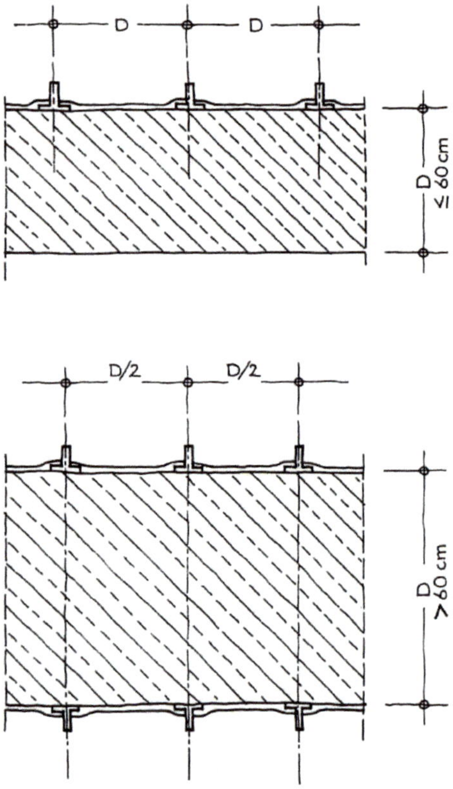

Bild 9.18: Schemazeichnung Längsschnitt „Anordnung von Klebepackern"

Bild 9.19: Einspachteln eines Klebepackers in die Rissverdämmung

Abweichungen von den Regelanordnungen der Packer können festgelegt werden, wenn es die Abmessungen, die Form oder die Zugänglichkeit der Bauteile sowie andere zwingende Umstände erfordern, ohne dass der Erfolg der Arbeiten hierdurch grundsätzlich in Frage gestellt wird.

Die wesentlichen Vor- und Nachteile der verschiedenen Packer stellen sich wie folgt dar:

9.8.4.1.1 Klebepacker

Vorteile:	keine Schädigung des Bauteils einfache Montage geringer Zeitaufwand halbe Anzahl geringere Kosten
Nachteile:	begrenzter Druck ≤ 60 bar Verdämmung erforderlich, dementsprechend Untergrundvorbereitung nur auf trockenem Beton anwendbar Kleben und Injizieren nicht an 1 d möglich Füllstoffverteilung von außen nach innen

9.8.4.1.2 Bohrpacker

Vorteile:	Drücke > 60 bar möglich selbst bei nassen Bauteilen anwendbar Verdämmung nicht zwingend erforderlich Setzen der Packer und Injizieren ohne Wartezeit Füllgutverteilung von innen nach außen (Säuberung des Risses)
Nachteile	Schädigung des Bauteils Gefahr für Bewehrung, insbesondere Spannstahl höherer Zeitaufwand doppelte Anzahl höhere Kosten

In oder auf den Bauteilen verbleibende Teile von Packern müssen aus nichtrostenden Werkstoffen bestehen.

Entsprechend den Vor- und Nachteilen muss abgewogen werden, welche Eigenschaften für die jeweilige Anwendung maßgebend sind.

9.8.4.2 Verdämmung

Um das Auslaufen von Füllgut aus den Rissen zu verhindern, kann ein vorheriges Abdichten der Risse auf der Bauteiloberfläche erforderlich sein. Das ist bei Klebepackern grundsätzlich der Fall. Bei Bohrpackern kann hierauf ggf. verzichtet werden, z. B. bei Injektionen auf waagerechten oder schwach geneigten Flächen von oben oder beim Füllen mit PUR-I, zumal bei wasserführenden Rissen wegen der feuchten oder nassen Bauteiloberfläche ohnehin keine Haftung der Verdämmung erzielbar wäre.

Das für die Verdämmung vorgesehene Material muss einerseits ausreichend an der Betonoberfläche haften, um dem Druck des injizierten Füllgutes standzuhalten, andererseits, soweit es nicht belassen werden kann, rückstandslos entfernbar sein. Da kurzfristige oder tägliche Rissbreitenänderungen häufig nicht auszuschließen sind, sollte die Verdämmung ausreichend dehnbar sein. Hierfür haben sich Spachtelmassen auf Polyurethanbasis als geeignet erwiesen.

Bild 9.20: Vorbereiten der Betonoberfläche für die Verdämmung mit einem Saugkopf-Strahlgerät

Zwecks ausreichender Haftung ist der Betonuntergrund z. B. durch Schleifen oder mit Nadelpistole, besser durch Strahlen, z. B. mit Saugkopf-Strahlgeräten vorzubereiten. Die Verdämmung sollte den Riss zu beiden Seiten etwa 5 cm breit überdecken und scharfkantig durch Abkleben begrenzt werden, was ein Entfernen mit Stemmwerkzeugen erleichtert, falls erforderlich.

Bild 9.21: Entfernen der Verdämmung nach Erhärten des Füllgutes

9.8.4.3 Injektionsgeräte

Im Wesentlichen wird zwischen Ein- und Zweikomponenten-Anlagen unterschieden.

Bei Einkomponentenanlagen wird das Füllgut gemischt; bevor es in den Vorratsbehälter gefüllt wird. Von dort aus wird das Gemisch über eine Pumpe durch Druckleitungen bis zum Füllventil gefördert und dann über die Packer injiziert. Der hierfür erforderliche Druck muss sowohl regelbar als auch begrenzbar sein. Die Injizierbarkeit von Zementleim und Zementsuspension muss während der Verarbeitungsdauer aufrechterhalten werden, z. B. durch Umwälzen, Filtern und Kühlung.

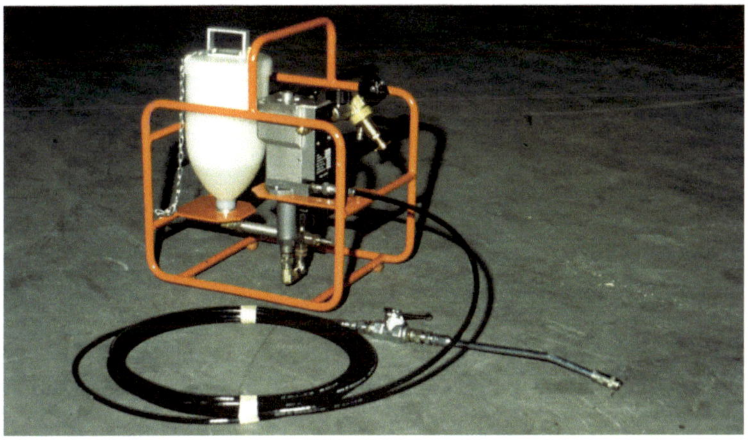

Bild 9.22: Einkomponenten-Injektionsgerät für Polymer-Füllstoffe

Bei Zweikomponentenanlagen für Reaktionskunststoffe werden die Harzkomponenten aus getrennten Vorratsbehältern entsprechend dem vorgeschriebenen Mischungsverhältnis zum Füllventil gepumpt und erst dort in einem Mischkopf vermischt, bevor sie dann über den Packer injiziert werden. Über eine weitere Leitung kann Lösemittel zur Reinigung des Mischkopfes und des Füllventils gepumpt werden. Die Anlage sollte beheizt und die Förderleitungen sollten wärmegedämmt sein, um gleichbleibende Viskosität des Füllgutes sicherzustellen. Von Zeit zu Zeit muss die Anlage auf genaue Einhaltung des Mischungsverhältnisses hin kontrolliert werden.

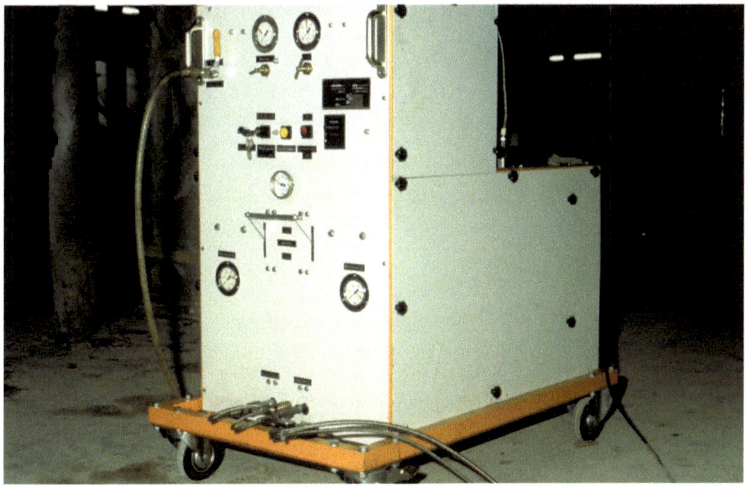

Bild 9.23: Zweikomponenten-Injektionsgerät für Polymer-Füllstoffe

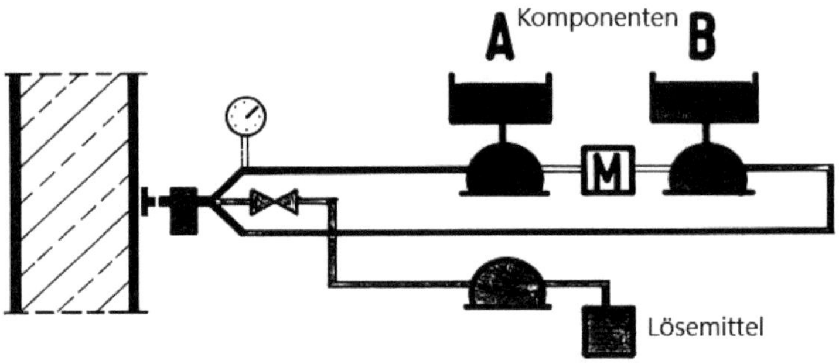

Bild 9.24: Schemazeichnung Zweikomponenten-Injektionsgerät für Polymer-Füllstoffe

Ein Vergleich zwischen beiden Gerätetypen ergibt für Reaktionsharze folgendes Bild:

Merkmale	**1-K-Anlage**	**2-K-Anlage**
Gebindegröße	ganze Gebinde 1 kg	beliebig
Gebindeteilung	nicht zulässig	möglich
Verarbeitungszeit	genau beachten	unbedeutend
Leergut	viel	wenig
Füllgutreste	möglich	keine
Arbeitstakte	gebindeweise	willkürlich
Geräteaufwand	niedrig	hoch
Dosierung	gebindeweise	Überwachung
Mischung	Sorgfalt erforderlich	automatisch
Leistung	niedrig	hoch
Temperierung	aufwendig	ggf. eingebaut

Grundsätzlich sollten Injektionen mit dem geringstmöglichen Druck vorgenommen werden. Dabei ist dem Füllgut in Abhängigkeit von seiner Reaktionszeit möglichst viel Zeit einzuräumen, um sich unter Überwindung der Reibungskräfte im Riss verteilen zu können. Nach entsprechender Wartezeit ist nachzuinjizieren, um Verluste durch Undichtheiten, Nachlaufen und kapillares Saugen auszugleichen.

Für den zulässigen Druck beim Injizieren über Bohrpacker, um Schädigungen des Bauteils zu vermeiden, gilt die Faustformel

Pmax (bar) = Betondruckfestigkeit : 3 x 10

Beispiel für Beton mit 45 N/mm^2 Druckfestigkeit :

45 : 3 x 10 = 150 bar

Diese Formel gilt nur, wenn der Riss ungefähr senkrecht zur Bauteiloberfläche verläuft. Insbesondere bei parallel zur Betonoberfläche oder schalenförmig verlaufenden Rissen sind die Injektionsdrücke möglichst niedrig zu halten, um Schädigungen des Bauteils zu vermeiden.

9.8.4.4 Ausführungshinweise

Über die in den vorherigen Abschnitten bereits dargelegten Anwendungsbedingungen hinaus werden folgende ergänzenden Hinweise gegeben:

Das Dosieren und Mischen der Füllstoffe muss sehr sorgfältig erfolgen. Für einkomponentige Verarbeitung dürfen deshalb nur vollständige Gebinde angemischt werden. Für Zement-Suspensionen werden schnell laufende Kolloidal-Mischer bis 8000 U/min eingesetzt. Während der Gebinde-Verarbeitungszeit ist die Viskosität der Suspension zu überprüfen und dafür zu sorgen, dass sie während der Verarbeitung stabil bleibt.

Bild 9.25: Mischen von ZS-I mit einem schnell laufenden Kolloidal-Mischer

Rissflanken müssen frei von haftungsmindernden Verunreinigungen sein. Vor dem Füllen sind die Risse bzw. Bohrkanäle mit Druckluft, Blasebalg oder Luftpumpe auszublasen oder freizusaugen. Nicht nur für hydraulisch härtende Produkte, sondern auch für PUR-I kann das Spülen mit Wasser vor dem Injizieren erforderlich sein.

Bild 9.26: Reinigen des Injektionskanals durch Ausblasen mit Luftpumpe

Beim Vergießen ist den Rissen so lange Füllgut anzubieten, bis kein Material mehr eindringt. Diese Füllart kann durch Aufstrahlen oder talförmiges Aufstemmen der Risse an der Oberfläche des Bauteils oder durch beidseits der Risse aufgebrachte Dämme (Deiche) aus Kitt, Kleber oder Mörtel intensiviert werden. Überschüssiges Harz kann vor dem Erhärten entfernt und die an der Betonoberfläche haftenden Reste mit feinem, trockenem Quarzsand abgestreut werden, so dass es bei einer evtl. später aufzubringenden Beschichtung keine Haftmängel gibt.

Bild 9.27: Vergießen von Rissen mit EP-V auf einem Parkdeck

Bild 9.28: Bohrkern im Längsschnitt mit Rissfüllung durch Vergießen mit EP-V

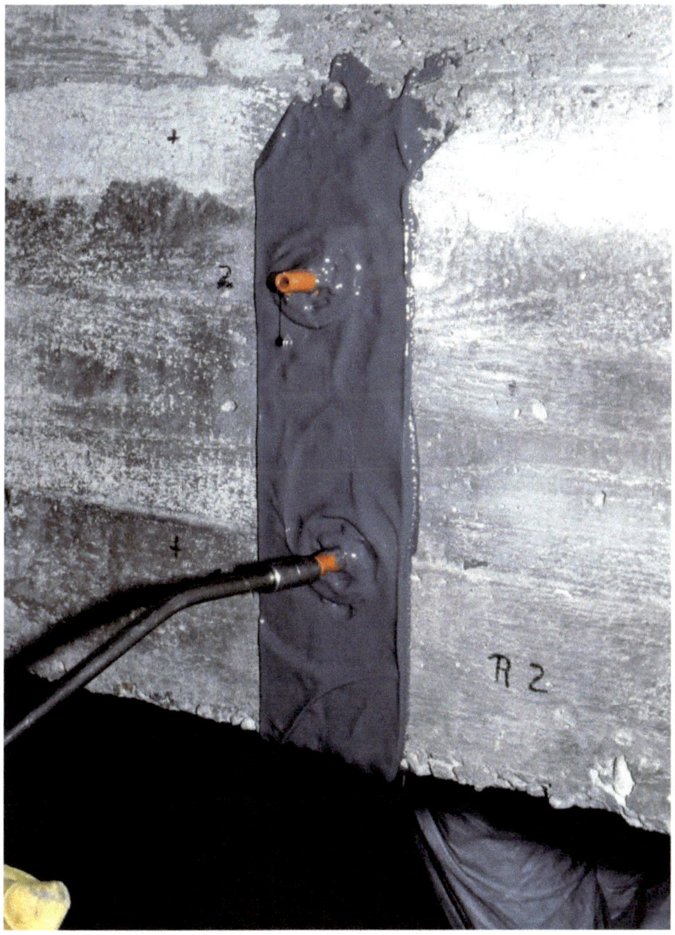

Bild 9.29: Injizieren von EP-I über Klebepacker von unten nach oben

Die sogenannte „Pinselinjektion", bei der senkrecht oder über Kopf verlaufende Risse so lange mit Epoxidharz bepinselt werden, bis kapillar kein Füllgut mehr aufgenommen wird, kann, wenngleich immer wieder zitiert, nicht zu den eigentlichen Füllarten zum Schließen von Rissen gezählt werden.

Beim Injizieren senkrecht oder geneigt verlaufender Risse ist grundsätzlich von unten nach oben zu füllen. Dabei wird das Ventil des jeweils folgenden Einfüllstutzens erst geschlossen, wenn dort Material ausgetreten ist. Oberhalb des letzten Packers am Riss ist zu dem gleichen Zweck das Rissende nicht vollständig zu verdämmen, um auch hier den Materialaustritt beobachten zu können.

Bei waagerecht verlaufenden Rissen, sowohl von unten als von oben, ist von der größten Rissbreite aus zum Rissende hin zu verfüllen.

Vor Beginn des Füllvorgangs gegebenenfalls an der Verdämmung oder im Bereich der Packer erkennbare Undichtigkeiten können durch schnellhärtende Spachtelmassen, vorzugsweise auf Basis Polymethylmethacrylat, kurzfristig beseitigt werden.

Bild 9.30: Beseitigen von Undichtigkeiten der Verdämmung mit PMMA-Spachtel

Nach einer der Reaktivität des Füllgutes und der Bauteiltemperatur entsprechenden Wartezeit ist an allen Packern nachzuinjizieren, und zwar auch dann, wenn diese zuvor nicht benutzt wurden.

Als häufigste Ursachen für Fehlschläge, die ein erneutes Öffnen der Risse und damit Undichtheiten oder Verlust der Kraftschlüssigkeit zur Folge haben können, sind Fehler beim Dosieren und Mischen des Füllgutes, unvollständiges Füllen des Risses, fehlendes Nachinjizieren, Feuchtigkeit (bei EP), verölte oder verschmutzte Rissflanken, zu niedrige Temperaturen oder zu große Rissbewegungen während (bei EP oder ZL/ZS) oder nach Erhärtung des Füllstoffes zu nennen.

Das Füllen von Hohlräumen erfolgt in der Regel durch Rasterinjektion. Für trockene Hohlräume mit einem Volumen ≤ 100 cm³ kann EP-I eingesetzt werden. Wegen des geringen E-Moduls dient es jedoch nicht der Verfestigung.

Füllen von Hohlräumen mit ZL-I und ZS-I wirkt für Hohlräume und haufwerksporiges Betongefüge verfestigend bei beliebigen Feuchtezuständen. Die Wahl richtet sich nach der Struktur der Hohlräume unter Beachtung des unterschiedlichen Eindringvermögens von ZL und ZS unter Berücksichtigung der Druckfestigkeit des Füllstoffes bei der vorliegenden Altbetonklasse.

Falls die Standsicherheit durch die Hohlräume nicht beeinträchtigt ist, kann auch PUR-I eingesetzt werden.

Die Durchführung der Maßnahmen zur Riss- und Hohlraumfüllung ist zu dokumentieren. Hierzu gehören das Anfertigen von Zeichnungen, z. B. in Form von Abwicklungen bei Stützen, Unterzügen u. ä. sowie ergänzende Fotos, vor allem dann, wenn die Verfüllungen später nicht mehr lokalisierbar sind, weil sie z. B. durch Oberflächenschutz-Maßnahmen abgedeckt sind, weiterhin allgemeine Angaben, Tages- und Rissprotokoll. Hierzu sind in den ZTV-ING Muster zu finden.

9.8.4.5 Kontrollprüfungen

Kontrollprüfungen dienen der Feststellung der Fülltiefe, was zuverlässig nur durch zerstörende Prüfungen, die deshalb auf begründete Fälle beschränkt werden sollen, erreicht werden kann.

Beim Tränken mit Epoxidharz gilt die geforderte Fülltiefe als erreicht, wenn sie mindestens dem 15-fachen der Rissbreite entspricht oder mindestens 5 mm beträgt, wobei der kleinere Wert maßgebend ist.

Durch Injektion müssen Risse mindestens zu 80 % gefüllt werden. Risse gelten als vollständig gefüllt, wenn die an der Mantelfläche des Bohrkerns oder an den Schnittflächen der in Scheiben geschnittenen Bohrkerne sichtbaren Risse nicht gefüllte Bereiche < 20 % aufweisen. Hierbei werden nur die Rissbereiche über 0,05 mm Breite, bei Zementleim > 0,2 mm Breite, gewertet.

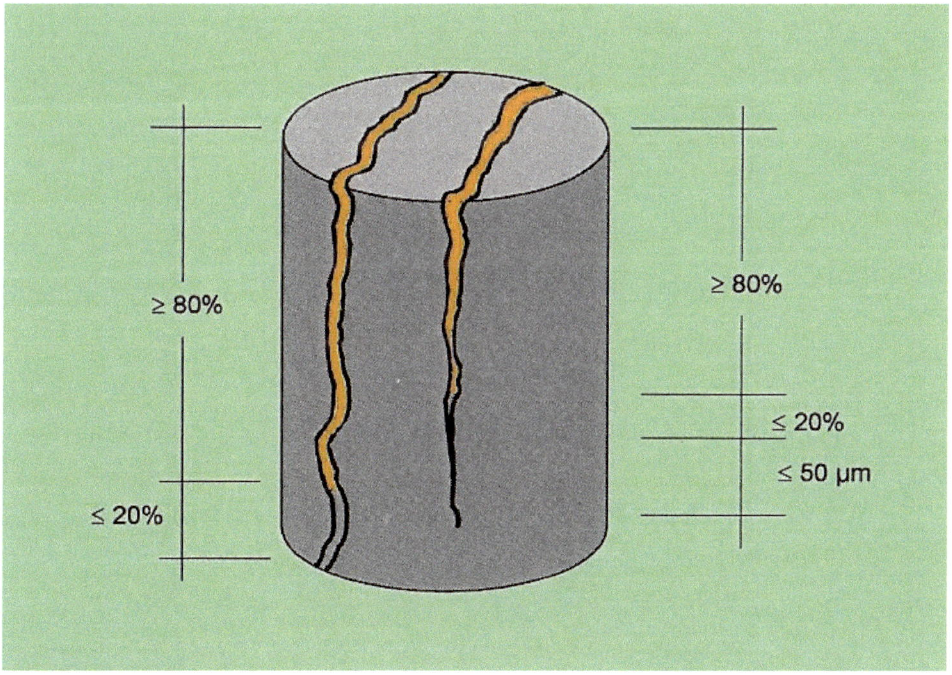

Bild 9.31: Schemazeichnung Kontrolle der Füllung von Rissen an Mantelfläche eines Bohrkerns

Nach kraftschlüssigen Injektionen mit Epoxidharz dürfen keine Rissbreitenänderungen mehr auftreten. Nach dehnbaren Injektionen mit Polyurethan dürfen keine Undichtigkeiten des Bauteils mehr vorhanden sein.

9.9 Literatur

[1] Christoph Helf: Füllen von Rissen. Bautenschutz + Bausanierung 01/94 und 2/94.
[2] SIA Empfehlung 162/5: Erhaltung von Betontragwerken. Schweizerischer Ingenieur- und Architekten-Verein Juli 1997.
[3] M. Schröder: Dichtspritze – Technische Hinweise für das Füllen von Rissen in Beton mit Stoffen auf Reaktionsharz- und Zementbasis. db deutsche bauzeitung 134. Jahrgang 3/2000.
[4] Schriftenreihe der Zement- und Betonindustrie. Stahlbetonoberflächen schützen, erhalten, instandsetzen. Verlag Bau+Technik GmbH 2008.
[5] M. Schröder und 7 Mitautoren: Schutz und Instandsetzung von Stahlbeton. Anleitung zur sachkundigen Planung und Ausführung. 8., überarbeitete und erweiterte Auflage. expert verlag 2022.
[6] M. Schröder: Richtig gefüllt – Sanierung von Rissen in Betonbauteilen. bauhandwerk 4.2016.
[7] Die in Kapitel 1 aufgeführten Regelwerke.

10 Tragwerksverhalten

10.1 Beurteilen der Standsicherheit

J. Müller

Vorwort

Das nachfolgende Kapitel „Beurteilen der Standsicherheit“ soll den Sachkundigen Planer sensibilisieren und auf bestimmte typische Punkte hinweisen. In Zweifelsfällen ist bei nicht ausreichenden eigenen Kenntnissen im Bereich der Tragwerksplanung und der Bemessung von Stahlbetonbauteilen ein externer Tragwerksplaner hinzuzuziehen.

10.1.1 Verantwortung des (sachkundigen) Planers

10.1.1.1 BGB

§ 836 (1) BGB:
„Wird durch den Einsturz eines Gebäudes oder eines anderen mit einem Grundstück verbundenen Werkes oder durch die Ablösung von Teilen des Gebäudes oder des Werkes ein Mensch getötet, der Körper oder die Gesundheit eines Menschen verletzt oder eine Sache beschädigt, so ist der Besitzer des Grundstücks, sofern der Einsturz oder die Ablösung die Folge fehlerhafter Errichtung oder mangelhafter Unterhaltung ist, verpflichtet, dem Verletzten den daraus entstehenden Schaden zu ersetzen.

Die Ersatzpflicht tritt nicht ein, wenn der Besitzer zum Zwecke der Abwendung der Gefahr die im Verkehr erforderliche Sorgfalt beobachtet hat.“

Die im BGB genannte Sorgfaltspflicht kann ein Grundstücksbesitzer (in der Regel ein Laie) z. B. durch die Beauftragung eines Sachkundigen Planers nachweisen.

10.1.1.2 MBO / LBO

Da das Baurecht Ländersache ist, unterscheiden sich die Musterbauordnung (MBO) und die jeweiligen Landesbauordnungen manchmal im Detail. Nachfolgende werden die Musterbauordnung und die Landesbauordnung von Baden-Württemberg zitiert. Mögliche Abweichungen in den Landesbauordnungen der anderen 15 Bundesländer müssten im Einzelfall geprüft werden.

Musterbauordnung
„§ 3 – Allgemeine Anforderungen
(1) Anlagen sind so anzuordnen, zu errichten, zu ändern und instand zu halten, dass die öffentliche Sicherheit und Ordnung, insbesondere Leben, Gesundheit und die natürlichen Lebensgrundlagen, nicht gefährdet werden; …“

LBO Baden-Württemberg
„§ 3 – Allgemeine Anforderungen
(1) Bauliche Anlagen sowie Grundstücke, andere Anlagen und Einrichtungen im Sinne von § 1 Abs. 1 Satz 2 sind so anzuordnen und zu errichten, dass die öffentliche Sicherheit oder Ordnung,

insbesondere Leben, Gesundheit oder die natürlichen Lebensgrundlagen, nicht bedroht werden und dass sie ihrem Zweck entsprechend ohne Missstände benutzbar sind; ..."

LBO Baden-Württemberg
„§ 41 – Grundsatz
Bei der Errichtung oder dem Abbruch einer baulichen Anlage sind der Bauherr und im Rahmen ihres Wirkungskreises die anderen nach den §§ 43 bis 45 am Bau Beteiligten dafür verantwortlich, dass die öffentlich-rechtlichen Vorschriften und die auf Grund dieser Vorschriften erlassenen Anordnungen eingehalten werden.

§ 43 – Entwurfsverfasser (⟶ z. B. SKP)
§ 44 – Unternehmer
§ 45 – Bauleiter (⟶ z. B. SKP)"

10.1.1.3 TR Instandhaltung

TR Instandhaltung Teil 1, Abschnitt 2 – Annahmen und Voraussetzungen
„(1) Diese Technische Regel setzt voraus, dass

- jede Instandhaltungsmaßnahme (Inspektion, Wartung, Instandsetzung, Verbesserung) geplant wird und dass die Planung durch einen sachkundigen Planer (SKP)– im Folgenden Sachkundigen Planer aufgrund der ihm zu übertragenden Verantwortung – durchgeführt wird,
- die Ausführung von Schutz- und Instandsetzungsmaßnahmen nach einem Instandsetzungsplan durch einen SKP begleitet wird.

...
(6) Als standsicherheitsrelevant im Sinne dieser Technischen Regel werden alle Maßnahmen eingestuft, die zur Wiederherstellung oder zum Erhalt der Standsicherheit während der planmäßigen Nutzungsdauer erforderlich sind (Standsicherheitsrelevanz der Maßnahme). Der SKP legt fest, ob die geplante Maßnahme für die Erhaltung der Standsicherheit erforderlich ist und welche Maßnahmen zur Überwachung der Ausführung (DAfStb-RL SIB Teil 3) zu treffen sind. Diese Angaben sind in die Ausschreibungsunterlagen aufzunehmen.

ANMERKUNG Im bauaufsichtlichen Bereich wird anstelle des Begriffes „Standsicherheitsrelevanz" der Begriff „Gefährdung der Standsicherheit" verwendet. Dabei liegt eine Gefährdung der Standsicherheit nicht nur bei einem entsprechenden Schaden vor. Sie liegt auch dann vor, wenn eine Gefährdung der Standsicherheit mit großer Wahrscheinlichkeit innerhalb der planmäßigen Nutzungsdauer zu erwarten ist. Die Standsicherheitsrelevanz ist bspw. beim kathodischen Korrosionsschutz und bei Beschichtungen von Parkdecks regelmäßig zu bejahen."

10.1.2 Grundsätzliche Funktionsweise Stahlbeton / Spannbeton

10.1.2.1 Tragverhalten Stahlbeton – Zug

Nach Überschreiten der Betonzugfestigkeit reißt der Beton und die gesamte Zugkraft wird auf den Stahl übertragen!

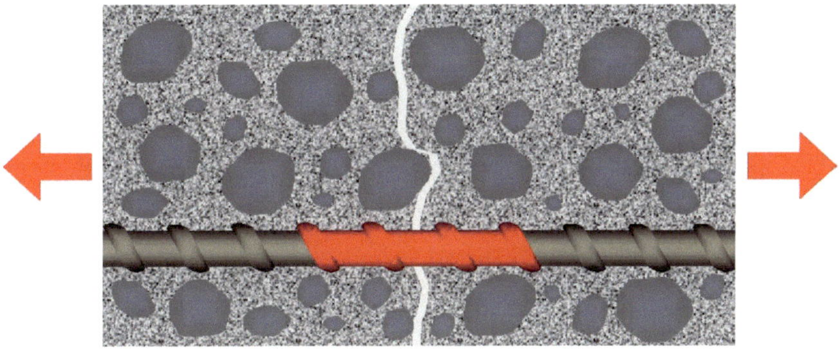

Bild 10.1: Zugbelastung Stahlbeton

10.1.2.2 Tragverhalten Stahlbeton - Biegezug

Unter planmäßiger Biegebeanspruchung reißt die Zugzone auf, man spricht von „gerissener Zugzone".

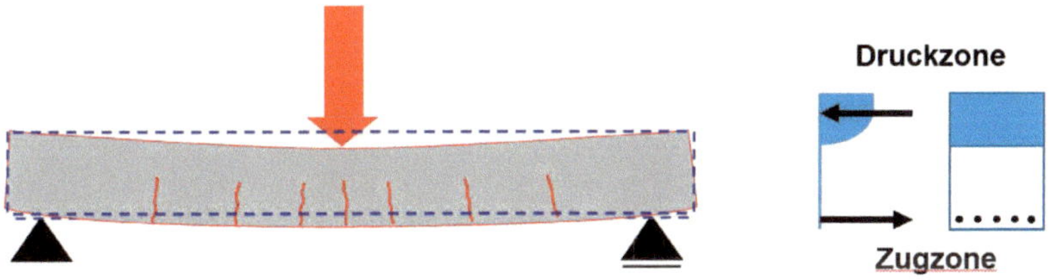

Bild 10.2: Biegezug Stahlbeton

D. h., dass bei schlaff bewehrten Stahlbetonbauteilen, die auf Biegung beansprucht werden, Risse unvermeidlich sind! Ziel ist es, diese Risse je nach Umgebungsbedingungen möglichst klein zu halten (maximal 0,1 bis 0,4 mm).

Bei Spannbetonbauwerken dagegen wird der gesamte Querschnitt planmäßig „überdrückt", so dass dort keine Zugspannungen und damit auch keine Risse auftreten sollten.

10.1.2.3 Tragverhalten Stahlbeton - Schub

Unter planmäßiger Biegebeanspruchung will sich der Beton am Auflager gegeneinander verschieben, man spricht von „Schubrissen".

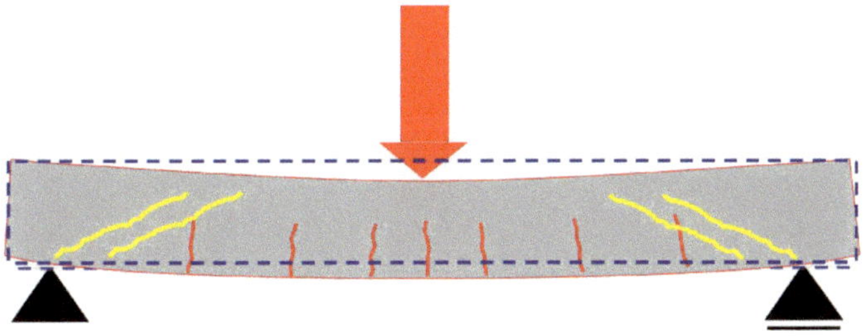

Bild 10.3: Schub Stahlbeton

10.1.2.4 Tragverhalten Stahlbeton - Durchstanzen

Bei (flächenmäßig) kleinen Stützen und dünnen Stahlbetonbauteilen (z. B. Stb.-Flachdecken) will der Beton im Stützenbereich durchbrechen, man spricht von „Durchstanzen".

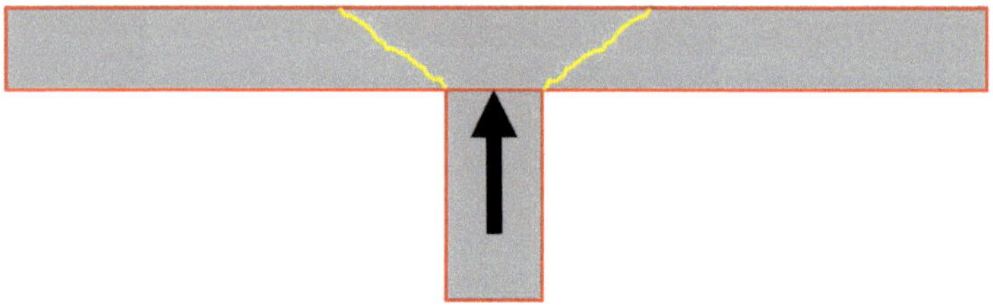

Bild 10.4: Durchstanzen

10.1.2.5 Tragverhalten Stahlbeton - Stütze / Knicken

Unter Druck will eine (schlanke) Stütze plötzlich zur Seite hin ausweichen, man spricht von „knicken".

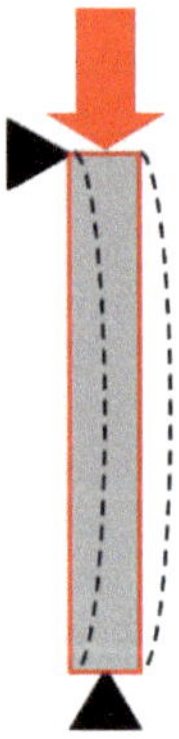

Bild 10.5: Knicken

Identisch verhalten sich die (ebenfalls schlanken) Bewehrungsstäbe in eine Stütze. Diese sind in der Regel infolge von kriechen und schwinden des Betons bis an die Fließgrenze des Stahls auf Druck beansprucht (siehe auch Abschnitt „Bauzustände"). Somit besteht die Gefahr, dass der Bewehrungsstab ausknickt und dabei die Betondeckung absprengt. Um u. a. dieses Ausknicken der Längsbewehrung zu verhindern, werden die Stäbe durch eine Bügelbewehrung in regelmäßigen Abständen gehalten.

10.1.3 Entwurfsgrundsätze

DAfStb-Heft 600 zu Tabelle 4.1, Verkehrsflächen in Parkbauten:

1. Prinzip: Das Bauteil muss so ausgeführt sein, dass den einwirkenden Chloriden ein hinreichender Bauteilwiderstand entgegengesetzt wird.
2. Prinzip: Das Eindringen von Chloriden über Risse und Arbeitsfugen bis zur Bewehrung ist bei direkt befahrenen Betonflächen zu verhindern.

weiter

Entwurfsgrundsatz a: Vermeidung von Rissen ...

oder

Entwurfsgrundsatz b: Festlegung von rechnerischen Rissbreiten ..., die besonderen Anforderungen rissüberbrückender Oberflächenschutz- und Abdichtungssysteme in Bezug auf die Rissüberbrückungsfähigkeit erfüllen.

oder

Entwurfsgrundsatz c: Festlegung von tolerierbaren rechnerischen Rissbreiten möglichst in definierten Bereichen (wenige breite Risse), die bei Bedarf mit im Entwurf planmäßig vorgesehenen lokalen Maßnahmen nach ihrem Auftreten dauerhaft geschlossen bzw. abgedichtet werden.

Tabelle H4.2 – Ausführungsvarianten für befahrene Parkflächen aus Stahlbeton oder Spannbeton nach DBV-Merkblatt [DBV5]

	1	2	3	4	5	6	7
1	**Variante**	**Variante A**		**Variante B**		**Variante C**	
2	**Beschreibung**	ohne flächiges Oberflächenschutzsystem oder ohne Abdichtung (jedoch mit besonderer Maßnahme bei Rissen und Fugen)		mit flächigem Oberflächenschutzsystem [d]		mit flächiger, rissüberbrückender Abdichtung und Schutzschicht [d]	
3	**Untervariante**	**A1**	**A2**	**B1**	**B2**	**C1**	**C2**
		rissvermeidende Bauweise	lokaler Schutz der Risse und Fugen [b] (z. B. rissüberbrückende Bandage)	vollflächig starr beschichtet: OS 8 mit begleitender Rissbehandlung [b] (z. B. rissüberbrückende Bandage)	vollflächig rissüberbrückend beschichtet: OS 10 mit Nutzschicht oder OS 11	OS 10 oder unterlaufsichere [c] bahnenförmige Abdichtung jeweils mit Dichtungs- und Schutzschicht aus Gussasphalt	unterlaufsichere [c] zweilagige bahnenförmige Abdichtung mit Schutzschicht
4	**Entwurfsgrundsatz**	**a**	**c**	**c**	**b**	**a, b**	**a, b**
5	**Expositions- und Feuchtigkeitsklasse**	XD3, XC4, WA (ggf. XF2 oder XF4)		XD1, XC3, WF (ggf. XF1)		XC3, WF (ggf. XF1)	
6	**Mindestbetondeckung c_{min}**	Betonstahl 40 mm Spannstahl 50 mm		Betonstahl 40 mm Spannstahl 50 mm		Betonstahl 20 mm Spannstahl 30 mm	
7	**Inspektion** [a]	jährlich in den ersten 5 Jahren, danach mindestens:					
		alle 2 Jahre	jährlich	jährlich	jährlich	alle 2 Jahre	alle 2 Jahre

Bild 10.6: Tabelle H4.2 aus DAfStb Heft 600

10.1.4 Tragwerksbeispiele / Schadensbilder

10.1.4.1 Einfeldträger

Da sich bei einem Einfeldträger die Druckzone auf der Oberseite befindet, sind hier (planmäßig) keine Risse zu erwarten. Insofern entspricht zumindest die Oberseite dem Entwurfsgrundsatz a – Vermeidung von Rissen. Somit kann unter Beachtung der entsprechenden Expositionsklassen eine Ausführung ohne Beschichtung erfolgen.

Allerdings ist zu beachten, dass typischerweise aus einer solchen Bauweise viele (Wartungs-)Fugen resultieren.

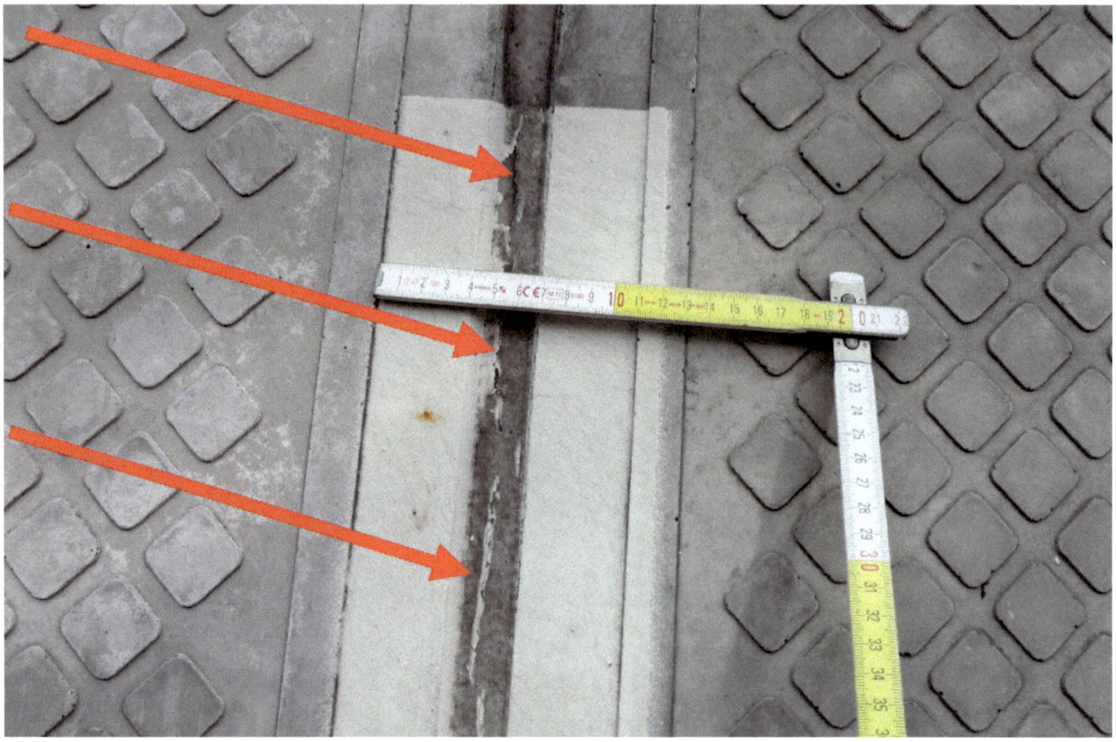

Bild 10.7: Gerissene Verfugung zwischen Stahlbetonfertigteilen

10.1.4.2 Durchlaufträger

Anders als bei Einfeldträgern befinden sich auch an der Deckenoberseite Zugzonen. Insofern sind diese den Entwurfsgrundsätzen b oder c zuzuordnen.

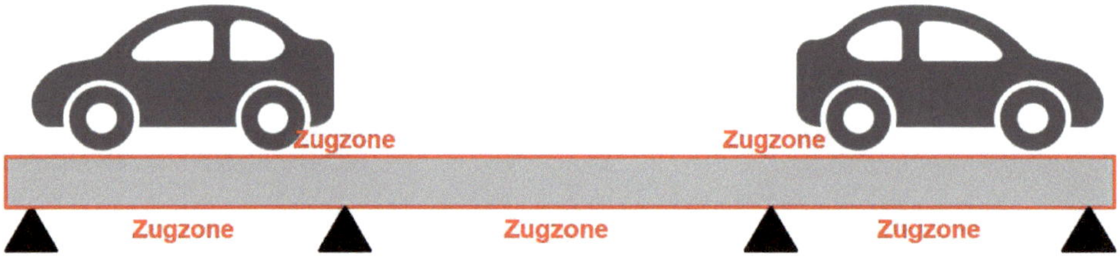

Bild 10.8: Durchlaufträger oder -platte über 3 Felder

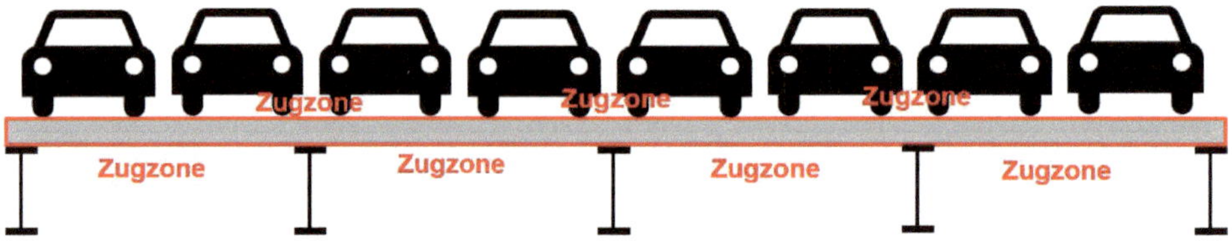

Bild 10.9: Durchlaufplatte oder -platte über mehrere Felder

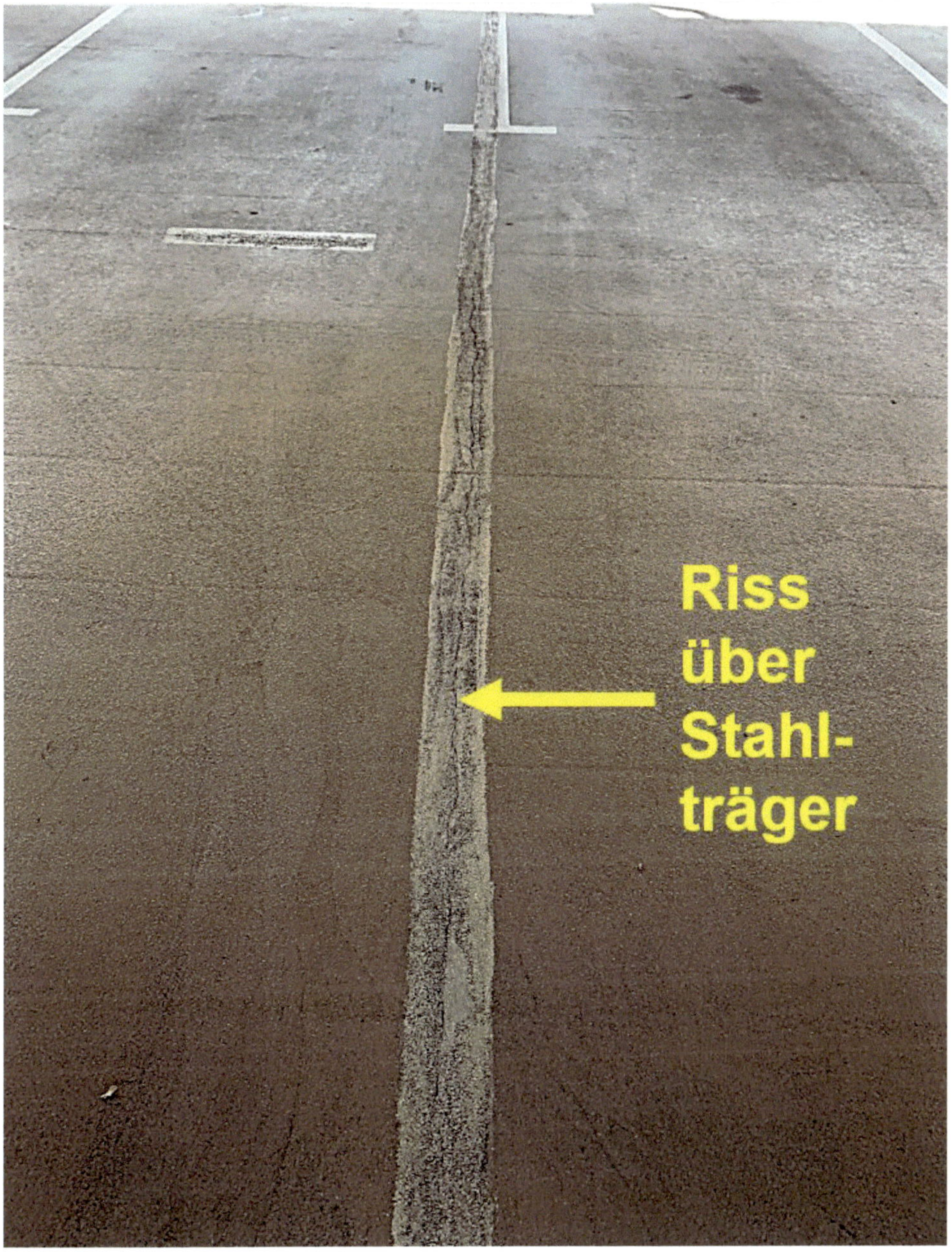

Bild 10.10: Riss über Stahlträger, senkrecht zur Hauptspannrichtung

Je nach Richtung von Rissen haben diese unterschiedliche Auswirkungen auf die Standsicherheit. Verläuft ein Riss senkrecht zur Hautspannrichtung der Decke, z. B. über einem Stahlträger oder Unterzug, sind ausnahmslos alle Bewehrungsstäbe bei Chlorideintrag gefährdet. Verläuft ein Riss dagegen parallel zur Hauptspannrichtung werden bei Chlorideintrag über den Riss nur wenige parallel verlaufenden Bewehrungsstäbe links und rechts des Risses gefährdet.

Bild 10.11: Riss senkrecht zum Stahlträger, parallel zur Hauptspannrichtung

10.1.4.3 Stahl-Beton-Verbund, Einfeldträger

Bei einer Verbundbauweise mit Stahlträgern und Stahlbetonplatten lassen sich große stützenfreie Spannweiten realisieren. Damit Stahlträger und Stahlbetonplatte gemeinsam als Plattenbalken funktionieren, müssen beide schubfest miteinander verbunden sein. Dieser Schubverbund wird in der Regel mit auf die Stahlträger aufgeschweißte Kopfbolzen realisiert.

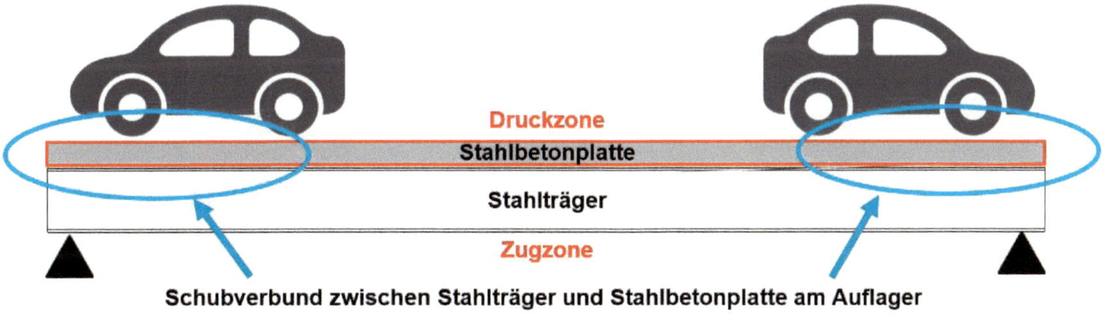

Bild 10.12: Stahl-Beton-Verbund-Träger, Schubbeanspruchung am Auflager

Bild 10.13: Schäden im Auflagerbereich von Stahl-Verbund-Trägern

10.1.4.4 Hoesch Additiv Decke

Anders als bei zuvor beschriebener Verbund-Bauweise tragen bei einer Additiv-Bauweise die einzelnen Bauteile anteilig die Lasten ab. Hierbei wird das verwendete Trapezblech auf das Eigengewicht der Betondecke während des Betonierens bemessen. Die Stahlbetondecke nimmt dann im ausgehärteten Zustand die zusätzliche Verkehrslast auf. Zwischen Trapezblech und Stahlbetondecke besteht kein Verbund, daher der Name Additiv Decke.

Hierbei handelt es sich um eine sehr günstige und schnelle Bauweise, die weit verbreitet ist. Allerdings ist zu beachten, dass sich (chloridhaltiges) Wasser, das durch Risse bis auf das Trapezblech gelangt, dort gut quer verteilen kann und Korrosion auf dem Trapezblech verursacht. Diese Korrosion ist sehr schlecht zu detektieren. Zeigen sich an der Unterseite des Trapezbleches bereits Korrosionsspuren, ist die Tragfähigkeit des sehr dünnen Blechs in vielen Fällen nicht mehr gegeben. Eine Instandsetzung ist in den meisten Fällen nur noch durch den vollständigen Austausch des Bauteils möglich.

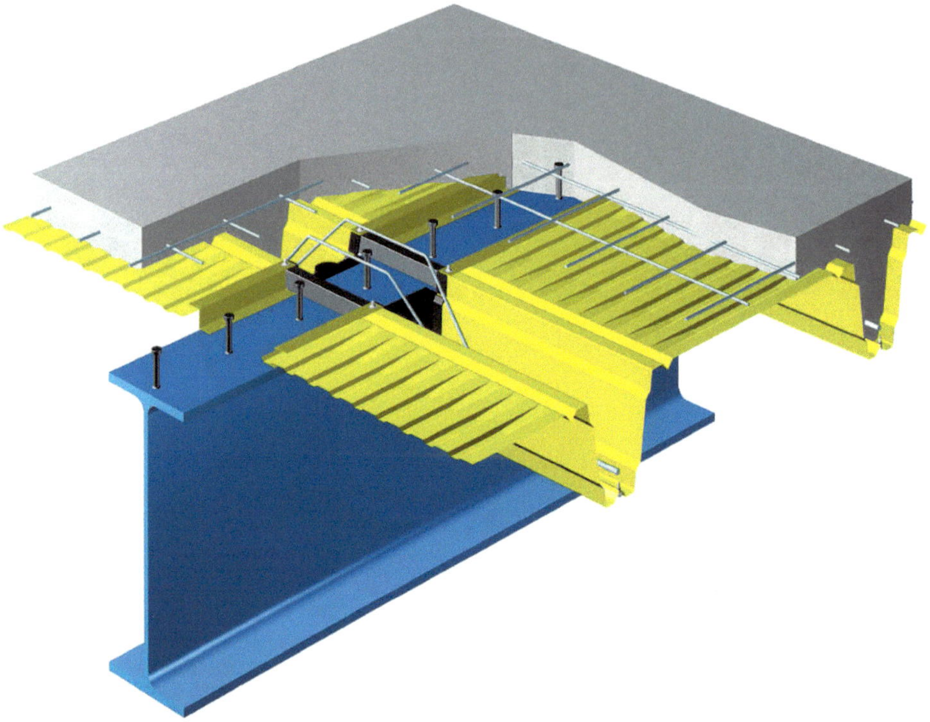

Bild 10.14: Systemskizze Hoesch Additiv Decke

Bild 10.15: Korrosion an Trapezblech Deckenunterseite

10.1.4.5 Punktgestützte Flachdecke

Um das Durchstanzen von Decken im Bereich von Stützen zu verhindern, werden vielfach als Durchstanzbewehrung Dübelleisten eingesetzt.

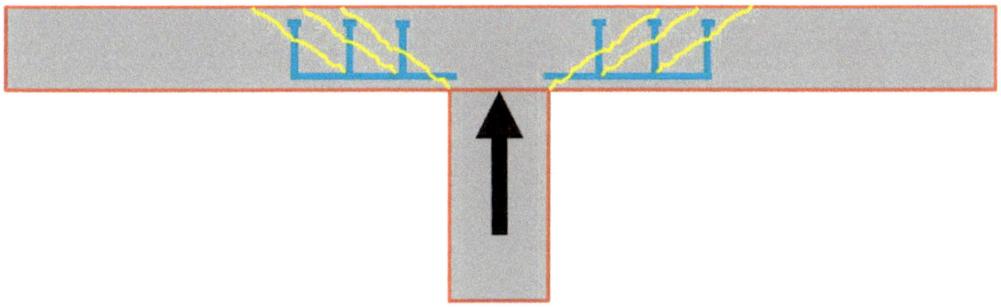

Bild 10.16: Prinzipskizze zu Durchstanzbewehrung mit Dübelleisten

10.1.4.6 Pendelstütze

Grundsätzlich befindet sich die maßgebende Bewehrung gegen das Ausknicken in Stützenmitte. Insofern ist eine mögliche Querschnittsschwächung der Bewehrung am Stützensockel weniger kritisch als in Stützenmitte.

ABER

Zum einen verhindert die Bügelbewehrung das Ausknicken der Längsbewehrung einschließlich dem Absprengen der Betondeckung und zum anderen verringern Abplatzungen durch korrodierte Bewehrung den Stützenquerschnitt.

Bild 10.17: Sichtbare Schäden an Dübelleisten

Hinweis:
Infolge von Schwinden und Kriechen des Betons steht die Längsbewehrung immer unter Druck bis hin zu Fließgrenze des Stahls, auch wenn diese gar nicht als Druckbewehrung geplant wurde. Siehe hierzu auch das Kapitel „Bauzustände".

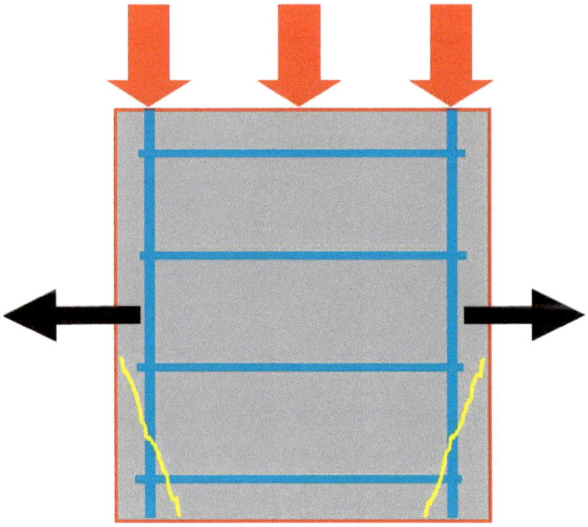

Bild 10.18: Prinzipskizze für Schäden infolge Korrosion an Bügelbewehrung

10.1.4.7 Eingespannte Stütze

Anders als bei Pendelstützen befindet sich bei eingespannten Stützen in der Regel die maßgebende Bewehrung am Stützensockel. Daher ist an einer eingespannten Stütze, zusätzlich zu allen zuvor genannten Punkten, auch ein Querschnittsverlust der Längsbewehrung im Sockelbereich als sehr kritisch einzustufen.

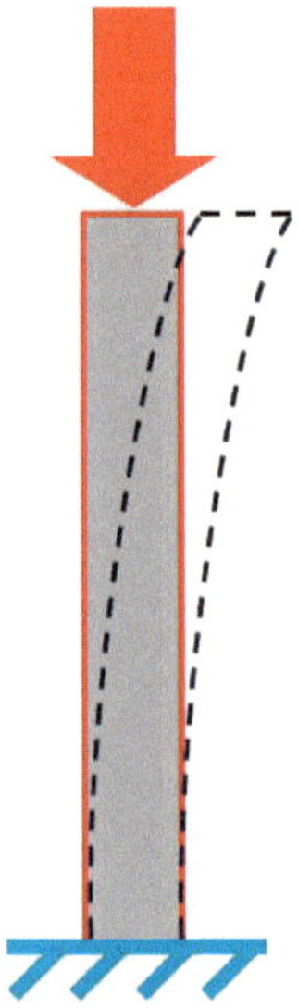

Bild 10.19: Prinzipskizze eingespannte Stütze

10.1.4.8 Bodenplatten

Anders als bei Decken, Stützen und Wänden, die logischerweise immer tragend sind, ist dies bei Bodenplatten nicht in gleicher Weise eindeutig.

Oft wird einfach davon ausgegangen, dass Bodenplatten nicht tragend sind, da sie ja bei Korrosion der Bewehrung nicht herunterfallen können.

Allerdings erfüllen Bodenplatten zusätzlich zur Nutzung als Bodenbelag auch weitere Funktionen, wie z. B.:

- Elastisch gebettete Fundamentplatte.
- WU-Konstruktion („Weiße Wanne").
- Bestandteil der Einzel- oder Streifenfundamente.
- Aussteifung

10.1.4.9 Schichtenaufbau

Nicht immer ist eine sichtbare Betonoberfläche auch gleich die tragende Stahlbetonkonstruktion. Daher ist es immer sinnvoll, den Schichtenaufbau laut Plan mit dem Schichtenaufbau in der Realität zu vergleichen.

10.1.4.10 Restquerschnitte

Für die Abschätzung der Resttragfähigkeit ist es unbedingt notwendig, an repräsentativen Stichproben (z. B. nach Potentialfeldmessung) die Restquerschnitte korrodierter Bewehrung zu ermitteln.

Wie sind die Restquerschnitte bei beginnender (Chlorid-)Korrosion im Bereich von Lochfraßkorrosion zu ermitteln?

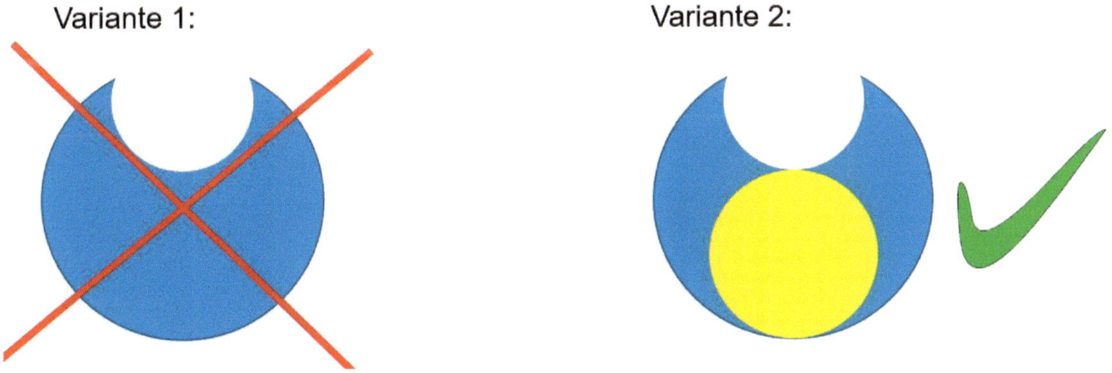

Bild 10.20: Anzusetzender Restquerschnitt bei Lochfraßkorrosion

Beispiel:
Bewehrungsstab Durchmesser 12 mm, Korrosionstiefe 3 mm
Fläche ungeschwächt: $\pi \times 12^2 / 4 = 113\ mm^2$
Restquerschnitt: $\pi \times 9^2 / 4 = 63{,}6\ mm^2$
D. h., nur noch ca. 56 % darf als Restquerschnitt angesetzt werden!

10.1.5 Bauzustände

Je nach gewähltem Instandsetzungsverfahren (z. B. Verfahren 7.2 / R-Cl) wird während der Instandsetzung in die Tragkonstruktion eingegriffen. Dies hat Auswirkungen sowohl auf ggf. notwendige temporäre Abstützungen als auch auf das Bauteil selbst.

Bei temporären Abstützungen muss man sich im Klaren darüber sein, dass diese nicht an gleicher Stelle liegen können, wie die zu bearbeiten Bestandsbauteile. D. h., Lastumlagerungen sind unvermeidlich, wenn die temporären Abstützungen tatsächlich zur Lastabtragung genutzt werden. Zum einen muss das obere Bauteil steif genug sein und sollte sich nicht verbiegen. Zum anderen muss sichergestellt werden, dass auch das untere Bauteil (z. B. Bodenplatte, Fundament) diese Lasten aufnehmen kann.

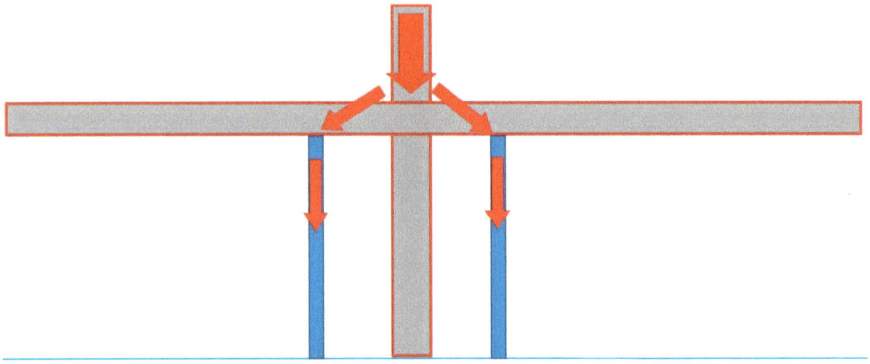

Bild 10.21: Temporäre Abstützung, Lastumlagerung

Wenn an Bauteilen ohne vorherige Entlastung Beton entfernt wird, verteilt sich die gesamte Kraft auf den verbliebenen Restquerschnitt. Wenn der Restquerschnitt dann versagt, lagert sich die Last schlagartig auf die temporären Abstützungen um, was zu ungewollten Verformungen führen kann.

Sofern der verbliebene Restquerschnitt nicht versagt, bleibt der im Nachgang eingebrachte Betonersatz erst einmal ohne Spannung und trägt nicht zur Lastabtragung bei. Daher ist es oft sinnvoll, insbesondere Stützen vor einem Betonabtrag zu entlasten.

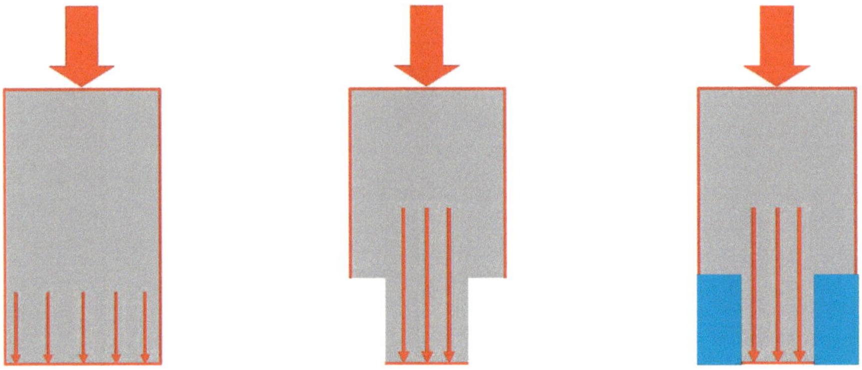

Bild 10.22: Spannungsverteilung im Bauteil ohne vorherige Entlastung

Bild 10.23: Nach Betonabtrag zur Seite ausgeknickte Stütze

10.1.6 Fazit / Empfehlungen

- Versuchen Sie, das Tragwerk zu verstehen.
- Nehmen Sie Einsicht in Bestandsunterlagen (Schal- und Bewehrungspläne, Statik).
- Gleichen Sie die Bestandsunterlagen mit der tatsächlichen Ausführung ab.
- Sollten Sie Abweichungen feststellen, scheuen Sie sich nicht vor (ggf. zerstörenden) Probeöffnungen.
- Machen Sie sich kritische Bereiche bewusst.
- Stimmen Sie Ihr(e) Instandsetzungskonzept(e) auf das Tragwerk und die Entwurfsgrundsätze ab.
- Beachten Sie Lastumlagerungen und Bauzustände während der Instandsetzung.

10.1.7 Literatur

[1] Bürgerliches Gesetzbuch (BGB)
[2] Musterbauordnung (MBO)
[3] Landesbauordnung Baden-Württemberg (LBO)
[4] Deutsches Institut für Bautechnik (DIBt) | Technische Regel – Instandhaltung von Betonbauwerken (TR Instandhaltung: 2020-05)
[5] Deutscher Ausschuss für Stahlbeton (DAfStb) | Heft 600 Erläuterungen zu DIN EN 1992-1-1 und DIN EN 1992-1-1/NA (2020)
[6] Deutscher Beton- und Bautechnik-Verein E. V. | Merkblatt Parkhäuser und Tiefgaragen (DBV-Merkblatt „Parkhäuser und Tiefgaragen" 2018-01)

10.2 Verstärken

S. Wehrle

10.2.1 Einleitung

Die nachfolgenden Ausführungen sind eine Überarbeitung des Textes von C. Flohrer in [16].

Verstärkungsmaßnahmen zur statisch konstruktiven Ertüchtigung oder Verbesserung von Stahlbetonbauteilen erfuhren in den vergangenen Jahren eine vielfältige Entwicklung.

Voraussetzung für jede Verstärkungsmaßnahme ist eine genaue Bestandsaufnahme, die neben den Abmessungen auch Baustoffkennwerte erfassen muss.

Bei der Beurteilung von Bauwerken im Rahmen der Bauwerksdiagnose ist außerdem eine Bewertung vorzunehmen, die eine Aussage zur Einschränkung der Optik, der Dauerhaftigkeit, der Gebrauchstauglichkeit und zur Standsicherheit beinhaltet.

Bild 10.24: Ausgangssituation für Verstärken

Sind die Standsicherheit oder die Dauerhaftigkeit eingeschränkt oder soll ein Bauwerk einer geänderten Nutzung zugeführt werden, können Maßnahmen zur statisch konstruktiven Verstärkung erforderlich werden.

Im Vergleich zu der in Abschnitt 10.2 angesprochenen Ertüchtigung bedeutet das Verstärken, eine mögliche Erhöhung der Nutzlasten im Vergleich zu einer Ertüchtigung (Abschnitt 10.2), bei der der ehemals vorhandene Ist-Zustand wiederhergestellt wird.

Bild 10.25: Ausgangssituation für Verstärken. Abstützungsmaßnahmen im Vorfeld der Ausführung

Bild 10.26: Ertüchtigen/Verstärken in Verbindung mit Bauteilersatz

10.2.2 Ziele von Verstärkungsmaßnahmen

Eine Erhöhung der Tragfähigkeit eines Stahlbetonbauteils kann durch die Kombination mit geeigneten Materialien erfolgen. Voraussetzung ist die kraftschlüssige Verbindung zwischen dem bestehenden Bauteil und dem Verstärkungselement.
Das Verstärken kann z. B. erforderlich werden, bei:

- Schäden an Stahlbetonbauteilen mit korrosionsbedingtem, reduzierten Stahlquerschnitt,
- Nutzungsänderung, wenn z. B. die Nutz- oder Verkehrslast erhöht werden soll,
- Änderungen des statischen Systems, wenn z. B. große Durchbrüche die Lagerungsbedingungen von Decken ändern,
- Bemessungs-, Planungs- oder Ausführungsfehlern.

Ziele von Verstärkungs können sein:

- Erhöhung der bisher nutzbaren/aufnehmbaren Lastbeanspruchung (Druck-, Biegezug-, Zug-, Schubbeanspruchung),
- Erhöhung der Erdbebensicherheit (z. B. Erhöhung der Duktilität der Bauteile),
- Erhöhung der Dauerhaftigkeit, wie z. B. Wasserundurchlässigkeit, Frostbeständigkeit oder Chlorideindringwiderstand.

10.2.3 Mögliche Verstärkungsmaßnahmen

Eine systematische Darstellung der Ziele, Verfahren und Techniken des Verstärkens von Betonbauteilen ist in [1,2] gegeben. In der Technischen Regel „Instandhaltung von Betonbauwerken" [19] ist das erste Mal im Zuge eines Regelwerks im Sinne der Instandhaltung von Betonbauwerken das Instandsetzungsprinzip „Verstärken des Betontragwerks" beschrieben. In der TR ist dies das Prinzip 4, entprechend der dortigen Tabelle 5, im Teil 1. Auf die dortigen Ausführungen wird im Abschnitt 10.1.4 eingegangen.

Verstärken von Betonbauteilen ist eine örtliche oder das ganze Bauwerk umfassende konstruktive Maßnahme, die in der Regel rechnerisch nachzuweisen ist, mit dem Ziel die Tragfähigkeit, die Gebrauchstauglichkeit, die Dauerhaftigkeit und das Ermüdungsverhalten zu erhöhen oder günstig zu verändern.

Prinzipielle Möglichkeiten zur Verstärkung und Ertüchtigung sind:

- Verstärken oder Ertüchtigen von Druckgliedern mit Ortbeton- oder Spritzbetonergänzungen mit oder ohne Bewehrungsverstärkung,
- Erhöhung der statischen Nutzhöhe durch Aufbeton,
- Verstärken oder Ertüchtigen von Biegeträgern mit Ortbeton- oder Spritzbetonergänzungen und Bewehungsergänzung,
- Verstärken oder Ertüchtigen mit eingeschlitzter Bewehrung,
- Verstärken oder Ertüchtigen mit externer Vorspannung (mit oder ohne Verbund). Verstärken mit auf die Oberfläche geklebten Stahllaschen, CFK-Lamellen, CFSheets,
- Verstärken oder Ertüchtigen mit eingeschlitzten CFK-Lamellen,
- Verstärken oder Ertüchtigen durch Erhöhung der Duktilität durch CF-Sheets, engmaschiger dichter Netzbewehrung,
- Verstärken oder Ertüchtigen durch Erhöhung des Verschleißwiderstandes (z. B. Erhöhung der Schlagzähigkeit) von Betonoberflächen,

- Ertüchtigung durch Erhöhung des Widerstandes des bestehenden Bauwerks durch Injektion von Rissen und Hohlräumen oder Tränkung,
- Verstärken oder Ertüchtigen durch Erhöhung des Widerstandes gegen chemischen Angriff oder Chloriddiffusion durch Hochleistungsbeton.

10.2.3.1 Verstärken von Druckgliedern mit Spritzbeton oder Ortbeton

Die Qualität der Querschnittsergänzung hängt wesentlich vom Erreichen eines ausreichenden, vollflächigen Haftverbundes ab. Dieser wird i. A. durch Vorbereitung des Untergrunds durch Strahlen mit trockenem oder feuchtem Strahlmittel oder Hochdruckwasserstrahlen oder im Einzelfall durch einen flächigen Verbund über Haftbrücken erreicht. Auch einzelne Verbundelemente, wie Anker oder Dübel in Bohrlöchern können erforderlich werden.

Zur Sicherung der ergänzenden Tragwirkung durch den neuen Beton ist neben dem Haftverbund zwischen Alt- und Neubeton ein ausreichender Verbund des Spritzbetons zur eingespritzten Bewehrung erforderlich. Beispiele sind Stützenverstärkungen.

Der Einsatz von Spritzbeton hat Vorteile beim Anschluss an Decken, wenn nicht gleichzeitig die Anschlussbewehrung in die Decken ergänzt werden muss. Alternativ kann auch Ortbeton zum Einsatz kommen. Bei gleichzeitigem Freilegen des Deckenanschlusses mit Hochdruckwasserstrahlen kann ergänzende Anschlussbewehrung eingebaut werden.

10.2.3.2 Erhöhung der statischen Nutzhöhe durch Aufbeton

Durch Aufbringen einer Aufbetonschicht im dauerhaften Verbund kann die statische Nutzhöhe erhöht werden. Die Sicherstellung der Verbundwirkung wird durch Verbundmittel, wie Dübel oder Anschlussbewehrung erreicht.

10.2.3.3 Verstärken der Zugzone mittels Bewehrung und Spritzbeton

Für das Verstärken der Zugzone von Stahlbetonbauteilen stellt das Aufbringen einer neuen Spritzbetonschale eine bekannte Lösung dar. Verfahrensbedingt wird ein guter Verbund mit dem Untergrund erreicht, wenn eine zuvor erforderliche Untergrundbehandlung durchgeführt wird und der Untergrund ausreichend tragfähig ist. Der Spritzbeton ist derzeit in Deutschland in DIN 18551 [3] genormt.

Bei der Durchführung von Verstärkungsmaßnahmen mit Spritzbeton sind folgende Arbeitsschritte auszuführen: Bemessung der Verstärkung [4], Vorbehandlung des Untergrunds, Einbau der Bewehrung und der Verbundmittel, Auftrag des Spritzbetons, Nachbehandlung, Qualitätssicherung [5].

Als statische Nachweise müssen geführt werden: Nachweis der Zugbewehrung mit Zugkraftdeckung, Nachweise der Schubsicherung, Nachweis der Verbundmittel, Nachweis der Aufnahme der Auflagerkraft.

10.2.3.4 Verstärken oder Ertüchtigen mit eingeschlitzter Bewehrung

Eine mögliche Verstärkungstechnik erfolgt durch Einbau von Bewehrung in den Altbeton mittels durch Hochdruckwasserstrahlen hergestellter Schlitze. Dazu sind Schlitze im Altbeton herzustellen, die ein Einfädeln der Zusatzbewehrung hinter die vorhandene Bewehrung ermöglicht. Die Schlitze werden durch schienengeführte HDW-Düsenköpfe hergestellt. Nach Einbau der zusätzlichen Bewehrung wird der Schlitz mit Spritzbeton oder Vergussbeton kraftschlüssig verfüllt und somit der Verbund zum Altbeton und der Korrosionsschutz gesichert.

Das Verfahren wurde beispielsweise bei der Mainbrücke Dettelbach sowie bei der Ruhrbrücke Kupferdreh erfolgreich eingesetzt [6]. Die Verstärkung von Betonbauteilen ist eine örtliche oder eine die Gesamtkonstruktion betreffende konstruktive Maßnahme. Durch Querschnittsergänzung oder durch eine Änderung des Tragsystems wird die Gebrauchstauglichkeit wieder hergestellt oder gesteigert. Eine Verstärkungsmaßnahme erfordert einen statischen Nachweis des Gesamtbauteils.

10.2.3.5 Verstärken oder Ertüchtigen mit externer Vorspannung (mit oder ohne Verbund)

Mit nachträglich eingebauten Spanngliedern können z. B. Hohlkastenbrücken verstärkt werden.

Dazu kann es erforderlich sein, dass neue Querträger eingebaut werden müssen, die zur Verankerung der Spannglieder eingesetzt werden. Auch Umlenkpunkte für die Umlenkung der extern im Hohlkasten geführten Spannglieder können zusätzlich erforderlich werden.

Bei der Instandsetzung einer Fußgängerbrücke in Hamburg wurde beispielsweise der mittlere Brückenteil mit den internen Spanngliedern abgebrochen und durch ein schlaff bewehrtes Bauteil ersetzt. Für die Umbauphase wurden die Bauteile, die nicht abgerissen wurden, temporär abgestützt. Anschließend wurden neue Querträger in den bestehenden Hohlkasten betoniert und externe Spannglieder im Hohlkasten eingebaut. Anschließend wurde der Mittelteil der Brücke neu betoniert. Nach Erreichen der erforderlichen Druckfestigkeit des Betons wurden die neu eingebauten, extern geführten Spannglieder vorgespannt.

Als weiteres Beispiel kann eine Brückenverbreiterung genannt werden, bei der der gesamte Überbau erneuert wurde und dieser im Verbund mit dem bestehenden mehrzelligen Hohlkasten geplant wurde. Dazu war es erforderlich, die Brücke wegen des zusätzlichen Gewichts durch Einbau externer Spannglieder zu verstärken. Die bei dem Verbund Altbeton-Neubeton entstehenden Zwangspannungen im Beton müssen dabei durch betontechnische Maßnahmen und Kühlung des Betons beherrscht werden, um die Rissbildung im Neubeton wirksam zu begrenzen [7].

10.2.3.6 Verstärken mit auf die Oberfläche geklebten Stahllaschen, CFK-Lamellen

Bei der Verstärkung mit geklebten Laschen aus Stahl oder Lamellen aus CFK (carbonfaserverstärkte Kunststoffe) sind in Analogie zur Verstärkung mit Spritzbeton und lnnenbewehrung ebenfalls folgende Arbeitsschritte erforderlich: Bemessung der Verstärkung, Vorbehandlung des Untergrunds, Applikation der Lamellen, Planung und Umsetzung von Brandschutzmaßnahmen, Qualitätssicherungsmaßnahmen.

Die Bemessung und konstruktive Durchbildung von Laschen oder Lamellen müssen entsprechend den Regeln des Stahlbetonbaus erfolgen. Nachzuweisen sind die erforderliche Zugbewehrung mit Zugkraftdeckung, die Schubsicherung und die (End)Verankerung der Laschen und Lamellen.

Wichtig ist die wirklichkeitsnahe Erfassung des Ist-Zustands, insbesondere den Vordehnungszustand der bestehenden Bewehrung [5]. Leistungsfähige Bemessungsprogramme stehen zur Verfügung [8].

Der natürliche Verbund zwischen Bewehrung und Beton muss bei Verstärkung mit Laschen oder Lamellen durch den Klebstoff hergestellt werden. Temperaturunterschiede zwischen Lamellen und Beton führen zu zusätzlichen Schubspannungen und müssen vermieden werden (z. B. keine direkte Sonneneinstrahlung). Der Korrosionsschutz bei Stahllaschen wird durch den Kleber sowie eine zusätzliche Beschichtung sichergestellt.

Der Brandschutz von Lamellen oder Stahllaschen ist im Vergleich zu Stahlbeton allein durch die Baustoffe selbst nicht gegeben. Maßgebend für das Versagen im Brandfall ist primär der Kleber, der bereits bei einer Glasübergangstemperatur von 85 °C schnell an Festigkeit verliert, wodurch der Verbund vollständig verloren geht. Der Brandschutz ist somit durch zusätzliche Ummantelung z. B. mit Brandschutzplatten sicherzustellen. Stahllaschen müssen zusätzlich durch mechanische Befestigung gegen Herabstürzen gesichert werden.

CFK-Lamellen haben gegenüber Stahl den Vorteil des höheren E-Moduls und der höheren Zugfestigkeit. CFK und Lamellen mit anderen Fasern weisen gegenüber Stahllaschen zudem erhebliche Vorteile wegen des geringen Gewichts, der geringen Aufbauhöhe, der leichten Verarbeitbarkeit durch dünne, biegsame Bänder, der Möglichkeit der kreuzweisen Verlegung und der hohen Korrosionsbeständigkeit auf. Grundlagen für die Instandsetzung von Stahlbetonbauteilen mit Kohlefaserverstärkten Kunststoffen enthält [9]. Die allgemeine Regelung erfolgt zwischenzeitlich über die Richtlinie des Deutschen Ausschuss für Stahlbeton [17]. Dort sind alle maßgeblichen Berechnungsgänge für die statischen Nachweise auf Grundlage des Eurocode 2 [18] ausführlich beschrieben.

Zur Applikation von CFK-Lamellen muss eine bauaufsichtliche Zulassung für das Verstärkungselement, den Kleber und den Primer vorliegen. Die Ausführung darf nur von Unternehmen erfolgen, die ihre Eignung durch eine Erstprüfung des Betriebes und des Personals sowie durch praktische Eignungsversuche nachgewiesen haben. Beispiele sind in [10] beschrieben.

Grundsätzlich können CFK-Lamellen schlaff oder im vorgespannten Zustand appliziert werden. Lamellen aus Glas und Aramidfasern können sich in Einzelfällen als weichere Materialien besser zur Vorspannung als hochmodulige C-Fasern eignen.

CFK-Lamellen bestehen aus einzelnen, 5 bis 7 mm dicken Fasern aus Kohlenstoff, die in eine Matrix aus Epoxydharz eingebettet werden. Die Lamellen werden im Strangziehverfahren hergestellt, wobei die Carbonfasern kontinuierlich mit Harz getränkt und die Lamellen unter Wärmeeinwirkung ausgehärtet werden. Der FaserVolumen-Anteil liegt bei rund 70 %. Die Fasern sind in der Lamelle unidirektional angeordnet, wodurch sich in Lamellenrichtung eine sehr hohe Zugfestigkeit von 1200 bis 3000 N/mm^2 erreichen lässt. Dagegen wird quer zur Faserorientierung eine relativ geringe Zugfestigkeit erreicht. Durch die Wahl der von den Herstellern mit verschiedenen E-Modulen angebotenen Carbonfasern kann der E-Modul der fertigen CFKLamellen gezielt eingestellt werden.

10.2.3.7 Verstärken oder Ertüchtigen mit eingeschlitzten CFK-Lamellen

Weitere Vorteile bezüglichen der statischen Wirksamkeit sowie der Aufbauhöhe und des Brandschutzes haben CFK-Lamellen, die in zuvor geschnittene Schlitze im Bereich der Betondeckung eingebaut werden. Durch den Einbau der Lamellen in Schlitze kann die statische Höhe der Lamellen optimal ausgenutzt werden. Voraussetzung ist eine durchgängig ausreichende Betondeckung, da sonst beim Schlitzen einzelne Bewehrungsstäbe durchtrennt werden könnten. Über ausgeführte Beispiele wird in [11] berichtet.

Für die statischen Nachweise, handwerkliche Vorgaben etc. gilt [17].

10.2.3.8 Verstärken oder Ertüchtigen durch Erhöhung der Duktilität durch CF-Sheets, oder engmaschiger dichter Netzbewehrung

Die Steigerung der Duktilität von Wandbauteilen oder Stützen kann Ziel von Verstärkungsmaßnahmen bei Bauteilen mit Erdbebenbeanspruchung sein. Dies wird erreicht durch eine flächig im

Verbund aufgebrachte, hochwirksame Bewehrung. Vergleichbare Wirkung wird auch durch die Umschnürung von Stützen erreicht, wobei gleichzeitig die aufnehmbare Druckspannung deutlich erhöht wird. Als Bewehrungsmaterialien können CF-Sheets oder mehrlagige dünne Netzbewehrung aus geschweißten Stahldrahtmatten eingesetzt werden. Für Stützenummantelungen werden auch Stahlschalen eingesetzt.

Die CF-Sheets sind für Trocken- oder Nassapplikation geeignet. Als Fasern werden Carbon oder Aramid verwendet.

Bei CF-Sheets sind die Fasern bidirektional als Gewebe eingesetzt, und damit leicht gekrümmt eingebaut. Bei Krafteinleitung werden die Fasern erst gestreckt, was zur größeren Verformbarkeit führt.

Zur Ertüchtigung von Bauteilen gegen Erdbebenbeanspruchung werden auch CFGewebe in eine zementgebundene Matrix (PCC-Mörtel) eingebettet. Vorteile sind die preiswertere Matrix und die Applikation auch auf feuchtem Untergrund [12]

Der Einsatz mehrlagiger dünner Netzbewehrung aus geschweißten Stahldrahtmatten z. B. bei explosionsgefährdeten Bauteilen, bei Beschussflächen oder auch bei Stützenumschnürungen hat das wesentliche Ziel, die dadurch deutlich gesteigerte Duktilität des Betons zu nutzen (DUCON) [13]. Der mikrobewehrte Hochleistungsbeton entsteht durch Auslegen von Drahtmattenpaketen mit anschließender Mörtelinfiltration mit Hochleistungsmörtel. Die erreichbare Druckfestigkeit des mikrobewehrten Hochleistungsbetons liegt bei 90-140 N/mm^2, die Biegezugfestigkeit bei 16-75 N/mm^2 und die zentrische Zugfestigkeit bei 9-15 N/mm^2. Realisierbare Bauteildicken liegen zwischen 10 und 100 mm.

Damit lassen sich hochduktile, abriebfeste, Trost-Tausalz beständige, wasserdichte Verschleiß- und Dichtflächen herstellen. Der mikrobewehrte Hochleistungsbeton wird auch zur Umschnürung von erdbebengefährdeten Stützen eingesetzt. Durch Einsatz bei Wandscheiben als beidseitig aufgebrachte Flächenbewehrung können Bauteile preiswert nachträglich für Erdbebenbeanspruchung ertüchtigt werden.

10.2.3.9 Verstärken durch Erhöhung des Verschleißwiderstandes (z. B. Erhöhung der Schlagzähigkeit) von Betonoberflächen

Durch Einbau von hochverschleißfesten und hochduktilen Schichten eines stahlfaserbewehrten Feinbetons kann eine Dichtfläche entstehen. Die Schicht weist wegen des hohen Stahlfasergehaltes auch bei fehlendem Verbund zum Untergrund eine extreme Duktilität (feinste Rissverteilung bei großen Verformungen) auf. Zum Einbau werden zunächst Stahlfasern als dichte Packung ausgelegt und anschließend mit Hochleistungs-Feinmörtel infiltriert (SIFCON) [14].

10.2.4 Verstärken gemäß TR

In der TR [19] werden die folgenden Prinzipien zur Verstärkung beschrieben:

- Zufügen und Auswechseln von Bewehrungsstäben,
- Verstärken durch geklebte Bewehrung,
- Querschnittsergänzung durch Mörtel oder Beton,
- Füllen von Rissen oder Hohlräumen.

Das Verstärken durch geklebte Bewehrung erfolgt entsprechend den Vorgaben in der Richtlinie des DAfStb für das Verstärken von Betonbauteilen mit geklebter Bewehrung [17]. Für das Füllen von Rissen und Hohlräumen gelten die Vorgaben aus der TR für das Injizieren von Rissen. Bei der Querschnittsergänzung durch Mörtel oder Beteon sind die Baustoffvorgaben aus der TR zu beachten. Der Verbund zum Untergrund ist über die Bewehrung oder eine Verankerung oder über Adhäsion sicherzustellen.

10.2.4.1 Ertüchtigung durch Erhöhung des Widerstandes des bestehenden Bauwerks durch Injektion von Rissen und Hohlräumen oder Tränkung

Stark gerissene Bauteile können durch eine spezielle Injektion mit Epoxydharz ertüchtigt werden, so dass die ursprünglichen Eigenschaften der Tragkonstruktion (aufnehmbare Druck- und Biegezugspannungen) wieder hergestellt werden.

Eine derartige Ertüchtigung kann erforderlich werden, wenn z. B. Stahlbetonbauteile durch treibenden Angriff starke Rissbildung aufweisen. Ein derartiger treibender Angriff kann z. B. durch Reaktion reaktiver Zuschläge mit den Alkalien des Zements entstehen, wenn gleichzeitig ein ausreichendes Feuchtigkeitsangebot vorliegt (Alkali-Kieselsäure-Reaktion AKR oder Reaktion mit pyrithaltigen Zuschlägen). Die Risse sind stark verzweigt und sehr klein, da sie von einzelnen Zuschlagkörnern ausgehen und durchdringen das gesamte Bauteil. Eine Injektion mit Epoxydharz unter hohem Druck führt nicht zum Ziel, da damit nicht alle Risse erreicht oder die Risse nur oberflächig verpresst werden.

Die Injektion derartiger Risse gelingt sicher im Niederdruckverfahren unter Verwendung spezieller Federdruck-Injektoren und niedrigviskosen Epoxydharzen mit langer Verarbeitungszeit. Ein Beispiel für die Anwendung der Technologie ist in [15] ausführlich beschrieben.

10.2.4.2 Ertüchtigung durch Erhöhung des Widerstandes gegen chemischen Angriff oder Chloriddiffusion durch Hochleistungsbeton

Die Verbesserung von Stahlbetonoberflächen gegenüber den angreifenden Medien stellt ebenfalls eine Verstärkung oder Ertüchtigung eines Bauwerks dar. Entsprechend den Regelungen bei der Instandsetzung von Bauwerken (RILI SIB oder DIN EN 1504) kann eine derartige Verbesserung durch Auftrag von Oberflächenschutzsystemen gelingen, um die Betonoberflächen vor dem Angriff der Medien zu schützen. In vielen Fällen ist es aber erforderlich, den Beton selbst zu ertüchtigen. Dazu besteht die Möglichkeit, das Bauwerk durch eine Vorsatzschale aus Beton oder Spritzbeton gegenüber dem Angriff resistent zu machen.

Beispielsweise wurde die geforderte Wasserundurchlässigkeit eines Bauwerks durch Auftragen einer ca. 10 cm dicken Spritzbetonschicht im Nachhinein erreicht, nachdem die ursprüngliche Konstruktion diese Eigenschaft nicht erfüllt hatte. Neben dem Auftrag des Spritzbetons in der Fläche wurden ergänzend die Arbeitsfugen mittels Hochdruckwasserstrahlen aufgeschnitten und mit Zementsuspension kraftschlüssig verpresst. Maßgeblich für die Sicherstellung der erforderlichen Eigenschaften ist der dauerhafte Verbund des Spritzbetons zum Altbeton, der durch Untergrundvorbehandlung mittels Hochdruckwasserstrahlen hergestellt wurde. Neben der Untergrundvorbehandlung ist die Nachbehandlung des Spritzbetons von herausragender Wichtigkeit, um Risse im Spritzbeton und damit nachfolgende Verbundstörungen zu vermeiden. Die Nachbehandlung wird am sichersten erreicht, wenn die Spritzbetonflächen abgehängt werden und der Luftraum zwischen Abhängung und Spritzbeton über einen Zeitraum von mindestens 2 Wochen dauerhaft mit hoher Luftfeuchtigkeit beaufschlagt wird, z. B. durch Einsatz von Nebeldüsen.

Zur nachträglichen Ertüchtigung eines anderen Teils des Bauwerks gegenüber Frostangriff wurde eine Spritzbetonschicht appliziert, die durch Verwendung von Mikrohohlkugeln den erforderlichen Widerstand gegen Frost-Tauwechsel sicherstellt.

10.2.4.3 Verstärken/Ertüchtigen durch Ersatz der Konstruktion

Eine Verstärkung/Ertüchtgung von Stahlbetontragwerken kann auch dadurch erfolgen, dass eine Erstatzkonstruktion, z. B. aus Stahl, angeordnet wird. Dies kann beispielhaft an Auflagerbereichen erfolgen, um die Last vom Stahlbetonauflager in eine zusätzlich angebrachte Stahlkonstruktion einzuleiten, die ihrerseits dann die Kräfte in das Stahlbetonauflager ableitet.

Bild 10.27: Ertüchtigen der Auflager durch eine Ersatzkonstruktion aus Stahl

Bild 10.28: Ausgangssituation für Verstärken

10.2.5 Literatur

[1] lvanyi, G.: Verstärken von Betonbauteilen – Ziele, Verfahren, Techniken; Beton und Stahlbetonbau 1/1994, Verlag Ernst u. Sohn
[2] Schäfer, H.G., u.a.: Verstärken von Betonbauteilen – Sachstandsbericht; DAfStb, Heft 467, Beuth Verlag, Berlin 1996
[3] DIN 18551 Spritzbeton, Fassung 01/2005
[4] Onken, 8., Matzdorf, D., Hankers, C.: Verstärkung per Mausklick – Bemes sungsprogramm für Spritzbeton; Beton- und Stahlbetonbau 9/2001, Verlag Ernst u. Sohn
[5] Hankers, C.: Möglichkeiten zur Verstärkung von Stahlbetonbauteilen; Beton und Stahlbeton 9/2000, Verlag Ernst u. Sohn
[6] lvanyi, G., Schautes, H., Buschmeye, r W., Verstärken älterer Betonbrücken durch zusätzliche Betonstahlbewehrung; Beton- und Stahlbetonbau 6/1996
[7] Brühwiller, E., Bernard, 0., Wolf, S.: Beton-Beton Verbundbauteil bei der Ver breiterung eines Brückenüberbaus; Beton- und Stahlbetonbau 3/2000, Verlag Ernst u. Sohn
[8] Onken, B., v. Berg, W., Matzdorf, D., Nolte, D.: Neues Bemessungsprogramm für CFK-Lamellen; Beton- und Stahlbetonbau 9/2000, Verlag Ernst u. Sohn
[9] Meier, U.: Instandsetzen von Bauwerken mit kohlenstofffaserverstärkten Kunst stoffen, Beton- und Stahlbetonbau 3/2000, Verlag Ernst u. Sohn
[1O] Bemessungsgrundlagen für S&P FRP Systeme; Fa. S&P FRP
[11] Krams, J.: Reparatur mit eingeschlitzt verklebten CFK-Lamellen; 5. lnt. Kollo quium Industrieböden 03 Ostfildern, Selbstverlag TAE
[12] Kolsch, H.: Carbon Fiber Cement Matrix (CFCM) Overlay System for Masonry Strengthening; Journal of Composites of Construction 5/1998
[13] Hauser, S., Wö rner, J.: DUCON, ein innovativer Hochleistungsbaustoff; Beton und Stahlbetonbau 3 und 4/ 1999, Verlag Ernst u. Sohn
[14] Breitenbücher, R.: Instandsetzung von Betonoberflächen mit HochleistungsStahlfaserbeton; Betoninstandsetzung 1997, 4. lnt. Fachtagung Igls, Jan.1997
[15] Fiala, H., Lindemann, U.: Rissinjektion in Beton mit reaktiven Zuschlägen. An wendung von Bohr- und Klebepackern; BFT Betonwerk und Fertigteil 1/2003
[16] M. Schröder und 7 Mitautoren, Schutz und Instajndsetzung von Stahlbeton, Anleitung zur sachkundigen Planung und Ausführung, 7. überarbeitete Auflage 2015, expert verlag, renningen
[17] Richtlinie des DAfStb, Verstärken von Betonbauteilen mit geklebter Bewehrung, Teile 1 bis 4, März 2012, Deutscher Ausschuss für Stahlbeton, Berlin
[18] DIN EN 1992-1-1, Eurocode 2, Beuth Verlag
[19] Technische Regel "Instandhaltung von Betonbauwerken (TR-Instandhaltung)", Teil 1 und Teil 2, Mai 2020, Deutsches Institut für Bautechnik

10.3 Ertüchtigen

10.3.1 Einleitung

Die nachfolgenden Ausführungen sind eine Überarbeitung des Textes von C. Flohrer in [16].

Im Abschnitt 10.1 wurde über das Verstärken von Betonbauteilen berichtet. In Ergänzung zum Verstärken spricht man auch von der Ertüchtigung von Stahlbetonbauteilen. Die Maßnahmen für das Verstärken und für das Ertüchtigen sind technisch gesehen gleichartig. Daher wird bezüglich der technischen Maßnahmen auch auf den Abschnitt 10.1 verwiesen.

Der Unterschied zwischen den beiden Maßnahmen liegt in der statischen Betrachtung. Während das Verstärken eine Erhöhung von bautechnischen Eigenschaften nach sich zieht, bedeutet die Ertüchtigung das Wiederherstellen eines vorherigen Ist-Zustands.

10.3.2 Mögliche Ertüchtigungsmaßnahmen

Prinzipielle Möglichkeiten zur Ertüchtigung sind:

- Ertüchtigen von Druckgliedern mit Ortbeton- oder Spritzbetonergänzungen mit oder ohne Bewehrungsverstärkung,
- Ertüchtigen von Biegeträgern mit Ortbeton- oder Spritzbetonergänzungen und Bewehungsergänzung,
- Verstärken oder Ertüchtigen mit eingeschlitzter Bewehrung,
- Ertüchtigen mit externer Vorspannung (mit oder ohne Verbund) Verstärken mit auf die Oberfläche geklebten Stahllaschen, CFK-Lamellen, CFSheets,
- Ertüchtigen mit eingeschlitzten CFK-Lamellen,
- Ertüchtigen durch Erhöhung der Duktilität durch CF-Sheets, engmaschiger dichter Netzbewehrung,
- Ertüchtigen durch Erhöhung des Verschleißwiderstandes (z. B. Erhöhung der Schlagzähigkeit) von Betonoberflächen,
- Erhöhung des Widerstandes des bestehenden Bauwerks durch Injektion von Rissen und Hohlräumen oder Tränkung,
- Ertüchtigen durch Erhöhung des Widerstandes gegen chemischen Angriff oder Chloriddiffusion durch Hochleistungsbeton.

Bild 10.29: Ertüchtigen der Decke durch Beton

Über die einzelnen Maßnahmen, mit Ausnahme der beiden zuletzt genannten, wurde im Grundsatz in Abschnitt 10.1 berichtet. In den Abschnitten 10.2.3 und 10.2.4 wird über die weiteren Ertüchtgungsmaßnahmen berichtet.

Bild 10.30: Rautiefe an einem „durchgeschossenen" ehemals vorhandenen Riss in einer Decke als Vorbereitung zum Ertüchtigen mit Beton

Bild 10.31: Rautiefe an einem durch HDW vorbereiteten Wandsockel

Bild 10.32: Verzahnung einer Stahlhilfskonstruktion mit einer Stahlbetonstütze zur Entlastung der Stütze im Zuge der Instandsetzungs (Betonabatrag) am Stützenfuß

Bild 10.33: Verzahnungsstruktur an einer Stütze

10.3.3 Ertüchtigung durch Erhöhung des Widerstandes des bestehenden Bauwerks durch Injektion von Rissen und Hohlräumen oder Tränkung

Stark gerissene Bauteile können durch eine spezielle Injektion mit Epoxydharz ertüchtigt werden, so dass die ursprünglichen Eigenschaften der Tragkonstruktion (aufnehmbare Druck- und Biegezugspannungen) wieder hergestellt werden.

Eine derartige Ertüchtigung kann erforderlich werden, wenn z. B. Stahlbetonbauteile durch treibenden Angriff starke Rissbildung aufweisen. Ein derartiger, treibender Angriff kann z. B. durch Reaktion reaktiver Zuschläge mit den Alkalien des Zements entstehen, wenn gleichzeitig ein ausreichendes Feuchtigkeitsangebot vorliegt (Alkali-Kieselsäure-Reaktion AKR oder Reaktion mit pyrithaltigen Zuschlägen). Die Risse sind stark verzweigt und sehr klein, da sie von einzelnen Zuschlagkörnern ausgehen und durchdringen das gesamte Bauteil. Eine Injektion mit Epoxydharz unter hohem Druck führt nicht zum Ziel, da damit nicht alle Risse erreicht oder die Risse nur oberflächig verpresst werden.

Die Injektion derartiger Risse gelingt sicher im Niederdruckverfahren unter Verwendung spezieller Federdruck-Injektoren und niedrigviskosen Epoxydharzen mit langer Verarbeitungszeit. Ein Beispiel für die Anwendung der Technologie ist in [15] ausführlich beschrieben.

10.3.4 Ertüchtigen durch Erhöhung des Widerstandes gegen chemischen Angriff oder Chloriddiffusion durch Hochleistungsbeton

Die Verbesserung von Stahlbetonoberflächen gegenüber den angreifenden Medien stellt ebenfalls eine Ertüchtigung eines Bauwerks dar. Entsprechend den Regelungen bei der Instandsetzung von Bauwerken (TR oder DIN EN 1504) kann eine derartige Verbesserung durch Auftrag von Oberflächenschutzsystemen gelingen, um die Betonoberflächen vor dem Angriff der Medien zu schüt zen. In vielen Fällen ist es aber erforderlich, den Beton selbst zu ertüchtigen. Dazu besteht die Möglichkeit, das Bauwerk durch eine Vorsatzschale aus Beton oder Spritzbeton gegenüber dem Angriff resistent zu machen.

Beispielsweise wurde die geforderte Wasserundurchlässigkeit eines Bauwerks durch Auftragen einer ca. 10 cm dicken Spritzbetonschicht im Nachhinein erreicht, nachdem die ursprüngliche Konstruktion diese Eigenschaft nicht erfüllt hatte. Neben dem Auftrag des Spritzbetons in der Fläche wurden ergänzend die Arbeitsfugen mittels Hochdruckwasserstrahlen aufgeschnitten und mit Zementsuspension kraftschlüssig verpresst. Maßgeblich für die Sicherstellung der erforderlichen Eigenschaften ist der dauerhafte Verbund des Spritzbetons zum Altbeton, der durch Untergrundvorbehandlung mittels Hochdruckwasserstrahlen hergestellt wurde. Neben der Untergrundvorbehandlung ist die Nachbehandlung des Spritzbetons von herausragender Wichtigkeit, um Risse im Spritzbeton und damit nachfolgende Verbundstörungen zu vermeiden. Die Nachbehandlung wird am sichersten erreicht, wenn die Spritzbetonflächen abgehängt werden und der Luftraum zwischen Abhängung und Spritzbeton über einen Zeitraum von mindestens 2 Wochen dauerhaft mit hoher Luftfeuchtigkeit beaufschlagt wird, z. B. durch Einsatz von Nebeldüsen.

Zur nachträglichen Ertüchtigung eines anderen Teils des Bauwerks gegenüber Frostangriff wurde eine Spritzbetonschicht appliziert, die durch Verwendung von Mikrohohlkugeln den erforderlichen Widerstand gegen Frost-Tauwechsel sicherstellt.

10.3.5 Literatur

Siehe Abschnitt 10.1.5

11 Instandsetzen chloridhaltiger Konstruktionen

D. Ziegler

11.1 Chloridkorrosion und Kritischer Chloridgehalt des Betons

11.1.1 Chloridkorrosion der Bewehrung

Der Bewehrungsstahl im Beton ist aufgrund des hohen pH-Wertes des Zementsteins von pH 12-14 vor Korrosion geschützt. Bei Kontakt von Stahl zum hochalkalischen Porenwasser des Betons bildet sich auf der Stahloberfläche eine passivierende Schicht von hydratisiertem Eisenoxid. Solange dieser Zustand durch geeignete Maßnahmen (z. B. physikalischer Schutz) aufrechterhalten wird, kann keine Korrosion der Bewehrung erfolgen.

Eine Korrosion der Bewehrung im Stahlbeton ist jedoch unter folgenden Voraussetzungen möglich, die alle gleichzeitig erfüllt sein müssen:

- Die Passivität des Bewehrungsstahls ist aufgehoben. Ursache hierfür kann der Zutritt von Chloridionen zur Bewehrung sein. Chloridionen sind in der Lage, die Passivität des Stahls örtlich zu zerstören. So kann eine Korrosion auch im noch nicht karbonatisierten Beton eintreten. – Die Passivität ist ebenfalls dann aufgehoben, wenn der Beton karbonatisiert ist und daher nicht mehr hoch alkalisch ist.
- Sauerstoff. Dieser muss durch den Beton bis zum Stahl hindurch diffundieren können.
- Wässriger Elektrolyt mit hoher Ionenleitfähigkeit. Voraussetzung hierfür ist, dass möglichst viel ungebundenes Wasser in den Poren des Betons vorliegt. Ein hoher Salzgehalt des Elektrolyten setzt die Leitfähigkeit herauf. Hierbei ist zu beachten, dass nicht nur ein Zutritt von flüssigem Wasser korrosive Bedingungen herstellt, sondern auch Wasser in den Poren infolge von Kapillarkondensation. Diese erfolgt, wenn der Beton einer dauerhaft hohen Luftfeuchte ausgesetzt ist, da die Ausgleichsfeuchte des Betons sich infolge Sorption der umgebenden Luftfeuchte angleicht (Sorptionsisotherme). Allerdings erschwert ein hoher Wassergehalt des Betons den Transport von Sauerstoff zur Bewehrung (Korrosionsschutz durch dauerhafte Wassersättigung).

Um den Korrosionsschutz aufrecht zu erhalten, müssen die o. g. Voraussetzungen unterbunden werden. Folgende Maßnahmen können einzeln oder kumulativ ergriffen werden:

- Verhindern des Zutrittes von Kohlenstoffdioxid (CO_2) in den Beton
- Verhindern des Zutrittes von Chloriden (Cl^-) in den Beton
- Minimierung der Sauerstoffdiffusion (O_2) zur Bewehrung
- Begrenzung des Wassergehaltes des Betons bei luftberührter Betonoberfläche

Bei Bewehrungskorrosion infolge Chloriden im Beton spielt vor allem die lokale Depassivierung eine Rolle. Dadurch findet die Bewehrungskorrosion oftmals nur lokal statt (Korrosionsnarben, „Lochfraßkorrosion", siehe Bild 11.1) und nicht flächig wie bei der Bewehrungskorrosion infolge Karbonatisierung. Die Gefahr hierbei ist, dass die Bewehrung lokal ohne Betonabplatzungen im Verborgenen korrodieren kann.

Bild 11.1: Korrosionsnarbe in der Bewehrung; ausgelöst durch Chloride

Sichtbare Schäden wie z. B. Betonabplatzungen treten u. U. erst spät auf, wenn die Schädigung der Bewehrung infolge Chloridkorrosion bereits weit fortgeschritten ist. Im Extremfall kann die Bewehrung im gesamten Querschnitt korrodieren, ohne dass dies von außen bemerkt wird (Bild 11.2).

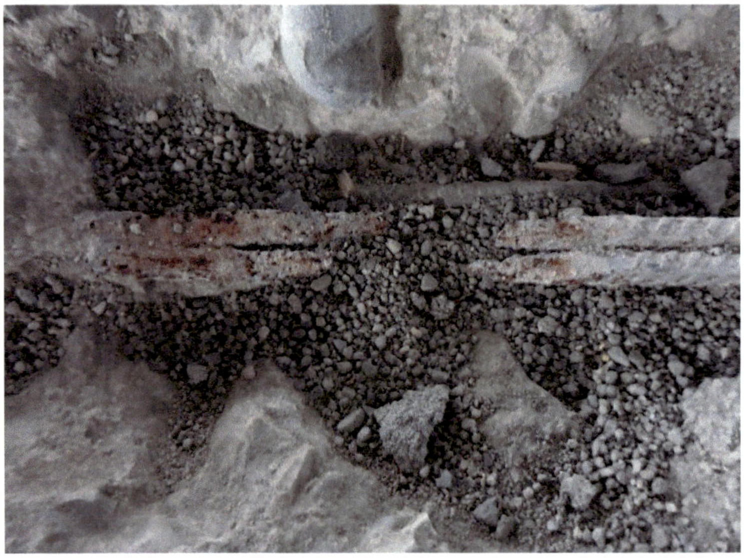

Bild 11.2: Vollständig durchkorrodierte Bewehrung infolge Chloridkorrosion

Sind Korrosionsschäden bereits aufgetreten, so sind typische Kennzeichen einer Chloridkorrosion die auf Bild 11.1 gezeigten Korrosionsnarben und ggf. schwarz-braune Korrosionsprodukte (Bild 11.3).

Bild 11.3: Schwarz-braune Korrsoinsprodukte infolge Chloridkorrosion

Ein weiterer nicht zu vernachlässigender Aspekt ist, dass Salze (z. B. Natriumchlorid; typisches Tausalz) eine hygroskopische Wirkung haben. Das bedeutet, dass versalzte Baustoffe, u. a. auch chloridbelasteter Beton, verstärkt Feuchtigkeit aus der Umgebungsluft aufnehmen. Das bedeutet auch, dass deshalb chloridbelasteter Beton schlechter austrocknen kann. Für die Korrosion der Bewehrung bedeutet dies, dass bei hoher Salzbelastung im Beton immer auch ausreichend Feuchtigkeit für die Korrosionsprozesse vorhanden ist.

11.1.2 Kritischer (korrosionsauslösender) Chloridgehalt des Betons

Die TR Instandhaltung [1] liefert keine Definition für den kritischen (korrosionsauslösenden) Chloridgehalt – nachfolgend zur Vereinfachung als kritischer Chloridgehalt bezeichnet. In der Literatur [2] ist der kritische Chloridgehalt wie folgt definiert (Zitat):

> Als kritischer Chloridgehalt wird jener Gehalt im Beton definiert, bei dessen Überschreitung die Passivität zerstört wird und Korrosion einsetzt.

Einen allgemeingültigen Wert für diesen Chloridgehalt kann man nicht angeben. Bereits seit Jahrzehnten finden Forschungen hierzu statt, die keine einheitlichen Ergebnisse liefern. Gemäß ibac-Kurzbericht [3] wird für den kritischen Chloridgehalt eine weite Spanne von 0,12 M-% bis 3,04 M-% Cl^- bezogen auf die Zementmasse des Betons festgestellt.

Die Problematik bei der Interpretation der Forschungsergebnisse spiegelt jedoch auch die Realität wider. Es liegen nämlich Ergebnisse nicht einheitlich durchgeführter Untersuchungen vor, es wurden unterschiedlichste Betonzusammensetzungen und Ausführungsqualitäten bei den Untersuchungen verwendet und die Untersuchungen erfolgten bei unterschiedlichen Randbedingungen. – Diese Verhältnisse schwanken naturgemäß auch von Objekt zu Objekt. Das bedeutet für die Praxis, dass der kritische Chloridgehalt keine feste Größe sein kann.

Das Korrosionsverhalten der Bewehrung unter Chlorideinfluss ist nicht nur abhängig vom Chloridgehalt selbst, sondern auch von der Feuchte des Betons bzw. an der Bewehrung, sowie von der Sauerstoffzufuhr zur Bewehrung. Auch die Stahlsorte kann eine Rolle spielen. Maßgeblich ist auch die Alkalität des Betons an der Bewehrung bei Anwesenheit von Chloriden. Die Korrosion der Bewehrung wird also durch folgende Faktoren beeinflusst:

- Porengefüge des Betons an der Bewehrung/Benetzung der Bewehrung mit Zementleim
- Feuchtigkeit des Betons und insbesondere Feuchtigkeitsschwankungen (Wechsel nass/trocken)
- Die Betonzusammensetzung/-eigenschaften
- Karbonatisierungszustand des Betons

Im ibac-Kurzbericht [3] wird darauf hingewiesen, dass vor allem der o. g. erste Punkt eine übergeordnete Rolle einnimmt. Eigene Erfahrungen bestätigen dies. Je schlechter die Betonqualität an der Bewehrung (hoher Porenanteil, schlechte Benetzung der Bewehrung mit Zementleim), desto niedriger ist i. d. R. der Wert des kritischen Chloridgehaltes.

Die Instandsetzungs-Richtlinie [4] gab entsprechende Hinweise für den kritischen Chloridgehalt. Dort hieß es (Zitat):

> Abschnitt 6.5.1
> Der kritische, korrosionsauslösende Chloridgehalt im Beton hängt von einer Reihe von Einflussfaktoren ab und muss daher im jeweiligen Einzelfall bei Überschreitung der in Abschnitt 6.5.2 genannten Grenzwerte durch den Sachkundigen Planer beurteilt werden. Hierbei sind außer dem Chloridgehalt auch die Umgebungsbedingungen zu berücksichtigen.

Weiter führte die Instandsetzungs-Richtlinie [4] folgende Anforderung hinsichtlich des Chloridgehaltes (Zitat):

> Abschnitt 6.5.2
> Wenn bei Stahlbetonbauteilen in der Betondeckungsschicht Chloridgehalte über 0,5 % Cl^-, bezogen auf die Zementmasse, und bei Spannbetonbauteilen Werte über 0,2 % Cl^- ermittelt werden, ist zur Beurteilung der erforderlichen Maßnahmen der Sachkundige Planer einzuschalten. Dies gilt auch dann, wenn an der Betonoberfläche keine Anzeichen von Korrosion an der Bewehrung feststellbar sind.

In ähnlicher Weise äußert sich auch die TR Instandhaltung [1]. Dort wird nun der Wert von 0,5 M-% Cl^- bezogen auf die Zementmasse allerdings als "Schwellenwert“ bezeichnet. Die TR Instandhaltung [1] weist darauf hin, dass dieser Schwellenwert von dem kritischen korrosionsauslösendem Chloridgehalt abzugrenzen ist. Konkret heißt es in der TR IH [1] (Zitat):

> Die Technische Regel enthält lediglich einen „Schwellenwert“ für den Chloridgehalt von 0,5 M-%, bezogen auf die Zementmasse, in der Betondeckung bzw. im Bereich der Bewehrungslage im ungerissenen Beton. Dieser Schwellenwert ist von dem kritischen korrosionsauslösenden Chloridgehalt insofern abzugrenzen, dass bei dessen Überschreitung nicht notwendigerweise der kritische Grenzzustand der Depassivierung eintritt, sondern lediglich eine Ereigniskette, nämlich eine Begutachtung durch den SKP mit gegebenenfalls anschließenden Maßnahmen, in Gang gesetzt wird. Die Beurteilung des Chloridgehalts im Bereich von Rissen oder Fehlstellen und das Erfordernis einer Instandsetzung sind vom SKP gesondert zu betrachten.

Der Grenzwert/Schwellenwert von 0,5 M-% Cl^- bezogen auf die Zementmasse ist nicht der kritische (korrosionsauslösende) Chloridgehalt.

Das Positionspapier des DAfStb [5] befasst sich ebenfalls mit der Definition und mit Werten des kritischen Chloridgehaltes. Dabei soll der o. g. Schwellenwert vor allem bei heutigen Betonbauwerken hinsichtlich Auslösung von Korrosion auf der sicheren Seite liegen. – Gerade bei der Instandsetzung älterer, qualitativ minderwertiger Betonbauwerke muss jedoch damit gerechnet werden, dass der kritische Chloridgehalt auch unterhalb des Schwellenwertes nach der TR Instandhaltung [1] liegen kann.

Der kritische Chloridgehalt ist deshalb für die Festlegung von Instandsetzungsmaßnahmen immer objektbezogen zu ermitteln bzw. abzuschätzen. Es ist immer eine objektspezifische Bewertung durch den Sachkundigen Planer (SKP) erforderlich.

11.2 Chloride im Beton - Mögliche Quellen

Folgende Quellen für Chlorideinträge in Betonbauwerke/-teile spielen für die Chloridkorrosion und somit für die Instandsetzung von Stahlbeton eine wesentliche Rolle:

Tausalze

Das bekannteste und häufigste Problem bei Betonbauwerken sind die Tausalze (Auftausalze, Streusalze). Sie werden im Winter im Straßenverkehr verwendet, um Schnee- und Eisglätte zu bekämpfen. Der Hauptbestandteil des Tausalzes ist Natriumchlorid (Kochsalz). Jedoch unterliegen nicht nur Verkehrsbauten wie Brücken einer Tausalzbelastung (direkte Belastung oder Sprühnebel). Die Tausalze werden von Fahrzeugen in sämtliche Parkbauten (Tiefgaragen, Parkhäuser) eingetragen und lagern sich dort ab (Bild 11.4). Hinzu kommt, dass auch auf Geh- und Radwegen Tausalze eingesetzt werden. Deshalb sind auch hier sämtlich Bauteile, die in der Nähe von Verkehrswegen liegen, betroffen. Hohe Salzbelastungen gibt es auch vor öffentlichen Gebäuden mit hohem Publikumsverkehr. Gleichermaßen ist eine Salzbelastung dann auch auf den eigenen (wenn auch nicht direkt gesalzenen) Grundstücken gegeben, da die Tausalze dort hin verschleppt werden. Die Belastung ist dort jedoch geringer.

Bild 11.4: Tausalzablagerungen in einer Tiefgarage

Aber auch Gebäude, die bei der Herstellung und Lagerung von Tausalzen mit diesen in Berührung kommen, sind betroffen. Hierzu zählen alle Gebäude der verarbeitenden Industrie und insbesondere Salzlager der Straßenmeistereien.

Meerwasser

Auch im Meerwasser dominieren chloridhaltige Salzverbindungen. Das bedeutet, sämtliche Bauten, die mit Meerwasser in Kontakt stehen, unterliegen einer Chloridbeanspruchung, insbesondere diejenigen Bauteile, die einer Wasserwechsel-Beanspruchung unterliegen. Gefährdet sind auch Bauteile, die von chloridhaltigem Sprühnebel beaufschlagt werden. Bei Bauteilen, die ständig unter Wasser liegen, ist die Chloridkorrosion nicht so stark ausgeprägt, da diese aufgrund des fehlenden Kohlenstoffdioxids alkalisch bleiben und der Zutritt von Sauerstoff fehlt.

Schwimmbäder / Solebäder

Zur Wasseraufbereitung des üblichen Badewassers werden Chlorzusätze verwendet. In Deutschland wird sogar ein Mindestgehalt an freiem Chlor gefordert, heute wird jedoch der Chlorgehalt auch möglichst auf diesen Mindestgehalt begrenzt. In anderen Ländern gilt z. T. das Motto „viel hilft viel“. Entsprechend können dort höhere Chlorgehalte im Badewasser vorhanden sein. Auch in älteren Schwimmbädern hierzulande muss damit gerechnet werden, dass die Chlorbeaufschlagung von Stahlbetonbauteilen früher höher war, da früher deutlich höhere Chloridgehalte im Badewasser verwendet wurden.

In Solebädern ist der Chloridgehalt im Badewasser oftmals deutlich höher, da hier bewusst Badewasser mit einem hohen Salzgehalt verwendet wird.

Bild 11.5: Schäden infolge Chloridkorrosion. Ursache: Undichtigkeiten am Beckenkopf eines Schwimmbades

Besonders gefährdet sind Stahlbetonbauteile, die ohne Schutzmaßnahmen (Abdichtungen) in Kontakt mit dem Badewasser treten. Vielfach sind bei älteren Schwimmbädern diese Schutzmaßnahmen jedoch auch defekt, so dass Undichtigkeiten, z. B. am Beckenkopf, zu einer intensiven

Chloridbeanspruchung der darunter befindlichen Betonbauteile führen (Bild 11.5). Auch die Luft in Schwimmbädern ist oft chloridhaltig. So können sich Chloride auf den Bauteiloberflächen anlagern und von dort in den Beton eindringen, insbesondere dann, wenn diese Bauteile auch noch einer Tauwasserbelastung unterliegen. Hierbei ist insbesondere zu beachten, dass Hallendächer von Schwimmbädern oftmals mit Spannbeton-Konstruktionen errichtet wurden. Diese sind in höchstem Maße durch Chloridbeanspruchung gefährdet.

Magnesia-Estriche

Bei Magnesia-Estrichen besteht das Bindemittel des Estrichs zu einem hohen Anteil aus Magnesiumchlorid. Magnesia-Estriche werden hauptsächlich als Verbundestriche auf Stahlbetonbauteilen eingesetzt. Werden Magnesia-Estrich auf Stahlbetonbauteile aufgebracht, so ist zum Schutz der Bewehrung zuvor eine Grundierung aufzubringen, die das Eindringen von Chloriden weitestgehend verhindert (sogenannte „Sperrschichten", z. B. EP-Grundierungen ggf. zweilagig mit Abstreuung). Bei vielen älteren Bauwerken wurde eine solche Grundierung jedoch nicht ausgeführt oder sie war unwirksam. Bei fehlender oder nicht fachgerechter Grundierung kann sehr viel chloridhaltiges Anmachwasser beim Aufbringen des Magnesia-Estrichs in den Beton eindringen. Eine fachgerechte Grundierung führt dazu, dass das chloridhaltige Anmachwasser nur partiell an kleineren Fehlstellen und dann nur wenige Millimeter in den Beton eindringen kann, so dass bei ausreichender Betondeckung kein unzuträglich hoher Chloridgehalt im Beton an der Bewehrung entsteht.

Zu einer weiteren Verstärkung der Korrosionsgefahr kommt es bei Stahlbetonbodenplatten, wenn wegen einer fehlenden Bauwerksabdichtung der Bodenplatte gegen das Erdreich der Beton durch eindringende Feuchte von unten her durchfeuchtet wird. So kann es zum Chloridionen-Eintrag aus dem Magnesia-Estrich in die durchfeuchtete (nicht abgedichtete) Bodenplatte kommen (siehe hierzu auch Abschnitt 11.3). Bild 11.6 zeigt beispielhaft das Schadensbild der Bewehrung an einer durchfeuchteten Bodenplatte nach Entfernen eines Magnesia-Estrichs.

Bild 11.6: Schäden infolge Chloridkorrosion. Ursache: Magnesia-Estrich auf durchfeuchteter Bodenplatte ohne Bauwerksabdichtung

Industrie / Großküchen / Reinigungsmittel

Überall dort, wo mit chloridhaltigen Salzverbindungen gearbeitet wird, besteht die Gefahr einer Beaufschlagung der Stahlbetonbauteile mit Chloriden. Besonders häufig werden Schäden bei der Fisch- und Fleischverarbeitung vorgefunden, da hier auch täglich mit großen Wassermengen gearbeitet wird. Wenn Undichtigkeiten an der Bauwerksabdichtung vorliegen, so werden dabei große Mengen an chloridhaltigem Wasser in die Bausubstanz eingetragen.

Nicht zu unterschätzen sind auch alle Räumlichkeiten, die einer regelmäßigen Reinigung unterliegen. Häufig werden nämlich chlorhaltige Reinigungsmittel verwendet.

PVC-Brände

Verbrennt bei einem Brand Polyvinylchlorid (PVC), so werden zunächst Chloride in Form von Salzsäuregas (HCl) freigesetzt. Kurzzeitige Beanspruchungen dieser Chloridverbindungen auf Stahlbetonbauteile haben nur wenig Einfluss, da die Chloride nur in die oberste Betonzone eindringen und dann auch keine besonders hohen Chloridgehalte im Beton verursachen. Wenn jedoch Rußablagerungen von großen Mengen an verbranntem PVC längere Zeit an Stahlbetonbauteilen anhaften, Löschwasser hinzukommt oder die Rußablagerungen sogar nass abgereinigt werden, dann können auch höhere Mengen an Chloriden in den Beton eindringen und ggf. zu unzuträglich hohen Chloridgehalten im Beton führen.

11.3 Chloridtransport – Chlorideindringtiefe – Chloridverteilung

Bei den Transportmöglichkeiten von Chloriden in den Beton und innerhalb des Betons muss wie folgt unterschieden werden:

a.) Salztransport mit kapillarem Wassertransport
Chloridverbindungen (i. d. R. Salze) sowie gelöste Chloridionen werden über den kapillaren Wassertransport meist nur über Risse und undichte Fugen oder Durchdringungen in den Beton transportiert. Ein kapillarer Wassertransport in der ungerissenen/ununterbrochenen Fläche findet nur in sehr porösen Betonen statt. Fachgerechte, dichte Betonbauteile sind eher als Kapillarsperren zu betrachten.

b.) Chloridionendiffusion
Der Transport erfolgt mittels Diffusion von Chloridionen innerhalb des feuchten Betons infolge des Bestrebens des Konzentrationsausgleiches. D. h., von der Betonoberfläche (z. B. salzhaltige Pfütze) mit hoher Chloridionenkonzentration wandern diese in den Beton mit geringer Chloridionenkonzentration ein.

Beim Chloridtransport im Beton, der zu hohen Chloridgehalten auch in tieferen Betonzonen führt, spielt die o. g. Transportart mittels Chloridionen-Diffusion die maßgebliche Rolle. Allerdings ist auch der kapillare Wassertransport nicht zu vernachlässigen. Vielfach findet nämlich ein kapillarer Wassertransport mit Salzen an Rissen und Undichtigkeiten statt, die Salze lagern sich innerhalb des Bauteils ab und werden von dort aus mittels Chloridionen-Diffusion weiterverteilt. Sehr häufig findet dann auch noch eine Salz-Aufkonzentration an bestimmten Stellen statt (z. B. Unterseite eines Risses in einer Stahlbetondecke).

Bezüglich Transportleistung und Eindringtiefe der Chloride in den Beton sowie deren Verteilung spielen folgende Faktoren eine wesentliche Rolle:

- Betonzusammensetzung
  Neben den Einflüssen, die die Porosität und die Dichtheit des Betons bestimmen (z. B. Wasserzementwert, Gesteinskörnung) spielen auch Zusätze und Zementarten eine Rolle, die die Eigenschaft der Chloridionenbindung beeinflussen. So weisen z. B. Betone mit CEM III Zementen einen höheren Widerstand gegenüber Chloriden auf im Vergleich zu CEM I Zementen, da zum einen der Zementstein dichter ist und zum anderen diese Zementarten ein höheres adsorptives Bindevermögen von freien Chloridionen aufweisen. Im Zementstein eingebundene Chloridionen können nicht zur Bewehrung gelangen und können dadurch keine Depassivierung der Bewehrung verursachen. Grund für die Chlordionenbindung ist der höhere Anteil an Hüttensand. Auch Flugasche kann sich positiv auf die Chloridionenbindung auswirken.
- Wassertransport / Wassergehalt im Beton
  Wie bereits zuvor beschrieben, bestimmt der kapillare Wassertransport die Transportleistung von Salzen in den Beton hinein, somit auch deren Eindringtiefe und Verteilung.
  Bei Chloridtransport infolge Chloridionendiffusion spielt der Wassergehalt des Betons die maßgebliche Rolle für die Transportleistung, Eindringtiefe und Verteilung im Beton. Dabei ist eine vollständige Wassersättigung nicht erforderlich, es genügt, wenn mehrere Schichten von Wassermolekülen in den Porenwandungen angelagert sind, so dass ein durchgängiger Wasserfilm innerhalb des Porengefüges vorhanden ist. Gemäß Kapteina [6] kann in Beton ab einer Ausgleichsfeuchte von u_{60} Chloriddiffusion stattfinden. Ab ca. u_{90} ist bereits das Maximum des Chloriddiffusionskoeffizienten erreicht. Hierbei ist zu beachten, dass je größer der Wassergehalt im Beton und je höher das Konzentrationsgefälle ist, desto höher ist die Transportleistung von Chloridionen infolge Diffusion [7].
- Zustand des Betonbauteils
  Maßgeblichen Einfluss auf die Chlorideindringtiefe, den Transport und die Verteilung hat der Zustand des Betonbauteils. Hier sind insbesondere alle Undichtigkeiten wie Risse, undichte Fugen und Durchdringungen zu nennen, durch die das Eindringen chloridhaltigen Wassers ermöglicht wird.
  Ebenfalls wesentlich ist der Zustand der Betonoberfläche. Liegt ein fachgerechter Chloridschutz (Abdichtung, Beschichtung) vor, so können keine Chloride eindringen. Ist der Chloridschutz defekt, können Chloride lokal in den Beton eindringen und sich von dort aus weiterverteilen. Ist die Oberfläche des Betons mit einer Hydrophobierung versehen, so reduziert sich naturgemäß das Eindringen von Chloriden, da der Zutritt von chloridhaltigem Wasser weitestgehend unterbunden wird. Zudem lässt die Transportleistung durch Chloridionendiffusion nach, wenn durch eine Hydrophobierung der Wassergehalt des Betons reduziert wird. Eine völlige „Chloridsperre“ kann aber nicht mit einer Hydrophobierung realisiert werden. Auch mineralische Dichtungsschlämmen (MDS) weisen zwar einen hohen Chloridwiderstand auf, sind aber auch nicht vollständig „chloriddicht“.
- Art der Exposition
  Die Beaufschlagung von Chloriden ist auch abhängig von der Exposition eines Bauteils (z. B. Spritzwasserbereich; innen/außen). Sie korreliert i. d. R. dann mit der Beanspruchungsintensität mit chloridhaltigem Wasser.
- Chloridkonzentration an der Oberfläche
  Da die Transportleistung der Chloridionendiffusion maßgeblich mit dem Konzentrationsgefälle zusammenhängt, ist für den Chloridtransport und die Eindringtiefe auch die Chloridkonzentration an der Oberfläche des Betonbauteils ausschlaggebend. Besonders kritisch sind hier sogenannte „Salzseen“, die sich in schlecht gereinigten Parkbauten bilden. Dort findet

eine Aufkonzentration des Salzgehaltes statt, wenn Pfützen regelmäßig abtrocknen und erneut gebildet werden.

- Dauer der Einwirkung
  Ergänzend zum vorherigen Punkt ist auch die Dauer der Einwirkung zu betrachten. Je länger eine hohe Chloridbelastung vorliegt, desto höher die Konzentration in der ungeschützten Betonrandzone.
- Temperatur
  Mit zunehmender Temperatur erhöht sich gemäß Nürnberger [2] die Transportleistung.
- Art des Chloridsalzes
  Beim Chloridtransport mittels kapillarem Wassertransport kann auch die Art des Chloridsalzes eine Rolle spielen. Je größer die Salzmoleküle, desto weniger gut können diese mit dem Wasser in den Beton eindringen. – Bei breiten Rissen und Undichtigkeiten spielt die Art des Chloridsalzes jedoch keine Rolle.

Auch wenn das Eindringen von Chloriden näherungsweise mit dem 2. Fick'schen Diffusionsgesetz beschrieben werden kann (siehe [6]), so ist es aufgrund der o. g. Einflussfaktoren nahezu unmöglich, zukünftige Chlorideindringprofile für alle unterschiedlichen Bauteile eines Objektes zuverlässig vorherzusagen. Abschätzungen über mögliche Restnutzungsdauern bei Chlorideintrag sind zwar möglich, gesicherte Aussagen i. d. R. jedoch nicht. Dies wird auch deutlich dadurch, dass in der TR Instandhaltung [1] die seinerzeit in den Entwürfen der „Instandhaltungs-Richtlinie“ (z. B. Entwurf IH-RL Stand 2015-07-31 [8]; Anhang B.2) enthaltenen Anleitungen zur Ermittlung der Restnutzungsdauer bei Chloridbeaufschlagung nun nicht in der TR [1] enthalten sind. Der Sachkundige Planer muss nun selbst entscheiden, ob er ein solches Modell, wie es auch im DBV-Heft 39 [9] enthalten ist, verwendet, oder ob er besser mit ingenieurmäßigem Denken und mittels seiner Erfahrung eine Restnutzungsdauer abschätzt bzw. geeignete Instandsetzungsmaßnahmen vorschlägt, wenn die geforderte Restnutzungsdauer deutlich höher liegt.

11.4 Untersuchung auf Chloride in der Praxis

Falls nicht bereits intensive eindeutig durch Chloridkorrosion verursachte Schäden an einem Objekt vorliegen, lässt sich eine Chloridbelastung des Betons augenscheinlich nicht ohne Weiteres feststellen. Hierfür sind Prüfverfahren erforderlich.

Möglich sind zunächst verschiedene Schnellprüfverfahren vor Ort, die jedoch nur ein qualitatives Ergebnis liefern können (Chlorid ja/nein). Ist eine Chloridbelastung vorhanden, so ist für eine Beurteilung jedoch immer der quantitativ ermittelte Chloridgehalt in verschiedenen Betonzonen/Tiefen von Bedeutung. Auf Schnelltests kann allerdings meist verzichtet werden, da der Sachkundige Planer oft aufgrund seiner Erfahrung beurteilen kann, ob eine Chloridbelastung vorliegt oder nicht.

Für die genaue Ermittlung des Chloridgehaltes müssen Proben (Bohrmehlproben, Bohrkerne) entnommen werden und diese im Labor analysiert werden. Wichtig hierbei ist die Erstellung sogenannter Chloridprofile, die den Chloridgehalt in verschiedenen Tiefen des Betonbauteils angeben (beispielhaft Bild 11.7). Hierfür werden tiefengestaffelte Bohrmehlproben entnommen und jede einzelne Probe wird im Labor analysiert. Basis für die Probenentnahme und die Laboranalysen sind die DIN EN 14629 [10] und das Heft 401 des DAfStb [11], weitere Hinweise sind im DBV-Heft 39 [9] enthalten. Bei der Laboranalyse werden die Proben zunächst präpariert, ein Salpetersäureaufschluss erstellt und dann mit einem geeigneten Verfahren (z. B. potentiometrische Titration) analysiert. Der Chloridgehalt wird in M-% Chloridionen (Cl^-) bezogen auf die

Betonmasse oder die Zementmasse angegeben. Die Umrechnung auf die Zementmasse kann mit Annahmen nach Heft 401 [11] erfolgen, falls der Zementanteil nicht bekannt ist (Regelfall). Vielfach kommt der Umrechnungsfaktor 7 zur Anwendung, ausgehend von einem Zementgehalt von 300 kg/m³ und einer Rohdichte des Betons von 2.100 kg/m³. So entspricht beispielsweise ein Chloridgehalt von 0,3 M-% Cl^- bezogen auf die Betonmasse einem Chloridgehalt von 2,1 M-% Cl^- bezogen auf die Zementmasse. Nur in seltenen Fällen wird der Zementanteil durch chemische Analysen ermittelt oder ist in Bauunterlagen dokumentiert.

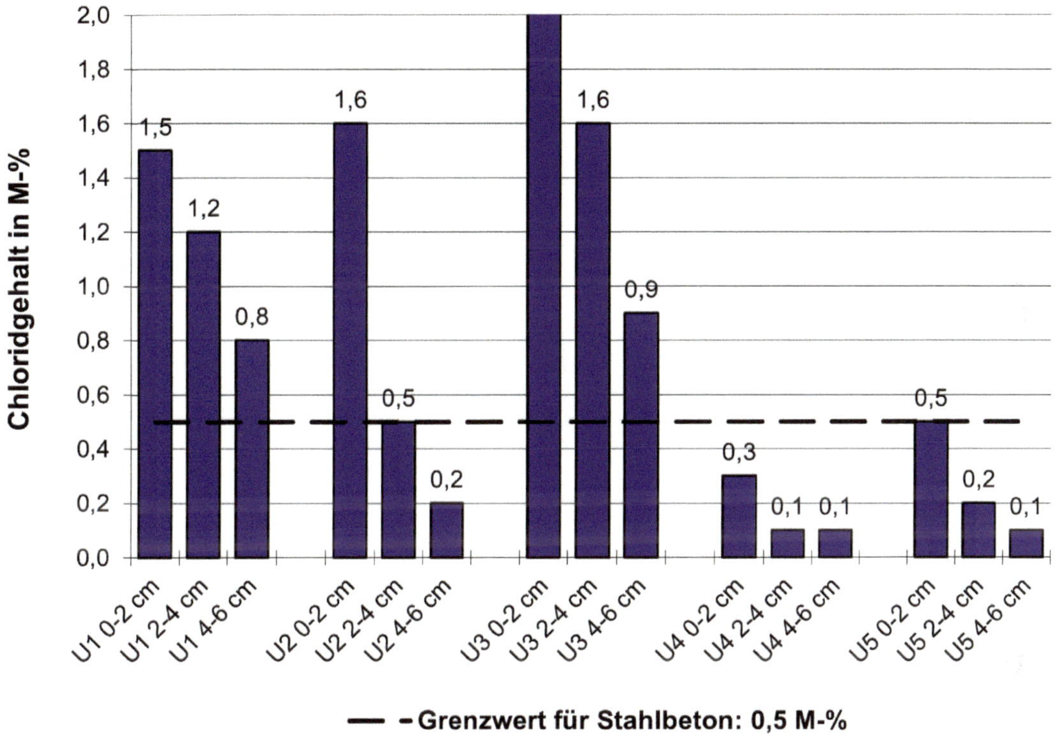

Bild 11.7: Beispiel Chloridprofile tiefengestaffelt entnommener Bohrmehlproben

Potenzialfeldmessung

Als hilfreiche Unterstützung zur Prüfung auf chloridhaltigen Beton wird in der Praxis die Potenzialfeldmessung verwendet. Hierbei ist jedoch zu beachten, dass mit der Potenzialfeldmessung weder die Anwesenheit von Chloriden noch der Chloridgehalt direkt bestimmt werden können. Mit der Potenzialfeldmessung können jedoch korrosionsaktive Bereiche der Bewehrung ermittelt werden und somit können insbesondere bei der vollflächigen Bestandsaufnahme im Zuge der Instandsetzung der Umfang und die Verteilung erhöhter Korrosionswahrscheinlichkeiten bestimmt werden, die vielfach durch chloridinduzierte Korrosion hervorgerufen werden.

Für Voruntersuchungen im Rahmen einer ersten Feststellung des Ist-Zustandes kann die Potenzialfeldmessung oftmals nicht eingesetzt werden, da diese nur dann durchführbar ist, wenn die Betonoberfläche frei liegt. Bei Vorhandensein einer elektrolytisch isolierenden Beschichtung (Oberflächenschutzsystem) oder einer Bauwerksabdichtung kann die Messung nicht durchgeführt werden. Bei dünnen mineralischen Verbundestrichen ist die Potenzialfeldmessung jedoch i. d. R. möglich.

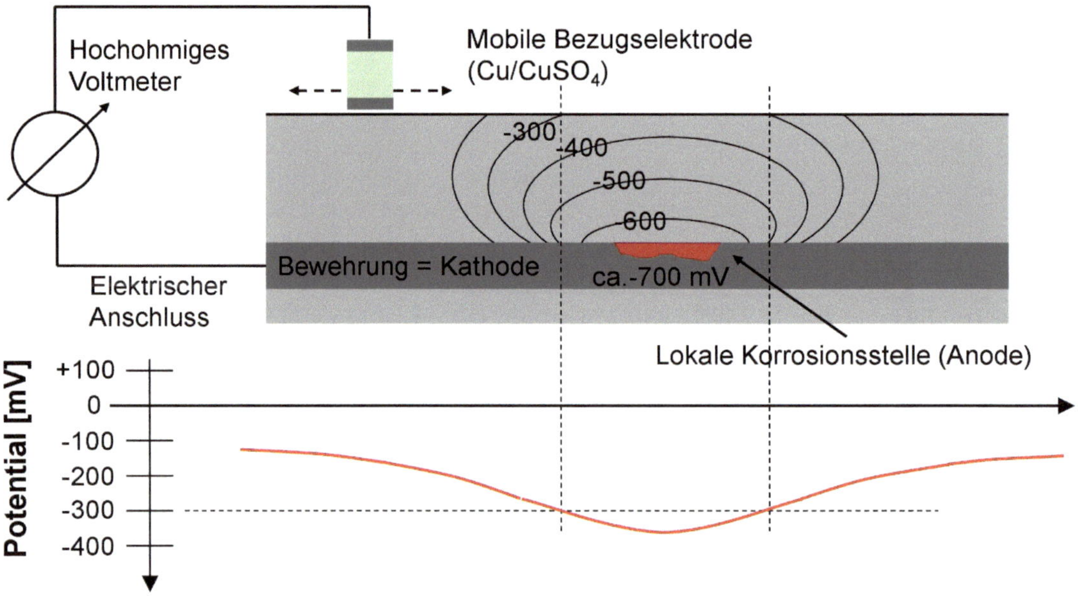

Bild 11.8: Prinzipskizze für die Funktionsweise der Potenzialfeldmessung

Bild 11.8 soll das Messverfahren verdeutlichen (Prinzipskizze). Das Messprinzip beruht darauf, dass zwischen der Bewehrung und einer Bezugselektrode (bekanntes Referenzpotenzial) mittels eines Spannungsmessgerätes die Potenzialdifferenz gemessen wird. Korrosionsaktive Stellen der Bewehrung (Anode) weisen einen Elektronenüberschuss auf. Dieser kann aufgrund der dort messbaren niedrigeren Potenzialwerte detektiert werden. Durch Überfahren von Flächen mit Radelektroden (Mehrfachelektroden) und rasterförmigem Aufnehmen jedes einzelnen Messpunktes entsteht das sogenannte Potenzialfeld, welches dann im Ergebnis als Potenzialkartierung mit der farblichen Darstellung unterschiedlicher Potenziale vorliegt. Ebenso sind linienförmige oder punktförmige Messungen möglich. Auch Einzelmessungen können zu einer Potenzialkartierung zusammengesetzt werden.

Problematisch ist allerdings, dass die Bewehrung auch im passiven Bereich ohne Korrosion niedrige Potenziale aufweisen kann. Eine eindeutige Bewertung hinsichtlich aktiver Korrosion ist deshalb nicht immer problemlos möglich. Es sind deshalb i. d. R. weiterführende Untersuchungen erforderlich (z. B. Sondierungsöffnungen zum Feststellen des tatsächlichen Korrosionszustandes).

Weitere Einschränkungen des Messverfahrens sind:

- Mit der Messung kann nicht der korrosionsbedingte Querschnittsverlust oder die Korrosionsgeschwindigkeit ermittelt werden.
- Zum Zeitpunkt der Messung inaktive (ehemalige) Korrosionsstellen können nicht detektiert werden.
- Die Durchführung der Messung und die Interpretation der Ergebnisse muss durch geschultes, sachkundiges Personal erfolgen.

- Bei sehr hohen Betondeckungsmaßen oder stark unterschiedlichen Betondeckungsmaßen müssen diese bei der Bewertung mit berücksichtigt werden, ebenso stark unterschiedliche Feuchtegehalte.

Die Potenzialfeldmessung stellt insbesondere im Zuge der Ausführung der Instandsetzung ein geeignetes Mittel dar, zeitsparend und effektiv eine vollflächige Untersuchung vorzunehmen. Über ergänzende Untersuchungen (Sondierungsöffnungen, Chloridprofile, Betondeckungsmessung) kann dann eine vollständige Erhebung des Ist-Zustandes erfolgen (siehe auch DBV-Heft 39 [9]).

Für die Durchführung und Interpretation der Potenzialfeldmessung ist das Merkblatt B 03 der Deutschen Gesellschaft für zerstörungsfreie Prüfung (DGZfP) [12] zu beachten. Das Merkblatt enthält alle notwendigen Informationen zum Messverfahren sowie die Anforderungen an das Personal. Des Weiteren geht das Merkblatt auf alle relevanten Punkte bei der Durchführung der Messungen ein, nämlich:

- Vorbereitung der Messeinrichtung und der Bezugselektrode
- Kontaktierung der Bewehrung
- Vorbereitung der Betonoberfläche
- Messfeldeinteilung
- Messraster
- Einflüsse und Fehlerquellen
- Inhalt des Prüfprotokolls

Für die Interpretation der Messergebnisse bietet sowohl das Merkblatt B 03 [12] als auch das DBV-Heft 39 [9] Orientierungshilfen. Eine Auswertung und kritische Bewertung der Potenzialfeldmessungen muss jedoch unbedingt von sachkundigen Personen erfolgen. Die Übergabe von Potenzialfeldkartierungen ohne Bewertung und weiterführende Untersuchungsergebnisse (Korrosionszustand an Sondierungsöffnungen und Chloridprofile) an den Auftraggeber ist nicht zielführend.

11.5 Übersicht Instandsetzungsprinzipien und -verfahren

Für die Instandsetzung chloridhaltiger Konstruktionen kommen grundsätzlich mehrere Instandsetzungsprinzipien und -verfahren in Betracht. Es ist Aufgabe des Sachkundigen Planers (SKP), das für das jeweilige Objekt geeignete Instandsetzungsverfahren (abhängig von der Aufgabenstellung, insbesondere der Restnutzungsdauer) festzulegen oder erforderlichenfalls auch eine Kombination verschiedener Verfahren auszuwählen.

Mit Erscheinen der TR Instandhaltung [1] wurden die bereits langjährig gemäß Instandsetzungs-Richtlinie [4] angewendeten Instandsetzungsprinzipien und -verfahren neu geregelt und in Anlehnung an die DIN EN 1504-9 [13] bezeichnet. Nicht alle Verfahren der DIN EN 1504-9 wurden in die TR IH [1] übernommen, dafür hat die TR IH einige zusätzliche Verfahren aufgestellt. Die Tabelle 11.1 soll einen Überblick über die möglichen Instandsetzungsverfahren bei Bewehrungskorrosion durch Chloride geben (Verfahren bei Bewehrungskorrosion durch Karbonatisierung sind bewusst nicht dargestellt) und deren Zuordnung zu den Regelwerken. Es wird darauf hingewiesen, dass in der Tabelle die Bezeichnungen der Verfahren nach TR IH verwendet wurden (soweit diese dort enthalten sind). Die Bezeichnungen in der DIN 1504-9 sind im Wortlaut z. T. etwas anders formuliert.

Instandsetzungsprinzip	**Instandsetzungsverfahren**	**Verfahren nach TR IH bei Chlorid**	**Verfahren nach DIN EN 1504-9**	**Prinzip nach der Instandsetzungs -Richtlinie bei Chlorid**
7. Erhalt oder Wiederherstellung der Passivität	7.1 Erhöhung bzw. Teilersatz der Betondeckung mit zusätzlichem Mörtel oder Beton	ja 1)	ja	R-Cl
	7.2 Ersatz von chloridhaltigem Beton	ja	ja	
	7.5 Elektrochemische Chloridextraktion	nein	ja	ECE
	7.6 Füllen von Rissen oder Hohlräumen	ja 2)	nein	-
	7.7 Beschichtung	ja 1)	nein	-
	7.8 Lokale Abdeckung von Rissen (Bandagen)	ja 3)	nein	-
8. Erhöhung des elektrischen Widerstandes	8.1 Hydrophobierung	nein	ja	-
	8.2 Versiegelung	nein	ja	-
	8.3 Beschichtung	ja	ja	W-Cl
9. Kontrolle kathodischer Bereiche	9.1 Begrenzung des Sauerstoffgehaltes (an der Kathode) durch Sättigung oder Oberflächenbeschichtung	nein	ja	O *
10. Kathodischer Schutz	10.1 Anlegen eines elektrischen Potenzials	ja	ja	K / KKS *
11. Kontrolle anodischer Bereich	11.1 Anstrich der Bewehrung durch aktive pigmentierte Beschichtungen	nein	ja	-
	11.2 Anstrich der Bewehrung mit Beschichtungen nach dem Barriere-Prinzip	nein	ja	C-Cl
	11.3 Anwendung von Korrosionsinhibitoren auf den oder zum Beton	nein	ja	-
		1) mit Einschränkungen 2) nur präventiv 3) Einschränkungen??? * Abkürzung nicht nach Inst.-Richtlinie		

Tabelle 11.1: Übersicht Instandsetzungsprinzipien und -verfahren

Die Instandsetzungsprinzipien und -verfahren nach TR IH [1] und der Instandsetzungs-Richtlinie [4] sind in den vorangegangenen Kapiteln 6 und 7 bereits beschrieben. Die nachfolgenden Abschnitte sollen diese Verfahren hinsichtlich der Anwendung in der Praxis beleuchten, wie sie bereits seit Jahren stattfindet. Zudem wird das Verfahren 10.1 „Anlegen eines elektrischen

Potenzials“ (Kathodischer Korrosionsschutz KKS), welches zwischenzeitlich zur anerkannten Regel der Technik zählt, sowie die elektrochemische Chloridextraktion (ECE) als Sonderverfahren beschrieben.

11.6 Instandsetzung in der Praxis

11.6.1 Verfahren 7.1 und 7.2 nach TR IH

Bei diesen Verfahren 7.1 und 7.2 handelt es sich um die sogenannte „klassische“ Betoninstandsetzung mittels Betonersatz (Instandsetzungsprinzip R-Cl nach Instandsetzungs-Richtlinie [4]).

Beim Verfahren 7.2 wird der chloridbelastete Beton so weit entfernt, dass nach einer Umverteilung von Chloriden aus dem verbleibenden Altbeton in den Betonersatz der korrosionsauslösende Chloridgehalt an der Bewehrung im instand gesetzten Bereich bis ans Ende der Restnutzungsdauer des Objektes nicht mehr erreicht wird. Entsprechend müssen die Abtragstiefen des Betons und die Dicke des Betonersatzes vom Sachkundigen Planer individuell für jedes Bauteil festgelegt werden. Die TR IH [1] gibt hierbei vor, dass Beton mit einem Chloridgehalt größer dem korrosionsauslösendem Chloridgehalt vollständig entfernt werden muss, wenn der korrosionsauslösende Chloridgehalt nicht tiefer als 30 mm hinter die Bewehrung reicht. Reicht der korrosionsauslösende Chloridgehalt mehr als 30 mm hinter die Bewehrung, so muss zumindest bis 30 mm hinter der Bewehrung der Beton entfernt werden, der Chloridgehalt des verbleibenden Altbetons über 30 mm hinter die Bewehrung hinaus darf jedoch einen Chloridgehalt von 1,5 M-% Cl^- bezogen auf die Zementmasse nicht überschreiten.

Beim Verfahren 7.1 wird der chloridhaltige Beton nicht entfernt, sondern es wird ein frischer alkalischer chloridfreier Beton (oder Betonersatzsystem) als „Pufferschicht“ auf die vorhandene Altbetonoberfläche aufgebracht. Ziel hierbei ist es, zum einen den Altbeton damit zu realkaliseren und zum anderen Chloride aus dem Altbeton heraus in die frische Betonschicht diffundieren zu lassen. Voraussetzungen/Einschränkungen für dieses Verfahren sind jedoch:

- Die „Front“ des kritischen korrosionsauslösenden Chloridgehaltes muss mindestens 10 mm Abstand zur Bewehrungsoberfläche aufweisen.
- Der Chloridgehalt im verbleibenden Altbeton darf 1,5 M-% Cl^- bezogen auf die Zementmasse nicht überschreiten. Andernfalls ist die Betondeckung bis zu diesem Chloridgehalt abzutragen.

In der Praxis wurde dieses Verfahren bisher bereits regelmäßig angewendet, ohne dass es in der Instandsetzungs-Richtlinie explizit beschrieben war (beispielhaft Bild 11.9).

Bild 11.9: Verbreiterung des Stützenfußes mit einer alkalischen chloridfreien „Pufferschicht" auf die vorhandene Altbetonoberfläche (entspricht heute Verfahren 7.1 nach TR IH [1])

Bild 11.10: Betonabtrag mittels Hochdruckwasserstahlen (HDW) mit dem HDW-Roboter

Bild 11.11: Abgetragene Betonschicht nach Hochdruckwasserstrahlen

Nach dem Betonabtrag durch z. B. mittels Hochdruckwasserstrahlen (HDW) (Bilder 11.10 und 11.11) erfolgt das Aufbringen geeigneter Instandsetzungsbetone oder -mörtel. Die neue TR IH [1] legt nun neue weitreichende Anforderungen an die zu verwendenden Produkte fest. Die verschiedenen Instandsetzungsbetone und -mörtel sind im vorangegangenen Kapitel 8 ausführlich beschrieben. Beispiele für das Reprofilieren mit verschiedenen Betonersatzsystemen zeigen die Bilder 11.12 bis 11.14.

Bild 11.12: Betonersatz Bodenfläche mit Beton

Bild 11.13: Betonersatz Wandsockel mit Spritzbeton

Bild 11.14: Betonersatz lokale Schadstelle mit Vergussbeton

Für die Festlegung geeigneter Systeme für den Betonersatz ist nun gemäß der TR IH [1] auch die Altbetonklasse des vorhandenen Altbetons zu ermitteln. Dies ist bei der Ist-Zustandserfassung und der Planung entsprechend zu berücksichtigen.

Gegebenenfalls muss korrodierte Bewehrung ersetzt werden, wenn der Restquerschnitt vom Tragwerksplaner als nicht ausreichend für die Standsicherheit über die Restnutzungsdauer angesehen wird (Bild 11.15) oder es sind statische Verstärkungen erforderlich. Wichtig ist auch, dass im Zuge der Bearbeitung (Betonabtrag) die Standsicherheit zu jeder Zeit gegeben ist. Bei Verfahren 7.2 (Ersatz von chloridhaltigem Beton) sind oftmals sehr aufwändige Abstützmaßnahmen erforderlich. Die noch tragfähige korrodierte Bewehrung muss so behandelt werden, dass sie im gesamten freigelegten Bereich den Oberflächenvorbereitungsgraden Sa 2 oder Wa 2 (Kleinflächen auch St 2 zulässig) aufweist.

Bild 11.15: Deutlicher Querschnittsverlust an einem von Chloridkorrosion betroffenen Bewehrungsstab, deutlich sichtbar nach dem Strahlen der Bewehrung

Zur Erhaltung der Dauerhaftigkeit wurde in der Vergangenheit vielfach je nach Anforderung auf die instand gesetzten Betonbauteile eine zusätzliche Schutzmaßnahme aufgebracht, um die Betonbauteile zukünftig dauerhaft trocken zu halten und/oder den Eintrag neuer Chloride zu verhindern (Oberflächenschutzsysteme oder Abdichtungen, Bilder 11.16 bis 11.18).

Bild 11.16: Zusätzlicher Chloridschutz mittels Oberflächenschutzsystem OS

Bild 11.17: Zusätzlicher Chloridschutz mittels Bitumenschweißbahn und anschließend aufzubringedem Gussasphalt

Bild 11.18: Zusätzlicher Chloridschutz: Bitumenschweißbahn in der Fläche, Flüssigkunststoff FLK an den Wandsockeln, plus anschließend aufzubringender Gussasphalt

Dadurch war es auch möglich, die vielfach im Altbau nicht vorhandenen Anforderungen an die Betondeckungsmaße des Neubaus durch zusätzliche oder hochwertigere Schutzmaßnahmen plus intensivere Instandhaltung zu kompensieren. Gemäß TR IH [1] sind nun (Zitat):

> ... die Betondeckungen für eine Nutzungsdauer von 50 Jahren deskriptiv auf Basis der relevanten Expositionsklassen XC, XS und XD unter Einhaltung der Anforderungen an die Mindestbetondeckungen nach DIN EN 1992-1-1/NA sowie der Anforderungen an Baustoffe und Bauausführung in den entsprechenden Normen festzulegen.

Die TR IH [1] legt damit für eine Instandsetzung nach Verfahren 7.2 (Ersatz von chloridhaltigem Beton) fest, dass nach Abschluss der Instandsetzung ein dem Neubau gleichwertiger Zustand hinsichtlich der Dauerhaftigkeit vorliegt. Damit sind Unterschreitungen der Betondeckungsmaße insbesondere bei XD zunächst grundsätzlich nicht möglich. Das heißt, nach der Instandsetzung muss die Betondeckung den aktuellen Regelwerken für den Neubau entsprechen. Des Weiteren sind zusätzliche Schutzmaßnahmen bei der Instandsetzung auch dort gefordert (siehe obige Formulierung der TR IH [1]: „... Bauausführung ...“), wo sie im Neubau ebenfalls gefordert werden (z. B. horizontale Verkehrsflächen). Orientieren kann man sich hierfür am DBV-Merkblatt „Parkhäuser und Tiefgaragen“ [14] und dem DBV-Heft 42 [15]. Eine Reduzierung der Betondeckung ist nach anerkannter Regel der Technik dann nur bei Ausführung einer flächigen rissüberbrückenden Abdichtung plus Schutzschicht möglich. – Spielraum diesbezüglich hat der Sachkundige Planer nur dann, wenn der Bauherr eine kürzere weitere (Rest)Nutzungsdauer anstrebt. Sonderlösungen, die von den anerkannten Regeln der Technik abweichen, müssen in diesem Fall aber vertraglich vereinbart werden und der Bauherr ist vollumfänglich bezüglich etwaiger Risiken aufzuklären.

In Bereichen eines Bauteils mit gleicher Schadenursache, gleichem Schadensbild/Schädigungsgrad und gleicher Beanspruchung sollten nach Möglichkeit durchweg einheitliche Maßnahmen vorgenommen werden. Dies ist in der Praxis oftmals schwierig umzusetzen oder nicht sinnvoll – auch wenn dies von der TR IH [1] im Grundsatz gefordert wird. In der Praxis ist aber durchaus auch eine Kombination aus mehreren Instandsetzungsverfahren (z. B. lokal Verfahren 7.2, in anderen Bereichen Verfahren 7.1, 7.7 oder sogar 8.3) möglich, siehe Tabelle 11.1.

11.6.2 Verfahren 7.6, 7.7 und 7.8 nach TR IH

Diese Verfahren kommen in der Praxis bei Instandsetzungen von Objekten mit starker Chloridbelastung als alleiniges Verfahren i. d. R. nicht zur Anwendung.

Die TR IH [1] besagt, dass das Verfahren 7.6 (Füllen von Rissen oder Hohlräumen zum Erhalt oder der Wiederherstellung der Passivität) bei Chlorideinwirkung nur präventiv zum Erhalt der Passivität angewendet werden darf.

Gemäß TR IH [1] darf das Verfahren 7.7 (Beschichtung zum Erhalt oder der Wiederherstellung der Passivität) bei Chlorideinwirkung nur angewendet werden, wenn über den Zeitraum der Restnutzungsdauer keine Depassivierung der Bewehrung erfolgen kann. Dies darf als gegeben angenommen werden, wenn der Abstand der Betonzone mit kritischem korrosionsauslösenden Chloridgehalt zur Bewehrungsoberfläche mindestens 10 mm beträgt. Ferner darf der Chloridgehalt in der verbleibenden Altbetonschicht 1,5 M-% Cl- bezogen auf die Zementmasse nicht überschreiten. Die Einschränkungen sind identisch wie beim Verfahren 7.1 (siehe Abschnitt 11.6.1).

Achtung: Dieses Verfahren 7.7 darf nicht mit dem Verfahren 8.3 (Erhöhung des elektrischen Widerstandes durch Beschichtung) verwechselt werden (siehe Abschnitt 11.6.3). Dort ist das Ziel ein anderes, nämlich die Begrenzung des Wassergehaltes (Prinzip W-Cl nach Instandsetzungs-Richtlinie), nicht jedoch der Erhalt bzw. die Wiederherstellung der Passivität, die Bewehrung ist dort i. d. R. bereits depassiviert und bleibt auch nach der Instandsetzung in Korrosionsbereitschaft.

Für den Autor unverständlich ist, dass das Verfahren 7.8 (Lokale Abdeckung von Rissen (Bandagen) zum Erhalt oder der Wiederherstellung der Passivität) in der TR IH [1] ohne vergleichbare Einschränkungen wie oben bei Verfahren 7.6 und 7.7 aufgeführt wird. – In der Praxis werden Rissbandagen seit vielen Jahren vor allem in Verkehrsbauten eingesetzt (Bild 11.19). Hier muss aber immer auch vom Sachkundigen Planer geprüft werden, ob bereits der kritische korrosionsauslösende Chloridgehalt überschritten wurde. Ist dies der Fall, so muss lokal auch Betonabtrag und Betonersatz erfolgen (siehe Verfahren 7.2).

Bild 11.19: Rissbandage auf einer Bodenplatte einer Tiefgarage

Eine Rissbandage allein hätte nämlich bei bereits eingetretener höherer Chloridbelastung ebenfalls das Ziel des Verfahrens 8.3 (siehe Abschnitt 11.6.3). Möglicherweise geht die TR IH [1] aber davon aus, dass Rissbandagen nach Verfahren 7.8 nur präventiv oder schnellstmöglich nach Entstehen eines Risses ausgeführt werden (analog zu Verfahren 7.6).

11.6.3 Verfahren 8.3 Erhöhung des elektrischen Widerstandes mit Beschichtung

Das Instandsetzungsprinzip 8 „Erhöhung des elektrischen Widerstandes" hat das Ziel, mittels Austrocknung des Betons dessen elektrischen Widerstand zu erhöhen. Bei chloridinduzierter Korrosion lässt die TR IH [1] nur das Verfahren 8.3. mittels Beschichtung zu. Eine Hydrophobierung ist bei XD / XS nicht erlaubt.

In der Instandsetzungs-Richtlinie [4] ist dieses Verfahren 8.3 unter dem Instandsetzungsprinzip W-Cl beschrieben. In der Fachwelt war dieses Instandsetzungsprinzip schon immer umstritten, da hierbei der Chloridgehalt im Beton nicht reduziert wird und die Korrosionsprozesse noch lange Zeit weiter ablaufen, bzw. möglicherweise nie vollständig zum Stillstand kommen, weil aufgrund der hygroskopischen Wirkung der Salze im Beton eine vollständige Austrocknung nicht stattfindet. – Die Instandsetzungs-Richtlinie forderte für die Ausführung dieses Prinzips den Nachweis des Erfolges über Referenzflächen und eine regelmäßige Überprüfung des Sanierungserfolges nach der Instandsetzung, jedoch ohne konkrete Angaben, wie das erfolgen soll. Diese Forderung ist in der Praxis schwer umzusetzen, weshalb dieses Instandsetzungsprinzip auch meist nur bei Objekten mit geringer Restnutzungsdauer und bei geringen Chloridgehalten (sehr viel kleiner 2 M-% Cl^- bezogen auf die Zementmasse) zur Anwendung kommt. – Wurde das Verfahren bei hohen Chloridgehalten und unzureichender Austrocknung angewendet (z. B. Bodenplatten mit nachstoßender Feuchte), so waren vielfach neue Schäden (Hohllagen infolge Bewehrungskorrosion unter Beschichtungen) aufgetreten.

Die TR IH [1] fordert nun für das Instandsetzungsverfahren 8.3 deshalb u. a. folgende Rand- bzw. Ausführungsbedingungen:

- Abschätzung der Resttragfähigkeit unter Berücksichtigung der Tatsache, dass die Korrosion noch weiter stattfindet.
- OS 2 ist nur bedingt gegen Chlorideindringen einsetzbar
- Dieses Verfahren soll ab einem Chloridgehalt von 1,5 M-% Cl- bezogen auf die Zementmasse nicht angewendet werden. (Hinweis des Autors: Ein konkretes Verbot mittels „darf nicht" spricht die TR IH aber nicht aus, in der Beschreibung des Verfahrens steht „soll").

Als Fußnote in der Tabelle 6 der TR IH [1] ist eine weitere Forderung zu finden, nämlich (Zitat):

> Dieses Verfahren sollte ab einem Chloridgehalt von 1,5 M-% bezogen auf die Zementmasse an der Bewehrung nicht angewendet werden. Es darf nur angewendet werden, wenn nach der Ausführung des Verfahrens die Auswirkung auf den Korrosionsfortschritt der Bewehrung (Einbau von Sensoren u. a.) von einem SKP über die Restnutzungsdauer überprüft wird.

Hinweis des Autors: Aus dem „soll" in der Beschreibung des Verfahrens ist in der Fußnote ein schwächeres „sollte" geworden. Die Anforderung nach einem Korrosionsmonitoring, welches definitiv sinnvoll ist, ist in der Beschreibung des Verfahrens jedoch wiederum nicht zu finden. Diesbezüglich hätte man sich bei der Beschreibung des Verfahrens eine klarere Regelung gewünscht.

Für die Praxis ändert sich mit der TR IH [1] für dieses Verfahren 8.3 nicht viel. Die Anforderung aus der Instandsetzungs-Richtlinie [4] bezüglich Referenzflächen entfällt, dafür wird die Anforderung hinsichtlich der regelmäßigen Überprüfung konkreter, da die TR IH [1] das Korrosionsmonitoring fordert. Die Empfehlungen zum maximalen Chloridgehalt sind sinnvoll. – Dennoch bleibt dieses Instandsetzungsverfahren eine Sonderbauweise, die aus Sicht des Autors nicht den anerkannten Regeln der Technik zuzuordnen ist. Dies muss vom SKP bei der Planung von Instandsetzungsmaßnahmen mit dem Verfahren 8.3 berücksichtigt werden. Er muss den Bauherren darüber aufklären und es sind unbedingt vertragliche Regelungen zu treffen.

11.6.4 Verfahren 10.1 Kathodischer Korrosionsschutz KKS

In der Praxis hat sich mittlerweile das Instandsetzungsprinzip KKS (= kathodischer Korrosionsschutz für Stahl) bewährt, das bereits in der Instandsetzungs-Richtlinie [4] als Instandsetzungsprinzip aufgeführt ist und in der DIN EN ISO 12696 [16] genormt ist. Zudem ist der aktive kathodische Korrosionsschutz nun fester Bestandteil der TR IH [1], dort als Instandsetzungsverfahren 10.1 „Anlegen eines elektrischen Potenzials" aufgeführt. Ob aus technischer und wirtschaftlicher Sicht ein KKS-System für ein bestimmtes Bauwerk oder Bauteil geeignet ist, muss stets objektspezifisch vom SKP geprüft werden.

Funktionsweise von KKS

Wie in den vorangegangenen Abschnitten beschrieben, ist im nicht karbonatisierten chloridfreien Beton die Bewehrung dadurch geschützt, dass sich auf der Metalloberfläche eine Passivschicht bildet, die die Eisenauflösung verhindert. Solange dieser Zustand gegeben ist, kann keine Korrosion der Bewehrung erfolgen. Liegen in ausreichend hoher Konzentration Chloride im Beton vor, wird diese Passivschicht jedoch lokal unterbrochen und bei ausreichendem Angebot an Wasser (das Porenwasser ist in der Regel ausreichend) und Sauerstoff erfolgt die Eisenauflösung (anodische Teilreaktion der Korrosion) am Bewehrungsstahl.

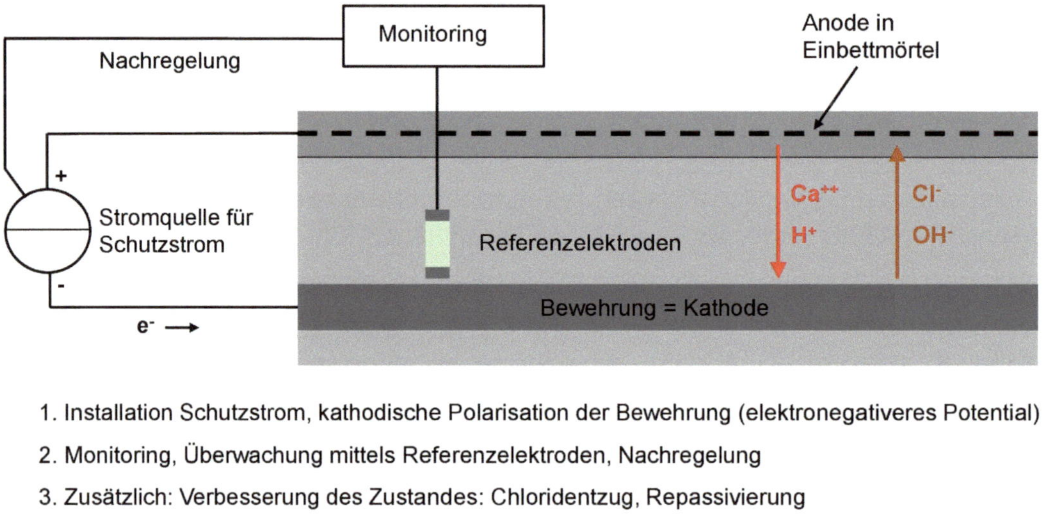

Bild 11.20: Prinzipskizze zum Aufbau und zur Funktionsweise des Kathodischen Korrosionsschutzes KKS

Bei der Anwendung des kathodischen Korrosionsschutzes wird die anodische Teilreaktion durch einen entgegengesetzten Gleichstrom (Schutzstrom) unterbunden. Hierfür wird in der Regel ein dauerhaftes Anodensystem auf die Betonoberfläche aufgebracht und die Bewehrung wird an den Minuspol, die neue Anode an den Pluspol einer Stromquelle angeschlossen (Bild 11.20). Die Bewehrung wird dadurch zur Kathode, die Eisenauflösung ist infolge des elektronegativeren Potentials unterbunden.

Bei uneinheitlichem Schädigungs- und/oder Bewehrungsgrad innerhalb eines Bauteils oder wenn unzugängliche Bewehrungslagen geschützt werden müssen, kommen für den KKS diskrete Stabanoden zur Anwendung. Diese werden in zuvor in die zu schützenden Bereiche eingebrachten Bohrlöcher montiert. Die Bohrlöcher verfüllt man dann mit einem zementgebundenen, hoch alkalischen, schwindfreien Mörtel. Er stellt den elektrischen Kontakt zwischen der Stabanode und dem zu schützenden Bauteil her.

Anwendung von KKS

Der kathodische Korrosionsschutz von Stahl an sich hat sich seit vielen Jahrzehnten bewährt, und zwar im Rohrleitungsbau und vergleichbaren erdverlegten baulichen Anlagen.

Die Anwendung von KKS für Stahlbetonbauteile nahm in den letzten etwa 10 bis 20 Jahren verstärkt zu. Mittlerweile werden KKS-Systeme in diesem Anwendungsbereich in Deutschland häufig eingesetzt. Diese Bauweise ist in der DIN EN ISO 12696 [16] genormt und sie dort ausführlich beschrieben.

Der Einsatz von KKS-Systemen erfordert im standsicherheitsrelevanten Bereich für das Anodensystem einschließlich Einbettungsmörtel eine projektbezogene Zustimmung im Einzelfall durch die zuständige Bauaufsichtsbehörde.

Die Instandsetzung mittels KKS sollte bei der Planung und Entscheidungsfindung als mögliche Instandsetzungsvariante immer berücksichtigt werden. Eine Entscheidung für oder gegen KKS muss dann aus technischer und wirtschaftlicher Sicht erfolgen.

Um KKS installieren und erfolgreich anwenden zu können, sind Voruntersuchungen erforderlich. Insbesondere sind dies:

- Potenzialfeldmessungen
- Bestimmung des elektrischen Widerstandes des Betons
- Überprüfung, ob Reparatur- bzw. Ergänzungsmaßnahmen an der Bewehrung zur Herstellung von ungehindertem Stromfluss erforderlich sind, gegebenenfalls vollständiger Bewehrungsscan
- Ggf.: Anlegen einer Probefläche mit Messsensoren / Monitoringsystem zur Prüfung und Beurteilung der Wirksamkeit.

Diese Untersuchungen können zum Teil auch erst während der Instandsetzung realisierbar sein.

Liegt an einem Bauteil vielfach korrodierte Bewehrung mit hohen Querschnitts-verlusten vor, müssen diese Bereiche zusätzlich zum KKS mittels „klassischer“ Betoninstandsetzung bearbeitet werden (Betonabtrag, Ersatz nicht mehr tragfähiger Bewehrung und Betonersatz; Verfahren 7.2) oder es ist zusätzlich eine statische Verstärkung nötig.

KKS-Elemente dürfen bei späteren Arbeiten nicht beschädigt werden. Es bestehen deshalb Einschränkungen, wenn man beispielsweise Bohrungen in die mittels KKS geschützten Bauteile einbringen möchte. Aus diesem Grund muss die Lage der KKS-Elemente in der Bauphase genau eingemessen und fachgerecht dokumentiert werden. Vor der Ausführung entsprechender Arbeiten ist die betreffende Dokumentation einzusehen und es muss Rücksprache mit dem KKS-Planer und/oder mit dem ausführenden Unternehmen gehalten werden. Des Weiteren muss man sich darüber bewusst sein, dass KKS-Systeme einer regelmäßigen Wartung und Kontrolle über die gesamte Restnutzungs-dauer des Bauwerks/Bauteils unterliegen (KKS-Monitoring). Der Betrieb der KKS-Anlage benötigt fortwährend elektrischen Strom, wobei der Stromverbrauch gering ist.

Diese o. g. Bedingungen für Wartung, Kontrolle und Betrieb sind aber hinsichtlich einer etwaigen Veräußerung des Gebäudes zu beachten. Durch KKS-Systeme können sich aus unserer Erfahrung gegebenenfalls finanzielle Nachteile ergeben, da die Akzeptanz von KKS-Systemen als solche bei Bauherren noch nicht grundsätzlich vorliegt. Unter Fachleuten wird hingegen das dauerhafte KKS-Monitoring mittlerweile als sichere und einfache Art der Bauwerksüberwachung geschätzt.

Ob ein KKS-System zum Einsatz kommen soll, muss grundsätzlich der Bauherr entscheiden. Dazu muss unter anderem die Wirtschaftlichkeit von KKS-Systemen im Vergleich zu „klassischen“ Instandsetzungs- und Schutzmaßnahmen geprüft werden.

Voll- bzw. großflächige KKS-Systeme können unter Umständen auch kostenintensiver sein als eine „klassische“ Instandsetzung mittels Betonabtrag und Betonersatz. Die ggf. höheren Kosten eines KKS-Systems müssen aber anderen Vorteilen von KKS, zum Beispiel dem Verzicht auf Abstützmaßnahmen während der Bauphase, einer in der Regel kürzeren Dauer des Nutzungsausfalls, weniger Lärm sowie einem geringerem Eingriff in die Bausubstanz, gegenüber gestellt werden.

11.6.5 Elektrochemische Chloridextraktion ECE

Die elektrochemische Chloridextraktion (ECE) spielt in Deutschland in der Praxis noch eine sehr untergeordnete Rolle. Das Verfahren ist in der TR IH [1] nicht enthalten und wurde auch schon in der Instandsetzungs-Richtlinie [4] nur am Rande erwähnt. In anderen Ländern wird das Verfahren jedoch durchaus öfters angewendet. In der Literatur sind aber auch Pilotprojekte aus Deutschland beschrieben [17].

Das Verfahren ECE ist zwischenzeitlich in der DIN EN 14038-2 [18] geregelt, dessen Vorläufer, die technische Spezifikation DIN CEN/TS 14038-2 aus dem Jahr 2011 in die Norm überführt wurde. Dadurch wird deutlich, dass es sich bei diesem Verfahren um eine sehr junge Instandsetzungsvariante handelt. Das Instandsetzungsverfahren ist eine Sonderbauweise, die nicht der anerkannten Regel der Technik zuzuordnen ist. Entsprechende vertragliche Regelungen und Aufklärung des Bauherren sind erforderlich.

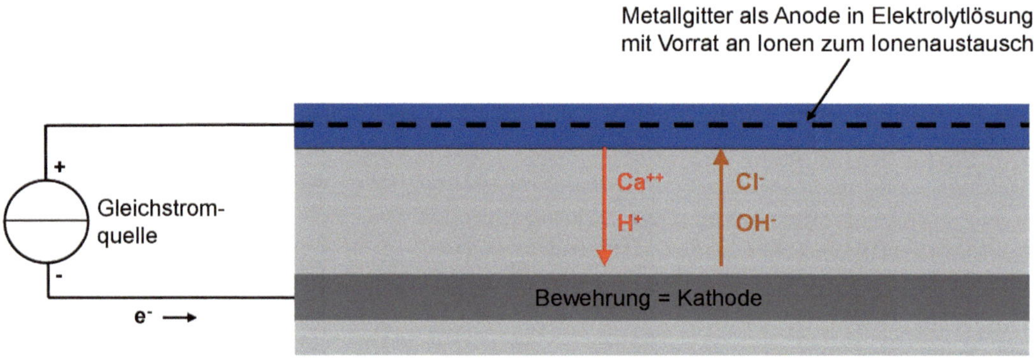

1. Installation Elektrisches Feld zwischen Bewehrung (Kathode) und Anode in Elektrolytlösung
2. Kationen (z.B. Ca^{++}; H^+) aus Elektrolytlösung werden zur Bewehrung transportiert
3. Realkalisierung des Betons durch elektrochemische Reaktion an der Bewehrung (Kathode): $O_2 + 2H_2O + 4e^- = 4OH^-$ (Bildung von Hydroxidionen OH^-)
3. Anionen (Cl^- und OH^-) werden zur Anode transportiert

Bild 11.21: Prinzipskizze zum Aufbau und zur Funktionsweise der elektrochemischen Chloridextraktion (ECE)

Bild 11.21 verdeutlicht die Funktionsweise der elektrochemischen Chloridextraktion (ECE). Ziel ist es, die negativ geladenen Chloridionen mit Hilfe eines elektrischen Feldes aus dem Beton heraus zu transportieren. Dabei ist die Transportleistung von Chloridionen in einem elektrischen Feld (Ionenmigration) deutlich höher als die „freie“ Chloridionendiffusion im Beton. Des Weiteren findet parallel eine Realkalisierung des Betons an der Oberfläche der Bewehrung statt (Repassivierung).

Auf die Betonoberfläche wird ähnlich wie beim kathodischen Korrosionsschutz eine Anode aufgebracht. Diese Anode (i. d. R. Metallgitter) befindet sich in einer Elektrolytlösung (Natriumcarbonat, Kaliumcarbonat, Lithiumhydroxid; i. d. R. eingebettet in Zellulosefasern). Zwischen

Anode und der Bewehrung wird mittels einer Stromquelle ein elektrisches Feld erzeugt. Die Bewehrung wird zur Kathode. Die Kationen aus der Elektrolytlösung werden in den Beton und zur Bewehrung transportiert. Durch die Anreicherung von Kationen (Na^+, K^+ und Ca^{++}) an der Oberfläche der Bewehrung sowie insbesondere durch die elektrochemischen Reaktionen an der Kathode (Bewehrung) mit der Entstehung von Hydroxidionen (OH^-) erfolgt eine starke Anhebung des pH-Wertes und dadurch eine Realkalisierung des Betons an der Bewehrung (Repassivierung):

$O_2 + 2H_2O + 4e^- = 4OH^-$

Im Gegenzug werden die im Beton vorliegenden negative geladenen Chloridionen (Cl^-) mit der Spannung des elektrischen zur Betonoberfläche transportiert und in der Elektrolytlösung an der Anode aufgefangen. Auch die entstehenden Hydroxidionen (OH^-) werden zur Betonoberfläche transportiert.

Zusätzliche Informationen zum elektrochemischen Chloridentzug können der weiterführenden Literatur [19] und [20] entnommen werden.

Der Chloridgehalt des Betons wird durch ECE verringert, eine vollständige Absenkung des Chloridgehaltes auf 0 M-% Cl^- bezogen auf die Zementmasse ist jedoch nicht möglich (Anwendungsgrenzen). Chloridionen aus tieferen Betonzonen (also hinter der äußeren Bewehrung) können „nach außen“ transportiert werden, wenn in tieferen Betonzonen weitere negativ polarisierte Bewehrungslagen als Kathode vorliegen.

Um das Verfahren anwenden zu können, sind im Vorfeld umfangreiche Untersuchungen an den zu bearbeitenden Bauteilen erforderlich. Die DIN EN 14038-2 [18] beschreibt diese Untersuchungen sowie Anforderungen an die Randbedingungen und an das Personal.

Bei diesem Verfahren ist auch der Korrosionszustand der Bewehrung zu erfassen. Bereits nicht mehr tragfähige Bewehrung kann mit diesem Verfahren nicht instand gesetzt werden. Falls die Tragfähigkeit nicht mehr gegeben ist, ist eine statische Verstärkung erforderlich, oder es muss (ggf. lokal) das Verfahren 7.2 angewendet werden und dabei die betroffene Bewehrung ersetzt werden.

Während der Ausführung ist eine strenge Überwachung erforderlich. Zudem muss auch während und nach der Ausführung eine Kontrolle des Chloridgehaltes mittels mehrfacher Bohrmehlentnahme erfolgen. Die Ausführung ist in der Regel in mehrere Phasen eingeteilt, die Extraktion muss in mehreren Phasen mit dazwischenliegenden Ruhephasen erfolgen, um zum einen eine Übersäuerung der Betonrandzone zu verhindern und zum anderen um tiefer liegende Chloridionen ebenfalls erfassen zu können, die in der Ruhephase „nachdiffundieren“. Das Ende der Behandlung ist dann erreicht, wenn die festgelegten Ziele (z. B. Erreichen eines ausreichend geringen Chloridgehaltes, der unter dem korrosionsauslösenden Chloridgehalt liegt) erreicht sind (siehe DIN EN 14038-2 [18]).

Zur Erhaltung der Dauerhaftigkeit sind nach Abschluss der Behandlung erforderlichenfalls Schutzmaßnahmen (z. B. Beschichtungen) aufzubringen. Ein zukünftiges Korrosionsmonitoring ist ggf. erforderlich.

Die Vorteile des Verfahrens liegen darin, dass das Verfahren im Normalfall im laufenden Betrieb durchgeführt werden kann, so dass nur geringe Nutzungseinschränkungen bestehen. Des Weiteren entfallen Lärmbelästigungen und aufwändige Abstützmaßnahmen, solange die Tragfähigkeit noch gegeben ist. – Das Verfahren ist jedoch nicht für eine vollflächige Anwendung gedacht (nicht wirtschaftlich). Vielmehr ist es als Ergänzung bei einer Instandsetzung an einzelnen Bauteilen / Baubereichen sinnvoll.

11.7 Weitere Verfahren

Die in der Tabelle 11.1 aufgeführten Instandsetzungsverfahren 9.1, 11.1, 11.2 und 11.3 spielen in der Praxis bei der Instandsetzung chloridbelasteter Bauteile kaum eine Rolle.

Die Begrenzung des Sauerstoffgehaltes (Verfahren 9.1; Prinzip „O") würde zwar in der Theorie eine der drei Grundvoraussetzungen für Korrosion unterbinden, in der Praxis ist jedoch nicht zuverlässig sicherzustellen, dass der Sauerstoffgehalt im Beton ausreichend begrenzt wird.

Das Instandsetzungsprinzip C-Cl nach Instandsetzungs-Richtlinie [4] mit Korrosionsschutz durch Beschichtung der Bewehrung wurde zwar lange Zeit angewendet, bei Chloridbelastung allerdings auch eher in Kombination mit Betonabtrag und Betonersatz (entspricht Verfahren 7.2). Bei fachgerechter Ausführung des Verfahrens 7.2 ist eine zusätzliche Beschichtung der Bewehrung mit z. B. Epoxidharzen allerdings heute nicht erforderlich, die TR IH [1] sieht dies auch nicht mehr vor.

Weitere grundsätzliche Instandsetzungsmöglichkeiten außerhalb der TR IH [1] und der DIN EN 1504-9 [13] sind:

- Einsatz von Bewehrung mit werkmäßig ausgeführter Beschichtung
- Verwendung von feuerverzinkter Bewehrung
- Verwendung von Bewehrung aus nichtrostendem Betonstahl
- Verwendung von Bewehrung mit erhöhter Chloridbeständigkeit (z. B. Swiss Steel Top 12 mit über 12 % Chromanteil).

Diese Möglichkeiten sind jedoch nur für den Neubau oder ggf. für einen Teilersatz von Bauteilen einsetzbar, wenn ein Chlorideinfluss über die geplante Nutzungsdauer nicht zuverlässig ausgeschlossen werden kann. Es kann dann auch auf aufwändige Schutzmaßnahmen vor eindringendem Chlorid verzichtet werden (Achtung Sonderbauweise). – Für die Instandsetzung von bestehenden Bauteilen mit bestehender Bewehrung sind die o. g. Möglichkeiten jedoch nicht geeignet.

11.8 Chloridbelastung in WU-Bodenplatten

Bei der Instandsetzung von druckwasserbelasteten WU-Bodenplatten, die durch Chloride im Beton geschädigt wurden, ist eine Instandsetzung mittels klassischem Betonabtrag und Betonersatz (Verfahren 7.2) meist sehr aufwändig. Entweder muss eine Wasserhaltung über die Bauzeit erfolgen oder das Arbeiten ist nur schrittweise in kleinflächigen Feldern möglich (Pilgerschrittverfahren).

Wird eine weitere lange Restnutzungsdauer angestrebt, so ist eine Instandsetzung mittels Kathodischem Korrosionsschutz KKS (Verfahren 10.1) eine gute Option. Dadurch lässt sich der Betonabtrag auf die Bereiche reduzieren, bei denen die Bewehrung ergänzt werden muss. Der übrige chloridhaltige Beton kann verbleiben.

Bei kürzeren Restnutzungsdauern kann auch das Aufbringen einer Beschichtung (z. B. OS 8) sinnvoll sein, um zumindest einen weiteren Chlorideintrag zu verhindern. Vorhandene Schadstellen werden nur lokal bearbeitet. In den übrigen Bereichen bleibt die Bewehrung aber in Korrsosionsbereitschaft bzw. korrodiert weiter (Chloridhaltiger Beton wird nicht entfernt). Das Instandsetzungsverfahren 8.3 wird hierbei dann nicht sicher realisiert, da die Bodenplatte feucht bleibt. Es wird also zu neuen Schadstellen kommen. Diese müssen dann über die Restnutzungsdauer Zug um Zug immer wieder bearbeitet werden (erhöhter Wartungs- und Instandsetzungsaufwand). Das Verfahren 8.3 ist z. B. bei herkömmlichen Bodenplatten ohne statische Funktion problemlos anwendbar. Bei WU-Bodenplatten muss vom Tragwerksplaner überprüft werden, ob ein weiterer Querschnittsverlust der Bewehrung die Tragfähigkeit nicht beeinträchtigt.

11.9 Planungshilfen

Neben den technischen Regelwerken (TR IH [1], Instandsetzungs-Richtlinie [4]) ist für die Instandsetzung von chloridbelasteten Bauteilen folgende Literatur vom SKP als Planungshilfen heranzuziehen:

- DBV-Merkblatt: Parkhäuser und Tiefgaragen (3. überarbeitete Ausgabe 01/2018) [14]
- DBV-Heft 27: Wartung und Instandhaltung von Parkbauten (2013) [21]
- DBV-Heft 36: Dauerhafte Parkbauten in Betonbauweise (2015) [22]
- DBV-Heft 39: Ist-Zustandserfassung von Parkbauten in Betonbauweise
- (2017) [9]
- DBV-Heft 42: Ausführungsvarianten für dauerhafte Bauteile in Parkbauten – Beispielsammlung (2019) [15]

Die o. g. Planungshilfen beziehen sich zwar ausschließlich auf Parkbauten, da hier naturgemäß am häufigsten Schäden durch Chloride entstehen. Die dort beschriebenen Bauweisen und Instandsetzungen lassen sich jedoch auch auf andere chloridbeanspruchte Objekte übertragen.

Empfehlenswert für den SKP sind auch regelmäßige Weiterbildungen bei der TAE (Technische Akademie Esslingen), insbesondere die Kolloquien „Parkbauten“ und „Erhaltung von Bauwerken“.

11.10 Instandhaltungsplan - Inspektion und Wartung

Die Instandsetzungs-Richtlinie [4] forderte bereits schon immer einen sogenannten objektspezifischen Instandhaltungsplan (IH-Plan) für die Zeit nach einer Instandsetzung. Dieser sollte vom Sachkundigen Planer erstellt werden und beinhaltete hauptsächlich Angaben zur Inspektion und Wartung. Im Teil 1, Abschnitt 3.3 der Instandsetzungs-Richtlinie hieß es (Zitat):

> Vom Sachkundigen Planer ist für die gewählte Ausführung ein Instandhaltungsplan zu erstellen, der planmäßige Inspektionen und Angaben zu Wartung und Instandhaltungsmaßnahmen enthält.

Konkrete Angaben, wie ein solcher IH-Plan auszusehen hat, enthielt die Instandsetzungs-Richtlinie [4] allerdings nicht. Orientieren konnte sich der Sachkundige Planer seinerzeit an den WTA Merkblättern 5-1-99 [23] und 5-7-99 [24].

Bereits in den Jahren vor Erscheinung der TR Instandhaltung [1] gewann der Begriff „Instandhaltungsplan“ vermehrt an Bedeutung. So forderte 2015 die DIN EN 1992-1-1/NA/A1 [25] in Tabelle 4.1 erstmals auch für den Neubau einen Instandhaltungsplan. In diesem nationalen Anhang wurde in Tabelle 4.1 für

- Verkehrsflächen mit flächiger unterlaufsicherer Abdichtung
- befahrene Verkehrsflächen mit vollflächigem Oberflächenschutz
- befahrene Verkehrsflächen mit rissvermeidenden Bauweisen ohne Oberflächenschutz oder ohne Abdichtung
- befahrene Verkehrsflächen mit dauerhaftem lokalen Schutz von Rissen

gefordert, dass für die Sicherstellung der Dauerhaftigkeit ein Instandhaltungsplan im Sinne der Instandsetzungs-Richtlinie [4] aufzustellen ist. Das bedeutet konkret, dass für chloridbeanspruchte Betonbauteile von Verkehrsflächen bereits bei der Neuplanung ein Instandhaltungsplan (IH-Plan) aufgestellt werden muss.

Eine gute Definition für den IH-Plan liefert die DIN 18532-1 [26]. Hier heißt es in Abschnitt 10.2 (Zitat):

> Als Grundlage für die Instandhaltung der Abdichtung ist bei der Planung ein objektspezifischer Instandhaltungsplan zu erstellen. Im Instandhaltungsplan müssen die Inspektionsintervalle sowie die ggf. erforderlichen Wartungs- und Instandsetzungsmaßnahmen in Abhängigkeit von den Inspektionsergebnissen sowie die dazu erforderlichen Verfahrensweisen festgelegt werden. Der Instandhaltungsplan ist auf die Erfordernisse der zur Anwendung kommenden Abdichtungsbauart abzustellen.

In der TR Instandhaltung [1] wird vom Sachkundigen Planer die Erstellung eines Instandhaltungsplanes grundsätzlich gefordert. Gemäß der TR IH impliziert ein Instandhaltungsplan einen Inspektions- und Wartungsplan, ggf. auch einen Instandsetzungsplan. Die TR IH gibt jedoch nur einen konkreten Hinweis, welche Inhalte in einem IH-Plan festgelegt werden sollen, nämlich die Kontrollmessungen der Wirkung von Hydrophobierungen. Weitere konkrete Forderungen nach Art, Inhalt und Umfang von Inspektionen und Wartungsarbeiten – insbesondere für chloridbeanspruchte Verkehrsbauten – werden von der TR IH nicht genannt. Im Abschnitt 7.1 heißt es hier nur (Zitat):

> (2) Planmäßige Inspektionen/Wartung und ggf. Instandsetzungen sind im Instandhaltungsplan anzugeben. Kann die Beständigkeit des Instandsetzungssystems über die geplante Restnutzungsdauer nicht sichergestellt werden, ist der Zustand im Rahmen von Inspektionen bzw. Wartungsmaßnahmen regelmäßig zu überprüfen und es sind ggf. Instandsetzungen zu empfehlen.

Der Sachkundige Planer muss sich zur Aufstellung eines IH-Planes also bei anderen Quellen bedienen. Die mittlerweile in die Jahre gekommenen WTA-Merkblätter [23] und [24] eignen sich hierfür heute nur noch bedingt. Diese sind bereits seit einiger Zeit in Überarbeitung (Stand September 2021). Neben der DIN 18532 [26] gibt das DBV-Merkblatt "Parkhäuser und Tiefgaragen" [14] die ausführlichsten Hinweise zur Aufstellung eines objektspezifischen Instandhaltungsplanes. Hilfreich sind zudem die DBV-Hefte 27 [21] und 36 [22]. Die dortigen Hinweise sind sowohl für den Neubau als auch für ein Bestandsobjekt nach erfolgter Instandsetzung verwendbar.

Ziel des IH-Planes ist es, mittels regelmäßiger Inspektionen und Wartungen aufwendige Instandsetzungsmaßnahmen zu vermeiden und somit den Wert des Bauwerkes aufrechtzuerhalten. Durch solche Inspektionen können kleine Schäden frühzeitig entdeckt werden und dann i. d. R. kostengünstig beseitigt werden. Insbesondere in der Gewährleistungsphase von Bauleistungen ist es daher wichtig, dass die erforderlichen Inspektionen und Wartungen durchgeführt werden, um etwaige Gewährleistungsansprüche nicht zu verlieren. Nach Fertigstellung und Abnahme der Bauleistungen liegen regelmäßige Inspektionen und Wartungen im Verantwortungsbereich des Eigentümers bzw. Betreibers. Die Kosten für Inspektion und Wartung hat der Eigentümer/Betreiber zu tragen, es sei denn die erforderlichen Maßnahmen im Zuge der Wartung resultieren aus einem Ausführungsfehler der ausführenden Firma, die die Baumaßnahme oder die Instandsetzung durchgeführt hat. In einem solchen Fall können Gewährleistungsansprüche geltend gemacht werden. – Die Abgrenzung zwischen Gewährleistungsfall (Ausführungsfehler) und üblichem Verschleiß erfolgt i. d. R. durch den Sachkundigen Planer im Zuge der Inspektion, wobei im Streitfall auch ein Sachverständiger eingeschaltet werden kann.

Grundsätzlich ist für jedes Objekt ein IH-Plan für die Zeit nach der Instandsetzung vom SKP aufzustellen, nicht nur für Verkehrsbauten. Da gerade dort aber die Instandhaltung von größter Bedeutung ist, finden sich für Verkehrsbauten am ehesten Hinweise zum notwendigen Inhalt eines Instandhaltungsplanes.

Grundsätzlich muss ein Instandhaltungsplan für die Zeit nach einer Instandsetzung enthalten:

- Allgemeine Angaben zum Objekt
- Angaben zu den instand zuhaltenden Bauteilen
- Angaben über die durchgeführten Instandsetzungsarbeiten
- Anweisungen zur Pflege (insbesondere Reinigung, ständige Beobachtung)
- Hierbei sind die erforderlichen Reinigungsintervalle festzulegen. Hierzu gehört auch die ständige Beobachtung durch den Betreiber bzw. dessen Beauftragten und ggf. die Meldung von Unregelmäßigkeiten (Verstopfungen, von Entwässerungseinrichtungen, starke Verunreinigungen, Wassereintritte etc.)
- Konkrete Angaben zum Inspektionsdurchgang:
  - Inspektionsintervall
  - Beschreibung der durchzuführenden Prüfaufgaben (z. B. augenscheinliche Prüfung von Oberflächenschutzsystemen auf Verschleiß, Risse, Fehlstellen; augenscheinliche Prüfung von Stahlbetonbauteilen auf Risse, Abplatzungen, Rostfahnen, frei liegende korrodierte Bewehrung, geöffnete Bauwerkstrennfugen, Schrägstellungen, Verformungen, Verschiebungen; etc.)
- Angaben zur Wartung (Routine-Instandhaltungen), z. B.:
  - Erneuern von Fugendichtstoffen
  - Aufbringen von Rissbandagen
- Beschreibung von erforderlichenfalls weiterführenden Maßnahmen, die dann einzuleiten sind (z. B. lokale Instandsetzung). Hierbei ist es oftmals ausreichend, das grundsätzliche Vorgehen festzulegen (z. B. Meldung vom Betreiber; Hinzuziehung des Sachkundigen Planers)

Der IH-Plan ist immer objektspezifisch auf den jeweiligen Anwendungsfall auszuarbeiten. Separat zu betrachten ist die Instandhaltung der technischen Gebäudeausrüstung. Diese ist in der Regel nicht Bestandteil des IH-Planes der Betoninstandsetzung.

Weitere Angaben zum Inhalt eines IH-Planes finden sich im DBV-Merkblatt [14] sowie in den DBV-Heften 27 [21] und 36 [22].

11.11 Literatur

[1] DEUTSCHES INSTITUT FÜR BAUTECHNIK (DIBT): Technische Regel: Instandhaltung von Betonbauwerken (TR Instandhaltung); Teil 1 und 2; Ausgabe Mai 2020.

[2] U. NÜRNBERGER: Korrosion und Korrosionsschutz im Bauwesen, Bauverlag GmbH, Wiesbaden und Berlin 1995.

[3] IBAC KURZBERICHT 152: Untersuchungen zum kritischen korrosionsauslösenden Chloridgehalt in der Kontaktzone zwischen Stahl und Beton; Kurzberichte des Institut für Bauforschung 23 (2010) Nr. 152; RWTH Aachen University.

[4] DEUTSCHER AUSSCHUSS FÜR STAHLBETON (DAFSTB) E. V.: Schutz und Instandsetzung von Betonbauteilen (Instandsetzungs-Richtlinie); Teil 1 bis 4; Beuth Verlag; Berlin 2001.

[5] J. SCHNELL, M. RAUPACH: Kritischer korrosionsauslösender Chloridgehalt – Positionspapier des DAfStb zum aktuellen Stand der Technik; Stand 08. Oktober 2015.

[6] G. KAPTEINA: Modell zur Beschreibung des Eindringens von Chlorid in Beton von Verkehrsbauwerken; Dissertation Technische Universität München, 2011.
[7] K.-CH. THIENEL: Werkstoffe des Bauwesens, Dauerhaftigkeit von Beton; Vorlesungsmanuskript Frühjahrstrimester 2011; Institut für Werkstoffe des Bauwesens, Fakultät für Bauingenieur- und Vermessungswesen, Universität der Bundeswehr München.
[8] DEUTSCHER AUSSCHUSS FÜR STAHLBETON (DAFSTB) E. V.: Instandhaltung von Betonbauteilen (Instandhaltungs-Richtlinie) ENTWURF Stand 2015-07-31.
[9] DBV-HEFT 39: Ist-Zustandserfassung von Parkbauten in Betonbauweise; Fassung Januar 2017, Deutscher Beton- und Bautechnik-Verein e. V., Berlin 2017.
[10] DIN EN 14629:2007-06, Produkte und Systeme für den Schutz und die Instandsetzung von Betontragwerken – Prüfverfahren – Bestimmung des Chloridgehaltes in Festbeton.
[11] DEUTSCHER AUSSCHUSS FÜR STAHLBETON (DAFSTB) IM DIN DEUTSCHES INSTITUT FÜR NORMUNG E. V.: Heft 401: Anleitung zur Bestimmung des Chloridgehaltes von Beton; Schnellbestimmung des Chloridgehaltes von Beton; Bestimmung des Chloridgehaltes von Beton durch Direktpotentiometrie; Beuth Verlag, Berlin, 1989.
[12] DGZFP-FACHAUSSCHUSS ZERSTÖRUNGFREIE PRÜFUNG IM BAUWESEN UNTERAUSSCHUSS KORROSIONSNACHWEIS: Merkblatt B 03: Elektrochemische Potentialmessungen zur Detektion von Bewehrungsstahlkorrosion, Ausgabe April 2021; Deutsche Gesesllschaft für Zerstörungsfreie Prüfung e. V. (DGZfP).
[13] DIN EN 1504-9:2008-11, Produkte und Systeme für den Schutz und die Instandsetzung von Betontragwerken – Definitionen, Anforderungen, Qualitätsüberwachung und Beurteilung der Konformität – Teil 9: Allgemeine Grundätze für die Anwendung von Produkten und Systemen.
[14] DBV-MERKBLATT: Parkhäuser und Tiefgaragen, 3. überarbeitete Ausgabe Januar 2018, Deutscher Beton- und Bautechnik-Verein e. V., Berlin.
[15] DBV-HEFT 42, Ausführungsvarianten für dauerhafte Bauteile in Parkbauten – Beispielsammlung, Fassung Januar 2019, Deutscher Beton- und Bautechnik-Verein e. V., Berlin 2019.
[16] DIN EN ISO 12696:2022-08, Kathodischer Korrosionsschutz von Stahl in Beton.
[17] I. LINDEMANN, A. FAULHABER: Tiefgarageninstandsetzung unter Anwendung des Verfahrens Chloridentzug, TAE Tagungshandbuch 5. Kolloquium Erhaltung von Bauwerken 2017.
[18] DIN EN 14038-2:2020-12, Elektrochemische Realkalisierung und Chloridextraktionsbehandlung für Stahlbeton – Teil 2: Chloridextraktion.
[19] M. SIEGWART, B. MCFARLAND: Grundlagen der elektrochemischen Instandsetzung von Stahlbetonbauwerken; 1. Kolloquium zur Erhaltung von Bauwerken an der Technischen Akademie Esslingen, 27.1.2009.
[20] C. DAUBERSCHMIDT: Chloridbelasteter Beton – immer ein Entsorgungsfall? Regionaltagung des Deutschen Beton- und Bautechnikvereins, München, 23. Februar 2010.
[21] DBV-HEFT 27, Wartung und Instandhaltung von Parkbauten, 2013, Deutscher Beton- und Bautechnik-Verein e. V., Berlin 2013.
[22] DBV-HEFT 36, Dauerhafte Parkbauten in Betonbauweise – Gut informiert, sicher planen und bauen, 2015, Deutscher Beton- und Bautechnik-Verein e. V., Berlin 2015.
[23] WTA-MERKBLATT 5-1-99/D: Wartung von Betonbauwerken, Musterwartungsvertrag; Stand Juli 2003, redaktionell überarbeitet Januar 2015; Wissenschaftlich-Technische Arbeitsgemeinschaft für Bauwerkserhaltung und Denkmalpflege e. V. (WTA).
[24] WTA-MERKBLATT 5-7-99/D: Prüfen und Warten von Betonbauwerken, überarbeitete Fassung des WTA Merkblattes 5-7-92; Stand Januar 1999; Wissenschaftlich-Technische Arbeitsgemeinschaft für Bauwerkserhaltung und Denkmalpflege e. V. (WTA).

[25] DIN EN 1992-1-1:2011-01, Eurocode 2: Bemessung und Konstruktion von Stahlbeton- und Spannbetontragwerken – Teil 1-1: Allgemeine Bemessungsregeln und Regeln für den Hochbau; inkl. DIN EN 1992-1-1/A1:2015-03: A1-Änderung; DIN EN 1992-1-1/NA:2013-04: Nationaler Anhang, DIN EN 1992-1-1/NA/A1:2015-12: A1-Änderung.
[26] NORMENREIHE DIN 18532:2017-07, Abdichtung von befahrbaren Verkehrsflächen aus Beton.

12 Instandhalten durch kathodischen Korrosionsschutz

J. Müller

12.1 Grundlagen

Die Korrosion des Bewehrungsstahls infolge von Chloriden ist das Resultat eines elektrochemischen Vorgangs, bei dem ab einem kritischen korrosionsauslösenden Chloridgehalt das Eisen aus dem Bewehrungsstahl Elektronen abgibt und positiv geladene Eisenionen aus dem Bewehrungsstab in den umgebenen Beton wandern (siehe auch Kapitel „Instandsetzen chloridhaltiger Konstruktionen"). Es entsteht ein Stromkreislauf, bei dem der Bewehrungsstab die Anode (Pluspol) darstellt.

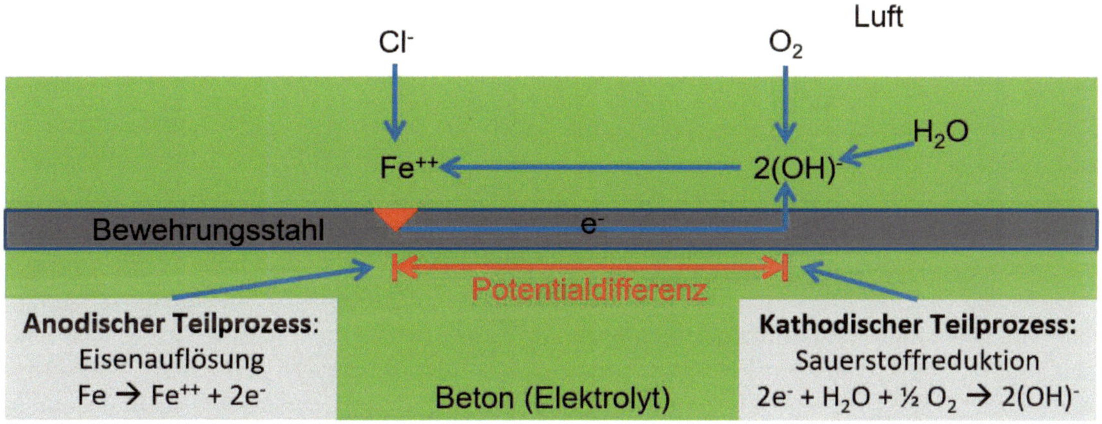

Bild 12.1: Korrosion des Bewehrungsstahls infolge von Chloriden

Ziel ist es, diesen Stromkreislauf zu unterbrechen. Erreicht werden kann dies, indem der Bewehrungsstab zur Kathode (Minuspol) wird, daher der Begriff kathodischer Korrosionsschutz. Hierbei muss an die Bewehrung eine solche Spannung angelegt werden, so dass die Bewehrung im Potential in eine ähnliche Größenordnung wie Chlor gelangt. Damit lassen sich dann alle Korrosionsprozesse unmittelbar stoppen.

Alternativ kann zusätzlich ein im Standardpotential noch schlechteres Element als Eisen verwendet werden, so dass zuerst dieses Element Elektronen bereitstellt, bevor die Bewehrung korrodiert (siehe Abschnitt „Galvanische Elemente"). Man spricht daher auch von Opferanode.

Element	Standardpotential
Gold (Au)	+1,69 V
Chlor (Cl)	+1,40 V
Sauerstoff (O)	+1,23 V
Silber (Ag)	+0,80 V
Kupfer (Cu)	+0,52 V
Wasserstoff (H)	**0**
Blei (Pb)	-0,13 V
Nickel (Ni)	-0,24 V
Eisen (Fe)	-0,44 V
Zink (Zn)	-0,76 V
Aluminium (Al)	-1,68 V

Bild 12.2: Elektrochemische Spannungsreihe

12.2 Funktionsweise

Für die Herstellung eines Stromkreislaufs und damit die Bewehrung als Kathode funktioniert, muss ein Material als Anode mit etwas Abstand zur Bewehrung (mind. 15 mm) angebracht werden. Durch den Mindestabstand zwischen Anode und Bewehrung werden Kurzschlüsse vermieden. Das Anodenmaterial wird an den Pluspol einer Gleichspannungsquelle und die Bewehrung an den Minuspol angeschlossen.

Durch das flächige Anlegen einer Spannung zwischen ca. 1 bis 3 V wird jetzt die Bewehrung zu Kathode. Es werden mit quasi sofortiger Wirkung keine Eisenionen vom Bewehrungsstab mehr abgegeben und alle laufenden Korrosionsprozesse gestoppt. Die negativ geladenen Chloridionen werden jetzt von der Bewehrung abgestoßen (gleichartige Ladungen stoßen sich ab) und wandern zur neuen Anode (verschiedenartige Ladungen ziehen sich an). Damit verringert sich auch langsam der Chloridgehalt um den Bewehrungsstab, so dass ggf. nach mehreren Jahrzehnten der Chloridgehalt im Bereich der Bewehrung unterhalb des kritischen korrosionsauslösenden Chloridgehalts liegt und die Anlage abgestellt werden kann, sofern weiterer Chlorid- und Wasserzutritt ausgeschlossen ist.

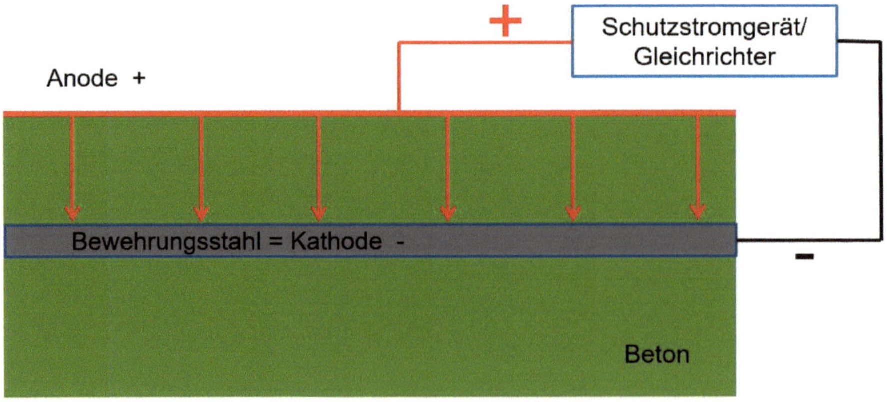

Bild 12.3: Systemskizze KKS

Elektrochemische Chloridextraktion funktioniert grundsätzlich nach dem gleichen Prinzip, allerdings mit höheren Spannungen und Strömen. Außerdem müssen hier das Anodenmaterial bzw. der Elektrolyt zur Kopplung zwischen Anode und Beton in regelmäßigen Abständen vom Chlorid befreit werden. Dies macht die elektrochemische Chloridextraktion im Vergleich zu einem KKS derzeit wirtschaftlich nicht interessant.

12.3 Anodensysteme

12.3.1 Fremdstromanoden - Bänder, Gitter, Netze

Die vergleichsweise einfachste und damit auch kostengünstigste Variante ist in der Regel, die Anoden auf der Oberfläche mit der zu schützenden Bewehrungslage aufzubringen. Bei einem Parkdeck wäre dies in den meisten Fällen die Deckenoberseite, um die obere Bewehrungslage zu schützen.

Als Anodenmaterial muss etwas verwendet werden, das unter den Umgebungsbedingungen (Dauerstrom, Feuchtigkeit, Chloridexposition) nicht korrodiert.

Langjährige positive Erfahrungen liegen hier mit aktivierten Titananodensystemen vor, so dass dies derzeit das am häufigsten anzutreffende Anodenmaterial ist. Anodensysteme aus aktiviertem Titan können als Bänder, Netze oder Gitter ausgeführt werden, wobei Bänder wohl am häufigsten eingesetzt werden, da diese vergleichsweise einfach an den Bewehrungsgrad angepasst werden können (siehe Abschnitt „Bemessung").

Da ein reines Auflegen der Anoden keine ausreichende Kontaktfläche und damit keine gleichmäßige Stromverteilung erreicht, müssen die Anoden in einen Mörtel eingebettet werden. Auch der Mörtel muss für seine Eignung als Einbettmörtel im KKS geprüft sein. Die Mindestdicke des Einbettmörtels beträgt in der Regel 20 mm.

Der Strom wird über eine Primäranode eingeleitet, mit der die Sekundäranoden (z. B. Bänder) verbunden sind. An die Bewehrung wird der Kathodenanschluss angebracht, in der Regel durch Anschweißen. Da die Bewehrungsstäbe in der Regel leitend miteinander verbunden sind, können relativ große Teilflächen an einen Kathodenanschluss angeschlossen werden.

Bild 12.4: Primäranode, Sekundäranode (Bänder), Kathodenanschluss an Bewehrung

Bild 12.5: Übersicht auf Fläche verlegte Anodenbänder

Bild 12.6: Einbau Einbettmörtel

Beschichtungen auf Flächen, die durch ein KKS geschützt sind, sind – zumindest im Hinblick auf den Korrosionsschutz der Bewehrung – optional. Sie können aber zur Herstellung einer ansprechenden Optik sowie zur Vermeidung von abtropfendem Wasser auf der Deckenunterseite trotzdem sinnvoll sein.

Sofern eine aufliegende Ausführung nicht möglich oder gewünscht ist, können Bänder auch in die Betondeckung eingeschlitzt werden. Dies ist allerdings nur bei entsprechend ausreichender Betondeckung möglich, da auch hier zwischen Anodenband und Bewehrung der geforderte Abstand von 15 mm einzuhalten ist.

Bild 12.7: Eingeschlitzte Anodenbänder

Bild 12.8: Einbettmörtel geschlitzte Anodenbänder

Vorteile:

- Bewährtes und nachgewiesen dauerhaftes System.
- Anoden können an den Bewehrungsgrad im Beton angepasst werden.
- Einbettmörtel schützt Anoden.
- Flächiges Monitoring mit vergleichsweise geringem Aufwand möglich.
- Vergleichsweise geringe Lärmemissionen.
- Eine mögliche Beschichtung auf dem Einbettmörtel (optional) kann ohne Beschädigung der Anode erneuert werden.
- Generell kann bei Fremdstromanoden bei einem eventuellen Verfehlen der Schutzkriterien nachreguliert werden.

Nachteile:

- Einbettmörtel baut auf (Dicke mind. 20 mm).
- Zusätzliches Gewicht durch Einbettmörtel.
- Die obere Bewehrungslage fängt den größten Teil des Schutzstromes ab. Dadurch ist es nur bedingt möglich, auch die Bewehrung auf der gegenüberliegenden Seite des Bauteils ebenfalls kathodisch zu schützen.
- Trotz des Schutzes durch den Einbettmörtel können die Anoden (z. B. durch Bohrungen, Dübel usw.) beschädigt werden.

Andere leitende und gleichzeitig korrosionsbeständige Materialien sind ebenfalls als Anode möglich. Hier sind insbesondere textile Bewehrungen aus Carbon („Carbonbeton") zu erwähnen. Diese ermöglichen zusätzlich zur Verwendung als Anode auch eine gewisse Verstärkung des Tragwerks bzw. eine Rissebegrenzung.

Bild 12.9: Verlegung Carbongewebe

Bild 12.10: Primäranode (Titanband), Sekundäranode (Carbongewebe)

12.3.2 Fremdstromanoden - Bohranoden

Wenn es nicht möglich ist, die Anoden flächig auf der Oberfläche des Bauteils anzubringen oder die Schutzwirkung in die Tiefe nicht ausreichend ist, können einzelne Diskretanoden in Bohrungen in das Bauteil eingebracht werden.

Bild 12.11: Diskrete Bohranode

Bild 12.12: Bohranoden nach Einbau

Vorteile:

- Bewährtes und nachgewiesen dauerhaftes System.
- Anoden können an den Bewehrungsgrad im Beton angepasst werden.
- Baut nicht auf. Keine Vergrößerung der Bauteilabmessungen.
- Auch Schutz von tiefer liegenden Bewehrungslagen möglich.
- Generell kann bei Fremdstromanoden bei einem eventuellen Verfehlen der Schutzkriterien nachreguliert werden

Nachteile:

- Hoher Aufwand und damit vergleichsweise höhere Kosten durch das Herstellen der Bohrungen.
- Starke Lärmemissionen.

12.3.3 Fremdstromanoden - Leitfähige Beschichtung

Es gibt auf dem Markt auch Beschichtungssysteme, die als Anode dauerhaft unter Strom gesetzt werden können und für diesen Anwendungsfall geeignet und geprüft sind.

Bild 12.13: Applikation Anodenbeschichtung an einer Deckenunterseite

Bild 12.14: Applikation Anodenbeschichtung an einer Stütze

Vorteile:

- Baut nicht bzw. nur gering auf.
- Kein bzw. nur geringes zusätzliches Gewicht.
- Flächiges Monitoring mit vergleichsweise geringem Aufwand möglich.
- Vergleichsweise geringe Lärmemissionen.
- Generell kann bei Fremdstromanoden bei einem eventuellen Verfehlen der Schutzkriterien nachreguliert werden.

Nachteile:

- Kann nur bedingt an den Bewehrungsgrad im Beton angepasst werden. Ggf. Probleme bei sehr stark bewehrten Bauteilen.
- Die obere Bewehrungslage fängt den größten Teil des Schutzstromes ab. Dadurch ist es nur bedingt möglich, auch die Bewehrung auf der gegenüberliegenden Seite des Bauteils ebenfalls kathodisch zu schützen.
- Der mechanische Schutz der Anode durch die dünne Schutzbeschichtung ist vergleichsweise gering.
- Die Anoden können (z. B. durch Bohrungen, Dübel usw.) beschädigt werden.
- Eine Überarbeitung der Schutzbeschichtung, ohne die Anoden zu beschädigen, ist nur bedingt möglich.

12.3.4 Fremdstromanoden - Stromverbrauch / -kosten

Die Stromkosten für ein KKS sind permanent vorhanden, da die Anlage zur Sicherstellung der Standsicherheit dauerhaft angeschaltet sein muss. Anders als die Kosten für die Wartung (siehe separater Abschnitt) werden diese aber oft überschätzt.

Beispiel:
Die Schutzströme liegen in einer Größenordnung von ca. 10 bis 30 mA/m² Beton. Die zugehörigen Spannungen liegen bei ca. 1 bis 3 V (Titanbänder).

Daraus ergibt sich z. B. eine durchschnittliche elektrische Leistung von
0,02 A x 2 V = 0,04 W/m²
bei ca. 1.000 m² / ca. 40 Stellplätze = ca. 40 W
inkl. Leitungsverlusten und Controller großzügig aufgerundet = 80 W
Stromkosten im Jahr = 0,08 kW x 24 h/d x 365 d/a x 0,40 €/kWh
= ca. 280,- €/a

12.4 Galvanische Elemente

Alternativ zu Fremdstromanoden, die an eine Stromquelle angeschlossen werden müssen, kann zusätzlich ein im Standardpotential noch schlechteres Element als Eisen verwendet werden, so dass zuerst dieses Element Elektronen bereitstellt, bevor die Bewehrung korrodiert. Man spricht hier dann in der Regel von Opferanode. In den meisten Fällen wird für diesen Fall Zink verwendet (siehe elektrochemische Spannungsreihe).

Gerne würde man das Zink direkt auf den Bewehrungsstahl auftragen, wie es auch bei verzinkten Stahlbauteilen üblich ist. Für einen Neubau wäre das denkbar. Bei Instandsetzungen ist aber der Bewehrungsstahl im Beton eingebettet, also muss das Zink analog zur Ausführung bei anderen Anodensystemen auf die Oberfläche des Betons aufgetragen und eine leitende Verbindung zwischen Zink und Bewehrung hergestellt werden.

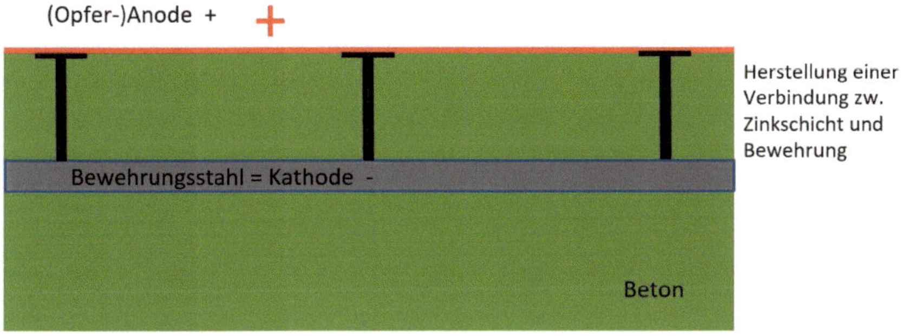

Bild 12.15: Prinzipskizze

Bild 12.16: Applikation Zinkschicht im Lichtbogenverfahren

Vorteile:

- Baut nicht bzw. nur gering auf.
- Kein bzw. nur geringes zusätzliches Gewicht.
- Vergleichsweise geringe Lärmemissionen.
- Funktioniert ohne Fremdstrom, also auch wenn der Strom ausfällt oder abgestellt wird.
- Kurzschlüsse spielen keine Rolle bzw. werden bewusst hergestellt.
- Beschädigungen sind deutlich weniger kritisch als bei Fremdstromanoden.

Nachteile:

- Kann nur bedingt an den Bewehrungsgrad im Beton angepasst werden. Ggf. Probleme bei sehr stark bewehrten Bauteilen.
- Die obere Bewehrungslage fängt den größten Teil des Schutzstromes ab. Dadurch ist es nur bedingt möglich, auch die Bewehrung auf der gegenüberliegenden Seite des Bauteils ebenfalls kathodisch zu schützen.
- Der mechanische Schutz der Anode durch die dünne Schutzbeschichtung ist gering.
- Eine Überarbeitung der Schutzbeschichtung, ohne die Anoden zu beschädigen, ist nicht möglich.
- Die Opferanode löst sich auf.
- Sehr hoher Aufwand bei flächigem Monitoring.
- Kann beim Verfehlen der Schutzkriterien nicht nachreguliert werden!

12.5 Vor- und Nachteile im Vergleich zu anderen Instandetzungsprinzipien

Als „klassisches" Verfahren bei Chloridkorrosion wird in der Regel das Verfahren 7.2 „Ersatz von chloridhaltigem oder carbonatisiertem Beton zum Erhalt oder der Wiederherstellung der Passivität" der TR Instandhaltung angewendet. Hierbei wird der tragende Beton in der Regel durch Wasserstrahlen entfernt. Dies ist mit Lärm, Schmutz und entsprechend zu beurteilenden Bauzuständen verbunden. Daher spielen oft auch nicht technische Faktoren bei der Entscheidung eine Rolle. Solche Faktoren können z. B. Sperrzeiten, verbleibende nutzbare Stellplätze oder Kundenbindung sein.

Vorteile

- Kein Eingriff in die tragende Konstruktion.
- Keine Abstützungsmaßnahmen notwendig.
- In der Regel eine kürzere Bauzeit.
- Bessere Möglichkeit zur Unterteilung in Abschnitte.
- Weniger Lärm und Verschmutzung.
- Chloride wandern von der Bewehrung weg hin zur Anode (Chloridextraktion).
- Die Wirksamkeit kann laufend kontrolliert werden.

Nachteile

- Laufende Wartung notwendig.
- Korrosion wird nur „eingefroren". Bei Unterbrechung der Stromzufuhr beginnt Korrosion wieder zu laufen.

- Nur bedingt mit Bauteilverstärkungen zum Ersatz korrodierter Bewehrung kombinierbar bzw. wirtschaftlich sinnvoll.
- Da Anoden (NACE, National Association of Corrosion Engineers, Huston, Texas) und Einbettmörtel nur getrennt und nicht als System geprüft werden, kann die fehlende Systemzulassung nur über den Umweg der projektbezogenen Zustimmung im Einzelfall (Z. i. E.) erfolgen. Ausnahme aktivierte Titananodensysteme.
- Gefahr des „Vergessens".

12.6 Kosten

Wie bei allen Instandsetzungen ist auch bei einem KKS eine globale Aussage zu den Kosten kaum möglich.

Die Kosten können zwischen ca. 150,- €/m² bei Bandanoden im Einbettmörtel auf großen Bodenflächen ohne nachfolgende Beschichtung und bis weit über 1.000,- €/m² bei Bohranoden liegen.

Auf jeden Fall ist immer (!) zu berücksichtigen, dass bei einem KKS unabhängig von der Größe ein relativ hoher „Sockelbetrag" von 20.000,- bis 30.000,- € für Detailplanung, Schaltschrank, Controller und ggf. Z. i. E. anfällt.

12.7 Regelwerke

Der kathodische Korrosionsschutz ist inzwischen weit verbreitet und Stand der Technik. In den maßgebenden Regelwerken ist KKS als Verfahren enthalten:

Instandsetzungs-Richtlinie (2001): → Instandsetzungsprinzip K
DIN EN 1504-9 (2008) und TR Instandhaltung des DIBt (2020): → Verfahren 10.1
DIN EN ISO 12696 (2022) Kathodischer Korrosionsschutz von Stahl in Beton

12.8 Zustimmung im Einzelfall

Empfehlung des DAfStb (2009):

Im standsicherheitsrelevanten Bereich (also praktisch immer) ist ein Nachweis der Dauerhaftigkeit und Eignung des gewählten Anodensystems in Kombination mit dem gewählten Einbettmörtel zu erbringen.

Da Anoden (NACE, National Association of Corrosion Engineers, Huston, Texas) und Einbettmörtel nur getrennt und nicht als System geprüft werden, kann die fehlende Systemzulassung nur über den Umweg der projektbezogenen Zustimmung im Einzelfall (Z. i. E.) erfolgen.

Ausnahme bildet hier die Verwendung von aktivierten Titananodensystemen nach DIN EN ISO 12696. Diese können gemäß TR Instandhaltung Teil 1 ohne weitere Nachweise verwendet werden, sofern diese die Anforderungen nach NACE TM 0294 erfüllen. Da es sich bei der TR Instandhaltung um ein bauaufsichtlich eingeführtes Regelwerk handelt, ist nur in diesem Fall für ein KKS keine Z. i. E. notwendig.

12.9 Qualifikationen

Sachkundiger Planer

Nach der TR Instandhaltung müssen die Beurteilung und die Planung aller standsicherheitsrelevanten Instandsetzungs- und Instandhaltungsmaßnahmen durch einen Sachkundigen Planer (SKP) erfolgen.

Zur Festlegung der notwendigen Qualifikation des SKB wurde bereits 2018 der Ausbildungsbeirat Sachkundiger Planung gegründet. Diverse Ausbildungsstätten bieten hier zertifizierte Lehrgänge an (z. B. TAE Ostfildern, BZB Krefeld ...).

Personal nach DIN EN ISO 12696 und DIN EN ISO 15257

Qualifikationsgrad 1, Kathodischer Korrosionsschutz-Datenerfasser (oder -prüfer)
Qualifikationsgrad 2, Kathodischer Korrosionsschutz-Techniker
Qualifikationsgrad 3, Kathodischer Korrosionsschutz-Chef-Techniker
Qualifikationsgrad 4, Kathodischer Korrosionsschutz-Spezialist
Qualifikationsgrad 5, Kathodischer Korrosionsschutz-Experte

12.10 Bemessung

Eine (Vor-)Bemessung für die Auswahl der Anoden kann durch den SKP erfolgen. Maßgebend ist hier immer die zu schützende Stahloberfläche, die bauteilbezogen ermittelt werden muss. Bezogen auf diese Stahloberfläche ist dann der Schutzstrom für die Bemessung auf der sicheren Seite liegend anzusetzen, um eine ausreichende Reserve zu haben. Die tatsächlichen Ströme im Betrieb liegen dann in der Regel deutlich darunter.

In der Regel erfolgt die Bemessung für Bewehrung, die der Anode am nächsten ist, also z. B. bei Anoden auf der Deckenoberseite die obere Bewehrungslage der Deckenbewehrung. In Abhängigkeit vom Bewehrungsstababstand, der Bauteildicke und der Leitfähigkeit des Betons kommt aber ein Teil des Schutzstroms ggf. auch noch auf der gegenüber liegenden Seite des Bauteils an und kann die Bewehrung dort ggf. ebenfalls ausreichend schützen. Für einen solchen Anwendungsfall wird aber das Anlegen einer Probefläche auf jeden Fall empfohlen.

Bauteil:
Stahlbetonflachdecke, obere Lage laut Bestandsplan Matte R513 A Überlappungsbereich

Stabdurchmesser (mm)	Anzahl (Stück)	Abstand (cm)	Stahloberfläche (m²)
7	2	15,0	0,29
6	1	25,0	0,08
7	2	15,0	0,29
6	1	25,0	0,08
		Summe:	**0,74**

Zuschlag für den konstruktiven Schutz anderer Bereiche:	25%
Stahloberfläche für die Bemessung (m²):	0,92
Schutzstrom für die Bemessung (mA/m² Stahloberfläche):	15
Erforderlicher Schutzstrom Anoden gesamt (mA/m² Betonoberfläche):	13,82
Gewählt: Bandanoden, Breite 13 mm, 3,4 mA/m, Abstand 24 cm:	14,1

Abb. 12.17: Beispiel einer Vorbemessung

Beispiel:
Obere Bewehrungslage einer Stahlbetonflachdecke in einer Tiefgarage.
Bewehrung laut Bestandsplan Matte R513A

12.11 Wartung

Da die Standsicherheit des Bauteils unmittelbar von der Funktionsfähigkeit des KKS abhängt, ist eine regelmäßige Wartung bis zum Ende der planmäßigen Restnutzungsdauer unabdingbar. Hier wird in regelmäßigen Abständen die Funktionsfähigkeit der Anlage per Fernwartung (in der Regel über DSL-Anschluss oder VPN-Tunnel im Netzwerk) durch Abschaltprüfungen getestet. Bei dieser Abschaltprüfung ist in der Regel das 100 mV Kriterium zu erfüllen. Zusätzlich ist die Anlage einmal jährlich vor Ort zu inspizieren, um ggf. Beschädigungen o. ä. festzustellen, die durch die Fernwartung nicht ermittelt werden können.

Anders als die Stromkosten sind die Wartungskosten über die geplante Restnutzungsdauer erheblich. In Abhängigkeit von der Größe der Anlage liegen die Kosten für die Wartung jährlich mindestens bei ca. 2.000,- bis ca. 8.000,- €.

12.12 Literaturverzeichnis

[1] Deutscher Ausschuss für Stahlbeton (DAfStb) | Richtlinie für Schutz und Instandsetzung von Betonbauteilen (Instandsetzungs-Richtlinie: 2001-10)
[2] Deutsches Institut für Bautechnik (DIBt) | Technische Regel – Instandhaltung von Betonbauwerken (TR Instandhaltung: 2020-05)
[3] Deutscher Ausschuss für Stahlbeton (DAfStb) | Heft 638 (2022)
[4] DIN EN 1504 | Produkte und Systeme für den Schutz und die Instandsetzung von Betontragwerken (2008-11)
[5] DIN EN ISO 12696 | Kathodischer Korrosionsschutz von Stahl in Beton (2022-08)
[5] DIN EN ISO 15257| Kathodischer Korrosionsschutz – Qualifikationsgrade von mit kathodischem Korrosionsschutz befassten Personen (2017-09)

13 Oberflächenschutz

M. Schröder

13.1 Einleitung

Für den Schutz von Betonoberflächen wurden im Laufe der Zeit verschiedene Stoffe und Systeme entwickelt, mit denen die vielfältigen Anforderungen im Bauwesen sowohl für lediglich bewitterte Flächen als auch für stärker beanspruchte Bauteile z. B. im Brücken- und Ingenieurbau sowie im industriellen Bereich erfüllt werden können. Darüber hinaus gibt es für besondere Fälle spezielle Systeme und Anwendungstechniken, die ebenfalls behandelt werden.

Hierbei wird nicht nur auf die in den Regelwerken beschriebenen Oberflächen-Schutzysteme eingegangen, sondern auch auf anderweitige Erfahrungen und daraus resultierende Systeme und Anwendungen hingewiesen.

Im Kapitel 5. werden die Eigenschaften von Kunststoffen detailliert beschrieben. Hier werden die Eigenschaften noch einmal aufgezeigt, die für den Oberflächenschutz eine besondere Rolle spielen.

13.2 Erfordernis

Ordnungsgemäß hergestellter Beton ist bekanntlich sehr dauerhaft und bedarf in vielen Fällen, vor allem, wenn er lediglich normaler Bewitterung ausgesetzt ist, keines Schutzüberzuges. Wenn jedoch die Herstellung einer ausreichend widerstandsfähigen Oberfläche nicht gelungen ist, z. B. aufgrund fehlender oder unzureichender Nachbehandlung, oder wenn ungenügende Betondeckung keinen dauerhaften Korrosionsschutz der Bewehrung sicherstellt, können Oberflächen-Schutzmaßnahmen zur Erhöhung der Dauerhaftigkeit oder als Teil umfassender Instandsetzungsarbeiten notwendig sein. Weiterhin sind Schutzschichten dort erforderlich, wo die Beständigkeit von Beton im Einzelfall wegen der besonderen Beanspruchung in mechanischer oder chemischer Hinsicht schlichtweg überfordert ist.

Darüber hinaus können weitere Anforderungen an die Oberfläche von Betonbauteilen gestellt werden, die mit betontechnologischen Mitteln allein nicht erfüllbar sind. Letztendlich kann eine Beschichtung auch allein aus gestalterischen Gründen vorgenommen werden, wobei die damit verbundene Schutzwirkung dem Werterhalt zwangsläufig zugutekommt.

13.3 Aufgaben

Oberflächenschutzsysteme für Beton können folgende Aufgaben übernehmen:

- Schutz vor Carbonatisierung
- Schutz vor Tausalzeinwirkung
- Abdichtung gegen Wasser
- Abdichtung gegen Gase
- Abdichtung gegen Chemikalien

- Abdichtung gegen Öle und Fette
- Erzielung rutschhemmender Oberflächen
- Erhöhung des Verschleißwiderstandes (Verringerung der Staubbildung)
- Verbesserung der Reinigung (auch Dekontaminierbarkeit)
- Herstellung bakteriologisch unbedenklicher Oberflächen
- Erzielung optischer Wirkung (farbliche Gestaltung)
- Erzielung bestimmter elektrischer Eigenschaften

13.4 Eigenschaften

Um die zuvor genannten Aufgaben erfüllen zu können, sind folgende Eigenschaften der Schutzsysteme zu unterscheiden:

- diffusionsoffen
- diffusionsdicht
- wasserabweisend
- flüssigkeitsdicht
- chemikalienbeständig
- temperaturbeständig
- hart
- flexibel, dehnbar (rissüberbrückend)
- verschleißtest
- glatt
- rutschhemmend
- matt
- glänzend
- transparent
- farbig
- elektrisch leitfähig
- elektrisch isolierend

13.5 Beschichtungsstoffe

Für den Oberflächenschutz von Beton werden Beschichtungsstoffe verwendet, die in flüssiger Form verarbeitet werden und nach dem Auftragen auf dem Betonuntergrund trocknen bzw. erhärten. Nicht behandelt werden in diesem Zusammenhang Folien und Dichtungsbahnen sowie bituminöse Stoffe. Für das Gebiet des Säurebaus, des Brandschutzes sowie des anlagenbezogenen Gewässerschutzes bestehen Sonderanforderungen, die ebenfalls nicht berücksichtigt werden.

Zum Schutz von Beton kommen Beschichtungsstoffe auf folgender Basis zur Anwendung:

Reaktionsharze

- Epoxide (EP)
- Polyurethane (PUR)
- Acrylate (AY)
- Polyester (UP)
- Polyurea (PEA)

Physikalisch trocknende Stoffe in Form von

- Polymerlösungen
- Polymerdispersionen

Siliciumorganische Verbindungen

Anorganische Bindemittel

Zur Formulierung der fertigen Beschichtungsstoffe dienen im Wesentlichen

- Löse- und Dispergiermittel
- Emulgatoren
- Entschäumer
- Hilfsstoffe und Additive
- Stellmittel
- Pigmente
- Füllstoffe und Gesteinskörnungen

Die physikalischen Kennwerte von Kunststoffen sind mehr oder weniger temperaturabhängig. Das gilt auch für die Viskosität der Einzelkomponenten und Mischungen sowie für die Verarbeitungs- und Erhärtungszeiten. Die Temperatur der Stoffe, des Untergrunds und der Luft soll deshalb, von Ausnahmen abgesehen, während der Verarbeitung und Erhärtung 8 °C – 30 °C betragen. Der günstigste Temperaturbereich ist 15 °C – 25 °C. Die Temperatur des Untergrunds soll ≥ 3 K über der Taupunkttemperatur liegen.

Darüber hinausgehende Eigenschaften und Kenndaten werden im Kapitel 5. auch für die im Einzelnen folgenden Stoffe ausführlich behandelt.

13.5.1 Auf Basis Epoxidharz

Epoxidharz als zweikomponentiger Kunststoff ist der am häufigsten in Verbindung mit Beton eingesetzte Reaktionskunststoff. Hierfür sind die gute Verträglichkeit mit dem alkalischen Untergrund, die breite Chemikalienbeständigkeit, die relativ geringe Empfindlichkeit gegenüber Feuchte, die hohe Haftfestigkeit auf mineralischem Untergrund und Stahl, hohe Druck- und Zugfestigkeit sowie die hohe Füllbarkeil mit verschiedenen Sanden/Granulaten zwecks Herstellung von Mörteln und Spachtelmassen maßgebend. Dadurch lassen sich Beschichtungen mit Epoxidharz als Bindemittel in annähernd beliebigen Schichtdicken ausführen, zumal die chemische Reaktion durch Polyaddition (Stufenreaktion) verhältnismäßig geringen Schrumpf zur Folge hat.

Bis zu einem Mischungsverhältnis von 1 : 9 (Bindemittel : Zuschlag) werden einerseits nach guter Verdichtung noch flüssigkeitsdichte Beläge erzielt, andererseits wird die Wärmedehnung bei ca. 10 % Bindemittelanteil so weit herabgesetzt, dass sie sich dem Wert des Betons stark annähert (siehe hierzu auch unter 8.3). Dadurch ist auch der Einsatz im Freien möglich.

Ausgehärtetes Epoxidharz zählt aufgrund seiner hohen Vernetzung der Molekülketten zu den Duromeren. Es ist deshalb auch nicht schmelzbar, wenngleich es bei Wärme oberhalb seiner typenabhängigen Glasübergangstemperatur an Festigkeit einbüßt, was z. B. bei Wärmebelastung von Kunstharzestrichen in der Industrie zu berücksichtigen ist.

Epoxidharz wird auch mit Lösemitteln verdünnt oder wässrig als Emulsion für Versiegelungen angeboten. In dieser Form eignet es sich besonders zur Überarbeitung alter Beschichtungen.

Da Epoxidharze nach Aushärtung nur schwer anlösbar sind, haften Folgebeschichtungen ohne vorheriges Anrauhen der Oberfläche schlecht. Dem kann durch Abstreuen der frischen Grundierung oder Zwischenbeschichtung mit trockenem und gewaschenem Quarzsand vorgebeugt werden. Nach Erhärtung und Entfernung überschüssigen Abstreugutes kann die folgende Lage aufgebracht werden.

Da die Viskosität von EP stark temperaturabhängig ist, wird empfohlen, lösemittelfreie Produkte nicht unter 10 °C zu verarbeiten, auch wenn es ab 8 °C zulässig ist.

13.5.2 Auf Basis Polyurethanharz

Auch zweikomponentige Polyurethane erhärten durch Polyaddition und weisen demzufolge nur geringen Schrumpf auf. Je nach Intensität der Vernetzung resultieren Duromere oder Elastomere. Die Verwendbarkeit zur Herstellung elastischer, dehnbarer Produkte prädestinieren Polyurethane für rissüberbrückende Beschichtungen.

Auch Polyurethan weist hohe chemische Beständigkeit auf, vor allem im sauren Bereich. Es reagiert jedoch im frisch angemischten Zustand mit Wasser in Form von Blasen- und Schaumbildung, so dass seine baupraktische Anwendung, vor allem im Freien, entsprechend eingeschränkt ist. Aus diesem Grund wird die Grundierung der Betonoberfläche für eine PUR-Beschichtung meist mit Epoxidharz vorgenommen.

Polyurethan kommt auch einkomponentig in gelöster Form für Versiegelungen zum Einsatz, wobei die Erhärtung durch Reaktion mit der Luftfeuchte erfolgt.

Was die Zwischenhaftung mehrerer Lagen anbetrifft, gilt das gleiche wie das zuvor beim Epoxidharz Gesagte.

13.5.3 Auf Basis Acrylatharz

Acrylate erhärten nach Zugabe eines Starters durch Polymerisation (Kettenreaktion), wodurch ein deutlich höherer Schrumpf als bei der Polyaddition entsteht. Nach Aushärtung liegen je nach Vernetzungsgrad thermoplastische bis duromere Eigenschaften vor.

Als Zweikomponenten-Produkte in ungesättigter Form für dicke Beschichtungen und Mörtelbeläge kommen sie nicht so häufig zum Einsatz wie EP. Es können jedoch sehr kurze Erhärtungszeiten auch bei niedrigen Temperaturen erzielt werden, so dass sie sich z. B. für Reparaturen und Beschichtungen in Bereichen, in denen nur kurze Sperrzeiten möglich oder keine ausreichend hohen Temperaturen während der Verarbeitung und Aushärtung erzielbar sind, anbieten.

Die Chemikalienbeständigkeit, besonders gegenüber Lösemitteln, ist stark eingeschränkt. Die Zwischenhaftung mehrerer Lagen ist jedoch auch ohne Anrauhen oder Absanden gegeben.

In bereits werkseitig polymerisierter Form, in Lösemittel gelöst oder in Wasser dispergiert, kommen Acrylate vor allem für Anstriche an Fassaden und anderen Sichtflächen zum Einsatz.

Dabei stehen Dispersionen den lösemittelhaltigen Produkten bezüglich Schutzwirkung und Dauerhaftigkeit inzwischen nicht mehr viel nach. Derartige Anstrichstoffe können natürlich nicht mehr bei Temperaturen unter dem Gefrierpunkt, sondern lösemittelhaltig erst ab 8 °C, als Dispersion ab 10 °C verarbeitet werden.

13.5.4 Auf Basis Polyesterharz

Auch Polyester reagiert mit Hilfe eines Katalysators durch Polymerisation. Nach Aushärtung liegt ein duromerer Kunststoff vor. Im Bauwesen kommt Polyester für GFK-Auskleidungen wegen seiner hohen Säurebeständigkeit und hohen Festigkeiten zum Einsatz. Verhältnismäßig hoher Schrumpf und geringe Alkalistabilität haben jedoch dazu geführt, dass Produkte auf dieser Basis für das direkte Beschichten von Beton kaum noch eingesetzt werden, so dass sie im Zusammenhang mit dem Oberflächenschutz von Beton hier nicht weiter behandelt werden.

13.5.5 Auf Basis Polyurea

Dieser zunehmend für rissüberbrückende Beschichtungen eingesetzte Kunststoff weist neben hoher Duktilität gegenüber PUR wesentlich höhere Festigkeiten auf, so dass es möglich ist, hiermit gerissene und rissgefährdete Flächen für hohe mechanische Belastbarkeit zu beschichten, ohne eine gesonderte Verschleißschicht vorsehen zu müssen.

13.5.6 Polymerlösungen

Für das Versiegeln sowie Herstellen dünner Beschichtungen kommen Lösungen auf Acrylatbasis sowie andere gelöste Thermoplaste zur Anwendung. Mit Polymerlösungen lassen sich nur relativ starre Filme mit guter Witterungsstabilität, aber geringer Dehnbarkeit, also ohne rissüberbrückende Eigenschaften, herstellen.

13.5.7 Polymerdispersionen

Mehr noch als Polymerlösungen kommen Dispersionen zum Schutz gegen Witterung und Carbonatisierung des Betons zum Einsatz. Als Rohstoffe werden Acrylate sowie für dehnbare Beschichtungen verschiedene thermoplastische Copolymere eingesetzt.

Mit duktilen Beschichtungen lassen sich in entsprechender Dicke oberflächennahe Risse an Betonbauteilen durchaus überbrücken, doch sollten diese Stoffe nur in zwingenden Fällen eingesetzt werden, da im Falle eines Schadens, z. B. infolge mechanischer Verletzung oder rückwärtiger Durchfeuchtung, großflächige Ablösungen entstehen können. Das gilt vor allem für Deckenuntersichten. Außerdem wird durch rissüberbrückende Beschichtungen die Kontrolle vorhandener Risse und deren Dichtigkeit erschwert.

13.5.8 Siliziumorganische Verbindungen

Hierzu zählen in der Reihenfolge ihrer Teilchengröße und Flüchtigkeit des Bindemittels

- Silane
- Siloxane
- Silikonharz

Diese Stoffe werden für Hydrophobierungen des Betons, auch unter nachfolgenden Versiegelungen und Beschichtungen, eingesetzt und mit unterschiedlichen Wirkstoffgehalten in gelöster und wässriger Form angeboten. Die Erhärtung erfolgt nach dem Auftragen auf die Betonoberfläche durch Polykondensation.

Während sich Silane besonders für die Hydrophobierung neuen, noch nicht carbonatisierten Betons eignen, werden Siloxane vorzugsweise bei älteren, bereits carbonatisierten Betonbauteilen eingesetzt. Silikonharze kommen wegen ihrer größeren Molekülketten nicht auf Beton, sondern vor allem auf porösem Naturstein zur Anwendung.

Das auf der Betonoberfläche bei Regen zu beobachtende Abperlen des Wassers lässt mit der Zeit nach, was nicht bedeutet, dass die Hydrophobierung in der oberflächennahen Zone des Betons nicht mehr wirksam ist, was durch Prüfen des Saugverhaltens mittels Karsten'scher Röhrchen festgestellt werden könnte.

Siloxan wird auch zur Modifizierung der zuvor beschriebenen Polymerlösungen eingesetzt.

13.5.9 Auf Basis anorganischer Bindemittel

Hierunter versteht man mineralische Stoffe wie Kalk, Zement oder Silicate. Produkte auf dieser Grundlage werden wegen ihres geringen Diffusionswiderstandes gegenüber Kohlendioxyd nur zur optischen Gestaltung, nicht aber zum Schutz von Betonoberflächen eingesetzt, da hiermit folglich keine Reduzierung des Carbonatisierungsfortschritts erreicht wird, es sei denn, dass Kunststoff enthalten ist. Sie werden deshalb bei den Schutzsystemen für Beton nicht berücksichtigt.

13.6 Untergrundvorbereitung

Um einen guten Verbund der Beschichtungsstoffe zum Untergrund zu erzielen, muss dieser bestimmte Voraussetzungen erfüllen, die durch entsprechende Vorbereitungsverfahren erreicht werden können. Hierauf wird unter 4. „Untergrund von Beton und Stahl" ausführlich eingegangen.

Als Folge einer Untergrundvorbereitung muss die Betonoberfläche je nach Beschichtungssystem bestimmte Oberflächenzugfestigkeiten (auch als Abreißfestigkeiten der Betonunterlage bezeichnet) aufweisen, deren Werte bei den im Einzelnen beschriebenen Systemen aufgeführt sind. Es soll eine Mindest-Rautiefenklasse RT 0,3 erreicht werden.

13.7 Schutzsysteme

In der Praxis wird unterschieden zwischen

- Imprägnierung, hydrophobierend oder porenauskleidend (nicht filmbildend)
- Anstrichen, starr oder flexibel (rissüberbrückend)
- Versiegelung, Schichtdicke 0,1 – 0,3 mm
- Dünnbeschichtung, Schichtdicke 0,3 – 1,0 mm
- Verlaufbeschichtung, Schichtdicke 1,0 – 3,0 mm (abgestreut 2 – 5 mm)
- Gießbelag, Schichtdicke 3,0 – 6,0 mm (abgestreut 4 – 8 mm)
- Kunstharzestrich, Schichtdicke ab 5,0 mm (vorzugsweise 8 – 12 mm)

In den Regelwerken werden diese Systeme und Begriffe so nicht verwendet.

In der „Instandsetzungs-Richtlinie“ wird zwischen 13 Oberflächenschutzsystemen, von denen 6 (OS A-F) mit den ZTV-ING, Teil 3, Abschnitt 4 sowie 2 weitere mit den ZTV-ING, Teil 7, Abschnitt 1-3 identisch sind. In der TR kommt ein weiteres System OS 14 hinzu, während das System OS 13 entfällt.

In der beigefügten Tabelle sind die Systeme einander übersichtlich gegenübergestellt. Der nachfolgenden Beschreibung der einzelnen Schutzsysteme liegt die Systematik der Instandsetzungs-Richtlinie bzw. der TR zugrunde, wobei die analogen Systeme der ZTV-ING in Klammern aufgeführt sind.

In der Instandsetzungs-Richtlinie sind die ursprünglich auch enthaltenen Industrieboden-Beschichtungen OS 3, OS 6, OS 8 und OS 12 nicht mehr aufgeführt. Da diese Systeme jedoch nach wie vor Anwendung finden, werden sie hier ebenfalls beschrieben. Weil OS 8 auch auf Parkflächen sowie Rampen und Spindeln eingesetzt wird, wurde dieses System 2008 durch ein Ergänzungsschreiben wieder in die Instandsetzungs-Richtlinie aufgenommen.

In der TR werden für die Rissüberbrückung folgende Klassen für Verfahren B nach EN 1062-7 angegeben

- Klasse B 2 für OS 5 bei -20 °C
- Klasse B 3.2 für OS 11 bei -20 °C
- Klasse B 4.2 für OS 14 bei -20 °C

In den folgenden Kapiteln 8.1 und 8.2 werden die Oberflächenschutzsysteme im Einzelnen ausführlich beschrieben.

Oberflächenschutzsysteme				
DAfStb	**BASt**	**Kurzbeschreibung**	**Richtwerte**	**Hauptbindemittel-Gruppen**
Rili SIB	**ZTV-ING**		**d min**	
OS 1	OS-A	Hydrophobierung		siliciumorganische Verbindung
OS 2	OS-B	Beschichtung für nicht begehbare Flächen	80 µm	Acrylat
(OS 3)		Versiegelung für befahrbare Flächen	50 µm	Epoxid, Acrylat, Polyurethan
OS 4	OS-C	Beschichtung für nicht begehbare Flächen	80 µm	Acrylat, Polyurethan-Acrylat
OS 5 a	OS-D II	Beschichtung mit geringer Rissüberbrückung	300 µm	Copolymere-Dispersion
OS 5 b	OS-D I	für nicht begehbare Flächen	2000 µm	Dispersions-Zement-Schlämme
(OS 6)		chemisch widerstandsfähige Beschichtung	500 µm	Epoxid, Polyurethan
OS 7	7.1 und 7.2	Beschichtung unter Dichtungsschichten	1,0 mm	Epoxid
OS 8		chemisch widerstandsfähige Beschichtung für befahrbare Flächen	2,5 mm	Epoxid
OS 9	OS-E	Beschichtung mit erhöhter Rissüberbrückung für nicht begehbare Flächen	1,0 mm	Polyurethan

Oberflächenschutzsysteme				
DAfStb	**BASt**	**Kurzbeschreibung**	**Richtwerte**	**Hauptbindemittel-Gruppen**
Rili SIB	**ZTV-ING**		**d min**	
OS 10	7.3	Dichtungsschicht mit hoher Rissüberbrückung unter Schutz- und Deckschichten	2,0 mm	Polyurethan
OS 11a	OS-F a	Beschichtung mit erhöhter dynamischer	1,5 + 3,0 mm	Epoxid-Polyurethan
OS 11b	OS-F b	Rissüberbrückung für befahrbare Flächen	4,0 mm	
(OS 12)	PC	Reaktionsharzmörtel für befahrbare Flächen	5,0 mm	Epoxid
(OS 13)		Beschichtung mit nicht dynamischer Rissüberbrückung für befahrbare Flächen	2,5 mm	Epoxid-Polyurethan
OS 14		Beschichtung mit hoher dynamischer Rissüberbrückung für befahrbare Flächen	2,0 + 4,0 mm	Epoxid-Polyurethan

OS in Klammern in Instandsetzungs-Richtlinie nicht mehr enthalten, OS 7, OS 9, OS 10 und OS 13 in TR nicht enthalten, OS 14 neu in TR

13.8 Qualitätssicherung

Die grundsätzliche Eignung von Oberflächen-Schutzsystemen für den nach der TR und Instandsetzungs-Richtlinie vorgesehenen Einsatzbereich soll im Rahmen einer Grundprüfung erbracht werden. Hierbei werden u. a. folgende Eigenschaften für den Eignungsnachweis untersucht:

- Druck- und Biegezugfestigkeit
- Spannungs-Dehnungsverhalten
- Rissüberbrückung
- Temperaturdehnung
- Schrumpfverhalten
- Wasseraufnahme
- Diffusionsverhalten
- chemische Beständigkeit
- Temperaturwechsel-Beständigkeit
- Frost-Tausalz-Widerstand
- Alterung
- Haftfestigkeit

Die Eigenschaften der zu liefernden Stoffe und deren gleichmäßige Beschaffenheit sind durch entsprechende Eigenüberwachung der Hersteller, die sich außerdem einer Fremdüberwachung unterziehen können, sicherzustellen.

Gemäß TR sind in Abhängigkeit von der Rauheit des Untergrunds und zur Erfassung von Mehrverbräuchen durch Materialeigenschaften, Verarbeitungsverfahren und Verarbeitungsbedingungen für die verschiedenen Oberflächenschutzsysteme Werte für den flächenbezogenen Stoffverbrauch in die Angaben zur Ausführung von den Herstellern aufzunehmen.

Mit der Beurteilung und Planung von Schutz- und Instandsetzungsarbeiten muss ein sachkundiger Planer beauftragt werden, der die erforderlichen Kenntnisse für Schutz und Instandsetzung von Betonbauwerken aufweist. Für die gewählte Ausführung soll auch ein Instandhaltungsplan erstellt werden.

Das bauausführende Unternehmen muss entsprechende Anforderungen bezüglich Personal und Geräteausstattung erfüllen. Auf jeder Baustelle muss ein geschulter, insbesondere handwerklich ausgebildeter Fachmann des Unternehmens ständig anwesend sein (SIVV-Schein). Zu dessen Aufgaben gehören auch die im Rahmen der Eigenüberwachung durchzuführenden Prüfungen sowie das Aufzeichnen und Auswerten der Ergebnisse. Die Fremdüberwachung ist durch eine Überwachungsgemeinschaft oder aufgrund eines Überwachungsvertrages mit einer Prüfstelle durchzuführen.

Auf die Anforderungen an die Betriebe und die Qualitätssicherung der Ausführung wird im Kapitel 13.2 gezielt eingegangen.

13.9 Oberflächenschutz für Bodenflächen

13.9.1 Einleitung

Da an Bodenflächen andere, z. T. deutlich höhere Anforderungen gestellt werden als an nicht begeh- und nicht befahrbare Flächen, werden im Folgenden zunächst die vorwiegend für diese Oberflächen entwickelten Schutzsysteme behandelt.

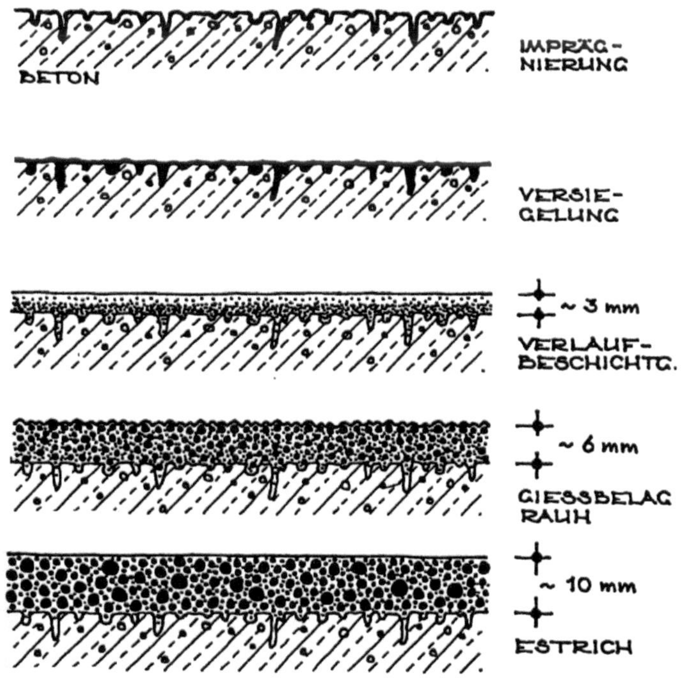

Bild 13.1: Schematische Darstellung von in der Praxis gebräuchlichen Oberflächen-Schutzsystemen und deren Bezeichnungen für Bodenflächen

In den Regelwerken werden diese Systeme und Begriffe so nicht verwendet, sondern die nachfolgenden Bezeichnungen und Beschreibungen aufgeführt.

13.9.2 OS 3 Versiegelung für befahrbare Flächen

Als Bindemittel werden bevorzugt Epoxidharz, aber auch Polyurethan und Acrylat eingesetzt. Die Stoffe kommen lösemittelfrei oder lösemittelhaltig, mit Ausnahme von PUR auch als wässrige Emulsionen oder Dispersionen, zum Einsatz.

13.9.2.1 Eigenschaften

Bodenversiegelungen dienen der Erhöhung des Verschleißwiderstandes und der Verfestigung des Betonuntergrundes. Aufgrund des dichten Films wird die Wasseraufnahme und Aufnahme von in Wasser gelösten Schadstoffen weitgehend unterbunden. Sowohl die Kohlendioxiddiffusion als auch die Wasserdampfdiffusion werden stark behindert. Es handelt sich jedoch um keine dauerhafte Maßnahme bei erhöhter mechanischer/chemischer Exposition. Bei unpigmentierten Produkten ergibt sich eine farblich ungleichmäßige Oberfläche.

Bild 13.2: Mit Epoxidharz versiegelte Bodenfläche in einem Hangar

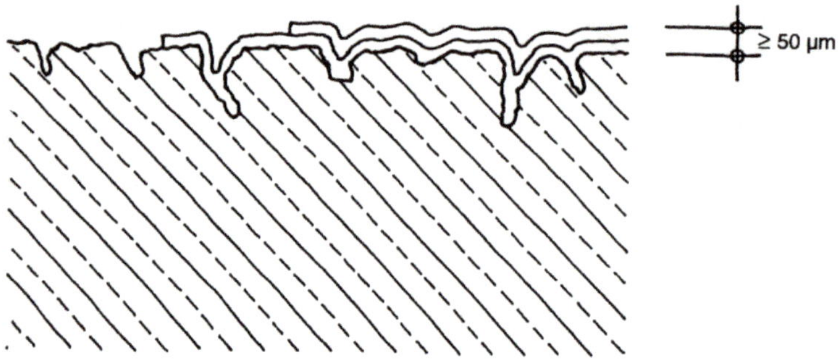

Bild 13.3: Schemazeichnung OS 3 Versiegelung für befahrbare Flächen

13.9.2.2 Anwendungsbereich

Derartige Versiegelungen werden auf Fußböden und Fahrbahnen überwiegend nicht frei bewitterter Flächen mit geringer mechanischer Belastung aufgebracht.

13.9.2.3 Aufbau

Bodenversiegelungen erfolgen je nach Saugfähigkeit des Untergrundes in ein- bis mehrmaligem Auftrag eines gemäß Systembeschreibung nicht pigmentierten Reaktionsharzes. In der Praxis werden jedoch durchaus auch pigmentierte Produkte eingesetzt. Die Mindest-Schichtdicke beträgt 50 µm.

Bild 13.4: Aufrollen einer Versiegelung

Bild 13.5: Betonoberfläche lässt unterschiedliche Saugfähigkeit erkennen

13.9.2.4 Anforderungen an den Untergrund

Die Oberfläche muss sauber, griffig und fest sein und eine Oberflächenzugfestigkeit von mindestens 1,0 N/mm² aufweisen. Die oberflächennahe Schicht soll trocken bis höchstens feucht (je nach Herstellervorschrift) sein. Ansonsten sind die unter 4. beschriebenen Voraussetzungen sicherzustellen.

13.9.3 OS 6 chemisch widerstandsfähige Beschichtung für mechanisch gering beanspruchte Flächen

Dieses System ist nicht nur für Bodenflächen, sondern auch auf Wandflächen einsetzbar.

Als Bindemittel kommen Epoxid- und Polyurethanharz in Frage.

13.9.3.1 Eigenschaften

Es sind ähnliche Eigenschaften wie bei OS 3 gefordert, jedoch aufgrund der höheren Schichtdicke mit entsprechend stärkerer Belastbarkeit und größerer Dauerhaftigkeit. Folglich entsteht auch eine noch stärkere Reduzierung der Kohlendioxid-, jedoch ebenfalls der Wasserdampfdiffusion.

13.9.3.2 Anwendungsbereich

Dieses System eignet sich für gering belastete Bodenflächen, aber auch Wände in mechanisch und chemisch belasteten Bereichen in Industrie und Gewerbe, z. B. für Werkstätten, Behälter, Kläranlagen, Garagen.

Bild 13.6: OS 6-Beschichtung in einem Tierstall an Boden und Wand

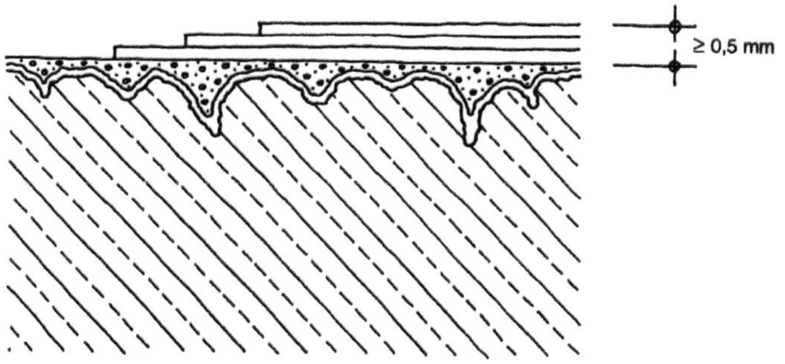

Bild 13.7: Schemazeichnung OS 6 chemisch widerstandsfähige Beschichtung für mechanisch gering beanspruchte Flächen

13.9.3.3 Aufbau

Zunächst wird eine nicht pigmentierte Grundierung auf Reaktionsharzbasis, in der Regel EP-lösemittelfrei, aufgebracht. Danach erfolgt eine Spachtelung mit einem Reaktionsharz-Feinspachtel zum Füllen von Fehlstellen, Lunkern und Poren. Abschließend werden ein oder mehrere Deckschichten (Sollschichtdicke ≥ 150 µm) aus lösemittelhaltigem oder wasseremulgiertem oder lösemittelfreiem Reaktionsharz, Mindestschichtdicke 500 µm, aufgetragen.

13.9.3.4 Anforderungen an den Untergrund

Der Untergrund muss nach Abtrag von Schlämmen, Zementhaut und Feinmörtel sowie Öffnen von Lunkern und Poren sauber und rau sein und eine Oberflächen-Zugfestigkeit mit einem Mittelwert ≥ 1,5 N/mm² (kleinster Einzelwert 1,0 N/mm²) aufweisen. Die oberflächennahe Betonschicht muss trocken, in Ausnahmefällen höchstens feucht, sein.

13.9.4 OS 7 Beschichtung unter Dichtungsschichten für begeh- und befahrbare Flächen

Als Bindemittel wird hierfür ausschließlich Epoxidharz eingesetzt.

13.9.4.1 Eigenschaften

Im Vordergrund steht der Schutz gegen in Wasser gelöste Schadstoffe, in diesem Fall speziell Chloride von Tausalzen. Im Übrigen sind die Eigenschaften denen der für OS 6 einzusetzenden Stoffe ähnlich. In diesem Fall ist allerdings die besondere Eignung für die Temperaturbelastung durch den nachfolgenden Einbau der bituminösen Dichtungsschichten und Asphaltbeläge maßgebend.

13.9.4.2 Anwendungsbereich

Die Produkte werden für Grundierungen, Versiegelungen und Kratzspachtelungen als Teil der Abdichtung unter bituminösen Belägen auf Beton bei Brücken, Parkdecks und ähnlichen Bauwerken verwendet.

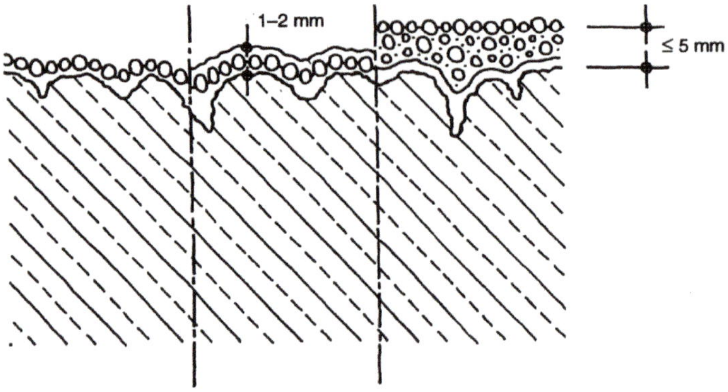

Bild 13.8: Schemazeichnung OS 7 (ZTV-ING 7.1 - 7.3) Beschichtung unter Dichtungsschichten bei Brücken und ähnlichen Bauwerken

13.9.4.3 Aufbauten

Aufbau 1

Es wird eine Grundierung aus lösemittelfreiem Epoxidharz mit einem Verbrauch von 300 – 500 g/m² aufgetragen, die mit ofengetrocknetem Quarzsand der Körnung 0,2 – 0,7 mm Ø, nicht im Überschuss, abgestreut wird. Nach Erhärtung wird überschüssiges, nicht in die Grundierung eingebundenes Abstreugut entfernt.

Bild 13.9: OS 7-Grundierung nach Aufbau 1

Aufbau 2

Nach Grundierung und Abstreuung wie vor folgt nach Erhärtung und Entfernung überschüssigen, nicht eingebundenen Abstreugutes eine Versiegelung mit lösemittelfreiem Epoxidharz, Verbrauch 500 – 800 g/m². Die Mindestschichtdicke beträgt 1,0 mm, die Maximalschichtdicke 2,0 mm.

Aufbau 3

Bei Vertiefungen von 1,5 – 5 mm wird in die frische, unabgestreute Grundierung eine Kratzspachtelung aus Epoxidharzmörtel (Mischungsverhältnis 1 : 3 bis 1 : 4 mit Sand in werksmäßig abgepackten Gebinden) eingebracht, die mit ofengetrocknetem Quarzsand der Körnung 0,2 – 0,7 mm Ø, nicht im Überschuss, abgestreut wird. Nach Erhärtung wird überschüssiges, nicht in die Spachtelung eingebundenes Abstreugut entfernt. Die Maximalschichtdicke beträgt 5,0 mm (örtlich, keine durchgehende Schicht).

Bild 13.10: OS 7-Kratzspachtelung nach Aufbau 3

13.9.4.4 Anforderungen an den Untergrund

Es werden die gleichen Anforderungen wie bei OS 6 gestellt mit dem Unterschied, dass dieses System nur auf befahrbaren Flächen zum Einsatz kommt.

13.9.5 OS 8 chemisch widerstandsfähige Beschichtung für befahrbare, mechanisch stark belastete Flächen

Für dieses System werden vorwiegend Epoxidharze verwendet, die als gefüllte Verlaufbeschichtungen aufgebracht werden.

13.9.5.1 Eigenschaften

Neben den bereits für OS 6 aufgezeigten Eigenschaften, die entsprechend der jetzt höheren Schichtdicke mit größerer Sicherheit und Dauerhaftigkeit verbunden sind und somit auch höhere Belastungen ermöglichen, können zusätzlich je nach Anforderung eine oder mehrere der folgenden Eigenschaften von besonderer Bedeutung sein:

- Verbesserung der Griffigkeit/Rutschhemmung
- Dekontaminierbarkeit
- strahlenresistent
- elektrische Ableitfähigkeit
- Eignung bei rückseitiger Wassereinwirkung

Bild 13.11: OS 8-Beschichtung in einem Supermarkt

13.9.5.2 Anwendungsbereich

Dieses System wird vor allem für mechanisch und chemisch stark beanspruchte Bodenflächen, z. B. Fahrflächen in Parkbauten, Industrieböden, in Werkstätten, Lagerhallen u. ä. eingesetzt. Durch Beimischen von Gesteinskörnung und Abstreuen mit Quarzsand und verschiedenen Granulaten können unterschiedliche Oberflächentexturen geschaffen und hoher Verschleißwiderstand erzielt werden. Solche Beschichtungen sind normalerweise elektrisch isolierend, können aber auch für elektrische Ladungen ableitend formuliert werden. Ferner ist die Herstellung strahlenresistenter und dekontaminierbarer Oberflächen zum Einsatz in kerntechnischen Anlagen möglich. Mit speziellen Rohstoffen und besonderen Formulierungen der Grundierung wird dauerhafte Haftung auch bei rückseitiger Durchfeuchtung erzielt.

13.9.5.3 Aufbau

Bild 13.12: Aufspachteln einer Epoxidharz-Verlaufbeschichtung auf einem Industriefußboden

Bild 13.13: Aufziehen einer Epoxidharz-Verlaufbeschichtung mit dem Gummischieber auf einem Parkdeck

Zuerst erfolgt eine lösemittelfreie, niedrigviskose, nicht pigmentierte Grundierung. Erforderlichenfalls muss eine Spachtelung zum Ausgleich von Unebenheiten mit EP-Feinmörtel vorgenommen werden. Danach werden eine oder mehrere, meist pigmentierte Deckschichten aufgetragen

Bild 13.14: Abstreuen der Verlaufbeschichtung mit Quarzsand

Bild 13.15: Quarzsand zum Abstreuen von Verlaufbeschichtungen

Bild 13.16: mit Quarzsand abgestreute Verlaufbeschichtung, rechts abgekehrt

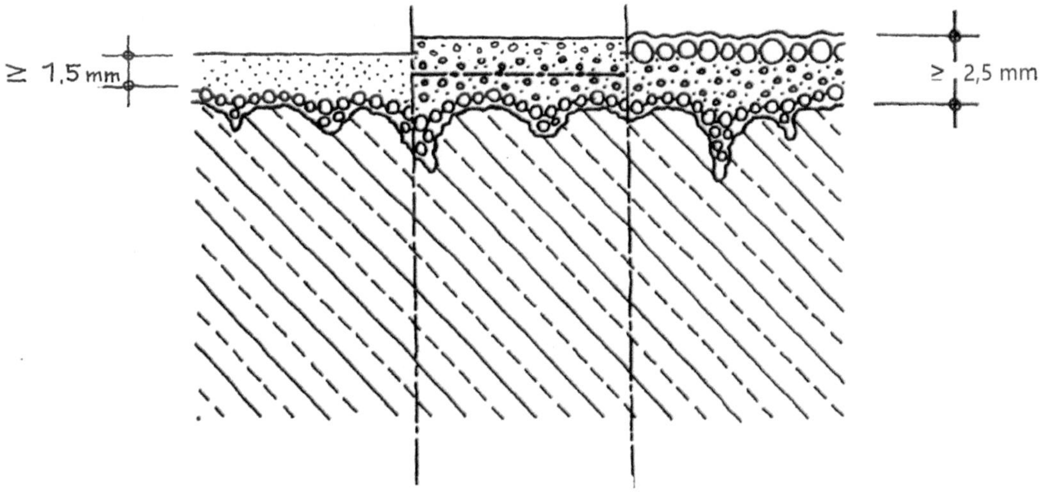

Bild 13.17: Schemazeichnung OS 8 chemisch widerstandsfähige Beschichtung für befahrbare, mechanisch stark belastete Flächen

Meistens werden mit mineralischen Füllstoffen versetzte Verlaufmörtel verwendet oder auch mit Glas- oder Kunststoff-Gewebe verstärkte Beschichtungen als Deckschichten eingesetzt. In Bereichen ohne Rutschgefahr z. B. Ausstellungsräumen werden Beschichtungen ohne Abstreuung aufgebracht. Besonders dann, aber auch sonst ist zu empfehlen, die Verlaufbeschichtung im frischen Zustand mit Stachelwalzen zur Entlüftung abzurollen, um Oberflächenstörungen in Form von Blasen durch aufsteigende Luft zu verhindern.

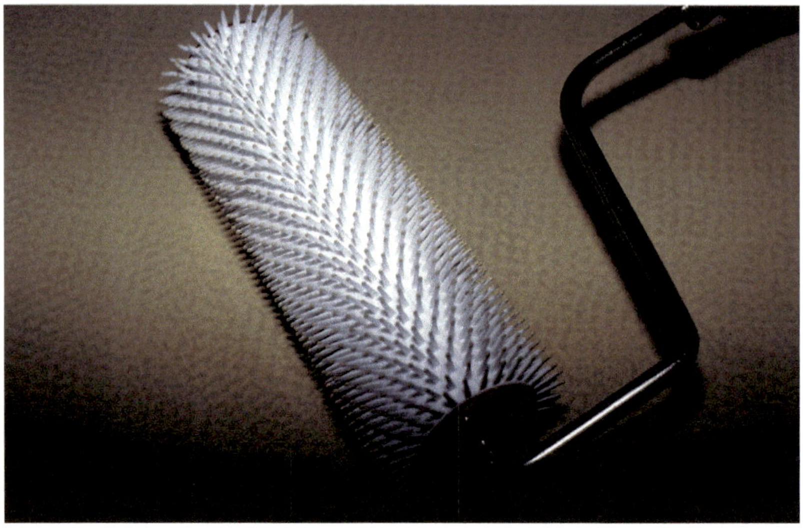

Bild 13.18: Entlüften der frischen Beschichtung durch Abrollen mit der Stachelwalze

Zur Herstellung der gewünschten Rutschhemmung werden in die noch frischen Beschichtungen z. B. Quarzsand, Schlacken, Korund oder Siliziumcarbid eingestreut. Kornform und Korngrößen richten sich nach dem gewünschten bzw. erforderlichen Rauheitsgrad. Blasenbildung ist bei Abstreuungen weniger leicht möglich. Überschüssiges Abstreugut wird nach Erhärtung entfernt.

Für rutschhemmende und dennoch leicht zu reinigende Oberflächen wird eine zusätzliche Deckschicht als Deckversiegelung (auch Kopfversiegelung genannt) aufgebracht. Damit werden auch Korneinbindung und Chemiekalienbeständigkeit der abgestreuten Beschichtung verbessert, die Rutschhemmung jedoch wieder etwas herabgesetzt, was bei der Wahl des Abstreugutes zu berücksichtigen ist.

Bild 13.19: Aufrollen einer Deckversiegelung auf die abgesandete Verlaufbeschichtung

Bild 13.20: OS 8-Beschichtung abgestreut, rechts mit Deckversiegelung

Bild 13.21: OS 8-Beschichtung in einem Parkhaus.

Die Mindestschichtdicke beträgt 1,5 mm bei reinen Schutzmaßnahmen im Sinne von DIN EN 13813, ansonsten 2,5 mm. Je nach Rautiefe beträgt der Schichtdickenzuschlag ≤ 1200 µm, sofern zuvor kein Rautiefenausgleich in Form einer Spachtelung vorgenommen wurde. Über 5 mm hinaus erforderliche Schichtdicken werden zweckmäßigerweise mit dem System OS 12 (nicht mehr in der Instandsetzungs-Richtlinie und TR enthalten) hergestellt.

13.9.5.4 Anforderungen an den Untergrund

Gegenüber OS 6 werden in der Instandsetzungs-Richtlinie erhöhte Anforderungen an die Oberflächen-Zugfestigkeit mit einem Mittelwert ≥ 2,0 N/mm^2 und einem Einzelwert ≥ 1,5 N/mm^2 gestellt, was eine intensivere Untergrundvorbereitung bedingen kann. In der TR sind diese Werte um jeweils 0,5 N/mm^2 niedriger angegeben.

13.9.6 OS 10 Beschichtung als Dichtungsschicht mit hoher Rissüberbrückung unter Schutz- und Deckschichten für begeh- und befahrbare Flächen

Diese Produkte basieren vorwiegend auf PUR, aber auch auf PMMA.

13.9.6.1 Eigenschaften

Die Beschichtung muss die Abdichtung gegen Wasser und in Wasser gelöste Stoffe, hier Chloride der Tausalze, dauerhaft sicherstellen und deshalb auch eine dauerhafte Rissüberbrückung vorhandener und neu entstehender Trennrisse unter temperatur- und lastabhängigen Bewegungen ermöglichen. Die Hitzebeständigkeit muss bis 250 °C (kurzzeitig) gegeben sein. Schubkräfte aus Verkehr über die Gussasphalt-Schutzschicht müssen auf die Fahrbahnplatte übertragen werden.

Bild 13.22: Spritzabdichtung gemäß OS 10 auf einer Brücke

13.9.6.2 Anwendungsbereich

Das System dient der Abdichtung unter befahrenen bituminösen und anderen Deckschichten bei Brücken, Trog- und Tunnelsohlen, Parkhäusern u. ä. Der Vorteil gegenüber bituminösen Dichtungsbahnen besteht darin, dass über die gesamte abzudichtende Fläche eine durchgehende nahtlose Haut flüssig aufgebracht wird einschließlich Aufkantungen, Anschlüssen an andere Bauteile wie Einläufe, Übergangskonstruktionen usw., weshalb dieses System auch als „Flüssigfolie" bezeichnet wird.

Die Applikation der rissüberbrückenden Beschichtung erfolgt bei großen Flächen in der Regel mit beheizten Zweikomponenten-Spritzanlagen, womit eine Erhärtung des Reaktionsharzes und Begehbarkeit der Abdichtung schon nach wenigen Minuten erzielt wird. Für derartige Arbeiten sind günstige Witterungsbedingungen oder Einhausungen erforderlich.

13.9.6.3 Aufbau

Grundierung mit lösemittelfreiem, dünnflüssigem, unpigmentiertem Reaktionsharz, 300 – 500 g/m², Kratzspachtelung bei Vertiefungen von 1,5 mm bis 5 mm mit einem Reaktionsharzmörtel (in die frische Grundierung eingebracht), Abstreuung der Grundierung bzw. der Kratzspachtelung mit ofengetrocknetem Quarzsand der Körnung 0,2 – 0,7 mm Ø. Evtl. wird auf die Grundierung noch eine Deckversiegelung aufgebracht.

Diese 3 Arbeitsgänge entsprechen OS 7.

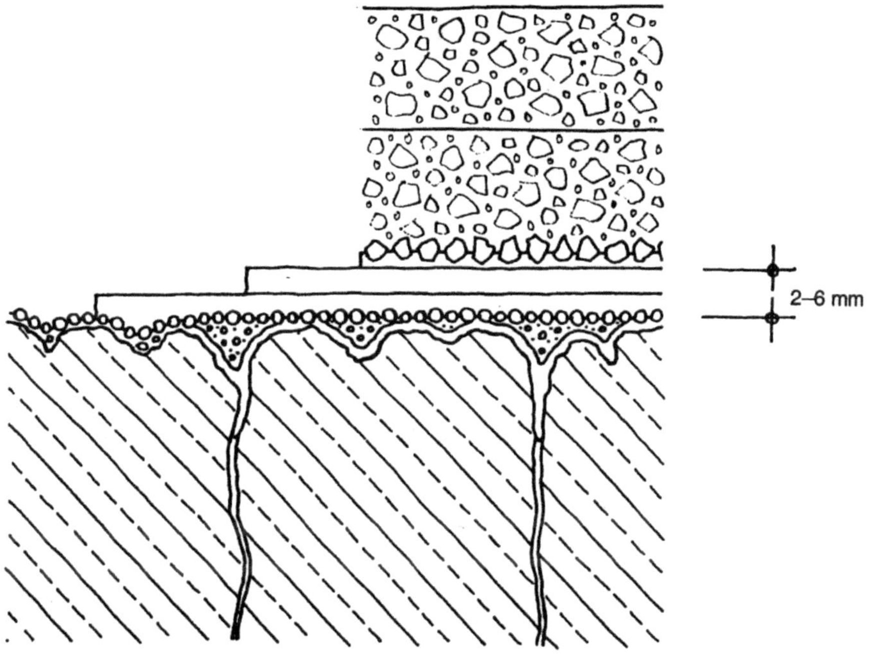

Bild 13.23: Schemazeichnung OS 10 (ZTV-ING 7.3) Beschichtung als Dichtungsschicht für begeh- und befahrbare Flächen unter Schutz- und Deckschichten mit hoher Rissüberbrückung

Rissüberbrückende Dichtungsschicht in mindestens zwei Lagen (bei Spritzauftrag von Stoffen mit schneller Härtungszeit kann die Schicht auch durch zwei kurzfristig aufeinanderfolgende Spritzübergänge hergestellt werden).

Der praktische Stoffverbrauch beträgt je nach Rautiefe der Unterlage, Art des Stoffes und Art des Auftrages ca. 3,0 – 3,5 kg/m².

Mindestschichtdicke	2 mm.
Maximalschichtdicke	6 mm.

Eine Verbindungsschicht (Haftvermittler) ist ggf. systembedingt erforderlich. Anschließend erfolgt eine Schutzschicht aus Gussasphalt, Deckschicht aus Gussasphalt, Asphaltbeton, Splittmastixasphalt, Verbundsteinpflaster o. ä.

13.9.6.4 Anforderungen an den Untergrund

Es werden die gleichen Forderungen wie bei OS 7 erhoben.

13.9.7 OS 11 Beschichtung mit erhöhter dynamischer Rissüberbrückung für begeh- und befahrbare Flächen

Als Bindemittel werden Polyurethanharze, modifizierte Epoxidharze sowie Polymethyl-Methacrylate verwendet.

13.9.7.1 Eigenschaften

Verhinderung der Wasseraufnahme und darin gelöster Schadstoffe, Überbrückung von Trennrissen gemäß Rissüberbrückungsklasse B 3.2, Verbesserung des Frost-Tausalz-und Verschleiß-Widerstandes, der Griffigkeit und Schlagfestigkeit.

13.9.7.2 Anwendungsbereich

Dieses Beschichtungssystem ist für frei bewitterte, rissgefährdete begeh- und befahrbare Bodenflächen auch im Sprüh- und Spritzbereich von Tausalzen wie Brückenkappen, Fußgänger-Brükken, Parkdecks u. ä. vorgesehen.

13.9.7.3 Aufbau

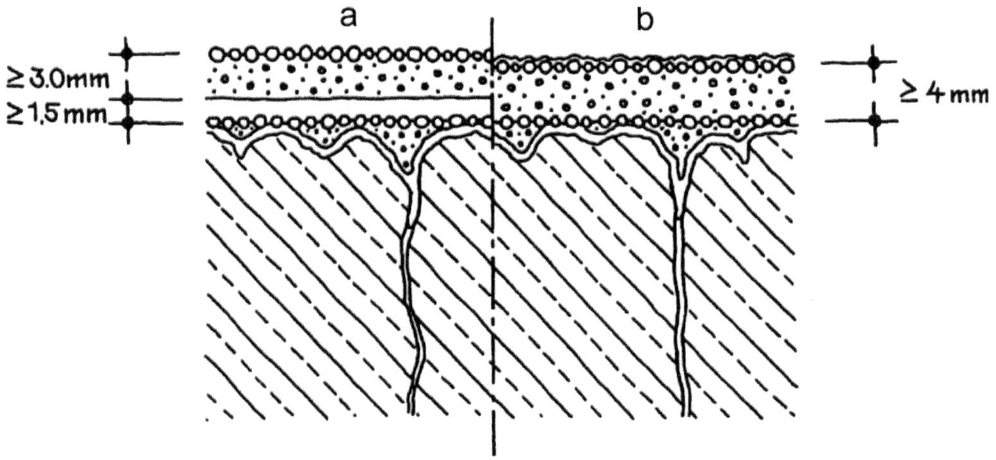

Bild 13.24: Schemazeichnung OS 11 (nach ZTV-ING OS-F) Beschichtung mit erhöhter Rissüberbrückung für begeh-und befahrbare Flächen

Aufbau a

In der Regel wird zuerst eine nichtpigmentierte, niedrigviskose, lösemittelfreie EP-Grundierung aufgetragen. Danach folgt ggf. eine Spachtelung mit EP-Quarzsand-Gemisch zum Füllen von Fehlstellen, Lunkern und Poren und zum Ausgleich von Rautiefen > 1 mm. Anschließend wird eine elastische Beschichtung als rissüberbrückende Zwischenschicht, auch als Schwimmschicht bezeichnet, mit einer Mindestschichtdicke von 1,5 mm aufgebracht. Schichtdickenzuschläge sind je nach Rautiefe mit ≤ 1000 µm vorzusehen.

Bild 13.25: Aufziehen der „Schwimmschicht" von OS 11a mit Beschichtungsmaschine auf einem Parkdeck

Darauf wird ein hart-elastischer, gefüllter Verlaufmörtel als Verschleißschicht aufgezogen, abgestreut zur Erhöhung der Griffigkeit mit Quarzsand, Schlackengranulat o. ä. in Korngrößen von ca. 0,8 – 1,2 mm. Die Mindestschichtdicke beträgt 3 mm. Je nach Rautiefe sind Zuschläge zur Schichtdicke von ≤ 300 µm erforderlich. Abschließend kann nach Entfernung überschüssigen Abstreugutes eine Versiegelung der Oberfläche zum besseren Einbinden des Abstreukorns gegen Herausfahren und Herauslaufen und zur Verbesserung der Reinigungsfähigkeit durchgeführt werden.

Bemühungen in der Vergangenheit, zweischichtige Beläge in einem Arbeitsgang durch zeitlich gezieltes Abstreuen herzustellen, waren nicht erfolgreich. Bessere Ergebnisse wurden mit Systemen erreicht, bei denen durch Beimischung eines Polymer- oder Gummigranulates eine Membrane geschaffen wird, die das Durchsacken des Abstreugutes in die rissüberbrückende Zwischenschicht behindert oder bei denen die Beschichtungsmasse so thixotropiert ist, dass das Einstreugut nur in die obere Zone der Beschichtung eindringt und somit eine untere ungefüllte Schicht mit höherer Duktilität zur Rissüberbrückung verbleibt. Bei allen derartigen Systemen liegt jedoch im Gegensatz zum Aufbau mit zuvor gesondert aufgebrachter elastischer Zwischenschicht keine exakt definierte Schichtdicke zur Rissüberbrückung vor. Auch die Verarbeitbarkeit derartig modifizierter Stoffe ist nicht so gut.

Bild 13.26: Bohrkern mit Riss und OS 11a-Beschichtung

Aufbau b

Grundierung und ggf. Spachtelung werden wie bei Aufbau 1 vorgenommen. Darauf erfolgt eine elastische, verschleißfeste, vorgefüllte Oberflächenschutzschicht, die wie beim Aufbau a abgestreut wird, Mindestschichtdicke 4 mm. Auch Gewebeeinlagen sind möglich. Je nach Rautiefe beträgt der Schichtdickenzuschlag ≤ 1200 μm.

Nach Entfernen überschüssigen Abstreugutes wird eine Deckversiegelung wie bei Aufbau a, jedoch obligatorisch, aufgebracht. Ggf. erfolgt abermals eine Abstreuung und eine weitere Deckversiegelung.

13.9.7.4 Anforderungen an den Untergrund

Es müssen die gleichen Voraussetzungen nach TR wie bei OS 8 erfüllt sein.

13.9.8 OS 12 Beschichtung mit Reaktionsharzmörtel für befahrbare mechanisch stark belastete Flächen

Für dieses ebenfalls nicht mehr in der Instandsetzungs-Richtlinie und in der TR aufgeführte System kommt als Bindemittel ausschließlich Epoxidharz zum Einsatz.

13.9.8.1 Eigenschaften

Dieses System zeichnet sich durch die gleichen Vorzüge wie das System OS 8 aus, jedoch mit noch höherer mechanischer Belastbarkeit und höherem Verschleiß-Widerstand. Das optische Erscheinungsbild ist bei unpigmentiertem Bindemittel von der Art der verwendeten Sande und Granulate bzw. den ggf. aufgebrachten Deckschichten abhängig.

13.9.8.2 Anwendungsbereich

Bild 13.27: OS 12-Beschichtung in einem fleischverarbeitenden Betrieb

Auch der Anwendungsbereich entspricht dem von OS 8, besonders für Böden mit besonders starker Belastung durch Schlag und Stoß sowie rollende und schleifende Beanspruchung. Man spricht bei solchen Beschichtungen auch häufig von Kunstharz-Estrich.

Die Mörtel werden entweder von Hand aufgezogen, verdichtet und geglättet oder zwischen Distanzleisten verteilt, abgezogen und mit Flügelglättern verdichtet und geglättet. Für die Höhe der Abziehleisten müssen ca. 20 % zur angestrebten Schichtdicke für Verdichtung hinzugerechnet werden. Gelegentlich werden auch Maschinen mit Rüttelabziehbohlen eingesetzt.

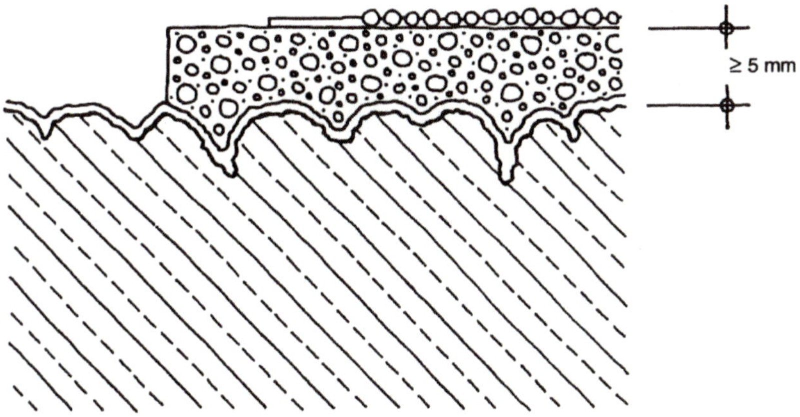

Bild 13.28: Schemazeichnung OS 12-Beschichtung mit Reaktionsharz-Mörtel für befahrbare, mechanisch stark belastete Flächen

13.9.8.3 Aufbau

In der Regel wird eine nicht pigmentierte lösemittelfreie Grundierung auf Reaktionsharzbasis, die auch gleichzeitig als Haftbrücke für den nachfolgenden Reaktionsharz-Mörtel dienen kann, auf die vorbereitete Betonoberfläche aufgebracht. Evtl. folgt aber nach der Grundierung, ggf. abgestreut, der gesonderte Auftrag einer ebenfalls nicht pigmentierten, lösemittelfreien Haftbrücke, in die der Reaktionsharzmörtel mit einer Mindestschichtdicke 5 mm „frisch in frisch" eingebracht und verdichtet wird. Die Mindestschichtdicke richtet sich außerdem nach der für den Mörtel verwendeten Gesteinskörnung und muss das Dreifache des Größtkorndurchmessers betragen. Mörtel mit einem Größtkorn von 2 mm Ø werden in der Regel in 8 – 12 mm Dicke verlegt.

Bild 13.29: Verdichten und Glätten einer Epoxidharzmörtel-Beschichtung gemäß OS 12 mit einem Flügelglätter

Bild 13.30: Oberfläche einer OS-Beschichtung mit farbigen Sanden

Zum besseren Porenschluss kann noch eine Versiegelung der Oberfläche mit einem lösemittelfreien Reaktionsharz-Bindemittel erfolgen und, falls erforderlich, zur Verbesserung der Griffigkeit mit verschiedenen Granulaten abgestreut und ggf. noch einmal versiegelt werden.

13.9.8.4 Anforderungen an den Untergrund

Es gelten die gleichen Voraussetzungen wie für OS 8.

13.9.9 OS 13 Beschichtung mit nicht dynamischer Rissüberbrückung für begeh- und befahrbare, mechanisch belastete Flächen

Dieses für Parkflächen entwickelte, in der Instandsetzungs-Richtlinie beschriebene System war stets umstritten und hat keine wirkliche Bedeutung erlangt, so dass es in der TR zu Recht nicht mehr aufgeführt wird. Deshalb wird es hier auch nicht weiter behandelt.

13.9.10 OS 14 Beschichtung mit hoher dynamischer Rissüberbrückung für begeh- und befahrbare Flächen

Dieses System ist durch die TR neu eingeführt worden. Als Bindemittel werden Polyurethan- und Polyureaharze, modifizierte Epoxidharze sowie Polymethyl-Methacrylate verwendet.

13.9.10.1 Eigenschaften

Wie bei OS 11a, jedoch mit noch größerer Fähigkeit zur Überbrückung von Trennrissen gemäß Rissüberbrückungsklasse B 4.2 sowie höherem Verschleiß-Widerstand.

13.9.10.2 Anwendungsbereich

Wie bei OS 11a. mit höherer Rissüberbrückung.

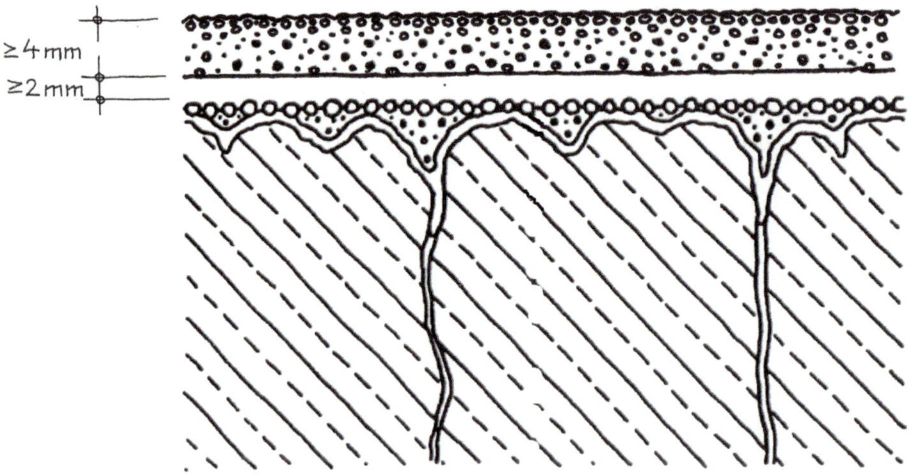

Bild 13.31: Schemazeichnung OS 14 Beschichtung mit hoher Rissüberbrückung für begeh-und befahrbare Flächen

13.9.10.3 Aufbau

In der Regel wird zuerst eine nichtpigmentierte, niedrigviskose, lösemittelfreie EP-Grundierung aufgetragen. Danach folgt ggf. eine Spachtelung mit EP-Quarzsand-Gemisch zum Füllen von Fehlstellen und Poren und zum Ausgleich von Rautiefen > 1 mm. Anschließend wird eine elastische Beschichtung als rissüberbrückende Zwischenschicht ähnlich OS 10, in der Regel mit Zweikomponenten-Heißspritzanlagen bei 50 °C – 80 °C, mit einer Mindestschichtdicke von 2 mm aufgebracht. Schichtdickenzuschläge sind je nach Rautiefe mit vorzusehen. Grundsätzlich ist es deshalb technisch sinnvoll, auch bei Rautiefen unter 1 mm zuvor eine Spachtelung vorzunehmen.

Bild 13.32: Heißspritzen der OS 14-Schwimmschicht ≥ 2 mm dick

Darauf wird ein hart-elastischer, gefüllter Verlaufmörtel als Verschleißschicht aufgezogen, abgestreut zur Erhöhung der Griffigkeit mit Quarzsand, Schlackengranulat o. ä. in Korngrößen von ca. 0,8 – 1,2 mm. Die Mindestschichtdicke beträgt 4 mm. Abschließend kann nach Entfernung überschüssigen Abstreugutes eine Versiegelung der Oberfläche zum besseren Einbinden des Abstreukorns gegen Herausfahren und Herauslaufen und zur Verbesserung der Reinigungsfähigkeit durchgeführt werden.

Bild 13.33: Zweikomponenten-Heißspritzmaschine

Bild 13.34: Aufziehen der OS 14-Verschleißschicht mit dem Gummischieber

Bild 13.35: Abstreuen der OS 14-Verschleißschicht mit Quarzsand

Bild 13.36: OS 14-Beschichtung einschließlich Deckversiegelung

Inzwischen sind Entwicklungen auf Polyurea-Basis (PEA) erfolgt, die eine Herstellung von Beschichtungen mit nur einem Produkt im maschinellen Heißspritzauftrag ohne Abstreuung ermöglichen, die sowohl die geforderte Rissüberbrückung als auch die Anforderungen an den

Verschleißwiderstand und die Griffigkeit erfüllen. Allerdings werden hiermit nicht die Anforderungen an die Schichtdicke nach TR erfüllt.

Bild 13.37: Polyurea-Beschichtung mit genoppter Oberfläche

13.9.10.4 Anforderungen an den Untergrund

Es müssen die gleichen Voraussetzungen wie bei OS 11 erfüllt sein.

13.9.11 Besondere Anforderungen und Problemlösungen

Für Beschichtungen von Bodenflächen, vor allem in der Industrie, sind in vielen Fällen besondere Schwierigkeiten gegeben und deshalb spezielle Anforderungen zu erfüllen.

13.9.11.1 Elektrische Eigenschaften

In manchen Bereichen der Fertigung und Lagerung von Werkstoffen, Geräten und Maschinen sowie anderer Betriebsabläufe können bestimmte elektrische Eigenschaften der Einrichtung und des Fußbodens, besonders aus Gründen der Sicherheit, erforderlich sein. Zementgebundene Fußböden werden in ihrem elektrischen Ableitwiderstand weitgehend durch den Feuchtigkeitsgehalt des Zementsteins bestimmt, so dass sich im Laufe der Zeit Veränderungen ergeben können. Aus diesem Grund können Beschichtungen erforderlich werden, mit denen bestimmte unveränderliche elektrische Kennwerte erzielt werden, ganz abgesehen von weiteren, in diesem Zusammenhang wünschenswerten Eigenschaften wie z. B. Beständigkeit gegen Chemikalien und Lösemittel, höherer Verschleißwiderstand, bessere Reinigungsmöglichkeit und optisches Erscheinungsbild.

Bild 13.38: Epoxidharz-Bodenbeschichtung mit hohem elektrischem Widerstand (Isolierung) in einer Transformatorenfabrik

Beschichtungen von zementgebundenen Fußböden mit Reaktionsharzen ohne Modifizierung mit leitfähigen Füllstoffen erhöhen in jedem Fall deren elektrischen Widerstand. Die Höhe des Widerstandes ist außer von der Zusammensetzung des Beschichtungsstoffes vom Aufbau und von der Dicke der Schichten abhängig.

Isolierende Fußböden können zum Schutz gegen gefährliche Körperströme z. B. in Starkstromanlagen erforderlich sein.

Für die Prüfung der Isolierung von Fußböden aus Gründen des Personenschutzes ist der Standort-Übergangswiderstand nach DIN VDE 0100 T 610/A 1 zu bestimmen. Die Anforderungen sind im Teil 410 dieser Norm beschrieben.

13.9.11.1.1 Elektrische Ladungen ableitende Bodenbeschichtungen

Elektrische Ladungsanhäufungen können auf vielerlei Weise entstehen. Die Entladung gefährlich hoher elektrischer Ladungen kann infolge von Funkenbildung explosive Gas-Luft- oder Staub-Luft-Gemische zur Zündung bringen. Eine weitere Gefahr besteht in der Störung empfindlicher elektronischer Geräte sowie Schockreaktionen von Personal durch Stromschlag.

Aus diesen Gründen ist es erforderlich, Räume, in denen derartige Bedingungen vorliegen oder auftreten können, so auszustatten, dass elektrostatische Ladungen möglichst nicht entstehen oder aber abfließen können, ohne dass es vorher zu gefährlichen Entladungen kommt.

In der Richtlinie „Schutz und Instandsetzung von Betonbauteilen“ des DAfStb Teil 2

„Bauplanung und Bauausführung“ Ausgabe 1990 werden folgende Messwerte für die Ableitfähigkeit von Fußböden gefordert:

10^4 - 10^6 Ohm in Bereichen mit Explosivstoffen

10^4 - 10^8 Ohm in Bereichen mit Explosionsgefährdung

Da die Neufassung dieses Regelwerks keine Industrieboden-Beschichtungen mehr enthält, wird über Ableitfähigkeit nichts ausgesagt. Genaue Angaben über elektrostatische Aufladungen, Schutzmaßnahmen und den Ableitwiderstand von Fußbodenbelägen sind der BG-Regel BGR 132 „Vermeidung von Zündgefahren infolge elektrostatischer Aufladungen“ bzw. der „Technischen Regel Betriebssicherheit TABS 2135“ des Hauptverbandes der gewerblichen Berufsgenossenschaften HVBG zu entnehmen.

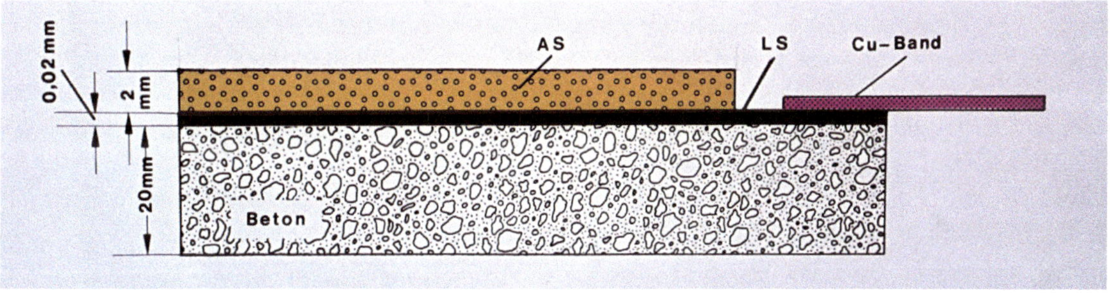

Bild 13.39: schematische Darstellung des Aufbaus einer elektrostatische Ladungen ableitenden Bodenbeschichtung

Die Prüfung des elektrischen Ableitwiderstandes kann gemäß DIN EN 1081 „Elastische Bodenbeläge – Bestimmung des elektrischen Widerstandes“ bzw. nach EN 61340 „Elektrostatik – Teil 4-1: „Standard-Prüfverfahren für spezielle Anwendungen – Elektrischer Widerstand von Bodenbelägen und verlegten Fußböden“ erfolgen.

Da dieses Anwendungsgebiet sehr komplex ist und sich ständig im Fluss befindet, ist es für diesen Bereich besonders wichtig, sich jeweils über den aktuellen Stand der Regelungen zu informieren.

Da, wie bereits gesagt, Reaktionsharz-Beschichtungen je nach Schichtdicke mehr oder weniger stark elektrisch isolierend wirken, sind besondere Formulierungen der Beschichtungsstoffe und spezielle Schichtenfolgen notwendig, um die geforderte Ableitfähigkeit zur erzielen. Zu diesem Zweck werden die Beschichtungsstoffe, überwiegend auf Epoxidharzbasis, mit die Leitfähigkeit herbeiführenden Füllstoffen und Pigmenten wie Graphit, Ruß, Carbonfasern, Metallpulver sowie Silizium-Carbid versehen. Für Beschichtungen mit rauer Oberfläche wird Silizium-Carbid bestimmter Korngröße als Abstreugut verwendet. Um die angestrebte Ableitfähigkeit nicht zu überschreiten, ist die Einhaltung maximaler Schichtdicken wichtig.

Bild 13.40: Beschichten eines Bodens mit einem elektrostatische Ladungen ableitenden System

Nach dem Aufbringen einer Grundierung auf den Beton oder Zementestrich wird durch einen hochleitfähigen Voranstrich eine leitfähige Ebene erzielt, die elektrostatische Ladungen in horizontaler Richtung, unabhängig von der Leitfähigkeit des darunter befindlichen Untergrundes, so gut ableitet, dass nur alle 10 m bis 20 m Anschlüsse an ein Erdpotential erforderlich sind. Anderenfalls muss ein ausreichend dichtes Netz z. B. aus selbstklebenden Kupferbändern unter der Beschichtung verlegt werden mit Kupferlitzen als Erdanschlüsse. Fugen müssen gegebenenfalls leitend überbrückt werden, oder es muss feldweise geerdet werden.

13.9.12 Frischbetonschutz als Grundierung für nachfolgende Beschichtungen

Die Nachbehandlung von Betonbauteilen ist ein wesentlicher, wenn auch nach wie vor manchmal vernachlässigter Bestandteil deren Herstellung. Dabei hat die Nachbehandlung maßgeblichen Einfluss auf die Qualität der Betonrandzone. Diese wiederum ist von entscheidender Bedeutung für den Verbund und die Belastbarkeit später aufzubringender Deckschichten.

Ist bereits in der Planungsphase oder spätestens bei Herstellung der entsprechenden Betonbauteile eine nachfolgende Beschichtung mit Reaktionskunststoff vorgesehen, können durch eine Bearbeitung der frischen Betonoberfläche in Verbindung mit einer speziellen Grundierung wesentliche Vorteile für den Bauablauf, die zwischenzeitliche Nutzung, die Qualität des Verbundsystems „Beton/Oberflächenschutz“ und eine Kostenreduzierung erreicht werden.

Das hier vorgestellte Verfahren findet vor allem bei Industrieböden und Verkehrsflächen Anwendung.

13.9.12.1 Anforderungen an den Beton

Mit Reaktionskunststoff zu beschichtende Betonbauteile müssen im allgemeinen folgende Eigenschaften aufweisen:

- frei von arteigenen und artfremden Trennschichten
- trocken
- fest ≥ C 20/25)
- mindestens vier Wochen alt
- rau
- ausreichende Oberflächenzugfestigkeit

Zu den arteigenen Trennschichten gehören Schlämme und Feinmörtel-Anreicherungen an der Oberfläche. Diese werden üblicherweise vor Beginn der Beschichtungsarbeiten mittels einer den Baustellenverhältnissen angepassten Untergrundvorbereitung, z. B. Schleuderstrahlen, entfernt. Hiermit wird auch die für eine ausreichende Haftung des Oberflächen-Schutzsystems erforderliche Rauheit der Betonoberfläche erzielt.

Verschmutzungen, also artfremde Trennschichten, während des weiteren Ausbaus bzw. der Montage, z. B. durch Öl, erfordern gegebenenfalls zusätzliche Reinigungsverfahren oder die Wahl einer anderen Untergrundvorbereitung wie Flammstrahlen. Schäden am Beton müssen vor Beginn der Beschichtung ausgebessert werden.

Falls die Beschichtung bereits vor Ende der Montagearbeiten durchgeführt worden sein sollte, ist mit Beeinträchtigungen der Oberfläche, zumindest optischer Art, schon vor der eigentlichen Inbetriebnahme zu rechnen.

Um Beton mit gängigen Reaktionsharzen, vorwiegend Epoxidharz, beschichten zu können, darf die Randzone bis in 2 cm Tiefe eine Feuchte von 4 M% i. d. R. nicht überschreiten. Das ist normalerweise frühestens vier Wochen nach Herstellung des Betons der Fall. Bis zu diesem Zeitpunkt hat der Beton auch eine Festigkeit entwickelt, die das Auftreten späterer Schwindrisse weitgehend unterbindet und ausreichende Oberflächenzugfestigkeiten ermöglicht,

Mit einem Frischbetonschutz, der gleichermaßen als Grundierung für nachfolgende Beschichtungen dient, können wesentliche Vorteile gegenüber den zuvor aufgezählten Einschränkungen erreicht werden. Hierzu muss der einzubauende Beton allerdings bestimmte Voraussetzungen erfüllen, die produktabhängig sind.

Die angestrebte Betonfestigkeitsklasse soll ≥ C 20/25 entsprechen, um die geforderte Oberflächen-Zugfestigkeit des Betons bzw. Haftzugfestigkeit der späteren Beschichtung sicherzustellen. Da vor Aufbringen des Frischbetonschutzes jedoch eine Prüfung der Abreißfestigkeit nicht möglich ist und auch höhere Oberflächen-Zugfestigkeiten (OS 8 und OS 12) gefordert sein können, empfiehlt es sich, auch entsprechend der häufig zu erwartenden stärkeren Belastung von Industrieböden und Verkehrsflächen, Beton ≥ C 25/30 vorzusehen.

Weitere typische Anforderungen, die jedoch ebenfalls produktabhängig sind, können z. B. sein:

- Der Wasser-Zementwert soll W/Z 0,55, besser 0,5 nicht überschreiten.
- Die Konsistenz des Frischbetons soll steif sein.
- Als Bindemittel ist Portland-Zement (CEM 1) zu verwenden.
- Zusätze sollten vermieden werden, da hierzu nicht alle Einflüsse bekannt sind.

13.9.12.2 Bearbeiten der Betonoberfläche

Der frisch eingebrachte und verdichtete Beton darf nicht geglättet werden, sondern wird mit dem Reibebrett abgerieben. Bei maschineller Bearbeitung muss anstelle eines Flügelglätters ein Scheibenglätter verwendet werden. Übermäßige Mörtelanreicherung an der Oberfläche durch zu intensive Bearbeitung ist zu vermeiden.

Sobald der Beton begehbar ist, ohne Abdrücke zu hinterlassen, was nach erfolgtem Ansteifen innerhalb der Erstarrungsphase der Fall ist, wird mit einem Stahl- oder harten Kunststoffbesen abgekehrt, so dass die Oberfläche leicht aufgerissen wird und evtl. Feinmörtelanreicherungen entfernt werden. Die hierbei entstehenden Krümel werden anschließend mit weicherem Besen abgekehrt.

Durch die einsetzende Hydratation des Zementleims beginnt das Schrumpfen, was zu einer Volumenverringerung innerhalb der Gelphase führt. Der zum Zementstein erstarrende Zementleim saugt jetzt zusätzliche Flüssigkeit an, was den sogenannten „Hydratationssog" zur Folge hat. Zu diesem Zeitpunkt kann sich eine geeignete spezielle Kunstharz-Grundierung besonders gut am erhärtenden Betonuntergrund verankern.

13.9.12.3 Aufbringen der Grundierung

Auf die jetzt mattfeuchte Betonoberfläche, d. h. bei Normaltemperatur etwa 2 – 4 h nach Einbau des Betons, wird der Frischbetonschutz in Form eines speziellen unpigmentierten Zweikomponenten-Epoxid-Flüssigharzes aufgebracht. Das Produkt zeichnet sich durch hohe Kapillaraktivität, Feuchtigkeitsverträglichkeit und Alkalibeständigkeit aus.

Bild 13.41: Aufbringen eines EP-Frischbetonschutzes mit dem Gummischieber

Das Material wird vorzugsweise mit einem Moosgummischieber satt, je nach Untergrundbeschaffenheit mit einem Verbrauch von 200 – 400 g/m², aufgezogen. Soll der Frischbetonschutz ausschließlich zur Nachbehandlung und zur Reduzierung des Abmehlens erfolgen, wird mit einer Nylonrolle zur Vergleichmäßigung nachgerollt.

Zum Zwecke der Grundierung für spätere Beschichtungen wird nach einer Wartezeit von 2 – 24 h eine weitere Lage mit einem Verbrauch von 200 – 300 g/m² aufgebracht und nachgerollt. Unmittelbar danach wird mit gewaschenem und getrocknetem Quarzsand abgestreut. Die hierbei verwendete Korngröße richtet sich nach der Schichtdicke des vorgesehenen Oberflächenschutzsystems und liegt dementsprechend zwischen 0,2 – 0,8 mm Ø. Überschüssiges Abstreukorn kann am darauffolgenden Tag entfernt werden.

Die Temperaturen von Luft und Bauteil sollen 8 °C während der Applikation und Erhärtung nicht unterschreiten und 30 °C nicht überschreiten. Die günstigsten Bedingungen für die Verarbeitung von Reaktionskunststoffen liegen zwischen 15 °C und 25 °C.

Ansonsten sind die Hinweise zur Ausführung des betreffenden Herstellers zu beachten.

13.9.12.4 Beschichtung

Die so grundierte Betonoberfläche kann je nach klimatischen Gegebenheiten frühestens nach einer Wartezeit von 2 d überschichtet werden. Um die evtl. Bildung von Frühschwindrissen abklingen zu lassen, sollte jedoch ≥ 1 Woche Wartezeit vorgesehen werden. Danach kann praktisch jedes gewünschte Oberflächen-Schutzsystem zu jedem beliebigen Zeitpunkt aufgebracht werden. Zwischenzeitliche Verschmutzungen müssen selbstverständlich zuvor beseitigt werden. Im Allgemeinen wird jedoch die abschließende Beschichtung erst gegen Ende der Bauzeit kurz vor Inbetriebnahme erfolgen.

Letztlich maßgebend für alle anwendungstechnischen Voraussetzungen und Maßnahmen sind die Angaben zur Ausführung des jeweiligen Lieferanten.

13.9.12.5 Qualitative und wirtschaftliche Vorteile

Die wesentlichen Vorteile des vorher beschriebenen Verfahrens lassen sich wie folgt zusammenfassen:

- Keine Nachbehandlung des Betons durch Feuchthalten oder Abdecken erforderlich.
- Der Frischbetonschutz erhöht den Abriebwiderstand der Betonoberfläche und verhindert somit Abmehlen und Absanden während der Restbauzeit.
- Als „Montageschutz“ wird das Eindringen von Flüssigkeiten wie Wasser, Öl und Treibstoff verhindert.
- infolge „Versiegelung“ der Betonoberfläche leichtere Reinigung während der Restbauzeit.
- Der Frischbetonschutz dient gleichzeitig als Grundierung für eine spätere Beschichtung.
- Abschließende Beschichtung unmittelbar vor Inbetriebnahme möglich ohne die sonst erforderliche Untergrundvorbereitung durch Strahlen (lediglich Entfernung zwischenzeitlicher Verschmutzung).
- Übergabe einer „jungfräulichen“ Beschichtungsoberfläche ohne zwischenzeitliche Montageschäden.

Bei rechtzeitiger Planung können somit Vorteile erzielt werden, die allen am Bau Beteiligten zugutekommen.

13.9.13 Beschichtung verölter Betonflächen

Mit Reaktionskunstharzen zu beschichtende Betonbauteile müssen frei von arteigenen und artfremden Trennschichten sein.

Zu den artfremden Trennschichten zählen neben Verschmutzungen vielfältiger Art Verölungen infolge langzeitiger Einwirkung von Ölen und Fetten auf ungeschützte Oberflächen. Häufig sind derartig belastete Böden zusätzlich verschlissen und mit Schmutzablagerungen behaftet. Für die weitere uneingeschränkte Nutzung stellt sich dann die Frage, ob sich diese Flächen instand setzen lassen oder ob Abbruch und Neuerstellung erforderlich sind.

Abbruch würde zunächst bedeuten, dass der verunreinigte Boden abgetragen und als Sondermüll entsorgt werden müsste, was mit erheblichen Kosten verbunden wäre. Die nachfolgenden Neubaumaßnahmen würden, abgesehen von den Kosten, eine entsprechende zeitliche Verzögerung für die Wiederinbetriebnahme, somit Produktionsausfall über einen längeren Zeitraum und folglich weitere Kosten mit sich bringen.

Eine unmittelbare Beschichtung der verölten Böden mit für Beton- und Zementestrichflächen üblicherweise einzusetzenden Reaktionsharzsystemen kommt nicht in Frage, da die hierfür aufgezeigten Voraussetzungen nicht erfüllt sind. Eine Untergrundvorbereitung durch Flammstrahlen hat nur im oberflächennahen Bereich bei weniger tiefgreifender Einwirkung von Ölen und Fetten Aussicht auf Erfolg.

Deshalb wurden für die Instandsetzung und Beschichtung verölter zementgebundener Bauteile spezielle Systeme entwickelt, die der besonderen Problematik dieser Fälle gerecht werden. Dabei besteht die Lösung in der Kombination eines geeigneten Reinigungsverfahrens mit einer auf nasse Flächen applizierbaren, das Restöl verdrängenden Grundierung, auf die nachfolgend verschiedenartige Beschichtungen aufgebracht werden können.

13.9.13.1 Vorbereiten der Betonoberfläche

Zunächst müssen Ablagerungen, die dickschichtig oder als Krusten vorliegen, sowie lose und mürbe Teile des Betons und minderfeste Schichten mechanisch entfernt und als Sondermüll entsorgt werden. Anschließend wird der Untergrund durch Spezial-Reinigungsunternehmen mit Druckwasserstrahlen unter Verwendung von biologisch abbaubaren Emulgatoren und oberflächenaktiven Substanzen gereinigt. Die sogenannte Schmutzwasserflotte wird aufgesaugt, in verfahrenstypische Bioreaktoren eingebracht und dort wie in einer biologischen Kläranlage gereinigt. Anschließend kann das so gereinigte Wasser in die betriebliche Kanalisation eingeleitet werden.
Je nach Kontamination des Betons wird dieser Vorgang gegebenenfalls wiederholt, evtl. auch mehrfach, so dass eine mehrere cm tief gereinigte oberflächennahe Zone resultiert. Abschließend wird mit reinem Wasser nachgereinigt.

Ein mechanisches Aufrauen der Betonoberfläche erübrigt sich in den meisten Fällen, da langjährig beanspruchte Böden, um die es sich ja handelt, nach der zuvor beschriebenen Behandlung entsprechend griffige Oberflächentextur aufweisen.

13.9.13.2 Grundierung

Vor dem Aufbringen der Grundierung ist stehendes Wasser, am besten durch Absaugen, zu entfernen. An der Oberfläche darf kein geschlossener Wasserfilm mehr sichtbar sein. Die Oberfläche darf jedoch keinesfalls abtrocknen, da dann das in der Tiefe evtl. noch vorhandene

Bild 13.42: Untergrundvorbereitung verölten Betons mit beheiztem Druckwasserstrahler und speziellen oberflächenaktiven Substanzen

Restöl wieder kapillar aufsteigen könnte, was vermieden werden muss, um die Haftung der aufzutragenden Grundierung nicht zu beeinträchtigen. Diese wird mit ca. 800 g/mm² auf den noch feuchten Untergrund satt aufgebracht und flutend mit Gummischiebern verteilt. Zur besseren Benetzung, besonders bei rauer Oberfläche, wird das Material eingebürstet. Anschließend wird die grundierte Fläche mit Quarzsand der Körnung ca. 0.3 – 0.8 mm abgestreut.

Bild 13.43: Einbürsten einer Epoxidharz-Spezialgrundierung auf den frisch von Öl gereinigten, noch feuchten Betonboden einer Werkhalle

Als Material für die Grundierung wird ein spezielles lösemittelfreies Epoxid-Flüssigharz mit formuliertem Aminhärter und schwerem Füllstoff verwendet. Aufgrund seiner wasserverträglichen Eigenschaften und seiner hohen Dichte von über 2 g/cm³ verdrängt das Produkt das Wasser im oberflächennahen Bereich und wirkt somit als Sperre für aufsteigendes Öl oder Wasser. Selbstverständlich muss das Material auch eine gute Beständigkeit gegen die einwirkenden Öle, Schmier- und Treibstoffe aufweisen.

Bild 13.44: Bohrkerne aus einem verölten Werkstatt-Fußboden, links vor, rechts nach erfolgter Spezialreinigung

Infolge der guten Penetration und wasserverträglichen Formulierung werden hohe Haftzugfestigkeiten zum Untergrund erzielt, die bei fachgerechter Ausführung über den üblicherweise geforderten Werten liegen. Soweit das trotz Kohäsionsbruch im Beton nicht der Fall sein sollte, ist davon auszugehen, dass eine zu geringe Zugfestigkeit des verbliebenen Betons keinen höheren Abreißwert trotz guter Haftung zwischen den Schichten ermöglicht, was für die mechanische Belastbarkeit des Bodens zu berücksichtigen ist.

Letztlich sind auch bei diesem Verfahren für alle anwendungstechnischen Voraussetzungen und Maßnahmen die Angaben zur Ausführung des jeweiligen Herstellers maßgebend.

13.9.13.3 Beschichtung

Nach Erhärtung der Grundierung, bei Normaltemperatur nach 1 d, wird überschüssiges Abstreugut entfernt. Um das Verdunsten von Restfeuchte auf der Oberfläche sicherzustellen, sollte bis zur weiteren Beschichtung jedoch noch ein weiterer Tag abgewartet werden. Dann kann auf die abgestreute und erhärtete Grundierung praktisch jedes beliebige Beschichtungssystem, z. B. auch ein elektrostatische Ladungen ableitendes, aufgebracht werden. Aus Gründen der Gewährleistung sollten alle Produkte jedoch von einem Hersteller bezogen werden. Zum Ausgleich von Unebenheiten kann zuvor das Ausfüllen von Vertiefungen oder eine ganzflächige Egalisierung mit Epoxidharzmörtel erforderlich sein.

13.9.13.4 Vor- und Nachteile des Verfahrens

Als alternative Vorbereitung des Untergrundes käme das Flammstrahlverfahren in Betracht. Durch das hierbei verwendete Acetylen-Sauerstoff-Gasgemisch mit einer Flammkegeltemperatur von ca. 3200 °C werden organische Verschmutzungen und somit auch Öle und Fette in der oberflächennahen Schicht des Betons verbrannt und der Beton durch Abspratzen in 2 – 4 mm Dicke abgetragen. Da hierbei in ca. 1 cm Tiefe bei normalem Vortrieb jedoch nur noch ca. 60 °C gemessen werden, ist die Tiefenwirkung sehr begrenzt und infolge Viskositätserniedrigung durch den Wärmeeintrag mit bald wieder aufsteigendem Öl zu rechnen. Diese Art der Untergrundvorbereitung hat jedoch dort Vorteile, wo nur die Randzone des Betons verölt bzw. das Einbringen größerer Wassermengen nicht tragbar ist.

Die Vorteile des vorher beschriebenen Verfahrens lassen sich wie folgt zusammenfassen:

- Kein kompletter Ausbau der kontaminierten Bauteile
- Keine aufwendige Entsorgung des ausgebauten Betons
- Kein Einbau neuer Betonbauteile
- Keine Wartezeiten bis zur Erhärtung und möglichen Beschichtung
- Umweltverträgliche Reinigung
- Grundierung der noch feuchten Betonoberfläche
- Grundierung als Sperre gegen aufsteigendes Öl und Wasser
- Kurzfristige Beschichtung mit verschiedenen Reaktionsharz-Systemen möglich
- Beschichtungssysteme verhindern erneutes Eindringen von Öl, Treibstoff und Chemikalien
- Beschichtungssysteme reduzieren den mechanischen Verschleiß und verhindern bei sachgemäßer Wartung erneute Schäden
- Reparatur und Überarbeitung der Beschichtung nach entsprechender Vorbereitung jederzeit möglich

Es ist jedoch bei tiefgreifender Verölung nicht auszuschließen, dass auch nach diesem Verfahren noch Öl im Unterbeton verbleibt. Hierüber können Kernbohrungen Aufschluss geben. Soweit hierdurch keine Umweltgefährdung vorliegt, sei es, dass eine darunterliegende Abdichtung vorhanden ist oder das Restöl nicht das gesamte Bauteil erfasst und somit auch nicht nach außen abgegeben werden kann, ist dieser Fall unbedenklich. Anderenfalls können Rückbau und Neubau der ausgebauten Teile erforderlich werden, so dass die aufgezählten Vorteile nicht zum Tragen kämen.

13.9.14 Maschinelle Beschichtung großer Flächen

Seit den sechziger Jahren werden Beschichtungen von Betonflächen mit Reaktionsharzen großflächig durchgeführt. Diese bezogen sich zunächst vorwiegend auf den Industrie- und Brückenbau, später zunehmend auch auf Parkflächen. Dabei hatte sich im Laufe der Jahre an der Verlegetechnik, die nach wie vor überwiegend manuell erfolgte, wenig geändert. Versuche mit Verlegemaschinen für Verlaufbeschichtungen und Mörtelbeläge blieben in den Anfängen stecken, da hiermit die Qualität der „händischen“ Verlegung sowie auch deutliche wirtschaftliche Vorteile nicht erreicht wurden.

1992 jedoch wurde erstmals ein neuartiger Einbaufertiger mit patentiertem Auftragsverfahren für die großflächige Verlegung von Oberflächen-Schutzsystemen auf begeh- und befahrbaren Flächen angeboten, dessen Einsatz nach Beseitigung der nie restlos zu vermeidenden Kinderkrankheiten mit deutlichen qualitativen und wirtschaftlichen Vorteilen bei großen Flächen gegenüber Beschichtungsarbeiten von Hand verbunden ist. Inzwischen haben Weiterentwicklungen zu Geräten mit weitgehend ausgereifter Technik geführt.

13.9.14.1 Einbaufertiger

Die Geräte bestehen aus den drei wesentlichen Baugruppen

- Material-Vorratstank
- Antriebseinheit (Grundrahmen einschließlich Antriebsaggregaten)
- Werkzeuge zur Applikation

Vorratstank und Auslassventile sind mit einem zusammenhängenden Polyethylen-Inliner ausgekleidet, der nach jedem Arbeitstag bzw. Wechsel des Beschichtungsstoffes durch einen neuen ersetzt wird. Somit werden Verunreinigungen mit Kunststoff sowie aufwendige Säuberungsarbeiten dieser Geräteteile vermieden.

Der Antrieb erfolgte ursprünglich über einen Benzin-, dann über einen Gasmotor und heute nur noch elektrisch, die Steuerung elektronisch-pneumatisch durch eine Bedienungsperson vom Fahrersitz aus. Die Arbeitsbreite beträgt ca. 2 m, die Fahrgeschwindigkeit je nach Art und Menge des zu verarbeitenden Materials bis 25 m/min. Die Maschine ist auf waagerechten und bis zu 5 % geneigten Flächen einsetzbar.

Die Werkzeuggruppen zur Applikation werden je nach Beschichtungssystem und Baustellenbedingungen mit unterschiedlichen Werkzeugkombinationen wie Gummilippen, gezahnten Blechleisten, Rollen und Bürsten bestückt. Hierbei spielen deren Flexibilität und Anpressdruck in Abhängigkeit von Materialeigenschaften und Untergrundbeschaffenheit eine wesentliche Rolle.

13.9.14.2 Funktion der Maschine

Die fertig gemischte Beschichtungsmasse, gegebenenfalls aus mehreren Komponenten bestehend, wird zunächst in den Vorratstank des Fertigers gefüllt. Von dort fließt sie über seitliche Ventile auf den Untergrund und wird vom vorderen Applikationswerkzeug der fahrenden Maschine verteilt. Das Antriebsrad befindet sich davor, die Stützräder des Gerätes fahren durch das so vorverteilte Material, das anschließend durch eine nachfolgende weitere Gruppe von Applikationswerkzeugen nochmals intensiv bearbeitet und auf endgültige Beschichtungsdicke ausgezogen wird.

Bild 13.45: Einbaufertiger beim Beschichten in einer Werkhalle (Quelle: Chemicon)

Es können alle Mischungen mit selbstverlaufenden Eigenschaften von der Grundierung bis zum Verlaufmörtel bis 5 mm Dicke, jedoch keine Mörtel, die eine Verdichtung durch Rütteln oder Reiben benötigen, verarbeitet werden.

13.9.14.3 Leistung der Maschine

Einbaufertiger sind dann sinnvoll einsetzbar, wenn eine zusammenhängende Fläche von mindestens 1000 m^2 zu bearbeiten ist. Auch bei größeren Flächen hängt darüber hinaus die Wirtschaftlichkeit stark von deren Geometrie ab. Besonders günstig ist der Einsatz dann, wenn große Flächen in durchgehenden Bahnen ohne Aussparungen und Unterbrechungen, z. B. durch Säulen, Mauervorsprünge, Treppen, Aufkantungen u ä., zügig beschichtet werden können. Weiterhin ist die Zahl der Schichten maßgebend. Je größer der Anteil der Arbeiten für den Einsatz der Maschine am Gesamtaufwand, umso wirtschaftlicher gestaltet sich die Gesamtmaßnahme.

Da die Einbaufertiger z. Zt. nur die reine Beschichtungsarbeit übernehmen, ist die Kolonnengröße so zu bemessen, dass für Zu-, Neben- und Nacharbeiten ausreichend Personal vorhanden ist, so dass die Maschine möglichst ohne Unterbrechungen im Einsatz sein kann. Hierzu gehört vor allem die Versorgung mit den benötigten Mengen an fertig angemischtem Material. Selbstverständlich müssen somit leistungsstarke Mischaggregate zur Verfügung stehen. Inzwischen gibt es auch automatische Dosier- und Mischstationen, mit denen eine zügige Versorgung der Einbaufertiger möglich ist.

Weiterhin müssen für den Einbaufertiger unzugängliche Bereiche, z. B. zwischen Säulen und Mauervorsprüngen, sowie Randbereiche vorgearbeitet werden. Verlaufbeschichtungen sind mit Stachelwalzen zwecks Entlüftung nachzurollen. Für Raubeläge sind Abstreuungen vorzunehmen und überschüssiges Abstreugut nach Erhärtung der Beschichtung zu entfernen. Die gesamte Baustelleneinrichtung und Logistik sind dementsprechend sorgfältig zu planen und durchzuführen. Hieraus ergibt sich, dass ein Einsatz der Maschine mit weniger als 7 Mann kaum sinnvoll ist.

Erfahrungsgemäß lässt sich mit dem Einbaufertiger eine Reduzierung des Zeitraums für die Beschichtungsarbeiten bei größeren Flächen, ohne Berücksichtigung der vorhergehenden Untergrundvorbereitung, auf etwa die Hälfte gegenüber Handeinbau erreichen. Umgekehrt wäre festzustellen, dass für den gleichen Beschichtungsumfang auf herkömmliche manuelle Weise im gleichen Zeitraum die vergleichsweise doppelte Anzahl an Personal erforderlich wäre.

13.9.14.4 Vorteile maschineller Beschichtung

Im Vergleich zum manuellen Auftrag von Oberflächenschutzsystemen ergeben sich durch den Einsatz des Einbaufertigers folgende wesentlichen Vorteile:

- Verbesserung der fertig verlegten Beschichtung durch konstante Verarbeitungsparameter
- optimierter Materialverbrauch
- gleichmäßige Schichtdicken
- ebene Oberflächen
- Verbesserung der Qualität des Arbeitsplatzes durch weniger körperliche Arbeit des Personals
- weniger körperlicher Kontakt mit den Beschichtungsstoffen
- höhere Qualifikationsansprüche an das Bedienungspersonal
- Verbesserung der Wirtschaftlichkeit durch Steigerung der Flächenleistung
- Verkürzung der Ausführungszeit
- Verkürzung von Sperrzeiten

13.9.14.5 Ausblick

Durch die Entwicklung von Einbaufertigern für den Oberflächenschutz größerer begeh- und befahrbarer Flächen wurde ein großer Schritt in Richtung Arbeitsplatzverbesserung, Zeiteinsparung und gleichmäßigerer Verlegequalität vollzogen. Weitere Fortschritte wären durch Verbesserungen bei den Arbeitsgängen „Dosieren, Mischen, Transportieren, Entlüften, Abstreuen und Entfernen überschüssigen Abstreugutes" möglich. So könnten sowohl die Anzahl an Personal reduziert als auch Arbeitsbedingungen und Ausführungsqualität weiter verbessert werden, wenn leistungsfähigere und weniger störanfällige Dosier- und Mischaggregate, bessere Transportgeräte sowie Automaten für Entlüften, Abstreuen und Entfernen überschüssigen Abstreugutes entwickelt oder sogar z. T. mit dem Einbaufertiger kombiniert würden.

13.9.15 Rutschhemmung

Für OS 8, OS 11 und OS 14 werden für die Prüfung nach dem Pendeltest für die Griffigkeit nach DIN EN 13036-4 im Außenbereich in der Klasse III > 55 im nassen Zustand geprüfte Einheiten bei der Erstprüfung vorgeschrieben. Darüber hinaus können jedoch für den Einsatz in besonders gefährlichen Bereichen weitere Anforderungen gestellt sein.

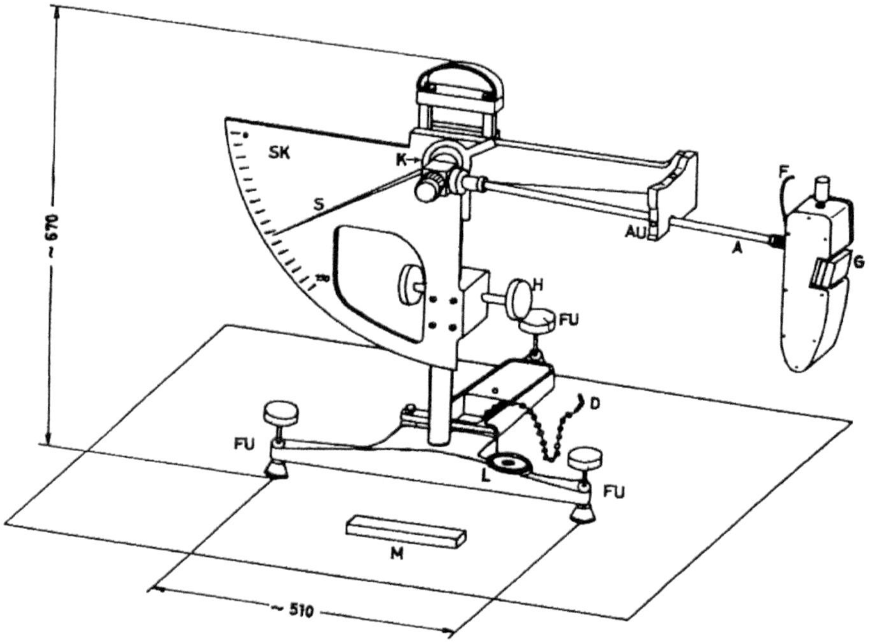

Bild 13.46: Schemazeichnung Gerät zur Bestimmung der Griffigkeit mit dem Pendeltest

Nach statistischen Unterlagen der Unfallversicherungsträger liegen Stolper-, Rutsch- und Sturzunfälle bei betrieblichen Tätigkeiten seit Jahren an der Spitze des Unfallgeschehens. Deshalb ist der Rutschhemmung von Fußböden, die vom Material und von der Oberflächenstruktur sowie vom Grad der Verschmutzung durch gleitfördernde Stoffe beeinflusst wird, besondere Aufmerksamkeit zu widmen.

Hierfür ist das „Merkblatt für Fußböden in Arbeitsräumen und Arbeitsbereichen mit Rutschgefahr BGR 181“ des Hauptverbandes der gewerblichen Berufs-Genossenschaften HVBG maßgebend. Dieses Merkblatt bezieht sich auf Arbeitsräume, Arbeitsbereiche und Verkehrswege, deren Fußböden nutzungsbedingt mit gleitfördernden Medien in Kontakt kommen, so dass ein Risiko des Ausrutschens zu vermuten ist. Das ist z. B. der Fall in der Genuss- und Nahrungsmittelindustrie wie Betrieben zur Herstellung von Margarine, Speisefett und Speiseöl, zur Milchverarbeitung, zur Fleisch- und Fischverarbeitung.

Aufgrund unterschiedlicher Rutschgefahr werden Fußböden in Bewertungsgruppen unterteilt, wobei in bestimmten Bereichen wegen des Anfalls besonders gleitfördernder Stoffe ein Verdrängungsraum für die Flüssigkeiten unterhalb der Gehebene erforderlich sein kann. Der Bewertung der Rutschgefahr liegen folgende Kriterien zugrunde:

- Häufigkeit des Auftretens gleitfördernder Stoffe auf dem Boden und deren Verteilung.
- Art und Eigenschaft der gleitfördernden Stoffe.
- Der durchschnittliche Grad, z. B. die Menge des Stoffes, der Verunreinigung des Fußbodens durch diese Stoffe.
- Sonstige bauliche, verfahrenstechnische und organisatorische Verhältnisse.

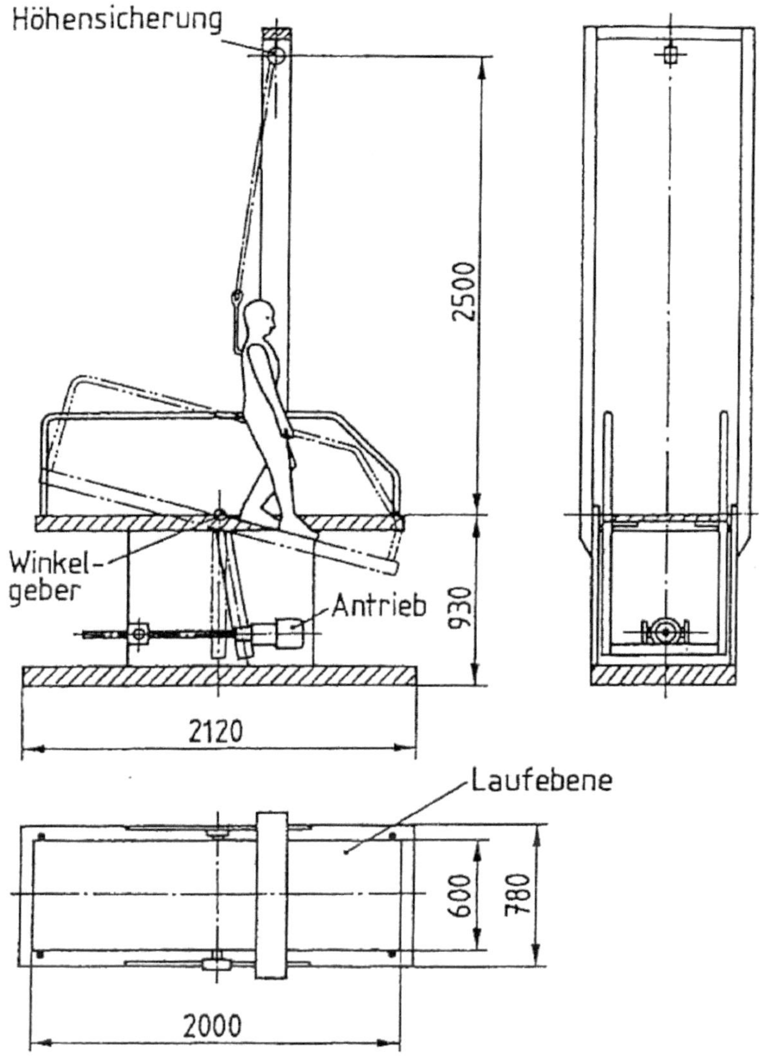

Bild 13.47: Schemazeichnung schiefe Ebene zu Bestimmung der Rutschhemmung

13.9.15.1 Prüfung

Das Verfahren zur Prüfung der Rutschhemmung ist in DIN 51130 „Prüfung von Bodenbelägen; Bestimmung der rutschhemmenden Eigenschaft; Arbeitsräume und Arbeitsbereiche mit erhöhter Rutschgefahr; Begehungsverfahren; schiefe Ebene" geregelt. Dieses Verfahren beruht auf der Begehung des zu prüfenden Bodenbelags auf einer schiefen Ebene durch Prüfpersonen. Hierbei dient die Verwendung eines bestimmten, definierten Öles als konstanter Versuchsparameter.

Die Zuordnung der Bewertungsgruppen zu den Winkelbereichen der schiefen Ebene ist nachfolgend ersichtlich, wobei die Bewertungsgruppe R 9 den geringsten und R 13 den höchsten Anforderungen an die Rutschhemmung genügen.
Gesamtmittelwerte Bewertungsgruppe

von 8° bis 10°	R 9
mehr als 10° bis 19°	R 10
mehr als 19° bis 27°	R 11
mehr als 27° bis 35°	R 12
mehr als 35°	R 13

Der Verdrängungsraum des Bodenbelags ist der zur Gehebene hin offene Hohlraum unterhalb der Gehebene. In der Regel erfordern Bodenbeläge in Arbeitsräumen und -bereichen mit hoher Rutschgefahr, hervorgerufen durch große Mengen gleitfördernder Stoffe, auch größere Verdrängungsräume. Aus der nachfolgenden Tabelle gehen die Mindestvolumina der Verdrängungsräume hervor:

Bezeichnung des Verdrängungsraums	Mindestvolumen des Verdrängungsraums (cm^3/dm^2)
V 4	4
V 6	6
V 8	8
V 10	10

Eine Prüfung der fertig verlegten Beschichtung vor Ort gemäß DIN 51130 ist nicht möglich. Hierfür steht u. a. das Gleitreibungsmessgerät „Floor-Slide-Control FSC 2000" zur Verfügung, dessen Messwerte jedoch nicht mit den Bewertungsgruppen des Merkblattes BGR 181 des HVGB unmittelbar vergleichbar sind.

13.9.15.2 Herstellung rutschhemmender Oberflächenschutzsysteme

Neben der Wahl des Beschichtungsstoffes eines Systems ist vor allem die Rauheit der Oberfläche für das Maß der Rutschhemmung ausschlaggebend. Raue Oberflächen werden bei Reaktionsharz-Beschichtungen in erster Linie durch Einstreuen mit trockenen und sauberen Sanden oder Granulaten wie Chromerzschlacke, Elektrokorund oder Siliziumcarbid in die frische, noch flüssige Verlaufbeschichtung hergestellt. Für die Prüfung und Beurteilung sowie entsprechende Zuordnung zur Bewertungsgruppe und zum Verdrängungsraum sind die Art des Abstreuguts, dessen Korngröße und Kornform maßgebend. Überschüssiges, in die Beschichtung nicht eingebundenes Abstreugut wird nach Erhärtung des Reaktionsharzes entfernt.

Um rutschhemmende und dennoch gut zu reinigende Beschichtungsoberflächen zu erzielen, können die abgestreuten Beschichtungen mit Deck- oder sogenannten Kopfversiegelungen versehen werden. Hierdurch werden allerdings die Rutschhemmung und der Verdrängungsraum reduziert, was z. T. durch die Wahl eines anderen, groberen und/oder scharfkantigeren Abstreukornes ausgeglichen werden kann.

Das Merkblatt BGR 181 des HVBG nennt Richtwerte für verschiedene Arbeitsräume und -bereiche, denen folgende Beispiele entnommen wurden:

Bild 13.48: Mit Quarzsand 1 – 2 mm Ø abgestreute, raue und rutschhemmende Beschichtungsoberfläche

Nummer	Arbeitsräume und Arbeitsbereiche	Bewertungsgruppe der Rutschgefahr	Verdrängungsraum
4	Backwaren		
4.1	Teigbereitung	R 11	
4.3	Spülräume	R 12	V 4
5	Fleischverarbeitung		
5.1	Schlachthaus	R 13	V 10
5.10	Geflügelverarbeitung	R 12	V 6

13.9.16 Qualitätssicherung

Bezüglich Qualitätssicherung der Produkte siehe unter 12, bezüglich Ausführung siehe unter 12.2.

13.9.17 Literatur

[1] Schröder, M.: Herstellung von Industriefußböden mit Kunstharzen von der Imprägnierung bis zum Kunststoffestrich. Kunststoffe im Bau 3/79.

[2] Schröder, M.: Schutz und Instandsetzung von tausalzbeanspruchtem Beton an Brückenbauwerken mit Reaktionskunststoffen. Straßen- und Tiefbau 1/80.

[3] Schröder, M.: Untergrundvorbereitung für Schutz- und Instandsetzungsmaßnahmen an Betonbauteilen. Bautenschutz + Bausanierung 4/1987.

[4] Zentralstelle für Unfallverhütung und Arbeitsmedizin. ZH 1/200 = BGR 132. Richtlinien für die Vermeidung von Zündgefahren infolge elektrostatischer Aufladungen – Richtlinien „Statische Elektrizität". Hauptverband der gewerblichen Berufsgenossenschaften Oktober 1989.

[5] Concretin SYSTEM INFO. Grundierungs-Spezialitäten 3/94.

[6] Concretin praxis aktuell 15; Beschichtung verölter Betonflächen nach umweltverträglicher Vorreinigung.
[7] Säureschutz GmbH, Leipzig. Technisch-ökologische Betonflächensanierung (TÖS).
[8] Concretin praxis aktuell 16. Innovative Lösungen für Industrieböden
[9] Göhre, D.: Beton nachbehandeln und grundieren: Beschleunigt den Bauablauf. Neues Verfahren: Frischbetonschutz auf EP-Basis. Concretin System-Info.
[10] Concrete Chemie. WG Werkzeuge + Geräte, K 200 Einbaufertiger, 01/1994.
[11] Schäper, M., Urban, F.: Einbaufertiger für die Beschichtung von Industrieböden – Qualitätsmerkmale der erzielten Beschichtung, Veröffentlichungen aus Lehre, angewandter Forschung und Weiterbildung. Band 23, Fachhochschule Wiesbaden, 1994.
[12] Schröder, M.: Rissüberbrückend – Beschichtungen auf Fahr- und Standflächen in Parkhäusern. bausubstanz Heft 6, Juni 1994, 10. Jahrgang.
[13] Helf, Chr.: Ein Fertiger für Beschichtungen, Manuskript für Veröffentlichung in Bautenschutz + Bausanierung Januar 1995.
[14] Schröder, M.: Schutz und Instandsetzung von Beton. Teil 3 „Oberflächenschutz". Bautenschutz + Bausanierung 18. Jahrgang Nr. 5, August 1995.
[15] Schröder, M.: Schutz und Instandsetzung von Stahlbeton. Teil 5 „Oberflächenschutz von Beton mit Beschichtungssystemen". Bautenschutz VBK Nr. 6, Dezember 1995.
[16] Fachausschuss „Bauliche Einrichtungen" der BGZ. ZH 1/571 = BGR 181. Merkblatt für Fußböden in Arbeitsräumen und Arbeitsbereichen mit Rutschgefahr. HVBG Hauptverband der gewerblichen Berufsgenossenschaften. Fassung 1998.
[17] J. Magner: Ableitfähige Fußbodenbeschichtungen. 5th International Colloquium „MSR '99 – Materials Science and Restoration. Technische Akademie Esslingen. 30.11. – 02.12.1999.
[18] J. Magner: Rutschsicherheit von Industriefußböden. 5th International Colloquium „MSR '99 – Materials Science and Restoration. Technische Akademie Esslingen. 30.11. – 02.12.1999.
[19] Schriftenreihe der Zement- und Betonindustrie. Stahlbetonoberflächen schützen, erhalten, instandsetzen. Verlag Bau+Technik GmbH 2008.
[20] F. Fingerloos, L. Meyer, U. Wiens: Zur Notwendigkeit von Gefällen bei Parkdecks. Beton- und Stahlbetonbau 105, Heft 11. Verlag Ernst & Sohn 2010.
[21] Schriftenreihe der Zement- und Betonindustrie. Beton – Herstellung nach Norm. Arbeitshilfe für Ausbildung, Planung und Baupraxis. Verlag Bau+Technik GmbH 19. überarbeitete Auflage 2012.
[22] M. Schröder: Eine Frage der Haftung. Betonoberflächen für Beschichtungen vorbereiten. B+B Bauen im Bestand. 37. Jahrgang März 2014 Verlagsgesellschaft Rudolf Müller.
[23] M. Schröder und 7 Mitautoren: Schutz und Instandsetzung von Stahlbeton Anleitung zur sachkundigen Planung und Ausführung. 8., überarbeitete und erweiterte Auflage. expert verlag 2022.
[24] Schröder, M.: Mängel an Reaktionsharzbeschichtungen. bauhandwerk 6.2015 Bauverlag.

13.10 Oberflächenschutz für Wand- und Deckenflächen

M. Schröder

13.10.1 Einleitung

An den Oberflächenschutz für nicht begeh- und nicht befahrbarer Flächen werden viele der Anforderungen nicht gestellt, die in 12.9 erhoben werden. Dafür spielen Eigenschaften wie Gasdiffusion, besonders an Fassaden, eine große Rolle, so dass hierfür bestimmte Kennwerte ausgewiesen werden müssen.

Mit „nicht begeh- und befahrbar" sind hier keine Flächen gemeint, die man nicht begehen oder befahren darf, sondern die man nicht begehen oder befahren kann, weil sie senkrecht, stark geneigt oder über Kopf angeordnet sind, also z. B. Wände oder Deckenunterseiten.

Für Verarbeitung und Erhärtung soll die Temperatur von Luft und Untergrund für zementgebundene Stoffe, auch mit Kunststoffzusatz, also z. B. Spachtelmassen und Schlämmen, 5 °C – 30 °C betragen, und Windgeschwindigkeit soll bei ≤ 3 Beaufort = ≤ 5 m/s liegen, um vorzeitiges Austrocknen zu vermeiden. Für kunststoffgebundene Stoffe soll die Temperatur 8 °C – 30 °C betragen und ≥ 3 K über der Taupunkttemperatur liegen. Für zementgebundene Stoffe, auch mit Kunststoffzusatz, soll der Untergrund zum Zeitpunkt der Applikation mattfeucht, für kunststoffgebundene Stoffe trocken sein

Nachfolgend werden die in den Regelwerken beschriebenen Systeme im Einzelnen betrachtet und deren Eigenschaften, Anwendungsbereiche, Aufbauten und Anforderrungen an den Untergrund aufgezeigt.

13.10.2 OS 1 Hydrophobierung

Als Bindemittel kommen die siliziumorganischen Verbindungen Silan und Siloxan zur Anwendung. Die Produkte werden unverdünnt mit 100 % Wirkstoffanteil, gelöst in Lösemittel und wässrig, auch als Pasten, angeboten.

13.10.2.1 Eigenschaften

Hydrophobierungen bewirken durch Erhöhung der Oberflächenspannung eine zeitlich begrenzte Reduzierung der kapillaren Wasseraufnahme und demzufolge eine temporäre Verbesserung des Frost- und Frost-Tausalz-Widerstandes. Gleichzeitig wird die Aufnahme von in Wasser gelösten Schadstoffen, vor allem Salzen, verringert, wodurch die Gefahr der durch Chloride verursachten Bewehrungskorrosion (Lochfraß) herabgesetzt wird.

Da es sich um keine filmbildende Maßnahme handelt und die Diffusion von Kohlendioxid hierdurch nicht gebremst, sondern infolge der geringeren Durchfeuchtung eher begünstigt wird, kann hieraus ein größerer Carbonatisierungsfortschritt im Vergleich zu nicht hydrophobiertem Beton im Freien resultieren. Die Wasserdampfdurchlässigkeit wird nicht beeinflusst. Ebenso findet keine Veränderung des optischen Erscheinungsbildes statt, davon abgesehen, dass die Oberflächen von Sichtbeton aufgrund fehlender Durchfeuchtung bei Regen ansehnlicher erscheinen.

Bild 13.49: Auf hydrophobierter Betonoberfläche perlt Wasser ab

Falls kein Abperlen auf der Bauteiloberfläche mehr zu beobachten ist, bedeutet das noch nicht, dass die Hydrophobierung nicht mehr wirksam ist und Wasser eindringt. Ob das der Fall ist, kann man mit Karstenschen Röhrchen prüfen, die auf die Bauteiloberfläche aufgeklebt und mit Wasser gefüllt werden. Hierbei sollte parallel ein Nullversuch mit Abdichtung am Untergrund vorgenommen werden.

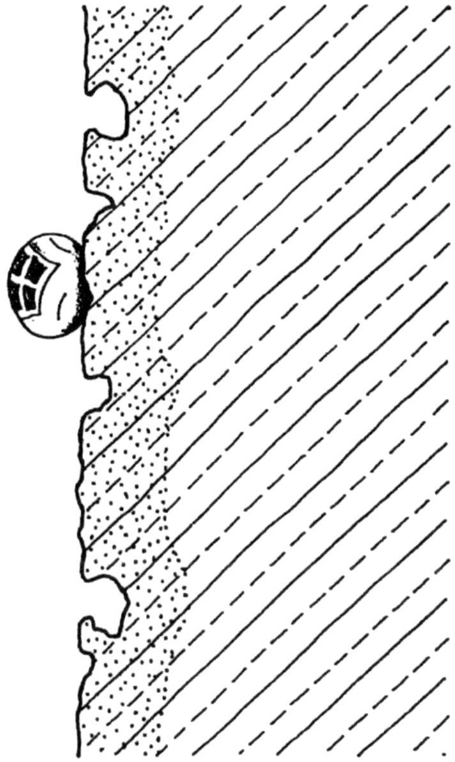

Bild 13.50: Schemazeichnung OS 1 (nach ZTV-ING OS-A) Hydrophobierung

13.10.2.2 Anwendungsbereich

Hydrophobierende Imprägnierungen dienen dem Feuchteschutz vor allem bei vertikalen und geneigten, frei bewitterten, besonders durch Tausalz beanspruchten Betonflächen, z. B. an Brückenbauwerken. Als eigenständige Maßnahme sollte mindestens die Betonfestigkeitsklasse C 20/25 vorliegen. Die Anwendung erfolgt vor allem bei neuen Bauteilen, z. B. Brückenkappen, vor dem ersten Winter, um den Widerstand des noch jungen und noch nicht ausreichend festen Betons gegen den Frost-Tausalz-Angriff zu erhöhen.

Hydrophobierungen sind nicht wirksam bei drückendem Wasser.

13.10.2.3 Aufbau

Die Applikation erfolgt in mindestens zweimaligem Auftrag durch Fluten oder vergleichbares Verfahren, soweit es sich nicht um Pasten handelt, die aufgespachtelt werden.

13.10.2.4 Anforderungen an den Untergrund

Die Betonoberfläche muss sauber sein, was bei neuem Beton meistens der Fall ist. Anderenfalls muss mit Druckwasser, gegebenenfalls beheizt und mit oberflächenaktiven Substanzen versehen, zuvor gereinigt werden. Die Windgeschwindigkeit sollte im Gegensatz zu anderen Kunststoffen ≤ 5 m/s betragen, um besonders bei Silan das Verdunsten des relativ flüchtigen Wirkstoffes zu verhindern, bevor eine Polykondensation im Beton stattgefunden hat.

Bild 13.51: OS 2-Beschichtung an einem Brückenneubau

13.10.3 OS 2 Beschichtung für nicht begeh- und nicht befahrbare Flächen

Als Bindemittel kommen vorwiegend Acrylate in Form von Dispersionen zum Einsatz.

13.10.3.1 Eigenschaften

Auch hiermit wird eine, jedoch deutlich stärkere und langlebigere, Reduzierung der Wasseraufnahme und der Aufnahme von in Wasser gelösten Schadstoffen erzielt. Darüber hinaus erfolgt ein starkes Bremsen der Kohlendioxiddiffusion und somit der Carbonatisierung. Frost- und Frost-Tausalz-Widerstand werden erheblich verbessert.

Die äquivalente Luftschichtdicke für Wasserdampfdiffusion SD H_2O soll nach TR $\leq$ 5 m betragen, um Schäden infolge ungenügender Durchlässigkeit für Wasserdampf zu verhindern. Der CO_2-Diffusion soll eine äquivalente Luftschichtdicke von SD $C0_2 \geq 50$ m entgegenwirken, um die Carbonatisierung praktisch zu unterbinden.

Lunker und Poren der Betonoberfläche ermöglichen jedoch keinen fehlstellenfreien, geschlossenen Film, was die Wirksamkeit als Carbonatisierungsbremse eingrenzt. In Verbindung mit einer vorhergehenden Hydrophobierung der Betonoberfläche wird die Aufnahme drucklosen Wassers und hierin gelöster Stoffe über Lunker und Poren verhindert und die Dauerhaftigkeit des Systems durch die hierdurch erzielte Grenzflächenverlagerung bei Feuchtigkeitshinterwanderung erhöht.

Durch farbige Gestaltung können entsprechende optische Wirkungen erzielt werden.

13.10.3.2 Anwendungsbereich

Derartige Beschichtungen dienen dem vorbeugenden Schutz und der optischen Gestaltung von freibewitterten Betonflächen im Neubaubereich für senkrechte Flächen und Unterseiten. Als Beschichtungssystem in Zusammenhang mit Instandsetzungen sind sie jedoch nur bedingt geeignet, da eine reparierte Fläche ohne Spachtelung oder Schlämme keinen gleichmäßig saugenden Untergrund darstellt, die Oberfläche der Reparaturstellen verhältnismäßig dicht und geschlossen ist im Vergleich zum übrigen porösen und lunkerhaltigen Sichtbeton und letztendlich hierdurch auch kein gleichmäßiges Erscheinungsbild erzielt wird.

13.10.3.3 Aufbau

Zunächst erfolgt eine hydrophobierende Imprägnierung gemäß OS 1 in ein- bis zweimaligem Auftrag, je nach Saugfähigkeit des Untergrundes, danach ggf. eine nicht pigmentierte, farblose Grundierung zur Reduzierung der Saugfähigkeit und zur Verfestigung des Untergrundes. Abschließend werden mindestens zwei farblose, lasierende oder pigmentierte Deckschichten aufgetragen, deren Mindestschichtdicke 80 µm betragen soll. Hierfür beträgt der praktische Stoffverbrauch je nach Dichte und Festkörpergehalt 200 – 400 g/m². Je nach Rautiefe beträgt der Schichtdickenzuschlag bis 70 µm.

„Hydrophobierende Imprägnierung“ und „verfestigende Grundierung“ können alternativ auch mit einem SI-AY-Kombinationsprodukt in einem Arbeitsgang durchgeführt werden.

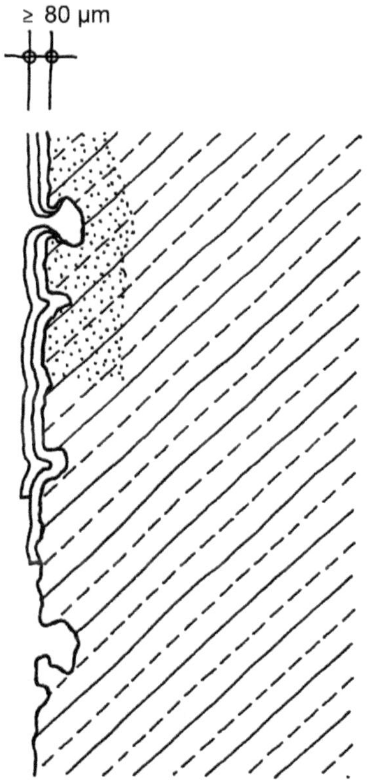

Bild 13.52: Schemazeichnung OS 2 (nach ZTV-ING OS-B) Beschichtung für nicht begeh- und befahrbare Flächen

13.10.3.4 Anforderungen an den Untergrund

Die Betonbauteile müssen sauber sein und eine Oberflächenzugfestigkeit mit einem Mittelwert ≥ 0,8 N/mm² und einem Einzelwert ≥ 0,5 N/mm² aufweisen. Die oberflächennahe Schicht des Betons soll „trocken“ bis höchstens „feucht“ sein je nach Angaben zur Ausführung des Herstellers.

13.10.3.5 Anforderungen an die Haftung

Haftzugfestigkeit analog Oberflächenzugfestigkeit des Untergrunds

Gitterschnitt-Richtwert i. M. GT ≤ 2

13.10.4 OS 4 Beschichtung mit erhöhter Dichtheit für nicht begeh- und befahrbare Flächen

Als Bindemittel wird, wie bei OS 2, vor allem Acrylat verwendet. Überhaupt handelt es sich prinzipiell um das gleiche System, jedoch mit dem Unterschied, dass durch eine vorherige Egalisierung der Betonoberfläche ein dichter und gleichmäßig saugender Untergrund geschaffen wird, der eine dementsprechend gleichmäßig dichte und einheitlich dicke Beschichtung ermöglicht.

13.10.4.1 Eigenschaften

Wie bei OS 2, jedoch mit erhöhter Sicherheit infolge geschlossener, egalisierter Betonoberfläche und somit gleichmäßigerer Qualität der Beschichtung, was Schichtdicke und Porenfreiheit anbetrifft.

13.10.4.2 Anwendungsbereich

Das System wird bei Fassaden, Sichtflächen von Ingenieurbauwerken sowie anderen nicht befahrbaren, mechanisch nicht belasteten, freibewitterten Betonflächen eingesetzt. Die Systeme können auch bei tausalzbeaufschlagten Betonbauteilen angewendet werden, die Eignung muss aber gesondert nachgewiesen werden. Es handelt sich um die Regelmaßnahme für den Schutz reprofilierter Oberflächen bei Instandsetzungen, wenn der Untergrund rissfrei ist bzw. eine rissüberbrückende Beschichtung nicht für erforderlich gehalten wird.

Bild 13.53: mit OS 4 geschützte Balkonbrüstungen und Pflanztröge

13.10.4.3 Aufbau

Nach vorheriger Untergrundvorbereitung erfolgt zunächst eine Spachtelung zum Füllen von Fehlstellen, Lunkern und Poren und zur Egalisierung von Unebenheiten. Falls Grate und Wulste z. B. einer Brettschalstruktur erhalten bleiben sollen, kann alternativ zur Spachtelung auch eine kunststoffmodifizierte Zementschlämme mit der Bürste aufgetragen werden. Hieraus resultieren zwar etwas weichere Konturen der Grate und Wulste, ohne dass jedoch der Charakter einer Brettschalung verloren geht. Dieses Verfahren wird in den Regelwerken jedoch nicht beschrieben.

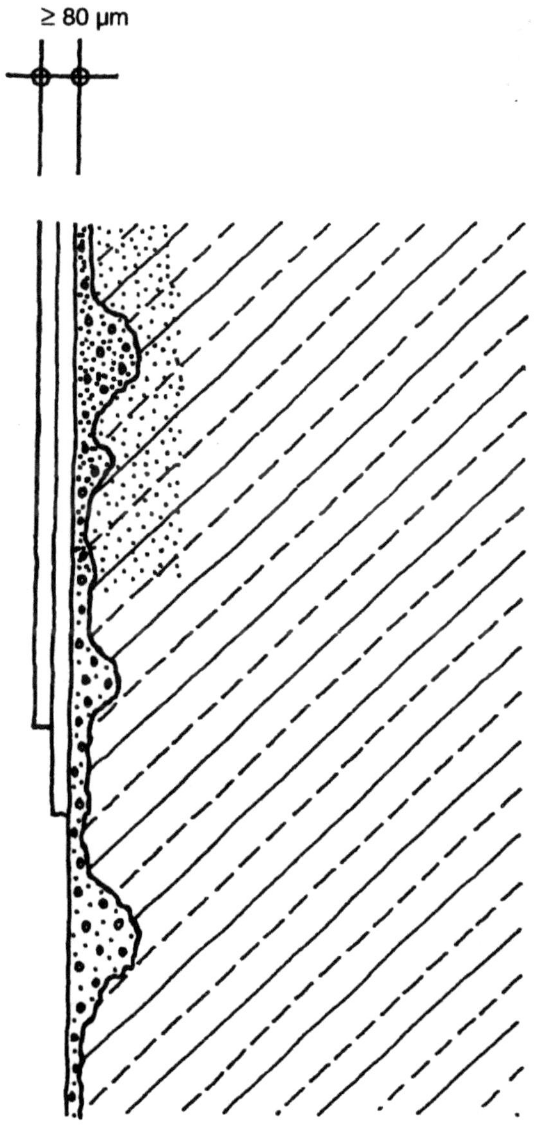

Bild 13.54: Schemazeichnung OS 4 (nach ZTV-ING OS-C) Beschichtung mit erhöhter Dichtheit für nicht begeh- und befahrbare Flächen

Bild 13.55: Abreiben der Spachtelung als Bestandteil von OS 4

Bild 13.56: Mit einer Schlämme überzogene Brettschalstruktur einer Deckenuntersicht

Der Auftrag eines Egalisierungs-Feinmörtels ist auch durch Sprühen mit einer Putzmaschine möglich, wobei die erste Lage mit der Traufel aufgekratzt werden sollte, um Lunker und Poren fehlstellenfrei zu schließen. Die Deckschicht kann sowohl geglättet als auch spritzrau belassen werden. Auch hierüber lassen sich die Regelwerke allerdings nicht aus.

Danach wird ggf. eine hydrophobierende Imprägnierung gemäß OS 1 und ggf. eine nicht pigmentierte, ungefüllte Grundierung zur Reduzierung der Saugfähigkeit und Verfestigung des Untergrundes aufgebracht. Es folgen mindestens zwei pigmentierte Deckschichten mit der Mindestschichtdicke von 80 µm. Der Schichtdickenzuschlag beträgt je nach Rautiefe ≥ 70 µm.

Liegt keine Tausalzbelastung vor, so entfällt i. d. R. die zuvor erwähnte hydrophobierende Imprägnierung. Es kann auch hier wie bei OS 2 ein SI-AY-Kombinationsprodukt angewendet werden, wodurch Imprägnierung und Grundierung in einem Arbeitsgang erfolgen.

Bild 13.57: Aufbringen der Deckanstriche von OS 4 auf eine Schlämme an einem Schornstein

Bild 13.58: mit OS 4 unter Verwendung einer Schlämme geschützte Fassade (Brettschalstruktur)

13.10.4.4 Anforderungen an den Untergrund

Der Untergrund ist zu strahlen, um ihn aufzurauen, Zementhaut abzutragen sowie Lunker und Poren für die zunächst aufzubringende Spachtelung oder Schlämme zu öffnen. Danach soll eine Oberflächen-Zugfestigkeit von im Mittel $\geq$ 1,3 N/mm^2 mit einem kleinsten Einzelwert von 0,8 N/mm^2 vorliegen. Die Betonoberfläche muss am Tag zuvor gründlich sowie noch einmal unmittelbar vor dem Spachteln oder Schlämmen vorgenässt werden, damit dem kunststoffmodifizierten Zement-Feinmörtel nicht das Zugabewasser entzogen wird.

13.10.4.5 Anforderungen an die Haftung

Haftzugfestigkeit im Mittel $\geq$ 0,8 N/mm^2, Einzelwert $\geq$ 0,5 N/mm^2 (für den Feinspachtel $\geq$ 1,3 N/mm^2, Einzelwert $\geq$ 0,8 N/mm^2)

Gitterschnitt-Richtwert i. M. $\leq$ GT 2

13.10.5 OS 5 Beschichtung mit geringer Rissüberbrückung für nicht begeh- und befahrbare Flächen

Als Bindemittel werden verschiedene Copolymere in Form von Dispersionen sowie auch Dispersions-Zement-Schlämmen verwendet.

13.10.5.1 Eigenschaften

Neben den für OS 4 geforderten Eigenschaften soll die Überbrückung von oberflächennahen Rissen des Betons gemäß Rissüberbrückungsklasse B 2 möglich sein.

13.10.5.2 Anwendungsbereich

Dieses Beschichtungssystem wird angewendet, wenn zusätzlich zu OS 4 mindestens geringe Rissüberbrückungsfähigkeit gefordert wird. Folglich handelt es sich auch um die Regelmaßnahme für den Schutz reprofilierter Betonbauteile, falls Risse vorliegen oder erwartet werden. Gemäß DIN 18349 soll dieses System grundsätzlich anstelle OS 2 bzw. OS 4 angewendet werden. Man muss sich jedoch darüber im Klaren sein, dass sich duktile Schichten im Schadensfall ähnlich einer Folie großflächig ablösen können, insbesondere bei Feuchtigkeits-Hinterwanderung oder Haftminderung z. B. infolge Taupunktunterschreitung während der Applikation, so dass diese Regelung für nicht gerissene oder nicht rissgefährdete Flächen fragwürdig erscheint.

Bild 13.59: Ablösung einer rissüberbrückenden Beschichtung OS 5a an der Unterseite einer Brücken-Fahrbahnplatte

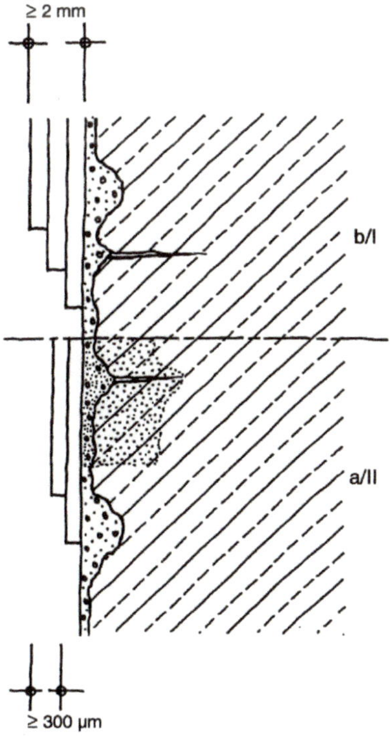

Bild 13.60: Schemazeichnung OS 5 (nach ZTV-ING OS-D) Beschichtung für nicht begeh- und befahrbare Flächen mit geringer Rissüberbrückung

Deshalb ist es ratsam, Deckenuntersichten, wenn sie von der Oberseite her wasserbelastet sind wie Brückenfahrbahnplatten und Balkone, nicht mit rissüberbrückenden Beschichtungen zu versehen, zumal Risse und Undichtigkeiten später als bei starren Beschichtungen erkennbar werden. In den ZTV-ING ist auch ein entsprechender Hinweis zu finden.

13.10.5.3 Aufbauten

Aufbau a (in ZTV-ING II)

Im Rahmen einer Instandsetzung wird zunächst wie bei OS 4 eine Spachtelung des Untergrunds zum Füllen von Fehlstellen, Poren und Lunkern und zum Erreichen einer ebenen, gratfreien Oberfläche durchgeführt. Ebenso kann stattdessen eine Schlämme aufgebracht werden, falls die Struktur des Untergrunds erhalten bleiben soll.

Bild 13.61: Aufbringen von OS 5a auf die Fassade eines Wohnkomplexes

Bild 13.62: Abreißstempel mit anhaftender OS 5a-Beschichtung, abperlender Wassertropfen auf Rückseite der Spachtelung infolge hydrophobierender Grundierung

Danach ist zunächst eine Hydrophobierung zu empfehlen, um eine Grenzflächenverlagerung für rückseitige Wasserbelastung zu erzielen. Dann folgt in der Regel eine nicht pigmentierte, verfestigende Grundierung zur Reduzierung der Saugfähigkeit und Verfestigung des Untergrundes. Anschließend werden mindestens zwei Deckschichten, Mindest-Schichtdicke 300 µm, aufgebracht. Je nach Rautiefe beträgt der Schichtdickenzuschlag ≤ 100 µm. Ggf. erfolgt abschließend noch eine Deckversiegelung.

Aufbau b (in ZTV-ING I))

Ggf. ebenfalls nach einer Spachtelung oder Schlämme wie beim Aufbau a wird eine Kunststoff-Zement-Dichtungsschlämme auf abermals vorgenässtem Untergrund in mindestens 2 Arbeitsgängen mit einer Mindestschichtdicke von 2 mm aufgebracht. Der Schichtdickenzuschlag beträgt je nach Rautiefe ≤ 600 µm. Ggf. erfolgt auch hier abschließend eine Deckversiegelung.

Bild 13.63: Aufsprühen von OS 5b an einem Brückenüberbau

Derartige Beschichtungen kommen vor allem bei Ingenieurbauwerken zum Einsatz, bei denen keine hohen Anforderungen an die Oberflächengestaltung gestellt werden, sondern allein die Schutzwirkung maßgebend ist.

Solche Produkte werden fälschlicherweise als „elastische Zementschlämmen“ bezeichnet. Tatsächlich überwiegt jedoch der Kunststoff als Bindemittel, so dass es besser wäre, von „zementmodifizierten Kunststoffschlämmen“ zu reden.

13.10.5.4 Anforderungen an den Untergrund

Der Untergrund muss die gleichen Voraussetzungen wie bei OS 4 aufweisen, jedoch bei einer Oberflächenzugfestigkeit mit dem Mittelwert ≥ 1,0 N/mm² und dem kleinsten Einzelwert 0,6 N/mm², falls kein Feinspachtel oder eine Schlämme eingesetzt wird. Für Spachtel oder Schlämme gelten die gleichen Anforderungen wie bei OS 4.

13.10.5.5 Anforderungen an die Haftung

Hierfür gelten die gleichen Werte wie für die Oberflächenzugfestigkeit.

Gitterschnitt-Kennwert für OS 5a GT ≤ 2

13.10.6 OS 6 chemisch widerstandsfähige Beschichtung für mechanisch gering beanspruchte Flächen

Dieses System ist das gleiche wie schon in 12.1 beschrieben, kann aber auch für Wand- und Deckenflächen ebenso wie für Bodenflächen eingesetzt werden. Erforderlichenfalls ist die Beschichtungsmasse mit Stellmittel zu thixotropieren, um die angestrebte Schichtdicke zu erzielen.

Bild 13.64: Kläranlage mit OS 6 beschichtet

13.10.7 OS 9 Beschichtung mit erhöhter Rissüberbrückung für nicht begeh- und befahrbare Flächen

Als Bindemittel hierfür werden vorzugsweise Polyurethane, aber auch modifizierte Epoxidharze, Polymerdispersionen und Polymethylmethacrylate verwendet.

13.10.7.1 Eigenschaften

Neben den für OS 6 geforderten Eigenschaften muss eine Rissüberbrückung vorhandener und neu entstehender oberflächennaher Risse und Trennrisse unter temperatur- und/oder lastabhängigen Bewegungen sichergestellt werden, was nur mit entsprechend hohen Schichtdicken möglich ist. Demzufolge ist auch von einem erhöhten Wasserdampf-Diffusionswiderstand auszugehen.

13.10.7.2 Anwendungsbereich

Dieses System wird bei Ingenieurbauwerken im Bereich von nicht befahrbaren, mechanisch nicht belasteten, rissgefährdeten, freibewitterten, auch spritzwasser- und tausalzbeaufschlagten Betonflächen angewendet. Bei Trennrissen an Fassaden ist die Anwendung auf den Rissbereich begrenzt. Insgesamt kommen derartig aufwändige Beschichtungen relativ selten zur Anwendung.

13.10.7.3 Aufbau

Zuerst wird eine Spachtelung zum Füllen von Fehlstellen, Lunkern und Poren und zum Ausgleich von Rautiefen und Unebenheiten, vorzugsweise mit Epoxidharz-Feinmörtel, vorgenommen. In der Regel folgt eine nicht pigmentierte, ungefüllte, verfestigende Grundierung auf EP- oder PUR-Basis, ggf. mit Abstreuung. Danach werden mindestens 2 Lagen einer lösemittelfreien, pigmentierten Beschichtungsmasse mit einer Mindestschichtdicke von 1,0 mm aufgebracht. Der Schichtdickenzuschlag beträgt je nach Rautiefe ≤ 400 µm.

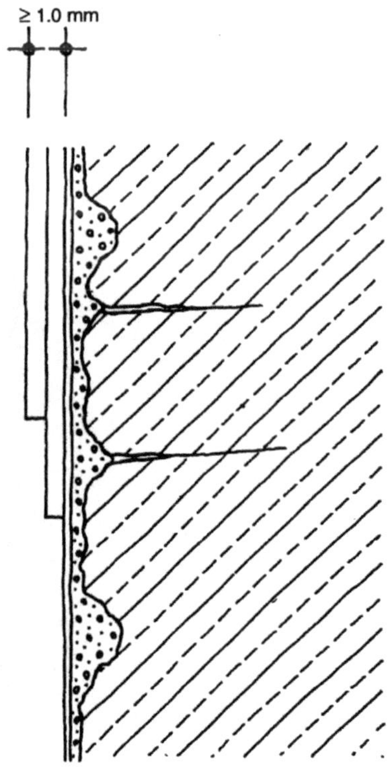

Bild 13.65: Schemazeichnung OS 9 (nach ZTV-ING OS-E) Beschichtung für nicht begeh- und befahrbare Flächen mit erhöhter Rissüberbrückung

Bei Spritzauftrag von Stoffen mit sehr schneller Härtungszeit kann evtl. auf die Spachtelung verzichtet werden. Die Beschichtung wird dann in einem Arbeitsgang durch zwei kurzfristig aufeinanderfolgende Spritzübergänge unter Verwendung einer Zweikomponentenanlage hergestellt. Falls erforderlich, wird abschließend eine pigmentierte PUR-AY-Deckversiegelung als UV-Schutz gegen Vergilbung aufgebracht.

Bild 13.66: Polyurethan-Beschichtung gemäß OS 9 an einer Stützmauer im Spritzbereich einer Autotunnel-Einfahrt

13.10.7.4 Anforderungen an den Untergrund

Es werden die gleichen Forderungen wie bei OS 4 erhoben, wenn ein Feinspachtel auf Zementbasis verwendet wird. Wenn mit Epoxidharz-Feinmörtel egalisiert wird, muss der Untergrund trocken sein, bei 8 °C – 30 °C und 3 K über der Taupunkttemperatur liegen und Oberflächen-Zugfestigkeiten von im Mittel ≥ 1,5 N/mm² bei Einzelwerten ≥ 1,0 N/mm² aufweisen.

13.10.7.5 Anforderungen an die Haftung

Haftzugfestigkeit i. M. ≥ 1,3 N/mm²
Einzelwert ≥ 0,8 N/mm²

13.10.8 Anforderungen an das Diffusionsverhalten

Oberflächenschutzsysteme für Sichtbetonflächen, insbesondere an Fassaden, sollen einen hohen Widerstand gegen die Diffusion von Kohlendioxyd aufweisen, um die Carbonatisierung weitgehend zu unterbinden, andererseits ausreichend diffusionsoffen für Wasserdampf sein, um Feuchteschäden, besonders bei Taupunkttemperaturunterschreitung, zu vermeiden. Deshalb sind für die Systeme nicht begeh- und nicht befahrbarer Flächen OS 2, OS 4 und OS 5 Werte festgelegt, bei denen der Widerstand gegen die Gasdiffusion mit dem Widerstand von entsprechenden Luftschichtdicken verglichen wird.

Der in der TR genannte Wert für die diffusionsäquivalente Luftschichtdicke soll
für Wasserdampf S_D $H_2O \leq 5$ m (in anderen Regelwerken ≤ 4 m) und
für Kohlendioxyd S_D $CO_2 \geq 50$ m betragen.
Diese Werte S_D (m) ergeben sich aus
Diffusionswiderstandszahl μ x Schichtdicke (m) = diffusionsäquivalente Luftschichtdicke (m)

Dabei ist die Diffusionswiderstandszahl ein Faktor, der angibt, um wievielmal dichter der jeweilige Stoff gegenüber Diffusion für ein bestimmtes Gas ist als Luft.

13.10.9 Literatur

[1] M., Schröder: Untergrundvorbereitung für Schutz- und Instandsetzungsmaßnahmen an Betonbauteilen. Bautenschutz + Bausanierung, 4/1987.

[2] Stenner, R.: Oberflächenschutz, TAE in Ostfildern. Februar 1993.

[3] M., Schröder: Schutz und Instandsetzung von Beton. Teil 3 „Oberflächen schutz“. Bautenschutz + Bausanierung 18. Jahrgang Nr. 5. August 1995.

[4] M., Schröder: Schutz und Instandsetzung von Stahlbeton, Teil 5 Oberflächenschutz von Beton mit Beschichtungssystemen. Bautenschutz VBK Nr. 6, Dezember 1995.

[5] M. Schröder: Betoninstandsetzen: Aktuelle Themen mit Beiträgen von: M. Werner, V. Kauw, G. Haroske, W.-P. Ettel, R. Stenner, R. P. Gieler, M. Schmidt, H.-J. Badzong, J. A. Roti, F. Stöckl: WTA-Schriftenreihe Heft 9, Aedificatio Verlag GmbH 1996.

[7] Instandsetzen von Stahlbetonoberflächen, Ein Leitfaden für den Auftraggeber. Bundesverband der Deutschen Zementindustrie. Köln 1997.

[8] Schriftenreihe der Zement- und Betonindustrie: Stahlbetonoberflächen – schützen, erhalten, instandsetzen. Verlag Bau + Technik GmbH 2008.

[9] M., Schröder u. 7 Mitautoren: Schutz und Instandsetzung von Stahlbeton. Anleitung zur sachkundigen Planung und Ausführung. 7., überarbeitete Auflage expert verlag 2022

13.11 Schichtdicken bei Polymerbeschichtungen

H. Eisenkrein-Kreksch

13.11.1 Einleitung

Der Schutz der Oberflächen mittels polymerer und zementöser Beschichtungsstoffe hängt von der Sorgfalt bei der Applikation, von der Eignung der Beschichtungssoffe sowie einigen anderen Faktoren ab. Die Leistungsmerkmale, wie Diffusionswiderstand, Rissüberbrückungfähigkeit, Verschleiß und chemische Beanspruchbarkeit sowie die Dauerhaftigkeit des Oberflächenschutzes stehen in einem engen Zusammenhang mit der Schichtdicke des Systems. Aus diesem Grund ist die Festlegungen der Schichtdicken sowie die Einhaltung und die Bemessung von Schichtdickenparametern unumgänglich. In folgenden Kapiteln werden Definitionen und Bemessungsgrundlagen beschrieben sowie anhand einiger Beispiele die Schichtdickenbestimmungen erläutert.

13.11.2 Definition der Schichtdicke

In den gängigen Richtlinien [1], [2] und [3] sind die Schichtdicken wie folgt definiert.

- systemspezifische Mindestschichtdicke $d_{min,s}$,
- produktspezifische Mindestschichtdicke $d_{min,p}$,
- produktspezifische Maximalschichtdicke $d_{max,p}$,
- mittlere Schichtdicke $d_{ist,m}$,
- Sollschichtdicke d_{soll}, als Mindestschichtdicke

Diese Schichtdickendefinitionen beziehen sich immer auf eine Trockenschichtdicke, welche nach der Reaktion des Beschichtungsstoffes und nach dem Entweichen aller flüchtigen Bestandteile an der Beschichtung zu messen ist [4].

Von ganz entscheidender Bedeutung für die Beurteilung des Leistungsvermögens der OS-Maßnahme ist, welche Schichtdicke dafür herangezogen wird und wie diese definiert ist. In der folgenden Tabelle ist die Zuordnung der Schichtdicken zu den Leistungsmerkmalen zugeordnet.

Leistungsmerkmal	Schichtdickenzuordnung
Diffusionseigenschaft für CO_2	produktspezifische Mindestschichtdicke $d_{min,p}$ / mittlere Schichtdicke $d_{ist,m}$ (für die baupraktische Anwendung)
Diffusionseigenschaft für H_2O	produktspezifische Maximalschichtdicke $d_{max,p}$ / mittlere Schichtdicke $d_{ist,m}$ (für die baupraktische Anwendung)
Rissüberbrückungseigenschaft	produktspezifische Mindestschichtdicke $d_{min,p}$
Brandverhalten	produktspezifische Maximalschichtdicke $d_{max,p}$,
Mechanische/Chemische Widerstandsfähigkeit	produktspezifische Mindestschichtdicke $d_{min,p}$
Wetterbeständigkeit	produktspezifische Mindestschichtdicke $d_{min,p}$

Tabelle 13.1: Zuordnung der Schichtdicken zu Leistungsmerkmalen

In Technischen Merkblättern der Beschichtungsstoffe und in Auftrags-Leistungsbeschrieben wird als Maß für die Dicke häufig der Begriff “Schichtdicke” und manchmal auch nur die damit im Zusammenhang stehende “Auftragsmenge” des flüssigen Beschichtungsstoffes herangezogen. Aus diesen Angaben lassen sich mehrere Faktoren für Verbrauchsmenge, Schichtdickenzuschläge etc. ableiten.

Um eine gleichmäßige und geschlossene Schichtdicke zu erzielen und um die Schichtdickenverteilung günstig steuern zu können, muss der Verarbeiter die Parameter, die auf die Schichtdickenverteilung einen wesentlichen Einfluß haben, kennen. Hier sind im Wesentlichen drei Kriterien zu nennen:

- Applikation,
- Untergrundbeschaffenheit,
- Stoffeigenschaften des Beschichtungsstoffes.

In dieser Reihenfolge liegt eine abnehmende Priorität vor. Diese Einflüsse sind in Bild 12.67 in einem Verteilungsdiagramm [5] angedeutet. Die Schichtdickenverteilung folgt überwiegend einer Gauß´schen Glockenkurve. Bei der engen Verteilung der Schichtdicken um den Mittelwert liegt eine optimale Steuerung, bei der breiten Verteilung eine schlechte Steuerung vor.

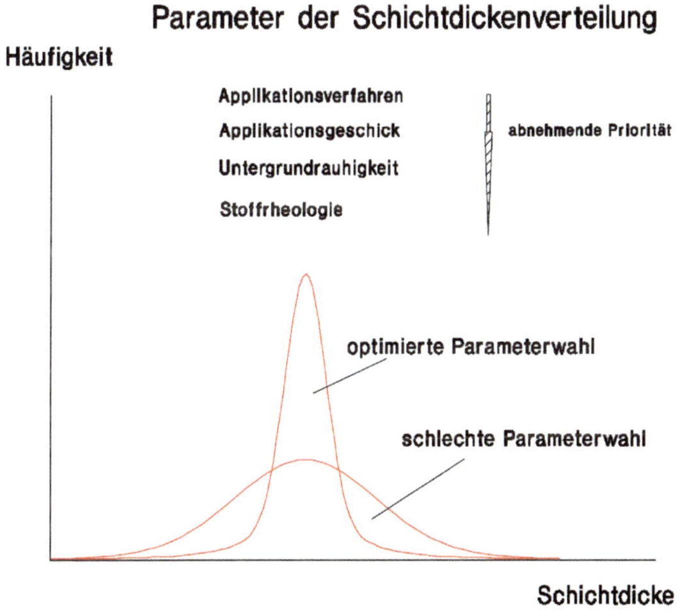

Bild 13.67: Parameterwahl als Einflußgröße für die Gleichmäßigkeit des Schichtdickenergebnisses [5]

In folgenden Absätzen werden die Parameter, welche für die Schichtdickenoptimierung verantwortlich sind, näher beschrieben.

Die Rauigkeit des zu beschichtenden Untergrundes spielt für die Gleichmäßigkeit der Schichtdicke eine bedeutende Rolle. Zum einen ist die effektive Fläche eines zu beschichtenden, rauhen Bauteiles größer als diejenige eines glatten Bauteils – gleiche Abmessungen zur Länge, Breite etc. des Bauteils vorausgesetzt. Zum anderen verursachen rauhe Oberflächengeometrien, solange sie durch den Beschichtungsstoff nicht egalisiert werden, deutlich ausgeprägtere Schwankungen der Dicken einer Beschichtung gegenüber einem ebeneren Substrat. [5]

Das Applikationsverfahren geht in das Schichtdickenergebnis ein, wobei unter den gängigsten Verfahren das Airless-Spritzen die gleichmäßigste Schichtdickenverteilung erwarten lässt. Wird ein Beschichtungsstoff durch Pinselapplikation aufgetragen, resultiert daraus wegen der hinterlassenen „Pinselfurchen" bereits eine geringere Gleichmäßigkeit. Bei der Rollenapplikation muss man mit den größten Schichtdickenschwankungen rechnen. Diese werden durch den Flor der Rolle verursacht, der grob strukturierte bis feinkörnige Dickenschwankungen (Orangenschaleneffekt) hinterlässt. Aus ökonomischer, umfeldschonender und handwerklicher Sicht hat sich aber gerade diese Applikationsmethode zu dem am meisten angewendeten bzw. anwendbaren Verfahren entwickelt. Es wirkt sich erfahrungsgemäß gleichermaßen kontraproduktiv auf die Schichtdickentreffsicherheit (ausreichend dicke Schicht) und auf die Schichtdickengleichmäßigkeit aus, insbesondere bei der Anwendung der weitverbreiteten, strukturviskosen, wässrig formulierten Beschichtungsstoffe. Die Gleichmäßigkeit der Schichtdickenverteilung zeigt die nachfolgende Aufstellung.

Applikationsverfahren	**Schichtdicke**
Airless-Spritzen	gleichmäßig
Streichen	↓
Rollen	ungleichmäßig

Tabelle 13.2: Applikationsbedingte Schichtdickenverteilung

Einen ganz wesentlichen, oft weit gefächerten Einfluss auf die Schichtdickengleichmäßigkeit übt das handwerkliche Geschick des Anwenders aus, und zwar bei allen genannten Applikationsverfahren. Die nachweislich erbrachte Qualifikation des Handwerkers, manchmal auch nur seine Motivation, sichern noch am ehesten das zu verfolgende Schichtdickenziel.

Die rheologischen Eigenschaften des flüssigen Beschichtungsstoffes nehmen Einfluss auf das Schichtdickenziel. Fließfähigkeit und Oberflächenspannung (Verlaufsvermögen) des Beschichtungsstoffes als Flüssigkeit einerseits und strukturviskoses Stoffverhalten zur Erzielung standfester Nassfilme an senkrechten und geneigten Flächen andererseits, bilden die beiden Grenzen für den Beschichtungsstoff-Formulierer.

Bei praktisch keiner Applikationsmethode (weder unter Baustellenbedingungen noch unter den stationären Bedingungen einer werksmäßigen Herstellung) gelingt es, den gesamten zur Anwendung vorgesehenen Beschichtungsstoff auch auf das Objekt zu bringen. Teile davon verbleiben in den Gebinden, in der Applikationsanlage, in den Verarbeitungswerkzeugen oder gehen beim Applikationsvorgang schlicht daneben. Dieser sogenannte Verarbeitungsverlust mindert das Schichtdickenergebnis.

In Bild 12.67 sind alle diese Einflüsse auf das Schichtdickenziel zusammengefasst.

Die gewünschte Dicke einer Beschichtung kann also grundsätzlich über den Verbrauch an Beschichtungsstoffen gesteuert werden. Um dies rechnerisch zu bewältigen, müssen die Kennwerte wie Festkörpervolumen und Dichte des Beschichtungsstoffes bekannt sein. Darüber hinaus sollte noch, wie oben beschrieben, hinreichend genau abgeschätzt werden, welcher Verlust an Material bei der gewählten Applikationsart auftreten wird und wie hoch die Rauigkeit der Oberfläche ist. Die Bestimmung der Verbrauchsmenge für die gewünschte Schichtdicke ist im folgenden Kapitel detailliert beschrieben.

13.11.3 Bestimmung der Verbrauchsmenge

Zur Ermittlung von Auftragsmengen zur Erreichung der geforderten Mindestschichtdicken können folgende Gleichungen angewendet werden.

Für $d_{min,P}$ $\quad \rightarrow m'' = \frac{\rho fl}{FV} \, (d_{min,P} + 1{,}64 \, ssa) \, (1 + \alpha) \, (1 + \beta) \quad [g/m^2]$ **(1)**

Für d_{mit} $\quad \rightarrow m'' = \frac{\rho fl}{FV} \, d_{mit} \, (1 + \alpha) \, (1 + \beta) \quad [g/m^2]$ **(2)**

Darin bedeuten:

d_{mit}	Mittlere Schichtdicke	[µm]
$d_{min,P}$	produktspezifische Mindestschichtdicke	[µm]
m“	Auftragsmenge	$[g/m^2]$
ssa	maximale Stichprobenstandardabweichung	[µm]
ρ_{fl}	Dichte des Beschichtungsstoffes	$[g/cm^3]$
FV	Festkörpervolumen des Beschichtungsstoffes	[-]
α	Zuschlag zur Berücksichtigung des Verarbeitungsverlusts	[-]
ß	Zuschlag zur Berücksichtigung der Untergrundrauheit	[-]

Oberflächenschutzsystem		Mindestschichtdicke $d_{min,P}$ der hwO [µm]	ssa bei VK 15% – 20% [µm]	Zuschlag α [-]	Zuschlag ß [-]
OS 2 (OS B)		80	24 – 35*	0,03	0,20
OS 4 (OS C)		80	24 – 35*	0,03	0,10
OS 5a (OS DII)		300	60 – 90	0,03	0,10
OS 5b (OS DI)		2 000	400 – 600	0,03	0,10
OS 8		2 500	500 – 750	0,01	0,10
OS 9 (OS E)		1 000	200 – 300	0,01	0,20
OS 14	Verschleißschicht	2 000	600 – 900	0,01	0,05
	elastische Oberflächenschutzschicht	4 000	800 – 1200	0,01	0,20
OS 11a (OS F a)	Verschleißschicht	1 500	600 – 900	0,01	0,05
	elastische Oberflächenschutzschicht	3 000	300 – 450	0,01	0,20
OS 11b (OS F b)		4 000	800 – 1200	0,01	0,20
OS 13		2 500	500 – 750	0,01	0,20

**Abweichung wegen Untergrundrauheit und/oder Verarbeitungsmaterial und Menge*

Tabelle 13.3: Exemplarische Parameter zur Bestimmung der Verbrauchsmenge

Die gemachten Ausführungen finden nur bei den hauptsächlich wirksamen Oberflächenschutzschichten (hwO) Anwendung. Relevante Schichtdickenparameter für die Oberflächenschutzsysteme enthält Tabelle 12.3.

Die Parameter ssa und α liegen überwiegend im Verantwortungsbereich des Ausführenden, weil sie durch handwerkliche Fertigkeit bei der Anwendung auf das statistisch unvermeidliche Maß reduziert werden können.

Der Parameter ß ist dominant von der Beschaffenheit des zu beschichtenden Untergrundes abhängig. Soweit eine Untergrundvorbereitung (Schaffung von Rauheit) und eine Untergrundvorbehandlung (Schaffung von Ebenheit) vorgesehen sind, liegt die Verantwortung für die Findung des angepassten ß-Wertes beim ausführenden Unternehmen. Zwischen Auftraggeber und ausführendem Unternehmen kann im Einvernehmen mit dem Sachkundigen Planer ein ß-Wert festgelegt werden.

Aus technischer und ökonomischer Sicht erscheint es sinnvoll, die Streuung von Schichtdickenverteilungen über den Variationskoeffizienten (VK) (Gl. 3) zu beeinflussen, d. h. zu minimieren. Der Variationskoeffizient ist im Regelfall bei 0,15 und sollte 0,20 nicht übersteigen.

$$VK = \frac{ssa}{d_{ist,\, m}} [\, - \,] \qquad (3)$$

13.11.4 Bestimmung der Schichtdicke mittels Prüfungen

Unter Zuhilfenahme bestimmter Meßgeräte kann eine direkte Schichtdickenmessung in situ durchgeführt werden [6]. Zerstörungsfrei lassen sich Schichtdicken magnetinduktiv gegenwärtig nur auf Stahl messen. Die Oberflächenschutzschichten auf Beton müssen zerstörend erfasst werden.

Meßmethode	Gerät	Norm/Richtlinie	Bemerkungen
Nassschichtdicke, mechanisch	Messkamm	ASTM D 4414 [9]	meistens bis 2 mm Dicke
Trockenschicht-dicke, mechanisch	Tiefen-messuhr	-	Nur für elastische Beschichtung
Trockenschicht-dicke, optisch, Querschnitt	Bohrkern, Mikroskop	DIN EN ISO 1463 [8]	Auswertung im Labor
Trockenschicht-dicke, optisch, Keilschnitt	PIG, Paintbohrer	DIN EN ISO 19399 [7]	bis 500 µm, starre Beschichtung, Sofortergebnis

Tabelle 13.4: Übersicht der gängigen Methoden zur Schichtdickenbestimmung

Als Messmethode wird für starr formulierte, nicht begehbare Beschichtungen bis 500 µm das Keilschnittverfahren gemäß DIN EN ISO 19399 [7] eingesetzt.

Für dickschichtige (> 500 µm) oder flexibel formulierte Beschichtungen wird die Methode der Spanentnahme angewendet. Die Proben werden mit einer Schieblehre oder unter einem Kleinmikroskop untersucht und vermessen.

Für begehbare Beschichungen wird die Schichtdicke am Querschnitt der Bohrkerne in Anlehnung zu DIN EN ISO 1463 [8] gemessen. Die Schichtdickenmessung im Labor an entnommenen

Bohrkernen ist vom Ergebnis vergleichbar mit dem zerstörenden Keilschnittverfahren für nicht begehbare Beschichtungen, lässt sich aber an dickeren Schichten gut durchführen. Jedoch führt diese Meßmethode zu einer sehr starken Zerstörung des Objektes und ist somit auf das Mindestmaß zu begrenzen.

Die Auswertung der Ergebnisse wird im folgenden Kapitel beschrieben.

Die Tabelle 12.4 gibt einen Überblick über die gängigen Messmethoden.

13.11.5 Messung und Auswertung der Schichtdicke

Der Nachweis der Schichtdicken $d_{ist,min}$ bzw. $d_{ist,mit}$ erfolgt durch qualifiziertes Prüfpersonal des ausführenden Unternehmens bzw. durch entsprechend qualifizierte Dritte, die vom Auftraggeber eingeschaltet sind.

Messwerterfassung und Auswertung erfolgen nach dem Modell der Stichprobe. Gemessen an üblichen Arbeitsabschnitten sollte die Messwertmenge n nicht kleiner als 30 sein. Mit der Erhöhung der Messwerte erhöht sich auch die Genauigkeit der Messungsauswertung.

Zur Kontrolle von Schichtdicken auf Bauteiloberflächen sind drei verschiedene Schichtdickendefinitionen erforderlich. Alle drei Definitionen basieren auf der Annahme, dass auf einer zu betrachtenden, beschichteten Betonoberfläche eine Grund- bzw. eine Stichprobengesamtheit an Schichtdicken entsprechend einer Gauß'schen Verteilung (Normalverteilung) gemäß Bild 12.68 vorliegen.

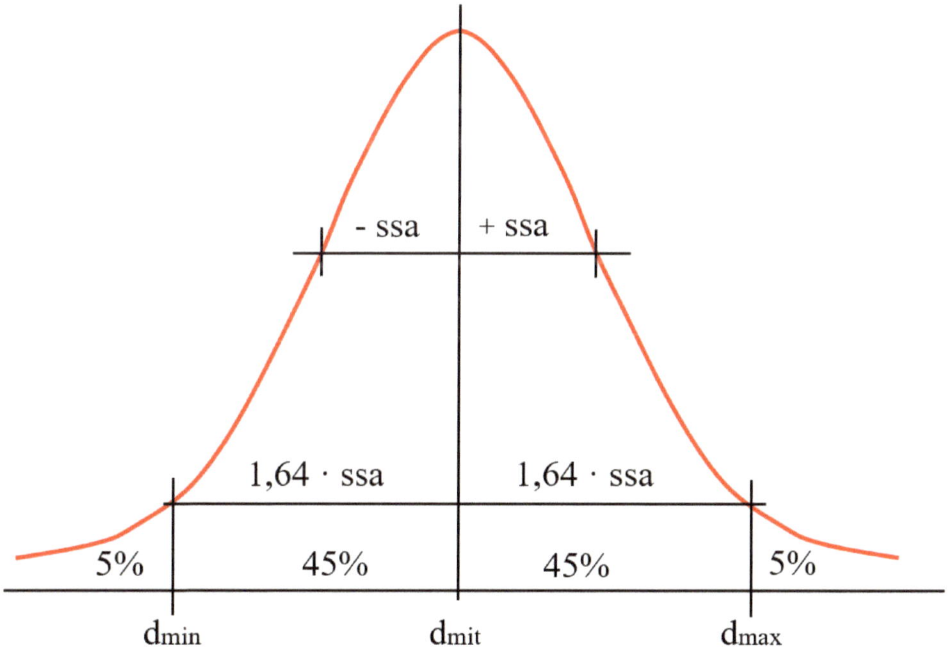

Bild 13.68: Definition der Schichtdickengrenzwerte

d_{mit}: Mittlere (arithmetische) Schichtdicke als größte Häufigkeit.

$$d_{mit} = \frac{1}{n}\Sigma d_i \qquad [\mu m] \tag{4}$$

Darin bedeuten:

d_i	Schichtdickenvariable der Stichprobengesamtheit	[μm]
n	Zahl der Schichtdickenvariablen der Stichprobengesamtheit	[-]

d_{min}: Mindestschichtdicke als 5 % Fraktile der Gauß`schen Verteilung. Dabei wird angestrebt, das Schichtdickenziel mit 95 %-iger Wahrscheinlichkeit zu erreichen.

Der Zusammenhang zwischen $d_{ist,m}$ und $d_{ist,min}$ ergibt sich über die Grenzen der Standardnormalverteilung

$$d_{min} = d_{mit} - 1{,}64 \times ssa \qquad [\mu m] \tag{5}$$

Darin bedeutet:

$$ssa = \sqrt{\frac{\sum \left(d_{ist} - d_{mit}\right)^2}{n-1}} \qquad [\mu m] \tag{6}$$

ssa	Stichprobenstandardabweichung	[μm]

d_{max}: Maximalschichtdicke als 95 % Fraktile. d_{max} generiert sich in der Normalverteilung durch Spiegelung von d_{min} über die Achse des arithmetischen Mittelwertes. Dieser Schichtdickengrenzwert wird im Bedarfsfall zur Begrenzung von Überschichtdicken und zur Ermittlung der Maximalschichtdicke im Brandfall angewendet.

Unter Einbeziehung relevanter Werkstoff- und Anwendungsparameter sind die zwei wichtigsten Schichtdicke wie folgt definiert:

$$d_{mit} = \frac{m'' \cdot FV}{\rho fl\,(1+\alpha)\,(1+\beta)}. \qquad [\mu m] \tag{7}$$

$$d_{min} = \frac{m'' \cdot FV}{\rho fl\,(1+\alpha)\,(1+\beta)} - 1{,}64\ ssa \qquad [\mu m] \tag{8}$$

Darin bedeuten:

d_{mit}	ermittelte Mittlere Schichtdicke	[μm]
d_{min}	ermittelte Mindestschichtdicke als 5 % Fraktile	[μm]
m“	Auftragsmenge	[g/m²]
ssa	Stichprobenstandardabweichung	[μm]

ρ_{fl}	Dichte des Beschichtungsstoffes	[g/cm³]
FV	Festkörpervolumen des Beschichtungsstoffes	[-]
α	Zuschlag zur Berücksichtigung des Verarbeitungsverlusts	[-]
ß	Zuschlag zur Berücksichtigung der Untergrundrauheit	[-]

13.11.6 Berechnung der Verbrauchsmengen

Am Beispiel eines Beschichtungssystems für Kühlturm-Schaleninnenseiten analog zu OS 7 wird im Folgenden die Verbrauchsmenge in Abhängigkeit von bekannten Parametern errechnet. Dabei wird die Differenz der beiden Messwerte und die Folgen für die Baustelle näher betrachtet.

Es wird die Schaleninnenseite eines Naturzugkühlturms mit Abgaseinleitung beschichtet [10]. Da der Zeitraum der Beschichtung sich auf wenige Wochen begrenzt, muss im Vorfeld die Planung abgeschlossen sein sowie die gesamten Beschichtungsstoffe bereits auf der Baustelle vorliegen. Bei der Schale handelt es sich um ca. 24.000 m² Oberfläche.

Es soll eine Epoxidharzbeschichtung mit einer Mindestschichtdicke von 300 µm appliziert werden. Die relevanten technischen Daten der Beschichtung sind in der folgenden Tabelle dargestellt.

Art	Prüfnorm	Kennwert
Dichte	DIN 53217	1,3 g/cm³
Festkörpergehalt	DIN 53216	75,5 Gew.-%
Festkörpervolumen	rechnerisch	63 Vol.-%

Tabelle 13.5: relevante Kennwerte der Epoxidharzbeschichtung

In der folgenden Tabelle 12.6 werden die unterschiedlichen Applikationsformen und Untergrundvorbereitungsgrade einander gegenübergestellt. Die Schaleninnenseite war, analog zum Bild 12.69 nur bis zur Taille mit einem Egalisierungsmörtel versehen. Unterhalb der Taille wurde die Beschichtung auf eine raue Oberflächenstruktur appliziert. Im oberen Bereich des Kühlturms wurde die Beschichtung aufgrund der Gefahr des Materialaustrages nach außen infolge Aufwinde, gerollt. Unterhalb der Taillie konnte die Beschichtung im Airless-Strahlverfahren appliziert werden. Dadurch ergaben sich unterschiedliche Parameter für die Zuschläge α und ß. Die Ausführungsfirma gehört zu den etablierten Firmen auf dem Beschichtungssektor für Kühltürme, so dass die gleichmäßigkeit der Beschichtung sowohl für Airless-Spritzen als auch für Rollenapplikation im gleichmäßigen Bereich liegen.

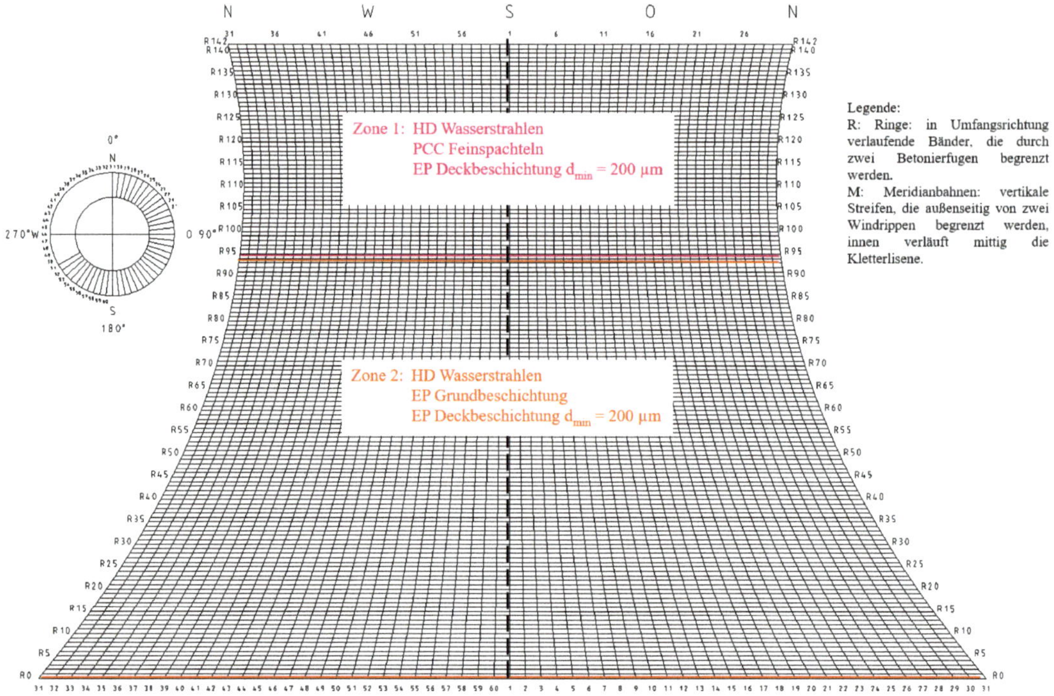

Bild 13.69: Schalenabwicklung mit unterschiedlichen Beschichtungszonen

Gemäß der Formel (1) lässt sich die zu applizierende Beschichtungsmenge für unterschiedliche Schalenabschnitte berechnen:

$$d_{min} = 300\ \mu m \longrightarrow m'' = \frac{\rho fl}{FV}\ (d_{min,P} + 1{,}64\ ssa)\ (1 + \alpha)\ (1 + \beta) \quad [g/m^2] \qquad (9)$$

Berechnungsfaktoren	Schale oberhalb der Taille	Schale unterhalb der Taille
Rohdichte	1,3 g/cm³	1,3 g/cm³
Festkörpervolumen	63 Vol.-%	63 Vol.-%
Standardabweichung geschätzt	80 µm	60 µm
Zuschlag zur Berücksichtigung des Verarbeitungsverlustes α	2 % (0,02)	5 % (0,05)
Zuschlag zur Berücksichtigung der Untergrundrauheit ß	5 % (0,05)	20 % (0,20)
Auftragsmenge m“ – Oben	$\frac{1,3}{0,63} \cdot (300 + 1{,}64 \cdot 80)(1 + 0,02)(1 + 0,05) = 953 g/m^2$	$\frac{1,3}{0,63} \cdot (300 + 1{,}64 \cdot 80)(1 + 0,02)(1 + 0,05) = 953 g/m^2$
Auftragsmenge m“ – Unten	$\frac{1,3}{0,63} \cdot (300 + 1{,}64 \cdot 60)(1 + 0,05)(1 + 0,20) = 1.036 g/m^2$	$\frac{1,3}{0,63} \cdot (300 + 1{,}64 \cdot 60)(1 + 0,05)(1 + 0,20) = 1.036 g/m^2$
Auftragsmenge bezogen auf 10.000 m²	9.530 to	10.360 to

Tabelle 13.6: Parameter für Mengenbestimmung

Anhand dieses Beispiels wird verständlich, dass bei einer vorhergehenden falschen Bemessung der Verbrauchsmengen auf der Baustelle mehrere Tonnen des Beschichtungsstoffes fehlen könnten.

13.11.7 Beispiele zur Berechnung der Schichtdicke

Im Folgenden wird an einem Beispiel gezeigt, zu welchen Schichtdicken und Schichtdickenabweichungen eine Messung an einem Objekt mit gleicher Verbrauchsmenge führen kann und wie die Ergebnisse der Mindestschichtdickenberechnung nach einer statistschen Auswertung aussehen können.

Gemäß Kapitel **Bestimmung der Schichtdicke mittels Prüfungen** müssen die Messungen so angelegt sein, dass zwei Bedingungen erfüllt sind. Zum einen muss die Erhebung, bezogen auf die Fläche des applizierten Oberflächenschutzsystems repräsentativ sein und zum anderen muss eine ausreichend große Anzahl an Meßwerten nach dem Prinzip der zufälligen Meßwerterhebung ermittelt werden.

An dem oben beschriebenen Kühlturm wurden nach der Fertigstellung der Beschichtungsarbeiten die Schichtdicken mittels Keilschnitt bestimmt. Dabei wurden an mehreren Meridianbahnen und Ringen eine repräsentative Menge an Messungen durchgeführt.

Anhand der folgenden Tabellen werden die Unterschiede in den Messungen an zwei Bereichen gezeigt, an denen zwar die gemessenen Schichtdicken nie den Wert 300 µm unterschreiten, jedoch im ersten Fall die Mindestschichtdicke eingehalten und im zweiten Fall eine Unterschreitung der Mindestschichtdicke berechnet wird. Die fett gedruckten Messwerte zeigen jeweils den höchsten und den niedrichsten gemessenen Wert.

Messort	Messwerte [µm]
M 71 – M 73, R 76	500 ; 400 ; 500 ; 520 ; 530 ; 650
M 71 – M 73, R 78	360 ; 500 ; 520 ; 700 ; **720** ; 590
M 83 – M 85, R 76	410 ; 400 ; 580 ; 510 ; 600 ; 540
M 83 – M 85, R 78	530 ; 540 ; 450 ; 650 ; 630 ; 700
M 18 – M 20, R 76	600 ; 410 ; **300** ; 400 ; 500 ; 500
M 18 – M 20, R 77	500 ; 460 ; 510 ; 550 ; 500 ; 470
M 2 – M 120, R 77	480 ; 450 ; 580 ; 500 ; 450 ; 490

Tabelle 13.7: Zusammenstellung der Messwerte im Fall 1

Die Berechnung der Mindestschichtdicke erfolgt analog zu dem Kapitel **Messung und Auswertung der Schichtdicke**.

$d_{min} = d_{ist,m} - 1{,}64 \times ssa = 516 - 1{,}64 \times 92 = 366\ \mu m > d_{soll}$

Darin sind folgende Werte enthalten:

d_{mit} als Mittelwert der gemessenen Schichtdicken: 516 µm

ssa als Standardabweichung, die nach der Formel (6) oder mittels z. B. Excel ermittelt werden kann: 92 µm

In Bild 12.70 ist die Schichtdickenverteilung im Diagramm dargestellt. Die Verteilung folgt einer Gauß´schen Normalverteilung und ist kompakt gehalten. Betrachtet man den Variationskoeffizienten mit

$$VK = \frac{ssa}{d_{ist,\,m}} = 18\ \%$$

wird ersichtlich, dass die Applikation gleichmäßig durchgeführt wurde.

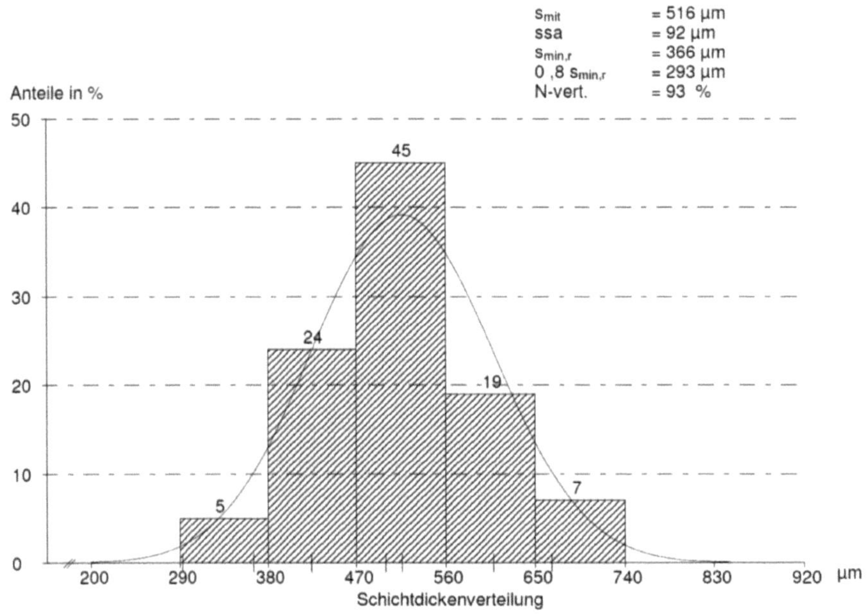

Bild 13.70: Auswertung der Schichtdickenverteilung für Fall 1

Im zweiten Fall wurde an einem anderen Abschnitt des Bauwerks die Schichtdickenmessung mittels Keilschnitt durchgeführt. In der Tabelle 12.8 sind die Werte dieser Messung zusammengestellt. Bild 12.71 zeigt die Schichtdickenverteilung dieser Messung und das Ergenis der Mindestschichtdickenberechnung.

Messort	Messwerte [µm]
M 19 – M 20, R 25	400 ; 450 ; 500 ; 420 ; 600 ; 570
M 19 – M 20, R 32	390 ; 510 ; 500 ; 370 ; 560 ; 360
M 19 – M 20, R 40	420 ; 600 ; 350 ; 390 ; 700 ; 700
M 19 – M 20, R 44	400 ; 420 ; 390 ; 490 ; 450 ; 500
M 115 – M 119, R 39	**750** ; 500 ; 540 ; 590 ; 370 ; 500
M 115 – M 119, R 30	620 ; 610 ; 600 ; 520 ; 310 ; 400
M 115 – M 119, R 24	400 ; 460 ; 720 ; 650 ; 700 ; 380
M 60 – M 63, R 43	400 ; 420 ; 400 ; 410 ; 400 ; 460

Messort	Messwerte [µm]
M 60 – M 63, R 35	430 ; **310** ; 400 ; 310 ; 450 ; 440
M 60 – M 63, R 24	390 ; 400 ; 500 ; 520 ; 310 ; 350
M 81 – M 84, R 42	420 ; 350 ; 400 ; 450 ; 500 ; 360
M 81 – M 84, R 34	530 ; 600 ; 700 ; 450 ; 350 ; 450
M 81 – M 84, R 24	680 ; 650 ; 600 ; 630 ; 630 ; 680

Tabelle 13.8: Zusammenstellung der Messwerte im Fall 2

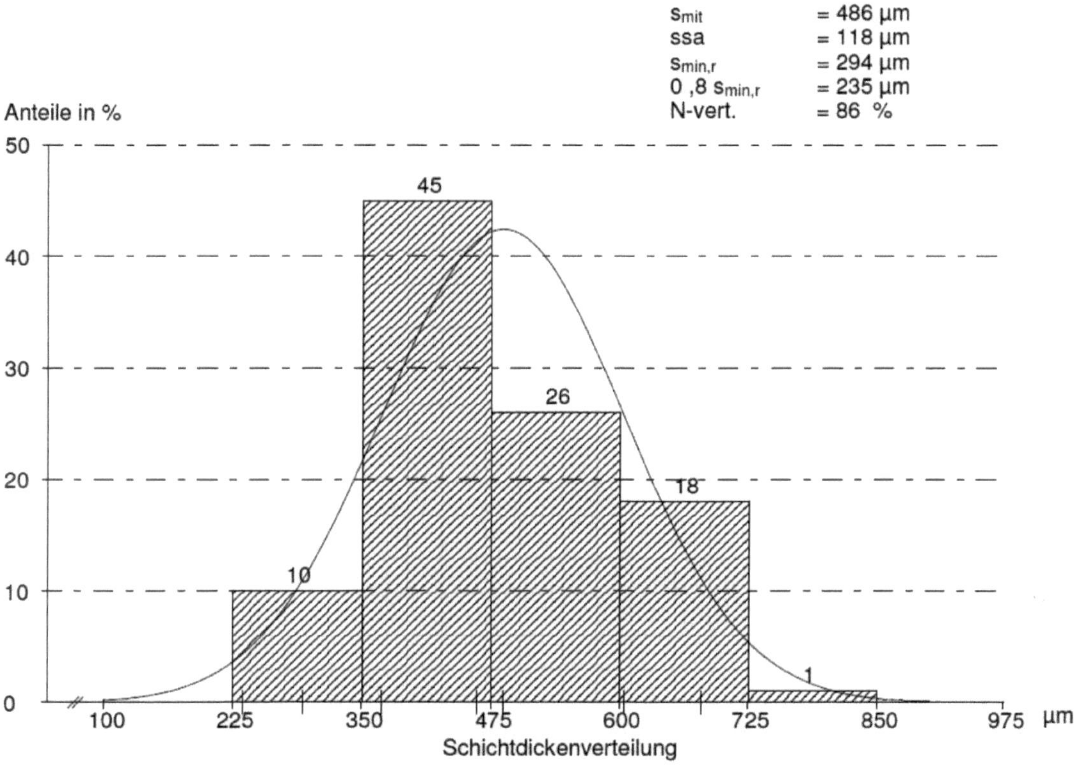

Bild 13.71: Auswertung der Schichtdickenverteilung für Fall 2

$d_{min} = d_{ist,m} - 1{,}64 \times ssa = 486 - 1{,}64 \times 118 = 294\ \mu m < d_{soll}$

Die Auswertung ergibt eine Mindestschichtdicke von 294 µm, obwohl der kleinste der gemessenen Werte bei 310 µm liegt. Statistisch betrachtet wurde aber die Mindestschichtdicke nicht erreicht. Ferner liegt der Variationskoeffizient mit 24 % über der 20 % Marke, welche als Obergrenze für die Gleichmäßigkeit der Schichtdickenverteilung angegeben ist.

Wie mit der Unterschreitung der Schichtdickenvorgabe umzugehen ist, muss von dem Sachkundigen Planer situations- und bauwerksabhängig beurteilt werden.

Zur Verdeutlichung der Schichtdickenverteilungen sind in den folgenden Abbildungen die Schichtdicken mikroskopisch an Spannproben fotodokumentiert worden. Dabei werden die Schwankungen der Schichtdicken ersichtlich. Werden in diesen Bereichen Schichtdickenmessungen durchgeführt ist es zu erwarten, dass sich die Gauß´sche Verteilung analog zum Bild 12.67 mit hoher und geringer Schichtdickenverteilung auftreten wird.

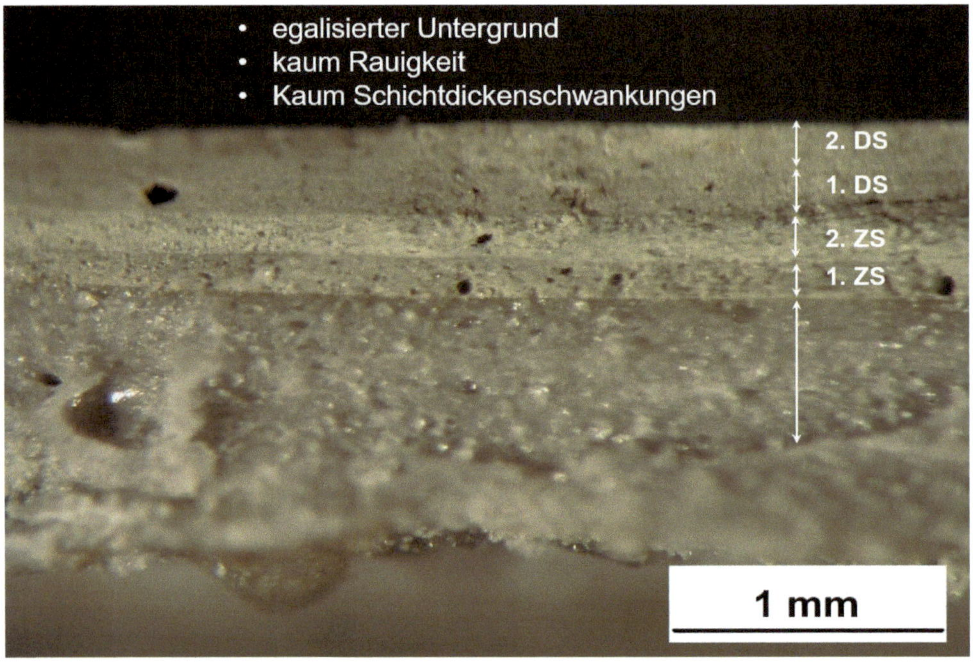

Bild 13.72: Darstellung einer gleichmäßigen Schichtdickenverteilung

Bild 13.73: Darstellung einer sehr hohen Schichtdickenschwankung auf nicht egalisiertem Untergrund

13.11.8 Literatur

[1] Deutscher Ausschuss für Stahlbeton im DIN e. V. (Hrsg): DAfStb-Richtlinie Schutz- und Instandsetzung von Betonbauteilen (Instandsetzungsrichtlinie). Berlin: Oktober 2001.

[2] DEUTSCHES INSTITUT FÜR BAUTECHNIK, „Technische Regel – Instandhaltung von Betonbauwerken (TR Instand-haltung): Teil 1 – Anwendungsbereich und Planung der Instandhaltung", Berlin, 05.2020.

[3] Bundesministerium für Verkehr und digitale Infrastruktur, Zusätzliche Technische Vertragsbedingungen und Richtlinien für Ingenieurbauten (ZTV-ING), Berlin, Baudurchführung, Stand: 2019/04.

[4] Engelfried, R.; Eisenkrein, H, „Schäden an polymeren Beschichtungen, Kapitel 3.6.5, Seite 130," Schadenfreies Bauen, (Hrsg. Ralf Ruhnau), Fraunhofer IRB Verlag, Band 26, 2012.

[5] R. Engelfried, Dissertationsschrift: Über den Einfluss der Schichtdicke und der Alterung auf die Wirksamkeit von Oberflächenschutzsystemen für Betonbauteile, Dortmung: Shaker Verlag GmbH, 2000.

[6] DIN EN ISO 2808:2019-12 , Beschichtungsstoffe – Bestimmung der Schichtdicke (ISO 2808:2019); Deutsche Fassung EN ISO 2808:2019, Berlin: Beuth-Verlag, 12.2019.

[7] DIN EN ISO 19399:2018-02 , Beschichtungsstoffe – Bestimmung der Trockenschichtdicke mit dem Keilschnittverfahren (Ritz- und Bohrmethode) (ISO 19399:2016); Deutsche Fassung EN ISO 19399:2017, Berlin: Beuth Verlag, 2018-02.

[8] DIN EN ISO 1463:2021-08 , Metall- und Oxidschichten – Schichtdickenmessung – Mikroskopisches Verfahren (ISO 1463:2021); Deutsche Fassung EN ISO 1463:2021, Berlin: Beuth Verlag, 2021-08.

[9] ASTM D 4414:1995 , Messung der Naßschichtdicke, Beuth Verlag, 1995 reapproved 2020, Englisch.

[10] Robert Engelfried, Franz Sage, Helena Eisenkrein, Naturzugkühlturm mit Abgaseinleitung – Planung und Umsetzung von Schutzmaßnahme und Aussehensoptimierung, Ostfildern: TAE Tagungsband 2011 zum 2. Kolloquium „Erhaltung von Bauwerken", 2011.

14 Instandsetzen von Fugen

D. Ziegler

14.1 Allgemeines zu Fugen

14.1.1 Einleitung / Regelwerke

Fugen und insbesondere Fugenabdichtungen stellen bei der Instandsetzung von Betonbauteilen/-bauwerken eine große planerische Herausforderung dar. Fugen in Wänden sind Räume zwischen angrenzenden Bauteilen, die zur Vermeidung von Zwängungskräften und/oder zur Erzielung eines passgerechten Zusammenfügens von Bauteilen angeordnet werden. Die Fugen dürfen nicht zu einem schädigenden Einfluss auf die angrenzenden Bauteile im Vergleich zu dem fugenfreien Bereich führen. Fugen sollen i. d. R. die schadensfreie Bewegung zwischen verschiedenen Bauteilen oder Bauwerken ermöglichen, so dass Risse in den Bauteilen verhindert werden. Im Vordergrund steht meist die dauerhafte Fugenabdichtung, da diese auch die Dauerhaftigkeit der Gesamtkonstruktion beeinflusst, da Fugen Schwachstellen in der Konstruktion darstellen. Deshalb ist bei der Planung und Ausführung besondere Sorgfalt gefordert und auch die Bauüberwachung muss die Ausführung von Fugenabdichtungen in besonderem Maße kontrollieren.

Bei der Instandsetzung von Fugen in Betonbauteilen geben die maßgeblichen Regelwerke (TR Instandhaltung [1] und Instandsetzungs-Richtlinie [2]) keine ausreichende Hilfestellung. Man muss sich deshalb bei der Planung von Instandsetzungsmaßnahmen an Fugen und vor allem an Fugenabdichtungen zahlreicher Regelwerke bedienen, um für den konkreten Anwendungsfall dauerhafte Lösungen vorzugeben. Bei der Instandsetzung sind insbesondere die verschiedenen Fugenarten separat zu betrachten.

14.1.2 Anforderungen und Beanspruchungen

Da Fugen und Fugenabdichtungen den gleichen Beanspruchungen ausgesetzt sind wie die benachbarten Bauteile, unterliegen sie einer Vielzahl von Beanspruchungen, die folgenden Hauptgruppen zugeordnet werden können [3, 4, 5, 6]:

- Fugenbewegungen
- Witterung
- Einwirkung von Flüssigkeiten
- Umwelteinflüsse
- Baustoffeinflüsse, Chemikalien
- mechanische Einwirkungen
- Befahrbarkeit

Aufgrund dieser Beanspruchungen ergeben sich umfangreiche Anforderungen an Fugen und Fugenabdichtungen, welche vom Planer und von den Ausführenden berücksichtigt werden müssen. Es werden Anforderungen hinsichtlich folgender Aspekte gestellt:

- Bauphysik
- Tragwerk
- Bauausführung
- Wirtschaftlichkeit
- Ökologie

Fugen und Fugenabdichtungen sollen so gestaltet werden, dass das optische Erscheinungsbild des Gesamtobjektes nicht beeinträchtigt oder sogar verbessert wird. Abhängig vom Anwendungsfall können hygienische Anforderungen bestehen (z. B. Vermeidung von Verschmutzungen des Fugenraumes) und es muss eine gefahrlose Nutzung möglich sein, d. h. Fugen in Böden müssen sicher begeh- und befahrbar sein. Eine zunehmende Rolle spielt auch der Brandschutz bei Fugen. So muss der Fugenraum heute i. d. R. dem Brandwiderstand des angrenzenden Bauteils angepasst werden.

Nur solche Fugen, welche eine abdichtende Funktion übernehmen sollen, müssen auch zwangsläufig abgedichtet werden. Ist keine abdichtende Funktion gefordert, können auch konstruktive, belüftete Fugen ausgebildet werden, oder es werden noch einfachere Lösungen gewählt. In der Baupraxis stellt man jedoch immer wieder fest, dass jeder Übergang zwischen Baustoffen und Bauteilen und jeder Spalt abgedichtet wird, selbst wenn eine offene Fuge ausreichend wäre. So wird mit hohem finanziellem Aufwand der optische Eindruck einer Fugenabdichtung erzielt, obwohl eine Abdichtung nicht erforderlich ist. Deshalb muss man immer prüfen, ob eine Abdichtung tatsächlich notwendig oder zweckmäßig ist. Dabei muss man sich auch bewusst sein, dass Fugenabdichtungen wartungsbedürftige Ausführungen darstellen und daher zu einem späteren Zeitpunkt erneut Kosten entstehen.

14.1.3 Fugenarten

Scheinfugen

Scheinfugen stellen eine gezielte Schwächung eines Bauteils dar. Sie werden in Fassaden oftmals auch als gestalterisches Element genutzt. Scheinfugen im Beton werden durch Einlagen in die Schalungen hergestellt oder nachträglich eingeschnitten. Sie stellen eine Einkerbung der Oberfläche dar. Es erfolgt keine Trennung über den Gesamtquerschnitt. Da Scheinfugen nur eine geringe Schwächung des Querschnitts darstellen, können damit die Rissbildungen in der Fläche nicht vollständig verhindert werden. Bei Betonböden und Estrichen (siehe Abschnitt 14.3.1.3) sollen sie jedoch zu einer gezielten Rissbildung mit Feldeinteilungen führen und werden deshalb dort auch als Sollrissfugen bezeichnet, ebenso bei WU-Bauwerken. Scheinfugen sind als „starre Fugen" anzusehen.

Pressfugen

Pressfugen stellen eine Bauteiltrennung mit stumpfem Stoß dar. Wie auch bei Scheinfugen können bei Pressfugen infolge fehlender Bewegungsmöglichkeiten der benachbarten Bauteile Zwängungen entstehen. Pressfugen stellen Sollbruchstellen dar. Bei Pressfugen handelt es sich um

„starre Fugen“. Pressfugen werden auch als Arbeitsfugen bezeichnet [7], deren Umfang möglichst gering zu halten ist [8]. Beispiele von Pressfugen in Betonböden finden sich im Abschnitt 14.3.1.3.

Arbeitsfugen

Arbeitsfugen entstehen beim Betonbau regelmäßig dort, wo Arbeitsunterbrechungen erforderlich sind, z. B. zwischen verschiedenen Betonierabschnitten. I. d. R. ist die Bewehrung von Betonbauteilen bei Arbeitsfugen fortlaufend ausgeführt, so dass auch Arbeitsfugen als „starre Fugen“ zu bezeichnen sind. Eine besondere Bedeutung weisen Arbeitsfugen bei WU-Bauwerken auf (siehe Abschnitt 14.3.3). Dort müssen diese wasserdicht ausgeführt werden.

Stoß- und Lagerfugen

Stoß- und Lagerfugen spielen für die Instandsetzung von Betonbauteilen/-bauwerken nahezu keine Rolle, da diese nur bei Mauerwerk auftreten. Die horizontalen Fugen zwischen den einzelnen Steinen werden als Lagerfugen bezeichnet, die vertikalen Fugen als Stoßfugen.

Schattenfugen

Schattenfugen werden als gestalterisches Element verwendet, um eine optische Trennung verschiedener Bauteile in Kanten und Ecken zu erhalten. Als bekanntestes Beispiel ist der Anschluss von abgehängten Decken zur Wand zu nennen. Mit Schattenfugen können aber auch unvermeidbare Rissbildungen kaschiert werden (z. B. im Trockenbau). Grundsätzlich ist ein solches gestalterisches Element auch bei der Betoninstandsetzung einsetzbar.

Bewegungsfugen

Bei Bewegungsfugen handelt es sich stets um eine räumliche Trennung zwischen zwei Bauteilen oder Bauwerken. Folgende Begriffe sind deshalb den Bewegungsfugen zuzuordnen:

- Raumfuge (siehe Abschnitt 14.3.1.3)
- Bauteilfuge
- Anschlussfuge
- Bauwerks(trenn)fuge / Gebäude(trenn)fuge

Die Raumfuge trennt zwei aneinandergrenzende Betonbauteile in der gesamten Dicke und findet bei Betonböden Anwendung (z. B. bei Fahrbahnplatten). Die aneinandergrenzenden Bauteile können sich in den Fugenraum ausdehnen.

In der Praxis finden sich für Bewegungsfugen auch viele andere Begriffe, w. z. B. Dehnfuge, Dehnungsfuge oder Dilatationsfuge, die z. T. auch missverständlich gebraucht werden, wodurch die Bewegungen oftmals unterschätzt und nicht geeignete Fugenabdichtungen gewählt werden. Die wichtigste Unterscheidung ist zu treffen zwischen:

a.) Bewegungsfugen zwischen Bauteilen:

Diese Fugen könnte man auch als Anschlussfugen zwischen gleichartigen Bauteilen bezeichnen. Die Bewegung dieser Fugen ist berechenbar. Deshalb lässt sich die Fugenabdichtung dimensionieren. Die Fugenbewegungen können begrenzt (klein) oder groß sein. Demzufolge kommen Fugendichtstoffe oder Fugenkonstruktionen zum Einsatz.

b.) Bauwerks(trenn)fuge / Gebäude(trenn)fuge:

Die Bewegung dieser Fugen ist nicht berechenbar, sie kann sehr groß sein. Deshalb können an Bauwerkstrennfugen zur Fugenabdichtung ausschließlich Fugenkonstruktionen zum Einsatz kommen, wenn dauerhafte Lösungen realisiert werden sollen. Bauwerkstrennfugen, die ein Bauwerk oder Bauabschnitte unterteilen, sind in der Regel gemeinsam gegründet, die Fuge trennt das Bauwerk aber nach oben hin vollständig. Bei den Gebäudetrennfugen ist i. d. R. auch das Fundament getrennt gegründet (z. B. Reihenhäuser, Doppelhaushälften, Stadtbebauung). Die Begriffe Bauwerkstrennfuge und Gebäudetrennfuge werden jedoch in der Praxis auch häufig als Synonyme benutzt, so dass eine klare Trennung sich oft schwierig gestaltet. Für die Behandlung dieser Fugen muss deshalb die technische Situaion erfasst werden.

Die sogenannte „Wartungsfuge"

Bei der sogenannten „Wartungsfuge" handelt es sich nicht um eine eigene Fugenart, sondern vielmehr um eine Anforderung an die Fugenabdichtung mit Fugendichtstoff. In der DIN 52460 [9] wird die Wartungsfuge wie folgt definiert (Zitat):

> Starken Einflüssen (z. B. chemischen, biologischen, physikalischen, mechanischen) ausgesetzte Fuge, deren Dichtstoff in regelmäßigen Zeitabständen überprüft und gegebenenfalls erneuert werden muss, um Folgeschäden zu vermeiden.

Da der Instandhaltung von Gebäuden mit Inspektion und Wartung eine immer größere Bedeutung zukommt, sind auch andere Fugenabdichtungen, die einer Belastung/Beanspruchung in irgendeiner Weise unterliegen (z. B. Fugenprofile in Tiefgaragen), als Wartungsfugen anzusehen.

14.2 Wandfugen

14.2.1 Ziele

Die Hauptaufgabe bei der Instandsetzung von Wandfugen besteht darin, Fugenabdichtungen in Fassaden zu erneuern. Ziel ist die dauerhafte Abdichtung von Bewegungsfugen. Dabei ist insbesondere der Schlagregenschutz herzustellen und es sind bauphysikalische Aspekte zu berücksichtigen. Wasserbelastete Fugen in erdberührten Außenwänden werden nachfolgend nicht behandelt. Hierfür sind bei der Instandsetzung die einschlägigen Abdichtungsregelwerke, z. B. die DIN 18533 [10] oder die WU-Richtlinie [11] zu berücksichtigen.

Für Fugenabdichtungen von Außenwandfugen im Hochbau sind folgende Abdichtungsarten von Bedeutung:

a. Fugenabdichtungen nach DIN 18540 [12] mit Fugendichtstoffen
b. Fugenabdichtungen mit imprägnierten Dichtungsbändern nach DIN 18542 [14]
c. Elastomer-Fugenbänder nach IVD-Merkblatt Nr. 4 [15]
d. Verdeckte Fugen in Fassaden

14.2.2 Fugenabdichtungen nach DIN 18540 mit Fugendichtstoffen

14.2.2.1 Fugendichtstoffe

Als Basis für Fugendichtstoffe werden verwendet:

- Acrylat-Dispersion
- Polysulfid
- Polyurethan
- Silikon
- Hybrid-Polymer

Fugendichtstoffe auf Basis von Acrylat-Dispersion verformen sich plastisch, d. h. ihr Rückstellvermögen ist gering. Daher sind sie für Bewegungsfugen weniger geeignet.

Polysulfide werden zweikomponentig eingesetzt. Sie zeichnen sich durch eine weitgehend elastische Verformung mit einem hohen Rückstellvermögen aus.

Polyurethane kommen ein- und zweikomponentig zur Anwendung. Als Fugendichtstoffe sind Polyurethane zähelastisch eingestellt und weisen ein ausreichendes Verformungs- und Rückstellvermögen auf.

Fugendichtstoffe auf Basis von Silikon sind einkomponentig und erhärten durch Aufnahme von Luftfeuchtigkeit. Silikone zeichnen sich durch ein hohes Rückstellvermögen und durch eine gute Haftung auch auf sehr glatten Untergründen aus, wie z. B. Glas, Emaille und Aluminium.

Seit einigen Jahren werden auch Hybrid-Polymere als Fugendichtstoffe eingesetzt. Hierbei handelt es sich um auf molekularer Ebene vereinte polymere Werkstoffe.

Die Charakterisierung des Verformungsvermögens von Fugendichtstoffen erfolgt durch die Angabe der zulässigen Gesamtverformung ZGV, bezogen auf die Fugenbreite. Die zulässige Gesamtverformung ist die Summe aus Stauchung und Dehnung. Fugendichtstoffe werden für eine Gesamtverformung bis maximal 25 % eingesetzt.

Für die Verwendung in kleinen Mengen werden die einkomponentigen Fugendichtstoffe in Kartuschen oder Beuteln geliefert. Zweikomponentige Fugendichtstoffe müssen bei kleineren Mengen (ca. 500 ml) in der Kartusche gemischt werden oder sie werden in Gebinden geliefert, gemischt und daraus verarbeitet.

Die Eigenschaften von Fugendichtstoffen nach DIN 18540 [12] sind auf die Anwendung im Fassadenbereich abgestimmt. Anforderungen werden in DIN EN 15651-1 [13] gestellt an:

- Rückstellvermögen
- Standvermögen
- Zugverhalten unter Vorspannung
- Haft- und Dehnverhalten
- Volumenänderung
- Brandverhalten

Weiter stellt die DIN 18540 [12] Anforderungen:

- Verhinderung der Verfärbung angrenzender Bauteile
- Verträglichkeit mit Beschichtungssystemen, Überstreichbarkeit

Fugendichtstoffe nach DIN 18540 werden unterschieden in „frühbeständig“ (Kurzzeichen fb) und „nicht frühbeständig“ (Kurzzeichen nfb).

Fugendichtstoffe werden zum Abdichten von Bewegungsfugen in Fassaden eingesetzt. Die Ausführung der Arbeiten erfolgt nach DIN 18540 [12]. Detaillierte Ausführungsbeispiele sowie nützliche Informationen über die Norm hinaus können auch dem IVD-Merkblatt Nr. 27 [16] sowie weiteren IVD-Merkblättern (www.abdichten.de) entnommen werden.

Für das Abdichten von Bauwerkstrennfugen oder Gebäudetrennfugen sind Fugendichtstoffe **nicht** geeignet, da an solchen Fugen vielfach Gesamtverformungen von mehr als 25 %, bezogen auf die Fugenbreite, auftreten, oder es treten Verformungen in anderen Richtungen (z. B. Setzungen) auf, die von den Fugendichtstoffen nicht aufgenommen werden können.

14.2.2.2 Bemessung der Fugenbreite

Für die Bemessung der Fugenabdichtung nach DIN 18540 [12] müssen folgende Faktoren berücksichtigt werden:

- zulässige Gesamtverformung (ZGV) des abdichtenden Fugendichtstoffes
- Fugenbreite
- Fugenabstand
- Längenänderung des Bauteils durch Erwärmung
- Verkürzung des Bauteils durch Abkühlen
- Thermischer Ausdehnungskoeffizient der Bauteile
- Quellen der Bauteile infolge Feuchtigkeitseinwirkung
- Verkürzung der Bauteile infolge Schwindens

Die Fugenbewegungen ergeben sich nun wie folgt:

Dehnung (D) des Bauteils: $D = (L \cdot \Delta T_w \cdot \alpha) + (L \cdot \varepsilon_Q)$

Verkürzung (S) des Bauteils: $S = (L \cdot \Delta T_k \cdot \alpha) + (L \cdot \varepsilon_S)$

L	Bauteillänge
ΔT_w	Temperaturdifferenz Erwärmung zu Einbautemperatur
ΔT_k	Temperaturdifferenz Abkühlung zu Einbautemperatur
α	Thermischer Ausdehnungskoeffizient
ε_Q	Quellen der Bauteile
ε_S	Schwinden der Bauteile

Für die Fugenbemessung gilt die folgende Anforderung:

$$\frac{D + S}{b_F} \leq \varepsilon_{Zul}$$

b_F	Fugenbreite
ε_{Zul}	Zulässige Gesamtverformung (ZGV) des Fugendichtstoffes

Daraus ergibt sich die erforderliche Fugenbreite, welche eine Überbeanspruchung der Fugenabdichtung verhindert:

$$b_F \geq \frac{D + S}{\varepsilon_{Zul}}$$

Unter Berücksichtigung dieser Forderung und eines entsprechenden Sicherheitszuschlages sind in DIN 18540 [12] in Abhängigkeit vom Fugenabstand die zu wählenden Fugenbreiten (Nennmaß für die Planung) angegeben (siehe Tabelle 14.1).

Fugenabstand m	**Fugenbreite** b_F mm		**Tiefe des Fugendichtsoffes**[c] t_D mm	
	Nennmaß[a]	Mindestmaß[b]	Nennmaße	Grenzabmaße
Bis 2	15	10	8	± 2
Über 2 bis 3,5	20	15	10	± 2
Über 3,5 bis 5	25	20	12	± 2
Über 5 bis 6,5	30	25	15	± 3
Über 6,5 bis 8	35[d]	30	15	± 3

[a] Nennmaß für die Planung
[b] Mindestmaß zum Zeitpunkt der Fugenabdichtung
[c] Die angegebenen Werte gelten für den Endzustand, dabei ist auch die Volumenänderung des Fugendichtstoffes zu berücksichtigen
[d] Bei größeren Fugenbreiten sind die Anweisungen des Dichtstoffherstellers zu beachten

Tabelle 14.1: Fugen und Fugenabdichtung, Maße nach Tabelle 2, DIN 18540 [12]

Bei der Dimensionierung von Fugen in bestehenden Gebäuden bzw. zur Festlegung eines geeigneten Dichtstoffes für die Erneuerung einer bestehenden Fugenabdichtung ist es – in Abweichung vom Neubau – ausreichend, die Bewegungen infolge Temperatureinwirkung zu betrachten, da Quell- und Schwindverformungen dann meist klein sind. Bei schadhaften Fugenabdichtungen ist eine Überprüfung der Fugenbreite unabdingbar, ggf. muss die Fugenbreite bei der Instandsetzung erhöht werden.

14.2.2.3 Konstruktive Ausbildung der Fuge und Verarbeitung

Die Abdichtung von Raumfugen in Außenwänden mit Fugendichtstoffen muss gemäß DIN 18540 [12] erfolgen (Bild 14.1). Die Fugenflanken müssen im Bereich von Fugendichtstoff und Hinterfüllmaterial parallel verlaufen, Kanten müssen auf einer Breite von mind. 10 mm abgefast werden. Durch die Abfasung wird ein unkontrolliertes Abbrechen der Fugenkanten infolge mechanischer Einwirkungen verhindert. So wird eine definierte Grenzfläche zwischen Beton und dem Fugendichtstoff hergestellt, wodurch Undichtigkeiten verhindert werden sollen. Die Fugenbreite ergibt sich im Falle der Instandsetzung im Wesentlichen aus der thermischen Längenänderung der Bauteile (vgl. vorheriger Abschnitt). Sollte eine ausreichende Fugenbreite nicht vorliegen, so muss, sofern es der Korrosionsschutz der Bewehrung (Betondeckung) erlaubt, die Fuge auf die notwendige Breite nachgeschnitten werden. Im Bereich der Fugen muss die Oberfläche der

Bauteile dicht und genügend fest sein. Die Fugenflanken müssen eine ausreichende Festigkeit aufweisen. Erforderlichenfalls muss nicht ausreichend fester Beton durch einen Reparaturmörtel ersetzt werden. Für einen parallelen Flankenverlauf sind ggf. Schalungen einzusetzen. Des Weiteren müssen die Fugenflanken frei von Altanstrichen, Versiegelungen, alten Fugendichtstoffen etc. sein, damit zwischen dem neuen Fugendichtstoff und dem Beton keine Haftungsstörungen auftreten können.

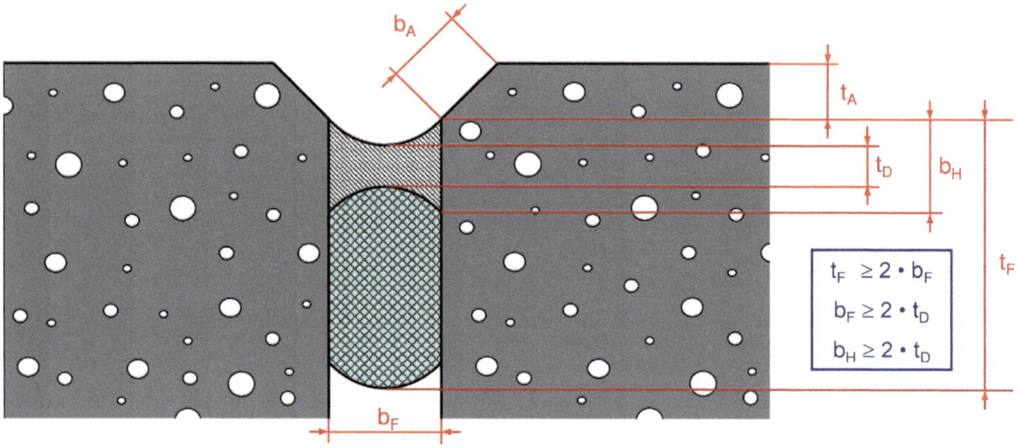

t_A = Tiefe der Fase | b_F = Breite der Fuge [$2 \cdot t_D$] | t_F = Tiefe des Abdichtungssystems [$2 \cdot b_F$]

b_H = Breite der Haftfläche | b_A = Breite der Fase [≥ 10 mm] | t_D = Tiefe des Dichtstoffes

Bild 14.1: Fugenabdichtung mit Fugendichtstoff nach DIN 18540 [12]

Entsprechend der erforderlichen Fugenbreite muss die Dicke des Fugendichtstoffes festgelegt werden. Für die Außenwandfuge gilt als Faustformel folgender Zusammenhang zwischen der Fugenbreite b_F und der Dicke t_D des Fugendichtstoffes:

$$b_F = 2 \cdot t_D$$

Die Dicke des Fugendichtstoffes wird durch das Einlegen eines Hinterfüllmaterials in die Fuge sichergestellt. Das Hinterfüllmaterial muss eine gleichmäßige, möglichst konvexe Begrenzung der Fugentiefe sicherstellen. Es muss nach DIN 18540 [12] geschlossenzellig und verrottungsfest sein, mit dem Fugendichtstoff verträglich und darf nicht wassersaugend sein. Durch die Forderung geschlossenzellig und nicht wassersaugend soll sichergestellt werden, dass bei Fugen, bei denen das Hinterfüllmaterial bereits eingebracht worden ist, der Fugendichtstoff aber noch fehlt, bei Wetterumschwüngen (Schlagregen) kein Wasser in das Hinterfüllmaterial gelangt. Ein nasses Hinterfüllmaterial könnte dann nämlich zu Haftungsstörungen beim Einbringen des Fugendichtstoffes führen und zu unerwünschten Reaktionen mit dem erhärtenden Fugendichtstoff. Damit der Fugendichtstoff seine Funktion erfüllen kann, muss sichergestellt sein, dass er sich wie gewünscht verformen kann. Dazu darf der Fugendichtstoff nur an den beiden Fugenflanken haften. Dies bedeutet, dass eine Dreiflankenhaftung verhindert werden muss. Aus diesem Grunde darf auch zwischen Fugendichtstoff und dem Hinterfüllmaterial keine Haftung auftreten, welche die Formänderung des Fugendichtstoffes unzulässig behindert. Das Hinterfüllmaterial darf andererseits aber auch keine Stoffe enthalten, welche die Haftung des Fugendichtstoffes an den Fugenflanken beeinträchtigen können. Damit für das Einbringen und Abglätten des Fugendichtstoffes ein ausreichender Widerstand vorhanden ist, muss der Durchmesser des möglichst runden Hinterfüllmaterials ca. 20 bis 30 % größer als die Fugenbreite sein.

Alle in DIN 18540 [12] geforderten Eigenschaften für das Hinterfüllmaterial gelten für den Einbauvorgang des Fugendichtstoffes. Nach Erhärtung des Fugendichtstoffes ist das Hinterfüllmaterial ohne Bedeutung für die Funktionsfähigkeit der Fugenabdichtung. Das Hinterfüllmaterial hat somit die Funktion einer Montagehilfe zur Sicherstellung der geometrischen Abmessungen der Fugenabdichtung (= des Fugendichtstoffes) und der gewünschten Verformungsfähigkeit.

Nach dem Einbringen des Fugendichtstoffes wird die Oberfläche geglättet. Hierfür werden Abglättmittel eingesetzt. Diese müssen neutral sein und dürfen keine Verfärbungen des Fugendichtstoffes hervorrufen und sie dürfen keinen Film auf dem Fugendichtstoff hinterlassen. (Gefahr der Kerbwirkung durch den aufreißenden Film bei Dehnung des Fugendichtstoffes).

Um eine ausreichende Haftung des Fugendichtstoffes an den Fugenflanken zu erzielen, sind die Fugenflanken, sofern vorgeschrieben, mit einem Voranstrichmittel (Primer) zu versehen. Dieses muss gleichmäßig aufgetragen werden. Die vom Hersteller angegebene zulässige Zeitspanne zwischen Auftragen des Voranstriches und Einbringen des Fugendichtstoffes muss eingehalten werden. Der Fugendichtstoff darf erst nach ausreichender Ablüftzeit des Voranstriches eingebracht werden. Auf diese Weise wird auch verhindert, dass der Fugendichtstoff auf eine Tauwasserschicht aufgetragen wird, die durch die Verdunstungskälte der Lösemittel entstehen kann.

Ansammlungen von Niederschlagswasser hinter bereits durchgeführten Abdichtungen sind zu vermindern. Deshalb muss der Fugendichtstoff in senkrechten Fugen von oben nach unten eingebracht werden.

Bei Temperaturen der Wandoberfläche über + 40 °C darf nicht verfugt werden, damit bei kurzfristiger Abkühlung keine Schäden durch zu frühe oder zu große Dehnung des Fugendichtstoffes entstehen. Der Fugendichtstoff ist gleichmäßig und blasenfrei einzubringen. Durch Andrücken und Abglätten ist ein guter Kontakt mit den Fugenflanken herzustellen. Nicht frühbeständige Fugendichtstoffe (nfb) müssen nach dem Einbringen vor Wasserbeanspruchung geschützt werden.

Überstreichen von Fugendichtstoffen

Fugendichtstoffe sollten grundsätzlich **nicht** überstrichen werden, da meist der Anstrich weniger verformungsfähig als der Dichtstoff ist. Neben Netzrissbildungen im Anstrich auf dem Fugendichtstoff besteht die Gefahr der Kerbrissbildung im Fugendichtstoff selbst infolge Längsrissen im Anstrich bis hin zur Zerstörung der Fugenabdichtung. Der Hinweis, dass ein Fugendichtstoff mit einem Anstrich verträglich ist, bedeutet, dass keine Weichmacherwanderungen auftreten und dass die Haftung des Fugendichtstoffes auf dem Anstrich bzw. die Haftung des Anstriches auf dem Fugendichtstoff erhalten bleibt. Es bedeutet aber nicht automatisch, dass der Fugendichtstoff überstrichen werden darf. Nur wenn eine Prüfung nach DIN 52452-4 [17] erfolgreich war, kann der geprüfte Werkstoff vollflächig auf den geprüften Fugendichtstoff aufgetragen werden. Fugendichtstoffe auf Basis von Acrylat-Dispersionen und einkomponentigen Polyurethanen sind am ehesten für ein Überstreichen mit geeigneten Beschichtungsstoffen auf Dispersionsbasis geeignet.

Anschluss der Fassadenbeschichtung an Fugenabdichtungen

Fugenabdichtungsarbeiten sind im Regelfalle vor Ausführung der Fassadenbeschichtung auszuführen, damit die Fugenflanken durch die Beschichtung nicht verunreinigt werden. Inwieweit das Anstrichsystem an den Fugendichtstoff angearbeitet oder gezielt getrennt wird, hängt von der Verträglichkeit der beiden Werkstoffe ab. Bei nicht verträglichen Werkstoffen muss der Primer des Fugendichtstoffes vollflächig auch auf die Fase aufgebracht werden und der Anstrich ist ohne Berührung des Fugendichtstoffes auszuführen.

14.2.2.4 Erneuern von Fugenabdichtungen nach DIN 18540

Bei der Instandsetzung von Fugenabdichtungen nach DIN 18540 [12] sind alle vorgenannten Aspekte zu beachten. Die wesentlichen Arbeitsschritte für eine fachgerechte Erneuerung sind:

1. Voruntersuchungen
   - Überprüfung der konstruktiven Gegebenheiten (Fugenbreite b_F, Fugentiefe t_D, Fase vorhanden?),
   - ggf. Korrigieren (Nachschneiden) der Fuge
   - Schadstoffuntersuchungen an den vorhandenen Fugendichtstoffen, dem Hinterfüllmaterial und den Fugenfüllungen
2. Erneuerung:
   - Entfernen des Fugendichtstoffes und des Hinterfüllmaterials (Berücksichtigung eventueller Schadstoffe! Ggf. Ausräumen der gesamten Fugenfüllung)
   - Reinigen der Fuge, ggf. Freilegen auf die erforderliche Tiefe
   - Einbringen des Hinterfüllprofils oder einer Trennfolie
   - Abkleben der Fugenränder
   - Ggf. Aufbringen des Voranstriches (Primer) auf die Fugenflanken
   - Ggf. Mischen von 2K-Massen
   - Fugendichtstoff einbringen und abglätten
   - Nach Erhärtung: Anschluss des Fassadenanstrichs

Alternativ zur Erneuerung der Fugenabdichtung mit Fugendichtstoffen kann auch eine neue, andere Art der Fugenabdichtung hergestellt werden. Die Außenwandfugen können auch mittels Fugendichtungsbändern oder Elastomerbändern (siehe nachfolgende Abschnitte) abgedichtet werden oder es können Fugenkonstruktionen angebracht werden. Weitere gängige Instandsetzungs-Methoden mittels Überarbeitung der bestehenden Fugenabdichtung sind:

- Verwahrung mit regensicheren, hinterlüfteten Fugenprofilen
- Abdichtung mit aufgeklebten Fugenbändern
- Vorgehängte hinterlüftete Fassade (VHF)
- Wärmedämm-Verbundsystem (WDVS)

Hierbei kann oftmals die bestehende alte Fugenabdichtung belassen werden. Es wird dann eine neue Abdichtungsebene vor die alte Fugenabdichtung gesetzt.

14.2.3 Fugenabdichtungen mit imprägnierten Fugendichtungsbändern nach DIN 18542

14.2.3.1 Imprägnierte Fugendichtungsbänder

Imprägnierte Fugendichtungsbänder (kurz: Dichtungsbänder; umgangssprachlich auch „Kompribänder") sind in DIN 18542 [14] genormt und basieren auf einem offenzelligen Polyurethan-Schaumstoff. Sie werden in vorkomprimierter Form geliefert. Bei hochwertigen Dichtungsbändern kommt für die Imprägnierung ein flammhemmend eingestelltes Kunstharz zur Anwendung. Es sind auch Produkte mit Wachs als Imprägniermittel auf dem Markt, bei diesen Produkten tritt jedoch mit der Zeit eine Versprödung infolge Alterung des Wachses auf. Die Dichtungsbänder weisen üblicherweise die Farbe grau und anthrazit auf.

Die Dichtungsbänder werden auf ca. 30 % bis 15 % (je nach Hersteller) ihrer Ausgangsdicke komprimiert und als Rolle aufgewickelt. Im Regelfalle liegen die Breiten solcher Dichtungsbänder zwischen 10 mm und 40 mm. Die Dicke in komprimiertem Zustand beträgt üblicherweise zwischen 2 mm und 30 mm, so dass damit Fugen bis zu einer Breite von 40 mm abgedichtet werden können. Die erforderliche Dimensionierung (Minimalfugenbreite, Maximalfugenbreite, Einbaufugenbreite, etc.) muss vom Planer nach DIN 18542 [14] erfolgen.

Gemäß DIN 18542 können Dichtungsbänder für Anschlussfugen, Bauteilfugen und Bewegungsfugen – auch Gebäudetrennfugen – verwendet werden.

Die maßgeblichen Eigenschaften müssen durch entsprechende Prüfzeugnisse nachgewiesen werden. Folgende Prüfungen werden durchgeführt:

- Luftdurchlässigkeit
- Schlagregendichtheit von Fugen
- Schlagregendichtheit von Fugenkreuzungen
- Temperaturwechselbeständigkeit
- Beständigkeit gegen Licht- und Feuchteeinwirkung
- Verträglichkeit mit angrenzenden Baustoffen
- Brandverhalten
- Wasserdampfdurchlässigkeit
- Beständigkeit gegen Tauwasser

Abhängig von der Beanspruchungsgruppe können die nachgewiesenen Eigenschaften verschiedenen Dichtungsbändern zugeordnet werden. Grundsätzlich sind imprägnierte Fugendichtungsbänder in drei Beanspruchungsgruppen BG 1, BG 2 und BG R nach Tabelle 1 der DIN 18542 [14] eingeteilt (siehe auch Tabelle 14.2). Hier sind auch die Beanspruchungsgruppen der Multifunktionsdichtungsbänder MF 1 und MF 2 aufgeführt. Multifunktionsdichtungsbänder kommen i. d. R. nur bei Fensteranschlüssen zum Einsatz und sind für die Anwendung in Außenwandfugen von Betonbauteilen nicht vorgesehen.

Beansspruchungs-art	Beanspruchungsgruppe				
	Außenanwendung		Innenanwendung	3 Ebenen[b]	
	BG 1	BG 2	BG R[a]	MF 1	MF 2
Fugenbewitterung	hoch	gering	entfällt	hoch	gering
Schlagregen	hoch	gering	entfällt	hoch	gering
Tauwasser	gering	gering	hoch	hoch	hoch
Luftfeuchte	langzeitig	langzeitig	langzeitig	langzeitig	langzeitig
Luftdichtheit	gering	gering	hoch	hoch	hoch
Wärmedämmung	entfällt	entfällt	entfällt	hoch	hoch

[a] raumseitig
[b] Außen- und Innenanwendung sowie Fugendämmung

Tabelle 14.2: Beanspruchungsgruppen nach Tabelle 1, DIN 18542 [14]

Bild 14.2 verdeutlicht die grundsätzliche Anwendung der verschiedenen Fugendichtungsbänder der Beanspruchungsgruppen BG 1, BG 2 und BG R.

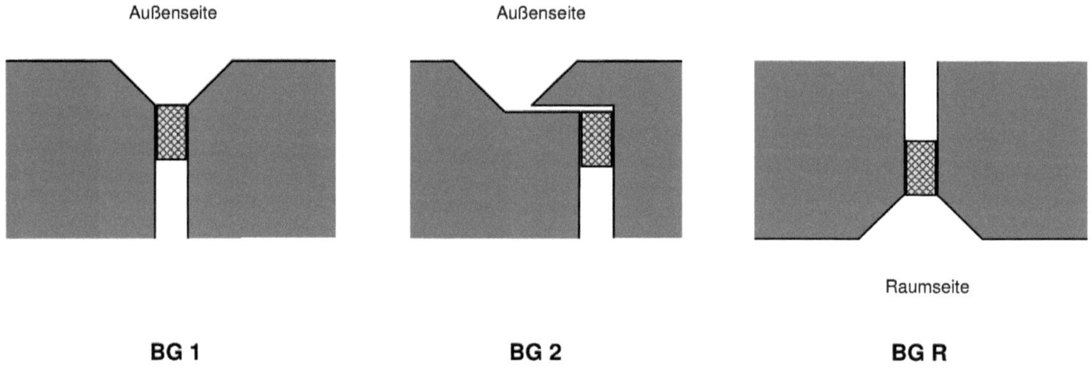

Bild 14.2: Einsatzbeispiele für die Beanspruchungsgruppen BG 1, BG 2 und BG R nach DIN 18542 [14]

Um grundsätzliche bauphysikalische Fehler zu vermeiden, gilt es, innenseitig (raumseitig) luft- und wasserdampfdiffusionsdichte Dichtungsbänder zu verwenden. Hingegen kommen außenseitig schlagregendichte und wasserdampfdiffusionsoffene Dichtungsbänder zum Einsatz.

Die Hersteller von imprägnierten Dichtungsbändern gehen davon aus, dass die Dichtungsbänder auch überstrichen werden können. Deshalb wird davon ausgegangen, dass die Dichtungsbänder auch auf den mit Anstrich versehenen Werkstoff der Fugenflanken aufgebracht werden können. Dieser Aspekt bedarf jedoch der Prüfung der Verträglichkeit mit dem speziellen Anstrich. Die Hersteller weisen nämlich andererseits in ihren Produktunterlagen darauf hin, dass das Dichtungsband nicht mit lösemittelhaltigen oder aggressiven Chemikalien in Verbindung gebracht werden darf.

Imprägnierte Dichtungsbänder können sowohl im Neubau als auch bei der Instandsetzung alter Fugenabdichtungen eingesetzt werden, wobei der alte Fugendichtstoff entfernt werden muss. Für das Abdichten von Fugen mit unregelmäßigen Fugenflanken (unterschiedliche Fugenbreiten auf kurzen Längen) sind imprägnierte Dichtungsbänder besonders geeignet. Die imprägnierten Dichtungsbänder werden seit 1965 erfolgreich eingesetzt.

14.2.3.2 Anwendung und Verarbeitung

Bei Einsatz von imprägnierten Dichtungsbändern erfolgt üblicherweise keine spezielle Vorbehandlung der Fugenflanken und der Fugenränder. Die Dichtungsbänder werden auf eine Fugenflanke aufgeklebt. Nach dem Aufkleben erfolgt dann die Rückstellung auf die vorhanden Fugenbreite. Die Haftung und somit auch die Dichtigkeit im Anschluss zur Fugenflanke wird maßgeblich durch die Rückstellkraft des Dichtungsbandes sichergestellt. Zur Sicherstellung einer über die gesamte Fugenlänge gleichmäßigen Anpresskraft, die sich aus der Vorkomprimierung des Dichtungsbandes ergibt, müssen die Fugenflanken ausreichend tief und im Bereich des Dichtungsbandes auch weitgehend parallel sein. In Abhängigkeit von der Fugenbreite ergibt sich die Wahl des zum Einsatz kommenden Dichtungsbandes. Die Wahl erfolgt nach Angaben des Herstellers, und zwar so, dass das imprägnierte Dichtungsband nach der Rückverformung in der Lage ist, die Fuge vollständig zu füllen und damit abzudichten.

Das Verhältnis der Dicke des Dichtungsbandes im Einbauzustand zur Dicke des Dichtungsbandes im unkomprimierten Zustand bezeichnet man als Kompression. Mit der Zuordnung der Fugenbreite und dem Typ des Dichtungsbandes wird im Regelfall eine Kompression von 1:5 im Einbauzustand angestrebt. Im Lieferzustand sind die Bänder dünner und weisen meist eine Kompression von 1:7 auf. So können die Dichtungsbänder gut in die Fugen eingebaut werden.

Die Fugenflanken sollen parallel verlaufen (max. 3° Abweichung). Die Fugenflanken müssen von Schmutz und Mörtelresten gereinigt werden. Zur Erzielung eines ansprechenden Aussehens hat es sich bewährt, das Dichtungsband 1 mm bis 2 mm von der Vorderkante der Fugenflanke nach innen versetzt einzubauen. Bei Kreuzfugen verläuft das Dichtungsband in der Vertikalfuge durchgehend; an der Anschluss-Stelle führt man die horizontalen Dichtungsbänder mit etwas Bauch (Überlänge) gegen das vertikal verlaufende Dichtungsband.

Bei Reinigung der Fassade mittels Hochdruckreinigung darf i. d. R. ein Druck von 2 bar an den Dichtungsbändern nicht überschritten werden.

14.2.4 Elastomer-Fugenbänder nach IVD-Merkblatt Nr. 4

14.2.4.1 Elastomer-Fugenbänder

Ein „Elastomer-Fugenband“ ist ein industriell vorgefertigtes, im vulkanisierten Zustand elastisches Kunststoffband aus Polysulfid, Silicon, Polyurethan oder chlorsulfoniertem Polyethylen.

Elastomer-Fugenbänder werden als Rollenware auf die Baustelle geliefert. Die zum Einsatz kommenden Bandbreiten liegen zwischen 30 mm und 200 mm. Die Fugenbänder werden gemäß Bild 14.3 unterteilt in die „Randzone“ (Klebzone) und in die „freie Bandbreite“ (Bewegungszone). Die Klebezone wird mit einem geeigneten Klebstoff nach Vorgaben des Werkstoffherstellers des Bandes mit dem Untergrund verklebt. Die „freie Bandbreite“ ist der nicht aufgeklebte Teil des

Elastomer-Fugenbandes, d. h. die Bewegungszone des Bandes. Die Bewegungszone macht ca. 60 % der Gesamtbreite des Bandes aus. Die Dicke der Bänder beträgt 1 mm bis 2 mm.

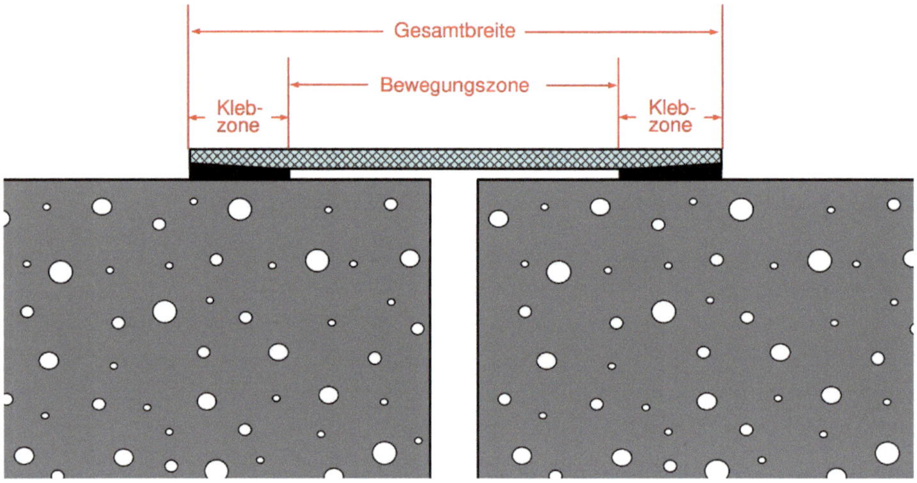

Bild 14.3: Grundprinzip einer Fugenabdichtung mit Elastomer-Fugenband

Die Eigenschaften von Elastomer-Fugenbändern nach dem IVD-Merkblatt Nr. 4 [15] sind auf die Anwendung im Fassadenbereich abgestimmt. Anforderungen werden gestellt an

- Frühbeanspruchung
- Weiterreißverhalten
- Dehnfähigkeit
- Alterungsverhalten
- Verfärbung angrenzender Bauteile
- Rückstellvermögen.

Elastomer-Fugenbänder werden für die Abdichtung von neuen und von schadhaften Außenwandfugen im Hochbau eingesetzt. Solche Bänder können auch für Fugen mit einer Gesamtverformung von mehr als 25 %, bezogen auf die Fugenbreite, eingesetzt werden. Elastomer-Fugenbänder sind besonders für die Instandsetzung schadhafter Fugenabdichtungen mit Fugendichtstoffen geeignet, da sie bei der Instandsetzung die aufwendige Entfernung des alten Fugendichtstoffes und Reinigung der Fugenflanken ersparen.

14.2.4.2 Anwendung und Verarbeitung

Im Gegensatz zu Fugendichtstoffen werden Elastomer-Fugenbänder (nachfolgend kurz Fugenband genannt) nicht in die Fugen eingearbeitet, sondern über vorhandene Fugen aufgeklebt (Bild 14.3). Hinsichtlich der Festigkeit der Betonoberfläche gelten die gleichen Bedingungen und Forderungen wie für das Einbringen von Fugendichtstoffen. Beim Aufbringen von Fugenbändern spielen Fugenbreite und Fugentiefe keine Rolle. Somit bietet sich der Einsatz solcher Fugenbänder insbesondere dann an, wenn zu geringe Fugenbreiten und/oder zu geringe Fugentiefen vorliegen. Vorhandene Fugendichtstoffe müssen nicht entfernt werden, sofern die zwängungsfreie Bewegung der fugenbildenden Bauteile gegeben ist. Durch Trennfolien muss verhindert werden, dass sich das Fugenband mit dem alten Fugendichtstoff verbindet. Bei entsprechender Breite des Fugenbandes können größere Fugenbewegungen schadensfrei aufgenommen werden als bei der Abdichtung mit Fugendichtstoffen. Daher werden Elastomer-Fugenbänder auch für die Abdeckung/Abdichtung von Bauwerkstrennfugen eingesetzt.

Die Bandbreite richtet sich nach Tabelle 1 im IVD-Merkblatt Nr. 4 [15], für Bauteile aus mineralischen Baustoffen exemplarisch in Tabelle 14.3 dargestellt. Für Gebäudetrennfugen gilt:

Bewegungszone:	mindestens 80 mm
Breite der Klebzone:	mindestens 20 mm
Gesamtbreite:	mindestens 120 mm

Bei Fugenbewegungen über 25 % der Bewegungszone ist die Gesamtbreite vom Planer festzulegen.

Mindestmaße und Dimensionierung				
Fugenbabstand = Bateillänge	**Offene Fugenbreite**	**Flach verlegte Bewegungszone**	**Breite der Klebzonen**	**Breite des Fugenbandes**
m	mm	mm	mm	mm
Bis 2,0	3	14	2 x 8	30
Über 2,0 bis 3,5	4	19	2 x 8	35
Über 3,5 bis 5,0	6	24	2 x 8	40
Über 5,0 bis 6,5	7	30	2 x 10	50
Über 6,5 bis 8,0	9	36	2 x 12	60
Über 8,0 bis 10,5	11	48	2 x 16	80
Über 10,5 bis 13,5	14	60	2 x 20	100

Tabelle 14.3: Mindestmaße und Dimensionierung von Elastomer-Fugenbändern für Fugen im Neubau und für die Fugeninstandsetzung für Bauteile aus mineralischen Baustoffen nach Tabelle 1, IVD-Merkblatt Nr. 4 [15]

Die Fugenabdichtung mit Fugenbändern ist so auszubilden, dass bei einer Verformung der Fuge die Klebeflächen des Fugenbandes weitgehend spannungsfrei bleiben. Nach einer entsprechenden Untergrundvorbereitung der Fugenränder wird im Bereich der Klebefläche auf die Bauteiloberfläche der Voranstrich (Primer) aufgebracht. Innerhalb der vorgeschriebenen Wartezeit wird auf die durch ein glattes Abdeckband begrenzten Klebeflächen der vorgeschriebene Klebstoff gleichmäßig, vollflächig und blasenfrei aufgebracht. Das Fugenband muss satt mit der gesamten Klebezone im Klebstoffbett liegen. Die Schichtdicke des Klebstoffes muss so aufgetragen sein, dass beim Andrücken des Fugenbandes auf den Klebstoff dieser nicht in den Bereich der freien Bandbreite verteilt wird. Dies würde zu einer Verminderung der unverklebten Bandbreite und damit der erforderlichen Bewegungszone führen. Das Fugenband muss innerhalb der Verarbeitungszeit des Klebstoffes – bevor dieser eine Haut gebildet hat – aufgelegt und angedrückt werden. Das Andrücken erfolgt von der Mitte zum Rand, so dass der überschüssige Klebstoff auf das äußere Abdeckband austritt. Der seitlich ausgetretene Klebstoff ist vor der Aushärtung durch Abziehen des Abdeckbandes zu entfernen. Danach sind die Randbereiche des Bandes nachzudrücken und eventuell noch vorhandener Klebstoff fasenförmig glattzustreichen. Das Verlegen der Fugenbänder erfolgt von oben nach unten. Zur Vermeidung einer Dreiflankenhaftung in Stoß- bzw. Kreuzungsbereichen des

Bandes wird bei diesen vor dem Verkleben eine Trennfolie unterlegt. Bei einer Bauteiltemperatur unter + 5 °C darf kein Verkleben von Fugenbändern ausgeführt werden.

Anschluss an die Fassadenbeschichtung

Der Anschluss der Fugenabdichtung mit Elastomer-Fugenbändern erfolgt im Bereich der für die Fugenabdichtung verwendeten Klebstoffe. Diese Klebstoffe verhalten sich ähnlich wie Fugendichtstoffe nach DIN 18540 [12]. Für den Anschluss der Fassadenbeschichtungen gelten hier deshalb sinngemäß die Ausführungen im Abschnitt 14.2.2.3.

14.2.5 Verdeckte Fugen in Fassaden

Vielfach werden heute bei Instandsetzungen von Betonfassaden auch außenliegende Wärmedämmschichten aufgebracht. Bei der sogenannten „energetischen Sanierung" werden die Bewegungsfugen in Beton-Außenwänden dann mit vorgehängten hinterlüfteten Fassaden (VHF) oder Wärmedämm-Verbundsystemen (WDVS) versehen. Die Fassadenbekleidung bzw. der Putz des WDVS übernimmt nun die Aufgabe des Schlagregeschutzes. Allerdings müssen bestehende Bewegungsfugen in den Beton-Außenwänden dabei übernommen werden. Das bedeutet zum einen, dass in der Außenschale ebenfalls abgedichtete Bewegungsfugen erstellt werden müssen und zum anderen, dass die Unterkonstruktion der VHF Bewegungsmöglichkeiten aufweisen muss, bzw. dass bei WDVS keine Dämmstoffüberbrückungen vorliegen.

Bei fachgerechter Ausführung der raumseitigen Fugenabdichtung (dampfdicht und luftdicht) sind an der Außenseite der Beton-Außenwand hinter der Wärmedämmung keine Maßnahmen erforderlich. Die Fuge kann dort offen bleiben (vorbehaltlich des Brandschutzes), die neue Außenschale übernimmt die abdichtende Funktion (neue Abdichtungsebene vorgesetzt).

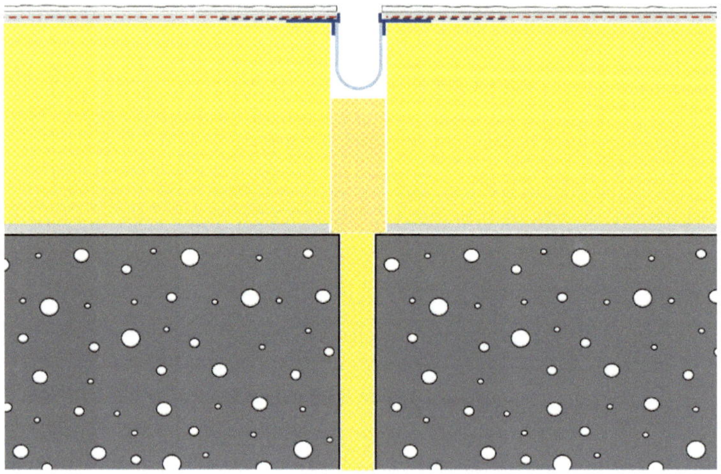

Bild 14.4: Abdichtung einer Bewegungsfuge in einem Wärmedämm-Verbundsystem

Bild 14.4 zeigt beispielhaft eine gängige Ausführung von Bewegungsfugen in einem Wärmedämm-Verbundsystem, Bild 14.5 ein Bewegungsfugenprofil für Wärmedämm-Verbundsysteme der Firma CAPAROL Farben Lacke Bautenschutz GmbH.

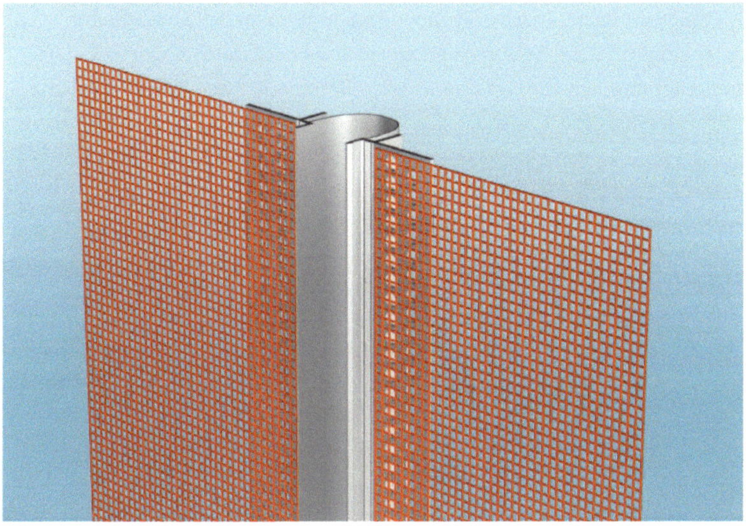

Bild 14.5: Bewegungsfugenprofil für WDVS der Firma CAPAROL Farben Lacke Bautenschutz GmbH

14.2.6 Literatur

[1] DEUTSCHES INSTITUT FÜR BAUTECHNIK (DIBT): Technische Regel: Instandhaltung von Betonbauwerken (TR Instandhaltung); Teil 1 und 2; Ausgabe Mai 2020

[2] DEUTSCHER AUSSCHUSS FÜR STAHLBETON (DAFSTB) E. V.: Schutz und Instandsetzung von Betonbauteilen (Instandsetzungs-Richtlinie); Teil 1 bis 4; Beuth Verlag; Berlin 2001

[3] R. RUHNAU: Schäden an Außenwandfugen im Beton- und Mauerwerksbau; Schadenfreies Bauen, Band 1, IRB-Verlag, Stuttgart, 1992

[4] G. RIECHE: Fassadenbeschichtungen für mineralische Baustoffe; Deutsches Architektenblatt, 12 (1989) 535-540

[5] G. RIECHE, H. ROSS: Fassadenschutz mit Anstrichen und Beschichtungen; Deutsches Architektenblatt 16 (1984) 1479-1483

[6] G. RIECHE: Bautenschutzmaßnahmen für die Fassade mit Anstrichen, Beschichtungen und Putzen; das bauzentrum, 1985, Heft 1 S. 17-19 und Heft 2 S. 11-13

[7] DBV-MERKBLATT: Fugenausbildung für ausgewählte Baukörper aus Beton; Fassung April 2001, Deutscher Beton- und Bautechnik-Verein, e. V. Berlin

[8] ZEMENT-MERKBLATT BETONTECHNIK B 22: Arbeitsfugen; 1.2002, Bauberatung Zement, Bundesverband der Deutschen Zementindustrie e. V., Köln

[9] DIN 52460:2015-12, Fugen- und Glasabdichtungen – Begriffe

[10] NORMENREIHE DIN 18533:2017-07, Abdichtung von erdberührten Bauteilen

[11] DAFSTB-RICHTLINIE: Wasserundurchlässige Bauwerke aus Beton (WU-Richtlinie), Ausgabe Dezember 2017, Deutscher Ausschuss für Stahlbeton (DAfStb) im DIN Deutsches Institut für Normung e. V.

[12] DIN 18540:2014-09, Abdichten von Außenwandfugen im Hochbau mit Fugendichtstoffen

[13] DIN EN 15651-1:2017-07, Fugendichtstoffe für nicht tragende Anwendungen in Gebäuden und Fußgängerwegen – Teil 1: Fugendichtstoffe für Fassadenelemente

[14] DIN 18542:2020-04, Imprägnierte Fugendichtungsbänder aus Schaumkunststoff zur Abdichtung von Außenwandfugen – Anforderungen und Prüfung

[15] IVD-MERKBLATT NR. 4: Abdichten von Fugen im Hochbau mit aufzuklebenden Elastomer-Fugenbändern, Ausgabe November 2014, IVD Industrieverband Dichtstoffe e.V.

[16] IVD-MERKBLATT NR. 27: Abdichten von Anschluss- und Bewegungsfugen an der Fassade mit spritzbaren Dichtstoffen, Ausgabe November 2014, IVD Industrieverband Dichtstoffe e.V.
[17] DIN 52452-4:2015-12, Prüfung von Dichtstoffen für das Bauwesen – Verträglichkeit der Dichtstoffe – Teil 4: Verträglichkeit mit Beschichtungssystemen

14.3 Bodenfugen

14.3.1 Fugenausbildung in Fußböden aus Beton

14.3.1.1 Allgemeines

Bei Fußböden muss unterschieden werden nach den Fugen in der Tragkonstruktion aus Beton oder Stahlbeton für

- Böden auf Erdreich oder
- Decken

und Fugen in der Nutzschicht für

- Estriche
- Plattenbeläge
- Beschichtungen

Durch eine Begrenzung des Fugenabstandes und einer ausreichenden Fugenbreite sollen Risse in der Konstruktion verhindert werden, da Risse Schwachstellen und Fehlstellen darstellen können, von denen Schäden ihren Anfang nehmen können. Andererseits stellen Fugen gegenüber den fugenfreien Flächen selbst auch Schwachstellen dar oder führen zu einer höheren Belastung der Konstruktion im Fugenbereich. Es muss daher immer der Frage nachgegangen werden, ob für die jeweilige Konstruktion und Betriebsbelastung eine Fuge oder ein Riss störender wirkt. Risse können auch als „natürliche Fugen“ aufgefasst werden. Dabei muss man sich bewusst sein, dass an der breiteren Fuge meist eine höhere mechanische Belastung im Betrieb entsteht als an dem engeren Riss. Für die Beurteilung der Fugen/Risse bzw. für die Bemessung der Fugenabstände und der Fugenbreite ist auch von Bedeutung, ob der Fußboden flüssigkeitsdicht sein soll und damit die Fuge oder der Riss abgedichtet werden müssen (Fugenabdichtung, rissüberbrückende Beschichtung) oder nicht.

Bei Bodenfugen liegen Beanspruchungen vor hinsichtlich

- Fugenbewegung
- Witterung (bei freibewitterten Flächen, z. B. Parkdecks)
- Umwelteinflüssen
- Baustoffen, Chemikalien (Tausalz)
- mechanische Einwirkungen
- Einwirkung von Flüssigkeiten
- Befahrbarkeit

14.3.1.2 Bedeutung für die Instandsetzung

Bei der Instandsetzung von Betonbauwerken beschränkt sich die Instandsetzung nicht nur auf die Bodenplatte aus unbewehrtem oder bewehrtem Beton. Vielmehr sind auch die Nutzschichten zu beurteilen und ggf. zu erneuern. Oftmals sollen auch bisher unbeschichtete Betonböden mit einer Nutzschicht/Beschichtung versehen werden.

Früher wurden vielfach unbewehrte Betonbodenplatten ohne Nutzschicht in Industriehallen eingesetzt. Dieser Anwendungsfall ist heute eher selten, da überwiegend erhöhte Anforderungen an Hygiene und Optik bestehen, Anforderungen an die Dichtheit (z. B. WHG-Anforderungen siehe Abschnitt 14.3.2.4) gestellt werden oder weil für die Nutzung möglichst wenig Fugen vorliegen sollen (leichtere Reinigung). Zudem sind heute direkt genutzte Bodenplatten mit einer Rissbreitenbegrenzung bemessen, so dass diese z. T. stark bewehrt sind (Beispiel WU-Bauwerke). Dies erfordert eine Schutzmaßnahme (erhöhte Betondeckung, Estrich, Beschichtungen). Bei diesen Bodenplatten werden dann zwangsläufig Fugenabdichtungen gemäß Abschnitt 14.3.2 erforderlich, soweit diese überhaupt mit Bewegungsfugen ausgeführt werden.

Bei sogenannten „Designböden" (Sichtestriche, direkt genutzte geschliffene Betonböden) kommen die Fugenausbildungen aus unbewehrten Betonböden aber auch noch heute zum Einsatz, falls keine Fugenprofile aus Metall eingebaut werden.

Für die Instandsetzung von Betonböden mit einer zusätzlichen Nutzschicht ist die Kenntnis der verschiedenen – auch älteren – Fugenarten von höchster Bedeutung. Fehlende Fugen im Untergrund führen sonst zwangsläufig zu Schäden an der neuen Nutzschicht (z. B. Risse in der Bodenbeschichtung). Vorhandene Bewegungsfugen müssen in der neuen Nutzschicht übernommen werden, vorhandene starre Fugen bedürfen einer Fugenausbildung in der Nutzschicht oder sie müssen rissüberbrückend beschichtet werden.

14.3.1.3 Fugenarten in unbewehrten Betonböden

Scheinfugen

Scheinfugen sollen durch frühzeitiges Einschneiden der Betonplatte an der Oberseite eine gezielte Schwächung des Querschnittes bewirken und damit die Rissbildung an der Scheinfuge erzwingen. Auf diese Weise soll erreicht werden, dass die Fläche außerhalb der Scheinfuge frei von Rissen bleibt. Die Ausbildung einer solchen Scheinfuge ist im Zement-Merkblatt T1 [1] beschrieben. Der 3 mm breite Schnitt soll eine Tiefe von ca. einem Drittel der Plattendicke haben (Bild 14.6). Eine Fugeneinlage ist nicht erforderlich.

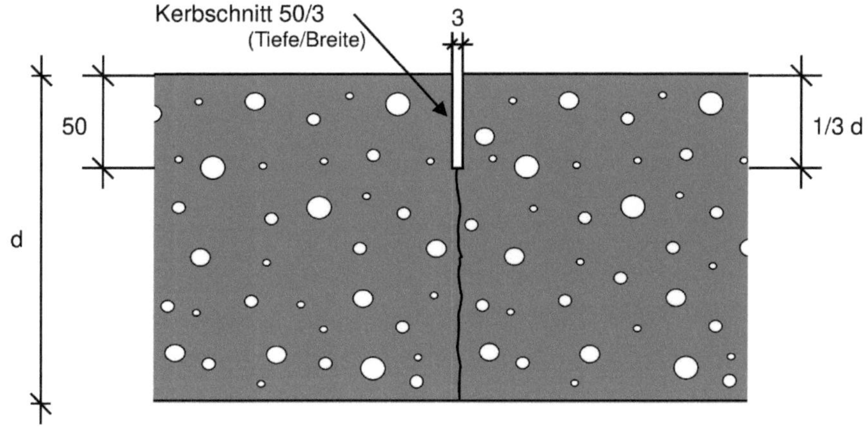

Bild 14.6: Scheinfuge in unbewehrten Betonböden nach Zement-Merkblatt T1 [1]

Will man diese Fugen jedoch vergießen oder abdichten, so müssen diese Fugen zur Erzielung einer ausreichenden Breite nachgeschnitten werden, um den Arbeitsraum für das Hinterfüllmaterial und den Fugendichtstoff zu schaffen und um eine Überbeanspruchung des Fugendichtstoffes zu verhindern, z. B. Nachschnitt 25 mm x 8 mm (Bild 14.7). Empfohlen wird auch die Anfasung der Kanten um 45° (auf Bild 14.7 nicht dargestellt). Alternativ kann auch ein breiterer Schnitt erfolgen und ein Fugenprofil eingedrückt werden (sogenanntes „Tannenbaumprofil"). An Scheinfugen können nach der Rissbildung keine Querkräfte übertragn werden. Bei Fugenabständen über 6 m sollten daher nicht Scheinfugen, sonndern Pressfugen mit Nut und Feder hergestellt werden, damit eine Querkraft-Übertragung gegeben ist und der Versatz an der Fuge verhindert wird. Scheinfugen sind als starre Fugen anzusehen.

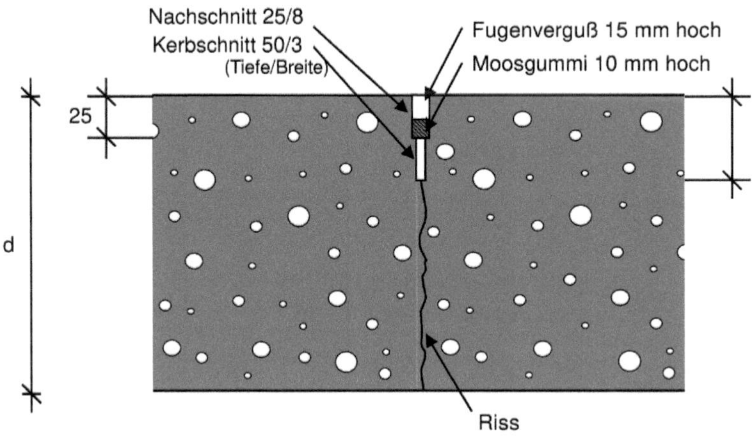

Bild 14.7: Scheinfuge in unbewehrten Betonböden nach Zement-Merkblatt T1 [1] mit Nachschnitt und Fugenverguß

Pressfugen

Pressfugen eines Betonbodens entstehen beim Herstellen benachbarter Plattenfelder, die im zeitlichen Abstand anbetoniert werden. Wenn eine Querkraft-Übertragung in der Pressfuge erforderlich ist, können diese mit Verzahnung (Nut und Feder) hergestellt werden (Bild 14.8). Dies ist die wirtschaftlichste Art der „Verdübelung" der benachbarten Plattenfelder.

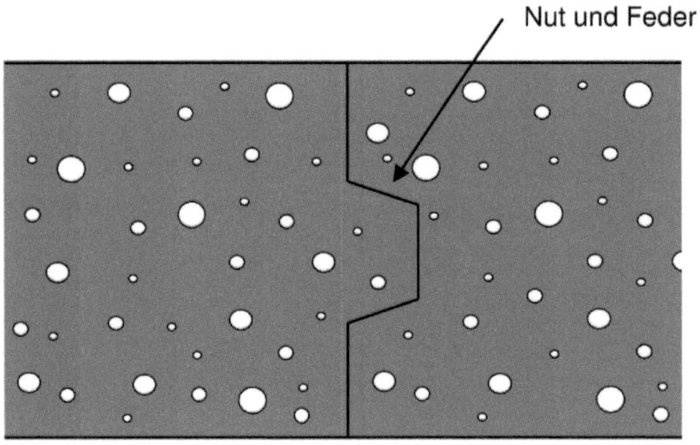

Bild 14.8: Grundsätzliche Ausführungsmöglichkeit von Pressfugen in unbewehrten Betonböden nach Zement-Merkblatt T1 [1]

Hierzu wird an die Seitenschalung des erstbetonierten Streifens eine Trapezleiste angesetzt, die nach dem Ausschalen eine nutartige Vertiefung zur Verzahnung hinterlässt. Die Pressfuge muss nicht nachgeschnitten werden, da hier bereits über die Gesamthöhe eine sollbruchartige Trennung vorliegt. Wenn jedoch ein Fugenverguss erwünscht ist, soll dieser wie bei der Scheinfuge ausgeführt werden. Bei hohen mechanischen Belastungen sind auch Verdübelungen zur Querkraft-Übertragung üblich. Auch Pressfugen sind als starre Fugen anzusehen.

Die Bild 14.9 zeigt einen Bohrkern aus einer beschichteten Bodenplatte aus Beton. Hier war ein Riss in der Beschichtung aufgetreten, da eine Pressfuge im Beton nicht berücksichtigt wurde.

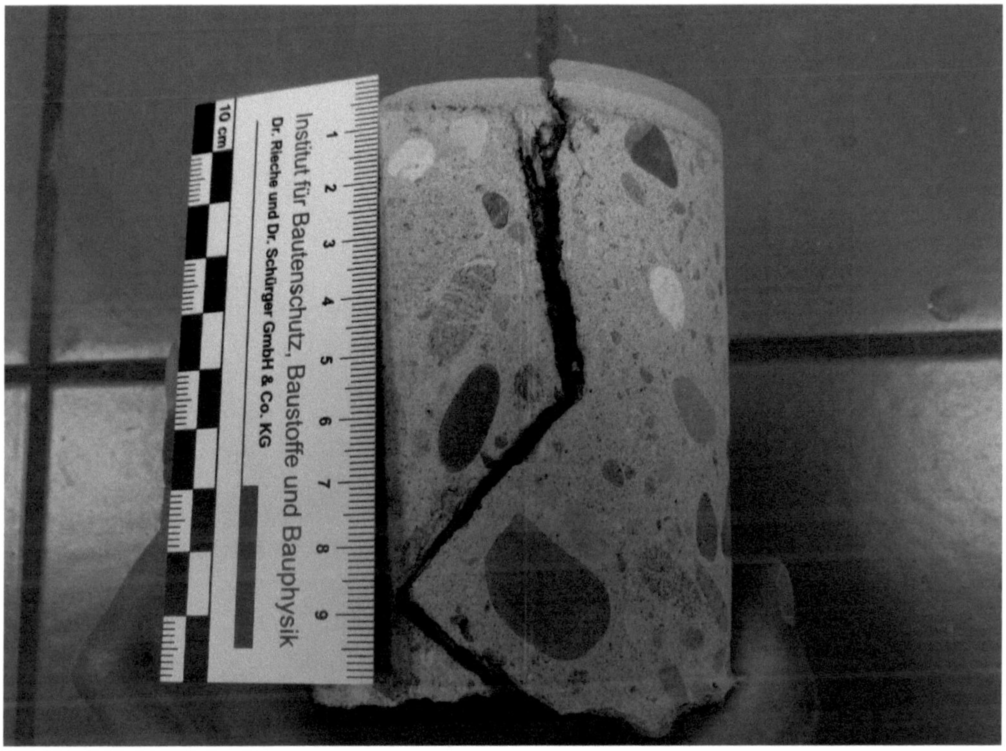

Bild 14.9: Bohrkern aus einer beschichteten Bodenplatte an einem Riss. Ursache des Risses war eine nicht berücksichtigte Pressfuge im Beton

Raumfugen

Raumfugen trennen die Bodenplatte in ganzer Dicke (Bild 14.10). Sie gestatten bei genügend breiter Ausbildung auch eine zwängungsfreie Ausdehnung der Bodenplatte. Hierzu soll gemäß Zement-Merkblatt T1 [1] die Fugeneinlage weich genug und etwa 20 mm dick sein (z. B. Mineralfasermatten). Raumfugen sind auch im Anschluss an vorhandene Bauteile nötig, also bei festen Einbauteilen wie Schächten, Kanälen, Stützen und Wänden. Selbstverständlich sind auch alle Bauwerkstrennfugen in der Bodenplatte durch Raumfugen auszubilden. Raumfugen sind somit Bewegungsfugen. Raumfugen müssen in der Nutzschicht unbedingt übernommen werden. Auch bei Raumfugen kann eine Verdübelung zur Querkraft-Übertragung eingebaut werden. Für hohe Belastungen (Fahrverkehr) empfiehlt das DBV-Merkblatt [2] den Einbau geeigneter Fugenprofile.

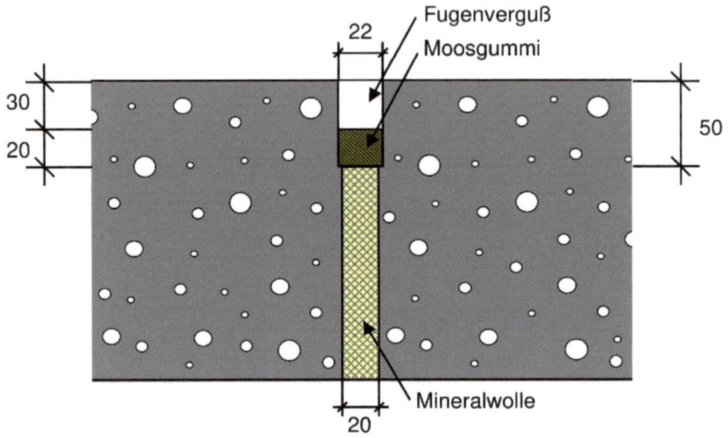

Bild 14.10: Raumfuge in unbewehrten Betonböden nach Zement-Merkblatt T1 [1]

14.3.1.4 Fugenabstände

Um Schäden in Form von Rissen an instandgesetzten Betonböden bzw. deren neuen Nutzschichten zu vermeiden, müssen im Untergrund ausreichend Fugen vorhanden sein. Hierzu ist auch vom Planer zu prüfen, ob die vorhandenen Fugenabstände bereits zur Bauzeit des instand zu setzenden Bauteils ausreichend dimensioniert wurden. Fehlende Fugen oder zu geringe Fugenabstände führen zwangsläufig zu Rissen im Untergrund und in starren Nutzschichten.

Für den Neubau ist stets vom Planer ein Fugenplan zu erstellen. Bei der Instandsetzung ist es empfehlenswert, diesen Fugenplan zu überprüfen – sollte kein Fugenplan vorliegen, so muss dieser vom Sachkundigen Planer erstellt werden.

Fugenabstände bei unbewehrten Betonböden

Bei Industrieböden aus Beton haben sich gemäß DBV-Merkblatt [2] in der Praxis folgende Konstruktionsregeln bewährt:

- quadratische oder gedrungene rechteckige Felder mit Längen/Breitenverhältnis der Plattenfelder ≤ 1,5
- bei Hallenflächen Fugenabstände bis zum 35-fachen der Plattendicke (höchstens aber 8,5 m)
- bei Freiflächen Fugenabstände bis zum 25-fachen der Plattendicke (höchstens aber 7,5 m)
- Die Anordnung der Scheinfugen soll dem geplanten Stützenraster folgen
- Abhängig von der Nutzung ist eine Verdübelung der Plattenfelder erforderlich
- Bei der Festlegung des Fugenverlaufs sind „einspringende Ecken“ zu vermeiden. Beispielsweise sollen Scheinfugen immer an der Ecke versetzt zu Stützen eingeschnitten werden, niemals mittig zu den Stützen zulaufend
- Sämtliche Anschlussfugen sind als Raumfugen (Bewegungsfugen) auszubilden

Soll der Fugenanteil reduziert werden, so müssen die Bodenplatten bemessen und bewehrt werden. Nur dann sind größere Fugenabstände oder fugenfreie Ausführungen möglich. Hierbei ist abhängig vom Entwurfsgrundsatz auch die Rissbreitenbeschränkung zu beachten. Werden Risse zugelassen, sind ggf. rissüberbrückende Beschichtungen als Nutzschichten erforderlich.

Bei der Instandsetzung ist stets zu prüfen, ob über die angelegten Fugen hinaus noch Risse aufgetreten sind, weil früher z. T. größere Plattenfelder hergestellt wurden, Fugen vergessen wurden oder Fehler bei der Ausführung und beim Betonieren erfolgten.

Spannungen in Estrichen und Beschichtungen

Die in Estrichen und Beschichtungen auftretenden Spannungen können hervorgerufen werden durch äußere Belastungen, Nutzung und durch Eigenspannungen. Die durch äußere Belastung hervorgerufenen Beanspruchungen lassen sich meist problemlos erfassen. Die Eigenschaften der Beschichtung und der Estriche sind dann darauf abzustimmen. Solche Forderungen bestehen maßgeblich bei Fußbodenbeschichtungen und Estrichen, die naturgemäß eine der Nutzung entsprechende Druckfestigkeit aufweisen müssen. Gleiches gilt für den darunter befindlichen Beton.

Von sehr viel größerer Problematik im Hinblick auf die Dauerhaftigkeit von Beschichtungen und Estrichen sind Eigenspannungen. Von Eigenspannungen spricht man immer dann, wenn die auftretenden Spannungen nicht durch äußere mechanische Einwirkungen hervorgerufen werden. Eigenspannungen können durch die folgenden Vorgänge hervorgerufen werden [3]:

- Erhärtung
- Alterung
- Trocknen und Quellen
- Temperaturänderung
- Kriechen

Auf diese Weise werden meist Zugeigenspannungen hervorgerufen. Die im vorliegenden Fall bedeutendsten Eigenspannungen sind durch Temperaturänderungen bedingt. Dabei wirken sich die Differenzen in der Temperatur, dem E-Modul und dem thermischen Ausdehnungskoeffizienten zwischen Estrich oder Beschichtung und dem Trägerbeton maßgeblich aus. Außerdem sind die Schnelligkeit der Temperaturänderung und die Lage der Glasübergangstemperatur der Beschichtung von Bedeutung für die Höhe der Spannungen. Die Zusammenhänge sind nur qualitativ bekannt. Maßgebend für das Verhalten der Beschichtungen und Estriche sind einerseits die parallel zur Oberfläche auftretenden Normalspannungen, welche bei Überschreitung der Zugfestigkeit eine Rissbildung auslösen können. Außerdem interessieren die an der Grenzfläche zum Trägerbeton auftretenden Scherspannungen. Da die Scherfestigkeit des Betons nur Werte im Bereich von ca. 1,5 – 3,0 N/mm^2 aufweist, liegt hier eine Schwachstelle vor, zumal die Festigkeit der Betonoberfläche vielfach deutlich geringer ist als die des Kernbetons.

Wie aus vielen Schäden in der Praxis bekannt ist, wirkt sich neben den genannten Einflüssen auf den Eigenspannungszustand die Art des Verbundes mit dem Untergrund maßgeblich aus. Für die Spannungen in Estrichen [4] wird unterschieden in:

A: starren Verbund

B: Reibungsverbund

C: viskosen Verbund

Diese Vorstellungen für das Verhalten von Estrichen lassen sich auf Beschichtungen weitgehend übertragen.

Bei einer intakten und richtig aufgebauten und fachgerecht ausgeführten Beschichtung liegt der Fall des starren Haftverbundes vor. Scherspannungen treten nur am Ende der Beschichtung sowie an Fehlstellen und Rissen auf. Die Normalspannungen in der Beschichtung haben innerhalb der beschichteten Fläche einen konstanten Wert und sind somit nicht von der Flächengröße abhängig. Demzufolge erfordern Beschichtungen keine „Bewegungsfuge", um die Höhe der Eigenspannungen zu begrenzen.

Jede Verunreinigung der Betonoberfläche oder eine viskose Zwischenschicht, welche den starren Verbund der Beschichtung zum Beton verhindert, führt jedoch zu Scherspannungen auf der gesamten Fläche. Außerdem nehmen die Normalspannungen mit wachsender Flächengröße zu, wobei der Maximalwert der Normalspannung in der Flächenmitte zwischen Fugen oder Rissen erreicht wird. Die Folge solcher Verbundverhältnisse können netzartige Rissbildungen mit weiter oder enger Maschenweite (Craquele-Risse) sein, wenn die so ausgelösten Eigenspannungen die Zugfestigkeit der Estrichschicht oder der Beschichtung überschreiten.

Bei Verbundestrichen liegt ebenfalls ein starrer Haftverbund vor. Daher benötigt der Verbundestrich keine Fugen im fugenfreien Bereich des Untergrundes, um die Eigenspannungen im Estrich zu begrenzen. Bei Estrichen auf Trennschicht liegt meist ein Reibungsverbund vor. Schutzestriche oder Schutzbetone auf Abdichtungen erfahren einen viskosen Verbund. In beiden Fällen muss die Flächengröße begrenzt werden (durch Unterteilung mit Fugen), damit in Flächenmitte das dortige Maximum der Eigenspannungen die Zugfestigkeit des Estrichs nicht überschreitet. Andernfalls würde eine unkontrollierte Rissbildung auftreten.

Fugenabstände bei Verbundestrichen

Verbundestriche nach DIN 18560-3 [5] sind durch sogenannten „starren Verbund" mit dem tragenden Untergrund verbunden. Das bedeutet, dass Eigenspannungen in der Fläche völlig durch den Verbund zum tragenden Untergrund abgebaut werden. Die Eigenspannungen im Estrich sind daher nicht von der Feldgröße abhängig. Aus diesem Grund muss der Verbundestrich auch nicht durch Fugen unterteilt werden, um dadurch die Eigenspannungen zu begrenzen und eine Rissbildung zu verhindern. Für die Fugenplanung für Verbundestriche gilt also:

- keine Fugen in der Estrichfläche außerhalb von Fugen im tragenden Untergrund herstellen. Bei Verbundestrichen ist keine Feldeinteilung nötig.
- über allen Bewegungsfugen im tragenden Untergrund sind auch Bewegungsfugen im Verbundestrich anzuordnen, auch wenn die DIN 18560-3 [5] dies nur für Bauwerkstrennfugen fordert.
- Fugen im Untergrund sollen nach DIN 18560-3 [5] gerade, fluchtend und vollkantig (ohne Fase) sein und möglichst als Pressfugen ausgebildet sein. Bewegungsfugen sollen möglichst schmal gehalten werden.
- Schein- und Pressfugen aus dem Untergrund sollten im Estrich übernommen werden, da sonst im Estrich Risse entstehen können. Grundsätzlich besteht aber auch die Möglichkeit später auftretende Risse über solchen Fugen gemäß Abschnitt 14.3.1.3 analog zu Scheinfugen in Betonböden nachzuschneiden und zu verschließen.

Auf stark biegebeanspruchten Bauteilen im Bereich der Stützmomente (z. B. Durchlaufplatten über den Unterzügen) können Verbundestriche nicht rissefrei hergestellt werden. Die Zugspannungen im Estrich werden dann zu groß. Es ist daher zu empfehlen, hier Estriche auf Trennschichten mit engen Fugenabständen einzubauen. Alternativ können hier rissüberbrückende Beschichtungen auf dem Verbundestrich eingesetzt werden.

Kann der Einbau des Estrichs nicht kontinuierlich erfolgen, so müssen Arbeitsfugen angeordnet werden, die als Scheinfuge oder Pressfuge ausgebildet sein müssen. Es empfiehlt sich, die Arbeitsfugen über den Fugen des tragenden Untergrundes anzuordnen.

Fugenabstände bei Estrichen auf Trennlage/Dämmschichten

Estriche ohne Verbund nach DIN 18560-4 [6] und DIN 18560-2 [7] werden durch Trennschichten vom tragenden Untergrund getrennt. Estriche auf Trennschichten werden meistens dann ausgeführt, wenn der Haftverbund mit dem tragenden Untergrund nicht oder nur unvollständig erreicht werden kann oder wenn wärmedämmende Eigenschaften gefordert werden. In diesem Fall kommt es darauf an, die Eigenspannungen im Estrich, welche sich durch Reibungsverbund aufbauen können, möglichst klein zu halten. Estriche auf Trennschicht sind reibend gelagert und liegen ohne Haftung auf einer festen und mehr oder weniger ebenen Unterlage. Diese muss jedoch so eben sein, dass bei Längenänderungen möglichst keine Verformungsbehinderungen auftreten. Die Trennschichten bestehen aus Kunststofffolien, Ölpapier oder Asphaltpapier. Sie sollen dafür sorgen, dass die Verformung des Estrichs möglichst ungehindert möglich ist und Reibungskräfte klein gehalten werden. In der Baupraxis werden Trennschichten vielfach auch als Dampfsperre oder Abdichtung angesehen, diese Auffassung ist unzutreffend. Dampfsperren und Abdichtungen sind immer separat zu planen.

Schutzestriche auf bituminösen Abdichtungen sind ebenfalls Estriche auf Trennschichten. Da bitumengebundene Schichten ein zähflüssiges, viskoses Verhalten zeigen, kommt es in diesem Fall zu einem viskosen Verbund zwischen Estrich und Unterlage, wodurch bei mechanischer Beanspruchung und bei Temperaturbelastung Eigenspannungen im Estrich aufgebaut werden. Diese müssen durch entsprechend kleine Fugenabstände ausreichend klein gehalten werden, damit keine ungewollte Rissbildung auftritt. I. d. R. wird auf Abdichtungsschichten eine Gleitfolie angeordnet.

Gemäß DIN 18560-4 [6] und DIN 18560-2 [7] sind zunächst folgende grundsätzlichen Konstruktionsregeln hinsichtlich der Fugenausbildung zu beachten:

- Fugen im Untergrund sollen gerade, fluchtend und vollkantig (ohne Fase) sein und möglichst als Pressfugen ausgebildet sein. Bewegungsfugen sollen möglichst schmal gehalten werden.
- Über Bauwerkstrennfugen sind auch im Estrich Bewegungsfugen anzuordnen.
- An allen Anschlüssen sind Randfugen (Bewegungsfugen) anzuordnen.
- Bewegungsfugen mit geringen Bewegungen, Arbeitsfugen, Press- und Scheinfugen aus dem Untergrund müssen nicht im Estrich übernommen werden. Die Estrichplatte auf gleitendem Untergrund muss für sich hinsichtlich erforderlicher Fugen dimensioniert werden.
- Weitere Fugen im Estrich sind so anzuordnen, dass möglichst gedrungene Felder entstehen.
- Scheinfugen im Estrich gelten als Sollbruchstellen für das Verkürzen des Estrichs. Diese sollten nach Austrocknung und Aushärtung kraftschlüssig verschlossen werden und müssen dann im Bodenbelag nicht übernommen werden. Gleiches gilt für Arbeitsfugen im Estrich.
- Bewegungsfugen innerhalb der Estrichfläche sind gegebenenfalls gegen Höhenversatz zu sichern.

Die Anzahl und Abstände notwendiger Fugen im Estrich zur Feldbegrenzung und damit auch die Feldgröße hängen sehr stark von den bauphysikalischen (z. B. Temperaturdifferenzen) und werkstoffspezifischen Gegebenheiten (z. B. Estrich-Bindemittel) ab. Des Weiteren sind der

Bodenbelag, die Raumgeometrie und die spätere Belastung zu berücksichtigen. Für Heizestriche gelten zusätzliche Anforderungen nach DIN 18560-2 [7]. Die Norm verweist diesbezüglich auch auf die technischen Informationen und Merkblätter der Fachverbände. Hierzu sind insbesondere die BEB-Merkblätter 5.1 [8] und 5.2 [9] zu nennen. Insbesondere bei der Instandsetzung kann auch mit schwindkompensierten Bindemitteln zumindest der Anteil an Scheinfugen stark reduziert werden. Hierzu ist die Beratung der Werkstoffhersteller einzufordern.

Fugenabstände bei Beschichtungen

Beschichtungen weisen im Allgemeinen einen starren Verbund zum tragenden Untergrund auf. Sie benötigen daher keine zusätzlichen Fugen (siehe vorherige Abschnitte). Fugen des Untergrundes müssen aber in die Beschichtung übernommen werden. Rissüberbrückende Beschichtungen können ggf. fugenlos über Scheinfugen und Pressfugen sowie Arbeits- und Sollrissfugen ausgeführt werden. An Raumfugen/Bewegungsfugen muss jedoch auch die rissüberbrückende Beschichtung unterbrochen werden und eine geeignete Fugenabdichtung hergestellt werden.

14.3.2 Abdichten von Bodenfugen

14.3.2.1 Anforderungen und Abdichtungsmöglichkeiten

Die Forderung nach einer Fugenabdichtung bei Bodenfugen resultiert aus der Nutzung und den nötigen Schutzkriterien der Bauteile oder der darunter befindlichen Räume oder der Umgebung (z. B. Gewässerschutz). Bei Betonbauteilen ist stets das Eindringen gefährdender Stoffe (z. B. Chloride) zu unterbinden, die die Dauerhaftigkeit des Bauteiles selbst gefährden.

Bei der Instandsetzung von Fugenabdichtungen bot die Instandsetzungs-Richtlinie [10] keinerlei Hilfestellung. Auch in der neuen technischen Regel des DIBt [11] finden sich nur Hinweise zur lokalen Abdeckung von Rissen und Arbeitsfugen mit Rissbandagen. Ausführungshinweise für die Abdichtung von Bewegungsfugen sind in der TR Instandhaltung [11] nicht enthalten. Für die Instandsetzung von Parkhäusern und Tiefgaragen bietet das DBV-Merkblatt [12] und das DBV-Heft 42 [13] nützliche Hinweise. Bei der Neuplanung als auch bei der Instandsetzung von befahrenen Verkehrsflächen sind außerdem die Regelungen der DIN 18532 [14] zu beachten.

Für die Abdichtung mit Fugendichtstoffen kann das IVD-Merkblatt Nr. 1 [15] herangezogen werden. Bestehen Anforderungen aus dem Wasserhaushaltsgesetz (WHG), sind weiterführende Maßnahmen zu ergreifen (siehe Abschnitt 14.3.2.4).

Grundsätzlich kommen für die Abdichtung von Bodenfugen in der Nutzschicht folgende Möglichkeiten in Betracht:

- Abdichtung mit Fugendichtstoffen
- Abdichtung mit aufgeklebten Fugenbändern
- Abdichtung mit Fugenprofilen

Die Art der Abdichtung und insbesondere ihre jeweiligen Anwendungsgrenzen werden durch folgende Faktoren bestimmt:

- Bewegungen klein/groß?
- Bewegungen in x-y-z-Richtung?
- Bauwerkstrennfugen/Gebäudetrennfugen?

- Art und Intensität der Wasserbeanspruchung (drückend, nicht drückend; rückseitige Feuchte)?
- Zweite Dichtebene vorhanden oder Fugenabdichtung = Bauwerksabdichtung?
- Anschlussmöglichkeit an die flächige Abdichtung
- Mechanische Beanspruchung (geschützt, begehbar, befahrbar, Schwerlast)?
- Chemische Beanspruchung?
- WHG-Anforderungen?

Die Abdichtung von Bodenfugen mit aufgeklebten Fugenbändern ist nur in wenigen Fällen möglich. Deshalb wird diese Abdichtungsart nachfolgend nicht näher betrachtet.

Soll die Fugenabdichtung auch gleichzeitig die Aufgaben der Bauwerksabdichtung übernehmen (z. B. Balkone/Terrassen; erdüberschüttete Decken, Abdichtungen in Innenräumen und Behältern), so sind die einschlägigen Abdichtungsnormen zu beachten [16] bis [19].

In sehr seltenen Fällen können Bodenfugen auch offen (ohne Abdichtung) belassen werden. Werden Fugen nicht abgedichtet (was z. B. bei Bodenfugen in Industrieböden möglich sein kann), so muss die Breite größer sein als die Summe aus Dehnung und Stauchung der Felder zwischen den Fugen. Diese Breite ist jedoch nicht ausreichend, wenn die Bodenfuge verfüllt werden soll, um z. B. ein Verschmutzen der Fuge zu verhindern. In diesem Falle empfiehlt sich die Bemessung der Fugenbreite wie bei Fugenabdichtungen vorzunehmen, da sonst die Fugenfüllung herausgequetscht wird oder reißt. Bei offenen, nicht verfüllten Bodenfugen besteht die Gefahr, dass sich die Fuge mit zufällig in die Fuge gelangten Gesteinskörnungen oder anderen Teilen mehr oder weniger zusetzt. Wenn diese Teile die Beweglichkeit der Fugenflanken behindern, so können Abplatzungen der Fugenkanten auftreten.

14.3.2.2 Abdichten mit Fugendichtstoffen

Bei der Abdichtung von Bodenfugen mit Fugendichtstoffen muss zuallererst beachtet werden, dass es sich bei den Fugenabdichtungen **nicht** um Bauwerksabdichtungen im Sinne der einschlägigen Abdichtungsnormen [14] und [16] bis [19] handelt. Bestehen Anforderungen an eine Bauwerksabdichtung, so sind die Fugenabdichtungen nach den Abdichtungsnormen herzustellen.

Fugenabdichtungen mit Dichtstoffen werden jedoch häufig dafür eingesetzt, eine primäre Dichtebene an der Bauteiloberfläche zu schaffen, um große Mengen an Oberflächenwasser oder Brauchwasser zielgerichtet abzuführen und eine sichere begeh- oder befahrbare Oberfläche herzustellen. Als Beispiel sind hier großformatige Betonfahrbahnplatten eines wärmegedämmten Parkdecks zu nennen, deren Bauteilfugen mit Dichtstoffen abgedichtet werden können. Die eigentliche Bauwerksabdichtung nach DIN 18532 [14] befindet sich aber unter den Betonfahrbahnplatten.

Für die Abdichtung von Fugen mit Fugendichtstoffen kann das IVD-Merkblatt Nr. 1 [15] herangezogen werden. Das Merkblatt gilt für Fugen ohne chemische Belastung (begangene und befahrene Bodenflächen; Boden-/Wandanschlussfugen, Balkone und Terrassen, Lagerhallen) und mit zusätzlicher chemischer Belastung (Parkdecks, Reinigungsanlagen, Kfz-Waschplätze, Flugbetriebsflächen). Für folgende Anwendungszwecke gilt das Merkblatt jedoch nicht:

- Fugen im Unterwasserbereich
- Kläranlagen und Abwasseranlagen
- HBV-Anlagen (Herstellen, Verwandeln, Verwenden gewässergefährdender Stoffe)
- LAU-Anlagen (Lagern, Abfüllen, Umschlagen gewässergefährdender Stoffe)
- JGS-Anlagen (Jauche, Gülle, Silagesickersäfte)
- Fugen in öffentlichen Straßen
- Bauwerkstrennfugen
- Flächen zur Lagerung von Schüttgütern

Bemessung der Fugenbreite

In ähnlicher Art und Weise wie bei Wandfugen (siehe Abschnitt 14.2.2.2) müssen auch Fugenabdichtungen mit Dichtstoffen bei Bodenfugen dimensioniert werden. Das IVD-Merkblatt Nr. 1 [15] führt dabei eine Tabelle als Hilfestellung auf, die auszugsweise in Tabelle 14.4 dargestellt ist. Die Tabelle gilt für Bodenfugen, die Werte stellen Richtwerte dar. Die genauen Dimensionsänderungen der Bauteile müssen daher vom Planer berechnet werden. Für die Kontrolle der Dimensionierung von Fugen in bestehenden Konstruktionen, bzw. zur Festlegung eines geeigneten Dichtstoffes für die Erneuerung einer bestehenden Fugenabdichtung, ist es meist ausreichend, die Bewegungen infolge Temperatureinwirkung zu betrachten.

Fugenabstand	Mindestfugenbreiten bei zulässiger Gesamtverformung von		
	25 %	20 %	12,5 %
ΔT = 80 °C	Breite / Tiefe in mm	Breite / Tiefe in mm	Breite / Tiefe in mm
2,0 m	10 / 10	15 / 10	15 / 10
4,0 m	15 / 10	20 / 15	25 / 20
6,0 m	20 / 15	25 / 20	---
ΔT = 40 °C	Breite / Tiefe in mm	Breite / Tiefe in mm	Breite / Tiefe in mm
2,0 m	10 / 10	10 / 10	10 / 10
4,0 m	10 / 10	10 / 10	15 / 10
6,0 m	15 / 10	15 / 10	20 / 15
ΔT = 20 °C	Breite / Tiefe in mm	Breite / Tiefe in mm	Breite / Tiefe in mm
2,0 m	10 / 10	10 / 10	10 / 10
4,0 m	10 / 10	10 / 10	10 / 10
6,0 m	10 / 10	10 / 10	10 / 10

Tabelle 14.4: Anhaltswerte zur Überprüfung der Mindestfugenbreite nach IVD-Merkblatt Nr. 1 [15]

Fugenausbildung

Die Bild 14.11 zeigt die Ausführung einer begehbaren Fuge nach IVD-Merkblatt Nr. 1. Die Fugenbreite soll hier aufgrund der Unfallgefahr auf 15 mm begrenzt sein. Es soll keine Fase ausgebildet werden, es ist aber die Kantenfestigkeit zu beachten. Der Dichtstoff wird hier oberflächenbündig eingebracht.

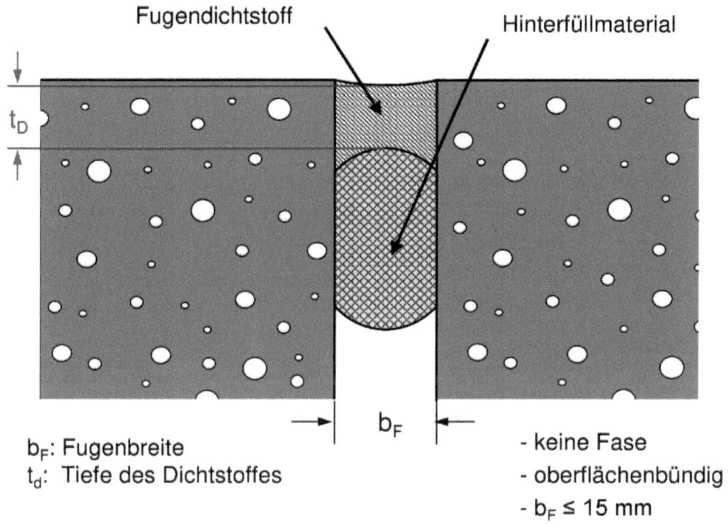

Bild 14.11: Begehbare Fuge nach IVD-Merkblatt Nr. 1 [15]

Bei befahrenen Fugen sind die Fugenflanken vor Beschädigungen zu schützen, entweder dadurch, dass der Fugendichtstoff vertieft eingebracht wird (Bild 14.12) oder es werden Kantenschutzprofile eingesetzt (Bild 14.13). Die Fugenbreite ist auf 20 mm zu begrenzen. Bei Kantenschutzprofilen ist auf die Beständigkeit gegenüber Chemikalien zu achten.

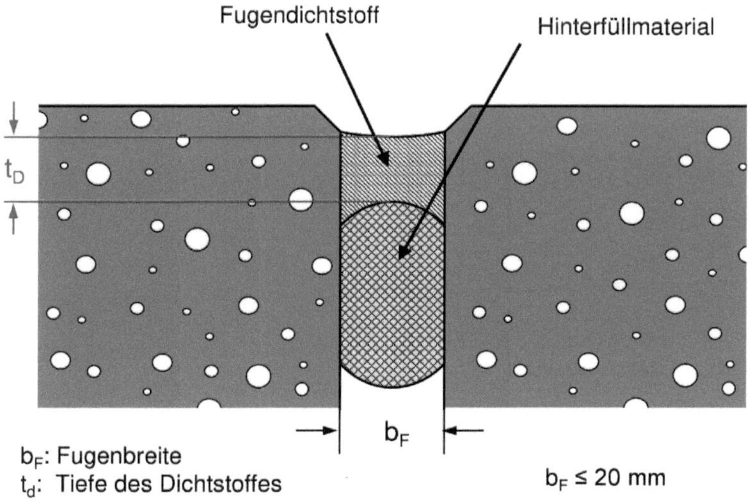

Bild 14.12: Befahrene Fuge nach IVD-Merkblatt Nr. 1 [15]

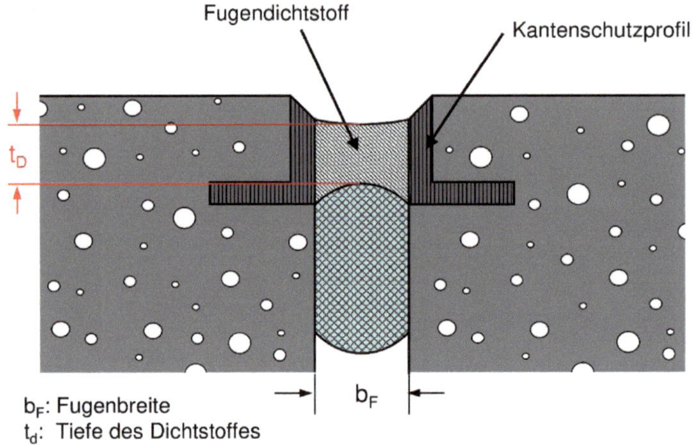

Bild 14.13: Befahrene Fuge mit Kantenschutzprofil nach IVD-Merkblatt Nr. 1 [15]

Alternativen zu Fugendichtstoffen

Als Alternativen zur Abdichtung von Bodenfugen mit Fugendichtstoffen können auch Kunststoff-Profile zur Anwendung kommen. Profile auf EPDM-Basis eignen sich auch für Außenbereiche und sind gut chemikalienbeständig. Die Profile erinnern im Querschnitt an umgedrehte Tannenbäume oder Tannenzapfen und bestehen aus einem Grundkörper mit beidseitig abstehenden Dichtlippen. Die Profile werden in den Fugenraum eingedrückt oder eingeschlagen. Durch den Anpressdruck auf die Fugenflanke verschließen die Dichtlippen die Fuge wasserdicht. Zusätzlich können die Fugenprofile auch im Fugenraum verklebt werden. Hierfür sind die Hersteller-Anweisungen zu beachten.

In der ZTV Fug-StB 15 [20] wird die Ausführung solcher Fugenprofile in Fahrbahnplatten bei Verkehrsflächen aus Beton beschrieben. Hier werden auch Anforderungen und Prüfgrundsätze genannt. Einige Hersteller weisen ihre Produkte mit Prüfungen nach ZTV Fug-StB 15 aus.

Bereits im Zement-Merkblatt T1 [1] aus dem Jahr 2006 ist ein solches Fugenprofil abgebildet. Auf Bild 14.14 ist die grundsätzliche Ausführungsart solcher Fugenprofile dargestellt.

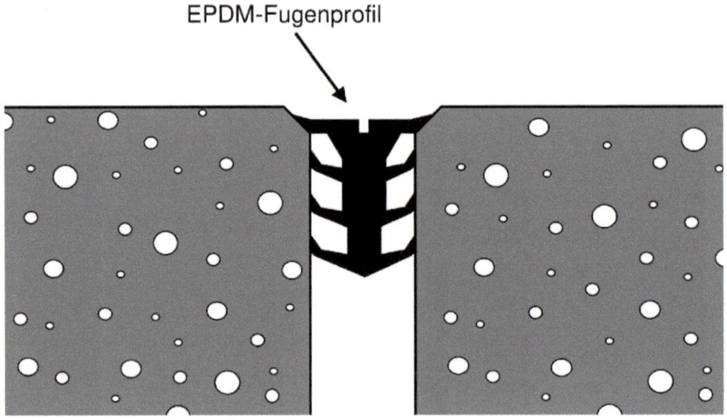

Bild 14.14: EPDM-Fugenprofil zur Fugenabdichtung

14.3.2.3 Abdichten mit Fugenprofilen aus Metall

Die zuverlässigste Art und Weise, Bewegungsfugen dauerhaft abzudichten mit gleichzeitig geringstem Wartungsaufwand, ist der Einsatz von Fugenprofilen aus Metall. Fugenprofile aus Metall sind mechanisch hoch belastbar und für große Bewegungen in alle Richtungen (x-y-z-Richtung) geeignet, besonders eignen sie sich für die dauerhafte Abdichtung von Bauwerkstrennfugen. Das größte Einsatzgebiet von Fugenprofilen sind Parkbauten. Dabei ist das Fugenprofil immer auf die jeweilige Flächenabdichtung und Nutzschicht anzupassen. Das Fugenprofil wird wasserdicht mit der Flächenabdichtung und/oder der Nutzschicht (Oberflächenschutzsysteme) verbunden.

Die Fugenkonstruktion weist die folgenden Komponenten auf:

- Metallprofile auf beiden Seiten der Fuge
- Fugeneinlage als Abdichtung der Fuge zwischen den Metallprofilen (auch bezeichnet als Fugenband oder Mitteldichtung)
- Anschlussmöglichkeit mit angrenzenden Folien an die Oberflächenabdichtung (OS, bituminöse Abdichtung oder Flüssigkunststoff)

Die Metallprofile werden wasserdicht mit der Flächenabdichtung verbunden, entweder durch Los-Fest-Flansch-Konstruktionen oder mittels Anschlussbahnen, die wasserdicht mit dem Metallprofil verbunden sind. Die Abdichtung der Fuge selbst erfolgt durch die Fugeneinlage, die ihrerseits wasserdicht in das Metallprofil eingedrückt und verschraubt wird. Die Fugeneinlage kann im Falle von Beschädigungen und somit im Falle von Undichtigkeiten ausgetauscht werden. Bei einigen Herstellern wird auch eine zusätzliche Anschlussbahn schlaufenförmig unterhalb der Fugeneinlage über die Fuge geführt.

In Abhängigkeit von der Art des Fahrbelags (Nutzschicht) sowie der Art der Flächenabdichtung und damit von der Aufbauhöhe kommen verschiedene Systeme zum Einsatz (Bilder 14.15 bis 14.19). Allen Systemen gleich ist die kraftschlüssige Verbindung der Metallprofile zum Untergrund (in der Regel Stahlbeton). Im Falle des Neubaus können die Metallprofile einbetoniert und über Anker in den Beton eingebunden werden. Bei bestehenden Konstruktionen erfolgt die Befestigung der Metallprofile bzw. des Festflansches durch Dübelung.

Entsprechend der gewählten Ausführung der Fugenkonstruktion muss die Fuge im Beton bzw. im Bauwerk ausreichend breit sein und sie darf nicht mit Stoffen gefüllt sein, welche die freie Beweglichkeit der Fugenflanken behindert.

Die Bilder 14.15 und 14.16 zeigen den Anschluss von Fugenprofilen an Oberflächenschutzsysteme. Bei Bild 14.15 wird die wasserdichte Verbindung zwischen Oberflächenschutzsystem und Fugeneinlage mit beidseitigen PUR-Dichtstoff-Verfüllungen hergestellt. Diese Anschlussart eignet sich für rissüberbrückende Beschichtungen, besonders aber für starre Beschichtungssysteme (z. B. OS 8), da diese nicht auf einen Flansch geführt werden sollten. Bei diesem System (Bild 14.15) ist durch den Einsatz verschiedener Dichtungsfolien der wasserdichte Anschluss sowohl an Oberflächenschutzsysteme als auch an bituminöse Abdichtungen und Flüssigkunststoffe möglich. Durch die bei diesem Fabrikat besonderen verschweißbaren, wasserdichten Fugeneinlagen (Mitteleinlage, Bewegungseinlage) wird das Wasser bereits an der Oberfläche zurückgehalten, so dass die Sichtfläche auch gleich die Dichtfläche ist und kein Wasser ins Profil gelangt.

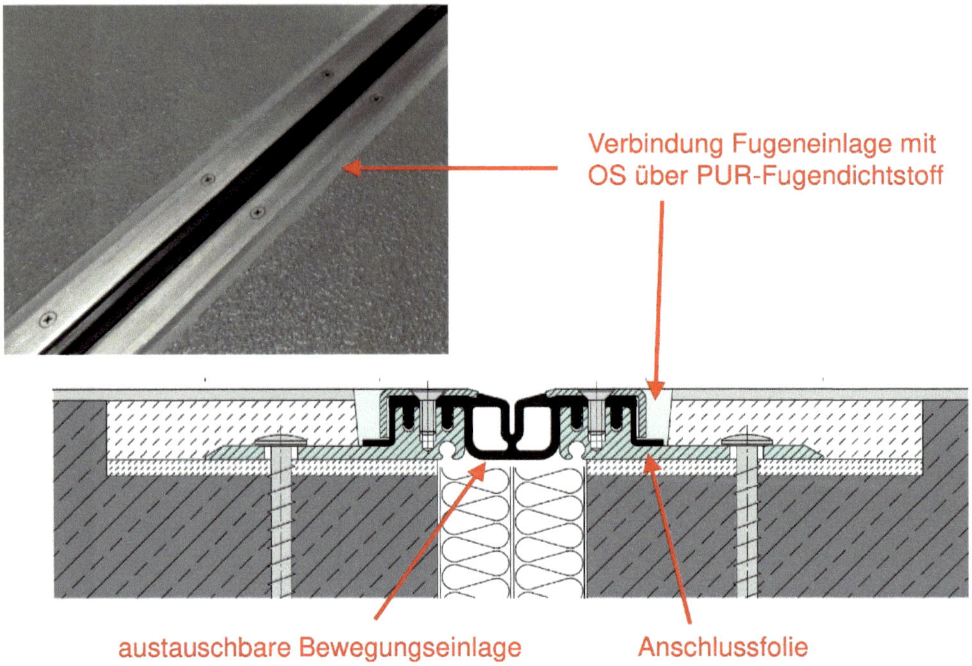

Bild 14.15: Fugenprofil MIGUTAN der Fa. Migua Fugensysteme, Anschluss an Oberflächenschutzsystem; System mit Allgemeinem bauafusichtichen Prüfzeugnis als Verwendbarkeitsnachweis

Für rissüberbrückende Beschichtungen (z. B. OS 11) kommen auch Fugenprofile mit Metallflanschen zum Einsatz, der als Anschluss für die Riss überbrückende Beschichtung dient. Dabei kommt es darauf an, dass der Metallflansch so breit ist, dass die Beschichtung nicht abreißt. Die Breite der Metallflansche muss also deutlich größer sein als die sogenannte Verbundlänge der rissüberbrückenden Beschichtung. Das Bild 14.16 zeigt exemplarisch ein Fugenprofil mit einem solchen Anschluss mit Metallflansch für die rissüberbrückende Beschichtung. Hier ist dann der wasserdichte Anschluss zwischen Beschichtungssystem und Metallkörper gegeben. Durch das Einklemmen der Fugeneinlage und einer Dichtbahn in die Metallkörper wird die Wasserdichtheit über der Fuge realisiert.

Bei der Ausführung der Arbeiten einer Fugenabdichtung mit Fugenkonstruktionen muss sichergestellt sein, dass der Einbau der Metallprofile auf einem ebenen Untergrund erfolgt. Hierzu erfolgt üblicherweise vor dem Verlegen der Metallprofile das Aufbringen eines druckfesten und schwindfreien PCC-Mörtels (RM) oder eines Epoxidharzmörtels (PRM) auf den die Metallprofile aufgelegt und dann im tragenden Untergrund verankert werden. Auch kann es sinnvoll und erforderlich sein, die Fugenkonstruktion gegenüber der Fläche leicht erhöht einzubauen. Dadurch wird verhindert, dass Wasser auf der Fugenkonstruktion stehen bleibt. Der erhöhte Einbau kann auch dann erforderlich werden, wenn die Bewehrung der Stahlbetondecke oder Bodenplatte zu nahe an der Oberfläche verlegt ist und keine ausreichende Tiefe für den Einbau des Metallprofils zur Verfügung steht. Bei der späteren Verfüllung mit RM, PRM oder Vergussmörtel ist unbedingt auf eine ausreichende Untergrundvorbereitung des Altbetons zu achten, um einen sicheren Verbund mit dem Altbeton zu erhalten. Der Verfüllmörtel muss unbedingt schwindfrei sein. Ansonsten besteht die Gefahr von Rissbildungen zwischen Verfüllmörtel und Altbeton. Bei starren Beschichtungen ist dann der Riss in der Oberfläche sichtbar und der Untergrund nicht mehr

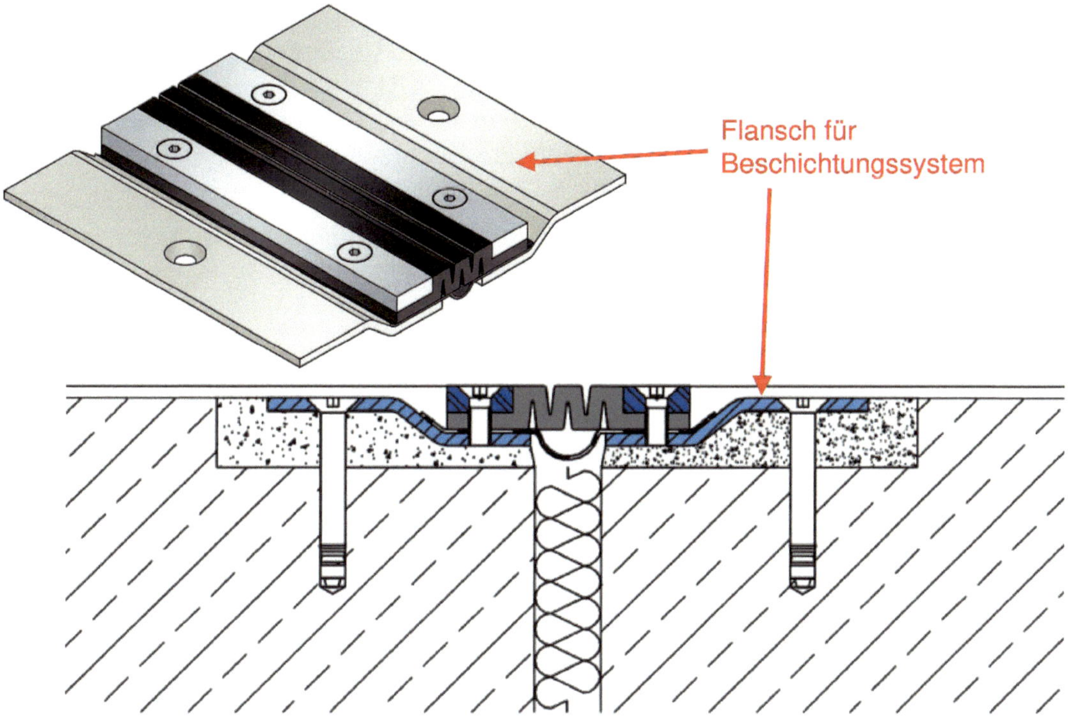

Bild 14.16: Fugenprofil VA.8.110/27 der Fa. Buchberger GmbH mit Metallflansch für Oberflächenschutzsysteme

geschützt (Eindringen von Chloriden möglich). Bei der Ausführung mit Flanschen ist auch die fachgerechte Unterfütterung der Metallprofile von höchster Bedeutung.

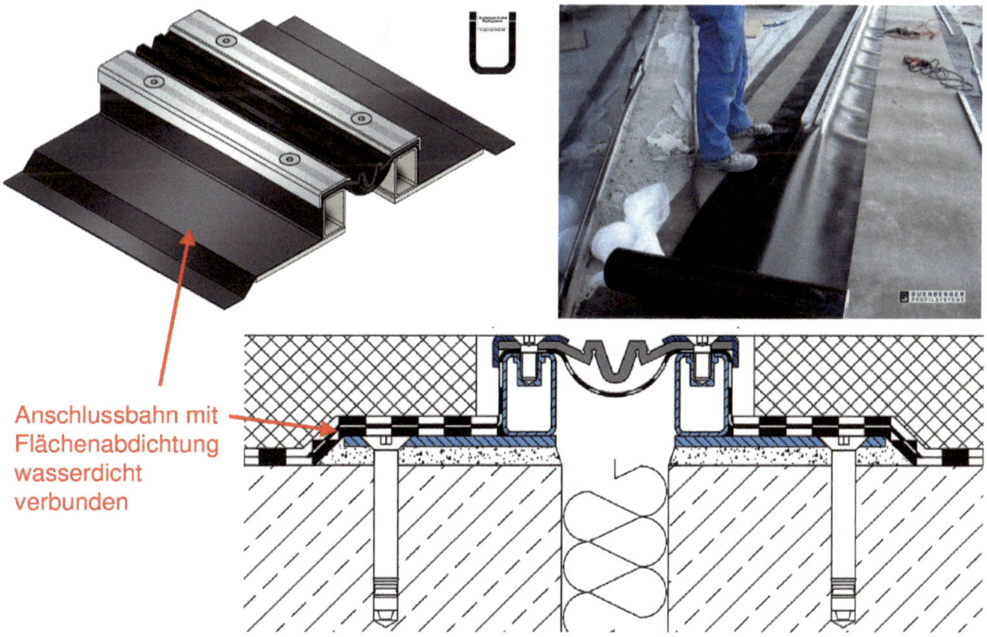

Bild 14.17: Fugenprofil VA.8.115/.. F der Fa. Buchberger GmbH mit Anschlussbahn unter der Fugeneinlage, die mit der Flächenabdichtung verbunden wird

Die Bilder 14.17 und 14.18 zeigen Fugenprofile für dickere Belagsaufbauten, bei denen sich die Flächenabdichtung unter der Nutzschicht befindet. Bei diesen Fugenprofilen wird die Anschlussbahn mit der Flächenabdichtung wasserdicht verbunden (Bild 14.17). Die Profilhersteller bieten hierbei meist Anschlussbahnen verschiedener Hersteller an. Alternativ erfolgt der Anschluss mittels Los-Fest-Flansch-Konstruktionen, in denen die Anschlussbahn und die Flächenabdichtung wasserdicht eingepresst werden (Bild 14.18).

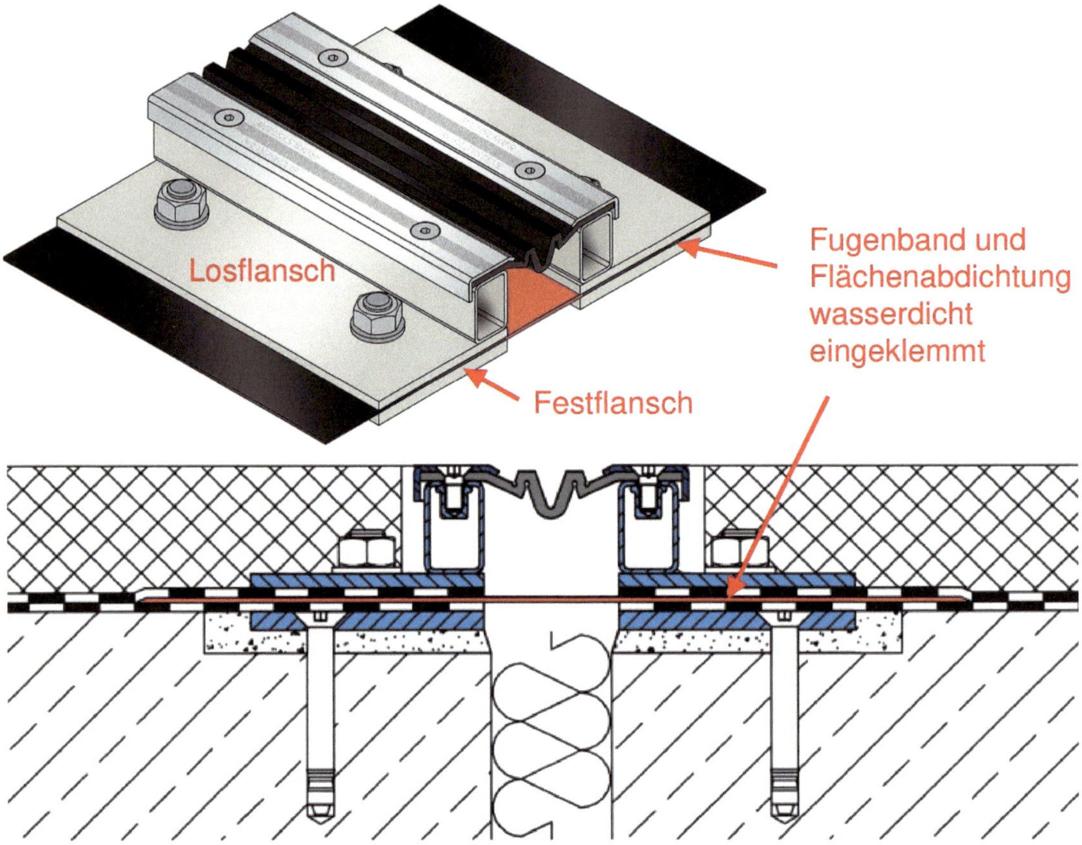

Bild 14.18: Fugenprofil BBF115/.. der Fa. Buchberger GmbH mit Los-Festflansch-Konstruktion

Die Bild 14.19 zeigt ein Fugenprofil, welches besonders für Fahrverkehr mit Flurförderfahrzeugen in der Industrie geeignet ist. Durch die Überbrückung der Fuge mit zickzackförmigen massiven Metallblechen werden Erschütterungen beim Befahren minimiert.

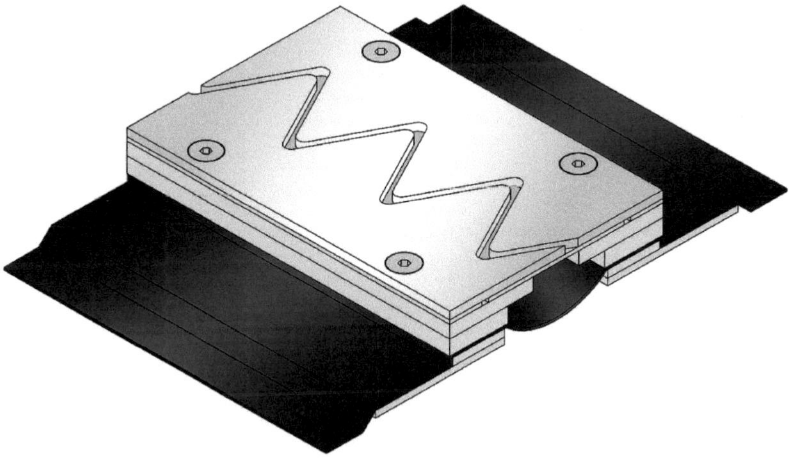

Bild 14.19: Fugenprofil VA.9.165/.. F der Fa. Buchberger GmbH

Für die Planung der Abdichtung von Fugen mittels Fugenkonstruktionen ist es erforderlich, dass der Fugenverlauf bekannt ist. Nur so können alle Anschlüsse und Abschlüsse der Fugenkonstruktion an angrenzende Bauteile erfasst und im Rahmen einer Leistungsbeschreibung und eines Leistungsverzeichnisses beschrieben werden. Bei der Planung der Arbeiten für Fugenabdichtungen müssen die erforderlichen An- und Abschlussformteile berücksichtigt werden. Hierzu zählen z. B.

- Anschluss an vertikal aufgehende Bauteile
- Winkelprofile
- Endaufkantung
- Endabkantung im Übergang einer Decke zur darunterliegenden Wand
- Anschluss an parallel zur Fuge verlaufende aufgehende Bauteile
- T-Stöße und Kreuzungen

Die Bilder 14.20 und 14.21 zeigen beispielhaft solche Formteile.

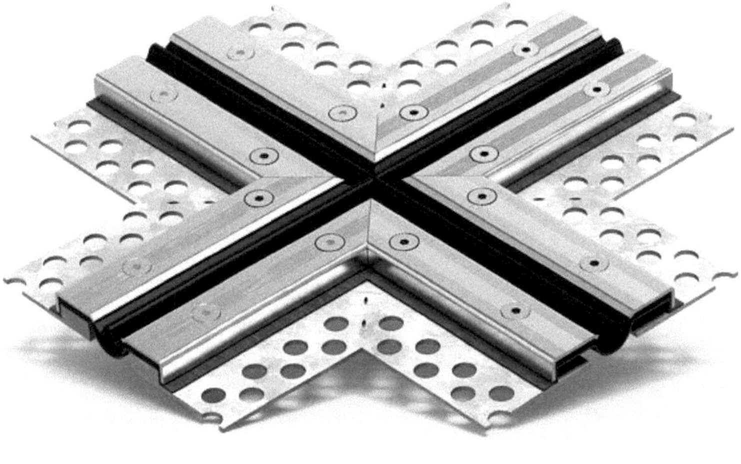

Bild 14.20: Formteil Kreuz-Stück der Fa. Buchberger GmbH

Bild 14.21: Formteil Profilendausbildung der Fa. Buchberger GmbH

Meist erfolgt im Leistungsverzeichnis nur die Planung der grundsätzlichen Ausführung mit einer ersten Festlegung der Formteile. Im Zuge der Ausführung ist dann das Aufmaß und eine Werkplanung durch den Fugenprofilhersteller erforderlich (Im LV berücksichtigen!). Sonder-Formteile müssen speziell gefertigt werden. Nur dann kann eine fachgerechte Ausführung auch bei komplizierten Fugenverläufen erfolgen, wie sie beispielhaft auf Bild 14.22 zu sehen ist.

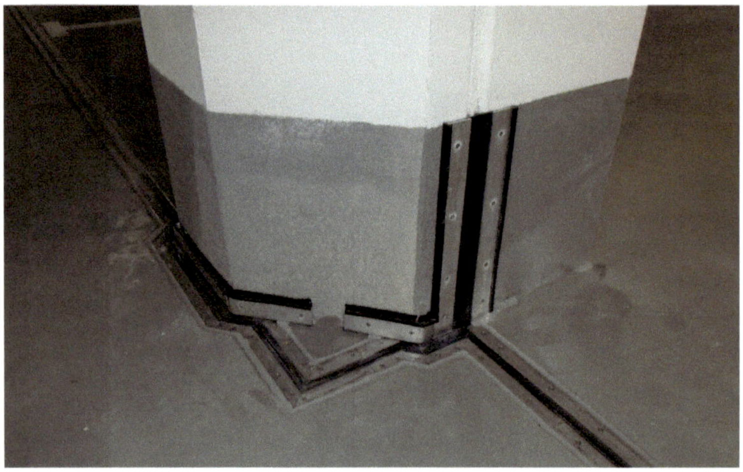

Bild 14.22: Beispiel für die Ausführung von Fugenprofilen bei kompliziertem Fugenverlauf mit mehreren Formteilen

Alternativen

Viele Hersteller von Oberflächenschutzsystemen bieten systemkonforme Fugenprofile für die Abdichtung von Bewegungsfugen an, die nicht der zuvor genannten klassischen Ausführung mit Metallprofilen entsprechen. Die Lösungen sind hier vielfältig. Die Abdichtung über der Fuge kann z. B. zunächst mit schlaufenförmigen Abdichtungsbahnen, Fugenbändern oder mit Flüssigkunststoff (FLK) erfolgen. Darüber werden Formteile aus Kunststoff-, Metall- oder kohlefaserverstärktem Polymerbeton angeordnet. In der Regel sind alle Schichten hohlraumfrei und vollflächig miteinander verklebt. Das Oberflächenschutzsystem kann dann nahtlos bis an die Fuge herangeführt werden. Großer Vorteil dieser Systeme ist die geringe Aufbauhöhe. Sie können deshalb auch dort eingesetzt werden, wo die herkömmlichen Fugenprofile aus Metall z. B. aufgrund nicht entfernbarer Bewehrungslagen nicht vertieft eingebaut werden können.

Bild 14.23 zeigt beispielhaft das Fugenprofil Sika FloorJoint PDRS der Fa. Sika Deutschland GmbH, bei dem der Profilaufbau aus kohlefaserverstärktem Polymerbeton besteht, der eine eingeklebte Gummieinlage aufweist. Die Fugenabdichtung selbst wird durch das mit Epoxidharzkleber aufgeklebte Fugenband Sikadur-Combiflex TF unterhalb des eigentlichen Fugenprofiles realisiert. Der wasserdichte Anschluss erfolgt durch die vollständige Verbundbauweise bis hin zu dem auf einen Flansch geführten Oberflächenschutzsystem.

Bild 14.23: Fugenabdichtung mit Fugenprofil Sika FloorJoint PDRS der Fa. Sika Deutschland GmbH.

Eine weitere Möglichkeit eines systemzugehörigen Fugenprofils ist auf den Bildern 14.24 und 14.25 mit der Fugenabdichtung ProJoint der Fa. Triflex GmbH & Co. KG dargestellt. Hier wird die Bewegungsfuge mit mehreren Lagen Flüssigkunststoff abgedichtet. Als Kantenschutz dienen Edelstahlbleche, die mit verklebten Hochleistungsankern befestigt werden. Mittels Rundschnur und Fugenverguss wird dann der Fugenraum über der Abdichtung verschlossen. Vorteil eines solchen Systems mit Flüssigkunststoff ist die flexible Anpassung an bauliche Gegebenheiten und Fortführung der Fugenabdichtung in Aufkantungen oder an An- und Abschlüssen. Auch sind hier verschiedene Fugenbreiten mit ein und demselben System abdichtbar.

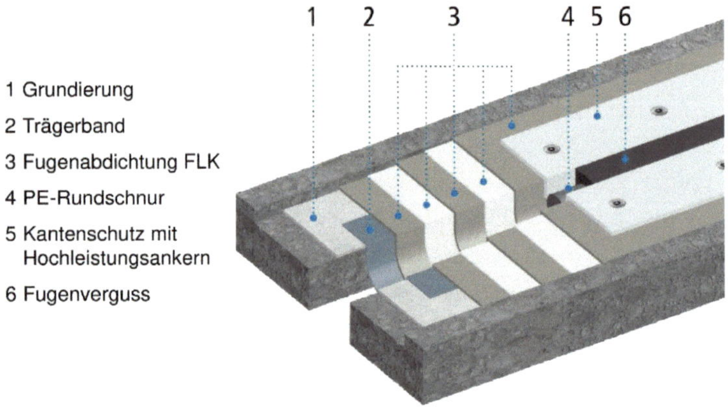

Bild 14.24: Fugenabdichtung ProJoint der Fa. Triflex GmbH & Co. KG

Abdichtungen mit Flüssigkunststoff eignen sich auch in besonderem Maße für die Sanierung von Bewegungsfugen bei wärmegedämmten Parkdecks oder bei Fugenabdichtungen unter Erdreich. Der Flüssigkunststoff kann dort schlaufenförmig und mehrlagig ausgeführt werden und meistens gut an eine bestehende, noch intakte, Bauwerksabdichtung angeschlossen werden.

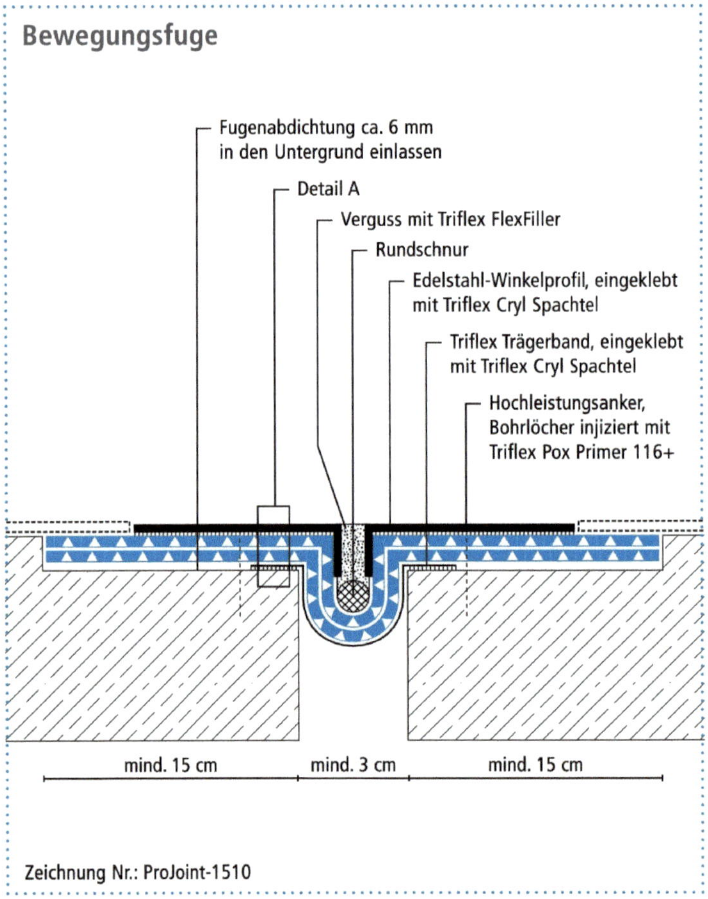

Bild 14.25: Detailzeichnung Fugenabdichtung ProJoint der Fa. Triflex GmbH & Co. KG

14.3.2.4 WHG-Anforderungen

Bei der Instandsetzung von Fugen, insbesondere bei Bodenfugen, müssen je nach Objekt auch die Anforderungen aus dem Wasserhaushaltsgesetz (WHG) [21] beachtet werden. Das WHG hat u. a. zum Ziel, Gewässer vor Verschmutzungen mit wassergefährdenden Stoffen zu schützen. Entsprechend heißt es in § 62 des WHG [21] (Zitat):

> (1) Anlagen zum Lagern, Abfüllen, Herstellen und Behandeln wassergefährdender Stoffe sowie Anlagen zum Verwenden wassergefährdender Stoffe im Bereich der gewerblichen Wirtschaft und im Bereich öffentlicher Einrichtungen müssen so beschaffen sein und so errichtet, unterhalten, betrieben und stillgelegt werden, dass eine nachteilige Veränderung der Eigenschaften von Gewässern nicht zu besorgen ist.

Die Konsequenz hieraus ist, dass auch Fugenausbildungen in Auffangwannen und Industrieböden von

- LAU-Anlagen (Anlagen zum Lagern, Abfüllen und Umschlagen)
- HBV-Anlagen (Anlagen zum Herstellen, Behandeln und Verwenden)
- Rohrleitungsanlagen

so ausgeführt werden müssen, dass ein dauerhafter Schutz der Umwelt und der Gewässer sichergestellt ist.

Des Weiteren müssen sämtliche Baustoffe von Fugenabdichtungen gegen entsprechende wassergefährdende Stoffe beständig sein oder es sind besondere Konstruktionen zu ergreifen. Bild 14.26 zeigt beispielhaft eine solche Konstruktion, nämlich die Lage der Fugenabdichtung außerhalb der direkten Medienbeaufschlagung in einer Auffangwanne im Sinne des AGI-Arbeitsblattes S 50 [22].

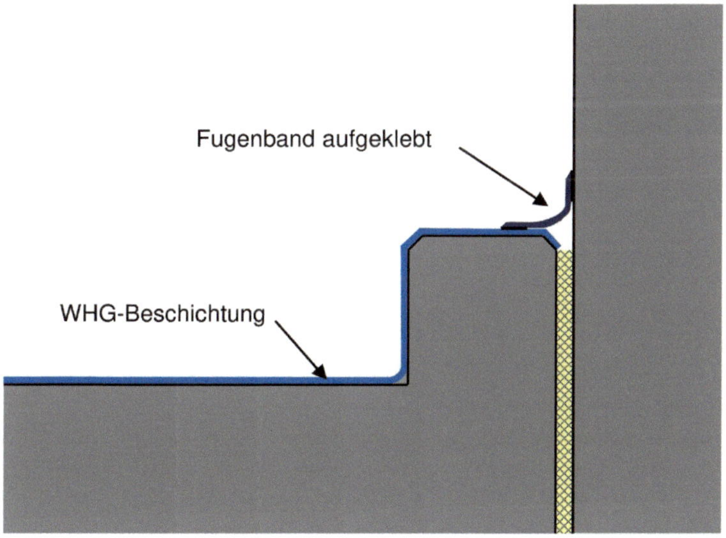

Bild 14.26: Randfuge in beschichteten Flächen, mit Fugenband für große Bewegungen und Fuge außerhalb der Medienbeaufschlagung nach AGI-Arbeitsblatt S 50 [22], Bild B4

Im AGI-Arbeitsblatt S 50 [22] finden sich zahlreiche Lösungen für Fugenabdichtungen mit Fugendichtstoffen, Fugenprofilen und aufgeklebten Fugenbändern, die für Abdichtungen nach den Anforderungen des WHG [21] geeignet sind. Ein wesentlicher Aspekt ist die Beanspruchungsdauer, d. h. wie lange eine Fugenabdichtung mit wassergefährdenden Stoffen, z. B. im Havariefall, beansprucht wird. Das AGI-Arbeitsblatt unterteilt hier in die Beanspruchungsstufen gering, mittel und hoch. Maßgeblich hierfür ist auch die Kontrollierbarkeit der Fugenabdichtung. Bei der Planung sind stets auch die chemische, mechanische und thermische Belastung der Fugenabdichtung zu berücksichtigen. Darüber hinaus können sich weitere Anforderungen ergeben aus den folgenden Gründen:

- Fugen in LAU-Anlagen dürfen nur mit Fugenabdichtungen mit allgemeiner bauaufsichtlicher Zulassung (abZ) oder europäisch technischer Zulassung (ETA) ausgeführt werden
- Reinraumanforderungen
- Beständigkeit gegen UV-Strahlung bei frei bewitterten Fugen
- Sonderfälle (Kläranlagen, Nassräume, Nahrungsmittelindustrie)

Als weitere Hilfestellung kann das IVD-Merkblatt Nr. 6 [23] herangezogen werden. Dort sind ausführlich die planerischen Vorleistungen für Fugenabdichtungen mit WHG-Anforderungen aufgeführt.

14.3.3 Instandsetzung von Fugen in WU-Bauwerken

14.3.3.1 Allgemeines

Bei der Instandsetzung von Fugen in wasserundurchlässigen Bauwerken aus Beton (WU-Bauwerken) wird der Sachkundige Planer oftmals vor große Aufgaben gestellt. Die nachfolgenden Ausführungen gelten grundsätzlich für Wand- und Bodenfugen. Die höchste Belastung liegt immer bei den Bodenfugen vor. Somit erfüllen die Anforderungen für Bodenfugen auch die möglicherweise geringeren Anforderungen für Wandfugen und können somit auf die Wandfugen übertragen werden. Deshalb ist dieses Kapitel den Bodenfugen zugeordnet.

In den meisten Fällen müssen Fugen in WU-Bauwerken dann instandgesetzt werden, wenn Undichtigkeiten auftreten. Die Instandsetzung gestaltet sich jedoch vielfach als schwierig, da die Fugen meistens nur noch von der Innenseite her zugänglich sind und nicht immer das eindringende Wasser durch eine Wasserhaltung für die Instandsetzung abgestellt werden kann.

Bei WU-Bauwerken müssen folgende Fugenarten betrachtet werden:

- Bewegungsfugen
- Arbeitsfugen
- Sollrissfugen (Sollrissquerschnitte)

Gemäß WU-Richtlinie [24] sollen zwar Bewegungsfugen nach Möglichkeit vermieden werden, aufgrund großer Bauwerksabmessungen sind diese aber nicht immer vermeidbar.

Im Vordergrund bei WU-Bauwerken stehen Arbeitsfugen, die planmäßig wasserdicht auszuführen sind. Folgende Bauweisen sind für die planmäßige Abdichtung von Arbeitsfugen üblich:

- Fugenbänder nach DIN 7865 [25] und DIN 18541 [26]
- Außenliegende streifenförmige Abdichtung (PMBC, Bitumenbahnen, FLK)
- Beschichtete Fugenbleche
- Injektionsschläuche
- Kompressionsdichtungen
- Quellbänder
- Unbeschichtete Fugenbleche

Bei Sollrissfugen müssen für Nutzungsklasse A ebenfalls Fugenabdichtungen geplant werden. Für Nutzungsklasse B ist entweder eine Fugenabdichtung oder eine Begrenzung der Trennrissbreiten vorzusehen.

Eine häufige Abdichtungsart von Bewegungs- und Arbeitsfugen in WU-Bauwerken erfolgt mit Elastomer-Fugenbändern nach DIN 7865 [25] oder mit solchen aus thermoplasitschen Kunststofen nach DIN 18541 [26]. Fugenbänder werden nach ihrer Anordnung im Beton sowie nach ihrer Verwendung bei Bewegungs- oder Arbeitsfugen wie folgt nach drei Typen unterschieden:

- innenliegendes Fugenband
- außenliegendes Fugenband
- Fugenabschlussband

Beim Fugenband unterscheidet man den mittleren Dehnteil und die beiten äußeren Dichtungsteile. Die profilierten Dichtungsteile dienen zur Verankerung im Beton. Fugenbänder zum Abdichten von Bewegungsfugen haben stets einen dehnfähigen Mittelschlauch als Dehnteil. Bild 14.27 zeigt exemplarisch die drei Typen von Bewegungsfugenbändern der Fa. Sika Deutschland GmbH. Bei den Arbeitsfugenbändern fehlt planmäßig der Mittelschlauch (Dehnteil).

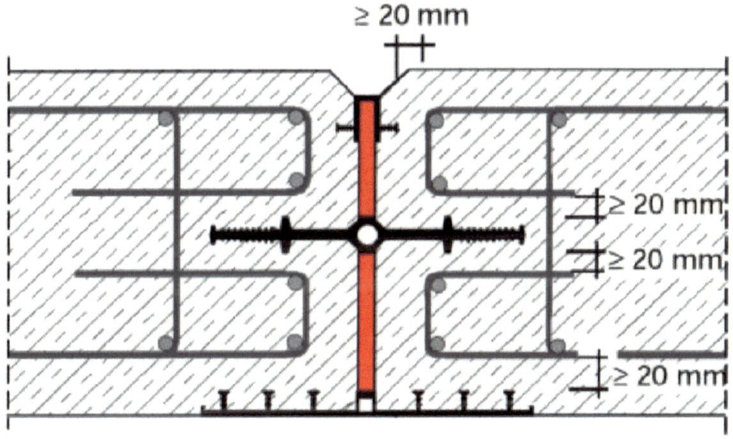

Bild 14.27: Anordnung der drei Typen von Fugenbändern des Fabrikats Sika Fugenband Elastomer der Fa. Sika Deutschland GmbH

Die Eigenschaften von Fugenbändern aus thermoplastischem Kunststoff nach DIN 18541 [26] sind auf die Anwendung im Betonbau abgestimmt. Im Vergleich zu den Fugenbändern aus thermoplastischen Kunststoffen weisen Fugenbänder aus Elastomeren [25] eine höhere Verformungsfähigkeit besonders bei niedrigen Temperaturen auf.

Die Fugenbänder werden ganz (innerhalb des Betons liegend) oder teilweise (außenliegend) einbetoniert. In Abhängigkeit von den zu erwartenden Beanspruchungen aus Wasserdruck und Bewegung können die drei unterschiedlichen Typen von Fugenbändern zum Einsatz gelangen. Die Breite des Fugenbandes ist abhängig von der Dicke des Betons. Die Breite des Dichtungsteils soll etwa der halben Bauteildicke entsprechen. Auf diese Weise wird am Fugenband ein Diffusionsweg erzeugt, welcher etwa der Bauteildicke entspricht, so dass an der Fugenabdichtung keine Schwachstelle hinsichtlich der Wasserdampfdiffusion entsteht. Andererseits soll die Einbindelänge des Dichtungsteils in den Beton kleiner sein als die kleinste Betondicke über dem Dichtungsteil, um eine Schwächung des Betonquerschnittes zu verhindern.

Wesentlich für die Funktionsfähigkeit und somit die Dichtigkeit der Abdichtung mit Fugenbändern ist die feste und geschlossene Ummantelung des Fugenbandes mit dem Beton. Die Befestigung von Fugenbändern erfolgt üblicherweise mittels Rödeldraht oder Fugenbandklammern an der Bewehrung. Einzelne Fugenbänder besitzen einseitig einen Stahlbügel, welcher verhindert, dass beim Betoniervorgang das Fugenband umknickt. Gleichzeitig ist dieser Stahlbügel so steif, dass das Fugenband ohne zusätzliche Befestigung an der Bewehrung (mittels Rödeldrähten) eingebaut werden kann. Während des Betoniervorganges werden als Distanzhaltung für die eigentliche Fuge dann Fugenplatten eingestellt.

Häufige Fehler bei Planung und Ausführung werden in dem Fachbuch „Fugenabdichtung bei wasserundurchlässigen Bauwerken aus Beton" [27] aufgezeigt. Des Weiteren finden sich dort die grundsätzlichen Möglichkeiten zur Instandsetzung von undichten Fugen gemäß den nachfolgenden Abschnitten. Schäden an „halb" eingebauten Fugenbändern (also im Zuge der Bauphase) werden nachfolgend nicht betrachtet. Auch hierfür finden sich im Fachbuch [27] Instandsetzungsvorschläge.

14.3.3.2 Arbeitsfugen

Als klassisches Beispiel ist hier zunächst das nachträgliche Abdichten mit Injektionen von undichten Arbeitsfugen anzuführen. Die Abdichtung erfolgt grundsätzlich analog zur Injektion von Rissen nach der TR Instandhaltung [11], Verfahren 1.5: Injektion von Rissen und Hohlräumen. Bei undichten Arbeitsfugen in der Boden-Wand-Fuge erfolgt das Setzen der Bohrpacker i. d. R. unter einem 45°-Winkel im gegenseitigen Abstand zwischen 30 und 50 cm. Für die Injektion kommen i. d. R. PUR-Injektionsstoffe zum Einsatz, ggf. ist eine Vorabdichtung mit SPUR (schnell reagierendes Polyurethan-Schaumharz) erforderlich.

Liegen in der Arbeitsfuge funktionsfähige wiederverpressbare Injektionsschläuche vor, so kann auch zunächst hierüber eine Nachverpressung vorgenommen werden.

Handelt es sich um Arbeitsfugen von Wänden oder Boden-Wand-Fugen, die leicht von außen zugänglich gemacht werden können (Aufgraben, Wasserhaltung möglich), so ist auch eine streifenförmige Außenabdichtung mit PMBC, Bitumenbahnen oder Flüssigkunststoffen möglich. Der Aufwand für das Freilegen bei WU-Bauwerken mit mehreren Untergeschossen ist jedoch meist sehr hoch, eine Wasserhaltung nicht immer möglich.

Eine Sonderlösung stellt das Aufkleben einer nachträglichen Innenabdichtung dar, z. B. mittels aufgeklebten Fugenbändern, die über ein Prüfzeugnis für rückseitig einwirkende Feuchte bzw. rückseitig einwirkendes drückendes Wasser verfügen.

14.3.3.3 Bewegungsfugen

Deutlich aufwändiger ist das Instandsetzen von undichten Bewegungsfugen in WU-Bauwerken. Hier muss zunächst die undichte Stelle und die Ursache der Undichtigkeit festgestellt werden.

Ist die Undichtigkeit darin begründet, dass ein Fugenband nicht ordnungsgemäß einbetoniert wurde, so kann im Bereich des Dichtungsteils mittels Injektionen das Fugenband nachträglich im Beton eingedichtet werden. Injektionen direkt in die Bewegungsfuge, sind meist erfolglos. Hier kann aber mit einer Schleierinjektion im Baugrund im direkten Fugenbereich eine Abdichtung der Bewegungsfuge erfolgen.

Analog zur Instandsetzung von Arbeitsfugen kann eine Nachverpressung über funktionsfähige wiederverpressbare Injektionsschläuche erfolgen, soweit vorhanden.

Falls die Bewegungsfuge (nur Wände) von außen zugänglich gemacht werden kann, ist eine streifenförmige Außenabdichtung mit aufgeklebten Fugenbändern oder mit Bitumenbahnen und Flüssigkunststoffen (schlaufenförmige Bewegungsfugenkonstruktion) möglich. Problematisch hierbei ist jedoch der Übergang von vertikalen Wandfugen zu den in der Bodenplatte weiterlaufenden Bewegungsfugen. Hier muss dann ein Wechsel des Abdichtungssystems mit wasserdichter Verbindung erfolgen (z. B. Übergang zu Schleierinjektion).

Am ehesten gelingt die Instandsetzung von undichten Bewegungsfugen mit dem Aufbringen einer nachträglichen, innenliegenden Klemmkonstruktion (Bild 14.28). Hierbei wird ein Fugenband auf die Innenseite des WU-Bauteils geflanscht. Grundsätzlich ist eine solche Klemmkonstruktion mit einer Los-Festflansch-Konstruktion vergleichbar. Zwischen Fugenband und Betonoberfläche wird eine Dichtlage eingeflanscht und so eine wasserdichte Verbindung zur Betonoberfläche hergestellt. Die Fugenbänder und die Befestigungen müssen entsprechend der Wasserdruckbelastung dimensioniert werden. Handelt es sich um eine WU-Bodenplatte, die direkt befahren wird, muss die Klemmkonstruktion vertieft eingebaut werden und ist mit einem Schleppblech abzudecken. Solche Konstruktionen eignen sich auch für die Abdichtung von Fugen, wenn WU-Bauteile an Bestandsbauteile anbetoniert werden sollen. Hier kommen dann Fugenbänder zum Einsatz, die nur einseitig eine Klemmkonstruktion aufweisen (Bestandsbauteil) und auf der anderen Seite des Dehnschlauches ein Dichtteil zum Einbetonieren.

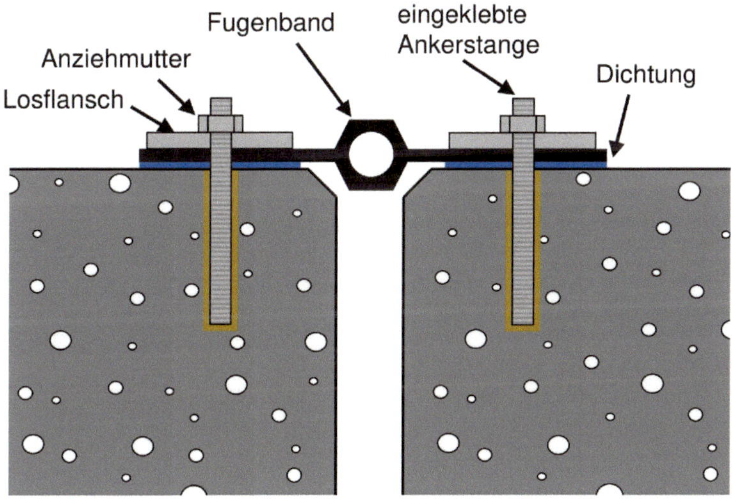

Bild 14.28: Klemmkonstruktion zur nachträglichen Abdichtung von Bewegungsfugen in WU-Bauwerken

Bei geringen Wasserdrücken ist es auch möglich, aufgeklebte Fugenbänder auf der Innenseite zu verwenden. Einige Hersteller bieten geprüfte Systeme an, die gegen rückseitig drückendes Wasser geprüft sind. Auch hierbei handelt es sich um Sonderlösungen. Um das Fugenband gegen Ablösungen bei höheren Wasserdrücken zu sichern, können auch zusätzliche Klemmkonstruktionen aus Metall behilflich sein. Bild 14.29 zeigt schematisch eine solche Konstruktion.

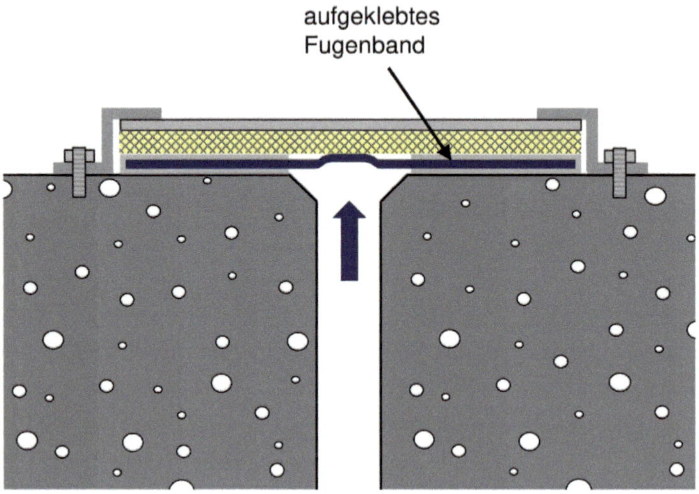

Bild 14.29: Aufgeklebtes Fugenband über einer Bewegungsfuge im WU-Bauwerk mit zusätzlicher Klemmkonstruktion gegen Wasserdruck von der Rückseite

Prinzipiell wäre bei möglicher Wasserhaltung auch denkbar, den Beton im Bereich eines undichten innenliegenden Fugenbandes mittels HDW großflächig abzutragen bis in die Tiefe des Fugenbandes. Beim erneuten Aufbetonieren kann dann ein neues Fugenband eingebaut werden. Der Aufwand hierfür erscheint aber unverhältnismäßig hoch. Zudem besteht die Gefahr, dass die Verbundfugen zwischen Altbeton und Neubeton noch nachträglich injiziert werden müssen (neu geschaffene Arbeitsfugen).

Im Worst-Case-Fall muss das WU-Bauwerk mit einer zweiten neuen innenliegenden WU-Konstruktion ausgestattet werden, soweit dies von der Raumhöhe her möglich ist.

14.3.4 Literatur

[1] ZEMENT-MERKBLATT TIEFBAU T1: Industrieböden aus Beton, 1.2006, InformationsZentrum Beton GmbH, Erkrath.

[2] DBV-MERKBLATT: Industrieböden aus Beton, Fassung Februar 2017, Deutscher Beton- und Bautechnik-Verein, e. V. Berlin.

[3] G. RIECHE: Betonschutz mit Kunststoffen; VDI-Berichte Nr. 384, 1980, 53-63.

[4] H. KLOPFER: Spannungen und Verformungen in Estrichen; boden-wand-decke (1978); H4, 81-85; H5, 97-103; H6, 73-74.

[5] DIN 18560-3:2006-03, Estriche im Bauwesen – Teil 3: Verbundestriche.

[6] DIN 18560-4:2012-06, Estriche im Bauwesen – Teil 4: Estriche auf Trennschicht.

[7] DIN 18560-2:2022-08: Estriche im Bauwesen – Teil 2: Estriche und Heizestriche auf Dämmschichten (schwimmende Estriche).

[8] BEB-MERKBLATT 5.1: Hinweise für Fugen in Estrichen; Teil 1: Fugen in Industrieestrich, Stand Januar 2016, BEB – Bundesverband Estrich und Belag e. V.

[9] BEB-MERKBLATT 5.2: Hinweise für Fugen in Estrichen; Teil 2: Fugen in Estrichen und Heizestrichen auf Trenn- und Dämmschichten nach DIN 18560-2 + DIN 18560-4, Stand Januar 2016, BEB – Bundesverband Estrich und Belag e. V.

[10] DEUTSCHER AUSSCHUSS FÜR STAHLBETON (DAFSTB) E. V.: Schutz und Instandsetzung von Betonbauteilen (Instandsetzungs-Richtlinie); Teil 1 bis 4; Beuth Verlag; Berlin 2001.

[11] DEUTSCHES INSTITUT FÜR BAUTECHNIK (DIBT): Technische Regel: Instandhaltung von Betonbauwerken (TR Instandhaltung); Teil 1 und 2; Ausgabe Mai 2020.

[12] DBV-MERKBLATT: Parkhäuser und Tiefgaragen, 3. überarbeitete Ausgabe Januar 2018, Deutscher Beton- und Bautechnik-Verein e. V., Berlin.

[13] DBV-HEFT 42: Ausführungsvarianten für dauerhafte Bauteile in Parkbauten – Beispielsammlung, Deutscher Betonverein e. V. (Hrsg.), Berlin 2019.

[14] NORMENREIHE DIN 18532:2017-07, Abdichtung von befahrbaren Verkehrsflächen aus Beton.

[15] IVD-MERKBLATT NR. 1: Abdichtung von Bodenfugen mit elastischen Dichtstoffen, Ausgabe November 2014, IVD Industrieverband Dichtstoffe e.V.

[16] NORMENREIHE DIN 18531:2017-07, Abdichtung von Dächern sowie von Balkonen, Loggien und Laubengängen.

[17] NORMENREIHE DIN 18533:2017-07, Abdichtung von erdberührten Bauteilen.

[18] NORMENREIHE DIN 18534:2017-07, Abdichtung von Innenräumen.

[19] NORMENREIHE DIN 18535:2017-07, Abdichtung von Behältern und Becken.

[20] ZTV FUG-STB 15: Zusätzliche Technische Vertragsbedingungen und Richtlinien für Fugen in Verkehrsflächen, Ausgabe 2015, FGSV Forschungsgesellschaft für Straßen- und Verkehrswesen e. V., Köln.

[21] Gesetz zur Ordnung des Wasserhaushaltes (Wasserhaushaltsgesetz – WHG); Ausfertigungsdatum 31.07.2009.

[22] AGI-ARBEITSBLATT S 50: Ausbildung von Bewegungsfugen in Oberflächenschutzsystemen entsprechend den AGI Arbeitsblättern S 10 bis S 40, Stand August 2021, Arbeitsgemeinschaft Industriebau e. V. (AGI).

[23] IVD-MERKBLATT NR. 6: Fugenabdichtung in Anlagen zum Umgang mit wassergefährdenden Stoffen; Ausgabe November 2014, IVD Industrieverband Dichtstoffe e.V.

[24] DAFSTB-RICHTLINIE: Wasserundurchlässige Bauwerke aus Beton (WU-Richtlinie), Ausgabe Dezember 2017, Deutscher Ausschuss für Stahlbeton (DAfStb) im DIN Deutsches Institut für Normung e. V.

[25] NORMENREIHE DIN 7865, Elastomer-Fugenbänder zur Abdichtung von Fugen in Beton.

[26] NORMENREIHE DIN 18541, Fugenbänder aus thermoplastischen Kunststoffen zur Abdichtung von Fugen in Beton.

[27] R. HOHMANN: Fugenabdichtung bei wasserundurchlässigen Bauwerken aus Beton, Fraunhofer IRB-Verlag, 2005, Stuttgart.

15 Ausführung von Instandsetzungs- und Schutzmaßnahmen

15.1 Planung der Ausführung von Instandsetzungs- und Schutzmaßnahmen

C. Helf

15.1.1 Einleitung

Die Ausführung von Schutz- und Instandsetzungsarbeiten an tragenden Stahlbetonbauteilen ist eine komplexe Aufgabe, bei der eine Fülle von besonderen Randbedingungen sowie einschlägigen Vorschriften und Regelwerken zu beachten sind. Dies ist sowohl von den ausführenden Unternehmen bei der Arbeitsvorbereitung als auch bereits im Vorfeld durch den Sachkundigen Planer bei der Erstellung des Instandsetzungskonzeptes und der Leistungsbeschreibung zu berücksichtigen.

Da es sich aktuell bei einem erheblichen Teil der Instandsetzungsprojekte um Parkhäuser und Tiefgaragen handelt, werden im nachfolgenden Kapitel am Beispiel von Parkhausinstandsetzungen einige besondere Aspekte der Ausführung aufgezeigt.

Bild 15.1: Übermäßiger Einsatz von Tausalzen auf einem Parkdeck

Als häufiges Schadensbild bei Parkbauten ist vor allem die chloridinduzierte Korrosion aufgrund von eingeschleppten Tausalzen zu nennen, die zu der typischen Lochfraßbildung an der Bewehrung und somit zu standsicherheitsrelevanten Schäden an dem Tragwerk führt.

Bild 15.2: Eingeschlepptes chloridhaltiges Schmelzwasser in Tiefgarage

So ist bei Schneefall durch Schneematsch in den Radkästen ein Eintrag von bis zu 25 Liter chloridhaltigem Wasser je Fahrzeug zu erwarten [1]

Bild 15.3: Bewehrungsstahl mit typischer Lochfraßbildung

Bei Überschreitung der entsprechenden Grenzwerte für den Chloridgehalt im Beton muss der chloridhaltige Beton üblicherweise abgetragen werden und durch Betonersatz oder neuen Beton ergänzt werden.

15.1.2 Baustelleneinrichtung - Bauablauf

15.1.2.1 Abtragsverfahren

Für den Abtrag des geschädigten, chloridhaltigen Betons kommen je nach zu bearbeitendem Bauteil und Schädigungsgrad grundsätzlich verschiedene Verfahren wie Stemmen, Fräsen, Hochdruckwasserstrahlen (HDWS, hydrodynamischer Abtrag) oder auch schwere Abbruchwerkzeuge in Frage. Gerade bei großflächigem Abtrag ist das Hochdruckwasserstrahlen, meist mit Abtragsroboter, hierbei die gängige Methode. Daher wird in dem folgenden Abschnitt der Bauablauf hauptsächlich im Hinblick auf einen Betonabtrag mit Hochdruckwasserstrahlen betrachtet, da dieses Verfahren auch die höchsten Ansprüche an die Arbeitsvorbereitung stellt und den höchsten Aufwand bei der Baustelleneinrichtung und den Bauhilfsmaßnahmen erfordert. Bei dem Hochdruckwasserstrahlen werden die Hochdruckpumpen-Aggregate aufgrund Ihrer Größe und weiterer Randbedingungen, wie zum Beispiel dem Abgasausstoß, in der Regel außerhalb des Bauwerks platziert und versorgen den Abtragsroboter über einen Hochdruckschlauch mit dem benötigten Strahlwasser. An dem Abtragsroboter läuft die Hochdruckdüse, aus welcher der Wasserstrahl austritt, auf einer Führungsschiene alternierend quer zu Fahrtrichtung, während der Roboter schrittweise nach hinten fährt, sodass die Bauteiloberfläche schrittweise großflächig bearbeitet wird. Typische Kennwerte für HDW-Roboter-Aggregate sind in Tabelle 15.1 aufgeführt.

In dem im Jahr 2022 erschienenen DBV Merkblatt "Hochdruckwasserstrahlen im Betonbau" [23] wurden wesentliche Informationen zu dem Thema wie z. B. Möglichkeiten und Grenzen der Anwendung von HDWS, Begriffsbestimmungen, Verfahrenstechnik sowie Hinweise und Beispiele zu Ausschreibung und Abrechnung zusammengestellt.

Bild 15.4: HDW-Pumpenaggregate

Typische Kennwerte HDW-Roboter-Aggregate	
Wasserdruck	>2.000 bar
Wasserdurchsatz	ca. 100 Liter/min (6 m^3/h !)
Motorleistung	ca. 300 – 550 KW / 450 – 700 PS
Abtragsleistung	ca. 5 m^3 Beton/Tag

Tabelle 15.1: Typische Kennwerte HDW-Roboter-Aggregate

Bild 15.5: HDW-Roboter

15.1.2.2 Abtrag

Die maßgeblichen Strahlparameter der Robotereinheit wie z. B. Düsentyp, Düsendruck, Wasserdurchsatz, Vorschubgeschwindigkeit usw. werden zu Beginn der Arbeiten unter Berücksichtigung der örtlichen Gegebenheiten und im Hinblick auf die gewünschte Abtragstiefe vor Ort einjustiert. Gegebenenfalls müssen die passenden Parameter vorab an kleineren Versuchsflächen ermittelt werden. Da die Festigkeit der Betonoberfläche werkstoff- und einbaubedingt mehr oder weniger großen Schwankungen unterliegt, muss man bei dem großflächigen Betonabtrag mit HDW-Robotern in der Praxis auch entsprechende Schwankungsbreiten in der Abtragstiefe hinnehmen, da die punktuell erzielten Abtragstiefen sozusagen ein „Spiegelbild" der tatsächlich vorhandenen punktuellen Betonfestigkeit darstellen. Sind in der Abtragsfläche minderfeste Bereiche wie zum

Beispiel Kiesnester oder Risse vorhanden, kommt es an diesen Stellen schlagartig zu einem erheblich höheren Abtrag bis hin zu sogenannten „Durchschüssen“, also einem Abtrag des kompletten Betonquerschnittes.

Nach Momber (Handbuch der Oberflächenbearbeitung Beton [2]) funktioniert der Abtragsmechanismus beim Hochdruckwasserstrahlen so, dass das unter hohem Druck aus der Düse austretende Strahlwasser in Mikrorisse und/oder Fehlstellen in der Betonmatrix eindringt, diese aufweitet und so zu einem lokalen Materialversagen/Ausbrechen von Betonpartikeln oder -Brocken aus der Struktur führt. Da die Bewehrungslage auch eine „Störzone“ in der Betonstruktur mit kleinen Hohlräumen und Mikrorissen darstellt, bildet sich häufig in Höhe der Bewehrungslage ein Abtragshorizont aus.

Je nach Festigkeit des Betongefüges ist die durch das HDW-Strahlen erzeugte Oberfläche sehr unregelmäßig. Insbesondere bei „weichen“ Betonen, bei welchen die Zementmatrix herausgespült und Zuschlagkörner ungebrochen freigelegt werden, entstehen verfahrensbedingt große Unebenheiten mit einer Schwankungsbreite in Höhe des Größtkorndurchmessers oder noch höher.

Ein wesentlicher Vorteil des HDW-Verfahrens, z. B. im Gegensatz zum Stemmverfahren, besteht darin, dass der Beton abgetragen werden kann, ohne dass der Bewehrungsstahl nennenswert geschädigt wird. Gleichzeitig wird der Bewehrungsstahl gesäubert und entrostet, sodass meist ein Oberflächenreinheitsgrad SA2 (nach ISO 12944-4 [20]) erzielt wird.

Bild 15.6: Betonoberfläche nach HDW-Abtrag

Bild 15.7: HDW-Abtrag – Vollflächig

Bild 15.8: „Durchschüsse“ in Zwischendecke durch HDW-Abtrag

15.1.2.3 Handlanze

Für kleinteilige Abtragsmaßnahmen, zum Beispiel für die Bearbeitung von Stützenfüßen, Wandsockeln, kleineren Teilflächen oder zum Nachbearbeiten von „Roboterflächen" kommen auch handgeführte Hochdrucklanzen mit geringeren Wasserdurchsatzmengen zum Einsatz. Typische Kennwerte für Handlanzen-Aggregate sind in Tabelle 15.2 aufgeführt.

Typische Kennwerte HDW-Handlanzen-Aggregate	
Wasserdruck	>2.000 bar
Wasserdurchsatz	ca. 25 Liter/min (1,5 m^3/h)
Motorleistung	ca. 100 – 130 KW / 135 – 175 PS
Abtragsleistung	ca. 1 m^3 Beton/Tag

Tabelle 15.2: Typische Kennwerte HDW-Handlanzen-Aggregate

Bild 15.9: HDW - Handlanze

15.1.2.4 Gefährdung

Aufgrund der hohen Wasserdrücke und der somit an der Düse freigesetzten Energie herrscht im Einsatzbereich der Geräte ein hohes Gefährdungspotential für Personen. Daher dürfen die Einsatzbereiche nur durch fachkundiges, für die Arbeit mit den Hochdruckwasserstrahlgeräten unterwiesenes Personal betreten werden und müssen entsprechend abgesperrt und gekennzeichnet werden. Das Personal muss durch entsprechende Schutzkleidung und ggf. weitere technische Maßnahmen vor Verletzungen geschützt werden.

Durch den extrem hohen Wasserdruck wird auch Abbruchmaterial wie Betonbruchstücke oder Zuschlagkörner regelmäßig mit hoher Geschwindigkeit weggeschossen, so dass in der Nähe befindliche Bauelemente und Gebäudeausstattungen vor Beschädigungen geschützt werden müssen. Auch kommt es durch die freigesetzte Energie und die damit verbundene Wärmeentwicklung zu einer erheblichen Wasserdampfbildung, die zu einer Sichtbeeinträchtigung führt.

Bild 15.10: Absperrmaßnahmen – Einhausung

Bild 15.11: Schäden an Rohrisolierungen durch HDW

15.1.2.5 Wasserhaltung

Bei Hochdruckwasserstrahlarbeiten können große Mengen (je nach Randbedingungen 50 m^3 pro Tag und mehr) an Strahlwasser anfallen, die stark mit Schlamm bzw. Schwebstoffen belastet sind und zudem aufgrund der Restalkalität des Betons einen hohen PH-Wert aufweisen können. Dieses Strahlwasser muss aufgefangen werden und vor einer Einleitung in einen Vorfluter entsprechend aufbereitet und gereinigt werden. Hierfür sind im Rahmen der Baustelleneinrichtung umfangreiche Wasserhaltungsmaßnahmen wie zum Beispiel der Bau von Rohrleitungen, Auffang-, Absetz- und Neutralisationsbecken, die Vorhaltung von Schmutzwasserpumpen usw. vorzusehen.

Bild 15.12: Wasserhaltung für HDW-Arbeiten – Rohre und Auffangbehälter

Bild 15.13: Wasserhaltung für HDW-Arbeiten – Schlammpumpe

Je nach Einsatzzweck, Art und Umfang der Abtragsarbeiten sind auch vorgefertigte Absetz- und Filtervorrichtungen, zum Beispiel in Form von Absetzcontainern, auf dem Markt verfügbar.

15.1.2.6 Standsicherheit im Bauzustand

Im Regelfall wird von dem zu bearbeitenden Betonbauteil ein erheblicher Querschnitt abgetragen, die Abtragszone reicht hier meist bis in Tiefe der ersten Bewehrungslage oder darüber hinaus. Somit ist die Standsicherheit des Bauteils oder gar des ganzen Gebäudes durch diese Abtragsmaßnahmen im Bauzustand in Frage gestellt, sodass rechtzeitig ein Statiker in die Arbeiten mit einzubeziehen ist und diese bei Bedarf laufend überwachen muss.

Häufig sind vor Beginn der Arbeiten temporäre Abstützmaßnahmen durchzuführen, wie zum Beispiel eine flächige Abstützung unter Zwischendecken. Diese muss so bemessen sein, dass sowohl die Eigenlasten der durch den Abtrag geschwächten Decke als auch die „Verkehrslast" des HDW-Roboters aufgenommen werden können.

Bild 15.14: Flächenabstützung unter Zwischendecke

Bei der Bearbeitung von Stützen ist zu beachten, dass mit dem Abtrag der Oberfläche eine erhebliche Querschnittsminderung einhergeht, sodass der verbleibende Querschnitt je nach Abtragstiefe nur noch einen Bruchteil der ursprünglichen Tragfähigkeit besitzt.

Schwächung Stützenquerschnitt:

Beispiel:

Stahlbetonstütze Querschnitt

60 x 40 cm = 2.400 cm²

- **Abtrag rundum ca. 6 cm**
- **verbleibender Querschnitt:**
  48 x 28 cm = 1.344 cm²
  -> 56 % !
- **30 x 30 - 6 cm -> 36 % !**

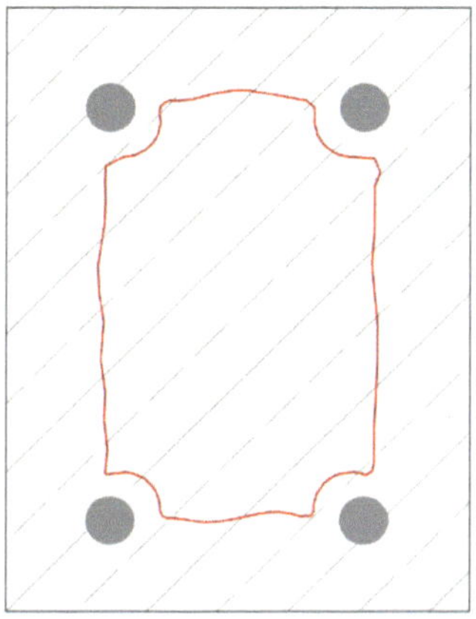

Bild 15.15: Querschnittsminderung Stahlbetonstütze bei Betonabtrag

Werden zum Beispiel an einer Stahlbetonstütze mit einem Querschnitt von 60 cm x 40 cm = 2.400 cm² rundum 6 cm Beton abgetragen, verbleibt noch ein Querschnitt von 18 cm x 28 cm = 1.344 cm², somit also nur noch **56 %** der ursprünglichen Fläche.

Bei einem schlankeren Querschnitt von 30 cm x 30 cm verbleiben sogar nur noch 36 % des ursprünglichen Querschnitts. Hinzu kommt noch, dass der Bewehrungsstahl in der Regel freigelegt wird und somit durch die fehlende Verbundwirkung nicht mehr zur Lastabtragung herangezogen werden kann.

Daher werden regelmäßig eine oder mehrere Hilfsstützen aus Stahl oder Holz, in besonderen Fällen auch massive Stahlprofile zur Entlastung des Stützenquerschnitts vorgesehen.

Bild 15.16: Hilfsstützen aus Rundholz-Stämmen

Alternativ oder zusätzlich zur Hilfsabstützung kann eine Bearbeitung des Stützenquerschnittes im Pilgerschrittverfahren erfolgen. Der Begriff „Pilgerschritt" wurde angeblich von der Schrittfolge bei der Echternacher Springprozession abgeleitet und bezeichnet eine Arbeitsabfolge, bei der zunächst nur ein Teil des Querschnittes abgetragen und wieder ergänzt wird und der nächste Teil erst nach Aushärtung des erstens Teils bearbeitet wird. Hierbei ist möglichst auf eine symmetrische Aufteilung der Teilabschnitte zu achten (siehe Bild 15.17).

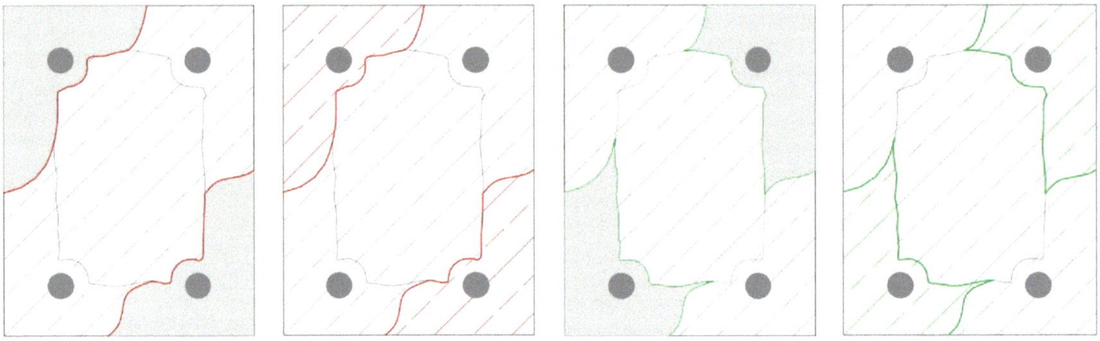

Bild 15.17: Pilgerschritte bei Abtrag und Reprofilierung einer Stahlbetonstütze

Bei der Ausführung solcher Hilfsabstützungen muss die Lastabtragung unter Umständen über mehrere Etagen erfolgen. Auch muss ggf. eine setzungsfreie Lasteinleitung in die Fundamente bzw. in den Baugrund sichergestellt werden.

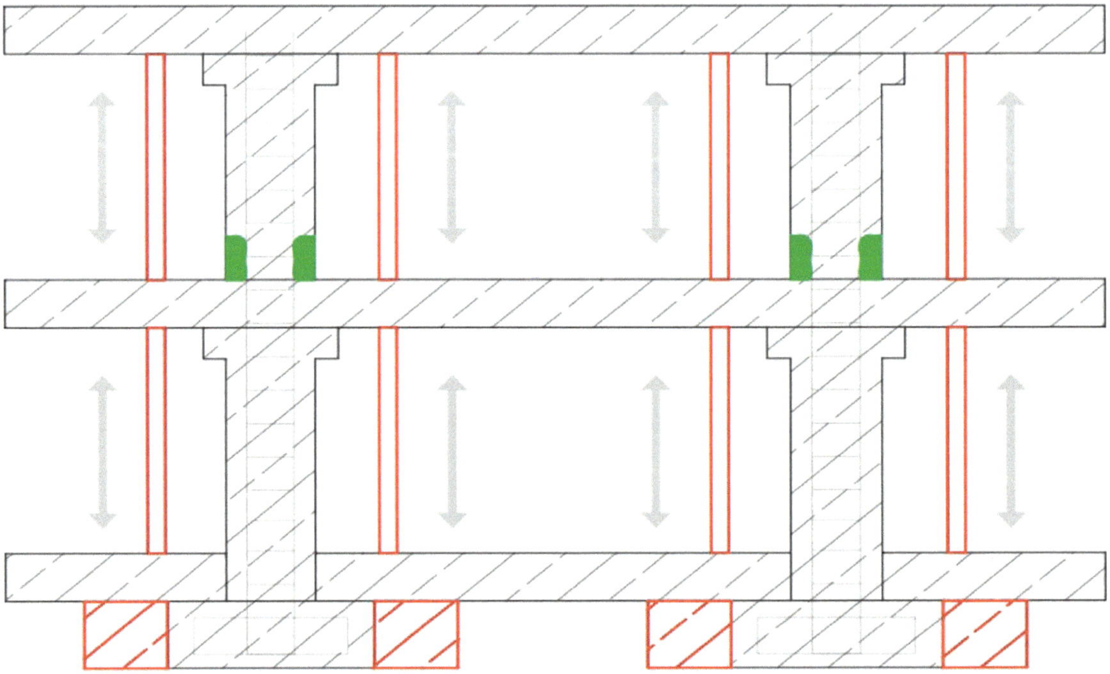

Bild 15.18: Prinzipskizze einer Hilfsabstützung über mehrere Etagen mit Vorspannung

Auch ist bei der Erstellung der Abstützkonzepte zu überprüfen, ob durch die Lastumlagerungen infolge der Querschnittsminderungen und Instandsetzungsplomben ungewünschte Verformungen in dem Tragwerk auftreten können. Gegebenenfalls muss die Hilfsabstützung vor Beginn bzw. während der Abtragsarbeiten „vorgespannt" werden, um Verformungen zu kompensieren.

Die benötigte Vorspannung wird in der Regel durch hydraulische Pressen erzeugt. Die eingebrachte Kraft kann hierbei durch den Pressendruck gesteuert und überwacht werden (siehe Bild 15.19 und 15.20).

Bild 15.19: Entlastung eines Konsollagers mittels Schwerlast-Systemstütze mit Hydraulikpresse

Bild 15.20: Druck- / Kraftanzeige

Je nach Schädigungsgrad der Deckenkonstruktion kann es erforderlich werden, ganze Deckenfelder auszutauschen. In diesem Fall ist auch zu überprüfen, ob aufgrund der dann fehlenden Durchlaufwirkung benachbarte Deckenfelder bzw. Unterzüge abgestützt werden müssen.

Generell muss vor Beginn tiefgreifender, statisch relevanter Abbrucharbeiten ein Abbruchkonzept mit einer schriftlichen Abbruchanweisung vorliegen, in der die erforderlichen Arbeitsschritte in der bei der Ausführung zu beachtenden Reihenfolge festgelegt sind. Diese Abbruchanweisung muss durch den einbezogenen Statiker erstellt oder zumindest freigegeben werden. Zudem ist bei solchen erheblichen Eingriffen in die Bausubstanz bzw. in das statische System zu prüfen, ob eine Baugenehmigung und / oder die Einschaltung eines Prüfstatikers erforderlich sind. Sofern im Zuge der Instandsetzungmaßnahme größere bauliche Veränderung oder Nutzungsänderungen durchgeführt werden, dürfte eine Baugenehmigung auf jeden Fall erforderlich sein. Dies zieht unter Umständen weitere formelle Schritte und Pflichten nach sich, wie zum Beispiel die Überprüfung von Brandschutzkonzepten oder die Erstellung von Lärmprognosen hinsichtlich der bei der Baumaßnahme zu erwartenden Schallimmissionen.

Bild 15.21: Abbruch kompletter Deckenfelder eines Parkdecks in Stahlverbundbauweise

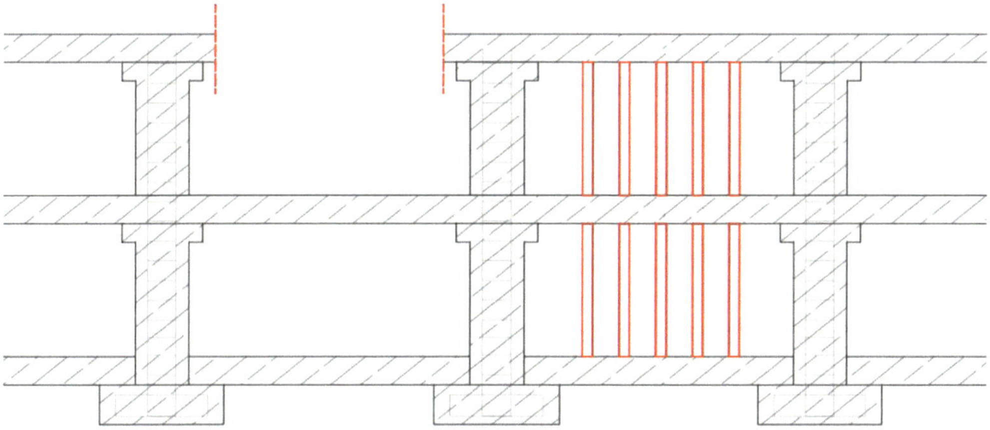

Bild 15.22: Prinzipskizze: Abbruch Deckenfeld mit Durchlaufwirkung – Abstützung benachbarter Deckenfelder

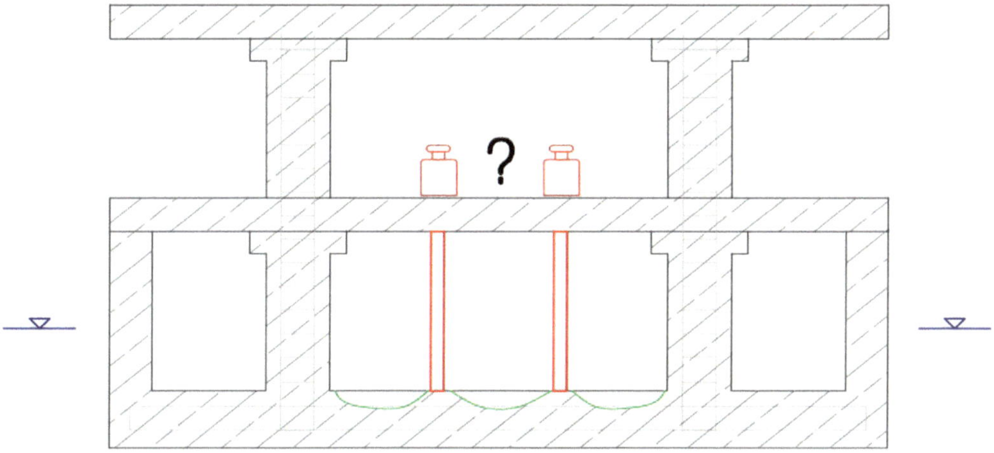

Bild 15.23: Prinzipskizze: Sicherung Bodenplatte gegen Auftrieb

Auch bei Arbeiten an Bodenplatten von Gebäuden muss vor Beginn geprüft werden, ob es sich hierbei um statisch relevante Bauteile wie zum Beispiel Weiße Wannen handelt, die ggf. gegen Auftrieb oder Biegebeanspruchungen aufgrund von anstehendem Wasserdruck zu sichern sind. Auch können Bodenplatten oder auch Zwischendecken häufig eine aussteifende Funktion für angrenzende Außenwände gegen den anstehenden Erd- oder Wasserdruck besitzen, sodass ein Abbruch oder eine Querschnittsschwächung bei diesen Bauteilen nur mit vorhergehenden Abstützmaßnahmen vorgenommen werden kann.

15.1.2.7 Lärmemission

Bei dem Abtrag von massiven Bauteilen aus Stahlbeton wird zwangsläufig viel Energie unter zum Teil extremer Lärmentwicklung freigesetzt. Hierbei muss unterschieden werden zwischen der Lärmemission der Druckerzeuger (Hochdruckpumpen), welche mit sehr starken Dieselmotoren mit Motorleistungen von 600 KW (800 PS) und mehr angetrieben werden, sowie dem Lärm, der an der Abtragsstelle durch die schlagartige Entspannung des Wasserstrahls, der häufig mit Überschallgeschwindigkeit aus der Strahldüse austritt, entsteht.

Die Lärmentwicklung am Druckerzeuger kann durch bauliche Maßnahmen wie die Anordnung von Schallschutzwänden oder Einhausung mit schalldämmenden Konstruktionen deutlich gemindert werden. Bei üblichen Hochdruckaggregaten liegt der Schalldruckpegel, gemessen im Abstand von 3 m in der Größenordnung von 85 bis 90 [db(A)], bei neueren, sogenannten Super-Silent-Geräten bei 72 bis 75 [db(A)]. Die an der Abtragsstelle entstehende Lärmemission hängt sehr stark von den baulichen Gegebenheiten ab. Es handelt sich im Wesentlichen um Luftschall, der an der Strahldüse sowie durch das Ablösen von Betonbrocken entsteht. Zusätzlich entstehen bei Durchschüssen sehr laute Knallgeräusche durch die schlagartige Entspannung des Wasserstrahls. Der Luftschall kann, vor allem bei der Arbeit in geschlossenen Räumen wie zum Beispiel Tiefgaragen, relativ gut durch bauliche Maßnahmen wie Schallschutzeinhausungen, Anordnung von Schallschutzwänden usw. eingedämmt werden. Ein Vorteil des Hochdruckwasserstrahlens liegt im Vergleich zu anderen Abtragsverfahren wie Fräsen oder Stemmen darin, das so gut wie kein Körperschall und keine Erschütterungen entstehen, die durch die Gebäudekonstruktion in andere Gebäudeteile weitergeleitet werden.

15.1.2.8 Aufnehmen Abtrag

Bei dem durch das Hochdruckwasserstrahlen von Stahlbeton entstehenden Abbruchmaterial handelt es sich um ein Gemisch aus Schlamm und kleinen Betonbrocken. Bezogen auf das ursprüngliche Festkörpervolumen ist ein Auflockerungsfaktor von 1,5 bis 2 für das Volumen an Abbruchmaterial anzusetzen. Auch bei der Gewichtsmenge ist aufgrund der Wasseraufnahme des Abbruchmaterials eine Vergrößerung um den Faktor 1,1 bis 1,3 anzusetzen. Die Konsistenz des Abbruchmaterials reicht von erdfeucht über nass bis schlammig. Daher erfolgt das Verbringen des Abbruchs in Entsorgungscontainer überwiegend mittels Radlader (Schaufel) oder – bei hohen Schlamm-Anteilen – durch Aufsaugen mit Vakuum-Sauggeräten.

Bild 15.24: Abtransport HDW-Abtrag

15.1.2.9 Dokumentation

Bild 15.25: Auswertung Fächennivellement

Damit der Ursprungszustand und die verschiedenen Bauzustände rekonstruiert werden, ist es sinnvoll, vor Beginn der Abtragsarbeiten und gegebenenfalls nach jedem Arbeitsschritt die Abmessungen (Geometrie) und den Zustand des zu bearbeitenden Bauteils zu dokumentieren. Hierdurch kann auch das Abtragsvolumen bestimmt oder zumindest plausibilisiert werden. Dies kann durch engmaschige Flächennivellements oder durch 3D-Laserscan-Verfahren erfolgen. Bei Bedarf sind vor Einbau des Betonersatzes bzw. neuer Aufbetonschichten neue Höhenlagen oder -Profile zu planen.

15.1.2.10 Anzahl Bauabschnitte

Ein entscheidender Punkt bei der Planung einer Instandsetzungsmaßnahme ist die Festlegung der Anzahl der Bauabschnitte und deren Geometrie. Hierbei ist eine Reihe von Abhängigkeiten zu beachten. So ist bei Abtragsarbeiten an der Oberseite einer Zwischendecke in der Regel eine flächige Abstützung in der darunter liegenden Ebene erforderlich. Auch ohne flächige Abstützung kommt eine weitere Nutzung der unteren Ebene während der Abtragsarbeiten aus Sicherheitsaspekten meist nicht in Betracht. Hinzu kommt, dass zum Beispiel bei einer abschnittsweisen Weiternutzung eines Parkhauses die notwendigen Zufahrtswege sowie Ein- und Ausgänge freigehalten und gesichert werden müssen. Für den Bauherrn ist aus wirtschaftlichen Gründen üblicherweise ausschlaggebend, wieviel Mietfläche oder Parkplätze während der Bauarbeiten weiter genutzt werden können und wie lange die Sperrzeiten und die Beeinträchtigung der Mieter durch die Baumaßnahmen andauern.

Bild 15.26: Parkebene im Grundriss

Um die Anzahl und Anordnung der Bauabschnitte mit dem Bauherrn diskutieren zu können, ist es häufig sinnvoll, die Abschnitte in 3D-Modellen zu visualisieren.

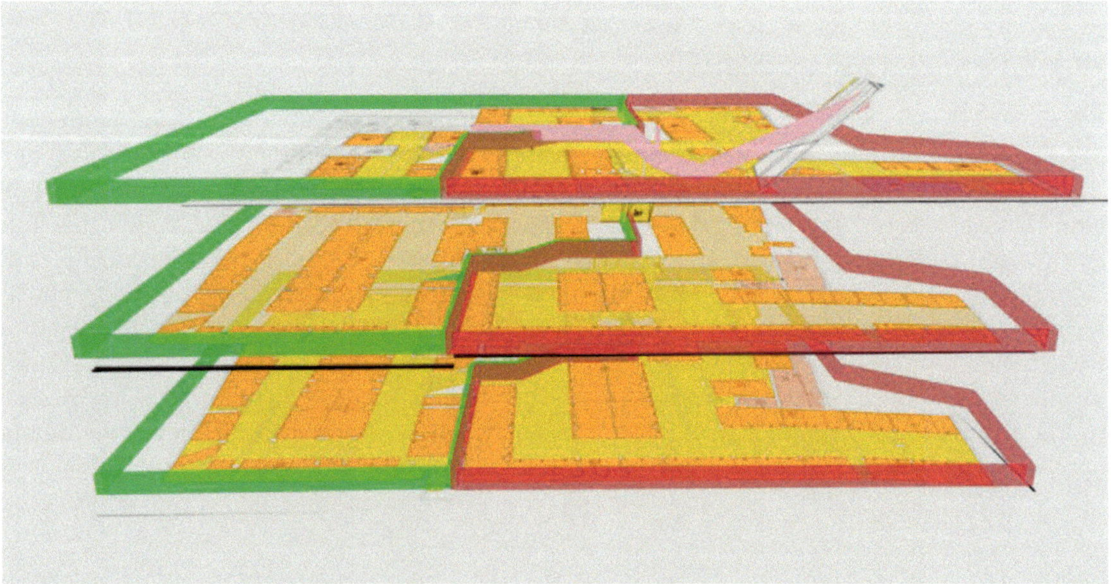

Bild 15.27: Visualisierung von Bauabschnitten über mehrere Ebenen (2 BA)

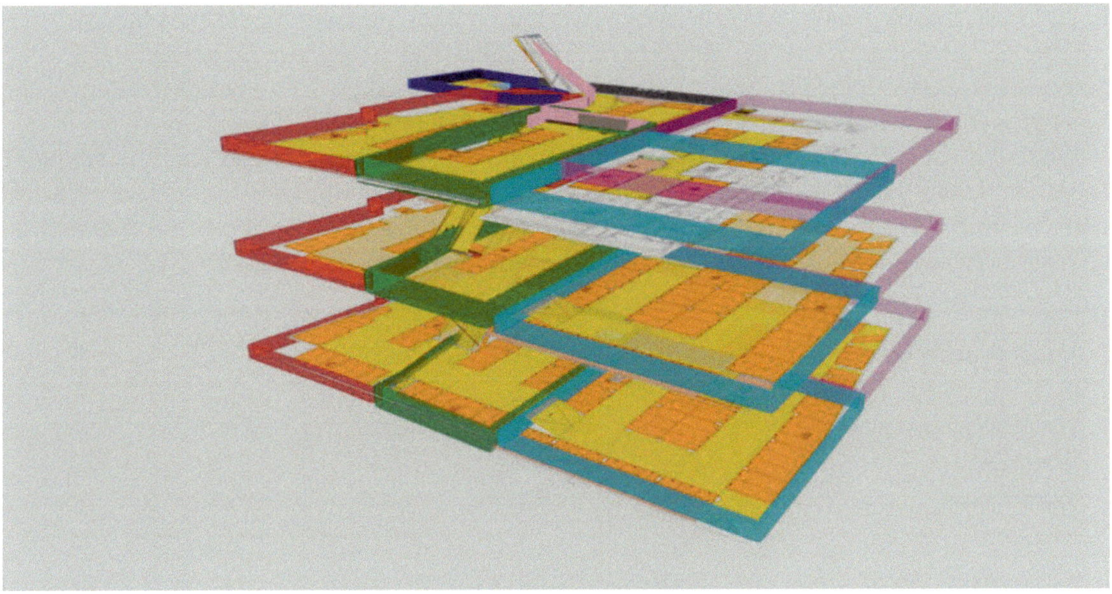

Bild 15.28: Visualisierung von Bauabschnitten über mehrere Ebenen (6 BA)

In Bild 15.29 -15.31 wird exemplarisch anhand eines fiktiven Instandsetzungsprojektes (Tiefgarage mit 480 Stellplätzen auf 2 Ebenen) aufgezeigt, welche Auswirkungen die Anzahl der Bauabschnitte auf den Mietausfall, aber auch auf die Bauzeit und die damit einhergehende Beeinträchtigung der Parkhausnutzer durch den Baubetrieb hat.

In Bild 15.29 sind zunächst die für den Bauablauf getroffenen Annahmen aufgeführt:

Annahmen			
Gesamtfläche:	Tiefgarage, 2 Ebenen (UG1 + UG2)	10.000	[m²]
Anzahl Parkplätze gesamt:		480	[Stck]
Mietausfall:		20,00	[EUR/d]
Komplettinstandsetzung 1. UG :	5 cm Betonabtrag Fläche und Stützen- / Wandsockel (Pilgerschritt) 5 cm Aufbeton, Spritzbeton (Pilgerschritt) OS-Systeme Boden (OS11b) + Wand		
Komplettinstandsetzung 2. UG :	5 cm Betonabtrag Stützen- / Wandsockel (Pilgerschritt) 5 cm Spritzbeton (Pilgerschritt) OS-Systeme Boden (OS8) + Wand		

Bild 15.29: Fiktives Instandsetzungsprojekt – Annahmen

In Bild 15.30 sind die benötigten Arbeitstage (Werktage / Kalendertage) für die einzelnen Arbeitsschritte in Abhängigkeit von der Flächengröße der einzelnen Abschnitte aufgelistet. Hierbei ist zu beachten, dass sich die Flächen- / Tagesleistung in Abhängigkeit der zu bearbeitenden Fläche nicht proportional verhält, sondern bei kleineren Teilflächen tendenziell sinkt.

Weiterhin sind bei der Flächenaufteilung Überschneidungsflächen, bedingt durch notwendige Lager- und Baustelleneinrichtungsflächen sowie Schutzwände und Überlappungsbereiche zu berücksichtigen (siehe Bild 15.31). Daher verhält sich die tatsächlich bearbeitete Abschnittsflächengröße nicht linear zur Abschnittsanzahl, sondern unterproportional.

Anzahl Bauabschnitte:		**1**	**2**	**4**	**6**
Grundfläche je Abschnitt	[m²]	10.000	5.000	2.500	1.667
Abtragstiefe	[m]	0,05	0,05	0,05	0,05
Abtragsmenge	[m³]	500	250	125	83
Baustelleneinrichtung	[d]	6	5	4	3
HDW-Betonabtrag	[d]	121	64	36	25
Einrichtung / Rüstzeiten / Abstützung	[d]	15	10	8	6
Flächenabtrag Roboter (5 m³/d)	[d]	100	50	25	17
Handlanze Stützen- / Wandsockel	[d]	6	4	3	2
Untersuchungen / Auswertung	[d]	15	12	10	10
Beton / Betonersatz	[d]	16	14	12	11
Aushärtung	[d]	30	30	30	30
OS-Systeme	[d]	30	25	22	20
Markierung	[d]	8	6	4	3
Räumung BE, Restarbeiten	[d]	10	8	6	5
Summe Sperrdauer je Abschnitt	[d]	236	164	124	107
Summe Sperrdauer gesamt (Werktage)		236	328	496	642
Summe Sperrdauer gesamt (Kalendertage)		**330**	**459**	**694**	**899**

Bild 15.30: Fiktives Instandsetzungsprojekt – Abschnittsgrößen, Zeitansätze

In Bild 15.31 sind als Ergebnis die Dauer der Baumaßnahme (Sperrtage) sowie die Mietverluste aufgeführt. Es ist deutlich zu erkennen, dass bei einer Zergliederung der Maßnahme in viele, kleinere Abschnitte die Sperrdauer erheblich zunimmt, wogegen der Mietverlust abnimmt. Hierbei ist auch zu bedenken, dass durch die Zergliederung, unter anderem durch Zusatzaufwendungen für die verlängerte Baustelleneinrichtung und die Abschottung der Bauabschnitte, die Baukosten steigen. Diese Kostensteigerung ist in dieser Modellrechnung noch nicht berücksichtigt und sehr stark vom Einzelfall abhängig. Bei einem konkreten Projekt sollte diese jedoch durch Variantenbetrachtungen im Rahmen der Kostenschätzung bzw. Vergabe ermittelt werden. Auch ist häufig die verlängerte Beeinträchtigung der Mieter (Nutzer) durch Baulärm, Schmutz/Staubbildung und Erschwernisse in der Zufahrt bzw. Zugänglichkeit ein entscheidender Aspekt. Letztendlich muss der Bauherr für sein jeweiliges Projekt eine Abwägung treffen, ob eine kurze, schnelle

Abwicklung der Baumaßnahme mit einer zeitlich beschränkten Beeinträchtigung der Nutzer oder eine Minimierung der Mietverluste mit im Gegenzug höheren Baukosten für ihn vorrangig sind.

Anzahl Bauabschnitte:		**1**	**2**	**4**	**6**
Grundfläche je Abschnitt	[m²]	10.000	5.000	2.500	1.667
Anzahl Parkplätze je Abschnitt	[Stck]	480	240	120	80
Überschneidungsflächen (BE, Staubwände usw.)	[m²]	0	400	300	250
Anzahl Parkplätze Ü-Flächen	[Stck]	0	30	25	20
Anzahl Parkplätze gesperrt	[Stck]	480	270	145	100
Sperrdauer gesamt	[Kd]	330	459	694	899
	[M]	10,9	15,2	22,8	30,0
Parkplatz-Sperrtage:	[d]	158.400	123.930	100.630	89.900
Mietverlust	[Euro]	**3.168.000**	**2.478.600**	**2.012.600**	**1.798.000**

Bild 15.31: Fiktives Instandsetzungsprojekt – Sperrtage, Mietverlust

15.1.3 Schadstoffe

15.1.3.1 Arten von Schadstoffen, Vorkommen

Durch fortschreitende Erkenntnisse über die Verbreitung und Wirkung gesundheitsgefährdender Stoffe und die damit einhergehende laufende Verschärfung der Regelwerke sowie Herabsetzung der zulässigen Grenzwerte muss man sich bei der Bauwerksinstandsetzung zunehmend auch mit dem Thema Gebäudeschadstoffe auseinandersetzen.

Die im Rahmen von Instandsetzungsarbeiten häufig anzutreffenden Schadstoffe sowie Beispiele für deren Einsatzzweck sind in der Tabelle 15.3 aufgelistet.

Schadstoff:	**Einsatzzweck, Bauteile:**
Asbest	Dämmstoffe, Lüftungsanlagen, Fliesenkleber, Estriche, Brandschutz (z. B. Torfüllungen)
PAK (Teer)	Beschichtungen, Korrosionsschutz, Fugenmassen, Parkettkleber, Abdichtungen, Dämmstoffe
PCB	Fugenmassen, Fugenbänder, Anstriche
KMF (künstliche Mineralfasern)	Dämmstoffe, Lüftungsanlagen, Rohrisolierungen
Biologische Schadstoffe	Taubenkot (z. B. Dachräume) Schimmelpilze

Tabelle 15.3: Schadstoffe – Einsatzzweck

Bild 15.32: Taubenkot im Treppenhaus eines entkernten Hochhauses

15.1.3.2 Regelwerke, Vorschriften

In Tabelle 15.4 sind die aktuell wichtigsten, bei dem Umgang mit Gebäudeschadstoffen zu beachtenden Regelwerke und Vorschriften aufgelistet. Die „TRGS 519 – Asbest: Abbruch-, Sanierung- oder Instandhaltungsarbeiten" wurde zuletzt im Oktober 2019, die Gefahrstoffverordnung im Juli 2021 aktualisiert. Alle aufgeführten Regelwerke können aktuell im Internet heruntergeladen werden. Die vollständigen Literatur- und Quellenangaben sind im Literatur- und Quellenverzeichnis aufgelistet.

Schadstoff	**Regelwerk, Vorschrift**
Allgemein	• TRGS 524 – Schutzmaßnahmen bei Tätigkeiten in kontaminierten Bereichen [5] • DGUV Regel 101-004 – Kontaminierte Bereiche [3] • Gefahrstoffverordnung – GefStoffV [4] • ATV DIN 18448 (VOB/C) Arbeiten an schadstoffbelasteten baulichen und technischen Anlagen [24]
Asbest	• TRGS 519 – Asbest: Abbruchs-, Sanierungs- oder Instandhaltungsarbeiten [6] • Leitlinie für die Asbesterkundung zur Vorbereitung von Arbeiten in und an älteren Gebäuden [7]
PAK (Teer)	• BG Bau Handlungsanleitung PAK-haltige Klebstoffe [8] • PAK – Handlungsanleitung LAGetSi [9]
Taubenkot	• DGUV 201-031 Handlungsanleitung zur Gefährdungsbeurteilung nach BioStoffV [10]

Tabelle 15.4: Schadstoffe – Regelwerke, Vorschriften

Die maßgeblichen Regelwerke für die Ausführung von Bauarbeiten in kontaminierten Bereichen sind die TRGS 524 – Schutzmaßnahmen bei Tätigkeiten in kontaminierten Bereichen [5], herausgegeben durch den Ausschuss für Gefahrstoffe (AGS) beim Bundesministerium für Arbeit und Soziales (BMAS), sowie die in 09/2023 neu erschienene ATV DIN 18448 (VOB/C) Arbeiten an schadstoffbelasteten baulichen und technischen Anlagen [24].

Dies Technischen Regel für Gefahrstoffe konkretisiert im Rahmen ihres Anwendungsbereichs Anforderungen der Gefahrstoffverordnung und der Verordnung zur arbeitsmedizinischen Vorsorge. Bei Einhaltung der TRGS kann der Arbeitgeber insoweit davon ausgehen, dass die entsprechenden Anforderungen der Verordnungen erfüllt sind. In dieser Regel sind in den ersten Kapiteln nach der Definition des Anwendungsbereiches wesentliche Begriffsbestimmungen wie z. B. „Kontaminierte Bereiche", „Auftraggeber", „Auftragnehmer" uvm. aufgeführt.

3.2 Vorwegmaßnahmen des Auftraggebers in der Planungsphase

3.2.1 Vorerkundung

(1) Der Auftraggeber hat aufgrund seiner Verpflichtungen aus § 17 Abs. 1 Satz 2 GefStoffV, § 2 Abs. 1 und 3 in Verbindung mit § 4 Baustellenverordnung und gegebenenfalls anderer Rechtsvorschriften zu ermitteln, ob in den an den Auftragnehmer zur Bearbeitung übergebenen Materialien Gefahrstoffe enthalten sein können.

(2) Führt diese Ermittlung zu dem begründeten Verdacht, dass in den an den Auftragnehmer zur Bearbeitung übergebenen Materialien Gefahrstoffe enthalten sein können, ist vom Auftraggeber das mögliche Gefährdungspotenzial zu beschreiben. Dazu sind im Vorfeld der Arbeiten in kontaminierten Bereichen eine Erkundung und Beurteilung der zu bearbeitenden Materialien (Untergrund, Grundwasser, Bausubstanz, Anlagen) im Hinblick auf die entsprechend der Bau- und Nutzungsgeschichte zu vermutenden oder bereits als vorhanden festgestellten Gefahrstoffe vorzunehmen. Die für die Gefährdungsbeurteilung relevanten Eigenschaften der Gefahrstoffe sind zu beschreiben.

(3) Liegen Ermittlungen nach Abs. 1 nicht vor, muss der Arbeitgeber gemäß § 7 i.V.m. § 17 Abs. 4 GefStoffV bei der Informationsermittlung insbesondere beim Auftraggeber Angaben darüber einholen, ob bei den durchzuführenden Arbeiten Gefahrstoffe freigesetzt werden können.

Bild 15.33: Auszug aus TRGS 524 [5] – 3.2.1. Vorwegmaßnahmen

3.2.2 Maßnahmen in der Ausschreibung und bei der Ausführung (Koordination)

(1) Die gemäß den Festlegungen des Arbeits- und Sicherheitsplanes zu treffenden Maßnahmen sind in der Ausschreibung des Auftraggebers entweder im Einzelnen zu beschreiben oder der Arbeits- und Sicherheitsplan ist Bestandteil der Ausschreibung. Im Rahmen seiner Gefährdungsbeurteilung hat der Auftragnehmer zu prüfen, ob die im Arbeits- und Sicherheitsplan des Auftraggebers beschriebenen Maßnahmen ausreichend sind.

Bild 15.34: Auszug aus TRGS 524 [5] – 3.2.2. Maßnahmen in der Ausschreibung und bei der Ausführung

In Kapitel 3 sind Allgemeine Grundsätze, Verantwortlichkeiten und Zuständigkeiten sowie Vorwegmaßnahmen des Auftraggebers in der Planungsphase definiert. Hiernach ist der Auftraggeber verpflichtet zu ermitteln, ob in den an den Auftragnehmer zur Bearbeitung übergebenen Materialien (Bauteilen) Gefahrstoffe enthalten sein können. Führt diese Ermittlung zu dem begründeten Verdacht, dass in den zu bearbeitenden Bauteilen Gefahrstoffe enthalten sein können, ist vom Auftraggeber das mögliche Gefährdungspotenzial zu beschreiben. Dies bedeutet, dass bereits in der Planungsphase im Hinblick auf die entsprechende Bau- und Nutzungsgeschichte Erkundungen und Beurteilungen der zu bearbeitenden Materialien (Untergrund, Bausubstanz, Anlagen) durchzuführen sind. Die für die Gefährdungsbeurteilung relevanten Eigenschaften der Gefahrstoffe sind, zum Beispiel in einem Gefahrstoffkataster, zu beschreiben. Auf Basis dieser Ermittlung ist in der Planungsphase ein Sicherheits- und Gesundheitsschutzkonzept (Arbeits- und Sicherheitsplan) zu erarbeiten.

Die gemäß den Festlegungen des Arbeits- und Sicherheitsplanes zu treffenden Maßnahmen sind in der Ausschreibung des Auftraggebers entweder im Einzelnen zu beschreiben oder der Arbeits- und Sicherheitsplan wird Bestandteil der Ausschreibung.

Liegen solche Ermittlungen nicht vor, muss der Arbeitgeber (Auftragnehmer) gemäß § 7 i.V.m. § 17 Abs. 4 der Gefahrstoffverordnung [4] bei der Informationsermittlung insbesondere beim Auftraggeber Angaben darüber einholen, ob bei den durchzuführenden Arbeiten Gefahrstoffe freigesetzt werden können.

Besonders zu erwähnen sind die Auswirkungen, die sich durch die Aktualisierung der TRGS 519 – Asbest: Abbruch-, Sanierungs- oder Instandhaltungsarbeiten, Stand 10/2019 [6] ergeben. Hiernach unterliegen alle Gebäude, deren Baubeginn vor Ende 1993 liegt einem „Generalverdacht“, da hier – sofern keine Erkundung und Beprobung mit negativem Analysebefund durchgeführt wurde – davon ausgegangen werden muss, dass in diesen Gebäuden Asbest verbaut wurde (siehe auch: Generalverdacht Asbest, Beitrag in Der Maler und Lackierermeister 6/2020 [15]). Eine Planungshilfe mit Empfehlungen für Arbeiten und Tätigkeiten, bei denen Asbest in Bauteilen und Gebäuden vermutet wird, gibt die „Leitlinie für die Asbesterkundung zur Vorbereitung von Arbeiten in und an älteren Gebäuden“ [7].

In Bild 2 dieser Leitlinie ist eine Schautafel mit der Vorgehensweise bei der Asbesterkundung dargestellt (Siehe Abb.: 15.35).

Abbildung 2:
Schrittweises Vorgehen bei der Asbesterkundung

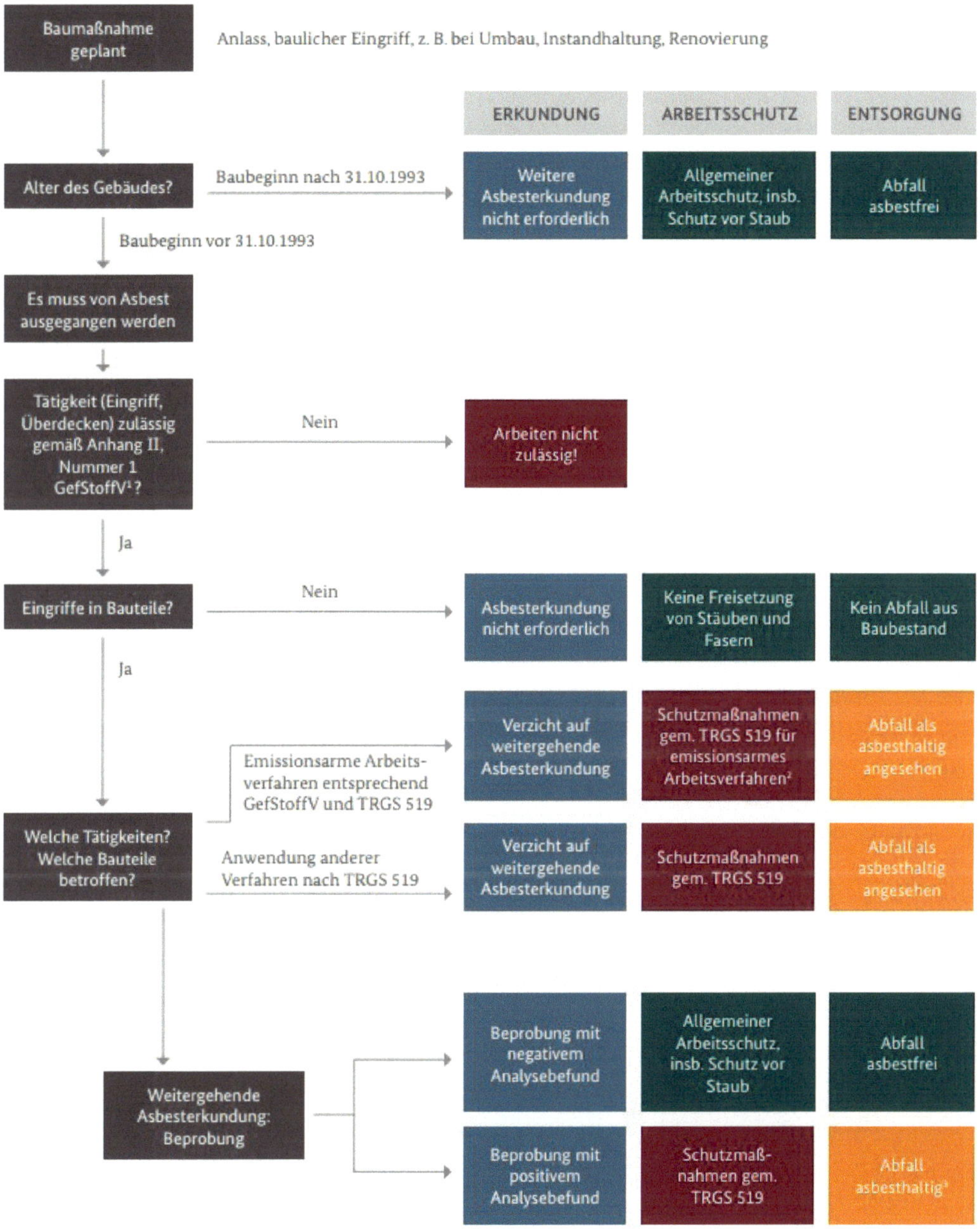

Bild 15.35: Auszug aus Leitlinie für Asbesterkundung – Abbildung 2 [7]

Einen guten Überblick über typische Gebäudeszenarien mit schadstoffhaltigen Werkstoffen kann man sich in dem Buch „Gebäudeschadstoffe im Bild“ [14] verschaffen. Hier sind in zahlreichen Abbildungen typische Situationen in Gebäuden aufgezeigt, gegliedert nach verschiedenen Schadstoffen, aufgezeigt.

Beispielhaft für die Betoninstandsetzung kann man Betonbau-Hilfsteile wie Bewehrungsabstandshalter (sog. „Knochen“), Wandstärkenspreizrohre usw. nennen, die bei Einbau vor 1994 Asbestfasern enthalten können.

15.1.3.3 Einfluss auf den Bauablauf

Sobald vor oder während einer (Instandsetzungs-) Baumaßnahme eine Kontamination der baulichen Anlage durch Schadstoffe festgestellt wird, hat dies erhebliche Auswirkungen auf den Bauablauf zur Folge. Neben der TRGS 524 sind dann die Vorgaben der DGUV Regel 101-004 der Deutschen Gesetzlichen Unfallversicherung / Berufsgenossenschaften [3] zwingend zu beachten:

Sofern in den kontaminierten Bereichen mehrere Unternehmen, gegebenenfalls auch Subunternehmer tätig sind, hat der Auftraggeber (Bauherr) schriftlich einen Koordinator zu bestellen, der für die Vermeidung möglicher gegenseitiger Gefährdungen und für die Koordinierung einer lückenlosen sicherheitstechnischen Überwachung der verschiedenen Arbeiten verantwortlich ist.

5 Koordinierung

5.1 Bestellung eines Koordinators

Werden Arbeiten in kontaminierten Bereichen von mehreren Auftragnehmern – gegebenenfalls auch deren Subunternehmern – durchgeführt, hat der Auftraggeber zur Vermeidung möglicher gegenseitiger Gefährdung, zur Koordinierung und zur lückenlosen sicherheitstechnischen Überwachung der verschiedenen Arbeiten insbesondere im Hinblick auf stoffliche Gefährdungen eine Person als Koordinator schriftlich zu bestellen. Der Auftraggeber hat dafür

Bild 15.36: Auszug aus DGUV Regel 101-004 [2] – Koordinator – Bestellung

Dieser Koordinator ist nicht mit dem Sicherheits- und Gesundheitsschutzkoordinator (SiGeKo) nach Baustellenverordnung (BaustellV) [11] zu verwechseln. In diesem Fall muss der Koordinator eine ausreichende Sachkunde für den Sicherheits- und Gesundheitsschutz bei der Arbeit in kontaminierten Bereichen sowie bei der Sanierung von Gebäudeschadstoffen nachweisen können.

5.2 Aufgaben und Eignung des Koordinators

Der Auftraggeber darf die Koordinierung nur Personen übertragen, die für die damit verbundenen Aufgaben geeignet sind und ausreichende Sachkunde über Sicherheit und Gesundheitsschutz nachweisen können.

Den Nachweis über die für die jeweilige Tätigkeit ausreichende Sachkunde für Sicherheit und Gesundheitsschutz hat erbracht, wer die erfolgreiche Teilnahme an einem berufsgenossenschaftlich anerkannten Lehrgang für „Sicherheit und Gesundheit bei der Arbeit in kontaminierten Bereichen“ nachweist; zu den Inhalten der verschiedenen Sachkunde-

Bild 15.37: Auszug aus DGUV Regel 101-004 [3] – Koordinator – Aufgaben, Eignung

Weiterhin dürfen mit der Ausführung der Arbeiten nur solche Firmen beauftragt werden, die entsprechende Erfahrungen nachweisen können und über geeignetes Personal und technische Ausrüstungen verfügen.

4 Vergabe von Aufträgen

Bei der Vergabe von Aufträgen für Arbeiten in kontaminierten Bereichen hat der Auftraggeber die fachliche Eignung und Qualifikation des sich um den Auftrag bewerbenden Auftragnehmers sicherzustellen. Aufträge dürfen nur an Auftragnehmer vergeben werden, die nachweisen können, dass sie den auszuführenden Arbeiten entsprechende Erfahrungen haben und über geeignetes Personal und technische Ausrüstungen verfügen.

Nach Abschnitt 4.2.4 DIN 18 299 „VOB Verdingungsordnung für Bauleistungen; Teil C: Allgemeine Technische Vertragsbedingungen für Bauleistungen (ATV); Allgemeine Regelungen für Bauarbeiten jeder Art" sind die besonderen Schutzmaßnahmen für Arbeiten in kontaminierten Bereichen Besondere Leistungen. Daher sind die erforderlichen Maßnahmen in Einzelpositionen auszuschreiben.

Bei der Berufsgenossenschaft der Bauwirtschaft BG BAU sind entsprechende Musterausschreibungstexte erhältlich.

Bild 15.38: Auszug aus DGUV Regel 101-004 [3] – Vergabe von Aufträgen

Nach Abschnitt 4.2.4 DIN 18 299 „VOB Verdingungsordnung für Bauleistungen; Teil C: Allgemeine Technische Vertragsbedingungen für Bauleistungen (ATV); Allgemeine Regelungen für Bauarbeiten jeder Art" sind die besonderen Schutzmaßnahmen für Arbeiten in kontaminierten Bereichen Besondere Leistungen. Daher sind die erforderlichen Maßnahmen in Einzelpositionen auszuschreiben. Hierfür sind unter anderem bei der Berufsgenossenschaft der Bauwirtschaft (BG BAU) entsprechende Musterausschreibungstexte und weitere Informationen erhältlich (URL: https://www.bgbau.de/service/angebote/informationen-fuer-planer, letzter Zugriff 05/2024).

Bei der Planung von Arbeiten in kontaminierten Bereichen sind auch mögliche Einflüsse der erforderlichen Maßnahmen auf die Bauzeit wie beispielsweise Zeitbedarf für Untersuchungen und Konzeptentwicklungen, Mehraufwand bei der Ausführung aufgrund von Rüstzeiten, Arbeitszeitbegrenzungen (Tragzeitbegrenzungen der persönlichen Schutzausrüstung – PSA) usw. mit zu berücksichtigen.

In Abschnitt 11 der DGUV Regel 101-004 sind eine Reihe von Punkten aufgeführt, die bei der Durchführung von Bauarbeiten in kontaminierten Bereichen zu beachten sind. Hierzu gehören neben technischen und organisatorischen Maßnahmen auch besondere Anzeigenpflichten. So hat der Bauherr zunächst geplante Bauarbeiten in kontaminierten Bereichen rechtzeitig vor Beginn beim zuständigen Amt für Arbeitssicherheit (AFAS) anzuzeigen. Das ausführende Unternehmen muss spätestens vier Wochen vor Beginn der Arbeiten diese bei der zuständigen Berufsgenossenschaft schriftlich anzeigen. Darüber hinaus sind zum Beispiel noch Anzeigepflichten nach Baustellenverordnung und Biostoffverordnung zu nennen.

Zusammenfassend ist festzustellen, dass eine mögliche Kontamination der instand zu setzenden Bauteile bzw. Gebäudeteile möglichst frühzeitig geklärt werden sollte, um Störungen im Bauablauf und daraus resultierende Arbeitsunterbrechungen, Bauzeitverlängerungen, zusätzliche Leistungen usw. zu verhindern bzw. rechtzeitig mit einplanen zu können.

15.1.4 Schutz der Umgebung

Bei der Ausführung von Instandsetzungsarbeiten ist die Emission von verschiedenen Störfaktoren in die Umwelt, insbesondere bei Abbruch- und Abtragsarbeiten, meist nicht zu vermeiden. Als häufigste Störfaktoren sind

- Stäube
- Abgase, Wärme
- Abwässer
- Lärm

zu nennen.

Besonders bei der Durchführung von Instandsetzungsmaßnahmen in Innenstadtlagen führen die Emissionen aufgrund der dichten Bebauung und beengter Platzverhältnisse zu Belästigungen von Anwohnern und angrenzenden Einzelhandelsgeschäften, Büros, Arztpraxen, gastronomischen Einrichtungen uvm.

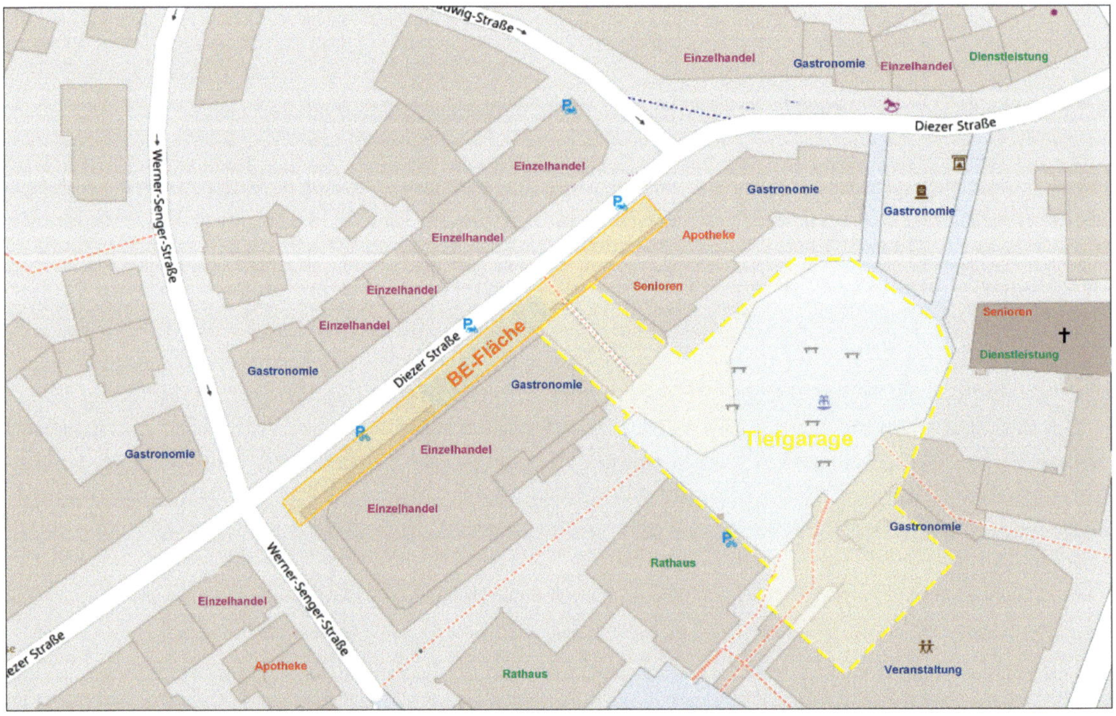

Bild 15.39: Baustelleneinrichtungsflächen einer Tiefgarageninstandsetzung in Innenstadtlage [22]

Die Stärke der Emissionen kann bereits an der Quelle durch die Wahl entsprechender Geräte und Maschinen reduziert werden. Zudem werden meist zusätzliche Maßnahmen wie Staubschutzeinhausung, Vorhaltung von Staub-Absauganlagen in ausreichender Dimensionierung,

Aufbau von Schallschutzwänden usw. vorgesehen. Da die bei dem Betrieb großer Aggregate wie Druckluftkompressoren oder Hochdruckwasserpumpen entstehenden Abgase aufgrund der Intensität und der ausgedehnten Betriebszeiten meist zu erheblichen Beeinträchtigungen der Umgebung führen, sind auch hierfür oft zusätzliche Maßnahmen wie der Bau von Abluftkaminen, die über die angrenzende Bebauung reichen, vorzusehen.

Auf die besondere Lärmentwicklung bei Hochdruckwasserstrahlarbeiten wurde bereits in Abschnitt 15.1.2.7 eingegangen.

Generell gilt für den Betrieb von Baumaschinen auf Baustellen die AVV Baulärm [16]. In dieser Verwaltungsvorschrift sind Immissionsrichtwerte in Form von Schallwerten festgesetzt. Es wird hierbei zwischen verschiedenen Gebieten (Nutzungsformen) von Industrie- und Gewerbegebieten über Wohngebiete bis hin zu Kurgebieten sowie zwischen Tag- und Nachtzeiten unterschieden. Die Einordnung der Gebiete erfolgt nach den Festsetzungen im Bebauungsplan bzw. nach der tatsächlichen Baulichen Nutzung. Die Immissionsrichtwerte sind als Schalldruckpegel in dB(A) angegeben. Diese sollen nach Möglichkeit am Immissionsort gemessen werden. Die Grenzwerte betragen zum Beispiel in Industriegebieten tagsüber 65 dB(A), in reinen Wohngebieten 50 dB(A).

Im Gegensatz zu dem vor Ort bzw. in einem gewissen Abstand zu der Lärmquelle gemessenen Schalldruckpegel wird bei vielen Baumaschinen auch der Schallleistungspegel (LWA) angegeben. Dieser gibt an, wie groß der Schallpegel direkt an der Geräuschquelle ist. Der Schall nimmt jedoch mit zunehmendem Abstand von der Quelle ab.

Zur besseren Einordnung sind in Tabelle 15.5 die Schallleistung und die Schallleistungspegel verschiedener Schallquellen aufgelistet. Hierbei wird deutlich, dass auch Alltagsgeräusche wie spielende Kinder oder das Tippen einer Schreibmaschine bereits erhebliche Schallleistungen erzeugen. Daher müssen bei Schallmessungen zur Beurteilung der Baulärmimmission vorhandene Alltagsgeräusche, Verkehrslärm o. ä. herausgefiltert werden.

Situation und Schallquelle	**Schallleistung Pak Watt**	**Schallleistungspegel Lw dB re 10^{-12} Watt**
Raketentriebwerk	1.000.000 W	180 dB
Strahltriebwerk	10.000 W	160 dB
Sirene	1.000 W	150 dB
Schiffs-Dieselmotor	100 W	140 dB
Maschinengewehr	10 W	130 dB
Presslufthammer	1 W	120 dB
Bagger, Trompete	0,3 W	115 dB
Kettensäge (Verbrennungsmotor)	0,1 W	110 dB
Hubschrauber	0,01 W	100 dB
laute Sprache	0,001 W	90 dB
Unterhaltungssprache, Schreibmaschine	10^{-5} W	70 dB
Kühlschrank	10^{-7} W	50 dB

Tabelle 15.5: Schallleistungspegel diverser, alltäglicher Schallquellen – Quelle: Wikipedia [17]

Bei einer Überschreitung der Immissionsrichtwerte um mehr als 5 dB(A) sollen Maßnahmen zur Minderung der Geräusche angeordnet werden. Hierfür können Maßnahmen bei der Einrichtung der Baustelle (Lärmschutzeinhausungen), an den Baumaschinen, die Verwendung lärmarmerer Baumaschinen und Bauverfahren sowie die Beschränkung der Betriebszeit lautstarker Baumaschinen in Betracht kommen. Die Stilllegung von Baumaschinen kommt nur als äußerstes Mittel in Betracht.

15.1.5 Umgebungsbedingungen

Bei der Verarbeitung von Betoninstandsetzungs- und Oberflächenschutzsystemen sind die Umgebungsbedingungen ein entscheidender Faktor dafür, dass die Bauprodukte nach ihrer Aushärtung bzw. Reaktion die geforderten Endeigenschaften aufweisen. Daher sind in der Regel die in Tabelle 15.6 aufgeführten Umgebungsbedingungen, gegebenenfalls durch geeignete zusätzliche Maßnahmen wie Einhausung und Temperierung / Klimatisierung, sicher zu stellen.

Umgebungsbedingung	Kopfzeile
Temperatur (Luft, Boden, Material)	8° – 30 °C
Luftfeuchte	< 75 % (rel.) (bei 1K-PU > 30 %)
Witterung	Trocken (kein Niederschlag oder Nebel)
Restfeuchte Untergrund	Reaktionsharze: < 4 % Mineralische Systeme: mattfeucht
Sonstige Anforderungen bei der Verarbeitung von Betoninstandsetzungs- und Oberflächenschutzsystemen	Staubfreiheit Vermeidung von Zugluft

Tabelle 15.6: Umgebungsbedingungen

Diese Umgebungsbedingungen müssen nicht nur während der Verarbeitung der Materialien, sondern auch während der Aushärtungsphase eingehalten werden.

15.1.6 ATV DIN 18349

Die VOB Vergabe- und Vertragsordnung für Bauleistungen, Teil C besteht aus zahlreichen Allgemeinen Technischen Vertragsbedingungen für Bauleistungen (ATV), welche gleichzeitig auch als DIN-Normen herausgegeben werden. Für die Ausführung von Schutz- und Instandsetzungsmaßnahmen ist im Wesentlichen die „ATV DIN 18349 Betonerhaltungsarbeiten“ [18] maßgeblich. Diese gilt für Arbeiten zur Erhaltung und Instandsetzung sowie Verstärkung von Bauwerken und Bauteilen aus bewehrtem oder unbewehrtem Beton, Spritzbeton/-mörtel, für das Füllen von Rissen und Hohlräumen sowie für das Aufbringen zugehöriger Oberflächenschutzsysteme. Die DIN 18349 wird vom DIN im Auftrag des Deutschen Vergabe- und Vertragsausschuss für Bauleistungen (DVA) herausgegeben und wurde zuletzt im September 2023 aktualisiert.

15.1.6.1 Abschnitt 0: Hinweise für das Aufstellen der Leistungsbeschreibung

In Abschnitt 0 sind Hinweise für das Aufstellen der Leistungsbeschreibung aufgeführt. Hier findet der Sachkundige Planer konkrete Hinweise, welche Angaben in die Leistungsbeschreibung aufzunehmen sind. Neben Angaben zur Baustelle und zur Ausführung, wozu unter anderem auch das Instandsetzungskonzept sowie der Instandsetzungsplan gemäß TR Instandhaltung von Bauwerken, Teil 1 [25] zählen, sind hier auch die Abrechnungseinheiten aufgelistet, die im Leistungsverzeichnis vorzusehen sind. So ist klar vorgegeben, welche Leistungen nach Flächenmaß, Längenmaß und Anzahl (Stück) oder Masse (Gewicht) auszuschreiben sind. Die Bearbeitung von örtlich begrenzten Fehlstellen (Schadstellen, Ausbruchstellen) ist zum Beispiel in verschiedenen Einzelpositionen nach Anzahl, getrennt nach verschiedenen Größenklassen und der größten Einzeltiefe zu erfassen. Dies ist auch insofern zu beachten, da die Abrechnungsregeln in Abschnitt 5 der ATV auf diese Vorgaben abgestimmt sind.

15.1.6.2 Abschnitt 3: Ausführung

Im Abschnitt Ausführung sind zunächst verschiedene Normen und Regelwerke aufgeführt, die für die Ausführung von Betonerhaltungsarbeiten gelten. Weiterhin sind verschiedene Aspekte, wie z. B. eine erkennbare Gefährdung der Standsicherheit, Abweichungen des Bestandes gegenüber den Vorgaben, ungeeignete vorgegebene Vorbereitungsverfahren, unzureichend beschriebene Expositionsklassen, ungeeignete klimatische oder äußere Bedingungen usw. aufgeführt, die zu Bedenken des Auftragnehmers nach §4 Abs. 3 VOB/B [12] und zu Besonderen Leistungen (vergütungspflichtig) führen können. In Abschnitt 3.2.ff finden sich konkrete Hinweise zur Untergrundvorbereitung, zur Behandlung des Bewehrungsstahls im Beton, zur Betoninstandsetzung, zum Füllen von Rissen und Hohlräumen sowie zu Fugenabdichtungen mit elastischen Fugenbändern.

15.1.6.3 Abschnitt 4: Nebenleistungen, Besondere Leistungen

In Abschnitt 4 ist definiert, welche Leistungen zu den Nebenleistungen zählen (Abschnitt 4.1), und bei welchen Leistungen es sich um Besondere Leistungen (Abschnitt 4.2) handelt. Neben den erforderlichen Leistungen für erhöhte Ebenheitsanforderungen (3.1.4) und zusätzlichen Leistungen bei nicht Erreichen der geforderten Oberflächenzugfestigkeit nach (Kugel-) Strahlen in einer Abtragstiefe bis 2 mm sind als Besondere Leistungen vor allem Maßnahmen zum besonderen Schutz von Bau- und Anlagenteilen, Einsatz von Filter- und Absauganlagen, Schutzmaßnahmen vor ungeeigneten klimatischen Bedingungen (Einhausung, Beheizung), Kosten für Fremdüberwachungen sowie das Beseitigen und Entsorgen verfahrensbedingter Vermischungen, z. B. bei Strahlarbeiten. zu nennen. Diese Besonderen Leistungen sind in gesonderten Leistungspositionen auszuschreiben und gesondert zu vergüten. Hierzu zählen auch das Entfernen von störenden Fremdkörpern aus dem Beton, z. B. Bindedraht, Nägel, Kunststoffteile, Holzteile sowie auch der Aufwand für Nachweise der Verwendbarkeit und der Übereinstimmung bei Produkten unbekannter Zusammensetzung.

15.1.6.4 Abschnitt 5: Abrechnung

Im Abschnitt 5 der DIN 18349 findet man eine Reihe von Abrechnungsregeln, die auf die Betonerhaltungsarbeiten abgestimmt sind. Diese sind bei Vereinbarung der VOB/C im Bauvertrag Vertragsbestandteil und somit zwingend durch die am Bau Beteiligten zu beachten.

Beispielhaft für die Besonderheiten bei der Abrechnung von Betonerhaltungsarbeiten ist die Regelung unter Punkt 5.2.1 für die Abrechnung von Einzelflächen wie etwa örtlich begrenzte Fehlstellen (Ausbruchstellen) zu nennen. Bei der Abrechnung von beliebig geformten Einzelflächen ist demnach zur Ermittlung der Maße das kleinste umschriebene Rechteck zugrunde zu legen. Dies führt dazu, dass die abgerechnete Fläche in der Praxis deutlich größer als die tatsächlich bearbeitete Fläche ausfallen kann. Man könnte also den Eindruck gewinnen, dass die Abrechnungsregeln nach DIN 18349 hier vorteilhaft für den Auftragnehmer gestaltet wurden. Da diese „Spielregel" jedoch dem fachkundigen Kalkulator vorab bekannt ist und somit in die Kalkulation mit einfließt, ist dieser Vorteil in der Regel bereits „eingepreist" und eine Ausgewogenheit gegeben. Neu in der DIN 18349, Ausgabe 09/2023 ist, dass bei Einzelflächen nicht mehr wie bisher die größte Tiefe des Ausbruchs als Abrechnungsgrundlage herangezogen wird, sondern die mittlere Bearbeitungstiefe. Da jedoch in dem überarbeiteten Regelwerk nicht festgelegt wurde, wie die mittlere Bearbeitungstiefe zu ermitteln ist, wird dies in Zukunft vermehrt zu Konfliktpotential bei der Abrechnung führen.

Als hilfreich für die Anwendung und Auslegung der Abrechnungsregeln sind die Fachbücher VOB/C 2023 in Bildern [26] und VOB im Bild – Hochbau- und Ausbauarbeiten, [21] zu nennen, wobei die zurzeit verfügbare 23. Auflage dieses Buches sich noch auf die VOB Stand 2019 bezieht.

15.1.7 Brandschutz

Bei der Planung und Ausführung von Instandsetzungsmaßnahmen sollte immer auch der bauliche Brandschutz betrachtet werden. Insbesondere bei baulichen Veränderungen oder Nutzungsänderungen kann der Bestandsschutz der baulichen Anlage entfallen, sodass gegebenenfalls auch die Brandschutzkonzepte anzupassen sind.

Insbesondere die folgenden Punkte sind aus brandschutztechnischer Sicht zu beachten und auch im Bauzustand während der Baumaßnahme sicherzustellen:

- Betondeckung
- Wahl des geeigneten Instandsetzungsmörtels (Baustoffklasse A)
- Verschluss von Durchdringungen
- brandschutztechnische Ausbildung von Fugen
- Abschottung von Brandabschnitten
- Funktion von Brandschutztoren und –Türen
- Funktion von Brandmelde- und Löscheinrichtungen

Gegebenenfalls sind vor Beginn der Baumaßnahme Abstimmung der Vorgehensweise bzw. Maßnahmen mit Feuerwehr, Gebäudeversicherung usw. erforderlich.

15.1.8 Literatur

[1] Lohmeyer, G., Ebeling, K.: „Parkdecks – Hinweise und Empfehlungen zur Gebrauchstauglichkeit und Dauerhaftigkeit für Parkbauten aus Beton", Verlag Bau+Technik, 2011.

[2] Andreas W. Momber, Rolf-Rainer Schulz. Handbuch der Oberflächenbearbeitung Beton. Birkhäuser Verlag, Basel 2006.

[3] DGUV Regel 101-004 (vormals BGR 128) Kontaminierte Bereiche. Ausgabe: April 1997 – aktualisierte Fassung Februar 2006, Fachbereich „Bauwesen", Sachgebiet: Sanierung und Bauwerksunterhalt der DGUV. URL: www.bgbau.de/service/angebote/medien-center-suche/medium/kontaminierte-bereiche/, letzter Zugriff 05/2024.

[4] Verordnung zum Schutz vor Gefahrstoffen (Gefahrstoffverordnung – GefStoffV). Ausgabe Juli 2021. Bundesanstalt für Arbeitsschutz und Arbeitsmedizin (BAuA). URL: www.baua.de/DE/Themen/Arbeitsgestaltung-im-Betrieb/Gefahrstoffe/Arbeiten-mit-Gefahrstoffen/Gefahrstoffverordnung/Gefahrstoffverordnung_node.html, letzter Zugriff 05/2024.

[5] TRGS 524 – Schutzmaßnahmen bei Tätigkeiten in kontaminierten Bereichen, Ausgabe: Februar 2010, zuletzt geändert und ergänzt: 2011. Ausschuss für Gefahrstoffe (AGS). URL: www.baua.de/DE/Angebote/Rechtstexte-und-Technische-Regeln/Regelwerk/TRGS/TRGS-524.html, letzter Zugriff 05/2024.

[6] TRGS 519 Asbest: Abbruch-, Sanierungs- oder Instandhaltungsarbeiten, Ausgabe Januar 2014, zuletzt geändert und ergänzt: Oktober 2019. URL: www.baua.de/DE/Angebote/Rechtstexte-und-Technische-Regeln/Regelwerk/TRGS/TRGS-519.html, letzter Zugriff 05/2024.

[7] Leitlinie für die Asbesterkundung zur Vorbereitung von Arbeiten in und an älteren Gebäuden. 1. Auflage 2020. Bundesanstalt für Arbeitsschutz und Arbeitsmedizin (BAuA), Bundesinstitut für Bau-, Stadt- und Raumforschung (BBSR) und Umweltbundesamt (UBA).

[8] Sanierung PAK-haltiger Klebstoffe – Handlungsanleitung zum Entfernen PAK-haltiger Klebstoffe für Holzfußböden. Ausgabe 4/2015. BG Bau – Berufsgenossenschaft der Bauwirtschaft. URL: https://www.bgbau.de/service/angebote/medien-center-suche/medium/sanierung-pak-haltiger-klebstoffe-handlungsanleitung-zum-entfernen-pak-haltiger-klebstoffe-fuer-holzfussboeden, letzter Zugriff 05/2024.

[9] Umgang mit teerhaltigen Materialien im Hochbau: PAK-Handlungsanleitung; Umbau – Instandhaltung – Rückbau / Hrsg.: LAndesamt für Arbeitsschutz, GEsundheitsschutz und technische Sicherheit Berlin (LAGetSi). Text Markus Klug. Berlin 2007. Nicht mehr aktualisiert! Quelle: Zentral- und Landesbibliothek Berlin. URL: digital.zlb.de/viewer/metadata/15484173/1/, letzter Zugriff 05/2024.

[10] DGUV Information 201-031 (bisher BGI 892) – Handlungsanleitung zur Gefährdungsbeurteilung nach Biostoffverordnung (BioStoffV) – Gesundheitsgefährdungen durch Taubenkot. Ausgabe November 2006, Fachbereich „Bauwesen", Sachgebiet: Sanierung und Bauwerksunterhalt der DGUV. URL: www.bgbau-medien.de/handlungshilfen_gb/daten/dguv/201_031/titel.htm, letzter Zugriff 05/2024.

[11] Verordnung über Sicherheit und Gesundheitsschutz auf Baustellen (Baustellenverordnung – BaustellV). Stand: 10.06.1998, zuletzt geändert 27.06.2017. Bundesministerium der Justiz und für Verbraucherschutz. URL: www.gesetze-im-internet.de/baustellv/BJNR128300998.html , letzter Zugriff 05/2024.

[12] VOB – Vergabe- und Vertragsordnung für Bauleistungen – Teil A (DIN 1960), Teil B (DIN 1961), Teil C (ATV). DIN Deutsches Institut für Normung, Berlin, Beuth Verlag GmbH, Berlin, Ausgabe 2019.

[13] DIN 18299:2019-09 – VOB Vergabe- und Vertragsordnung für Bauleistungen – Teil C: Allgemeine Technische Vertragsbedingungen für Bauleistungen (ATV) – Allgemeine Regelungen für Bauarbeiten jeder Art. DIN Deutsches Institut für Normung, Berlin, Beuth Verlag GmbH, Berlin, Ausgabe 2019-09.

[14] Hans-Dieter Bossemeyer, Gebäudeschadstoffe im Bild, Asbest, KMF, PCB, PAK und weitere Schadstoffe in Gebäuden erkennen. Verlagsgesellschaft Rudolf Müller GmbH & Co. KG, Köln 2020.

[15] Hans-Joachim Rolof, Generalverdacht Asbest. Beitrag in Der Maler und Lackierermeister 6/2020, Verlag W. Sachon, Mindelheim.

[16] AVV Baulärm – Allgemeine Verwaltungsvorschrift zum Schutz gegen Baulärm – Geräuschimmissionen – vom 19. August 1970. Bundesministerium des Innern, für Bau und Heimat (BMI). URL: www.verwaltungsvorschriften-im-internet.de/bsvwvbund_19081970_IGI7501331.htm, letzter Zugriff 05/2024.
[17] Artikel „Schallleistung", Wikipedia, letzte Bearbeitung 11.Juli 2021, URL: de.wikipedia.org/wiki/Schallleistung.
[18] DIN 18349:2023-09 – VOB Vergabe- und Vertragsordnung für Bauleistungen – Teil C: Allgemeine Technische Vertragsbedingungen für Bauleistungen (ATV) – Betonerhaltungsarbeiten. DIN Deutsches Institut für Normung, Berlin, Beuth Verlag GmbH, Berlin.
[19] Richtlinie Schutz und Instandsetzung von Betonbauteilen (Instandsetzungs-Richtlinie) Teil 1 – 4. Deutscher Ausschuss für Stahlbeton – DAfStb im DIN Deutsches Institut für Normung e. V., Berlin. 2. Berichtigung 12/2005.
[20] (DIN EN) ISO 12944-4:2017-11 Beschichtungsstoffe – Korrosionsschutz von Stahlbauten durch Beschichtungssysteme – Teil 4: Arten von Oberflächen und Oberflächenvorbereitung. Beuth Verlag GmbH, Berlin, Ausgabe 2017-11.
[21] Franz, R., Nolte, J., VOB im Bild – Hochbau- und Ausbauarbeiten, Abrechnung nach der VOB 2019. Verlagsgesellschaft Rudolf Müller, Köln. Ausgabe 2020-05.
[22] Kartenausschnitt aus OpenStreetMap.org, letzter Zugriff 05/2024, Lizenz: Open Data Commons Open Database Lizenz (ODbL).
[23] DBV-Merkblatt – Bauen im Bestand – Hochdruckwasserstrahlen im Betonbau, Fassung August 2022, DBV Deutscher Beton- und Bautechnik-Verein E. V., Berlin.
[24] DIN 18448:2023-09 – VOB Vergabe- und Vertragsordnung für Bauleistungen – Teil C: Allgemeine Technische Vertragsbedingungen für Bauleistungen (ATV) – Arbeiten an schadstoffbelasteten baulichen und technischen Anlagen, DIN Deutsches Institut für Normung, Berlin, Beuth Verlag GmbH, Berlin,
[25] Technische Regel Instandhaltung von Betonbauwerken (TR Instandhaltung), Teil 1 – Anwendungsbereich und Planung der Instandhaltung. Deutsches Insti-tut für Bautechnik. Mai 2020. URL: www.dibt.de/fileadmin/dibt-website/Dokumente/Referat/I4/TR_Instandhaltung_Betonbauwerke_Teil1.pdf, letzter Zugriff 05/2024.
[26] VOB/C 2023 in Bildern, WEKA Media GmbH & Co. KG, Kissing

15.2 Qualitätssicherung der Ausführung von Instandsetzungs- und Schutzmaßnahmen

C. Helf

15.2.1 Grundlagen

Grundlage für die Qualitätssicherung bei der Ausführung von Instandsetzungs- und Schutzmaßnahmen sind die Vorgaben der einschlägigen Regelwerke. Hier sind zunächst die „Technische Regel Instandhaltung von Betonbauwerken (TR Instandhaltung), Teil 1 und 2" [1], [2] sowie die „Richtlinie Schutz- und Instandsetzung von Betonbauteilen (Instandsetzungs-Richtlinie) Teil 1 – 4" [3] maßgebend. Die Regelungen der im Januar 2021 neu eingeführten TR Instandhaltung haben hierbei Vorrang vor der älteren Instandsetzungs-Richtlinie, wobei in der neuen TR Instandhaltung nicht genannte Sachverhalte, die in der Instandsetzung-Richtlinie enthalten sind, weiter gelten.

DEUTSCHES INSTITUT FÜR BAUTECHNIK

Technische Regel

Instandhaltung von Betonbauwerken[1]
(TR Instandhaltung)

Mai 2020

Teil 1 – Anwendungsbereich und Planung der Instandhaltung

[1] Notifiziert gemäß der Richtlinie (EU) 2015/1535 des Europäischen Parlaments und des Rates vom 9. September 2015 über ein Informationsverfahren auf dem Gebiet der technischen Vorschriften und der Vorschriften für die Dienste der Informationsgesellschaft (ABl. L 241 vom 17.9.2015, S. 1).

Bild 15.40: Deckblatt TR Instandhaltung

Die neue TR Instandhaltung wurde inzwischen (Stand März 2024) mit Ausnahme von Sachsen in allen Bundesländern bauaufsichtlich eingeführt. Der aktuelle Stand der Einführung bzw. Umsetzung der Muster-Verwaltungsvorschrift Technische Baubestimmungen (MVV TB) in den einzelnen Bundesländern kann auf der Homepage des Deutschen Institutes für Bautechnik (DIBt) abgerufen werden (URL: www.dibt.de, letzter Zugriff 05/2024). Auch muss darauf hingewiesen werden, dass das neue Regelwerk von Teilen der Fachwelt nach wie vor kritisch gesehen und kontrovers diskutiert wird. So ist die TR Instandhaltung nach Auffassung der Deutschen Bauchemie e. V., dem Interessenverband der in Deutschland ansässigen Hersteller bauchemischer Produkte, nicht mit EU-Recht konform, sodass für die am Bau Beteiligten keine Rechtssicherheit bei Anwendung des Regelwerks besteht. Aus diesem Grund hatten Mitgliedsunternehmen der Deutschen Bauchemie inzwischen ein Normenkontrollverfahren gegen die TR Instandhaltung eingeleitet und beantragt, die produktbezogenen Teile der TR Instandhaltung und der Instandhaltungs-Richtlinie für unwirksam zu erklären (siehe Pressemitteilungen der Deutschen Bauchemie vom 03.02.2021 [4] und 28.10.2021 [6]. Auf der anderen Seite haben der Deutsche Beton- und Bautechnik-Verein E. V. (DBV) und acht weitere Bau-Verbände im Februar 2021 ein gemeinsames Positionspapier zum Thema Betoninstandsetzung veröffentlicht [5], in dem zur Erleichterung der praktischen Umsetzung der Regelwerkssituation eine von den Produktherstellern zu erfolgende Beauftragung von unabhängigen Bewertungen der Produktangaben befürwortet wird, mit welchen der Nachweis der Erfüllung der Bauwerksanforderungen bei Verwendung CE-gekennzeichneter Instandsetzungsprodukte erbracht werden kann. Gemäß der Pressemitteilung der Deutschen Bauchemie vom 31.01.2024 [16] wurden die Normenkontrollverwahren eingestellt, da durch die bevorstehende Einführung der neuen EU-Bauproduktenverordnung und die Überarbeitung der Normenreihe EN 1504 die Perspektive besteht, dass nationle Zusatzanforderungen hinfällig werden. Für die Zwischenzeit wird eine Übergangslösung angestrebt.

In der täglichen Arbeit sind aufgrund der Einführung der TR Instandhaltung durch das DIBt beide Regelwerke zwingend zu berücksichtigen. Somit sind die Planung der Instandhaltung von Betonbauwerken sowie die Anforderungen an Produkte und Systeme in der TR Instandhaltung geregelt, die Ausführung von Schutz- und Instandsetzungsmaßnahmen, die Anforderungen an die Betriebe und die Überwachung der Ausführung in Teil 3 sowie die ausführungsbezogenen Inhalte im Teil 2 der Instandsetzungs-Richtlinie.

Die Instandhaltung von Bauteilen aus Leichtbeton ist in der TR Instandhaltung nicht geregelt.

Für die Instandhaltung von Betonbauteilen, die besonderen Beanspruchungen oder weitergehenden Anforderungen als diese in der Technischen Regel definiert sind unterliegen, können weitere Leistungen aus anderen technischen Regeln abgeleitet werden. Dies gilt z. B. für Betonbauteile

- aus dem Abwasserbereich;
- von Anlagen zum Umgang mit wassergefährdenden Stoffen;
- aus dem Trinkwasserbereich;
- an Kühltürmen, Kaminen und Schornsteinen.

Neben der TR Instandhaltung, die über die Landesbauordnungen für allgemeine Bauwerke gilt, sind im Zuständigkeitsbereich des „Bundesministeriums für Verkehr und digitale Infrastruktur“ die Regelungen der

- ZTV-ING – Zusätzliche Technische Vertragsbedingungen und Richtlinien für Ingenieurbauten [7] sowie
- ZTV-W 219 – Zusätzliche Technische Vertragsbedingungen – Wasserbau für die Instandsetzung der Betonbauteile von Wasserbauwerken [8]

zu beachten.

In den nachfolgenden Ausführungen wird jedoch im Wesentlichen auf die Regelungen der TR Instandhaltung und der Instandsetzung-Richtlinie eingegangen.

Die grundsätzliche Vorgehensweise bei der Planung und Ausführung von Instandhaltungsmaßnahmen ist in Abschnitt 1, Abbildung 1 der TR Instandhaltung (Bild 15.41) dargestellt.

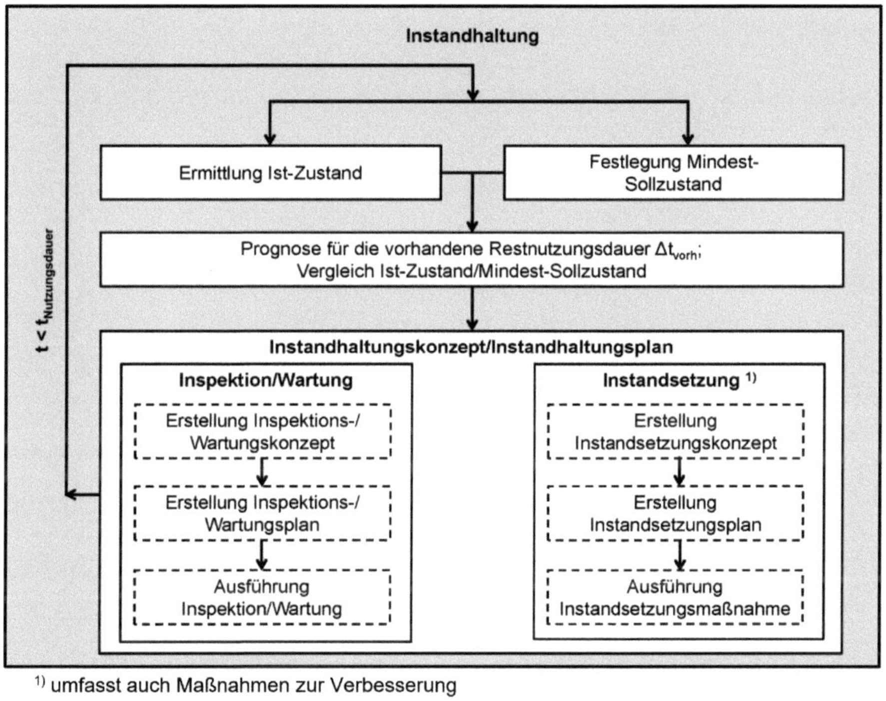

Bild 15.41: TR Instandhaltung – Teil, Abbildung 1 – Grundsätzliche Vorgehensweise bei der Planung und Ausführung von Instandhaltungsmaßnahmen

In Abschnitt 2 der TR Instandhaltung Teil 1 wird vorausgesetzt, dass jede Instandhaltungsmaßnahme (Inspektion, Wartung, Instandsetzung, Verbesserung) durch einen sachkundigen Planer (SKP) geplant wird. Diese Planung ist in einem Instandsetzungsplan zu dokumentieren. Der SKP muss auch die Ausführung der Schutz- und Instandsetzungsmaßnahmen begleiten. Zudem muss durch den Auftraggeber in jeder Phase von Planung und Ausführung festgelegt sein, wer die Fragen der Standsicherheit (Statik) verantwortlich beurteilt und wer die dazu erforderlichen Maßnahmen plant und ausführt. Diese Grundlagen und Festlegungen sind Voraussetzung für eine umfassende Qualitätssicherung bei der anschließenden Ausführung.

Detaillierte Angaben zu der Überwachung der Ausführung sowie zu den Anforderungen an das Personal und die Ausstattung der ausführenden Unternehmen sind in Teil 3 der Instandsetzungsrichtlinie zu finden.

Um die ordnungsgemäße Ausführung, Überwachung, Prüfung und Dokumentation von Instandsetzungsarbeiten sicherzustellen, fordert das Regelwerk von dem ausführenden Unternehmen den Einsatz einer qualifizierten Führungskraft (Fachbauleiter) sowie von Baustellenfachpersonal mit ausreichenden Kenntnissen und Erfahrungen in diesem Bereich (Instandsetzungs-Richtlinie, Abschnitt 1.2.). Der Nachweis der ausreichenden Kenntnisse für das Baustellenfachpersonal erfolgt mindestens durch den sogenannten SIVV-Schein. Hierbei handelt es sich um einen Weiterbildungslehrgang für den Befähigungsnachweis zum Schützen, Instandsetzen, Verbinden und Verstärken von Betonbauteilen gemäß der Ausbildungs- und Prüfungsordnung des Ausbildungsbeirat Schutz und Instandsetzung im Betonbau beim Deutschen Beton- und Bautechnik-Verein E.V.

Für die Führungskräfte können die Kenntnisse durch Teilnahme an einem Lehrgang gemäß der Prüfungsordnung zur Erlangung der Qualifikation „Qualifizierte Führungskraft/Fachbauleiter in der Betoninstandhaltung nach DAfStb-Richtlinie“ der Zertifizierung Bau GmbH, Berlin nachgewiesen werden.

Darüber hinaus können noch weitere Qualifikationsnachweise für das Personal der ausführenden Unternehmen erforderlich sein, wie zum Beispiel:

- SPCC-Düsenführerschein: Befähigungsnachweises zum Verarbeiten von Spritzmörtel und Spritzbeton mit Kunststoffzusätzen gemäß Teil 3, Abschnitt 4 der Zusätzlichen Technischen Vertragsbedingungen und Richtlinien für Ingenieurbauten (ZTV-ING) des Bundesministeriums für Verkehr [7]
- Eignungsnachweis zum Verstärken von Betonbauteilen mit CFK-Lamellen und Stahllaschen gemäß DAfStb-Richtlinie „Verstärken von Betonbauteilen mit geklebter Bewehrung (Verstärken-Richtlinie)“ [9].
- Sachkundeprüfung für betrieblich verantwortliche Personen in WHG-Fachbetrieben gemäß §62 der Verordnung über Anlagen zum Umgang mit wassergefährdenden Stoffen (AwSV) [10]
- Eignungsnachweis für die Herstellung nachträglicher Bewehrungsanschlüsse mit Injektionsmörteln
- Prüfbescheinigung als Schweißtechnisches Personal/Betonstahlschweißer für Schweißarten (Stumpfstoß, Überlappstoß usw.) nach DIN EN ISO 17660-1 [12]
- Schulung im Fachgerechten Einbau von Brandschutzsystemen, zum Beispiel zur Abschottung von Gebäudefugen.

Weiterhin müssen auf der Baustelle diejenigen Geräte und Einrichtungen funktionsfähig vorhanden sein, die eine ausreichende Vorbereitung des Betonuntergrundes, eine fachgerechte Ausführung der Arbeiten sowie die Ermittlung der geforderten Eigenschaften der Baustoffe und die Überprüfung der Arbeitsergebnisse ermöglichen. Für Schutz- und Instandsetzungsmaßnahmen ist immer eine Überwachung durch das ausführende Unternehmen (Eigenüberwachung) erforderlich, gegebenenfalls auch eine Überwachung durch eine dafür anerkannte Überwachungsstelle (Fremdüberwachung).

Die empfohlene Ausstattung der Betriebe mit einer Zuordnung der Geräte zu den verschiedenen Arbeitsschritten bzw. Bauproduktgruppen ist in Teil 3, Anhang E der Instandsetzungs-Richtlinie aufgelistet. In dieser Tabelle sind in den Zeilen 1 bis 29 verschiedene Gerätearten, angefangen von Geräten für Konsistenzprüfungen über Geräte zur Bestimmung der Oberflächen-/Haftzugefestigkeit oder Mischgeräte für PC und PCC bis hin zu Geräten zur Messung des Luftgehalts von Mörteln aufgelistet. Diese Geräte sind über die in den Spalten 2 bis 9 den dort aufgeführten, typischen Arbeitsschritten und Instandsetzungsstoffen zugeordnet.

Die Anforderungen an das Personal und die Ausstattung der ausführenden Unternehmen gelten selbstverständlich auch für eventuell mit Instandsetzungsmaßnahmen beauftragte Nachunternehmer.

15.2.2 Eigenüberwachung

Art und Umfang der Überwachung der Ausführung durch das ausführende Unternehmen, der sogenannten Eigenüberwachung, wie zum Beispiel

- das fortlaufende Führen von prüfbaren Aufzeichnungen (Bautagebuch)
- Art, Umfang und Häufigkeit der Prüfungen und Dokumentationen

sind in Teil 3, Abschnitt 2.2 der Instandsetzungs-Richtlinie näher beschrieben.

In Teil 3, Anhang A der Instandsetzungs-Richtlinie sind die im Rahmen der Eigenüberwachung durch das ausführende Unternehmen durchzuführenden Prüfungen, gegliedert nach einzelnen Arbeitsschritten bzw. Prüfgegenständen, Angabe von Art der Prüfung und Prüfgröße (Zeilen 1 bis 9), Anforderungen, ggf. mit Angabe der Sollwerte, Erfordernis und Häufigkeit detailliert aufgelistet. In den Spalten 3 bis 10 erfolgt eine Zuordnung der einzelnen Prüfungen zu den verschiedenen Bauproduktgruppen, die bei der Betoninstandsetzung Anwendung finden.

Prüfplan Bauvorhaben: ______ Bauleiter: ______ Projekt-Nr.: ______

Nr.	Prüfgegenstand	Art der Prüfung / Prüfkriterien	Durchführung	Prüfmittel	Prüfvorschrift	vorauss. Prüfbeginn (Datum)	Prüfumfang / Prüfintervall	Zuständiger Prüfer	Dokumentation	Status
1. Material-, Stoff und Produkt-Prüfungen										
1.1.	Epoxidharze / PU (Beschichtungsmaterial)	Materialtemperatur	☐ ja ☐ nein ☐ Pflicht	Thermometer	Intern		Jede Lieferung / vor Verarbeitung	Baustellen-verantwortlicher	Tagesberichte	☐ offen ☐ in Arbeit ☐ erledigt
1.2.	Lieferung von Produkten, Massengütern	Eingangsprüfung: Chargen-Nr. Termin, Menge, Qualität, Transport-schäden	☐ ja ☐ nein ☐ Pflicht	Sichtprüfung	Intern		Jede Lieferung	Baustellen-verantwortlicher	Datum + Unterschrift auf dem Lieferschein	☐ offen ☐ in Arbeit ☐ erledigt
2. Prüfung von Geräten (Prüf- / Meßgeräte, Baustromverteiler und sonstige Geräte)										
2.1.	Haftzuggerät	Vollständigkeit / Funktionalität (Stempel, Kleber, Bohrkrone, Bohrschablone)	☐ ja ☐ nein ☐ Pflicht	Sichtprüfung	Intern		Vor Baubeginn / nach Bauende	Baustellen-verantwortlicher	Prüfplan	☐ offen ☐ in Arbeit ☐ erledigt
2.2.	CM-Koffer Schmidt - Hammer	Vollständigkeit / Ampullen, Waage Stahlkugeln Handschuhe	☐ ja ☐ nein ☐ Pflicht	Sichtprüfung	Intern		Vor Baubeginn / nach Bauende	Baustellen-verantwortlicher	Prüfplan	☐ offen ☐ in Arbeit ☐ erledigt

Bild 15.42: Auszug aus einem Prüfplan

Die Umsetzung und Überwachung der durchzuführenden Eigenüberwachungsprüfungen erfolgt in der Regel mittels eines projektspezifischen Prüfplans. In dieser individuell anzupassenden Checkliste werden die bei dem jeweiligen Projekt erforderlichen Prüfungen mit Angabe der Prüfkriterien, Zuständigkeiten, Häufigkeiten und ggf. konkreter Prüfungstermine aufgelistet und dokumentiert. Der Prüfplan sollte unter anderem Angaben zu Material- und Stoffprüfungen, zur Prüfung von Geräten (hinsichtlich Funktion und Arbeitssicherheit), zu Prüfungen während der Ausführung und an den ausgehärten Stoffen bzw. fertigen Leistungen sowie zu den Baustellen- und Dokumentationsunterlagen enthalten. Ein Auszug aus einem solchen Prüfplan ist in Bild 15.42 abgebildet.

15.2.3 Prüfverfahren

Die Prüfverfahren sind in Teil 3, Abschnitt 3 im Einzelnen beschrieben und in den Anhängen C, D und F zum Teil noch näher erläutert. In Teil 3, Anhang B wird eine Übersicht über die bei der Ausführung anzuwendenden Prüfverfahren gegeben. Hierbei sind in der ersten Spalte 19 verschiedene Prüfmethoden bzw. zu prüfende Eigenschaften aufgelistet. In Spalte 2 wird angegeben, wer die Prüfung durchzuführen hat (Baustelle oder Prüfstelle), und in Spalte 3 und 4 sind die Quellen der jeweiligen Prüfvorschriften bzw. Verweise auf die betreffenden Abschnitte in der Instandsetzungs-Richtlinie., in welchen das jeweilige Prüfverfahren genauer beschrieben ist, aufgelistet.

Auf die wichtigsten Prüfverfahren wird nachfolgend näher eingegangen:

15.2.3.1 Oberflächenzug- / Haftzugfestigkeit

Die Vorgehensweise bei der Durchführung der Abreißprüfung zur Ermittlung der Oberflächenzugfestigkeit und der Haftzugfestigkeit ist in Teil 3, Anhang C der Instandsetzungs-Richtlinie beschrieben. Hier findet man genaue Angaben zu den Prüfstempeln, den Prüfgeräten (Zugvorrichtungen), der Festlegung und Vorbereitung der Prüfflächen, den zu verwendenden Klebstoffen und der einzustellenden Kraftsteigerung. Weiterhin sind hier die unterschiedlichen Bruchformen beschrieben und es ist festgelegt, welche Angaben im Prüfbericht enthalten sein müssen.

Bild 15.43 zeigt ein Haftzugprüfgerät im praktischen Einsatz inkl. Prüfstempel mit anhaftendem Ausbruch der Betonrandzone.

Bild 15.43: Haftzugprüfgerät mit Prüfstempel

Die zu erfüllenden Anforderungen an die Oberflächenzugfestigkeiten des Betonuntergrundes nach der Untergrundvorbereitung sind in Tabelle 7 der TR Instandhaltung Teil 1 (siehe Bild 15.44) aufgeführt.

Tabelle 7: Anforderungen an die Oberflächenzugfestigkeiten des Betonuntergrundes

	Schutz- bzw. Instandsetzungsmaßnahme: Örtliche Ausbesserung bzw. flächige Beschichtung[1)]	Mindestwerte der Oberflächenzugfestigkeit in [MPa]	
		Mittelwert	kleinster Einzelwert
	1	2	3
1	OS 2 (OS B)	0,8	0,5
2	OS 5a (OS DII) und OS 5b (DI) (ohne Feinspachtel)	1,0	0,6
3	OS 4 (OS C), OS 5 (OS D)	1,3	0,8
4	OS 8	1,5	1,0
5	OS 11 (OS F), OS 14	1,5	1,0
6	Betonersatz	Abhängig von der Altbetonklasse, siehe Tabelle 4 Einordnung des Altbetons im Bereich der Instandsetzungsebene	

1) Für Hydrophobierungen (OS 1) werden keine Anforderungen an die Oberflächenzugfestigkeit des Betons gestellt.

Bild 15.44: TR Instandhaltung – Teil 1, Tabelle 7

ZTV-ING - Teil 1 Allgemeines - Abschnitt 3 Prüfungen während der Ausführung - Anhang B

Formblatt B 1.3.2

Abreißfestigkeit	**Seite**
Produkt / Systembezeichnung	**Bauwerksnummer (ASB)**
Baumaßnahme	**Bauwerksname**
Bauabschnitt	**oben**
	unten
Herstellungsdatum der Schichten	**Prüfungsdatum**

Zugeordnete Prüffläche	Angaben zum Prüfgerät	Geprüft wird
	Geräte Typ-Nr. Messbereich Prüfstempeldurchmesser mm Prüfstempelfläche mm²	Betonunterlage vorbereitet ☐ unvorbereitet ☐ Betonersatzsystem ☐ Grundierung/Versiegelung/ Kratzspachtelung ☐
	Angaben zur Prüfung Bohrtiefe mm Klebstoff Krafteinstiegsgeschwindigkeit [N/s] ... ☐ 20 ☐ 100 ☐ 50 ☐ 300 ☐	Oberflächenschutzsystem ☐ Dichtungsschicht ☐ Dünnbelag ☐ Haftschicht ☐ Schweißbahn ☐ Dichtungssystem ☐ Korrosionsschutzsystem ☐

Nr.	Temp. d. Schichten [°C]	Abreiß-kraft [N]	Abreißfestigkeit Einzelwert [N/mm²]	Abreißfestigkeit Mittelwert [N/mm²]	Versagensart [% der Bruchfläche] Kohäsionsversagen A	B	C	D	Y	Z	Adhäsionsversagen A/B	B/C	C/D	D/Y	Y/Z

Unterschriften	Bezeichnung der Schichten
	A = B = C = D = Y = Kleber Z = Stempel
.... Prüfer/ Firma .... Auftragnehmer .... Auftraggeber	

Bild 15.45: ZTV-ING – Teil 1, Abschnitt 3- Anhang B, Formblatt B 1.3.2

Als Häufigkeit für die Prüfung der Oberflächenzugfestigkeit sind in Teil 3, Anhang A der Instandsetzungsrichtlinie für die Prüfung des Betonuntergrundes 3 Einzelprüfungen je angefangene 250 m^2 festgelegt. Für die Prüfung der weiteren Arbeitsschritte bzw. Lagen wie Betonersatzsysteme, Feinspachtel oder Oberflächenschutzsysteme soll die Prüfhäufigkeit durch den sachkundigen Planer festgelegt werden.

Als Formblatt zur Dokumentation der Abreißfestigkeitsprüfung hat sich das Formblatt B.1.3.2. in der ZTV-ING Teil 1 – Abschnitt 3 – Anhang B [7] bewährt (siehe Bild 15.45). In diesem Formblatt sind Felder für alle wesentlichen Angaben, die in einem Prüfbericht zur Dokumentation der Abreißfestigkeit enthalten sein müssen, vorgegeben.

15.2.3.2 Feuchtegehalt des Betonuntergrundes

Ein mögliches Verfahren zur Bestimmung des Feuchtegehaltes des Betonuntergrundes ist die Prüfung nach der **C**arbid-**M**ethode mit dem CM-Gerät. Dieses Verfahren ist in Anhang F der Instandsetzungs-Richtlinie, Teil 3, oder in der ZTV-ING – Teil 3 Massivbau, Abschnitt 4, Anhang A, mit Angaben zu Geräten und Hilfsmitteln, der Durchführung und Fehlermöglichkeiten beschrieben.

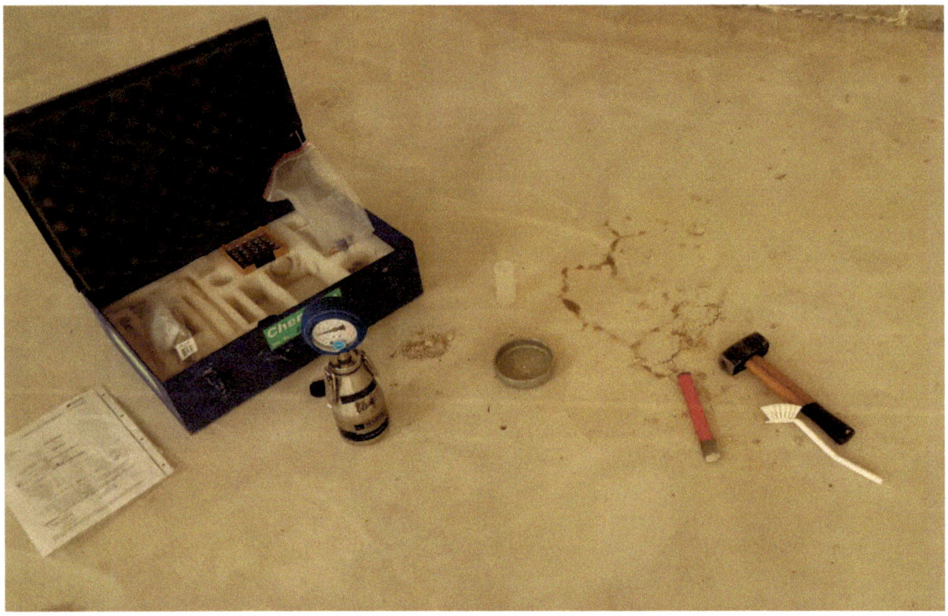

Bild 15.46: CM-Gerät mit Hilfsmitteln

Das Verfahren funktioniert so, dass Betonstücke aus dem zu prüfenden Betonuntergrund in einer Tiefe von ca. 2 cm entnommen und in einer Mörserschale zerkleinert, abgesiebt und abgewogen werden. Die Einwaagemenge ist aus Tabelle F. in Anhang F 1 der RiLi SIB oder Tabelle A.3.4.1 der ZTV-ING (siehe auch Bild 15.47) zu entnehmen und richtet sich nach dem Größtkorn des Betonuntergrundes sowie dem geschätzten Feuchtegehalt. Die Einwaage wird zusammen mit einer Glasampulle mit 5 g Calciumcarbid und Stahlkugeln in eine Druckflasche gegeben. Durch kräftiges Schütteln der Druckflasche wird die Glasampulle zerstört und das Prüfgut mit dem Calciumcarbid vermischt. Aufgrund der chemischen Reaktion zwischen der im Prüfgut vorhandenen Restfeuchte und dem Calciumcarbid bildet sich Acetylengas. Der entstehende Gasdruck ist abhängig vom Feuchtegehalt des Probenmaterials und kann nach entsprechender

Wartezeit von 15, 20 oder 25 min (je nach Einwaagemenge), an dem an der Druckflasche angebrachten Manometer abgelesen werden.

Geschätzter Feuchtegehalt [Gew.-%]	Erforderliche Einwaage [g]	
	Größtkorn bis 4 mm	Größtkorn > 4 mm
1,0 bis 2,5	50	50
3,0 bis 5,0	20	20
5,5 bis 7,0	20	10
>7,0	10	10

Bild 15.47: Carbid-Methode (CM-Gerät) – Erforderliche Einwaage

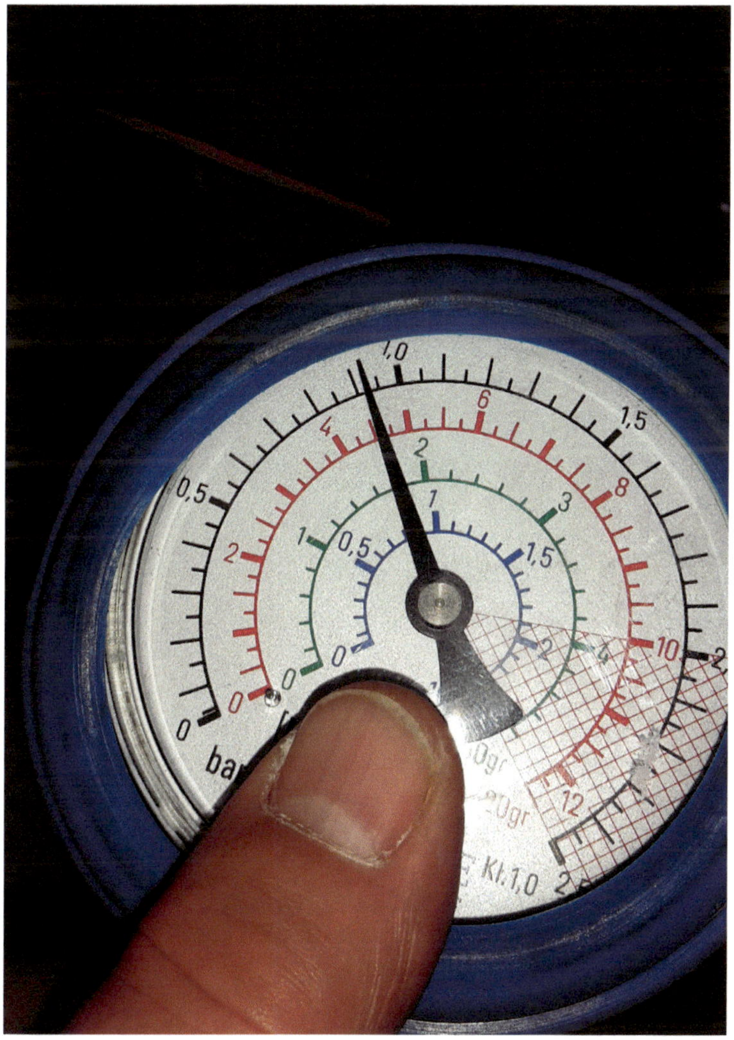

Bild 15.48: Druck-Manometer CM-Gerät

Wichtig ist, dass der Feuchtegehalt nicht direkt an den Feuchteskalen des Manometers (siehe Bild 15.48) abgelesen wird. Diese Skalen sind lediglich für die Feuchtebestimmung an Estrichproben bestimmt und liefern bei Betonproben keine zutreffenden Ergebnisse. Stattdessen ist der Druck in [bar] abzulesen. Mit diesem Ablesedruck kann dann der entsprechende Feuchtegehalt in Abhängigkeit von Größtkorn des Betonuntergrundes, Einwaagemenge und Wartezeit aus den Tabellen F.2 bis F.4 in Anhang F der RiLi-SIB oder den Tabellen A 3.4.2., A 3.4.3. oder A 3.4.4 der ZTV-ING entnommen werden (siehe auch Bild 15.49).

Druck [bar] bei Einwaage 50 g			Feuchtegehalt
nach 15 min	nach 20 min	nach 25 min	[Gew.-%]
—	—	0,340	1,0
—	—	0,605	1,5
—	—	0,870	2,0
—	—	1,130	2,5
Druck [bar] bei Einwaage 20 g			**Feuchtegehalt**
nach 15 min	nach 20 min	nach 25 min	[Gew.-%]
—	0,580	0,585	3,0
—	0,750	0,755	3,5
—	0,915	0,925	4,0
—	1,085	1,095	4,5
—	1,255	1,270	5,0
Druck [bar] bei Einwaage 10 g			**Feuchtegehalt**
nach 15 min	nach 20 min	nach 25 min	[Gew.-%]
0,715	0,725	0,730	5,5
0,845	0,850	0,855	6,0

Bild 15.49: Carbid-Methode (CM-Gerät) - Tabelle Ermittlung Feuchtegehalt bei Größtkorn > 8 mm

Missverständlich ist die Überschrift „Druck in bar bei Größtkorn bis 16 mm“ über der Tabelle F.4 in Anhang F der Instandsetzungs-Richtlinie, da in der Praxis ja meist Betone mit Größtkorn > 16 mm zum Einsatz kommen. Ein Vergleich mit der identischen Tabelle A 3.4.4 der ZTV-ING – Teil 3 – Abschnitt 4, Anhang A zeigt, dass die Tabelle F 4 für Betonuntergründe mit Größtkorn > 8 mm zu verwenden ist (siehe auch Bild 15.49).

In der Praxis können sich auch Anwendungsfälle – wie zum Beispiel bei Untergründen aus Leichtbeton – ergeben, bei welchen das CM-Verfahren keine verwendbaren Prüfergebnisse liefert. In diesem Fall kann die Bestimmung des Feuchtegehaltes nach der Darr-Methode erfolgen. Hierfür wird eine Probe des zu prüfenden Untergrundes entnommen, luftdicht verpackt und in der Regel in ein Prüflabor gebracht. Dort wird die Probe gegebenenfalls zerkleinert und deren Gewicht mit einer Analysewaage mit hoher Genauigkeit bestimmt. Anschließend wird die Probe über einen längeren Zeitraum in einem Trockenofen gelagert und regelmäßig der Gewichtsverlust durch Nachwiegen bestimmt. Dies muss so lange erfolgen, bis das Gewicht der Probe konstant bleibt. Die Trockentemperatur hängt von der Zusammensetzung des Untergrundes ab und muss so gewählt werden, dass keine unerwünschten thermischen Veränderungen der Bestandteile eintreten. Bei üblichen Betonproben liegt diese knapp über 100 °C. Nach Eintritt der Gewichtskonstanz wird der durch den entwichenen Wasseranteil eingetretene Masseverlust gemessen und daraus der Feuchtegehalt vor Beginn der Trocknung ermittelt. Unter Baustellenbedingungen kann der Feuchtegehalt näherungsweise durch Trocknen der Proben mit kleinen, transportablen Umluftöfen bestimmt werden (siehe Bild 15.50).

Bild 15.50: Umluftofen zum Darren von Materialproben unter Baustellenbedingungen

Die Bestimmung der Feuchte des Betonuntergrundes soll gemäß Teil 3, Anhang A der Instandsetzungs-Richtlinie jeweils vor Beginn der nachfolgenden Arbeiten und in Zweifelsfällen, z. B. bei Wetteränderungen, erfolgen.

15.2.3.3 Bestimmung der Rautiefe

Die Rautiefe gibt die mittlere Rauheit einer Oberfläche in [mm] an. Sie entspricht dem Materialvolumen, welches zum Egalisieren der Rauheit des Untergrundes bei Oberflächenschutzsystemen benötigt wird (siehe Bild 15.51).

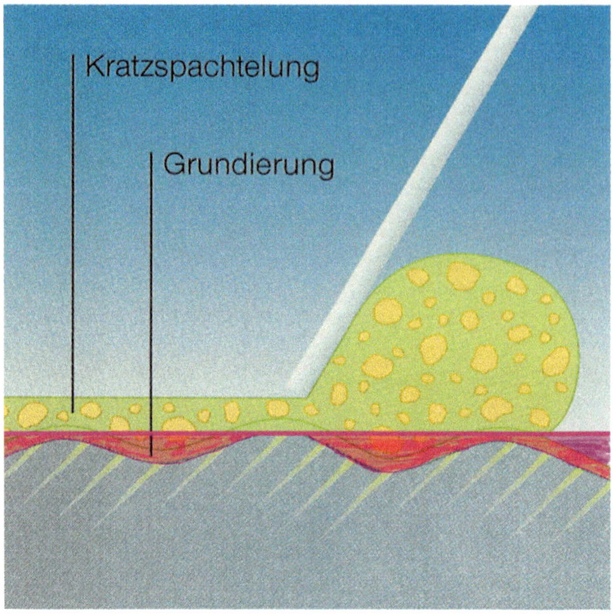

Bild 15.51: Rautiefe einer Betonoberfläche – Materialvolumen

Weiterhin ist eine „Mindest-Rautiefe“ wichtig, um einen Adhäsionsverbund durch die mechanische Verzahnung zwischen Instandsetzungssystemen, also Betonen, Mörteln und Feinspachtelschichten und dem Betonuntergrund sicherzustellen (siehe Bild 15.52). Aus diesem Grund sind in Teil 1, Abschnitt 7.2 der neuen TR Instandhaltung Anforderungen an die Rauheit des Betonuntergrundes definiert.

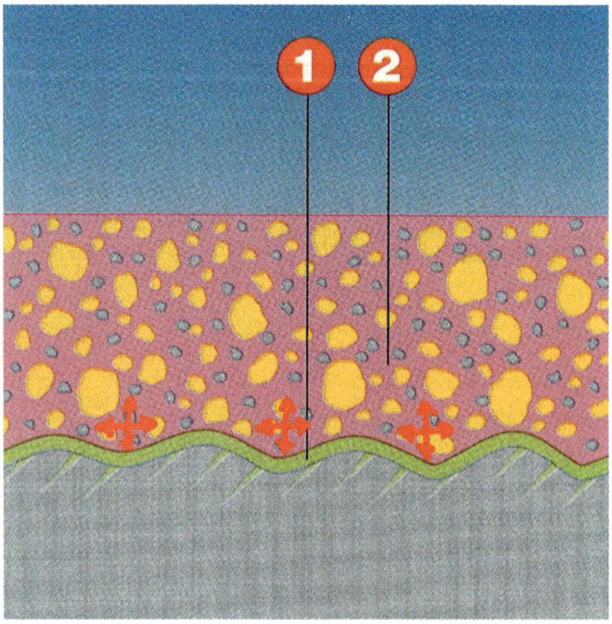

Bild 15.52: Rautiefe einer Betonoberfläche – Verzahnung

Hierzu sind in Tabelle 8 der TR Instandhaltung Teil 1 (siehe Bild 15.53) Rautiefeklassen mit Anforderungen an die mittlere Rautiefe R_t definiert.

Tabelle 8: Rautiefeklassen

	Rautiefeklasse	Anforderung an die mittlere Rautiefe R_t [1)] in [mm]
	1	2
1	RT0,3	$0,3 \leq R_t < 0,5$
2	RT0,5	$0,5 \leq R_t < 1,0$
3	RT1,0	$1,0 \leq R_t < 1,5$
4	RT1,5	$1,5 \leq R_t < 3,0$
5	RT3,0	$R_t \geq 3,0$

1) Im Zuge der Untergrundvorbereitung darf die Rautiefe nicht mehr als unvermeidlich erhöht werden.

ANMERKUNG: Die Rautiefe kann an horizontalen oder schwach geneigten Flächen mittels Sandverfahren nach DAfStb-RL SIB (Teil 3, Abschnitt 3.2.5) bestimmt werden. An stark geneigten Flächen und über Kopf können berührungslose Profilmessverfahren nach DIN EN ISO 13473-1 mit Geräten nach DIN ISO 13473-3 eingesetzt werden. Für alternative Verfahren ist ein Nachweis zur Korrelation mit den zuvor genannten Verfahren erforderlich.

Bild 15.53: Rautiefeklassen gemäß TR Instandhaltung - Teil 1, Tabelle 8

In Tabelle 9 der TR Instandhaltung Teil 1 (siehe Bild 15.54) sind anschließend Anforderungen an die Rauheit des Betonuntergrundes bei Adhäsionsverbund mit der Angabe von Mindest-Rautiefeklassen für die verschiedenen Instandsetzungssysteme festgelegt.

Tabelle 9: Anforderungen an die Rauheit des Betonuntergrundes bei Adhäsionsverbund

	Instandsetzungssystem	Mindest-Rautiefenklasse
	1	2
1	Beton nach DIN EN 206-1/DIN 1045-2 (ggf. als Trockenbeton), Spritzbeton (Größtkorn ≥ 8 mm), SRC (Größtkorn ≥ 8 mm), Vergussbeton [1)]	RT3,0
2	Beton nach DIN EN 206-1/DIN 1045-2 (ggf. als Trockenbeton), Spritzbeton (Größtkorn ≥ 8 mm), SRC (Größtkorn ≥ 8 mm), Vergussbeton [2)]	RT1,5
3	Spritzbeton (Größtkorn < 8 mm), SRC (Größtkorn < 8 mm), RC (Größtkorn < 8 mm), Spritzmörtel, RM, SRM, Vergussmörtel	RT1,0
4	PRM oder PRC	RT0,5
5	OS 4, OS 5, OS 8, OS 11, OS 14, Feinspachtel [3)]	RT0,3

1) Sofern die Anforderung an die verzahnte Fuge gemäß DIN EN 1992-1-1/NA gestellt werden.
2) Sofern die Anforderung an die raue Fuge gemäß DIN EN 1992-1-1/NA gestellt werden.
3) Für Oberflächenschutzsysteme OS 1 und OS 2 gelten keine Anforderungen an die Rauheit.

Bild 15.54: Anforderungen an die Rauheit des Betonuntergrundes gemäß TR Instandhaltung - Teil 1, Tabelle 9

Die Bestimmung der Rautiefe auf horizontalen Flächen erfolgt in der Regel mit dem sogenannten Sandflächenverfahren, welches in Teil 3, Abschnitt 3.2.5 der Instandsetzungs-Richtlinie beschrieben ist. Hierbei wird ein feinkörniger Sand (Körnung 0,1 – 0,3 mm) mit einem definierten Volumen (V) auf der zu prüfenden Oberfläche kreisförmig so verteilt, dass die Vertiefungen gerade gefüllt sind. Bild 15.55 zeigt eine solche Prüfung auf einer Betonoberfläche eines Betons mit Leichtzuschlägen. Anschließend ist der Durchmesser des so entstandenen Sandkreises zu messen. Die mittlere Rautiefe Rt [mm] wird aus dem Sandvolumen V [cm^3] und dem Durchmesser d [cm] mit der folgenden Formel berechnet:

$R_t = (40 \text{ x } V) / (p \text{ x } d^2)$ [mm]

Die so ermittelte Rautiefe in [mm] ist in einem Prüfbericht zu dokumentieren.

Bild 15.55: Bestimmung der Rautiefe mit dem Sandflächenverfahren

Als Häufigkeit für die Prüfung der Rautiefe des Betonuntergrundes sind in Teil 3, Anhang A der Instandsetzungsrichtlinie 3 Einzelprüfungen je angefangene 250 m^2 festgelegt (Analog der Oberflächenzugfestigkeit).

An senkrechten Flächen kann die Prüfung in modifizierter Form erfolgen, indem man zum Beispiel eine bestimmte Menge mit einem definierten Volumen eines angemischten Feinspachtels nimmt und diesen ebenso kreisförmig auf der zu prüfenden Oberfläche verstreicht, bis die Vertiefungen gerade gefüllt sind. Anschließend kann wiederum der Durchmesser des Kreises gemessen und die Rautiefe berechnet werden. Bild 15.56 zeigt eine solche Prüfung auf einer mittels Hochdruckwasser-Strahlen vorbereiteten senkrechten Betonoberfläche.

Bild 15.56: Rautiefenmessung auf senkrechter Betonoberfläche

15.2.3.4 Prüfung der Verarbeitungsbedingungen

Die Prüfung der Verarbeitungsbedingungen ist in Teil 3, Abschnitt 3.2.8. der Instandsetzungs-Richtlinie beschrieben. Hierzu zählen Temperatur und Feuchtigkeit der Luft (relative Luftfeuchte), die Temperatur des Bauteils sowie die Taupunkttemperatur.

Zum Messen der Lufttemperatur dürfen handelsübliche Thermometer verwendet werden. Die Ablesegenauigkeit soll mindestens 1 K betragen. Die relative Luftfeuchte darf gemäß der Instandsetzungsrichtlinie mit Haarhygrometern, Digitalhygrometern oder Hygrographen gemessen werden. Für die Messung der Bauteiltemperatur sind Thermometer mit Kontaktfühler bzw. Infrarotthermometer zu verwenden. Die Messungen sollen in unmittelbarer Nähe zur Bauausführung durchgeführt werden. In Anhang D der Instandsetzungs-Richtlinie, Teil 3 ist eine Taupunkttabelle abgebildet, in welcher die Taupunkttemperatur in Abhängigkeit von der gemessenen Lufttemperatur und -Feuchte abgelesen werden kann.

Seit einigen Jahren sind universell verwendbare Digital-Thermo-Hygrometer mit Luftsensoren für Lufttemperatur und -Feuchte sowie gleichzeitigen Infrarotsensor zur Messung der Oberflächentemperatur im Handel verfügbar, die auch die Taupunkttemperatur errechnen und den Taupunktabstand anzeigen können. Mit dem Infrarotsensor kann zudem auch die Materialtemperatur überwacht werden. Ein solches Gerät ist in Bild 15.57 gezeigt.

Bild 15.57: Digital-Thermo-Hygrometer mit Infrarotsensor für die Messung von Oberflächentemperaturen

Bei stark schwankenden Temperaturen oder der Dokumentation von längeren Zeiträumen macht der Einsatz von selbstschreibenden Geräten Sinn. Früher wurden hierfür mechanisch aufzeichnende Geräte verwendet. Ein solcher Thermo-Hygrograph ist auf Bild 15.58 gezeigt.

Bild 15.58: Thermo-Hygrograph (mechanisch)

Dieses Gerät besitzt zwei Schreibfedern, die Temperatur und Luftfeuchte kontinuierlich auf eine rotierende Walze, auf welche ein Diagrammblatt gespannt ist, aufzeichnen. Je nach Drehgeschwindigkeit und Skalenunterteilung des Diagrammblatts kann ein Zeitraum von sieben Tagen oder 24 Stunden (mit höherer Genauigkeit) aufgezeichnet werden. Die Temperatur wird hierbei über ein Bimetall-Element gemessen, die Luftfeuchte über einen Haarstrang. Diese Geräte mit „mechanischen" Sensoren sind sehr empfindlich gegenüber Erschütterungen und Verschmutzungen und daher unter Baustellenbedingungen sehr anfällig für Messfehler. Heutzutage kommen meist sogenannten Datenlogger zum Einsatz, welche Temperatur und Luftfeuchte mit elektronischen Fühlern messen und die Messwerte in regelmäßigen, wählbaren Zeitabständen digital speichern.

Bei der Auswahl der Messgeräte ist zu beachten, dass diese die erforderliche Messgenauigkeit aufweisen. In Bild 15.59 sind beispielhaft die technischen Daten eines Digital-Thermo-Hygrometers mit Infrarot-Oberflächentemperatursensor gezeigt, welches die erforderliche Genauigkeit aufweist.

Temperatur - Infrarot	
Messbereich	-30 bis +600 °C
Genauigkeit	±2,5 °C (-30,0 bis -20,1 °C) ±1,5 °C (-20,0 bis -0,1 °C) ±1,0 °C (0,0 bis +99,9 °C) ±1 % v. Mw. (restlicher Messbereich)
Infrarotauflösung	0,1 °C
Feuchte - Kapazitiv	
Messbereich	0 bis 100 %rF
Genauigkeit	±2 %rF ±0,5 °C
Auflösung	0,1 °C 0,1 %rF 0,1 °Ctd

Bild 15.59: Datenblatt für Digital-Thermo-Hygrometer mit Infrarot-Oberflächentemperatursensor

Zur Sicherstellung zuverlässiger Messergebnisse müssen die Messgeräte vor Arbeitsbeginn auf ihre Funktion hin kontrolliert und in regelmäßigen Abständen kalibriert werden.

Die einzuhaltenden Grenzwerte für die Luft- und Bauteiltemperaturen sind, unterschieden nach Stoffarten, in Tabelle 11 der TR Instandhaltung – Teil 1 (siehe Bild 15.60) aufgeführt.

Tabelle 11: Grenztemperaturen des Betonuntergrundes bzw. der Bauteiltemperatur und der unmittelbar überlagernden Luftschicht (Richtwerte)

<table>
<tr><td rowspan="3"></td><td>1</td><td>2</td><td>3</td></tr>
<tr><td rowspan="2">Aufzubringender Stoff</td><td colspan="2">Temperatur [°C]</td></tr>
<tr><td>Mindestens</td><td>Höchstens</td></tr>
<tr><td>1</td><td>Zementgebundene Stoffe, auch mit Kunststoffzusatz</td><td>5</td><td rowspan="5">30</td></tr>
<tr><td>2</td><td>Reaktionsharze sowie Polymermörtel und Polymerbetone (PRM, PRC)</td><td rowspan="4">8</td></tr>
<tr><td>3</td><td>Hydrophobierungen</td></tr>
<tr><td>4</td><td>Einkomponentige, lösemittelhaltige Oberflächenschutzsysteme</td></tr>
<tr><td>5</td><td>Wasserdispergierbare Oberflächenschutzsysteme</td></tr>
</table>

Bild 15.60: TR Instandhaltung – Teil 1, Tabelle 11

Für die relative Luftfeuchte sind in der TR Instandhaltung keine Grenzwerte vorgegeben, jedoch ist auf Grundlage der Luftfeuchte und der Lufttemperatur die Taupunkttemperatur zu ermitteln, die gemäß Tabelle 10 der TR Instandhaltung, Teil 1 (sieh Bild 15.61) bei der Verarbeitung kunststoffgebundener Stoffe mindestens 3K über dem Taupunkt liegen muss.

Tabelle 10: Witterungsbedinungen

<table>
<tr><td rowspan="2"></td><td>Exposition</td><td>zementgebundene Stoffe, auch mit Kunststoffzusatz</td><td>kunststoffgebundene Stoffe</td></tr>
<tr><td>1</td><td>2</td><td>3</td></tr>
<tr><td>1</td><td>Relative Luftfeuchte</td><td>keine Forderung</td><td>Bauteiltemperatur muss mind. 3 K über dem Taupunkt liegen</td></tr>
<tr><td>2</td><td>Niederschlag</td><td>kein Regen</td><td>kein Regen oder Nebelnässen</td></tr>
<tr><td>3</td><td>Wind</td><td>Windstärke ≤ 3 Beaufort [1]),
entsprechen ≤ ca. 5 m/s</td><td>Staub muss ferngehalten werden</td></tr>
<tr><td>4</td><td>Sonne</td><td>Austrocknung durch Sonneneinstrahlung muss vermieden werden</td><td>keine Anforderung</td></tr>
</table>

[1]) Blätter und dünne Zweige in dauernder Bewegung, der Wind streckt einen Wimpel

Bild 15.61: TR Instandhaltung – Teil 1, Tabelle 10

Neben den allgemeinen Vorgaben der Regelwerke betreffend Temperaturen und Umgebungsbedingungen sind zudem auch die produkt- bzw. systemspezifischen Vorgaben in den Technischen Merkblättern und / oder Ausführungsanweisungen („Angaben zur Ausführung") der Materialhersteller zu beachten.

15.2.3.5 Bestimmung von Schichtdicken

Die Dicke von Oberflächenschutzsystemen, gegebenenfalls auch einzelner Schichten eines Systems, hat einen wesentlichen Einfluss auf die Leistung und Dauerhaftigkeit des Oberflächenschutzsystems. Daher sind zur Sicherstellung bestimmter Leistungsmerkmale wie zum Beispiel einer bestimmten Rissüberbrückung, einer Verschleißfestigkeit oder eines Diffusionswiderstandes bestimmte Mindestschichtdicken und ggf. Maximalschichtdicken erforderlich. Die Einhaltung dieser Dicken ist während und nach der Ausführung zu überwachen bzw. zu prüfen.

Die Bestimmung der Schichtdicken von Oberflächenschutzsystemen bzw. der einzelnen Schichten ist gemäß Abschnitt 3.4.1 der Instandsetzungs-Richtlinie Teil 1 sowohl über den Verbrauch pro Flächeneinheit unter Berücksichtigung der Rautiefe als auch über die Messung der Nassschichtdicke durchzuführen. In der Praxis hat sich allerdings herausgestellt, dass bei der Messung der Nassschichtdicke, zum Beispiel mit Messkämmen aus Metall oder Kunststoff, bei den üblichen, meist gefüllten Beschichtungssystemen nur relativ ungenaue Ergebnisse erzielt werden. Auch ist es bei abgesandeten Beschichtungen kaum möglich, Messungen während der Ausführung in der noch nicht ausgehärteten Beschichtung durchzuführen.

Nicht zerstörungsfreie Prüfungen sind gemäß der Instandsetzung-Richtlinie auf Ausnahmefälle zu beschränken. In begründeten Fällen, z. B. bei Unregelmäßigkeiten während der Ausführung, sollen Bohrkerne kleinen Durchmessers (50 mm oder kleiner) entnommen werden. Die Schichtdicke wird an der Mantelfläche mit Hilfe einer Messlupe oder eines Messmikroskops bestimmt. Zur genauen Ermittlung dünner Schichtdicken und von Einzelschichtdicken mehrschichtiger Systeme müssen die Proben in einem Fachlabor mit besonderen Geräten zersägt werden und die Prüfflächen angeschliffen werden. Anzahl und Lage der Proben bzw. Prüfstellen müssen durch den sachkundigen Planer festgelegt werden. Bild 15.62 zeigt die Bestimmung der Schichtdicke eines OS 8-Systems mit einer Messlupe an der Mantelfläche eines Bohrkerns. Auf Bild 15.63 ist eine angeschliffene Probe eines OS 11a-Systems bestehend aus Grundierung, elastischer Oberflächenschutzschicht (hwO), Deckschicht (Verschleißschicht) und Deckversiegelung zu sehen.

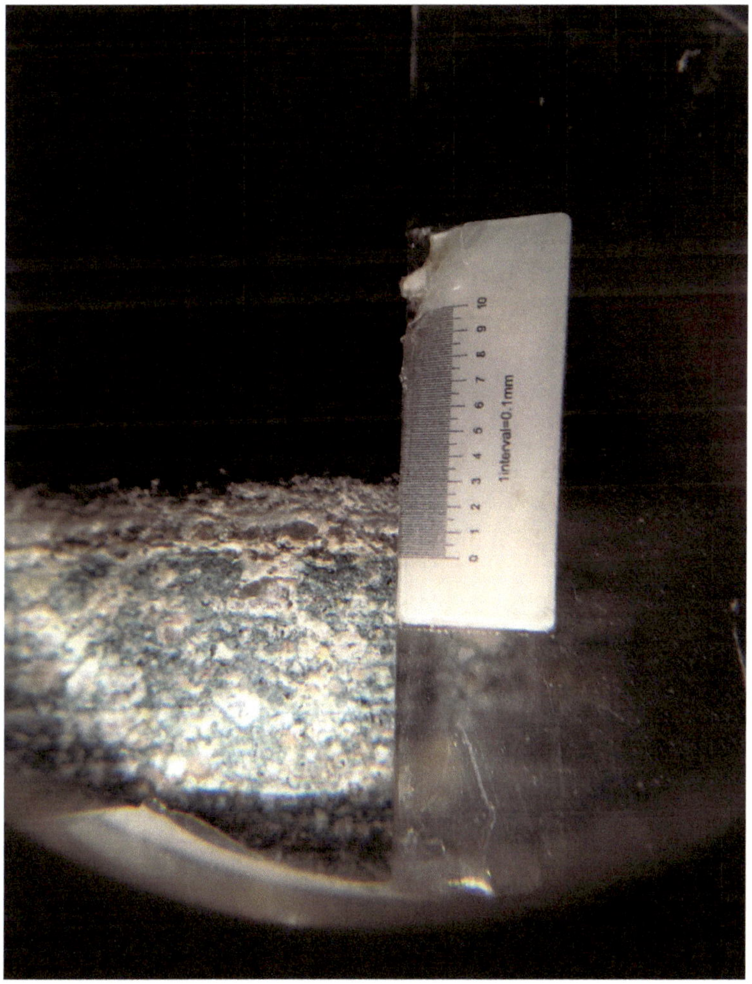

Bild 15.62: Bestimmung Schichtdicke mit Messlupe

Bild 15.63: Bestimmung Schichtdicke an geschliffener Probe mit Auflichtmikroskop

In Tabelle A.1 der TR Instandhaltung Teil 2 (siehe Bild 15.64) sind die geforderten Mindestschichtdicken $d_{min,S}$ der Oberflächenschutzschichten vorgegeben.

Tabelle A.1 – Mindestschichtdicken $d_{min,s}$ der hauptsächlich wirksamen Oberflächenschutzschicht (hwO) für Oberflächenschutzsysteme

Oberflächenschutzsystem		Mindestschichtdicke $d_{min,s}$ [µm]
OS 2 (OS B)		80
OS 4 (OS C)		80
OS 5a (OS DII)		300
OS 5b (OS DI)		2000
OS 8		2500 [1)]
OS 11a (OS F a)	Deckschicht	3000
	Elastische Oberflächenschutzschicht (hwO, Schwimmschicht)	1500
OS 11b (OS F b)		4000
OS 14	Deckschicht	4000
	Elastische Oberflächenschutzschicht (hwO, Schwimmschicht)	2000
[1)] Gesamtschichtdicke inkl. Grundierung und Deckschicht		

Bild 15.64: Mindestschichtdicken gemäß TR Instandhaltung – Teil 2, Tabelle A.1

Neben den allgemeinen Vorgaben zu den Schichtdicken in Tabelle A.1 sind zudem auch die produkt- bzw. systemspezifischen Vorgaben in den Technischen Merkblättern und / oder Ausführungsanweisungen („Angaben zur Ausführung") der Materialhersteller zu beachten. Hier werden in der Regel neben den produktspezifischen Mindestschichtdicken $d_{min,P}$ auch produktspezifische Maximalschichtdicken $d_{max,P}$ angegeben. Maßgeblich hierfür sind unter anderem die geforderten H2O-Diffusionseigenschaften und das Brandverhalten.

Zur Beurteilung bzw. Berücksichtigung von in Abhängigkeit von der Rauheit des Untergrundes, von verschiedenen Produkt- bzw. Materialeigenschaften, Verarbeitungsverfahren und Verarbeitungsbedingungen bedingten Mehrverbräuchen müssen die Materialhersteller Werte für den flächenbezogenen Stoffverbrauch für die verschiedenen Oberflächenschutzsysteme in die Angaben zur Ausführung mit aufnehmen.

15.2.4 Fremdüberwachung

Die Überwachung von Instandsetzungsarbeiten an Stahlbetonbauteilen durch eine dafür anerkannte Überwachungsstelle („Fremdüberwachung") ist in Abschnitt 2.3. der Instandsetzungs-Richtlinie – Teil 3 geregelt. Nachfolgend werden die wichtigsten Punkte aus diesem Abschnitt auszugsweise zitiert:

Zunächst hat die Überwachungsstelle vor Aufnahme der Überwachung zu prüfen, ob das ausführende Unternehmen über die personelle und gerätemäßige Ausstattung zur Sicherstellung einer fachgerechten Ausführung der Arbeiten verfügt.

Der Überwachungsstelle sind überwachungspflichtige Maßnahmen vor Beginn der Arbeiten vom ausführenden Unternehmen mit den folgenden Angaben schriftlich anzuzeigen:

- Bezeichnung der Baustelle, qualifizierte Führungskraft, Bauleiter, Baustellenfachpersonal
- Art und Umfang der auszuführenden Maßnahmen
- Art und Menge der vorgesehenen Baustoffe
- der beabsichtigte Beginn und das voraussichtliche Ende der Arbeiten
- ggf. beauftragte Prüfstelle für die Überwachung durch das ausführende Unternehmen
- bei längerer Unterbrechung ist der Wiederbeginn der Arbeiten anzuzeigen

Jede angezeigte Schutz- und Instandsetzungsmaßnahme ist durch die Überwachungsstelle ohne vorherige Ankündigung im Regelfall mindestens einmal zu überprüfen. Bei länger andauernden Maßnahmen sind weitere Überprüfungen in angemessenen Zeitabständen durchzuführen. Die Häufigkeit der Überprüfungen liegt im Ermessen der Überwachungsstelle und richtet sich u. a. nach den Feststellungen und Ergebnissen bei den vorhergehenden Überprüfungen. Dabei sind die Zuverlässigkeit der Überwachung durch das ausführende Unternehmen sowie die projektspezifischen Anforderungen an die Ausführung und an die Stoffe und Stoffsysteme zu berücksichtigen. Bei wesentlichen Beanstandungen ist eine Wiederholungsprüfung durchzuführen.

Der Beauftragte der Überwachungsstelle hat in die Ausführungsunterlagen und Aufzeichnungen der Überwachung durch das ausführende Unternehmen („Eigenüberwachung") Einblick zu nehmen. Weiterhin hat er, soweit möglich, die Durchführung der Instandsetzungsmaßnahmen zu überprüfen. In begründeten Zweifelsfällen muss er die in dieser Richtlinie festgelegten Probenahmen und Prüfungen durchführen oder durchführen lassen.

Die bei der Überwachung getroffenen Feststellungen und deren Auswertungen sind durch den Beauftragten der Überwachungsstelle in einem Überwachungsbericht zu dokumentieren. Angaben zum Inhalt eines solchen Überwachungsberichtes sind in Abschnitt 2.3.4 der Instandsetzungs-Richtlinie aufgeführt.

Baustellen, die durch eine Überwachungsstelle nach der Instandsetzungs-Richtlinie überwacht werden, müssen an deutlich sichtbarer Stelle durch eine Hinweistafel mit mindestens den folgenden Angaben gekennzeichnet werden:

- ÜBERWACHT
- DAfStb-Richtlinie Schutz und Instandsetzung von Betonbauteilen
- Name und Anschrift der anerkannten Überwachungsstelle (ggf. mit Symbol).

Die Überwachungsstellen, welche eine Überwachung von Instandsetzungsarbeiten an Stahlbetonbauteilen durchführen, müssen hierfür die Anerkennung der obersten Bauaufsichtsbehörden besitzen. Dies wird durch einen entsprechenden Bescheid des Deutschen Instituts für Bautechnik (DIBt) dokumentiert.

Ein aktuelles Verzeichnis der Prüf-, Überwachungs- und Zertifizierungsstellen nach den Landesbauordnungen (PÜZ-Verzeichnis) kann auf der Homepage des DIBt heruntergeladen werden (URL: https://www.dibt.de/fileadmin/dibt-website/Dokumente/Referat/P4/LBO/PUEZ-Verzeichnis.pdf, letzter Zugriff 05/2024). Die für die Überwachung der Instandsetzung von tragenden Betonbauteilen, deren Standsicherheit gefährdet ist, zertifizierten Überwachungsstellen sind in Teil 5, Lfd. Nr. 2 der Liste aufgeführt.

Ein großer Teil der in der Instandhaltung von Betonbauwerken tätigen Firmen hat sich in 2 Überwachungsgemeinschaften (Vereinen) zusammengeschlossen, deren Ziel die Erarbeitung und Weiterentwicklung von Güte- und Prüfbestimmungen sowie die Durchführung der Überwachung der Arbeiten ihrer Mitgliedsunternehmen und auch für Nichtmitglieder ist. Diese Vereine besitzen die Anerkennung der obersten Bauaufsichtsbehörden für die Überwachung der Instandsetzung von Betonbauteilen und weiterer Überwachungsgegenstände. Hier sind zum einen die regionalen Landesgütegemeinschaften „Betoninstandsetzung“ zu nennen, die sich in der Bundesgütegemeinschaft Instandsetzung von Betonbauwerken e. V. („iB“) zusammengeschlossen haben, zum anderen die bundesweit tätige Gemeinschaft für Überwachung im Bauwesen E. V. (GÜB).

Bild 15.66: RAL-Gütezeichen der Bundesgütegemeinschaft Instandsetzung von Bauwerken

Die Gütegemeinschaften stellen den überwachten Unternehmen auf Antrag und nach Überprüfung der Erfüllung der vorgegebenen Kriterien wie Sachkunde und Erfahrung des Personals sowie der Geräte-Ausstattung ein befristetes, bauordnungsrechtliches Zertifikat über Eignungsnachweis auf Grundlage der Muster- Hersteller- und Anwenderverordnung (MHAVO) [13] aus. Darüber hinaus werden bei Erfüllung satzungsgemäßer Qualitätsanforderungen gemäß besonderer Gütezeichensatzungen auf Antrag zusätzlich privatrechtliche Gütezeichen an Mitgliedsunternehmen verliehen.

Neben der Überwachung von Instandsetzungsarbeiten an Stahlbetonbauteilen nach Abschnitt 2.3. der Instandsetzungs-Richtlinie – Teil 3 können noch weitere bauordnungsrechtliche und privatrechtliche Zertifizierungen des ausführenden Unternehmens gefordert werden, wie z. B. der Eignungsnachweis zum Verstärken von Betonbauteilen durch Ankleben von Stahllaschen und CFK-Lamellen bzw. CFK-Gelegen oder der Fachbetriebsnachweis für Arbeiten an Auffangwannen nach §62 Wasserhaushaltsgesetz.

In Bild 15.65 ist ein Beispiel für ein Zertifikat über den positiven Eignungsnachweis entsprechend Muster-Hersteller- und Anwenderverordnung (MHAVO) gezeigt, in Bild 15.66 ein Beispiel für ein Gütezeichen.

GEMEINSCHAFT FÜR ÜBERWACHUNG IM BAUWESEN E.V. GÜB

ZERTIFIKAT

über den positiven Eignungsnachweis entsprechend
Muster-Hersteller- und Anwenderverordnung (MHAVO) des Unternehmens

[illegible]

- einschließlich aller Niederlassungen -

Das Unternehmen verfügt über Fachkräfte mit besonderer Sachkunde und Erfahrungen sowie über besondere Vorrichtungen für die Instandsetzung von tragenden Betonbauteilen, deren Standsicherheit gefährdet ist.

Die erforderliche Ausbildung und berufliche Erfahrung der Fachkräfte sowie die erforderlichen Vorrichtungen bestimmen sich nach DAfStb-Richtlinie Schutz und Instandsetzung von Betonbauteilen, Teil 3, Ausgabe Oktober 2001.

Dieses Zertifikat gilt vom 01.01.2020 bis zum 31.12.2021.

In den Bundesländern sind die Regelungen der MHAVO in Hersteller- und Anwenderverordnungen bzw. Bauprodukten- und Bauartenverordnungen umgesetzt.

GEMEINSCHAFT
FÜR ÜBERWACHUNG IM BAUWESEN E. V.

Download Zertifikat

GÜB-Sicherheitsmerkmale

Dr.-Ing. Christoph Sievering
Leiter der Prüf- und Überwachungsstelle

Berlin, 11.11.2019

Dieses Dokument enthält digitale Sicherheitsmerkmale der GÜB und ist daher auch ohne Unterschrift gültig.

Bild 15.65: Zertifikat entsprechend MHVO der Gemeinschaft Überwachung im Bauwesen e.V.

15.2.5 Weitergehende Qualifikationen der ausführenden Unternehmen

Die fachliche Qualifikation der ausführenden Unternehmen für die Instandsetzung von Betonbauteilen wird im Rahmen der Fremdüberwachung durch die Überwachungsstelle überprüft.

Darüber hinaus sind für bestimmte Leistungen, wie zum Beispiel für

- die Abdichtung von Auffangräumen nach § 62 Wasserhaushaltsgesetz [11] bzw. § 62 AwSV [10],
- das Verstärken von Betonbauteilen mit geklebter Bewehrung gemäß DAfStb-Richtlinie,
- das Herstellen nachträglicher Bewehrungsanschlüsse,
- das Schweißen von Betonstahl nach DIN EN ISO 17660-1 (Stumpfstöße, Überlappungsstöße usw.),
- weitere spezielle Fachbetriebs-Zertifizierungen und Eignungsnachweise erforderlich.

Zusätzlich können je nach Art, Umfang und Schwierigkeitsgrad der geplanten Arbeiten zusätzliche Qualifikationen des Unternehmens, wie zum Beispiel der Nachweis von Referenzen über erfolgreich durchgeführte Projekte mit vergleichbaren Anforderungen, erforderlich sein. Auch können die Auftraggeber weitere Anforderungen, wie zum Beispiel den Nachweis von betriebswirtschaftlichen Kenngrößen wie Umsätze der letzten Jahre in bestimmten Leistungsbereichen oder von bestimmten Managementsystemen, stellen. In den nachfolgenden Absätzen sind hierzu einige Beispiele erläutert.

15.2.5.1 PQ-Verfahren

Ein mögliches Instrument für die Beurteilung der Eignung der Unternehmen bei der Vergabe von Bauleistungen ist die Präqualifikation auf Grundlage der „Leitlinie des Bundesministeriums für Verkehr, Bau und Stadtentwicklung für die Durchführung eines Präqualifikationsverfahrens" (PQ VOB). Im Rahmen der Präqualifizierung werden durch die Präqualifizierungsstellen sowohl fachliche Nachweise wie Referenzbescheinigungen für ausgeführte Leistungen als auch „betriebswirtschaftliche" Nachweise wie (unter anderem) Angaben zu Umsätzen, Mitarbeiterzahl sowie Unbedenklichkeitsbescheinigungen der Sozialkassen angefordert und geprüft. Bei den Referenzbescheinigungen werden die Bauleistungen definierten Leistungsbereichen zugeordnet, für jeden präqualifizierten Leistungsbereich muss das Unternehmen mindestens drei durch Referenzgeber bestätigte Referenzen in einer standardisierten Form vorlegen und spätestens alle fünf Jahre aktualisieren.

Für die Instandsetzung von Betonbauteilen im Sinne der Instandhaltung-Richtlinie ist eine Präqualifizierung in den Leistungsbereichen

- 311_11 Betonerhaltungsarbeiten (Ing.-Bau)
- 112-10 Maler-, Lackierarbeiten, Beschichtungen und Tapezierarbeiten
- 311-4 Spritzbetonarbeiten

maßgeblich.

Weitere Informationen über das Präqualifizierungsverfahren PQ-VOB sind auf der Homepage des Vereins für die Präqualifikation von Bauunternehmen e. V, Bonn – URL: www.pq-verein.de (letzter Zugriff 05/2024) zu finden. Auf dieser Liste kann auch die PQ-Liste, die alle präqualifizierten Unternehmen des amtlichen Verzeichnisses PQ-VOB enthält, eingesehen und selektiert werden.

15.2.5.2 Qualitätsmanagementsysteme (nach DIN EN ISO 9001)

Ziel der Einführung eines Qualitätsmanagementsystems („QM-System") in einem Unternehmen ist es, die bestehenden Strukturen, Arbeitsabläufe und Unternehmensprozesse zu erfassen, zu dokumentieren und kontinuierlich zu verbessern, um die Anforderungen der Kunden und des Marktes bestmöglich zu erfüllen. Hierfür werden zunächst die Unternehmensprozesse in Organigrammen und Ablaufdiagrammen sowie Checklisten und Formblättern dargestellt und in einem sogenannten Qualitätsmanagementhandbuch oder Prozessmanagementhandbuch zusammengefasst. Hierbei werden bei Bauunternehmen im Wesentlichen die operativen Unternehmensprozesse, also angefangen von der Akquisition/Angebotsbearbeitung über die Abwicklung der Bauprojekte bis hin zur Schlussabrechnung und Gewährleistungsphase betrachtet. Zudem werden unterstützende Prozesse wie Prüfmittel- und Geräteorganisation, Überwachung von Geräten und Fuhrpark zum Beispiel im Hinblick auf UVV-Prüfungen, sowie Unternehmensführungsprozesse wie zum Beispiel die Organisation von regelmäßigen Weiterbildungen und Qualifikationen dokumentiert. In Bild 15.67 ist ein Auszug aus einem Prozessmanagementhandbuch dargestellt. Hier ist ein Ablaufdiagramm zur Prüfmittel- und Geräteorganisation zu sehen, in dem die wesentlichen Ablaufschritte schematisch dargestellt sind und daneben die Zuständigkeiten für die einzelnen Schritte definiert sind.

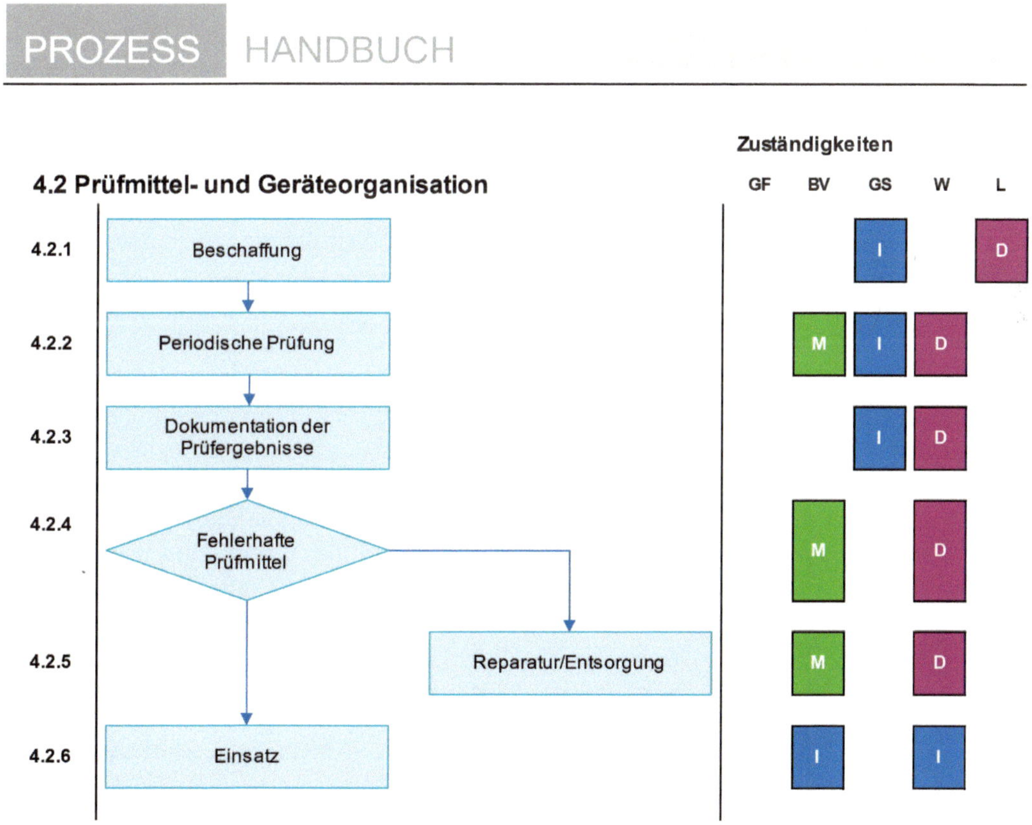

Bild 15.67: Auszug aus einem Prozessmanagementhandbuch- Ablaufdiagramm Prüfmittel- und Geräteorganisation

Nach der Dokumentation der Prozesse und Zuständigkeiten in einem QM- oder Prozessmanagementhandbuch sowie der Durchführung von internen Audits zur Überprüfung der Abläufe und der Organisationsstruktur kann das Managementsystem im Rahmen eines externen Audits durch unabhängige Auditoren regelmäßig überprüft und bestätigt („Zertifiziert") werden, sodass die Organisationsstruktur auch für Außenstehende dokumentiert und nachgewiesen wird.

In der internationalen Norm DIN EN ISO 9001 – Qualitätsmanagementsysteme [14] sind grundlegende Anforderungen an ein solches Managementsystem festgelegt.

15.2.5.3 Arbeitsschutzmanagementsysteme

Neben den Qualitäts- oder Prozessmanagementsystemen gewinnen zunehmend auch Arbeitsschutzmanagementsysteme (AMS) an Bedeutung. Da die sicherheitstechnische Ausstattung der Arbeitsmaschinen und Geräte im Laufe der Zeit immer weiter optimiert wurde, lassen sich die Unfallursachen und Defizite im Arbeits- und Gesundheitsschutz zunehmend dem organisatorischen und personellen Bereich zuordnen. Durch die Einführung und Zertifizierung von AMS-Systemen soll die organisatorische Ausrichtung des Unternehmens im Hinblick auf den Arbeits- und Gesundheitsschutz verbessert werden. Somit werden parallel zu dem Prozessmanagement eine rechtssichere Organisationsstruktur für den Arbeits- und Gesundheitsschutz etabliert und Verantwortungs- und Aufgabenbereiche festgelegt. Damit sollen unter anderem die systematische Ermittlung und Beurteilung von Gefährdungen und davon ausgehend die Ableitung und Umsetzung von Maßnahmen und deren Kontrolle sowie die regelmäßige Arbeitsmedizinische Vorsorge und die sicherheitstechnische Qualifizierung, Schulung und Unterweisung des Personals sichergestellt werden.

Als branchenspezifisches Arbeitschutzmanagementsystem für Bauunternehmen wird mittlerweile in vielen Unternehmen das System AMS BAU der Berufsgenossenschaft der Bauwirtschaft (BG BAU) eingeführt. Das Konzept AMS BAU basiert auf dem in der Bundesrepublik Deutschland im Juni 2002 beschlossenen „Nationalen Leitfaden für Arbeitsschutzmanagementsysteme (NLF)" [15], welcher wiederum weitgehend den Leitfaden für Arbeitsschutzmanagementsysteme der International Labour Organization ILO-OSH 2001 (ILO, Arbeitsschutzorganisation der UN) umsetzt.

Nach einer Bestandaufnahme und der Umsetzung von elf Arbeitsschritten und der Durchführung von internen Überprüfungen (Audits) kann auf Wunsch des Unternehmens eine Begutachtung (Audit) durch die BG BAU erfolgen. Nach erfolgreich abgeschlossener Begutachtung erhält das Unternehmen eine Bescheinigung, dass es die Anforderungen an einen systematischen und wirksamen Arbeitsschutz erfüllt. In Bild 15.68 ist das Logo des AMS Bau gezeigt.

Bild 15.68: Logo AMS Bau der BG Bau

Neben dem System AMS Bau der BG Bau wird im Bereich der Bauwirtschaft, insbesondere für eine Tätigkeit in großen Industriebetrieben, manchmal auch eine Prüfung bzw. Zertifizierung des Personals bzw. des Unternehmens nach dem SCC-Standard gefordert. SCC bedeutet Sicherheits Certifikat Contraktoren (Kontraktoren ist eine übliche Bezeichnung für technische Dienstleister in Industriebetrieben). Dieses System wurde ursprünglich in den 90er Jahren in der Petro- und Großchemie in den Niederlanden entwickelt. Die Zertifizierung erfolgt durch entsprechende, anerkannte Prüf- und Zertifizierungsstellen.

15.2.6 Leistungsmerkmale und Verwendbarkeitsnachweise der Produkte und Systeme

In Abschnitt 15.1 wurde bereits darauf hingewiesen, dass die neue TR Instandhaltung von Teilen der Fachwelt, insbesondere auf Seiten der Produkthersteller, kritisch gesehen und kontrovers diskutiert wird. Dies hat dazu geführt, dass ein Normenkontrollverfahren gegen die TR Instandhaltung eingeleitet und beantragt wurde, die produktbezogenen Teile der TR Instandhaltung und der Instandhaltungs-Richtlinie für unwirksam zu erklären [6]. Auch bereits vor Einführung der TR Instandhaltung herrschte im Bereich der Regelwerke für Schutz und Instandsetzung von Betonbauteilen, zum Beispiel durch veraltete europäische Produktnormen und das EuGH-Urteil vom 16.10.2014 (Rechtssache C-100/13), in dessen Folge u. a. die Bauregellisten abgeschafft werden mussten, große Unsicherheit. Die Informationen, die insbesondere zu dem Thema der regelkonformen Nachweisführung der Verwendbarkeit von CE-gekennzeichneten Bauprodukten von Seiten der Baubehörden und der Produkthersteller veröffentlicht wurden und werden, sind unvollständig, zum Teil widersprüchlich und in der Baupraxis kaum anwendbar. Daher kann an dieser Stelle (Stand August 2022) keine konkrete Vorgehensweise für einen rechtssicheren und regelkonformen Nachweis der Verwendbarkeit der Bauprodukte aufgezeigt werden. Nachfolgend wird dennoch versucht, die Vorgaben der zur Zeit gültigen Regelwerke aufzuzeigen:

Gemäß der TR Instandhaltung, Teil 1 hat der Sachkundige Planer eine Leistungsbeschreibung zu erstellen und hierin die zu verwendenden Bauprodukte und -Systeme sowie die Applikationsverfahren unter Beachtung der baulichen Randbedingungen anzugeben sowie die durch die Produkte zu erfüllenden Leistungsmerkmale mit Angabe der Expositionsklassen festzulegen. Hinweise zur Auswahl der Bauprodukte und -Systeme und den zu beschreibenden Merkmalen finden sich unter anderem in den folgenden Tabellen der TR Instandhaltung – Teil 1:

- Tabelle 12: Verwendung von Oberflächenschutzsystemen
- Tabelle 13: Verwendung von Rissfüllstoffen zum Füllen von Rissen und Hohlräumen
- Tabelle 14: Füllstoffspezifische Verwendungsbedingungen für Rissfüllstoffe
- Tabelle 15: Verwendung von Betonersatz bekannter und unbekannter Zusammensetzung für die flächige Instandsetzung

In Teil 2 der TR Instandhaltung sind in den Anhängen

- Anhang A – Anforderungen an Produkte und Systeme für den Oberflächenschutz
- Anhang B – Anforderungen an Produkte und Systeme für das Schließen, Abdichten und Verbinden von Rissen / Rissflanken mit kraftschlüssigen und dehnbaren Rissfüllstoffen
- Anhang C – Anforderungen an Produkte und Systeme für die Instandsetzung mit Betonersatz

in zahlreichen Tabellen die Verfahren zur Sicherstellung der Zuverlässigkeit und Genauigkeit der erklärten Leistung, im Wesentlichen mit Bezugnahme auf Prüfverfahren bzw. Prüfnormen, aufgelistet. Eine reine CE-Kennzeichnung der Bauprodukte reicht für den Nachweis nicht aus, da hierdurch in der Regel nur eine Leistung erklärt wird, nicht jedoch die Vielzahl der üblicher Weise geforderten Merkmale.

Neben einer Erst- oder Grundprüfung zum Nachweis der geforderten Merkmale muss auch die Übereinstimmung der gelieferten Produkte mit der ursprünglich grundgeprüften Produktcharge sichergestellt sein. Hierzu muss in der Regel beim Produkthersteller eine geeignete werkseigene Produktionskontrolle (WPK) erfolgen, die regelmäßig durch eine externe Prüfstelle zu überprüfen und zu zertifizieren ist. Dieser Verwendbarkeitsnachweis ist durch das ausführende Unternehmen zu führen, welches jedoch auf die Vorlage entsprechende Nachweise durch den Produkthersteller angewiesen ist.

Für die Baupraxis empfiehlt es sich, rechtzeitig zu prüfen, ob die im LV ausgeschriebenen Produkte aktuell auch am Markt verfügbar sind, und sich von den in Frage kommenden Produktherstellern entsprechende Nachweise wie Prüfzeugnisse, Übereinstimmungsnachweise und Zertifikate über eine bestehende WPK bzw. Fremdüberwachung vorlegen zu lassen. Weiterhin müssen die Produkthersteller „Angaben zur Ausführung" mit Produkt- bzw. Systemspezifischen Angaben zu Systemaufbauten, Materialverbräuchen, Umgebungsbedingungen, Wartezeiten uvm. zur Verfügung stellen. Vorgaben hierfür sind ebenfalls in den Tabellen in den Anhängen A, B und C der TR Instandhaltung – Teil 2 aufgeführt. Nach Vorlage dieser Unterlagen und Nachweise beim Sachkundigen Planer und gegebenenfalls beim Bauherrn sollte vor Beginn der Ausführung eine Freigabe der vorgesehenen Produkte und Instandsetzungssysteme durch den Sachkundigen Planer erfolgen, um den Erfolg der Instandsetzungsmaßnahme sicher zu stellen.

15.2.7 Erkundung – Beweissicherung – Dokumentation

Eine wesentliche Voraussetzung für eine fundierte Instandsetzungsplanung sind eine lückenlose Erkundung und Beweissicherung des Instandsetzungsprojektes anhand von vorhanden Planunterlagen und durch Ortsbegehungen. Vielfach sind jedoch keine oder nur noch unvollständige Bestandsunterlagen der Bauwerke vorhanden. Auch wenn diese vorliegen, stimmen die Planunterlagen häufig nicht mit der tatsächlichen Ausführung in der Örtlichkeit überein. Zudem ist es wichtig, den Zustand der baulichen Anlage und der Gebäudeausrüstung vor Beginn der Baumaßnahme in Form einer Beweissicherung zu dokumentieren, um zu einem späteren Zeitpunkt gegebenenfalls Schadensbilder rekonstruieren zu können und auch eventuell strittige Schäden, zum Beispiel an angrenzenden Bauteilen oder Bauelementen, zuordnen zu können. Neben der klassischen Vorgehensweise mit Fotodokumentation und Checklisten bzw. Schadensaufstellungen kann eine Bauwerksaufnahme im 3D-Laserscan-Verfahren sehr effizient und hilfreich sein. Hier sind seit einigen Jahren kompakte, leistungsfähige Geräte für den Einsatz im Bauwesen verfügbar. Die Bild 15.69 zeigt den Einsatz eines 3D-Laserscanners an einer Hochbau-Fassade mit einer Darstellung der erzeugten Rohdaten.

Der Scanner ist von der Größe her vergleichbar mit einem Nivelliergerät und wird am Objekt auf einem 3-Bein-Stativ aufgestellt. Bei dem Scanvorgang dreht sich das Gerät 360° um die senkrechte Achse, während ein Prisma sich gleichzeitig um die vertikale Achse dreht und den Laser-Messstrahl sternförmig (Polar) ablenkt. Bei einem 360° Scanvorgang erfasst der Scanner je nach eingestellter Auflösung in kurzer Zeit (ca. 3 bis 5 min) ca. 3 Millionen Oberflächenpunkte und speichert diese mit Vektorkoordinaten ab. Zur Kompensation von Verschattungen bei zergliederten Oberflächen muss der Scanvorgang gegebenenfalls von mehreren Scan-Standorten („Stationen") durchgeführt werden. Durch jeden weiteren Scanvorgang wird zudem die Messgenauigkeit erhöht. Zusätzlich zu der Laservermessung kann über eine eingebaute Farbkamera ein 360°-Foto erstellt werden, sodass die Oberflächen 3-dimensional fotorealistisch dargestellt werden können. Die auf SD-Karten gespeicherten Vektorkoordinaten der einzelnen Stationen können anschließend auf Grafikrechnern mit verschiedenen Softwarelösungen zu einer „Punktewolke" zusammengefügt und ausgewertet werden. Somit erhält man ein digitales 3D-Modell des gescannten Objektes, das für vielfältige Zwecke wie zum Beispiel Dokumentation von Bauzuständen, Längen- und Volumenermittlung (Aufmaß), Ebenheitsauswertungen, Erstellung von Grundrissen und Schnitten uvm. genutzt werden kann.

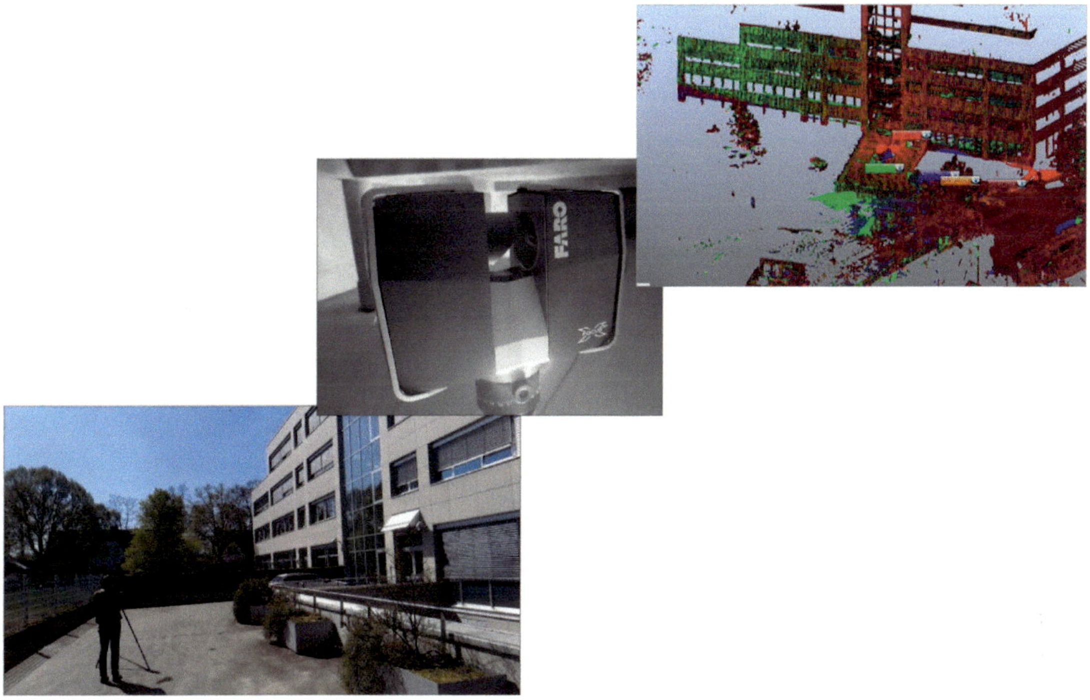

Bild 15.69: 3D-Laserscanverfahren

Bild 15.70: 3D-Modell eines mehrgeschossigen Gebäudekomplexes

Die Bild 15.70 zeigt 3D-Modell eines älteren, zergliederten Gebäudekomplexes. In Bild 15.71 ist ein Ausschnitt aus einem 3D-Modell einer Tiefgarage gezeigt, auf der linken Seite sind die verschiedenen Stationen des Scan-Vorgangs im Grundriss dargestellt. Für das Erfassen einer Tiefgarage von ca. 1.500 m² Grundfläche werden ca. 30 Einzelscans (Stationen) benötigt. Der Zeitbedarf für das Scannen vor Ort sowie die Auswertung am Grafikrechner beträgt wenige Stunden.

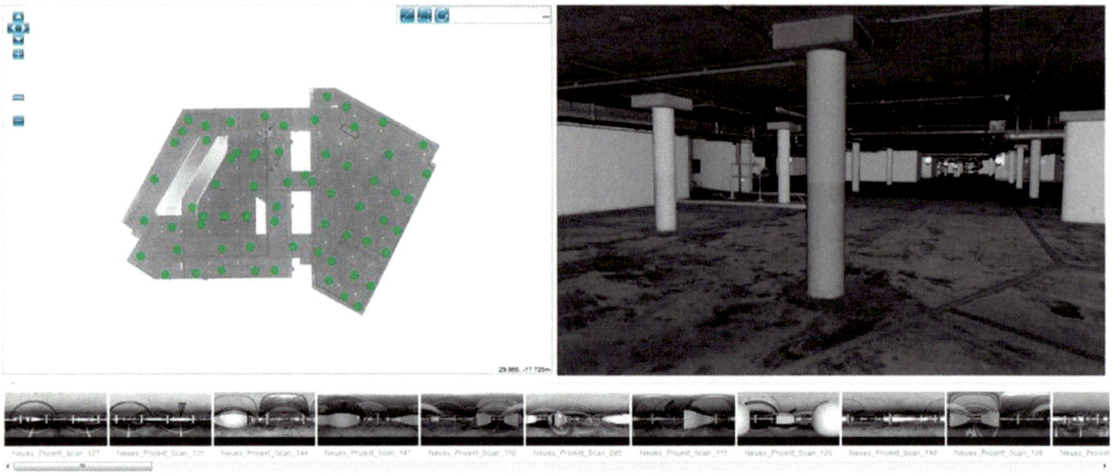

Bild 15.71: 3D-Modell einer Tiefgarage mit Übersicht der Scan-Stationen

In Bild 15.72 ist die Ebenheitsauswertung der Bodenfläche eines Parkdecks in Form eines Höhenschichtmodells gezeigt. Die Höhenwerte sind mit einer Farbskala dargestellt, wobei die Abstufung und die Farbauswahl der Skala frei gewählt werden kann. Bei diesem Beispiel sind die Tiefpunkte in Blau und die Hochpunkte in Rot dargestellt. Jede Farbabstufung entspricht einem Höhenunterschied von 2 mm. Es ist gut erkennbar, dass die Abläufe – so wie es sein soll – in den Tiefpunkten liegen. Durch eingeblendete Rasterlinien können einzelne Punkte bei Bedarf in der Örtlichkeit eingemessen werden oder auch zum Beispiel Gefälle bzw. Steigungen der Oberfläche ermittelt werden.

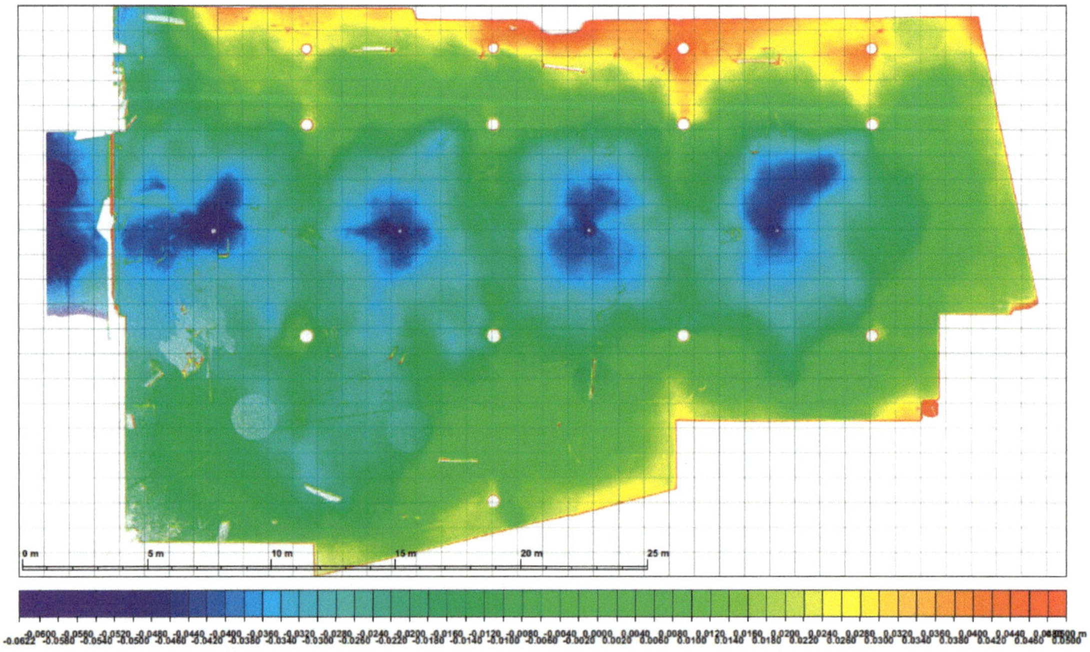

Bild 15.72: Ebenheitsauswertung mit Höhenschichtmodell (Heat-Map)

Um die Notwendigkeit einer umfassenden Erkundung der baulichen Anlage zu verdeutlichen, werden nachfolgend 3 kurze Praxisbeispiele mit häufig übersehenen Sachverhalten aufgezeigt:

In Bild 15.73 ist als erstes Beispiel die unterste Ebene einer Tiefgarage zu sehen. An einer Seitenwand ist eine kleine Tür erkennbar, die im Rahmen der Instandsetzungsplanung nicht weiter beachtet wurde. Nach Beginn der Arbeiten wurde die Tür geöffnet und es wurde festgestellt, dass sich dahinter ein Lüftungsschacht befindet, der ca. 1,50 m unter die Bodenplatte reicht und an einen Lüftungskanal von ca. 2 m Breite und 1 m Höhe anschließt.

Bild 15.73: Blick in die unterste Ebene einer Tiefgarage

Dieser Lüftungskanal läuft unter der Bodenplatte über die komplette Gebäudebreite von ca. 35 m bis zur anderen Seite der Tiefgarage und mündet dort in einen weiteren Schacht (siehe Bild 15.74).

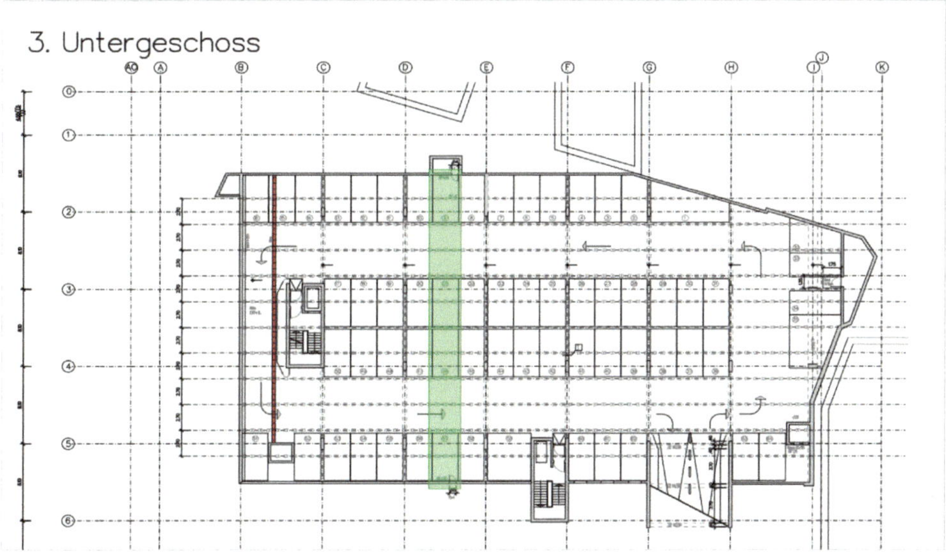

Bild 15.74: Grundriss mit Lüftungsschacht unter der Bodenplatte

Durch diesen Lüftungskanal handelt es sich in diesem Bereich der Bodenplatte nicht – wie ursprünglich angenommen – um eine erdberührte, nicht tragende Bodenplatte, sondern um eine „Zwischendecke". Somit musste die Instandsetzungsplanung überarbeitet werden und es wurden zusätzliche Leistungen für die Instandsetzung und die Abdichtung dieser Zwischendecke erforderlich.

Die Bild 15.75 zeigt als zweites Beispiel eine freibewitterte Zufahrtsrampe zu einer Tiefgarage unter einem mehrgeschossigen Bürohaus. Der Asphaltbelag der Rampe war durch mehrere Fugen zergliedert, die augenscheinlich nur leichte Beschädigungen aufwiesen. Bei einer Begehung der an die Tiefgarage angrenzenden Kellerräume nach Beginn der Instandsetzungsmaßnahme wurde ein Kriechkeller entdeckt, der unter der Einfahrtsrampe lag.

Bild 15.75: Zufahrtsrampe einer Tiefgarage

An der schrägen Deckenunterseite waren erhebliche Kalkaussinterungen und Korrosionsspuren vorhanden, die darauf hindeuteten, dass bereits über einen längeren Zeitraum chloridhaltiges Wasser durch die undichten Fugen in dem Belag der Einfahrtsrampe in die tragende Stahlbetondecke eingedrungen war und zu Korrosionsschäden geführt hatte (Bild 15.76). Auch in diesem Fall wurden zusätzliche Leistungen zur Instandsetzung der tragenden Rampenkonstruktion sowie zur Erneuerung des Rampenbelages und der Fugen erforderlich.

Bild 15.76: Deckenunterseite Stahlbetonplatte der Einfahrtsrampe

Bei dem dritten Beispiel handelt es sich um die Komplettinstandsetzung einer mehrgeschossigen Tiefgarage unter einem Geschäftshaus in einer Innenstadtlage. Die Bild 15.77 zeigt die Deckenuntersicht der Decke über dem 1. Untergeschoss, die zum Teil unter einer Vorfahrt bzw. unter einem freibewitterten, in eine Fußgängerzone reichenden Arkadenbereich lag.

Bild 15.77: Untersicht einer geschädigten, freibewitterten und befahrenen Tiefgaragendecke

Zu Beginn der Baumaßnahme war die Deckenuntersicht noch mit Blechrinnen verkleidet, die das durch die undichten Bauwerksfugen eindringende Wasser abfangen sollten. Nachdem die Blechrinnen und -Abdeckung entfernt waren, konnte man bei genauer Betrachtung feststellen, dass die Gebäudefugen durch die Stahlbetonstützen fortgeführt waren und diese Konstruktion konsequent über alle Tiefgeschosse bis in die Fundamente durchgezogen war (siehe Bild 15.78).

Bild 15.78: Gebäudefugen in Tiefgaragendecke und Doppelstütze

Eine weitere Recherche hat dann ergeben, dass sich der auf einer Seite der Bauwerksfuge liegende Tiefgaragenteil unter dem Geschäftshaus befand und zu der Immobilie gehörte, der auf der anderen Seite liegende Teil unter öffentlichem Verkehrsraum lag und Eigentum der Stadt war. Da es sich nun also um zwei unterschiedliche Eigentümer handelte, von denen der eine bisher noch nicht in die Baumaßnahme eingebunden war, musste die Baumaßnahme zunächst gestoppt werden. Nach Klärung der vertraglichen Verhältnisse, Aufteilung und Übernahme der Kosten usw. konnten die Arbeiten erst mit erheblicher Verzögerung wieder aufgenommen werden.

In allen drei oben aufgeführten Fällen hätte eine umfassende Erkundung im Vorfeld der Baumaßnahmen eine Unterbrechung des Bauablaufes und die nach Vertragsabschluss entstandenen Zusätzlichen Leistungen und Mehraufwendungen verhindert.

15.2.8 Literatur

[1] Technische Regel Instandhaltung von Betonbauwerken (TR Instandhaltung), Teil 1 – Anwendungsbereich und Planung der Instandhaltung. Deutsches Institut für Bautechnik. Mai 2020. URL:https://www.dibt.de/fileadmin/dibt-website/Dokumente/Referat/I4/TR_Instandhaltung_Betonbauwerke_Teil1.pdf, letzter Zugriff 05/2024.

[2] Technische Regel Instandhaltung von Betonbauwerken (TR Instandhaltung), Teil 2 – Merkmale von Produkten oder Systemen für die Instandsetzung und Regelungen für deren Verwendung. Deutsches

Institut für Bautechnik. Mai 2020. URL: https://www.dibt.de/fileadmin/dibt-website/Dokumente/Referat/I4/TR_Instandhaltung_Betonbauwerke_Teil2.pdf, letzter Zugriff 05/2024.
[3] Richtlinie Schutz und Instandsetzung von Betonbauteilen (Instandsetzungs-Richtlinie) Teil 1 – 4. Deutscher Ausschuss für Stahlbeton – DAfStb im DIN Deutsches Institut für Normung e. V., Berlin, 2001 und Berichtigungen 2002-01, 2005-12 und 2014-09.
[4] DIBt führt rechtswidriges Regelwerk zur Instandhaltung von Betonbauwerken ein. Presseinformation, Deutsche Bauchemie. Frankfurt, 03.Februar 2021. URL: deutsche-bauchemie.de/pm-aktuell/details/dibt-fuehrt-rechtswidriges-regelwerk-zur-instandhaltung-von-betonbauwerken-ein, letzter Zugriff 05/2024.
[5] Gemeinsames Positionspapier der Verbände zum Thema Betoninstandsetzung. Deutscher Beton- und Bautechnik-Verein E.V und 8 weitere Verbände. URL: dbv.ext-tech-team.de/uploads/positionspapier_verbaende_betoninstandsetzung_6a8655461e.pdf, letzter Zugriff 05/2024.
[6] Normenkontrollverfahren gegen „TR Instandhaltung" in Bayern und Nordrhein-Westfalen eingeleitet. Presseinformation, Deutsche Bauchemie. Frankfurt, 28.Oktober 2021. URL: deutsche-bauchemie.de/fileadmin/user_upload/DBC-PM-2021-10-28_Normenkontrollverfahren_TR_IH_eingel_rev.pdf, letzter Zugriff 05/2024.
[7] ZTV-ING – Zusätzliche Technische Vertragsbedingungen und Richtlinien für Ingenieurbauten, Teil 1 – 9. Bundesministerium für Verkehr und digitale Infrastruktur, Bundesanstalt für Straßenwesen, Bergisch Gladbach, Dezember 2023. URL: https://www.bast.de/DE/Publikationen/Regelwerke/Ingenieurbau/Baudurchfuehrung/ZTV-ING-Gesamtfassung.pdf ?__blob=publicationFile&v=16, letzter Zugriff 05/2024.
[8] ZTV-W 219 – Zusätzliche Technische Vertragsbedingungen – Wasserbau für die Instandsetzung der Betonbauteile von Wasserbauwerken (Leistungsbereich 219). Bundesministerium für Verkehr und digitale Infrastruktur, Abteilung Wasserstraßen, Schifffahrt; Informationszentrum Wasserbau (IZW) der Bundesanstalt für Wasserbau, Karlsruhe, Ausgabe 2017. URL: izw.baw.de/publikationen/stlk-w_ztv-w/0/ZTV-W_LB219_Ausgabe_2017.pdf, letzter Zugriff 05/2024.
[9] DAfStb-Richtlinie Verstärken von Betonbauteilen mitgeklebter Bewehrung (Verstärken-Richtlinie). Ausgabe März 2012, 1. Berichtigung Oktober 2020. Beuth Verlag GmbH, Berlin, Oktober 2020.
[10] Verordnung über Anlagen zum Umgang mit wassergefährdenden Stoffen (AwSV), Stand 18.04.2017, Änderung vom 19.06.2020. Bundesministerium der Justiz und für Verbraucherschutz sowie Bundesamt für Justiz. URL: www.gesetze-im-internet.de/awsv/, letzter Zugriff 05/2024.
[11] Wasserhaushaltsgesetz (Gesetz zur Ordnung des Wasserhaushalts), Änderung vom 18.08.2021. Bundesministerium der Justiz und für Verbraucherschutz sowie Bundesamt für Justiz. URL: www.gesetze-im-internet.de/whg_2009/index.html, letzter Zugriff 05/2024.
[12] DIN EN ISO 17660-1 – Schweißen – Schweißen von Betonstahl – Teil 1: Tragende Schweißverbindungen. DIN Deutsches Institut für Normung, Berlin, Beuth Verlag GmbH, Berlin, Ausgabe – Berichtigung 1 – 2007-08.
[13] Muster-Hersteller und Anwenderverordnung (MHAVO), Bauministerkonferenz – ARGEBAU, Fassung 06.03.2018. URL: https://www.bauministerkonferenz.de/suchen.aspx?id=1623&;o=1623&s=mhavo, letzter Zugriff 04/2024.
[14] DIN EN ISO 9001:2015-11 – Qualitätsmanagementsysteme – Anforderungen. DIN Deutsches Institut für Normung, Berlin, Beuth Verlag GmbH, Berlin, Ausgabe 2015-11.
[15] Leitfaden für Arbeitsschutzmanagementsysteme des Bundesministeriums für Wirtschaft und Arbeit (BMWA), der obersten Arbeitsschutzbehörden der Länder, der Träger der gesetzlichen Unfallversicherung und der Sozialpartner. Bundesanstalt für Arbeitsschutz und Arbeitsmedizin, Dortmund, Stand 2002-12. URL: www.baua.de/DE/Themen/Arbeitswelt-und-Arbeitsschutz-im-Wandel/Organisation-des-Arbeitsschutzes/Organisation-betrieblicher-Arbeitsschutz/pdf/Leitfaden-AMS.pdf?__blob=publicationFile&;;v=3, letzter Zugriff 05/2024.

[16] Hersteller beenden den Rechtsstreit um deutsche Verwendungsregeln für Betoninstandsetzungsprodukte und appellieren an die Konsensfindung, Deutsche Bauchemie. Frankfurt, 31.01.2024, https://deutsche-bauchemie.de/pm-aktuell/details/hersteller-beenden-rechtsstreit-in-der-betoninstandsetzung

15.3 Praxisbeispiele mit technisch anspruchsvollen Aufgabenstellungen

C. Helf

15.3.1 Einleitung

Die Ausführung von Instandsetzungs- und Oberflächenmaßnahmen führt aufgrund der vielfältigen, komplexen Randbedingungen in der Praxis oft zu ungewöhnlichen Aufgabenstellungen, für die häufig projektbezogene, unkonventionelle Lösungen entwickelt werden müssen.

In dem nachfolgenden Kapitel sind fünf Praxisbeispiele mit anspruchsvollen Aufgabenstellungen dargestellt, an welchen beispielhaft die vorgegebenen Randbedingungen und mögliche Grundbedingungen aufgezeigt werden sollen.

15.3.2 Instandsetzung eines 10-geschossigen Parkhauses in Innenstadtlage unter laufendem Verkehr

Bei dem ersten Projekt handelt es sich um ein 10-geschossiges Parkhaus mit halb versetzten Ebenen („Splitt-Level-Bauweise") in Innenstadtlage in einer Großstadt.

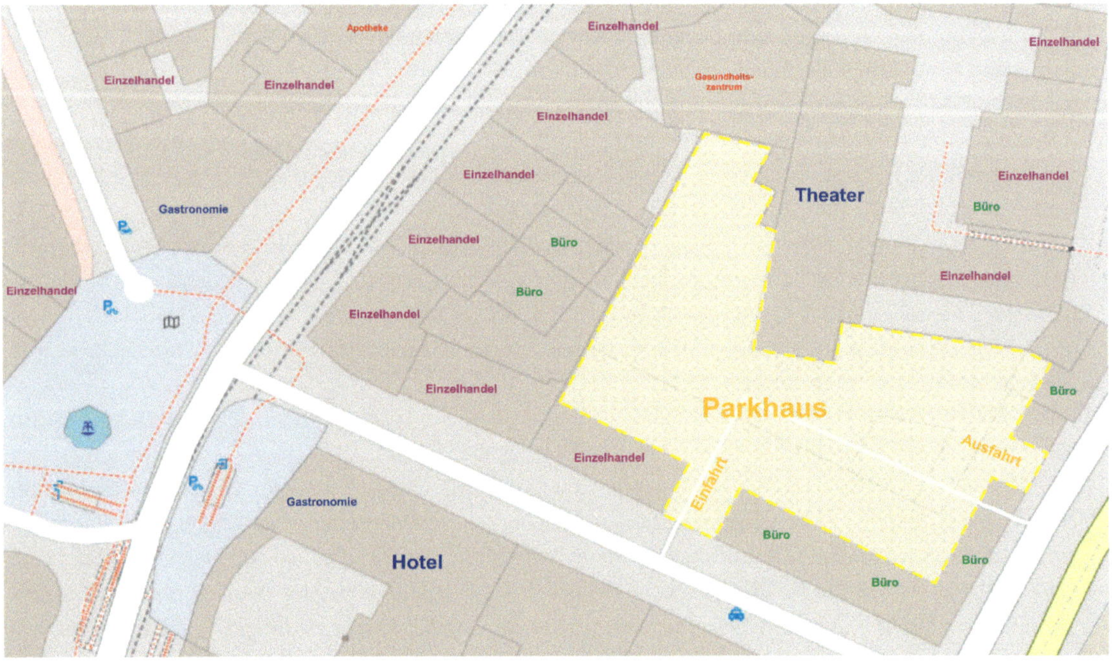

Bild 15.79: Innenstadtlage des Parkhauses

Bei solchen Innenstadt-Projekten inmitten einer engen Bebauung ist typischerweise kaum Raum für Baustelleneinrichtungs- und Lagerflächen gegeben. Weiterhin wurde bei diesem Projekt der Handlungsspielraum durch unmittelbar angrenzende bzw. in der Nähe liegende Einzelhandels- und Büroflächen, Theater sowie durch ein Luxushotel sehr eingeschränkt. Hinzu kam, dass sich in den oberen Geschossen des Gebäudes noch sieben Büro-Etagen mit einer Anwaltskanzlei befanden, die aufgrund einer internationalen Tätigkeit „rund um die Uhr" genutzt wurden. Somit musste die Lärmentwicklung auf der Baustelle praktisch zu jeder Tageszeit minimiert werden.

Weitere Randbedingung für die Ausführung der Instandsetzungsarbeiten war, dass eine Mindestanzahl an Parkplätzen für die Dauermieter zur Verfügung gestellt werden musste.

Bild 15.80: Einfahrtsebene des Parkhauses

Aus den Bildern 15.80, Bild 15.81 und Bild 15.82 ist die Ein- und Ausfahrtssituation des Parkhauses ersichtlich. Ein- und Ausfahrt liegen um 90° versetzt im Erdgeschoss. Von dort erfolgt die Erschließung der Parkflächen in vier Tiefgeschossen und fünf Obergeschossen über eine zentrale Spindelrampe und die versetzen Ebenen.

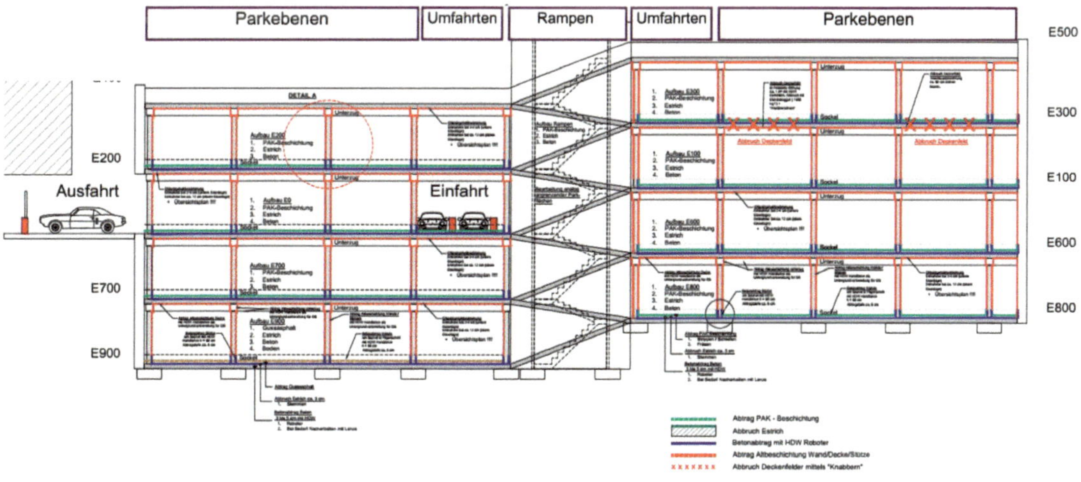

Bild 15.81: Schnitt Parkhaus

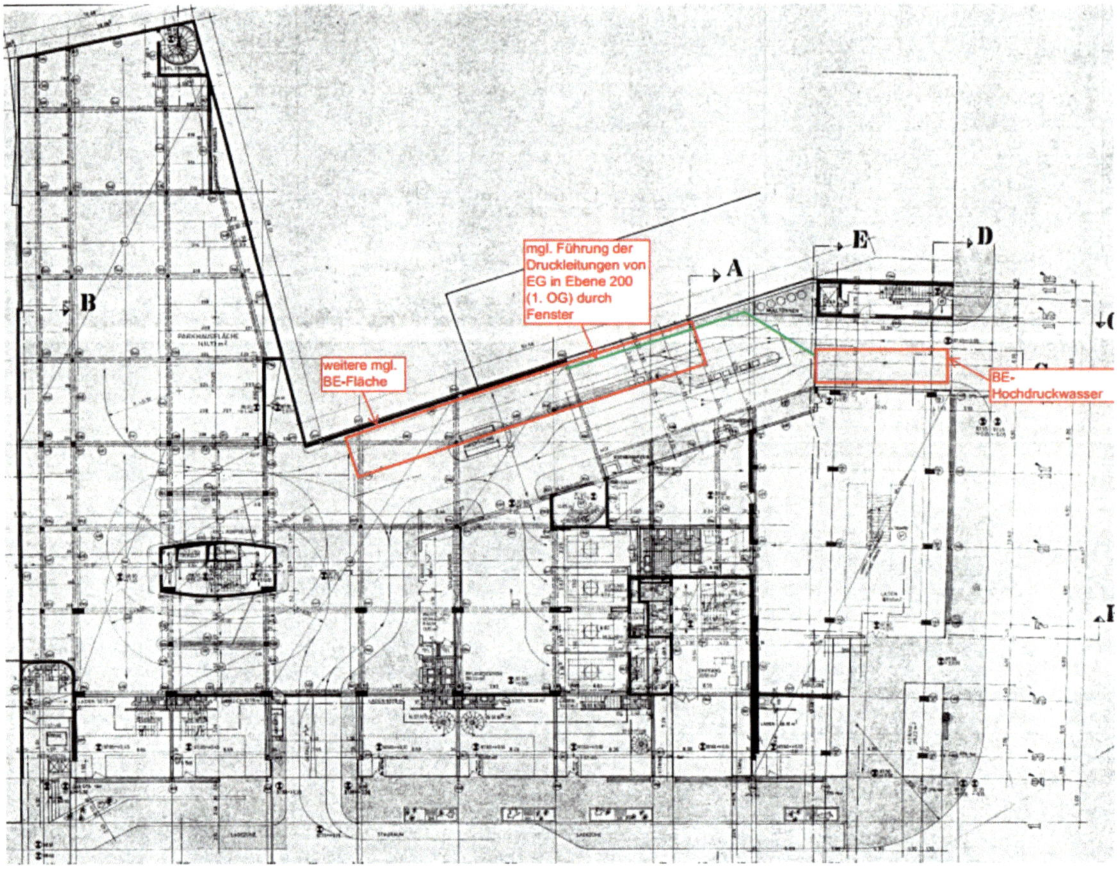

Bild 15.82: Grundriss Parkhaus

In der Leistungsbeschreibung waren bei Auftragserteilung die folgenden Leistungen vorgesehen:

- Ausbau Altbeschichtung und Estrich
- Abtrag chloridhaltiger Beton und Einbau neuer Beton auf den Park- und Fahrflächen
- Instandsetzung der Stützen- und Wandsockel
- OS-System auf Stützen, Wänden und Deckenuntersicht
- OS-System auf Park- und Fahrflächen

Die Ausführung der Arbeiten war „unter laufendem Betrieb“ in zehn kleinen Abschnitten geplant.

Nach Beginn der Arbeiten hat sich eine Reihe von unvorhergesehenen Leistungsänderungen bzw. zusätzlichen Leistungen ergeben:

Zunächst ergab die im Rahmen der Arbeitsvorbereitung zur Ermittlung der Abfallklasse durchgeführte Beprobung der Altbeschichtung, dass diese „teerhaltig“ war, also Polyzyklische Aromatische Kohlenwasserstoffe (PAK) enthielt. Da der Anteil der maßgeblichen Leitsubstanz Benzo-A-Pyren an dem Abbruchmaterial über dem Grenzwert von 50 mg/kg lag führte dies dazu, dass für den Ausbau des Altbelages ein Schwarz-Weiß-Bereich mit Abschottung und Unterdruckhaltung eingerichtet werden musste. Zudem musste das Abbruchmaterial als Gefahrstoff („Sondermüll“) entsorgt werden. Hinzu kam, dass es sich bei der Altbeschichtung um ein zähelastisches Material mit stark schwankender Schichtdicke handelte, welches sehr aufwendig in der Kombination von mehreren Methoden wie Abschälen mittels hydraulischem Stripper (Bild 15.83), speziellen Schleifgeräten mit diamantbesetzten Schälwerkzeugen oder Lamellenfräsen ausgebaut werden musste. Bei der Auswahl der Ausbaumethoden musste auch darauf geachtet werden, dass bei dem Ausbau möglichst wenig gesundheitsgefährdender Staub freigesetzt wurde. Erschwerend kam hinzu, dass die Teeröle aus der Beschichtung teilweise in die darunterliegende Estrichrandzone penetriert waren.

Bild 15.83: Abschälen zähelastischer Altbelag mittels hydraulischem Stripper

Nachdem der schadstoffhaltige Belag ausgebaut war, konnte die dann freigelegte Rohbetonoberfläche näher untersucht werden. Bei dem ursprünglichen Schadensgutachten, welches als Grundlage für das Instandsetzungskonzept diente, waren nur stichprobenartig Probennahmen wir Bohrmehlproben zur Bestimmung des Chloridgehaltes vorgenommen worden. Zudem waren Schadensgutachten und Beginn der Ausführung bereits einige Jahre verstrichen. Daher wurden auf den freigelegten Rohbetonflächen nun systematisch Potentialfeldmessungen und Bohrmehlentnahmen durchgeführt.

Die Auswertung der Chloridwerte zeigte, dass Chloride im Laufe der Zeit bereits sehr tief in die Betonkonstruktion eingedrungen waren. So wurden die zulässigen Grenzwerte für den Chloridgehalt in einigen Zwischendeckenbereichen nicht nur an der Deckenoberseite, sondern auch an der Deckenunterseite erheblich überschritten. Bild 15.84 zeigt beispielhaft die grafische Auswertung einer Potentialfeldmessung, wobei die kritischen Bereiche mit erhöhter Korrosionsaktivität rot oder violett dargestellt sind.

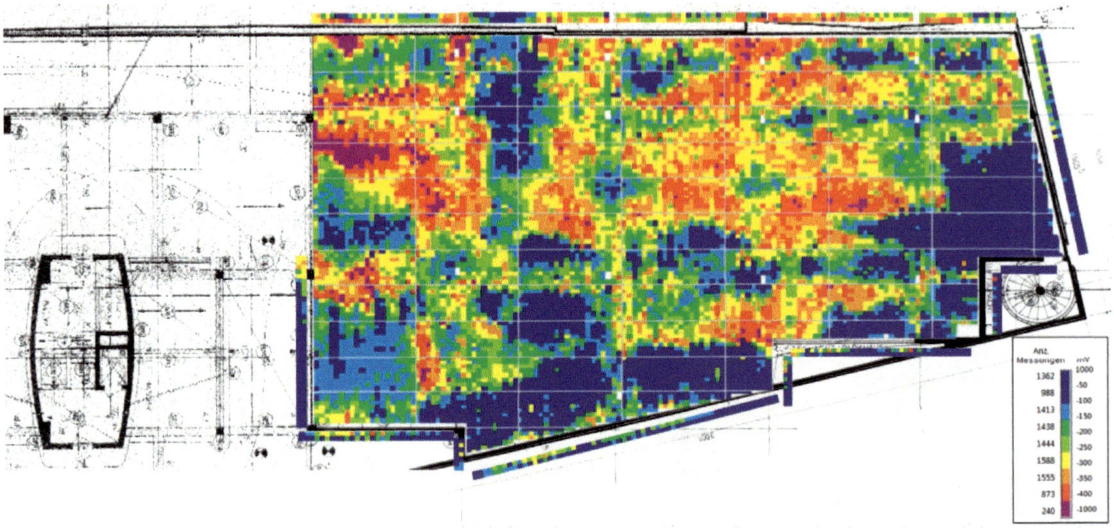

Bild 15.84: grafische Auswertung Potentialfeldmessung

In Bild 15.85 sind die Ergebnisse der Bestimmung des Chloridgehaltes farbig klassifiziert dargestellt.

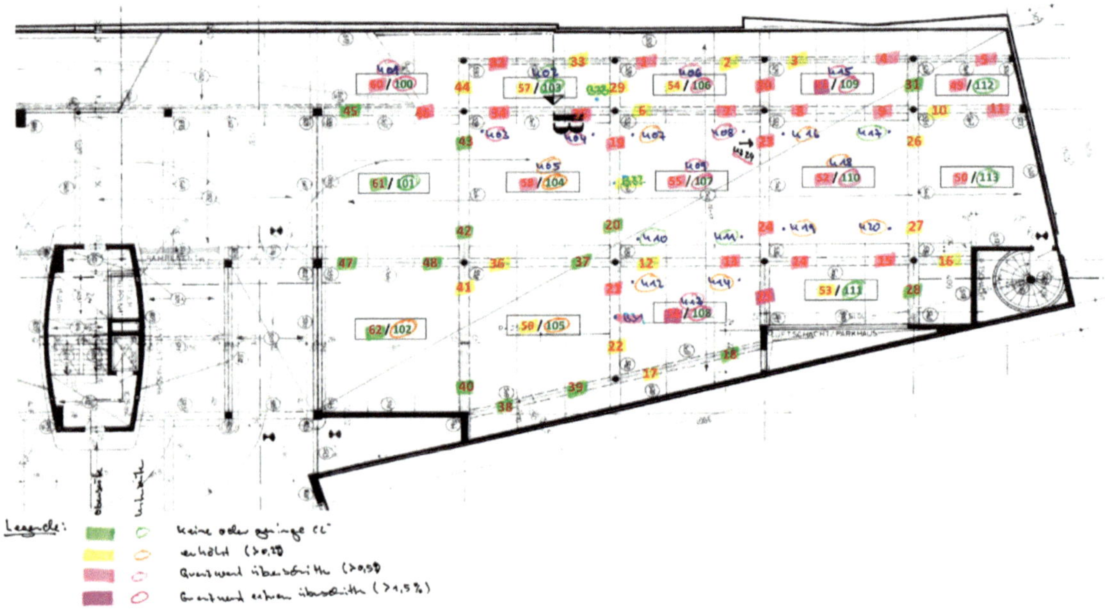

Bild 15.85: Darstellung Messwerte Chloridgehalt

Aufgrund der Überschreitung der Grenzwerte, teilweise auch an den Deckenuntersichten, musste großflächig ein Abtrag der Deckenoberflächen und teilweise ein Komplettabbruch des gesamten Deckenquerschnittes der Zwischendecken erfolgen. Dies erfolgte unter Abwägung der Wirtschaftlichkeit und des Zeitbedarfs in einer Kombination von HDW-Robotern und Minibaggern mit hydraulischen Abbruchzangen / Abbruchrobotern. Das HDW-Pumpenaggregat wurde im Ausfahrtsbereich unter einer Überbauung platziert und mit schwenkbaren Schallschutzwänden eingehaust. Hierdurch konnte die Schallausbreitung wirksam auf ein für die darüberliegenden Büroflächen erträgliches Maß reduziert werden.

Bild 15.86: Deckenabtrag über den kompletten Querschnitt mit HDW-Roboter

Bild 15.87: Schallschutzeinhausung unter Überbauung

Bild 15.88: Deckenabbruch mittels hydraulischem Abbruchroboter

Bild 15.89: Deckenabbruch mittels hydraulischem Abbruchroboter

Eine Herausforderung stellte auch das Aufnehmen und der Abtransport des Abbruchmaterials, von in Summe weit über 1.000 m^3, unter laufendem Parkhaus-Verkehr dar. Der Abbruch in Form von groben Bruchstücken oder kleinstückigem, teils schlammigen HDW-Abbruch wurde mit kleinen Radladern aufgenommen und meist über die Spindelrampe in im Ausfahrtsbereich abgestellte Bauschuttcontainer verbracht.

Bild 15.90: Bauschutt nach Deckenabbruch im Gebäude

Bild 15.91: Abtransport von Abbruchmaterial zwischen Flächenabstützung

Neben den Stahlbetondecken mussten auch die Stahlbetonstützen und -Wände, insbesondere die Stützen- und Wandfußbereiche, sowie bereichsweise Stahlbetonunterzüge und -Konsolen aufgrund von Korrosionsschäden und hohem Chloridgehalt abgetragen und instandgesetzt werden.

Da außer den darüberliegenden, unter Verkehr befindlichen Parkgeschossen auch noch bis zu acht Bürogeschosse auf der Stahlbetonkonstruktion lasteten, mussten für die Dauer der Instandsetzung der Stahlbetonstützen teilweise massive Stahl-Hilfskonstruktionen zur Sicherstellung der Standsicherheit des Tragwerks angeordnet werden. Zusätzlich mussten die Arbeiten in Teilbereichen im Pilgerschritt erfolgen.

Bild 15.92: Freigelegter Stützenfuß mit Hilfsstützen aus Stahlprofilen

Nach dem Abtrag des chloridhaltigen Betons wurde der Zustand der Bewehrung durch den Fachplaner überprüft und diese bei Bedarf erneuert bzw. mit Zulagen ergänzt. Anschließend wurden die fehlenden Betonquerschnitte wieder ergänzt. Dies geschah in den Deckenflächen großflächig mit Lieferbeton, dessen Rezeptur auf die vorgegebenen Randbedingungen angepasst wurde. Da die Einbaustellen im Gebäude nicht direkt angefahren werden konnten, musste der Lieferbeton mit Sanierpumpen über lange Wege und mehrere Geschosse, zum Teil mit Schlauchlängen bis 120 m gepumpt werden, sodass die Rezeptur auch entsprechend pumpfähig eingestellt wurde. Weiterhin mussten die Konsistenz und das Größtkorn auf die zum Teil geringe Einbaudicke abgestimmt werden. Auch wurden die Reaktionsgeschwindigkeit und das Schwindmaß möglichst gering gehalten, um Eigenspannungen während dem Abbinde- und Erhärtungsprozess zu reduzieren und eine Rissbildung weitestgehend zu vermeiden.

Aufgrund der beengten Platzverhältnisse wurde für die Dauer der Betonierarbeiten jeweils der Ausfahrtsbereich des Parkhauses gesperrt, um dort die Betonpumpe und die Transportbetonfahrzeuge aufstellen zu können. Die Parkhaus-Nutzer wurden während dieser Zeit durch Einweisepersonal nur über die Einfahrt ein- und ausgeleitet.

Bild 15.93: Betoniervorgang mit Transportbetonfahrzeug und Betonpumpe im Ausfahrtsbereich

Bild 15.94: Einbau Aufbeton auf Zwischendecke

Vom Bauablauf her bzw. im Hinblick auf eine möglichst unterbrechungsfreie Nutzbarkeit des Parkhauses gestaltete sich die Bearbeitung der Ein- und Ausfahrts- sowie Rampenbereiche äußerst problematisch. Da beim Abtrag der Zwischendeckenoberflächen bzw. kompletter Deckenquerschnitte aus Sicherheitsgründen auch immer die darunter liegende Ebene gesperrt werden muss, wäre bei üblicher Vorgehensweise eine vollständige Sperrung des Parkhauses unvermeidlich gewesen – sowohl bei der Bearbeitung der Ein- und Ausfahrtsebene als auch bei der darüber liegenden Ebene. Bei diesem Projekt war es für den Bauherrn von großer Bedeutung, das Parkhaus zumindest für eine begrenzte Zahl von Dauerparkern weiterhin offen zu halten.

Bild 15.95 zeigt zunächst die Parksituation bei Sperrung und Bearbeitung der unteren Ebenen. Das Parken auf der Ein- und Ausfahrtsebene sowie auf den oberen Ebenen war zu diesem Zeitpunkt noch weitgehend ungestört möglich. Die grünen Ziffern geben die noch verfügbaren Parkplätze auf den einzelnen Ebenen an.

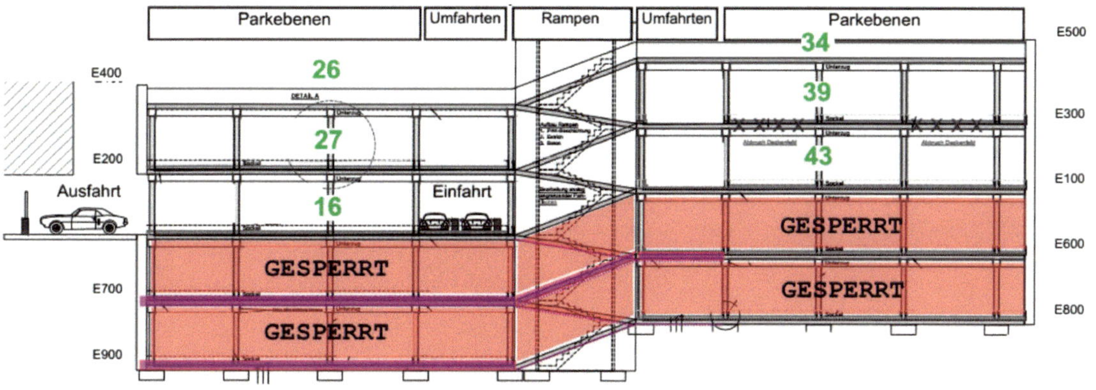

Bild 15.95: Sperrung der unteren Parkebenen

In Bild 15.96 ist die Situation bei Sperrung oberhalb der Einfahrtsebene gezeigt. Zu diesem Zeitpunkt befand sich auch noch die unterste Ebene in Bearbeitung.

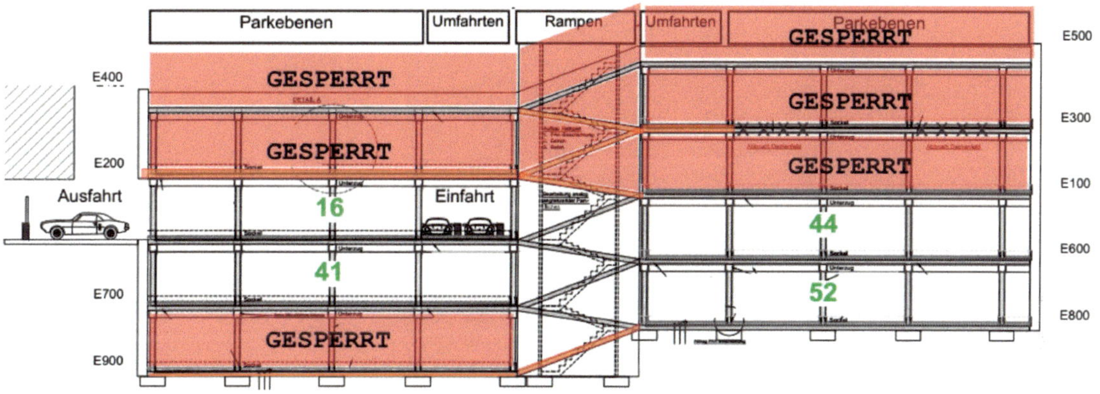

Bild 15.96: Sperrung der über der Einfahrtsebene liegenden Parkebenen

Um das Parkhaus trotz Austausch des kompletten Deckenquerschnittes über der Einfahrtsebene weiter unter Verkehr halten zu können, wurde die folgende Vorgehensweise gewählt:

Zunächst wurde die Unterseite der Decke über der Einfahrtsebene mit einer temporären Stahlkonstruktion, bestehend aus einem horizontalen Trägerrost mit Haupt- und Nebenträgern sowie senkrechten Stützen unterbaut (Bild 15.97). Die Stützen wurden über alle Tiefgeschosse bis auf die Bodenplatte durchgeführt. Auf dieses Trägerrost wurden 15 mm dicke Stahlplatten aufgelegt. Diese Stahlkonstruktion wurde am Wochenende in einer kurzen Vollsperrung so aufgebaut, dass die Stahlplatten inclusive dazwischen gelegten Holzplatten von unten fest an die Deckenunterseite gepresst wurden. Zudem wurden die Stahlplatten verschweißt bzw. rundum abgedichtet.

Bild 15.97: Unterfangung Decke über Einfahrtsebene mit Stahlkonstruktion

Bild 15.98: Abtransport Decke über Einfahrt

Nach Fertigstellung dieser Behelfskonstruktion konnte die Decke über der Einfahrtsebene abgebrochen werden, obwohl darunter der Verkehr weiterlief. Hierzu wurde die Deckenfläche mit Diamantsägen in quadratische Stücke von ca. 1,0 m x 1,5 m Kantenlänge geschnitten, die dann mit einem Radlader abtransportiert werden konnten (Bild 15.98).

Danach wurde Behelfskonstruktion als Lehrgerüst genutzt und die Decke neu einbetoniert. Nach Aushärtung des neuen Betons wurde die Stahlkonstruktion wieder zurückgebaut.

Nachdem nun die Instandsetzung der Zwischendecke über der Einfahrtsebene abgeschlossen war, wurde noch nach einer Möglichkeit gesucht, die Ein- und Ausfahrtsebene ohne Vollsperrung zu bearbeiten, ohne den Parkhausbetrieb einstellen zu müssen.

Als Lösungsansatz für diese Aufgabenstellung wurde eine Stahlrampe als temporäre Zufahrt in das Parkdeck OG1 konzipiert (Bild 15.99, Bild 15.100). Diese Rampe, bestehend aus Stahlprofilen und Gitterrosten als Fahrbelag, wurde in einer Metallbauwerkstatt vorgefertigt und in einer Wochenendaktion aufgebaut.

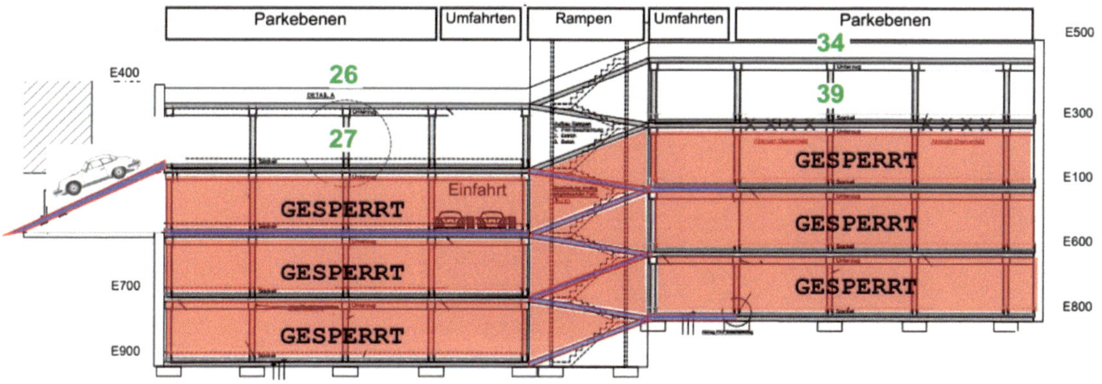

Bild 15.99: Zufahrt in das 1. OG über temporäre Zufahrtsrampe

Bild 15.100: Temporäre Zufahrtsrampe – Stahlkonstruktion

Als Einfahrtsmöglichkeit wurde die Parkhausaußenwand im 1. OG in diesem Bereich temporär zurückgebaut. Der Übergang zwischen Stahlrampe und Parkdeck wurde durch Auslegen mit Stahlplatten „ausgerundet" (Bild 15.101). Die Steigung der temporären Rampe war vergleichbar mit der Steigung der „normalen", innenliegenden Spindelrampen, sodass diese mit allen üblichen Fahrzeugen befahrbar war.

Für die Dauer der temporären Zufahrt wurde der Ein- und Ausfahrtsverkehr mit Hilfe einer Ampelregelung komplett über diese Stahlrampe geführt, wobei das Parkhaus in dieser Zeit nur einer begrenzten Anzahl von Dauerparkern zur Verfügung stand.

Bild 15.101: Temporäre Zufahrtsrampe – Blick von oben

Die Bilder 15.102 und 15.103 zeigen den Einbau des Oberflächenschutzsystems Typ OS 11a und eine fertiggestellte Parkebene mit einer Farbgestaltung durch sogenannte „Parkteppiche".

Bild 15.102: Einbau Oberflächenschutzsystem (HWO OS 11a)

Bild 15.103: Fertiggestellte Parkebene

15.3.3 Rissüberbrückende OS-Systeme in der Praxis

Rissüberbrückende Oberflächenschutzsysteme für befahrene Flächen müssen vielfältige Anforderungen erfüllen: Zum einen sollen sie eine möglichst hohe Rissüberbrückung aufweisen, müssen also entsprechend dehnfähig und elastisch beschaffen sein, zum anderen sollen sie eine sehr hohe Verschleißfestigkeit sowie Witterungsbeständigkeit aufweisen, und all dies über einen möglichst langen Zeitraum. In dem folgenden Abschnitt wird auf die aktuellen Entwicklungen bei rissüberbrückenden, hochverschleißfesten Oberflächenschutzsystemen für Park- und Fahrflächen eingegangen.

Bei rissüberbrückenden Oberflächenschutzsystemen für befahrene Flächen hatte der Planer gemäß der bisher gültigen Instandsetzungs-Richtlinie des DAfStb [1] die Auswahl zwischen Systemen des Typs OS 11a und OS 11b sowie den wesentlich leistungsfähigeren Systemen des Typs OS 10. Ursprünglich wurden die Systemaufbauten und Prüfvorschriften der OS 10-Systeme von den Brückenabdichtungen nach ZTV-Bel T3 abgeleitet [2]. Im Laufe der Zeit kamen neben den Deckschichten aus Gussasphalt auch vermehrt verschiedene Arten von kunstharzgebundenen Deckschichten zum Einsatz. Kennzeichnend für die OS 10-Systeme sind eine hohe Verschleißfestigkeit, eine hohe Rissüberbrückung der Klasse IV_{T+V} (oder höher), eine sehr gute Witterungsbeständigkeit sowie beim Einsatz als Brückenabdichtung auch eine sehr hohe Temperaturbeständigkeit (beim Gussasphalteinbau kurzzeitig bis 250 °C). Hierdurch sind die OS 10-Systeme besonders für den dauerhaften Einsatz auf stark rissgefährdeten, ggf. freibewitterten Parkdecks geeignet. Dem gegenüber wird bei den OS 11-Systemen nur eine geringere Rissüberbrückung der Klasse II_{T+V} gefordert. Eine tabellarische Übersicht über die Regelaufbauten und geforderten Merkmale der OS 10, OS 11- und OS14 ist in Bild 15.104 dargestellt.

System	OS 10	OS 11a (OS Fa) OS 11b (OS Fb)	OS 14
Regelwerk	RiLi-SIB, ZTV-Bel-B-T3	Rili-SIB, ZTV-ING-T3.4, TR-Instandhaltung	TR-Instandhaltung
Beschreibung	Beschichtung als Dichtungsschicht mit hoher dynamischer Rissüberbrückung unter Schutz- und Deckschichten für begeh- und befahrbare Flächen	Beschichtung mit erhöhter dynamischer Rissüberbrückung für begeh- und befahrbare Flächen	Beschichtung mit hoher dynamischer Rissüberbrückung, mit integrierter Nutzschicht, direkt befahrbar, (mit / ohne Einlage), bestehend aus einem flexiblen Reaktionsharz und einer zusätzlichen Nutzschicht aus Reaktionsharz (ungefüllt / gefüllt), mit ggf. mineralischer Einstreuung und gegebenenfalls Deckversiegelung
Anwendungsbereiche	Abdichtung von Betonbauteilen mit Trennrissen und planmäßiger mechanischer Beanspruchung, z.B. Brücke, Trog- und Tunnelsohlen u.ä. Bauwerken wie Parkdecks	Freibewitterte Betonbauteile mit oberflächennahen Rissen und / oder Trennrissen und planmäßiger mechanischer Beanspruchung, auch im Sprüh- oder Spritzbereich von Auftausalzen z.B. Parkhaus-Freidecks und Brückenkappen. Bei befahrenen Freidecks ist nur OS 11a zulässig	Oberflächenschutz für Betonbauteile mit Trennrissen und planmäßiger mechanischer Beanspruchung, z.B. direkt befahrene, freibewitterte Parkdecks
Regelaufbau	1. Grundierung, ggf. Kratz- / Egalisierspachtelung 2. ggf. Haftvermittler 3. Dichtungsschicht (hwO) 4. ggf. Verbindungsschicht 5. Gussasphalt, in bestimmten Fällen ist auch eine verschleißfeste, vorgefüllte, ggf. abgestreute Deckschicht, ggf. mit Deckversiegelung möglich (RiLi-SIB enthält hierfür keine Prüfvorschrift)	a) 1. Grundierung 2. nicht vorgefüllte elastische Oberflächenschutzschicht (hwO), nicht abgestreut 3. Verschleißfeste vorgefüllte Deckschicht, abgestreut (hwO) 4. gegebenenfalls Deckversiegelung b) 1. Grundierung 2. Verschleißfeste, vorgefüllte Oberflächenschutzschicht, abgestreut (hwO) 3. Deckversiegelung 4. ggf. Abstreuung und zweite Deckversiegelung	1. Grundierung 2. Elastische Oberflächenschutzschicht (hwO, Schwimmschicht) 3. Verschleißfeste vorgefüllte Deckschicht, abgestreut (hwO) 4. ggf. Deckversiegelung
Rissüberbrückung	Klasse IV_{T+V} (ZTV-BEL-B-T3)	Klasse II_{T+V} / B 3.2 (-20°)	B 4.2 (-20°)

Bild 15.104: Übersicht Oberflächenschutzsysteme OS10 / OS11 / OS14

Die Prüfbedingungen für die unterschiedlichen Rissüberbrückungsklassen findet man für die Klasse II_{T+V} in Tabelle 15 der Instandsetzungsrichtlinie Teil 4, für die Klasse IV_{T+V} in der TL-BEL-B Teil 3, Tabelle 1, Blatt 6; Zeile 1.2 [3], bzw. in der TP-Bel-B Teil 3, Abschnitt 3.2.11 [4].

In der Anfang 2021 neu eingeführten TR Instandhaltung [5, 6] wurde anstelle des bisherigen Systems das bisherige System OS 10 ein neues System mit der Bezeichnung OS 14 eingeführt, wobei diese Systeme nicht miteinander vergleichbar sind. Die im Markt vorhandenen OS10-Systeme können auf Grundlage der vorhandenen allgemeinen Bauaufsichtlichen Prüfzeugnisse (abP) im Rahmen deren Geltungsdauer noch weiterhin eingesetzt werden.

Die zugehörigen Klassen und Prüfbedingungen der Rissüberbrückungsfähigkeit für diese Oberflächenschutzsysteme sind in Tabelle A.10 des neuen Regelwerkes zusammengefasst. Die neuen Prüfbedingungen wurden gegenüber den bisherigen etwas modifiziert und die Klassen mit einer neuen Bezeichnung gemäß DIN EN 1062-7 [11] versehen. So mussten OS 11-Systeme nach der Instandsetzungsrichtlinie bei der Rissüberbrückungsprüfung gemäß Klasse II_{T+V} bisher

100.000 Lastwechsel mit einer Frequenz von 5 Hz überstehen, nach der neuen TR Instandhaltung werden in der neuen Prüfklasse B3.2 nur noch 20.000 Lastwechsel mit einer Frequenz von 1 Hz geprüft. Bei der für die neuen OS 14-Systeme geforderten Prüfklasse B4.2 wurde die obere Rissaufweitung im Gegensatz zu der bisherigen Anforderung für OS 10-Systeme gemäß TP-Bel-T3 mit $W_{T,O}$= 0,40 mm auf w_O = 0,50 mm erhöht. Allerdings wurde die Anzahl der Risswechsel von n = 100.000 / 5 Hz für OS 10-Systeme auf n = 20.000 / 1 Hz für OS 14-Systeme reduziert. Durch die Reduzierung der Risswechsel mit gleichzeitiger Verlangsamung der Wechsel-Frequenz wurden die Anforderungen an die Rissüberbrückungsfähigkeit bzw. Ermüdungsresistenz deutlich herabgesetzt. Zudem wurde bei der Prüfung der OS 10-Systeme nach Abschluss der dynamischen Prüfung noch eine „statische" Rissaufweitung bei -20 °C auf min. 1 mm bzw. bis zum Bruch geprüft. Diese Anforderung bzw. Prüfung ist in der „neuen" Prüfklasse B4.2 nicht enthalten.

In Bild 15.105 sind die verschiedenen Prüfbedingungen der Oberflächenschutzsysteme OS 10, OS 11 (nach RiLi-SIB / TR) und OS 14 tabellarisch gegenübergestellt.

Vergleich Prüfbedingungen Rissüberbrückungsklassen				
System	RiLi-SIB **OS 11**	TR **OS 11**	TR **OS 14**	TP-Bel-B T3 **OS 10**
Klasse	II_{T+V}	B 3.2	B 4.2	IV_{T+V}
T_p	- 20 °C	- 20 °C	- 20 °C	- 20 °C
$W_{T,O}$	0,3 mm	0,3 mm	0,5 mm	0,4 mm
$W_{T,U}$	0,1 mm	0,1 mm	0,2 mm	0,1 mm
$R_{W,T}$	1.000	1.000	1.000	1.000
ΔW_T	0,2 mm	0,2 mm	0,3 mm	0,3 mm
f	0,03 Hz	0,03 Hz	0,03 Hz	0,03 Hz
ΔW_V	± 0,05 mm	± 0,05 mm	± 0,05 mm	± 0,05 mm
$R_{W,V}$	100.000	20.000	20.000	100.000
F	5 Hz	1 Hz	1 Hz	5 Hz
W_{STAT}				> 1 mm

Bild 15.105: Vergleich Prüfbedingungen Rissüberbrückungsklassen OS 10 / OS 11 / OS 14

Eine schematische Darstellung des Belastungszyklus für die Prüfung der dynamischen Rissüberbrückung ist in Bild 15.106 dargestellt.

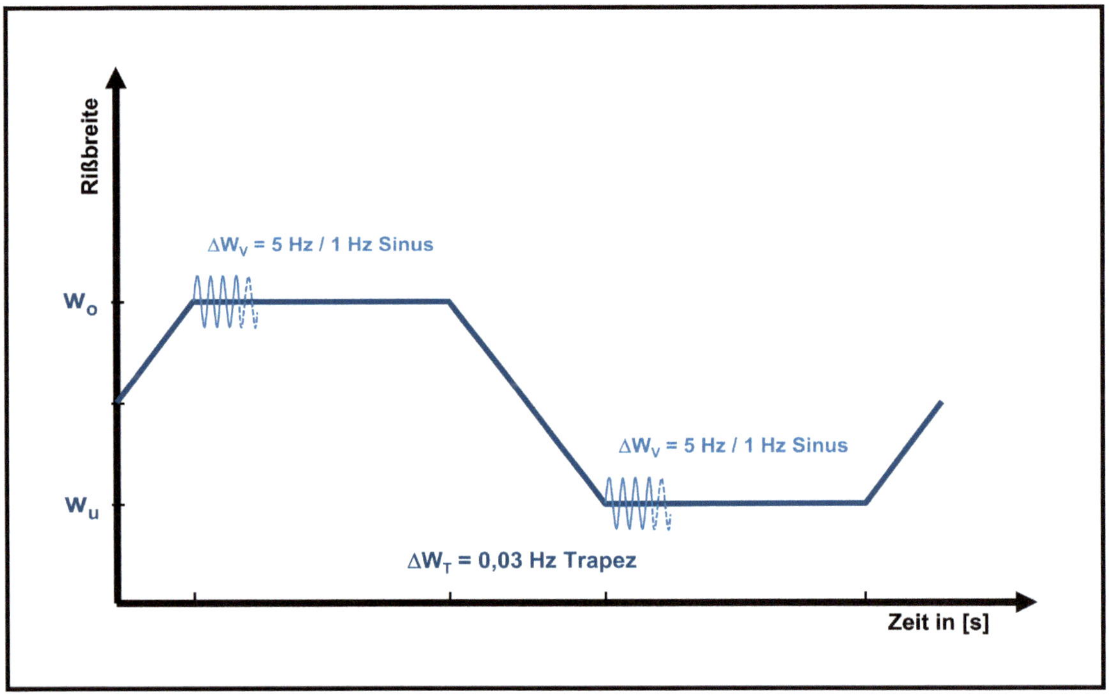

Bild 15.106: Belastungszyklus Prüfung dynamische Rissüberbrückung

Neben der Rissüberbrückungsfähigkeit sind auch die geforderten Mindestschichtdicken ein wesentliches Merkmal der Oberflächenschutzsysteme. Die entsprechenden Anforderungen sind in der neuen TR Instandhaltung in Teil 2, Tabelle A.1 aufgelistet (siehe Bild 15.107).

Tabelle A.1 – Mindestschichtdicken $d_{min,s}$ der hauptsächlich wirksamen Oberflächenschutzschicht (hwO) für Oberflächenschutzsysteme

Oberflächenschutzsystem		Mindestschichtdicke $d_{min,s}$ [µm]
OS 2 (OS B)		80
OS 4 (OS C)		80
OS 5a (OS DII)		300
OS 5b (OS DI)		2000
OS 8		2500 [1)]
OS 11a (OS F a)	Deckschicht	3000
	Elastische Oberflächenschutzschicht (hwO, Schwimmschicht)	1500
OS 11b (OS F b)		4000
OS 14	Deckschicht	4000
	Elastische Oberflächenschutzschicht (hwO, Schwimmschicht)	2000
1) Gesamtschichtdicke inkl. Grundierung und Deckschicht		

Bild 15.107: TR Instandhaltung Teil 2, Tabelle A.1

Weitere Regelungen zu dem Einsatz von Oberflächenschutzsystemen auf befahrbaren Verkehrsflächen sind in der Norm DIN 18532 – Abdichtung für befahrbare Verkehrsflächen, Teil 6 – Abdichtung mit flüssig zu verarbeitenden Abdichtungsstoffen [8] zu finden. Diese Norm ist Teil der 2017 neu erschienenen Normenreihe zur Abdichtung von Bauwerken. Eine Übersicht zu den Anwendungsbereichen der einzelnen Abdichtungsnormen ist in Bild 15.108 dargestellt. In der DIN 18532 Teil 1 [7] sind zunächst Anforderungen sowie Planungs- und Ausführungsgrundsätze für die Abdichtung von befahrenen Verkehrsflächen aus Beton definiert.

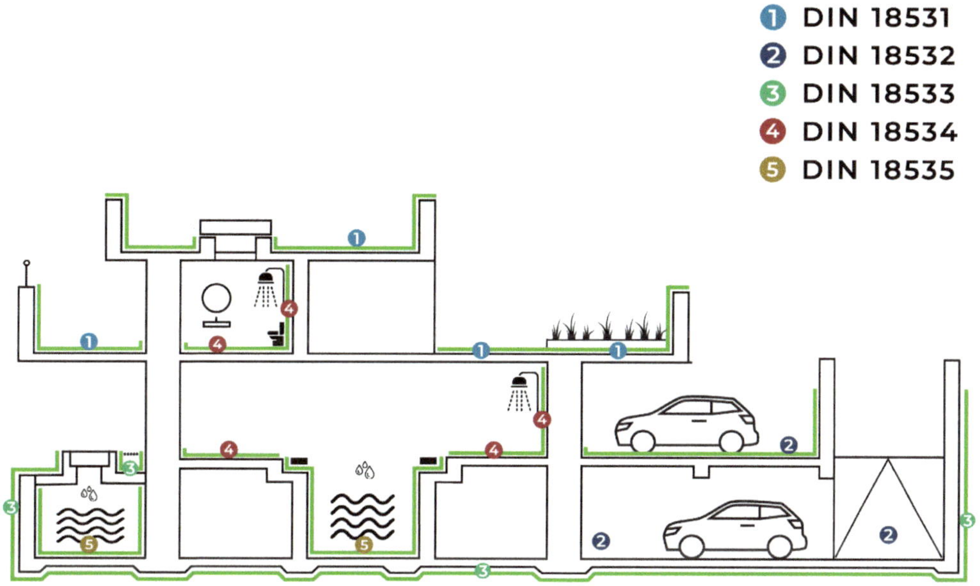

Bild 15.108: Übersicht zu den Anwendungsbereichen der Normenrreihe für die Abdichtung von Bauwerken

In Abschnitt 5.3.2. der DIN 18532-1 sind verschiedene Nutzungsklassen beschrieben, die sich anhand der zu erwartenden Belastung wie z. B. Nutzung durch Fußgänger, PKW und LKW mit leichten, mittleren und schweren Gesamtgewichten, Neigung, Bewitterung usw. unterscheiden.

In Abschnitt 8 der DIN 18532-1 sind die verschiedenen, grundsätzlich möglichen Abdichtungsbauweisen dargestellt. Die Ausführung mit Oberflächenschutzsystemen entspricht der Bauweise 1b, bei der sich die Abdichtungsschicht und -Nutzschicht direkt auf dem Konstruktionsbeton befindet.

In Tabelle 2 der DIN 18532 Teil 6 sind die verschiedenen, in Frage kommenden Oberflächenschutzsysteme (Beschichtungen) den verschiedenen Nutzungsklassen und Verkehrsflächen zugeordnet. Hier sind mit Bezug auf die Regelungen der RL SIB (= Instandsetzungsrichtlinie des DAfStb) bei der Bauweise 1b die Systeme OS 8, OS 10 und OS 11a/b aufgeführt. Somit können diese Oberflächenschutzsysteme nicht nur auf Grundlage der RiLi-SIB bzw. TR Instandhaltung eingesetzt werden, sondern auch als direkt befahrene Bauweise gemäß der DIN 18532 Teil 6.

Die in den vorgenannten Regelwerken und Prüfvorschriften vorgegebenen Leistungsmerkmale werden von einer Reihe von Oberflächenschutzsystemen mit unterschiedlichen Bindemitteln und Systemaufbauten erfüllt. Leider ist festzustellen, dass über diese Anforderungskataloge und Prüfbedingungen die Beanspruchungen in der Praxis nur bedingt abgebildet werden können, sodass sich die verschiedenen Systeme hinsichtlich Funktion und Dauerhaftigkeit im praktischen Einsatz deutlich unterscheiden. Natürlich spiegelt sich die unterschiedliche Leistungsfähigkeit, die unter anderem auf der Wahl der Bindemittel und dem Systemaufbau mit entsprechenden Materialverbrauchsmengen beruht, meist auch im Preis des Oberflächenschutzsystems wider.

Hinsichtlich Dauerhaftigkeit, Rissüberbrückungsfähigkeit und Verschleißverhalten haben sich die OS 10-Systeme über viele Jahre bewährt. Ausgehend von der Brückenabdichtung mit Flüssigkunststoffen nach ZTV-Bel-B T3 werden für die hauptwirksame Oberflächenschutzschicht (hwO) Abdichtungen auf Polyurethanharzbasis eingesetzt, die in der Regel mit 2-Komponenten-Heißspritzanlagen aufgebracht werden. Durch die Verarbeitung im Spritzverfahren können auch komplizierte Details, Anschlüsse an aufgehende Bauteile und Einbauteile usw. sehr flexibel ausgebildet werden. Die Funktionsweise einer 2-Komponenten-Spritzanlage ist in Bild 15.109 schematisch dargestellt.

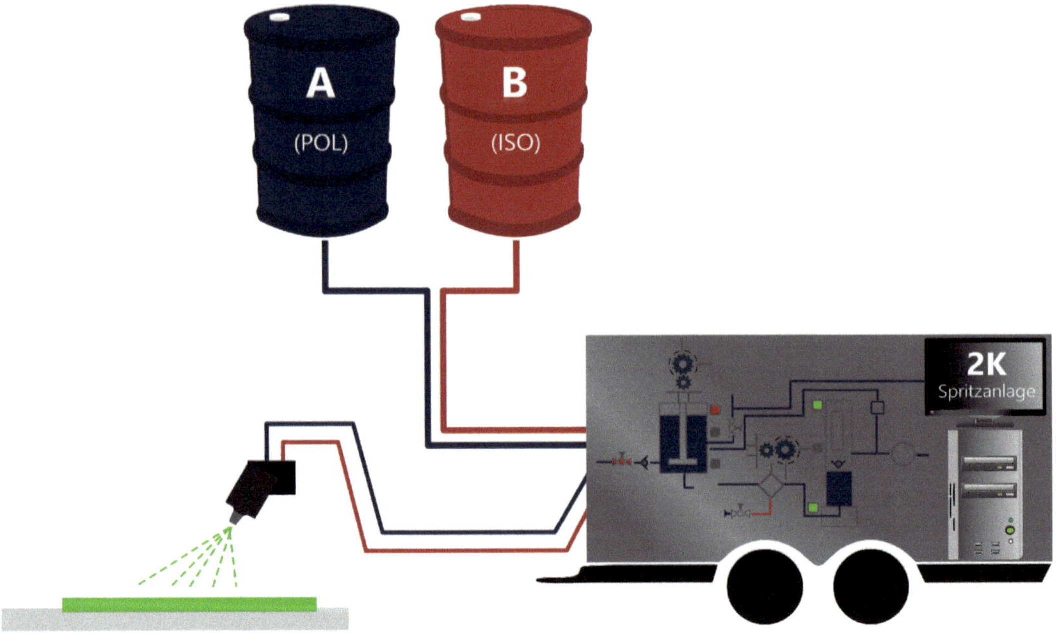

Bild 15.109: Funktionsweise 2-Komponenten-Spritzanlage

Auf diese rissüberbrückende Schicht werden kunstharzgebundene Verschleißschichten mit Polyurethanharzbindemitteln oder Epoxi-Polyurethan-Kombinationen (EP-PU) und Quarzsandeinstreuung sowie anschließender Deckversiegelung aufgebracht. Ausschlaggebend für die Dauerhaftigkeit des Systemaufbaus ist, dass hwO und Verschleißschicht hinsichtlich Festigkeit und Dehnungsverhalten gut aufeinander abgestimmt sind. Die hwO auf Polyurethanharzbasis besitzt trotz ihrer hohen Eigenfestigkeit eine hohe Reißfestigkeit und Reißdehnung von 200 – 300 % und mehr. Als Maß für die Eigenfestigkeit des Materials kann zum Beispiel die Shore-Härte herangezogen werden. Diese kann – auch unter Baustellenbedingungen – relativ einfach mit einem kleinen Härteprüfgerät mit Messuhr bestimmt werden. Das Messprinzip funktioniert so, dass eine Messnadel mit definierter Spitze über eine Feder oder ein Gewicht in die Oberfläche des Probestücks eingedrückt wird und die Verformung bzw. Eindringtiefe auf der Messuhr angezeigt wird (siehe Bild 15.110). Dieses Prüfverfahren wird auch als Eigenüberwachungsprüfung bei der Ausführung der Flüssigkunststoffabdichtung nach ZTV-Bel-T 3 eingesetzt.

Bild 15.110: Messuhr zur Bestimmung der Shore-Härte

Je nach Härte des Prüfkörpers kommen verschiedene Prüfnadeln mit verschiedenen Härteskalen zur Anwendung. Für die Beurteilung von Oberflächenschutzsysteme werden in der Regel die Shore-Härten „A“ und „D“ herangezogen. In Bild 15.111 sind die Härte-Skalen im Vergleich gegenübergestellt sowie mit verschiedenen Alltagsgegenständen veranschaulicht. Zur Orientierung sind zudem die Shore-Härten üblicher Oberflächenschutzsysteme in die Skalen eingeordnet. Die Systeme mit hoher Shore-Härte können wesentlich höhere Schubkräfte aus rollendem Verkehr aufnehmen und weisen einen wesentlich höheren Verschleißwiderstand als solche mit einer geringeren Shore-Härte auf. Die zugehörigen Verschleißschichten sollten zudem eine etwas höhere Shore-Härte als die hwO aufweisen, jedoch sollten diese wiederum nicht zu weit voneinander abweichen, da es ansonsten schneller zu Verbundstörungen und Rissbildungen in der Verschleißschicht kommen kann.

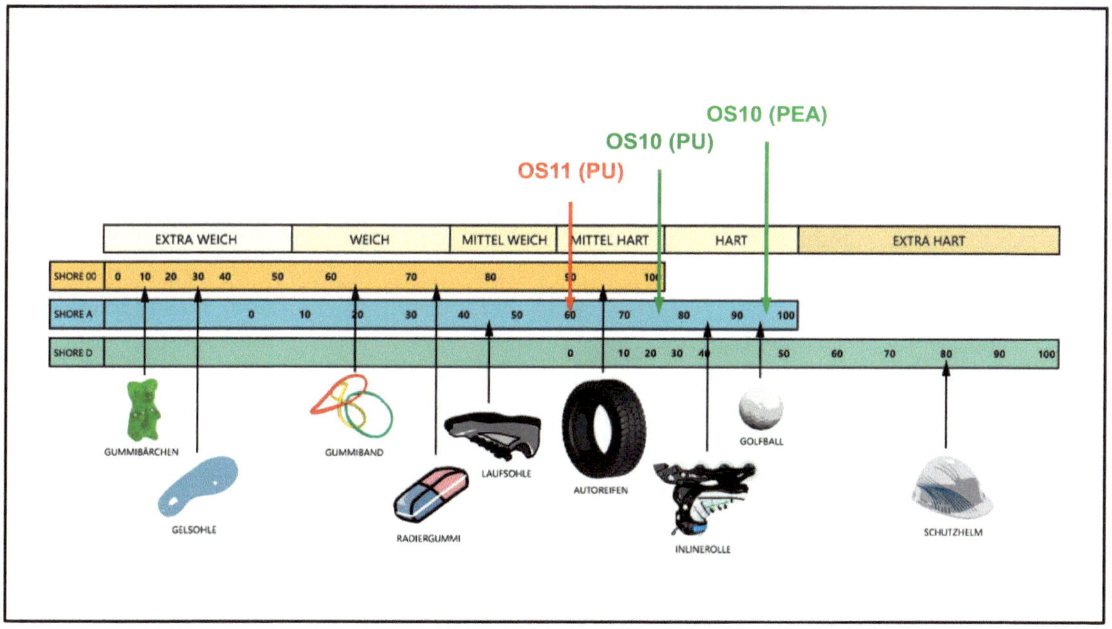

Bild 15.111: Vergleich Shore-Härte-Skalen mit Einordnung der HWO-Typen

Vor dem Hintergrund der oben beschrieben Zusammenhänge und dem Einfluss der Bindemittelbeschaffenheit auf die Dauerhaftigkeit der Oberflächenschutzsysteme sollten bei anspruchsvollen Anwendungen die Eigenschaften der rissüberbrückenden OS-Systeme durch die Planer und Anwender kritisch hinterfragt werden. So ist in letzter Zeit festzustellen, dass nach dem neuen Regelwerk geprüfte „OS 14-Systeme“ auf den Markt gebracht werden, die sich von den herkömmlichen OS 11-Systemen lediglich durch höhere Materialauftragsmengen unterscheiden. Durch die höheren Schichtdicken wird natürlich eine höhere Rissüberbrückungsfähigkeit erzielt, jedoch wird die Verschleißfestigkeit und Dauerhaftigkeit durch die ansonsten meist unveränderten Materialeigenschaften wie zum Beispiel relativ geringe Härtegrade nicht wesentlich verbessert.

Neben den OS 10-Systemen auf der Basis von Polyurethanharz und EP-PU-Kombinationen kamen im Laufe der Zeit auch Systeme auf Polymethylmethacrylatharz-Harz-Basis (PMMA), die manuell eingebaut und in der Regel mit Gewebeeinlagen verstärkt werden, auf den Markt.

In den letzten Jahren kommen nun auch vermehrt OS 10-Systeme auf der Basis von Polyurea-Bindemitteln (PEA) zum Einsatz. Diese hochreaktiven Bindemittel können in der Regel nur mit 2-Komponenten-Heißspritzanlagen verarbeitet werden und weisen sehr gute mechanische Eigenschaften wie zum Beispiel Shore-A-Härte > 90, Reißdehnung > 500 %, Rissüberbrückung von mehreren Millimetern sowie zudem eine sehr gute Chemikalienbeständigkeit auf. Hieraus resultieren ein sehr gutes Verbundverhalten sowie eine sehr hohe Schub- und Verschleißfestigkeit, sodass diese Systeme ausgezeichnet für den Einsatz als hochwertiges Oberflächenschutzsystem für Verkehrsflächen geeignet sind. Neben den üblichen Verschleißschichten mit Quarzsandeinstreuung kann bei diesen Systemen die Verschleißschicht durch Aufspritzen einer zusätzlichen Lage, die in einem speziellen Sprühverfahren strukturiert wird, hergestellt werden. Diese Strukturschicht wird in der Praxis häufig als „Overspray“ bezeichnet. Diese Overspray-Systeme bestehen also nur aus wenigen Lagen, die bis auf die Grundierung durchgängig im Spritzverfahren aufgetragen werden. Daher sind diese bezogen auf das Preis-/Leistungsverhältnis sehr wirtschaftlich und können auch großflächig in relativ kurzer Zeit eingebaut werden. Durch die extrem schnelle Reaktions- / Aushärtezeit der Polyurea-Systeme in Verbindung mit der kurzen Einbauzeit können die Sperrzeiten auf ein Minimum reduziert werden. Da die rissüberrückende Schicht und die Verschleißschicht homogen, sozusagen in einem „Guss“ aus dem gleichen Material mit der gleichen Härte und Elastizität hergestellt werden, ist die Gefahr von Anrissen in der Verschleißschicht bzw. von Ablösungen im Schichtaufbau aufgrund unterschiedlicher Dehnverhalten der einzelnen Lagen nicht gegeben.

In Bild 15.112 ist eine solche Overspray-Oberfläche zu sehen, bei der gerade im Rahmen der Eigenüberwachung die Schichtdicke der Oberflächenschutzschicht mit einem Schichtdickenprüfgerät mit Penetrationsnadel (nach ZTV-Ing – Teil 3, Abschnitt 4, Anhang D [10]) gemessen wird.

Bild 15.112: Prüfung Schichtdicke

Als weitere neue Entwicklung im Bereich der Applikation von Oberflächenschutzsystemen soll zuletzt noch die 3-Komponenten-Spritztechnik erwähnt werden.

Bei diesem Verfahren kann der Düsenführer die Farbe der aufgespritzten Dichtungsschicht in der Praxis während dem Spritzvorgang „auf Knopfdruck" durch die Zudosierung einer weiteren Komponente ohne Zeitverzögerung oder Arbeitsunterbrechung ändern. Hierdurch ist ein Auftrag der Dichtungsschicht im Wechselfarbton, also in mehreren dünnen Lagen „frisch in frisch" mit verschiedenen Farben möglich. In Bild 15.113 ist die Funktionsweise einer 3-Komponenten-Spritzanlage schematisch dargestellt.

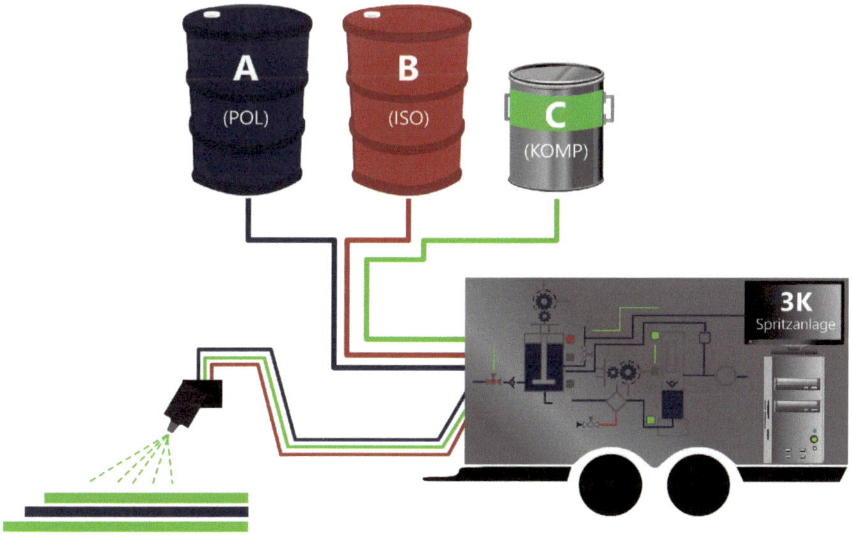

Bild 15.113: Funktionsweise 3-Komponenten-Spritzanlage

Bild 15.114 zeigt das Aufspritzen einer Dichtungsschicht im Wechselfarbton.

Bild 15.114: Aufspritzen einer Dichtungsschicht im Wechselfarbton

Durch diese zusätzliche, simple Qualitätskontrolle kann auch bei geometrisch schwierigen Detailausbildungen eine möglichst konstante Schichtdicke des Oberflächenschutzsystems sichergestellt werden. Die möglichst gleichmäßige Schichtdicke ist wiederum eine Voraussetzung, dass die im Labor ermittelte Rissüberbrückung auch in der Praxis am Bauteil erzielt wird.

Auch bei der Spritzanlagentechnik gibt es einige Merkmale, die Einfluss auf die Qualität der applizierten Dichtungsschicht haben. Die besser ausgestatteten Spritzanlagen verfügen über ein einstellbares Mischungsverhältnis und Durchflussüberwachung sowie -Steuerung der einzelnen Komponenten. Die einfachen Anlagen besitzen lediglich ein starres Mischungsverhältnis (meist 1:1 Volumen-Teile) ohne Durchflussüberwachung. Auch bei den Misch-Sprühköpfen gibt es verschiedene Bauarten, zum Beispiel mit und ohne Sprühluftunterstützung beim Materialaustrag (sog. Airless-Verfahren).

Für den Einsatz unter baupraktischen Bedingungen können solche Mehrkomponenten-Heißspritzanlagen relativ kompakt auf 2-Achsen-Anhängern aufgebaut werden. Somit können diese Anlagen relativ nahe an die Einbaustelle, zum Beispiel in Parkhäusern, platziert werden (siehe Bild 15.115).

Bild 15.115: 3-Komponenten-Spritzanlage im Baustelleneinsatz

Auf den Bildern 15.116, 117 ist eine Praxisanwendung der Applikation im Wechselfarbton auf einer Tiefgaragendecke mit der Ausbildung eines Stützen-Anschlussdetails gezeigt.

Bild 15.116: Abdichtung einer Tiefgaragendecke mit Spritzabdichtung im Wechselfarbton

Bild 15.117: Detailausbildung Stützenanschluss mit Spritzabdichtung im Wechselfarbton

Eine der neuesten Entwicklungen im Bereich der Oberflächenschutzsysteme ist die Kombination von hochleistungsfähigen, direkt befahrenen OS 10 – Systemen mit darunterliegenden leitfähigen Beschichtungssystemen, die als Anode eines Kathodischen Korrosionsschutzsystems (KKS-System) wirken. Die Vorteile dieser Bauweise liegen vor allem in der im Vergleich zu herkömmlichen KKS-Systemen durch den Entfall des Einbettmörtels geringeren Aufbauhöhe und einer dadurch verkürzten Ausführungsdauer.

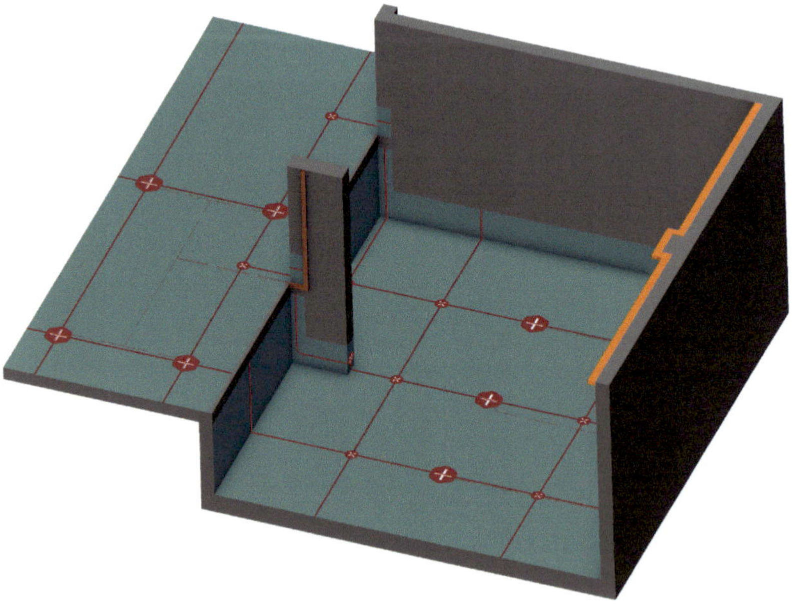

Bild 15.118: Funktionsschema KKS-Oberflächenschutzsystem (Quelle: [12])

Bild 15.119: Einbau KKS-Anoden in Doppelparkergrube

Bild 15.120: Einbau leitfähige KKS-Beschichtung im Airless-Spritzverfahren

Bild 15.121: Einbau OS 10 – Dichtungsschicht (HWO) im 3-Komponenten-Heißspritzverfahren auf leitfähiger KKS-Beschichtung in einer Tiefgarage mit Doppelparkergruben

Bild 15.122: Fertige Oberfläche eines direkt befahrenen Oberflächenschutzsystems OS 10 mit darunter liegender KKS-Beschichtung

15.3.4 Industriebodenbelag mit hoher Beanspruchung in der Lebensmittelindustrie

Oberflächenschutzsysteme sind nicht nur zum Schutz der Konstruktion von Verkehrsbauwerken erforderlich. Auch im Bereich von Industrieanlagen wie Lager- und Produktionsbereichen werden Oberflächenschutzsysteme zum Schutz der Gebäudekonstruktion, zum Beispiel in Form von Industriebodenbelägen oder als Auskleidungen für Auffangwannen und Behälter benötigt. In dem nachfolgenden Abschnitt werden die besonderen Anforderungen, die an Industriebodenbeläge gestellt werden, an einem Praxisbeispiel aus der Lebensmittelindustrie vorgestellt.

Gerade in der Lebensmittelindustrie kommen häufig eine Vielzahl von Anforderungen zusammen, die durch das Oberflächenschutzsystem erfüllt werden müssen. Dies sind insbesondere Kombinationen der folgenden Anforderungen:

- Hygiene: dichte, geschlossene Oberfläche, Reinigungsfähigkeit
- Chemikalienbeständigkeit gegen: Lösemittel / Alkohole, Reinigungs- und Desinfektionsmittel, Säuren, Laugen
- mechanische Belastbarkeit: Flurförderfahrzeuge, abrasive Stoffe (z. B. Kristallzucker, Glasbruch)
- Hitzebeständigkeit, Heißwasser- / Dampfbeständigkeit
- Inerte Oberfläche / keine flüchtigen Bestandteile
- Rutschhemmung
- Leitfähigkeit – Antistatisch: je nach Einsatzgebiet Ex-Schutz, Schutz von elektronischen Geräten, Steuerungen usw.

Hinzu kommen häufig anspruchsvolle Detailausbildungen wie:

- Anschlüsse an Entwässerungsrinnen und -Abläufe
- Fugenausbildungen
- Anschlüsse an Einbauteile und Produktionsanlagen
- Wand- und Stützenanschlüsse.

In Bild 15.123 ist eine typische Situation in einer Produktionsanlage dargestellt. Die Herstellung bzw. Bearbeitung des eigentlichen Produktes erfolgt meist in geschlossenen Produktionsanlagen. Die höchste Beanspruchung des Bodens erfolgt bei Anlagenstörungen / -Havarien oder bei Reinigungsvorgängen, bei welchen aggressive Reinigungsmittel zum Einsatz kommen.

Bild 15.123: Produktionsbereich in der Lebensmittelindustrie

Bild 15.124: Abfüllplatz für Reinigungskonzentrat

In Bild 15.124 ist ein Abfüllplatz für Desinfektionsmittel zu sehen. In solchen Bereichen ist häufig eine Belastung durch verschüttete, aggressive Desinfektions- und Lösungsmittel, hochalkalische oder stark säurehaltige, konzentrierte Reinigungsmittel gegeben.

Als Lösung für solche vielfältigen Anforderungen kommen häufig spezielle Bodenbeschichtungen oder Dünnbeläge auf Kunstharzbasis (Epoxidharz, Polyurethanharz, Methylmethacrylat) zum Einsatz. Im nachfolgenden Beispiel wird ein Epoxidharzmörtelbelag gezeigt, der in einer Dicke von 8 – 10 mm eingebaut wird. Der Aufbau des Belagssystems ist in Bild 15.125 dargestellt. Das Belagssystem besteht aus einer Epoxidharzgrundierung (1), die den Verbund zum Betonuntergrund sicherstellt, dem eigentlichen Mörtelbelag aus Epoxidharzbindemittel und speziellen Zuschlägen (2) sowie einer oder mehreren Deckversiegelungen (3, 4) auf Epoxidharzbasis. Bei diesem Belag wird das Epoxidharzbindemittel des Mörtels durch Zugabe von Pigmenten lasierend eingefärbt. Durch die Wahl spezieller Zuschläge und die Verwendung von farblosen Deckversiegelungen wird dann eine optisch ansprechende Oberfläche erzielt.

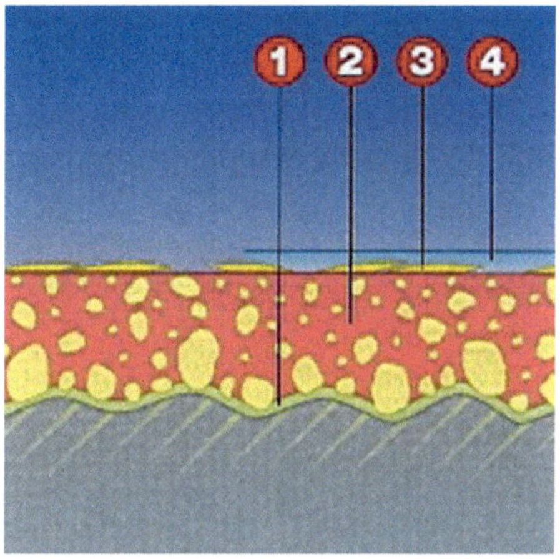

Bild 15.125: Systemaufbau Epoxidharz-mörtelbelag

Bei Bedarf kann der Systemaufbau auch ableitfähig ausgeführt werden (Systemaufbau siehe Bild 15.126). Hierfür wird auf die Epoxidharzgrundierung und ggf. – Egalisierspachtelung (1, 2) zunächst ein Raster aus leitfähigen, dünnen Kupferbändern aufgeklebt sowie eine Leitschicht, welche aus einem Epoxidharzbindemittel und hoch leitfähigen Füllstoffen besteht, aufgebracht (3). Der eigentliche Nutzbelag aus Epoxidharzmörtel (4) wird in diesem Fall mit besonderen, leitfähigen Füllstoffen hergestellt, die auf der Oberfläche anstehende Spannungspotentiale nach unten in die Leitschicht ableiten können. Die Leitschicht führt die Spannungen dann horizontal in das Netz aus Kupferbändern ab, die über Anschlusspunkte mit dem Erdpotential verbunden sind.

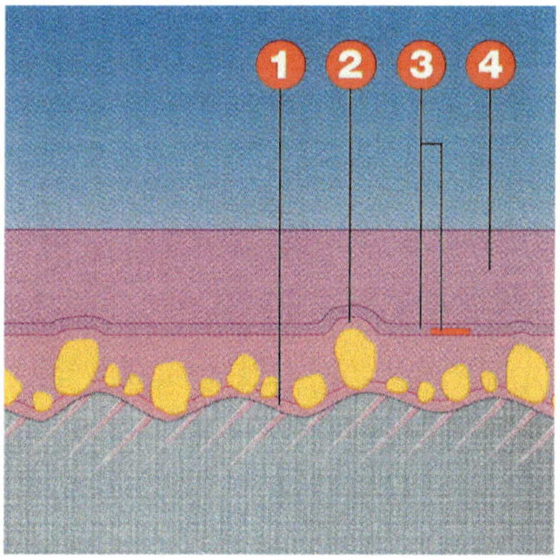

Bild 15.126: Systemaufbau Epoxidharz-mörtelbelag – ableitfähigableitfähig

In Bild 15.127 ist der Einbau der Epoxidharzmörtelschicht gezeigt. Es handelt sich hierbei um eine relativ trockene, erdfeuchte Konsistenz, die über einen sogenannten Ziehkasten in einer definierten Schichtdicke aufgezogen wird und mittels einem Flügelglätter verdichtet und geglättet wird (Bild 15.128). Auf diese geglättete Oberfläche werden anschließend noch zwei Deckversiegelungen aufgetragen, über welche die Rutschhemmung des Belages eingestellt werden kann.

Bild 15.127: Einbau Epoxidharzmörtelschicht

Bild 15.128: Verdichten und Glätten der Mörteloberfläche mittels FlügelglätterFlügelglätter

Wichtiger Bestandteil eines solchen Industriebodenbelages sind Systemlösungen für die Detailanschlüsse an Einbauteile, angrenzende Bauteile und Produktionsanlagen. In Bild 15.129 ist die Ausführung eines Wandanschlusses aus Edelstahl-Blechverwahrungen gezeigt, der in der Lage ist, vertikale Bewegungen zwischen Deckenplatte und aufgehenden Wänden zu kompensieren.

Bild 15.129: Wandanschluss mit Blechverwahrung

Bild 15.130 zeigt eine Systemskizze eines beweglichen Wandanschlusses mit einer entkoppelten Hohlkehle aus Epoxidharzmörtel.

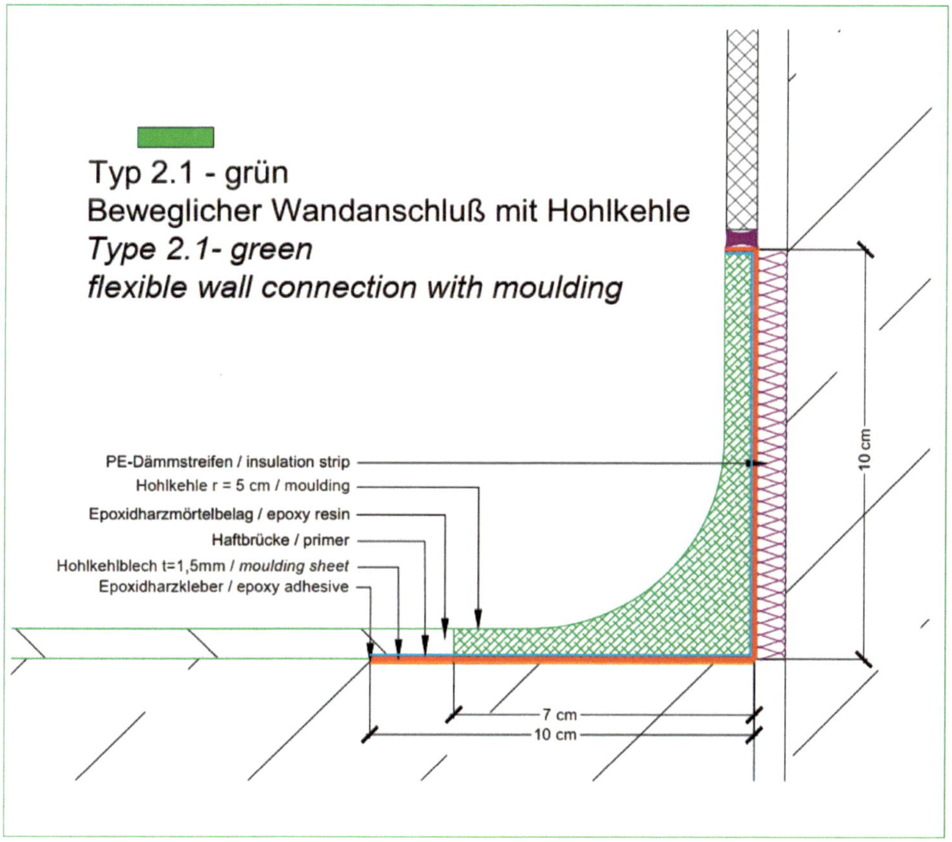

Bild 15.130: Wandanschluss mit Hohlkehle

Neben den chemischen Beanspruchungen, zum Beispiel aus Reinigungsmitteln, Lösemitteln usw. wirken meist auch erhebliche mechanischen Belastungen auf die Industrieböden ein. Dies sind etwa Räder und Rollen von Flurförderfahrzeugen wie Handhubwagen („Ameisen") oder Gabelstaplern, die bei Paletten-Gewichten von häufig einer Tonne oder mehr zur erheblichen Fächenspannungen führen. Hierbei stellen insbesondere Scherbelastungen bei engen Kurvenradien oder Beschleunigungs- und Bremsvorgängen eine hohe Belastung dar, die zu Verschleiß- und Abriebserscheinungen führen können. Besonders bei führerlosen Transportsystemen, die häufig exakt die gleichen Fahrstrecken benutzen und zudem auch enge Radien fahren, kommt es zu extremen Belastungen der Beläge. Diese mechanische Beanspruchung kann durch abrasive Partikel, die bei der Produktion bzw. dem Handling der Produkte freigesetzt werden, noch verstärkt werden.

Bild 15.131: Belastung durch Flurförderfahrzeuge

Auf Bild 15.132 ist eine neue, großräumige Industriehalle mit fertiggestelltem Industrieboden zu sehen.

Bild 15.132: Fertiggestellte Hallenfläche

15.3.5 Instandsetzung einer Stahlbetonstützen-Riegel-Konstruktion im Dachgeschoss eines Hochhauses

Neben Verkehrs- und Ingenieurbauwerken und Industriebauten sind auch bei Fassaden zahlreiche große Flächen mit zum Teil anspruchsvollen Konstruktionsdetails vorhanden, die einer regelmäßigen Wartung, Instandhaltung und ggf. Instandsetzung bedürfen.

Im folgenden Abschnitt werden die Besonderheiten bei der Instandsetzung einer Stahlbetonstützen-Riegel-Konstruktion im Dachgeschoss eines Hochhauses aufgezeigt.

Bild 15.133 zeigt die Fassadenansicht des Hochhauses. Bei den obersten zwei Geschossen handelt es sich um Technikgeschosse, bei welchen in der Fassade großflächige Lüftungselemente eingebaut sind.

Bild 15.133: Fassadenansicht Büro-Hochhaus

Auf Bild 15.134 sind die Lüfterkolonnen der Klimaanlage gezeigt, die in einem Staffelgeschoss hinter großflächigen Lüftungslamellen angeordnet sind. Diese Lamellenfassade ist an einer Stahlbetonstützen-Riegel-Konstruktion befestigt, die unter anderem die in der großen Höhe auftretenden Windlasten sowie Verkehrslasten von einem Hängegerüst zur Fassadenreinigung und -Befahrung aufnehmen muss, welches auf einer Schienenkonstruktion an der Dach- bzw. Fassadenkante entlangfährt.

Bild 15.134: Technikgeschoss im Dachgeschoss – Klima-Lüfterkolonnen

Bild 15.135: Stützen-Riegel-Konstruktion mit erheblichen KorrosionsschädenKorrosionsschäden

Bilder 15.135 und 136 zeigen den Zustand der Stahlbetonstützen und -Riegel vor der Instandsetzung. Aufgrund einer teilweise zu geringen Betondeckung, einer fortgeschrittenen Carbonatisierung und einer wiederkehrenden, starken Durchfeuchtung durch von den Klimageräten erzeugten Sprühwassernebel kam es hier zu erheblichen Korrosionsschäden mit Betonabplatzungen durch Korrosionsdruck. Diese Schadstellen waren in der Vergangenheit bereits nicht fachgerecht ausgebessert worden.

Bild 15.136: Stützen-Riegel-Konstruktion mit angrenzenden Lüfterkolonnen

Die Herausforderung bei dieser Baumaßnahme waren die Baustelleneinrichtung und der Transport der benötigten Baustoffe und Hilfsstoffe. Die Technikgeschosse waren lediglich über ein Treppenhaus zugänglich, die Personenaufzüge endeten unterhalb der Technikgeschosse. Ein Lastenaufzug stand nicht zur Verfügung. Auch war die Dachfläche nur in eng begrenzten Bereichen begehbar und ebenso wenig für die Lagerung von Baumaterial geeignet. Daher wurde eine temporäre Arbeitsbühne aus Stahlprofilen als Unterkonstruktion zum Aufsetzen von acht Stück 10-Fuß-Container mit einer Arbeitsfläche aus Gitterrosten und OSB-Platten konzipiert. Diese Arbeitsbühne mit vier massiven Pfosten aus Profilstahl wurde direkt auf die vier zentralen Hauptstützen der Hochhauskonstruktion aufgestellt (siehe Bilder 15.137 und 138). Hierzu wurde die Dachhaut temporär geöffnet und wieder eingedichtet. Die Arbeitsbühne wurde zudem rundum winddicht eingehaust sowie mit Gitterrosten abgedeckt, damit keine Papiersäcke, Folien oder ähnliches vom Wind weggetragen werden konnten.

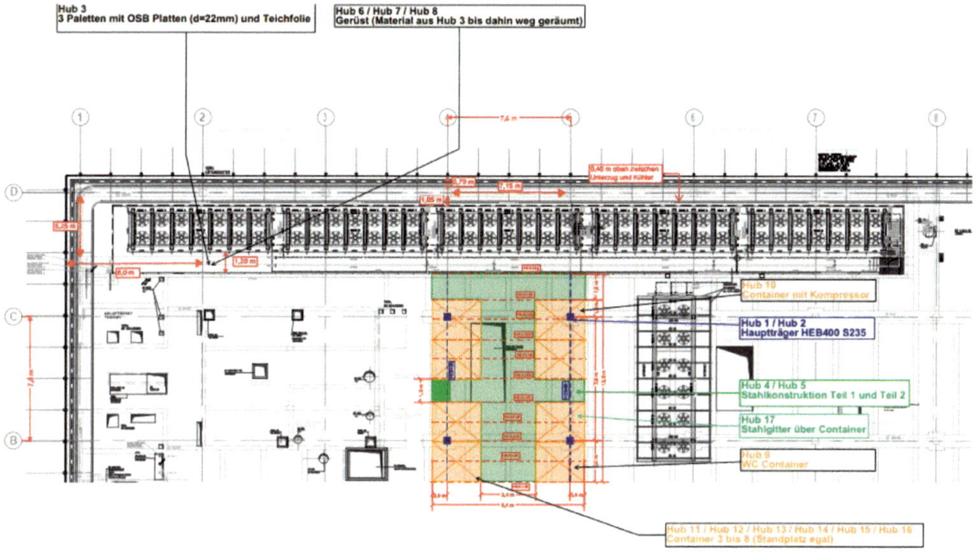

Bild 15.137: Draufsicht Dach mit temporärer Arbeitsbühne (Quelle: [9])

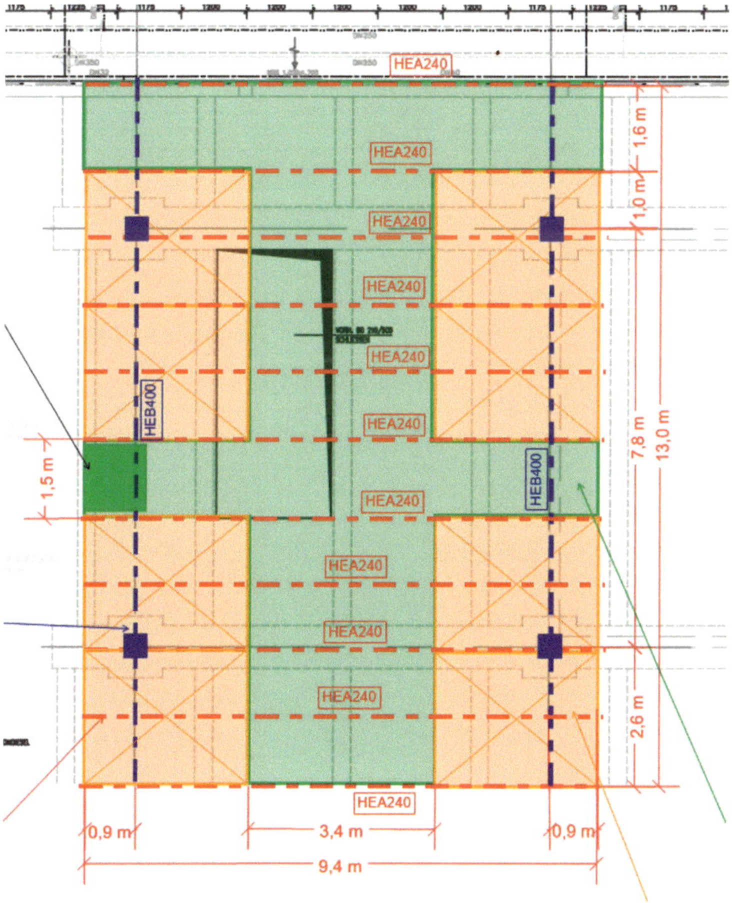

Bild 15.138: Stahlbühne als Baustelleneinrichtungsfläche (Quelle: [9])

Rechtzeitig vor Beginn der Baumaßnahme wurde der Bedarf an Baustoffen, Hilfsstoffen sowie an Werkzeugen, Geräten und Maschinen möglichst genau ermittelt und detailliert in Listen, inklusive Gewicht und Platzbedarf erfasst. Ein Auszug aus einer solchen Ladeliste ist in Bild 15.139 gezeigt. Ausgehend von den Einzelgewichten und dem Platzbedarf wurden alle benötigten Materialien und Geräte auf sechs Container (10 Fuß) aufgeteilt. Weiterhin wurde noch ein kleiner Sanitärcontainer sowie ein Container mit einem elektrisch betriebenen Kompressor für die Druckluftversorgung der Strahlgeräte und Spritzmörtelmaschinen eingeplant. Das Aufbauen bzw. der Transport der temporären Arbeitsbühne sowie das Andienen der gesamten Baustelleneinrichtung auf die Dachfläche wurde mit einem Schwerlast-Mobilkran mit Spitzenausleger geplant. Aufgrund der Hakenhöhe von 90 m sowie der großen Ausladung von ca. 60 m musste ein Kran in der 400to-Lastklasse gewählt werden, welcher bei maximaler Ausladung noch eine Hublast von 5,5 to heben konnte. Für die Hubvorgänge wurde ein fixer Termin mit einer Einsatzzeit von zwei Tagen vereinbart. Zu diesem Termin mussten sämtliche Materialien und Geräte in den Containern unter Berücksichtigung der möglichen Hublast bereitgestellt werden. Zusätzlich zu der Arbeitsbühne und den Material- und Gerätecontainern sollten noch ein Arbeitsgerüst incl. temporärem Treppenlauf sowie Abdeckmaterial auf das Dachgeschoss gehoben werden.

Packliste Container am 10.07.2020 Chemicon

		Material / Werkzeug	Gesamtgewicht (kg)	Bemerkung
Container 3		Grobmörtel PCC NM	3.000	3 Paletten
	40,00	PCC F Feinmörtel	1.150	1 Palette
		Korrosionsschutz MKS	20	
		Haftbrücke MHB	75	
		Fellrolle b=25 cm	10	
		Halter für Fellrolle b=25 cm	3	
		Fellrolle b=10 cm	8	
		Halter für Fellrolle b=10 cm	2	
		Pinsel 2,5"	6	
	7,00	Pro Primer		
		Pro 3 WF		PU Versiegelung
		Kartuschen	10	
		Pistole	2	
		Leergewicht Container	900	
		Gesamtgewicht Container 3	**5.186**	**kg**
Container 4		Grobmörtel PCC NM	4.000	4 Paletten
		Spritzmaschine WM Variojet FU	160	
		Leergewicht Container	900	
		Gesamtgewicht Container 4	**5.060**	**kg**
Container 5		Grobmörtel PCC NM	4.000	4 Paletten
		Hilti Hit	5	
		Pistole	1	
		Bohraufsätze	2	
		Vierkantholz	100	5x4 cm, zum befestigen

Bild 15.139: Auszug Ladeliste Container

Auch die Hubreihenfolge der einzelnen Stahlbauteile, Container, Gerüstteile usw. wurde im Vorhinein detailliert geplant, um die Einsatzzeit des Mobilkrans auf ein Minimum zu reduzieren.

Hubreihenfolge am 14.07. / 15.07.2020, (siehe auch Plan "Hubreihenfolge / Standplatz") Chemicon

Hub	Was?	Wohin?
	Dienstag 14.07.2020	
1	Stahlträger 1 HEB 400	Dach (Etage 19)
2	Stahlträger 2 HEB 400	Dach (Etage 19)
3	3 Paletten übereinander gestapelt mit OSB Platten (Dicke 22 mm) und Teichfolie Rollen	Etage 18
4	Stahlkonstruktion Teil 1	Dach (Etage 19)
5	Stahlkonstruktion Teil 2	Dach (Etage 19)
6	Gerüst (Anlieferung 14.07. um 13 Uhr)	Etage 18
7	Gerüst (Anlieferung 14.07. um 13 Uhr)	Etage 18
8	Gerüst (Anlieferung 14.07. um 13 Uhr), evtl. nicht mehr notwendig	Etage 18
	Mittwoch 15.07.2020	
9	WC Container	Dach (Etage 19)
10	Container mit Kompressor	Dach (Etage 19)
11	Container 3	Dach (Etage 19)
12	Container 4	Dach (Etage 19)
13	Container 5	Dach (Etage 19)
14	Container 6	Dach (Etage 19)
15	Container 7	Dach (Etage 19)
16	Container 8	Dach (Etage 19)
17	Stahlgitter über Container	Dach (Etage 19)

Bild 15.140: Planung Hubreihenfolge

Auf Bild 15.141 ist die Vormontage der Stahlbühne zu sehen. Am oberen Bildrand wurden Bereits die Transportcontainer mit den Materialien und Geräten beladen. Bild 15.137 zeigt den aufgebauten Mobilkran, mit dem zunächst die Arbeitsbühne sowie die Arbeitsgerüste und anschließend die Container (Bild 15.138) und die Einhausung auf das Dachgeschoss verbracht wurden. Vorteilhaft für die Baumaßnahme war, dass vor dem Gebäude ausreichend Freifläche für den Aufbau des Mobilkrans und die Bereitstellung der benötigten Materialien, Geräte und Container vorfügbar war.

Bild 15.141: Bereitstellung Baustelleinrichtung auf Freifläche

Bild 15.142: Aufgebauter Mobilkran

Bild 15.143: Absetzen der Container auf Stahlbühne

Bild 15.144: Abstand zwischen Kranausleger und Dachkante

Bemerkenswert war, dass der Ausleger des Krans bei der größten Ausladung bis zu 50 cm an die Dachkante des Hochhauses heranreichte. Dies wurde durch Sicherheitsposten und Videokameras überwacht.

Bild 15.145: Fertig eingerichtete Arbeitsbühne

Auf Bild 15.145 ist die fertiggestellte Arbeitsbühne mit Containern, Einhausung und Gitterrostabdeckung gezeigt.

Bild 15.146: Freigelegte Schadstellen

Nachdem die umfangreiche Arbeitsvorbereitung und der Aufbau der Baustelleneinrichtung abgeschlossen waren, konnte mit den eigentlichen Instandsetzungsarbeiten begonnen werden. Auf Bild 15.146 sind typische Schadstellen mit freigelegten Bewehrungsstäben zu sehen. Bild 15.147 zeigt einen Knotenpunkt der Stützen-Riegel-Konstruktion mit fertiggestellter Betoninstandsetzung inklusive neuem Oberflächenschutzsystem. In diesem Fall wurde ein rissüberbrückendes System der Klasse OS 5 gewählt. Zusätzlich zu den Betoninstandsetzungsmaßnahmen wurde der freistehende Stahlbetonriegel zur sicheren Ableitung der horizontalen Windkräfte noch über Stahlprofile gegen den Hochhauskern ausgesteift. An diese Aussteifungen wurden noch neue Absturzsicherungen für das Bedienpersonal des Hängegerüstes (Fassadenbefahrung) angebracht (siehe Bild 15.148). Am Ende der Baumaßnahme wurden die Einhausung und die Container der Baustelleneinrichtung zurückgebaut. Die Arbeitsbühne wurde auf der Dachfläche belassen und kann für zukünftige Arbeiten auf bzw. an dem Technikgeschoss genutzt werden.

Bild 15.147: Fertiggestelltes Oberflächenschutzsystem

Bild 15.148: Einbau Wartungsbühne über Lüfterkolonnen

15.3.6 Literatur / Quellenangaben

[1] Richtlinie Schutz und Instandsetzung von Betonbauteilen (Instandsetzungs-Richtlinie) Teil 1 – 4. Deutscher Ausschuss für Stahlbeton – DAfStb im DIN Deutsches Institut für Normung e. V., Berlin, 2001 und Berichtigungen 2002-01, 2005-12 und 2014-09.

[2] ZTV-Bel-B Teil 3 – Zusätzliche Technische Vertragsbedingungen und Richtlinien für das Herstellen von Brückenbelägen auf Beton, Teil 3: Dichtungsschicht aus Flüssigkunststoff, Bundesministerium für Verkehr, Ausgabe1995. FGSV Verlag GmbH, Köln, FGSV-Nr.: 781/1.

[3] TL-BEL-B Teil 3 – Technische Lieferbedingungen für Baustoffe zur Herstellung von Brückenbelägen auf Beton mit Dichtungsschicht nach ZTV-BEL-B Teil 3. Bundesministerium für Verkehr, Ausgabe1995. FGSV Verlag GmbH, Köln, FGSV-Nr.: 781/2.

[4] TP-BEL-B T3 – Technische Prüfvorschriften für Baustoffe zur Herstellung von Brückenbelägen auf Beton mit Dichtungsschicht nach ZTV-BEL-B Teil 3. Bundesministerium für Verkehr, Ausgabe1995. FGSV Verlag GmbH, Köln, FGSV-Nr.: 781/3.

[5] Technische Regel Instandhaltung von Betonbauwerken (TR Instandhaltung), Teil 1 – Anwendungsbereich und Planung der Instandhaltung. Deutsches Institut für Bautechnik. Mai 2020. URL https://www.dibt.de/fileadmin/dibt-website/Dokumente/Referat/I4/TR_Instandhaltung_Betonbauwerke_Teil1.pdf, letzter Zugriff 05/2024.

[6] Technische Regel Instandhaltung von Betonbauwerken (TR Instandhaltung), Teil 2 – Merkmale von Produkten oder Systemen für die Instandsetzung und Regelungen für deren Verwendung. Deutsches Institut für Bautechnik. Mai 2020. URL: https://www.dibt.de/fileadmin/dibt-website/Dokumente/Referat/I4/TR_Instandhaltung_Betonbauwerke_Teil2.pdf, letzter Zugriff 05/2024.

[7] DIN 18532 Abdichtung von befahrbaren Verkehrsflächen aus Beton – Teil 1: Anforderungen, Planungs- und Ausführungsgrundsätze. DIN Deutsches Institut für Normung, Berlin, Beuth Verlag GmbH, Berlin, Ausgabe 2017-07.

[8] DIN 18532 Abdichtung von befahrbaren Verkehrsflächen aus Beton – Teil 6: Abdichtung mit flüssig zu verarbeitenden Abdichtungsstoffen. DIN Deutsches Institut für Normung, Berlin, Beuth Verlag GmbH, Berlin, Ausgabe 2017-07.

[9] Planungsunterlagen Ingenieurgesellschaft Fahlbusch mbH, Mühltal

[10] ZTV-ING – Zusätzliche Technische Vertragsbedingungen und Richtlinien für Ingenieurbauten, Teil 1 – 9. Bundesministerium für Verkehr und digitale Infrastruktur, Bundesanstalt für Straßenwesen, Bergisch Gladbach, Dezember 2023. URL: https://www.bast.de/DE/Publikationen/Regelwerke/Ingenieurbau/Baudurchfuehrung/ZTV-ING-Gesamtfassung.pdf ?__blob=publicationFile&v=16, letzter Zugriff 05/2024.

[11] DIN EN 1062-7 – Beschichtungsstoffe – Beschichtungsstoffe und Beschichtungssysteme für mineralische Substrate und Beton im Außenbereich – Teil 7: Bestimmung der rissüberbrückenden Eigenschaften; DIN Deutsches Institut für Normung, Berlin, Beuth Verlag GmbH, Berlin, Ausgabe 2004-08

[12] Planungsunterlagen Catódica GmbH, Mönchengladbach

16 Besonderheiten von Schutz- und Instandsetzung im Brücken- und Ingenieurbau

P. Haardt, E. Kempkens

16.1 Einleitung

Beton war zweifelsohne der Baustoff des 20. Jahrhunderts und wird auch in den kommenden Jahrzehnten der bedeutendste Konstruktionswerkstoff bleiben. Dies gilt in besonderem Maße für die Bauwerke der Straßenverkehrsinfrastruktur in Deutschland. Der Betonbrückenbau konnte sich in den Jahren nach 1945 technisch und wirtschaftlich durchsetzen und bildete die Grundlage für den Aufbau einer Infrastruktur, die mit den Anforderungen aus dem wirtschaftlichen Aufschwung mithalten konnte. Trotz geringer Erfahrungen und unzureichender Informationen über zukünftige Beanspruchungen wurden dabei sichere Bauwerke realisiert, welche die Straßen in Deutschland bis heute prägen. Bei älteren Betonbauwerken sind vorhandene Reserven jedoch allmählich aufgebraucht; dies betrifft insbesondere den Korrosionsschutz der Stahlbewehrung im Beton.

Als Außenbauteile unterliegen die Bauwerke der Straßenverkehrsinfrastruktur üblichen Witterungseinflüssen. Im Winter wird Tausalz gestreut, wodurch Chloride in den Beton gelangen, die dort Auslöser für chloridinduzierte Korrosion sein können. Auch die Depassivierung infolge Karbonatisierung des Betons kann zu Korrosionsschäden führen. Dieser Schadensmechanismus ist jedoch in der Regel bei Straßenverkehrsinfrastrukturen nicht maßgeblich. Darüber hinaus sind bei Betonbauwerken Frostschädigungen und Schäden durch Treibreaktionen aufzuführen. Weitere Schadensursachen sind unplanmäßige Beanspruchungen, fehlerhafte Anwendung von Bauverfahren und Baustoffen sowie Planungs- und Ausführungsmängel. Die zeitliche Entwicklung der Schädigung und das Ausmaß dieser Schäden am Beton werden ganz wesentlich von der ursprünglichen Konstruktion gemäß der bei der Planung zugrunde gelegten Regelwerke und der erreichten Ausführungsqualität beeinflusst.

Als häufigste Schäden sowohl am Überbau als auch am Unterbau von Betonbrücken treten in der Praxis freiliegende Bewehrung, Risse im Beton sowie Abplatzungen und Betonausbrüche auf. Hier können Maßnahmen der Betoninstandsetzung erforderlich sein. Maßgeblich für die Beurteilung des Instandsetzungsbedarfs sind Informationen über den aktuellen Zustand des betrachteten Bauwerks. Zustandsnoten ergeben sich aus den regelmäßigen Bauwerksprüfungen nach DIN 1076 und berücksichtigen Schadensbewertungen hinsichtlich Standsicherheit, Dauerhaftigkeit und Verkehrssicherheit. Zur Bewertung von Schäden sind die Regelungen der RI-EBW-PRÜF [1] zu beachten.

Die Instandsetzung von Betonbauteilen ist eine oft sehr komplexe Ingenieuraufgabe, die nur mit weitgehenden Kenntnissen und Fähigkeiten der Beteiligten fachgerecht und mit Erfolg gelöst werden kann. Hierbei spielt der Sachkundige Planer eine besondere Rolle. Für den Geschäftsbereich der Bundesfernstraßen sind umfassende Regelungen zur Baudurchführung eingeführt worden und den Bauverträgen zugrunde zu legen. Welche Regelungen bei der Betoninstandsetzung wesentlich sind, wird im Folgenden anhand vom Teil 3 Abschnitt 4 „Schutz und Instandsetzung von Betonbauteilen“ und von Teil 3 Abschnitt 5 „Füllen von Rissen und Hohlräumen“ der

Zusätzlichen Technischen Vertragsbedingungen und Richtlinien für Ingenieurbauten (ZTV-ING) [2] sowie den zugehörigen Hinweisen zur ZTV-ING [3] erläutert.

Nach ZTV-ING muss mit der Beurteilung und Planung von Instandhaltungsmaßnahmen ein Sachkundiger Planer (SKP) beauftragt werden, der über die erforderlichen besonderen Kenntnisse hinsichtlich des Erkennens und Bewertens von Mängeln und Schäden an Betonbauwerken verfügt. Dieser Kenntnisnachweis kann durch verschiedene Organisationen auf Grundlage einheitlicher Regelungen und Inhalte für die Aus- und Weiterbildung von Sachkundigen Planern bescheinigt werden, die durch den Ausbildungsbeirat „Sachkundiger Planer (SKP)“ beim Deutschen Institut für Prüfung und Überwachung e. V. (DPÜ) festgelegt werden. Der Kenntnisnachweis kann auch durch Dokumente eines anderen Mitgliedstaates, aus denen hervorgeht, dass die Anforderungen erfüllt sind, bescheinigt werden.

Für eine einheitliche Beschreibung der Bauwerkssituation und als Vereinfachung für die Auswahl der Baustoffe und Baustoffsysteme wurden Expositionsklassen eingeführt. Die Expositionsklassen entsprechen dem bekannten Prinzip für die Beschreibung der Exposition für den Neubau von Betonbauwerken. Für bestehende Bauwerke kommen jedoch weitere Bedingungen aus der Umgebung und dem Betonuntergrund hinzu, wie z. B. für Risse oder Feuchtezustände, die für den Neubau nicht relevant sind, so dass neue Expositionsklassen eingeführt wurden. Diese konnten zum Teil aus der Europäischen Normenreihe EN 1504 übernommen werden und sind auch in der aktuellen ZTV-ING sowie ZTV-W LB 219 enthalten.

Hinsichtlich der Qualitätssicherung gelten für Schutz- und Instandsetzungsprodukte mit unbekannter Zusammensetzung, d. h. polymermodifizierte bzw. -basierte Produkte aus dem Bereich der Instandsetzungsmörtel, Oberflächenschutzsysteme und Rissfüllstoffe besondere Regelungen. Hierfür wird ein projektspezifischer Nachweis der Verwendbarkeit und Übereinstimmung gefordert.

16.2 Regelwerke zur Baudurchführung

Als Träger der Straßenbaulast für die Bundesfernstraßen erlässt der Bund technische und vertragliche Regelwerke. Dies sind für den Bereich der Baudurchführung neben der ZTV-ING die Technischen Lieferbedingungen und Technische Prüfvorschriften für Ingenieurbauten (TL/TP-ING) [4] sowie das Merkblatt für die Bauüberwachung von Ingenieurbauten (M-BÜ-ING) [5].

Das Ausführungsregelwerk ZTV-ING, seit März 2003 zeitgleich mit den seinerzeitigen DIN-Fachberichten bundesweit eingeführt, besteht aus 10 Teilen. Im Teil 1 „Allgemeines“ sind die grundsätzlich geltenden Vertragsbedingungen zusammengefasst, wie z. B. allgemeine Regelungen zur Qualitätssicherung, zu Abnahme und Mängelansprüchen, zur technischen Bearbeitung und zu Prüfungen während der Ausführung. Die Abschnitte der Teile 2 bis 8 „Grundbau“, „Massivbau“, „Stahlbau, Stahlverbundbau“, „Bauverfahren, Baubehelfe“, „Bauwerksausstattung“, „Tunnelbau“ und „Weitere Bauwerke“ beinhalten bauteil- bzw. baustoffbezogene Angaben. Im Teil 10, dem Anhang der ZTV-ING, sind die in Bezug genommenen technischen Spezifikationen zusammengestellt.

Die Abschnitte der ZTV-ING sind untergliedert in Richtlinien für Planung, Ausschreibung, Durchführung, Kontrolle und Abnahme von Instandsetzungsarbeiten (Kursivschrift) sowie verbindliche vertragliche Regelungen, die zusätzlich zu bereits vorhandenen Technischen Vorschriften gelten (Normalschrift, vertikaler Randstrich).

Um Änderungen bzw. Ergänzungen am Regelwerk kurzfristig vornehmen zu können, wurden die so genannten „Hinweisblätter“ eingeführt. Sie sind nicht Bestandteil der ZTV-ING und werden daher auch nicht automatisch Vertragsbestandteil, müssen also gesondert vereinbart werden.

Die aktuellen Regelungen der ZTV-ING sind an den DIN-Fachbericht „Beton“, nationale Zulassungen bzw. Bauartgenehmigungen, die Eurocodes, an europäische Produktnormen und Europäische Technische Bewertungen (ETA) angepasst.

Zur Unterstützung der Bauüberwachung wurde weiterhin das Merkblatt für die Bauüberwachung von Ingenieurbauten (M-BÜ-ING) erarbeitet. Es enthält ausgewählte Kontrollen, Prüfungen und Festlegungen, die im Rahmen der Überwachung von Bauarbeiten zur Herstellung und Erhaltung von Brücken und anderen Ingenieurbauten erforderlich sind.

Eine ständige Anpassung des Regelwerkes erfolgt im Interesse der Bauwerksqualität und der Vertragssicherheit. Änderungsbedarf kann z. B. bei Normenänderung oder berechtigten Anliegen der Fachöffentlichkeit vorliegen. Zur Erfassung wurde im Internet die Erfahrungssammlung ZTV-ING eingerichtet. Stellungnahmen oder Anfragen können bei der Geschäftsstelle ZTV-ING der BASt eingereicht werden. Hierfür besteht die Möglichkeit, ein Formblatt von der BASt-Internetseite (www.bast.de) herunterzuladen. Nach Bearbeitung der Anfrage erhält der Verfasser eine Nachricht, ob und wie seine Einwände in einer neuen Fassung der ZTV-ING berücksichtigt werden.

Grundsätzlich stehen die Regelwerke des Bundes auf dem Gebiet des Brücken- und Ingenieurbaus zum kostenlosen Download auf der Homepage der BASt zur Verfügung (www.bast.de).

16.3 ZTV-ING Teil 3, Abschnitt 4 – Schutz und Instandsetzung von Betonbauteilen

Der Abschnitt Schutz und Instandsetzung von Betonbauteilen der ZTV-ING ist aus der früheren ZTV-SIB hervorgegangen, die neben der DAfStb-Richtlinie „Instandsetzung von Betonbauteilen“ [6] bereits in den 80er Jahren wegen der zunehmenden wirtschaftlichen Bedeutung von Betoninstandsetzungen erarbeitet wurde. Ein weiterer Grund war die damals fehlende Markttransparenz bezüglich der verschiedenen Werkstoffe für Betonersatz (BE) und Oberflächenschutz (OS).

Bereits in der früheren ZTV-SIB war berücksichtigt worden, dass für eine qualitativ hochwertige Betoninstandsetzung die Verwendung hochwertiger Produkte sowie eine qualitativ hochwertige Planung und Ausführung der Instandsetzungsmaßnahmen grundlegend ist. Das Regelwerk ist entsprechend der technischen Entwicklung und der Erfahrungen im Laufe der Jahre weiterentwickelt worden

16.3.1 Planung und Ausführung von Betoninstandsetzungsmaßnahmen

Die Anwendung von Teil 3, Abschnitt 4 der ZTV-ING erstreckt sich auf die Betoninstandsetzung im oberflächennahen Bereich. Sollten statische Belange maßgebend sein, sind zusätzliche Untersuchungen durchzuführen und die daraus resultierenden Maßnahmen festzulegen. Eine wesentliche Forderung der ZTV-ING befasst sich mit der Bestandsaufnahme. Es wird ausdrücklich darauf hingewiesen, dass die planende und ausschreibende Stelle gehalten ist, ein Instandsetzungskonzept zu erarbeiten. Grundlage dieses Instandsetzungskonzeptes ist die Erfassung des aktuellen Zustands des Bauwerks. Weitere Hinweise können dem Leitfaden objektbezogene Schadensanalyse entnommen werden [7].

Grundlegend für die Regelwerke zu Schutz und Instandsetzung von Beton sind die anwendbaren Schutzprinzipien gegenüber Korrosion der Bewehrung. Diese basieren bei der ZTV-ING auf Verfahren, die den anodischen Teilprozess oder den elektrolytischen Prozess der Stahlkorrosion unterbinden. Der anodische Teilprozess kann dabei vorzugsweise durch die Repassivierung der Bewehrung sowie in kritischen Bereichen durch eine Beschichtung der Bewehrung unterbunden werden. Abweichend zur Richtlinie des DAfStb sind die elektrochemischen Verfahren der Repassivierung und des kathodischen Korrosionsschutzes nicht einbezogen, da für die Anwendung dieser Verfahren im Bereich des Bundesfernstraßennetzes entsprechende Erfahrungen fehlen (eine Zustimmung im Einzelfall ist jedoch möglich). Die Unterbindung des elektrolytischen Prozesses kann über eine Absenkung des Wassergehaltes erfolgen.

Regelungen für die Ausführung betreffen u. a. auch Anforderungen an das Unternehmen und das Baustellenpersonal. Demnach dürfen nur fachkundige Firmen mit Erfahrungen auf dem Gebiet der Instandsetzungen und mit entsprechender Qualifikation beauftragt werden. Ferner muss der Bieter nachweisen, dass ein handwerklich ausgebildeter Mitarbeiter, im Umgang mit polymermodifizierten bzw. -basierten Baustoffen geschult ist, d. h. er muss den SIVV-Schein nachweisen.

16.3.2 Qualitätssicherung

Nach ZTV-ING Teil 1, Abschnitt 1 „Grundsätzliches" ist das Einhalten der festgelegten Anforderungen an die Herstellung und Verarbeitung von Baustoffen und Bauteilen und an die fertige Leistung zu überwachen.

Bei rein zementgebundenen Baustoffen, wie Beton und Spritzbeton, wird ein Nachweis der Eignung (Erstprüfung) nach DIN-Fachbericht „Beton" bzw. DIN EN 14487 in Verbindung mit DIN 18551 gefordert; insofern unterscheiden sich diese Instandsetzungsmaßnahmen nicht von Neubaumaßnahmen.

Bei der Überwachung der Ausführung erfolgt die Eigenüberwachung durch den Auftragnehmer, die Fremdüberwachung durch eine Gütegemeinschaft bzw. durch eine anerkannte Prüfstelle. Ihre Anerkennung erfolgt durch die Straßenbauverwaltungen der Länder, das DIBt oder das BMVI. Art, Umfang und Häufigkeit der Überwachung der Ausführung sind in der ZTV-ING festgelegt. Die Überwachungsprüfungen nach ZTV-ING und nach DAfStb-Richtlinie „Instandsetzung von Betonbauteilen" sind zum Teil unterschiedlich (hier bezüglich Abreiß- und Haftzugfestigkeit, Rautiefe, ausgeführte Schichtdicken und zur Hydrophobierungsqualität). Zusätzlich können Kontrollprüfungen in Abhängigkeit von Bedeutung und Umfang der Baumaßnahme vereinbart werden. Schiedsuntersuchungen, d. h. Wiederholungen einer Kontrollprüfung, erfolgen bei begründetem Zweifel. Die Kosten der Kontrollprüfungen trägt der Auftraggeber der Baumaßnahme.

Die Wareneingangskontrolle hat eine große Bedeutung erlangt. Die sachkundige Fachkraft auf der Baustelle (Arbeitsvorbereitung) hat hierfür Vorgaben festzulegen, z. B. bzgl. Identität, Nachweis der Übereinstimmung, Verarbeitbarkeitszeitraum, Angaben zu Lagerungsbedingungen und zur Dokumentation. Weiterhin muss die sachkundige Fachkraft evtl. Mängel erkennen können und auch melden.

Die Anhänge A bis E der ZTV-ING Teil 3, Abschnitt 4 dienen der Durchführung und Protokollierung von Qualitätssicherungsmaßnahmen.

16.3.3 Vorbereitung der Betonunterlage

Anforderungen an die Betonoberfläche und Betonrandzone bestehen vor Durchführung der Instandsetzungsmaßnahme hinsichtlich folgender Aspekte:

- Alter (min. 4 Wochen), Festigkeit (min. C20/25)
- Trennschichten (frei von losen Teilen, Beschichtungsresten usw.)
- Fehlstellen (Kiesnester verfüllen, Luft in Poren → Blasenbildung)

- Risse (Art und Ursache prüfen, Füllen von Rissen vor Beschichtung)
- Abreißfestigkeit (im Mittel 0,8 bis 1,5 N/mm² je nach S+I-System)
- Feuchte (PRM/PRC ≤ 4 M.%, Beton/RM/RC: mattfeucht, kein Wasserfilm)
- Temperatur (PRM/PRC ≥ 8 °C, Beton/RM/RC: 5 bis 30 °C, 3 K über Taupunkttemperatur)
- Chloridgehalt (≤ 0,5 % Stb, ≤ 0,2 % Spannbeton)
- Ausbruch (Ausbruchufer Winkel 45°, gradliniges Begrenzen)
- Bewehrung (korrodierte Bewehrung freilegen und entrosten)

Ziel der Oberflächenvorbereitung ist ein fester und dauerhafter Verbund zwischen Betonunterlage und BE- bzw. OS-System durch Einhaltung dieser Anforderungen. Eine möglichst geringe Störung des Betongefüges ist sicherzustellen. Auswahlkriterien für das Oberflächenvorbereitungsverfahren sind Lage, Größe und Form der zu behandelnden Oberfläche, die Zugänglichkeit und der Zustand, die vorgesehene Instandsetzungsmaßnahme sowie Umweltschutzkriterien und die Kosten.

Überwiegend wird heute das Druckwasserstrahlen zum Abtrag von Beton angewendet. Eine Oberflächenvorbereitung mit leichten Fräsen z. B. von Fahrbahntafeln aus Beton (Abtrag bei einem Übergang nur höchstens 5 mm) ist ebenfalls möglich. Wenn eine größere Abtragtiefe je Arbeitsgang erforderlich ist, sind Musterflächen anzulegen. Zur Beseitigung von Zementschlämme und minderfesten Schichten werden auch feste Strahlmittel eingesetzt. Flammstrahlen darf nicht eingesetzt werden.

Nach der Vorbereitung der Betonunterlage ist im Rahmen der Eigenüberwachung die Abreißfestigkeit zu bestimmen. Gefordert wird bei Betonersatz, dass die Betonunterlage im Mittel eine Abreißfestigkeit von mindestens 1,5 N/mm² aufweist. Da der Baustoff Beton aber nicht homogen ist und die Prüfung mit verfahrensbedingten Ungenauigkeiten behaftet ist, wird für die Einzelwerte der Prüfungen ein Mindestwert von lediglich 1,0 N/mm² gefordert. Für OS-Systeme sind zum Teil geringere Werte einzuhalten.

16.3.4 Betonersatzsysteme (BE)

Mit Betonersatzsystemen soll in erster Linie der alkalische Korrosionsschutz der Bewehrung wieder hergestellt werden. Daneben soll aber auch der Betonersatz in seinen Eigenschaften, denen eines dichten und gut nachbehandelten Betons entsprechen, damit das Eindringen von Kohlendioxid (CO_2) und Wasser gemeinsam mit Chloriden weitestgehend verhindert wird.

Die Wahl des Betonersatzes wird hauptsächlich bestimmt durch die erforderliche Schichtdicke, die Lage und Größe der Instandsetzungsfläche, den erforderlichen Korrosionsschutz der Bewehrung, die Dauer der erforderlichen Sperrzeiten für den Verkehr und die Kosten. Grundsätzlich möglich sind Beton nach DIN-Fachbericht „Beton“, Spritzbeton (DIN EN 14487 in Verbindung mit DIN 18551), Zementmörtel mit Kunststoffzusatz im Handauftrag (RM/RC), Spritzmörtel/-beton mit Kunststoffzusatz (SRM/SRC) sowie in Ausnahmefällen Reaktionsharzbeton (PRM/PRC).

Bei **Beton** beträgt die einzuhaltende Einbaudicke 5 cm bei einer Betondeckung von mindestens 4 cm. Werden diese Forderungen erfüllt, wird davon ausgegangen, dass ein ausreichender alkalischer Schutz vorhanden ist. In diesem Fall sind zusätzliche Korrosionsschutz- oder Oberflächenschutz-Maßnahmen nicht erforderlich.

Bei **Spritzbeton** richtet sich die Mindestschichtdicke nach dem Einsatzbereich. Soll mit Spritzbeton nur bereichsweise geschädigter Beton ersetzt werden, ist eine Mindestschichtdicke von 3 cm einzuhalten. Dient der Spritzbetonauftrag der großflächigen Erhöhung der Betondeckung, wird zwischen einer Anwendung bei Bauteilen mit vorwiegend ruhender (z. B. Stützwände) und mit nicht vorwiegend ruhender Belastung (z. B. Überbauten) unterschieden. Für den Fall der ruhenden Belastung wird wiederum eine Mindestschichtdicke von 3 cm für ausreichend erachtet, während für nicht ruhende Belastung eine Mindestschichtdicke von 5 cm gefordert wird. Diese erhöhte Auftragsdicke ergibt sich aus dem Grund, dass bei Bauteilen mit nicht vorwiegend ruhender Belastung Spritzbeton nur in Verbindung mit angedübelter Bewehrung zum Einsatz kommen soll. Auf diese Weise entsteht eine bewehrte Spritzbetonschale, deren Eigengewicht statisch zu berücksichtigen ist. Zum Spritzen dürfen nur Düsenführer eingesetzt werden, die eine vom Auftraggeber anerkannte Prüfung (Düsenführerschein) erfolgreich abgelegt haben.

Wenn eine Betondeckung von mindestens 4 cm planmäßig nicht erreicht werden kann, soll als Korrosionsschutzmaßnahme zusätzlich ein geeignetes OS-System gewählt werden. Diese Forderung gilt sowohl für Beton als auch für Spritzbeton.

Beim Aufbringen von Beton als Betonersatz ist grundsätzlich (mit Ausnahme von Spritzbeton) eine Haftbrücke aufzubringen, die aus Zementmörtel, aus RM/RC oder aus Epoxidharz bestehen kann, und in die das BE-System frisch in frisch einzuarbeiten ist.

Sofern aufgrund der Ausbildung der freigelegten Bewehrung der Auftrag einer Haftbrücke verhindert ist, soll die Betonunterlage, wie immer vor dem Aufbringen zementgebundener Werkstoffe, ausreichend vorgenässt werden.

RM/RC-Betonersatzsysteme können in Schichtdicken von 1 cm bis 10 cm angewendet werden. Die obere Grenze (10 cm) ist jedoch nur für das Füllen kleiner, tiefergehender Ausbruchstellen gedacht. Es sind einzusetzen:

- RC an waagerechten und schwach geneigten Oberseiten (zur Verdeutlichung ist aufgenommen, dass RC für Flächen unter befahrenen Belägen vorgesehen ist),
- RM an Unterseiten sowie an senkrechten und stark geneigten Flächen (beliebige dynamisch oder nicht dynamisch beanspruchte Auftragsflächen).

SRM/SRC-Betonersatzsysteme bestehen aus dem Betonersatz und ggf. dem Korrosionsschutz. Eine Haftbrücke ist in der Regel nicht erforderlich. SRM/SRC-Systeme dürfen nur mit zugehöriger und für den vorgesehenen Verwendungszweck geeigneter Spritzanlage angewendet werden. In den Angaben zur Ausführung ist jeweils die Kombination aus SRM/SRC und Spritzanlage zu finden. Die Einsatzbereiche von SRM/SRC und Spritzbeton ergänzen sich. Die Schichtdicke des SRM/SRC reicht bis 5 cm, die des Spritzbetons beginnt bei 5 cm. Zum Spritzen von SRM/SRC dürfen ebenfalls nur Düsenführer eingesetzt werden, die eine vom Auftraggeber anerkannte Prüfung (Düsenführerschein) erfolgreich abgelegt haben.

PRM/PRC-Systeme sollen nur in Ausnahmefällen und nur bei kleinen Flächen (nicht größer als etwa 1 m^2) angewendet werden, z. B. dann, wenn eine sehr kurze Abbindezeit verlangt wird, die von hydraulisch erhärtenden Betonersatzsystemen nicht erreicht werden kann. Die Begründung für diese restriktive Anwendung von PRM/PRC liegt vor allem in der sehr hohen Feuchtesensibilität, den stark vom Beton abweichenden Eigenschaften, den relativ schlechten Erfahrungen mit diesen Stoffen in der Vergangenheit, aber auch im sehr hohen Preis.

Hochfester und selbstverdichtender Beton darf nur mit Zustimmung des Auftraggebers verwendet werden. Eine Verwendung von Spritzmörtel nach DIN EN 14487 in Verbindung mit DIN 18551 ist als Betonersatz aufgrund dynamischer Belastung, vorhandener Expositionen und Verformungen infolge Temperatur und Feuchte nicht möglich. Hier ist grundsätzlich SRM/SRC einzusetzen. Ebenso ist eine Verwendung von zementgebundenem Vergussmörtel und -beton nach der DAfStb-Richtlinie „Herstellung und Verwendung von zementgebundenem Vergussbeton und Vergussmörtel“ als Betonersatz nicht möglich. Gründe sind die hohe Festigkeit, die fehlende Anwendbarkeit an vertikalen und schrägen Flächen sowie die fehlende separate Anliefermöglichkeit der Gesteinskörnungen.

16.3.5 Oberflächenschutzsysteme (OS)

Oberflächenschutzsysteme gelten nicht als gleichwertig zu einer ausreichend dicken und dichten Betondeckung. Aus diesem Grunde sind der Anwendung Grenzen gesetzt, auch im Hinblick auf die Dauerhaftigkeit der Produkte. OS-Systeme sollen nicht grundsätzlich als vorbeugender Schutz bei neuen Bauwerken angewendet werden, sondern nur an exponierten Stellen.

Oberflächenschutzsysteme sollen nur angewendet werden, wenn Risiken aus weitergehendem Schadstoffeintrag zu befürchten sind und keine anderen Erhaltungsmaßnahmen wirtschaftlich sind, bei bereichsweise instandgesetzten Bauteilen bzw. aus optischen Gründen sowie bei unzureichender Betondeckung.

Bei der Auswahl eines geeigneten Oberflächenschutzsystems sind die Funktion des Bauteils, der Einwirkungsbereich von Tausalzen, die mechanische Beanspruchung, die Wasserdampfdurchlässigkeit und die Rissüberbrückungsfähigkeit maßgeblich. Systeme mit ausreichender Wasserdampfdurchlässigkeit sind zu bevorzugen. Vor allem aber ist dafür zu sorgen, dass Bauteile nicht allseitig mit OS-Systemen beschichtet werden, die keine ausreichende Wasserdampfdurchlässigkeit aufweisen.

Insgesamt stehen folgende Systemgruppen für unterschiedliche Anwendungsbereiche zur Verfügung.

- OS-A: Hydrophobierung, bedingter Feuchteschutz bei freibewitterten Betonflächen und Schutz gegen das Eindringen von Stoffen. Zur Regulierung des Wasserhaushalts des Betons und zur Erhöhung des elektrischen Widerstands.
- OS-B: Beschichtung für nicht begeh- und befahrbare Flächen, freibewitterte Betonflächen mit ausreichendem Wasserabfluss im Sprühnebelbereich. Zum Schutz gegen das Eindringen von Stoffen, Regulierung des Wasserhaushalts des Betons, Erhalt oder Widerherstellung der Passivität der Bewehrung und zur Erhöhung des elektrischen Widerstands.
- OS-C: Beschichtung mit erhöhter Dichtigkeit für nicht begeh- und befahrbare Flächen, freibewitterte Betonflächen im Sprühnebelbereich. Zum Schutz gegen das Eindringen von Stoffen, Regulierung des Wasserhaushalts des Betons, Erhöhung des Chemikalienwiderstandes, Erhalt oder Widerherstellung der Passivität der Bewehrung und zur Erhöhung des elektrischen Widerstands.
- OS-D I (Polymer/Zementgemisch), OS-D II (Polymerdispersion): Beschichtung mit Rissüberbrückungsfähigkeit für nicht begeh- und befahrbare Flächen, freibewitterte Betonflächen im Sprühnebelbereich, geeignet für Bauteile mit oberflächennahen Rissen. Zum Schutz gegen das Eindringen von Stoffen, Regulierung des Wasserhaushalts des Betons, Erhöhung des Chemikalienwiderstandes, Erhalt oder Widerherstellung der Passivität der Bewehrung und zur Erhöhung des elektrischen Widerstands.
- OS-F: Beschichtung mit erhöhter Rissüberbrückungsfähigkeit für begeh- und befahrbare Flächen, freibewitterte Betonflächen im Sprühnebel- oder Spritzwasserbereich, geeignet für Bauteile mit oberflächennahen Rissen und/oder Trennrissen und planmäßiger mechanischer Beanspruchung. Zum Schutz gegen das Eindringen von Stoffen, Regulierung des Wasserhaushalts des Betons, Erhöhung des Chemikalienwiderstandes, Erhalt oder Widerherstellung der Passivität, lokale Abdeckung von Rissen und zur Erhöhung des elektrischen Widerstands.

Die rissüberbrückenden Systeme OS-D bis OS-F werden entsprechend den Ergebnissen der Grundprüfung in sogenannte Rissüberbrückungsklassen eingestuft. OS-Systeme mit erhöhter Rissüberbrückungsfähigkeit sollten nur in Ausnahmefällen eingesetzt werden, da sich nach der Beschichtung im Beton entwickelnde Risse im Rahmen der Bauwerksprüfung nicht mehr hinreichend beobachtet werden können. An Brückenuntersichten sollen in der Regel keine rissüberbrückenden Beschichtungen angewendet werden.

Voraussetzung für eine erfolgreiche Hydrophobierung ist, dass OS-A-Systeme regelwerksgerecht appliziert werden. In diesem Zusammenhang ist darauf hinzuweisen, dass junger Kappenbeton, der im Spätherbst eines Jahres fertig gestellt wird, mit Hilfe eines OS-A-Systems nicht erfolgreich gegen den ersten Frost-Tausalzangriff geschützt werden kann, wenn teilgesättigte Poren das Hydrophobierungsmittel nur unzureichend aufnehmen können. Ggf. ist eine zweite Hydrophobierung im folgenden Jahr erforderlich.

Zur Wandaufhellung von Tunnelinnenschalen aus Beton stehen spezielle OS-B-Systeme zur Verfügung, an die zusätzliche projektspezifische Anforderungen bzgl. Nassabriebbeständigkeit, Glanzwert, Entflammbarkeit und Reinigungsfähigkeit gestellt werden.

Sofern mit einem Auftrag von Graffiti zu rechnen ist, kann ein Oberflächenschutz mit AGS-Eigenschaften gemäß TL/TP AGS – Beton vorgesehen werden. Es dürfen nur AGS verwendet werden, die in der Zusammestellung der geprüften Anti-Graffiti-Systeme (AGS) bei der Bundesanstalt für Straßenwesen geführt sind.

16.4 ZTV-ING Teil 3, Abschnitt 5 – Füllen von Rissen und Hohlräumen

16.4.1 Allgemeines

ZTV-ING Teil 3, Abschnitt 5 (RISS) behandelt das Füllen von Rissen und Hohlräumen. Risse in Betonbauwerken lassen sich nicht generell vermeiden, sie sind aber auch nicht grundsätzlich schädlich. Risse im Beton entstehen infolge der Verarbeitung und der Eigenschaften des Betons sowie infolge äußerer Kräfte und Zwang. Die Breite der Risse muss auf ein unschädliches Maß beschränkt werden (im Hinblick auf das Eindringen von Schadstoffen in der Regel 0,2 mm), oder sie sind planmäßig zu schließen. Der Sachkundige Planer muss die Unbedenklichkeit von Rissen bewerten.

Bei der Beurteilung von Rissen sind die Auswirkungen auf die Standsicherheit des Bauwerks, Rissart, Rissverlauf, Rissbewegung (zyklisch hochfrequent (HFR) und zyklisch niedrigfrequent (LFR) während der Erhärtungs- bzw. Nutzungsphase, kontinuierliche Rissbreitenänderung (CON) während der Nutzungsphase) sowie der Feuchtezustand (trocken (DY), feucht (DP), nass (WT) oder fließendes Wasser (WF)) zu berücksichtigen.

Grundsätzlich stehen zwei Füllverfahren zur Verfügung: Injektion (I) und Vergießen (V). Die Injektion umfasst das Füllen von Rissen und Hohlräumen unter Druck über Packer. Das Vergießen ist das drucklose Füllen von Rissen durch Gravitation oder kapillares Saugen bei einem ständig gefüllten Füllstoffreservoir. Das Tränken ist kein eigenständiges Füllverfahren. Es umfasst das Füllen von oberflächennahen Rissen ohne Druck im Überschuss ohne Füllstoffreservoir und kann u. a. in Verbindung mit einem OS- oder BE-System zum Einsatz kommen. In diesem Zusammenhang ist zu beachten, dass oberflächennahe Risse (Risstiefe < Betondeckung) mit einer Rissbreite nicht größer als 0,2 mm mit einem OS- oder BE-System beherrscht werden können.

Die Injektionsverfahren umfassen das Injektionsgerät, die Anlage zur Herstellung des Rissfüllstoffs, Packer, ggf. Injektionsschläuche und ggf. die Verdämmung.

Injektionsschläuche werden als Vorsorgemaßnahme in kritischen Betonierbereichen zur Behebung etwaiger Mängel eingebaut. Der Rissfüllstoff wird erst bei einer auftretenden Undichtigkeit injiziert. Injektionsschläuche sind jedoch kein Ersatz für die fachgerechte Anordnung von Arbeitsfugen und Fugendichtungsbändern oder -blechen.

Die Anhänge A bis D der ZTV-ING Teil 3, Abschnitt 5 enthalten weitere Hinweise und Ausführungsanweisungen und dienen zur Unterstützung bei der Durchführung und Protokollierung von Qualitätssicherungsmaßnahmen.

16.4.2 Anwendungsbereiche

Füllziele sind das Schließen, Abdichten, kraftschlüssig oder begrenzt dehnbare Verbinden von Rissflanken. Anwendungsbereiche sind der Schutz gegen das Eindringen von Stoffen, der Erhalt oder die Wiederherstellung der Passivität, die Regulierung des Wasserhaushalts des Betons oder die Verstärkung des Betontragwerks. Die Rissfüllstoffe werden hinsichtlich des Füllziels sowie des Füllverfahrens unterschieden:

- F: Rissfüllstoff für kraftschlüssiges Füllen von Rissen mit reaktivem Polymerbindemittel (P) hergestellt, z. B. Epoxidharz (EP), mit hydraulischem Bindemittel (H) hergestellt, z. B. Zementleim (ZL) und Zementsuspension (ZS),
- D: Rissfüllstoff für begrenzt dehnbares Füllen von Rissen, mit reaktivem Polymerbindemittel (P) hergestellt, z. B. Polyurethan (PUR), evtl. mit schnellschäumendem Polyurethan (SPUR),
- I: Injektion,
- V: Vergießen.

So ergeben sich beispielsweise nachfolgende Bezeichnungen für Füllziel und Füllverfahren: F-V (H), D-I (P).

Bei der Auswahl der Stoffe ist der Feuchtigkeitszustand des Risses/Hohlraumes zu beachten (trocken, feucht, nass oder fließendes Wasser). Weiterhin ist die Auswahl des Rissfüllstoffes in Abhängigkeit von der Rissbreite und den zu erwartenden Rissbreitenänderungen infolge Einwirkung (insbesondere Temperatur und veränderliche Lasten) zu treffen. Es ist zu beachten, dass beim kraftschlüssigen Verbinden bei wiederkehrender Rissursache Neurissbildungen an anderer Stelle des Bauteils oder am gefüllten Riss möglich sind (Beispiel: kraftschlüssige Rissverfüllung von klaffenden Koppelfugen ist nicht vorgesehen). Es ist zu beachten, dass beim begrenzt dehnbaren Verbinden die aufnehmbare Dehnbarkeit überschritten werden kann. Die Maßnahmen sind so zu planen, dass das Füllen von Rissen bei möglichst großer Rissbreite ausgeführt werden kann.

Acrylatgele sind im Bereich der ZTV-ING nicht zugelassen.

16.5 Nachweis der Verwendbarkeit und Übereinstimmung für Instandsetzungsprodukte mit unbekannter Zusammensetzung

16.5.1 Hintergrund

Mit dem Allgemeinen Rundschreiben Straßenbau 20/2017 [8] wurde in ZTV-ING Teil 3, Abschnitte 4 und 5 eine neue Vorgehensweise der Festlegung des Nachweises der Verwendbarkeit und der Übereinstimmung von Produkten und -systemen unbekannter Zusammensetzung in der Betoninstandsetzung eingeführt. Mit den zugehörigen Hinweisen [3] wurde hierzu eine Hilfestellung für den Sachkundigen Planer zur Festlegung projektspezifischer Anforderungen und Nachweise erarbeitet.

Anlass hierfür war insbesondere ein Urteil des Europäischen Gerichtshofs von 2014, mit dem das Vorgehen Deutschlands, nationale Zusatzanforderungen an Bauprodukte mit CE Kennzeichnung nach europäisch harmonisierten Normen zu stellen, für unzulässig erklärt wurde. Die frühere ZTV-ING Teil 3, Abschnitte 4 und 5 (2013) sowie zugehörige Regelwerke enthielten bislang ergänzende Anforderungen hinsichtlich der nachzuweisenden Leistungsmerkmale sowie der Form der Qualitätssicherung dieser Schutz- und Instandsetzungsprodukte und hatten dabei auch ergänzend zu den Normen der Reihe DIN EN 1504 indirekt entsprechende nationale Restregelungen in Bezug genommen (DIN V 18026, DIN V 18028, TL/TP BE-PC/PCC/SPCC).

Hierdurch sind weitreichende Änderungen der bisherigen Vorgehensweisen erforderlich geworden. Konkret verlangt die ZTV-ING nun, dass der Sachkundige Planer vor dem Hintergrund der jeweiligen Einwirkungen und im Hinblick auf das Erreichen der jeweiligen Schutz- und Instandsetzungsziele festlegt, welche projektspezifischen Anforderungen an Baustoffe zu stellen sind.

Der Sachkundige Planer muss hierzu projektspezifisch festlegen:

- welche Produktmerkmale, Prüfverfahren und Anforderungen für den Nachweis der Verwendbarkeit erforderlich sind und in welcher Form der Nachweis durch den Auftragnehmer (AN) erfolgen muss,
- welche Produktmerkmale, Prüfverfahren und Anforderungen für den Nachweis der Übereinstimmung erforderlich sind und in welcher Form der Nachweis durch den AN erfolgen muss und
- welchen Mindestumfang die verbindlichen „Angaben zur Ausführung" (des Produktherstellers) aufweisen müssen.

16.5.2 Umsetzung in der ZTV-ING Teil 3, Abschnitte 4 und 5

Der Verweis auf nationale Restregelungen für o. g. Schutz- und Instandsetzungsprodukte ist entfallen. Das Vorgehen zum projektspezifischen Nachweis der Verwendbarkeit für die o. g. Baustoffe und Baustoffsysteme, zum projektspezifischen Nachweis der Übereinstimmung sowie zum Aufbau und Inhalt der verbindlichen Herstellerangaben zur Ausführung wird in den Anhängen zur ZTV-ING Teil 3, Abschnitte 4 und 5 behandelt. Dort sind in tabellarischer Form Hinweise für die erforderliche Ermittlung von Expositions- und Einwirkungsklassen hinsichtlich der Einwirkungen auf das Bauwerk aus der Umgebung und dem Betonuntergrund nach einer Expositionsklassensystematik zusammengestellt.

Die Bezeichnungen von Baustoffen und Baustoffsystemen wurden aus der Normenreihe DIN EN 1504 soweit möglich übernommen. Zudem wurden einzelne Tabellen angepasst bzw. neu hinzugefügt. Dies sind insbesondere in ZTV-ING Teil 3, Abschnitt 4 die Tabellen 3.4.1 „Untersuchungsmethoden", 3.4.2 „Verfahren für die Vorbereitung von Oberflächen" und 3.4.5 „Instandsetzungsziele bei Oberflächenschutzsystemen" sowie in ZTV-ING Teil 3, Abschnitt 5 die Tabellen A 3.5.2 „Anwendungsbereiche der Rissfüllstoffe, Füllarten und Verfahren", A 3.5.3 „Hinweise zu Verwendungsbedingungen von Rissfüllstoffen" und A 3.5.4 „Erfassung von Rissmerkmalen" (vormals A 3.5.3).

16.5.3 Inhaltliche Korrekturen und Ergänzungen zu den Hinweisen

Mit ihrer aktuellen Ausgabe 30.04.2019 der Hinweise zu den ZTV-ING wurde gegenüber der Ausgabe 15.10.2017 eine Überarbeitung vorgenommen. Zu den inhaltlichen Korrekturen zählt u. a. die Aktualisierung von z. T. veralteten Normenbezügen bei den aufgeführten Prüfverfahren.

Zudem wurden einige erforderliche Merkmale für die Qualitätssicherung der Produkte ergänzt. Hierdurch werden auch direkte Bezüge zu den prüffähigen Bescheinigungen entsprechend Art. 30 BauPVO qualifizierter Stellen (z. B. freiwillige Gutachten des DIBt und der Kiwa Nederland B.V.) hergestellt. Weiterhin sind Merkmale als Bezugswerte für im Rahmen der Überwachung der Ausführung erforderliche Prüfungen (z. B. Frischmörtel- und Trockenrohdichte) gesondert ausgewiesen worden. Ergänzend wurden z. T. Merkmale bei Oberflächenschutzsystemen als alternative Verfahren für den Nachweis der Verwendbarkeit und Übereinstimmung ausgewiesen (z. B. Auslaufzeit, Viskosität). Anforderungen an Füllstoffe für Hohlräume und Injektionsschlauchsysteme (Festigkeitsklasse F3) wurden ergänzend aufgenommen.

Die Verweise zu den in den Anhängen A1 bis A3 beschriebenen Prüfverfahren der in vergleichbarer Weise überarbeiteten BAWEmpfehlung „Instandsetzungsprodukte – Hinweise für den Sachkundigen Planer zu bauwerksbezogenen Produktmerkmalen und Prüfverfahren“, Ausgabe 2019 [9] wurden beibehalten bzw. ergänzt.

16.5.4 Zusammenstellungen der Bundesanstalt für Straßenwesen

Die Übergangsregelungen zur Nutzung von gelisteten Baustoffen und Baustoffsystemen aus den Zusammenstellungen der Bundesanstalt für Straßenwesen als alternativer Nachweis der Verwendbarkeit (und Übereinstimmung) galten bis zum 30.06.2019. Die Zusammenstellungen sind – da sie als Reaktion auf das Urteil C-100/13 des EuGH seit Oktober 2016 nicht mehr fachinhaltlich fortgeschrieben bzw. aktualisiert wurden – im März 2020 endgültig von der BASt-Homepage (www.bast.de) entfernt worden.

16.5.5 Erfahrungen der Straßenbauverwaltungen

Mit Entfernung der Zusammenstellungen der Bundesanstalt für Straßenwesen steht ein im Rahmen der ZTV-ING geforderter und von der überwiegenden Mehrheit der Baubeteiligten als einfach, eindeutig, transparent und verfahrenssicher wahrgenommener Weg des Nachweises der Verwendbarkeit (und Übereinstimmung) nicht mehr zur Verfügung. Daher sind nun regelmäßig projektspezifische Produktanforderungen, Positionen der Qualitätssicherung der durch den AN zu erbringenden Nachweise sowie fachkundliche und organisatorische Kriterien hinsichtlich der Durchführung dieser Prüfungen zu ermitteln und in die Leistungsbeschreibung aufzunehmen. Hierdurch kommt es in den Straßenbauverwaltungen bei Planung, Ausschreibung und Baudurchführung von Schutz- und Instandsetzungsmaßnahmen zu einer deutlichen Umstellung der etablierten Routineprozesse, die zudem mit erhöhtem Aufwand und größerer Planungsverantwortung verbunden sind. Hieraus ergibt insbesondere auch ein erhöhter Informationsbedarf hinsichtlich der aktuellen Vorgehensweise.

16.5.6 Prüffähige Bescheinigungen

Prüffähige Bescheinigungen einer gemäß Artikel 30 BauPVO qualifizierten Stelle werden bei Baumaßnahmen gemäß ZTV-ING Teil 3, Abschnitte 4 und 5 für den Nachweis der Verwendbarkeit (und Übereinstimmung) der Baustoffe und Baustoffsysteme unbekannter Zusammensetzung als gleichwertige Alternative zum projektspezifischen Nachweis anerkannt, sofern sie den Anforderungen der Leistungsbeschreibung vollumfänglich genügen.

Somit stellt Ihre Verwendung einen Beitrag dar, den Aufwand auf Seiten aller am Bau Beteiligten gering zu halten.

16.5.7 Bereitstellung eines Ablaufplans

Die Bereitstellung eines „Ablaufplans zum projektspezifischen Nachweis“, Stand 05.2020 (siehe Anhang), soll nach Umstellung auf projektspezifische Anforderungen als praktische Hilfestellung eine anwendungssichere Planung, Ausschreibung und Durchführung von Schutz- und Instandsetzungsmaßnahmen nach ZTV-ING Teil 3, Abschnitte 4 und 3 unterstützen. Hier werden getrennt nach Planung und Ausschreibung sowie Baudurchführung die von den Baubeteiligten erforderlich durchzuführenden Arbeitsschritte in zusammengefasster Weise dargestellt. Beide Nachweiswege der Verwendbarkeit über die Prüfergebnisse an der einzusetzenden Charge bzw. über prüffähige Bescheinigungen sind abgebildet.

An einem Anwendungsbeispiel zur Betoninstandsetzung des Überbaus einer Spannbetonbrücke werden im Rahmen der Erstellung der Leistungsbeschreibung beispielhaft folgende Aspekte dargestellt:

- die Beschreibung der Schutz- und Instandsetzungsleistung (STLK LB 124) sowie die Aufnahme der festgelegten projektspezifischen Anforderungen für die Produktnachweise,
- die Berücksichtigung der Positionen der im Rahmen der Qualitätssicherung durch den AN zu erbringenden Nachweise nach Art und Menge (in Anlehnung an STLK-W LB 219) sowie
- die Festlegung von fachkundlichen und organisatorischen Kriterien hinsichtlich der Durchführung von Prüfungen durch den AN bzw. eine vom AN einzubindende Prüfstelle.

16.6 Literatur

[1] Richtlinien für die Erhaltung von Ingenieurbauten (RI-ERH-ING) – Richtlinie zur einheitlichen Erfassung. Bewertung, Aufzeichnung und Auswertung der Bauwerksprüfung nach DIN 1076 (RI-EBW-PRÜF), Bundesministerium für Verkehr und Digitale Infrastruktur, Stand 02/2017 (www.bast.de).

[2] Zusätzliche Technische Vertragsbedingungen und Richtlinie für Ingenieurbauwerke. Bundesanstalt für Straßenwesen (Teil 3, Abschnitte 4 und 5), Ausgabe 2017/10, Bergisch-Gladbach (www.bast.de).

[3] Hinweise zu den ZTV-ING Teil 3 „Massivbau“, Abschnitt 4 „Schutz und Instandsetzung von Betonbauteilen“ und 5 „Füllen von Rissen und Hohlräumen in Betonbauteilen“ (2019), Bergisch-Gladbach (www.bast.de).

[4] Technische Lieferbedingungen und Technische Prüfvorschriften für Ingenieurbauten (TL/TP-ING). Stand 10.2017, Bundesanstalt für Straßenwesen. Bergisch-Gladbach (www.bast.de).

[5] Merkblatt für die Bauüberwachung von Ingenieurbauten (M-BÜ-ING), Stand 04.2019, Bundesanstalt für Straßenwesen, Bergisch-Gladbach (www.bast.de).

[6] DAfStb-Richtlinie „Instandsetzung von Betonbauteilen“ (Instandsetzungs-Richtlinie), Ausgabe 2001. Deutscher Ausschuss für Stahlbeton, Berlin.

[7] Richtlinien für die Erhaltung von Ingenieurbauten (RI-ERH-ING) – Leitfaden Objektbezogen Schadensanalyse (OSA), Stand 12/2007, Bundesanstalt für Straßenwesen, Bergisch Gladbach (www.bast.de).

[8] Allgemeines Rundschreiben Straßenbau Nr. 20/2017 vom 16.11.2017, Bundesministerium für Verkehr und digitale Infrastruktur, 2017.

[9] BAWEmpfehlung „Instandsetzungsprodukte“. Bundesanstalt für Wasserbau (2019), Karlsruhe (www.baw.de).

16.7 Anhang: Ablaufplan zum projektspezifischen Nachweis

Ablaufplan zum projektspezifischen Nachweis – Hinweise zu Planung, Ausschreibung und Durchführung von Schutz- und Instandsetzungsmaßnahmen von Betonbauteilen (Stand 05/2020)

Ziel: Anwendungssichere Planung, Ausschreibung und Durchführung von Schutz- und Instandsetzungsmaßnahmen nach ZTV-ING 3-4 und 3-5 nach Umstellung auf projektspezifische Anforderungen an werkmäßig hergestellte Baustoffe und Baustoffsysteme unbekannter Zusammensetzung (OS, BE, RISS)*).

Folgende Dokumente sollen die Vorgehensweise verdeutlichen:
• Blatt P/A – P: **P**lanung und **A**usschreibung der Schutz- und Instandsetzungsmaßnahme – **P**rinzip, • Blatt B – P: **B**audurchführung – **P**rinzip,
• Blatt P/A – S + I: **P**lanung und **A**usschreibung der Schutz- und Instandsetzungs-maßnahme (ZTV-ING 3-4 (OS, BE)), • Blatt B – S + I: **B**audurchführung (ZTV-ING 3-4 (OS, BE)),
• Blatt P/A – RISS: **P**lanung und **A**usschreibung der Schutz- und Instandsetzungs-maßnahme (ZTV-ING 3-5 (RISS)), • Blatt B – RISS: **B**audurchführung (ZTV-ING 3-5 (RISS)),
• Anwendungsbeispiel zu ZTV-ING Teil 3-4: Betoninstandsetzung des Überbaus • einer Spannbetonbrücke.

Struktur:

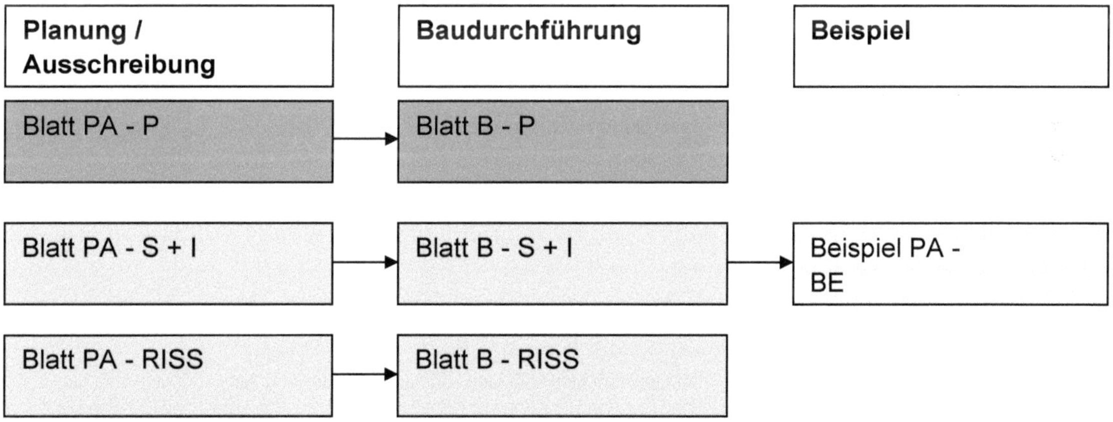

* OS: Oberflächenschutzsystem, BE: Betonersatzsystem, RISS: Rissfüllstoff

16.7.1 Ablaufplan zum projektspezifischen Nachweis-Prinzip

Blatt P/A – P: Planung und Ausschreibung der Schutz- und Instandsetzungsmaßnahme – Prinzip	
Arbeitsschritt	Ausführender
1 –Wahl des Instandsetzungsverfahrens • Bestandsaufnahme • Festlegen der Instandsetzungsprinzipien bzw. der Schutz- und Instandsetzungsziele.	SKP*)
2 – Ermittlung der Expositions- und Einwirkungsklassen • Ermittlung der Expositions- und Einwirkungsklassen des zu behandelnden Bauteils.	SKP
3 – Ermittlung der projektspezifischen Produktmerkmale für den Nachweis der Verwendbarkeit • Ermittlung der für den Nachweis der Verwendbarkeit erforderlichen Produktmerkmale, Prüfverfahren und Anforderungen aus den Expositions- und Einwirkungsklassen (bei BE) bzw. Instandsetzungszielen (bei OS).	SKP
4 – Ermittlung der projektspezifischen Anforderungen für den Nachweis der Übereinstimmung • Ermittlung der für den Nachweis der Übereinstimmung erforderlichen Produktmerkmale, Prüfverfahren und Anforderungen und ggf. Häufigkeit der Übereinstimmungsprüfungen (fortlaufender Nachweis bei mehrfacher Anlieferung des Produkts über einen größeren Zeitraum erforderlich).	SKP
5 – Ermittlung der projektspezifischen Anforderungen für die Angaben zur Ausführung • Ermittlung des Mindestumfangs der verbindlichen Angaben zur Ausführung des Herstellers.	SKP
6 – Leistungsbeschreibung • Aufnahme der festgelegten projektspezifischen Anforderungen für den Nachweis der Verwendbarkeit und Übereinstimmung sowie der erforderlichen Angaben zur Ausführung. • Vollumfängliche Aufnahme in die Leistungsbeschreibung mit vollumfänglicher Berücksichtigung der Positionen der im Rahmen der Qualitätssicherung durch den AN zu erbringenden Leistungen. • Festlegung von fachkundlichen und organisatorischen Kriterien bzgl. der Durchführung von Prüfungen (durch AN bzw. eine vom AN ggf. einzubindende Prüfstelle) hinsichtlich Personal, Prüfeinrichtungen, Räumlichkeiten und Qualitätssicherung.	SKP (ggf. AG)

* SKP: Sachkundiger Planer gemäß den Mindestanforderungen des ABB-SKP des DPÜ e. V. (DAfStb) oder gleichwertig

Blatt B – P: Baudurchführung – Prinzip		
Arbeitsschritt		Ausführender
7 – Überprüfung der vom AN vorgelegten Nachweise und Angaben zur Ausführung vor Beginn der Baudurchführung		
	Weg 1 – Prüfergebnisse zur einzusetzenden Charge	
	• (1) Prüfung der fachkundlichen und organisatorischen Kriterien bzgl. der Durchführung von Prüfungen (durch AN bzw. eine vom AN ggf. einzubindende Prüfstelle) hinsichtlich Personal, Prüfeinrichtungen, Räumlichkeiten und Qualitätssicherung.	AG (ggf. SKP*))
	• (2) Prüfung der vom AN übergebenen Prüfergebnisse aus dem Nachweis der Verwendbarkeit des Produkts.	AG (ggf. SKP)
	• (3) Prüfung der vom AN übergebenen Prüfergebnisse zum Nachweis der Übereinstimmung der Produktcharge mit dem auf Verwendbarkeit geprüften Produkt.	AG (ggf. SKP)
	• (4) Prüfung der vom AN übergebenen verbindlichen Angaben zur Ausführung zum Produkt.	AG (ggf. SKP)
	Weg 2 – Prüffähige Bescheinigungen	
	• (1) Prüfung der vom AN übergebenen prüffähigen Bescheinigungen einer gemäß Artikel 30 BauPVO qualifizierten Stelle**) hinsichtlich Eignung des Produkts und Vollständigkeit der Angaben.	AG (ggf. SKP)
8 – Überprüfung der vom AN während der Baudurchführung auf die Baustelle gelieferten Produkte / Freigabe der Produkte		
• Überprüfung und Dokumentation der Lieferung von anforderungsgerechten Produkten nach Weg 1 bezüglich Schritt 7 (2) Nachweis der Verwendbarkeit, (3) Nachweis der Übereinstimmung und (4) den verbindlichen Angaben zur Ausführung bzw. nach Weg 2 nach den gleichen hier genannten Kriterien.		Baustellenleiter bzw. Bauüberwachung
• Freigabe der Produkte vor Einbau auf Grundlage der Dokumentation der Überprüfung der Lieferung.		AG (ggf. SKP)

* SKP: Sachkundiger Planer gemäß den Mindestanforderungen des ABB-SKP des DPÜ e. V. (DAfStb) oder gleichwertig
** freiwillige Gutachten der Hersteller zu den ausgewählten Produktmerkmalen, ausgestellt durch eine gemäß Artikel 30 BauPVO qualifizierte Stelle, z. B. DIBt oder Kiwa Nederland B.V.

16.7.2 Ablaufplan zum projektspezifischen Nachweis zu ZTV-ING 3-4

Blatt P/A – S + I: Planung und Ausschreibung der Schutz- und Instandsetzungsmaßnahme (ZTV-ING 3-4 (OS, BE))	
Arbeitsschritt	Ausführender
1 – Wahl des Instandsetzungsverfahrens • Bestandsaufnahme → nach ZTV-ING 3-4 (1.4) ggf. in Zusammenhang mit einer objektbezogenen Schadensanalyse. • Festlegen der Instandsetzungsprinzipien bzw. der Schutz- und Instandsetzungsziele u. a. unter Zuhilfenahme von RILI-SIB (6.2) (bzw. TR Instandhaltung von Betonbauteilen nach deren bauaufsichtlicher Einführung) bzw. ZTV-ING 3-4, Tab. 3.4.5.	SKP*)
2 – Ermittlung der Expositions- und Einwirkungsklassen • Ermittlung der Expositions- und Einwirkungsklassen des zu behandelnden Bauteils → (a) aus der Umgebung und (b) aus dem Betonuntergrund unter Zuhilfenahme von ZTV-ING 3-4, Anhang G, Tab. G.1.	SKP
3 – Ermittlung der projektspezifischen Produktmerkmale für den Nachweis der Verwendbarkeit • Ermittlung der für den Nachweis der Verwendbarkeit erforderlichen Produktmerkmale, Prüfverfahren und Anforderungen aus den Expositions- und Einwirkungsklassen (bei BE) bzw. Instandsetzungszielen (bei OS) → auf der Grundlage der Hinweisblätter zu ZTV-ING 3-4, Tab. 1 (SRC), Tab. 4 (RM/RC), Tab. 7 (PRC), Tab. 12 (OS A), Tab. 15 (OS B), Tab. 18 (OS C), Tab. 21 (OS D II/ OS D I)), Tab. 24 (OD F a/ OS F b). *Anm.: der Nachweis weiterer erforderlicher Produktmerkmale kann erforderlich sein (z. B. Anforderungen an Anti-Graffiti-Eigenschaften bei OS gemäß ZTV-ING 3-4 (1.3.4), Anforderungen an Beschichtungen für Tunnelinnenschalen gemäß ZTV-ING 5-1 (11.2).*	SKP
4 – Ermittlung der projektspezifischen Anforderungen für den Nachweis der Übereinstimmung • Ermittlung der für den Nachweis der Übereinstimmung erforderlichen Produktmerkmale, Prüfverfahren und Anforderungen und ggf. Häufigkeit der Übereinstimmungsprüfungen (fortlaufender Nachweis ist bei mehrfacher Anlieferung des Produkts über einen größeren Zeitraum erforderlich) → auf der Grundlage der Hinweisblätter zu ZTV-ING 3-4, Tab. 2 (SRC), Tab. 5 (RM/RC), Tab. 8 (PRC), Tab. 13 (OS A), Tab. 16 (OS B), Tab. 19 (OS C), Tab. 22 (OS D II/ OS D I)), Tab. 25 (OS F a/ OS F b).	SKP

5 – Ermittlung der projektspezifischen Anforderungen für die Angaben zur Ausführung • Ermittlung des Mindestumfangs der verbindlichen Angaben zur Ausführung des Herstellers ⟶ auf der Grundlage der Hinweisblätter zu ZTV-ING 3-4, Tab. 3 (SRC), Tab. 6 (RM/RC), Tab. 9 (PRC), Tab. 14 (OS A), Tab. 17 (OS B), Tab. 20 (OS C), Tab. 23 (OS D II/ OS D I)), Tab. 26 (OS F a/ OS F b).	SKP
6 – Leistungsbeschreibung • Aufnahme der festgelegten projektspezifischen Anforderungen für den Nachweis der Verwendbarkeit und Übereinstimmung sowie der erforderlichen Angaben zur Ausführung. • Vollumfängliche Aufnahme in die Leistungsbeschreibung mit vollumfänglicher Berücksichtigung der Positionen der im Rahmen der Qualitätssicherung durch den AN zu erbringenden Leistungen ⟶ z. B. in Anlehnung an STLK-W LB 219. [https://izw.baw.de/publikationen/stlk-w_ztv-w/0/LB-219_2018-11-Endfassung.pdf] • Festlegung von fachkundlichen und organisatorischen Kriterien bzgl. der Durchführung von Prüfungen (durch AN bzw. eine vom AN ggf. einzubindende Prüfstelle) hinsichtlich Personal, Prüfeinrichtungen, Räumlichkeiten und Qualitätssicherung (vgl. Beispiel (B3), AN bzw. Prüfstelle müssen insbesondere schriftlich bestätigen, dass sie über die erforderlichen Räumlichkeiten, Prüfeinrichtungen und das erforderliche sachkundige Personal verfügen). Hinweis aufnehmen, dass von diesem Nachweis des AN abgesehen werden kann, wenn Prüffähige Bescheinigungen (Weg 2) genutzt werden können. *Anm.: Nachweis der Verwendbarkeit und Übereinstimmung erfolgt für die anforderungsgemäß angebotenen Produkte durch den bauausführenden AN **vor** Beginn der Baudurchführung.*	SKP/AG

* SKP: Sachkundiger Planer gemäß den Mindestanforderungen des ABB-SKP des DPÜ e. V. (DAfStb) oder gleichwertig

Blatt B – S + I: Baudurchführung (ZTV-ING 3-4 (OS, BE))	
Arbeitsschritt	Ausführender
7 – Überprüfung der vom AN vorgelegten Nachweise und Angaben zur Ausführung vor Beginn der Baudurchführung	
Weg 1 – Prüfergebnisse zur einzusetzenden Charge	
• (1) Prüfung der fachkundlichen und organisatorischen Kriterien bzgl. der Durchführung von Prüfungen (durch AN bzw. eine vom AN ggf. einzubindende Prüfstelle) hinsichtlich Personal, Prüfeinrichtungen, Räumlichkeiten und Qualitätssicherung (vgl. Beispiel (B3)).	AG (ggf. SKP*))
• (2) Prüfung der vom AN übergebenen Prüfergebnisse zum Nachweis der Verwendbarkeit des Produkts. *Anm.: Dokumentation mittels Kennzeichnung der erfüllten Positionen der Leistungsbeschreibung.*	AG (ggf. SKP)
• (3) Prüfung der vom AN übergebenen Prüfergebnisse aus dem Nachweis der Übereinstimmung der Produktcharge mit dem auf Verwendbarkeit geprüften Produkt. *Anm.: Dokumentation mittels Kennzeichnung der erfüllten Positionen der Leistungsbeschreibung.*	AG (ggf. SKP)
• (4) Prüfung der vom AN übergebenen verbindlichen Angaben zur Ausführung zum Produkt. *Anm.: Dokumentation mittels Kennzeichnung der erfüllten Positionen der Leistungsbeschreibung.*	AG (ggf. SKP)
• Nachfordern möglicher fehlender Nachweise aus (1) bis (4) beim AN sowie Dokumentation.	AG (ggf. SKP)

* SKP: Sachkundiger Planer gemäß den Mindestanforderungen des ABB-SKP des DPÜ e. V. (DAfStb) oder gleichwertig

Weg 2 – Prüffähige Bescheinigungen	
• (1) Prüfung der vom AN übergebenen prüffähigen Bescheinigungen einer gemäß Artikel 30 BauPVO qualifizierten Stelle**) hinsichtlich Eignung des Produkts und Vollständigkeit der Angaben. *Anm.: Dokumentation mittels Kennzeichnung der erfüllten Positionen der Leistungsbeschreibung.*	AG (ggf. SKP)
• Nachfordern möglicher fehlender Nachweise beim AN sowie Dokumentation..	AG (ggf. SKP)
8 – Überprüfung der vom AN während der Baudurchführung auf die Baustelle gelieferten Produkte / Freigabe der Produkte	
• Überprüfung und Dokumentation der Lieferung von anforderungsgerechten Produkten nach Weg 1 bezüglich Schritt 7 (2) Nachweis der Verwendbarkeit, (3) Nachweis der Übereinstimmung und (4) den verbindlichen Angaben zur Ausführung bzw. nach Weg 2 nach den gleichen hier genannten Kriterien. → auf Grundlage der in Schritt 7 erzeugten Dokumentationen (Kopie der Leistungsbeschreibung bzw. den Hinweisen zu den ZTV-ING 3-4).	Baustellenleiter bzw. Bauüberwachung
• Freigabe der Produkte vor Einbau auf Grundlage der Dokumentation der Überprüfung der Lieferung.	AG (ggf. SKP)

** freiwillige Gutachten der Hersteller zu den ausgewählten Produktmerkmalen, ausgestellt durch eine gemäß Artikel 30 BauPVO qualifizierte Stelle, z. B. DIBt oder Kiwa Nederland B.V.

16.7.3 Ablaufplan zum projektspezifischen Nachweis zu ZTV-ING 3-5

Blatt P/A – RISS: Planung und Ausschreibung der Schutz- und Instandsetzungsmaßnahme (ZTV-ING 3-5 (RISS))	
Arbeitsschritt	Ausführender
1 – Wahl des Instandsetzungsverfahrens • Bestandsaufnahme → nach ZTV-ING 3-5, Anhang A1 ggf. in Zusammenhang mit einer objekt-bezogenen Schadensanalyse. • Festlegen der Instandsetzungsprinzipien bzw. der Schutz- und Instand-setzungsziele → u. a. unter Zuhilfenahme von RILI-SIB (6.2) (bzw. TR Instandhaltung von Betonbauteilen nach dessen bauaufsichtlicher Einführung) bzw. ZTV-ING 3-5, Tab. A 3.5.2.	SKP*)
2 – Ermittlung der Expositions- und Einwirkungsklassen • Ermittlung der Expositions- und Einwirkungsklassen des zu behandelnden Bauteils → (a) aus der Umgebung und (b) aus dem Betonuntergrund unter Zuhilfenahme von ZTV-ING 3-5, Anhang F, Tab. F 3.4.1.	SKP
3 – Ermittlung der projektspezifischen Produktmerkmale für den Nachweis der Verwendbarkeit • Ermittlung der für den Nachweis der Verwendbarkeit erforderlichen Produktmerkmale, Prüfverfahren und Anforderungen aus den Expositions- und Einwirkungsklassen → auf der Grundlage der Hinweisblätter zu ZTV-ING 3-5, Tab. 1 (F-I (P), F-V (P) bzw. EP), Tab 2 (F-I (H), F-V (H) bzw. ZL/ ZS), Tab. 3 (D-I (P) bzw. PUR). *Anm.: der Nachweis weiterer erforderlicher Produktmerkmale kann festgelegt werden.*	SKP

* SKP: Sachkundiger Planer gemäß den Mindestanforderungen des ABB-SKP des DPÜ e. V. (DAfStb) oder gleichwertig

4 – Ermittlung der projektspezifischen Anforderungen für den Nachweis der Übereinstimmung • Ermittlung der für den Nachweis der Übereinstimmung erforderlichen erforderlichen Produktmerkmale, Prüfverfahren und Anforderungen und ggf. Häufigkeit der Übereinstimmungsprüfungen (fortlaufender Nachweis ist bei mehrfacher Anlieferung des Produkts über einen größeren Zeitraum erforderlich) ⟶ auf der Grundlage der Hinweisblätter zu ZTV-ING 3-5, Tab. 4 (F-I (P), F-V (P) bzw. EP), Tab 5 (F-I (H), F-V (H) bzw. ZL/ ZS), Tab. 6 (D-I (P) bzw. PUR).	SKP
5 – Ermittlung der projektspezifischen Anforderungen für die Angaben zur Ausführung • Ermittlung des Mindestumfangs der verbindlichen Angaben zur Ausführung des Herstellers ⟶ auf der Grundlage der Hinweisblätter zu ZTV-ING 3-5, Tab. 7 (F-I (P), F-V (P) bzw. EP), Tab 8 (F-I (H), F-V (H) bzw. ZL/ ZS), Tab. 9 (D-I (P) bzw. PUR).	SKP
6 – Leistungsbeschreibung • Aufnahme der festgelegten projektspezifischen Anforderungen für den Nachweis der Verwendbarkeit und Übereinstimmung sowie der erforderlichen Angaben zur Ausführung. • Vollumfängliche Aufnahme in die Leistungsbeschreibung mit vollumfänglicher Berücksichtigung der Positionen der im Rahmen der Qualitätssicherung durch den AN zu erbringenden Leistungen ⟶ z. B. in Anlehnung an STLK-W LB 219. [https://izw.baw.de/publikationen/stlk-w_ztv-w/0/LB-219_2018-11-Endfassung.pdf] • Festlegung von fachkundlichen und organisatorischen Kriterien bzgl. der Durchführung von Prüfungen (durch AN bzw. eine vom AN ggf. einzubindende Prüfstelle) hinsichtlich Personal, Prüfeinrichtungen, Räumlichkeiten und Qualitätssicherung (vgl. Beispiel (B3), AN bzw. Prüfstelle müssen insbesondere schriftlich bestätigen, dass sie über die erforderlichen Räumlichkeiten, Prüfeinrichtungen und das erforderliche sachkundige Personal verfügen). Hinweis aufnehmen, dass von diesem Nachweis des AN abgesehen werden kann, wenn Prüffähige Bescheinigungen (Weg 2) genutzt werden können. *Anm.: Nachweis der Verwendbarkeit und Übereinstimmung erfolgt für die anforderungsgemäß angebotenen Produkte durch den bauausführenden AN **vor** Beginn der Baudurchführung.*	SKP

Blatt B – RISS: Baudurchführung (ZTV-ING 3-5 (RISS))	
Arbeitsschritt	Ausführender
7 – Überprüfung der vom AN vorgelegten Nachweise und Angaben zur Ausführung vor Beginn der Baudurchführung	
Weg 1 – Prüfergebnisse zur einzusetzenden Charge	
• (1) Prüfung der fachkundlichen und organisatorischen Kriterien bzgl. der Durchführung von Prüfungen (durch AN bzw. eine vom AN ggf. einzubindende Prüfstelle) hinsichtlich Personal, Prüfeinrichtungen, Räumlichkeiten und Qualitätssicherung (vgl. Beispiel (B3)).	AG (ggf. SKP*))
• (2) Prüfung der vom AN übergebenen Prüfergebnisse zum Nachweis der Verwendbarkeit des Produkts. *Anm.: Dokumentation mittels Kennzeichnung der erfüllten Positionen der Leistungsbeschreibung.*	AG (ggf. SKP)
• (3) Prüfung der vom AN übergebenen Prüfergebnisse aus dem Nachweis der Übereinstimmung der Produktcharge mit dem auf Verwendbarkeit geprüften Produkt. *Anm.: Dokumentation mittels Kennzeichnung der erfüllten Positionen in der Leistungsbeschreibung bzw. den Hinweisen zu den ZTV-ING 3-5, Tab. 4 (F-I (P), F-V (P) bzw. EP), Tab 5 (F-I (H), F-V (H) bzw. ZL/ ZS), Tab. 6 (D-I (P) bzw. PUR).*	AG (ggf. SKP)
• (4) Prüfung der vom AN übergebenen verbindlichen Angaben zur Ausführung zum Produkt. *Anm.: Dokumentation mittels Kennzeichnung der erfüllten Positionen der Leistungsbeschreibung.*	AG (ggf. SKP)
• Nachfordern möglicher fehlender Nachweise aus (1) bis (4) beim AN sowie Dokumentation.	AG (ggf. SKP)
Weg 2 – Prüffähige Bescheinigungen	
• (1) Prüfung der vom AN übergebenen prüffähigen Bescheinigungen einer gemäß Artikel 30 BauPVO qualifizierten Stelle**) hinsichtlich Eignung des Produkts und Vollständigkeit der Angaben. *Anm.: Dokumentation mittels Kennzeichnung der erfüllten Positionen der Leistungsbeschreibung.*	AG (ggf. SKP)
• Nachfordern möglicher fehlender Nachweise beim AN sowie Dokumentation.	AG (ggf. SKP)

Blatt B – RISS: Baudurchführung (ZTV-ING 3-5 (RISS))	
Arbeitsschritt	Ausführender
8 – Überprüfung der vom AN während der Baudurchführung auf die Baustelle gelieferten Produkte / Freigabe der Produkte	
• Überprüfung und Dokumentation der Lieferung von anforderungsgerechten Produkten nach Weg 1 bezüglich Schritt 7 (2) Nachweis der Verwendbarkeit, (3) Nachweis der Übereinstimmung und (4) den verbindlichen Angaben zur Ausführung bzw. nach Weg 2 nach den gleichen hier genannten Kriterien. → auf Grundlage der in Schritt 7 erzeugten Dokumentationen (Kopie der Leistungsbeschreibung bzw. den Hinweisen zu den ZTV-ING 3-5).	Baustellenleiter bzw. Bauüberwachung
• Freigabe der Produkte vor Einbau auf Grundlage der Dokumentation der Überprüfung der Lieferung.	AG (ggf. SKP)

* SKP: Sachkundiger Planer gemäß den Mindestanforderungen des ABB-SKP des DPÜ e. V. (DAfStb) oder gleichwertig

** freiwillige Gutachten der Hersteller zu den ausgewählten Produktmerkmalen, ausgestellt durch eine gemäß Artikel 30 BauPVO qualifizierte Stelle, z. B. DIBt oder Kiwa Nederland B.V.

Anwendungsbeispiel P/A - BE: Betoninstandsetzung des Überbaus einer Spannbetonbrücke

Allgemeine Beschreibung des Schadens: Betonschadstellen mit freiliegender, korrodierter Bewehrung in der Untersicht einer Talbrücke im Zuge einer Bundesfernstraße sollen unter Verkehr instandgesetzt werden

Die Schadstellen liegen in der vorgedrückten Zugzone eines Spannbetonüberbaus.

Abb.: freigelegte Schadstellen des Betonüberbaus

1 – Wahl des Instandsetzungsverfahrens:

Im Anschluss an eine objektbezogene Schadensanalyse wird als Instandsetzungsverfahren das Freilegen und Behandeln der korrodierten Bewehrungsstähle in Verbindung mit den Einsatz eines Zementmörtels RM nach ZTV-ING Teil 3-4, (6), mit einer zementgebundenen Haftbrücke gewählt. Eine detaillierte Beschreibung der Betoninstandsetzung soll hier nicht erfolgen.

2 – Ermittlung der Expositions- und Einwirkungsklasse

(auf der Grundlage von ZTV-ING 3-4, Anhang G)

a. Einwirkungen aus der Umgebung

XALL: Diese Expositionsklasse ist bei Instandsetzungen mit Betonersatz oder Rissfüllstoffen immer anzusetzen (Anhang G, Tab. G.1)

XC4, XD1, XF2: Sprühnebelbereich (1.3.2 (5))

WA: Beton, der während der Nutzung häufig oder längere Zeit feucht ist und zusätzlich häufiger oder langzeitiger Alkalizufuhr von außen ausgesetzt ist (ZTV-ING 3-1, 4 (1))

b. Einwirkungen aus dem Betonuntergrund

XSTAT: statisch mitwirkend (Schadstelle liegt in der vorgedrückten Zugzone des Querschnitts)

XDYN: dynamische Beanspruchung bei Applikation (Einbau des Betonersatzes unter Verkehr auf dem Überbau)

3 – Ermittlung der projektspezifischen Produktmerkmale für Zementmörtel RM für den Nachweis der Verwendbarkeit

(auf der Grundlage der Hinweisblätter zu ZTV-ING 3-4)
Gemäß Tabelle 4 der Hinweise „Empfehlungen zu Merkmalen von Betonersatz im Handauftrag RM oder RC“ ergeben sich folgende Produktmerkmale (vgl. entsprechende Zeilennummern der Tabelle):

XALL: (1) Kornzusammensetzung / (2) TGA / (3) Infrarotspektroskopie / (4) Festkörpergehalt/Trockenrückstand Kunststoffzusatz / (5) Konsistenz, Rohdichte und Luftgehalt / (6) Konsistenzänderung / (7) Verarbeitbarkeitsdauer / (8) Chloridionengehalt / (9) Festigkeit Lagerung B / (10) Haftvermögen Lagerung B / (12) Beurteilung des Korrosionsverhaltens / (13) Kapillare Wasseraufnahme / (14) Elastizitätsmodul (statisch) / (15) Schwinden und Begrenzung statischer E-Modul / (16) Behindertes Schwinden / (19b) Druckfestigkeit 28 d Lagerung B / (19d) Biegezugfestigkeit 28 d Lagerung B / (28) Trockenrohdichte / (29) Verhalten bei bewehrten Verbundkörpern

XC4, XD1, XF2: (11) Karbonatisierungsfortschritt / (18) Temperaturwechselverträglichkeit Teil 1: Frost/Tausalzbeanspruchung

XSTAT: (20) Haftzugfestigkeit nach 90 d Wasserlagerung / (25) Kriechen unter Druckbeanspruchung

XDYN: (27) Haftzugfestigkeit nach Schwingbeanspruchung

Empfehlungen für korrespondierende Prüfverfahren, Anforderungen und Prüfdauern sind in Tabelle 4 angegeben.
Produktmerkmale, Prüfverfahren und Anforderungen sind für die Leistungsbeschreibung entsprechend festzulegen, z. B.:

(13) Kapillare Wasseraufnahme ⟶ nach DIN EN 13057
⟶ Anforderung: $W_{24} \leq 0{,}5$ kg /($m^2h^{-0,5}$)

(14) Elastizitätsmodul (statisch) ⟶ nach DIN EN 13412 / Anhang A1.9 [BAW-Empfehlungen]
⟶ Anforderung: $E_{28\,d} \geq 20$ GPa

4 – Ermittlung der projektspezifischen Anforderungen für den Nachweis der Übereinstimmung

Unter Berücksichtigung der Ergebnisse aus Schritt 3 und weiterer Rahmenbedingungen (z. B. geforderter fortlaufender Übereinstimmungsnachweis) ergeben sich gemäß Tabelle 5 „Empfehlungen zu projektspezifischen Anforderungen für den Übereinstimmungsnachweis für Betonersatz im Handauftrag RM oder RC nach Tabelle 4" folgende erforderliche Angaben für Prüfergebnisse (vgl. entsprechende Zeilennummern der Tabelle):

(1) Kornzusammensetzung / (2) Konsistenz, Rohdichte und Luftgehalt / (3) Konsistenzänderung / (4) Festigkeit Lagerung B / (5) Schwinden und statischer Elastizitätsmodul / (6) Quellen / (7) Beurteilung des Korrosionsverhaltens / (8) Trockenrohdichte / (9) Haftvermögen Lagerung B

Produktmerkmale, Prüfverfahren und Anforderungen sind für die Leistungsbeschreibung entsprechend festzulegen, z. B.:

(4) Festigkeit Lagerung B ⟶ nach DIN EN 196-1 / Anhang A1.1 [BAW-Empfehlungen]
⟶ Anforderung: $\Delta f_D = \pm 10\ \%$, $\Delta f_{BZ} = \pm 20\ \%$
(6) Quellen⟶ nach DIN EN 12617-4 / Anhang A1.9 [BAW-Empfehlungen]
⟶ Anforderung: $\Delta \varepsilon_Q = \pm 28\ \%$ nach 28 d

5 – Ermittlung projektspezifische Anforderungen für die Angaben zur Ausführung

Obige Merkmale werden auch in die Tabelle 6 „Empfehlungen zu Angaben zur Ausführung für Betonersatz im Handauftrag RM oder RC nach Tabelle 4" unter Nr. 3 „Ergebnisse aus dem Nachweis der projektspezifischen Anforderungen zum Nachweis der Übereinstimmung" übernommen. Die Inhalte beider Tabellen sind somit als Bestandteil der Leistungsbeschreibung festgelegt.

Beispiel:
Die Tabelle 6 ist in ihrer Form zu übernehmen und in die Leistungsbeschreibung einzufügen. Für die „Bezugswerte aus dem Nachweis der Verwendbarkeit" sind die in Schritt 4 ermittelten projektspezifischen Anforderungen für den Nachweis der Übereinstimmung zu übernehmen.

6 – Leistungsbeschreibung

A. Aufnahme der festgelegten projektspezifischen Anforderungen für den (A1) Nachweis der Verwendbarkeit und für den (A2) Nachweis der Übereinstimmung sowie für die erforderlichen Angaben zur Ausführung (A3)

(A1) Nachweis der Verwendbarkeit: Zusammenstellung der festgelegten Produktmerkmale (z. B. in Tabellenform, hier nach Tab. 4 ⟶ Hinweisblätter zu ZTV-ING 3-4)

„Tabelle A1"

Nr.	Einwirkung gemäß ZTV-ING	Merkmal	Referenzbeton DIN EN 1766	Prüfverfahren	Dauer der Prüfung[5]	Prüfkörper	Anforderung
Ausgangsstoffe							
1	XALL	Kornzusammensetzung[10) 11)]	-	DIN EN 12192-1	< 7 d	-	≤ 5 % Überkorn
2	XALL	TGA [9) 10) 11)]	-	DIN EN ISO 11358-1	< 7 d	-	Werte ermitteln / Fingerprint
3	XALL	Infrarotspektroskopie [9) 10) 11)]	-	DIN EN 1767 DIN 51451	< 7 d	-	Werte ermitteln / Fingerprint
4	XALL	Festkörpergehalt/ Trockenrückstand Kunststoffzusatz (flüssig) [9) 10) 11)]	-	DIN EN ISO 3251	< 7 d	-	Werte ermitteln
Frischmörtel							
5	XALL	Konsistenz, Rohdichte und Luftgehalt [10) 11) 12)]	-	Anhang A1.9 [1]	< 7 d	-	Werte ermitteln [8)]
6	XALL	Konsistenzänderung [10)] (Temperatur, Zeit)	-	Anhang A1.10 [1]	< 7 d	-	Keine Hinweise auf nicht baustellengerechte Verarbeitbarkeit
7	XALL	Verarbeitbarkeitsdauer (Haftbrücke) [11)]	-	Anhang A1.10	< 7d	-	hinreichend streichfähig
8	XALL	Chloridionengehalt [10) 11)]	-	DIN EN 1015-17	< 7 d	-	≤ 0,05 %
Festmörtel							
9	XALL	Festigkeit Lagerung B [10) 13)]	-	DIN EN 196-1 Anhang A1.1 [1]	1, 2, 7, 28, 90 d	Prismen (6 Sätze)	Werte Druck- und Biegezugfestigkeit ermitteln
10	XALL	Haftvermögen[14)] Lagerung B	MC 0.40	DIN EN 1542 Anhang A1.4 [1]	28 d Platten + 28 d	Platten (2)	MW $f_{HZ} \geq 2{,}0$ MPa[1)] EW $f_{HZ} \geq 1{,}5$ MPa Rissbreite ≤ 0,10 mm
11	XC1 – XC4	Karbonatisierungsfortschritt	-	BAW-MDCC [2]	7 d + 90 d	Prismen (1 Satz)	$d_{k,90} \leq 2$ mm (Werte angeben)
12	XALL	Beurteilung des Korrosionsverhaltens [11)]	-	DIN EN 480-14 u. DIN EN 934-1	< 7 d	Zylinder	Nachweis: keine korrosionsfördernde Wirkung auf Betonstahl
…	…	…			…	…	…
…	*u.s.w.*	…	…	…	…	…	…

[1] Anhänge der BAWEmpfehlung „Instandsetzungsprodukte" [https://izw.baw.de/publikationen/empfehlungen/0/BAWEmpfehlung_Instandsetzungsprodukte_2019.pdf]

[2] BAW-Merkblatt „Dauerhaftigkeitsbemessung und -bewertung von Stahlbetonbauwerken bei Carbonatisierung und Chlorideinwirkung (MDCC)" [https://izw.baw.de/publikationen/merkblaetter/0/BAWMerkblatt_Dauerhaftigkeitsbemessung_MDCC_2019.pdf]

Hinweis: Ggf. Übernahme von erforderlichen Fußnoten für die Tabelle (bzw. Umsetzung dieser in der Tabelle):

9) Im Regelfall für den projektspezifischen Verwendbarkeitsnachweis nicht zwingend erforderlich.
10) Sofern ein Feinspachtel vorgesehen ist, ist die Prüfung auch an dieser Systemkomponente durchzuführen.
11) Sofern eine Haftbrücke benötigt wird, ist die Prüfung auch an dieser Systemkomponente durchzuführen.
12) An der Haftbrücke ist nur die Konsistenz zu prüfen.
13) Am Feinspachtel ist nur der 28-Tage-Wert zu bestimmen.
14) Sofern eine Haftbrücke benötigt wird, sind die Verbundprüfungen des Betonersatz mit Haftbrücke durchzuführen.

(A2) Nachweis der Übereinstimmung: Zusammenstellung der festgelegten Produktmerkmale (z. B. in Tabellenform, hier nach Tab. 5 ⟶ Hinweisblätter zu ZTV-ING 3-4)

„Tabelle A2"

Nr.	Merkmal	Anforderungen	
		projektspezifisch ermittelte Bezugswerte aus dem Nachweis der Verwendbarkeit gemäß Tabelle 4	*Zulässige Toleranzen gegenüber den projektspezifischen Bezugswerten oder Mindestanforderungen*
Prüfungen an den Ausgangsstoffen			
1	Kornzusammensetzung	Zeile 1	±5 M.-% für Prüfkorngrößen ≥ 0,125 mm
Prüfungen am Frischmörtel			
2	Konsistenz, Rohdichte und Luftgehalt 1)	Zeile 5	Ausbreitmaß: ±15 % rel.; Rohdichte: ±0,10 kg/dm³ Luftgehalt: ±2 Vol.-% abs. bzw. 50 % rel. (der kleinere Toleranzbereich ist maßgebend)
3	Konsistenzänderung 2) (Temperatur, Zeit)	Zeile 6	Keine Hinweise auf nicht baustellengerechte Verarbeitbarkeit
Prüfungen am Festmörtel			
4	Festigkeiten nach Lagerung B	Zeile 19b Zeile 19d	$\Delta f_{D,28}$ = ±10 % $\Delta f_{BZ,28}$ = ±20 %
5	Schwinden und statischer Elastizitätsmodul3)	Zeile 15 Zeile 14	$\Delta \varepsilon_s$ = ±20 % nach 90 d E-Modul = ±10 % nach 28 d
6	Quellen	Zeile 24	$\Delta \varepsilon_Q$ = ±20 % nach 28 d
…	…	…	…
…	*u.s.w.*	…	…

Hinweis: Ggf. Übernahme von erforderlichen Fußnoten für die Tabelle (bzw. Umsetzung in der erstellten Tabelle bzw. Umsetzung dieser in der Tabelle):

1) Bezugswert für die Qualitätssicherung der Ausführung (Trockenrohdichte nur bei Sollschichtdicken > 15 mm).

2) Prüfung nach Anhang A1.10 nur für die bei der Bauausführung relevanten Bedingungen (Temperaturbereich und Verarbeitungsdauer)

3) Wenn für den Verwendbarkeitsnachweis gemäß Tabelle 4, Zeile 12 alternativ der dynamische E-Modul ermittelt wurde, ist auch für den Übereinstimmungsnachweis der dynamische E-Modul zu ermitteln.

(A3) Angaben zur Ausführung: Zusammenstellung der festgelegten Produktmerkmale (z. B. in Tabellenform, hier nach Tab. 6 ⟶ Hinweisblätter zu ZTV-ING 3-4)
„Tabelle A3"

Nr.	1		2		
1	**Allgemeines**				
	Hersteller (Name und Adresse)				
	Name des Betonersatzsystems				
	Anwendbarkeit für Verfahren gemäß ZTV-ING 3-4				
2	**Komponenten des Betonersatzsystems**				
	Produktname	Stoffart	Lieferform	Lagerdauer	Lagerbedingungen
	1	*2*	*3*	*4*	*5*
3	**Bezugswerte aus dem Nachweis der Verwendbarkeit**				
			Anforderungen		
	Merkmal	Bezug zu Tabelle 4	projektspezifisch ermittelte Bezugswerte aus dem Nachweis der Verwendbarkeit	Zulässige Toleranzen gegenüber den projektspezifischen Bezugswerten oder Mindestanforderungen	
	1	*2*	*3*	*4*	
	Prüfungen an den Ausgangsstoffen				
	Kornzusammensetzung	Zeile 1		±5 M.-% für Prüfkorngrößen ≥ 0,125 mm	
	Prüfungen am Frischmörtel				
	Konsistenz, Rohdichte und Luftgehalt	Zeile 5		Ausbreitmaß: ± 15 % rel.; Rohdichte: ±0,10 kg/dm³ Luftgehalt: ±2 Vol.-% abs. bzw. 50 % rel. (der kleinere Toleranzbereich ist maßgebend)	
	u.s.w.	…	…	…	
	Prüfungen am Festmörtel				
	Festigkeiten nach Lagerung B	Zeile 19b Zeile 19d		$\Delta f_{D,28}$ = ±10 % $\Delta f_{BZ,28}$ = ±20 %	
	Schwinden und statischer Elastizitätsmodul [1)]	Zeile 15 Zeile 14		$\Delta\varepsilon_s$ = ±20 % nach 90 d E-Modul = ±10 % nach 28 d	
	Quellen	Zeile 24		$\Delta\varepsilon_Q$ = ±20 % nach 28 d	
	…	…	…	…	
	u.s.w.	…	…	…	
	Prüfungen am Verbundkörper				
	Haftzugfestigkeit nach Lagerung B	Zeile 8		Einhaltung Werte Tabelle 4	
4	**Sicherheit /Arbeitsschutz**				
	s. Sicherheitsdatenblatt				
5	**Entsorgung**				
6.1			Ausführung		
	Vorbereitung der Unterlage gemäß ZTV-ING 3-4 mit Zusatzanforderungen (Abreißfestigkeit, Rauheit) *u.s.w.*		…		

…

…

Hinweis: Ggf. Übernahme von erforderlichen Fußnoten für die Tabelle (bzw. Umsetzung in der erstellten Tabelle bzw. Umsetzung dieser in der Tabelle):

1) Wenn für den Verwendbarkeitsnachweis gemäß Tabelle 4, Zeile 12 alternativ der dynamische E-Modul ermittelt wurde, ist auch in den Angaben zur Ausführung der dynamische E-Modul anzugeben.

Aufnahme der festgelegten projektspezifischen Anforderungen des Produkts in die Leistungsbeschreibung der Bauleistung,

→ nach FGSV Standardleistungskatalog für den Straßen und Brückenbau (STLK) 124 „Schutz und Instandsetzung von Betonbauteilen“
z. B.:)

124	**308**	**m2** /	**Haftbrücke herstellen** Haftbrücke auf vorbereiteter Betonunterlage nach Unterlagen des AG herstellen.	**124 308**
	1.06		Bauteil = Überbau außen. **(→ hier Verweis auf Baubeschreibung)**	Überbau außen
	3.0			
	3.6		Unterseite unterschiedlich geneigt	Unters. untersch.
	4.0			
	4.2		Stoff = Zementmörtel mit Kunststoffzusatz (RM) **(→ hier Verweis auf Tabelle A1)**	RM-Mörtel
124	**338**	**m2** /	**Zementmörtel/Beton (RM/RC) einbauen** Zementmörtel/Beton mit Kunststoffzusatz (RM/RC) auf vorbereiteter Betonunterlage nach Unterlagen des AG einbauen. Ggf. erforderliche Schalung herstellen. Haftbrücke wird gesondert vergütet.	**124 338**
		***	*Mit ‚Haftbrücke herstellen‘.*	
	1.06		Bauteil = Überbau außen. **(→ hier Verweis auf Baubeschreibung)**	Überbau außen
	3.0			
	3.6		Unterseite unterschiedlich geneigt	Unters. untersch.
	4.0			
	4.1		Betonersatzsystem = RM **(→ hier Verweis auf Tabelle A1)**	RM
	5.9		Schichtdicke… **(→ hier Verweis auf Baubeschreibung)**	... Freitext ...

B. Aufnahme der festgelegten Anforderungen in die Leistungsbeschreibung mit vollumfänglicher Berücksichtigung der Positionen der im Rahmen der Qualitätssicherung durch den AN zu erbringenden Leistungen:

(B1) Nachweis der Verwendbarkeit:
Zusammenstellung der erforderlichen Nachweise nach Art und Menge
(für die Angebotserstellung → Hinweisblätter zu ZTV-ING 3-4)

„Tabelle B1"

Menge Prüfung	Einwirkung gemäß ZTV-ING	Merkmal / Prüfung	Prüfverfahren nach
Ausgangsstoffe			
1	XALL	Kornzusammensetzung	DIN EN 12192-1
1	XALL	TGA	DIN EN ISO 11358-1
1	XALL	Infrarotspektroskopie	DIN EN 1767 DIN 51451
1	XALL	Festkörpergehalt/ Trockenrückstand Kunststoffzusatz (flüssig)	DIN EN ISO 3251
Frischmörtel			
1	XALL	Konsistenz, Rohdichte und Luftgehalt	Anhang A1.9 [1]
1	XALL	Konsistenzänderung (Temperatur, Zeit)	Anhang A1.10 [1]
1	XALL	Verarbeitbarkeitsdauer (Haftbrücke)	Anhang A1.10
1	XALL	Chloridionengehalt	DIN EN 1015-17
Festmörtel			
1	XALL	Festigkeit Lagerung B	DIN EN 196-1 Anhang A1.1 [1]
1	XALL	Haftvermögen Lagerung B	DIN EN 1542 Anhang A1.4 [1]
1	XC1 – XC4	Karbonatisierungsfortschritt	BAW-MDCC [2]
1	XALL	Beurteilung des Korrosionsverhaltens	DIN EN 480-14 u. DIN EN 934-1
...	...	...	...
...	*u.s.w.*	...	...

[1] Anhänge der BAWEmpfehlung „Instandsetzungsprodukte"
[https://izw.baw.de/publikationen/empfehlungen/0/BAWEmpfehlung_Instandsetzungsprodukte_2019.pdf]
[2] BAW-Merkblatt „Dauerhaftigkeitsbemessung und -bewertung von Stahlbetonbauwerken bei Carbonatisierung und Chlorideinwirkung (MDCC)"
[https://izw.baw.de/publikationen/merkblaetter/0/BAWMerkblatt_Dauerhaftigkeitsbemessung_MDCC_2019.pdf]

Aufnahme der festgelegten projektspezifischen Anforderungen an die Qualitätssicherung des Produkts in die Leistungsbeschreibung z. B. in Anlehnung an STLK-W LB 219 [https://izw.baw.de/publikationen/stlk-w_ztv-w/0/LB-219_2018-11-Endfassung.pdf]

→ Position **219 471 Psch Verwend. Betoners. Handauf. nachw.**

Modifizierte Textvorlage (Qualitätssicherung des Produkts):

219	**471**	**Psch**	**Verwend. Betoners. Handauf. nachw.**	**219 471**
		/	Nachweis der Verwendbarkeit für Betonersatz im Handauftrag nach ZTV-ING, Abschnitt 3-4 und entsprechender tabellarischer Aufstellung gemäß Baubeschreibung erbringen. Die Leistung umfasst alle Leistungen für die Erbringung des Nachweises der Verwendbarkeit.	
		*** *** ***	*Zusammenstellung aller erforderlichen Nachweise nach Art und Menge in Baubeschreibung aufnehmen.* **(→ hier Verweis auf Tabelle B1)**	
	1.0			
	1.1		Bauteil = alle Betonbauteile.	Betonbauteile
	1.9		Bauteil ...	... Freitext ...
		*** *** ***	*Bauteil (mit Ortsangabe) beschreiben (Bauteil-Verzeichnis im Anhang beachten) und/oder Zeichnungs-Nr. angeben* **(→ hier Verweis auf Baubeschreibung)**	
	2.0			
	2.1		Sorte = Alle Sorten	Sorten
	2.9		Sorte = ...	... Freitext ...
		*** *** *** ***.	*Bezeichnung der Sorte gemäß Leistungsbeschreibung angeben. Expositions-/Feuchtigkeitsklassen und zugehörige Leistungsmerkmale in Leistungsbeschreibung angegeben.* **(→ hier Verweis auf Tabelle A1)**	

(B2) Nachweis der Übereinstimmung / Überwachung der Ausführung:
Zusammenstellung der erforderlichen Nachweise nach Art und Menge
(für Angebotserstellung ⟶ Hinweisblätter zu ZTV-ING 3-4)

„Tabelle B2"

Menge Prüfung	**Merkmal / Prüfung**	**Prüfverfahren nach**
Nachweis der Übereinstimmung		
Prüfungen an den Ausgangsstoffen		
1	Kornzusammensetzung	DIN EN 12192-1
Prüfungen am Frischmörtel		
1	Konsistenz, Rohdichte und Luftgehalt	Anhang A1.9 [1]
1	Konsistenzänderung (Temperatur, Zeit)	Anhang A1.10 [1]
Prüfungen am Festmörtel		
1	Festigkeiten nach Lagerung B	DIN EN 196-1 Anhang A1.1 [1]
1	Schwinden und statischer Elastizitätsmodul	DIN EN 12617-4 in Verbindung mit E-Modul DIN EN 13412 Anhang A1.9 [1]
1	Quellen	DIN EN 12617-4 Anhang A1.9 [1]
...	...	...
...	*u.s.w.*	...
Überwachung der Ausführung		
n_1	Frischmörtelrohdichte	Anhang A1.9 [1]
n_2	Verbundfestigkeit	ZTV-ING Teil1, Abschnitt 3
n_3	Trockenrohdichte	DIN EN 52170-1
...	...	...

[1] Anhänge der BAWEmpfehlung „Instandsetzungsprodukte"
[https://izw.baw.de/publikationen/empfehlungen/0/BAWEmpfehlung_Instandsetzungsprodukte_2019.pdf]

Das Mengengerüst für die Prüfungen im Rahmen der Überwachung der Ausführung (n_1, n_2, ...) ergibt sich für RM nach ZTV-ING 3-4, Nr. 6.6.3 (3), (7) und (8):

(3) Vom Frischmörtel / -beton sind je Arbeitstag eine Konsistenzprüfung und eine Prüfung des Luftgehalts gemäß Anhang G durchzuführen.

(7) Die Prüfung der Abreißfestigkeit ist je angefangene 250 m² Gesamteinbaufläche mittels fünf gleichmäßig über die Einbaufläche verteilter Abreißversuche nach Teil 1 Abschnitt 3 durchzuführen.

(8) Die Trockenrohdichte ist jeweils an einem Bohrkern aus jedem Satz der Abreißfestigkeitsprüfung, jedoch je Bauwerk an mindestens drei Bohrkernen, zu ermitteln.

Aufnahme der festgelegten Anforderungen an die Überwachung der Ausführung in die Leistungsbeschreibung z. B. in Anlehnung an STLK-W LB 219
[https://izw.baw.de/publikationen/stlk-w_ztv-w/0/LB-219_2018-11-Endfassung.pdf]

→ Position **219 481 Psch Güte Betoners. Handauftr. nachw.**

Modifizierte Textvorlage (Überwachung der Ausführung):

219	**481**	**Psch**	**Güte Betoners. Handauftr. nachw.**	**219 481**
		/	Nachweise zur Bestätigung der Übereinstimmung für Betonersatz im Handauftrag gemäß Baubeschreibung und Gütenachweise im Rahmen der Ausführung und der ausgeführten Leistungen nach ZTV-ING, Abschnitt 3-4 und entsprechender tabellarischer Aufstellung erbringen. Die Leistung umfasst alle Leistungen für die Erbringung der Übereinstimmungs- und Gütenachweise.	
		***	*Zusammenstellung aller erforderlichen*	
		***	*Nachweise nach Art und Menge in Baubeschreibung*	
		***	*aufnehmen.*	
			(→ hier Verweis auf Tabelle B2)	
	1.1		Bauteil = alle Betonbauteile.	Betonbauteile
	1.9		Bauteil ...	... Freitext ...
		***	*Bauteil (mit Ortsangabe) beschreiben (Bauteil-*	
		***	*Verzeichnis im Anhang beachten) und/oder Zeichnungs-*	
		***	*Nr. angeben*	
			(→ hier Verweis auf Baubeschreibung)	
	2.1		Sorte = Alle Sorten	Sorten
	2.9		Sorte = ...	... Freitext ...
		***	*Bezeichnung der Sorte gemäß Leistungsbeschreibung*	
		***	*angeben. Expositions-/Feuchtigkeitsklassen und*	
		***	*zugehörige Leistungsmerkmale in Leistungsbeschreibung*	
		***	*angegeben.*	
			(→ hier Verweis auf Tabelle A1)	

(B3) Festlegung von fachkundlichen und organisatorischen Kriterien bzgl. der Durchführung von Prüfungen (durch AN bzw. eine vom AN ggf. einzubindende Prüfstelle) hinsichtlich Personal, Prüfeinrichtungen, Räumlichkeiten und Qualitätssicherung.

Fachkundliche und organisatorische Voraussetzungen für die Durchführung von Prüfungen z. B. nach unten genannten Kriterien festlegen → z. B. in Anlehnung an Muster-Verordnung über die Anerkennung als Prüf-, Überwachungs- oder Zertifizierungsstelle nach Bauordnungsrecht (PÜZ-Anerkennungsverordnung – PÜZAVO) der Fachkommission Bautechnik der Bauministerkonferenz. [https://www.bauministerkonferenz.de/Dokumente/42322260.pdf]

Der AN muss verbindliche Angaben zu den geforderten Kriterien machen (schriftliche Bestätigung):

(B3.1) Angaben zur Person und Qualifikation des Leiters und des Stellvertreters der Prüfstelle / des Prüflabors, zum leitenden und sachbearbeitenden Personal und deren Berufserfahrung:

Kriterien bezüglich des verantwortlichen und Prüfergebnisse zeichnenden Leiters sind festzulegen, z. B.

- Fachkompetenz (insbesondere technisches / naturwissenschaftliches Studium, Kenntnis der Prozesse), hauptberufliche Tätigkeit, mind. dreijährige Berufserfahrung, Stellvertreterregelung, Kenntnis deutscher Sprache (§ 2 (1) PÜZAVO)
  Kriterien bezüglich des sachbearbeitenden Personals sind festzulegen, z. B.
- ausreichende Anzahl an Beschäftigten, notwendige Ausbildung und berufliche Erfahrung (§ 2 (1) PÜZAVO)
  (B3.2) Angaben zu den Räumlichkeiten und zur technischen Ausstattung sowie zur Qualitätssicherung
  Kriterien bezüglich Durchführung und Dokumentation der Prüfungen sind festzulegen, z. B.
- erforderliche Räumlichkeiten und technische Ausstattung, schriftliche Anweisungen zur Durchführung der Prüfungen, Benutzung und Wartung der Prüfvorrichtungen (nach den allgemein anerkannten Regeln der Technik geprüft), System zur Aufzeichnung / Dokumentation der Tätigkeiten, keine weitere Erteilung von Unteraufträgen
  (§ 2 (3, 5),§ 4 (1) PÜZAVO)
  → ggf. Bestätigung der Voraussetzungen für die Durchführung aller Prüfpositionen gemäß „Tabelle B1“, ggf. unter Nennung der Gerätenummern/-identifikationen aller verwenden Prüfeinrichtungen/-geräte
- Prüfberichte mit Angaben zum Prüfgegenstand, beteiligtem Personal, zu angewendeten Verfahren, Ergebnissen, Herstellwerk, Prüfdatum; Aufbewahrungszeitraum: fünf Jahre
  (§ 4 (2) PÜZAVO)
- Ort der Durchführung der Prüfungen
  weitere Kriterien sind festzulegen, z. B.
- Unabhängigkeit und Vertraulichkeit, Gelegenheit zur Überprüfung durch AG
  (§ 3 (1) PÜZAVO)
- Prüfstelle/Prüflabor muss Tätigkeit in den letzen zwei Jahren ausgeübt haben
  (§ 6 (3) PÜZAVO)
- ggf. vorhandene einschlägige Zulassungen und Akkreditierungen
  (§ 5 (2) PÜZAVO)

17 Besonderheiten von Schutz und Instandsetzung an Verkehrs-Wasserbauwerken

H. Müller

17.1 Regelwerk

Im Bereich des Verkehrswasserbaus wurden die Zusätzlichen Technischen Vertragsbedingungen – Wasserbau (ZTV-W) für die Instandsetzung der Betonbauteile von Wasserbauwerken (Leistungsbereich 219) [1] im Folgenden als ZTV-W LB 219 bezeichnet, aufgestellt. Sie orientieren sich an der TR Instandhaltung [7] und greifen für den Verkehrswasserbau spezifische Aspekte auf. Die ZTV-W LB 219 gliedert sich in folgende Abschnitte:

0	Planungshinweise
1	Allgemeines
2	Untergrundvorbereitung
3	Beton
4	Spritzbeton (verankert, bewehrt)
5	Spritzmörtel/ Spritzbeton (unverankert, unbewehrt)
6	Betonersatz im Handauftrag (unverankert, unbewehrt)
7	Oberflächenschutzsysteme (OS)
8	Füllen von Rissen und Hohlräumen

Besonderheiten bei der Planung und Konzeption von Instandsetzungen an Verkehrswasserbauwerken werden im **Abschnitt 0** aufgegriffen. Die Planungshinweise stellen die Grundlage für eine Instandsetzung dar. Sie wurden unter Berücksichtigung des früheren Entwurfs der DAfStb-Richtlinie Instandhaltung [5] aufgestellt und können losgelöst von dieser angewendet werden. Hier finden sich unter anderem die Definitionen der Altbetonklassen und der einzelnen Instandsetzungsvarianten. Weiter wird hier die projektspezifische Vorgehensweise erläutert. Dieser Abschnitt richtet sich in erster Linie an den Sachkundigen Planer.

Die folgenden Abschnitte 1 bis 8 richten sich vornehmlich an den Ausführenden einer Instandsetzung. Im **Abschnitt 1** werden grundlegende Regelungen zu allen Instandsetzungsverfahren getroffen und das jeweilige Vorgehen beschrieben.

Im **Abschnitt 2** wird die Untergrundvorbereitung behandelt. Dazu gehören sowohl der Betonabtrag als auch die Untergrundvorbereitung in Abhängigkeit des gewählten Instandsetzungssystems.

Der **Abschnitt 3** regelt die Verwendung von Beton. Dieser kann nach ZTV-W LB 219 bei flächigem Auftrag nur bewehrt und rückverankert eingebaut werden. Insbesondere finden sich hier Hinweise zur Herstellung von Vorsatzschalen

Im **Abschnitt 4** wird der rückverankerte und bewehrte Spritzbeton behandelt. Auf die Herstellung von gespritzten Vorsatzschalen wird in diesem Abschnitt intensiv eingegangen. Wichtig ist hier die Beachtung der Unterschiede zu unverankerten und unbewehrten Instandsetzungssystemen des **Abschnittes 5**. Diese Spritzmörtel/Spritzbetone sind für eine dünnschichtige, flächige Applikation mit Adhäsionsverbund zum Altbeton konzipiert.

Der **Abschnitt 6** regelt die Instandsetzung mit Mörteln im Handauftrag. Diese sind für kleinflächige Instandsetzung unter einfachen Bedingungen vorgesehen.

In **Abschnitt 7** werden die Oberflächenschutzsystemen (OS) behandelt. Die Verwendung von OS ist im Verkehrswasserbau nur bei bestimmten Expositionsklassen möglich. Bei speziellen, nicht wasserbauspezifischen Bauteilsituationen, wie beispielsweise Brückenkappen von Betriebswegen auf Kanalbrücken, muss ggf. auf die ZTV-ING [3] zurückgegriffen werden.

In **Abschnitt 8** werden Rissinjektionen und das Füllen begrenzter Hohlräume geregelt.

Neben der ZTV-W LB 219 [1] sollte zur Ausschreibung von Instandsetzungsmaßnahmen stets der Standardleistungskatalog für den Wasserbau Leistungsbereich 219 (STLK LB 219) [2] verwendet werden. Die Texte sind aufeinander abgestimmt. In der ZTV-W LB 219 fehlende Angaben werden über den STLK LB 219 vereinbart. Als Beispiel ist hier der Wasserdruck beim Strahlen zu nennen, der über die Auswahlmöglichkeiten im STLK LB 219 auszuwählen ist.

Neben der ZTV-W LB 219 mit dem zugehörigen STLK gibt es eine Reihe weiterer Regelwerke, die je nach Sachverhalt über die ZTV-W LB 219 bereits mit im Bauvertrag vereinbart sind oder explizit im Bauvertrag vereinbart werden müssen. Derzeit gibt es dazu die folgenden BAW-Merkblätter:

- **BAWMerkblatt Dauerhaftigkeitsbemessung (MDCC)**: [8] Das Merkblatt beschreibt Methoden zur Ermittlung und Bemessung von Restnutzungsdauern, sowohl für den Neubau, den Bestand als auch für Instandsetzungssysteme hinsichtlich der Dauerhaftigkeit bei Chloridexposition und Karbonatisierung.
- **BAWMerkblatt Frostprüfung von Beton (MFB):** [9] In diesem Merkblatt werden Prüfverfahren bei Frost-Tau- und Frost-Tausalz-Exposition beschrieben.
- **BAWMerkblatt Flächige Instandsetzung von Wasserbauwerken mit textilbewehrten Mörtel- und Betonschichten (MITEX):** [10] Dieses Merkblatt regelt die dünnschichtige Instandsetzung von gerissenen Betonflächen, bei der Textilbewehrung in Spritzmörteln eingebunden wird. So können Risse im Bestand überbrückt bzw. in viele feine Risse im Instandsetzungssystem vertreilt werden.
- **BAWMerkblatt Entmischungssensibilität von Beton (MESB):** [11] Das Merkblatt beschreibt die Prüfung von Beton hinsichtlich einer möglichen Entmischungsneigung. Es sollte bei der Verwendung von Ortbeton nach Abschnitt 3 der ZTV-W LB 219 sinngemäß angewendet werden.
- **BAWMerkblatt Bohrkernentnahme für Bauwerksuntersuchungen (MBK):** [12] In diesem Merkblatt werden die im massiven Verkehrswasserbau üblichen Kernbohrverfahren zur Probenahme im Rahmen von Bauwerkserkundungen beschrieben. Teile des Merkblattes können auch in Ausschreibungen von Erkundungsbohrungen und Bohrungen für Injektionsarbeiten von massigen Bauteilen als Vertragsgrundlage vereinbart werden.
- **BAWMerkblatt Bewertung der Tragfähigkeit bestehender, massiver Wasserbauwerke (TbW):** [13] Das BAW-Merkblatt beschreibt die Verfahren, mit denen bestehende Verkehrswasserbauwerke statisch betrachtet und bewertet werden können. Die Anwendung ist auf Nachweise von älteren Bauwerken im Bestand beschränkt. Sobald eine Instandsetzung mit Eingriffen in das Tragwerk notwendig wird, darf das Merkblatt nicht mehr angewendet

werden. Die statischen Nachweise sind in diesem Fall auf Grundlage der aktuellen Normung durchzuführen.

Neben den BAW-Merkblättern wurde eine weitere BAWEmpfehlung erarbeitet. Sie wurde als Arbeitshilfe für die Instandsetzung von Verkehrswasserbauwerken verfasst:

- **BAWEmpfehlung Instandsetzungsprodukte – Hinweise für den Sachkundigen Planer zu bauwerksbezogenen Produktmerkmalen und Prüfverfahren:** [14] Die Empfehlung ist eine Arbeitshilfe für den Sachkundigen Planer für die projektspezifische Ausschreibung von Instandsetzungsmaßnahmen im Rahmen der ZTV-W LB 219. Sie listet in Abhängigkeit der projektspezifisch festgelegten Expositionsklassen und dem gewählten Instandsetzungsprodukt die empfohlenen Anforderungen und Nachweise an die Instandsetzungsprodukte auf.

Das **DWA-Merkblatt 506 Injektion mit hydraulischen Bindemitteln** [17] wurde unter Mitarbeit der Bundesanstalt für Wasserbau (BAW) erstellt und beschreibt die Injektion massiger, poröser Betonbauteile. Hierbei handelt es sich um einen besonderen Anwendungsbereich, der hier nicht Bestandteil des Lehrplans Sachkundiger Planer ist.

Kurzfristige Entwicklungen und Erkenntnisse werden oft in BAW-Briefen oder Erlassen des Bundesministerium für Digitales und Verkehr (BMDV) aufgearbeitet und können die aufgeführten Regelwerke ergänzen. Auf der Internetseite des Infozentrum Wasserbau (izw.baw.de) finden sich Aufstellungen zum aktuell im Verkehrswasserbau geltenden Regelwerk.

17.2 Expositionsklassen

Die Expositionsklassen der TR Instandsetzung [7] werden von der ZTV-W LB 219 [1] weitestgehend übernommen bzw. wurden ursprünglich von dieser abgeleitet. Wasserbauspezifisch sind folgende Hinweise zu beachten:

- Während vertikale Flächen mit Frost-Tau- bzw. Frost-Tausalz-Beanspruchung im Allgemeinen wegen der mäßigen Wassersättigung in XF1 bzw. XF2 eingeordnet werden, sind diese Flächen im Verkehrswasserbau im Bereich von wechselnden Wasserständen und der damit verbundenen hohen Wassersättigung in XF3 bzw. XF4 einzuordnen. Hinzu kommt, dass es im Betrieb durch die am Tag mehrfach wechselnden Wasserstände zu einem häufigeren Wechsel zwischen Frost- und Tauphasen und damit einer höheren frostbedingten Beanspruchung kommt, als es in anderen Baubereichen üblich ist.
- Gründungsbauteile werden im Hochbau regelmäßig in die Expositionsklasse XC2 eingeordnet. Im Verkehrswasserbau sind die Grundwasserstände meist gut bekannt und man unterscheidet deshalb in Gründungsbauteile, die ständig unter Wasser liegen (XC1) und Gründungsbauteile im Bereich von wechselnden Grundwasserständen (XC2).
- Die Exposition XM ist im Verkehrswasserbau auch für durch Hydroabrasion beanspruchte Flächen vorgesehen. Hinsichtlich der Intensität der Stärke der Einwirkung wird in der Regel in Abhängigkeit des mitgeführten Geschiebes unterschieden. XM1 entspricht einer mäßigen Beanspruchung durch feinkörniges Geschiebe z. B. durch Sand, XM2 entspricht einer starken Beanspruchung durch grobkörniges Geschiebe, z. B. durch Kies, und XM3 einer Geschiebefracht mit Steinen wie beispielsweise bei Gebirgsbächen.

- Bei massigen Betonbauteilen ist als Feuchteklasse immer WF oder in Verbindung mit Alkalieintrag von außen WA zu wählen. Bei massigen Bauteilen im Verkehrswasserbau ist immer von einer ausreichenden Feuchtigkeit für eine mögliche AKR auszugehen.
- Alle Grundanforderungen an Instandsetzungsprodukte nach ZTV-W LB 219 Abschnitt 5 bis 8 werden über die Expositionsklasse XALL eingeführt. XALL ist für alle Flächen, bei denen Instandsetzungsprodukte nach den Abschnitten 5 bis 8 verwendet werden sollen, zu wählen.

17.3 Spezielle Randbedingungen

17.3.1 Rückwärtige Durchfeuchtung

Die Instandsetzungsverfahren der ZTV-W LB 219 können in bewehrte und rückverankerte sowie unbewehrte und unverankerte unterschieden werden. Bei Letzteren erfolgt der Verbund zum Bestand über Adhäsion. Die hier aufnehmbaren Verbundkräfte sind beschränkt, insbesondere durch die Tragfähigkeit des Bestanduntergrundes.

Rückwärtige Durchfeuchtungen entstehen im Verkehrswasserbau immer dann, wenn auf ein Bauteil unterschiedliche Wasserstände einwirken, z. B. ein hoher Wasserstand hinter einer Stauwand. Oft reichen auch Grundwasser oder einsickernde Niederschläge bei nicht ausreichender Abdichtung auf der Einwirkungsfläche des Wassers aus, um Feuchtigkeit in ein Massivbauteil zu bringen. Neue und dichte Instandsetzungssysteme können die bestehenden Transportwege im Bauteil oder an der Oberfläche unterbrechen bzw. verändern. Es kann im Bestand hinter dem Instandsetzungssystem zu einer Aufsättigung kommen. Durch die Aufsättigung baut sich hinter dem Instandsetzungssystem ein Wasserdruck auf, der durch Frosteinwirkung im Winter noch verstärkt wird. Der Adhäsionsverbund der Instandsetzungsprodukte nach der ZTV-W LB 219 Abschnitt 5 bis 8 reicht in der Regel nicht aus, solche Kräfte aufzunehmen. Daher ist bei der Wahl des Instandsetzungssystems bei rückwärtiger Durchfeuchtung ein nur auf Adhäsionsverbund beruhendes Instandsetzungsverfahren nicht zulässig. Ein Schadensbeispiel an einem Wehrpfeiler ist in Bild 17.1 zu sehen.

Bild 17.1: Durch rückwärtige Durchfeuchtung abplatzender Feinmörtel mit OS an einem Wehrpfeiler (Quelle: Bundesanstalt für Wasserbau)

17.3.2 Zugänglichkeit

Wasserbauwerke sind meist nur eingeschränkt zugänglich. Für Untersuchungen, Instandsetzungen und andere Arbeiten sind in der Regel Trockenlegungen oder ein Zugang mit schwimmendem Gerät notwendig. Umleitungen können für den Schiffsbetrieb oft nicht realisiert werden, Instandsetzungsmaßnahmen bedeuten oftmals eine Nichtdurchgängigkeit der Wasserstraße. Auch können die Trockenlegungen von Bauwerken durch Auflagen eingeschränkt sein, wie z. B. die Sicherstellung eines möglichen Hochwasserabflusses im Winterhalbjahr.

Weiter sind für Arbeiten oft Gerüste oder Hebebühnen notwendig. Erschwerend kommen die zusätzlichen Aufwendungen für die Arbeitssicherheit bei Arbeiten am Wasser hinzu.

Die Arbeiten an Anlagen des Verkehrswasserbau sind mit entsprechendem Vorlauf zu planen. Arbeiten ohne Notwendigkeit einer Trockenlegung sind getrennt vorzunehmen und die Arbeiten mit erforderlicher Trockenlegung auf das unbedingt notwendige (zeitliche) Maß zu begrenzen.

17.3.3 Schädigende Alkali-Kieselsäure-Reaktion (AKR)

Für die Auslösung einer AKR ist eine alkaliempfindliche Gesteinskörnung, eine Alkaliquelle und Wasser als Reaktionspartner notwendig. Im Verkehrswasserbau ist mit ausreichend Feuchtigkeit in den massigen Bauteilen regelmäßig zu rechnen. Als Alkaliquelle ist regelmäßig der Zement verantwortlich. Das Alkaliangebot kann durch Eintrag von Alkalien aus Taumitteln oder Meerwasser erhöht werden. Alkaliempfindliche Gesteinskörnungen finden sich hauptsächlich im Nordosten von Deutschland. Es gibt vereinzelt aber auch außerhalb der in der Alkali-Richtlinie des DAfStb [6] genannten Gebiete alkaliempfindlichen Gesteinskörnungen.

Liegen an Verkehrswasserbauwerken die notwendigen Randbedingungen vor, ist eine AKR im Verkehrswasserbau zumeist nicht mehr zu stoppen. Meist ist ein Austausch der betroffenen Bauteile notwendig. Auch bei der Wahl von Instandsetzungskonzepten ohne Anzeichen ist die AKR-Problematik zu beachten. Oft reicht wegen der z. B. geringen Zementgehalte bei alten Bauteilen der Alkaligehalt nicht, um die AKR auszulösen. Mit dem Aufbringen neuer Betonschichten oder der Injektion mit Zementleim oder Zementsuspension kann die AKR dann aber ausgelöst werden und die vermeintlich dauerhaftigkeitsbegünstigende Instandsetzung führt zu einem großen Folgeschaden.

17.3.4 Sulfathüttenzement

Sulfathüttenzement ist ein Bindemittel, welches anstelle von Klinker Gips oder Anhydrit enthält. Für massige Bauteile wurde der Zement wegen seiner günstigen Eigenschaften bezüglich der Hydradtionswärmeentwicklung von 1940 bis 1960 gerne verwendet. Durch den Calziumsulfatanteil kann es im Kontakt mit klinkerbasierten Zementen zu Treibreaktionen kommen. Daher ist vor der Erstellung eines Instandsetzungskonzeptes auszuschließen, dass Sulfathüttenzement im Bauteil verwendet worden ist. Sollte sich dies im Rahmen der Voruntersuchungen herausstellen, ist für die weitere Bearbeitung sachkundige Unterstützung durch einen Experten hinzuzuziehen. Weitere Informationen finden sich beispielsweise im BAW-Brief Nr. 6 – Juli 2012 [16].

17.3.5 Alter Verkehrswasserbauwerke

Viele massive Verkehrswasserbauwerke weisen ein hohes Alter auf. Fast ein Drittel der Schleusen und Wehre an bundesdeutschen Wasserstraßen sind älter als 100 Jahre. Bedingt durch das Alter ergibt sich auch eine große Variabilität der Konstruktionen und Baustoffe. Es überwiegen bei den alten Bauwerken unbewehrte Schwergewichtskonstruktionen aus Stampfbeton mit Vorsatzschalen aus Natursteinen oder höherwertigen Betonen in besonders beanspruchten Bereichen, wie beispeilsweise der Wasserwechselzone von Schleusenkammerwänden. Auf Bild 17.2 ist diese Bauweise beim Bau der Schleuse Kleinheubach am Main gut zu erkennen. In neuerer Zeit mit Etablierung der Stahlbetonbauweise wurden die Konstruktionen immer schlanker. Der Stampfbeton wurde durch immer weichere Betone mit steigender Festigkeit abgelöst. Die Bewehrung weist über die Jahre eine Zunahme der Tragfähigkeit auf, durch bessere Stahlsorten als auch über die Einführung der Stahlprofilierung anstelle der Verwendung von Glattstählen.

Die alten Bauwerke wurden in einzelnen Blöcken errichtet, die mit unterschiedlichsten Dichtungselementen abgedichtet wurden, während heute oftmals nahezu komplett fugenlos gebaut wird. Früher häufig verwendete Baustoffe können heute als umweltbedenklich oder gesundheitsgefährdend eingestuft sein und führen bei Instandsetzungsmaßnahmen deshalb zu größeren Aufwendungen für Abtrag und Entsorgung bzw. beeinflussen die Instandsetzungsmöglichkeiten.

Für die Bauwerkserkundung im Vorfeld einer Instandsetzung sind daher umfangreiche Recherchen u. a. in Archiven zu Bau- und Unterhaltungsunterlagen notwendig.

Bei der Bauwerkserkundung sollten die verschiedenen Bauteilbereiche (z.B. Schüttlagen und Vorsatzschalen) erkundet werden. Kernbohrungen sollten sowohl vertikal abgeteuft werden, um den Schichtenaufbau eines Bauteils zu erkunden, als auch horizontal ausgeführt werden, um einen eventuellen Schalenaufbau feststellen zu können. Bei den Bohrungen muss darauf geachtet werden, dass keine Verankerungselemente beeinflusst werden. Auch dürfen eventuell vorhandene Abdichtungselemente bei der Bauwerkserkundung nicht beschädigt werden.

Die Bohrlöcher können für weitere Erkundungsmaßnahmen und Untersuchungsmethoden genutzt werden. Typische Beispiele sind die Kamerabefahrung der Bohrlöcher zur visuellen Beurteilung des Betons und Wasserundurchlässigkeitsversuche zur Beurteilung der Bauteilporosität und der Injizierbarkeit mit hydraulischen gebundenen Injektionsmaterialien.

Bild 17.2: Bau der Schleuse Kleinheubach/Main in Stampfbetonbauweise und Natursteinvorsatzschale (Quelle: Bundesanstalt für Wasserbau, izw-medianarchiv.baw.de)

17.3.6 Betonabtrag und Untergrundvorbereitung

Im Verkehrswasserbau ist es in der Regel nicht möglich, vorhandene Lichtraumprofile dauerhaft einzuengen. Bei Instandsetzungen im Verkehrswasserbau ist daher der Beton unabhängig von der Schadenstiefe mindestens in der Mindestschichtdicke des vorgesehenen Instandsetzungsproduktes abzutragen.

Das Abtragsverfahren richtet sich nach den Anforderungen an den Untergrund bzw. an die Art des Altbetons. Für das Erreichen der notwendigen Untergrundeigenschaften, genauer gesagt zur Beseitigung von Bereichen mit durch das Abtragsverfahren bedingter verringerter Zugfestigkeit ist häufig noch ein weiterer Arbeitsschritt nach dem Abtrag notwendig, die Untergrundvorbereitung. Bei dünnschichtiger lokaler Instandsetzung sind die Ränder der Abtragsflächen mit einem geraden Betonschnitt von 10 mm zu begrenzen. Dies soll eine Mindesteinbaudicke des Betonersatzes bis zum Rand sicherstellen.

Die gängigen Abtragsverfahren im Verkehrswasserbau sind das Fräsen und das Hochdruck- oder Höchstdruckwasserstrahlen. Rotationsfräsen sind meist an Mobilgeräten montiert, die bei unbewehrten Konstruktionen einen guten Fräsfortschritt erzielen und die geometrischen Anforderungen auch bei Betonen mit stark schwankenden Festigkeiten, wie z. B. Stampfbeton, gut einhalten können. Das Wasserstrahlen eignet sich für bewehrte Konstruktionen, da das Wasserstrahlen nur den Beton abträgt und die Bewehrung weitestgehend erhalten werden kann. Das Strahlen mit Wasser funktioniert bei Stampfbetonen nur eingeschränkt, da die Abtragstiefe bei stark schwankenden Festigkeiten nur schwer steuerbar ist. Beim Fräsen kann der Betonabbruch aufgefangen und abtransportiert werden, beim Strahlen ist das Strahlwasser neben dem Abbruch ebenfalls aufzufangen und vor der Einleitung in den Vorfluter zu reinigen und das stark alkalische Wasser mit einem geeigneten Verfahren zu neutralisieren.

Die ZTV-W LB 219 formuliert in Abhängigkeit des gewählten Instandsetzungssystems Anforderungen an den Untergrund. Zusätzlich ist der Untergrund auf Wasserzutritte hin zu untersuchen. Diese müssen vor dem Auftrag eines Instandsetzungssystems mindestens temporär geschlossen werden, z. B. durch Rissinjektionen, um Auswaschungen des Instandsetzungsmörtels oder -betons zu vermeiden.

Bei allen Abtragsverfahren ist darauf zu achten, dass keine umweltgefährdenden oder gesundheitsbedenklichen Stoffe freigesetzt werden. Insbesondere bei Abdichtungselementen können solche Stoffe vorhanden sein. Diese Bereiche müssen mit besonderen Maßnahmen bearbeitet werden bzw. schränken die Abtragmöglichkeiten ein.

Die Standsicherheit ist für alle Bauphasen sicher zu stellen. Zu erhaltende Dichtelemente dürfen nicht beschädigt werden.

17.3.7 Ausführung

Eine Besonderheit der ZTV-W LB 219 ist die Forderung nach einer detaillierten Arbeitsvorbereitung und -begleitung. So ist in der Regel für alle Bauaktivitäten ein Ausführungskonzept gefolgt von einem detailliertem Ausführungsplan aufzustellen. Die Eignung der Stoffe und Produkte sind in Prüfungen nachzuweisen, die Qualität der Ausführung ist durch begleitende Prüfung zu überwachen. In der Tabelle 17.1 sind für die wichtigsten Teile der ZTV-W LB 219 die Zusammenhänge und Fristen zusammengefasst. Insbesondere die Eignungs- oder Verwendbarkeitsprüfungen sind oft die zeitkritischen Pfade eines Instandsetzungsprojektes.

Beton/ Spritzbeton	Spritzmörtel/ Betonersatz Handauftrag/ Oberflächenschutzsystem	Fristen
Betonierkonzept	Ausführungskonzept mit • Produktdatenblättern • Angaben zur Ausführung	Mindestens 4 Wochen vor Ausführung
Betonierplan	Ausführungsplan	Mindestens 3 Tage vor Ausführung
Eignungsprüfung	Nachweis der Verwendbarkeit	Vor Ausführung (abhängig von Prüfdauer)
Eigenüberwachung	Übereinstimmungsnachweis	Vor und während der Ausführung

Tabelle 17.1: Gegenüberstellung der Arbeitsvorbereitungen und -begleitung bei unterschiedlichen betonersatzsystemen

17.4 Vorsatzschalen (Beton, Spritzbeton) - verankert und bewehrt

17.4.1 Allgemeines

Die bewehrte und rückverankerte Vorsatzschale ist bei alten Bauwerken aus Stampfbeton mit der Altbetonklassen A1, sowie bei Bauteilen mit rückwärtiger Durchfeuchtung, häufig die einzige Möglichkeit einer Instandsetzung im Verkehrswasserbau. Die Vorsatzschale ist dabei, neben den üblichen Lasteinwirkungen, auf den vollen Spaltwasserdruck zu bemessen. Da es sich um ein flächig eingespanntes Bauteil handelt, ist die Vorsatzschale auch auf Zwang zu bemessen. Wegen ihrer geringen Dicke kann die Vorsatzschale nur wenig zu einer statischen Ertüchtigung des Gesamtbauteils beitragen. Das Hauptinstandsetzungsziel bei der Ausbildung einer Vorsatzschale sind die Erhöhung der Dauerhaftigkeit und die Verlängerung der Restnutzungsdauer. Die Mindestdicke zweilagig bewehrter Betonvorsatzschalen beträgt 30 cm, wobei bei Ortbeton aus bautechnischen Gründen meist etwa 40 cm ausgeführt werden. Unter bestimmten Randbedingungen ist auch eine einlagig bewehrte Vorsatzschale aus Spritzbeton mit einer Mindestdicke von 15 cm möglich.

17.4.2 Rückverankerung

Als Ankerstäbe können Gewindestangen oder Bewehrungsstäbe verwendet werden Als Ankermörtel eignen sich Zementmörtel, Kunstharz- oder Hybridsysteme. Die notwendige Verankerungslänge ist vorab rechnerisch zu ermitteln und in Eignungsprüfungen zu verifizieren. Die Prüfung ist im Anhang der ZTV-W LB 219 beschrieben. Während der Bauausführung sind an 2 % der fertig eingebauten Anker Kontrollen durchzuführen. Die Anker dazu sind zufällig festzulegen. Auf Grund der unterschiedlichen Bemessungsbeiwerte von Beton und Stahl ist der Ankerstab etwas überzubemessen, damit er unter der Prüfkraft nicht versagt. Da für die Prüfung meist ein Stück der Ankerstäbe abgeschnitten werden muss, sollte in der Ausschreibung für diese Anker ein Bewehrungsanschluss vorgesehen werden, damit diese Anker nach bestandener Prüfung wieder in das Tragsystem integriert werden können.

17.4.3 Bewehrung

Die Bewehrung ist so zu konzipieren und einzubauen, dass der Ortbeton gut eingebaut und verdichtet, bzw. der Spritzbeton fehlstellenfrei aufgebracht werden kann. Die erforderliche Bewehrung ist zu 1/3 in der dem Untergrund und zu 2/3 in der der Außenseite zugewandten Ebene anzuordnen.

17.4.4 Bewegungsfugen

Die Bewegungsfugen im Bestand sind in den Vorsatzschalen fortzuführen. Die Außenkanten sind je nach Schiffsverkehr mit Dreikantleisten zu brechen oder anzuvouten. Im BAW-Brief 03/2008 [15] finden sich hierzu weitere Hinweise.

Zur Abdichtung der Fuge kann zum Bestand hin ein Fugenband AM nach DIN 7865-1 [4] eingelegt werden. Die Bewehrungsführung muss im Bereich der Fuge angepasst werden.

Der Einbau von Fugenbändern erfolgt in der Regel mit Ortbeton. Bei der Verwendung von Spritzbeton ist der Einbau von Fugenbändern meist nur schwer bzw. mit zusätzlichem Aufwand möglich.

17.4.5 Beton/ Spritzbeton

Die Anforderungen an den Beton bzw. Spritzbeton setzen sich zusammen aus den Normanforderungen und den aus den wasserbauspezifischen Erfordernissen ergebenden Anforderungen. Die wichtigsten zusätzlichen Anforderungen sind:

- Begrenzung Frischbetontemperatur und Hydratationswärmeentwicklung bei Zwangsbeanspruchungen im Ortbeton
- Schwindprüfung bei Spritzbeton
- Frost-Tau- bzw. Frost-Tausalz-Prüfung (CIF bzw. CDF) bei XF3 bzw. XF4
- Sonderregelungen oder Anwendung MDCC [8] bei XD2-3 bzw. XS2-3
- Umfangreiche Angaben auf den Lieferscheinen

17.4.6 Ausführung

Bei der Herstellung von Vorsatzschalen sollten Arbeitsfugen im Bereich der Wasserwechselzonen, also des oberen und des unteren Wasserstandes, vermieden werden. Bei Ortbeton ist dies meist ohne Probleme möglich, bei Spritzbeton ist herstellungsbedingt eine größere Anzahl an Arbeitsfugen nicht vermeidbar. Der aufnehmbare Schalungsdruck begrenzt die Steiggeschwindigkeit des Frischbetons in der Schalung und beeinflusst damit maßgeblich den Betonierfortschritt. Bei Spritzbeton ist die Leistung durch die Leistungsfähigkeit der Spritzkolonne begrenzt.

Während sich bei einer Ortbetonschale auch Verankerungen und Einbauteile gut einbetonieren lassen, ist das Einspritzen mit Spritzbeton oft schwierig. Beim Ortbeton sind die Einbaubedingungen derart zu gestalten, dass der Frischbeton beim Einbau in der Schalung visuell beobachtet werden kann. Beim Spritzbeton ist auf eine gute Spritzbarkeit zu achten, ggfs. sind Bewehrung oder Einbauteile schrittweise, jeweils nach einem Spritzvorgang einzubauen.

Die ZTV-W LB 219 fordert eine besonders intensive und zielsichere Nachbehandlung. Dies soll zu einer dauerhaften Bauteiloberfläche während einer langen Nutzungsdauer beitragen. Wesentlicher Bestandteil der Nachbehandlung von Beton ist eine bestimmte Mindestdauer des Belassens in der Schalung. Die Nachbehandlungsdauer richtet sich nach der Festigkeitsentwicklung des

Betons. Auf vertikale Flächen dürfen Nachbehandlungsmittel nur aufgewalzt, nicht aufgesprüht werden. In Innenräumen ist die Verwendung von biologisch abbaubaren Nachbehandlungsmitteln ausgeschlossen, um einer möglichen Schimmelbildung entgegenzuwirken.

17.4.7 Qualitätssicherung

Der Beton bzw. Spritzbeton muss vor dem ersten Einbau seine Verwendbarkeit in einer Eignungsprüfung nachweisen. Die Eignungsprüfung der ZTV-W LB 219 setzt sich zusammen aus der Erstprüfung nach Norm und zusätzlichen, wasserbauspezifischen Prüfungen. Die Eignungsprüfung ist rechtzeitig zu beginnen.

Der Beton unterliegt beim Einbau einer Eigenüberwachung durch den Auftragnehmer. Die Eigenüberwachung im Verkehrswasserbau setzt sich zusammen aus Normprüfungen und zusätzlichen Prüfungen nach ZTV-W LB 219. Einige Prüfungen der Eigenüberwachung sind zusätzlich zur Prüfung bei der Übergabe des Betons an den Verwender (Übergabestelle) auch direkt an der Einbaustelle durchzuführen. Die Prüfung des LP-Gehaltes bei der Verwendung von Pumpbeton ist hierfür ein wichtiges Beispiel.

17.5 Spritzmörtel/Spritzbeton und Betonersatz im Handauftrag - unverankert und unbewehrt

Während Spritzmörtel/Spritzbeton auch für größere Flächen verwendet werden können, sollte Mörtel im Handauftrag nur für kleinere Flächen vorgesehen werden. In der folgenden Tabelle 17.2 sind die wichtigsten Merkmale gegenübergestellt:

Betonersatz im Handauftrag	**Spritzmörtel/Spritzbeton**
kleinflächige Instandsetzungen	Flächige Instandsetzung mit Ausnahme von horizontalen Flächen von oben möglich
Nicht einsetzbar bei XBW1/2	Nicht einsetzbar bei XBW1/2
Altbetonuntergründe A4-A5	Altbetonuntergründe A2-A5
Nicht rissüberbrückend	Alleine nicht rissüberbrückend, bei Anwendung mit BAW-MITEX schon
Zulässige Schichtdicken 10-60 mm	Zulässige Schichtdicken 15-60 mm

Tabelle 17.2: Gegenüberstellung von unbewehrten und unverankerten Betonersatzsystemen nach ZTV-W LB 219, Abschnitte 5 und 6

Der Sachkundige Planer erfasst bei der Entwicklung des Instandsetzungskonzeptes und der Ausarbeitung des Instandsetzungsplanes projektspezifisch die Einwirkungssituation und beschreibt diese über die Expositionsklassen. Auf Grundlage der Expositionsklassen legt er projektspezifisch die notwendigen Produktmerkmale für sein gewähltes Instandsetzungssystem fest, samt Nachweisverfahren (Nachweis der Verwendbarkeit). Weiter muss er auf dieser Basis festlegen, welche Übereinstimmungsnachweise für einzelne Lieferungen zu führen sind. Diese sollen die Übereinstimmung der Lieferchargen mit der bei der Verwendbarkeitsprüfung untersuchten Charge verifizieren. Weiter muss er Anforderungen an die projektspezifischen Angaben zur Ausführung formulieren, die eine ordnungsgemäße Verarbeitung des Instandsetzungsproduktes sicherstellen. Als Arbeitshilfe kann der sachkundige Planer dabei die BAWEmpfehlung Instandsetzungsprodukte [14] nutzen. Bei diesem Vorgehen ist der zeitliche Aufwand für die Stoffprüfungen zu beachten. Die Prüfungen sind vom Auftragnehmer zusätzlich zur Eigenüberwachung zu erbringen. Ersatzweise werden gemäß ZTV-W LB 219 prüffähige Bescheinigungen nach Art. 30 BauPVO akzeptiert. Solche prüffähigen Bescheinigungen können von den Materialherstellern bei entsprechenden europäischen Stellen in Auftrag gegeben werden. Wenn diese vom Auftragnehmer der Instandsetzungsmaßnahme vorgelegt werden, können Nachweis der Verwendbarkeit, Nachweis der Übereinstimmung und die Erstellung von Angaben zur Ausführung entfallen, sofern die prüffähigen Bescheinigungen den Anforderungen der Leistungsbeschreibung vollumfänglich genügen. Der Verwender von Instandsetzungsprodukten mit prüffähiger Bescheinigung kann somit schneller mit den Instandsetzungsarbeiten beginnen und spart die Kosten für die Prüfungen.

Auf Grund von europarechtlichen Randbedingungen dürfen prüffähige Bescheinigungen nicht ausgeschrieben oder standardmäßig gefordert werden.

17.6 Besonderheiten OS

Die Dauerhaftigkeit von OS im Verkehrswasserbau beträgt unter guten Voraussetzungen bis zu 20 Jahre, die von Betonersatzsystemen ca. 60 – 80 Jahre. Bei Überlegungen zur Anwendung eines OS sollte bei der Erarbeitung eines Instandsetzungskonzeptes eine Wirtschaftlichkeitsbetrachtung durchgeführt werden, unter Berücksichtigung von Material-, Arbeits- und Baustelleneinrichtungskosten. Oft sind die Kosten für eine Lösung mit OS über die Nutzungsdauer betrachtet mit mehrmaliger Erneuerung teurer als die Instandsetzung mit einem Betonersatzsystem.

Der Anwendungsbereich von OS nach ZTV-W LB 219 ist auf die folgenden Expositionsklassen beschränkt:

- XC1 (trocken), XC3, XC4
- XD1, XS1
- XF1, XF2

Die Anwendung ist weiter bei XBW1 und XBW2 ausgeschlossen. In der ZTV-W LB 219 werden nur OS1, OS4 und OS5 geregelt. Sollten andere OS an Bauteilen von Verkehrswasserbauwerken ohne wasserbauspezifische Einwirkungen notwendig sein, ist die Anwendung der ZTV-ING zu prüfen.

Die Auswahl und Ausschreibung von OS erfolgt projektspezifisch analog zu den Betonersatzsystemen. Prüffähige Bescheinigungen können auch für OS anerkannt werden, soweit die Expositionsklassen vollumfänglich abgedeckt und in der ZTV-W LB 219 geregelt sind.

17.7 Besonderheiten Rissinjektionen

Der Erfolg einer Rissinjektion im Verkehrswasserbau ist stark von den äußeren Randbedingungen abhängig. Risse sollten in der Regel zum Zeitpunkt der größten Öffnungsweite injiziert werden. Im Winter wird die für Verarbeitung der Injektionsgüter notwendigen Mindesttemperaturen aber oft unterschritten. Günstige Zeiten für die Rissinjektion im Verkehrswasserbau sind daher das Frühjahr und der Herbst.

Bei der Verwendung mehrkomponentiger Injektionsstoffe ist bei Temperaturänderungen auf unterschiedliche Viskositätsänderungen der Ausgangskomponenten zu achten. Ggfs. müssen einzelne Ausgangskomponenten temperiert werden.

Durch die immer vorhandene Feuchtigkeit im Bauwerk ist die Verwendung von EP in der Regel nicht möglich. AC ist nach ZTV-W LB 219 derzeit nicht als Rissfüllstoff zugelassen. Für Risse mit keiner bis sehr geringer Rissbewegung werden ZS und ZL bevorzugt. Für Risse mit Rissbewegung werden PU verwendet. Beim Injizieren ist auf Umläufigkeiten zu achten, damit das Injektionsgut nicht außerplanmäßig abfließen kann.

Wegen der großen Bauteilkubaturen ist der Sachkundige Planer bei der Erstellung von Instandsetzungskonzept und Instandsetzungsplan für Risseinjektionen besonders gefordert. Er muss Instandsetzungsziele und den Injektionsbereich im Bauteil definieren, z. B. Schutz der Bewehrung durch Injektionen in den oberflächennahen Bereich, und ein geeignetes Ausführungskonzept aufstellen.

Die Auswahl und Ausschreibung der Injektionen erfolgt analog zu den Betonersatzsystemen projektspezifisch. Prüffähige Bescheinigungen können anerkannt werden, soweit die sich aus den Riss-Expositionsklassen ergebenden Anforderungen vollumfänglich abgedeckt sind.

Injektionen massiger Bauteile nach DWA-Merkblatt 506 [17] sind ein Spezialgebiet der Instandsetzung massiver und massiger Verkehrswasserbauwerke. Diese Injektionen sind nicht Bestandteil des Lehrplans zum Sachkundigen Planer. Sollten solche Injektionen im Rahmen einer Instandsetzung notwendig werden, ist ein auf diesem Gebiet erfahrener Experte hinzuzuziehen.

17.8 Literatur

[1] Bundesministerium für Verkehr und digitale Infrastruktur (Hg.) (2017): ZTV-W LB 219: Instandsetzung der Betonbauteile von Wasserbauwerken (Zusätzliche Technische Vertragsbedingungen – Wasserbau).

[2] Bundesministerium für Verkehr und digitale Infrastruktur (Hg.) (2018): STLK 219: Instandsetzung der Betonbauteile. Ausgabe November 2018. (Standardleistungskatalog-Wasserbau).

[3] Bundesministerium für Verkehr und digitale Infrastruktur (Hg.): ZTV-ING: Zusätzliche Technische Vertragsbedingungen und Richtlinien für Ingenieurbauten.

[4] DIN 7865-1:2-2015: Elastomer-Fugenbänder zur Abdichtung von Fugen in Beton – Teil 1: Formen und Maße.

[5] Deutscher Ausschuss für Stahlbeton-DAfStb im DIN Deutsches Institut für Normung e. V. (Hg.): DAfStb-Richtlinie Instandhaltung (Gelbdruck).

[6] Deutscher Ausschuss für Stahlbeton-DAfStb im DIN Deutsches Institut für Normung e. V. (Hg.) (2013): DAfStb-Richtlinie Vorbeugende Maßnahmen gegen schädigende Alkalireaktion im Beton (Alkali-Richtlinie). Berlin: Beuth Verlag GmbH.

[7] Deutsches Institut für Bautechnik (DIBT) (Hg.) (2020): Technische Regel Instandhaltung von Betonbauwerken (TR Instandhaltung). Berlin: Deutsches Institut für Bautechnik (Technisches Regelwerk).

[8] Bundesanstalt für Wasserbau (Hg.) (2019): BAWMerkblatt Dauerhaftigkeitsbemessung (MDCC). Karlsruhe: Bundesanstalt für Wasserbau (BAW-Merkblätter, -Empfehlungen und -Richtlinien).

[9] Bundesanstalt für Wasserbau (Hg.) (2012): BAWMerkblatt Frostprüfung von Beton (MFB). Karlsruhe: Bundesanstalt für Wasserbau (BAW-Merkblätter, -Empfehlungen und -Richtlinien).

[10] Bundesanstalt für Waserbau (Hg.) (2019): BAWMerkblatt Flächige Instandsetzung von Wasserbauwerken mit textilbewehrten Mörtel- und Betonschichten (MITEX). Karlsruhe: Bundesanstalt für Wasserbau (BAW-Merkblätter, -Empfehlungen und -Richtlinien).

[11] Bundesanstalt für Wasserbau (Hg.) (2019): BAWMerkblatt Entmischungssensibilität von Beton (MESB). Karlsruhe: Bundesanstalt für Wasserbau (BAW-Merkblätter, -Empfehlungen und -Richtlinien).

[12] Bundesanstalt für Wasserbau (Hg.) (2012): BAWMerkblatt Bohrkernentnahme für Bauwerksuntersuchungen (MBK). Karlsruhe: Bundesanstalt für Wasserbau (BAW-Merkblätter, -Empfehlungen und -Richtlinien).

[13] Bundesanstalt für Wasserbau (Hg.) (2016): BAWMerkblatt: Bewertung der Tragfähigkeit bestehender, massiver Wasserbauwerke (TbW). Karlsruhe: Bundesanstalt für Wasserbau (BAW-Merkblätter, -Empfehlungen und -Richtlinien).

[14] Bundesanstalt für Wasserbau (Hg.) (2019): BAWEmpfehlung Instandsetzungsprodukte – Hinweise für den Sachkundigen Planer zu bauwerksbezogenen Produktmerkmalen und Prüfverfahren. Karlsruhe: Bundesanstalt für Wasserbau (BAW-Merkblätter, -Empfehlungen und -Richtlinien).

[15] Bundesanstalt für Wasserbau (Hg.) (2008): BAW-Brief Nr. 3 – Juli 2008. 597 B Ausbildung von Bewegungsfugen im bauteiloberflächennahen Bereich. Karlsruhe: Bundesanstalt für Wasserbau (BAW-Briefe).

[16] Bundesanstalt für Wasserbau (Hg.) (2008): BAW-Brief Nr. 6 – Juli 2012. 615 – B. Empfehlungen zu Untersuchung und Instandsetzung thurament- und sulfathüttenzementhaltiger Betone. Karlsruhe: Bundesanstalt für Waserbau (BAW-Briefe).

[17] Deutsche Vereinigung für Wasserwirtschaft, Abwasser und Abfall e. V. (Hg.) (2018): DWA-Merkblatt 506 Injektionen mit hydraulischen Bindemitteln in Wasserbauwerken aus Massenbeton. Hennef: Deutsche Vereinigung für Wasserwirtschaft, Abwasser und Abfall e. V. (DWA-Regelwerk).

18 Ingenieurleistungen

18.1 Zusammenfassung

Alle Regelwerke fordern, dass die Maßnahmen der Betoninstandsetzung zu planen sind. Dazu muss zuerst der lstzustand durch die Prüfung der Bausubstanz bestimmt und der Sollzustand festgelegt werden. Beide bilden die Grundlage für die Entwicklung eines Instandsetzungskonzeptes im Vorfeld und als Basis der Leistungsbeschreibung. Zusammen mit der Bauüberwachung sind dies die Ingenieurleistungen, die vom Sachkundigen Planer zu erbringen sind.

Jede Betoninstandsetzung an bestehenden Bauwerken muss geplant werden. Dazu ist es erforderlich, mit den Prüfungen vor Ort und der Prüfung von Proben im Labor den Istzustand, den Schadensmechanismus und die weitere Entwicklung bzw. die Restlebensdauer zu bestimmen. Dafür stehen eine Vielzahl von Prüfverfahren und Methoden zur Verfügung.

Gleichzeitig wird der neue Sollzustand definiert. Die Schritte zur Erzielung des neuen, geplanten Sollzustandes werden im Leistungsverzeichnis beschrieben und bilden bei der Bauausführung die Vertragsgrundlage. Der sachkundige Planer überwacht die Bauausführung. Für die Abrechnung der einzelnen Leistungsphasen des SKP gilt die HOAI, für die die Leistungsschritte der Betoninstandsetzung übernommen wurden.

18.2 Ermittlung des Istzustandes und Bauwerksdiagnose

H. Fiala

18.2.1 Einleitung

Mit der ersten Veröffentlichung der Richtlinie für Schutz und Instandsetzung von Betonbauteilen des Deutschen Ausschusses für Stahlbeton, im Jahre 1990 und ihrer in mehreren Bundesländern erfolgten, bauaufsichtlichen Einführung, wurden die allgemeinen Regelungen und Grundsätze für das Planen und die Bauausführung beim Bauen im Bestand als allgemein geltende Regeln erstmals der Fachöffentlichkeit zugänglich gemacht [1].

Die zusätzlich technischen Vertragsbedingungen und Richtlinien für Schutz und Instandsetzung von Beton, ZTV-SIB 1990, regelten damals die Bauten im Verantwortungsbereich des Verkehrsministers [2].

In der Zwischenzeit wurden neuere Fassungen mit Veränderungen, Namensänderungen und Ergänzungen veröffentlicht.

Im Moment befindet sich die gesamte Regelwerksituation für Schutz und Instandsetzung von Betonbauteilen im Umbruch.

Der Bauherr, Investor, Planer und Bauausführende sind in einem Spannungsfeld zwischen bauordnungsrechtlichen und bauaufsichtlichen Vorgaben (§3 (1), §16c MBO sowie Kapitel D3 der MVV TB) einerseits und den Produktherstellern andererseits.

In diesem Zusammenhang wird auf das Kapitel 1 dieses Buches verwiesen, das sich mit der gegenwärtigen Situation der Vorschriften und Regelwerke sowie ihrer Bedeutung befasst. Diese sind unter anderem:

- DAfStb-Instandsetzungs-Richtlinie einschl. Anhänge
- DIBt Technische Regel „Instandhaltung von Betonbauteilen“
- ZTV-ING
- ZTV-W
- VOB Teil C, DIN 18349
- DIN EN 1504
- DAfStb-Verstärkungs-Richtlinie
- Verwaltungsvorschrift Technische Baubestimmungen
- DAfStb-Hefte
- DBV-Merkblätter
- WTA-Merkblätter
- AGI-Merkblätter
- BEB-Merkblätter
- Geltungsbereiche
- Inhalte
- Unterschiede
- Besonderheiten

Allen Regelwerken liegt die Forderung zugrunde, dass die Prüfung der Bausubstanz zur Feststellung des lstzustandes die Grundlage für Entwurf, Konzept und Planung bilden muss.

Gleichzeitig ist der neue Sollzustand festzulegen. Er ist die Summe der verlangten Gebrauchseigenschaften eines Bauwerkes unter Berücksichtigung der zukünftigen Beanspruchung, Nutzung und der geplanten Lebensdauer.

Erst nach der gutachterlichen Vorarbeit zur Feststellung des Istzustandes und der Aufstellung eines Konzeptes kann die Beschreibung der Leistung für die spätere Bauausführung erfolgen.

Die technischen Voraussetzungen und die erforderlichen Qualifikationen des Fachpersonals, das mit den verschiedenen Bauaufga ben betraut ist, werden in den Vorschriften und Regelwerken eindeutig beschrieben.

Das Prüfen der Bausubstanz, der Entwurf eines lnstandsetzungskonzeptes, die Auswahl der lnstandsetzungsprinzipien und die Beschreibung der Leistung obliegen danach dem Sachkundigen Planer.

Der Sachkundige Planer ist bei der Bauausführung auch für die Bauüberwachung, die Abnahme und Abrechnung der Leistung sowie für die Dokumentation verantwortlich.

Die Besonderheiten beim Bauen im Bestand und die Tatsache, dass jedes Bauvorhaben ein Unikat darstellt, bedürfen der variablen Gestaltung der Verträge zwischen dem Investor und dem Sachkundigen Planer.

Die Güte der Ingenieurleistung beim Prüfen der Bausubstanz, bei der Erstellung eines schlüssigen Konzeptes und beim Ausschreiben der Leistung beeinflusst die Wertung der Angebote, den Erfolg der Maßnahme, die Rechtssicherheit bei der Ausführung und die Abnahme der Leistung und stellt damit den ersten Schritt im Rahmen der Qualitätssicherung dar.

18.2.2 Fachliche Grundlagen

Anerkanntes Ziel aller Regelwerke ist es, die Qualität der Instandsetzungsarbeiten mit einem durchgängigen Konzept abzusichern.

Dazu werden technische Anforderungen und personelle Voraussetzungen formuliert, die von allen am Gewerk beteiligten Partnern zu beachten bzw. zu erfüllen sind:

- qualifiziertes Fachpersonal
- Material gemäß Musterbauordnung MBO §17 ff.
- Eigenüberwachung
- Fremdüberwachung

Die Ausführung unterliegt dem Überwachungsprinzip von Eigen- und Fremdüberwachung und die erforderlichen Prüfungen sind in den zugehörigen Abschnitten der technischen Regelwerke benannt.

Im Hinblick auf die Auswahl des Materials wird auf das gemeinsame Positionspapier der Verbände zum Thema Betoninstandsetzung vom 18.02.2021 verwiesen. (XX)

In Abschnitt 3, Teil 1, der Richtlinie ist der Begriff des Sachkundigen Planers aufgeführt.

Der besondere Planungsbedarf beim Instandsetzen wird dabei ausdrücklich betont und auch die Tatsache herausgestellt, dass vor der Bauausführung der lstzustand des Bauwerkes durch den Sachkundiger Planer zu ermitteln ist.

Der Sollzustand ist festzulegen. Die Differenz zwischen Ist- und Sollzustand stellt den lnstandsetzungsbedarf dar.

Laut TR- Instandhaltung und Instandsetzungsrichtlinie muss mit der Aufgabe des Prüfens, des Planens, des Erstellens eines Konzeptes und der Ausführungsbeschreibung der Sachkundige Planer beauftragt werden. Er erstellt auf der Basis der anerkannten Planungsgrundsätze und der Kenntnis des Bauwerkszustandes ein lnstandsetzungskonzept auf.

Dieses Konzept ist die Grundlage für die spätere Leistungsbeschreibung.

Der sachkundige Planer muss dafür die erforderlichen, besonderen Kenntnisse auf dem Gebiet des Schutzes und der Instandsetzung von Betonbauwerken- bzw. Betonbauteilen besitzen.

Ausbildungsstätten für den zertifizierten Sachkundigen Planer sind vom Ausbildungsbeirat Sachkundiger Planer für die Instandhaltung von Betonbauteilen beim Deutschen Institut für Prüfung und Überwachung e. V. (ABB-SKP) in Berlin offiziell anerkannt.

Der Lehrgang und die Prüfung erfolgen gemäß Ausbildungs-, Prüfungs- und Weiterbildungsordnung des ABB-SKP (APWO-SKP).

Gemäß APWO-SKP werden zur Ausbildung und Prüfung nur Personen zugelassen, die Erfahrungen in der Instandhaltung von Betonbauteilen besitzen und mindestens eine der nachstehenden Voraussetzungen erfüllen:

a. Personen, die die Abschlussprüfung auf dem Gebiet des Bauwesens an einer staatlich anerkannten Ingenieurschule, Berufsakademie (BA), Fachhochschule, Technischen Hochschule oder Universität bestanden haben sowie eine mindestens fünfjährige praktische Tätigkeit als planender Ingenieur auf dem Gebiet der Instandhaltung in einem Ingenieurbüro oder ausführenden Unternehmen nachweisen können.
b. Personen, die die Voraussetzungen von a) nicht erfüllen, können zur Prüfung zugelassen werden, wenn sie aus ihrer bisherigen, mindestens fünfjährigen Tätigkeit die erforderlichen Kenntnisse in der Instandhaltung nachweisen können.

Ziel dieser Ausbildung ist ein einheitliches Wissen aller Planer zu erhalten und eine Qualifikation der Planung von Instandsetzungsarbeiten schon im Vorfeld der Ausführung zu gewährleisten.

Im Einzelnen werden damit die nachstehenden Kenntnisse vermittelt, geprüft und vereinheitlicht:

- Technische Baubestimmungen
- Beton- und Bewehrungseigenschaften
- Dauerhaftigkeit von Beton
- Schadenserscheinungsformen
- Bewehrungskorrosion
- Beurteilung der Standsicherheitsrelevanz
- Oberflächeneigenschaften der Betonunterlage und Verfahren der Untergrundvorbereitung
- Verbundverhalten
- Instandsetzungsprinzipien,-verfahren,-stoffe,-systeme
- Instandsetzungsmaßnahmen, -planung
- Grundsätze der Qualitätssicherung

Fest steht, dass zur Sicherung der Qualität des Gesamtgewerkes und auch aus juristischer Sicht die Planung und die Ausführung grundsätzlich zu trennen sind, wie dies im Bereich des Neubaus von Gebäuden und im sonstigen Bauablauf üblich ist und gehandhabt wird.

Dem Sachkundigen Planer obliegt sowohl die Feststellung des Bauwerkszustandes als auch die Beurteilung nach Gesichtspunkten wie z. B. Standsicherheit, Lebensdauer, Brandschutz, Konstruktion, Betontechnologie und Bauphysik.

Der Hinweis in der Richtlinie, dass bei jedem Bauwerk zur Beurteilung der Standsicherheit ein Verantwortlicher bei der Ausführung benannt werden muss, weist dem Sachkundigen Planer die Koordination verschiedener, erforderlicher Ingenieurleistungen zu.

Damit wird auch zum Ausdruck gebracht, dass der Sachkundige Planer nicht unbedingt eine Einzelperson sein muss, sondern Gemeinschaften von Sonderfachleuten sein können oder ein Ingenieurbüro, mit entsprechender Erfahrung auf diesen Gebieten, das diese Aufgaben erfüllen kann.

Der Sachkundige Planer ist ein übergeordneter und gendergerechter Begriff für den Kenntnis- und Erfahrungsstand, der die Voraussetzung dafür ist, die zugewiesenen Aufgaben im Prüfungs- und Planungsbereich, bei der Instandhaltung bzw.- Instandsetzung von Betonbauwerken erfüllen zu können.

Das Aufgabengebiet des Sachkundigen Planers ergibt sich im Einzelnen wie folgt:

- Istzustand
- Sollzustand
- Standsicherheit
- Instandsetzungskonzept
- Instandsetzungsplan
- Instandhaltungsplan
- Prüf- und Wartungsplan
- Bieterkreis
- Vergabe an qualifizierten AN
- Anpassung bei der Bauausführung

18.2.3 Rechtliche Grundlagen

Für die Aufgabenerfüllung beim Instandsetzen von Betonbauwerken stellen die

in 17.1.1 und Kapitel 1 dieses Buches genannten Regelwerke sowohl für den Planer als auch für die Ausführenden wertvolle Hilfen dar.

Nur das konsequente und aktive Umsetzen der aufgeführten Hinweise, Angaben und Grundlagen in allen Regelwerken führt zum Erfolg der Maßnahme.

Die Unterlassung und die Nichtbeachtung dieser Grundsätze bergen die Gefahren der Rechts- und Kostenunsicherheit, des Entstehens von Mängeln und Fehlern, der Gewährleistungsansprüche an Planer und Ausführenden, des Verlustes an Vertrauen und Geld, sowie des Streites der Vertragspartner in oft jahrelangengerichtlichen Auseinandersetzungen.

Der Planer steht für die Richtigkeit und den Erfolg seiner Leistung, das sind Planung, Ausschreibung und Objektüberwachung, ein. Ziel seiner Tätigkeit ist das Entstehen einer mangelfreien Betoninstandsetzung.

18.2.4 Prüfen

Alle Regelwerke fordern vor der Ausführung von Instandsetzungsarbeiten die Ermittlung des Istzustandes des Bauwerkes.

Mängel in der Planung, bei der Bauausführung und falsche Nutzung, sowie unvorhergesehene Beanspruchung können zu Schäden am Bauwerk führen, die die Lebensdauer und die geplante Funktion beeinträchtigen können.

Die Ermittlung der Ursachen eines Mangels oder Schadens, sowie die daraus resultierenden Beeinträchtigungen der einzelnen Funktionen von Bauteilen und Bauwerken müssen untersucht, geprüft, erfasst und dargestellt werden [7].

Durch Untersuchungen und Prüfungen am Bauwerk und im Labor werden Ergebnisse über Bauwerks- und Materialeigenschaften erhalten. Der zum Zeitpunkt der Prüfung vorhandene Gebrauchszustand des Bauwerkes bildet die Grundlage für die Instandsetzungs- und Instandhaltungsplanung.

Der sachkundige Planer führt die Bauwerksuntersuchung durch und benennt im abschließenden Prüfbericht oder Gutachten die Ursache von Schäden und bewertet den Istzustand. Dass diese Prüfung lange vor der Ausführung stattfinden muss, weil die Ergebnisse Grundlage des Konzeptes und der Planung sind, wird anhand des dargestellten Ablauf s in Tafel 17.1 deutlich.

Die häufig anzutreffende Unsitte, in den ersten Positionen des Leistungsverzeichnisses die Untersuchung des Bauwerks zu verlangen, kann nicht scharf genug verurteilt werden, weil sie von der Unkenntnis des Ausschreibenden zeugt und darüber hinaus noch eine Fülle von rechtlichen und fachlichen Gefahren für den Bauherren, den Planenden und den Ausführenden birgt [9].

Die Vorteile der frühen Bestandsaufnahme als Grundlage für die Planung und die Leistungsbeschreibung sind:

- Die Planung des Finanzbedarfes durch den Bauherrn erfolgt rechtzeitig und zielsicher.
- Die Prioritätenliste unterscheidet zwischen sofortigen, mittelfristigen und später erforderlichen Maßnahmen der Instandsetzung, Sperrung oder Einschränkung.
- Die Leistungsbeschreibung ist, wie in der VOB gefordert, ausführlich und für alle Bieter gleichermaßen verständlich.
- Die Angebote sind vergleichbar und auswertbar, weil sie auf der gleichen Grundlage erstellt wurden.

Bild 18.1

Die Untersuchung und die Planung werden im direkten Vertragsverhältnis zwischen dem Bauherrn/Investor und dem Sachkundigen Planer abgewickelt und müssen unabhängig vom Bauunternehmen sein.

Da die Beurteilung des Istzustandes mit Ursachenfeststellung und Schadenskartierung mit einer Vielzahl von Prüfungen verbunden ist, ist bei der Vertragsgestaltung dieser Teil des Gutachtens sinnvollerweise von den Leistungsphasen 1 bis 3 der HOAI zu trennen.

In einem gesonderten Angebot wird der Rahmen der erforderlichen Prüfungen abgeschätzt und die Anzahl der Untersuchungen mit dem jeweiligen Einheitspreis in Positionen dargestellt.

Die Kosten von allen zur Prüfung erforderlichen Hilfsmitteln wie z. B. Hubwagen, Bauteilöffnungen etc. werden ebenfalls benannt.

Bild 18.2: Hubwagen zur Untersuchung der Fassade

Wird bei der Prüfung erkannt, dass weitere Probeentnahmen, Prüfungen und Untersuchungen vor Ort und im Labor erforderlich sind, um die gesamte Bausubstanz beurteilen zu können, so ist diese Erweiterung der einzelnen Positionen zu beauftragen und kostensicher abzurechnen.

Der für den allgemeinen Teil erforderliche Aufwand für die Grundlagenermittlung, wie die Nachforschung über Herstellung und Nutzung des Bauwerks/Bauteils, Angaben über Art und Zweck des Bauwerkes, Herstellungsdatum und Baustoffkenndaten zum Zeitpunkt der Ausführung, wird durch Abschätzen der dafür erforderlichen Zeit als gesonderte Position ausgewiesen.

Desgleichen sind die zeitlichen Aufwendungen für die zeichnerische Darstellung, die Schadenskartierung und für die Einsicht in die Bauwerksunterlagen bei den zuständigen Behörden zu benennen.

Die Aufwendungen für Sonderfachleute, wie zum Beispiel den Tragwerksplaner zum Nachweis der Standsicherheit und Tragverhaltens, Fachleute der Haustechnik etc., vor und während der Instandsetzung, sind in gesonderten Positionen auszuweisen.

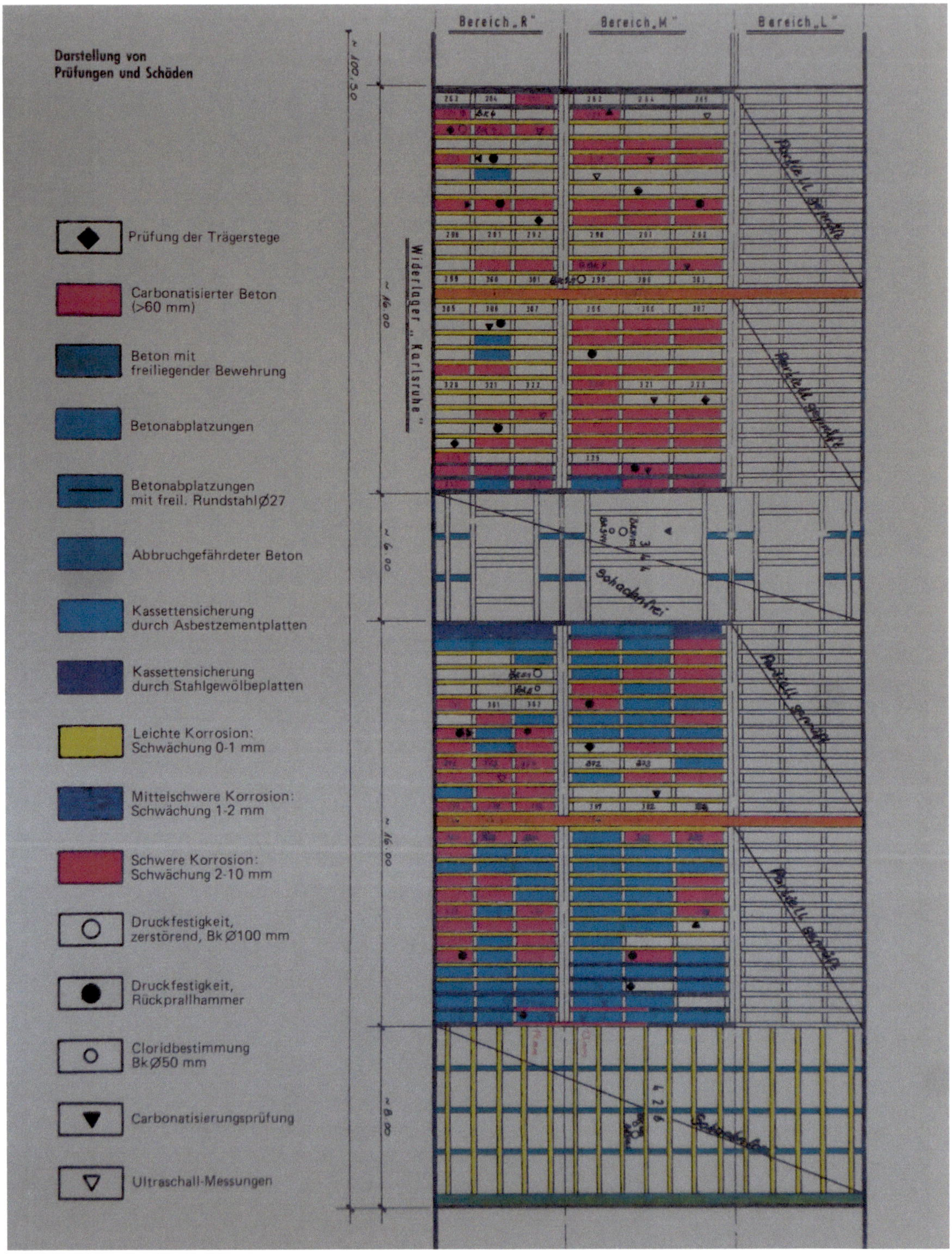

Bild 18.3: Schadensplan

Die VOB, Teil A, fordert in § 9 die Vollständigkeit und Eindeutigkeit der Ausschreibung, die wiederum nur durch die umfassenden Aussagen zum Bauwerkszustand zu erzielen ist.

Die Bestandsaufnahme, das entspräche den Leistungsphasen 1 – 3 gemäß HOAI (§ 15, 55), ist im Bereich des Instandsetzens durch einen gesonderten Werkvertrag zwischen Gutachter und Bauherr über Angebote und Einheitspreise für die erforderlichen Prüfungen zu regeln (siehe Kapitel 10).

Alle erforderlichen Prüfungen vor Ort und im Labor, die zu einer eindeutigen Aussage über den Istzustand der Bausubstanz führen, müssen darin enthalten sein.

Ziel der Untersuchung ist die Darstellung des Istzustandes in einem Schadensplan oder Schadenskataster, wie er in Tafel 17.2 beispielhaft dargestellt ist.

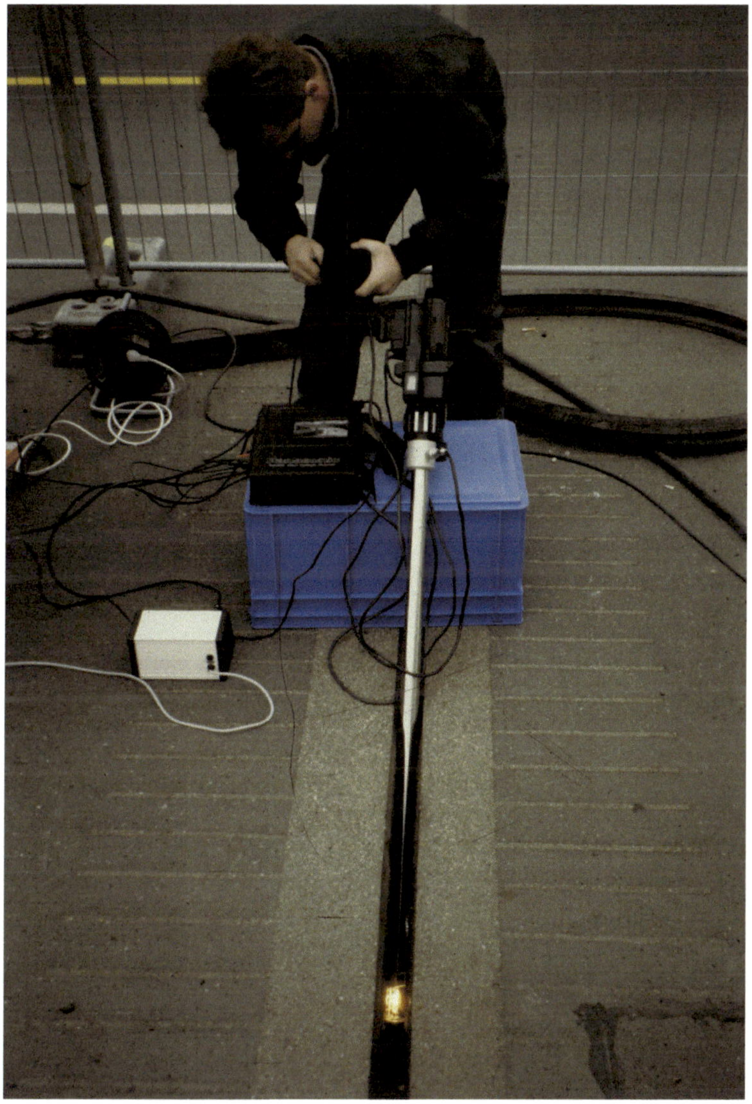

Bild 18.4: Großkalibriges Endoskop mit Videokamera

Für die Untersuchung des Zustandes von Bauwerken und von Eigenschaften der verwendeten Baustoffe werden zahlreiche Geräte und Messverfahren angeboten [7].

Die Untersuchungsmethoden und Geräte werden im Allgemeinen in drei Gruppen gegliedert. In den Tabellen 17.1 – 17.3 sind die Prüfverfahren aufgeführt:

Gerät	Prüfung	Ergebnis
Fernglas	Visuelle Prüfung	Erkennen von Fehlstellen Oberflächenzustand des Betons z. B. Kiesnester etc.
Schraubenzieher, Messer	Ritz- und Kratzversuch an der Oberfläche	Oberflächenbeschaffenheit des Betons
Handfläche	Wischprobe	Abmehlen der Betonoberfläche
Hammer	Klangprüfung	Feststellen von losen Teilen und Hohlstellen
Wasserspritzflasche	Benetzbarkeit	Porosität und Saugfähigkeit der Betonoberfläche
Risslupe / Rissbreitenvergleichsmaßstab	Rissbreite	Beurteilung und Aufnahme von Rissen
Gipsmarke	Rissbewegung	Qualitative Bestimmung der Rissbewegung
Karsten-Röhrchen	kapillare Saugfähigkeit	Bestimmung der Oberflächenbeschaffenheit von Beton und stark saugenden Untergründen

Tabelle 18.1: Einfache Prüfungen

Gerät	Prüfung	Ergebnis
Betondeckungsmesser	Ortung der Bewehrung/Messung der Betondeckung und Dokumentation	Lage der Bewehrung im Bauteil/ Dicke der Betondeckung
Rückprallhammer nach Schmidt	Rückprallprüfung an der Betonoberfläche	Druckfestigkeit des Betons
Haftzugprüfgerät	Oberflächenzugfestigkeit	Haftzugfestigkeit von Schichten auf Betonoberflächen und Zugfestigkeit der Betonoberfläche
Kupfersulfatelektrode	Potentialmessung	Feststellung von Korrosion der Bewehrung
Messuhren/ induktive Wegaufnehmer / DMS	Verformung und Bewegung von Bauteil/ Bauwerken	Quantitative Bestimmung der Bewegungen an Fugen/ Rissen über die Zeit
Bohrgerät	Entnahme von Bohrkernen	Druckfestigkeit E-Modul/Chloridprofil/ Wasserundurchlässigkeit
Hohlbohrer	Entnahme von Bohrmehl	Chloridbestimmung
Permeabilitätsmessgerät	Gasdurchlässigkeit	Durchlässigkeit oberflächennaher Schichten
Indikatorflüssigkeit/ Phenolphthalein	Besprühen der frischen Bruchflächen, Farbumschlag	Tiefe der Carbonatisierungsfront
CM-Gerät	Feuchtigkeit des Betons	Wassergehalt kleiner Proben
Gitterschnitt	Beschichtungen auf Betonflächen 1	Haftung, Güte, Überarbeitbarkeit 1

Tabelle 18.2: Prüfverfahren mit erhöhten Anforderungen

Gerät	Prüfung	Ergebnis
Endoskop/ Boroskop	Betrachtung unzugänglicher Hohlräume	Dokumentation von Schäden/ Korrosion/ Rissen an Bauteilen
Ultraschall	Laufzeit/ Reflexion in Bauteilen/ Spannstahl	Störung der Struktur von Bauteilen/ Rissen im Spannstahl
Elektromagn. Sensor	Remanenzmagnetismus	Risse in Spannstählen mit direktem Verbund
Röntgen-, Gammastrahlgerät	Durchstrahlung von Bauteilen	Ortung von Spannstählen, Beurteilung des Verpresszustandes
Radar/ Mikrowelle	Durchortung von Bauteilen	Dimension von Betonbauteilen/ Natursteinbrücken und Hohlräumen
Videokamera mit Selbstvortrieb	Schäden in unzugänglichem Bereich	Beurteilung von Bauzuständen in Kanälen und unzugänglichen Bereichen
Geodätische Messgeräte	Messung von Veränderungen an Bauteilen	Bewegungen von Bauteilen und Bauwerken
1nfrarotthermographie	Wärmeleitfähigkeit/ Abstrahlung	Ortung der Bewehrung/Wärmeverlust
Weg-, Beschleunigungs- und Kraftaufnehmer	Schwingungsanalyse von Bauteil oder Bauwerken	Rückschluss auf Schäden durch Veränderung der Schwingungsformen
lmpact-Echo-Verfahren	Veränderung des Signals der Laufzeit	Rückschluss auf Hohlräume

Tabelle 18.3: Prüfverfahren mit hohem technischem Aufwand und Geräteeinsatz

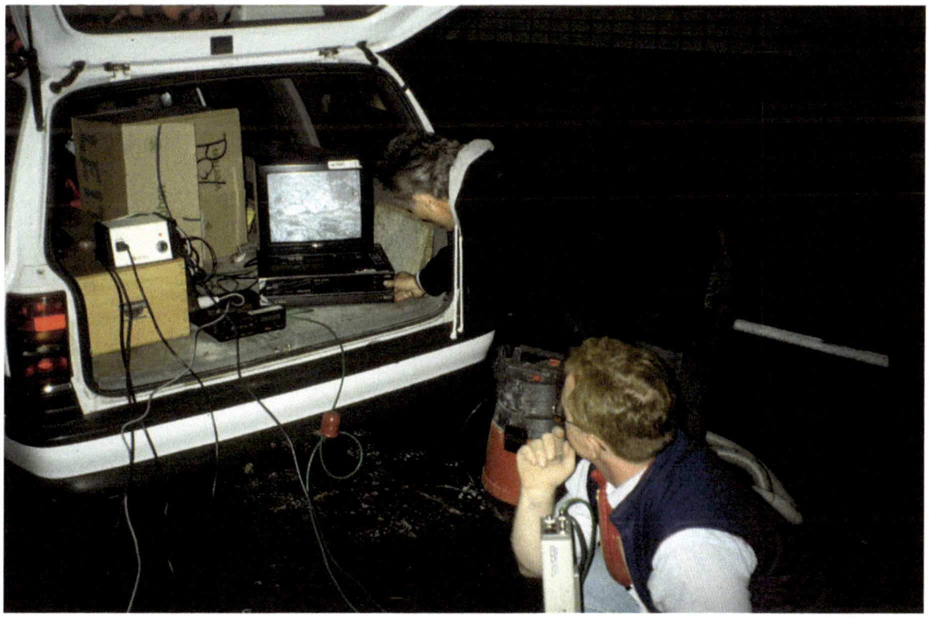

Bild 18.5: Direkte Übertragung von Bildern aus unzugänglichen Hohlräumen mit Endoskop

Bild 18.6: Radarmessung an Brückenunterseite zur Hohlraumdetektion

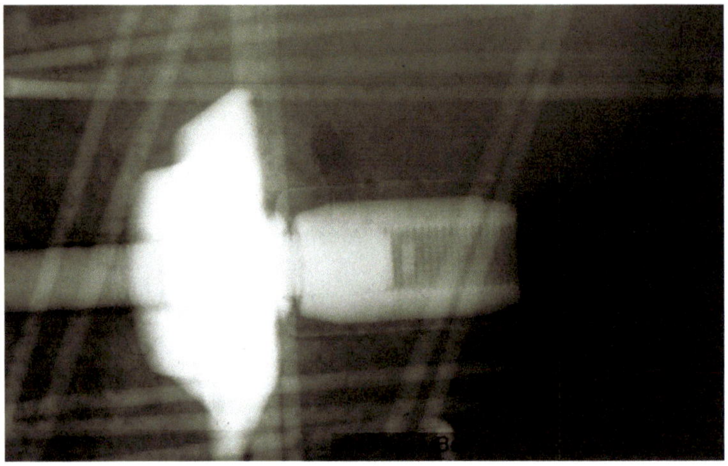

Bild 18.7: Bild eines Spanngliedes bei Durchleuchtung des Bauteils mit Röntgenstrahlung

Bild 18.8: Ultraschalllaufzeitmessung am Betonbauteil

Bild 18.9: Ultraschalllaufzeitmessung zur Prüfung der Betonstruktur

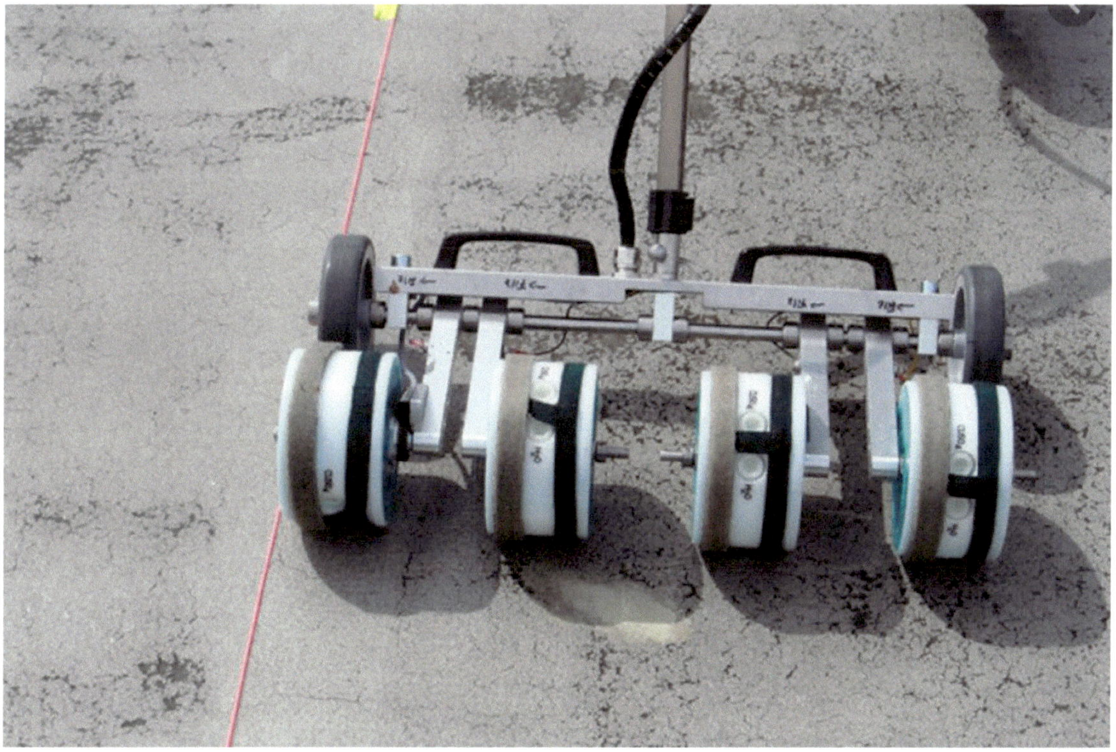

Bild 18.10: Potenzialfeldmessung auf einem Parkdeck

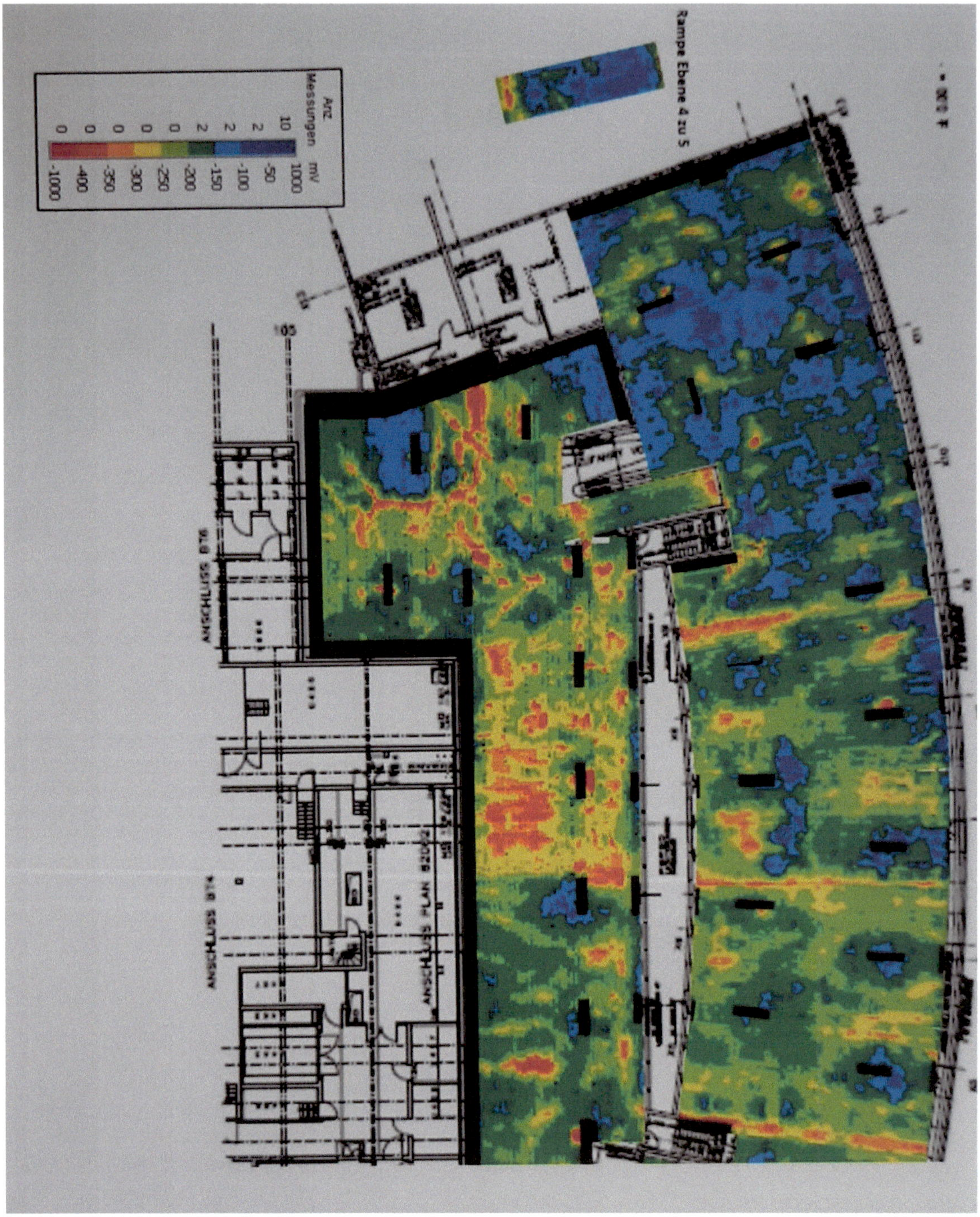

Bild 18.11: Auswertung Potenzialfeldmessung

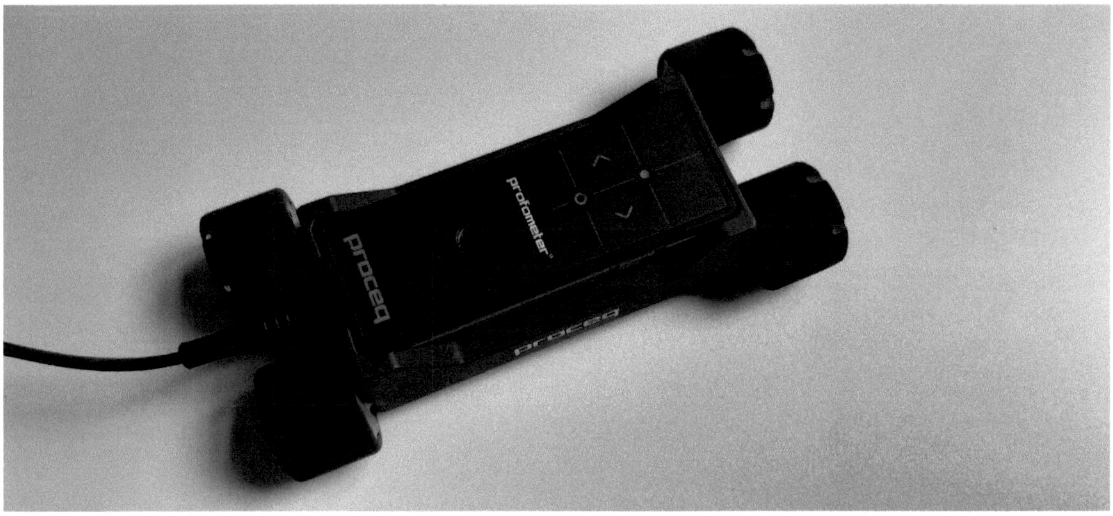

Bild 18.12: Gerät zum Messen der Betondeckung

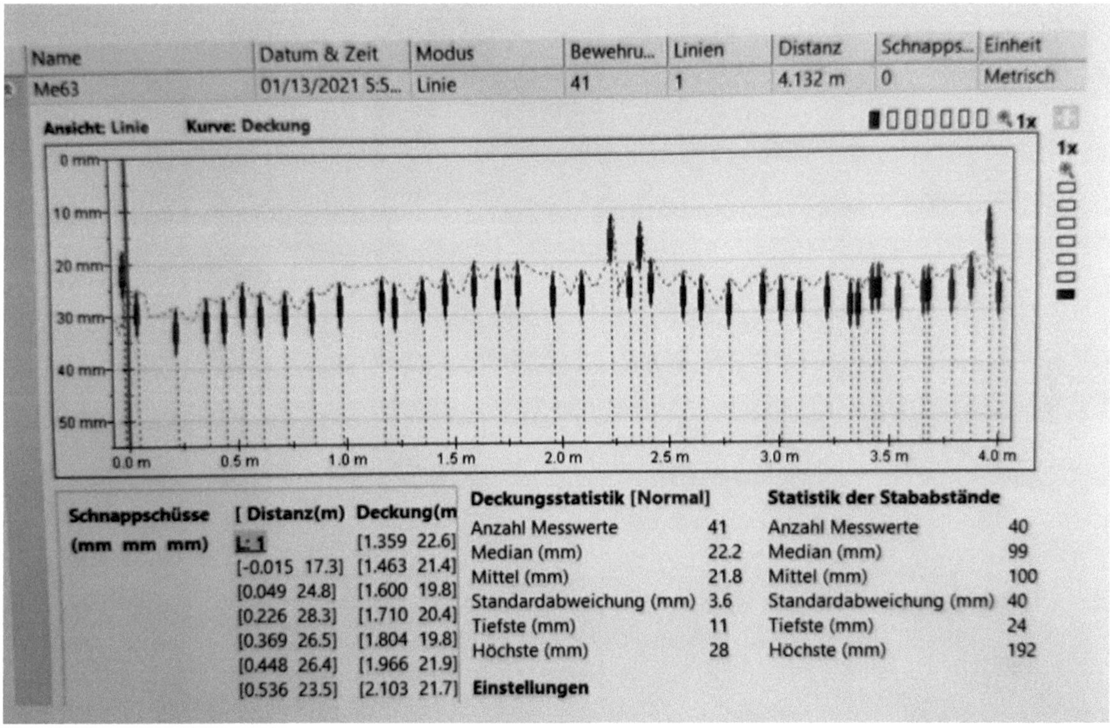

Bild 18.13: Ergebnis der Messung der Betondeckung

Bild 18.14: Istzustand – Fehler in der Planung und Bauausführung sowie falsche Nutzung führen zu Schäden

- Verfahren mit einfachen Geräten
- Verfahren mit Prüfgeräten, die vom Anwender erhöhte Sachkenntnis bei der Durchführung und Erfahrung bei der Auswertung verlangen
- Verfahren, bei denen hochwertige Geräte eingesetzt werden und hohe, technische Anforderungen an den Prüfer gestellt werden.

Ergänzend zur Untersuchung am Bauwerk werden alle erforderlichen Laborprüfungen (zum Beispiel Chloridgehalt, Porosität, Beton- und Stahlgüte, etc.) an entnommenen Proben durchgeführt.

Die Beobachtungen vor Ort, die Wertung der Messergebnisse und die Kenntnis der Materialwerte führen zur Beurteilung des Istzustandes eines Bauwerkes/Bauteils.

Dieser Vorgang erfordert, wegen der teilweise komplizierten Messgeräte und den Verfahrenstechniken, ein hohes Maß an Kenntnis und Erfahrung mit den verwendeten Baustoffen und der Baukonstruktion.

Keine noch so ausgereifte Messtechnik, mit Computerauswertung und Rechnereinsatz, führt zu aussagekräftigen Ergebnissen, wenn nicht der Fachmann mit Sachkunde und Ingenieurverstand aus den ermittelten Messwerten unter Berücksichtigung der komplexen Zusammenhänge am Objekt die richtigen Schlüsse zieht.

Am Ende der Untersuchung steht der umfassende Bericht mit Angaben über die Eigenschaften des Bauwerkes, die verwendeten Baustoffe, die den Schadensumfang, -ursache und -fortschritt sowie die Restlebensdauer des Bauwerkes ohne Instandsetzungsmaßnahmen.

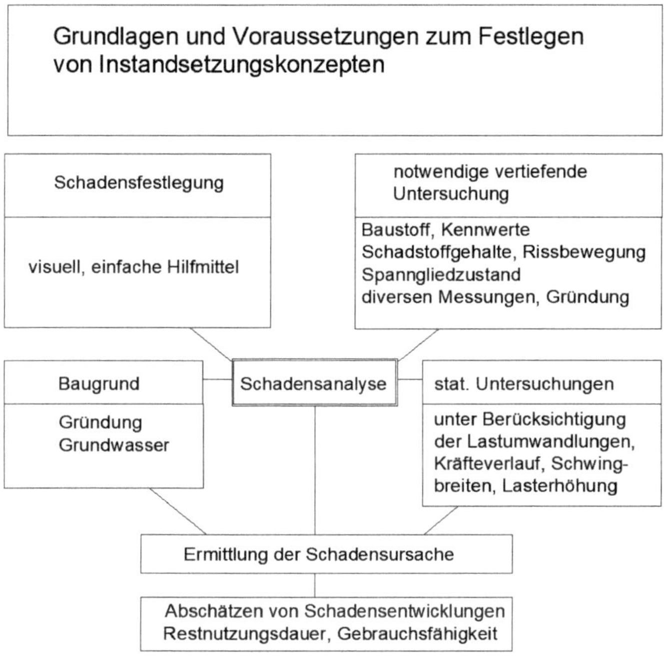

Bild 18.15 [8]

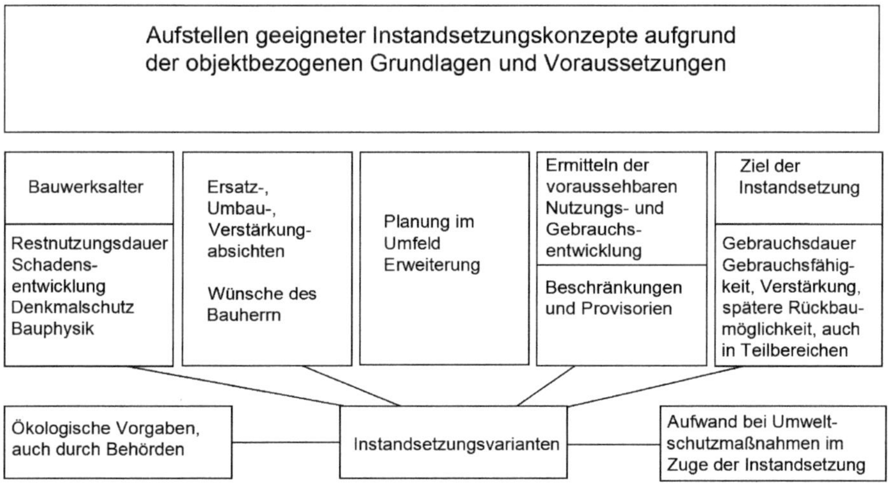

Bild 18.16 [8]

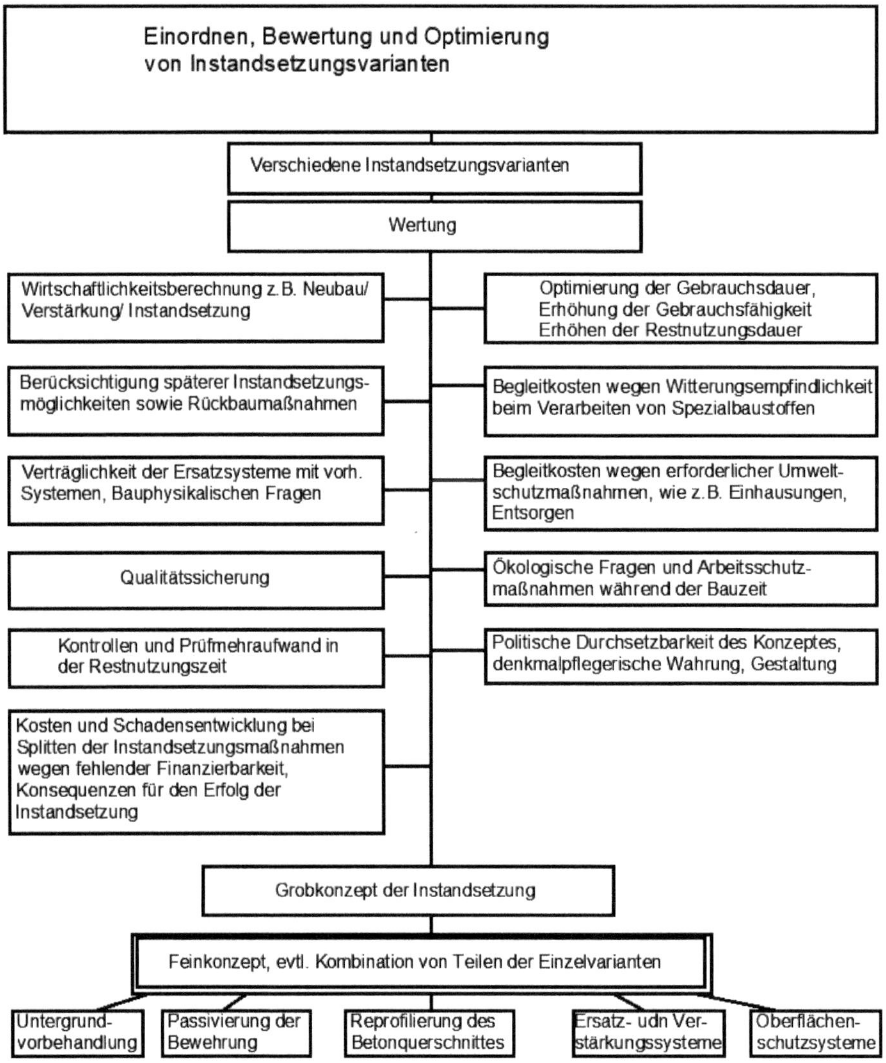

Bild 18.17 [8]

18.3 Planungsgrundlagen, Sollzustand, Konzept

H. Fiala

18.3.1 Grundlagen

Fehler bei der Planung, Ausführung bzw. Nutzung von Bauwerken, führen zu

Mängeln, die Schäden verursachen und zur Einschränkung der Nutzung, Funktion, Tragfähigkeit und Lebensdauer des Bauwerkes beitragen können [7].

Die Voraussetzungen für das zu entwickelnde Konzept, sowie die Bewertung und die Auswahl der Instandsetzungsvarianten sind in den Tafeln 17.6 bis 17.8 aus [8] schematisch und übersichtlich dargestellt.

In dem Diagramm sind auch die möglichen Planungsziele enthalten, die im Einzelnen auf folgende Hauptgebiete hinwirken:

- Tragfähigkeit
- Funktion
- Lebensdauer
- Brandschutz
- Aussehen

Im Rahmen der Instandsetzung von Betonbauteilen erfolgt die Wertung von verschiedenen Instandsetzungsvarianten im Umfeld der genannten Einflussgrößen durch Auswahl der in der Richtlinie vorgesehenen Instandsetzungsprinzipien für Bewehrung, Betonersatz und Oberflächenschutz.

18.3.2 Sollzustand

Die Differenz zwischen dem festgestellten Istzustand und dem definierten Sollzustand ist der Instandsetzungsaufwand. Dieser ist im Konzept zu planen und danach zu beschreiben.

Aus den Ergebnissen der verschiedenen Prüfungen erfolgt die Diagnose und der gegenwärtige Istzustand wird beurteilt. Die Definition des angezielten Sollzustandes wird durch den Planer vorgenommen. Er berücksichtigt dabei, neben der reinen Instandsetzung des Betons, alle Randbedingungen wie zum Beispiel:

- Wirtschaftlichkeit
- Erhöhung der Restnutzungsdauer
- Bauherrenwünsche
- Finanzierbarkeit
- ökologische Fragen
- Fragen des Denkmalschutzes

Für das Erreichen des definierten Planungsziels – das ist der neue Sollzustand – stehen, je nach Wünschen des Bauherrn und der Finanzierbarkeit, verschiedene Wege und Maßnahmen zur Verfügung wie zum Beispiel:

- Sperren
- ständige Beobachtung (Monitoring)
- Reduzierung der Belastung
- Schützen
- Instandsetzen
- Verstärken
- Austauschen
- grundhaft erneuern
- Umwidmung
- Rückbau

Neben der Planung der Betoninstandsetzung einschließlich des Schließens von Rissen und Fugen, sind erfahrungsgemäß, je nach Bauwerk eine Fülle von weiteren Gewerken für die Reparatur oder die Erneuerung einzuplanen, die nicht unmittelbar mit der Betoninstandsetzung zusammenhängen, jedoch im Zuge einer grundhaften Erneuerung mit einbezogen werden müssen, um das Bauwerk als Ganzes in seiner Funktion, Nutzbarkeit und Optik zu ertüchtigen.

Der Sachkundige Planer ist, sofern für Teilbereiche fachlich nicht kompetent, für die Einschaltung von Sonderfachleuten zur Lösung der Aufgaben verantwortlich und sollte bereits im Zuge der Bestandsaufnahme diese Experten mit heranziehen.

Im Einzelnen sind solche Bereiche:

- Mauerwerk
- Brüstungen
- Abdeckungen
- Geländer
- Abläufe
- Rinnen
- Gefälle
- Estrich
- Abdichtungen
- Übergangskonstruktionen
- Einbauteile
- Stahlkonstruktionen
- Beläge
- Verkehrseinrichtungen

18.3.3 Konzept

Der Sachkundige Planer erstellt mit der Kenntnis der Schadensursache und unter Berücksichtigung der Wünsche des Bauherrn ein Konzept, mit dem Ziel die Funktion des Bauwerkes wieder herzustellen und die geplante Lebensdauer abzusichern.

Der lnstandsetzungsplan enthält alle dafür erforderlichen, technischen Maßnahmen und berücksichtigt die Durchführbarkeit unter den allgemeinen Randbedingungen, wie zum Beispiel Ökologie, politische Durchsetzbarkeit, Denkmalpflege etc.

Das fertige Konzept enthält Angaben zu:

18.3.3.1 Allgemeine Projektangaben

Bauvorhaben, Lage, Eigentümer, Planer, Nutzung, Besonderheiten etc.

18.3.3.2 Spezielle Angaben zum Bauwerk

Bauweise, Geschosse, verwendete Materialien, außergewöhnliche Einwirkungen, Umbaumaßnahmen, Stilllegung, vorausgegangene Maßnahmen.

18.3.3.3 Prüfungsaufgaben nach der Bauausführung

Umfang, Häufigkeit von Wartungsmaßnahmen, Intervalle (wie oft und in welchem Abstand), Prüfungsaufgaben, Korrosion, Ablösungen, Verschleiß, Fugen, etc.

Entwässerungseinrichtungen etc., Bewertung von Schäden.

18.3.3.4 Instandsetzungsmaßnahmen

Auswertung der Prüfergebnisse, Dokumentation

- Vorbereitung des Untergrundes
- Instandsetzungsprinzipien für die einzelnen Bauteile
- Material/ Spezifikationen
- Abschätzung der Massen der zu erwartenden Schadstellen,
- Instandsetzungs- und Anstrichflächen
- Farbgebung der Fassaden
- Qualitätssicherung
- Grobkostenschätzung

Das fertige Konzept enthält alle relevanten Eckpunkte der Instandsetzung. Es wird dem Bauherrn im Detail erklärt und er hat hier noch die letzte Möglichkeit, Änderungswünsche vorzubringen.

Alle Änderungen im Konzept sind hier letztmalig und ohne zusätzliche Kosten frei einbringbar und bei der späteren Bauausführung realisierbar.

Das Konzept ist die Grundlage für die spätere Beschreibung der Bauleistung, die dann Vertragsbestanteil wird.

Alle späteren Änderungen- nach Unterzeichnung des Bauvertrages- sind stets mit Kosten und Störung des Bauablaufes verbunden.

Der Sachkundige Planer ist gut beraten, nach der Vorstellung und Diskussion des Konzeptes dieses vom Bauherrn mit Angabe von Datum und Ort unterzeichnen zu lassen. Am besten ist es, ein Protokoll zu erstellen, das die erfolgten Änderungen und zusätzliche Wünsche des Bauherrn beinhaltet, die dann in das geänderte Konzept einfließen.

Der Sachkundige Planer erhält damit eine Bestätigung für die ordnungsgemäße Aufklärung des Bauherrn, die Berücksichtigung seiner Wünsche und die erfolgte umfassende Information zu allen Details des späteren Bauwerkes.

Es liegt in der Natur der Sache, dass die Massen bei Maßnahmen der Instandsetzung nicht mit der gleichen Genauigkeit ermittelt werden können wie beim Neubau.

Eine Abschätzung des zu erwartenden Schadensgrades von Beton und Bewehrungsstahl ist erforderlich und kann am besten an einer gestrahlten oder geöffneten Probefläche vorgenommen werden.

Dieses Vorgehen wird auch im Hinblick auf die im Konzept enthaltene Grobkostenschätzung empfohlen, weil damit die Intensität der Schädigung und die zu erwartenden Kosten besser abgeschätzt werden können.

Der Bauherr trifft auf der Grundlage des vorgelegten und diskutierten Konzeptes seine Entscheidung über die Art, die Finanzierung und den Zeitpunkt der Bauausführung. Auch dem Bauherrn obliegen bei der Betoninstandsetzung zahlreiche Pflichten und der Sachkundige Planer sollte ihn dazu frühzeitig aufklären.

Der Eigner / Bauherr hat:

- die Verantwortung für die Bausubstanz
- die Pflicht zur Unterhaltung
- die Gewährleistung der öffentlichen Sicherheit + Ordnung
- die Pflicht zur rechtzeitige Instandsetzungsentscheidung
- die Pflicht zur Beauftragung eines Sachkundigen Planers
- die Vergabe an ein qualifiziertes Unternehmen

Das Konzept wird in den Leistungsphasen 4 + 5 der HOAI (§ 15, 55) behandelt.

18.4 Leistungsbeschreibung und Ausschreiben

C. Golar

18.4.1 Ausschreibung von Bauleistungen

Bauleistungen werden in der Regel ausgeschrieben, um im Wettbewerb zwischen mehreren Bietern Kosteneinsparungen zu nutzen, die der Wettbewerb naturgemäß mit sich bringt.

Unter Ausschreibung versteht man die öffentliche oder eingeschränkte, schriftliche Aufforderung zur Abgabe von Angeboten für planerisch vorgegebenen Leistungen.

In der HOAI, Honorarordnung für Architekten und Ingenieuren werden Ausschreibungen in der Leistungsphase 6, Vorbereitung der Vergabe, geregelt.

Definiert sind die folgenden Grundleistungen:

a. Ermitteln von Mengen als Grundlage für das Aufstellen von Leistungsverzeichnissen in Abstimmung mit Beiträgen anderer an der Planung fachlich Beteiligter
b. Aufstellen der Vergabeunterlagen, insbesondere mit Leistungsverzeichnissen nach Leistungsbereichen, einschließlich der Wartungsleistungen auf der Grundlage bestehender Regelwerke
c. Mitwirken beim Abstimmen der Schnittstellen zu den Leistungsbeschreibungen der anderen an der Planung fachlich Beteiligten
d. Ermitteln der Kosten auf Grundlage der vom Planer bepreisten Leistungsverzeichnisse
e. Kostenkontrolle durch Vergleich der vom Planer bepreisten Leistungsverzeichnisse mit der Kostenberechnung
f. Zusammenstellen der Vergabeunterlagen

Die Leistungen werden in einem Leistungsverzeichnis wiedergegeben. Dieses gliedert sich, wie folgt:

- Deckblatt mit Adressen und Terminen für die Abgabe (Angebotseröffnung), den Zuschlag für einen bestimmten Bieter sowie für den Baubeginn einer Maßnahme
- Vorbemerkungen (Baubeschreibung) und Vertragsbestimmungen (z. B. ZTV, zusätzliche technische Vertragsbedingungen)
- Titel mit Leistungspositionen
- Veranschaulicht wird die Leistungsbeschreibung zusätzlich durch Bilder und Skizzen

Leistungsbeschreibung mit Leistungsverzeichnis

Instandsetzung Tiefgarage

Projekt:	**Instandsetzung Tiefgarage**
Auftraggeber:	**Auftraggeber** **Musterstraße** **600000 Musterbach**
Erstellt von:	**Ingenieure Fiala & Golar** **Königsberger Straße 6** **65830 Kriftel**

Vergabeart:	Beschränkte Ausschreibung			
Angebotseröffnung:	**Datum:**	18.03.2021	**Uhrzeit:**	12:00
	Ort:	Auftraggeber Musterstraße		
Ende der Zuschlagsfrist:	**Datum:**			
Ausführungsfrist:	**Beginn:**	19.03.2021	**Ende:**	31.03.2021

Bieter:	______________	**Summe netto:**	.... EUR
	______________	**zzgl. 19% MwSt:**	.... EUR
	______________	**Summe inkl. MwSt:**	.... EUR
	______________		
	______________		______________
			(Ort und Datum, rechtsverbindliche Unterschrift, Stempel)

Bild 18.18: Beispiel eines Deckblattes für Leistungsbeschreibungen

Am Beginn des Leistungsverzeichnisses stehen die Vorbemerkungen und eine Baubeschreibung, in der die anstehende Baumaßnahme und das Ziel der Maßnahme kurz erläutert werden. Des Weiteren werden üblicherweise Angaben zu dem zu bearbeitenden Bauwerk (beim Bauen im Bestand), den Abmessungen und zur Lage der Baustelle gemacht.

Weiter finden sich Angaben zur Baustelleneinrichtung bzw. deren Verortung. Dort werden u. a. Zufahrten geregelt, die Lage von Containerstellplätzen vorgegeben und gezeigt, an welchen Stellen Zugang zu Strom oder Wasser besteht.

Erfahrungsgemäß gibt der Bauherr Vorbemerkungen vor, die detaillierte Angaben zum Betrieb machen oder Verhaltensregeln vorgeben. Dies können z. B. Vorgaben zu Einschränkungen bei den Arbeiten sein, die einzuhalten sind, um den laufenden Betrieb möglichst wenig zu stören oder Maßnahmen, um die Sicherheit der Arbeitskräfte nicht zu gefährden (Schweißarbeiten neben Gasleitungen etc.).

In Werken oder Industrieparks ist es üblich, vor Beginn Dienstausweise zu erwerben, die den Zugang ins Werk und zur Baustelle ermöglichen. Zudem sind Schulungen zu Verhaltensweisen durchzuführen, in denen eine Hausordnung vorgestellt wird, die zu beachten ist.

Schließlich sind zusätzliche Technische Vertragsbedingungen beschrieben, in denen Anforderungen abgefragt werden, mit denen die Qualität der geschuldeten Leistung gesichert werden soll. Dies können Bescheinigungen zu Qualifikationen des Personals sein, wie z. B. der bei Betoninstandsetzungen geforderte Nachweis des SIVV-Scheins oder Düsenführerscheins für Spritzbeton-/Spritzmörtelarbeiten. Darüber hinaus können Standards zum Führen des Bautagebuches definiert werden.

Wenn seitens des Kunden keine Vorgaben für vertragliche Aspekte wie Gewährleistungszeiträume, Sicherheitseinbehalte oder Vertragsstrafen bestehen, können diese gesondert vom Planer definiert werden. Dies ist erfahrungsgemäß vor allem dann der Fall, wenn für Bauherren geplant wird, die wenig oder keine Erfahrung im Erstellen von Verträgen im Baugewerbe haben.

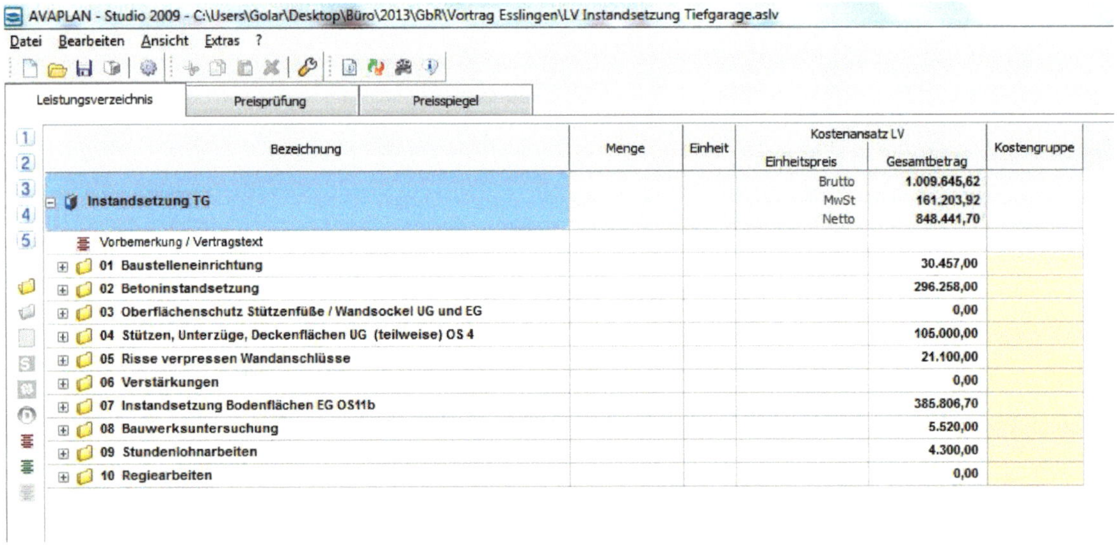

Bezeichnung	Menge	Einheit	Kostenansatz LV Einheitspreis	Kostenansatz LV Gesamtbetrag	Kostengruppe
Instandsetzung TG			Brutto MwSt Netto	1.009.645,62 161.203,92 848.441,70	
Vorbemerkung / Vertragstext					
01 Baustelleneinrichtung				30.457,00	
02 Betoninstandsetzung				296.258,00	
03 Oberflächenschutz Stützenfüße / Wandsockel UG und EG				0,00	
04 Stützen, Unterzüge, Deckenflächen UG (teilweise) OS 4				105.000,00	
05 Risse verpressen Wandanschlüsse				21.100,00	
06 Verstärkungen				0,00	
07 Instandsetzung Bodenflächen EG OS11b				385.806,70	
08 Bauwerksuntersuchung				5.520,00	
09 Stundenlohnarbeiten				4.300,00	
10 Regiearbeiten				0,00	

Bild 18.19: Ansicht Leistungsverzeichnis

Das Ziel der Ausschreibung besteht darin, dass der Kalkulator die angefragte Bauleistung versteht und auskömmlich die genannten Leistungen mit Preisen versehen kann.

Die VOB gibt im Teil A, § 7(1) 1 dazu vor, dass eine Leistung eindeutig und so erschöpfend zu beschreiben ist, dass alle Bewerber die Beschreibung im gleichen Sinne verstehen [10].

Dies ist insbesondere unter der Prämisse gefordert, dass das Leistungsverzeichnis ein Teil des Bauvertrags ist.

Nachfolgend findet sich beispielhaft der Aufbau eines Leistungsverzeichnisses mit Gliederungspunkten (Titeln) und Positionen:

04 Stützen, Unterzüge, Deckenflächen UG (teilweise) OS 4				[illegible]	
05 Risse verpressen Wandanschlüsse				**21.100,00**	
05.01 Gerät	2,000	Wo	3.100,00	6.200,00	
05.02 Injektionskanäle bohren	660,000	St	0,00	0,00	
05.03 Stahlpacker setzen	660,000	St	0,00	0,00	
05.04 Injektion mit PU, einschl. Nebenarbeiten	100,000	m	125,00	12.500,00	
05.05 Zulage über Kopf	100,000	m	15,00	1.500,00	
05.06 Rissverdämmung	100,000	m	0,00	0,00	
05.07 Nacharbeiten	100,000	m	0,00	0,00	
05.08 Nachinjektion nach ca. 9 Monaten	2,000	d	450,00	900,00	
06 Verstärkungen				**0,00**	
07 Instandsetzung Bodenflächen EG OS11b				**385.806,70**	
08 Bauwerksuntersuchung				**5.520,00**	
09 Stundenlohnarbeiten				**4.300,00**	
10 Regiearbeiten				**0,00**	

Bild 18.20: Ansicht Titel und Positionen

Langtext

Arial 10 F K U ¶ 90

Aufbringen der Korrosionsschutzbeschichtung,
geprüft nach ZTV-ING, TL-TP BE-PCC. Bewehrung
teilweise freiliegend, mit mineralischem System,
zweischichtig.
Erzeugnis:

Bild 18.21: Auszug aus einer Leistungsposition

Hilfreich und veranschaulichend sind Fotos zu bestimmten abgefragten Leistungen.

Bild 18.22: Beispielhaft ist ein Schaden an einem Unterzug dargestellt

Bild 18.23: Örtlichkeiten mit Ansicht einer Tiefgarage

Bei der Erstellung der Leistungsbeschreibung empfiehlt es sich, eine sinnvolle Gliederung nach Gewerken vorzunehmen. Zumeist wird mit Positionen für die Baustelleneinrichtung begonnen. Danach folgen die Titel zu den einzelnen Gewerken wie zum Beispiel Gerüstbau, statisch erforderliche Ertüchtigungsmaßnahmen oder Abstützungen, materialtechnologische Untersuchungen, Titel mit Leistungsbeschrieb für die Betoninstandsetzung, Schließen von Rissen, Herstellen von Fugen, Herstellen von Oberflächenschutzsystemen je nach Bauteil (Boden/Wand/Decke).

Zuletzt können Regiearbeiten oder Stundensätze für Leistungen ausgeschrieben werden, die beim Bauen im Bestand zuvor nicht planbar waren.

18.4.2 Ermitteln von Mengen

Die vorgestellte Mengenermittlung bezieht sich auf Mengen Massen für Bauleistungen zur Betoninstandsetzung und basiert auf den Vorgaben der DIN 18349 „Betonerhaltungsarbeiten" [9].

In Kapitel 0.5.3 der DIN 18349; Teil C VOB 2017 sind die Abrechnungseinheiten bestimmt. Im Wesentlichen werden die zu bearbeitenden Stellen in Stückzahl ausgeschrieben. Andere Geometrien nach DIN 18349, 0.5.1, 0.5.2 bzw. 0.5.4 sind mit den Einheiten Flächenmaß [m^2]; Längenmaß [m]; Masse [to] zu bepreisen. [9]

Bild 18.24: Schadstelle an einer Betonwand

Abrechnungseinheiten für Stückzahlen nach DIN 18349, VOB Teil C: 0.5.3 [9]:
Definiert sind örtlich begrenzte Fehlstellen, z. B. Ausbrüche über 0,1 m Breite, getrennt nach der jeweils größten Tiefe und Flächengröße in den Klassen: bis zu 0,01 m², bis zu 0,05 m², bis zu 0,10 m², bis zu 0,25 m², bis zu 0,50 m², bis zu 0,75 m² bis zu 1,00 m². Beispiel für Ausbruchklasse (idealisiert):

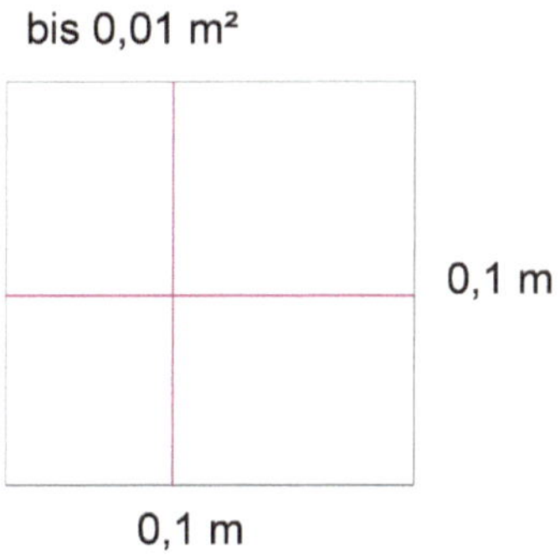

Bild 18.25:Fehlstelle bis 0,01 m²

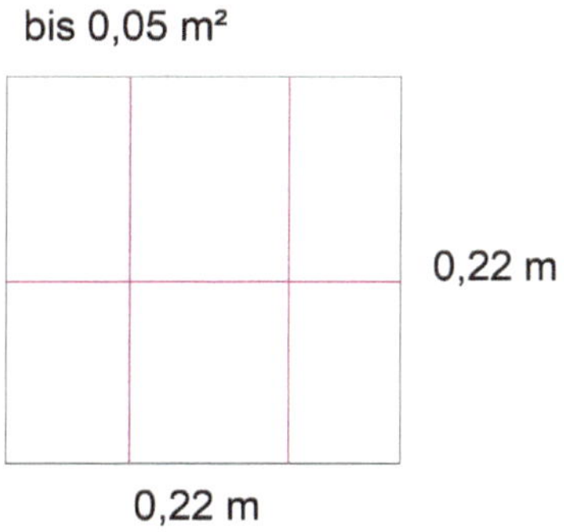

Bild 18.26:Fehlstelle bis 0,05 m²

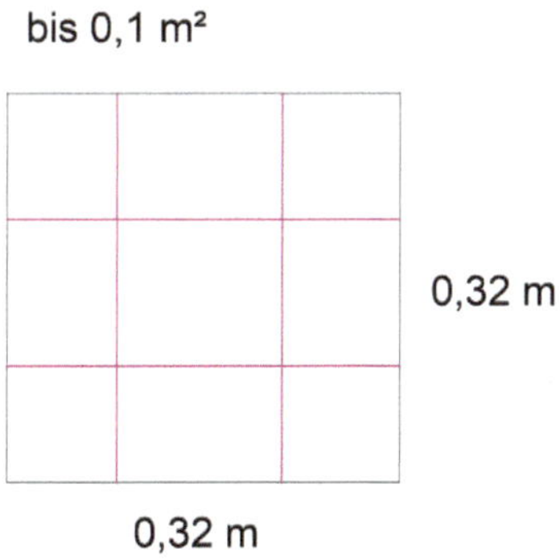

Bild 18.27:Fehlstelle bis 0,10 m²

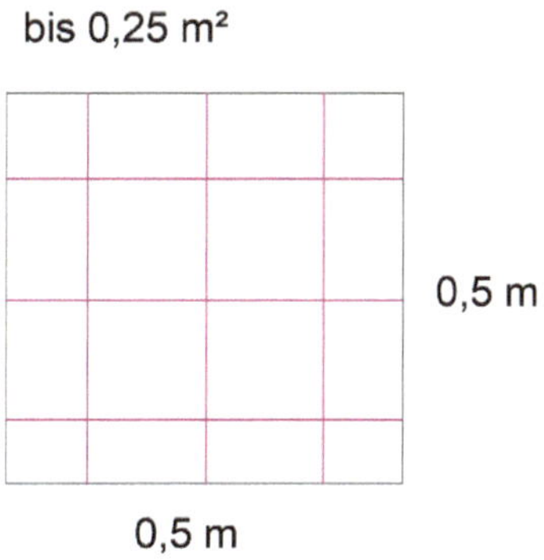

Bild 18.28:Fehlstelle bis 0,25 m²

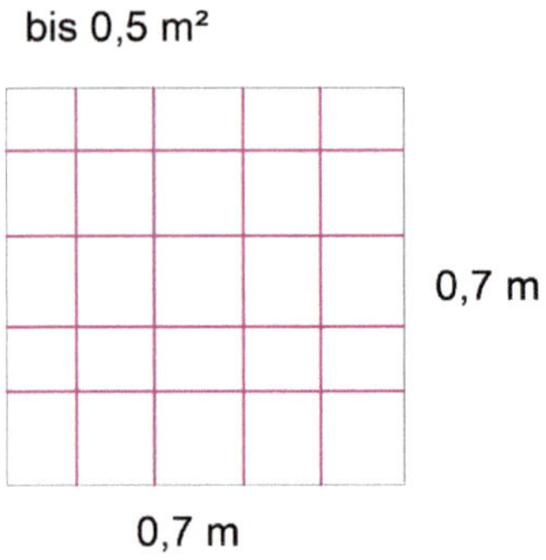

Bild 18.29:Fehlstelle bis 0,50 m²

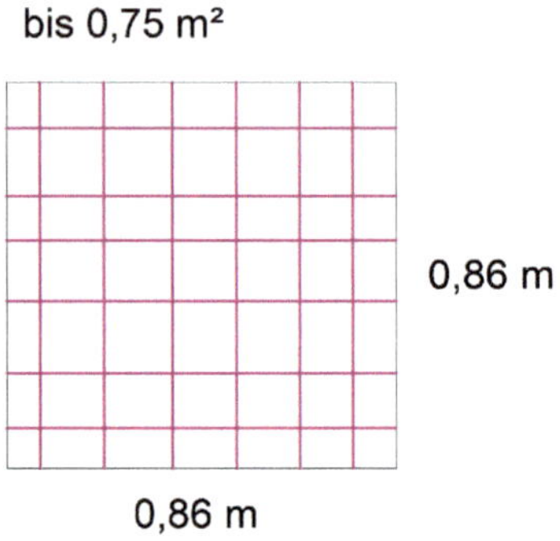

Bild 18.30:Fehlstelle bis 0,75 m²

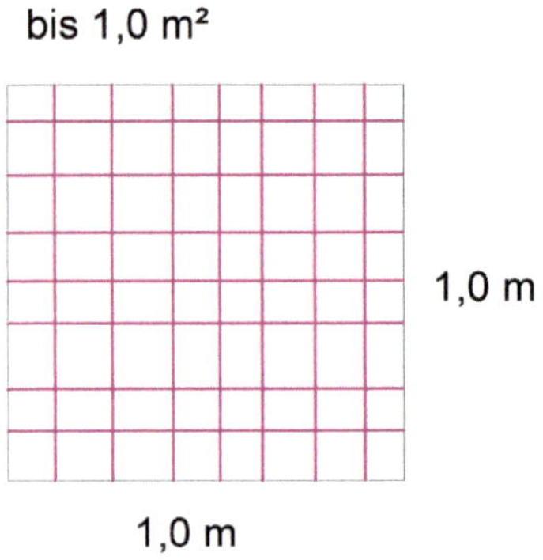

Bild 18.31:Fehlstelle bis 1,00 m²

Anordnung von Bewehrungsstäben in einer Schadstelle:
Fehlstelle bis 0,01 m² (A = 0,01 m² = 0,1 x 0,1 m), mit 2 Stück Bewehrungsstäben mit Länge bis 0,25 m.

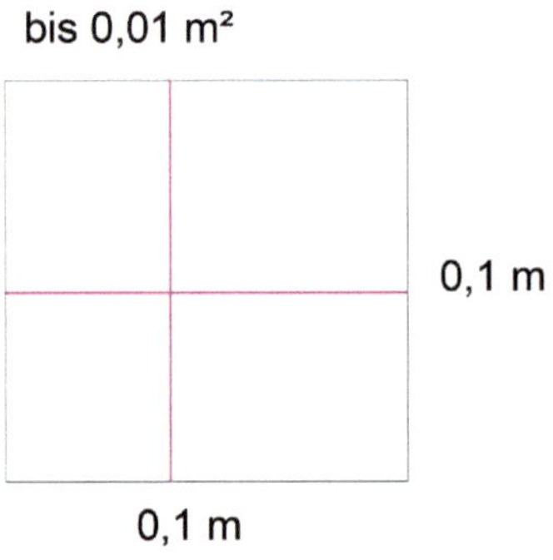

Bild 18.32:Fehlstelle bis 0,01 m²

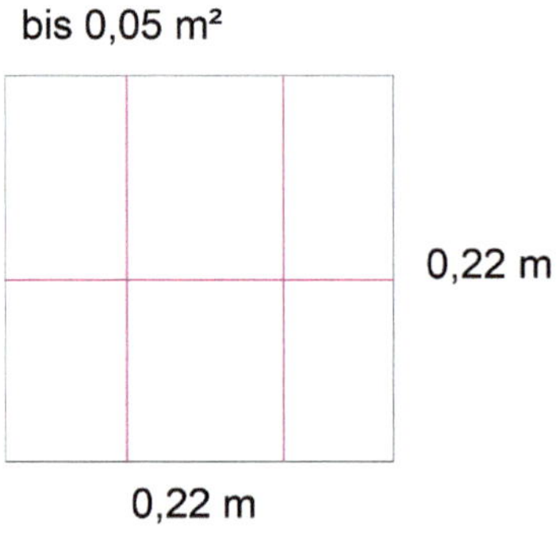

Bild 18.33:Fehlstelle bis 0,05 m²

Fehlstelle bis 0,05 m² (A = 0,05 m² = 0,22 x 0,22 m), mit je 2 Stück Bewehrungsstäben vertikal mit Länge 0,25 m und einem Bewehrungsstab horizontal mit Länge 0,25 m.

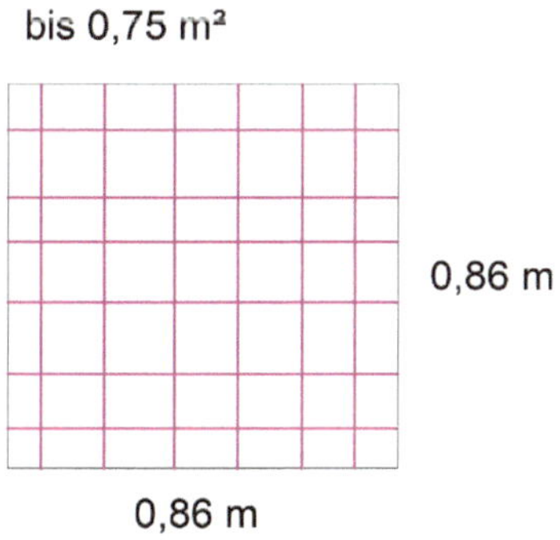

Bild 18.34:Fehlstelle bis 0,75 m²

Fehlstelle bis 0,75 m² (A = 0,75 m² = 0,86 x 0,86 m), mit je 6 Stück Bewehrungsstäben, horizontal und vertikal mit Länge bis 1,00 m

Beispiel zur Ermittlung der Schadstellengröße und dazugehörigen Bewehrung:

Bild 18.35: Ermittlung Fehlstelle und Bewehrungsstäbe

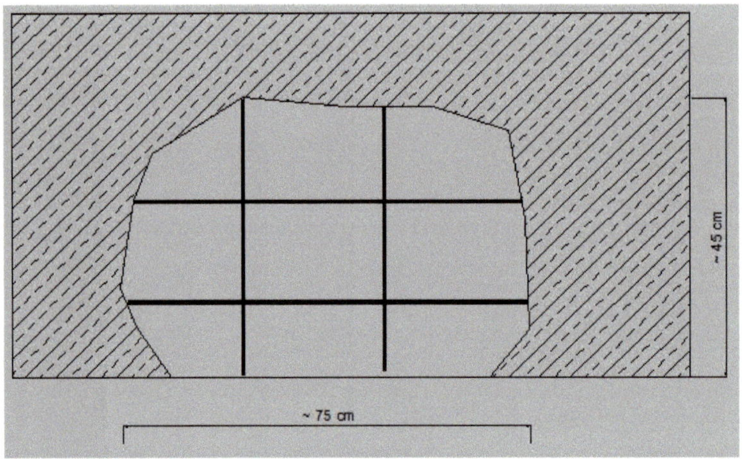

Bild 18.36: Schadstelle grafisch dargestellt

Ausbruchstelle: 0,75 m x 0,45 m) = 0,34 m²

Stück Fehlstelle: **1 Stück bis 0,5 m²**

Bewehrung: 2 Stäbe vertikal und 2 Stäbe horizontal

2 Stück bis 0,5 m Länge

2 Stück 0,5 – 1,0 m

Ermittlung von Massen, tabellarisch:

			Stück Schadstelle:	Fläche:	Klassenmittel:	
Ausbruch:	bis 0,01	m²	100	1	bis 0,01	m²
Ausbruch:	0,01 - 0,05	m²	50	1,5	0,03	m²
Ausbruch:	0,05 - 0,1	m²	25	1,875	0,075	m²
Ausbruch:	0,1 - 0,25	m²	10	1,75	0,175	m²
Ausbruch:	0,25 - 0,5	m²	2	0,75	0,375	m²
Ausbruch:	0,5 - 0,75	m²		0	0,625	m²
Ausbruch:	0,75 - 1,0	m²		0	0,875	m²
Ausbruch:	> 1,0	m²		0	1	m²
			Summe:	6,875		

Bild 18.37: Ermittlung von Schadstellen in Stückzahl je Schadstellenklasse

Nach Vorgabe der DIN 18349 sind die Schadstellen in Stückzahlen auszuschreiben [9].

Hier stellt sich die Frage des Mengenansatzes zu den zugeordneten Schadstellengrößen. Kleine Schadstellen treten erfahrungsgemäß häufiger auf als größere. Grundlage bildet zunächst die vor Ort ermittelte Anzahl von Schadstellen.

Anzumerken ist, dass die tatsächliche Anzahl und vor allem die Größe der Schadstelle oftmals erst nach der Untergrundvorbereitung ersichtlich ist. Dieser Aspekt ist bei der Zusammenstellung der Mengen zu berücksichtigen und daher wird empfohlen, die Anzahl etwas nach oben hinzukorrigieren.

Zu beachten ist hierbei die jeweilige Geometrie des instandzusetzenden Bauteils. So lassen sich z. B. aus filigranen Stützen kaum Schadstellen der Fläche bis 1,0 m² herleiten.

Bewehrung in Bezug auf Schadstellengröße:							
Längen:	Klassen für Stäbe bis 25 cm				Stück Schadstelle:	Länge:	
	Eisenlänge:	Stück:					
bis 0,01 m²	0,1	2	0,2	m	100	20	m
0,03 m²	0,17	3	0,51	m	50	25,5	m
0,075 m²	0,27	4	1,08	m	25	27	m
						72,5	m
	Klassen für Stäbe 25 - 50 cm				Stück Schadstelle:	Länge:	
	Eisenlänge:	Stück:					
0,125m²	0,35	5	1,75	m	10	17,5	m
	Klassen für Stäbe 0,5 - 1 m				Stück Schadstelle:	Länge:	
	Eisenlänge:	Stück:					
0,375 m²	0,61	8	4,88	m	2	9,76	m
0,625 m²	0,79	10,5	8,295	m	0	0	m
0,875 m²	0,93	12,5	11,625	m	0	0	m
						9,76	m

Bild 18.38: Ermittlung von Bewehrungsstäben aus der Geometrie der Schadstelle

Mit den Bildern 17.37 und 17.38 lassen sich schließlich die auszuschreibenden Mengen, jeweils in Stückzahl, abschätzen: z. B. 100 Stück Schadstellen bis 0,01 m², 50 Stück Schadstellen bis 0,05 m² usw. bzw. 175 Stück Bewehrung bis 0,25 m, 10 Stück Bewehrung bis 0,50 m usw.

18.4.3 Vergabearten

Für die Vergabe von Bauleistungen stehen gemäß VOB A, §3, mehrere Vergabearbeiten zur Verfügung,

Diese sind:

- Öffentliche Ausschreibung
- Beschränkte Ausschreibung ohne Teilnahmewettbewerb
- Beschränkte Ausschreibung mit Teilnahmewettbewerb
- Freihändige Vergabe

Öffentliche Ausschreibung: Bauleistungen werden in einem vorgegebenen Verfahren nach öffentlicher Aufforderung einer unbeschränkten Zahl von Unternehmen zur Einreichung von Angeboten vergeben.

Beschränkte Ausschreibung: Bauleistungen werden im vorgeschriebenen Verfahren nach Aufforderung einer beschränkten Zahl von Unternehmen zur Einreichung von Angeboten vergeben, gegebenenfalls nach öffentlicher Aufforderung, Teilnahmeanträge zu stellen. Im Teilnahmeantrag werden Qualifikationen und Referenzen abgefragt, um die Zahl der Bieter zu reduzieren, die anschließend zur Abgabe eines Angebots aufgefordert werden.

Direkte Vergabe: Bei der freihändigen Vergabe werden Bauleistungen in einem vereinfachten Verfahren direkt vergeben.

18.4.4 Auswertung von Bieterangeboten und Vergabe

Zu den originären Aufgaben eines Sachkundigen Planers gehört die Auswertung der Bieterangebote.

Sämtliche Einheitspreise der ausgeschriebenen Positionen eines Leistungsverzeichnis werden verglichen und bewertet. Zunächst wird die Auskömmlichkeit geprüft oder auffällig hohe Preise aufgedeckt.

Dabei werden die Angebote so aufgearbeitet, dass z. B. ein Einkäufer eine Grundlage für die Verhandlung in einem Bietergespräch bekommt.

Des Weiteren werden die angebotenen Produkte auf Ihre Zulassung hin überprüft. Gemäß Bauordnung dürfen nur Produkte eingesetzt werden, die gemäß der Paragrafen 17 – 21 aus der Landesbauordnung zugelassen sind.

LV: Instandsetzung Brückenkappen Bürgermeister- Kunz- Straße

		Bieter 1		Bieter 2		Bieter 3	
1	**Baustelleneinrichtung**						
1.010	1,000 psch	Baustelleneinrichtung					
	EP		3.980,86		18.795,37		19.255,00
	GB	100%	3.980,86	472%	18.795,37	484%	19.255,00
1.020	2,000 St	Beschilderung/Baustellenbeleuchtung/Baken je Bauabschnitt					
	EP		1.306,12		2.160,25		1.791,00
	GB	100%	2.612,24	165%	4.320,50	137%	3.582,00
1.030	2,000 St	Ampelanlage, je Bauabschnitt					
	EP		3.151,68		124,51		2.455,00
	GB	2.531%	6.303,36	100%	249,02	1.972%	4.910,00
1.040	1,000 psch	Fremdüberwachung					
	EP		853,58		236,88		1.255,00
	GB	360%	853,58	100%	236,88	530%	1.255,00
1.050	140,000 m	Bauzaun/Absperrungen					
	EP		11,09		0,30		10,50
	GB	3.697%	1.552,60	100%	42,00	3.500%	1.470,00
1.060	60,000 m	Einhausung Strahlarbeiten HDW, Nordseite					
	EP		16,25		14,17		658,20
	GB	115%	975,00	100%	850,20	4.645%	39.492,00
1.070	140,000 m	Demontage/Wiedermontage Leitplanke					
	EP		56,26		89,08		37,40
	GB	150%	7.876,40	238%	12.471,20	100%	5.236,00
1.080	1,000 psch	Beweissicherung					
	EP		465,13		124,51		1.510,00
	GB	374%	465,13	100%	124,51	1.213%	1.510,00
Summe 1	**Baustelleneinrichtung**						
	GB	**100%**	**24.619,17**	**151%**	**37.089,68**	**312%**	**76.710,00**

Bild 18.39: Vergleich von Positionen mit farblicher Kennzeichnung günstigster oder teuerster Preise

Die Aufgaben im Einzelnen sind:

- Angebotseinholung
- Prüfen und Auswerten der Angebote
- Prüfen der Angebotspreise (Auskömmlichkeit)

- Prüfen der angebotenen Produkte
- Alternativangebote

Zunächst wird geprüft, ob die angebotenen Summen mathematisch korrekt erfasst sind. Dies trifft insbesondere dann zu, wenn ein Angebot handschriftlich bearbeitet worden ist. Bei der Bearbeitung mit einem Ausschreibungsprogramm treten Rechenfehler in der Regel nicht auf.

Auf fehlende Angaben ist aufmerksam zu machen. Es ist zu prüfen, ob das Fehlen Grund für eine Nichtwertung bedeutet. Dies ist ggf. mit dem Bauherrn/Einkäufer abzustimmen. Gesetzliche Bestimmungen sind dabei zu beachten.

Preisspiegel

Datum: 05.04.2013

Projekt: Instandsetzung Tiefgarage

LV: Instandsetzung TG

(EUR)	Firma F	Firma D	Firma E	Firma A	Firma C	Firma B
GB:	693.990,54	717.787,31	780.016,92	816.041,17	868.845,75	1.083.363,36
Auf-/Abschlag:	0,00	0,00	0,00	0,00	0,00	0,00
GB netto:	693.990,54	717.787,31	780.016,92	816.041,17	868.845,75	1.083.363,36
MwSt (19%):	131.858,20	136.379,59	148.203,21	155.047,82	165.080,69	205.839,04
GB brutto:	825.848,74	854.166,90	928.220,13	971.088,99	1.033.926,44	1.289.202,40
prozentual:	100,00%	103,43%	112,40%	117,59%	125,20%	156,11%

Bild 18.40: Beispiel eines Preisspiegels mehrerer Angebote

In den gängigen Ausschreibungsprogrammen wird das Ergebnis der Ausschreibung in einem Preisspiegel dargestellt.

In einem Ranking wird unmittelbar aufgezeigt, welcher Bieter das günstigste oder welcher das teuerste Angebot unterbreitet hat.

Neben den Einheitspreisen werden prozentuale Abweichungen bei den angebotenen Preisen dargestellt, mit denen sich der Prüfer unmittelbar ein Bild verschaffen kann, welche Leistungen überhöht oder nicht auskömmlich angeboten worden sind.

Neben der eigentlichen Auswertung ist im Zuge der Vergabe (LP7) eine Grundlage für Bietergespräche vorzubereiten.

Der Planer erstellt eine Agenda für den Ablauf des Gesprächs (kann auch vom Kunden/Einkäufer direkt erfolgen) und stellt die Punkte zusammen, die verhandelt werden sollen.

Obligatorisch ist dabei die Vorlage des Abgabedokumentes mit dem Ranking der Bieter und den Stellungnahmen zu Preisen, Produkten oder zu vorgegebenen Anforderungen aus z. B. Teilnahmeanträgen (Angabe von Referenzen, Firmenumsätzen etc.). Anschließend wird in der Regel eine Vergabeempfehlung gegeben.

18.4.5 Hinweispflichten

Der Planer ist dem Bauherrn gegenüber zur umfassenden Beratung und Aufklärung während des gesamten Vertragsverhältnisses verpflichtet. Das heißt, er hat über Risiken aufzuklären, die mit der Planung verbunden sind.

Ein Beispiel dazu ist die Planung eines Oberflächenschutzsystems OS 8 in einem Zwischengeschoss eines Parkhauses.

Bei dem Oberflächenschutzsystem handelt es sich um ein starres Beschichtungssystem auf Basis von Kunstharzen. Infolge von Bewegungen in der Konstruktion ist mit Längenänderungen zu rechnen, die sich in Form von Rissen in der Zwischendecke und der Beschichtung darstellen.

Dem Bauherrn muss klar sein, dass Risse entstehen können, die später zur Aufrechterhaltung der Dauerhaftigkeit wieder zu schließen sind. Die Risse stellen zwar nach der Instandsetzung keinen technischen Mangel dar, sie bedeuten jedoch eine optische Einschränkung, da sie nach dem Verschließen sichtbar bleiben. Dies wird ohne Aufklärung erfahrungsgemäß als Mangel angesehen.

Ein technischer Mangel besteht allerdings, wenn die Risse nicht vor dem Eintrag weiterer korrosionsauslösender Tausalze geschlossen werden. Solche Instandsetzungen kosten Geld, das der Bauherr bereitstellen muss. Um solche Kosten budgetieren zu können, muss er darüber aufgeklärt sein.

18.5 Überwachung, Abnahme und Abrechnung

C. Golar

18.5.1 Aufgaben der Objektüberwachung

Die Objektüberwachung ist eine Grundleistung bei der Objektplanung und stellt die Leistungsphase 8 dar [11].

Sie umfasst das Überwachen der Ausführung des Objektes auf Übereinstimmung mit:

- der öffentlich-rechtlichen Genehmigung oder Zustimmung,
- den Verträgen mit ausführenden Unternehmen,
- den Ausführungsunterlagen,
- den einschlägigen Vorschriften,
- den allgemein anerkannten Regeln der Technik,
- der öffentlich- rechtlichen Genehmigung oder Zustimmung sowie
- den allgemein anerkannten Regeln der Technik.

Überwachen der Ausführung von Tragwerken:

- Koordinieren der an der Objektüberwachung fachlich Beteiligten
- Aufstellen, Fortschreiben und Überwachen eines Terminplans (Balkendiagramm)
- Dokumentation des Bauablaufs (zum Beispiel Bautagebuch)
- Gemeinsames Aufmaß mit den ausführenden Unternehmen
- Bei Betoninstandsetzung möglichst nach dem Strahlen, da der tatsächliche Ausbruch und Schädigungsgrad der Bewehrung erst dann sichtbar werden.
- Rechnungsprüfung
- Vergleich der Ergebnisse der Rechnungsprüfungen mit den Auftragssummen einschließlich Nachträgen

HOAI LP 8:

- Kontrolle der Bauleistungen des AN
- Aufmaß für die Rechnungsprüfung
- Rechnungsprüfung
- Qualitätssicherung
- Prüfung Bautagesberichte
- Prüfung Termine

- Schriftverkehr

Neben den „klassischen“ Aufgaben gehören aber auch Aufgaben, die nicht in Fachbüchern beschrieben sind.

Dazu gehört u. a. die Aufrechterhaltung einer vernünftigen Atmosphäre auf der Baustelle!

Der SKP bildet, seiner Rolle als Objektplaner nachkommend, die Schnittstelle zwischen den Gewerken und Vertragsparteien. Teamfähigkeit und interkulturelle Kompetenz bilden dabei eine Grundvoraussetzung für eine erfolgreiche Abwicklung einer Baumaßnahme. Es gilt, Streitigkeiten möglichst frühzeitig auszuräumen, um möglichst den Gang vor ein Gerichtsprozess, der mit Kosten, hohem Stress und einer langen Dauer bis zum Urteil verbunden ist, zu vermeiden.

18.5.2 Baubegleitende Planung

Speziell beim Bauen im Bestand ist damit zu rechnen, dass von geplanten Maßnahmen abgewichen werden muss, da sich die Situation vor Ort nicht selten anders darstellt als angenommen. Umplanungen sind daher beim Bauen im Bestand nicht auszuschließen. In der HOAI wird diesem Umstand mit einer Zulage von bis zu 50 % für die LP 8, Objektüberwachung, Rechnung getragen.

Beispiel 1: Nachträglicher Einbau eines Entwässerungstopfes

Unplanmäßig soll nachträglich ein Entwässerungspunkt in einer Parkebene eines Parkhauses eingebaut werden.

Um den Flansch richtig einbauen und abdichten zu können, muss die Betonrandzone freigelegt werden. Dabei kommt die obere Bewehrungslage in die Quere. Seitens des Tragwerksplaners muss geprüft werden, ob die Bewehrung durchtrennt werden darf oder ob zusätzliche Verstärkungsmaßnahmen erforderlich werden.

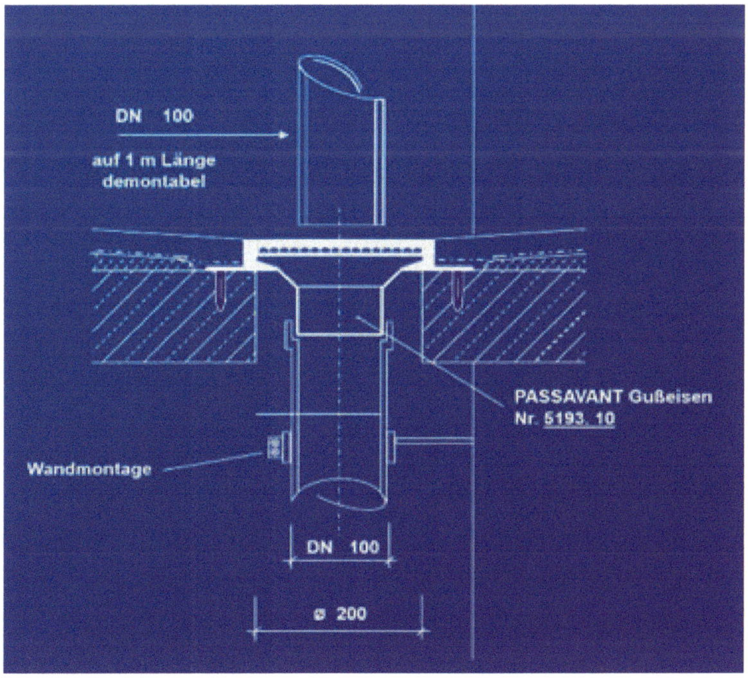

Bild 18.41: Skizze Bodenablauf

Bild 18.42: Aussparung für Bodenablauf

Ggf. ist eine alternative Entwässerungseinrichtung zu planen.

Beispiel 2: Umplanung bei der Instandsetzungsmaßnahme eines Wandsockels in einer TG

Geplant war, den Wandsockel in einer Tiefgarage mit einer flexiblen Dreiecksleiste auszuführen.

Es zeigte sich bereits nach wenigen Wochen, dass an einem Wandsockel der Tiefgarage, unmittelbar neben einer Dehnfuge, Abbrüche von Beton aufgetreten sind und der Fugenfüllstoff von den Fugenflanken abgerissen ist. Offensichtlich waren die Bewegungen aus Temperaturunterschieden zu groß und konnten nicht abgefangen werden.

→ Eine Umplanung wurde fällig.

Bild 18.43: Abbruch Beton an Wandsockel, Abriss Fugenfüllstoff

Anstelle der Dreiecksleiste wurde entschieden, den Wandsockel mit einem Fugenband mit Schlaufe herzustellen, um die großen Bewegungsänderungen aufnehmen zu können.

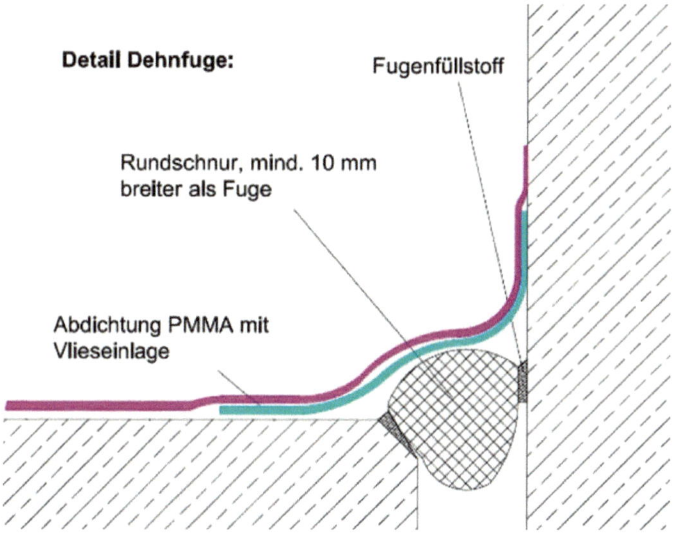

Bild 18.44: Detail Wandanschluss Bodenplatte / aufgehende Wand

Beispiel 3: Nachträglicher Einbau von Rissbandagen in einer Zwischendecke

Am Boden einer Zwischendecke wurden bei den Voruntersuchungen Risse mit Rissbreiten von 0,2 mm festgestellt.

Geplant war, Risse im Boden zu verschließen und anschließend auf der Bodenplatte eine Beschichtung OS 10, nach Instandsetzungsrichtlinie [3], aufzubringen.

Nach Abtrag des chloridbelasteten Betons mittels HDW war feststellbar, dass die Risse bis 0,35 mm breit waren. In dem betroffenen Deckenfeld lagen bereits mehrere, parallel zueinander liegende Risse vor.

Daher wurde im Zuge der Instandsetzung festgelegt, die Risse mit Rissbandagen zu versehen, um die Gefahr einer erneuten Rissbildung in der neuen Beschichtung zu bannen.

18.5.3 Nachträge

Ein Ärgernis für jeden Bauherrn sind nachträgliche Forderungen des Bauausführenden für zusätzliche Leistungen, die nicht im Leistungsverzeichnis ausgeschrieben waren. Es kommt zum Nachtrag.

Speziell beim **„Bauen im Bestand"** sind nicht immer alle erforderlichen Leistungen planbar und daher Nachträge nicht ungewöhnlich bzw. nicht vermeidbar. So werden Leistungen teilweise erst im Zuge der Maßnahme sichtbar und müssen dann nachträglich geplant werden oder ziehen eine Umplanung, vgl. Kapitel 17.5.2, nach sich.

Begünstigt werden Nachträge aber auch durch das Vergabeverfahren in Deutschland, bei dem der günstigste Bieter den Zuschlag für eine Baumaßnahme erhalten soll.

Um einen Auftrag zu erhalten, werden daher die Angebote oftmals nach unten kalkuliert, ohne alle Kosten für die Leistungen wirklich abzudecken. Um das „verlorene" Geld auszugleichen oder die Leistungen kostendeckend leisten zu können, „müssen" im Zuge der Maßnahme Nachträge generiert werden.

Nachträge sind für den Bauherrn in der Regel ein „rotes Tuch“

- Die zusätzlichen Kosten waren nicht budgetiert,
- Es wird davon ausgegangen, dass der Planer als Sachkundiger doch alles geplant und ausgeschrieben hat. Dies belastet erfahrungsgemäß das Verhältnis zwischen dem Bauherrn und dem Planer

Zu beachten ist allerdings, dass es sich bei den Nachtragsleistungen in vielen Fällen um „Sowiesokosten“ handelt, da der Gesamterfolg ohne diese Leistungen nicht erreichbar ist. Dies wird erfahrungsgemäß von der juristischen Fraktion so gesehen. Die Kosten aus Nachträgen wären bei mangelfreier Vertragsdurchführung ohnehin entstanden.

Üblicherweise liegen die Einheitspreise bei Nachtragspositionen höher als zuvor im Wettbewerb mit Mitbietern.

Im Grunde genommen können dem Planer lediglich die Mehrkosten vorgeworfen werden, die aufgrund der höheren Kosten bei Nachträgen in den Einheitspreisen entstehen.

18.5.4 Abnahme

Die Abnahme stellt eines der wichtigsten Organe einer Baumaßnahme dar.

Definition: Die Abnahme bezeichnet allgemein eine Erklärung, dass eine Sache oder ein Zustand bestimmten Kriterien entspricht [...].

Für den Bausektor und der Baumaßnahme bedeutet das, dass die nach Vertrag geschuldete Bauleistung vollbracht wurde. Sie stellt einen Vergleich zwischen dem Planungs-/Bausoll zur erbrachten Leistung dar.

Die Abnahme wird in der VOB/B im §12 [10], wie folgt, geregelt:

- (1) Auf Verlangen des AN binnen 12 Werktagen (andere Frist kann vereinbart werden).
- (2) In sich abgeschlossene Teile sind auf Verlangen gesondert abzunehmen.
- (3) Bei wesentlichen Mängeln kann Abnahme verweigert werden, aber:
- kleine Restarbeiten sind kein Grund für die Verweigerung.
- (4,1) eine förmliche Abnahme hat zu erfolgen, wenn eine Vertragspartei es verlangt.
- (4,2) AN muss nicht anwesend sein.
- (5) Findet keine Abnahme statt, so gilt die Leistung nach 12 Werktagen ab Fertigstellungmeldung als abgenommen.

Vor der Abnahme trägt grundsätzlich der Bauunternehmer das volle Risiko einer bis dahin erbrachten Bauleistung, auch dann, wenn sie mangelfrei erbracht worden ist.

Mit der Abnahme wird das Risiko auf den Besteller/Bauherr übertragen.

Bei etwaigen Abweichungen einer Bauleistung, die vor der Abnahme auffällt, muss im Streitfall der Unternehmer den Nachweis liefern, ob dies zutrifft oder nicht. Nach Abnahme muss der Besteller den Nachweis erbringen. Dabei werden in der Regel Sachverständige hinzugezogen.

Ab der Abnahme beginnt zudem die Gewährleistung. Eine Verzögerung geht somit zu Lasten des Bauunternehmers, da sich die Gewährleistungszeit und somit sein Risiko verlängert.

18.5.5 Abrechnung

Die Abrechnung von Bauleistungen stellt in der HOAI, Leistungsphase 8, eine Grundleistung für den Objektplaner/SKP dar. Zur Rechnungsprüfung gehört zunächst das Prüfen der Aufmaße des bauausführenden Unternehmens vor Ort.

Dieses bildet die Grundlage für die Rechnungsprüfung selbst.
Geprüft wird dabei die:

- sachliche Richtigkeit,
- rechnerische Richtigkeit und
- preisrechtliche Richtigkeit

Die festgestellten Mengen werden in der Regel in ein Abrechnungsprogramm oder in eine Excel-Tabelle eingepflegt und somit der Rechnungsbetrag rechnerisch geprüft.

Prüfung einer Rechnung z. B. tabellarisch mit Excel:

OZ	Kurztext	Menge	Einheit	EP	GB	Menge	Einheit	E-Preis	G-Preis
02	**Betoninstandsetzung**								
	Vorgehensweise								
02.01	Abklopfen Betonflächen: EG, UG +	19.500,000	m²	0,01	195,00	12.666,13	m²	0,01	
	Treppenhäuser								126,66
02.01.01	HDW Abtrag Wände	680,000	m	20,70	14.076,00	548,55	m	20,70	11.354,99
02.01.02	HDW Abtrag Stützen	186,000	Stk	49,68	9.240,48	162,00	Stk	49,68	8.048,16
02.01.03	Entsorgung Abtrag	20,500	to	51,00	1.045,50				
02.02	Stück Abstemmen, bis 0,01 m², t bis 3 cm	1.040,000	St	2,30	2.392,00	1.083,00	Stk	2,30	2.490,90
02.03	Stück Abstemmen, bis 0,01 -0,1m², t bis 3 cm	800,000	St	5,75	4.600,00	649	Stk	5,75	3.731,75
02.04	Stück Abstemmen, bis 0,1-0,25 m², t bis 3 cm	560,000	St	11,50	6.440,00	158	Stk	11,50	1.817,00
02.05	Stück Abstemmen, > 0,25 bis 0,5 m², t bis 3 cm	360,000	St	17,25	6.210,00	81	Stk	17,25	1.397,25
02.06	Stück Abstemmen, > 0,5 bis 0,75 m², t bis 3 cm	160,000	St	28,75	4.600,00	16	Stk	28,75	460,00

Bild 18.45: Beispiel für die Prüfung einer Rechnung

Im Einzelnen zu prüfen sind unter anderem:

- die richtige Berechnung des Gesamtbetrages nach den vereinbarten Preisen und der Rechnungssumme,
- vereinbarte Anzahl der Mehrausfertigungen und Nachweise,
- vereinbarte Preisnachlässe sind richtig berücksichtigt,
- Abschlagszahlungen richtig aufgeführt und vom Schlussrechnungsbetrag abgesetzt bzw. ku mulative Abschlagsrechnungen und Schlussrechnung vorgesehen,
- Teilleistungen einzeln und nach der Reihenfolge im Leistungsverzeichnis (LV) aufgeführt sowie mit den richtigen Abrechnungseinheiten,
- erforderliche Nachweise wie Aufmaße, Abrechnungsskizzen zum Aufmaß, Stundenlohnzettel bei Stundenlohnarbeiten, Massennachweise, Gewichtsnachweise u. a. beigebracht,
- bei Pauschalabrechnungen Vergleich der berechneten Leistungen mit dem Zahlplan,
- vom Auftraggeber erfolgte Beistellungen berücksichtigt bzw. abgesetzt,
- vereinbarte Preisgleitklauseln berücksichtigt und richtig berechnet,
- Leistungen zu Nachträgen gesondert aufgeführt und die Ermittlung für geänderte Einheitsp reise (EP) nachgewiesen,
- Vergleich der Soll- und Ist-Mengen der berechneten Bauleistungen ggf. erforderliche Aufklärung von auffälligen Abweichungen bzw. Mengenverschiebungen,

Zur besseren Übersicht und als Nachweis des Prüfenden wird die Rechnung mit dem Hinweis „rechnerisch und fachtechnisch geprüft" versehen.

Ziel der Rechnungsprüfung ist es, objektiv die tatsächlich erbrachten Bauleistungen gemäß Vertrag zu vergüten.

18.5.6 Überwachung durch eine dafür anerkannte Überwachungsstelle

Eine Maßnahme der Qualitätssicherung von Instandsetzungsmaßnahmen stellt die Überwachung durch eine dafür anerkannte Überwachungsstelle dar. Im früheren Fachjargon wurde von der Fremdüberwachung gesprochen.

Nach der Instandsetzungsrichtline Rili-SIB 2001 [3] galt diese nicht für kleinere Baumaßnahmen mit Betonflächen < 50 m^2.

Eine Instandsetzungsmaßnahme muss nach dem Regelwerk vorab bei der Überwachungsstelle schriftlich angemeldet werden. Geprüft werden:

- ausführungsrelevante Unterlagen
- Bautagebuch
- Prüfprotokolle und Unterlagen der Überwachung durch das ausführende Unternehmen
- Prüfzeugnisse der ständigen Baustoff-/Betonprüfstelle
- Eignungs- und Übereinstimmungsnachweise
- Lieferscheine
- Mischanweisungen bei Verwendung von auf der Baustoffe hergestellten Stoffe

Weiterhin zu prüfen sind:

- Eingesetzte Prüfeinrichtungen (z. B. Haftzuggerät – Eichung)
- Lagerung von Baustoffen (Feuchtigkeit/Temperatur/Brandschutz)
- Maschinen und Geräte (Bohr- und Stemmhammer/Lautstärke)
- Durchführung der Arbeiten nach vorgegebenen Arbeitsplänen
- Qualifikation des Baustellenfachpersonals

Bei Beanstandungen muss die Prüfung wiederholt werden. Am Ende wird ein Überwachungsbericht erstellt, in dem die Feststellungen dokumentiert werden:

- Unternehmen, Baustelle, Fachpersonal, ständige Baustoffe
- Datum der Überwachung
- Kurzbeschreibung der Baumaßnahme
- Gerätetechnische Ausstattung
- Art und Durchführung der durchgeführten Instandsetzungsmaßnahme
- Überwachung: Bautagesberichte, Lieferscheine, Prüfergebnisse

Die Prüfberichte sind entsprechend der gesetzlichen Fristen aufzubewahren und dem Bauherrn zur Verfügung zu stellen.

18.5.7 Überwachung durch den Sachkundigen Planer

Neben der Überwachung durch eine dafür anerkannte Überwachungsstelle, wird als weiteres Instrument der Qualitätssicherung eine Überwachung der Leistungen durch die Unternehmen selbst sowie durch den Sachkundigen Planer vorgenommen.

Vorgaben dazu sind in der Instandsetzungsrichtlinie Rili- SIB 2001 im Anhang A, Teil 3 bei den „Anforderung an die Betriebe und Überwachung der Ausführung“ vorgegeben [3].

Die Prüfungen zielen auf den Betonuntergrund, die einzusetzenden Stoffe und deren Verarbeitung und schließlich auf die ausgehärteten Stoffe ab. Vor Beginn ist in einem Arbeitsplan festzulegen, welche Prüfungen durchgeführt werden sollen.

Der Gegenstand der Prüfungen ist tabellarisch dokumentiert. Im Wesentlichen sind dabei Prüfungen des Betonuntergrundes vorgesehen, wie z. B. die Sichtprüfung der Flächen, die Prüfung der Rautiefe, Abreißfestigkeit sowie die Messung der Feuchte und Temperatur.

Bei den Stoffen ist zu kontrollieren, ob das auf der Baustelle eingesetzte Produkt den Vorgaben der Ausschreibung entspricht, bzw., wenn Alternativprodukte zugelassen sind, ob die technischen Vorgaben eingehalten werden. Zudem muss geprüft werden, ob Produktzulassungen erfüllt werden.

Bei den eingesetzten Produkten wird u. a. die Zusammensetzung der Stoffe geprüft. Zu nennen sind hier beispielsweise die Rohdichte des Mörtels oder dessen Luftgehalt.

Bei der Verarbeitung sind Randbedingungen zu prüfen, wie Witterungsbedingungen zum Zeitpunkt des Einbaus. Die in den technischen Merkblättern vorgegebenen Anforderungen an Temperatur oder Luftfeuchtigkeit sind einzuhalten. Beim Einbau sind Schichtdicken und Verbrauchsmengen zu prüfen.

Die fertigen Betonersatzsysteme und Beschichtungen sind final auf Regelkonformität zu prüfen. Dazu gehören das Prüfen auf Hohllagen, die Prüfung der Abreißfestigkeit oder die Sichtprüfung auf Poren oder Blasen. Stichpunktartig können Bohrkerne entnommen werden, um die Schichtdicken zu messen.

Die Prüfhäufigkeit wird vom Sachkundigen Planer vorgegeben, wenn nicht explizit in der Tabelle darauf hingewiesen wird.

18.5.8 Dokumentation

Am Bau Unbeteiligte sollen zu einem späteren Zeitpunkt noch die Maßnahme nachvollziehen können. Insbesondere dann, wenn Streitigkeiten oder Mängel innerhalb der Gewährleistung auftreten. Daher empfiehlt sich eine abschließende Dokumentation der Maßnahme mit der folgenden Gliederung:

- Instandsetzungsmotivation
- Ablauf der Maßnahme
- Dokumentation, Protokolle, Bautagesberichte
- Ergebnisse von Untersuchungen während der Maßnahme
- Einsatz von Material (Art, Chargen etc.)
- Abnahmen (-> Gewährleistung)
- Abschlussbericht (z. B. Gutachten)

Bisher gängige Dokumentationen zu Bauwerken finden sich normgemäß, unter anderem in der Norm DIN 1076, „Ingenieurbauwerke im Zuge von Straßen und Wegen – Überwachung und Prüfung“, in Bauwerksbüchern, z. B. dem Brückenbuch, das in digitaler Form (Programm SIB) zusammengestellt ist.

18.5.9 Haftung

Wie bei der Gewährleistung für Unternehmen, besteht auch für planerischen Leistungen eine Haftung durch den Sachkundigen Planer.

Die Haftung gilt für Planungsleistungen bei Architekten und Ingenieuren zum Beispiel für eine mangelhafte Erbringung der vertraglichen Leistungen (z. B. Planungsfehler, fehlende Planung oder unzureichende Bauüberwachung).

Die Gewährleistung beträgt 5 Jahre, sie kann sich bei angebotenen Leistungen der LP 9 jedoch um bis zu 5 Jahre verlängert [12].

Baumängel müssen erkannt und verhindert werden. Dies gilt auch dann, wenn die Gesundheit oder das Eigentum des Bauherrn oder Dritter verletzt werden.

Eine Haftung gilt speziell auch für die Einhaltung der Kosten, zum Beispiel, wenn Baukosten die Prognosen der Kostenermittlung überschreiten.

Die folgenden prozentualen Genauigkeiten sind in der DIN 276 festgelegt:

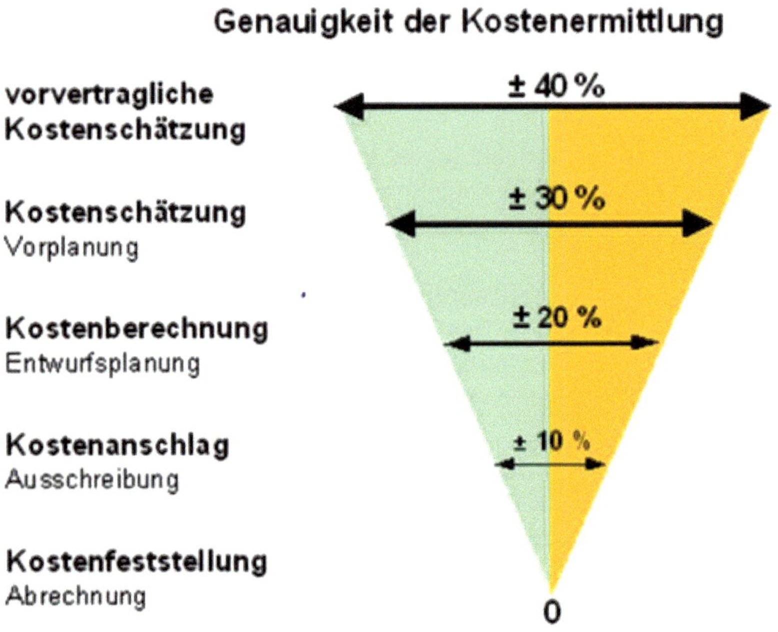

Bild 18.46: Genauigkeit von Kosten (Quelle DIN 276)

18.5.10 Streitregelung am Bau

Für die Streitbelegung am Bau stehen die folgenden Mittel zur Verfügung:

1. Mediation
2. Schlichtung
3. Adjudikation
4. Schiedsgutachten
5. Gerichtsprozess

1. Mediation (lat. Vermittlung):
   Freiwilliges Verfahren
   Die Konfliktparteien versuchen mit Hilfe eines Mediators, den Streit beizulegen. Der Mediator vermittelt, er bringt die Parteien wieder zusammen. Er gibt keine Vorschläge zur Streitbeilegung, er hat lediglich vermittelnde Funktion.

2. Schlichtung:
   Die Schlichtung stellt eine außergerichtliche Streitbeilegung dar, bei der durch einen Dritten ein Kompromiss vorgeschlagen wird. Der Unterschied zwischen Mediation und Schlichtung besteht in der Rolle des Vermittelnden, der als Schlichter Ergebnisvorschläge macht.
3. Adjudikation (aus dem angelsächsischen):
   Bei der Adjudikation handelt es sich um eine außergerichtliche Streitbeilegung.
   Der Adjudikator trifft für den Konflikt eine Entscheidung, die aber in einem Gerichtsverfahren überprüfbar ist.
   Diese Entscheidung ist lediglich vorläufig bindend. Sie kann aber angefochten werden.
4. Schiedsgericht:
   Das Schiedsgericht stellt ein juristisches Mittel zur Streitbeilegung dar. Das Verfahren wird aber nicht durch ein staatliches Gericht durchgeführt, sondern durch einen Schiedsgutachter. Der Schiedsgutachter spricht auf Grundlage eines Vertrages ein „Urteil", dass für die Parteien i. d. R. bindend ist.
   Das Urteil kann nur bei groben Verfehlungen angefochten werden.
5. Gerichtsprozess:
   Das letzte Mittel bei Streitigkeiten am Bau stellt der Gerichtsprozess dar. Es findet zunächst eine gerichtliche Überprüfung eines Sachverhaltes statt. Ein Richter entscheidet am Ende durch den Urteilsspruch. Hilfestellung erhält er durch den vom Gericht bestellten Sachverständigen, der die technische Bewertung in einem Gutachten wiedergibt.

18.5.11 Zusammenarbeit der Beteiligten

Ein immer wiederkehrendes Problem auf Baustellen besteht darin, dass bereits fertiggestellte Bauleistungen bei Arbeiten nachfolgender Gewerke beschädigt oder verschmutzt werden.

Leistungen der technischen Gebäudeausrüstung folgen z. B. der Leistung von Bauwerkserhaltungsmaßnahmen. Dabei wird eine bereits fertiggestellte Deckenbeschichtung bei der Montage von Sprinklerleitungen mehrfach angebohrt und zerstört. Zudem sind Abdrücke von Händen und Verschmutzungen sichtbar.

Unklar ist dann, wer final die Löcher für neue Rohrleitungen verschließt und die Verunreinigungen beseitigt.

Zudem stellt sich die Frage, wer die Kosten für die Nachbesserung übernimmt.

Sinnvoll wäre, wenn das Unternehmen für die Bauwerkserhaltungsleistungen die Nachbesserungen vornimmt. Diese ist in der Regel aber nicht mehr vor Ort tätig und die Leistungen sind nicht im Vertrag geschuldet.

Es besteht die Gefahr für Nachträge!

Sinnvoll ist daher, Nachbesserungsarbeiten direkt beim Unternehmen, das die Bauwerkserhaltungsmaßnahmen durchführen soll, mit auszuschreiben, wenn bekannt ist, dass nachfolgend andere Gewerke tätig werden. Dadurch werden Nachträge vermieden und die Fehlstellen oder Verschmutzungen fachgerecht und dauerhaft ausgebessert.

18.5.12 Honorar für Ingenieure

HOAI 2021: Honorarordnung für Architekten und Ingenieure

Die Honorarordnung regelt die Entgelte für die Grundleistungen der Architekten und Architektinnen sowie der Ingenieure und Ingenieurinnen (Auftragnehmer oder Auftragnehmerinnen) mit Sitz im Inland, soweit die Grundleistungen durch diese Verordnung erfasst und vom Inland aus erbracht werden [11].

Die Grundleistungen werden in den folgenden Leistungsphasen wiedergegeben:

- LP 1: Grundlagenermittlung
- LP 2: Vorplanung
- LP 3: Entwurfsplanung
- LP 4: Genehmigungsplanung
- LP 5: Ausführungsplanung
- LP 6: Vorbereitung der Vergabe
- LP 7: Mitwirkung bei der Vergabe
- LP 8: Objektüberwachung
- LP 9: Objektbetreuung

Bei der Berechnung des Honorars wird der Schwierigkeitsgrad der Planung in den Honorarzonen berücksichtigt:

- Honorarzone I: sehr geringe Anforderung
- Honorarzone II: geringe Anforderung
- Honorarzone III: durchschnittliche Anforderung
- Honorarzone IV: hohe Anforderung
- Honorarzone V: sehr hohe Anforderung

Die HOAI bezieht sich im Wesentlichen auf die Planung von Leistungen für den Neubau und nicht den für Instandsetzungsmaßnahmen oder Bauen im Bestand.

Für die Planung von Instandsetzungsmaßnahmen passt das System daher nur bedingt. Deutlich ist dies in der Leistungsphase 5, Ausführungsplanung, erkennbar, deren hauptsächliche Grundleistung das Erstellen von Plänen (Grundrisse, Ansichten oder Schnitte) ist. Diese spielen in der Planung von Instandsetzungsmaßnahmen nur eine untergeordnete Rolle. Zwar hat sich bei der Instandsetzungsplanung das Erstellen von Regeldetails mit der zeichnerischen Darstellung von Instandsetzungsschritten etabliert, jedoch umfasst die Planung nach den Vorgaben des Regelwerks weit mehr.

Daher wurden die wesentlichen Leistungen in der nachfolgenden Tabelle, sinnigerweise neuen Leistungsphasen zugeordnet. Der Planungsumfang je Phase ist, wie gehabt, prozentual wiedergegeben.

Anhang 1.1 **Beton-/ Bauwerksinstandsetzung nach HOAI/ 2013/ § 35, Abs. 1 - Gebäude**

Abrechenbare Instandsetzungskosten	Honorar 100 % Mittelsatz	Bestandsaufnahme	Konzept	Ausschreibung	Ausführung
		1. Grundlagen 2. Abweichung vom Sollzustand 3. Beurteilen des Istzustandes ohne Bauwerks- und Laborprüfung	4. anzustrebender Sollzustand 5. Ausführungsplanung mit Schadstellen vor Ort aufnehmen	6. Vorbereiten + Ausfertigen 7. Mitwirken bei der Vergabe	8. Überwachung 9. Dokumentation
		9 % des Honorars	43 % des Honorars anteilige Honorarkosten	14 % des Honorars	34 % des Honorars + Zuschlag laut HOAI 2013
25. 565 €	4.875 €	439 €	2096 €	683 €	1,658 €
35. 000 €	6.590 €	593 €	2,834 €	923 €	2,241 €
50. 000 €	9.068 €	816 €	3,899 €	1,270 €	3,083 €
75. 000 €	13.035 €	1,173 €	5,605 €	1,825 €	4,432 €
100. 000 €	16.859 €	1,517 €	7,249 €	2,360 €	5,732 €
150. 000 €	24,219 €	2,180 €	10,414 €	3,391 €	8,234 €
200. 000 €	31,307 €	2,818 €	13,462 €	4,383 €	10,644 €
300. 000 €	44,922 €	4,043 €	19,317 €	6,289 €	15,274 €
500. 000 €	70,674 €	6,361 €	30,390 €	9,894 €	24,029 €
750. 000 €	101,041 €	9,094 €	43,448 €	14,146 €	34,354 €
1,000. 000 €	129,971 €	11,697 €	55,888 €	18,196 €	44,190 €
1,500. 000 €	186,417 €	16,777 €	80,159 €	26,098 €	63,382 €

Bild 18.47: Ermittlung des Honorars für Instandsetzungsplanungen

Die Leistungsphasen werden wie folgt aufgeteilt:

Bestandsaufnahme:

1. Grundlagen
2. Abweichung vom Sollzustand
3. Ist- Zustand 9 %

(ohne materialtechnologische Untersuchungen)

Konzept:

4. Sollzustand
5. Ausführungsplanung
   mit Massenermittlung und Schadstellen aufnehmen 43 %

Ausschreibung:

6. Vorbereitung und Ausfertigen
7. Mitwirken bei der Vergabe 14 %

Ausführung:

8. Überwachen (+ Zuschlag)
9. Dokumentation 34 %

Neben den Grundleistungen können weitere Leistungen abgerechnet werden wie Erschwerniszulagen oder Nebenkosten:

§ 14 Nebenkosten:

- Versandkosten, Kosten f. Datenübertragung
- Kosten für Vervielfältigungen; Zeichnungen
- Kosten für Baustellenbüro (Beheizung, Beleuchtung)
- Fahrtkosten (> 15 km, steuerlich zulässige Pauschale)
- Trennungsentschädigung + Familienheimfahrten
- Sonstige
- freie Vereinbarung + schriftlich fixieren

18.5.13 Literatur

[1] Instandsetzungsrichtlinie Rili-SIB 1990, T1-3.
[2] ZTV-Ing. Stand 2003.
[3] Instandsetzungsrichtlinie Rili-SIB 2001, T1-3.
[4] ZTV- Ing. Zusätzliche technische Vertragsbedingungen 2018.
[5] Positionspapier der Verbände, DBV 2021.
[6] Technische Regel Instandhaltung von Betonbauwerken1 (TR Instandhaltung), DIBt.
[7] August, L. Jonetzki, H., Stremmel, W.: Empfehlungen für die Durchführung.
[8] Stremmel, W, Schaake, G.: Schulungsunterlagen des Hessischen Landes.
[9] DIN 18349 ATV „Betonerhaltungsarbeiten“, Ausgabe 2002.
[10] Verdingungsordnung für Bauleistungen, VOB, Ausgabe 2021.
[11] HOAI 2021 Honorarverordnung für Architekten und Ingenieure.
[12] Veröffentlicht im Deutschen Ingenieurblatt, Ausgabe 05/2011, Seiten 52 bis 53.

Autoren

Dipl.-Ing. Freier Architekt Manfred Schröder

1960 – 1968 angest. Architekt
Seit 1969 in leitenden Positionen der Bauchemie und Zementindustrie
Sachverständiger und Fachdozent für Instandhaltung von Stahlbeton
Gremienarbeit u. a. beim DIN, DAfStb, DIBt, DBV, WTA
Lehrtätigkeit an Universitäten, Hochschulen, Akademien
sowie Ausbildungszentren der Bauindustrie
SIVV-Schulung und –Prüfung
zahlreiche Veröffentlichungen über Bautenschutz und -instandsetzung

Stephan Wehrle

1987 Abschluss Studiengang Bauphysik, HFT Stuttgart, seit 1987 tätig im Institut für Bautenschutz, Fellbach
Ab 2009 Gesellschafter im Institut
Tätig als öffentlich bestellter und vereidigter Sachverständiger, Beton, Betonschutz, abdichtungstechnische Fragen
WTA-Mitglied, Tätigkeiten als Schriftführer und Arbeitsgruppenleiter Referat Beton
Referent bei Fachtagungen und Lehrgängen

Prof. Dr.-Ing. Rolf P. Gieler

Prof. Dr.-Ing. Rolf P. Gieler arbeitet freiberuflich als Sachverständiger auf dem Gebiet der Instandhaltung von Beton- und Stahlkonstruktionen. Praktische Erfahrungen aus zahlreichen Schadensanalysen und erstellten Instandsetzungskonzepte sowie theoretisches Wissen teilt er durch Mitarbeit in verschiedenen Gremien und Fortbildungsveranstaltungen. Als Honorarprofessor ist er an der Bauhaus-Universität in Weimar lehrend tätig.

Jan Müller
Bauingenieur, Studium an der Hochschule für Technik Stuttgart, Vertiefungsrichtung konstruktiver Ingenieurbau
Seit 1998 planender Ingenieur in der Instandsetzung
Eigenes Ingenieurbüro für Instandsetzungsplanung 2010, ab 2015 Müller + Braun Ingenieure
Geschäftsführer der Landesgütegemeinschaft Instandsetzung von Betonbauwerken BW + BY
Anerkannter Referent bei der SIVV- und SKP-Ausbildung

Dipl.-Ing. Helena Eisenkrein-Kreksch
ö.b.u.v. Sachverständige für Schäden am Beton und Betoninstandsetzung, Sachverständige für Oberflächenschutzbeschichtung.
Nach ihrem Studium leitete sie von 2005 bis 2011 ein Prüflabor an der TU Dortmund. Ab 2011 war sie Geschäftsführerin der IBOS GmbH. Seit 2019 leitet sie unter anderem die Abteilung Engineering West der Kiwa GmbH mit den Schwerpunkten Bauwerksdiagnostik und Instandsetzungsplanung.

Dipl.-Ing. (FH) Dennis Ziegler
Dipl.-Ing. (FH) Dennis Ziegler (*1980 in Backnang, Deutschland) studierte Bauphysik an der HFT Stuttgart und ist seit 2007 im Institut für Bautenschutz in Fellbach als Sachverständiger/Projektingenieur tätig. 2021 trat er dem Institut als Gesellschafter bei. Er verfasst Gutachten, plant und begleitet Instandsetzungen, fertigt Veröffentlichungen an und ist Referent bei Fachtagungen und Lehrgängen.

Dipl.-Ing. Christoph Helf
Chemicon GmbH, Limburg
Seit Ende der 90er Jahre geschäftsführender Gesellschafter der Chemicon GmbH.
Zuvor über 10 Jahre in den Bereichen Anwendungstechnik und Marketing bei Bauchemieherstellern.
Seit vielen Jahren als Dozent bei Weiterbildungsveranstaltungen für Betoninstandsetzung und Bauwerkserhaltung.

Dr.-Ing. Peter Haardt
Dr.-Ing. Peter Haardt absolvierte ein Studium des konstruktiven Ingenieurbaus an der TU Hannover. Von 1992 bis 2022 war er bei der Bundesanstalt für Straßenwesen (BASt) tätig, wo er zuletzt das Referat Betonbau leitete mit den persönlichen Aufgabenschwerpunkten Baustoffe, Konstruktion, Bemessung sowie Schutz und Instandsetzung von Brückenbauwerken, Infrastrukturmanagement und Qualitätssicherung.

Eckhard Kempkens
Dipl.-Ing. Eckhard Kempkens studierte an der Ruhruniversität Bochum Elektrotechnik. Seit 1995 ist er als wissenschaftlicher Mitarbeiter in der Bundesanstalt für Straßenwesen (BASt) tätig. Seine aktuellen Aufgabenschwerpunkte im Referat Betonbau sind die Fortentwicklung von Lebenszyklus-Bauwerksmonitoringkonzepten sowie der Bereich Schutz und Instandsetzung von Betonbauteilen an Ingenieurbauwerken.

Dipl.-Ing. (FH) Hilmar Müller

1996-2001 FH Koblenz: Bauingenieurwesen, Vertiefung Wasser und Verkehr

2000-2001 FH Frankfurt/M.: Zweitstudium Betontechnologie (E-Schein)

2001-2002 CTL Heinrich Hart GmbH, Neuwied: Sachbearbeiter und Projektingenieur für Baustoffe und Geo-technik

2002-heute Bundesanstalt für Wasserbau, Karlsruhe: Sachbearbeiter Referat Baustoffe

Hannes Fiala

1963 Forschungsinstitut VDZ, Düsseldorf

1967 Leiter des Zentrallabor Polensky und Zöllner, Frankfurt/M

1974 Gründungsmitglied des VDB

1987 ö.b.u.v. – SV. für Beton IHK, FFM

1990 IHK Hannover Prüfungen für SV.- Beton

1995 Prüfer für Instandsetzung von Betonbauwerken

Seit 1980 Vorträge und Veröffentlichungen zu Sichtbeton, Beton, Schäden, Instandsetzung und den Pflichten der Beteiligten am Bau.

Dipl.- Ing. Claus Golar

Dipl.- Ing. Claus Golar studierte Bauingenieurwesen in Kaiserslautern und Frankfurt mit Abschluss Diplom-Ingenieur. Beruflich tätig war er zunächst im Ingenieurbüro KuA-Consult GmbH in Riedstadt, bevor er 2008 zur ABC-GmbH nach Wiesbaden wechselte. Seit 2009 ist er Ge-schäftsführer des Sachverständigenbüros Ingenieure Fiala & Golar, Kriftel und ist seit 2016 Angestellter der Zetcon Ingenieure GmbH.

Register